2024
개정판

SERIES

TOP

FIRE FACILITIES MANAGER

소방시설관리사
필기1차
이론＋문제풀이 중

정명진

PART 04 위험물의 성상 및 시설기준

PART 05 소방관련법령

APPENDIX 요약정리

 예문사

머리말

안녕하십니까?
소방시설관리사 강사 정명진입니다.

소방시설관리사는 취득하기 어려운 자격증입니다. 그렇지만 "천재는 노력하는 사람을 이길 수 없고, 노력하는 사람은 즐기는 사람을 이길 수 없다."라는 말처럼 시험 준비 과정을 즐기면서 차분히 준비하면 반드시 취득할 수 있습니다.

비행기가 이륙하려면 속도와 거리가 필요한데, 일정 속도 이상이 되어야 하고 이륙하기 위한 거리도 만족하여야 합니다. 마찬가지로 공부도 나만 열심히 한다고 되는 것도, 오랜 시간 공부한다고 되는 것도 아니라고 생각합니다. 날씨, 컨디션, 주변 환경 등 여러 요인에 영향을 받습니다.
합격하기 위해서는 먼저 주변 정리를 하는 것이 중요하며, 가족 및 지인의 도움과 취득하려는 열정이 필요합니다.

이 책이 수험생 여러분에게 길잡이가 되기를 바라며 '위험물의 성상 및 시설기준'과 '소방관련법령'의 효과적인 공부 방법을 안내해 드립니다.

위험물의 성상 및 시설기준
1차 시험과목 중 과락이 가장 많은 과목입니다. 위험물 과목을 많은 분이 암기 과목이라고 생각하는데, 시험 전에 이해 없이 암기만 하면 암기량이 많아서 힘들 것입니다. 화학을 기본으로 이해하고 위험물의 종류를 주기적으로 암기하면 암기량이 현저하게 줄어들 것입니다.
또한 위험물 기능장의 시험 범위와 관리사의 위험물 범위가 비슷하므로 위험물 기능장 취득도 권장합니다.

소방관련법령
소방관련법령은 소방시설관리사 시험 중 현장 업무와 가장 관련 있는 과목입니다. 이 과목은 소방법이 지속적으로 개정되어 공부하기 까다롭습니다. 그래서 처음 법을 공부하는 분들은 어려워할 수도 있지만 기본기를 탄탄하게 다진다면 70점 이상을 득점할 수 있는 과목입니다.
법은 법, 령, 규칙, 별표가 분리되어 있으므로 가능하면 하나의 흐름으로 공부할 수 있게 편집하였습니다. 이론 내용이 많다고 느끼면 먼저 요약을 암기하고 문제풀이로 실력을 다지기를 바랍니다.

저는 선배 관리사로서 여러분을 이끌려고 계속 노력할 것이며, 이 책으로 공부하는 수험생에게 합격의 영광이 함께하기를 바랍니다.

마지막으로 힘든 수험 기간 동안 말없이 곁을 지켜준 아내와 영면하신 어머님께 감사드리고, 출판을 도와주신 도서출판 예문사 임직원 여러분과 도움을 주신 모든 분에게도 깊은 감사를 드립니다.

저자 **정명진**

시험 정보

1. 시험과목 및 시험방법

가. 시험과목 「소방시설 설치 및 관리에 관한 법률 시행령」 제39조

구분	시험 과목
제1차 시험	1. 소방안전관리론(연소 및 소화, 화재예방관리, 건축물소방안전기준, 인원수용 및 피난계획에 관한 부분으로 한정) 및 화재역학(화재의 성질 · 상태, 화재하중, 열전달, 화염확산, 연소속도, 구획화재, 연소생성물 및 연기의 생성 · 이동에 관한 부분으로 한정)
	2. 소방수리학, 약제화학 및 소방전기(소방관련 전기공사재료 및 전기제어에 관한 부분으로 한정)
	3. 소방관련 법령(「소방기본법」, 동법 시행령 및 동법 시행규칙, 「소방시설공사업법」, 동법 시행령 및 동법 시행규칙, 「소방시설 설치 및 관리에 관한 법률」, 동법 시행령 및 동법 시행규칙, 「화재의 예방 및 안전관리에 관한 법률」, 동법 시행령 및 동법 시행규칙, 「위험물안전관리법」, 동법 시행령 및 동법 시행규칙, 「다중이용업소의 안전관리에 관한 특별법」, 동법 시행령 및 동법 시행규칙
	4. 위험물의 성질 · 상태 및 시설기준
	5. 소방시설의 구조원리(고장진단 및 정비 포함)
제2차 시험	1. 소방시설의 점검실무행정(점검절차 및 점검기구 사용법 포함)
	2. 소방시설의 설계 및 시공

나. 시험방법 「소방시설 설치 및 관리에 관한 법률 시행령」 제38조

1) 관리사시험은 제1차 시험과 제2차 시험으로 구분하여 시행한다. 소방청장은 제1차 시험과 제2차 시험을 같은 날에 시행할 수 있다.

2) 제1차 시험은 선택형을 원칙으로 하고, 제2차 시험은 논문형을 원칙으로 하되, 제2차 시험에는 기입형을 포함할 수 있다.

3) 제1차 시험에 합격한 사람에 대해서는 다음 회의 관리사시험만 제1차 시험을 면제한다. 다만, 면제받으려는 시험의 응시자격을 갖춘 경우로 한정한다.

4) 제2차 시험은 제1차 시험에 합격한 사람만 응시할 수 있다. 다만, 제1항 후단에 따라 제1차 시험과 제2차 시험을 병행하여 시행하는 경우에 제1차 시험에 불합격한 사람의 제2차 시험 응시는 무효로 한다.

2. 응시자격 및 결격사유 「소방시설 설치 및 관리에 관한 법률 시행령」 부칙 제6조

가. 응시자격

1) 소방기술사·위험물기능장·건축사·건축기계설비기술사·건축전기설비기술사 또는 공조냉동기계기술사

2) 소방설비기사 자격을 취득한 후 2년 이상 소방청장이 정하여 고시하는 소방에 관한 실무경력(이하 "소방실무경력"이라 한다)이 있는 사람

3) 소방설비산업기사 자격을 취득한 후 3년 이상 소방실무경력이 있는 사람

4) 「국가과학기술 경쟁력 강화를 위한 이공계지원 특별법」 제2조 제1호에 따른 이공계(이하 "이공계"라 한다) 분야를 전공한 사람으로서 다음 각 목의 어느 하나에 해당하는 사람

　　가. 이공계 분야의 박사학위를 취득한 사람

　　나. 이공계 분야의 석사학위를 취득한 후 2년 이상 소방실무경력이 있는 사람

　　다. 이공계 분야의 학사학위를 취득한 후 3년 이상 소방실무경력이 있는 사람

5) 소방안전공학(소방방재공학, 안전공학을 포함한다) 분야를 전공한 후 다음 각 목의 어느 하 나에 해당하는 사람

　　가. 해당 분야의 석사학위 이상을 취득한 사람

　　나. 2년 이상 소방실무경력이 있는 사람

6) 위험물산업기사 또는 위험물기능사 자격을 취득한 후 3년 이상 소방실무경력이 있는 사람

7) 소방공무원으로 5년 이상 근무한 경력이 있는 사람

8) 소방안전 관련 학과의 학사학위를 취득한 후 3년 이상 소방실무경력이 있는 사람

9) 산업안전기사 자격을 취득한 후 3년 이상 소방실무경력이 있는 사람

10) 다음의 어느 하나에 해당하는 사람

　　가. 특급 소방안전관리대상물의 소방안전관리자로 2년 이상 근무한 실무경력이 있는 사람

　　나. 1급 소방안전관리대상물의 소방안전관리자로 3년 이상 근무한 실무경력이 있는 사람

　　다. 2급 소방안전관리대상물의 소방안전관리자로 5년 이상 근무한 실무경력이 있는 사람

　　라. 3급 소방안전관리대상물의 소방안전관리자로 7년 이상 근무한 실무경력이 있는 사람

　　마. 10년 이상 소방실무경력이 있는 사람

나. 결격사유 「소방시설 설치 및 관리에 관한 법률」 제27조

1) 피성년후견인

2) 「소방시설 설치 및 관리에 관한 법률」, 「소방기본법」, 「화재의 예방 및 안전관리에 관한 법률」, 「소방시설공사업법」 또는 「위험물안전관리법」을 위반하여 금고 이상의 실형을 선고받고 그 집행이 끝나거나(집행이 끝난 것으로 보는 경우를 포함) 집행이 면제된 날부터 2년이 지나지 아니한 사람

3) 「소방시설 설치 및 관리에 관한 법률」, 「소방기본법」, 「화재의 예방 및 안전관리에 관한 법률」, 「소방시설공사업법」 또는 「위험물안전관리법」을 위반하여 금고 이상의 실형을 선고받고 그 유예기간 중에 있는 사람

4) 「소방시설 설치 및 관리에 관한 법률」 제28조에 따라 자격이 취소(제28조제1호에 해당하여 자격이 취소된 경우는 제외)된 날부터 2년이 지나지 아니한 사람

※ 최종합격자 발표일을 기준으로 결격사유에 해당하는 사람은 소방시설관리사 시험에 응시할 수 없음(제25조 제3항)

3. 합격자 결정 「소방시설 설치 및 관리에 관한 법률 시행령」 제44조

가. 제1차 시험

과목당 100점을 만점으로 하여 모든 과목의 점수가 40점 이상이고, 전 과목 평균 점수가 60점 이상인 자

나. 제2차 시험

과목당 100점을 만점으로 하되, 시험위원의 채점점수 중 최고점수와 최저점수를 제외한 점수가 모든 과목에서 40점 이상, 전 과목에서 평균 60점 이상인 자

4. 시험의 일부(과목) 면제사항 「소방시설 설치 및 관리에 관한 법률 시행령」 제38조 및 부칙 제6조

가. 제1차 시험의 면제

- 제1차 시험에 합격한 자에 대하여는 다음 회의 시험에 한하여 제1차 시험을 면제한다. 다만, 면제받으려는 시험의 응시자격을 갖춘 경우로 한정한다.
- 별도 제출서류 없음(원서접수 시 자격정보시스템에서 자동 확인)

나. 제1차 시험과목의 일부 면제

면제대상	면제과목
소방기술사 자격을 취득한 후 15년 이상 소방실무경력이 있는 자	소방수리학, 약제화학 및 소방전기 (소방 관련 전기공사재료 및 전기제어에 관한 부분으로 한정)
소방공무원으로 15년 이상 근무한 경력이 있는 사람으로서 5년 이상 소방청장이 정하여 고시하는 소방관련업무 경력이 있는 자	소방관련법령

다. 제2차 시험과목의 일부 면제

면제대상	면제과목
소방기술사, 위험물기능장, 건축사, 건축기계설비기술사, 건축전기설비기술사, 공조냉동기계기술사	소방시설의 설계 및 시공
소방공무원으로 5년 이상 근무한 경력이 있는 사람	소방시설의 점검실무행정 (점검절차 및 점검기구 사용법 포함)

라. 면제과목 선택

- 제1차 시험 과목면제자 중 2과목 면제에 해당하는 사람(소방기술사 자격을 취득한 후 15년 이상 소방실무경력이 있는 사람/소방공무원으로 15년 이상 근무한 경력이 있는 사람으로서 5년 이상 소방청장이 정하여 고시하는 소방 관련 업무 경력이 있는 사람)은 본인이 선택한 한 과목만 면제
- 소방공무원으로 5년 이상 근무한 경력이 있는 자로서 소방기술사ㆍ위험물기능장ㆍ건축사ㆍ건축기계설비기술사ㆍ건축전기설비기술사 또는 공조냉동기계기술사 자격취득자는 제2차 시험과목 중 본인이 선택한 한 과목만 면제

5. 수험자 유의사항

가. 제1·2차 시험 공통 유의사항

1) 수험원서 또는 제출서류 등의 허위작성, 위·변조, 기재오기, 누락 및 연락 불능의 경우에 발생하는 불이익은 수험자 책임입니다.
   ※ 큐넷의 회원정보를 최신화하고 반드시 연락 가능한 전화번호로 수정
   ※ 알림서비스 수신 동의 시에 시험실 사전 안내 및 합격 축하 메시지 발송

2) 수험자는 시험시행 전에 시험장소 및 교통편을 확인한 후(단, 시험실 출입은 불가), 시험 당일 교시별 입실시간까지 **신분증, 수험표, 지정 필기구**를 소지하고 해당 시험실의 지정된 좌석에 착석하여야 합니다.
   ※ 매 교시 **시험시작 이후 입실 불가**
   ※ 수험자 입실 완료시간 20분 전 교실별 좌석 배치도 부착
   ※ 신분증 인정범위 : 주민등록증, 운전면허증(모바일 포함), 여권, 공무원증, 장애인등록증, 국가유공자증, 국가기술자격증, 학생증, 청소년증, 외국인등록증 등
   ※ 시험전일 18:00부터 소방시설관리사 홈페이지(큐넷)[마이페이지 > 진행 중인 접수내역]에서 시험실을 사전확인하실 수 있습니다.

3) 본인이 원서접수 시 선택한 시험장이 아닌 **다른 시험장**이나 **지정된 시험실 좌석** 이외에는 응시할 수 없습니다.

4) 시험시간 중에는 **화장실 출입이 불가**하며, 시험시간 1/2 경과 후 퇴실 가능하나 재입실이 불가합니다.
   ※ '시험포기각서' 제출 후 퇴실한 수험자는 다음 교(차)시 재입실·응시 불가 및 당해 시험 무효(0점) 처리
   ※ 설사/배탈 등 긴급사항 발생으로 중도 퇴실 시 해당 교시 재입실이 불가하고, 시험시간 1/2 경과 전까지 시험본부에 대기
   ※ 제1차 시험 및 제2차 시험(2교시에 한함) 시험시간 1/2시간 경과 후 시험을 마친 수험자의 중도 퇴실 허용

5) 일부 교시 결시자, 기권자, 답안카드(지) 제출 불응자 등은 당일 **해당교시 이후 시험**에는 응시할 수 없습니다.

6) 시험 종료 후 감독위원의 **답안카드 (답안지) 제출지시**에 불응한 채 계속 답안카드 (답안지)를 작성하는 경우 **당해시험은 무효(0점) 처리**하고, 부정행위자로 처리될 수 있으니 유의하시기 바랍니다.

7) 수험자는 감독위원의 지시에 따라야 하며, 시험에서 **부정한 행위를 한 수험자, 부정한 방법으로 시험에 응시한 수험자**에 대하여는 당해 시험을 정지 또는 무효(0점)로 하고, 그 처분을 한 날로부터 2년간 응시 자격이 정지됩니다.

8) 최종합격자 발표 후라도 **최종합격자 발표일 기준**으로「소방시설 설치 및 관리에 관한 법률」제27조의 사유가 발견될 때에는 당해시험을 무효 처리합니다.

9) 시험실에는 벽시계가 구비되어 있지 않을 수 있으므로 **손목시계를 준비**하여 시간 관리를 하시기 바라며, **스마트워치** 등 전자·통신기기는 시계대용으로 사용할 수 없습니다.

   ※ 시험시간은 타종에 따라 관리되며, 교실에 비치되어있는 시계 및 감독위원의 시간 안내는 단순 참고 사항으로 시간 관리의 책임은 수험자에게 있음

   ※ 손목시계는 시각만 확인할 수 있는 단순한 것을 사용하여야 하며, 손목시계용 휴대폰 등 부정행위에 활용될 수 있는 일체의 시계 착용을 금함

10) 시험시간 중에는 **통신기기 및 전자기기**[휴대용 전화기, 휴대용 개인정보단말기(PDA), 휴대용 멀티미디어 재생장치(PMP), 휴대용 컴퓨터, 휴대용 카세트, 디지털 카메라, 음성파일 변환기(MP3), 휴대용 게임기, 전자사전, 카메라펜, 시각표시 외의 기능이 부착된 시계, 스마트워치 등]를 일체 휴대할 수 없으며, **금속(전파)탐지기** 수색을 통해 시험 도중 관련 장비를 **소지·착용**하다가 적발될 경우 실제 사용 여부와 관계없이 **당해 시험을 정지(퇴실) 및 무효(0점) 처리**하며 부정행위자로 처리될 수 있음을 유의하기 바랍니다.

   ※ 전자·통신기기(전자계산기 등 소지를 허용한 물품 제외)의 시험장 반입 원칙적 금지

   ※ 휴대폰은 배터리 전원 OFF(또는 배터리 분리)하여 시험위원 지시에 따라 보관

11) 시험당일 시험장 내에는 주차공간이 없거나 협소하므로 대중교통을 이용하여 주시고, 교통 혼잡이 예상되므로 미리 입실할 수 있도록 하시기 바랍니다.

12) 시험장은 전체가 금연구역이므로 흡연을 금지하며, 쓰레기를 함부로 버리거나 시설물이 훼손되지 않도록 주의바랍니다.

나. 제1차 시험 수험자 유의사항

1) 답안카드에 기재된 '수험자 유의사항 및 답안카드 작성 시 유의사항'을 준수하시기 바랍니다.

2) 수험자 교육시간에 감독위원 안내 또는 방송(유의사항)에 따라 답안카드에 수험번호를 기재 마킹하고, 배부된 시험지의 인쇄상태 확인 후 답안 카드에 형별(A형 공통)을 마킹하여야 합니다.

3) 답안카드는 국가전문자격 공통 표준형으로 문제번호가 1번부터 125번까지 인쇄되어 있습니다. 답안 마킹 시에는 반드시 시험문제지의 문제번호와 **동일한 번호에 마킹**하여야 합니다.

4) 답안카드 기재·마킹 시에는 **반드시 검은색 사인펜**을 사용하여야 합니다.

   ※ 지워지는 펜 사용 금지

5) 채점은 전산 자동 판독 결과에 따르므로 유의사항을 지키지 않거나(검은색 사인펜 미사용) 수험자의 부주의(답안카드 기재·마킹착오, 불완전한 마킹·수정, 예비마킹 등)로 판독불능, 중복판독 등 불이익이 발생할 경우 **수험자 책임**으로 이의제기를 하더라도 받아들여지지 않습니다.

※ 답안을 잘못 작성했을 경우, 답안카드 교체 및 수정테이프 사용 가능(단, 답안 이외 수험번호 등 인적사항은 수정불가)하며 재작성에 따른 시험시간은 별도로 부여하지 않음

※ 수정테이프 이외 수정액 및 스티커 등은 사용 불가

다. 제2차 시험 수험자 유의사항

1) 국가전문자격 주관식 답안지 표지에 기재된 '답안지 작성 시 유의사항'을 준수하시기 바랍니다.

2) 수험자 인적사항 · 답안지 등 작성은 반드시 **검정색 필기구만 사용**하여야 합니다.(그 외 연필류, 유색필기구, 두 가지 색 혼합 사용 등으로 작성한 답항은 채점하지 않으며 0점 처리)

※ 필기구는 본인 지참으로 별도 지급하지 않으며, 지워지는 펜 사용 금지함

3) 답안지의 인적사항 기재란 외의 부분에 특정인임을 암시하거나 답안과 관련 없는 특수한 표시를 하는 경우, **답안지 전체를 채점하지 않으며 0점 처리합니다.**

4) 답안 정정 시에는 반드시 정정부분을 두 줄(=)로 긋고 다시 기재하여야 하며, 수정테이프(액) 등을 사용했을 경우 채점상의 불이익을 받을 수 있으므로 사용하지 마시기 바랍니다.

5) 전자계산기는 필요시 1개만 사용할 수 있고 공학용 및 재무용 등 데이터 저장기능이 있는 전자계산기는 **수험자 본인이 반드시 메모리(SD카드 포함)를 제거, 삭제**(리셋, 초기화)하고 시험위원이 초기화 여부를 확인 할 경우에는 협조하여야 합니다. 메모리(SD카드 포함) 내용이 제거되지 않은 계산기는 사용 불가하며 사용 시 부정행위로 처리될 수 있습니다.

※ 시험일 이전에 리셋 점검하여 계산기 작동 여부 등 사전확인 및 재설정(초기화 이후 세팅) 방법 숙지

6. 과목별 공부방법

가. 소방안전관리론

연소, 화재성상, 화재역학, 화재예방에 대한 개념을 이해하고, 필수사항을 암기하면 고득점을 올릴 수 있으며, 최근에는 소방기술사에 관련된 내용이 자주 출제되므로, 폭넓은 공부가 필요합니다.

나. 소방전기회로

소방전기회로는 8~10문제 정도 출제되며, 이 중 계산문제는 5문제 내외이므로 필수 공식만 숙지하면 됩니다.

다. 소방수리학 · 약제화학

1) 소방수리학은 2차 시험과 아주 밀접한 관계가 있으며, 용어의 정의 및 단위환산에 대한 이해가 필수이며, 10~13문제 정도 출제됩니다.

2) 약제화학은 소방안전관리론의 소화와 관련하여 공부하면 효율적이며, 약 3~5문제가 출제됩니다.

라. 위험물의 성상 및 시설기준

1차 시험과목 중 과락이 제일 많은 과목입니다. 위험물의 성상은 이야기로 암기하고, 위험물안전관리법은 그림으로 이해하는 공부방법이 필요합니다. 기본 개념을 이해하고 문제풀이로 마무리하는 것이 효율적입니다.

마. 소방관련법령

소방관련법령은 문제의 지문이 길어 문제풀이 요령이 필요하며, 법 · 령 · 시행규칙을 같이 공부하는 것이 효율적입니다. 2차 시험의 점검실무행정 과목과 밀접한 관련이 있으며, 1차 시험에서 과락이 많이 나오는 과목이므로 확실한 준비가 필요합니다.

바. 소방시설의 구조원리

소방시설관리사 시험의 핵심이라 할 수 있는 국가화재안전기준에 관한 내용이며 2차 시험과 아주 밀접한 관계가 있습니다. 최근에는 2차 시험에 출제된 계산문제가 출제되므로, 이에 대한 준비를 하여야 하며, 각 소방시설별 설치기준 위주로 공부하는 것이 효율적입니다.

차 례

위험물의 성상 및 시설기준

※ 위험물 소설(소설처럼 읽고 말머리만 먼저 숙지하세요.)

> ➤ 위험물 집안 이야기

아버지는 스스로 그동안 모아온 열을 가지고 자수성가하여 이름이 **발화**이고, 어머니는 점화원 없이는 혼자서는 아무것도 못하지만 한 번 화나면 아무도 못말리는 성격으로 이름이 **인화였다.**

이들은, **대통령령**이 주례를 정하여 결혼하였다.
(위험물 – 인화성 또는 발화성 물질로 대통령령으로 정하는 물질)

위험물 집안에는 모두 6명(제1류에서 제6류)의 자손이 있었는데, 막내는 첫째가 잘 챙겨주어서 둘이 성격이 비슷하였다.

첫째(제1류위험물)는 고체(**산화성 고체**)처럼 강인한 성격인데, 막내(제6류위험물)는 물(**산화성 액체**)처럼 약해 눈물을 많이 흘렸다. 첫째(제1류위험물)를 낳을 때 출산에 대한 고통(산고 – 산화성고체)으로 염증(**아염증 – 아염소산염류, 염소산염류**)이 생겼는데 과무치질(**과염소산염류, 무기과산화물, 취소산염류, 질산염류**)이라는 것과 옥수수(**옥소산염류**)를 약으로 먹으면 잘 낳는다 하여 과(**과망간산염류**)히 중(**중크롬산염류**)요하게 여겼다.

막내(제6류위험물)는 과자질(과과질 – **과염소산, 과산화수소, 질산**)을 좋아했다.

둘째(제2류위험물)의 이름은 황화선생(**황화린**)이며, 둘째는 욕심이 많아 첫째와 붙어 있으면 매일 다투었고 싸움을 좋아하여 이리 가나(가고 – 가연성고체) 저리 오나 적(**적린**)을 만들었으며 그 중에서는 성이 유(**유황**)씨요 이름은 철마금(**철분, 마그네슘, 금속분**)이라는 사람(**인 – 인화성고체**)이 맞수였다.

셋째 아들(제3류위험물)은 너무 못생겨서 짐승(**금수**) 같은 외모에 잘 씻지도 않고 물을 싫어하였고(금수성 물질) 성질도 급하여 혼자서 열을 잘 냈다(**자연발화성**). 그래서 공부를 알켜(**알킬알루미늄, 알킬리튬**) 주지도 않았고, 칼날(**칼륨, 나트륨**)도 멀리하고, 황린(**황린**)에 리슘(**리튬, 칼슘**)을 금(**금속수소화물, 금속인화합물**)지하였다.

넷째(제4류위험물)는 인간관계가 복잡한 바람둥이(**인화성**)로 4명의 부인이 있었으며, 그 것도 모자라 특별(특수인화물)하게 A(에이 − **에테르, 이황화탄소**)급 애인으로 아산(**아세트 알데히드, 산화프로필렌**)이라는 여자도 있었다. 그래도 첫째 부인(1석유류)에게 대를 이를 아가를 베었고(아가벤 − **아세톤, 가솔린, 벤젠**) 톨피(**톨루엔, 피리딘**) 때문에 매초(**메틸에틸케 톤, 초산에스테르**)마다, 의사(의시 − **의산에스테르, 시안화수소**) 콜(**콜로디온**)을 기다렸다. 둘째 부인은 경찰의대(2등경의 − **등유, 경유, 의산**)를 다니다 그만두어 초데서(초테스 − **초 산, 테레핀유, 스티렌**), 장송에(**장근유, 송뇌유, 에틸셀르솔브**)서 크클(**크실렌, 클로로벤젠**)하 며 히(**히드라진**)죽 댔다. 셋째 부인은 셋 중(3중 − 3석유류, 중유)에서 크지아니(클아니 − **클 레오소트유, 아닐닌, 니트로벤젠**)하니 눈물에글(에글 − **에틸렌글리콜, 글리세린**) 담메(**담근질 유, 메타크레졸**)하였고, 넷째 부인은 비실(기실 − **기어유, 실린더유**)거렸으며. 동식물을 좋아 한 해동 정씨(**해라바기유, 동유, 정어리유**) 집안의 아들(**아마인유, 들기름**) 건삼(**건성유, 130 이상**)이를 좋아했다.

다섯 째는 유진이(유지니 − **유기과산화물, 질산에스테르유, 니트로화합물**)라는 딸인데 집 안의 반대에도 자기가 좋아하는 연소(자기연소)랑 결혼하여 유진이 아들이(니아디히 − **니트 로소, 아조, 디아조, 히드라진유도체**) 다섯(제5류위험물)이라 정말 힘들(히드 − **히드라진유도 체**)게 살았다.(애 키우기 힘들죠^&^;)

➤ 이런 위험물 집안과 원수로 지내는 집안이 있었으니, 소화설비였다.

CHAPTER 01 기초일반화학

주기율표

족수	알칼리 금속 +1	알칼리 토금속 +2	알루미늄족 +3	탄소족 ±4	질소족 -3, +5	산소족 -2, +6	할로겐족 -1, +7	불활성 기체 0
1주기	H (수소) 1							He (헬륨) 4
2주기	Li^{1+} (리튬) 7	Be (베릴륨) 9	B (붕소) 11	C (탄소) 12	N^3 (질소) 14	O^{2-} (산소) 16	F^{1-} (불소) 19	Ne (네온) 20
3주기	Na^{1+} (나트륨) 23	Mg^{2+} (마그네슘) 24	Al^{3+} (알루미늄) 27	Si (규소) 28	P^3 (인) 31	S^{2-} (황) 32	Cl^{1-} (염소) 35.5	Ar (알곤) 40
4주기	K^{1+} (칼륨) 39	Ca^{2+} (칼슘) 40	Ga (갈륨)	Ge (게르마늄)	As (비소)	Se (셀레늄)	Br^{1-} (취소) 80	Kr (크립톤) 83.8
5주기 이상	Rb(루비듐) Cs(세슘) Fr(프란슘)	Sr(스트론튬) Ba(바륨) Ra(라듐)		Sn(주석) Pb(납)			I^{1-} (옥소) 127	Xe (크세논) 131
	Ag^{1+} : 108	Zn^{2+} : 65.4 Mn^{2+} : 55 Hg^{2+} : 80	Cr^{3+} : 55					
원 자 단	NH_4^{1+} (암모늄기)	※ 다수의 산화수를 갖는 원소 Cl : $1^+, 3^+, 5^+, 7^+$ Cr : $3^+, 6^+$ N : $2^+, 3^+, 4^+, 5^+, 3^-$ Mn : $2^+, 4^+, 7^+$ Fe : $2^+, 3^+$ Cu : $1^+, 2^+$ Au : $1^+, 3^+$			PO_4^{3-} (인산기)	SO_4^{2-} (황산기) SO_3^{2-} (황산기) CO_3^{2-} (탄산기)	CH_3^{1-} : 알킬기 OH^{1-} : 히드록시기 NO_3^{1-} : 질산기 CN^{1-} : 시안기 $COOH^{1-}$: 카르복시기	

꼭 암기할 원소

원자번호	1	2	3	4	5	6	7	8	9	10
원자	수소	헬륨	리튬	베릴륨	붕소	탄소	질소	산소	플로오르	네온
원자량	1	4	7	9	11	12	14	16	19	20
원자번호	11	12	13	14	15	16	17	18	19	20
원자	나트륨	마그네슘	알루미늄	규소	인	황	염소	아르곤	칼륨	칼슘
원자량	23	24	27	28	31	32	35.5	40	39	40

제4류위험물, 제5류위험물 시성식과 구조식

디에틸에테르	아세트알데히드	산화프로필렌	글리세린
$C_2H_5OC_2H_5$	CH_3CHO	OCH_2CHCH_3	$C_3H_5(OH)_3$

벤젠(B)	시안화수소	아세톤	메틸에틸케톤
C_6H_6	HCN	CH_3COCH_3	$CH_3COC_2H_5$
또는	$H-C\equiv N$		

페놀	톨루엔(T)	크실렌(X)	
C_6H_5OH	$C_6H_5CH_3$	$C_6H_4(CH_3)_2$	
		 (O-크실렌)　(m-크실렌)　(P-크실렌)	

트리니트로페놀	트리니트로톨루엔	피리딘	메타 크레졸
$C_6H_2OH(NO_2)_3$	$C_6H_2CH_3(NO_2)_3$	C_5H_5N	$C_6H_4CH_3OH$

니트로글리콜	니트로글리세린	과산화벤조일	아세틸퍼옥사이드
$C_2H_4(ONO_2)_2$	$C_3H_5(ONO_2)_3$	$(C_6H_5CO)_2O_2$	

1. 주기율표

▼ 필수암기 원자번호와 족 수

족수	불변			가변				0
	+1	+2	+3	+4 / −4	+5 / −3	+6 / −2	+7 / −1	
1주기	H 수소 1		원소기호 이름 원자량		흑배경−금속 흰배경−비금속			He 헬륨 4
2주기	Li 리튬 7	Be 베릴륨 9	B 붕소 11	C 탄소 12	N 질소 14	O 산소 16	F 불소 19	Ne 네온 20
3주기	Na 나트륨 23	Mg 마그네슘 24	Al 알루미늄 27	Si 규소 28	P 인 31	S 황 32	Cl 염소 35.5	Ar 알곤 40
4주기	K 칼륨 39	Ca 칼슘 40					Br 취소 79.9	Kr 크립톤 83.8
기타	Rb(루비듐) Cs(세슘) Fr(프란슘)	Sr(스트론듐) Ba(바륨) Ra(라듐)					I 옥소 126.9	Xe 크세논 131
	알칼리 금속	알칼리 토금속	알루미늄족	탄소족	질소족	산소족	할로겐족	불활성 기체

2. 주기와 족

- 주기 : 주기율표의 가로줄, 1주기에서 7주기까지 있음
- 족 : 주기율표의 세로줄, 1족에서 18족까지 있음(원소의 성질을 결정함)

1) 1족 – 알칼리 금속(+1가)

① 2주기부터 시작하는 +1가 금속으로 반응성이 크다

② 종류 : 리튬(Li), 나트륨(Na), 칼륨(K), 루비듐(Rb), 세슘(Cs), 프란슘(Fr)

(암기법) 리나칼루세프

2) 2족 – 알칼리 토금속(+2가)

① 2주기부터 시작하는 +2가 금속

② 종류 : 베릴륨(Be), 마그네슘(Mg), 칼슘(Ca), 스트론듐(Sr), 바륨(Ba), 라듐(Ra)

(암기법) 베마칼스바라

3) 7족 – 할로겐족(−1가)

① 1족원소와의 반응성이 크고, 소화약제로 사용되며, 독성이 있다.

Check Point 할로겐족 명명법

원소기호	위험물	소화약제	원자량
F	불소	플로오르	19
Cl	염소	클로오르	35.5
Br	취소	브롬	80
I	옥소	요오드	127

반응성의 크기 : $F_2 > Cl_2 > Br_2 > I_2$

4) 0족 – 비활성기체

① 원소가 화학적으로 안정적이기 때문에 화학반응을 하지 않는다.

② 산소와의 화학적 결합을 하지 않으므로 소화약제로 사용된다.

③ 종류 : 헬륨(He), 네온(Ne), 아르곤(Ar), 크립톤(Kr), 크세논(Xe), 라돈(Rn) 등

Check Point

➤ **전기음성도(원자가 전자를 끌어당기는 힘)**

전기음성도가 클수록 원자번호는 감소, 산화성은 증가, 이온화에너지 감소

$F > O > N > Cl > Br > I > P$

➤ **금속의 이온화 경향(이온화 경향이 클수록 화학적 활성이 크다)**

$K > Ca > Na > Mg > Al > Zn > Fe > Ni > Sn > Pb > H > Cu > Hg > Ag > Pt > Au$

칼 슘 나 마 알 아 철 니 주 납 수소 구 수은 은 백금 금

➤ **금속과 비금속의 양쪽성 원소(암기법 양쪽성인 것을 누가 (알아주납))**

알루미늄(Al), 아연(Zn), 주석(Sn), 납(Pb)

Check Point 원자의 구조

[수소의 구조]

[헬륨의 구조]

구성		질량(g)	기호
핵	양성자	1.6726×10^{-24}	P
	중성자	1.6749×10^{-24}	n
전자		9.1095×10^{-28}	e^-

원자번호＝양성자수＝전자수

원자량＝(양성자＋중성자＋전자)의 무게

➤ 원자번호(시험에서 원자번호 1번에서 20번은 원자량 주어주지 않습니다.)

암기법 수헬/리베붕탄 질산플네, 나마알규 인황염아/칼슘

➤ 원자번호로 원자량구하기

원자번호	1	2	3	4	5	6	7	8	9	10
원자	수소	헬륨	리튬	베릴륨	붕소	탄소	질소	산소	플로오르	네온
원자량	1	4	7	9	11	12	14	16	19	20
원자번호	11	12	13	14	15	16	17	18	19	20
원자	나트륨	마그네슘	알루미늄	규소	인	황	염소	아르곤	칼륨	칼슘
원자량	23	24	27	28	31	32	35.5	40	39	40

질량수＝양성자수＋중성자수＋전자수

1. **짝수일 때** : 짝수 원자번호의 원자량＝원자번호×2

   예 산소(8)＝8×2＝16

2. **홀수일 때** : 홀수 원자번호의 원자량＝원자번호×2＋1(홀수는 외로워 하나를 더함)

   예 알루미늄(13)＝13×2＋1＝27

3. 위 1), 2)의 예외로 암기해야 할 원자량

   (1) 수소 1 → 1　　　(2) 베릴륨 4 → 9　　　(3) 질소 7 → 14

   (4) 염소 17 → 35.5　　(5) 알곤 18 → 40

➤ 기타 원자량 참고사항

원자번호	9	17	35	53
할로겐족	F	Cl	Br	I
원자량	19	35.5	80	127

➤ 시험에 자주 나오는 분자량

구분	화학식	분자량	구분	화학식	분자량
염소산칼륨	$KClO_3$	122.5	트리에틸알루미늄	$(C_2H_5)_3Al$	114
과염소산칼륨	$KClO_4$	138.5	디에텔에테르	$C_2H_5OC_2H_5$	74
과망간산칼륨	$KMnO_4$	158	아세토니트릴	CH_3CN	41
과산화칼륨	K_2O_2	110	아크릴로니트릴	$CH_2=CHCN$	53
과산화나트륨	Na_2O_2	78	니트로글리세린	$C_3H_5(ONO_2)_3$	227
질산칼륨	KNO_3	101	트리니트로톨루엔	$C_6H_2CH_3(NO_2)_3$	227
질산은	$AgNO_3$	170	트리니트로페놀	$C_6H_2OH(NO_2)_3$	229
탄화알루미늄	Al_4C_3	144	톨루엔	$C_6H_5CH_3$	92

Check Point **다원자 이온(= 원자단 = 라디칼 = 원자기 = 원자근)**

두 가지 이상의 원소가 결합하여 마치 한 개의 원자와 같이 화학변화에서 분리되지 않고 모여서 결합하는 것

-3가 원자단		-2가 원자단		-1가 원자단		+1가 원자단	
PO_4^{3-}	인산기	SO_4^{2-}	황산기	OH^-	수산기	NH_4^+	암모늄기
		SO_3^{2-}	아황산기	NO_3^-	질산기		
		CO_3^{2-}	탄산기	CN^-	시안기 (니트릴)		

 Check Point **원자 개수 결정방법**

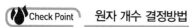

$$2Al(OH)_3 \longrightarrow 2Al_1^{3}(OH)_3^{-1}$$

수산화알루미늄[$Al(OH)_3$] 분자가 2개 있다는 의미이며, +3가의 알루미늄원자가 1개에 -1가의 $(OH)^{-1}$ 수산기 이온원자단이 결합한 것이다. 이온결합한 경우 앞의 원자가 양(+)이온 뒤의 원자가 음(-)이음이며, 상대방의 원가가 가수를 가져오면 평형이 된다.

예 $NaCl \rightarrow Na^{1+} + Cl^{1-}$, $Al_2O_3 \rightarrow Al^{3+} + O^{2-}$

3. 동소체

원소의 구성은 같으나 원자배열이 다르므로 성질이 다른 단체로서 연소생성물이 같은 것으로 확인한다.

구성요소	동소체의 종류	연소 생성물
산소(O)	산소(O_2), 오존(O_3)	-
탄소(C)	다이아몬드, 흑연, 숯	이산화탄소(CO_2)
인(P)	적린(P), 황린(P_4)	오산화인(P_2O_5)
황(S)	사방황, 단사황, 고무상황	이산화황(SO_2)

4. 화학 반응식

화합	$A+B \rightarrow AB$	두 가지 이상의 물질이 반응하여 한 가지 물질로 되는 반응
		$NH_3 + HCl \rightarrow NH_4Cl$ $2H_2 + O_2 \rightarrow 2H_2O$
분해	$A \rightarrow B+C$	한 가지 물질이 두 가지 이상의 물질로 되는 반응
		$Ca(HCO_3)_2 \rightarrow CaCO_3 + H_2O + CO_2$ $CuCl_2 \rightarrow Cu + Cl_2$
치환	$AB+C \rightarrow AC+B$	화합물을 구성하는 성분 중 일부가 다른 원자나 원자단으로 바뀌는 반응
		$CuSO_4 + Zn \rightarrow ZnSO_4 + Cu$ $2HCl + Mg \rightarrow MgCl_2 + H_2\uparrow$
이중치환 (복분해)	$AB+CD \rightarrow AD+CB$	두 가지 이상의 화합물이 서로 성분의 일부를 바꾸어 두 가지의 새로운 화합물이 생성되는 반응
		$AgNO_3 + KCl \rightarrow AgCl + KNO_3$ $HCl + NaOH \rightarrow NaCl + H_2O$

5. 화학결합

1) **공유결합** : 비금속과 비금속의 결합으로 두 원자가 전자쌍을 공유함으로 결합

   예 H_2, O_2, N_2, CO_2, H_2O, HF, NH_3 등

2) **이온결합** : 금속의 양이온(+)과 비금속의 음이온(−)의 결합

   예 염화나트륨 : $Na^+ + Cl^- \rightarrow NaCl$

3) **금속결합** : 자유전자와 금속의 양이온 사이의 정전기적 인력에 의한 결합

4) **수소결합** : 전기음성도가 큰 원소인 원소에 수소원자가 결합되어 있고 이 수소원자에 결합되어 있는 형태

   예 H_2O, HF, NH_3 등

5) **배위결합** : 비공유전자쌍을 내놓는 결합

   예 NH_4

※ **결합력의 세기(공이금수)**

   이온결합 > 공유결합 > 금속결합 > 수소결합

6. 화학식의 종류

1) **분자식** : 분자를 구성하는 원자의 종류와 수를 모두 나타낸 식

2) **실험식(조성식)** : 화합물에서 성분원소의 결합비를 가장 간단히 나타낸 식

$$실험식 = \frac{분자식}{n} \, (n = 정수비)$$

3) **시성식** : 분자 내에서 포함된 기를 사용하여 물질의 성질을 나타낸 식으로 주로 사용됨
분자식은 같으나, 성질이 다를 경우 시성식을 사용함
C_2H_5OH(에틸알코올), CH_3OCH_3(디메틸에테르)

4) **구조식** : 분자 내의 원자의 결합 상태를 원소 기호와 선으로 표현한 식

명칭	실험식	분자식	시성식	구조식
에틸알콜	C_2H_6O	C_2H_6O	C_2H_5OH	H H ㅣ ㅣ H － C － C － O － H ㅣ ㅣ H H
디메틸에테르	C_2H_6O	C_2H_6O	CH_3OCH_3	H H ㅣ ㅣ H － C － O － C － H ㅣ ㅣ H H

5) **반응식**

① **반응식의 의미**

반응 전 물질 → 반응 후 물질

A ＋ B   →   C ＋ D

㉠ 일정 성분비의 법칙 : 반응 전과 반응 후의 물질의 성분은 동일하다.

㉡ 질량보존의 법칙 : 반응 전과 반응 후의 물질의 질량은 동일하다.

② **대표적인 반응식의 종류**

㉠ **분해반응식** : 물질의 열이나 빛에 의하여 분해하여 다른 물질을 생성
제1류 위험물의 가열에 의한 산소발생
예 $NaClO_4 \rightarrow NaCl + 2O_2$

㉡ **연소반응식** : 물질이 산소와 반응하여 다른 물질을 생성
제2류 위험물, 제4류 위험물의 산소와 결합하는 연소반응(산화반응)
예 $C_2H_5OH + 3O_2 \rightarrow 2CO_2 + 3H_2O$

    ⓒ **물과의 반응식** : 물질이 산소와 반응하여 다른 물질을 생성

      제1류 위험물 중 알칼리금속의 과산화물, 제2류위험물 중 금속과 물과의 반응,

      제3류 위험물 중 금수성 물질의 반응

      예 $2Na + 2H_2O \rightarrow 2NaOH + H_2$

7. 무기화합물과 유기화합물의 분류

- 제1류 위험물 – 무기과산화물 → 무기화합물
- 제5류 위험물 – 유기과산화물 → 유기화합물
- 제1류 위험물   → 대부분 무기화합물
- 제4류 위험물   → 대부분 유기화합물

1) 유기화합물(= 유기물)

① 주성분 원소가 C(탄소), H(수소), O(산소)로 이루어진 화합물(기타 N(질소), P(인),
S(황)포함)

② 물과는 반응하기 어려우며, 알코올, 벤젠, 아세톤 등 유기용제에 잘 녹는다.

③ 연소가 용이하며 연소하면 이산화탄소(CO_2)와 물(H_2O)이 생성된다.

④ 융점 및 비점이 비교적 낮으며, 공유결합을 이루고 있다.

2) 탄소화합물의 분류

① **포화 탄화수소**
- 사슬모양(단일결합) : 알칸족
- 고리모양 : 시클로알칸

② **불포화 탄화수소**
- 사슬모양(이중결합) : 알켄
- 사슬모양(삼중결합) : 알킨
- 고리모양 : 벤젠 유도체

※ **결합에 의한 탄소와 탄소 사이의 거리**

  단일결합 ≫ 이중결합 ≫ 삼중결합

3) 무기화합물(= 무기물)

유기화합물을 제외한 모든 화합물

‖ Reference ‖ **탄소화합물의 특성**

① 비극성물질로 물에는 잘 녹지 않고, 유기용제(벤젠, 에테르, 알코올, 사염화탄소)에 잘 녹는다.
② 전기전도성이 없으므로 정전기 발생에 주의한다.(물에 녹아도 이온화가 안 됨)
③ 연소하며, 연소시 반응속도가 느리다.(공유결합력에 세기 때문에 반응속도가 느림)
④ 탄화수소 화합물이 완전연소 시 CO_2, H_2O가 생성된다.
⑤ 이성질체가 존재한다.

8. 탄화수소계

1) 탄화수소계 구성

① 탄소수의 접두어

C_1 : 메스(meth)	C_2 : 에스(eth)	C_3 : 프로프(prop)	C_4 : 부트(but)	C_5 : 펜트(pent)
C_6 : 헥스(hex)	C_7 : 헵트(hept)	C_8 : 옥트(oct)	C_9 : 논(non)	C_{10} : 데크(dec)

② 탄소와 수소

알칸 (C_nH_{2n+2}) -단일결합-		알킬기 (C_nH_{2n+1}) -반응기-		알켄 (C_nH_{2n}) -이중결합-		알킨 (C_nH_{2n-2}) -삼중결합-	
화학식	이름	화학식	이름	화학식	이름	화학식	이름
CH_4	메탄	CH_3	메틸기	–	–	–	–
C_2H_6	에탄	C_2H_5	에틸기	C_2H_4	에텐 (에틸렌)	C_2H_2	에틴 (아세틸렌)
C_3H_8	프로판	C_3H_7	프로필기	C_3H_6	프로펜 (프로필렌)	C_3H_4	프로핀 (메틸아세틸렌)
C_4H_{10}	부탄	C_4H_9	부틸기	C_4H_8	부텐 (부틸렌)	C_4H_6	부틴 (에틸아세틸렌)
C_5H_{12}	펜탄	C_5H_{11}	펜틸기	C_5H_{10}	펜텐 (펜틸렌)	C_5H_8	펜틴

2) 탄화수소계 구조식

		C-1개	C-2개	C-3개	C-4개
알칸	C_nH_{2n+2} (단일결합)	메탄(CH_4) 구조식	에탄(C_2H_6) 구조식	프로판(C_3H_8) 구조식	부탄(C_4H_{10}) 구조식
알킬	C_nH_{2n+1} (원자단)	메틸(CH_3) 구조식	에틸(C_2H_5) 구조식	프로필(C_3H_7) 구조식	부틸(C_4H_9) 구조식

알켄	C_nH_{2n} (이중결합)	—	에텐(C_2H_4) $H-C=C-H$	프로핀(C_3H_6) $H-C-C=C-H$	부텐(C_4H_8) $H-C-C=C-C-H$
알킨	C_nH_{2n-2} (삼중결합)	—	에틴(C_2H_2) $H-C\equiv C-H$	프로틴(C_3H_4) $H-C-C\equiv C-H$	부틴(C_4H_6) $H-C-C\equiv C-C-H$

3) 탄화수소계화합물의 탄소수 증가할수록(위험성은 작아진다)

① 비중, 착화점, 연소범위, 휘발성, 연소속도 낮아진다.

② 비점, 인화점, 발열량, 증기비중, 점도 높아진다.

③ 이성질체가 많아진다.

9. 제4류 위험물의 작용기

작용기명	작용기	구조식	일반명	예시
히드록시기	$-OH$	$-O-H$	알코올류	메탄올 CH_3OH 에탄올 C_2H_5OH
카르보닐기	$-CO-$	$-\overset{O}{\underset{\parallel}{C}}-$	케톤	아세톤 CH_3COCH_3 메틸에틸케톤 $CH_3COC_2H_5$
에스테르기	$-COO-$	$-\overset{O}{\underset{\parallel}{C}}-O-$	에스테르	포름산메틸 $HCOOCH_3$ 아세트산에틸 $CH_3COOC_2H_5$
카르복시기	$-COOH$	$-\overset{O}{\underset{\parallel}{C}}-O-H$	카르복시산	의산 $HCOOH$ 초산 CH_3COOH
아미노기	$-NH_2$	$-\overset{\displaystyle N-H}{\underset{H}{\mid}}$	아민	메틸아민 CH_3NH_2 아닐린 $C_6H_5NH_2$
니트로기	$-NO_2$	$-\overset{N=O}{\underset{O}{\mid}}$ (공명)	니트로	니트로벤젠 $C_6H_5NO_2$
에테르기	$-O-$	$-O-$	에테르	디메틸에테르 CH_3OCH_3 디에틸에테르 $C_2H_5OC_2H_5$
포르밀기	$-CHO$	$-\overset{O}{\underset{\parallel}{C}}-H$	알데히드	포름알데히드 $HCHO$ 아세트알데히드 CH_3CHO
아크릴기	$CH_2=CH$	$H-C=C-$	비닐	스틸렌 $C_6H_5CH_2=CH$
시안기	CN	$-C\equiv H$	니트릴	아세토니트릴 CH_3CN 아크릴로니트릴 $CH_2=CHCN$

※ 구조이성질체의 접두어

노말(n−) (기본구조)	이소(iso−) (곁가지 1개)	네오(neo−) (곁가지 2개)
C − C − C − C	$\begin{array}{c} C \\ | \\ C-C-C-C \end{array}$	$\begin{array}{c} C \\ | \\ C-C-C \\ | \\ C \end{array}$

10. 산화와 환원반응

1) 산화와 환원의 비교

산화(가연성물질)		환원(조연성물질)
산소(O) 결합하는 현상	↔	산소(O) 잃는 현상
수소(H)를 잃는 현상	↔	수소(H)를 얻는 현상
전자를 잃는 현상	↔	전자를 얻는 현상
산화수의 증가	↔	산화수의 감소

2) 산화, 환원의 예

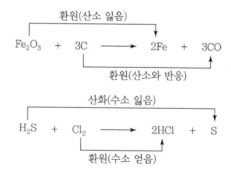

3) 산화수의 계산

① 단체의 산화수는 → 0

② 중성화합물을 구성하는 원자의 산화수의 합은 → 0

③ 이온의 산화수 → 그 이온의 가수로 결정

④ 산소화합물에서 산소의 산화수는 → −2

⑤ 금속수소화합물에서 수소의 산화수는 → −1

⑥ 과산화물에서 산소의 산화수는 → −1

4) 산화제와 환원

산화제(제1류, 제6류 위험물)		환원제(제2류~제5류 위험물)	
산화제(산화성, 산화력)의 조건		환원제(환원력, 환원성)의 조건	
산소를 내기 쉬운 물질	H_2O_2, $KClO_3$	수소를 내기 쉬운 물질	H_2S
수소와 결합하기 쉬운 물질	O_2, Cl_2	산소와 결합하기 쉬운 물질	H_2O_2, SO_2
전자를 얻기 쉬운 물질	$MnO_2 -$	전자를 잃기 쉬운 물질	H_2SO_3
발생기 산소를 내기 쉬운 물질	O_2,. O_3, Cl_2	발생기 수소를 내기 쉬운 물질	H_2, CO

※ 제6류 위험물의 과산화수소는 산화제와 환원제로 동시에 사용

11. 산과 염기

1) 산

- 신맛이 나는 금속과 치환할 수 있는 수소화합물로 금속과 반응시 수소 발생
- 수소이온(H^+)을 생성하는 화합물

2) 염기

- 쓴맛이 나는 수산화기(OH^-)를 가지고 있는 화합물
- 알칼리 : 염기 중에서 물에 녹아 수산화기(OH^-)를 생성하는 화합물

12. 수소이온 농도(pH)

1) $1l$ 중 H^+의 몰수(g ion수)로 [H^+]로 표시하며 [H^+]의 역수를 상용대수로 사용

$$pH = \log \frac{1}{[H^+]} = -\log[H^+]$$

pH	산성						중성			알칼리성				
	0	1	2	3	4	5	6	7	8	9	10	11	12	13	14
H^+	10^0	10^{-1}	10^{-2}	10^{-3}	10^{-4}	10^{-5}	10^{-6}	10^{-7}	10^{-8}	10^{-9}	10^{-10}	10^{-11}	10^{-12}	10^{-13}	10^{-14}
OH^-	10^{-14}	10^{-13}	10^{-12}	10^{-11}	10^{-10}	10^{-9}	10^{-8}	10^{-7}	10^{-6}	10^{-5}	10^{-4}	10^{-3}	10^{-2}	10^{-1}	10^0

2) 수소이온농도(H^+)와 수산이온농도(OH^-)의 합은 00이다.

산성 $H^+ \gg OH^-$, 중성 $H^+ = OH^-$, 염기성 $H^+ \ll OH^-$

3) 위험물 적용 pH 값

① pH9 : 황린 보호액의 물의 농도(약알칼리성)
② pH12 : 강화액 소화약제 농도(강알칼리성)

13. 연소의 정의

1) 정의

가연물이 공기 중의 산소와 반응하여 열과 빛을 발하는 급격한 산화반응

※ 연소속도＝산화속도

※ 산화반응 : 물질이 산소와 화합하는 반응

2) 연소의 3요소(암기법 가산점)

① 가연물

② 산소공급원

③ 점화원(＝에너지원)

3) 연소반응식(산소와 화합결합)

① **Z계산** : 왼쪽 S가 3개에서 오른쪽 SO_2로 반응하여 S는 3개, 그러므로 Z는 3

② **Y계산** : 왼쪽 P가 4개에서 오른쪽 P_2O_5로 반응하여 P는 4개, 그러므로 Y는 2

③ **X계산** : 오른쪽 Y와 Z가 결정되었으므로 O개수를 구할 수 있음, $2P_2O_5$에서 산소가 10개, $3SO_2$에서 산소가 6개이므로 합은 16개, O_2는 8개가 되며 X는 8

$$P_4S_3 + 8O_2 \rightarrow 2P_2O_5 + 3SO_2$$

4) 완전연소 시 생성물(산소와 화학반응)

① 수소 : $2H_2 + O_2 \rightarrow 2H_2O$

② 탄소 : $C + O_2 \rightarrow CO_2$

③ 황 : $S + O_2 \rightarrow SO_2$

④ 인 : $4P + 5O_2 \rightarrow 2P_2O_5$

⑤ 질소 : $N + O_2 \rightarrow NO_2$

5) 탄화수소(CnHm)계 완전연소반응식

$$ⓐCnHm + ⓑO_2 \rightarrow ⓒCO_2 + ⓓH_2O + Q[kcal]$$

① ⓐ를 1로 정할 경우, ⓒ값은 n을 대입(ⓒ=n)

② ⓓ값은 m을 2로 누눈 수(ⓓ=m/2)

③ ⓑ값은 m을 4로 나누어서 n을 더한 수(ⓑ=n+m/4)

　　例 $CH_4 + 2O_2 \rightarrow CO_2 + 2H_2O$

　　　　$1 + 4/4$　　1　　$4/2$

6) 연소열

어떤 물질 1mol이 완전연소할 때 발생하는 열

例 $CH_4 + 2O_2 \rightarrow CO_2 + 2H_2O + 212.8kcal$

위의 식에서 보면 1몰의 메탄은 연소 시 212.8kcal의 열을 방출한다.

물질마다 열량이 틀리므로 통상적으로 Q로 표시한다.

14. 공기의 평균 분자량 구하기, 가스의 비중

1) 공기의 구성 및 무게

원소	비율	무게
질소(N_2)	78.03%	$28 \times 0.7803 = 21.84$
산소(O_2)	20.99%	$32 \times 0.2099 = 6.716$
알곤(Ar)	0.94%	$40 \times 0.0094 = 0.376$
이산화탄소(CO_2)	0.03%	$44 \times 0.0003 = 0.132$
합	100%	계=29.064

2) 증기(가스)의 비중

① 공기의 분자량에 대한 상대적인 값으로 증기의 상대적인 무게를 나타내는 값

例 메탄가스(CH_4, 도시가스의 주성분)=분자량 16($12 \times 1 + 1 \times 4$)

증기비중 $\dfrac{증기의\ 분자량}{공기의\ 평균분자량} = \dfrac{16}{29} = 0.5517 ≒ 0.55$이므로 공기보다 가벼움

② 공기의 평균분자량(29)으로 나누어 1보다 크면 공기보다 무겁고, 1보다 작으면 공기보다 가볍다.

例 프로판가스(C_3H_8, LPG가스의 주성분)=분자량 44($12 \times 3 + 1 \times 8$)

비중 $\dfrac{44}{29} ≒ 1.52$이므로 공기보다 무거움

15. 주요 가스의 연소범위

가연성가스	하한계%	상한계%	위험도	암기법
아세틸렌 C_2H_2	2.5	81	31.40	아세끼 아파서 2581 긴급전화하고
가솔린(휘발유)	1.4	7.6	4.43	휘발유 넣고 일사칠육으로
수소 H_2	4	75	17.75	수사치고 (수사하고)
암모니아 NH_3	15	28	0.87	암모니아 (먹고)십오 이팔청춘은
일산화탄소 CO	12.5	74	4.92	(연탄)12장반 (빌리는 게) 치사해
에틸렌 C_2H_4	2.7	36	12.33	
메탄 CH_4	5	15	2.00	(메에프부) 오일오
에탄 C_2H_6	3	12.4	3.13	쌈 열두번 사
프로탄 C_3H_8	2.1	9.5	3.52	2.1프로 구하고
부탄 C_4H_{10}	1.8	8.4	3.67	십팔 팍사

※ 가연성 가스의 위험도

$$위험도 = \frac{연소범위\,상한\,값 - 연소범위\,하한\,값}{연소범위\,하한\,값}, \quad H = \frac{U-L}{L}$$

예 수소의 위험도 : $\dfrac{75-4}{4} = 17.75$

16. 준자연발화(제3류 위험물)

가연물이 공기 또는 물과 접촉하여 급격히 발열, 발화하는 현상

1) 알킬알루미늄 : 벤젠 · 핵산을 희석제로 사용

　이유 : 물 또는 공기와 반응하여 발화

2) 칼륨, 나트륨 : 석유(등유, 경유, 파라핀)에 보관

　이유 : 물 또는 습기와 반응하여 발화

3) 황린 : pH9(약알카리)의 물속에 보관

　이유 : PH_3 인화수소의 발생을 억제하기 위하여

17. 혼합발화(= 혼촉발화)

1) 서로 다른 두 가지 이상의 위험물이 혼합 · 혼촉하였을 때 발열 · 발화하는 현상
2) 혼재불가한 위험물(단, 지정수량의 10분의 1 이하 위험물 제외)
　① 제4류 - 제2류, 제3류 혼재가능

② 제5류 – 제2류, 제4류 혼재가능

③ 제6류 – 제1류 혼재가능

유별	제1류	제2류	제3류	제4류	제5류	제6류
제1류		×	×	×	×	○
제2류	×		×	○	○	×
제3류	×	×		○	×	×
제4류	×	○	○		○	×
제5류	×	○	×	○		×
제6류	○	×	×	×	×	

○ – 혼재가능
X – 혼재불가

```
1 – 6
═══
2 – 5
 ＼｜
3 – 4
```

※ 나머지는 혼재시 혼합발화(혼촉발화)의 위험

18. 위험성이 증가하는 경우

1) 온도, 압력, 산소농도가 높을수록

2) 연소범위가 넓을수록

3) 연소열, 증기압이 클수록

4) 연소속도가 빠를수록

5) 낮을수록 위험한 경우 – 인화점, 착화점, 비점, 비중

19. 밀도, 비중

1) 밀도

① 밀도 : 물질의 질량을 부피로 나눈 값으로 단위는 g/ml, g/cm³이다.

$$밀도\ \rho = \frac{M(질량)}{V(부피)}\ [\text{g}/l]$$

② 기체밀도 : 이상기체상태 방정식에서 유도

$$PV = \frac{W}{M}RT, \quad 밀도\ \rho[\text{g}/l] = \frac{W(질량)}{V(부피)} = \frac{PM}{RT}$$

③ 표준상태(0℃, 1기압일 때, RT = 0.08205 × 273.15 = 22.4L)의 기체밀도

$$\rho\,[\text{g}/l] = \frac{W}{V} = \frac{PM}{RT} = \frac{1 \times M}{0.08205 \times 273.15} = \frac{M(분자량)}{22.4}$$

2) 비중

① 비중 : 어떤 물질의 밀도와 물 4℃에의 밀도와의 비로 단위가 없다.

$$비중 = \frac{물질의\ 밀도}{4℃\ 물의\ 밀도} = \frac{물질의\ 중량}{동일\ 체적의\ 물의\ 중량}$$

② 증기 비중 : 기체(증기)와 공기와의 상대적인 비로 단위가 없다.

$$증기\ 비중 = \frac{증기의\ 분자량}{공기의\ 분자량} = \frac{증기의\ 분자량}{29}$$

Check Point

➤ NTP(Normal Temperature and Pressure) : 20℃, 1기압
  주로 물리적상태의 표준으로 상온, 상압을 말함

➤ STP(Standard Temperature and Pressure) : 0℃, 1기압
  주로 화학적인 표준상태를 지칭하는 말

※ **물의 밀도, 비중량**

물의 밀도	물의 비중량
$1g/cm^3$	$1gf/cm^3$
$1kg/L$	$1kgf/L$
$1,000kg/m^3$	$1,000kgf/m^3$

예제

액체상태의 물 1m³가 표준대기압 100℃에서 기체 상태로 될 때 수증기의 부피가 약 1,700배로 증가하는 것을 이상기체방정식으로 설명하시오.(단, 물의 비중은 1,000kg/m³이다.)

정답 및 해설

정답 약 1,700.26m³

물(H_2O)의 분자량 18, 1m³＝1,000kg

$$V = \frac{WRT}{PM} = \frac{1,000 \times 0.08205 \times (273+100)}{1 \times 18} = 1,700.258 ≒ 1,700.26m^3$$

20. 기체 법칙 풀이

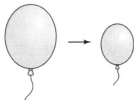

압력이 증가하면
체적은 감소하므로 반비례

[보일의 법칙(온도일정)]

온도가 증가하면
체적은 증가하므로 비례

[샤를의 법칙(압력일정)]

1) 보일의 법칙[암기법 보온압력반 – 보(일의법칙) 온(도일정 부피는) 압(력에) 반(비례)]

온도가 일정할 때 기체가 차지하는 부피는 절대압력에 반비례

$$\therefore P_1 V_1 = P_2 V_2$$

2) 샤를의 법칙[암기법 사납게온비 – 샤(를의법칙) 압(력일정 부피는) 온(도에) 비(례)]

압력이 일정할 때 일정량의 기체의 부피는 $1°C$ 상승함에 따라 $0°C$때의 부피의 $\dfrac{1}{273}$ 만큼

증가한다. 즉 일정한 압력하에서 기체의 부피는 절대온도에 비례

$$\frac{V_1}{T_1} = \frac{V_2}{T_2}, \quad V_2 = \frac{T_2 V_1}{T_1}$$

3) 보일–샤를의 법칙

일정량의 기체가 차지하는 부피는 절대온도에 비례하고 압력에 반비례

$$\frac{P_1 V_1}{T_1} = \frac{P_2 V_2}{T_2}, \quad P_2 = \frac{P_1 V_1 T_2}{T_1 V_2}$$

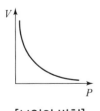

[보일의 법칙]

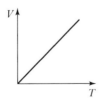

[샤를의 법칙]

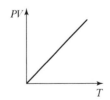

[보일–샤를의 법칙]

4) 아보가드로의 법칙

모든 기체 1mole은 표준상태(0℃, 1기압)에서 부피는 22.413l이고 그 안에는 6.02214×10^{23}개의 분자가 들어있다.

∴ 기체 1mole＝부피 22.4l＝분자 6.022×10^{23}개(0℃, 1기압)

$$1mole = \frac{PV}{T} \times \frac{1}{R} (R = \frac{PV}{T} \leftarrow 1mole을 \ 맞추기 \ 위한 \ 상수)$$

T＝0℃＝273＋0℃＝273K, P＝1기압＝1atm

$$R = \frac{PV}{1mole \times T} = \frac{1atm \times 22.4l}{1mole \times 273K} = 0.082l \cdot atm/mole \cdot K(\boxed{암기법} \ 염소똥파리)$$

위의 보일샤를의 법칙과 아보가드로의 법칙을 하나의 식으로 정리하면 이상기체 상태 방정식이 유도 된다.

21. 이상기체 상태 방정식

1) 상태 방정식

$$n = \frac{PV}{TR} \ \rightarrow \ PV = nRT \ \rightarrow \ PV = \frac{W}{M}RT$$

여기서, P : 압력(atm)

V : 체적(l)

n : 몰수(mole)＝$\dfrac{W(질량g)}{M(분자량)}$

R : 기체상수(아보가드로의 상수)

T : 절대온도(K＝섭씨＋273.15)

2) 이상기체의 조건

① 분자의 크기와 분자간의 인력을 무시한다.

② 보일－샤를의 법칙과 이상기체 상태식을 만족한다.

③ 온도가 높고 압력이 낮을 때 이상기체에 가까워진다.

④ 실제기체중 수소(H), 헬륨(He)가스 이상기체와 가장 가깝다.

3) 기체상수의 값

기체상수 값	유도 과정
$0.082l \cdot atm/mol \cdot K$	$R = \dfrac{1atm \times 22.4l}{1mole \times 273K} = 0.082 l \cdot atm/mol \cdot K$
$0.082m^3 \cdot atm/k-mol \cdot K$	$R = \dfrac{1atm \times 22.4l \times 1,000}{1,000 \times 1mole \times 273°K}$ $= 0.082m^3 \cdot atm/kmol \cdot K$
$8.314Pa \cdot m^3/mol \cdot K$	$R = \dfrac{101,325Pa \times 0.0224m^3}{1mole \times 273°K}$ $= 8.314Pa \cdot m^3/mol \cdot K$ $(1Pa=1N/m^2,\ 1J=1N \cdot m=1kg \cdot m^2/s^2)$
$1.987cal/mol \cdot K$	위식$\times \dfrac{1cal}{4.184J}$ $(4.184J=1cal)$

4) 이상기체 상태방정식 적용 시 주의점

$$PV = nRT \rightarrow PV = \frac{W}{M}RT \rightarrow V = \frac{WRT}{PM}$$

① W단위가 [kg]일 때는 V단위는 [m³]

② W단위가 [g]일 때는 V단위는 [L]

③ 문제에서 온도 및 압력의 조건이 없으면 표준상태로 계산 1atm, 0℃(273K)로 계산

$V = \dfrac{WRT}{PM} \rightarrow$ 표준상태는 $T = 273,\ R = 0.082,\ P = 1atm$이므로

$\dfrac{RT}{P} = \dfrac{0.082 \times 273}{1} = 22.4L$

$V = \dfrac{W \times 22.4}{M}$ 를 대입하여 계산하여도 무방함

④ 문제의 조건 잘 보시고 단위 틀리지 않게 변환하여 풀이하세요.(특히, 압력과 온도)

22. 온도(Temperature)

1) 상대온도

① **섭씨온도(Centigrade Temperature)**

표준대기압(1atm)상태에서 물의 어는점(빙점)을 0℃, 물의 끓는점(비점)을 100℃로 하고 이것을 100등분하여 사용하는 온도로 기호는 ℃를 사용한다.

② **화씨온도(Fahrenheit Temperature)**

표준대기압(1atm)상태에서 물의 어는점(빙점)을 32℉, 물의 끓는점(비점)을 212℉로 하고 이것을 180등분하여 사용하는 온도로 기호는 ℉를 사용한다.

③ **상대온도의 변환**

$$℃ = \frac{5}{9}(℉ - 32), \quad ℉ = 1.8℃ + 32, \quad \frac{t[℃]}{100} = \frac{t[℉] - 32}{180}$$

2) 절대온도

① **캘빈온도(Kelvin)** : 섭씨온도의 절대온도로 섭씨온도에서 273을 더하여 사용한다.

$$K = ℃ + 273$$

② **랭킨온도(Rankine)** : 화씨온도의 절대온도로 화씨온도에 460을 더하여 사용한다.

$$R = ℉ + 460$$

③ **절대온도의 상호변환**

$$K = ℃ + 273, \quad R = ℉ + 460$$

④ **절대온도를 사용하는 공식**

- 이상기체 상태방정식 $PV = \dfrac{W}{M}RT$

- 스테판－볼츠만의 법칙

$$Q = aAF(T_1^{\,4} - T_2^{\,4}) \qquad \frac{Q_1}{Q_2} = \frac{(T_1 + 273)^4}{(T_2 + 273)^4}$$

여기서, Q : 복사열[W/S]

a : 스테판볼츠만상수[W/m² · K⁴]

A : 단면적[m²]

T_1 : 고온[K]

T_2 : 저온[K]

3) 온도의 상호 변환

구분	기호	물에 대한 값			변환공식
		빙점	비점	등분	
섭씨온도	℃	0℃	100℃	100	$℃ = \dfrac{5}{9}(℉ - 32)$
화씨온도	℉	32℉	212℉	180	$℉ = \dfrac{5}{9}℃ + 32$
캘빈온도	K	273℃	373℃	–	$K = ℃ + 273$
랭킨온도	R	492℉	672℉	–	$R = ℉ + 460$

구분	상대온도		절대온도	
	화씨온도	섭씨온도	캘빈온도	랭킨온도
물 끓는점 → 물 어는점 →	392℉ 212℉ 32℉ -460℉	200℃ 100℃ 0℃ -273℃	473K 373K 273K 0K	852R 672R 492R 0R

23. 압력

1) 압력

단위 면적당 수직방향으로 가해지는 힘이다.

$$압력 = \frac{힘}{면적} = \frac{kgf}{cm^2}$$

2) 압력의 구분

① **절대압력(absolute pressure)** : 완전 진공 상태를 0으로 하여 측정한 압력

② **계기압력(gauge pressure, 게이지압력)** : 현재의 대기압을 0으로 하여 계기에 표시되는 압력

③ **진공압력(vacuum pressure)** : 완전 진공이란 기압이 전혀 없는 상태, 즉 기압이 0인 상태

④ **압력의 변환**
- 절대 압력 = 대기압 + 게이지 압력
- 절대 압력 = 대기압 - 진공 압력

3) 표준대기압(atm)

① 공기의 무게, 즉 지구 대기의 무게에 대한 압력이다.

② 위도 45°의 해면에서 단위면적 1제곱센티미터의 단면적을 가진 높이 약 760mm의 수은의 무게와 동일한 압력을 기준으로 1기압을 정하였다.

$$
\begin{aligned}
1atm &= 760mmHg(=torr) = 76cmHg &&: 수은주의 높이 \\
&= 10332mmH_2O &&= 10.332mH_2O : 수은의 비중 13.6(760\times13.6≒10332\ mm) \\
&= 1.0332kgf/cm^2 &&= 10332gf/cm^2 : 물 10m가 1cm^2에 작용하는 힘은 1kgf/cm^2 \\
&= 101325pa &&= 101.325kPa : 위에 f를 중력가속도(g=9.80665)로 변환 \\
&= 101325N/m^2 &&: 1pa = 1N/m^2 \\
&= 1.01325bar &&= 1013.25mbar : 위에 N을 CGS계 단위로 10^{-5}를 곱함 \\
&= 14.7psi &&= 14.7lbf/in^2 : 물 1in^2에 작용하는 힘을 압력으로 변환
\end{aligned}
$$

예 압력변환 방법

1. 750mmHg은 몇 mH_2O인가?

$$
750\,mmHg = 750\,mmHg \times \frac{10.322m}{760mmHg} ≒ 10.196m
$$

2. 10.196m은 몇 atm인가?

$$
10.196\,m = 10.196\,m \times \frac{1atm}{10.332m} ≒ 0.9868atm
$$

4) 공학기압(at)

표준대기압 $1.0332kgf/cm^2$을 1로 변환하여 공학에 적용하기 위한 환산 압력이다.

$$
\begin{aligned}
1at &= 0.9679atm = 735.6mmHg = 1kgf/cm^2 = 10mH_2O \\
&= 14.2psi = 98070pa = 980.7mbar
\end{aligned}
$$

Check Point

> ➤ 액체의 비율에 관련된 식

1. 농도 : 일정 질량, 부피 등에 대해 해당 성분이 얼마나 포함되어 있는지를 나타내 주는 값
   - 용질 : 녹는 물질
   - 용매 : 녹이는 물질
   - 용액 = 용매 + 용질

2. 용해도 : 일정한 온도에서 용매 100g에 최대로 녹을 수 있는 용질의 g수

$$
용해도 = \frac{녹는\ 물질}{녹이는\ 물질} \times 100 = \frac{용질의\ g수}{용매의\ g수} \times 100
$$

3. 농도 : 질량 백분율

$$\%농도 = \frac{용질의\ 질량(g)}{용액의\ 질량(g)} \times 100$$

➤ **당량**

1. 몰농도(M) : 용액의 1L 속에 녹아 있는 용질의 몰수

$$몰농도(M) = \frac{용질의\ 몰수(mol)}{용액의\ 부피(L)}$$

화학실험에서 가장 흔하게 사용하는 농도 계산법이다.

2. 몰랄농도(m) : 용매 1kg 속에 녹아 있는 용질의 몰수

$$몰랄농도(m) = \frac{용질의\ 몰수}{용액의\ 질량(kg)}$$

질량으로 계산하기 때문에 온도나 압력에 영향을 받지 않는다.

3. 노르말농도(N) : 용액 1L 속에 녹아 있는 용질의 그램(g)당량수

$$노르말농도(N) = \frac{용질의\ 당량수}{용액의\ 부피(L)}$$

4. 몰분율 : 용질의 몰수를 용액 전체로 나눈 것

$$몰분율 = \frac{특정성분의\ 몰수}{용액의\ 각\ 성분\ 몰수의\ 합계}$$

5. 당량수 : 1몰에 있는 당량(단위 eq/mol)
6. g당량 : 1당량에 있는 g(단위 g/eq)
7. g당량수 : 1g당량에 있는 질량(단위 eq)

➤ **기체**

1. 온도변화에 따른 부피(체적) 증가

$$V = V_0 + V_0 \cdot (\beta \cdot \Delta t) = V_0(1 + \beta \Delta t)$$

V : 최종 부피, V_0 : 팽창 전 부피

β : 팽창계수, Δt : 온도 변화량

2. 부피(체적)증가율

$$부피증가율 = \frac{팽창\ 후\ 부피 - 팽창\ 전\ 부피}{팽창\ 전\ 부피} \times 100 = \frac{V - V_0}{V_0} \times 100$$

CHAPTER 02 위험물의 성질과 상태

위험물 및 지정수량

■ 위험물안전관리법 시행령 [별표 1] 〈개정 2021. 6. 8〉

위험물 및 지정수량(제2조 및 제3조 관련)

유별	성질	품명	지정수량
		위험물	
제1류	산화성고체	1. 아염소산염류	50킬로그램
		2. 염소산염류	50킬로그램
		3. 과염소산염류	50킬로그램
		4. 무기과산화물	50킬로그램
		5. 브롬산염류	300킬로그램
		6. 질산염류	300킬로그램
		7. 요오드산염류	300킬로그램
		8. 과망간산염류	1,000킬로그램
		9. 중크롬산염류	1,000킬로그램
		10. 그 밖에 행정안전부령으로 정하는 것 　　1) 과요오드산염류 　　2) 과요오드산 　　3) 크롬, 납 또는 요오드의 산화물 　　4) 아질산염류 　　5) 차아염소산염류 　　6) 염소화이소시아눌산 　　7) 퍼옥소이황산염류 　　8) 퍼옥소붕산염류 11. 제1호 내지 제10호의 1에 해당하는 어느 하나 이상을 함유한 것	50킬로그램, 300킬로그램 또는 1,000킬로그램
제2류	가연성고체	1. 황화린	100킬로그램
		2. 적린	100킬로그램
		3. 유황	100킬로그램

제2류	가연성고체	4. 철분	500킬로그램
		5. 금속분	500킬로그램
		6. 마그네슘	500킬로그램
		7. 그 밖에 행정안전부령으로 정하는 것 8. 제1호 내지 제7호의 1에 해당하는 어느 하나 이상을 함유한 것	100킬로그램 또는 500킬로그램
		9. 인화성고체	1,000킬로그램
제3류	자연발화성 물질 및 금수성물질	1. 칼륨	10킬로그램
		2. 나트륨	10킬로그램
		3. 알킬알루미늄	10킬로그램
		4. 알킬리튬	10킬로그램
		5. 황린	20킬로그램
		6. 알칼리금속(칼륨 및 나트륨을 제외한다) 및 알칼리 토금속	50킬로그램
		7. 유기금속화합물(알킬알루미늄 및 알킬리튬을 제외 한다)	50킬로그램
		8. 금속의 수소화물	300킬로그램
		9. 금속의 인화물	300킬로그램
		10. 칼슘 또는 알루미늄의 탄화물	300킬로그램
		11. 그 밖에 행정안전부령으로 정하는 것 – 염소화규소화합물을 12. 제1호 내지 제11호의 1에 해당하는 어느 하나 이 상을 함유한 것	10킬로그램, 20킬로그램, 50킬로그램 또는 300킬로그램
제4류	인화성액체	1. 특수인화물	50리터
		2. 제1석유류 비수용성액체	200리터
		2. 제1석유류 수용성액체	400리터
		3. 알코올류	400리터
		4. 제2석유류 비수용성액체	1,000리터
		4. 제2석유류 수용성액체	2,000리터
		5. 제3석유류 비수용성액체	2,000리터
		5. 제3석유류 수용성액체	4,000리터
		6. 제4석유류	6,000리터
		7. 동식물유류	10,000리터

제5류	자기반응성 물질	1. 유기과산화물	10킬로그램
		2. 질산에스테르류	10킬로그램
제5류	자기반응성 물질	3. 니트로화합물	200킬로그램
		4. 니트로소화합물	200킬로그램
		5. 아조화합물	200킬로그램
		6. 디아조화합물	200킬로그램
		7. 히드라진 유도체	200킬로그램
		8. 히드록실아민	100킬로그램
		9. 히드록실아민염류	100킬로그램
		10. 그 밖에 행정안전부령으로 정하는 것 1) 금속의 아지화합물 2) 질산구아니딘 11. 제1호 내지 제10호의 1에 해당하는 어느 하나 이상을 함유한 것	10킬로그램, 100킬로그램 또는 200킬로그램
제6류	산화성액체	1. 과염소산	300킬로그램
		2. 과산화수소	300킬로그램
		3. 질산	300킬로그램
		4. 그 밖에 행정안전부령으로 정하는 것 – 할로겐간화합물	300킬로그램
		5. 제1호 내지 제4호의 1에 해당하는 어느 하나 이상을 함유한 것	300킬로그램

[비고]
1. "산화성고체"라 함은 고체[액체(1기압 및 섭씨 20도에서 액상인 것 또는 섭씨 20도 초과 섭씨 40도 이하에서 액상인 것을 말한다. 이하 같다)또는 기체(1기압 및 섭씨 20도에서 기상인 것을 말한다)외의 것을 말한다. 이하 같다]로서 산화력의 잠재적인 위험성 또는 충격에 대한 민감성을 판단하기 위하여 소방청장이 정하여 고시(이하 "고시"라 한다)하는 시험에서 고시로 정하는 성질과 상태를 나타내는 것을 말한다. 이 경우 "액상"이라 함은 수직으로 된 시험관(안지름 30mm, 높이 120mm의 원통형유리관을 말한다)에 시료를 55mm까지 채운 다음 당해 시험관을 수평으로 하였을 때 시료액면의 선단이 30mm를 이동하는 데 걸리는 시간이 90초 이내에 있는 것을 말한다.
2. "가연성고체"라 함은 고체로서 화염에 의한 발화의 위험성 또는 인화의 위험성을 판단하기 위하여 고시로 정하는 시험에서 고시로 정하는 성질과 상태를 나타내는 것을 말한다.
3. 유황은 순도가 60wt% 이상인 것을 말한다. 이 경우 순도측정에 있어서 불순물은 활석 등 불연성물질과 수분에 한한다.
4. "철분"이라 함은 철의 분말로서 53μm의 표준체를 통과하는 것이 50wt% 미만인 것은 제외한다.
5. "금속분"이라 함은 알칼리금속 · 알칼리토류금속 · 철 및 마그네슘외의 금속의 분말을 밀하고, 구리분 · 니켈분 및 150μm의 체를 통과하는 것이 50wt% 미만인 것은 제외한다.

6. 마그네슘 및 제2류제8호의 물품 중 마그네슘을 함유한 것에 있어서는 다음 각 목의 1에 해당하는 것은 제외한다.

　가. 2mm의 체를 통과하지 아니하는 덩어리 상태의 것

　나. 지름 2mm 이상의 막대 모양의 것

7. 황화린·적린·유황 및 철분은 제2호에 따른 성질과 상태가 있는 것으로 본다.

8. "인화성고체"라 함은 고형알코올 그 밖에 1기압에서 인화점이 섭씨 40도 미만인 고체를 말한다.

9. "자연발화성물질 및 금수성물질"이라 함은 고체 또는 액체로서 공기 중에서 발화의 위험성이 있거나 물과 접촉하여 발화하거나 가연성가스를 발생하는 위험성이 있는 것을 말한다.

10. 칼륨·나트륨·알킬알루미늄·알킬리튬 및 황린은 제9호의 규정에 의한 성상이 있는 것으로 본다.

11. "인화성액체"라 함은 액체(제3석유류, 제4석유류 및 동식물유류의 경우 1기압과 섭씨 20도에서 액체인 것만 해당한다)로서 인화의 위험성이 있는 것을 말한다. 다만, 다음 각 목의 어느 하나에 해당하는 것을 법 제20조제1항의 중요기준과 세부기준에 따른 운반용기를 사용하여 운반하거나 저장(진열 및 판매를 포함한다)하는 경우는 제외한다.

　가. 「화장품법」 제2조제1호에 따른 화장품 중 인화성액체를 포함하고 있는 것

　나. 「약사법」 제2조제4호에 따른 의약품 중 인화성액체를 포함하고 있는 것

　다. 「약사법」 제2조제7호에 따른 의약외품(알코올류에 해당하는 것은 제외한다) 중 수용성인 인화성액체를 50부피vol% 이하로 포함하고 있는 것

　라. 「의료기기법」에 따른 체외진단용 의료기기 중 인화성액체를 포함하고 있는 것

　마. 「생활화학제품 및 살생물제의 안전관리에 관한 법률」 제3조제4호에 따른 안전확인대상생활화학제품(알코올류에 해당하는 것은 제외한다) 중 수용성인 인화성액체를 50vol% 이하로 포함하고 있는 것

12. "특수인화물"이라 함은 이황화탄소, 디에틸에테르 그 밖에 1기압에서 발화점이 섭씨 100도 이하인 것 또는 인화점이 섭씨 영하 20도 이하이고 비점이 섭씨 40도 이하인 것을 말한다.

13. "제1석유류"라 함은 아세톤, 휘발유 그 밖에 1기압에서 인화점이 섭씨 21도 미만인 것을 말한다.

14. "알코올류"라 함은 1분자를 구성하는 탄소원자의 수가 1개부터 3개까지인 포화1가 알코올(변성알코올을 포함한다)을 말한다. 다만, 다음 각 목의 1에 해당하는 것은 제외한다.

　가. 1분자를 구성하는 탄소원자의 수가 1개 내지 3개의 포화1가 알코올의 함유량이 60wt% 미만인 수용액

　나. 가연성액체량이 60wt% 미만이고 인화점 및 연소점(태그개방식인화점측정기에 의한 연소점을 말한다. 이하 같다)이 에틸알코올 60wt% 수용액의 인화점 및 연소점을 초과하는 것

15. "제2석유류"라 함은 등유, 경유 그 밖에 1기압에서 인화점이 섭씨 21도 이상 70도 미만인 것을 말한다. 다만, 도료류 그 밖의 물품에 있어서 가연성 액체량이 40wt% 이하이면서 인화점이 섭씨 40도 이상인 동시에 연소점이 섭씨 60도 이상인 것은 제외한다.

16. "제3석유류"라 함은 중유, 클레오소트유 그 밖에 1기압에서 인화점이 섭씨 70도 이상 섭씨 200도 미만인 것을 말한다. 다만, 도료류 그 밖의 물품은 가연성 액체량이 40wt% 이하인 것은 제외한다.

17. "제4석유류"라 함은 기어유, 실린더유 그 밖에 1기압에서 인화점이 섭씨 200도 이상 섭씨 250도 미만의 것을 말한다. 다만 도료류 그 밖의 물품은 가연성 액체량이 40wt% 이하인 것은 제외한다.

18. "동식물유류"라 함은 동물의 지육(枝肉 : 머리, 내장, 다리를 잘라 내고 아직 부위별로 나누지 않은 고기를 말한다) 등 또는 식물의 종자나 과육으로부터 추출한 것으로서 1기압에서 인화점이 섭씨 250도 미만인 것을 말한다. 다만, 법 제20조제1항의 규정에 의하여 행정안전부령으로 정하는 용기기준과 수납·저장기준에 따라 수납되어 저장·보관되고 용기의 외부에 물품의 통칭명, 수량 및 화기엄금(화기엄금과 동일한 의미를 갖는 표시를 포함한다)의 표시가 있는 경우를 제외한다.

19. "자기반응성물질"이라 함은 고체 또는 액체로서 폭발의 위험성 또는 가열분해의 격렬함을 판단하기 위하여 고시로 정하는 시험에서 고시로 정하는 성질과 상태를 나타내는 것을 말한다.

20. 제5류제11호의 물품에 있어서는 유기과산화물을 함유하는 것 중에서 불활성고체를 함유하는 것으로서 다음 각 목의 1에 해당하는 것은 제외한다.
    가. 과산화벤조일의 함유량이 35.5wt% 미만인 것으로서 전분가루, 황산칼슘2수화물 또는 인산1수소칼슘2수화물과의 혼합물
    나. 비스(4클로로벤조일)퍼옥사이드의 함유량이 30wt% 미만인 것으로서 불활성고체와의 혼합물
    다. 과산화지크밀의 함유량이 40wt% 미만인 것으로서 불활성고체와의 혼합물
    라. 1·4비스(2-터셔리부틸퍼옥시이소프로필)벤젠의 함유량이 40wt% 미만인 것으로서 불활성고체와의 혼합물
    마. 시크로헥사놀퍼옥사이드의 함유량이 30wt% 미만인 것으로서 불활성고체와의 혼합물
21. "산화성액체"라 함은 액체로서 산화력의 잠재적인 위험성을 판단하기 위하여 고시로 정하는 시험에서 고시로 정하는 성질과 상태를 나타내는 것을 말한다.
22. 과산화수소는 그 농도가 36wt% 이상인 것에 한하며, 제21호의 성상이 있는 것으로 본다.
23. 질산은 그 비중이 1.49 이상인 것에 한하며, 제21호의 성상이 있는 것으로 본다.
24. 위 표의 성질란에 규정된 성상을 2가지 이상 포함하는 물품(이하 이 호에서 "복수성상물품"이라 한다)이 속하는 품명은 다음 각 목의 1에 의한다.
    가. 복수성상물품이 산화성고체의 성상 및 가연성고체의 성상을 가지는 경우 : 제2류제8호의 규정에 의한 품명
    나. 복수성상물품이 산화성고체의 성상 및 자기반응성물질의 성상을 가지는 경우 : 제5류제11호의 규정에 의한 품명
    다. 복수성상물품이 가연성고체의 성상과 자연발화성물질의 성상 및 금수성물질의 성상을 가지는 경우 : 제3류제12호의 규정에 의한 품명
    라. 복수성상물품이 자연발화성물질의 성상, 금수성물질의 성상 및 인화성액체의 성상을 가지는 경우 : 제3류제12호의 규정에 의한 품명
    마. 복수성상물품이 인화성액체의 성상 및 자기반응성물질의 성상을 가지는 경우 : 제5류제11호의 규정에 의한 품명
25. 위 표의 지정수량란에 정하는 수량이 복수로 있는 품명에 있어서는 당해 품명이 속하는 유(類)의 품명 가운데 위험성의 정도가 가장 유사한 품명의 지정수량란에 정하는 수량과 같은 수량을 당해 품명의 지정수량으로 한다. 이 경우 위험물의 위험성을 실험·비교하기 위한 기준은 고시로 정할 수 있다.
26. 위 표의 기준에 따라 위험물을 판정하고 지정수량을 결정하기 위하여 필요한 실험은 「국가표준기본법」 제23조에 따라 인정을 받은 시험·검사기관, 기술원, 국립소방연구원 또는 소방청장이 지정하는 기관에서 실시할 수 있다. 이 경우 실험 결과에는 실험한 위험물에 해당하는 품명과 지정수량이 포함되어야 한다.

01 각 유별 위험물의 특징

1. 위험물의 구분

1) 위험물의 각 유별 분리 구분(대통령령)

위험물을 물리·화학적 특성과 화재위험성에 따라 제1류에서 제6류까지 분류

제1류 위험물	산화성 고체	고체로서 산화력의 잠재적인 위험성 또는 충격에 대한 민감성을 판단하기 위하여 소방청장이 정하여 고시하는 시험에서 고시로 정하는 성질과 상태를 나타내는 것
제2류 위험물	가연성 고체	고체로서 화염에 의한 발화의 위험성 또는 인화의 위험성을 판단하기 위하여 고시로 정하는 시험에서 고시로 정하는 성질과 상태를 나타내는 것
제3류 위험물	자연발화성 물질 금수성 물질	고체 또는 액체로서 공기 중에서 발화의 위험성이 있거나 물과 접촉하여 발화하거나 가연성 가스를 발생하는 위험성이 있는 것
제4류 위험물	인화성 액체	액체(제3석유류, 제4석유류 및 동식물유류에 있어서는 1기압과 섭씨 20도에서 액상인 것에 한한다)로서 인화의 위험성이 있는 것
제5류 위험물	자기반응성 물질 (자기연소성)	고체 또는 액체로서 폭발의 위험성 또는 가열분해의 격렬함을 판단하기 위하여 고시로 정하는 시험에서 고시로 정하는 성질과 상태를 나타내는 것
제6류 위험물	산화성 액체	액체로서 산화력의 잠재적인 위험성을 판단하기 위하여 고시로 정하는 시험에서 고시로 정하는 성질과 상태를 나타내는 것

유별	공통성질	가연물	산소공급원	점화원	물과의 반응 시 생성가스
제1류	**산**화성 고체		○		산소가스 발생
제2류	**가**연성 고체	○			수소가스 발생(철마금)
제3류	**자**연발화성 물질 금수성 물질	○		○	수소가스 가연성 가스 발생
제4류	**인**화성 액체	○			
제5류	**자**기반응성 물질	○	○		
제6류	**산**화성 액체		○		산소가스 발생

2. 각 유별 공통성질 및 저장취급방법

유별	공통성질	저장취급방법
제1류 산화성 고체	• 대부분 무색결정 또는 백색 분말 예외) 과망간산칼륨(흑자색), 　　　중크롬산암모늄(등적색) • 불연성, 강산화성, 조연성 가스(산소) 발생 • 비중 1보다 크고 대부분 수용성인 경우 많음 • 대부분 조해성 • 가열·충격·마찰 및 다른 약품과 접촉 시 　분해되어 산소 발생 • 알칼리금속과 산화물은 물과 반응 시 산소 　발생	◆ 화기주의, 가연물접촉주의, 충격주의 물기 　엄금(알칼리금속의 과산화물) • 통풍이 잘되는 찬 곳(냉소)에 저장할 것 • 가열·충격·마찰 피할 것 • 분해 촉진하는 약품류, 가연물질과 접촉을 　피할 것 • 습기에 주의(조해성)하고 밀봉하여 저장할 것 • 용기파손 및 위험물 누설에 주의할 것
제2류 가연성 고체	• 낮은 온도에서 착화되기 쉬운 가연성 고체 • 연소반응속도가 빠름(속연성) • 대부분 유독성, 연소 시 유독가스 발생 • 비중 1보다 크고(물보다 무겁고) 물에 불용 • 환원성 물질로 산화물(1류·6류)과 접촉 시 　발화 • 금속분은 물·산과 접촉 시 발열·발화	◆ 화기주의 • 가열 및 점화원을 피할 것 • 산화성 물질(1류·6류)의 접촉을 피할 것 • 황은 분진폭발 및 정전기 발생 주의 • 금속분은 물, 산, 할로겐원소와의 접촉을 피 　할 것
제3류 자연 발화성 금수성 물질	• 대부분 무기성 고체 　(단, 알킬알루미늄은 유기성 액체) • 공기 중에 노출될 경우 열을 흡수하여 자연 　발화 • 물과 접촉 시 급격히 반응하여 발열 • 물과 반응하여 가연성 가스 생성(황린 제외)	◆ 물기 엄금, 화기 엄금, 공기노출 엄금 • 금수성 물질은 수분 접촉을 엄금 • 자연발화성 물질은 공기노출 엄금, 피부접 　촉 금지 • 물과 접촉 시 가연성 가스 발생하므로 화기 　엄금 • 다량일 경우는 소분저장
제4류 인화성 액체	• 상온에서 매우 인화되기 쉬운 액체 • 일반적으로 물보다 가볍고 물에 녹기 어려움 • 증기는 공기보다 무거움(단, 시안화수소는 　제외) • 착화 온도가 낮은 것은 재연소 위험 • 증기와 공기가 약간 혼합되어 있어도 연소함 • 일반적으로 전기의 부도체로 정전기에 주의 　(정전기 제거를 위해 접지설비를 설치)	◆ 화기 엄금 • 용기는 밀전하고 통풍이 잘되는 찬 곳에 저장 • 화기 및 점화원으로부터 멀리 저장할 것 • 증기 및 액체의 누설에 주의하여 저장할 것 • 인화점 이상으로 가열하지 말 것 • 정전기 발생에 주의하고 적절한 예방조치를 　할 것 • 증기는 가급적 높은 곳으로 배출할 것 • 전기설비는 방폭구조로 할 것
제5류 자기	• 자기반응(폭발)성 물질임 • 가연물이면서 자체에 산소를 함유	◆ 화기엄금, 충격주의 • 용기 파손 유의, 통풍이 잘되는 냉암소에 보관

연소성 물질	• 연소 시 속도가 빨라 폭발성을 지님 • 가열 · 충격 · 마찰 등에 인화폭발위험 • 장기간 공기 중 방치 시 자연발화 가능 • 대부분 물에 녹지 않으며 모두 유기 질화물임	• 가열 · 충격 · 마찰을 피하고 화기 및 점화원으로부터 멀리 저장할 것 • 소분하여 저장할 것, 용기는 밀전 · 밀봉할 것
제6류 산화성 액체	• 강산화성 액체로서 불연성이며 강산성임 • 분해하여 산소를 발생 • 비중은 1보다 크고 물과 접촉 시 발열함 • 유기물과 접촉 시 발열 발화된 경우 많음 • 증기는 유독하며 취급 시 보호구를 착용	◈ 가연물 접촉주의, 물기주의 • 물, 가연물, 유기물, 고체의 산화제와의 접촉을 피할 것 • 저장용기는 내산성인 것 • 용기를 밀전, 밀봉하고, 파손으로 위험물이 새나오지 않도록 할 것 • 만일의 경우 피부에 닿으면 즉시 세척하여야 함

Check Point

➤ **유별을 달리하는 위험물의 혼재기준**

서로 다른 두 가지 이상의 위험물이 혼합 · 혼촉하였을 때 발열 · 발화하는 현상
(단, 지정수량의 10분의 1 이하 위험물에 대하여는 적용하지 아니한다.)

유별	제1류	제2류	제3류	제4류	제5류	제6류
제1류		×	×	×	×	○
제2류	×		×	○	○	×
제3류	×	×		○	×	×
제4류	×	○	○		○	×
제5류	×	○	×	○		×
제6류	○	×	×	×	×	

$$\begin{array}{c} 1 - 6 \\ \overline{2 - 5} \\ | \\ 3 - 4 \end{array}$$

○ − 혼재 가능, × − 혼재 불가

➤ **복수성상물품 : 성상을 2가지 이상 포함하는 물품**

복수성상물	복수성상물품
산화성고체(제1류) + 가연성고체(제2류)	제2류
산화성고체(제1류) + 자기반응성물질(제5류)	제5류
가연성고체(제2류) + 자연발화성물질(제3류)	제3류
자연발화성물질, 금수성물질(제3류) + 인화성액체(제4류)	제3류
인화성액체(제4류) + 자기반응성물질(제5류)	제5류

위험물의 위험성 : 3류, 5류 > 4류 > 2류 > 1류 , 6류

> ➤ 위험물에 따른 소화방법 및 소화효과

구분	종류	적용약제	소화방법	
			질식	냉각
제1류	무기과산화물	건조사, 팽창질석, 팽창진주암	○	
	기타	주수소화		○
제2류	철분, 마그네슘, 금속분	건조사, 금속화재용 소화약제	○	
	기타	주수소화		○
제3류	대부분	팽창질석, 건조사, 팽창진주암 등	○	
제4류	수용성	알코올포	○	
	비수용성	포, 분말소화약제		
제5류	대부분	다량의 물에 의한 주수소화		○
제6류	대부분	건조사	○	

02 제6류 위험물(산화성 액체)

1. 제6류 위험물의 위험등급 및 지정수량

위험등급	품명	지정수량
I	1. 과염소산 2. 과산화수소 3. 질산	300kg
	4. 할로겐 화합물(F, Cl, Br, I) 등 포함 　오플로르화브롬(BrF₅) 　삼플로르화브롬(BrF₃) 　오플로르화요오드(IF₅)	300kg

 Check Point

1. "산화성액체"라 함은 액체로서 산화력의 잠재적인 위험성을 판단하기 위하여 고시로 정하는 시험에서 고시로 정하는 성질과 상태를 나타내는 것을 말한다.
2. **과산화수소**는 그 **농도가 36중량퍼센트 이상**인 것에 한하며, 위 1호의 성상이 있는 것으로 본다.
3. **질산**은 그 **비중이 1.49 이상**인 것에 한하며, 위 1호의 성상이 있는 것으로 본다.

2. 제6류 위험물의 공통성질 및 유의사항

1) 공통성질

① 불연성의 강한 산화성 액체로서 비중이 1보다 크며 물에 잘 녹고 물과 접촉하면 발열한다.

② 분해에 의해 발생한 산소로 다른 물질의 연소를 돕는다.

③ 가연물, 유기물 등과 혼합하면 발화한다.

④ 분해하여 유독성 가스를 발생하며 부식성이 강하여 철재용기는 사용 금지한다.

2) 유의사항

① 물, 유기물, 가연물 및 산화제와의 접촉을 피해야 한다.

② 저장용기는 내산성 용기 사용, 흡습성이 강하므로 용기는 밀전, 밀봉하여 액체의 누설이 없도록 한다.(예외, 과산화수소(H_2O_2)는 구멍 뚫린 마개에 저장)

③ 증기는 유독하므로 취급 시는 보호구를 착용하도록 한다.

④ 가열, 충격, 마찰을 피한다.(운반용기 표시 "**가연물접촉주의**")

3) 소화방법

① 주수소화는 금지한다.(예외 : 과산화수소는 다량의 주수로 희석)

② 소량 누출 시 마른모래(건조사), 흙 등에 흡수시킨다.

③ 건조사나 인산염류의 분말 등을 사용한다.

3. 품명 및 위험물의 특성

1) 과염소산($HClO_4$: 300kg)

① 비중 : 1.76, 융점 : $-112℃$, 비점 : 39℃

② 무색액체로 염소산 중에서 가장 강한 산

③ 공기 중에 방치하면 분해하며, 가열하면 폭발한다.

④ 물과 심하게 발열반응하며, 피부와 접촉 시 다량의 물로 씻는다.

⑤ 산화력이 강하여 종이, 나뭇조각 등과 접촉하면 연소하여 폭발반응한다.

⑥ 저장용기는 내산성 용기를 사용하며 용기는 밀전, 밀봉하여 저장한다.

2) 과산화수소(H_2O_2 : 300kg)

① 비중 : 1.465, 융점 : $-0.89℃$, 비점 : 80.2℃

② **위험물기준 : 농도 36 wt%(중량 퍼센트) 이상**

③ 순수한 것은 점성이 있는 무색의 액체, 많을 경우에는 청색

④ 강산화성으로 물, 알코올, 에테르 등에는 녹으나 석유나 벤젠 등에는 녹지 않음

⑤ **산화제와 환원제**로 모두 사용

⑥ **안정제 – 인산(H_3PO_4), 요산($C_5H_4N_4O_3$), 요소 등**

⑦ **용도** : 표백제, 발포제

⑧ 용기는 **갈색 유리병**을 사용, 직사광선을 피하고 냉암소 등에 저장

⑨ 상온에서 분해하여 산소가 발생하여 용기 폭발의 우려가 있으므로 용기는 **구멍이 뚫린 마개**를 사용

Check Point　　과산화수소

1. 농도에 의한 구분

농도	용도
3wt%	소독약인 옥시풀
30~40wt%	일반 시판품
36wt% 이상	위험물의 기준
60wt% 이상	단독으로 폭발 가능

2. 산화제와 환원제로 모두 사용
3. 안정제 : 인산(H_3PO_4), 요산($C_5H_4N_4O_3$), 요소 등
4. 저장법 : 용기는 갈색 유리병에 **구멍이 뚫린 마개**를 사용, 직사광선을 피하고 냉암소 등에 저장

| Reference |　희석제, 안정제

알킬알루미늄, 알킬리튬	희석제	헥산, 벤젠, 톨루엔 등
과산화벤조일	희석제	프탈산디메틸, 프탈산디부틸
니트로셀룰로오스	희석제	함수알코올(알코올 20~30%)로 습윤
과산화수소	안정제	인산(H_3PO_4), 요산($C_5H_4N_4O_3$), 글리세린 등

3) **질산(HNO_3 : 300kg)**

① 비중 : 1.49 이상, 융점 : $-42℃$, 비점 : 85℃

② **위험물기준** : 비중 1.49 이상

③ 직사광선에 의해 분해되면 황색을 띠며, 이때 이산화질소(NO_2)와 산소(O_2)를 생성시킨다. 직사광선에 의해 분해가 되므로 갈색병에 넣어 냉암소 등에 저장한다.

$$4HNO_3 \rightarrow 2H_2O + 4NO_2 + O_2$$

④ 물, 가연물, 유기물 등과 접촉 시 발열, 환원성 물질과 혼합은 발화한다.

⑤ **부동태** : 알루미늄(Al), 코발트(Co), 니켈(Ni), 철(Fe), 크롬(Cr) 등은 묽은 질산에는

녹으나 진한 질산에서는 부식되지 않는 얇은 피막이 금속표면에 생겨 녹지 않는 현상
⑥ 부식성이 강하나 금(Au), 백금(Pt)은 부식시키지 못함(단, 금, 백금은 질산과 염산의 화합물인 왕수에서는 녹는다.)
⑦ **크산토프로테인반응** : 질산이 단백질과 반응하여 노란색으로 변하는 반응

‖ Reference ‖ 왕수

부피비로 진한 염산 3대 진한 질산 1의 혼합산으로 이때 발생한 발생기 염소가 금(Au)과 백금(Pt)을 녹인다.

• $3HCl + HNO_3 \rightarrow NOCl(염화니트로실) + 2H_2O + Cl_2$
• $2Au + 3Cl_2 \rightarrow 2AuCl_3$
• $AuCl_3 + HCl \rightarrow HAuCl_4(금염화수소산)$

03 제1류 위험물(산화성 고체)

1. 제1류 위험물 위험등급 및 지정수량

위험등급	품명		지정수량
I	1. 아염소산염류 3. 과염소산염류	2. 염소산염류 4. 무기과산화물류	50kg
II	5. 브롬산염류 7. 요오드산염류	6. 질산염류	300kg
III	8. 과망간산염류	9. 중크롬삼염류	1,000kg
	10. 그 밖에 행정안전부령이 정하는 것 ① 차아염소산염류		50kg
	② 과요오드산염류 ③ 과요오드산 ④ 크롬, 납 또는 요오드의 산화물 ⑤ 아질산염류 ⑥ 염소화이소시아눌산 ⑦ 퍼옥소이황산염류 ⑧ 퍼옥소붕산염류		300kg

※ "산화성고체"라 함은 고체[액체(1기압 및 섭씨 20도에서 액상인 것 또는 섭씨 20도 초과 섭씨 40도 이하에서 액상인 것을 말한다. 이하 같다) 또는 기체(1기압 및 섭씨 20도에서 기상인 것을 말한다) 외의 것을 말한다. 이하 같다]로서 산화력의 잠재적인 위험성 또는 충격에 대한 민감성을 판단하기 위하여 소방청장이 정하여 고시(이하 "고시"라 한다)하는 시험에서 고시로 정하는 성질과 상태를 나타내는 것을 말한다. 이 경우 "액상"이

라 함은 수직으로 된 시험관(안지름 30밀리미터, 높이 120밀리미터의 원통형 유리관을 말한다)에 시료를 55밀리미터까지 채운 다음 당해 시험관을 수평으로 하였을 때 시료액면의 선단이 30밀리미터를 이동하는 데 걸리는 시간이 90초 이내에 있는 것을 말한다.

> **Check Point** 위험물 안전관리법상의 고체와 액체의 구분
>
> 1. 고체 : 액체 또는 기체 외의 것
>   액체 : 1기압 및 섭씨 20도에서 액상인 것 또는
>   섭씨 20도 초과 섭씨 40도 이하에서 액상인 것
>   기체 : 1기압 및 섭씨 20도에서 기상인 것
> 2. 액상 : 수직으로 된 시험관(안지름 30밀리미터, 높이 120밀리미터의 원통형 유리관을 말한다)에 시료를 55밀리미터까지 채운 다음 당해 시험관을 수평으로 하였을 때 시료액면의 선단이 30밀리미터를 이동하는 데 걸리는 시간이 90초 이내에 있는 것
>
>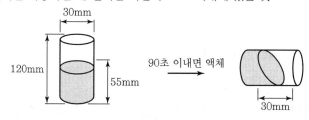

2. 제1류 위험물의 성질 및 저장, 취급 시 유의사항

1) 공통성질

① **대부분 무기화합물, 무색 결정 또는 백색 분말, 비중이 1보다 크다.**
② 대부분 물에 잘 녹는 조해성이 있다.
③ 대부분 **불연성**이며 산소를 많이 함유하고 있는 **강산화성** 물질이다.
④ 가열, 충격, 마찰 또는 타격에 의해 분해하여 조연성가스인 산소가스를 발생한다.
⑤ 가연성 물질과 혼합 시 혼촉발화의 위험이 있다.

2) 저장 및 취급방법

① 조해성 성질은 습기 등에 주의하며 수분과의 접촉을 피하여, 밀폐하여 저장할 것
② 통풍이 잘 되는 차가운 곳에 저장할 것(냉암소)
③ 열원과 산화되기 쉬운 물질 및 화재위험이 있는 곳을 멀리 할 것
④ 환원제인 제2류 위험물과의 접촉을 피할 것
⑤ 가열, 충격, 마찰 등을 피하고 분해를 촉진하는 약품류 및 가연물과의 접촉을 피할 것
⑥ 무기과산화물은 공기나 물과의 접촉을 피할 것

⑦ 취급 시 용기 등의 파손에 의한 위험물의 누설에 주의할 것

※ 조해성 : 고체가 공기 중에 있는 수분을 흡수하여 스스로 녹는 현상
 (예 소금, 염화칼슘)

3) 소화방법

① 산화제의 분해온도를 낮추기 위하여 물에 의한 냉각소화가 효과적이다.

② 무기과산화물(알칼리 금속의 과산화물)은 물과 급격히 발열반응하므로 건조사, 팽창
 질석, 팽창진주암, 탄산수소염류 분말약제에 의한 피복소화를 실시한다.
 (주수소화는 절대엄금)

3. 품명 및 위험물의 특성

| Reference | 염류의 정의

수소(H) 이온의 자리에 금속이온 또는 양성원자단으로 치환된 화합물
1. 금속이온 − Li, Na, K, Mg, Ba, Rb 등
 예 HNO_3(질산)의 H+가 Na로 치환되면 $NaNO_3$(질산나트륨)로 질산염류가 됨
2. 양성원자단 − NH_4^+(암모늄) 등
 예 HNO_3(질산)의 H가 NH_4로 치환되면 NH_4NO_3(질산암모늄)로 질산염류가 됨

Check Point 위험물의 이름 붙이기

1. 산소를 포함한 음이온
 산소를 제외한 원소이온 어간에 − 산 이온을 붙임

2. 기준이 되는 분자의 산소원자를 기준으로 산소의 개수에 따라 붙임
 1) 차아 : 산소의 개수가 기준보다 2개 적음 (예 차아염소산)
 2) 아 : 산소의 개수가 기준보다 1개 적음 (예 아염소산)
 3) 기준 : 가장 많이 존재하는 원소의 산소가 기준임 (예 염소산)
 4) 과 : 산소의 개수가 기준보다 1개 많음 (예 과염소산)

$HClO$	$HClO_2$	$HClO_3$	$HClO_4$
차아염소산	아염소산	염소산	과염소산
2개 모자람	1개 모자람	기준	1개 초과

1) 아염소산염류(지정수량 : 50kg)

① 무색결정 또는 분말로 고체이다.

② 가열, 마찰, 충격에 의해 폭발한다.

③ 강산, 유황, 유기물, 이황화탄소, 황화합물과 접촉 또는 혼합하면 발화하거나 폭발한다.

화학식	분자량	분해온도
아염소산칼륨($KClO_2$)	106.5	160℃
아염소산나트륨($NaClO_2$)	90.5	무수물 : 350℃, 수분함유 : 120~130℃

④ **아염소산나트륨($NaClO_2$)**

- 조해성이 있으며 물, 알코올, 에테르에 잘 녹는다.
- 순수한 무수물의 분해온도는 약 350℃ 이상이지만, **수분 함유 시는 약 120~130℃ 에서 분해**한다.
- 비교적 안정하나 시판품은 140℃ 이상의 온도에서 발열분해하여 폭발을 일으킨다.
- 환원성 물질(유황, 금속분 등)과 접촉 시 폭발하므로 격리시켜 보관한다.
- 산과 접촉할 때 발생하는 **이산화염소(ClO_2) 가스**는 유독성이 있다.

2) 염소산염류(지정수량 : 50kg)

① **염소산($HClO_3$)의 수소(H)가 금속 또는 다른 원자단으로 치환된 화합물**

화학식	분자량	비중	분해온도	융점
$KClO_3$	122.5	2.34	400℃	370℃
$NaClO_3$	106.5	2.5	300℃	250℃
NH_4ClO_3	101.5	1.8	100℃	

② **염소산칼륨($KClO_3$)**

- 비중 : 2.34, 분해온도 : 약 400℃, 융점 : 370℃
- 냉수나 알코올에는 녹기 어렵고, 온수나 글리세린 등에는 잘 녹는다.
- 약 400℃ 부근에서 열분해되기 시작하여 540~560℃에서 과염소산칼륨($KClO_4$) 이 분해하여 염화칼륨(KCl)과 산소(O_2)를 방출한다.
- 촉매인 이산화망간(MnO_2)과 접촉하면 분해가 촉진되어 산소를 방출하여 다른 가연물의 연소를 촉진시킨다.
- 상온에서 비교적 안정하나 이산화성 물질(황, 적린, 목탄, 알루미늄의 분말, 유기물질, 염화철 및 차아인산염 등), 강산, 중금속염 등과 혼합 시 충격에 의해 폭발할 수 있다.
- 산과 접촉할 때 발생하는 이산화염소(ClO_2) 가스는 유독성이 있다.

③ **염소산나트륨($NaClO_3$)**
- 비중 : 2.5, 분해온도 : 300℃, 융점 : 250℃
- 조해성과 흡습성이 있고, 물, 알코올, 에테르 등에 잘 녹는다.
- 강한 산화제로서 철제 용기를 부식시킨다.
- 산과 반응하여 유독한 이산화염소(ClO_2)를 발생한다.
- 기타 염소산칼륨에 준한다.

④ **염소산암모늄(NH_4ClO_3)**
- 비중 : 1.8, 분해온도 : 100℃
- 조해성과 금속의 부식성이 크며, 수용액은 산화성이다.
- 폭발기(NH_4)와 산화기(ClO_3)의 결합이므로 폭발성이 크다.
- 기타 염소산칼륨에 준한다.

3) 과염소산염류(지정수량 : 50kg)

① 과염소산($HClO_4$)의 수소(H)가 금속 또는 다른 원자단으로 치환된 화합물

화학식	분자량	비중	분해온도	융점
$KClO_4$	138.5	2.5	400~610℃	610℃
$NaClO_4$	122.5	2.5	400℃	482℃
NH_4ClO_4	117.5	1.8	130℃	

② **과염소산칼륨($KClO_4$)**
- 비중 : 2.5, 분해온도 : 약 400℃, 융점 610℃
- 조해성이 없으며 물, 알코올, 에테르 등에도 녹지 않는다.
- 염소산칼륨보다는 안정하나 **가열, 충격, 마찰 등에 의해 분해**한다.
- 진한 황산(H_2SO_4)과의 접촉으로 폭발한다.
- 인, 황, 탄소, 유기물 등이 혼합되어 있을 때 가열, 충격, 마찰 등에 의해 폭발한다.
- 기타 염소산칼륨에 준한다.

③ **과염소산나트륨($NaClO_4$)**
- 비중 : 2.5, 분해온도 : 400℃, 융점 : 482℃
- 조해성이 있으므로 물, 알코올, 아세톤에는 잘 녹으나 에테르에는 녹지 않는다.
- 400℃ 이상으로 가열하면 열분해하여 산소를 방출한다.
- 가연물과 유기물 등이 혼합되어 있을 때 가열, 충격, 마찰 등에 의해 폭발한다.
- 기타 과염소산칼륨에 준한다.

④ **과염소산암모늄**(NH4ClO4)
- 비중 : 1.8, **분해온도 : 130℃**
- 물, 알코올, 아세톤에는 잘 녹으나 에테르에는 녹지 않는다.
- 강산과 접촉하거나 가연물 또는 산화성 물질 등과 혼합 시 폭발의 위험이 있다.
- 상온에서는 비교적 안정하나 약 130℃에서 분해, 약 300℃ 부근에서 급격히 분해하여 폭발한다.
- 기타 염소산칼륨에 준한다.

4) 무기과산화물(지정수량 : 50kg)

과산화수소(H_2O_2)의 수소(H)가 금속으로 치환된 화합물로 분자 속에 $-O-O-$의 결합구조로 된 화합물로서 $-O-O-$구조는 결합력이 약하여 불안정하며 이때 발생하는 발생기 산소는 반응성이 크다.

화학식	분자량	비중	분해온도	융점
K_2O_2	110	2.9	490℃	490℃
Na_2O_2	78	2.8	460℃	460℃
CaO_2	72	1.7	275℃	
BaO_2	169	4.96	840℃	450℃

Check Point 무기과산화물

1. 종류
   1) 알칼리금속 과산화물 : 과산화칼륨(K_2O_2), 과산화나트륨(Na_2O_2)
   2) 알칼리토금속 과산화물 : 과산화마그네슘(MgO_2), 과산화칼슘(CaO_2), 과산화바륨(BaO_2)

2. **무기과산화물은 물과 반응하여 산소가** 발생하며, 기타 제1류 위험물은 가열에 의하여 열분해하여 산소가 발생한다.

3. 공통적 저장취급방법 및 주의사항
   1) 피부와 접촉 시 피부를 부식시킨다.
   2) 상온에서 물과 급격히 반응하며, 가열하면 분해되어 산소(O_2)가 발생한다.
   3) 비중은 1보다 크고, 불연성 물질이다.
   4) 불연성이나 물과 접촉하면 발열하므로 용기는 밀전, 밀봉하며 대량의 경우에는 폭발한다.
   5) 탄산칼슘, 마그네슘, 알루미늄분말, 초산, 에테르 등과 혼합하면 폭발의 위험이 있다.
   6) 가열, 충격, 마찰 등을 피하고 가연물, 유기물, 유황분, 알루미늄분이 혼입을 방지한다.
   7) 소화 시는 주수소화는 절대 금물이며, 건조사나 암분, 소다회 등으로 피복소화한다.

① 과산화칼륨(K_2O_2)
- 비중 : 2.9, 분해온도 : 490℃, 융점 : 490℃
- 무색 또는 오렌지색의 결정분말이다.
- 가열하면 열분해되어 산화칼륨(K_2O)과 산소(O_2)가 발생한다.
- 흡수성이 있으므로 물과 접촉하면 수산화칼륨(KOH)과 산소(O_2)가 발생한다.
- **산과 반응하여 과산화수소(H_2O_2)가 생성한다.**
- 에틸알코올에는 용해되어 과산화수소(H_2O_2)가 생성한다.

② 과산화나트륨(Na_2O_2)
- 비중 : 2.8, 분해온도 : 460℃, 융점 : 460℃
- 순수한 것은 백색이지만 보통은 황백색을 띠고 있는 정방정계의 결정분말이다.
- 가열하면 열분해되어 산화나트륨(Na_2O)과 산소(O_2)가 발생한다.
- 흡수성이 있으므로 물과 접촉하면 수산화나트륨(NaOH)과 산소(O_2)가 발생한다.
- 공기 중의 탄산가스(CO_2)를 흡수하여 탄산염과 산소가 생성된다.
- **에틸알코올에는 녹지 않으나 묽은 산과 반응하여 과산화수소(H_2O_2)가 생성된다.**
- 피부를 부식시킨다.

③ 과산화마그네슘(MgO_2)
- 백색 분말로 시판품은 MgO_2의 함량이 15~25% 정도이다.
- 산(염산, 황산)에 녹아 과산화수소(H_2O_2)가 발생된다.
- 습기 또는 물과 반응하여 산소를 발생한다.
- 환원제 및 유기물과 혼합 시 마찰 또는 가열에 의해 폭발할 위험이 있다.

④ 과산화칼슘(CaO_2)
- 비중 : 1.7, 분해온도 : 275℃
- 무정형 백색 분말이며, 물에 녹기 어렵고 알코올이나 에테르 등에도 녹지 않는다.
- 수화물($CaO_2 \cdot 8H_2O$)은 백색 결정이며 물에는 적게 녹고 온수에서는 분해된다.
- 산과 반응하여 과산화수소(H_2O_2)가 생성된다.

⑤ 과산화바륨(BaO_2)
- 비중 : 4.96, 분해온도 : 840℃
- 백색의 정방정계 분말로서, 알칼리 토금속의 과산화물 중 가장 안정한 물질이다.
- 물에는 약간 녹으나 알코올, 에테르, 아세톤 등에는 녹지 않는다.
- 온수에 의해 분해되어 산소가 발생하면서 발열한다.
- 산에 의해 분해되어 과산화수소(H_2O_2)가 발생하면서 발열한다.
- 유독성이 있다.

5) 브롬산염류(지정수량 : 300kg)

① 브롬산(HBrO₃)의 수소(H)가 금속 또는 다른 양이온으로 치환된 화합물

품명	화학식	형태	비중	융점(분해온도℃)
브롬산칼륨	$KBrO_3$	백색결정, 분말	3.27	438
브롬산나트륨	$NaBrO_3$	무색 결정	3.30	381
브롬산아연	$Zn(BrO_3)_2 \cdot 6H_2O$	무색 결정	2.56	100
브롬산바륨	$Ba(BrO_3)_2 \cdot H_2O$	무색 결정	3.99	260
브롬산마그네슘	$Mg(BrO_3)_2 \cdot 6H_2O$	무색 결정	-	200

② **공통적 성질**

- 백색 결정 또는 결정성 분말로 물에 녹는다.
- 가열하면 분해하여 산소를 발생한다.
- 유황, 숯, 마그네슘 및 알루미늄분말 및 다른 가연물질과 혼합되어 있으면 위험하다.

6) 질산염류(지정수량 : 300kg)

① 질산(HNO₃)의 수소(H)가 금속 또는 다른 양이온으로 치환된 화합물의 총칭이다.
② 저장취급방법 및 주의사항

- 강한 산화제이므로 가연성 분말이나 유기물과 접촉할 경우 폭발한다.
- 조해성이 있으며 물, 글리세린에 잘 녹는다.
- 가연물과 산류 등의 혼합 시 가열, 충격, 마찰 등을 피한다.
- 소화방법은 대량의 물로 주수소화한다.

품명	화학식	비중	융점(분해온도℃)
질산칼륨(초석)	KNO_3	2.1	400
질산나트륨(칠레초석)	$NaNO_3$	2.26	380
질산암모늄	NH_4NO_3	1.73	220

③ **질산칼륨(＝초석, KNO₃)**

- 비중 : 2.1, 분해온도 : 400℃
- **강산화제**로 차가운 느낌의 자극성과 **짠맛**이 나는 무색 또는 백색의 결정분말이다.
- **물이나 글리세린 등에는 잘 녹고 알코올에는 녹지 않는다.** 수용액은 중성반응을 나타낸다.
- 약 400℃로 가열하면 분해하여 아질산칼륨(KNO₂)과 산소(O₂)가 발생한다.
- **흑색 화약의 원료**로서 폭발성이 있다.

| Reference | 흑색화약

1. 원료 : 75% 질산칼륨(KNO_3), 15% 숯가루(=목탄, C), 10% 황가루(S)
2. 용도 : 화약의 시초로, 불이 잘 붙어서 도화선의 심약이나 추진제의 점화용으로 사용
3. 원리 : 황은 가연물이 되고, 질산칼륨은 산소공급제가 되며 발생한 탄산가스가 팽창하여 추진제의 역할을 한다.
4. 흑색화약에서 황을 제외하면 안전화약이 된다.

④ **질산나트륨(= 칠레초석, $NaNO_3$)**
- 비중 : 2.26, 분해온도 : 380℃
- 조해성이 있으며 물이나 글리세린 등에는 잘 녹고 알코올에는 녹지 않는다.
- 약 380℃에서 분해되어 아질산나트륨($NaNO_2$)과 산소(O_2)가 생성된다.
- 기타 질산칼륨에 준한다.

⑤ **질산암모늄(= 초안, NH_4NO_3)**
- 비중 : 1.73, 분해온도 : 220℃
- 조해성이 강하며, 물, 알코올, 알칼리 등에 잘 녹고, **물에 녹을 때는 흡열반응**을 한다.
- 약 220℃에서 가열할 때 분해되어 아산화질소(N_2O)와 수증기(H_2O)를 발생하며 폭발한다.
- AN – FO(안포폭약) 폭약의 원료로 사용된다.

| Reference | 안포폭약 [AN – FO : Ammonium Nitrate Fuel Oil explosive]

1. 제조 : 질산암모늄 94%+경유 6% 혼합물
2. 다이너마이트의 대체폭약으로 값이 싸고 화력이 우수하며, 현장에서 혼합하여 제조할 수 있으므로 많이 사용한다.

예 제

ANFO 폭약의 원료로 사용되는 물질에 대한 다음 물음에 답하시오.

1. 화학식
2. 고온으로 가열 시 분해반응식
3. 제1류 위험물에 해당하는 물질의 단독 완전분해 폭발반응식
4. 제4류 위험물에 해당하는 물질의 지정수량과 위험등급

정답 및 해설

1. 화학식 : NH_4NO_3

2. 분해반응식(220℃) : $NH_4NO_3 \rightarrow N_2O + 2H_2O$

3. 폭발반응식 : $2NH_4NO_3 \rightarrow 4H_2O + 2N_2 + O_2$

4. 지정수량 : 1,000L, 위험등급 : III

---

⑥ **질산은($AgNO_3$)**

- 비중 : 4.35, 융점 : 212℃
- 무색·무취의 백색결정으로, 분해 시 이산화질소가 생성된다.
- 벤젠·아세톤 등에는 잘 녹지 않지만, 에테르·메탄올 등에는 약간 녹으며 물·글리세린에 잘 녹는다.

7) 요오드산염류(＝옥소산염류, 지정수량 : 300kg)

요오드산(HIO_3)의 수소(H)가 금속 또는 다른 원자단(양이온)으로 치환된 화합물

① **종류**

요오드산 칼륨(KIO_3), 요오드산 칼슘($Ca(IO_3)_2$), 요오드산아연($Zn(IO_3)_2$)

② **요오드산염류의 공통적인 성질**

- 광택이 있는 무색 결정성 분말로 수용성이다.
- 진한 황산에는 용해, 알코올에는 녹지 않는다.
- 가연물과 혼합 시 가열에 의한 폭발한다.
- 융점 이상으로 가열하면 열분해하여 산소(O_2)를 방출한다.

8) 과망간산염류(지정수량 : 1,000kg)

① 과망간산($HMnO_4$)의 수소(H)가 금속 또는 다른 원자단(양이온)으로 치환된 화합물

② **저장취급방법 및 주의사항**

- 강산화제로서 진한 황산과 접촉하면 폭발한다.
- 환원성 물질(목탄, 황 등), 유기물(알코올, 에테르, 글리세린 등)과의 접촉 시 폭발할 위험이 있다.
- 산, 가연물, 유기물 등과의 접촉을 피한다.
- 용기는 금속 또는 유리용기를 사용하며, 일광을 차단하고 냉암소에 저장한다.

③ **과망간산칼륨(= 카멜레온, KMnO₄)**

- 비중 : 2.7, 분해온도 : 220~240℃
- **단맛**이 나는 **흑자색**의 사방정계 결정이다. 강한 산화력과 살균력을 지닌다.
- 물, 에탄올, 아세톤에 녹으며 물에 녹으면 진한 보라색을 나타낸다.
- **220~240℃ 정도에서 가열하면 이산화망간(MnO_2), 과망간산칼륨($KMnO_4$), 산소가 발생한다.**

종류	화학식	색상	특징
과망간산칼륨	$KMnO_4$	흑자색	분해온도 240℃
과망간산나트륨	$NaMnO_4 \cdot 3H_2O$	적자색	
과망간산칼슘	$Ca(MnO_4)_2 \cdot 4H_2O$	자색	살균제, 소독제, 산화제로 사용
과망간산암모늄	NH_4MnO_4	흑자색	

9) 중크롬산염류(지정수량 : 1,000kg)

① 중크롬산($H_2Cr_2O_7$)의 수소(H)가 금속 또는 다른 원자단으로 치환된 화합물

② **중크롬산염류의 공통성질**

- 흡습성이 있고, 부식성이 강해 피부와 접촉할 경우 점막을 자극한다.
- 강력한 산화제이며 가열하면 산소가 발생한다.
- 단독으로는 안정된 화합물이지만 가열하거나 가연물, 유기물 등과 접촉할 때 가열, 마찰, 충격을 가하면 발화 또는 폭발한다.

종류	화학식	비중	분해온도	색상	결정	물 반응	알코올 반응
중크롬산칼륨	$K_2Cr_2O_7$	2.68	500℃	등적색	판상	녹음	안 녹음
중크롬산나트륨	$Na_2Cr_2O_7 \cdot 2H_2O$	2.52	400℃	등적색 (오렌지색)	단사정계	녹음	안 녹음
중크롬산암모늄	$(NH_4)_2Cr_2O_7$	2.15	225℃	적색	판상	녹음	녹음

 Check Point

> ▶ **제1류 위험물의 색상**

품명	색상	품명	색상	품명	색상
과망간산칼륨	흑자색	중크롬산칼륨	등적색	과산화칼륨	백색 or 등적색
과망간산암모늄	흑자색	중크롬산나트륨	등적색	과산화나트륨	백색 or 황백색
과망간산나트륨	적자색	중크롬산암모늄	적색		
과망간산칼슘	자색				

➤ 제1류 위험물의 용해성

구분	조해성	온수	냉수	글리세린	알코올	에테르	특징
아염소산나트륨	○	○	○	○	○	○	나트륨 물에 잘 녹는다.
염소산나트륨	○	○	○	○	○	○	
과염소산나트륨	○	○	○	○	○	×	
질산나트륨	○	○	○	○	△	○	
염소산암모늄	○						암모늄 물에 잘 녹는다.
과염소산암모늄	○	○	○				
질산암모늄	○	○	○		○		
염소산칼륨		○	×	○	×		칼륨 물에 녹는다. 알코올에 녹지 않는다.
과염소산칼륨		△	△		×	×	
브롬산칼륨		○	○		×		
질산칼륨		○	○	○	△		

※ ○ - 잘녹음, △ - 약간녹음, × - 안녹음

➤ 제1류 위험물 분해온도 정리

- 나트륨	약 300~400℃
- 칼륨	
- 암모늄	약 100~200℃
기타	과망간산칼륨, 과망간산나트륨 : 220~400℃ 과산화바륨 : 840℃

‖ Reference ‖ 화학식 · 반응식

1. 화학식의 종류
   ① 실험식(조성식) : 화합물에서 성분원소의 결합비를 가장 간단히 나타낸 식

   $$실험식 = \frac{분자식}{n}\,(n = 정수비)$$

   ② 분자식 : 분자를 구성하는 원자의 종류와 수를 모두 나타낸 식

   분자식 = 실험식 × n

   ③ 시성식 : 분자 내에서 포함된 기를 사용하여 물질의 성질을 나타낸 식. 분자식은 같으나,
   성질이 다를 경우 시성식을 사용함

   CH_3OCH_3(아세톤＝디메틸케톤), C_2H_5OH(에틸알코올)

④ 구조식 : 분자 내의 원자의 결합 상태를 원소기호와 선으로 표현한 식

명칭	실험식	분자식	시성식	구조식
에틸알콜	C_2H_6O	C_2H_6O	C_2H_5OH	$\begin{array}{cc} H & H \\ \| & \| \\ H-C-C-O-H \\ \| & \| \\ H & H \end{array}$
디메틸에테르	C_2H_6O	C_2H_6O	CH_3OCH_3	$\begin{array}{cc} H & H \\ \| & \| \\ H-C-O-C-H \\ \| & \| \\ H & H \end{array}$

2. 반응식 정리

1) 완전연소 시 생성물(산소와 화학반응)

① 수소 : $2H_2 + O_2 \rightarrow 2H_2O$

② 탄소 : $C + O_2 \rightarrow CO_2$

③ 황 : $S + O_2 \rightarrow SO_2$

④ 인 : $4P + 5O_2 \rightarrow 2P_2O_2$

⑤ 질소 : $N + O_2 \rightarrow NO_2$

2) 열분해 반응식 – 제1류, 제5류

$$\underset{(반응\ 전)}{A} \xrightarrow[\Delta(가열)]{온도,\ 촉매표시} \underset{(반응\ 후)}{B+C}$$

3) 연소반응식(산소와 화합결합) – 제2류, 제3류, 제4류

$$P_4S_3 \quad + \quad (X)O_2 \quad \rightarrow \quad (Y)P_2O_5 \quad + \quad (Z)SO_2$$
③↑   ②↑   ①

① Z계산 : 왼쪽 S가 3개에서 오른쪽 SO_2로 반응하여 S는 3개, 그러므로 Z는 3

② Y계산 : 왼쪽 P가 4개에서 오른쪽 P_2O_5로 반응하여 P는 4개, 그러므로 Y는 2

③ X계산 : 오른쪽 Y와 Z가 결정되었으므로 O의 개수를 구할 수 있음. $2P_2O_5$에서 산소가 10개, $3SO_2$에서 산소가 6개이므로 합은 16개, O_2는 8개가 되며 X는 8

$P_4S_3 + 8O_2 \rightarrow 2P_2O_5 + 3SO_2$

4) 탄화수소(CnHm)계 완전연소반응식

ⓐCnHm + ⓑO_2 → ⓒCO_2 + ⓓH_2O + Q[kcal]

① ⓐ를 1로 정할 경우, ⓒ값은 n을 대입(ⓒ=n)

② ⓓ값은 m을 2로 누는 수(ⓓ=m/2)

③ ⓑ값은 m을 4로 나누어서 n을 더한 수(ⓑ=n+m/4)

예 $CH_4 + 2O_2 \rightarrow CO_2 + 2H_2O$

1 +4/4   1   4/2

5) 물과의 반응

제1류 중 무기과산화물, 제2류 중 철마금, 제3류 중 금수성물질 금속원소가 물과 반응 시 금속의 수산화물을 생성하며 가연성 가스 발생

$$2[M] + 2H_2O \rightarrow 2[M]OH + H_2$$

예 제

분자량 138.5, 비중 2.5, 융점 610℃인 제1류 위험물에 대한 다음 물음에 답하시오.

1. 화학식
2. 지정수량
3. 분해반응식
4. 이 물질 100kg을 600℃에서 분해하여 생성되는 산소량은 740mmHg, 25℃에서 몇 m^3인가?

정답 및 해설

1. 화학식 : $KClO_4$
2. 지정수량 : 50kg
3. 분해반응식 : $KClO_4 \rightarrow KCl + 2O_2$
4. 부피 : $36.24m^3$

$$
\begin{array}{ccc}
KClO_4 & \rightarrow & KCl + 2O_2 \\
100kg & & V m^3 \\
138.5kg & & 22.4 \times 2 m^3
\end{array}
$$

$$V = \frac{WRT}{PM} = \frac{100 \times 0.082 \times (273 + 25)}{\dfrac{740}{760} \times 138.5} \times \frac{2}{1} = 36.240 \cong 36.24$$

$$V = 36.24 m^3$$

04 제2류 위험물(가연성 고체)

1. 제2류 위험물 위험등급 및 지정수량

위험등급	품명	지정수량
II	황화린	100kg
	적린	100kg
	유황	100kg
III	철분	500kg
	금속분	500kg
	마그네슘	500kg
	그 밖에 행정안전부령으로 정하는 것 위의 어느 하나 이상을 함유한 것	100kg, 500kg
III	인화성 고체	1,000kg

1. "가연성 고체"라 함은 고체로서 화염에 의한 발화의 위험성 또는 인화의 위험성을 판단하기 위하여 고시로 정하는 시험에서 고시로 정하는 성질과 상태를 나타내는 것을 말한다.
2. 유황은 순도가 60중량퍼센트 이상인 것을 말한다. 이 경우 순도측정에 있어서 불순물은 활석 등 불연성 물질과 수분에 한한다.
3. "철분"이라 함은 철의 분말로서 53마이크로미터의 표준체를 통과하는 것이 50중량퍼센트 미만인 것은 제외한다.
4. "금속분"이라 함은 알칼리금속·알칼리토류금속·철 및 마그네슘 외의 금속의 분말을 말하고, 구리분·니켈분 및 150마이크로미터의 체를 통과하는 것이 50중량퍼센트 미만인 것은 제외한다.
5. 마그네슘 및 제2류 제8호의 물품 중 마그네슘을 함유한 것에 있어서는 다음 각목의 1에 해당하는 것은 제외한다.
   가. 2밀리미터의 체를 통과하지 아니하는 덩어리 상태의 것
   나. 직경 2밀리미터 이상의 막대 모양의 것
6. 황화린·적린·유황 및 철분은 제2호의 규정에 의한 성상이 있는 것으로 본다.
7. "인화성고체"라 함은 고형알코올 그 밖에 1기압에서 인화점이 섭씨 40도 미만인 고체를 말한다.

2. 제2류 위험물의 공통성질 및 유의사항

1) 공통성질

① 비교적 낮은 온도에서 착화하기 쉬운 가연성 물질이다.
② 연소속도가 매우 빠르며 연소 시 유독가스가 발생하는 것도 있다.
③ 강환원제로서 상온에서 고체상태이며, 가연성이고 비중이 1보다 크다.
④ 산화제와의 접촉, 마찰로 인하여 착화되어 급격히 연소한다.
⑤ 철분, 마그네슘, 금속분류는 물과 반응하여 수소 기체를 발생한다.

2) 저장, 취급 시 유의사항

① 점화원을 멀리하고 가열을 피한다.

② 산화제와의 접촉을 피한다.

③ 용기 등의 파손으로 위험물이 누출되지 않도록 한다.

④ 금속분(철분, 마그네슘, 금속분류 등)은 물이나 산과의 접촉을 피한다.

3) 소화방법

① 주수에 의한 냉각소화 및 질식소화를 실시한다.

② 금속분의 화재에는 건조사 등에 의한 피복소화를 실시한다.

3. 품명 및 위험물의 특성

1) 황화린(지정수량 : 100kg)

① **동소체** : 삼황화린(P_4S_3), 오황화린(P_2S_5), 칠황화린(P_4S_7)

② **공통된 저장취급방법 및 주의사항**

㉠ 황화린의 미립자를 흡수하면 기관지 및 눈의 점막을 자극한다.

㉡ 저장방법

• 소량인 경우 : 유리병에 저장

• 대량인 경우 : 양철통에 넣은 후 나무상자에 보관

Check Point 황화린의 동소체 특징

명칭	화학식	색상	융점	발화점	성질
삼황화린	P_4S_3	황색	172℃	100℃	물에 녹지 않음
오황화린	P_2S_5	담황색	290℃	150℃	조해성(물에 용해)
칠황화린	P_4S_7	담황색	310℃	250℃	조해성(물에 용해)

③ **삼황화린(P_4S_3)**

㉠ 비중 : 2.03, 발화점 : 100℃, 융점 : 173℃, 비점 : 407℃

㉡ 황색의 결정이며, 물, 황산, 염산 등에는 녹지 않고 질산, 이황화탄소, 알칼리 등에 녹는다.

㉢ 과산화물, 과망간산염, 금속분과 있을 때 자연발화한다.

㉣ 연소하면 오산화인(P_2O_5)과 이산화황(SO_2)이 생성된다.

$$연소반응 : P_4S_3 + 8O_2 \rightarrow 2P_2O_5 + 3SO_2$$

④ **오황화린(P₂S₅)**

ㄱ 비중 : 2.09, 융점 : 290℃, 비점 : 530℃

ㄴ 담황색 결정의 조해성 물질이다.

ㄷ 이황화탄소(CS_2)에 녹으며 찬물, 알칼리와 분해하여 **황화수소(H_2S)와 인산(H_3PO_4)을 생성**한다.

※ **황화수소(H_2S) – 달걀 썩는 냄새**

$$물과\ 반응 : P_2S_5 + 8H_2O\ \rightarrow\ 5H_2S + 2H_3PO_4$$

⑤ **칠황화린(P₄S₇)**

ㄱ 비중 : 2.19, 융점 : 310℃, 비점 : 523℃

ㄴ 담황색 결정의 조해성 물질이다.

ㄷ 이황화탄소에는 약간 녹으며, 더운 물과 격렬히 분해하여 황화수소(H_2S)와 인산(H_3PO_4)을 생성한다.

2) 적린(= 붉은 인, P)(지정수량 : 100kg)

① 비중 : 2.2, 발화점 : 260℃

② 동소체 : 적린(제2류 위험물), 황린(제3류 위험물)

③ 황린(노란 인)의 동소체이며 암적색의 분말이다.

④ 물, 이황화탄소, 에테르, 암모니아, 알코올 등에는 녹지 않는다.

⑤ 황린을 공기 차단한 후 약 250℃로 가열하여 적린으로 만든다.

⑥ 황린에 비하여 대단히 안정하며, 독성이 없으며 자연발화의 위험은 없다.

⑦ 산화물(염소산염류 등의 산화제)과 혼합하면 낮은 온도에서 발화될 수 있다.

⑧ 공기 중에서 연소하면 오산화인(P_2O_5)이 생성된다.

Check Point 적린과 황린의 비교

구분	적린(P)	황린(P₄)
유별	제2류	제3류
지정수량	100kg	20kg
위험등급	II	I
색상	암적색	백색, 담황색
발화점	**260℃**	**34℃(위험물 중 최저온도)**
저장	상온 보관	물속에 저장(pH 9)
물에 용해	녹지 않음	녹지 않음
CS₂ 용해	**녹지 않음**	**잘 녹음**

3) 황(＝유황, S)(지정수량 : 100kg)

① **위험물의 기준 : 순도 60wt% 이상인 것**

（단, 순도측정에 있어서 불순물은 활석 등 불연성 물질과 수분에 한한다.)

② **동소체** : 단사황, 사방황, 고무상황

③ 전기의 부도체이므로 마찰에 의한 정전기가 발생한다.

④ 공기 중에서 연소하면 푸른 불꽃을 내며 인체에 유독한 아황산가스(SO_2)를 발생시킨다.

⑤ 고온에서 용융된 유황은 수소와 격렬히 반응하여 황화수소(H_2S)를 발생시킨다.

⑥ 산화제와 목탄가루 등이 혼합되어 있을 때 마찰이나 열에 의해 착화폭발을 일으킨다.

⑦ 황가루가 공기 중에 부유할 때 분진폭발의 위험이 있으므로 취급 시 유의하여야 한다.

⑧ **소화방법** : 다량의 물로 인한 주수소화와 이산화탄소, 건조사 등에 의한 질식소화를 실시한다. 연소 시 유독한 아황산가스가 발생하므로 보호구(방독마스크)를 착용하여야 한다.

Check Point 황의 동소체 특징

명칭	비중	발화점	융점	물에 용해	CS₂에 용해
단사황	1.96	–	119	녹지 않음	잘 녹음
사방황	2.07	–	113	녹지 않음	잘 녹음
고무상황	–	360	–	녹지 않음	녹지 않음

예제

0.01wt% 황을 함유한 1,000kg의 코크스를 과잉공기 중에 완전연소시켰을 때 발생되는 SO_2의 양은 몇 kg인가?

정답 및 해설

정답 200g

황의 양 계산 : $1,000kg \times 0.0001 = 100g$

$$S + O_2 \rightarrow SO_2$$

$$
\begin{matrix}
100g & & Xg \\
32g & & 64g
\end{matrix}
$$

비례식으로 풀면 $32 \times X = 100 \times 64$, $X = 100 \times 64/32 = 200g$

| Reference | 연소반응 시 생성물

반응물	연소반응식	생성물
C(탄소)	$C + O_2 \rightarrow CO_2$	CO_2(이산화탄소)
H(수소)	$2H_2 + O_2 \rightarrow 2H_2O$	H_2O(물)
N(질소)	$N + O_2 \rightarrow NO_2$	NO_2(이산화질소)
S(황)	$S + O_2 \rightarrow SO_2$	SO_2(이산화황, 아황산가스)
P(인)	$4P + 5O_2 \rightarrow 2P_2O_5$	P_2S_5(오산화인)

4) 철분(Fe)(지정수량 : 500kg)

① 위험물의 기준 : 철의 분말로서 53 마이크로미터(μm)의 표준체를 통과하는 것이 50중량퍼센트(wt%) 미만인 것을 제외

② 비중 : 7.86, 융점 : 1,535℃, 비점 : 3,000℃

③ 공기 중에서 서서히 산화하여 산화철이 되면서 은백색의 광택이 황갈색으로 변한다.

④ 묽은 산에서는 수소가스를 발생하며, 진한 질산에서는 부동태를 만든다.

⑤ 다른 금속 분말에 비해 위험성이 적으나 기름이 묻은 분말의 경우에는 자연발화의 위험이 있다.

⑥ 가열, 충격, 마찰 등을 피하며 산화제와 격리된다.

⑦ 소화방법은 다량의 물로 주수소화와 이산화탄소, 건조사 등에 의한 질식소화를 실시한다.

| Reference | 철의 산화

> **산화철의 종류**
> ① FeO : 산화제일철(Ⅰ)
> ② Fe_2O_3 : 산화제이철(Ⅱ)
> ③ Fe_3O_4 : 산화제삼철(Ⅲ)

철의 연소 반응	$4Fe + 3O_2 \rightarrow 2Fe_2O_3$, $3Fe + 2O_2 \rightarrow Fe_3O_4$
철과 수증기 반응	$2Fe + 3H_2O \rightarrow Fe_2O_3 + 3H_2$, $3Fe + 4H_2O \rightarrow Fe_3O_4 + 4H_2$
철과 염산 반응	$2Fe + 6HCl \rightarrow 2FeCl_3 + 3H_2$, $Fe + 2HCl \rightarrow FeCl_2 + H_2$
철의 부식	$4Fe + 6H_2O + 3O_2 \rightarrow 4Fe(OH)_2 + O_2 + 2H_2O \rightarrow 2Fe_2O_3 + 6H_2O$

5) 마그네슘(Mg)(지정수량 : 500kg)

① **위험물의 기준** : 마그네슘 또는 마그네슘을 함유한 것 중 2mm의 체를 통과하지 아니하는 덩어리 또는 직경 2mm 이상의 막대모양의 것을 제외

② 비중 : 1.74, 융점 : 약 650℃, 비점 : 1,102℃, 발점 : 473℃

③ 열전도율 및 전기 전도도가 큰 금속이다.

④ 산 및 온수와 반응하여 수소가 발생한다.

⑤ 분진의 비산은 분진폭발의 위험이 있으므로 분진의 비산에 주의한다.

⑥ 공기 중의 습기 또는 할로겐 원소와는 자연발화할 수 있다.

⑦ 산화제와의 혼합 시 타격, 충격, 마찰 등에 의해 착화되기 쉽다.

⑧ 일단 점화되면 발열량이 크고 온도가 높아져 백광을 내고 자외선을 많이 함유한 푸른 불꽃을 내면서 연소하므로 소화가 곤란할 뿐만 아니라 위험성도 크다.

⑨ CO_2 등 질식성 가스와 연소 시는 유독성인 CO가스를 발생한다.

> 탄산과 반응 : $Mg + CO_2 \rightarrow MgO + CO$

⑩ 사염화탄소나 C_2H_4ClBr 등과 고온에서 반응할 경우 맹독성의 포스겐이 발생된다.

⑪ **소화방법** : 분말의 비산을 막기 위해 건조사 등으로 피복 후 주수소화를 실시한다.

6) 금속분류(지정수량 : 500kg)

① **위험물의 기준** : 알칼리 금속, 알칼리 토금속, 철 및 마그네슘 이외의 금속분을 말하며, 구리, 니켈분과 150 마이크로미터(μm)의 표준체를 통과하는 것이 50중량퍼센트(wt%) 미만인 것을 제외

② **종류** : 알루미늄분(Al), 아연분(Zn), 안티몬분(Sb), 티탄분, 은분 등

③ **알루미늄분(Al)**

- 비중 : 2.7, 융점 : 660℃, 비점 : 2,000℃
- 연성, 전성(퍼짐성)이 좋으며 열전도율, 전기 전도도가 큰 은백색의 무른 금속이다.
- 공기 중에서는 표면에 산화피막(산화알루미늄, 알루미나)을 형성하여 내부를 부식으로 보호한다.

$$연소반응 : 4\,Al + 3\,O_2 \rightarrow 2\,Al_2O_3$$

- 황산, 묽은 질산, 묽은 염산에 침식된다. 그러나 진한 질산에는 침식되지 않는다.

$$물과 반응 : 2\,Al + 6\,H_2O \rightarrow 2\,Al(OH)_3 + 3\,H_2 \uparrow$$

- 산, 알칼리의 수용액에서 수소(H_2)를 발생시킨다.

$$산과 반응 : 2\,Al + 6\,HCl \rightarrow 2\,AlCl_3 + 3\,H_2 \uparrow$$

- 다른 금속 산화물을 환원한다.

$$금속과 반응 : 3\,Fe_3O_4 + 8\,Al \rightarrow 4\,Al_2O_3 + 9\,Fe$$

- 기타 마그네슘에 준한다.

④ **아연분(Zn)**
- 비중 : 7.14, 융점 : 419℃, 비점 : 907℃
- 은백색의 분말로 산, 알칼리와 반응하여 수소를 발생시킨다.

$$산과 반응 : Zn + 2\,HCl \rightarrow ZnCl_2 + H_2 \uparrow$$

- 공기 중에서 표면에 흰 염기성 탄산아연의 엷은 막을 만들어 내부를 보호한다.
- 기타 마그네슘분에 준한다.

⑤ **안티몬분(Sb)**
- 비중 : 6.69, 융점 : 630℃, 비점 : 1,640℃
- 은백색의 무른 금속으로 여러 가지의 이성질체를 갖는다.
- 진한 황산, 진한 질산 등에는 녹으나 묽은 산에는 녹지 않는다.
- 흑색 안티몬은 공기 중에서 발화된다.
- 무정형 안티몬은 약간의 자극 및 가열로 인하여 폭발적으로 회색 안티몬으로 변한다.
- 기타 마그네슘에 준한다.

Check Point

➤ **테르밋 반응**

산화철과 알루미늄 분말을 배합하여 점화하면 알루미늄에 의해 산화철이 환원되는 반응으로, 이때 발생하는 열은 약 2,800℃의 고온으로 이 열은 기차 철로 등의 용접에 이용된다.

$$2Al + Fe_2O_3 \rightarrow 2Fe + Al_2O_3$$

➤ **금속의 이온화 경향(이온화 경향이 클수록 화학적 활성이 크다)**

K > Ca > Na > Mg > Al > Zn > Fe > Ni > Sn > Pb > H > Cu > Hg > Ag > Pt > Au
칼　슘　나　마　알　아　철　니　주　납　(수)　구　수　은　백　금

Check Point

➤ **금속의 불꽃반응 시 색상** 암기법 **불꽃놀이할 때 불꽃 색깔 – 빨리 노나보카 청녹개구리**

리튬 → 적색	나트륨 → 노란색	칼륨 → 보라색	구리 → 청녹색	칼슘 → 황적색

➤ **금속의 비중**

경금속(비중 4.5 미만)		중금속(비중 4.5 이상)
리튬(Li) – 0.53	칼륨(K) – 0.86	철(Fe) – 7.8
나트륨(Na) – 0.97	칼슘(Ca) – 1.55	구리(Cu) – 8.9
마그네슘(Mg) – 1.74	알루미늄(Al) – 2.7	수은(Hg) – 13.6

➤ **제4류 위험물의 비중**

- 이황화탄소 – 1.26
- 비중이 1보다 큰 것 – 의산, 초산, 클로로벤젠, 니트로벤젠, 글리세린

7) 인화성 고체(지정수량 : 1,000kg)

① 정의 : 고형 알코올, 그 밖에 1기압에서 인화점이 40℃ 미만인 고체

 Check Point

▶ 각 유별 위험물의 분류기준

유별	품명	기준
제2류	유황	**순도** 60wt% 이상
	철분	철분으로 53μm 표준체를 통과하는 것이 **50wt% 미만인 것 제외**
	마그네슘	2mm 체를 통과하지 아니하는 덩어리 및 직경 2mm 이상의 막대모양의 것은 **제외**
	금속분	구리분, 니켈분 및 150μm의 체를 통과하는 것이 50wt% 미만인 것 **제외**
	인화성 고체	고형 알코올, 그 밖에 1기압에서 인화점이 **40℃ 미만**인 고체
제4류	알코올류	탄소원자의 수가 1개~ 3개까지인 포화1가 알코올
제6류	과산화수소	**농도** 36wt%(중량퍼센트) 이상
	질산	**비중** 1.49 이상

▶ 위험물안전관리법상의 고체와 액체의 구분

1. 고체

액체(1기압 및 섭씨 20도에서 액상인 것 또는 섭씨 20도 초과 섭씨 40도 이하에서 액상인 것을 말한다. 이하 같다)또는 기체(1기압 및 섭씨 20도에서 기상인 것을 말한다) 외의 것

2. 액상

수직으로 된 시험관(안지름 30밀리미터, 높이 120밀리미터의 원통형 유리관을 말한다)에 시료를 55밀리미터까지 채운 다음 당해 시험관을 수평으로 하였을 때 시료액면의 선단이 30밀리미터를 이동하는 데 걸리는 시간이 90초 이내에 있는 것

05   제3류 위험물(자연발화성 및 금수성 물질)

1. 제3류 위험물의 위험등급 및 지정수량

위험등급	품명	지정수량
I	칼륨 나트륨 알킬알루미늄 알킬리튬	10kg
	황린	20kg
II	알칼리금속(칼륨 및 나트륨 제외) 및 알칼리 토금속 유기 금속 화합물(알킬알루미늄 및 알킬리튬 제외)	50kg
III	금속의 수소화물 금속의 인화물 칼슘 또는 알루미늄의 탄화물	300kg
	염소화규소 화합물	300kg
	위의 어느 하나 이상을 함유한 것	10kg, 20kg, 50kg 또는 300kg

1. "자연발화성물질 및 금수성물질"이라 함은 고체 또는 액체로서 공기 중에서 발화의 위험성이 있거나 물과 접촉하여 발화하거나 가연성가스를 발생하는 위험성이 있는 것을 말한다.
2. 칼륨·나트륨·알킬알루미늄·알킬리튬 및 황린은 제1호의 규정에 의한 성상이 있는 것으로 본다.

2. 제3류 위험물의 공통성질 및 저장, 취급 시 유의사항

1) 공통성질

① 대부분 무기물의 고체이지만 알킬알루미늄과 같은 액체도 있다.

② 금수성 물질로서 물과 접촉하면 발열 또는 발화한다.

③ 자연발화성 물질로서 공기와의 접촉으로 자연발화하는 경우도 있다.

2) 저장취급방법 및 주의사항

① 물과 접촉하여 가연성 가스가 발생하므로 화기로부터 멀리할 것

② 금수성 물질로서 용기의 파손이나 부식을 방지하고 수분과의 접촉을 피할 것

③ 보호액 속에 저장하는 경우에는 위험물이 보호액 표면에 노출되지 아니할 것

④ 다량을 저장하는 경우에는 소분하여 저장하고 물기의 침입을 막도록 할 것

⑤ 건조사, 팽창 질석 및 팽창 진주암 등을 사용한 질식소화를 실시

⑥ 금속화재용 분말 소화약제에 의한 질식소화를 실시

⑦ 주수소화는 절대 엄금함

3. 품명 및 위험물의 특성

1) 알킬알루미늄(R_3Al)(지정수량 : 10kg)

① **정의** : 알킬기(R)와 알루미늄(Al)의 유기금속 화합물

② **종류** : 트리메틸알루미늄($(CH_3)_3Al$), 트리에틸알루미늄($(C_2H_5)_3Al$)
트리프로필알루미늄($(C_3H_7)_3Al$), 트리부틸알루미늄($(C_4H_9)_3Al$)

‖ Reference ‖ **알킬(R) 정의**

파라핀족 탄화수소에서 수소 원자 1개를 제거하고 남은 원자단을 말한다. 일반식은 C_nH_{2n+1}로 나타낸다. 일반적으로 표시하려면 R를 사용한다.

탄소 수	알칸계		알킬계	
	명 칭	C_nH_{2n+2}	알킬계	C_nH_{2n+1}
1	메탄	CH_4	메틸	CH_3
2	에탄	C_2H_6	에틸	C_2H_5
3	프로판	C_3H_8	프로필	C_3H_7
4	부탄	C_4H_{10}	부틸	C_4H_9

③ **일반적 성질**

- 상온에서 무색투명한 **액체** 또는 고체로서 독성이 있으며 자극성인 냄새가 난다.
- 공기와 접촉하면 자연발화하며($C_1 \sim C_4$까지), 물과 접촉할 경우 폭발적으로 반응하여 가연성 가스를 발생시킨다.
- 대표적인 알킬알루미늄($R-Al$)의 종류와 일반적 성질은 다음과 같다.

화학명	약호	화학식	상태	물과 반응 시 생성가스
트리메틸알루미늄	TMA	$(CH_3)_3Al$	무색 액체	메탄(CH_4)
트리에틸알루미늄	TEA	$(C_2H_5)_3Al$	무색 액체	에탄(C_2H_6)
트리프로필알루미늄	TNP	$(C_3H_7)_3Al$	무색 액체	프로판(C_3H_8)
트리부틸알루미늄	TBC	$(C_4H_9)_3Al$	무색 액체	부탄(C_4H_{10})

④ **위험성**

- 탄소수가 $C_1 \sim C_4$ 까지는 공기와 접촉하여 자연 발화된다.
- 물과 폭발적 반응을 일으켜 가연성가스를 발생, 비산되므로 위험하다.

$$\text{물과 반응} : (C_2H_5)_3Al + 3H_2O \rightarrow Al(OH)_3 + 3C_2H_6(\text{에탄})$$

- 피부에 닿으면 심한 화상을 입으며, 화재 시 발생된 가스는 기관지와 폐에 손상을 준다.
- 염산과 반응하여 가연성 가스가 발생한다.

⑤ **저장 및 취급방법**
- 용기는 완전 밀봉하고, 공기와 물의 접촉을 피하며, 질소 등 불연성 가스로 봉입한다.
- 소화방법은 건조사, 팽창 질석 또는 팽창 진주암 등의 피복소화를 실시한다.
- 희석제 : 벤젠(C_6H_6), 헥산(C_6H_{14})

2) 알킬리튬(RLi)(지정수량 : 10kg)

① **정의** : 알킬기(R)와 리튬(Li)의 유기금속 화합물
② **종류** : 메틸리튬(CH_3Li), 에틸리튬(C_2H_5Li), 프로필리튬(C_3H_7Li), 부틸리튬(C_4H_9Li)

화학명	화학식	상태	물과 반응 시 생성가스
메틸리튬	CH_3Li	무색 액체	메탄(CH_4)
에틸리튬	C_2H_5Li	무색 액체	에탄(C_2H_6)
프로필리튬	C_3H_7Li	무색 액체	프로판(C_3H_8)
부틸리튬	C_4H_9Li	무색 액체	부탄(C_4H_{10})

③ 수소기체와 반응하여 수소화리튬(LiH), 가연성 가스가 발생한다.

$$\text{수소와 반응} : CH_3Li + H_2 \rightarrow LiH + CH_4(\text{메탄})$$

④ 기타 알킬알루미늄에 준한다.

3) 금속칼륨(＝ 포타시윰, K)(저장수량 : 10kg)

① **비중 : 0.86**, 융점 : $63.5℃$, 비점 : $762℃$
② 화학적 활성이 대단히 큰 은백색의 광택이 있는 무른 금속이다.
③ 녹는점(M.P.) 이상에서 가열하면 **보라색 불꽃**을 내면서 연소한다.
④ 물 또는 알코올에 반응하지만 에테르와는 반응하지 않는다.
⑤ 공기 중의 수분 또는 물과 반응하여 수산화칼륨(KOH)과 **수소가스를 발생**시키고 발화한다.
⑥ 알코올과 반응하여 칼륨알코올라이드와 수소가스를 발생시킨다.

⑦ 주수소화와 CCl_4(사염화탄소)나 CO_2(이산화탄소)와는 폭발반응하므로 금지

⑧ **보호액 – 석유 등(등유, 경유, 파라핀)**

⑨ 저장 시는 소분하며 습기가 닿지 않도록 밀전 또는 밀봉할 것

⑩ 소화방법은 건조사 또는 금속화재용 분말 소화약제, 소금($NaCl$), 탄산칼슘($CaCO_3$)을 사용할 것

4) 금속나트륨(Na)(지정수량 : 10kg)

① 비중 : **0.97**, 융점 : $97.7℃$, 비점 : $880℃$

② **화학적 활성이 대단히 큰** 은백색의 광택이 있는 무른 금속이다.

③ 녹는점(M.P.) 이상에서 가열하면 노란색 불꽃을 내면서 연소한다.

④ 물 또는 알코올에 반응하지만 에테르와는 반응하지 않는다.

⑤ 공기 중의 수분 또는 **물**과 반응하여 **수소가스를 발생**시키며 발화한다.

⑥ 알코올과 반응하여 나트륨알코올레이드와 수소가스를 발생시킨다.

⑦ 주수소화와 CCl_4(사염화탄소)나 CO_2(이산화탄소)와는 폭발반응하므로 금지

⑧ 피부에 접촉할 경우 화상을 입는다.

⑨ **보호액 – 석유 등(등유, 경유, 파라핀)**

⑩ 보호액 속에 저장할 경우 용기 파손이나 보호액 표면에 노출되지 않도록 할 것

⑪ 저장 시는 소분하여 소분병에 넣고 습기가 닿지 않도록 소분병을 밀전 또는 밀봉할 것

⑫ 소화방법은 건조사 또는 금속화재용 분말 소화약제, 소금($NaCl$), 탄산칼슘($CaCO_3$)을 사용할 것

 Check Point

➤ 칼륨, 나트륨의 특징		
	칼륨	**나트륨**
비중	0.86	0.97
불꽃반응색	보라색	노란색
보관 시	보호액(등유, 경유, 파라핀)에 저장	
소화약제	건조사, 금속화재용 분말소화약제, 소금($NaCl$), 탄산칼슘($CaCO_3$) 등 ※ 이산화탄소, 사염화탄소 소화약제 사용금지(폭발반응함) – 물과 반응　　　　： $2Na + 2H_2O \rightarrow 2NaOH + H_2 \uparrow$ – 사염화탄소와 반응 ： $4Na + CCl_4 \rightarrow 4NaCl + C$ – 탄산가스와 반응　： $4Na + 3CO_2 \rightarrow 2Na_2CO_3 + C$ – 알코올과 반응　　： $2Na + 2C_2H_5OH \rightarrow 2C_2H_5ONa + H_2 \uparrow$	

예 제

1atm, 20℃에서 나트륨을 물과 반응시켜 발생된 기체의 부피를 측정한 결과 10L이다. 동일한 질량의 칼륨을 2atm, 100℃에서 물과 반응시키면 몇 L의 기체가 발생하는지 계산하시오.

정답 및 해설

정답 3.76L

1. $2Na + 2H_2O \rightarrow 2NaOH + H_2$

$M : 23$, $R : 0.08205[atm \cdot L/mole \cdot K]$, $T : 273 + 20$, $P : 1[atm]$, $V : 10[L]$

$$PV = \frac{WRT}{M} \rightarrow W = \frac{PVM}{RT} = \frac{1 \times 10 \times 23}{0.082 \times (273 + 20)} \times \frac{2}{1} = 19.145 \cong 19.15$$

$$W = 19.15g$$

$2K + 2H_2O \rightarrow 2KOH + H_2$

$M : 39$, $R : 0.08205[atm \cdot L/mole \cdot K]$, $T : 273 + 100$, $P : 2[atm]$

$$V = \frac{WRT}{PM} = \frac{19.15 \times 0.082 \times (273 + 100)}{2 \times 39} \times \frac{1}{2} = 3.754 \cong 3.75$$

2. 보일-샤를의 법칙 적용

$$\frac{P_1 V_1}{T_1} = \frac{P_2 V_2}{T_2}, \quad V_2 = \frac{P_1 T_2 V_1}{P_2 T_1} \rightarrow \frac{1 \times (273 + 100) \times 10}{2 \times (273 + 20)} = 6.365 \cong 6.37$$

몰수와 분자량은 반비례이므로

$$\frac{V_2}{V_1} = \frac{M_1}{M_2} \text{이므로 } V_2 = \frac{M_1}{M_2} \times V_1, \quad 6.37 \times \frac{23}{39} = 3.756 \cong 3.76$$

5) 황린(＝ 인 ＝ 백린, P_4)(지정수량 : 20kg)

① **동소체** : 적린, 황린

② 비중 : 1.83, **발화점** : 34℃, 융점 : 약 44℃, 비점 : 280℃

   ※ **위험물 중에서 황린의 착화(발화)점이 가장 낮음**

③ 상온에서 서서히 산화되어 어두운 곳에서 인광을 내는 백색 또는 담황색의 고체이다.

④ **물에는 녹지 않으나**, 벤젠, 알코올에는 약간 녹고, 이황화탄소 등에는 잘 녹는다.

⑤ 황린을 공기 차단한 후 약 250℃로 가열하면 적린(P)이 된다.

⑥ 다른 원소와 반응하여 인화합물을 만든다.

⑦ 약 50℃ 전후에서 공기와의 접촉으로 자연발화되며, **오산화인(P_2O_5)의 흰 연기**가 발생한다.

⑧ **독성이 강하며 치사량은 0.05g이다.**

⑨ 흡습성이 강하고, 물과 접촉하여 인산(H_3PO_4)을 생성하므로 부식성이 있다. 즉 피부에 닿으면 피부점막에 염증을 일으키고 흡수 시 폐에 손상을 가져온다.

⑩ 수산화칼륨용액 등 강알칼리 용액과 반응하여 유독성의 인화수소($=$포스핀, PH_3)를 발생한다.

⑪ **인화수소(PH_3)의 생성**을 방지하기 위해 **보호액은 pH9인 약알칼리성 물속에 저장**한다.

⑫ 온도가 상승될 경우 물의 산성화가 빨라져 용기를 부식시키므로 직사광선을 막는 차광성 덮개를 하여 저장한다.

⑬ 맹독성이 있으므로 취급 시 고무장갑, 보호복, 보호안경을 착용한다.

⑭ 저장용기는 금속 또는 유리용기를 사용하며 밀봉한다.

Check Point 적린과 황린의 비교

구분	적린(P)	황린(P_4)
유별	제2류	제3류
지정수량	100kg	20kg
위험등급	II	I
색상	암적색	백색, 담황색
발화점	**260℃**	**34℃(위험물 중 최저온도)**
저장	상온 보관	물속에 저장(pH9)
물에 용해	녹지 않음	녹지 않음
CS_2 용해	**녹지 않음**	**녹음**

6) 알칼리 금속류(K, Na은 제외) 및 알칼리 토금속류(지정수량 : 50kg)

① **알칼리금속류** : 원소주기률표상의 1가 원소

종류 : 리튬(Li), 루비듐(Rb), 세슘(Cs), 프란슘(Fr)(칼륨, 나트륨 제외)

② **알칼리토금속류** : 원소주기률표상의 2가 원소

종류 : 베릴륨(Be), 칼슘(Ca), 스트론튬(Sr), 바륨(Ba), 라듐(Ra)(마그네슘 제외)

③ **금속 리튬(Li)**
- 비중 : 0.534, 융점 : 80℃, 비점 : 1,336℃
- 금속 중 **가장 가벼운** 은백색의 연한 **금속**이다.
- 물과 만나면 심하게 발열하고 가연성의 수소가스를 발생시키므로 위험하다.
- 공기 중에서 서서히 가열해도 발화되어 연소하며, 연소 시 탄산가스(CO_2) 속에서도 꺼지지 않고 연소된다.

④ **금속 칼슘(Ca)**
- 비중 : 1.55, 융점 : 851℃, 비점 : 약 1,200℃

- 연성, 전성이 있는 은백색의 알칼리 토금속이다.
- 공기 중에서 가열하면 연소한다.
- 물과 반응하여 상온에서는 서서히 고온에서는 심하게 발열하면서 가연성인 수소가 스를 발생시킨다.
- 보호액으로 석유류 속에 저장한다.

7) 유기 금속 화합물류(알킬알루미늄과 알킬리튬은 제외)(지정수량 : 50kg)

① 알킬기($R : C_nH_{2n+1}$)와 아닐기(C_6H_5) 등 탄화수소기와 금속원자가 결합된 화합물
② **종류** : 부틸리튬(C_4H_9Li), 디메틸카드뮴[$(CH_3)_2Cd$]
　　　　사에틸납(TEL)[$(C_2H_5)_4Pb$], 사페닐납[$(C_6H_5)_4Pb$] 등
③ **특징** : 공기 중에서 자연발화 위험이 있다. 물 또는 습기에 의해 발열하며 분해하여 인화성 증기를 발생한다.

8) 금속수소 화합물(지정수량 : 300kg)

① 알칼리 금속 또는 알칼리 토금속(Be, Mg은 제외)의 수소화합물로서 무색 결정으로 융점이 높고 물과 반응하여 수소를 발생시키는 이온 화합물
② **종류** : 수소화리튬(LiH), 수소화나트륨(NaH),
　　　　수소화칼륨(KH), 수소화알루미늄리튬[$Li(AlH_4)$] 등
③ **수소화칼륨(KH)**
- 회백색의 결정분말
- 습한 공기 중에서 분해되고, 물과는 심하게 반응하여 수산화칼륨(KOH)과 수소가 스를 발생시킨다.
- 암모니아와 고온에서 반응하여 칼륨아미드(KNH_2)와 수소를 발생한다.

‖ Reference ‖ 금속수소 화합물(지정수량 : 300kg)

종류	화학식	비중	색상	에테르	물과 반응 발생가스
수소화리튬	LiH	0.82	무색	녹지 않음	수산화리튬＋수소
수소화칼륨	KH		회백색	녹지 않음	수산화칼륨＋수소
수소화나트륨	NaH	0.93	회색	녹지 않음	수산화나트륨＋수소
수소화칼슘	CaH_2	1.7	무색	녹지 않음	수산화칼슘＋수소
수소화 알루미늄리튬	$Li(AlH_4)$		백색	녹음	수소

9) 금속의 인화물(지정수량 : 300kg)

① 물 또는 약산과 반응하여 유독하고 가연성인 인화수소가스(＝포스핀, PH_3) 발생

② 인화칼슘(= 인화석회, Ca_3P_2)

- 비중 : 2.51, 융점 : 1,600℃
- 적갈색의 괴상 고체이다.
- **물** 또는 약산과 반응하여 유독하고 가연성인 **인화수소가스(= 포스핀, PH_3)**를 발생
- 에테르, 벤젠, 이황화탄소와 접촉하면 발화한다.
- 알코올, 에테르에는 녹지 않는다.

Check Point　　**금속의 인화물(지정수량 : 300kg)**

종류	화학식	비중	색상	물과 반응 발생가스
인화칼슘(인화석회)	Ca_3P_2	2.51	적갈색	**포스핀(PH_3)**
인화알루미늄	AlP	2.4	암회색 or 회색	**포스핀(PH_3)**
인화아연	Zn_3P_2	4.55	암회색	**포스핀(PH_3)**

10) 칼슘 또는 알루미늄의 탄화물(지정수량 : 300kg)

① **정의** : 칼슘 또는 알루미늄과 탄소와의 화합물

② **탄화칼슘(= 카바이드, 탄화석회, CaC_2)**

- 비중 : 2.22, 융점은 : 2,300℃, 발화점 : 335℃
- 순수한 것은 정방정계인 백색 결정, 시판품은 회색 또는 회흑색의 불규칙한 괴상의 고체이다.
- 질소와는 약 700℃ 이상에서 질화되어 칼슘시안나이드(석회질소, $CaCN_2$)가 생성
- 물 또는 습기와 작용하여 아세틸렌(C_2H_2)가스를 발생시키고 수산화칼슘($Ca(OH)_2$)이 생성
- 용기 등에는 질소가스 등 불연성 가스를 봉입할 것

Check Point　　**아세틸렌가스(C_2H_2)**

1. 연소범위 2.5~81%(가연성 가스 중 연소범위가 최대)
2. 위험도 $= \dfrac{연소범위\ 상한\ 값 - 연소범위\ 하한\ 값}{연소범위\ 하한\ 값} = \dfrac{81 - 2.5}{2.5} = 31$
3. 아세틸렌가스는 대단히 인화되기 쉬운 가스이다.
4. 1.5기압 이상으로 가압하면 단독으로 분해, 폭발한다.
5. 생성되는 아세틸렌가스는 금속(Cu, Ag, Hg 등)과 반응하여 폭발성 화합물인 금속 아세틸레이드[$(Metal)_2C_2$]를 생성한다.

③ **탄화알루미늄(Al_4C_3)**

- 비중 : 2.36, 분해온도 : 1,400℃
- 황색(순수한 것은 백색)의 단단한 결정 또는 분말
- 위험성 : 물과 반응하여 가연성인 메탄(CH_4)을 발생시키므로 인화의 위험이 있다.
- 소화방법 : 건조사, 팽창질석, 팽창진주암, 탄산가스로 소화한다.

Check Point ▶ **물과의 반응 시 생성가스**

유별	품명	발생가스	반응식
제1류	무기과산화물	산소	$2Na_2O_2 + 2H_2O \rightarrow 4NaOH + O_2 \uparrow$
제2류	오황화린, 칠황화린	황화수소	$P_2S_5 + 8H_2O \rightarrow 2H_3PO_4(인산) + 5H_2S \uparrow$
	철분, 마그네슘, 금속분	수소	$Mg + 2H_2O \rightarrow Mg(OH)_2 + H_2 \uparrow$
제3류	칼륨, 나트륨, 리튬	수소	$2K + 2H_2O \rightarrow 2KOH + H_2 \uparrow$
	수소화칼륨, 수소화나트륨	수소	$KH + H_2O \rightarrow KOH + H_2 \uparrow$
	트리메틸알루미늄	**메탄**	$(CH_3)_3Al + 3H_2O \rightarrow Al(OH)_3 + 3CH_4 \uparrow$
	트리에틸알루미늄	**에탄**	$(C_2H_5)_3Al + 3H_2O \rightarrow Al(OH)_3 + 3C_2H_6 \uparrow$
	인화칼슘, 인화알루미늄	**포스핀(PH_3)**	$AlP + 3H_2O \rightarrow Al(OH)_3 + PH_3 \uparrow$
	탄화칼슘	아세틸렌 (C_2H_2)	$CaC_2 + 2H_2O \rightarrow Ca(OH)_2 + C_2H_2 \uparrow$
	탄화알루미늄	메탄(CH_4)	$Al_4C_3 + 12H_2O \rightarrow 4Al(OH)_3 + 3CH_4 \uparrow$

06　제4류 위험물(인화성 액체)

1. 제4류 위험물 위험등급 및 지정수량

위험등급	품명		지정수량
I	특수 인화물류		50L
II	제1석유류	비수용성(가솔린 등)	200L
		수용성(아세톤 등)	400L
	알코올류(모두 수용성)		400L
III	제2석유류	비수용성(등유, 경유 등)	1,000L
		수용성(의산, 초산 등)	2,000L
	제3석유류	비수용성(중유, 클레오소트류 등)	2,000L
		수용성(에틸렌글리콜, 글리세린 등)	4,000L
	제4석유류(모두 비수용성)		6,000L
	동·식물유류(모두 비수용성)		10,000L

1. "**인화성액체**"라 함은 액체(제3석유류, 제4석유류 및 동식물유류의 경우 1기압과 섭씨 20도에서 액체인 것만 해당한다)로서 인화의 위험성이 있는 것을 말한다. 다만, 다음 각 목의 어느 하나에 해당하는 것을 법 제20조제1항의 중요기준과 세부기준에 따른 운반용기를 사용하여 운반하거나 저장(진열 및 판매를 포함한다)하는 경우는 제외한다.
   가. 「화장품법」에 따른 화장품 중 인화성액체를 포함하고 있는 것
   나. 「약사법」에 따른 의약품 중 인화성액체를 포함하고 있는 것
   다. 「약사법」에 따른 의약외품(알코올류에 해당하는 것은 제외한다) 중 수용성인 인화성액체를 50부피퍼센트 이하로 포함하고 있는 것
   라. 「의료기기법」에 따른 체외진단용 의료기기 중 인화성액체를 포함하고 있는 것
   마. 「생활화학제품 및 살생물제의 안전관리에 관한 법률」에 따른 안전확인대상생활화학제품(알코올류에 해당하는 것은 제외한다) 중 수용성인 인화성액체를 50부피퍼센트 이하로 포함하고 있는 것
2. "**특수인화물**"이라 함은 **이황화탄소, 디에틸에테르** 그 밖에 1기압에서 **발화점이 섭씨 100도 이하**인 것 또는 **인화점이 섭씨 영하 20도 이하이고 비점이 섭씨 40도 이하**인 것을 말한다.
3. "**제1석유류**"라 함은 **아세톤, 휘발유** 그 밖에 1기압에서 **인화점이 섭씨 21도 미만**인 것을 말한다.
4. "**알코올류**"라 함은 1분자를 구성하는 탄소원자의 수가 **1개부터 3개까지인 포화1가 알코올(변성알코올을 포함한다)**을 말한다. 다만, 다음 각목의 1에 해당하는 것은 제외한다.
   가. 1분자를 구성하는 탄소원자의 수가 1개 내지 3개의 포화1가 **알코올의 함유량이 60중량퍼센트 미만**인 수용액
   나. **가연성 액체량이 60중량퍼센트 미만**이고 인화점 및 연소점(태그개방식 인화점측정기에 의한 연소점을 말한다. 이하 같다)이 **에틸알코올 60중량퍼센트** 수용액의 인화점 및 연소점을 초과하는 것
5. "**제2석유류**"라 함은 **등유, 경유** 그 밖에 1기압에서 인화점이 섭씨 21도 이상 70도 미만인 것을 말한다. 다만, **도료류** 그 밖의 물품에 있어서 가연성 액체량이 **40중량퍼센트 이하**이면서 인화점이 섭씨 40도 이상인 동시에 연소점이 섭씨 60도 이상인 것은 제외한다.
6. "**제3석유류**"라 함은 **중유, 클레오소트유** 그 밖에 1기압에서 인화점이 섭씨 70도 이상 섭씨 200도 미만인 것을 말한다. 다만, 도료류 그 밖의 물품은 가연성 액체량이 40중량퍼센트 이하인 것은 제외한다.
7. "**제4석유류**"라 함은 **기어유, 실린더유** 그 밖에 1기압에서 인화점이 섭씨 200도 이상 섭씨 250도 미만의 것을 말한다. 다만 도료류 그 밖의 물품은 가연성 액체량이 40중량퍼센트 이하인 것은 제외한다.

8. "동식물유류"라 함은 동물의 지육 등 또는 식물의 종자나 과육으로부터 추출한 것으로서 1기압에서 **인화점이 섭씨 250도 미만인 것**을 말한다. 다만, 법 제20조제1항의 규정에 의하여 행정안전부령으로 정하는 용기기준과 수납 · 저장기준에 따라 수납되어 저장 · 보관되고 용기의 외부에 물품의 통칭명, 수량 및 화기엄금(화기엄금과 동일한 의미를 갖는 표시를 포함한다)의 표시가 있는 경우를 제외한다.

2. 제4류 위험물의 공통성질 및 유의사항

1) 제4류위험물의 공통성질

① 상온에서 액체이며 대단히 인화성이 강하며, 비교적 발화점이 낮다.

② 대부분 물보다 가볍다.(예외, 이황화탄소 등)

③ 대부분 물에 녹지 않는다.(예외, 아세톤, 피리딘 등)

④ 증기는 공기보다 무겁다.(예외, 시안화수소(HCN)는 증기비중 0.93)

⑤ 증기는 연소범위가 넓어 위험하다.

2) 저장 · 취급 시 유의사항

① 용기는 밀전하고 통풍이 잘 되는 찬 곳에 저장할 것

② 화기 및 점화원으로부터 멀리 저장할 것

③ 증기 및 액체의 누설에 주의하여 저장할 것

④ 인화점 이상으로 가열하지 말 것

⑤ 정전기의 발생에 주의하여 저장 · 취급할 것

3) 소화방법

① 주수소화는 절대엄금(단, 물보다 무거운 이황화탄소와 물에 잘 녹는 알코올류의 경우에는 분무주수로 소화가 가능하다.)

② 소화방법은 이산화탄소, 할로겐화물, 분말 등으로 질식소화를 실시한다.

4) 제4류 위험물의 화재특성

① 유동성 액체 화재이므로 연소속도가 빠르다.

② 증발연소를 하므로 불티가 나지 않는다.

③ 소화 후에도 발화점 이상으로 가열된 물체 등에 의한 재연소우려가 있다.

3. 지정품명 및 인화점에 의한 구분

특수인화물	이황화탄소, 디에틸에테르 그밖에 1기압에서 발화점이 섭씨 100도 이하인 것 또는 인화점이 섭씨 영하 20도 이하이고 비점이 섭씨 40도 이하인 것
제1석유류	아세톤, 휘발유 그 밖에 1기압에서 인화점이 섭씨 21도 미만인 것
알코올류	분자를 구성하는 탄소원자의 수가 1개부터 3개까지인 포화1가 알코올(변성알코올 포함)

제2석유류	등유, 경유 그 밖에 1기압에서 인화점이 섭씨 21도 이상 섭씨 70도 미만인 것
제3석유류	중유, 클레오소트유 그 밖에 1기압에서 인화점이 섭씨 70도 이상 섭씨 200도 미만인 것
제4석유류	기어유, 실린더유 그 밖에 1기압에서 인화점이 섭씨 200도 이상 섭씨 250도 미만인 것
동식물유류	동물의 지육 또는 식물의 종자나 과육으로부터 추출한 것으로서 1기압에서 인화점이 섭씨 250도 미만인 것

Check Point

▶ **석유류 분류(암기법 특마리4백   21 70 이백 25)**

특수 — 20, 40, 100 ⌣ ⌣ ⌣ ⌣
                    ① ② ③ ④

※ 1기압에서 액체로서 인화점으로 구분

1. 특수인화물 : 인화점이 −20℃ 이하, 비점 40℃ 이하 발화점이 100℃ 이하
2. 제1석유류 : 인화점 21℃ 미만
3. 제2석유류 : 인화점 21℃ 이상 70℃ 미만
4. 제3석유류 : 인화점 70℃ 이상 200℃ 미만
5. 제4석유류 : 인화점 200℃ 이상 250℃ 미만
6. 동식물류 : 인화점 250℃ 미만

1 ⟺ ㉑ ⟺ 2 ⟺ ⑦⓪ ⟺ 3 ⟺ ⑳⓪ ⟺ 4 ⟺ ㉒⑤⓪

▶ **제4류 지정품목, 지정수량 암기법(암기법 특1알 234동, 오이사 126개 만 원)**

분류	지정품목	비수용성	수용성 (비×2)	수용성
특수인화물	에테르, 이황화탄소	⑤0		아세트알데히드, 산화프로필렌
제1석유류	아세톤, 가솔린	②00	400	아세톤, 피리딘, 시안화수소
알코올류	−	④00		메틸 · 에틸 · 프로필알코올
제2석유류	등유, 경유	①000	2,000	초산, 의산, 에틸셀르솔브
제3석유류	중유, 클레오소트유	②000	4,000	에틸렌글리콜, 글리세린
제4석유류	기어유, 실린더유	⑥000		
동식물류	−	①⓪⓪⓪⓪		−

4. 특수인화물(지정수량 : 50L)

• **종류** : 디에틸에테르, 이황화탄소, 아세트알데히드, 산화프로필렌, 이소프렌 등

Check Point 특수인화물 정리

	디에틸에테르	이황화탄소	아세트알데히드	산화프로필렌
구조식	H−C−C−O−C−C−H (각 탄소에 H 결합) $C_2H_5OC_2H_5$ 구조	S−C−S	$H-C-C\begin{smallmatrix}H\\\\O\end{smallmatrix}$	H−C−C−C−H (O 포함)
화학식	$C_2H_5OC_2H_5$	CS_2	CH_3CHO	CH_3CHCH_2O
비중	0.71	1.26	0.78	0.83
비점	34.6℃	46℃	21℃	34℃
발화점	180℃	90℃	185℃	
인화점	−45℃	−30℃	−38℃	−37℃
연소범위	1.9~48%	1~50%	4.1~57 %	2.1~38.5%
저장	공간용적 10%이상	물 속 (수조)	불연성가스(질소) or 수증기 봉입	
특징	과산화물 생성 검출시약 : 10% KI용액 검출 시 : 황색 변화 제거시약 : 환원철, 황산제일철		구리, 은, 수은, 마그네슘 용기사용 금지	

1) 디에틸에테르(＝에테르＝에틸에테르, $C_2H_5OC_2H_5$)

① 비극성 용매로서 물에는 약간 녹고 알코올 등에는 잘 녹는다.

② 전기의 부도체로서 정전기가 발생에 주의, 정전기방지제로 염화칼슘($CaCl_2$)을 넣어 둔다.

③ 증기는 마취성을 가지고 있어 장시간 흡입 시 위험하다.

④ 직사광선에 의해 분해되어 과산화물을 생성, 갈색병을 사용하여 밀전하고 냉암소 등에 보관한다.

⑤ 과산화물 생성 검출시약으로 10%의 요오드화칼륨(KI)용액을 사용하며, 황색으로 변화하면 과산화물이 검출된 것으로 보고 제거시약으로 황산제일철($FeSO_4$)과, 환 원철을 사용한다.

⑥ 운반용기의 공간용적으로 10% 이상 여유 공간을 둔다.

⑦ 소화방법으로는 이산화탄소, 포말 등에 의한 질식소화를 실시한다.

2) 이황화탄소(CS_2)

① **비중** : 1.26, **인화점** : $-30℃$, **발화점 : 90℃(제4류 중 가장 낮다.)**
   연소범위 : 1~50%

② 순수물질은 무색무취이나, 시판품은 불순물로 인해 황색을 띠고 불쾌한 냄새를 지닌다.

③ 알코올, 에테르, 벤젠 등에는 잘 녹으며, 유지, 수지, 생고무, 황, 황린 등을 녹인다.

④ 독성을 지니고 있어 액체가 피부에 오래 닿아 있거나 증기 흡입 시 인체에 유해하다.

⑤ 연소 시 청색불꽃을 내며, 이산화탄소와 유독한 아황산가스(SO_2)가 발생한다.

⑥ 물과 150℃ 이상 가열하면 분해하여 이산화탄소(CO_2)와 황화수소(H_2S)가스를 발생시킨다.

⑦ 물보다 무겁고 물에 녹기 어렵기 때문에 물(수조) 속에 저장한다.
   (※ 가연성 가스 발생 방지)

⑧ 소화방법은 분무상의 주수소화 또는 이산화탄소, 불연성 가스 등에 의한 질식소화

3) 아세트알데히드(CH_3CHO)

① 무색투명한 휘발성 액체로 자극성의 과일향이 난다.

② 화학적 활성이 크며, 물과 유기용제 및 고무를 잘 녹인다.

③ 반응성이 풍부하여 산화, 환원작용(은거울반응) 과 페얼링반응을 한다.

④ 산과 격렬하게 중합반응을 하기 때문에 접촉을 피한다.

⑤ 구리, 마그네슘, 은, 수은 및 그 합금과의 반응은 폭발성인 금속아세틸라이드를 생성한다.

⑥ 공기와의 접촉으로 과산화물이 생성되므로 밀전, 밀봉하여 냉암소에 저장한다.

⑦ 저장 시 용기 내부에는 불연성 가스(질소) 또는 수증기(H_2O)를 봉입한다.

⑧ 자극성이 강하므로 증기의 발생이나 흡입을 피하도록 한다.

⑨ 소화방법은 분무상의 물이나 이산화탄소, 분말, 증발성 액체 등에 의한 질식소화를 실시한다.

4) 산화프로필렌(CH_3CHCH_2O)

① 무색투명한 휘발성 액체로 에테르 냄새가 난다.

② 증기압이 대단히 높으므로(20℃에서 45.5mmHg) 상온에서 쉽게 위험농도에 도달하게 된다.

③ **저장 및 취급방법** : 아세트알데히드(CH_3CHO)에 준한다.

5) 기타 특수 인화물

이소프렌 : 인화점 −54℃(위험물 중 가장 낮음)

➤ **인화점(특에이아산, −5087),**　　　　　　　**착화점**

인화점		발화점	
20℃	피리딘	360℃	유황
13℃	에틸알콜	300℃	TNT, TNP
11℃	메틸알콜	300℃	휘발유
4℃	톨루엔	260℃	적린
	-----------------	232℃	황
−1℃	메틸에틸케톤	220℃	등유
−4℃	초산에틸	200℃	경유
−10℃	초산메틸	185℃	아세트알데히드
−11℃	벤젠	180℃	디에틸에테르
−18℃	아세톤, 콜로디온	170℃	니트로셀룰로즈
−20~−43℃	가솔린	125℃	과산화벤조일
−30℃	이황화탄소, 펜타보란	100℃	삼황화린
−37℃	산화프로필렌	90℃	이황화탄소
−38℃	아세트알데히드	34℃	황린(미분)펜타보란
	황화디메틸		
−45℃	디에틸에테르	비점	
−51℃	펜탄	46℃	이황화탄소
−54℃	이소프렌	34℃	산화프로필렌, 디에틸에테르
		21℃	아세트알데히드

➤ **가연성 가스의 위험도**

$$위험도 = \frac{연소범위 \ 상한 \ 값 - 연소범위 \ 하한 \ 값}{연소범위 \ 하한 \ 값}, \quad H = \frac{U - L}{L}$$

예 수소의 위험도 : $\dfrac{75 - 4}{4} = 17.75$

➤ **연소범위**

위험물	연소범위		암기법
	하한	상한	
디에틸에테르	1.9	48	1,948년 에테르장군이
이황화탄소	1	50	이황1에 탄소50와
아세트알데히드	4.1	57	알데히 41 57

산화프로필렌	2.5	38.5	산화 이오 삼팔오
아세톤	2.6	12.8	
가솔린	1.4	7.6	휘발유 넣고 일사칠육으로
벤젠	1.4	7.1	
톨루엔	1.4	6.7	
메틸알코올	7.3	36	
에틸알코올	4.3	19	
아세틸렌 C_2H_2	2.5	81	아세끼 아파서 2581 긴급전화하고
수소 H_2	4	75	수사치고(수사하고)
암모니아 NH_3	15	28	엄모보고 십오 이팔청춘은
일산화탄소 CO	12.5	74	연탄12장반 빌리는게 치사해
에틸렌 C_2H_4	2.7	36	
메탄	5	15	오일오
에탄	3	12.4	상 입이사
프로판	2.1	9.5	2.1프로 구하오
부탄	1.8	8.4	십팔 파사

5. 제1석유류(비수용성 : 200L, 수용성 : 400L)

- **정의** : 아세톤 및 휘발유, 그 밖의 액체로서 인화점이 21℃ 미만인 액체를 말한다.
- **종류** : 아세톤, 가솔린, 벤젠, 톨루엔, 피리딘, 메틸에틸케톤, 초산에스테르류, 의산에스테르류, 시안화수소, 콜로디온
- **수용성(400L)** : 아세톤, 피리딘, 시안화수소

1) 아세톤(= 디메틸케톤, CH_3COCH_3, 지정수량 : 400L)

① 비중 : 0.792, 비점 : 56.5℃, 인화점 : -18℃, 발화점 : 538℃,
　　연소범위 : 2.6~12.8%
② 무색의 독특한 냄새를 갖는 휘발성 액체이다.
③ 물과 유기용제(알코올, 에테르, 벤젠, 클로로포름 등)에 잘 녹는다.
④ 유지, 수지, 섬유, 고무 등을 용해시킨다.
　　특히, 아세틸렌을 잘 용해시키므로 아세틸렌의 저장에 이용된다.
⑤ 일광에 쬐이면 분해되어 과산화물을 생성하며 황색으로 변색되므로 갈색 유리병에
　　보관

⑥ 독성은 없으나 피부에 닿으면 탈지작용을 하고 오래 흡입 시 구토가 일어난다.

⑦ 소화방법은 분무상태의 주수소화가 가장 효과적이고, 포에 의한 소화는 포가 소포되므로 알코올포를 사용한 질식소화를 실시한다.

2) 휘발유(= 가솔린, $C_5H_{12} \sim C_9H_{20}$, 지정수량 : 200L)

① 비중 : 0.65~0.8, 증기비중 : 3~4, 인화점 : −20~−43℃, 발화점 : 300℃ 연소범위 : 1.4~7.6%

② 탄소수가 $C_5 \sim C_9$까지의 포화, 불포화 탄화수소의 혼합물인 무색투명한 휘발성 액체이다.

③ 물에는 녹지 않으나 유기용제에는 잘 녹으며 고무, 수지, 유지 등을 잘 용해시킨다.

④ 옥탄가를 높여 연소성을 향상하기 위해 첨가제(TEL 등)를 혼합하고 오렌지색, 청색으로 착색한다.

⑤ 휘발, 인화하기 쉽고 증기는 공기보다 3~4배 정도 무거워 누설 시 낮은 곳에 체류되어 연소를 확대시키므로 용기의 누설 및 증기 배출이 되지 않도록 취급에 주의한다.

⑥ 전기의 부도체로 정전기 발생에 의한 인화의 위험이 있다.

⑦ 불순물에 의해 연소 시 유독한 아황산가스(SO_2)가 발생된다.

⑧ 온도상승에 의한 체적팽창을 감안하여 밀폐용기는 저장 시 약 10% 정도 여유 공간을 둔다.

⑨ 소화방법은 포말소화나 이산화탄소, 분말 등에 의한 질식소화를 실시한다.

3) 벤젠(C_6H_6, 지정수량 : 200L)

① 구조식 : C_6H_6

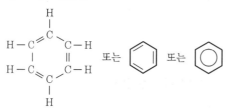

※ 벤젠의 구조식은 위의 3가지 중에서 어떤 것을 써도 무방하다.

② 인화점 −11℃, 발화점 562℃, 융점 5.5 ℃, 연소범위 1.4~7.1%

③ 무색투명한 휘발성 액체로서 증기는 마취성과 독성이 있는 방향성의 액체이다.

④ 물에는 녹지 않으나, 알코올 에테르 등 유기용제에는 잘 녹으며 고무, 수지, 유지 등을 용해시킨다.

⑤ 융점이 5.5℃이므로 추운 겨울에는 고체상태에서도 가연성 증기 발생

⑥ 증기는 독성이 강하여 2% 이상의 증기를 5~10 분간 흡입하면 치명적이다.

⑦ 탄소수에 비해 수소수가 적기 때문에 연소시키면 그을음을 많이 내며 탄다.

⑧ 전기의 부도체로 정전기 발생에 의한 인화의 위험이 있다.

⑨ **저장 및 취급방법** : 가솔린에 준한다.

4) 톨루엔($C_6H_5CH_3$, 지정수량 : 200L)

① 비중 : 0.87, 비점 : 111℃, 인화점 : 4℃, 발화점 : 552℃, 연소범위 : 1.4~6.7%

② 벤젠보다는 독성이 적으나 벤젠과 같은 방향성을 가지는 무색투명한 액체이다.

③ 물에는 녹지 않으나, 유기용제에 수지, 유지, 고무를 녹이며 벤젠보다 휘발하기 어렵다.

④ 톨루엔에 진한 질산과 진한 황산을 가하면 니트로화되어 트리니트로톨루엔(TNT)이 생성된다.

⑤ 기타 벤젠에 준한다.

5) 피리딘(C_5H_5N, 지정수량 : 400L)

① 비중 : 0.982, 비점 : 115℃, 인화점 : 20℃, 발화점 : 482℃
연소범위 : 1.8~12.4%

② 순수한 것은 무색이며, 불순물을 포함한 경우에는 담황색을 띤 알칼리성 액체이다. 물에 잘 녹는 **수용성**으로 지정수량이 400L이다.

③ 상온에서 인화의 위험이 있으며 증기는 독성(최대 허용농도 5ppm)이 있다.

④ 취급 시는 피부나 호흡기에 액체를 접촉시키거나 증기를 흡입하지 않도록 주의한다.

⑤ 강한 악취와 흡수성이 있고 질산과 혼합하여 가열할 때 안정하다.

⑥ 기타 메틸에틸케톤에 준한다.

6) 메틸에틸케톤(= MEK, $CH_3COC_2H_5$, 지정수량 : 200L)

① 비중 : 0.8, 비점 : 80℃, 인화점 : −1℃, 발화점 : 516℃, 연소범위 : 1.8~10%

② 아세톤(CH_3COCH_3)과 같은 냄새를 가지는 무색의 휘발성 액체이다.

③ **물에도 잘 녹지만, 지정수량은 비수용성인 200L이다.**

④ 아세톤과 같은 탈지작용이 있으므로 피부에 접촉되지 않도록 주의한다.

7) 초산에스테르류(CH_3COOR, 지정수량 : 200L)

① 초산(CH_3COOH)에서 카르복실기(− COOH)의 수소(H)가 알킬기(R, C_nH_{2n+1} −) 와 치환된 화합물

② **공통성질** : 무색, 과일향, 수용성

③ **초산메틸(= 아세트산메틸, CH_3COOCH_3)**
㉠ 인화점 −10℃, 발화점 454℃, 연소범위 3.1~16%
㉡ 휘발성이 높고 그 증기는 독성과 마취성이 있다. 피부 접촉 시 탈지작용을 한다.

④ 초산에틸(＝아세트산에틸, $CH_3COOC_2H_5$)

　　㉠ 인화점 −4℃, 발화점 427℃, 비점 77℃, 연소범위 2.0~11.4 %

　　㉡ 독성 없음

⑤ 초산프로필(＝아세트산프로필, $CH_3COOC_3H_7$)

　　㉠ 인화점 14℃, 발화점 450℃, 연소범위 2.0~8 %

　　㉡ 독성 없음

8) 의산에스테르류(＝개미산＝포름산, HCOOR, 지정수량 : 200L)

① 의산(HCOOH)에서 카르복시기(−COOH)의 수소(H)가 알킬기(R, C_nH_{2n+1})와 치환된 화합물

② **의산메틸(＝개미산메틸＝포름산메틸, HCOOCH₃)**

　　㉠ 비중 : 0.98, 인화점 : −19℃, 발화점 : 449℃, 비점 : 32℃

　　　연소범위 : 5.9~23 %

　　㉡ 럼주향이 나는 무색의 액체로 수용성이 있으며 약간의 마취성이 있다.

③ **의산에틸(＝개미산에틸＝포름산에틸, HCOOC₂H₅)**

　　㉠ 비중 : 0.9, 인화점 : −20℃, 발화점 : 578℃, 비점 : 54℃

　　　연소범위 : 2.8~16 %

　　㉡ 럼주향이 나는 무색의 액체로 수용성이고 독성은 없다.

④ **의산프로필(＝개미산프로필＝포름산프로필, HCOOC₃H₇)**

　　㉠ 인화점 −3℃, 발화점 455℃

　　㉡ 무색의 특유한 냄새가 있으며 물에 녹지 않는다.

9) 시안화수소(＝청산, HCN, 지정수량 : 400L)

① 비중 : 0.69, 인화점 : −18℃, 발화점 : 540℃, 연소범위 : 6~41%,

　증기비중 : 0.93

② 제4류 위험물 중 증기비중이 0.93으로 유일하게 공기보다 가볍다.

③ 맹독성의 물질로 저온에서는 비교적 안정하나, 소량의 수분 또는 알칼리와 혼합되면 중합반응으로 폭발의 우려가 있으므로 용기는 밀봉한다.

10) 콜로디온

질화도가 낮은 질화면(＝니트로셀룰로오스, 이때는 대개 질소함유율 11~12%인 것)을 에테르1, 에틸알코올 3의 부피비로 만든 혼합액에 녹인 것

11) 기타

① 아크롤레인(＝아크릴알데히드)

② 헥산(C_6H_{14})

③ 시클로헥산(C_6H_{12})

6. 알코올류

1) 알코올류(R − OH)(지정수량 : 400L)

① **정의** : 한 분자 내의 **탄소원자가 1개 이상 3개 이하인 포화1가(OH의 개수)**의 알코올로서 변성 알코올을 포함한다.

※ 알코올류 제외

㉠ 1분자를 구성하는 탄소원자의 수가 1개 내지 3개의 포화1가 알코올의 함유량이 60중량% 미만인 수용액

㉡ 가연성 액체량이 60중량% 미만이고, 인화점 및 연소점이 에틸알코올 60중량% 수용액의 인화점 및 연소점을 초과하는 것

② **종류** : 메틸알코올(CH_3OH), 에틸알코올(C_2H_5OH), 프로필 알코올(C_3H_7OH)

③ **특성**

㉠ 수용성으로 증기는 1보다 크며, 물보다 가벼운 액체이다.

㉡ 밝은 곳에서 연소 시 불꽃이 잘 보이지 않으므로 화상의 위험이 있다.

㉢ 인화점 이상이 되면 폭발성 혼합가스가 생성되어 밀폐된 상태에서는 폭발한다.

㉣ 화기 등을 멀리하고 액체의 온도가 인화점 이상이 되지 않도록 한다.

㉤ 밀봉, 밀전하며 통풍이 잘 되는 냉암소 등에 저장한다.

㉥ 소화방법은 알코올폼 또는 이산화탄소나 분말 소화제에 의한 질식소화를 실시한다.

2) 메틸알코올(= 메탄올, CH_3OH)

① 인화점 11℃, 연소범위 7.3~36%

② 무색투명한 휘발성 액체로 증기는 유독하다.

③ 물에는 잘 녹으며, 수지 등을 잘 용해시킨다.

④ 과산화수소(H_2O_2)와 혼합 시 충격에 의해 폭발한다.

⑤ 인화점(11℃) 이상이 되면 폭발성 혼합가스가 생성되어 밀폐된 상태에서는 폭발한다.

⑥ **독성**이 강하여 30~100 ml를 섭취하면 실명하며 심하면 사망할 수 있다.

⑦ 기타 가솔린에 준한다.

3) 에틸알코올(= 에탄올, C_2H_5OH)

① 인화점 13℃, 연소범위 4.3~19%

② 방향성이 있고 무색투명한 휘발성 액체로 독성이 없다.

③ 술의 원료로 물에 잘 녹으며, 인체에 무해하다.

4) 이소프로필 알코올(C_3H_7OH)

① 인화점 12℃, 연소범위 2~12.7%

② 물에는 약간 녹고, 에테르, 아세톤 등 유기용제에 잘 녹는다.

Check Point **알코올의 반응**

1. 산화반응

① 1차 알코올 → 알데히드 → 카르복시산

		산화, 환원		산화, 환원	
메틸알코올의 산화반응	CH_2OH	$\leftrightarrow$	$HCHO$	$\leftrightarrow$	$HCOOH$
(메산포산의)	메틸알코올	H_2	포름알데히드	$+O$	의산=개미산 =포름산

		산화, 환원		산화, 환원	
에틸알코올의 산화반응	C_2H_5OH	$\leftrightarrow$	CH_3CHO	$\leftrightarrow$	CH_3COOH
(에산아산초)	에틸알코올	H_2	아세트알데히드	$+O$	초산=아세트산

② 2차 알코올의 산화 → 케톤

		산화, 환원	
프로필알코올의 산화반응	$CH_2CHOHCH_3$	$\leftrightarrow$	CH_3COCH_3
	프로필알코올	H_2	디메틸케톤

2. 탈수반응

알코올에 진한 황산을 넣고 가열하면 에테르 발생

$$2CH_3-OH \quad \underset{\triangle}{\overset{H_2SO_4}{\leftrightarrow}} \quad CH_3-O-CH_3+H_2O$$

3. 에스테르반응

알코올에 카르복시산을 진한 황산을 넣고 가열하면 에스테르 발생

$$CH_3OH+HCOOH \quad \underset{\triangle}{\overset{H_2SO_4}{\leftrightarrow}} \quad HCOOCH_3+H_2O$$

7. 제2석유류(지정수량 : 비수용성 – 1,000L, 수용성 – 2,000L)

- 등유, 경유, 그 밖의 액체로서 인화점이 21℃ 이상 70℃ 미만인 액체를 말한다.
- 종류 : 등유, 경유, 의산, 초산, 테레핀유, 스틸렌, 장뇌유, 송근유, 에틸셀르솔브, 크실렌, 클로로벤젠, 히드라진 등
- 수용성(2,000L) : 의산, 초산, 에틸셀르솔브
- 비중 1 이상 : 의산, 초산, 클로로벤젠

1) 등유($C_9 \sim C_{18}$의 혼합물, 지정수량 : 1,000L)

① 비중 : 0.79~0.85, 증기비중 : 4~5, 비점 : 150~300℃, 인화점은 : 40~70℃
  발화점 : 220℃, 연소범위 : 1.1~6.0%
② 물에는 불용이며, 여러 가지 유기용제와 잘 섞이고 유지, 수지 등을 잘 녹인다.
③ 분무상으로 부유하거나 섬유질, 종이 등에 스며든 경우 발화의 위험이 있다.
④ 전기에 불량도체로 정전기에 의해 인화할 위험이 있다.

2) 경유(= 디젤, $C_{15} \sim C_{20}$의 혼합물, 지정수량 : 1,000L)

① 비중 : 0.8~0.9, 증기비중 : 4~5, 비점 : 150~300℃, 인화점 : 50~70℃
  발화점 : 약 200℃, 연소범위 : 1.0~6.0%
② 기타 등유에 준한다.

3) 의산(= 개미산, 포름산, HCOOH, 지정수량 : 2,000L)

① 자극성 냄새가 나는 무색투명한 액체로, 초산보다 산성이 강한 액체이다.
② 피부에 닿으면 수종(수포상의 화상)을 일으키고 진한 증기를 흡입하는 경우에는 점막을 자극하는 염증을 일으킨다.

4) 초산(= 아세트산 = 빙초산, CH_3COOH, 지정수량 : 2,000L)

① 무색투명하며, 자극성의 식초 냄새를 지닌 물보다 무거운 액체이다.
② 물에 잘 녹고, 16.7℃(융점, 녹는점) 이하에서는 얼어서 빙(氷)초산이라 한다.
③ 3~5% 수용액을 식초라 한다.

5) 테레핀유(= 송정유, 지정수량 : 1,000L)

소나무과 식물에서 추출한 독특한 냄새를 가진 무색 또는 담황색의 액체

6) 스틸렌(= 비닐벤젠, $C_6H_5CH = CH_2$, 지정수량 : 1,000L)

① 비중 : 0.807, 비점 : 146℃, 인화점 : 32℃, 발화점 : 490℃
  연소범위 : 1.1~6.1%
② 방향성을 가진 무색투명한 액체로서, 물에는 녹지 않으나 유기용제 등에 잘 녹는다.

③ 빛, 가열 또는 과산화물에 의해 중합되어 중합체인 폴리스틸렌을 만든다.

④ 증기 및 액체의 흡입이나 접촉을 피하고 중합되지 않도록 한다.

⑤ 기타 등유에 준한다.

7) 장뇌유(＝$C_{10}H_{16}O$, 지정수량 : 1,000L)

8) 송근유(지정수량 : 1,000L)

9) 에틸셀르솔브($C_2H_5OCH_2CH_2OH$ 지정수량 : 2,000L)

약한 방향성을 가지는 무색의 액체로, 물에 잘 녹으며 유리 세정제로 쓰인다.

10) 크실렌(＝디메틸벤젠, $C_6H_4(CH_3)_2$, 지정수량 : 1,000L)

① 무색의 액체로 톨루엔보다 독성이 적고 방향성을 갖는다.

② 3가지 이성질체가 있으며, 그중에서 O－크실렌만 1석유류이고 M－크실렌, P－크실렌은 제2석유류에 속한다.

‖ Reference ‖ B.T.X 독성

벤젠(Benzene), 톨루엔(Toluene), 크실렌(Xylene)의 앞글자로 만든 약어		
벤젠(B) >	톨루엔(T) >	크실렌(X)
C_6H_6	$C_6H_5CH_3$	$C_6H_4(CH_3)_2$

11) 클로로벤젠(C_6H_5Cl, 지정수량 : 1,000L)

① 물에는 녹지 않으나 유기용제 등에는 잘 녹고 천연수지, 고무, 유지 등을 잘 녹인다.

② 증기는 마취성이 있으며, DDT의 원료로 사용된다.

12) 히드라진(N_2H_4)

‖ Reference ‖ 유류의 화재

1. BLEVE(블레비)
   ① 액화가스 저장탱크의 주위에 화재 발생 시 비등상태의 액화가스가 기화하여 팽창하고 폭발하는 현상
   ② 끓고 있는 액체가 팽창해서 증기가 폭발하는 현상

2. 프로스오버(Froth Over)

물이 점성의 뜨거운 기름 표면 아래에서 끓을 때 화재를 수반하지 않고 흘러넘치는 현상으로, 뜨거운 아스팔트를 물 중탕할 때 발생하는 현상

3. 보일오버(Boil Over)

① 위험물저장탱크 저층의 물이 상층부의 화염에 의한 열전달로 물이 끓어 화염 및 고온의 연료가 흘러넘치는 현상

② 고온층(Hot Zone)이 형성된 유류화재의 탱크 밑면에 물이 고여 있는 경우, 화재의 진행에 따라 물이 급격히 증발하여 불붙은 기름을 분출시키는 현상

4. 슬롭오버(Slop Over)

중질유탱크 등의 화재 시 열유층에 불을 끄기 위해 물이나 포말을 방사하면 수분의 급격한 증발에 의하여 유면이 거품을 일으키거나 열유의 교란에 의하여 열유층 밑의 냉유가 급격히 팽창하여 화재유면을 밀어올려 흘러넘치는 현상

※ 액면화재(Pool Fire) : 개방된 용기에 인화성액체 위험물의 유증기에 불이 붙어 발생하는 화재

※ 분출화재(Jet Fire) : 이송 또는 인화성액체 위험물이 빠른 속도로 누출될 때 점화되어 발생하는 난류확산형 화재

8. 제3석유류(지정수량 : 비수용성 – 2,000L, 수용성 – 4,000L)

- 중유, 클레오소트유 그 밖의 액체로서 인화점이 70℃~200℃ 미만인 액체를 말한다.
- 지정품목 : 중유, 클레오소트유
- 수용성(4,000L) : 에틸렌글리콜, 글리세린
- 대부분 비중이 1 이상으로 물보다 무겁다.

1) 중유(지정수량 : 2,000L)

① 비중 : 0.9~1, 인화점 : 60~150℃, 발화점 : 250~400℃, 비점 : 300℃~350℃

② 등급은 동점도에 따라 A중유, B중유, C중유로 구분하며 벙커 C유는 C중유에 속한다.

③ 인화점이 높아서 상온에서는 위험하지 않으나 일단 인화되면 소화가 어렵다.

- 80℃ 이상 가열 시 인화의 위험성이 있다.

④ 분해 중유는 종이 또는 헝겊에 장시간 스며들어 있으면 자연발화의 위험이 있다.

2) 클레오소트유(= 타르유, 지정수량 : 2,000L)

① 황색 또는 암갈색의 끈기가 있는 액체로, 자극성의 타르냄새가 난다.

② 타르산을 많이 함유한 것은 금속에 대한 부식성이 있으므로 용기는 내산성 용기를 사용한다.

③ 부식성, 살균성이 있으므로 방부목 등으로 쓰인다.

3) 아닐린(＝아미노벤젠, $C_6H_5NH_2$, 지정수량 : 2,000L)

물보다 무겁고 물에 약간 녹으며 유기용제 등에는 잘 녹는 특유한 냄새를 가진 황색 또는 담황색의 끈기 있는 기름 모양의 액체로서, 햇빛이나 공기의 작용에 의해 흑갈색으로 변색한다.

4) 니트로벤젠($C_6H_5NO_2$, 지정수량 : 2,000L)

① 특유한 냄새를 지닌 담황색 또는 갈색의 액체로 암모니아와 같은 냄새가 난다.

② 산이나 알칼리에는 비교적 안정하나 주석, 철 등의 금속 촉매에 의해 염산을 부가시키면 환원되면서 아닐린이 생성된다.

5) 에틸렌글리콜(＝글리콜, $C_2H_4(OH)_2$, 지정수량 : 4,000L)

① 무색, 무취의 단맛이 나고 흡습성이 있는 끈끈한 액체로서 2가(OH가 2개) 알코올이다.

② 물, 알코올, 에테르, 글리세린 등에는 잘 녹고, 사염화탄소, 이황화탄소에는 녹지 않는다.

③ 주로 **자동차 부동액의 원료**로 많이 쓰이며 독성이 있다.

6) 글리세린(＝글리세롤, $C_3H_5(OH)_3$, 지정수량 : 4,000L)

① 물보다 무겁고 단맛이 있는 시럽 상태의 무색 액체로서 흡습성이 좋은 3가(OH가 3개) 알코올이다.

② 니트로글리세린의 원료 및 화장품 등의 원료로 사용되며 독성은 없다.

┃ Reference ┃ 알코올의 가수에 의한 분류(모두 수용성)

1가	메틸알코올 CH_3OH	H−C−OH (H, H)	2가	에틸렌글리콜 $C_2H_4(OH)_2$	H−C−C−H (H H, OH OH)
	에틸알코올 C_2H_5OH	H−C−C−OH (H H, H H)	3가	글리세린 $C_3H_5(OH)_3$	H−C−C−C−H (H H H, OH OH OH)
	프로필알코올 C_3H_7OH	H−C−C−C−OH (H H H, H H H)			

7) 담금질유(지정수량 : 2,000L)

① 철, 강철 등 기타 금속을 900℃ 정도로 가열하여 기름 속에 넣어 급격히 냉각시켜 금속의 재질을 열처리 전보다 단단하게 하는 데 사용하는 기름이다.

② 인화점을 기준으로 70℃ 이상 200℃ 미만은 담금질류는 제3석유류, 200℃ 이상 250℃ 미만인 담금질유는 제4석유류에 속한다.

8) 메타크레졸($C_6H_4(CH_3)OH$, 지정수량 : 2,000L)

9) 니트로톨루엔($C_6H_4CH_3NO_2$)

9. 제4석유류(지정수량 : 6,000L)

1) **정의** : 기어유, 실린더유, 그 밖의 액체로서, 인화점이 200℃~250℃ 미만인 액체를 말한다.

2) **지정품목** : 기어유, 실린더유

3) **지정수량** : 6,000L

4) 비수용성으로 비중이 1 이상으로 물보다 무겁다.

5) **종류** : 방청유, 가소제, 전기절연유, 절삭유, 윤활유

10. 동·식물유류(지정수량 : 10,000L)

1) 동물의 지육 등 또는 식물의 종자나 과육으로부터 추출한 것으로서 1기압에서 인화점이 250℃ 미만인 것을 말한다.

2) **종류(요오드값에 따른 분류)**

구분	요오드값	종류
건성유	130 이상	해바라기유, 동유, 아마인유, 들기름, 정어리유
반건성유	100 이상 130 미만	채종유, 면실유, 어유, 참기름, 콩기름, 옥수수기름
불건성유	100 미만	올리브유, 팜유, 야자유, 땅콩기름

3) **요오드값의 정의** : 유지 100g에 부가되는 요오드의 g 수

4) **요오드값이 클수록** : 자연발화위험

① 건조가 용이하여 자연발화의 위험성이 커진다.

② 반응성이 커서 불포화 결합을 많이 함유하고 있다.

Check Point 건성유(암기법 해동아들정건삼)

1. **요오드값의 정의** : 유지 100g에 부가되는 요오드의 g 수
2. **건성유 정의** : 요오드 값이 130 이상
3. **건성유 종류** : 해바라기유, 동유, 아마인유, 들기름, 정어리유

11. 특수가연물

1) 특수가연물의 종류 및 지정수량

품명		지정수량
면화류		200kg 이상
나무껍질 및 대팻밥		400kg 이상
넝마 및 종이부스러기		1,000kg 이상
사류(絲類)		1,000kg 이상
볏짚류		1,000kg 이상
가연성 고체류		3,000kg 이상
석탄 · 목탄류		10,000kg 이상
가연성 액체류		$2m^3$ 이상
목재 가공품 및 나무 부스러기		$10m^3$ 이상
합성수지류	발포시킨 것	$20m^3$ 이상
	그 밖의 것	$3,000m^3$ 이상

07 제5류 위험물(자기반응성 물질)

I. 위험등급 및 지정수량

위험등급	품명	지정수량
I	1. 유기 과산화물 2. 질산에스테르류	10kg
II	3. 니트로 화합물 4. 니트로소 화합물 5. 아조 화합물 6. 디아조 화합물 7. 히드라진 유도체	200kg
	8. 히드록실아민 9. 히드록실아민염류	100kg
II	10. 그 밖에 행정안전부령으로 정하는 것 　① 금속의 아지 화합물 　② 질산구아니딘	200kg

[비고]

※ "자기반응성물질"이라 함은 고체 또는 액체로서 폭발의 위험성 또는 가열분해의 격렬함을 판단하기 위하여 고시로 정하는 시험에서 고시로 정하는 성질과 상태를 나타내는 것을 말한다.

※ 제5류 제11호의 물품에 있어서는 **유기과산화물**을 함유하는 것 중에서 불활성 고체를 함유하는 것으로서 다음 각목의 1에 해당하는 것은 **제외**한다.

　가. **과산화벤조일**의 함유량이 **35.5중량퍼센트 미만**인 것으로서 전분가루, 황산칼슘2수화물 또는 인산1수소칼슘2수화물과의 혼합물

　나. **비스(4클로로벤조일)퍼옥사이드**의 함유량이 **30중량퍼센트 미만**인 것으로서 불활성 고체와의 혼합물

　다. **과산화지크밀**의 함유량이 **40중량퍼센트 미만**인 것으로서 불활성 고체와의 혼합물

　라. 1·**4비스(2-터셔리부틸퍼옥시이소프로필)벤젠**의 함유량이 **40중량퍼센트 미만**인 것으로서 불활성 고체와의 혼합물

　마. 시크로헥사놀퍼옥사이드의 함유량이 30중량퍼센트 미만인 것으로서 불활성 고체와의 혼합물

II. 공통성질 및 저장, 취급 시 유의사항

1. 공통성질

1) 가연성 물질로서 그 자체가 산소를 함유하므로 내부 연소(자기연소)를 일으키기 쉬운 자기반응성 물질이다.

2) 연소 시 연소속도가 대단히 빨라 폭발성이 강한 물질이다.

3) 가열, 충격, 마찰 등에 의하여 인화폭발의 위험이 있다.

4) 장시간 공기 중에 방치할 경우 산화반응에 의해 열분해하여 자연발화를 일으킬 수 있다.

2. 저장, 취급 시 유의사항

1) 용기의 파손 및 균열에 주의하며 통풍이 잘 되는 냉암소 등에 저장할 것
2) 가열, 충격, 마찰 등을 피하고 화기 및 점화원으로부터 멀리 저장할 것
3) 화재발생 시 소화가 곤란하므로 소분하여 저장하도록 할 것
4) 용기는 밀전, 밀봉하고 운반용기 및 포장 외부에는 '화기엄금', '충격주의' 등의 주의사항을 게시할 것

3. 소화방법

화재 초기에는 대량의 주수소화가 효과적이다.

III. 품명 및 위험물의 특성

1. 유기 과산화물(지정수량 : 10kg)

- 과산화기($-O-O-$)를 유기 화합물과 행정안전부장관이 정하여 고시하는 품명을 말한다.(단, 함유율 이상인 유기 과산화물을 '지정과산화물'이라 한다.)
- 종류 : 과산화벤조일($(C_6H_5CO)_2O_2$)(참고 : 과산화=퍼옥사이드)
  과산화메틸에틸케톤($(CH_3COC_2H_5)_2O_2$)

Check Point   각 유별 과산화물 정리

제6류 위험물	과산화수소	H_2O_2
제1류 위험물 (무기과산화물)	과산화칼륨	K_2O_2
	과산화나트륨	Na_2O_2
	과산화마그네슘	MgO_2
	과산화칼슘	CaO_2
	과산화바륨	BaO_2
제5류 위험물 (유기과산화물)	과산화벤조일	$(C_6H_5CO)_2O_2$
	과산화메틸에틸케톤	$(CH_3COC_2H_5)_2O_2$

1) 벤조일퍼옥사이드(= 과산화벤조일,($C_6H_5CO)_2O_2$, 지정수량 : 10kg)

① 비중 : 1.33, 융점 : 103~105℃, 발화점 : 125℃
② 무색, 무취의 결정 고체로서 물에는 잘 녹지 않으나 알코올 등에는 약간 녹는다.
③ 벤젠, 에테르 등 유기용제에 잘 녹는다.

④ 상온에서는 안정하지만 가열하면 약 100℃ 부근에서 흰 연기를 내면서 분해된다.

⑤ 함유율(wt%)은 수성인 경우 80% 이상, 그 밖의 경우에는 75% 이상이다.

⑥ 상온에서는 안정하나 열, 빛, 충격, 마찰 등에 의해 폭발할 위험이 있다.

⑦ 강한 산화성 물질로서 진한 황산, 질산, 초산 등과 접촉할 경우 화재나 폭발의 우려가 있다.

⑧ TNT, 피크린산보다 폭발감도가 더 예민하다.

⑨ 희석제 – 프탈산디메틸, 프탈산디부틸 등의 첨가로 인해 폭발성을 낮출 수 있다.

⑩ 분진 등을 취급할 때는 눈이나 폐 등을 자극하므로 반드시 보호구(보호안경과 마스크 등)를 착용하여야 한다.

⑪ **소화방법** : 다량의 물에 의한 주수소화가 효과적이며, 소량일 경우에는 탄산가스, 소화분말, 건조사, 암분 등을 사용한 질식소화를 실시한다.

2) 메틸에틸케톤퍼옥사이드(= 과산화메틸에틸케톤 = MEKPO, 지정수량 : 10kg)

① 비중 : 1.12, 인화점 : 58℃, 발화점 : 205℃, 융점 : –20℃

② 독특한 냄새가 있는 기름모양의 무색 액체이다.

③ 강한 산화작용으로 자연분해되며, 알칼리 금속 또는 알칼리 토금속의 수산화물과 산화철 등과는 급격하게 반응하여 분해된다.

④ 물에는 약간 녹고 알코올, 에테르, 케톤류 등 유기에는 잘 녹는다.

⑤ 희석제 – 프탈산디메틸, 프탈산디부틸 등의 첨가로 인해 폭발성을 낮출 수 있다.

⑥ 상온에서는 안정하며 40℃에서 분해하기 시작하여 80~100℃에서는 급격히 분해하며 110℃ 이상에서는 백색 연기를 내면서 맹렬히 발화한다.

⑦ 상온에서 헝겊, 쇠녹 등과 접하면 분해발화하고 다량 연소 시는 폭발의 우려가 있다.

⑧ 기타 과산화벤조일에 준한다.

2. 질산에스테르류(지정수량 : 10kg)

• 질산(HNO_3)의 수소(H)원자가 알킬기(R, C_nH_{2n+1})로 치환된 화합물의 총칭

• 종류 : 질산메틸(CH_3ONO_2)

　　　　질산에틸($C_2H_5ONO_2$)

　　　　니트로 글리세린($C_3H_5(ONO_2)_3$)

　　　　니르로 셀룰로오스 [$C_6H_7O_2(ONO_2)_3$]n

　　　　니트로 글리콜($C_2H_4(ONO_2)_2$)

Check Point 각 유별 질산화합물 정리

제6류 위험물 (지정수량 300kg)	질산 HNO_3	
제1류 위험물 (지정수량 300kg)	질산염류	질산칼륨 KNO_3
		질산나트륨 $NaNO_3$
		질산암모늄 HH_4NO_3
제5류 위험물 (지정수량 10kg))	질산에스테르류	질산메틸 CH_3ONO_2
		질산에틸 $C_2H_5ONO_2$

1) 질산메틸(CH_3ONO_2)

① 비중 : 1.22, 비점 : 66℃, 인화점 : 15℃

② 무색투명한 액체로 물에 약간 녹으며, 알코올, 에테르에 잘 녹는다.

③ 증기는 마취성이 있으며 독성이 있다.

④ 메틸알코올에 질산을 반응하여 생성한다.

$$질산메틸제법 : CH_3OH + HNO_3 \rightarrow CH_3ONO_2 + H_2O$$

⑤ 기타 질산에틸에 준한다.

2) 질산에틸($C_2H_5ONO_2$)

① 비중 : 1.11, 융점 : -95℃, 비점 : 87℃, **인화점 : -10℃**

② 무색투명한 **액체**이며 방향성과 단맛이 있다.

③ 물에는 녹지 않으나 알코올, 에테르 등에 녹는다.

④ 인화성이 강하여 휘발하기 쉽고, 증기비중(약 3.1 정도)이 높아 누설 시 낮은 곳에 체류하기 쉽다.

$$질산에틸제법 : C_2H_5OH + HNO_3 \rightarrow C_2H_5ONO_2 + H_2O$$

⑤ 인화점(-10℃)이 낮아 인화하기 쉽기 때문에 비점 이상 가열하거나 아질산(HNO_2) 과 접촉할 경우 폭발한다.

⑥ 화기 등을 피하고 통풍이 잘 되는 냉암소 등에 저장한다.

⑦ 용기는 갈색병을 사용하고 밀전, 밀봉한다.

⑧ **소화방법** : 분무상의 주수소화가 효과적이다.

3) 니트로글리세린(= NG, $C_3H_5(ONO_2)_3$)

① 비중 : 1.6, 융점 : 13℃, 비점은 : 257℃, 발화점 : 210℃

② 순수한 것은 무색투명한 기름모양의 액체로 단맛이 있다. 약간의 충격에도 폭발하며 공업용으로 제조된 것은 담황색을 띠고 있다.

③ 상온에서는 액체이나 겨울철에는 동결한다.

④ 물에는 거의 녹지 않으나 메탄올, 벤젠, 클로로포름, 아세톤 등에는 녹는다.

⑤ 점화하면 작은 양은 타지만 많은 양은 폭발한다.

> 열분해반응 : $4C_3H_5(ONO_2)_3 \rightarrow 12CO_2 + 6N_2 + O_2 + 10H_2O$

⑥ 규조토에 흡수시킨 것을 다이너마이트라고 한다.(고체상태가 더 폭발적임)

⑦ 산과 접촉하면 분해가 촉진되어 폭발할 수도 있다.

⑧ 증기는 유독성이므로 피부를 보호하거나 보호구 등을 착용하여야 한다.

⑨ 저장용기로는 구리(Cu)를 제료로 한 용기를 사용한다.

⑩ **소화방법** : 폭발적으로 연소하므로 특별한 소화방법이 없다.

4) 니트로셀룰로오스(= 질화면 = NC, $[C_6H_7O_2(ONO_2)_3]n$)

① 비중 : 1.7, 분해온도 : 130℃, 인화점 : 13℃, 발화점 : 160℃

② 무색 또는 백색의 고체로서 일광에서 분해하여 황갈색으로 변한다.

③ 맛과 냄새가 없으며 물에는 녹지 않고 아세톤, 초산에틸, 초산아밀에는 잘 녹는다.

④ 햇빛, 산, 알칼리 등에 의해 분해되어 자연발화되고 폭발위험이 증가한다.

⑤ 약 130℃에서 서서히 분해되고, 180℃에서 격렬하게 연소하며 다량의 CO_2, CO, H_2, H_2O가스를 발생시킨다.

> 분해반응 : $C_24H_29O_9(NO_3)_{11} \rightarrow 12CO_2 + 6CO + H_2 + 10H_2O$

⑥ 천연 셀룰로오스($C_6H_{10}O_5$)를 진한 질산과 진한 황산의 혼합액에 작용시켜 제조한 것이다.

⑦ 건조된 면약은 충격, 마찰 등에 민감하여 발화되기 쉽고 점화되면 폭발하여 폭굉(디토네이션)을 일으킨다.

⑧ 연소 시 질소산화물, 시안화수소(HCN) 등의 유독가스를 발생하므로 주의한다.

⑨ 정전기 불꽃에 의해 폭발위험이 있다.

⑩ 질화도가 클수록 폭발의 위험성이 크고, 무연화로 사용된다.

⑪ 소분하여 저장하고 직사광선을 피하고 통풍이 잘 되는 냉암소 등에 보관한다.

⑫ 운반 시 함수알코올에 습면시켜 운반한다.(함수알코올 : 물을 포함한 알코올로서 물 20%, 알코올 30%를 첨가)

⑬ **소화방법** : 다량의 주수에 의한 냉각소화한다.

5) 셀룰로이드(지정수량 : 10kg)

① 비중 : 1.4, 발화점 : 180℃

② **정의** : 니트로셀룰로오스를 주제로 한 제품, 반제품 및 부스러기를 말한다.

③ 무색 또는 황색의 반투명, 탄력성이 있는 고체이다. 즉, 일반적으로 무색투명하나 열, 빛, 공기 등의 영향을 받아 투명성을 잃고 황색으로 변색된다.

④ 물에는 녹지 않으며 알코올, 아세톤, 초산에스테르류에 잘 녹는다.

⑤ 질화도가 낮은 니트로셀룰로오스(질소 함유량 10.5~11.5%)를 장뇌와 알코올에 녹여 교질상태로 한 후에 압연, 압착, 재단하여 건조시킨 후 알코올 성분을 증발시켜 성형한 것이다.

⑥ 압력, 충격 등에 의해 발화하는 일은 없으나 화기에 닿으면 연소한다.

⑦ 조제품이나 낡은 것은 습기가 많고 온도가 높을 경우에 자연발화의 위험이 있다.

⑧ 연소하면 유독한 가스를 생성한다.

⑨ 저장실의 온도를 20℃ 이하가 되도록 유지하고 화기, 열원체의 접근을 금지하도록 한다. 또한 전등으로부터 50cm 이상 가까이 하지 않도록 한다.

⑩ 통풍이 잘 되는 냉암소 등에 저장하고 취급 시 발열성, 인화성 물질을 멀리한다.

⑪ 운반 시 산, 알칼리와 접촉하면 분해되므로 혼재하지 않도록 한다.

⑫ **소화방법** : 다량의 물에 의한 냉각소화를 실시한다.

| Reference | **위험물의 위험도 측정기준**

1. 질화도 : 클수록 위험
  1) 정의 : 니트로셀룰로오스 중 질소의 함유율을 퍼센트로 나타낸 값으로, 클수록 위험하다.
  2) 강면약(＝강질화면) : 질화도 12.76% 이상
    에테르(2)와 에틸알코올(1)의 혼합액에 녹지 않는 것
  3) 약면약(＝강질면) : 질화도 10.18% 이상 12.76% 미만
    에테르(2)와 에틸알코올(1)의 혼합액에 녹는 것
  4) 피로면약(피로콜로디온) : 질화도 12.5~12.8%

2. 요오드값 : 클수록 위험
  1) 정의 : 유지 100g에 포함되어 있는 요오드의 g 수
  2) 건성유 : 130 이상(해바라기유, 동유, 아마인유, 들기름, 성어리유)
  3) 반건성유 : 100 이상 130 미만
  4) 불건성유 : 100 미만

Check Point 위험물의 보호액, 희석제, 안정제 정리

보호액	제3류	칼륨(K), 나트륨(Na)	석유(경유, 등유, 파라핀)
		황린(P_4)	물(pH 9 약알칼리성 물)
	제4류	이황화탄소(CS_2)	수조(물)
	제5류	니트로셀룰로오스	함수알코올
희석제	제3류	알킬알루미늄	벤젠, 헥산
안정제	제5류	유기과산화물	프탈산디메틸, 프탈산디부틸
	제6류	과산화수소(H_2O_2)	인산(H_3PO_4), 요산($C_5H_4N_4O_3$)
기타	아세틸렌(C_2H_2)		아세톤(CH_3COCH_3), 디메틸프로마미드(DMF)

6) 니트로글리콜[$C_2H_4(ONO_2)_2$]

① 비중 : 1.5, 발화점 : 215℃, 융점 : ℃
② 무색투명한 기름상태의 **액체**로 독성이 강함
③ 에텔렌글리콜을 질산, 황산의 혼산 중에 반응시켜 만든다.
④ 니트로글리세린과 혼합하여 다이너마이트 원료로 쓰인다.

3. 니트로 화합물(지정수량 : 200kg)

• 유기 화합물의 수소원자가 니트로기($-NO_2$)로 치환된 화합물
• **종류** : 트리니트로톨루엔(TNT), 트리니트로페놀(TNP), 트리니트로벤젠(TNB)

Check Point 각 유별 니트로물 정리

제4류	제3석유류	니트로벤젠
		니트로톨루엔
제5류	질산에스테르류	니트로글리세린
		니르로셀룰로오스
		니트로글리콜
	니트로(소) 화합물	트리니트로톨루엔
		트리니트로페놀(피크린산)

1) 트리니트로톨루엔(＝TNT, $C_6H_2CH_3(NO_2)_3$)

① 비중 : 1.7, 비점 : 240℃, 발화점 : 300℃, 융점 : 81℃

② 담황색의 주상결정으로 햇빛을 받으면 다갈색으로 변한다.

③ 물에는 불용이며, 에테르, 아세톤 등에 잘 녹고 알코올에서는 가열하면 약간 녹는다.

④ 폭발력의 기준으로 충격감도는 피크린산보다 둔하지만 급격한 타격을 주면 폭발한다.

⑤ 톨루엔에 질산, 황산의 혼산 중에 반응시켜 만든다.

⑥ 비교적 안정된 니트로 폭약이나, 산화되기 쉬운 물질과 공존하면 타격 등에 의해 폭발한다.

⑦ 폭발 시 피해 범위가 크고 위험성이 크므로 세심한 주의가 필요하다.

$$분해반응 : 2C_6H_2CH_3(NO_2)_3 \rightarrow 5H_2 + 2C + 12CO + 3N_2$$

⑧ 알칼리와 혼합하면 발화점이 낮아져서 160℃ 이하에서도 폭발할 수 있다.

⑨ 운반 시 10% 정도의 물을 넣어 운반한다.

⑩ 순간적으로 사고가 발생하므로 취급 시 세심한 주의가 필요하다.

⑪ **소화방법** : 다량의 주수소화를 하지만 소화가 곤란하다.

2) 트리니트로페놀(＝피크린산＝피크르산＝TNP, $C_6H_2(NO_2)_3OH$)

① 비중 : 1.76, 융점 : 122.5℃, 발화점 : 약 300℃, 인화점 : 150℃

② 강한 쓴맛과 독성이 있는 휘황색의 편편한 침상결정이다.

③ 페놀을 진한 황산에 녹이고 이것을 질산에 반응시켜 만든다.

④ 찬물에는 거의 녹지 않으나, 온수, 알코올, 에테르, 벤젠 등에는 잘 녹는다.

⑤ 단독으로는 타격, 마찰 등에 둔감하고 연소 시 많은 그을음을 내면서 탄다.

⑥ 중금속(Fe, Cu, Pb 등)과 반응하여 민감한 피크린산염을 형성한다.

⑦ 금속염은 대단히 민감하여 요오드, 가솔린, 황 등과의 혼합물은 약간의 마찰이나 타격을 주어도 심하게 폭발한다.

$$분해반응 : 2C_6H_2OH(NO_2)_3 \rightarrow 6CO + 4CO_2 + 3H_2 + 3N_2 + 2C$$

Check Point 각 유별 위험물의 색상(특별한 언급이 없으면 무색 또는 투명)

제2류	삼황화린	황색
	오황화인, 칠황화인	담황색
	적린(=붉은 인, P)	암적색
제3류	황린(=백린, P_4)	백색 or 담황색
	수소화칼륨	회백색
	수소화나트륨	회색
	인화칼슘	적갈색
	인화알루미늄, 인화아연	암회색 or 황색
	탄화알루미늄	황색(순수한 것은 백색)
제4류	경유	담황색 or 담갈색
	중유	갈색 or 암갈색
	클레오소트유	황색
	아닐린	황색 or 담황색
	니트로벤젠	담황색 or 갈색
제5류	니트로글리세린	담황색(공업용)
	트리니트로톨루엔	담황색
	트리니트로페놀	휘황색

4. 니트로소 화합물

1) 니트로소기(−NO)를 가진 화합물로서, 벤젠 핵에 수소 원자 대신에 니트로소기가 2개 이상 결합된 화합물
2) **종류** : 파라디니트로소벤젠, 디니트로소펜타메틸렌테드라민[DPT], 디니트로소레조르신

5. 아조 화합물(지정수량 : 200kg)

1) 아조기(−N=N−)가 탄화수소의 탄소 원자와 결합되어 있는 화합물(RN=NR)
2) **종류** : 아조벤젠, 히드록시아조벤젠, 아미노아조벤젠, 아족시벤젠

6. 디아조 화합물(지정수량 : 200kg)

1) **정의** : 디아조기(=N_2)가 탄화수소의 탄소 원자와 결합되어 있는 화합물
2) **종류** : 디아조메탄(CH_2N_2), 디아조카르복시산에스테르, 디아조디니트로페놀, 질화납

7. 히드라진유도체(지정수량 200kg)

1) **정의** : 히드라진(N_2H_4)의 유기 화합물로부터 얻어진 물질을 말한다. 단, 수용액이 40vol% 이상 80vol% 미만인 것은 제4류 위험물 제2석유류로 본다.

2) **종류** : 페닐히드라진, 히드라조벤젠, 히드라지드, 염산히드라진, 황산히드라진, 메탈히드라진

➤ 연소 반응식

산화반응 공식
$C + O_2 \rightarrow CO_2$
$2H + O \rightarrow H_2O$
$4P + 5O_2 \rightarrow 2P_2O_5$
$S + O_2 \rightarrow SO_2$
$N + O_2 \rightarrow NO_2$
M(메탈)　1가 : $4M + O_2 \rightarrow 2M_2O$ 　　　　2가 : $2M + O_2 \rightarrow 2MO$ 　　　　3가 : $4M + 3O_2 \rightarrow 2M_2O_3$

유별	위험물	반응식
－	황화수소	$2H_2S + 3O_2 \rightarrow 2H_2O + 2SO_2$
2	삼황화린	$P_4S_3 + 8O_2 \rightarrow 2P_2O_5 + 3SO_2$
2	오황화린	$2P_2S_5 + 15O_2 \rightarrow 2P_2O_5 + 10SO_2$
2	적린	$4P + 5O_2 \rightarrow 2P_2O_5$
2	황	$S + O_2 \rightarrow SO_2$
2	마그네슘	$2Mg + O_2 \rightarrow 2MgO$
2	철	$4Fe + 3O_2 \rightarrow 2Fe_2O_3$
2	알루미늄	$4Al + 3O_2 \rightarrow 2Al_2O_3$
3	황린	$P_4 + 5O_2 \rightarrow 2P_2O_5$
3	칼륨	$4K + O_2 \rightarrow 2K_2O$(회백색)
3	나트륨	$4Na + O_2 \rightarrow 2Na_2O$
3	메틸알루미늄	$2(CH_3)_3Al + 12O_2 \rightarrow Al_2O_3 + 9H_2O + 6CO_2$
3	에틸알루미늄	$2(C_2H_5)_3Al + 21O_2 \rightarrow Al_2O_3 + 15H_2O + 12CO_2$
4	이황화탄소	$CS_2 + 3O_2 \rightarrow CO_2 + 2SO_2$
4	초산	$CH_3COOH + 2O_2 \rightarrow 2CO_2 + 2H_2O$

4	메탄올	$2CH_3OH + 3O_2 \rightarrow 2CO_2 + 4H_2O$
4	에탄올	$C_2H_5OH + 3O_2 \rightarrow 2CO_2 + 3H_2O$
4	벤젠	$2C_6H_6 + 15O_2 \rightarrow 12CO_2 + 6H_2O$
4	클로로벤젠	$C_6H_5Cl + 7O_2 \rightarrow 6CO_2 + 2H_2O + HCl$
-	염산의 산화	$4HCl + O_2 \rightarrow 2Cl_2 + 2H_2O$
4	에틸렌글리콜	$2CH_2OHCH_2OH + 5O_2 \rightarrow 4CO_2 + 6H_2O$
4	글리세린	$2CH_2OHCHOHCH_2OH + 7O_2 \rightarrow 6CO_2 + 8H_2O$

➤ 아세틸렌의 반응식

아세틸렌 + 연소	$2C_2H_2 + 5O_2 \rightarrow 4CO_2 + 2H_2O$
아세틸렌 분해	$C_2H_2 \rightarrow H_2 + 2C$
아세틸렌 + 금속(은)	$C_2H_2 + 2Ag \rightarrow Ag_2C_2(아세틸라이트) + H_2$

➤ 물과 반응식

물과 반응 공식
무기과산화물 + 물 $\rightarrow O_2$
철마금 + $H_2O \rightarrow H_2$
$S + H_2O \rightarrow H_2S(황화수소)$
$P + H_2O \rightarrow PH_3(인화수소, 포스핀)$ $2P + 8H_2O \rightarrow 2H_3PO_4(인산) + 5H_2$
$MC + H_2O \rightarrow CH_4(메탄)$ $MC_2 + 2H_2O \rightarrow C_2H_2(아세틸렌)$

M(메탈) 1가 : $2M + H_2O \rightarrow 2MOH + H_2$
      2가 : $M + 2H_2O \rightarrow M(OH)_2 + H_2$
      3가 : $2M + 6H_2O \rightarrow 2M(OH)_3 + 3H_2$

유별	위험물	반응식
1	과산화나트륨	$2Na_2O_2 + 2H_2O \rightarrow 4NaOH + O_2$
1	과산화칼륨	$2K_2O_2 + 2H_2O \rightarrow 4KOH + O_2$
1	과산화바륨	$2BaO_2 + 2H_2O \rightarrow 2Ba(OH)_2 + O_2$
1	삼산화크롬	$CrO_3 + H_2O \rightarrow H_2CrO_4$
2	마그네슘	$Mg + 2H_2O \rightarrow Mg(OH)_2 + H_2$
2	알루미늄	$2Al + 6H_2O \rightarrow 2Al(OH)_3 + 3H_2$
2	철 + 수증기	$2Fe + 3H_2O \rightarrow Fe_2O_3 + 3H_2$
2	오황화린	$P_2S_5 + 8H_2O \rightarrow 5H_2S(황화수소) + 2H_3PO_4(인산)$

3	나트륨	$2Na + 2H_2O \rightarrow 2NaOH + H_2$
3	리튬	$2Li + 2H_2O \rightarrow 2LiOH + H_2$
3	칼륨	$2K + 2H_2O \rightarrow 2KOH + H_2$
3	칼슘	$Ca + 2H_2O \rightarrow Ca(OH)_2 + H_2$
3	수소화나트륨	$NaH + H_2O \rightarrow NaOH + H_2$
3	수소화칼륨	$KH + H_2O \rightarrow KOH + H_2$
3	인화칼슘	$Ca_3P_2 + 6H_2O \rightarrow 3Ca(OH)_2 + 2PH_3$
3	인화아연	$Zn_3P_2 + 6H_2O \rightarrow 3Zn(OH)_2 + 2PH_3$
3	인화알루미늄	$AlP + 3H_2O \rightarrow Al(OH)_3 + PH_3$
3	메틸리튬	$CH_3Li + H_2O \rightarrow LiOH + CH_4$
3	메틸알루미늄	$(CH_3)_3Al + 3H_2O \rightarrow Al(OH)_3 + 3CH_4$
3	에틸알루미늄	$(C_2H_5)_3Al + 3H_2O \rightarrow Al(OH)_3 + 3C_2H_6$
3	탄화베릴륨	$Be_2C + 4H_2O \rightarrow 2Be(OH)_2 + CH_4$
3	탄화알루미늄	$Al_4C_3 + 12H_2O \rightarrow 4Al(OH)_3 + 3CH_4$
3	탄화망간	$Mn_3C + 6H_2O \rightarrow 3Mn(OH)_2 + CH_4 + H_2$
3	탄화나트륨	$Na_2C_2 + 2H_2O \rightarrow 2NaOH + C_2H_2$
3	탄화리튬	$Li_2C_2 + 2H_2O \rightarrow 2LiOH + C_2H_2$
3	탄화칼슘	$CaC_2 + 2H_2O \rightarrow Ca(OH)_2 + C_2H_2$
3	탄화마그네슘	$MgC_2 + 2H_2O \rightarrow Mg(OH)_2 + C_2H_2$
4	의산메틸	$HCOOCH_3 + H_2O \rightarrow HCOOH + CH_3OH$
4	이황화탄소	$CS_2 + 2H_2O \rightarrow CO_2 + 2H_2S$ (150℃에 반응)

➤ 분해 반응(제1류 열분해반응 산소발생, 제5류는 암기)

유별	위험물	분해온도	반응식
1	아염소산나트륨	350℃	$NaClO_2 \rightarrow NaCl + O_2$ (수분포함 시 180~200℃)
1	염소산칼륨	400℃ 540℃	$2KClO_3 \rightarrow KClO_4 + KCl + O_2$ (400℃) $2KClO_3 \rightarrow 2KCl + 3O_2$ (540℃)
1	염소산나트륨	300℃	$2NaClO_3 \rightarrow 2NaCl + 3O_2$
1	염소산암모늄	100℃ 일광	$2NH_4ClO_3 \rightarrow N_2 + Cl_2 + O_2 + 4H_2O$ $[NH_4ClO_3 \rightarrow 2NH_4ClO_2 + O_2]$ $[2NH_4ClO_2 \rightarrow N_2 + Cl_2 + 4H_2O]$
1	과염소산칼륨	400~610℃	$KClO_4 \rightarrow KCl + 2O_2$

1	과염소산나트륨	400℃	$NaClO_4 \longrightarrow NaCl + 2O_2$
1	과염소산암모늄	130℃	$NH_4ClO_4 \longrightarrow NH_4Cl + 2O_2$
		300℃	$2NH_4ClO_4 \longrightarrow N_2 + Cl_2 + 2O_2 + 4H_2O$
1	과산화나트륨	460℃	$2Na_2O_2 \longrightarrow 2Na_2O + O_2$
1	과산화칼륨	490℃	$2K_2O_2 \longrightarrow 2K_2O + O_2$
1	과산화마그네슘	–	$2MgO_2 \longrightarrow 2MgO + O_2$
1	과산화바륨	840℃	$2BaO_2 \longrightarrow 2BaO + O_2$
1	질산칼륨	400℃	$2KNO_3 \longrightarrow 2KNO_2 + O_2$
1	질산나트륨	380℃	$2NaNO_3 \longrightarrow 2NaNO_2 + O_2$
1	질산암모늄	220℃	$NH_4NO_3 \longrightarrow N_2O + 2H_2O$
		폭발	$2NH_4NO_3 \longrightarrow 2N_2 + O_2 + 4H_2O$
1	질산은	–	$2AgNO_3 \longrightarrow 2Ag + 2NO_2 + O_2$
1	브롬산칼륨	370℃	$2KBrO_3 \longrightarrow 2KBr + 3O_2$
1	과망간산칼륨	240℃	$2KMnO_4 \longrightarrow K_2MnO_4 + MnO_2 + O_2$
1	과망간산나트륨	170℃	$2NaMnO_4 \longrightarrow Na_2MnO_4 + MnO_2 + O_2$
1	중크롬산칼륨		$4K_2Cr_2O_7 \longrightarrow 2Cr_2O_3 + 4K_2CrO_4 + 7O_2$
1	중크롬산암모늄	225℃	$(NH_4)_2Cr_2O_7 \longrightarrow Cr_2O_3 + N_2 + 4H_2O$
1	삼산화크롬		$4CrO_3 \longrightarrow 2Cr_2O_3 + 3O_2$
3	에틸알루미늄	200℃	$(C_2H_5)_3Al \longrightarrow (C_2H_5)_2AlH + C_2H_4$(에틸렌) $[2(C_2H_5)_2AlH \longrightarrow 2Al + 3H_2 + 4C_2H_4]$
4	히드라진(제2석유)	180℃	$2N_2H_4 \longrightarrow 2NH_3 + N_2 + H_2$
5	니트로셀룰로즈	폭발	$2C_{24}H_{29}O_9(ONO_2)_{11}$ $\longrightarrow 12H_2O + 11N_2 + 17H_2 + 24CO + 24CO_2$
5	니트로글리세린 (분자량 227)	폭발	$4C_3H_5(ONO_2)_3 \longrightarrow O_2 + 12CO_2 + 10H_2O + 6N_2$
5	트리니트로톨루엔 (분자량 227)	폭발	$2C_6H_2CH_3(NO_2)_3 \longrightarrow 12CO + 2C + 5H_2 + 3N_2$
5	피크린산(분자량 229)	폭발	$2C_6H_2OH(NO_2)_3 \longrightarrow 4CO_2 + 6CO + 2C + 3H_2 + 3N_2$
6	과염소산	92℃	$4HClO_4 \longrightarrow 2Cl_2 + 7O_2 + 2H_2O$
6	과산화수소	–	$2H_2O_2 \longrightarrow 2H_2O + O_2$
6	질산	–	$4HNO_3 \longrightarrow 2H_2O + 4NO_2 + O_2$
–	탄산마그네슘	–	$MgCO_3 \longrightarrow MgO + CO_2$

➤ 산과의 반응

산과 반응 공식
제1류위험물＋산 → H_2O_2 (과망간산염류, 중크롬산염류 제외)
철마금＋산 → H_2

유별	위험물	산	반응식
1	염소산칼륨	염산	$2KClO_3 + 2HCl \rightarrow 2KCl + 2ClO_2 + H_2O_2$
		황산	$6KClO_3 + 3H_2SO_4 \rightarrow 2HClO_4 + 3K_2SO_4 + 4ClO_2 + 2H_2O$
1	염소산나트륨	염산	$2NaClO_3 + 4HCl \rightarrow 2NaCl + 2ClO_2 + Cl_2 + 2H_2O$
1	과산화나트륨	염산	$Na_2O_2 + 2HCl \rightarrow 2NaCl + H_2O_2$
		초산	$Na_2O_2 + 2CH_3COOH \rightarrow 2CH_3COONa + H_2O_2$
1	과산화칼륨	초산	$K_2O_2 + 2CH_3COOH \rightarrow 2CH_3COOK + H_2O_2$
		염산	$K_2O_2 + 2HCl \rightarrow 2KCl + H_2O_2$
1	과산화바륨	염산	$BaO_2 + 2HCl \rightarrow BaCl_2 + H_2O_2$
		황산	$BaO_2 + H_2SO_4 \rightarrow BaSO_4 + H_2O_2$
1	과망간산칼륨	염산	$2KMnO_4 + 16HCl \rightarrow 2KCl + 2MnCl_2 + 8H_2O + 5Cl_2$
		(묽은) 황산	$4KMnO_4 + 6H_2SO_4 \rightarrow 2K_2SO_4 + 4MnSO_4 + 6H_2O + 5O_2$
		(진한) 황산	$4KMnO_4 + 2H_2SO_4 \rightarrow 2K_2SO_4 + 4MnSO_4 + 2H_2O + 3O_2$ $[2KMnO_4 + H_2SO_4 \rightarrow K_2SO_4 + 2HMnO_4]$ $[2HMnO_4 \rightarrow Mn_2O_7 + H_2O]$ $[2Mn_2O_7 \rightarrow 4MnO_2 + 3O_2]$
1	질산은	염산	$AgNO_3 + HCl \rightarrow HNO_3 + AgCl$
2	아연	염산	$Zn + 2HCl \rightarrow ZnCl_2 + H_2$
2	철	염산	$2Fe + 6HCl \rightarrow 2FeCl_3(염화제이철) + 3H_2$ $Fe + 2HCl \rightarrow FeCl_2(염화제일철) + H_2$
2	마그네슘	염산	$Mg + 2HCl \rightarrow MgCl_2 + H_2$
		황산	$Mg + H_2SO_4 \rightarrow MgSO_4 + H_2$
2	알루미늄	염산	$2Al + 6HCl \rightarrow 2AlCl_3 + 3H_2$
3	칼륨	초산	$2K + 2CH_3COOH \rightarrow 2CH_3COOK + H_2$
3	나트륨	초산	$2Na + 2CH_3COOH \rightarrow 2CH_3COONa + H_2$
3	에틸알루미늄	염산	$(C_2H_5)_3Al + HCl \rightarrow AlCl_3 + 3C_2H_6$
3	인화칼슘	염산	$Ca_3P_2 + 6HCl \rightarrow 3CaCl_2 + 2PH_3$ (포스핀 연소) $2PH_3 + 4O_2 \rightarrow P_2O_5 + 3H_2O$
4	에탄올	초산	$CH_3COOH + C_2H_5OH \rightarrow CH_3COOC_2H_5 + H_2O$

6	질산 (왕수)	염산	$3HCl + HNO_3 \rightarrow NOCl$(옥시염화질소) $+ 2H_2O + Cl_2$ $Au + 3Cl \rightarrow AuCl_3$ $AuCl_3 + HCl \rightarrow HAuCl_4$
−	구리	황산	$Cu + H_2SO_4 \rightarrow CuSO_4 + H$

➤ 기타 반응식

유별	위험물	반응물	반응식
1	아염소산나트륨	알루미늄	$3NaClO_2 + 4Al \rightarrow 3NaCl + 2Al_2O_3$
1	염소산칼륨	알루미늄	$KClO_3 + 2Al \rightarrow KCl + Al_2O_3$
1	과염소산나트륨	염화칼륨	$NaClO_4 + KCl \rightarrow KClO_4 + NaCl$
1	과산화나트륨	에틸알코올	$Na_2O_2 + 2C_2H_5OH \rightarrow 2C_2H_5ONa + H_2O$
		이산화탄소	$2Na_2O_2 + 2CO_2 \rightarrow 2Na_2CO_3 + O_2$
1	과산화칼륨	에틸알코올	$K_2O_2 + 2C_2H_5OH \rightarrow 2C_2H_5OK + H_2O_2$
		이산화탄소	$2K_2O_2 + 2CO_2 \rightarrow 2K_2CO_3 + O_2$
		황산	$K_2O_2 + H_2SO_4 \rightarrow K_2SO_4 + H_2O_2$
1	질산암모늄	경유 CH_2	$3NH_4NO_3 + CH_2 \rightarrow 3N_2 + 7H_2O + CO_2$ (ANFO)
2	마그네슘	이산화탄소	$2Mg + CO_2 \rightarrow 2MgO + C$
		질소	$3Mg + N_2 \rightarrow Mg_3N_2$
2	알루미늄	수산화칼륨, 물	$2Al + 2KOH + 2H_2O \rightarrow 2KAlO_2 + 3H_2$
		산화철	$2Al + Fe_2O_3 \rightarrow 2Fe + Al_2O_3$ (테르밋 반응)
		수산화나트륨, 물	$2Al + 2NaOH + 2H_2O \rightarrow 2NaAlO_2 + 3H_2$
3	칼륨	사염화탄소	$4K + CCl_4 \rightarrow 4KCl + C$ (폭발)
		에틸알코올	$2K + 2C_2H_5OH \rightarrow 2C_2H_5OK + H_2$
		염소	$2K + Cl_2 \rightarrow 2KCl$
		이산화탄소	$4K + 3CO_2 \rightarrow 2K_2CO_3 + C$
3	나트륨	사염화탄소	$4Na + CCl_4 \rightarrow 4NaCl + C$ (폭발)
		에틸알코올	$2Na + 2C_2H_5OH \rightarrow 2C_2H_5ONa + H_2$
		염소	$2Na + Cl_2 \rightarrow 2NaCl$
		이산화탄소	$4Na + 3CO_2 \rightarrow 2Na_2CO_3 + C$
		암모니아	$2Na + 2NH_3 \rightarrow 2NaNH_2$(나트륨아미드)$+ H_2$
3	메틸알루미늄	염소	$(CH_3)_3Al + 3Cl_2 \rightarrow AlCl_3 + 3CH_3Cl$
3	에틸알루미늄	알코올(메틸)	$(C_2H_5)_3Al + 3CH_3OH \rightarrow Al(CH_3O)_3 + 3C_2H_6$
		염소	$(C_2H_5)_3Al + 3Cl_2 \rightarrow AlCl_3 + 3C_2H_5Cl$

3	수소화칼륨	암모니아	$KH + NH_3 \rightarrow KNH_2$(칼륨아미드)$+ H_2$
3	탄화칼륨	질소	$CaC_2 + N_2 \rightarrow CaCN_2 + C$
3	황린	수산화칼륨, 물	$P_4 + 3KOH + 3H_2O \rightarrow PH_3 + 3KH_2PO_2$(차아인산칼륨)
4	아세트알데히드	암모니아성 질산	$CH_3CHO + 2Ag(NH_3)_2OH$ $\rightarrow CH_3COOH + 2Ag + 4NH_3 + H_2O$
		페얼링 반응	$CH_3CHO + 2Cu + H_2O + NaOH\ [KOH]$ $\rightarrow CH_3COONa + 4H + Cu_2O$(붉은색 침전물)
4	히드라진	과산화수소	$N_2H_4 + 2H_2O_2 \rightarrow 4H_2O + N_2$
6	진한 질산	구리	$4HNO_3 + Cu \rightarrow Cu(NO_3)_2 + 2NO_2 + 2H_2O$

➤ 소화약제

소화약제	반응온도	반응식
제1종	1차 : 270℃	$2NaHCO_3 \rightarrow Na_2CO_3 + CO_2 + H_2O$
	2차 : 850℃	$2NaHCO_3 \rightarrow Na_2O + 2CO_2 + H_2O$
제2종	1차 : 190℃	$2KHCO_3 \rightarrow K_2CO_3 + H_2O + CO_2$
	2차 : 590℃	$2KHCO_3 \rightarrow K_2O + H_2O + 2CO_2$
제3종	1차 : 190℃	$NH_4H_2PO_4 \rightarrow NH_3 + H_3PO_4$(인산, 올소인산)
	2차 : 215℃	$2H_3PO_4 \rightarrow H_2O + H_4P_2O_7$(피로인산)
	3차 : 300℃	$H_4P_2O_7 \rightarrow H_2O + 2HPO_3$(메타인산)
	최종	$NH_4H_2PO_4 \rightarrow NH_3 + HPO_3 + H_2O$
제4종		$2KHCO_3 + (NH_2)_2CO \rightarrow K_2CO_3 + 2NH_3 + 2CO_2$
강화액		$K_2CO_3 + H_2SO_4 + H_2O \rightarrow K_2SO_4 + 2H_2O + CO_2$
산알칼리		$2NaHCO_3 + H_2SO_4 \rightarrow Na_2SO_4 + 2CO_2 + 2H_2O$
화학포		$6NaHCO_3 + Al_2(SO_4)_3 \cdot 18H_2O \rightarrow 3Na_2SO_4 + 2Al(OH)_3 + 6CO_2 + 18H_2O$

➤ 알코올의 반응

메틸알코올의 산화반응 (메산포산의)	CH_3OH 메틸알코올	산화,환원 $\longleftrightarrow$ H_2	$HCHO$ 포름알데히드	산화,환원 $\longleftrightarrow$ $+O$	$HCOOH$ 의산=개미산=포름산
에틸알코올의 산화반응 (에산아산초)	C_2H_5OH 에틸알코올	산화,환원 $\longleftrightarrow$ H_2	CH_3CHO 아세트알데히드	산화,환원 $\longleftrightarrow$ $+O$	CH_3COOH 초산=아세트산

➤ 제조방법

유별	위험물	반응식
4	에탄올	$C_2H_4 + H_2O \rightarrow C_2H_5OH$
4	아세트알데히드	$2C_2H_5OH + O_2 \rightarrow 2CH_3CHO + 2H_2O$
4	에테르	$2C_2H_5OH \rightarrow C_2H_5OC_2H_5 + H_2O$
4	아세톤	$2CH_3CHOHCH_3(프로필알코올) + H_2 \leftrightarrow 2CH_3COCH_3 + 2H_2O$
4	클로로벤젠	$C_6H_6 + Cl_2 \rightarrow C_6H_5Cl + HCl$
4	니트로벤젠	$C_6H_6 + HNO_3 \rightarrow C_6H_5NO_2 + H_2O$
4	초산에틸	$CH_3COOH + C_2H_5OH \rightarrow CH_3COOC_2H_5 + H_2O$
4	톨루엔	$C_6H_6 + CH_3Cl \rightarrow C_6H_5CH_3 + HCl$
5	니트로글리세린	$C_3H_5(OH)_3 + 3HNO_3 \rightarrow C_3H_5(ONO_2)_3 + 3H_2O$
5	TNT	$C_6H_5CH_3 + 3HNO_3 \rightarrow C_6H_2CH_3(NO_2)_3 + 3H_2O$
5	피크린산	$C_6H_5OH + 3HNO_3 \rightarrow C_6H_2OH(NO_2)_3 + 3H_2O$

CHAPTER 03 위험물 시설기준

01 위험물안전관리 법령

1. 위험물안전관리법의 목적

위험물의 저장·취급 및 운반과 이에 따른 안전관리에 관한 사항을 규정함으로써 위험물로 인한 위해를 방지하여 공공의 안전 확보함을 목적으로 한다.

2. 위험물안전관리법의 적용 제외

항공기, 선박, 철도 및 궤도에 의한 위험물의 저장·취급 및 운반은 적용 제외

3. 용어 정의

1) 위험물

인화성 또는 **발화**성 등의 성질을 가지는 것으로서 **대통령령**으로 정하는 물품

2) 지정수량

위험물의 종류별로 위험성을 고려하여 대통령령이 정하는 수량으로 제조소 등의 설치 허가 시에 최저의 기준이 되는 수량

3) 제조소등

제조소·저장소·취급소(제조소등의 허가권자 : 시·도지사)
① **제조소** : 위험물을 제조할 목적으로 지정수량 이상의 위험물을 취급하기 위하여 허가 받은 장소
② **저장소** : 지정수량 이상의 위험물을 저장하기 위해 허가 받은 장소
③ **취급소** : 지정수량 이상의 위험물을 제조외의 목적으로 취급하기 위해 허가 받은 장소

| Reference | 제조소와 취급소의 구분

- **제조소** : 위험물＋위험물＝위험물(제조물이 위험물)
- **취급소** : 위험물＋위험물＝비위험물(제조물이 위험물 아님)

4) 관계인 : 관리자, 소유자, 점유자

4. 위험물의 취급기준

1) 지정수량 미만 위험물의 저장, 취급

시 · 도(특별시 · 광역시 · 특별자치시 · 도 및 특별자치도)의 조례 적용

2) 지정수량 미만 위험물의 운반

위험물 안전관리법 적용

3) 지정수량 이상 위험물의 저장, 취급, 운반

위험물안전관리법 적용 제조소등의 위치 · 구조 및 설비의 기술기준 : 행정안전부령 적용

4) 지정수량 이상의 위험물을 제조소등에서 취급하지 않을 수 있는 경우

① 관할소방서장의 승인을 받아 90일 이내의 기간 동안 임시로 저장 또는 취급하는 경우
② 군부대가 지정수량 이상의 위험물을 군사목적으로 임시로 저장 또는 취급하는 경우

‖ Reference ‖ 지정수량 이상

둘 이상의 위험물을 같은 장소에서 저장 또는 취급하는 경우에 있어서 당해 장소에서 저장 또는 취급하는 각 위험물의 수량을 그 위험물의 지정수량으로 각각 나누어 얻은 수의 합계가 1 이상인 경우 당해 위험물은 지정수량 이상의 위험물로 본다.

‖ Reference ‖ 중요기준과 세부기준

1. 중요기준
   화재 등 위해의 예방과 응급조치에 있어서 큰 영향을 미치거나 그 기준을 위반하는 경우 직접적으로 화재를 일으킬 가능성이 큰 기준으로서 행정안전부령이 정하는 기준

2. 세부기준
   화재 등 위해의 예방과 응급조치에 있어서 중요기준보다 상대적으로 적은 영향을 미치거나 그 기준을 위반하는 경우 간접적으로 화재를 일으킬 수 있는 기준 및 위험물의 안전관리에 필요한 표시와 서류 · 기구 등의 비치에 관한 기준으로서 행정안전부령이 정하는 기준

5) 제조소등의 허가 · 신고

① 허가(신고)권자 : 시 · 도지사

‖ Reference ‖ 제조소등의 설치허가 또는 변경허가 신청 시 허가 적합사항

1. 제조소등의 위치 · 구조 및 설비가 기술기준에 적합할 것
2. 제조소등에서의 위험물의 저장 또는 취급이 공공의 안전유지 또는 재해의 발생방지에 지장을 줄 우려가 없다고 인정될 것

3. 다음 각 목의 제조소등은 해당 목에서 정한 사항에 대하여 한국소방산업기술원의 기술검토를 받고 그 결과가 행정안전부령으로 정하는 기준에 적합한 것으로 인정될 것. 다만, 보수 등을 위한 부분적인 변경으로서 소방청장이 정하여 고시하는 사항에 대해서는 기술원의 기술검토를 받지 않을 수 있으나 행정안전부령으로 정하는 기준에는 적합해야 한다.

　　가. 지정수량의 1천배 이상의 위험물을 취급하는 제조소 또는 일반취급소 : 구조·설비에 관한 사항

　　나. 옥외탱크저장소(저장용량이 50만 리터 이상) 또는 암반탱크저장소 : 위험물탱크의 기초·지반, 탱크본체 및 소화설비에 관한 사항

‖ Reference ‖　제조소의 허가 또는 신고사항이 아닌 경우

① 주택의 난방시설(공동주택의 중앙난방시설을 제외)을 위한 저장소 또는 취급소
② 농예용·축산용 또는 수산용으로 필요한 난방시설, 건조시설을 위한 지정수량 20배 이하의 저장소

② **허가** : 제조소등을 설치할 때
③ **신고** : 변경, 폐지, 지위승계(선해임신고)
　　• 1일 이내 : 품명·수량 또는 지정수량을 변경하고자 하는 날로부터
　　• 14일 이내 : 제조소등의 용도 폐지(휴업 및 폐업 신고), 안전관리자 선·해임 신고
　　• 30일 이내 : 제조소등의 안전관리자의 선임·재선임 기한 탱크시험자의 중요사항을 변경한 날로부터 제조소 등의 설치자의 지위 승계

➤ 제조과정
　1. **증류공정** : 위험물 취급설비의 내부압력의 변동으로 액체 및 증기가 새지 않을 것
　2. **추출공정** : 추출관의 내부압력이 비정상으로 상승하지 않을 것
　3. **건조공정** : 위험물의 온도가 국부적으로 상승하지 아니하도록 가열 건조할 것
　4. **분쇄공정** : 분말이 부착되어 있는 상태로 기계, 기구를 사용하지 않을 것

➤ 소비작업
　1. **분사·도장작업** : 방화상 유효한 격벽 등으로 구획한 안전한 장소에서 작업할 것
　2. **담금질·열철리** : 위험물의 위험한 온도에 달하지 아니하도록 할 것
　3. **버너의 사용** : 버너의 역화를 방지하고 석유류가 넘치지 않도록 할 것

| Reference |

▶ **제조소등의 변경허가를 받아야 하는 경우**

가. 제조소 또는 일반취급소의 위치를 이전하는 경우

나. 건축물의 벽 · 기둥 · 바닥 · 보 또는 지붕을 증설 또는 철거하는 경우

다. 배출설비를 신설하는 경우

라. 위험물취급탱크를 신설 · 교체 · 철거 또는 보수(탱크의 본체를 절개하는 경우에 한한다)하는 경우

마. 위험물취급탱크의 노즐 또는 맨홀을 신설하는 경우(노즐 또는 맨홀의 직경이 250mm를 초과하는 경우에 한한다)

바. 위험물취급탱크의 방유제의 높이 또는 방유제 내의 면적을 변경하는 경우

사. 위험물취급탱크의 탱크전용실을 증설 또는 교체하는 경우

아. 300m(지상에 설치하지 아니하는 배관의 경우에는 30m)를 초과하는 위험물배관을 신설 · 교체 · 철거 또는 보수(배관을 절개하는 경우에 한한다)하는 경우

자. 불활성 기체의 봉입장치를 신설하는 경우

차. 누설범위를 국한하기 위한 설비를 신설하는 경우

카. 냉각장치 또는 보냉장치를 신설하는 경우

타. 탱크전용실을 증설 또는 교체하는 경우

파. 담 또는 토제를 신설 · 철거 또는 이설하는 경우

하. 온도 및 농도의 상승에 의한 위험한 반응을 방지하기 위한 설비를 신설하는 경우

거. 철이온 등의 혼입에 의한 위험한 반응을 방지하기 위한 설비를 신설하는 경우

너. 방화상 유효한 담을 신설 · 철거 또는 이설하는 경우

더. 위험물의 제조설비 또는 취급설비(펌프설비를 제외한다)를 증설하는 경우

러. 옥내소화전설비 · 옥외소화전설비 · 스프링클러설비 · 물분무등 소화설비를 신설 · 교체(배관 · 밸브압력계 · 소화전본체 · 소화약제탱크 · 포헤드 · 포방출구 등의 교체는 제외한다) 또는 철거하는 경우

머. 자동화재탐지설비를 신설 또는 철거하는 경우

▶ **변경 허가 시 한국소방산업기술원의 기술검토를 받아야 하는 경우**

가. 지정수량의 3천 배 이상의 위험물을 취급하는 제조소 또는 일반취급소 : 구조 · 설비에 관한 사항

나. 옥외탱크저장소(저장용량이 50만 리터 이상인 것만 해당한다) 또는 암반탱크저장소 : 위험물탱크의 기초 · 지반, 탱크본체 및 소화설비에 관한 사항

▶ **허가를 받지 아니하고 위치 · 구조 또는 설비명 · 수량 또는 지정수량의 배수를 변경**

1. 주택의 난방시설(공동주택의 중앙난방시설을 제외한다)을 위한 저장소 또는 취급소

2. 농예용 · 축산용 또는 수산용으로 필요한 난방시설 또는 건조시설을 위한 지정수량 20배 이하의 저장소

5. 저장소의 구분

위험물을 지정수량 이상 저장하기 위하여 시·도지사의 허가 받은 장소

1) 옥내저장소 : 옥내(지붕과 기둥 또는 벽 등이 있는 곳)에 저장하는 장소

2) 옥외저장소 : 옥외에 저장하는 장소

※ **옥외**저장소 저장가능 위험물

① 제2류 위험물 중 **유황** 또는 **인화성 고체**(인화점이 섭씨 0℃ 이상인 것에 한함)

② 제4류 위험물 중 제1석유류(인화점 0℃ 이상인 것에 한함)·알코올류·제2석유류·제3석유류·제4석유류·동식물유류

③ 제6류 위험물

④ 제2류 위험물·제4류 위험물 및 제6류 위험물 중 시·도의 조례에서 정하는 위험물

3) 옥외탱크저장소 : 옥외에 있는 **탱크**에 위험물을 저장하는 장소

4) 옥내탱크저장소 : 옥내에 있는 **탱크**에 위험물을 저장하는 장소

5) 지하탱크저장소 : 지하에 **매설**한 탱크에 위험물을 저장하는 장소

6) 간이탱크저장소 : 간이탱크에 위험물을 저장하는 장소

7) 이동탱크저장소 : 차량에 고정된 탱크에 위험물을 저장하는 장소

8) 암반탱크저장소 : 암반 내의 공간을 이용한 탱크에 액체의 위험물을 저장하는 장소

6. 취급소의 구분

지정수량 이상의 위험물을 제조 외의 목적으로 취급하기 위한 장소로서 시·도지사의 허가를 받은 장소

1) 주유취급소

고정된 **주유**설비(항공기 주유 포함) 에 의하여 자동차·항공기 또는 선박 등의 연료탱크에 직접 주유하기 위하여 위험물을 취급하는 장소

2) 판매취급소

점포에서 위험물을 용기에 담아 **판매**하기 위하여 지정수량의 40배 이하의 위험물을 취급하는 장소

① **제1종 취급소 :** 지정수량 **20배** 이하

② **제2종 취급소 :** 지성수량 **40배** 이하

3) 이송취급소

배관 및 이에 부속된 설비에 의하여 위험물을 이송하는 장소

① 송유관에 의하여 위험물을 이송하는 경우

② 제조소등에 관계된 시설(배관을 제외한다) 및 그 부지가 같은 사업소 안에 있고 당해 사업소 안에서만 위험물을 이송하는 경우

③ 사업소와 사업소의 사이에 도로(폭 2미터 이상의 일반교통에 이용되는 도로로서 자동차의 통행이 가능한 것을 말한다)만 있고 사업소와 사업소 사이의 이송배관이 그 도로를 횡단하는 경우

④ 사업소와 사업소 사이의 이송배관이 제3자(당해 사업소와 관련이 있거나 유사한 사업을 하는 자에 한한다)의 토지만을 통과하는 경우로서 당해 배관의 길이가 100미터 이하인 경우

⑤ 해상구조물에 설치된 배관(이송되는 위험물이 별표 1의 제4류 위험물중 제1석유류인 경우에는 배관의 내경이 30센티미터 미만인 것에 한한다)으로서 당해 해상구조물에 설치된 배관이 길이가 30미터 이하인 경우

⑥ 사업소와 사업소 사이의 이송배관이 3)~5) 규정에 의한 경우 중 2 이상에 해당하는 경우

⑦ 「농어촌 전기공급사업 촉진법」에 따라 설치된 자가발전시설에 사용되는 위험물을 이송하는 경우

4) 일반취급소

위의 취급소 이외의 장소(단, 유사석유제품 취급은 제외)

 Check Point　　취급소 종류(**암기법** 이주일동안 1224개 판매)

1. 이송취급소, 주유취급소, 일반취급소
2. 판매취급소 : 1종(20배 이하), 2종(40배 이하)

7. 위험물안전관리자

1) 제조소 등의 관계인은 위험물의 안전관리에 관한 직무를 수행하게 하기 위하여 위험물 안전관리자를 선임하여야 함(단, 이동탱크저장소 : 안전관리자 선임면제)

Check Point　**위험물취급자격자의 자격**

위험물 안전관리자의 구분	취급할 수 있는 위험물
위험물기능장 · 위험물산업기사 · 위험물기능사	모든 위험물
안전관리자 교육이수자	제4류 위험물
소방공무원 근무경력 3년 이상인 경력자	

Check Point　**안전교육**

① 교육대상 : 안전관리자 · 탱크시험자 · 위험물운반자 · 위험물운송자
② 교육시기 : 위험물안전관리자 또는 위험물운송자로 선임되거나 종사한 날부터 6개월 이내에
　실무교육을 받고, 그 이후에는 해당 실무교육을 받은 후 2년 또는 3년마다 1회의 실무교육

2) 위험물안전관리자 선해임

① 안전관리자가 퇴직 · 해임한 때에는 30일 이내에 안전관리자 선임(벌금 500만 원)
② 안전관리자가 퇴직 · 해임한 때에는 14일 이내에 소방본부장 또는 소방서장에게 신고

| Reference |

➤ **위험물 안전관리자의 대리자의 자격**
• 안전교육을 받은 자
• 제조소등의 위험물 안전관리업무에 있어서 안전관리자를 지휘 · 감독하는 직위에 있는 자

➤ **위험물 시설안전원**
지정수량의 1만 배 이상의 위험물을 취급하는 제조시설, 저장취급시설 또는 일반 취급시설
을 가진 제조소 등

3) 안전관리자 중복 선임

① 보일러 · 버너 또는 이와 비슷한 것으로서 위험물을 소비하는 장치로 이루어진 7개
　이하의 일반취급소와 그 일반취급소에 공급하기 위한 위험물을 저장하는 저장소[일
　반취급소 및 저장소가 모두 동일구내(같은 건물 안 또는 같은 울 안을 말한다. 이하
　같다)에 있는 경우에 한한다.]를 동일인이 설치한 경우
② 위험물을 차량에 고정된 탱크 또는 운반용기에 옮겨 담기 위한 5개 이하의 일반취급
　소[일반취급소간의 보행거리가 300미터 이내인 경우에 한한다]와 그 일반취급소에
　공급하기 위한 위험물을 저장하는 저장소를 동일인이 설치한 경우

③ 동일구내에 있거나 상호 100미터 이내의 거리에 있는 저장소를 동일인이 설치한 경우
- 10개 이하의 옥내저장소
- 30개 이하의 옥외탱크저장소
- 옥내탱크저장소
- 지하탱크저장소
- 간이탱크저장소
- 10개 이하의 옥외저장소
- 10개 이하의 암반탱크저장소

④ 다음 각목의 기준에 모두 적합한 5개 이하의 제조소등을 동일인이 설치한 경우
- 각 제조소등이 동일구내에 위치하거나 상호 100미터 이내의 거리에 있을 것
- 각 제조소등에서 저장 또는 취급하는 위험물의 최대수량이 지정수량의 3천배 미만일 것. 다만, 저장소의 경우에는 그러하지 아니하다.

4) 안전관리자의 업무

① **예방**규정에 적합하도록 해당 작업에 대한 지시 및 감독 업무
② **화재** 등의 **재난**이 발생한 경우 응급조치 및 소방관서 등에 대한 연락 업무
③ 위험물의 취급에 관한 **일지**의 작성·기록
④ 화재 등의 재해의 방지에 관하여 인접하는 제조소 등 **관계자와 협조**체제 유지

Check Point 위험물안전관리법 날짜별 정리

기간	내용
1일	제조소등의 품명·수량 또는 지정수량을 변경시 신고기간
7일	암반탱크의 7일 간 용출되는 지하수의 양의 용적과 해당 탱크용적의 1/100 용적 중 큰 용적을 공간용적으로 정함
14일 이내	용도폐지한 날로부터 신고기간
	안전관리자의 선임·재선임·해임 시 신고기간
30일 이내	안전관리자의 선임·재선임·해임 기간
	제조소등의 승계 신고기간
	안전관리자 직무대행기간(대리자 지정)
90일 이내	관할소방서장의 승인 받아 임시로 저장·취급할 수 있는 기간

Check Point 제조소등의 완공검사 신청 시기

지하탱크가 있는 제조소등	해당 지하탱크를 매설하기 전
이동탱크저장소	이동저장탱크를 완공하고 상치장소를 확보한 후
이송취급소	이송배관 공사의 전체 또는 일부를 완료한 후
완공검사 실시가 곤란한 경우	1. 배관설치 완료 후 기밀시험, 내압시험을 실시하는 시기 2. 지하에 설치하는 경우 매몰하기 직전 3. 비파괴시험을 실시하는 시기
위에 해당하지 않는 경우	제조소 등의 공사를 완료한 후

※ 상치 : 탱크를 설치할 장소로서 바닥에 일정 설비를 갖춘 것

8. 탱크안전성능검사

1) 대상

허가 받은 자가 위험물탱크의 설치 또는 그 위치, 구조, 설비의 변경공사 시 완공검사를 받기 전에 기술기준에 적합한지의 여부를 확인하기 위하여

2) 내용 : 대통령령

3) 실시 등에 관하여 필요한 사항

검사시행자 : 시도지사(단, 허가받은 탱크안전성능시험자 또는 한국소방산업기술원 제외)

4) 신청

관할소방서장, 기술원 위임

| Reference |

➤ **기술원 위탁**
 ① 안전교육
 ② 탱크안전성능검사
  가. 용량이 100만 리터 이상인 액체위험물을 저장하는 탱크
  나. 암반탱크
  다. 지하탱크저장소의 위험물탱크 중 행정안전부령으로 정하는 액체위험물탱크
 ③ 완공검사
  가. 지정수량의 3천 배 이상의 위험물을 취급하는 제조소 또는 일반취급소의 설치 또는 변경에 따른 완공검사
  나. 옥외탱크저장소(저장용량이 50만 리터 이상인 것만 해당한다) 또는 암반탱크저장소의 설치 또는 변경에 따른 완공검사
 ④ 운반용기 검사
 ⑤ 정기검사

5) 검사신청시기

검사구분	검사대상	신청시기
기초·지반검사	특정 옥외탱크저장소(액체 100만 리터 이상인 탱크)	위험물탱크의 기초 및 지반에 관한 공사의 개시 전
충수·수압검사	액체위험물을 저장 또는 취급하는 탱크 ※ 제외탱크 1. 제조소 또는 일반취급소에 용량이 지정수량 미만인 것 2. 「고압가스 안전관리법」에 합격한 탱크 3. 「산업안전보건법」에 안전인증을 받은 탱크	위험물을 저장 또는 취급하는 탱크에 배관 그 밖의 부속설비를 부착하기 전
용접부 검사	특정 옥외탱크저장소	탱크 본체에 관한 공사의 개시 전
암반탱크검사	액체위험물을 저장 또는 취급하는 암반 내의 공간을 이용한 탱크	암반탱크의 본체에 관한 공사의 개시 전

Check Point 탱크시험자의 장비

필수시설	자기탐상시험기
	초음파두께측정기
택 1	방사선투과시험기
	초음파탐상시험기
	영상초음파탐상시험기

9. 예방규정

화재예방과 화재 시 비상조치계획으로 행정안전부령으로 정하는 사항을 포함한 예방규정을 정하여 **시·도지사**의 **인가**를 받아야 함

1) 예방규정 작성대상

① 지정수량의 10배 이상의 위험물을 취급하는 제조소
② 지정수량의 10배 이상의 위험물을 취급하는 일반취급소

| Reference | 일반취급소 예방규정 제외 대상

제4류위험물(특수인화물 제외)만을 지정수량의 50배 이하 일반취급소의 사용용도
(제1석유류, 알코올류의 취급량이 지정수량의 10배 이하)
1. 보일러, 버너 등의 위험물을 소비하는 장치로 이루어진 일반취급소
2. 위험물을 용기에 옮겨 담거나 차량에 고정된 탱크에 주입하는 일반취급소

③ 지정수량의 100배 이상의 위험물을 저장하는 옥외저장소

④ 지정수량의 150배 이상의 위험물을 저장하는 옥내저장소

⑤ 지정수량의 200배 이상의 위험물을 저장하는 옥외탱크저장소

⑥ **암반탱크저장소, 이송취급소** : 지정수량에 관계없이 모두 해당

Check Point

암기법 제일외내외탱 십백오이 암이송모두

제조소등	지정수량의 배수	암기	정기점검대상
제조소 · 일반취급소	10배 이상	**십**	1. 예방규정 2. 지하탱크 3. 이동탱크 4. 지하매설 제일주 5. 특정옥외탱크
옥**외**저장소	100배 이상	**백**	
옥**내**저장소	150배 이상	오	
옥**외**탱크저장소	200배 이상	이	
암반탱크저장소 · **이**송취급소	모두	모두	

2) 예방규정에 포함될 내용

① 위험물의 안전관리업무를 담당하는 자의 직무 및 조직에 관한 사항

② 안전관리자가 여행 · 질병 등으로 인하여 그 직무를 수행할 수 없을 경우 그 직무의 대리자에 관한 사항

③ 자체소방대를 설치하여야 하는 경우에는 자체소방대의 편성과 화학소방자동차의 배치에 관한 사항

④ 위험물의 안전에 관계된 작업에 종사하는 자에 대한 안전교육에 관한 사항

⑤ 위험물시설 및 작업장에 대한 안전순찰에 관한 사항

⑥ 위험물시설 · 소방시설 그 밖의 관련시설에 대한 점검 및 정비에 관한 사항

⑦ 위험물시설의 운전 또는 조작에 관한 사항

⑧ 위험물 취급 작업의 기준에 관한 사항

⑨ 이송취급소에 있어서는 배관공사 현장책임자의 조건 등 배관공사 현장에 대한 감독체제에 관한 사항과 배관 주위에 있는 이송취급소 시설 외의 공사를 하는 경우 배관의 안전 확보에 관한 사항

⑩ 재난 그 밖의 비상시의 경우에 취하여야 하는 조치에 관한 사항

⑪ 위험물의 안전에 관한 기록에 관한 사항

⑫ 제조소등의 위치 · 구조 및 설비를 명시한 서류와 도면의 정비에 관한 사항

⑬ 그 밖에 위험물의 안전관리에 관하여 필요한 사항

10. 정기점검

제조소등의 관계인은 **연1회** 이상 정기적으로 점검하고 점검결과를 **3년간** 기록 · 보존

1) 예방규정을 정하는 제조소등
2) **지하**탱크저장소
3) **이동**탱크저장소
4) 위험물을 취급하는 탱크로서 지하에 매설된 탱크가 있는 제조소 · 주유취급소 · 일반취급소

11. 정기검사

1) 소방본부장 또는 소방서장으로부터 제조소등이 기술기준에 적합한지 여부를 검사
2) 정기검사의 대상이 되는 제조소등
   특정옥외탱크저장소(액체위험물을 저장 · 취급하는 50만 리터 이상의 옥외탱크저장소)

| Reference | **특정 · 준특정옥외탱크저장소의 정기점검**

> 액체위험물의 최대수량이 50만 리터 이상인 것에 정기점검 외에 특정 · 준특정옥외탱크저장소의 탱크의 구조안전점검을 각 호의 어느 하나에 해당하는 기간 이내에 1회 이상 실시(단, 사용중단 등으로 구조안전점검을 실시하기가 곤란한 경우에는 관할소방서장에게 구조안전점검의 실시기간 연장신청 1년 이내 기간을 연장할 수 있다. 〈개정 2021. 7. 13.〉
> 1. 설치허가에 따른 완공검사합격확인증을 발급받은 날부터 12년
> 2. 최근의 정밀정기검사를 받은 날부터 11년
> 3. 특정 · 준특정옥외저장탱크에 안전조치를 한 후 구조안전점검시기 연장신청을 하여 해당 안전조치가 적정한 것으로 인정받은 경우에는 최근의 정밀정기검사를 받은 날부터 13년
> ※ 중간정기검사 : 4년에 1회

3) **제조소등의 관계인이 정기점검 후 기록사항**
   ① 점검을 실시한 제조소등의 명칭
   ② 점검의 방법 및 결과
   ③ 점검연월일
   ④ 점검을 한 안전관리자 또는 점검을 한 탱크시험자와 점검에 참관한 안전관리자의 성명

4) 정기점검기록 보존기간

① 옥외저장탱크의 구조안전점검에 관한 기록 : 25년

(안전조치가 적정한 것으로 인정받은 경우 적용을 받는 경우에는 30년)

② ①에 해당하지 아니하는 정기점검의 기록 : 3년

5) 정기검사 사항

① **정밀정기검사 대상인 경우** : 특정 · 준특정옥외저장탱크에 대한 다음 각 목의 사항
- 수직도 · 수평도에 관한 사항(지중탱크 제외)
- 밑판(지중탱크의 경우 누액방지판)의 두께에 관한 사항
- 용접부에 관한 사항
- 구조 · 설비의 외관에 관한 사항

② **중간정기검사 대상인 경우** : 특정 · 준특정옥외저장탱크의 구조 · 설비의 외관에 관한 사항

12. 자체소방대(화학소방자동차, 자체소방대원)

1) 설치대상

① **제4류 위험물**을 취급하는 제조소 또는 일반취급소로서 지정수량의 **3천 배 이상** (단, 보일러로 위험물을 소비하는 일반취급소 등 제외)

② 옥외탱크저장소에 저장하는 제4류 위험물의 최대수량이 지정수량의 50만 배 이상

2) 자체소방대에 두는 화학소방자동차 및 인원

제조소 및 일반취급소 구분	소방차	인원
제조소, 일반취급소에서 취급하는 제4류 위험물의 최대수량의 합이 지정수량의 3천 배 이상 12만 배 미만	1대	5인
제조소, 일반취급소에서 취급하는 제4류 위험물의 최대수량의 합이 지정수량의 12만 배 이상 24만 배 미만	2대	10인
제조소, 일반취급소에서 취급하는 제4류 위험물의 최대수량의 합이 지정수량의 24만 배 이상 48만 배 미만	3대	15인
제조소, 일반취급소에서 취급하는 제4류 위험물의 최대수량의 합이 지정수량의 48만 배 이상	4대	20인
옥외탱크저장소에 저장하는 제4류 위험물의 최대수량이 지정수량의 50만 배 이상	2대	10인

3) 자체소방대 설치 제외 대상인 일반취급소

   ① 보일러, 버너 그 밖에 이와 유사한 장치로 위험물을 소비하는 일반취급소

   ② 이동저장탱크 그 밖에 이와 유사한 장치로 위험물을 주입하는 일반취급소

   ③ 용기에 위험물을 옮겨 담는 일반취급소

   ④ 유압장치, 윤활유순환장치 그 밖에 이와 유사한 장치로 위험물을 취급하는 일반취급소

   ⑤ 광산보안법의 적용을 받는 일반취급소

┃ Reference ┃ **자체소방대 편성의 특례**

상호응원에 관한 협정을 체결하고 있는 각 사업소의 자체소방대에는 화학소방차 대수의 2분의 1 이상의 대수와 화학소방자동차마다 5인 이상의 자체소방대원을 두어야 한다.

4) 자체소방대에 설치하는 화학소방자동차

분류	방사능력	방사시간	저장량	비치설비
포수용액 방사차	2,000lpm 이상	50분	10만 리터	소화약액탱크 소화약액혼합장치
분말 방사차	35kg/sec 이상	40초	1,400kg 이상	분말탱크 가압용 가스설비
할로겐화물 방사차	40kg/sec 이상	25초	1,000kg 이상	할로겐화합물 탱크 가압용 가스설비
이산화탄소 방사차	40kg/sec 이상	75초	3,000kg 이상	이산화탄소 저장용기
제독차	−		가성소다 및 규조토를 각각 50kg 이상 비치	−

포수용액을 방사하는 화학소방자동차의 대수는 화학소방자동차 대수의 3분의 2 이상으로 하여야 한다.

13. 위험물의 적재방법 및 운반방법

  1) 행정안전부령

  2) 위험물을 수납한 운반용기와 이를 포장한 외부에는 위험물의 품명·수량 등을 표시

  3) 운반용기는 수납구를 위로 향하게 적재할 것

  4) 일광의 직사, 누수의 침투를 방지하기 위한 유효한 덮개를 하여 적재할 것

  5) 유별을 달리하는 위험물 또는 재해를 발생시킬 우려가 있는 물품과 함께 적재하지 말 것

  6) 위험물을 수납한 용기가 현저하게 마찰 또는 동요를 일으키지 않도록 운반할 것

7) 지정수량 이상의 위험물을 차량으로 운반하는 경우에는 적응 소화기를 비치할 것

8) 운반 중 재해 발생 시 응급조치를 하고 가까운 소방관서 기타 관계기관에 통보할 것

14. 위험물 운반용기

1) 행정안전부령 적용

2) **용기 재질** : 금속관 · 유리 · 플라스틱 · 파이버 · 폴리에틸렌 · 합성수지 · 종이 · 나무

3) 운반용기는 견고하여 쉽게 파손될 우려가 없고, 그 입구로부터 수납된 위험물이 샐 우려가 없도록 하여야 한다.

4) 고체용기는 내용적의 95% 이하로 수납, 액체용기는 내용적의 98% 이하로 수납하되, 55℃ 충분한 공간용적을 둘 것

5) 제3류 위험물 운반용기 수납기준

① 자연발화성물질에 있어서는 불활성 기체를 봉입하여 밀봉하는 등 공기와 접하지 아니하도록 할 것

② 자연발화성물질 외의 물품에 있어서는 파라핀 · 경유 · 등유 등의 보호액으로 채워 밀봉하거나 불활성 기체를 봉입하여 밀봉하는 등 수분과 접하지 아니하도록 할 것

③ 자연발화성물질 중 알킬알루미늄 등은 운반용기의 내용적의 90% 이하의 수납률로 수납하되, 50℃의 온도에서 5% 이상의 공간용적을 유지하도록 할 것

6) 운반용기의 용량

① **금속** : 30리터 이하

② **유리, 플라스틱** : 10리터 이하

③ **철재 드럼** : 250리터 이하

 Check Point 위험물 운반용기(**알기법** 고5액8 55 금3유플10 드25)

고체	95% 이하	
액체	98% 이하 55℃	
알킬알루미늄	90% 이하 50℃에서 5%	
운반용기	금속	30 리터
	유리, 플라스틱	10 리터
	철재 드럼	250 리터

15. 위험물의 운송기준

1) 위험물 운송 기준

① 이동탱크저장소에 의한 운송

위험물 취급할 수 있는 국가기술자격자 또는 안전교육 받은 자

② 위험물 안전카드를 휴대할 위험물

㉠ 제1류 · 제2류 · 제3류 · 제5류 · 제6류 위험물

㉡ 제4류 위험물 중 특수인화물 및 제1석유류

2) 위험물 운송자

① 운전자를 2명 이상으로 하는 경우

㉠ 고속국도 : 340km 이상 운송

㉡ 일반국도 : 200km 이상 운송

② 운전자를 1명 이상으로 하는 경우

㉠ 운송 도중 2시간 이내마다 20분 이상 휴식하는 경우

㉡ 운송책임자를 동승시킬 경우

㉢ 제2류 위험물 · 제3류 위험물(칼슘 또는 알루미늄의 탄화물) · 제4류 위험물(특수인화물 제외)을 운송하는 경우

3) 운송책임자(위험물 운송의 감독 또는 지원을 하는 자)

① 운송 시 운송책임자의 감도 · 지위를 받아야 하는 위험물

알킬알루미늄, 알킬리튬, 알킬알루미늄 또는 알킬리튬을 함유하는 위험물

② 운송책임자의 자격요건

㉠ 위험물 국가기술자격을 취득하고 관련 업무에 1년 이상 종사한 경력이 있는 자

㉡ 위험물의 운송에 관한 안전교육을 수료하고 관련 업무에 2년 이상 종사한 경력이 있는 자

16. 제조소등 소요단위 계산

1) 위험물수량별

1 소요단위 = 지정수량 10배

2) 제조소면적별

1 소요단위 = 기준면적

건축물의 외벽	일반	내화(일반×2)
제조 · 취급소	$50m^2$	$100m^2$
저장소	$75m^2$	$150m^2$

※ 저장소는 제조취급소보다 1.5배 완화, 내화구조는 2배 완화

17. 탱크의 용량 계산

1) 탱크의 용량 ＝ 탱크 내용적 － 탱크 공간용적

2) 탱크의 공간용적

탱크의 내용적의 5/100 이상 10/100 이하(용량 90~95%)

※ 용기에 저장 시 고체 95%, 액체 98%

3) 소화설비를 한 탱크에서 공간용적

소화설비 약제 방출구의 하부로부터 0.3m 이상 1m 미만의 면으로부터 상부의 용적

4) 암반탱크에서 공간용적

탱크 내에 용출하는 7일간의 지하수의 양에 상당하는 용적과 해당 탱크의 내용적의 1/100의 용적 중에서 보다 큰 용적으로 함

| Reference | 방폭구조의 종류(유압 안내본)

1. 유입 방폭구조(o)

점화원이 될 우려가 있는 부분을 절연유 중에 담가서 주위의 폭발성가스로부터 격리시키는 구조이다. 절연유의 노화, 누설 등 보수상 단점이 있다.(현재 거의 사용하고 있지 않다.)

2. 압력 방폭구조(p)

전기기구의 용기 내에 신선한 공기 또는 불활성가스를 주입하여 외부의 폭발성 가스가 용기 내로 침입하지 못하도록 함으로써 용기 내의 점화원과 용기 밖의 폭발성 가스를 실질적으로 격리시키는 구조이다. 내압의 유지방식에 따라 통풍식, 봉입식, 밀봉식으로 구분한다.(설치 대상 : 모든 전기기기, 접점, 개폐기, 스위치, 전동기류, MCB 등)

3. 안전증 방폭구조(e)

정상상태에서 폭발성분위기의 점화원이 되는 전기불꽃 및 고온부 등이 발생할 염려가 없도록 전기기기에 대하여 전기적, 기계적 또는 구조적으로 안전도를 증강시킨 구조로, 특히 온도상승에 대한 안전도를 증강시켰다.(설치대상 : 단자 및 접속함, 농형유도전동기, 변압기, 조명기구 등)

4. 내압 방폭구조(d)

전기기구의 용기 내에 외부의 폭발성가스가 침입하여 내부에서 점화·폭발해도 외부에 영향을 미치지 않도록 하기 위해서 용기가 내부의 폭발압력에 충분히 견디고 용기의 틈새는 화염일주한계 이하가 되도록 설계한 구조이다.(설치대상 : 아크가 생길 수 있는 모든 전기기기, 접점, 개폐기류, 스위치 등)

5. 본질안전 방폭구조(i)

정상운전 및 사고 시 발생하는 전기불꽃 및 고온부에 의해서 폭발성 가스에 점화될 우려가 없는 것이 시험, 기타의 방법에 의해 충분히 입증된 구조이다.(설치대상 : 계측기기, 전화기, 신호기 등)

6. 특수 방폭구조(s)

상기 이외의 방폭구조로서 폭발성가스의 인화를 방지할 수 있는 것이 시험, 기타의 방법에 의하여 확인된 구조이다.

| Reference | **폭발위험장소의 분류**

1. 0종 장소(Zone 0)

① 위험분위기가 정상상태에서 계속해서 발생하거나 발생할 우려가 있는 장소

② 폭발성 농도가 연속적 또는 장시간 계속해서 폭발한계 이상이 되는 인화성 액체의 용기 또는 탱크 내 액면상부 공간, 가연성 가스용기 내부, 가연성액체가 모여 있는 피트 등

2. 1종 장소(Zone 1)

① 정상상태에서 위험분위기가 발생할 우려가 있는 장소

② 0종 장소의 근접 주변, 송급 특구의 근접주변, 운전상 열게 되는 연결부의 근접주변, 배기관의 유출구 근접주변 등

3. 2종 장소(Zone 2)

① 이상상태에서 위험분위기가 단시간 존재할 수 있는 장소

② 통상적인 유지보수 및 관리 상태를 벗어난 상태 : 일부기기의 고장, 기능상실, 오동작 등

③ 0종, 1종 장소의 주변용기나 장치의 연결부 주변

4. 준위험장소

예상사고로 폭발성 가스가 대량 유출되어 위험분위기가 되는 장소

5) 타원의 내용적

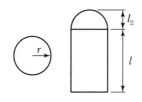

$$V = \pi \gamma^2 l$$

[수직원통형 = 입형(단, L2는 무시)]

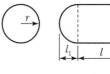

$$V = \pi \gamma^2 \left(l + \frac{l_1 + l_2}{3} \right)$$

[수평원통형 = 횡형]

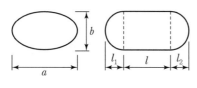

$$V = \frac{\pi ab}{4} \left(l + \frac{l_1 + l_2}{3} \right)$$

[양쪽이 볼록]

$$V = \frac{\pi ab}{4} \left(l + \frac{l_1 - l_2}{3} \right)$$

[한쪽이 볼록]

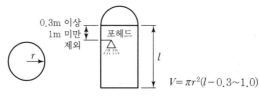

$$V = \pi r^2 (l - 0.3 \sim 1.0)$$

[소화설비설치 시 공간용적]

Check Point 용량 계산

1. 탱크의 용량 = 탱크 내용적 − 탱크 공간용적

탱크의 공간용적 : 탱크의 내용적의 5/100 이상 10/100 이하(용량 90~95%)

2. 소화설비

소화설비 약제 방사구의 하부로부터 0.3m 이상 1m 미만의 면으로부터 상부의 용적

3. 운반용기에 저장 시 : 고체 95% 이하, 액체 98% 이하, 55℃ 충분한 공간용적

18. 위험물 안전교육

안전교육대상자

① 안전관리자로 선임된 자

② 탱크시험자의 기술인력으로 종사하는 자

③ 위험물운반자로 종사하는 자

④ 위험물운송자로 종사하는 자

19. 벌칙기준

1) 위험물의 유출 · 방출 또는 확산 시 벌칙

① 제조소 등에서 위험물을 유출 · 방출 또는 확산시켜 사람의 생명 · 신체 또는 재산에 대하여 위험을 발생시킨 자는 1년 이상 10년 이하의 징역에 처한다.

② 제조소 등에서 위험물을 유출 · 방출 또는 확산시켜 사람의 생명 · 신체 또는 재산에 대하여 위험을 발생시켜 사람을 상해(傷害)에 이르게 한 때에는 무기 또는 3년 이상의 징역에 처하며, 사망에 이르게 한 때에는 무기 또는 5년 이상의 징역에 처한다.

③ 업무상 과실로 제조소 등에서 위험물을 유출 · 방출 또는 확산시켜 사람의 생명 · 신체 또는 재산에 대하여 위험을 발생시킨 자는 7년 이하의 금고 또는 7천만 원 이하의 벌금에 처한다.

④ 업무상 과실로 제조소 등에서 위험물을 유출 · 방출 또는 확산시켜 사람을 사상(死傷)에 이르게 한 자는 10년 이하의 징역 또는 금고나 1억 원 이하의 벌금에 처한다.

2) 1년 이하의 징역 또는 1천만 원 이하의 벌금

① 탱크시험자로 등록하지 아니하고 탱크시험자의 업무를 한 자

② 정기점검을 하지 아니하거나 점검기록을 허위로 작성한 관계인으로서 허가를 받은 자

③ 정기검사를 받지 아니한 관계인

④ 자체소방대를 두지 아니한 관계인

⑤ 운반용기에 대한 검사를 받지 아니하고 운반용기를 사용하거나 유통시킨 자

⑥ 명령을 위반하여 보고 또는 자료제출을 하지 아니하거나 허위의 보고 또는 자료제출을 한 자 또는 관계공무원의 출입 · 검사 또는 수거를 거부 · 방해 또는 기피한 자

⑦ 제조소등에 대한 긴급 사용정지 · 제한명령을 위반한 자

3) 1천500만 원 이하의 벌금

① 위험물의 저장 또는 취급에 관한 중요기준에 따르지 아니한 자

② 변경허가를 받지 아니하고 제조소등을 변경한 자

③ 제조소등의 완공검사를 받지 아니하고 위험물을 저장 · 취급한 자

④ 안전조치 이행명령을 따르지 아니한 자

⑤ 제조소등의 사용정지명령을 위반한 자

⑥ 수리 · 개조 또는 이전의 명령에 따르지 아니한 자

⑦ 안전관리자를 선임하지 아니한 관계인

⑧ 대리자를 지정하지 아니한 관계인

⑨ 업무정지명령을 위반한 자

⑩ 탱크안전성능시험 또는 점검에 관한 업무를 허위로 하거나 그 결과를 증명하는 서류를 허위로 교부한 자

⑪ 예방규정을 제출하지 아니하거나 변경명령을 위반한 관계인

⑫ 정지지시를 거부하거나 국가기술자격증, 교육수료증 · 신원확인을 위한 증명서의 제시 요구 또는 신원확인을 위한 질문에 응하지 아니한 사람

⑬ 명령을 위반하여 보고 또는 자료제출을 하지 아니하거나 허위의 보고 또는 자료제출을 한 자 및 관계공무원의 출입 또는 조사 · 검사를 거부 · 방해 또는 기피한 자

⑭ 탱크시험자에 대한 감독상 명령에 따르지 아니한 자

⑮ 무허가장소의 위험물에 대한 조치명령에 따르지 아니한 자

⑯ 저장 · 취급기준 준수명령 또는 응급조치명령을 위반한 자

4) 1천만 원 이하의 벌금

① 위험물의 취급에 관한 안전관리와 감독을 하지 아니한 자

② 안전관리자 또는 그 대리자가 참여하지 아니한 상태에서 위험물을 취급한 자

③ 변경한 예방규정을 제출하지 아니한 관계인으로서 제6조제1항의 규정에 따른 허가를 받은 자

④ 위험물의 운반에 관한 중요기준에 따르지 아니한 자

⑤ 요건을 갖추지 아니한 위험물운반자

⑥ 규정을 위반한 위험물운송자

⑦ 관계인의 정당한 업무를 방해하거나 출입 · 검사 등을 수행하면서 알게 된 비밀을 누설한 자

20. 행정처분

1) 제조소등에 대한 행정처분기준

위반사항	행정처분기준		
	1차	2차	3차
대리자를 지정하지 아니한 때	사용정지 10일	사용정지 30일	허가취소
정기점검을 하지 아니한 때			
정기검사를 받지 아니한 때			
변경허가를 받지 아니하고, 제조소 등의 위치 · 구조 또는 설비를 변경한 때	경고 또는 사용정지 15일	사용정지 60일	허가취소
완공검사를 받지 아니하고 제조소 등을 사용한 때	사용정지 15일		
위험물안전관리자를 선임하지 아니한 때	사용정지 15일		
저장 · 취급기준 준수명령을 위반한 때	사용정지 30일	사용정지 60일	허가취소
수리 · 개조 또는 이전의 명령에 위반한 때	사용정지 30일	사용정지 90일	허가취소

2) 안전관리대행기관에 대한 행정처분기준

위반사항	행정처분기준		
	1차	2차	3차
허위 그 밖의 부정한 방법으로 등록을 한 때	지정취소		
탱크시험자의 등록 또는 다른 법령에 의한 안전관리업무대행기관의 지정 · 승인 등이 취소된 때	지정취소		
다른 사람에게 지정서를 대여한 때	지정취소		
안전관리대행기관의 지정기준에 미달되는 때	업무정지 30일	업무정지 60일	지정취소
소방청장의 지도 · 감독에 정당한 이유 없이 따르지 아니한 때	업무정지 30일	업무정지 60일	지정취소
변경 등의 신고를 연간 2회 이상 하지 아니한 때	경고 또는 업무정지 30일	업무정지 90일	지정취소
안전관리대행기관의 기술인력이 제59조의 규정에 의한 안전관리업무를 성실하게 수행하지 아니한 때	경고	업무정지 90일	지정취소

3) 탱크시험자에 대한 행정처분기준

위반사항	행정처분기준		
	1차	2차	3차
허위 그 밖의 부정한 방법으로 등록을 한 경우	등록취소		
등록의 결격사유에 해당하게 된 경우	등록취소		
다른 자에게 등록증을 빌려준 경우	등록취소		
등록기준에 미달하게 된 경우	업무정지 30일	업무정지 60일	등록취소
탱크안전성능시험 또는 점검을 허위로 하거나 이 법에 의한 기준에 맞지 아니하게 탱크안전성능시험 또는 점검을 실시하는 경우 등 탱크시험자로서 적합하지 아니하다고 인정되는 경우	업무정지 30일	업무정지 90일	등록취소

02 제조소

1. 안전거리

1) 건축물의 외벽 또는 이에 상당하는 공작물의 외측으로부터 당해 제조소의 외벽 또는 이에 상당하는 공작물의 외측까지의 사이의 수평거리
2) **목적** : 연소 확대 방지 및 안전을 위해

건축물	안전거리
사용전압 7,000V초과 35,000V 이하의 특고압가공전선	3m 이상
사용전압 35,000V 초과의 특고압가공전선	5m 이상
주거용으로 사용되는 것(제조소가 설치된 부지 내에 있는 것을 제외)	10m 이상
고압가스, 액화석유가스, 도시가스를 저장 또는 취급하는 시설	20m 이상
1. 학교 2. 병원 : 종합병원, 병원, 치과병원, 한방병원 및 요양병원 3. 수용인원 300인 이상 : 극장, 공연장, 영화상영관 4. 수용인원 20인 이상 : 복지시설(아동 · 노인 · 장애인 · 모부자복지시설) 　　　　　　　　　　　　보육시설, 정신보건시설, 가정폭력피해자보호시설	30m 이상
유형문화재, 지정문화재	50m 이상

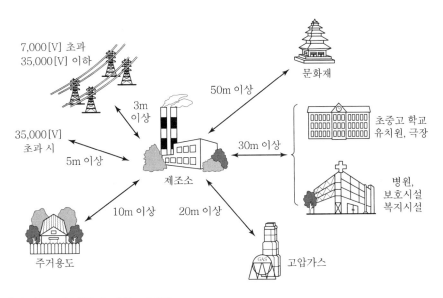

3) 안전거리를 제외할 수 있는 조건

① 제6류 위험물을 취급하는 제조소, 취급소, 저장소

② 취급소 : 주유 · 판매취급소

③ 저장소 : 지하 · 옥내 · 암반 · 이동 탱크저장소

2. 옥내저장소 안전거리 제외대상

1) 위험물

① 지정수량의 20배 미만의 제4석유류 저장 또는 취급

② 지정수량의 20배 미만의 동식물유류 저장 또는 취급

③ 제6류 위험물

2) 지정수량의 20배 이하의 건축물

(하나의 저장창고의 바닥면적이 150m² 이하인 경우 50배)

① 저장창고의 벽 · 기둥 · 바닥 · 보 및 지붕이 내화구조일 것

② 저장창고의 출입구에 자동폐쇄방식의 갑종방화문이 설치되어 있을 것

③ 저장창고에 창을 설치하지 아니할 것

3. 히드록실아민 등을 취급하는 제조소의 안전거리 특례

1) 안전거리

$$D = 51.1 \sqrt[3]{N}$$

여기서, D = 거리(m)

N = 히드록실아민 등의 지정수량의 배수

2) 히드록실아민 등을 취급하는 제조소 주위의 담 또는 토제의 설치기준

① **담, 토제 설치위치** : 제조소의 외벽 또는 공작물의 외측으로부터 2m 이상

② **담, 토제의 높이** : 히드록실아민 등을 취급하는 부분의 높이 이상

③ **담 두께** : 15cm 이상 철근콘크리트조 · 철골철근콘크리트조

　　　　　　　20cm 이상 보강콘크리트 블록조

④ **토제 경사도** : 60도 미만

⑤ **추가설비** : 철이온 등의 혼입에 의한 위험한 반응을 방지하기 위한 조치를 강구할 것

4. 방화상 유효한 담을 설치한 경우 안전거리 특례

1) 방화상 유효한 담의 높이는 다음에 의하여 산정한 높이 이상으로 한다.

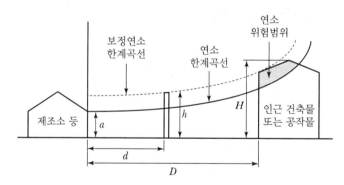

① $H \leqq pD^2 + a$인 경우 　　$h = 2$

② $H > pD^2 + a$인 경우 　　$h = H - p(D^2 - d^2)$

여기서, D : 제조소등과 인근 건축물 또는 공작물과의 거리(m)

　　　　　H : 인근 건축물 또는 공작물의 높이(m)

　　　　　a : 제조소등의 외벽의 높이(m)

　　　　　d : 제조소등과 방화상 유효한 담과의 거리(m)

　　　　　h : 방화상 유효한 담의 높이(m)

　　　　　p : 상수

단, 산출된 수치가 2 미만일 때에는 담의 높이를 2m로, 4 이상일 때에는 담의 높이를 4m로 하되, 다음의 소화설비를 보강하여야 한다.

㉠ 당해 제조소등의 소형소화기 설치대상인 것에 있어서는 대형소화기를 1개 이상 증설을 할 것

㉡ 해당 제조소등이 대형소화기 설치대상인 것에 있어서는 대형소화기 대신 옥내소화전설비 · 옥외소화전설비 · 스프링클러설비 · 물분무소화설비 · 포소화설비 · 불활성가스소화설비 · 할로겐화합물소화설비 · 분말소화설비 중 적응소화설비를 설치할 것

㉢ 해당 제조소등이 옥내소화전설비 · 옥외소화전설비 · 스프링클러설비 · 물분무소화설비 · 포소화설비 · 불활성가스소화설비 · 할로겐화합물소화설비 또는 분말소화설비 설치대상인 것에 있어서는 반경 30m마다 대형소화기 1개 이상을 증설할 것

2) 방화상 유효한 담의 길이는 제조소등의 외벽의 양단(a_1, a_2)을 중심으로 Ⅰ제1호 각 목에 정한 인근 건축물 또는 공작물(이 호에서 "인근 건축물등"이라 한다)에 따른 안전거리를 반지름으로 한 원을 그려서 당해 원의 내부에 들어오는 인근 건축물 등의 부분 중 최외측 양단(p_1, p_2)을 구한 다음, a_1과 p_1을 연결한 선분(l_1)과 a_2와 p_2을 연결한 선분(l_2) 상호간의 간격(L)으로 한다.

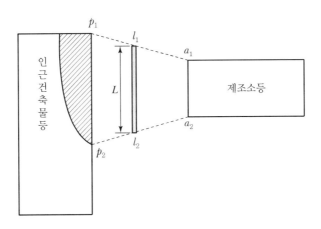

구분	제조소등의 높이(a)	비고
제조소 · 일반취급소 · 옥내저장소	a	벽체가 내화구조로 되어 있고, 인접축에 면한 개구부가 없거나, 개구부에 갑종방화문이 있는 경우
	a	벽체가 내화구조이고, 개구부에 갑종방화문이 없는 경우
	$a=0$	벽체가 내화구조 외의 것으로 된 경우
	a	옮겨 담는 작업장 그 밖의 공작물
옥외탱크저장소	a 방유제	옥외에 있는 세로형 탱크
	a	옥외에 있는 가로형 탱크(다만, 탱크 내의 증기를 상부로 방출하는 구조로 된 것은 탱크의 최상단까지의 높이로 한다.)
옥외저장소	$a=0$ 경계표시	

인근 건축물 또는 공작물의 구분	P의 값
• 학교 · 주택 · 문화재 등의 건축물 또는 공작물이 목조인 경우 • 학교 · 주택 · 문화재 등의 건축물 또는 공작물이 방화구조 또는 내화구조이고, 제조소등에 면한 부분의 개구부에 방화문이 설치되지 아니한 경우	0.04
• 학교 · 주택 · 문화재 등의 건축물 또는 공작물이 방화구조인 경우 • 학교 · 주택 · 문화재 등의 건축물 또는 공작물이 방화구조 또는 내화구조이고, 제조소등에 면한 부분의 개구부에 을종방화문이 설치된 경우	0.15
학교 · 주택 · 문화재 등의 건축물 또는 공작물이 내화구조이고, 제조소등에 면한 개구부에 갑종방화문이 설치된 경우	∞

5. 보유공지

1) 보유공지의 기능(공지이므로 적재 및 설치 불가)

① 위험물시설의 화재 시 연소확대방지

② 소방활동상의 공간 확보

③ 피난상 유효한 공간 확보

2) 보유공지

건축물 등 설비의 주위에 위험물의 최대수량에 따라 보유하여야 할 공지

취급하는 위험물의 최대수량	공지의 너비
지정수량의 10배 이하	3m 이상
지정수량의 10배 초과	5m 이상

3) 보유공지의 적용 시 가장 큰 공지를 적용

① 제조소등의 보유공지는 상호 중첩 가능

② 제조소등과 방유제의 보유공지는 상호 중첩 불가

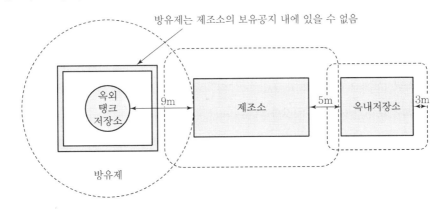

6. 불연성 격벽에 의한 보유공지 면제

다음의 각 조건을 만족하는 방화상 유효한 격벽을 설치하는 경우

1) **방화벽** : 내화구조(단, **제6류 위험물－불연재료**)

2) **출입구 및 창** : 자동폐쇄식 갑종방화문

3) **방화벽의 돌출된 격벽의 길이**

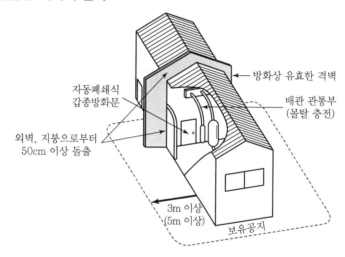

구분	일반	지정과산화물
외벽 양단	0.5m 이상	1.0m 이상
지붕	0.5m 이상	0.5m 이상

※ 지정과산화물 － 제5류 위험 중 유기과산화물 또는 이를 포함하는 지정수량 10kg인 것

Check Point 　　불연성 격벽에 의한 보유공지 면제

다음의 각 조건을 만족하는 방화상 유효한 격벽을 설치하는 경우

1. **방화벽** : 내화구조(단, 제6류 위험물－불연재료)

2. **출입구 및 창** : 자동폐쇄식 갑종방화문

3. **방화벽의 돌출된 격벽의 길이**

구분	일반	지정과산화물
외벽 양단	0.5m 이상	1m 이상
지붕	0.5m 이상	0.5m 이상

7. 제조소의 표지 및 게시판

1) 게시판 및 표지판의 규격

한 변의 길이 0.6m 이상, 다른 한 변의 길이 0.3m 이상의 직사각형

2) 방화 관련 게시판의 기재사항

① 위험물의 유별·품명

② 저장최대수량 또는 취급최대수량, 지정수량의 배수

③ 안전관리자의 성명 또는 직명

※ 탱크제조사 및 지정수량은 필수기재사항이 아님

3) 제조소등의 표지사항 및 색상

구분	표지사항	색상
제조소등	위험물제조소	
방화에 관하여 필요한 사항을 게시한 게시판	유별·품명 저장최대수량 또는 취급최대수량 지정수량의 배수 안전관리자의 성명 또는 직명	백색 바탕에 흑색 문자

4) 위험물별 표지사항 및 색상(암기법 2학년 수학여행 인고 제주)

유별		제조소등의 게시판	운방용기 및 포시 외부표시사항 주의사항
제1류 위험물	알칼리금속의 과산화물	물기엄금	화기·충격주의, 물기엄금, 가연물접촉주의
	그 밖의 것	–	화기·충격주의, 가연물접촉주의
제2류 위험물	철분·금속분·마그네슘	화기주의	화기주의. 물기엄금
	인화성 고체	화기엄금	화기엄금
	그 밖의 것	화기주의	화기주의
제3류 위험물	자연발화성 물질	화기엄금	화기엄금, 공기접촉엄금
	금수성 물질	물기엄금	물기엄금
제4류 위험물		화기엄금	화기엄금
제5류 위험물		화기엄금	화기엄금, 충격주의
제6류 위험물		–	가연물접촉주의

제6류 위험물는 주의사항 표지 없음

5) 주유취급소와 이동탱크저장소의 게시판

구분	주의사항	게시판의 색상(상호반대)	
이동탱크저장소	위험물	흑색 바탕에 황색 문자	↰ 반
주유취급소	주유 중 엔진정지	황색 바탕에 흑색 문자	↲ 대

6) 표지판의 예시

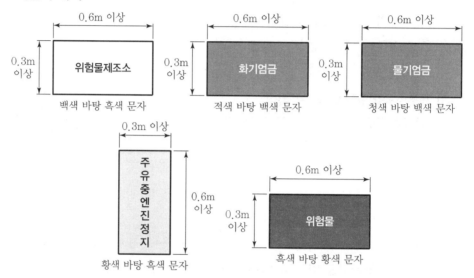

8. 건축물의 구조

1) 지하층이 없을 것

2) **벽 · 기둥 · 바닥 · 보 · 서까래 및 계단** : 불연재료

　(단, **연소 우려가 있는 외벽 –** 개구부가 없는 **내화구조**의 벽)

3) **지붕** : 폭발력이 위로 방출될 정도의 가벼운 불연재료

┃ Reference ┃　지붕을 내화구조로 할 수 있는 경우

1. 제2류 위험물(분말상태의 것과 인화성 고체를 제외)을 취급하는 경우
2. 제4류 위험물 중 제4석유류, 동식물유류를 취급하는 경우
3. 제6류 위험물을 취급하는 경우
4. 밀폐형 구조의 건축물
　① 내부의 과압 또는 부압에 견딜 수 있는 철근콘크리트조의 건축물인 경우
　② 외부 화재에 90분 이상 견딜 수 있는 밀폐형 구조의 건축물인 경우

---

4) **출입구, 비상구** : 갑종방화문 또는 을종방화문

(단, 연소우려가 있는 외벽의 출입구 – 자동폐쇄식의 갑종방화문 설치)

┃ Reference ┃ **연소할 우려가 있는 외벽 기산점**

① 제조소등에 인접한 도로의 중심선
② 제조소등이 설치된 부지의 경계선
③ 제조소등의 외벽과 동일 부지 내의 다른 건축물의 외벽 간의 중심선

5) **건축물의 창 및 출입구의 유리** : 망입유리

6) **액체의 위험물을 취급하는 바닥** : 적당한 경사, 최저부에 집유설비 설치, 액체 위험물이 스며들지 못하는 재료

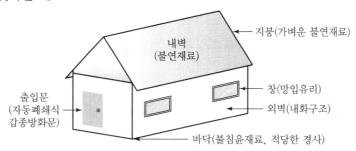

9. 액체위험물을 취급하는 설비의 바닥

1) **바닥 둘레의 턱** : 높이 **0.15m 이상**(펌프실은 0.2m 이상)

2) 콘크리트등 위험물이 스며들지 아니하는 재료

3) 바닥의 최저부에 집유설비를 할 것 적당한 경사를 할 것

4) 집유설비 방향으로 적당한 경사

5) **비수용성 위험물** : 집유설비에 유분리장치 설치

※ 비수용성 : 20℃ 물 100g에 용해되는 양이 1g 미만인 것

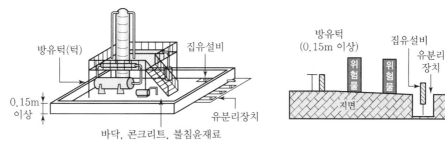

[유분리장치]

※ 수용성 액체 위험물은 유분리장치를 설치하지 않음

10. 채광 · 조명설비

1) 채광설비

불연재료로 하고, 연소의 우려가 없는 장소에 설치하되 채광면적을 최소로 할 것

2) 조명설비

① **방폭등** : 가연성 가스 등이 체류할 우려가 있는 장소의 전등

② **전선** : 내화 · 내열전선

③ **점멸스위치** : 출입구 바깥부분에 설치(스파크 발생 방지조치를 한 경우 제외)

11. 정전기 제거설비

1) 접지에 의한 방법

2) 공기 중의 상대습도를 70% 이상으로 하는 방법

3) 공기를 이온화하는 방법

12. 피뢰설비

1) 설치대상 : 지정수량 10배 이상의 제조소
(단, 제6류 위험물제조소는 설치 제외)

2) 구성

돌침부, 피뢰도선, 인화도선, 접지전극

3) 돌침부

① **재질** : 구리, 알루미늄 도금 철봉

② **모양** : 중심뿔 주위에 3개의 뿔이 60도 각도로 원추형

③ **설치높이** : 건물 최선단으로부터 25cm 이상

④ **보호각** : 1개 설치 시 45도, 2개 설치 시 외각 45도, 내각 60도 보호

⑤ **접지전극** : 지하 3m의 위치에 설치, 위험물 저장소에서는 수시 저항 측정(10Ω)

13. 위험물제조소의 배관

1) 배관의 재질

강관(유사한 금속성), 유리섬유강화플라스틱, 고밀도폴리에틸렌, 폴리우레탄 등

2) 배관의 구조

내관 및 외관의 이중으로 할 것(틈새는 누설 여부 확인을 위한 공간을 둘 것)

3) 수압시험압력

최대상용압력의 1.5배 이상의 압력에 이상이 없을 것

4) 배관은 지하에 매설할 것

5) 지상 배관

면에 닿지 아니하도록 하고 외면에 부식방지를 위해 도장

6) 지하 매설하는 경우에

① 외면에는 부식방지를 위하여 도복장 · 코팅 또는 전기방식 등의 필요한 조치를 할 것
② 배관의 접합부분에는 위험물의 누설 여부를 점검할 수 있는 점검구를 설치할 것
③ 지면에 미치는 중량이 당해 배관에 미치지 아니하도록 보호할 것

14. 환기설비(자연배기방식)

※ 단, 배출설비가 유효하게 설치된 경우 환기설비 설치 제외

1) 급기구

① **설치조건** : 바닥면적 150m^2마다 1개 이상
② **급기구 크기** : 800cm^2 이상
③ **바닥면적 150cm^2 미만인 경우**

바닥면적	급기구의 면적
60m^2 미만	150cm^2 이상
60m^2 이상~90m^2 미만	300cm^2 이상
90m^2 이상~120m^2 미만	450cm^2 이상
120m^2 이상~150m^2 미만	600cm^2 이상

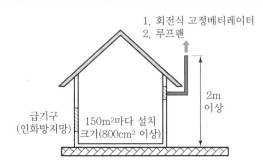

④ **설치위치** : 낮은 곳에 설치
⑤ **급기구의 구조** : 가는 눈의 구리망으로 인화방지망 설치(정전기 발생 방지)

2) 환기구

① **설치위치** : 지붕 위 또는 지상 2m 이상

② **환기구의 구조** : 회전식 고정벤티레이터 또는 루프팬방식

15. 배출설비(강제배기방식)(암기법 배추 국 20배)

1) **설치조건** : 가연성 증기 및 미분이 체류할 우려가 있는 건축물에 설치

2) **배출설비** : 배풍기, 배출덕트, 후드

3) **배출능력**

국소방식	1시간당 배출장소 용적의 20배 이상
전역방식	바닥면적 $1m^2$마다 $18m^3$ 이상

| Reference | **전연방출방식으로 할 수 있는 경우**

1. 위험물취급설비가 배관이음 등으로만 된 경우
2. 건축물의 구조·작업장소의 분포 등의 조건에 의하여 전역방식이 유효한 경우

4) 급기구

① **설치위치** : 높은 곳

② **구조** : 가는 눈의 구리망으로 인화방지
망 설치

5) 배출구

① **설치위치** : 지붕 위 또는 지상 2m 이상

② **구조** : 화재 시 자동으로 폐쇄되는 방화댐퍼 설치

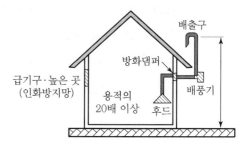

Check Point 환기설비와 배출설비

	환기설비	배출설비
용량	급기구 : 바닥면적 $150m^2$마다	국소 : 1시간 배출용적의 20배
급기구 위치	낮은 곳	높은 곳
급기구 재질	구리망의 인화방지망	구리망의 인화방지망
배출구위치	2m 이상	2m 이상
배출구구조	고정벤틸레이터, 루프팬	배풍기, 배출덕트, 후드

16. 기타 설비

1) 위험물의 누출 · 비산방지
2) 가열 · 냉각설비 등의 온도측정장치
3) **가열건조설비** : 직접 불을 사용하지 아니하는 구조
4) 압력계 및 안전장치
5) 전기설비
6) **전동기등** : 펌프 · 밸브 · 스위치 등은 화재예방상 지장이 없는 위치에 부착

17. 제조소의 특례

1) **알킬알루미늄 등** : 제3류 위험물 중 알킬알루미늄 · 알킬리튬 또는 이중 어느 하나 이상을 함유하는 것
   ① 알킬알루미늄, 알킬리튬 및 이 물질을 함유하는 위험물
   ② 누설범위를 국한하기 위한 설비를 설치할 것(누설 시 유입설비를 설치)
   ③ **봉입가스** : 불활성 기체(질소, 이산화탄소) 봉입
   ④ 운송책임자의 감독. 지원을 받아 운송

┃Reference┃ **운송책임자의 자격**

> 1. 국가기술자격을 취득하고 관련 업무에 1년 이상 종사한 경력이 있는 자
> 2. 안전교육을 이수하고 관련 업무에 2년 이상 종사한 경력이 있는 자

2) **아세트알데히드 등** : 제4류 위험물 중 특수인화물의 아세트알데히드 · 산화프로필렌 또는 이중 어느 하나 이상을 함유하는 것
   ① **사용제한금속** : 구리(Cu) · 은(Ag) · 수은(Hg) · 마그네슘(Mg) 또는 이의 합금
      ※ 제한 이유 : 폭발성 화합물 생성 방지
   ② **봉입가스** : 불활성 기체 또는 수증기 봉입
   ③ **탱크**
      ㉠ 냉각장치, 보냉장치, 불활성 기체를 봉입하는 장치를 갖출 것
      ㉡ **비상전원 설치** : 냉각장치, 보냉장치는 2 이상 설치하여 하나의 냉각장치 또는 보냉장치가 고장 날 때에도 일정 온도를 유지할 수 있도록 비상전원을 갖출 것(옥외탱크 또는 옥내탱크로서 지정수량의 5분의 1 미만은 제외)

Check Point **봉입가스**

> 1. **알킬알루미늄 등** : 불활성 기체(질소 또는 이산화탄소)
> 2. **아세트알데히드 등** : 불활성 기체 또는 수증기

3) **히드록실아민 등** : 제5류 위험물 중 히드록실아민 · 히드록실아민염류 또는 이중 어느 하나 이상을 함유하는 것

  ① 지정수량 이상의 히드록실아민 등을 취급하는 제조소의 위치는 건축물의 벽 또는 이에 상당하는 공작물의 외측으로부터 해당 제조소의 외벽 또는 이에 상당하는 공작물의 외측까지의 사이에 다음 식에 의하여 요구되는 거리 이상의 안전거리를 둘 것

$$D = 51.1\sqrt[3]{N}$$

     D : 거리(m)

     N : 해당 제조소에서 취급하는 히드록실아민 등의 지정수량의 배수

  ② 제조소의 주위에는 다음에 정하는 기준에 적합한 담 또는 토제(土堤)를 설치할 것

    ㉠ 담 또는 토제는 당해 제조소의 외벽 또는 이에 상당하는 공작물의 외측으로부터 2m 이상 떨어진 장소에 설치할 것

    ㉡ 담 또는 토제의 높이는 당해 제조소에 있어서 히드록실아민 등을 취급 하는 부분의 높이 이상으로 할 것

    ㉢ 담은 두께 15cm 이상의 철근콘크리트조 · 철골철근콘크리트조 또는 두께 20cm 이상의 보강콘크리트블록조로 할 것

    ㉣ 토제의 경사면의 경사도는 60도 미만으로 할 것

  ③ 히드록실아민등의 온도 및 농도의 상승에 의한 위험한 반응을 방지하기 위한 조치를 강구할 것

  ④ 철이온 등의 혼입에 의한 위험한 반응을 방지하기 위한 조치를 강구할 것

18. 방유제 용량(흘러나오는 기름의 유출을 막기 위한 뚝)

1) 위험물제조소의 옥외에 있는 위험물 취급탱크의 방유제의 용량 (단, 지정수량 1/5 미만은 제외)

  ① **1기일 때** : 탱크용량×0.5 이상(50%)

  ② **2기 이상일 때** : 최대탱크용량×0.5+(나머지 탱크용량 합계×0.1) 이상

2) 위험물제조소의 옥내에 있는 위험물 취급탱크의 방유제의 용량

　① **1기 일 때** : 탱크용량 이상

　② **2기 이상일 때** : 최대 탱크용량 이상

3) **위험물 옥외저장탱크 방유제의 용량**

인화성 액체를 저장하는 경우에 한하여 다음의 기준에 따른다.

　① 하나의 옥외저장탱크의 방유제 용량 : 탱크 용량의 110% 이상

　② 2개 이상의 옥외저장탱크의 방유제 용량 : 탱크 중 용량이 최대인 것의 110% 이상

19. 지정수량의 배수에 따라 설치할 설비

1) **지정수량 10배 이상**

　① 피뢰설비(단, 제6류위험물 제외)

　② 비상방송설비

　③ 경보설비, 휴대용 메거폰 등(단, 이동탱크저장소는 제외)

2) **지정수량 100배 이상**

자동화재탐지설비

03　옥내저장소

1. 옥내저장소 안전거리 제외(암기법 옥내 안에서 2미 4동육은 제외)

1) **위험물**

　① 지정수량의 20배 **미만**의 제4석유류 저장 또는 취급

　② 지정수량의 20배 미만의 **동**식물유류 저장 또는 취급

　③ 제6류 위험물 저장 또는 취급

2) **지정수량의 20배 이하의 옥내저장소**

　(하나의 저장창고의 바닥면적이 150m² 이하인 경우 50배)

　① 저장창고의 벽 · 기둥 · 바닥 · 보 및 지붕이 내화구조일 것

　② 저장창고의 출입구에 자동폐쇄방식의 갑종방화문이 설치되어 있을 것

　③ 저장창고에 창을 설치하지 아니할 것

2. 옥내저장소의 보유공지

저장 또는 취급하는 위험물의 최대수량	공지의 너비	
	벽·기둥 및 바닥이 내화구조로 된 건축물	그 밖의 건축물
지정수량의 5배 이하	–	0.5m 이상
지정수량의 5배 초과 10배 이하	1m 이상	1.5m 이상
지정수량의 10배 초과 20배 이하	2m 이상	3m 이상
지정수량의 20배 초과 50배 이하	3m 이상	5m 이상
지정수량의 50배 초과 200배 이하	5m 이상	10m 이상
지정수량의 200배 초과	10m 이상	15m 이상

※ 동일 부지 내에 지정수량의 20배를 초과하는 저장창고를 2 이상 인접할 경우 상호거리에 해당하는 보유공지 너비의 1/3 이상을 보유할 수 있다.(단, 3m 미만인 경우 3m)

3. 옥내저장소 저장창고의 기준면적

위험물을 저장하는 창고의 종류	기준면적
• 제1류위험물 중 아염소산염류, 염소산염류, 과염소산염류, 무기과산화물 : 지정수량 50kg • 제3류위험물 중 칼륨, 나트륨, 알킬알루미늄, 알킬리튬등 : 지정수량 10kg, 황린 • 제4류위험물 중 특수인화물, 제1석유류 및 알코올류 • 제5류위험물 중 유기과산화물, 질산에테르류 등 : 지정수량 10kg • 제6류위험물	1,000m² 이하
위(1,000m² 이하) 위험물 외의 위험물을 저장하는 창고	2,000m² 이하
위의 전부에 해당하는 위험물을 내화구조의 격벽으로 완전히 구획된 실에 각각 저장하는 창고(제4석유류, 동식물유, 제6류 위험물은 500m²를 초과할 수 없다.)	1,500m² 이하

4. 옥내저장소의 구조

1) 벽·기둥 및 바닥 : 내화구조

‖ Reference ‖ 옥내저장소의 벽·기둥 및 바닥을 불연재료로 할 수 있는 경우

1. 지정수량의 10배 이하의 위험물의 저장창고
2. 제2류 위험물(단, 인화성 고체는 제외)
3. 제4류 위험물(단, 인화점이 70℃ 미만은 제외)만의 저장창고

2) 보와 서까래 계단 : 불연재료

3) 지붕 : 가벼운 불연재료(단, 천장은 설치금지)

| Reference | **옥내저장소의 지붕을 내화구조로 할 수 있는 것**

1. 제2류 위험물(단, 분상과 인화성 고체는 제외)
2. 제6류 위험물

4) 출입구 : 갑종방화문, 을종방화문

연소의 우려가 있는 외벽 출입구 – 자동폐쇄식이 갑종방화문

5) 창, 출입구 유리 : 망입 유리

6) 액상의 위험물 바닥

① 지반보다 높아야 함

② 위험물이 스며들지 않는 재료 사용

③ 적당한 경사

④ 최저부에 집유설비 설치

🔥 Check Point　　**물의 침투를 막는 구조로 하여야 하는 위험물**

1. 제1류 위험물 중 알칼리금속의 과산화물
2. 제2류 위험물 중 철분, 금속분, 마그네슘
3. 제3류 위험물 중 금수성 물질
4. 제4류 위험물

7) 배출설비

인화점 **70℃ 미만**의 위험물을 저장하는 옥내저장소에 설치

8) 피뢰설비

지정수량 10배 이상(단, 제6류위험물 제외)

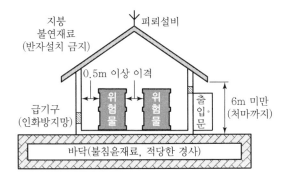

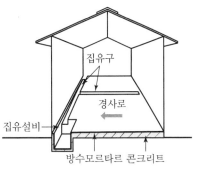

9) 선반 등의 수납장 설치기준

① 수납장은 불연재료로 만들어 견고한 기초 위에 고정할 것

② 수납장은 당해 수납장 및 그 부속설비의 자중, 저장하는 위험물의 중량 등의 하중에 의하여 생기는 응력(변형력)에 대하여 안전한 것으로 할 것

③ 수납장에는 위험물을 수납한 용기가 쉽게 떨어지지 아니하게 하는 조치를 할 것

5. 옥내저장소 저장 시 이격거리(기본은 0.5m 이상)

1) 품명별로 구분하여 운반용기에 수납하여 저장

2) 0.3m 이상

자연발화성 위험물의 지정수량 10배 이하마다 소분하여 저장 시 이격거리

3) 1m 이상

혼재할 수 있는 위험물 상호거리

위험물과 비위험물 저장 시 이격거리

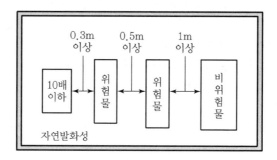

6. 옥내저장소 저장창고 높이

1) 단층 건물로 별도의 독립된 건축물

2) 지면에서 차마의 높이(반자는 설치금지)

6m 미만 : 옥내저장소 높이

Check Point

> ➤ 처마 높이 20m 이하로 할 수 있는 경우 제2류 또는 제4류 위험물만을 저장할 경우
> 1. 벽 · 기둥 · 보 및 바닥을 내화구조로 할 것
> 2. 출입구에 갑종방화문을 설치할 것
> 3. 피뢰침을 설치할 것

> ➤ 용기를 겹쳐 쌓을 때의 높이
> 1. **6m 이하** : 기계에 의해 하역하는 구조로 된 용기만을 겹쳐 쌓는 경우
> 2. **4m 이하** : 제4류 위험물 중 제3석유류, 제4석유류, 동식물유류만을 수납하는 용기
> 3. **3m 이하** : 그 밖의 것

7. 다층건물의 옥내저장소

1) 제2류(인화성 고체) 또는 제4류의 위험물(인화점이 70℃ 미만인 제4류 위험물을 제외)

2) **높이** : 저장창고는 각층의 바닥을 지면보다 높게 하고, 바닥면으로부터 상층의 바닥(상층이 없는 경우에는 처마)까지의 높이 6m 미만

3) **바닥면적 합계** : 1,000m² 이하

4) **내화구조** : 저장창고의 벽·기둥·바닥 및 보

5) **불연재료** : 계단

6) **개구부** : 2층 이상의 층의 바닥에는 개구부(단, 내화구조의 벽과 방화문으로 구획된 계단실은 제외)

7) **연소의 우려가 있는 외벽** : 출입구 외의 개구부를 갖지 아니할 것

8. 복합용도 건축물의 옥내저장소

1) 지정수량의 20배 이하의 것

2) **내화구조** : 벽·기둥·바닥 및 보

3) 내화구조인 건축물의 1층 또는 2층의 어느 하나의 층에 설치

4) **바닥** : 지면보다 높게 설치

5) **층고** : 6m 미만

6) **바닥면적** : 75m² 이하

7) **구획** : 바닥과 벽은 두께 70mm 이상의 철근콘크리트조 등으로 구획

8) **출입구** : 자동폐쇄방식의 갑종방화문

9) **창** : 설치금지

10) **환기설비 및 배출설비** : 방화상 유효한 댐퍼 등을 설치

9. 지정과산화물(제5류 위험물 중 유기과산화물) 특례

1) 담 또는 토제

① **저장창고 외벽과의 거리** : 2m 이상(단, 담 또는 토제와 당해 저장창고와의 간격은

당해 옥내저장소의 공지의 너비의 5분의 1을 초과할 수 없다.)

② **높이** : 저장창고의 처마높이 이상

③ **토제의 경사면의 경사도** : 60도 미만

2) 격벽(개구부 설치 금지)

① **구획** : 저장창고는 150m² 이내마다

② 저장창고의 양측의 외벽으로부터 1m 이상, 상부의 지붕으로부터 50m 이상

3) 두께

담	15cm 이상	철근콘크리트조, 철골철근콘크리트조
	20cm 이상	보강시멘트블록조
외벽	20cm 이상	철근콘크리트조, 철골철근콘크리트조
	30cm 이상	보강시멘트블록조
격벽	30cm 이상	철근콘크리트조, 철골철근콘크리트조
	40cm 이상	보강시멘트블록조
지정수량 5배 이하	30cm 이상	철근콘크리트조, 철골철근콘크리트조의 벽을 설치 시 담 또는 토제 설치 제외

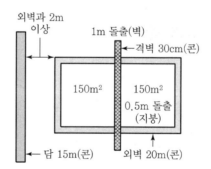

4) 지붕

① **재질** : 가벼운 불연성 단열재료

② **중도리 또는 서까래의 간격** : 30cm 이하

③ **강제의 격자** : 지붕의 아래쪽 면에는 한 변의 길이가 45cm 이하의 환강 · 경량형강

④ **받침대** : 두께 5cm 이상, 너비 30cm 이상의 목재

5) 출입구

갑종방화문을 설치할 것

6) 창

① **창의 설치 높이** : 2m 이상

② **하나의 창의 면적** : $0.4m^2$ 이내

③ **하나의 벽면에 두는 창의 면적의 합계** : 당해 벽면의 면적의 1/80 이내

7) 담 또는 토제(흙담)의 기준

① **담 또는 토제와 저장창고 외벽까지의 거리** : 2m 이상(단, 보유공지 너비의 1/5 초과 금지)

② **담 또는 토제의 높이** : 저장창고 처마높이 이상

③ **담의 두께** : 15cm 이상의 철근콘크리트조나 철근철골콘크리트조 또는 두께 20cm 이상의 보강콘크리트블럭조

④ **토제의 경사도** : 60 미만

┃ Reference ┃ **지정과산화물 옥내저장소**

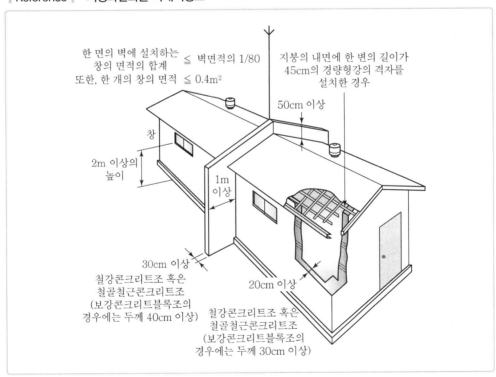

한 면의 벽에 설치하는 창의 면적의 합계 ≤ 벽면적의 1/80
또한, 한 개의 창의 면적 ≤ 0.4m²

지붕의 내면에 한 변의 길이가 45cm의 경량형강의 격자를 설치한 경우

50cm 이상

창

2m 이상의 높이

1m 이상

30cm 이상

철강콘크리트조 혹은 철골철근콘크리트조 (보강콘크리트블록조의 경우에는 두께 40cm 이상)

20cm 이상

철강콘크리트조 혹은 철골철근콘크리트조 (보강콘크리트블록조의 경우에는 두께 30cm 이상)

04 옥내탱크저장소

1. 옥내탱크저장소 설비

1) 탱크전용실은 단층 건축물에 설치할 것
2) **0.5m 이상** : 옥내저장탱크와 탱크전용실의 벽과의 거리
   옥내저장탱크의 상호 간 거리
3) **탱크 재질** : 두께 3.2mm 이상의 강철판
4) 안전거리 및 보유공지는 필요없음

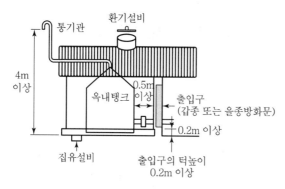
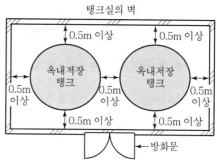

2. 옥내저장탱크의 설치용량

1) 1층 및 지하층 : 단층인 경우

① 지정수량의 40배 이하

② 특수인화물, 제1석유류, 제2석유류, 제3석유류, 알코올류 : 20,000*l* 이하

2) 2층 이상의 층 : 다층인 경우

① 지정수량의 10배 이하

② 특수인화물, 제1석유류, 제2석유류, 제3석유류, 알코올류 : 5,000*l* 이하

※ 용량 : 탱크전용실에 옥내저장탱크를 2 이상 설치 시 각 탱크의 용량의 합계

3. 단층이 아닌 1층 또는 지하층에서 저장취급할 수 있는 위험물

1) 제2류 위험물 중 황화린 · 적린 및 덩어리 유황
2) 제3류 위험물 중 황린
3) 제6류 위험물 중 질산

※ 건축물의 모든 층에서 취급 : 제4류 위험물 중 인화점이 38℃ 이상인 위험물

4. 탱크전용실(펌프설비 기준과 동일)

1) **벽 · 기둥 및 바닥, 보** : 내화구조

　단, 인화점이 70℃ 이상인 제4류 위험물만을 저장할 경우 연소의 우려가 없는 외벽 · 기둥 및 바닥을 불연재료로 할 수 있다.

2) **지붕** : 불연재료

3) 창, 천장을 설치하지 아니할 것

4) **연소의 우려가 있는 외벽** : 출입구 외에는 개구부가 없도록 할 것

　연소의 우려가 있는 외벽의 출입구 : 자동폐쇄식 갑종방화문

5) **탱크전용실의 창 및 출입구** : 갑종방화문 또는 을종방화문

6) **액상의 위험물의 바닥** : 위험물이 침투하지 아니하는 구조, 적당한 경사, 집유설비

7) **턱높이** : 옥내저장탱크의 용량을 수용할 수 있는 높이 이상

　　　펌프실 출입구 턱높이 : 0.2m 이상(불연재료)

8) 펌프실의 환기 및 배출의 설비에는 방화상 유효한 댐퍼 등을 설치할 것

5. 통기관

1) **밸브 없는 통기관**

① **직경** : 30mm 이상일 것

② **통기관 선단** : 수평면보다 **45도 이상** 구부려 빗물 등의 침투를 막는 구조로 할 것

③ **설치위치** : 건축물의 창 · 출입구 등의 개구부로부터 1m 이상 이격한 옥외에 설치

　※ **인화점이 40℃ 미만** : 부지경계선으로부터 1.5m 이상 이격할 것

④ **통기관 설치 높이** : 지면으로부터 4m 이상

⑤ **인화방지장치** : 가는 눈의 구리망

　• 인화점이 38℃ 미만인 위험물 : 화염방지장치

　• 인화점이 38℃ 이상 70℃ 미만인 위험물 : 40메쉬 이상의 구리망

　　(단, 인화점이 70℃ 이상의 위험물은 설치 제외 가능)

⑥ **가연성의 증기회수밸브**

　• 평상시 : 항상 개방되어 있는 구조

　• 폐쇄 시 : 10kPa 이하의 압력에서 개방(개방부분 유효단면적 : 777.15mm² 이상)

⑦ 통기관은 가스 등의 체류할 우려가 있는 굴곡이 없도록 할 것

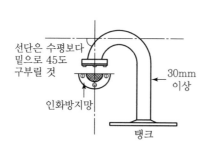

[밸브 없는 통기관]

선단은 수평보다
밑으로 45도
구부릴 것

인화방지망

30mm
이상

탱크

[대기 밸브 부착 통기관]

인화방지망이
들어 있다.

가스압

2) 대기 밸브 부착 통기관

5kPa 이하의 압력 차이에서 작동할 수 있을 것

05 옥외저장소

1. 옥외저장소의 보유공지

저장 또는 취급하는 위험물의 최대수량	공지의 너비
지정수량의 10배 이하	3m 이상
지정수량의 10배 초과 20배 이하	5m 이상
지정수량의 20배 초과 50배 이하	9m 이상
지정수량의 50배 초과 200배 이하	12m 이상
지정수량의 200배 초과	15m 이상

※ 보유공지 너비의 1/3 감축조건

1) 제4류 중 제4석유류
2) 제6류 위험물

‖ Reference ‖ 고인화점 위험물 저장 시 보유공지

저장 또는 취급하는 위험물의 최대수량	공지의 너비
지정수량의 50배 이하	3m 이상
지정수량의 50배 초과 200배 이하	6m 이상
지정수량의 200배 초과	10m 이상

2. 옥외저장소 저장가능 위험물(암기법 옥외에서 2유인하고 특1영하 제외 6)

1) 제2류 위험물 중 유황 또는 인화성 고체(인화점이 섭씨0℃ 이상인 것에 한한다.)

2) 제4류 위험물 중 제1석유류(인화점 0℃ 이상인 것) · 알코올류

　　제2석유류 · 제3석유류 · 제4석유류 · 동식물유류

　　※ 제1석유류 중 톨루엔(4℃), 피리딘(20℃)은 저장가능

3) 제6류 위험물

4) 시 · 도 조례에서 정하는 제2류, 제4류 위험물

> **Check Point**　**옥외저장소에 저장할 수 없는 위험물의 품명**
>
> 1. **제1류, 제3류, 제5류 위험물** : 전부
> 2. **제2류 위험물** : 황화린, 적린, 철, 마그네슘분, 금속분
> 3. **제4류 위험물** : 특수인화물, 인화점이 0℃ 미만인 제1석유류

3. 옥외저장소 저장 시 이격거리

1) 품명별로 구분하여 운반용기에 수납하여 저장

2) **1m 이상** : 위험물과 위험물과의 상호 이격거리

3) **1m 이상** : 위험물과 비위험물 저장 시 상호 이격거리

4. 선반에 적재

1) **선반의 높이** : 6m 이하

2) **재료** : 불연재료

3) 견고한 지반면에 고정할 것

4) 선반은 선반 및 부속설비의 자중 및 중량, 풍하중, 지진 등에 의한 응력에 안전할 것

5) 선반은 위험물을 수납한 용기가 쉽게 낙하하지 아니하는 조치를 강구할 것

6) **캐노피 또는 지붕 설치** : 내화구조 – 기둥

　　　　　　　　　　　　 불연재료 – 캐노피 또는 지붕

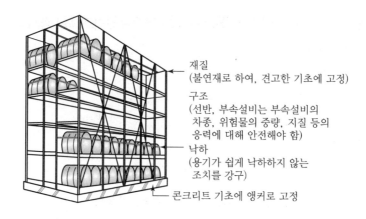

재질
(불연재로 하여, 견고한 기초에 고정)

구조
(선반, 부속설비는 부속설비의
차종, 위험물의 중량, 지질 등의
응력에 대해 안전해야 함)

낙하
(용기가 쉽게 낙하하지 않는
조치를 강구)

콘크리트 기초에 앵커로 고정

5. 덩어리 상태의 유황(용기에 수납하지 않는 유황)

1) **하나의 경계표시의 내부 면적** : 100m² 이하

2) **2 이상의 경계표시의 내부 면적** : 1,000m² 이하(각각의 합산 면적)

3) **경계표시** : 불연재료

4) **경계표시의 높이** : 1.5m 이하

5) 경계표시에는 유황이 넘치거나 비산하는 것을 방지하기 위한 천막 등을 고정하는 장치를 설치하되, 천막 등을 고정하는 장치는 경계표시의 길이 2m마다 한 개 이상 설치할 것

6) **인접하는 경계표시와 경계표시와의 간격** : 보유공지의 너비 1/2 이상

   (단, 지정수량의 200배 이상의 경우 경계표시끼리의 간격 : 10m 이상)

7) **배수구와 분리장치를 설치할 것**

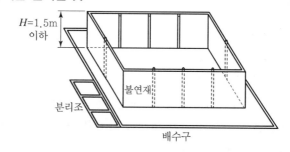

$H = 1.5$m
이하

불연재

분리조

배수구

6. 과염소산, 과산화수소 저장 옥외저장소 특례

불연성 또는 난연성의 천막 등을 설치하여 햇빛을 가릴 것

7. 인화성 고체, 제1석유류, 알코올류의 옥외저장소의 특례

1) **살수설비** : 인화성 고체, 제1석유류, 알코올류

2) **배수구와 집유설비** : 제1석유류, 알코올류

3) **집유설비에 유분리장치를 설치** : 제1석유류(벤젠, 톨루엔, 휘발유 등)
   (온도 20℃의 물 100g에 용해되는 양이 1g 미만의 것에 한한다.)

06 옥외탱크저장소

1. 옥외탱크저장소의 보유공지

저장 또는 취급하는 위험물의 최대수량	공지의 너비
지정수량의 500배 이하	3m 이상
지정수량의 500배 초과 1,000배 이하	5m 이상
지정수량의 1,000배 초과 2,000배 이하	9m 이상
지정수량의 2,000배 초과 3,000배 이하	12m 이상
지정수량의 3,000배 초과 4,000배 이하	15m 이상
지정수량의 4,000배 초과	당해 탱크의 수평단면의 최대지름(횡형인 경우에는 긴 변)과 높이 중 큰 것과 같은 거리 이상. 다만, 30m 초과의 경우에는 30m 이상으로 할 수 있고, 15m 미만의 경우에는 15m 이상으로 하여야 한다.

1) 제6류 위험물

보유공지의 1/3 이상(최소 1.5m 이상)

2) 동일한 방유제안에 2개 이상 인접하여 설치하는 경우

① **제6류 위험물 이외** : 보유공지의 1/3 이상 최소 3m 이상(지정수량 4,000배 초과 시 제외)

② **제6류 위험물** : 보유공지의 1/3 이상 최소 1.5m 이상

Check Point 옥외탱크 지정수량의 4,000배 초과 시 공지의 너비

(암기법) 지노큰 30대초상)		
수평단면의 최대지름과 높이 중 큰 것과 같은 거리 이상		공지 너비
30m 초과		30m 이상
15m 미만		15m 이상

3) 지정수량 4,000배 초과 시

물분무설비를 설치하면 보유공지의 1/2 이상 완화

① 탱크의 표면에 방사하는 물의 양 – 분당 37 Lpm 이상(탱크원주길이 1m당)

② 수원의 양은 1)의 수량을 20분 이상 방사할 수 있는 양(수량×20)

③ 탱크에 보강링이 설치된 경우에는 보강링의 아래에 분무헤드를 설치하되, 분무헤드는 탱크의 높이 및 구조를 고려하여 분무가 적정하게 이루어질 수 있도록 배치할 것

Check Point **보유공지 암기방법**

(암기법) 옥외에서 일이오이소 3, 6, 9 게임하다 옥내로 하나둘셋오십니다 외탱구리가 점당500, 천, 이천올렸네)

구분	지정수량의 배수	거리[m]	비고
옥외저장소	10, 20, 50, 200, 초	3, 5, 9, 12, 15	동2초 3최저3
옥내저장소	10, 20, 50, 200, 초	1, 2, 3, 5, 10	
옥외탱크저장소	500, 1,000, 2,000, 3,000, 4,000	3, 5, 9, 12, 15	46은 1/3감축

---

2. 옥외탱크의 형태

1) 형태에 따른 분류

① **입형 탱크** : 종치원통형 탱크

ⓐ **고정지붕식** : 원추형 지붕(Cone Roof Tank, CRT)

구형 지붕(Dome Roof Tank, DRT)

ⓑ **부상지붕식** : 플로팅루프탱크(Floating Roof Tank, FRT)

ⓒ 부상덮개부착 고정지붕식(Covered Floating Roof Tank, CFRT)

② **횡형탱크** : 횡종치원통형 탱크

③ 각형 탱크

④ 구형 탱크

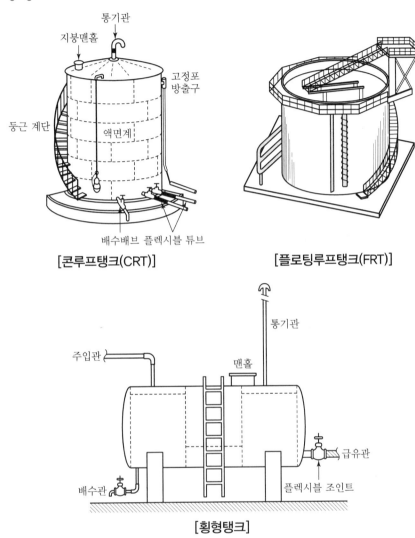

[콘루프탱크(CRT)]   [플로팅루프탱크(FRT)]

[횡형탱크]

2) 압력에 따른 분류

① 압력탱크

② 압력탱크 외의 탱크

3. 통기관

1) 밸브 없는 통기관

① **직경** : 30mm 이상일 것

② **통기관 선단** : 수평면보다 **45도 이상** 구부려 빗물 등의 침투를 막는 구조로 할 것

③ **인화방지장치** : 가는 눈의 구리망

ⓐ 인화점이 38℃ 미만인 위험물 : 화염방지장치

ⓑ 인화점이 38℃ 이상 70℃ 미만인 위험물 : 40메쉬 이상의 구리망

　　(단, 인화점 70℃ 이상의 위험물은 설치 제외 가능)

④ **통기관 설치 높이** : 지면으로부터 4m 이상

⑤ **가연성의 증기회수밸브**

ⓐ 평상시 : 항상 개방되어 있는 구조

ⓑ 폐쇄 시 : 10kPa 이하의 압력에서 개방(개방부분 유효단면적 : 777.15mm² 이상)

2) 대기밸브 부착 통기관

휘발성이 강하여 증발로 인한 손실이 큰 위험물 저장탱크에 사용

① 5kPa 이하의 압력 차이로 작동할 수 있을 것

② 가는 눈의 구리망 등으로 인화방지장치를 할 것

4. 옥외저장탱크의 펌프설비

1) **펌프설비 주위 보유공지** : 너비 **3m 이상**(고인화점 위험물은 너비 1m 이상)

※ 보유공지 제외

　• 제6류 위험물 또는 지정수량의 10배 이하를 취급

　• 방화상 유효한 격벽 설치한 경우

2) **펌프설비와 옥외저장탱크의 이격거리** : 옥외탱크저장소 보유공지 너비의 **1/3 이상**

3) **펌프실의 벽, 기둥, 바닥, 보** : 불연재료

4) **펌프실의 지붕** : 가벼운 불연재료

5) **펌프실의 창 및 출입구** : 갑종 · 을종 방화문

6) **펌프실의 창 및 출입구 유리** : 망입유리

7) **펌프실의 턱** : 바닥에 높이 0.2m 이상의 턱 설치

8) **펌프실 외의 턱** : 바닥에 높이 0.15m 이상의 턱 설치

9) **펌프실의 최저부** : 집유설비 설치

※ 제4류 위험물 중 비수용성 : 집유설비에 유분리장치 설치

　(온도 20℃의 물 100g에 용해되는 양이 1g 미만인 것에 한한다.)

10) **인화점이 21℃ 미만** : "옥외저장 탱크 펌프설비" 표시를 한 게시판 설치

　　　　　　　　　　방화에 필요한 사항을 게시한 게시판 설치

Check Point **각 설비별 턱의 높이**(기준은 0.15m 이상)

0.1m 이상	주유취급소 펌프실 출입구의 턱
	판매취급소 배합실 출입구의 턱
0.15m 이상	제조소 및 옥외설비의 바닥 둘레의 턱
	옥외저장탱크 펌프실 외의 장소에 설치하는 펌프설비 지반면의 주위의 턱
0.2m 이상	옥외저장탱크 펌프실 바닥 주위의 턱
	옥내탱크저장소의 탱크전용실에 펌프설비 설치 시의 턱

5. 옥외탱크저장소의 방유제

1) 위험물옥외탱크저장소의 방유제의 용량(이황화탄소는 제외)

① **1기일 때** : 탱크용량의 110% 이상[단, 비인화성 액체×100%]

② **2기 이상일 때** : 최대 탱크용량의 110% 이상[단, 비인화성 액체×100%]

2) 방유제 내의 면적

80,000m² 이하

3) 방유제 높이

0.5m 이상 3m 이하

4) 계단 또는 경사로

방유제 높이가 1m 이상일 경우 길이 50m마다 계단 설치

5) 방유제의 재질

철근콘크리트, 흙

6) 방유제 내 옥외저장탱크의 수

① **10기 이하** : 제1석유류, 제2석유류(인화점 70℃ 미만)

② **20기 이하(모든 탱크의 용량 20만*l* 이하일 때)** : 제3석유류(인화점 70℃ 이상 200℃ 미만)

③ **제한 없음** : 제4석유류(인화점이 200℃ 이상)

7) 도로 폭

방유제 외면의 1/2 이상의 면에 3m 이상의 노면 확보

8) 방유제와 탱크의 옆판과의 상호거리(단, 인화점이 200℃ 이상인 위험물 제외)

① **지름 15m 미만인 경우** : 탱크 **높이의 1/3 이상**

② **지름 15m 이상인 경우** : 탱크 **높이의 1/2** 이상

9) 간막이둑

용량이 1,000만ℓ 이상인 옥외저장탱크의 주위에 설치

① **간막이 둑의 높이** : 0.3m 이상(방유제의 높이보다 0.2m 이상 낮게 할 것)

　　　　　　　　　　　　1m 이상(탱크용량의 합계가 2억ℓ 이상인 경우)

② **간막이 둑의 재질** : 철근콘크리트, 흙

③ **간막이 둑의 용량** : 간막이 둑 안의 탱크 용량의 10% 이상

10) 방유제에는 배수구를 설치하고 개폐밸브를 방유제 밖에 설치할 것

　※ 이황화탄소는 물속에 저장하므로 방유제를 설치하지 않아도 된다.

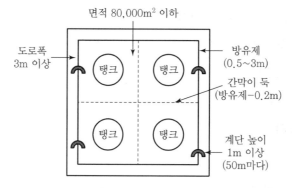

구분	옥내 취급탱크	옥외취급탱크	옥외탱크저장소
1기	탱크용량 이상	탱크용량×0.5 이상(50%)	탱크용량×1.1 이상(110%) (비인화성 물질×1.0)
2기 이상	최대 탱크용량 이상	최대탱크용량×0.5+ (나머지 탱크용량합계×0.1) 이상	최대탱크용량×1.1 이상(110%) (비인화성 물질×1.0)

Check Point 　방유제 용량

1. 위험물제조소의 옥외에 있는 위험물 취급탱크의 방유제의 용량
　(단, 지정수량 1/5 미만은 제외)

　① 1기일 때 : 탱크용량×0.5 이상(50%)

　② 2기 이상일 때 : 최대탱크용량×0.5+(나머지 탱크 용량합계×0.1) 이상

2. 위험물제조소의 옥내에 있는 위험물 취급탱크의 방유제의 용량

① 1기일 때 : 탱크용량 이상

② 2기 이상일 때 : 최대 탱크용량 이상

3. 위험물옥외탱크저장소의 방유제의 용량

① 1기일 때 : 탱크용량×1.1 이상(110%)[비인화성 물질×100%]

② 2기 이상일 때 : 최대 탱크용량×1.1 이상(110%)[비인화성 물질×100%]

4. 방유제 용량계산 시 제외부분

① 용량이 최대인 탱크 외의 탱크의 방유제 높이 이하 부분의 용적

② 당해 방유제 내의 모든 탱크의 지반면 이상 부분 기초의 체적 합

③ 간막이 둑의 체적

④ 당해 방유제 내에 있는 배관 등의 체적 합

※ 최대탱크용량×1.1＝방유제 내용적－(위의 ①＋②＋③＋④)

6. 옥외저장탱크의 주입구

1) **설치장소** : 화재예방상 지장이 없는 장소

2) 주입호스 또는 주입관과 결합할 수 있고, 결합하였을 때 위험물이 새지 아니할 것

3) 밸브 또는 뚜껑을 설치할 것

4) 휘발유, 벤젠, 그밖에 정전기에 의한 재해가 발생할 우려가 있는 액체위험물은 정전기를 유효하게 제거하기 위한 접지전극을 설치할 것

5) 인화점이 21℃ 미만인 위험물은 보기 쉬운 곳에 게시판 설치

표시사항 : 옥외저장탱크 주입구, 위험물의 유별, 품명, 주의사항(기타 제조소 등을 준수)

7. 액체위험물의 옥외저장탱크의 계량장치

1) 기밀부유식 계량장치(위험물의 양을 자동적으로 표시하는 장치)

2) 부유식 계량장치(증기가 비산하지 아니하는 구조)

3) 전기압력방식, 방사성동위원소를 이용한 자동계량장치

4) 유리게이지

8. 옥외탱크저장소의 특례

1) 알킬알루미늄

불활성의 기체를 봉입하는 장치를 설치할 것

2) 아세트알데히드 등

① 구리(Cu), 마그네슘(Mg), 은(Ag), 수은(Hg)의 합금으로 만들지 아니할 것
② 옥외저장탱크에는 냉각장치, 보냉장치, 불활성 기체의 봉입장치를 설치할 것

3) 히드록실아민 등

① 온도 상승에 의한 위험한 반응을 방지하기 위한 조치를 할 것
② 철이온 등의 혼입을 의한 반응을 방지하기 위한 조치를 할 것

4) 고인화점 위험물의 보유공지(인화점 100℃ 미만)

저장 또는 취급하는 위험물의 최대수량	공지의 너비
지정수량의 2,000배 이하	3m 이상
지정수량의 2,000배 초과 4,000배 이하	5m 이상

9. 기타 설치기준

1) **옥외저장탱크의 배수관** : 탱크의 옆판에 설치
2) **피뢰침 설치** : 지정수량의 10배 이상(단, 제6류 위험물은 제외)
3) **이황화탄소의 옥외저장탱크** : 벽 및 바닥의 두께 **0.2m 이상의 철근콘크리트 수조**에 보관

10. 저장온도 기준

1) **보냉장치가 있는 경우** : 비점 이하
2) **보냉장치가 없는 경우** : 40℃ 이하
3) **압력탱크**

압력탱크	아세트알데히드, 에테르 산화프로필렌	40℃ 이하
압력탱크 이외	에테르, 산화프로필렌	30℃ 이하
	아세트알데히드	15℃ 이하

 Check Point   저장온도 기준(암기법 보유비 무사의 암4동 외3촌 아오)

1. 보냉장치 있(유)으면 비점, 없(무)으면 40℃
2. 압력탱크 40℃ 이하, 압력탱크외 30℃ 이하, 아세트알데히드 15℃ 이하

11. 특정옥외저장탱크의 구조

1) 특정옥외저장탱크는 주하중(탱크하중, 탱크와 관련되는 내압, 온도변화의 영향 등에 의한 것을 말한다. 이하 같다) 및 종하중(적설하중, 풍하중, 지진의 영향 등에 의한 것을 말한다. 이하 같다)에 의하여 발생하는 응력 및 변형에 대하여 안전한 것으로 하여야 한다.

2) **특정옥외저장탱크 구조의 적합기준**

① 주하중과 주하중 및 종하중의 조합에 의하여 특정옥외저장탱크의 본체에 발생하는 응력은 소방청장이 정하여 고시하는 허용응력 이하일 것

② 특정옥외저장탱크의 보유수평내력은 지진의 영향에 의한 필요보유수평내력 이상일 것. 이 경우에 있어서의 보유수평내력 및 필요보수수평내력의 계산방법은 소방청장이 정하여 고시한다.

③ 옆판, 밑판 및 지붕의 최소두께와 애뉼러 판의 너비(옆판외면에서 바깥으로 연장하는 최소길이, 옆판내면에서 탱크중심부로 연장하는 최소길이를 말한다) 및 최소두께는 소방청장이 정하여 고시하는 기준에 적합할 것

3) **용접방법**

용접장소	용접방법
옆판	완전용입 맞대기용접
옆판과 에뉼러판	부분용입그룹용접, 이와 동등 이상의 용접강도가 있는 용접방법
에뉼러판과 에뉼러판	뒷면에 재료를 댄 맞대기용접
에뉼러판과 밑판	뒷면에 재료를 댄 맞대기용접 , 겹치기용접
밑판과 밑판	

4) 필렛용접의 사이즈(부등사이즈가 되는 경우에는 작은 쪽의 사이즈를 말한다)는 다음 식에 의하여 구한 값으로 할 것

$$t_1 \geq S \geq \sqrt{2t_2} \ (단, S \geq 4.5)$$

여기서, t_1 : 얇은 쪽의 강판의 두께(mm)
t_2 : 두꺼운 쪽의 강판의 두께(mm)
S : 사이즈(mm)

12. 옥외탱크저장소에 설치하는 경보설비

① **경보설비** : 자동화재탐지설비, 자동화재속보설비

② **설치대상** : 특수인화물, 제1석유류 및 알코올류를 저장 또는 취급하는 탱크의 용량이 1천만 리터 이상인 것

07 간이탱크저장소

1. 설치기준

1) 위험물을 저장 또는 취급하는 간이탱크(이하 "간이저장탱크")는 옥외에 설치하여야 한다.

2) **전용실의 창 및 출입구의 기준**
   ① **탱크전용실의 창 및 출입구** : 갑종방화문, 을종방화문
      연소의 우려가 있는 외벽에 두는 출입구 : 자동폐쇄식의 갑종방화문
   ② **탱크전용실의 창 및 출입구 유리** : 망입유리

3) **바닥** : 위험물이 침투하지 아니하는 구조, 적당한 경사, 집유설비를 설치

4) **보유공지**
   ① **0.5m 이상** : 탱크전용실과 탱크와의 거리
   ② **1m 이상** : 옥외에 설치한 경우 탱크의 보유공지 및 탱크 상호 간의 거리

2. 간이탱크

1) **하나의 간이탱크저장소에 설치하는 간이저장탱크** : 3기 이하
   동일한 품질의 위험물 간이저장탱크 : 2기 이하

2) **용량** : 600l 이하

3) **탱크 두께** : 3.2mm 이상 강판

4) **수압시험** : 70kPa의 압력으로 10분간 시험하여 새거나 변형되지 아니할 것

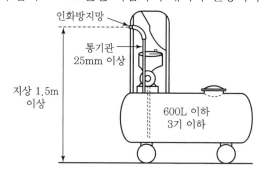

3. 밸브 없는 통기관의 설치 기준

1) **지름** : 25mm 이상

2) 통기관은 **옥외**에 설치하되, 그 선단의 높이는 지상 **1.5m 이상**으로 할 것

3) **통기관 선단** : 수평면보다 **45도 이상** 구부려 빗물 등의 침투를 막는 구조로 할 것

4) **인화방지장치** : 가는 눈의 구리망 설치

(단, 인화점 70℃ 이상 위험물 – 인화점 미만의 온도로 저장 또는 취급 시 제외)

> **Check Point** 통기관의 비교
>
> | | 일반탱크 | 간이탱크 |
> |---|---|---|
> | 지름 | 30mm 이상 | 25mm 이상 |
> | 선단의 높이 | 4m 이상 | 1.5m 이상 |
> | 설치위치 | 옥외 | |
> | 선단의 모양 | 45도 이상 구부림 | |
> | 선단의 재료 | 가는 눈의 구리망의 인화방지망 | |

08 암반탱크저장소

1. 안전거리, 보유공지

별도 규제 없음

2. 암반탱크 설치기준

1) 지하공동설치위치

① 암반투수계수 10^{-5}m/s 이하인 천연암반 내에 설치

② 저장 위험물의 증기압을 억제할 수 있는 지하수면하에 설치

2) 지하공동 내벽 설치기준

의한 낙반을 방지할 수 있도록 볼트 · 콘크리트 등으로 보강할 것

3) 암반탱크의 공간용적

탱크 내의 용출하는 7일간 지하수의 양에 상당하는 용적과 탱크 내용적의 100분의 1의 용적 중 더 큰 용적

3. 암반탱크저장소의 수리조건

1) 저장소 내로 유입되는 지하수의 양

암반 내의 지하수 충전량 이하

2) 저장소에 가해지는 지하수압기준

저장소의 최대 운영압 이상 유지

3) 수벽공

저장소의 상부로 물을 주입하여 수압을 유지할 필요가 있을 경우 설치

4. 기타 설비

1) 지하수위 관측공

지하수위, 지하수의 흐름 등을 확인

2) 계량장치

계량구 · 자동측정이 가능한 계량장치

3) 배수시설

암반으로부터 유입되는 침출수 자동배출

4) 펌프설비

09 지하탱크저장소

1. 지하탱크저장소의 기준

1) 지하저장탱크 재질 : 두께 3.2mm 이상 강철판
2) 지하저장탱크 배관 : 탱크의 윗부분에 설치
3) 배관 : 원칙적으로 탱크의 윗부분에 설치
※ 탱크상부 배관설치 예외 : 제2석유류(인화점 40℃ 이상), 제3석유류, 제4석유류, 동식물유류 그 직근에 유효한 제어밸브를 설치한 경우

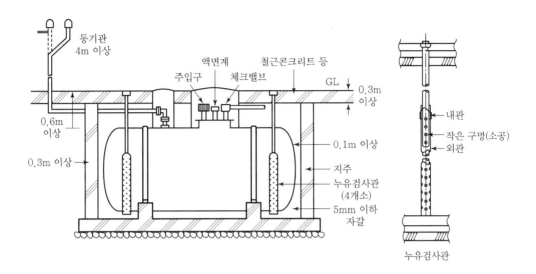

2. 탱크전용실의 구조(철근콘크리트구조)

1) 지하철·지하가, 지하터널 – 수평거리 10m 이상
   지하건축물 내의 장소에 설치하지 아니할 것

2) 벽, 바닥, 뚜껑의 **두께 : 0.3**m 이상

3) 당해 탱크를 그 수평투영의 세로 및 가로보다 각각 – 0.6m 이상

4) 지하저장탱크의 **윗부분에서 지면**까지 – **0.6**m 이상

5) 당해 탱크를 견고한 기초 위에 고정할 것

6) 당해 탱크를 지하의 가장 가까운 벽·피트(pit : 인공지하구조물)·가스관 등의 시설물
   및 대지경계선으로부터 0.6m 이상 떨어진 곳에 매설할 것

7) 지하의 가장 가까운 벽·피트·가스관 등의 시설물 및 **대지경계선** – **0.1**m 이상

8) 지하저장**탱크와 탱크전용**실의 안쪽과 간격 – **0.1**m 이상

9) 마른 모래 또는 습기 등에 의하여 응고되지 아니하는 입자지름 5mm 이하의 마른 자갈분
   을 채움

10) 지하저장탱크를 2 이상 인접 탱크 상호간 – 1m 이상(지정수량의 100배 초과)
    지하저장탱크를 2 이상 인접 탱크 상호간 – 0.5m 이상(지정수량의 100배 이하)

11) 지하저장탱크의 윗부분은 지면으로부터 0.6m 이상 아래

12) 벽, 바닥 및 뚜껑의 내부에는 직경 9mm부터 13mm까지의 철근을 가로 및 세로로 5cm
    부터 20cm까지의 간격으로 배치할 것

Check Point | **탱크전용실을 설치하지 않는 구조**

1. 제4류 위험물을 저장하는 경우
2. 지하철, 지하터미널, 지하가의 외벽으로부터 : 수평거리 10m 이상 이격
3. 벽, 피트, 가스관등의 시설물 및 대지경계선으로부터 : 수평거리 0.6m 이상 이격
4. 탱크의 뚜껑은 탱크의 길이 및 너비보다 0.6m 이상의 철근콘크리트 뚜껑을 덮을 것
5. 탱크 뚜껑 두께－0.3m 이상(뚜껑의 중량이 탱크에 미치지 않을 것)
6. 탱크를 견고한 기초 위에 고정시킬 것

3. 과충전방지장치

1) 과충전 시 주입구의 폐쇄 또는 위험물의 공급을 차단하는 장치
2) 탱크용량의 **90%**가 찰 때 경보음을 울리는 방법

4. 누유검사관

1) 탱크로부터 액체위험물의 누설을 검사하기 위한 관
2) 설치개수－4개소 이상 적당한 위치에 설치
3) 이중관으로 할 것. 다만, 소공이 없는 상부는 단관으로 할 수 있음
4) 재료는 금속관 또는 경질합성수지관으로 할 것
5) 관은 탱크실 또는 탱크의 기초 위에 닿게 할 것
6) 관의 밑부분으로부터 탱크의 중심 높이까지의 부분에는 소공이 뚫려 있을 것. 다만, 지하수위가 높은 장소에 있어서는 지하수위 높이까지의 부분에 소공이 뚫려 있어야 한다.
7) 상부는 물이 침투하지 않는 구조로 하고, 뚜껑은 검사 시에 쉽게 열 수 있도록 할 것

5. 맨홀

1) 맨홀은 지면까지 올라오지 아니하도록 하되, 가급적 낮게 할 것
2) 보호틀
 (1) 탱크에 완전히 용접하는 등 보호틀과 탱크를 기밀하게 접합할 것
 (2) 뚜껑에 걸리는 하중이 직접 보호틀에 미치지 아니하도록 설치
 (3) 빗물 등이 침투하지 아니하도록 할 것
 (4) 배관이 보호틀을 관통하는 경우 침수를 방지하는 조치를 할 것

6. 수압시험

1) 압력탱크(최대상용압력이 46.7kPa 이상인 탱크) 외의 탱크 : **70kPa 압력으로 10분간**

2) 압력탱크 : 최대상용압력의 1.5배의 압력으로 10분간

7. 통기관

지하저장탱크 중 압력탱크(최대상용압력이 부압 또는 정압 5kPa을 초과) 외의 제4류 위험물의 탱크에 있어서는 밸브 없는 통기관 또는 대기밸브 부착 통기관을 다음 기준에 적합하게 설치한다.

1) 밸브 없는 통기관

① 통기관은 지하저장탱크의 윗부분에 연결할 것

② 통기관 중 지하의 부분은 그 상부의 지면에 걸리는 중량이 직접 해당 부분에 미치지 아니하도록 보호하고, 해당 통기관의 접합부분에 대하여는 해당 접합부분의 손상유무를 점검할 수 있는 조치를 할 것

③ 인화방지장치 : 가는 눈의 구리망

- 인화점이 38℃ 미만인 위험물 : 화염방지장치

- 인화점이 38℃ 이상 70℃ 미만인 위험물 : 40메쉬 이상의 구리망

  (단, 인화점이 70℃ 이상의 위험물은 설치 제외 가능)

④ 기타 옥외탱크저장소 기준에 적합할 것

2) 대기밸브 부착 통기관

① 제4류 제1석유류를 저장하는 탱크작동압력

- 정압 : 0.6kPa 이상 1.5kPa 이하

- 부압 : 1.5kPa 이상 3kPa 이하

② 기타 옥외탱크저장소 기준에 적합할 것

10 이동탱크저장소

1. 이동탱크저장소의 상치장소

옥외	5m 이상 확보	화기취급장소 또는 인근건축물
	3m 이상 확보	화기취급장소 또는 인근건축물이 1층인 경우
	제외	하천의 공지나 수면, 내화구조 또는 불연재료의 담 또는 벽이 접하는 경우
옥내	1층	벽·바닥·보·서까래·지붕이 내화구조 또는 불연재료로 된 건축물

2. 탱크 수압시험

1) 압력탱크 외의 탱크 : 70kPa의 압력으로 10분간

2) 압력탱크 : 최대상용압력의 15배의 압력으로 10분간

　※ 압력탱크 : 최대상용압력이 46.7kPa 이상인 탱크

3. 안전장치

상용압력	작동압력
상용압력이 20kPa 이하인 탱크	20kPa 이상 24kPa 이하의 압력
상용압력이 20kPa을 초과	상용압력의 1.1배 이하의 압력

4. 방파판(용량이 2,000*l* 미만 : 방파판 설치 제외)

1) **두께** : 1.6mm 이상의 강철판

2) 이동탱크저장소의 진행방향과 **평행이 되게 2개** 이상 설치

3) 각 방파판은 그 높이 및 칸막이로부터의 거리를 다르게 할 것

4) **면적의 합** : 구획부분 최대 수직단면의 50% 이상(단, 수직단면이 원형, 짧은 지름이 1m 이하 타원형일 경우 40% 이상)

5. 칸막이(단, 고체 또는 고체인 위험물을 가열하여 액체상태로 저장하는 경우는 설치 안 함)

1) 두께 3.2mm 이상의 강철판

2) 4,000*l* 이하마다 설치

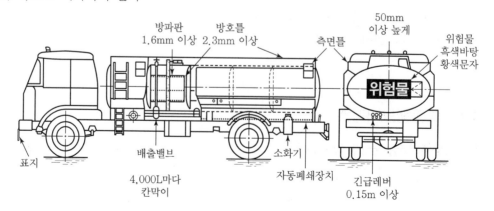

6. 측면틀, 방호틀

1) 외부로부터의 하중에 견딜 수 있는 구조로 할 것
2) 측면틀에 걸리는 하중에 의하여 탱크가 손상되지 아니하도록 측면틀의 부착부분에 받침판을 설치할 것
3) 탱크 뒷부분의 입면도에 있어서 측면틀의 최외측과 탱크의 최외측을 연결하는 직선의 수평면에 대한 내각이 75도 이상이 되도록 하고, 최대수량의 위험물을 저장한 상태에 있을 때의 당해 탱크중량의 중심점과 측면틀의 최외측을 연결하는 직선과 그 중심점을 지나는 직선 중 최외측선과 직각을 이루는 직선과의 내각이 35도 이상이 되도록 할 것
4) 탱크 상부의 네 모퉁이에 당해 탱크의 전단 도는 후단으로부터 각각 1m 이내의 위치에 설치할 것
5) **방호틀의 두께** : 2.3mm 이상의 강철판(부속장치보다 50mm 이상 높게 설치)

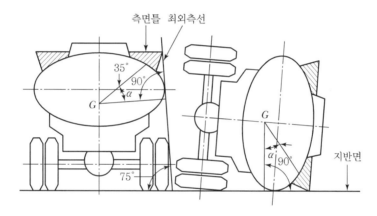

Check Point　　이동탱크 저장소의 부속장치

(암기법) 방에 틀이한판 나머지 3.2)		
방파판 1.6mm	운송 중 내부의 위험물의 출렁임, 쏠림 등을 완화하여 차량의 안전 확보	
방호틀 2.3mm	탱크 전복 시 부속장치(주입구, 맨홀, 안전장치) 보호	
측면틀 3.2mm	탱크 전복 시 탱크 본체 파손 방지	
칸막이 3.2mm	탱크 전복 시 탱크의 일부가 파손되더라도 전량의 위험물의 누출 방지	

※ 특별한 언급이 없으면 철판의 두께는 모두 3.2mm 이상으로 함

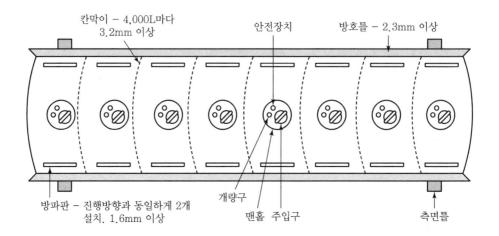

칸막이 – 4,000L마다 3.2mm 이상

안전장치

방호틀 – 2.3mm 이상

방파판 – 진행방향과 동일하게 2개 설치. 1.6mm 이상

개량구

맨홀 주입구

측면틀

7. 배출밸브, 폐쇄장치, 결합금속구 등

1) **배출밸브** : 이동저장탱크의 아랫부분에 배출구를 설치하는 경우에 탱크의 배출구에 배출밸브를 설치하고 배출밸브를 폐쇄할 수 있는 수동폐쇄장치 또는 자동폐쇄장치를 설치할 것

2) **수동식폐쇄장치** : 길이 15cm 이상의 레버를 설치할 것

3) 탱크 배관의 선단부에는 개폐밸브를 설치할 것

4) **이동탱크저장소에 주유설비를 설치하는 경우 설치기준**

① 주입설비의 길이 50m 이내로 하고 그 선단에 축척되는 정전기 제거장치를 설치할 것

② **분당토출량** : 200*l* 이하

8. 이동탱크저장소의 표지 및 게시판

1) **표지의 설치기준**

① **크기** : 한 변의 길이가 0.6m 이상, 다른 한 변의 길이가 0.3m 이상의 직사각형

② **표시내용** : "위험물"

③ **표시 색상** : 흑색 바탕에 황색의 반사도료

④ **설치장소** : 차량의 전면 및 후면의 보기 쉬운 장소

2) **게시판의 설치**

① **게시판의 기제 내용** : 유별, 품명, 최대수량, 적재중량

② **문자의 크기** : 가로 40mm 이상, 세로 45mm 이상

(여러 품명이 혼재 시 품명별 문자의 크기 : 가로 20mm 이상, 세로 20mm 이상)

9. 이동탱크저장소의 펌프설비

1) 동력원을 이용

인화점이 40℃ 이상의 것 또는 비인화성의 것

2) 진공흡입방식의 펌프

인화점이 70℃ 이상인 폐유 또는 비인화성의 것

10. 이동탱크저장소의 접지도선

1) 접지도선 설치대상 : 특수인화물, 제1석유류, 제2석유류

2) 설치 기준

① 양도제의 도선에 비닐 등의 절연재료로 피복하여 선단에 접지전극 등을 결착시킬 수 있는 클립(clip) 등을 부착할 것
② 도선이 손상되지 아니하도록 도선을 수납할 수 있는 장치를 부착할 것

11. 컨테이너식 이동탱크저장소의 특례

1) 이동저장탱크를 차량 등에 옮겨 싣는 구조로 된 이동탱크저장소
2) 이동저장탱크 하중의 4배의 전단하중에 견디는 걸고리 체결 금속구 및 모서리체결 금속구 설치
3) 이동저장탱크 및 부속장치(맨홀, 주입구, 안전장치)는 강재로 된 상자틀에 수납할 것
4) 탱크의 본체, 맨홀, 주입구의 뚜껑 두께 크기(강철판 또는 이와 동등 이상의 성질)
　　㉠ 직경이나 장경이 1.8m를 초과하는 경우 : 6mm 이상
　　㉡ 직경이나 장경이 1.8m 이하인 경우 : 5mm 이상
5) 이동저장탱크의 칸막이는 두께 3.2mm 이상의 강판으로 할 것
6) 이동저장탱크에는 맨홀, 안전장치를 설치할 것
7) 부속장치는 상자틀의 최외각과 50mm 이상의 간격을 유지할 것

8) 표시판

① 크기 : 가로 0.4m 이상, 세로 0.15m 이상
② 색상 : 백색 바탕에 흑색 문자
③ 내용 : 허가청의 명칭, 완공검사번호

12. 주유탱크차의 특례

1) 탱크차 설치기준

① 엔진배기통의 선단부에 화염의 분출을 방지하는 장치를 설치할 것

② 주유호스 등이 적정하게 격납되지 아니하면 발진되지 아니하는 장치를 설치할 것

③ **주유설비의 기준**

　㉠ 배관은 금속제로서 최대상용압력의 1.5배 이상의 압력으로 10분간 수압시험을 실시하였을 때 누설 그 밖의 이상이 없는 것으로 할 것

　㉡ 주유호스의 선단에 설치하는 밸브는 위험물의 누설을 방지할 수 있는 구조로 할 것

　㉢ 외장은 난연성이 있는 재료로 할 것

④ 주유설비에는 당해 주유설비의 펌프기기를 정지하는 등의 방법에 의하여 이동저장탱크로부터의 위험물 이송을 긴급히 정지할 수 있는 장치를 설치할 것

⑤ 주유설비에는 개방 조작 시에만 개방하는 자동폐쇄식의 개폐장치를 설치하고, 주유호스의 선단부에는 연료탱크의 주입구에 연결하는 결합금속구를 설치할 것 다만, 주유호스의 선단부에 수동개폐장치를 설치한 주유노즐(수동개폐장치를 개방상태에서 고정하는 장치를 설치한 것을 제외)을 설치한 경우에는 그러하지 아니하다.

⑥ 주유설비에는 주유호스의 선단에 축적된 정전기를 유효하게 제거하는 장치를 설치할 것

⑦ 주유호스는 최대상용압력의 2배 이상의 압력으로 수압시험을 실시하여 누설 그 밖의 이상이 없는 것으로 할 것

2) 공항에서 시속 40km 이하로 운행하도록 된 주유탱크차의 기준

① 이동저장탱크는 그 내부에 길이 1.5m 이하 또는 부피 4,000l 이하마다 3.2mm 이상의 강철판 또는 이와 같은 수준 이상의 강도 · 내열성 및 내식성이 있는 금속성의 것으로 칸막이를 설치할 것

② 위 1)에 따른 칸막이에 구멍을 낼 수 있되, 그 직경이 40cm 이내일 것

13. 알킬알루미늄 등을 저장 또는 취급하는 이동탱크저장소

1) **이동저장탱크의 두께** : 10mm 이상의 강판

2) **수압시험** : 1MPa 이상의 압력으로 10분간 실시하여 새거나 변형하지 아니할 것

3) **이동저장탱크의 용량** : 1,900l 미만

4) **안전장치 작동압력** : 수압시험의 압력의 2/3 초과 4/5 미만 범위 압력에서 작동

5) **맨홀, 주입구의 뚜껑 두께** : 10mm 이상의 강판

6) **불활성 기체 봉입장치 설치** : 200kPa 이하의 압력으로 봉입

14. 알킬알루미늄 등 운송 시 특례

1) 이동탱크저장소에 의하여 위험물을 운송하는 자는 당해 위험물을 취급할 수 있는 국가기술자격자 또는 안전교육을 받은 자이어야 한다.

2) 대통령령이 정하는 위험물의 운송에 있어서는 운송책임자의 감독 또는 지원을 받아 이를 운송하여야 한다.

3) **운송책임자의 감독 · 지원을 받아 운송하여야 하는 위험물의 종류**
   ① 알킬알루미늄
   ② 알킬리튬
   ③ 알킬알루미늄 또는 알킬리튬을 함유하는 위험물

4) **운송책임자의 자격**
   ① 위험물의 취급에 관한 국가기술자격 취득 후 1년 이상 종사한 경력이 있는 자
   ② 위험물의 운송에 관한 안전교육 수료 후 2년 이상 종사한 경력이 있는 자

---

11 주유취급소

1. 주유공지(암기법 주유 너5)

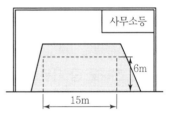

1) 너비 15m 이상, 길이 6m 이상
2) **공지의 바닥** : 주위 지면보다 높게 하고, 적당한 기울기, 배수구, 집유설비, 유분리장치를 설치

Check Point

> ➤ **주유취급소에 설치할 수 있는 건축물**
1. 주유 또는 등유 · 경유를 채우기 위한 작업장
2. 주유취급소의 업무를 행하기 위한 사무소
3. 자동차 등의 점검 및 간이정비를 위한 작업장
4. 자동차 등의 세정을 위한 작업장
5. 주유취급소에 출입하는 사람을 대상으로 한 점포 · 휴게음식점 또는 전시장
6. 주유취급소의 관계자가 거주하는 주거시설
7. 전기자동차용 충전설비

> ➤ **주유취급소에 설치하는 탱크의 종류**
>
> 1. 지하탱크저장소
> 2. 옥내탱크저장소
> 3. 간이탱크저장소(3개 이하)
> 4. 이동탱크(상치장소 확보한 경우)
>
> ➤ **주유원 간이대기실의 기준**
>
> 1. 불연재료로 할 것
> 2. 바퀴가 부착되지 아니한 고정식일 것
> 3. 차량의 출입 및 주유작업에 장애를 주지 아니하는 위치에 설치할 것
> 4. 바닥면적이 2.5m² 이하일 것
>   단, 주유공지 및 급유공지 외의 장소에 설치하는 것 제외

2. 주유취급소의 건축물의 구조

1) 건축물의 벽 · 기둥 · 바닥 · 보 및 지붕 : 내화구조 또는 불연재료

2) 창 및 출입구 : 방화문 또는 불연재료로 된 문을 설치

3) 사무실 등의 창 및 출입구에 설치하는 유리

망입유리 또는 강화유리로 할 것(강화유리의 두께는 창에는 8mm 이상, 출입구에는 12mm 이상)

4) 건축물 중 사무실 그 밖의 화기를 사용하는 곳의 기준

① 출입구는 건축물의 안에서 밖으로 수시로 개방할 수 있는 자동폐쇄식일 것
② 출입구 또는 사이통로의 문턱의 높이를 15cm 이상으로 할 것
③ 높이 1m 이하의 부분에 있는 창 등은 밀폐시킬 것

3. 주유취급소의 표지 및 게시판

위험물 주유취급소	
화기엄금	
위험물의 유별	제4류
품명	제1석유류(휘발유)
취급 최대 수량	50,000ℓ
지정수량의 배수	200배
안전관리자의 성명 또는 직명	정명진

황색 바탕 흑색 문자

4. 주유취급소의 저장 또는 취급 가능한 탱크

1) 2,000*l* 이하 : 자동차 점검소등의 폐유 · 윤활유 등의 위험물을 저장하는 탱크
   (2 이상 설치하는 경우에는 각 용량의 합계를 말한다.)
2) 10,000*l* 이하 : 보일러 등에 직접 접속하는 전용탱크
3) 50,000*l* 이하 : 자동차 등에 주유하기 위한 고정주유설비에 직접 접속하는 전용탱크
4) 50,000*l* 이하 : 고정급유설비에 직접 접속하는 전용탱크
5) 60,000*l* 이하 : 고속국도(고속도로) 주유취급소
6) 600*l* 3기 이하 : 고정주유설비 또는 고정급유설비에 직접 접속할 경우 간이탱크

Check Point   **주유취급소의 저장 또는 취급 가능한 탱크**

(암기법) 주유소에서 5만 원 기름 넣고 만 원아치 보일러기름사니까 엔진오일 2,000원 할인받았다)	
고정급유설비, 고정주유설비	50,000*l* 이하
고속도로 주유취급소	60,000*l* 이하
보일러 등 전용탱크	10,000*l* 이하
폐유탱크 등	2,000*l* 이하
간이탱크	600*l* 이하(3기 이하)

5. 고정주유설비

1) **펌프기기의 토출량**
   ① **주유관 선단에서의 최대토출량**
      ㉠ 제1석유류 : 분당 50*l* 이하
      ㉡ 등유 : 분당 80*l* 이하
      ㉢ 경유 : 분당 180*l* 이하
   ② **고정급유설비의 펌프기기 최대토출량** : 분당 300*l* 이하
      ※ 이동탱크급유 : 분당 200*l* 이하

2) **고정주유설비 또는 고정급유설비의 주유관의 길이** : 5m 이하
3) **현수식** : 반경 3m 이내에서 높이 0.5m 이상까지(바닥과 접촉 시 정전기가 발생하므로 축적된 정전기를 유효하게 제거할 수 있는 장치를 설치할 것)

Check Point | 주유설비 펌프의 토출량

구분	제1석유류	등유	경유	이동탱크급유	고정급유
토출량(lpm) 이하	50	80	180	200	300

6. 고정주유설비 또는 고정급유설비

1) 고정주유설비

① **도로경계선까지** : 4m 이상

② **고정급유설비 상호 간 거리** : 4m 이상

③ **부지경계선 · 담 및 건축물의 벽까지** : 2m 이상(개구부가 없는 벽까지는 1m)

2) 고정급유설비

① **도로경계선까지** : 4m 이상

② **고정주유설비 상호 간 거리** : 4m 이상

③ **부지경계선 · 담까지** : 1m 이상

④ **건축물의 벽까지** : 2m 이상 거리(개구부가 없는 벽까지는 1m)

3) 자동차 등의 점검 · 정비를 행하는 설비

① **고정주유설비부터** : 4m 이상

② **도로경계선으로부터** : 2m 이상

4) 자동차등의 세정을 행하는 설비

① **증기세차기** : 고정주유설비부터 4m 이상

　(불연재료로 된 높이 1m 이상의 담을 설치)

② **증기세차기 외** : 고정주유설비로부터 4m 이상

　도로경계선으로부터 2m 이상

Check Point 주유 및 급유설비의 이격거리

구분	주유	급유	점검, 정비	증기세차기 외
부지 경계선에서 담까지	2m 이상	1m 이상		
개구부 없는 벽까지	1m 이상			
건축물 벽까지	2m 이상			
도로 경계선까지, 상호 간	4m 이상		2m 이상	2m 이상
고정주유설비			4m 이상	4m 이상

7. 담 또는 벽

1) 주유취급소 담 또는 벽 : 높이 2m 이상의 내화구조 또는 불연재료

2) 연소의 우려가 있는 건축물 : 소방청장이 고시에 따라 방화상 유효한 높이

3) 방화상 유효한 구조의 유리를 부착 가능(모두 만족할 경우)

① **유리 부착 위치** : 주입구, 고정주유설비 및 고정급유설비로부터 4m 이상 이격

② **유리 부착 방법**

㉠ 지반면으로부터 70cm를 초과하는 부분

㉡ 하나의 유리판의 가로 길이는 **2m** 이내일 것

㉢ 유리판의 테두리를 금속제의 구조물에 견고하게 고정

㉣ 유리의 구조는 접합유리(두 장의 유리를 두께 0.76mm 이상의 폴리비닐부착필름으로 접합한 구조)로 하되, 비차열 30분 이상의 방화성능이 인정될 것

③ **유리를 부착하는 범위** : 전체의 담 또는 벽 길이의 2/10을 초과하지 아니할 것

8. 캐노피의 설치기준

1) 배관이 캐노피 내부를 통과할 경우에는 1개 이상의 점검구를 설치할 것

2) 캐노피 외부의 점검이 곤란한 장소에 배관을 설치하는 경우에는 용접이음으로 할 것

3) 캐노피 외부의 배관이 일광열의 영향을 받을 우려가 있는 경우에는 단열재로 피복할 것

9. 펌프실

1) 바닥은 위험물이 침투하지 아니하는 구조, 적당한 경사, 집유설비

2) 채광, 조명, 환기 설비를 할 것

3) **가연성 증기가 체류할 우려가 있는 펌프실** : 배출설비

4) 고정주유설비 또는 고정급유설비 중 펌프기기를 호스기기와 분리하여 설치하는 경우에는 펌프실의 출입구를 주유 공지 또는 급유공지에 접하며, 자동폐쇄식의 갑종방화문을 설치할 것

5) **펌프실 등의 표지 및 게시판**
   ① **"위험물 펌프실", "위험물 취급실"이라는 표지를 설치**
      ㉠ 표지의 크기 : 한 변의 길이 0.3m 이상, 다른 한 변의 길이 0.6m 이상
      ㉡ 표지의 색상 : 백색 바탕에 흑색 문자
   ② **방화에 필요한 사항을 게시한 게시판** : 제조소와 동일함

6) 출입구에는 바닥으로부터 0.1m 이상의 턱을 설치할 것

10. 주유취급소의 특례기준

1) 철도 주유취급소
2) 고속국도 주유취급소
3) 선박 주유취급소
4) 자가용 주유취급소
5) 항공기 주유취급소
6) 고객이 직접 주유하는 주유취급소(＝셀프 주유소)

11. 셀프용 주유취급소

1) **셀프용 고정주유설비**
   ① **주유호스** : 선단부에 수동개폐장치를 부착한 주유노즐을 설치할 것
   ② **주유노즐** : 자동차 등의 연료탱크가 가득 찬 경우 자동 정지시키는 구조일 것
   ③ **주유호스** : 200kg중 이하의 하중으로 이탈, 누출을 방지할 수 있는 구조일 것
   ④ 휘발유와 경유 상호 간의 오인에 의한 주유를 방지할 수 있는 구조일 것
   ⑤ 1회의 연속주유량 및 주유시간의 상한을 미리 설정할 수 있는 구조일 것
      주유량의 상한 : **휘발유 100*l* 이하(주유시간 4분 이하)**
                    경유는 200*l* 이하(주유시간 4분 이하)

2) **셀프용 고정급유설비**
   ① **급유호스** : 선단부에 수동개폐장치를 부착한 급유노즐을 설치할 것
   ② **급유노즐** : 용기가 가득 찬 경우에 자동적으로 정지시키는 구조일 것

③ 1회의 연속급유량 및 급유시간의 상한을 미리 설정할 수 있는 구조일 것

　　급유량의 상한 : 100l 이하(급유시간 6분 이하)

12 판매취급소

1. 판매취급소의 구분

1) 제1종 판매취급소 : 지정수량의 20배 이하

2) 제2종 판매취급소 : 지정수량의 40배 이하

2. 판매취급소 배합실

1) **바닥면적 : 6m² 이상 15m² 이하**

2) 내화구조 또는 불연재료로 된 벽으로 구획할 것

3) **바닥** : 위험물이 침투하지 아니하는 구조로 하여 적당한 경사를 두고 집유설비

4) **출입구** : 수시로 열 수 있는 자동폐쇄식의 **갑종**방화문

5) **출입구 문턱 높이** : 바닥면으로부터 **0.1m 이상**

6) 내부에 체류한 가연성의 증기 또는 가연성의 미분을 지붕 위로 방출하는 설비를 할 것

3. 제1종 판매취급소(지정수량의 20배 이하)의 기준

1) 건축물의 1층에 설치할 것

2) 보기 쉬운 곳에 "위험물 판매취급소(제1종)"라는 표지와 방화에 관하여 필요한 사항을 게시한 게시판은 제조소와 동일하게 설치할 것

3) 내화구조 또는 불연재료로 하고, 격벽은 내화구조로 할 것

4) 보를 불연재료로 하고, 천장을 설치하는 경우에는 천장을 불연재료로 할 것

5) 창 및 출입구에는 갑종방화문 또는 을종방화문을 설치할 것

6) 창 또는 출입구에 유리를 이용하는 경우에는 망입유리로 할 것

4. 제2종 판매취급소(지정수량의 40배 이하)의 기준

1) 건축물의 1층에 설치할 것

2) 벽 · 기둥 · 바닥 · 및 보를 내화구조로 하고, 천장이 있는 경우에는 이를 불연재료로 하며, 판매취급소로 사용되는 부분과 다른 부분과의 격벽은 내화구조로 할 것

3) 상층이 있는 경우에는 상층의 바닥을 내화구조로 하는 동시에 상층으로의 연소를 방지하기 위한 조치를 강구하고, 상층이 없는 경우에는 지붕을 내화구조로 할 것

4) 연소의 우려가 없는 부분에 한하여 창을 두되, 당해 창에는 갑종방화문 또는 을종방화문을 설치할 것

5) 출입구에는 갑종방화문 또는 을종방화문을 설치할 것. 다만, 당해 부분 중 연소의 우려가 있는 벽 또는 창의 부분에 설치하는 출입구에는 수시로 열 수 있는 자동폐쇄식의 갑종방화문을 설치할 것

13 이송취급소

1. 이송취급소 설치 제외 장소

1) 철도 및 도로의 터널 안

2) 고속국도 및 자동차전용도로의 차도·길어깨 및 중앙분리대

3) 호수·저수지 등으로서 수리의 수원이 되는 곳

4) 급경사지역으로서 붕괴의 위험이 있는 지역

2. 지하매설 배관

1) **안전거리(단, ② 또는 ③에 누설확산방지조치를 한 경우 2분의 1 단축)**

   ① **건축물(지하가 내의 건축물을 제외한다) : 1.5m 이상**

   ② **지하가 및 터널 : 10m 이상**

   ③ **수도법에 의한 수도시설(위험물의 유입 우려가 있는 것) : 300m 이상**

2) **다른 공작물과의 보유공지** : 0.3m 이상

3) **배관의 외면과 지표면과의 이격거리**

   ① 산, 들 : 0.9m 이상

   ② 그 밖의 지역 : 1.2m 이상

3. 지상설치 배관

1) 안전거리(암기법 안전거리 : 제조소＋15, 철이오 수삼)

건축물	안전거리
고압가스, 액화석유가스, 도시가스를 저장 또는 취급하는 시설	35m 이상
종합병원, 병원, 치과병원, 한방병원, 요양병원, 공연장, 영화상영관 복지시설(아동, 노인, 장애인, 모 · 부자) 등 시설, 도시공원 판매시설 · 숙박시설 · 위락시설 등 시설 중 연면적 1,00m² 이상 기차역 또는 버스터미널(1일 평균 이용객 20,000명 이상)	45m 이상
유형문화재, 지정문화재	65m 이상
철도(화물수송용으로만 쓰이는 것을 제외) 또는 도로의 경계선 주택 또는 다수의 사람이 출입하거나 근무하는 곳	25m 이상
수도시설 중 위험물이 유입될 가능성이 있는 곳	300m 이상

2) 최대상용압력에 따른 보유공지

배관의 최대상용압력	공지의 너비
0.3MPa 미만	5m 이상
0.3MPa 이상 1MPa 미만	9m 이상
1MPa 이상	15m 이상

4. 배관 등의 재료

1) 배관

① 고압배관용 탄소강관(KS D 3564)

② 압력배관용 탄소강관(KS D 3562)

③ 고온배관용 탄소강관(KS D 3570)

④ 배관용 스테인레스강관(KS D 3576)

2) 관이음쇠

① 배관용 강제 맞대기용접식 관이음쇠(KS B 1541)

② 철강제 관플랜지 압력단계(KS B 1501)

③ 관플랜지의 치수허용차(KS B 1502)

④ 강제 용접식 관플랜지(KS B 1503)

⑤ 철강제 관플랜지의 기본치수(KS B 1511)

⑥ 관플랜지의 개스킷 자리치수(KS B 1519)

3) 밸브

주강 플랜지형 밸브(KS B 2361)

5. 펌프 및 그 부속설비의 보유공지

펌프 등의 최대상용압력	공지의 너비
1MPa 미만	3m 이상
1MPa 이상 3MPa 미만	5m 이상
3MPa 이상	15m 이상

6. 긴급차단밸브

1) 밸브 설치기준

① 시가지에 설치하는 경우 약 4km 간격

② 산림지역에 설치하는 경우에는 약 10km 간격

③ 하천, 호수 등을 횡단하여 설치하는 경우에는 횡단하는 부분의 양끝

④ 해상 또는 해저를 통과하여 설치하는 경우에는 횡단하는 부분의 양끝

⑤ 도로 또는 철도를 횡단하여 설치하는 경우에는 횡단하는 부분의 양끝

2) 설치 예외기준

위 1)의 ③, ④의 조건 중 양단의 높이 차이로 인하여 하류 측으로부터 상류 측으로 역류될 우려가 없는 때에는 하류 측에 설치 예외

7. 배관의 경로에 설치하는 기자재창고의 비치물

1) 3%로 희석하여 사용하는 포소화약제 $400l$ 이상

2) 방화복(또는 방열복) 5벌 이상

3) 삽 및 곡괭이 각 5대 이상

8. 이송취급소의 접지

1) 배관계에는 안전상 필요에 따라 접지 등의 설비를 할 것

2) 배관계는 안전상 필요에 따라 지지물 그 밖의 구조물로부터 절연할 것

3) 배관계에는 안전상 필요에 따라 절연용 접속을 할 것

4) 피뢰설비의 접지장소에 근접하여 배관을 설치하는 경우에는 절연을 위하여 필요한 조치를 할 것

9. 경보설비

1) 이송기지에는 비상벨장치 및 확성장치를 설치할 것
2) 가연성 증기를 발생하는 위험물을 취급하는 펌프실 등에는 가연성 증기 경보설비를 설치할 것

10. 기타 설비 등

1) **가연성 증기의 체류방지조치** : 터널로 높이 1.5m 이상인 것
2) **비파괴시험** : 지상에 설치 된 배관 등은 전체 용접부의 20% 이상을 발췌하여 시험
3) **내압시험** : 최대상용압력의 1.25배 이상의 압력으로 4시간 이상 수압에 견딜 것
4) **압력안전장치** : 상용압력 20kPa 이하~20kPa 이상 24kPa 이하
   상용압력 20kPa 초과~최대상용압력의 1.1배 이하

14 수치 정리

1. 거리

0.15m 이상	이동탱크저장소의 레버의 길이
	바닥으로부터의 턱 높이
0.2m 이상	CS_2의 옥외탱크저장소의 두께
0.3m 이상	지하탱크 저장소의 철근콘크리트조의 뚜껑 두께
0.5~3m	방유제의 높이
0.5m 이상	옥내탱크저장소의 탱크 등의 간격
	지정수량 100배 미만의 지하탱크저장소의 상호간격
0.6m 이상	지하탱크저장소의 철근콘크리트 뚜껑 크기
1m 이상	이동탱크저장소 측면틀 탱크 상부 네 모퉁이에서의 위치
1.5m 이내	유황옥외저장소의 경계표시 높이
2m 이상	주유취급소의 담 또는 벽의 높이
4m 이상	주유취급소의 고정주입설비와 고정급유설비 사이의 이격거리
5m 이하	주유취급소 주유관의 길이
6m 이내	옥외저장소의 선반 높이
50m 이하	이동탱크저장소의 주유관의 길이

2. 용량

100L 이하	셀프용 고정주입설비 휘발유 주유량의 상한
	셀프용 고정주입설비 급유량의 상한
200L 이하	셀프용 고정주입설비 경유 주유량의 상한
400L 이상	이송취급소 기자재창고 포소화약제 저장량
600L 이하	간이탱크저장소의 탱크 용량
1,900L 미만	알킬알루미늄 등을 저장취급하는 이동저장탱크의 용량
2,000L 미만	이동저장탱크의 방파판 설치 제외
2,000L 이하	주유취급소의 폐유 탱크용량
4,000L 이하	이동저장탱크의 칸막이 설치
40,000L 이하	일반취급소의 지하전용 탱크의 용량
60,000L 이하	고속도로 주유취급소의 특례
80,000m² 이하	방유제둑의 용량 제한

3. 온도

온도	특징
15℃ 이하	압력탱크 외의 아세트알데히드의 저장온도
21℃ 미만	옥외저장탱크의 주입구 게시판 설치 옥외저장탱크의 펌프 설비 게시판 설치
30℃ 이하	압력탱크 외의 디에틸에테르, 산화프로필렌의 저장온도
38℃ 이하	보일러 등으로 위험물을 소비하는 일반취급소
40℃ 미만	이동 탱크저장소의 원동기 정지
40℃ 이하	압력탱크의 디에틸에테르, 아세트알데히드의 저장온도 보냉장치가 없는 디에틸에테르, 아세트알데히드의 저장온도
40℃ 이상	지하탱크저장소의 배관 윗부분의 설치 제외 세정작업의 일반취급소 이동저장탱크의 주입구 주입호스 결합 제외
55℃ 미만	옥내저장소의 용기수납 저장온도
70℃ 미만	옥내저장소 저장창고의 배출설비 구비
70℃ 이상	옥내저장탱크의 외벽, 기둥, 바닥을 불연재료로 할 수 있는 경우 열처리작업 등의 일반취급소
100℃ 이상	고인화점 위험물
200℃ 이상	옥외저장탱크의 방유제 거리 확보 제외

4. 탱크 압력 검사

옥외탱크 옥내탱크	특정옥외저장탱크	방사선투과시험, 진공시험 등의 비파괴시험
	압력탱크 외	충수시험
	압력탱크	최대상용압력×1.5배로 10분간 시험
이동탱크 지하탱크	압력탱크	최대상용압력×1.5배로 10분간 시험 (최대상용압력이 46.7kPa 이상탱크)
	압력탱크 외	70kPa의 압력으로 10분간 수압시험
간이탱크		70kPa의 압력으로 10분간 수압시험
압력안전 장치	상용압력 20kPa 이하	20kPa 이상 24kPa 이하
	상용압력 20kPa 초과	최대상용압력의 1.1배 이하

단, 지하탱크는 기밀시험과 비파괴시험을 한 경우 수압시험 면제

| Reference |

➤ **비파괴시험 방법**
  1. 침투탐상시험   2. 자기탐상시험   3. 방사선투과시험

➤ **탱크안전성능검사 종류 및 신청시기**
  1. 기초 · 지반검사 : 위험물탱크의 기초 및 지반에 관한 공사의 개시 전
  2. 충수 · 수압검사 : 위험물을 저장 또는 취급하는 탱크에 배관 그 밖의 부속설비를 부착하기 전
  3. 용접부검사 : 탱크 본체에 관한 공사의 개시 전
  4. 암반탱크검사 : 암반탱크의 본체에 관한 공사의 개시 전

Check Point   위험물의 보관방법 정리

차광성 피복	제1류 위험물 제3류 위험물 중 자연발화성물품 제4류 위험물 중 특수인화물 제5류 위험물 제6류 위험물
방수성 피복	제1류 위험물 중 알칼리 금속의 과산화물 또는 이를 함유한 것 제2류 위험물 중 철분, 마그네슘, 금속분 또는 이를 함유한 것
물의 침투를 막는 구조로 하여야 하는 위험물	제1류 위험물 중 알칼리금속의 과산화물 제2류 위험물 중 철분, 금속분, 마그네슘 제3류 위험물 중 금수성 물질 제4류 위험물

Check Point 정기검사와 정기점검의 구분

정기검사	대상	100만L 이상의 옥외탱크저장소
	횟수	1차 : 완공검사필증을 교부받은 날부터 12년 2차 이후 : 최근 정기검사를 받은 날로부터 11년
	점검자	소방본부장, 소방서장
	기록보관	차기검사 시까지
정기점검	대상	옥내탱크 · 간이탱크저장소, 판매취급소 제외
	횟수	1년에 1회 이상
	점검자	안전관리자, 위험물운송자, 대행기관, 탱크시험자
	기록보관	3년간 보관
구조안전점검	대상	100만L 이상의 옥외탱크저장소
	횟수	1차 : 완공검사필증을 교부받은 날부터 12년 2차 이후 : 최근 정기검사를 받은 날부터 11년
	점검자	위험물안전과리자, 탱크시험자 등
	기록보관	25년 보관(단, 연장 신청한 경우 30년)

15 위험물제조소 등의 소화설비

1. 소화난이도등급Ⅰ의 제조소등 및 소화설비

1) 소화난이도등급Ⅰ에 해당하는 제조소등

제조소등의 구분	제조소등의 규모, 저장 또는 취급하는 위험물의 품명 및 최대수량 등
제조소 일반 취급소	연면적 1,000m² 이상인 것
	지정수량의 100배 이상인 것(고인화점 위험물만을 100℃ 미만의 온도에서 취급하는 것 및 제48조의 위험물을 취급하는 것은 제외)
	지반면으로부터 6m 이상의 높이에 위험물 취급설비가 있는 것(고인화점 위험물만을 100℃ 미만의 온도에서 취급하는 것은 제외)
	일반취급소로 사용되는 부분 외의 부분을 갖는 건축물에 설치된 것(내화구조로 개구부 없이 구획된 것 및 고인화점 위험물만을 100℃ 미만의 온도에서 취급하는 것은 제외

주유취급소	별표 13 Ⅴ 제2호에 따른 면적의 합이 500m²를 초과하는 것
옥내 저장소	지정수량의 150배 이상인 것(고인화점 위험물만을 저장하는 것 및 제48조의 위험물을 저장하는 것은 제외)
	연면적 150m²를 초과하는 것(150m² 이내마다 불연재료로 개구부 없이 구획된 것 및 인화성고체 외의 제2류 위험물 또는 인화점 70℃ 이상의 제4류 위험물만을 저장하는 것은 제외)
	처마높이가 6m 이상인 단층건물의 것
	옥내저장소로 사용되는 부분 외의 부분이 있는 건축물에 설치된 것(내화구조로 개구부 없이 구획된 것 및 인화성 고체 외의 제2류 위험물 또는 인화점 70℃ 이상의 제4류 위험물만을 저장하는 것은 제외)
옥외 탱크 저장소	액표면적이 40m² 이상인 것(제6류 위험물을 저장하는 것 및 고인화점 위험물만을 100℃ 미만의 온도에서 저장하는 것은 제외)
	지반면으로부터 탱크 옆판의 상단까지 높이가 6m 이상인 것(제6류 위험물을 저장하는 것 및 고인화점 위험물만을 100℃ 미만의 온도에서 저장하는 것은 제외)
	지중탱크 또는 해상탱크로서 지정수량의 100배 이상인 것(제6류 위험물을 저장하는 것 및 고인화점 위험물만을 100℃ 미만의 온도에서 저장하는 것은 제외)
	고체위험물을 저장하는 것으로서 지정수량의 100배 이상인 것
옥내 탱크 저장소	액표면적이 40m² 이상인 것(제6류 위험물을 저장하는 것 및 고인화점 위험물만을 100℃ 미만의 온도에서 저장하는 것은 제외)
	바닥면으로부터 탱크 옆판의 상단까지 높이가 6m 이상인 것(제6류 위험물을 저장하는 것 및 고인화점 위험물만을 100℃ 미만의 온도에서 저장하는 것은 제외)
	탱크전용실이 단층건물 외의 건축물에 있는 것으로서 인화점 38℃ 이상 70℃ 미만의 위험물을 지정수량의 5배 이상 저장하는 것(내화구조로 개구부 없이 구획된 것은 제외한다.)
옥외 저장소	덩어리 상태의 유황을 저장하는 것으로서 경계표시 내부의 면적(2 이상의 경계표시가 있는 경우에는 각 경계표시의 내부의 면적을 합한 면적)이 100m² 이상인 것
	별표 11 Ⅲ의 위험물을 저장하는 것으로서 지정수량의 100배 이상인 것
암반 탱크 저장소	액표면적이 40m² 이상인 것(제6류 위험물을 저장하는 것 및 고인화점 위험물만을 100℃ 미만의 온도에서 저장하는 것은 제외)
	고체위험물만을 저장하는 것으로서 지정수량의 100배 이상인 것
이송취급소	모든 대상

※ 제조소등의 구분별로 오른쪽 난에 정한 제조소등의 규모, 저장 또는 취급하는 위험물의 수량 및 최대수량 등의 어느 하나에 해당하는 제조소등은 소화난이도등급 Ⅰ에 해당하는 것으로 한다.

2) 소화난이도등급Ⅰ의 제조소등에 설치하여야 하는 소화설비

제조소등의 구분			소화설비
제조소 및 일반취급소			옥내소화전설비, 옥외소화전설비, 스프링클러설비 또는 물분무등 소화설비(화재발생시 연기가 충만할 우려가 있는 장소에는 스프링클러설비 또는 이동식 외의 물분무등 소화설비에 한한다)
주유취급소			스프링클러설비(건축물에 한정한다), 소형수동식소화기등(능력단위의 수치가 건축물 그 밖의 공작물 및 위험물의 소요단위의 수치에 이르도록 설치할 것)
옥내 저장소	처마높이가 6m 이상인 단층건물 또는 다른 용도의 부분이 있는 건축물에 설치한 옥내저장소		스프링클러설비 또는 이동식 외의 물분무등 소화설비
	그 밖의 것		옥외소화전설비, 스프링클러설비, 이동식 외의 물분무등 소화설비 또는 이동식 포소화설비(포소화전을 옥외에 설치하는 것에 한한다.)
옥외 탱크 저장소	지중탱크 또는 해상탱크 외의 것	유황만을 저장취급하는 것	물분무소화설비
		인화점 70℃ 이상의 제4류 위험물만을 저장취급하는 것	물분부소화설비 또는 고정식 포소화설비
		그 밖의 것	고정식 포소화설비(포소화설비가 적응성이 없는 경우에는 분말소화설비)
	지중탱크		고정식 포소화설비, 이동식 이외의 이산화탄소 소화설비 또는 이동식 이외의 할로겐화합물소화설비
	해상탱크		고정식 포소화설비, 물분무포소화설비, 이동식이 외의 이산화탄소소화설비 또는 이동식 이외의 할로겐화합물소화설비
옥내 탱크 저장소	유황만을 저장취급하는 것		물분무소화설비
	인화점 70℃ 이상의 제4류 위험물만을 저장취급하는 것		물분무소화설비, 고정식 포소화설비, 이동식 이외의 이산화탄소소화설비, 이동식 이외의 할로겐화합물소화설비 또는 이동식 이외의 분말소화설비
	그 밖의 것		고정식 포소화설비, 이동식 이외의 이산화탄소소화설비, 이동식 이외의 할로겐화합물소화설비 또는 이동식 이외의 분말소화설비
옥외저장소 및 이송취급소			옥내소화전설비, 옥외소화전설비, 스프링클러설비 또는 물분무등 소화설비(화재발생 시 연기가 충만할 우려가 있는 장소에는 스프링클러설비 또는 이동식 이외의 물분무등 소화설비에 한한다.)

암반 탱크 저장소	유황만을 저장취급하는 것	물분무소화설비
	인화점 70℃ 이상의 제4류 위험물만을 저장취급하는 것	물분부소화설비 또는 고정식 포소화설비
	그 밖의 것	고정식 포소화설비(포소화설비가 적응성이 없는 경우에는 분말소화설비)

1. 위 표 오른쪽 난의 소화설비를 설치함에 있어서는 당해 소화설비의 방사범위가 당해 제조소, 일반취급소, 옥내저장소, 옥외탱크저장소, 옥내탱크저장소, 옥외저장소, 암반탱크저장소(암반탱크에 관계되는 부분을 제외한다) 또는 이송취급소(이송기지 내에 한한다)의 건축물, 그 밖의 공작물 및 위험물을 포함하도록 하여야 한다. 다만, 고인화점 위험물만을 100℃ 미만의 온도에서 취급하는 제조소 또는 일반취급소의 경우에는 당해 제조소 또는 일반취급소의 건축물 및 그 밖의 공작물만 포함하도록 할 수 있다.

2. 고인화점 위험물만을 100℃ 미만의 온도에서 취급하는 제조소 또는 일반취급소의 위험물에 대해서는 대형수동식 소화기 1개 이상과 당해 위험물의 소요단위에 해당하는 능력단위의 소형수동식 소화기를 설치하여야 한다. 다만, 당해 제조소 또는 일반취급소에 옥내·외소화전설비, 스프링클러설비 또는 물분무등 소화설비를 설치한 경우에는 당해 소화설비의 방사능력범위 내에는 대형수동식 소화기를 설치하지 아니할 수 있다.

3. 가연성 증기 또는 가연성 미분이 체류할 우려가 있는 건축물 또는 실내에는 대형수동식 소화기 1개 이상과 당해 건축물, 그 밖의 공작물 및 위험물의 소요단위에 해당하는 능력단위의 소형수동식 소화기 등을 추가로 설치하여야 한다.

4. 제4류 위험물을 저장 또는 취급하는 옥외탱크저장소 또는 옥내탱크저장소에는 소형수동식 소화기 등을 2개 이상 설치하여야 한다.

5. 제조소, 옥내탱크저장소, 이송취급소, 또는 일반취급소의 작업공정상 소화설비의 방사능력범위 내에 당해 제조소등에서 저장 또는 취급하는 위험물의 전부가 포함되지 아니하는 경우에는 당해 위험물에 대하여 대형수동식소화기 1개 이상과 당해 위험물의 소요단위에 해당하는 능력단위의 소형수동식 소화기 등을 추가로 설치하여야 한다.

2. 소화난이도등급Ⅱ의 제조소등 및 소화설비

1) 소화난이도등급Ⅱ에 해당하는 제조소등

제조소등의 구분	제조소등의 규모, 저장 또는 취급하는 위험물의 품명 및 최대수량 등
제조소 일반취급소	연면적 600m² 이상인 것
	지정수량의 10배 이상인 것(고인화점 위험물만을 100℃ 미만의 온도에서 취급하는 것 및 제48조의 위험물을 취급하는 것은 제외)
	별표 16 Ⅱ · Ⅲ · Ⅳ · Ⅴ · Ⅷ · Ⅸ 또는 Ⅹ의 일반취급소로서 소화난이도등급Ⅰ의 제조소등에 해당하지 아니하는 것(고인화점 위험물만을 100℃ 미만의 온도에서 취급하는 것은 제외)
옥내저장소	단층건물 이외의 것
	별표 5 Ⅱ 또는 Ⅳ 제1호의 옥내저장소
	지정수량의 10배 이상인 것(고인화점 위험물만을 저장하는 것 및 제48조의 위험물을 저장하는 것은 제외)

	연면적 150m² 초과인 것
	별표 5 Ⅲ의 옥내저장소로서 소화난이도등급Ⅰ의 제조소등에 해당하지 아니하는 것
옥외 탱크저장소 옥내 탱크저장소	소화난이도등급Ⅰ의 제조소등 외의 것(고인화점 위험물만을 100℃ 미만의 온도로 저장하는 것 및 제6류 위험물만을 저장하는 것은 제외)
옥외저장소	덩어리 상태의 유황을 저장하는 것으로서 경계표시 내부의 면적(2 이상의 경계표시가 있는 경우에는 각 경계표시의 내부의 면적을 합한 면적)이 5m² 이상 100m² 미만인 것
	별표 11 Ⅲ의 위험물을 저장하는 것으로서 지정수량의 10배 이상 100배 미만인 것
	지정수량의 100배 이상인 것(덩어리 상태의 유황 또는 고인화점 위험물을 저장하는 것은 제외)
주유취급소	옥내주유취급소로서 소화난이도등급Ⅰ의 제조소등에 해당하지 아니하는 것
판매취급소	제2종 판매취급소

※ 제조소등의 구분별로 오른쪽 난에 정한 제조소등의 규모, 저장 또는 취급하는 위험물의 수량 및 최대수량 등의 어느 하나에 해당하는 제조소등은 소화난이도등급Ⅱ에 해당하는 것으로 한다.

2) 소화난이도등급Ⅱ의 제조소등에 설치하여야 하는 소화설비

제조소등의 구분	소화설비
제조소 옥내저장소 옥외저장소 주유취급소 판매취급소 일반취급소	방사능력범위 내에 당해 건축물, 그 밖의 공작물 및 위험물이 포함되도록 대형수동식 소화기를 설치하고, 당해 위험물의 소요단위의 1/5 이상에 해당되는 능력단위의 소형수동식 소화기등을 설치할 것
옥외탱크저장소 옥내탱크저장소	대형수동식 소화기 및 소형수동식 소화기등을 각각 1개 이상 설치할 것

1. 옥내소화전설비, 옥외소화전설비, 스프링클러설비 또는 물분무등 소화설비를 설치한 경우에는 당해 소화설비의 방사능력범위 내의 부분에 대해서는 대형수동식 소화기를 설치하지 아니할 수 있다.
2. 소형수동식 소화기등이란 제4호의 규정에 의한 소형수동식 소화기 또는 기타 소화설비를 말한다. 이하 같다.

3. 소화난이도등급Ⅲ의 제조소등 및 소화설비

1) 소화난이도등급Ⅲ에 해당하는 제조소등

제조소등의 구분	제조소등의 규모, 저장 또는 취급하는 위험물의 품명 및 최대수량 등
제조소 일반취급소	제48조의 위험물을 취급하는 것
	제48조의 위험물 외의 것을 취급하는 것으로서 소화난이도등급Ⅰ 또는 소화난이도등급Ⅱ의 제조소등에 해당하지 아니하는 것
옥내저장소	제48조의 위험물을 취급하는 것
	제48조의 위험물 외의 것을 취급하는 것으로서 소화난이도등급Ⅰ 또는 소화난이도등급Ⅱ의 제조소 등에 해당하지 아니하는 것
지하 탱크저장소 간이 탱크저장소 이동 탱크저장소	모든 대상
옥외저장소	덩어리 상태의 유황을 저장하는 것으로서 경계표시 내부의 면적(2 이상의 경계표시가 소화난이도Ⅱ있는 경우에는 각 경계표시의 내부의 면적을 합한 면적)이 5m² 미만인 것
	덩어리 상태의 유황외의 것을 저장하는 것으로서 소화난이도등급Ⅰ 또는 소화난이도등급Ⅱ의 제조소등에 해당하지 아니하는 것
주유취급소	옥내주유취급소 외의 것으로서 소화난이도등급Ⅰ의 제조소등에 해당하지 아니하는 것
제1종 판매취급소	모든 대상

※ 제조소등의 구분별로 오른쪽란에 정한 제조소등의 규모, 저장 또는 취급하는 위험물의 수량 및 최대수량 등의 어느 하나에 해당하는 제조소등은 소화난이도등급Ⅲ에 해당하는 것으로 한다.

2) 소화난이도등급Ⅲ의 제조소등에 설치하여야 하는 소화설비

제조소등의 구분	소화설비	설치기준	
지하탱크 저장소	소형 수동식 소화기등	능력단위의 수치가 3 이상	2개 이상
이동탱크 저장소	자동차용 소화기	무상의 강화액 8l 이상	2개 이상
		이산화탄소 **3.2킬로그램** 이상	
		일브롬화일염화이플루오르화메탄(CF_2ClBr) 2l **이상**	
		일브롬화삼플루오르화메탄(CF_3Br) 2l **이상**	
		이브롬화사플루화메탄($C_2F_4Br_2$) 1l **이상**	
		소화분말 3.3킬로그램 이상	

	마른모래 및 팽창질석 또는 팽창진주암	마른모래 150*l* 이상
		팽창질석 또는 팽창진주암 640*l* 이상
그 밖의 제조소등	소형 수동식 소화기등	능력단위의 수치가 건축물 그 밖의 공작물 및 위험물의 소요단위의 수치에 이르도록 설치할 것. 다만, 옥내소화전설비, 옥외소화전설비, 스프링클러설비, 물분무등 소화설비 또는 대형수동식 소화기를 설치한 경우에는 당해 소화설비의 방사능력범위 내의 부분에 대하여는 수동식 소화기 등을 그 능력단위의 수치가 당해 소요단위의 수치의 1/5 이상이 되도록 하는 것으로 족하다.
		일브롬화삼플루오르화메탄(CF_3Br) 2*l* 이상
		이브롬화사플루화메탄($C_2F_4Br_2$) 1*l* 이상
		소화분말 3.3킬로그램 이상
	마른모래 및 팽창질석 또는 팽창진주암	마른모래 150*l* 이상
		팽창질석 또는 팽창진주암 640*l* 이상
그 밖의 제조소등	소형 수동식 소화기등	능력단위의 수치가 건축물 그 밖의 공작물 및 위험물의 소요단위의 수치에 이르도록 설치할 것. 다만, 옥내소화전설비, 옥외소화전설비, 스프링클러설비, 물분무등 소화설비 또는 대형수동식 소화기를 설치한 경우에는 당해 소화설비의 방사능력범위 내의 부분에 대하여는 수동식 소화기 등을 그 능력단위의 수치가 당해 소요단위의 수치의 1/5 이상이 되도록 하는 것으로 족하다.

※ 알킬알루미늄 등을 저장 또는 취급하는 이동탱크저장소에 있어서는 자동차용 소화기를 설치하는 외에 마른모래나 팽창질석 또는 팽창진주암을 추가로 설치하여야 한다.

3) 제조소등의 소방설비

구분	소화난이도 I	소화난이도 II	소화난이도 III
제조소 일반취급소	연면적 1,000m² 이상 지정수량의 **100**배 이상 지반면으로부터 6m 이상	연면적 600m² 이상 지정수량의 10배 이상	소화난이도 I, II 제외
옥외저장소	지정수량의 **100**배 (인화성 고체, 1석유류, 알코올류) 내부면적100m² 이상(유황)	지정수량의 100배 (소화난이도 I 이외) 지정수량의 10~100배 내부면적 5~100m² 이상(유황)	내부면적 5m² 이상(유황)
옥내저장소	지정수량의 **150**배 이상 연면적 150m²를 초과 지반면으로부터 6m 이상 단품	지정수량의 10배 이상 단품건물 이외	소화난이도 I, II 제외
옥외탱크 저장소	액표면적이 40m² 이상 높이가 6m 이상 지정수량의 **100**배 이상 (지중탱크, 해상탱크)		–
암반탱크 저장소	액표면적이 40m² 이상 지정수량의 100배 이상	–	–
이송취급소	모든 대상	–	–
옥내탱크 저장소	액표면적이 40m² 이상 높이가 6m 이상		–
주유취급소	500m²를 초과	옥내주유취급소	옥내주유 취급소 이외
이동탱크 저장소	–	–	모든 대상
지하탱크 저장소	–	–	모든 대상
판매취급소	–	제2종 판매	제1종 판매

4. 소화설비의 적응성

소화설비의 구분			건축물·그 밖의 공작물	전기설비	제1류 위험물 알칼리금속과산화물등	제1류 위험물 그 밖의 것	제2류 위험물 철분·금속분·마그네슘등	제2류 위험물 인화성고체	제2류 위험물 그 밖의 것	제3류 위험물 금수성물품	제3류 위험물 그 밖의 것	제4류 위험물	제5류 위험물	제6류 위험물
옥내소화전 또는 옥외소화전설비			○			○		○	○		○		○	○
스프링클러설비			○			○		○	○		○	△	○	○
물분무등 소화설비	물분무소화설비		○	○		○		○	○		○	○	○	○
	포소화설비		○			○		○	○		○	○	○	○
	이산화탄소소화설비			○				○				○		
	할로겐화합물소화설비			○				○				○		
	분말 소화 설비	인산염류등	○	○		○		○	○			○		
		탄산수소염류등		○	○		○	○		○		○		
		그 밖의 것			○		○			○				
대형·소형 수동식 소화기	봉상수(棒狀水) 소화기		○			○		○	○		○		○	○
	무상수(霧狀水) 소화기		○	○		○		○	○		○		○	○
	봉상강화액소화기		○			○		○	○		○		○	○
	무상강화액소화기		○	○		○		○	○		○	○	○	○
	포소화기		○			○		○	○		○	○	○	○
	이산화탄소소화기			○				○				○		△
	할로겐화합물소화기			○				○				○		
	분말 소화기	인산염류소화기	○	○		○		○	○			○		○
		탄산수소염류소화기		○	○		○	○		○		○		
		그 밖의 것			○		○			○				
기타	물통 또는 수조		○			○		○	○		○		○	○
	건조사				○	○	○	○	○	○	○	○	○	○
	팽창질석 또는 팽창진주암				○	○	○	○	○	○	○	○	○	○

※ "○"표시는 당해 소방대상물 및 위험물에 대하여 소화설비가 적응성이 있음을 표시
　"△"표시는 제4류 위험물을 저장 또는 취급하는 장소의 살수기준면적에 따라 스프링클러설비의 살수밀도가
　다음 표에 정하는 기준 이상인 경우에는 당해 스프링클러설비가 제4류 위험물에 대하여 적응성이 있음을,
　제6류 위험물을 저장 또는 취급하는 장소로서 폭발의 위험이 없는 장소에 한하여 이산화탄소소화기가 제6류
　위험물에 대하여 적응성이 있음을 각각 표시한다.

5. 소화설비의 소요단위, 능력단위

1) 소요단위 및 능력단위 정의

① 소요단위

소화설비의 설치대상이 되는 건축물 그 밖의 공작물의 규모 또는 위험물의 양의 기준
단위

② 능력단위

1)의 소요단위에 대응하는 소화설비의 소화능력의 기준단위

2) 면적기준

구분	건축물의 외벽	
	내화구조(기타×2)	기타
제조·취급소	100m²	50m²
저장소	150m²	75m²

3) 지정수량기준

1소요단위 : 지정수량의 10배

6. 소화설비의 능력단위

1) 수동식 소화기 능력단위

수동식 소화기의 형식 승인 및 검정기술 기준에 의하여 형식승인 받은 수치로 할 것

2) 기타 소화설비의 능력단위는 다음 표에 의할 것

소화설비	용량	능력단위
소화 전용(轉用) 물통	8l	0.3
수조(소화 전용 물통 3개 포함)	80l	1.5
수조(소화 전용 물통 6개 포함)	190l	2.5
마른 모래(삽 1개 포함)	50l	0.5
팽창질석 또는 팽창진주암(삽 1개 포함)	160l	1.0

7. 소화설비 설치기준

구분	수평거리	방수량 (l/min)	방사시간	수원량(m^3)	비상전원 (방사시간 ×1.5)	방사압력
옥내 소화전	25m 이하	260	30	$Q = N \times 260 \times 30$ N : 가장 많은 층의 설치 개수 (최대 5개)	45분	0.35MPa 이상
옥외 소화전	40m 이하	450	30	$Q = N \times 450 \times 30$ N : 가장 많은 층의 설치 개수 (최대 4개, 최소 2개)	45분	0.35MPa 이상
스프링 클러	1.7m 이하	80	30	$Q = N \times 80 \times 30$ (N : 개방형은 설치 개수 패쇄형은 30개)	45분	0.1MPa 이상
물분무 소화	–	20	30	$Q = 표면적 \times 20 \times 30$ (표면적 헤드 개수가 가장 많은 구역의 표면적)	45분	0.35MPa 이상
포소화 설비	옥내 : 25m 이하 옥외 : 40m 이하	–	–	–	방사시간 ×1.5	

Check Point 포소화약제 혼합방법

펌프 푸로포 셔너 방식	펌프의 토출관과 흡입관 사이의 배관 도중에 설치한 흡입기에 펌프에서 토출된 물의 일부를 보내고, 농도조정밸브에서 조정된 포소화약제의 필요량을 포소화약제 탱크에서 펌프 흡입측으로 보내어 이를 혼합하는 방식을 말한다. • 펌프의 토출측과 흡입측 사이에 By-pass 배관을 설치한 후 펌프에서 토출된 물의 일부를 흡입기로 보내면 흡입기에서 Venturi 효과에 의해 포 원액이 흡입기로 흡입된다. • 화학소방차에 적용되어 국내에서도 사용한다. • 농도조절밸브(급수량에 따라 포 원액의 유입량을 자동적으로 조절하는 장치)를 설치하여야 한다. • 빗금선 : 수원, 음영 : 포수용액, 검정선 : 포약제 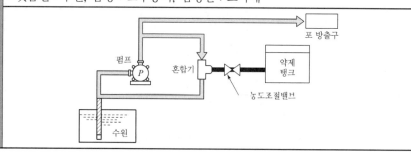

프레져 푸로포 셔너 방식	펌프와 발포기의 중간에 설치된 벤추리관의 벤추리작용과 펌프 가압수의 포소화 약제 저장탱크에 대한 압력에 따라 포 소화약제를 흡입 · 혼합하는 방식을 말한다. • 가장 일반적인 혼합방식으로 일명 차압혼합방식이라 한다. • 격막 유무에 따라 압입식과 압송식으로 구분한다. 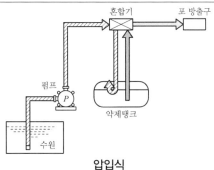 **압입식**
프레져 사이드 푸로포 셔너 방식	펌프의 토출관에 압입기를 설치하여 포소화약제 압입용 펌프로 포소화약제를 압 입시켜 혼합하는 방식을 말한다. • 대단위 고정식 포소화설비(석유화학 플랜트시설, 대규모 유류저장소 등)에 사용한다. • 별도의 포 원액용 펌프를 설치하여야 하며, 압력혼합방식이라 한다. 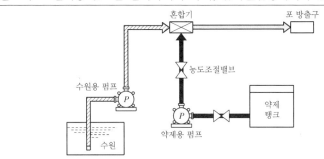
라인 푸로포 셔너 방식	• 펌프와 발포기의 중간에 설치된 벤추리관의 벤추리작용에 따라 포소화약제를 흡 입 · 혼합 하는 방식을 말한다. • 소규모 또는 이동식 간이설비에 적용되는 방법으로 Venturi 효과에 의해서만 약제가 흡입되는 방식으로 관로혼합방식이라 한다. 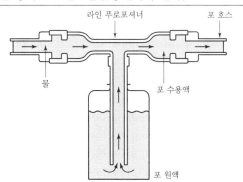

Check Point 　 **포소화약제 방출구의 분류**

탱크 종류	포방출구(Foam chamber)
Cone roof tank	Ⅰ형 · Ⅱ형 · Ⅲ형 · Ⅳ형
Floating roof tank	특형

Ⅰ형	고정지붕구조의 탱크에 상부포주입법(고정포방출구를 탱크옆판의 상부에 설치하여 액표면상에 포를 방출하는 방법을 말한다)을 이용하는 것으로서 방출된 포가 액면 아래로 몰입되거나 액면을 뒤섞지 않고 액면상을 덮을 수 있는 통 또는 미끄럼판 등의 설비 및 탱크내의 위험물증기가 외부로 역류되는 것을 저지할 수 있는 구조 · 기구를 갖는 포방출구 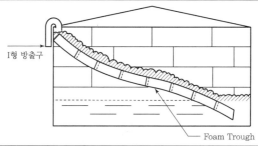
Ⅱ형	고정지붕구조 또는 부상덮개 부착 고정지붕구조(옥외저장탱크의 액상에 금속제의 플로팅, 팬 등의 덮개를 부착한 고정지붕구조의 것을 말한다)의 탱크에 상부포주입법을 이용하는 것으로서 방출된 포가 탱크옆판의 내면을 따라 흘러내려 가면서 액면 아래로 몰입되거나 액면을 뒤섞지 않고 액면상을 덮을 수 있는 반사판 및 탱크 내의 위험물증기가 외부로 역류되는 것을 저지할 수 있는 구조 · 기구를 갖는 포방출구 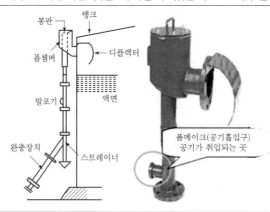

Ⅲ형	고정지붕구조의 탱크에 저부포주입법(탱크의 액면하에 설치된 포방출구로부터 포를 탱크 내에 주입하는 방법을 말한다)을 이용하는 것으로서 송포관(발포기 또는 포 발생기에 의하여 발생된 포를 보내는 배관을 말한다. 당해 배관으로 탱크내의 위험물이 역류되는 것을 저지할 수 있는 구조·기구를 갖는 것에 한한다)으로부터 포를 방출하는 포방출구
	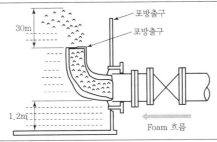
Ⅳ형	고정지붕구조의 탱크에 저부포주입법을 이용하는 것으로서 평상시에는 탱크의 액면하의 저부에 설치된 격납통에 수납되어 있는 특수호스 등이 송포관의 말단에 접속되어 있다가 포를 보내는 것에 의하여 특수호스 등이 전개되어 그 선단이 액면까지 도달한 후 포를 방출하는 포방출구
	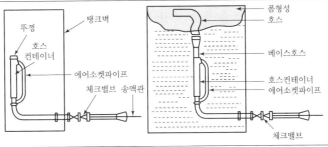
특형	부상지붕구조의 탱크에 상부포주입법을 이용하는 것으로서 부상지붕의 부상부분상에 높이 0.9m 이상의 금속제의 칸막이를 탱크옆판의 내측로부터 1.2m 이상 이격하여 설치하고 탱크옆판과 칸막이에 의하여 형성된 환상부분에 포를 주입하는 것이 가능한 구조의 반사판을 갖는 포방출구
	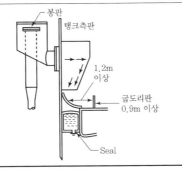

 **Check Point** 포수용액의 양

구분	포수용액의 양[l]

1) 포방출구 방식

Q＝고정식포방출구에서 필요한 양＋보조포소화전에서 필요한 양

$= [A \times Q_1 \times T] + [N \times 8,000]$

① A : 탱크의 액표면적[m²]

- 콘루프 탱크 $A = \dfrac{\pi D^2}{4}$

- 플루팅루프 탱크 $A = \dfrac{\pi}{4}(D^2 - d^2)$

② 방출률($Q_1[l\min \cdot m^2]$), 방사시간($T[\min]$)

- 비수용성 위험물

포방출구 종류 구분	I형			II · III · IV형			특형		
	포수용 액량 [l/m²]	방출률 [l/m²분]	시간	포수용 액량 [l/m²]	방출률 [l/m²분]	시간	포수용 액량 [l/m²]	방출률 [l/m²분]	시간
1석유류 (휘발유)	120	4	30	220	4	55	240	8	30
2석유류 (등유 · 경유)	80	4	20	120	4	30	160	8	20
3석유류 (중유)	60	4	15	100	4	25	120	8	15

- 수용성 위험물

구분	I형	II형	특형	III형	IV형
Q_1	8	8	–	–	8
T	20	30	–	–	30

- 수용성 위험물인 경우 포수용액량에 위험물 계수를 곱한 값 이상으로 할 것

③ N : 방유제의 보조포소화전 수(최대 3개 이내)

④ 8,000 : 400[l/min]×20[min]

2) 포헤드 방식

$Q = N \times Q_s \times 10$

① N : 가장 많이 설치된 방사구역 내의 포헤드 수
(방사구역의 바닥면적은 100m² 이상, 100m² 미만인 경우에는 해당 면적)

② Q_s 표준방사량[l/min]

③ 10 : 방사시간

3) 포모니터 노즐방식

$Q = N \times 57,000$

① N : 모니터 노즐의 수(설치개수가 1개인 경우 2개로 적용)

② 57,000 : 1,900[l/min]×30[min]

4) 이동식
포소화설비
(포소화전
방식)
	① 옥내 포소화전 $Q = N \times 6{,}000$
	② 옥외 포소화전 $Q = N \times 12{,}000$
	  • N : 호스 접결구 수(최대 4개, 쌍구형인 경우 2개를 적용)
	  • $6{,}000$: $200[l/\text{min}] \times 30[\text{min}]$
	  • $12{,}000$: $400[l/\text{min}] \times 30[\text{min}]$

5) 배관 충전량	1)~4)에서 정한 포수용액 양 외에 배관 내를 채우기 위하여 필요한 포수용액 양 $Q = A \times L \times 1{,}000[l]$ ① A : 배관의 단면적[m²] ② L : 배관의 길이[m]

Check Point   약제의 양

구분	약제의 양

고정포방출구 방식
= 1) + 2) + 3) 이상
	1) 고정포방출구의 양
	  ① 비수용성 위험물 $Q = A \times Q_1 \times T \times S[l]$
	  ② 수용성 위험물 $Q = [A \times Q_1 \times T \times S] \times N[l]$
	    여기서, A : 탱크의 액표면적[m²], Q_1 : 방출률[$l/\text{min} \cdot \text{m}^2$]
	       T : 방사시간[min], S : 농도[%]
	       N : 위험물 계수
	
	2) 보조포소화전의 양
	  $Q = N \times S \times 8{,}000[l]$
	    여기서, N : 호스 접결구 수(최대 3개 이내, 쌍구형인 경우 2개를 적용)
	       S : 농도[%]
	       $8{,}000$: $400[l/\text{min}] \times 20[\text{min}]$
	
	3) 송액관의 양
	  $Q = A \times L \times S \times 1{,}000[l]$
	    여기서, A : 배관의 단면적[m²]
	       L : 배관의 길이[m]
	       S : 농도[%]

포헤드방식	$Q = N \times Q_s \times S \times 10[l]$
	  여기서, N : 가장 많이 설치된 방사구역 내의 포헤드 수
	         (방사구역은 100m² 이상, 100m² 미만인 경우 해당 면적)
	       Q_s : 표준방사량[l/min]
	       S : 농도[%]
	       10 : 방사시간

포모니터 노즐방식	$Q = N \times 57,000 \times S[l]$ 여기서, N : 모니터 노즐의 수(설치개수가 1개인 경우에는 2개로 적용) $57,000 : 1,900[l/min] \times 30[min]$ S : 농도[%]
포소화전방식 (옥내 또는 옥외)	① 옥내 포소화전 $Q = N \times 6,000 \times S[l]$ ② 옥외 포소화전 $Q = N \times 12,000 \times S[l]$ 여기서, N : 호스 접결구 수(최대 4개, 쌍구형인 경우 2개를 적용) S : 농도[%] $6,000 : 200[l/min] \times 30[min]$ $12,000 : 400[l/min] \times 30[min]$

8. 경보설비

1) 제조소등별로 설치하여야 하는 경보설비의 종류

제조소등의 구분	제조소등의 규모, 저장 또는 취급하는 위험물의 종류 및 최대수량 등	경보설비
제조소 및 일반취급소	• 연면적 500m² 이상인 것 • 옥내에서 지정수량의 100배 이상을 취급하는 것	자동화재 탐지설비
옥내저장소	• 지정수량의 100배 이상을 저장 또는 취급하는 것 • 저장창고의 연면적이 150m²를 초과하는 것 • 처마높이가 6m 이상인 단층건물의 것	
옥내탱크 저장소	• 단층 건물 외의 건축물에 설치된 옥내탱크저장소로서 소화난 이도등급 I 에 해당하는 것	
주유취급소	• 옥내주유취급소	

2) 자동화재탐지설비 설치 대상에 해당하지 아니하는 제조소등

① 지정수량의 10배 이상을 저장 또는 취급하는 것

② **설치 설비(다음 중 1개 이상 설치)**

ㄱ 자동화재 탐지설비

ㄴ 비상경보설비

ㄷ 확성장치

ㄹ 비상방송설비

9. 피난설비의 기준

주유취급소 중 건축물의 2층 이상의 부분을 점포 · 휴게음식점 또는 전시장의 용도로 사용하는 것과 옥내주유취급소에는 피난설비 설치

1) 주유취급소 중 건축물의 2층 이상의 부분을 점포 · 휴게음식점 또는 전시장의 용도로 사용하는 것에 있어서는 당해 건축물의 2층 이상으로부터 주유취급소의 부지 밖으로 통하는 출입구와 당해 출입구로 통하는 통로 · 계단 및 출입구에 유도등을 설치하여야 한다.

2) 옥내주유취급소에 있어서는 당해 사무소 등의 출입구 및 피난구와 당해 피난구로 통하는 통로 · 계단 및 출입구에 유도등을 설치하여야 한다.

3) 유도등에는 비상전원을 설치하여야 한다.

위험물의 성상 및
시설기준 문제풀이

CHAPTER 01 위험물의 성질과 상태 문제풀이

01 다음 위험물의 유별에 따른 성질이 맞지 않는 것은?

① 제1류 위험물 – 산화성 고체
② 제2류 위험물 – 가연성 고체
③ 제4류 위험물 – 인화성 액체
④ 제5류 위험물 – 자연발화성 물질

유별	공통성질	가연물	산소공급원	점화원	물과의 반응 시 생성가스
제1류	산화성 고체		○		산소가스 발생
제2류	가연성 고체	○			수소가스 발생(철마금)
제3류	자연발화성 물질 금수성 물질	○		○	수소가스 가연성 가스 발생
제4류	인화성 액체	○		△	
제5류	자기반응성 물질	○	○		
제6류	산화성 액체		○		산소가스 발생

02 산소를 함유하고 있지 않기 때문에 산화성 물질과의 혼합 위험성이 있는 위험물은?

① 제1류 위험물
② 제2류 위험물
③ 제5류 위험물
④ 제6류 위험물

• 제1류 위험물, 제6류 위험물 : 산화성 성질로 산소 함유
• 제5류 위험물 : 자기반응성으로 자체 내에 산소 함유

03 다음 중 제6류 위험물의 공통성질로 맞지 않는 것은?

① 비중이 1보다 크고 물에 녹지 않는다.
② 산화성 물질로 다른 물질을 산화시킨다.
③ 자신들은 모두 불연성 물질이다.
④ 대부분 분해하며 유독성 가스를 발생하여 부식성이 강하다.

대부분 비중이 1보다 크고, 물에 녹는다.

04 운반 시 위험물을 혼합하여 적재 가능한 것은?(단, 지정수량 10분의 1 초과이다.)

① 제1류 위험물＋제5류 위험물　　　② 제3류 위험물＋제5류 위험물
③ 제1류 위험물＋제4류 위험물　　　④ 제2류 위험물＋제5류 위험물

▶ 유별을 달리하는 위험물의 혼재기준

혼촉발화는 서로 다른 두 가지 이상의 위험물이 혼합·혼촉하였을 때 발열·발화하는 현상이다.
(단, 지정수량의 10분의 1 이하 위험물에 대하여는 적용하지 아니한다.)

유별	제1류	제2류	제3류	제4류	제5류	제6류
제1류		×	×	×	×	○
제2류	×		×	○	○	×
제3류	×	×		○	×	×
제4류	×	○	○		○	×
제5류	×	○	×	○		×
제6류	○	×	×	×	×	

```
1 - 6
2 - 5
  | |
3 - 4
```

05 제6류 위험물의 저장 및 취급 시 주의사항으로 옳지 않은 것은?

① 의류 또는 피부에 닿지 않도록 한다.
② 마른 모래로 위험물의 비산을 방지한다.
③ 습기가 많은 곳에서 취급한다.
④ 소화 후에는 다량의 물로 씻어낸다.

▶

1. 대부분 위험물은 밀전, 밀봉, 밀폐하며, 건조한 냉암소에 보관한다.
2. 제6류 위험물은 대부분 물과 반응하여 발열한다.

06 다음 중 제6류 위험물이 아닌 것은?

① 과염소산　　　　　　　　　　② 과산화수소
③ 질산　　　　　　　　　　　　④ 과요오드산

▶

과요오드산 : 제1류 위험물

07 과산화수소의 분해방지 안정제로 사용할 수 있는 물질은?

① 구리　　　　② 은　　　　③ 요산　　　　④ 목탄분

보호액	제3류	칼륨(K), 나트륨(Na)	석유(경유, 등유, 파라핀)
		황린(P_4)	물(pH 9 약알칼리성 물)
	제4류	이황화탄소(CS_2)	수조(물)
	제5류	니트로셀룰로오스	함수알코올
희석제	제3류	알킬알루미늄	벤젠, 헥산
안정제	제5류	유기과산화물	프탈산디메틸, 프탈산디부틸
	제6류	과산화수소(H_2O_2)	인산(H_3PO_4), 요산($C_5H_4N_4O_3$)
기타		아세틸렌(C_2H_2)	아세톤(CH_3COCH_3), 디메틸포름아미드(DMF)

08 제6류 위험물인 과산화수소에 대한 설명 중 옳지 않은 것은?

① 주로 산화제로 사용되나 환원제로 사용될 때도 있다.
② 상온 이하에서 묽은 황산에 과산화바륨을 조금씩 넣으면 발생한다.
③ 상온에서도 분해되어 물과 산소로 분해된다.
④ 순수한 것은 점성이 없는 무색투명한 액체이다.

> **과산화수소** ─────
>
> 순수한 것은 점성이 있는 무색의 액체, 많을 경우에는 청색

09 제6류 위험물인 질산의 위험성에 관한 설명 중 옳은 것은?

① 충격에 의해 착화한다. ② 공기 속에서 자연발화한다.
③ 인화점이 낮고 발화하기 쉽다. ④ 환원성물질과 혼합 시 발화한다.

> 제6류 위험물의 산화성 물질과 제2류 위험물의 환원성 물질의 혼촉은 발화한다.

10 다음은 위험물의 저장 및 취급 시 주의사항이다. 어떤 위험물인가?

농도 36[%] 이상의 위험물로서 수용액은 안정제를 가하여 분해를 방지시키고 용기는 착색된 것을 사용하여야 하며, 금속류의 용기 사용은 금한다.

① 염소산칼륨 ② 염산
③ 과산화나트륨 ④ 과산화수소

> 과산화수소 농도 36wt% 이상은 위험물, 농도 60wt% 이상은 단독으로 폭발가능

11 질산의 성질에 대한 설명으로 맞는 것은?

① 진한 질산을 가열하면 적갈색의 갈색증기인 SO_2가 발생한다.

② 습한 공기 중에서 흡열반응을 하는 무색의 무거운 액체이다.

③ 질산의 비중이 1.82 이상이면 위험물로 본다.

④ 환원성 물질과 혼합 시 발화한다.

▶

① 분해하여 NO_2가 발생

② 습한 공기 중에서 발열반응을 하는 무색의 무거운 액체이다.

③ 질산의 비중이 1.49 이상이면 위험물로 본다.

12 다음 위험물 중 그 성질이 산화성 고체인 것은?

① 셀룰로이드   ② 금속분   ③ 아염소산염류   ④ 과염소산

▶

- 산화성 고체 : 제1류 위험물
- 셀룰로이드 : 제5류 위험물
- 아염소산염류 : 제1류 위험물
- 금속분 : 제2류 위험물
- 과염소산 : 제6류 위험물

13 다음 ( ) 안에 적당한 말을 넣으시오.

산화성 고체라 함은 고체[액체(1기압 및 섭씨 (①)도에서 액상인 것 또는 섭씨 (②)도 초과 섭씨 (③)도 이하에서 액상인 것을 말한다.) 또는 기체(1기압 및 섭씨 20도에서 기상인 것을 말한다.) 외의 것을 말한다. 이하 같다.] 로서 산화력의 잠재적인 위험성 또는 충격에 대한 민감성을 판단하기 위하여 소방청장이 정하여 고시(이하 "고시"라 한다.)하는 시험에서 고시로 정하는 성질과 상태를 나타내는 것을 말한다.

① 20-20-40   ② 40-20-40   ③ 20-20-20   ④ 40-40-40

▶

"산화성 고체"라 함은 고체[액체(1기압 및 섭씨 20도에서 액상인 것 또는 섭씨 20도 초과 섭씨 40도 이하에서 액상인 것을 말한다. 이하 같다.)또는 기체(1기압 및 섭씨 20도에서 기상인 것을 말한다.) 외의 것을 말한다. 이하 같다.]로서 산화력의 잠재적인 위험성 또는 충격에 대한 민감성을 판단하기 위하여 소방청장이 정하여 고시(이하 "고시"라 한다.)하는 시험에서 고시로 정하는 성질과 상태를 나타내는 것을 말한다. 이 경우 "액상"이라 함은 수직으로 된 시험관(안지름 30밀리미터, 높이 120밀리미터의 원통형 유리관을 말한다.)에 시료를 55밀리미터까지 채운 다음 당해 시험관을 수평으로 하였을 때 시료액면의 선단이 30밀리미터를 이동하는 데 걸리는 시간이 90초 이내에 있는 것을 말한다.

정답 11 ④ 12 ③ 13 ①

※ 위험물 안전관리법상의 고체와 액체의 구분

1. 고체 : 액체 또는 기체 외의 것

   액체 : 1기압 및 섭씨 20도에서 액상인 것 또는 섭씨 20도 초과 섭씨 40도 이하에서 액상인 것

   기체 : 1기압 및 섭씨 20도에서 기상인 것

2. 액상 : 수직으로 된 시험관(안지름 30밀리미터, 높이 120밀리미터의 원통형 유리관을 말한다.)에
   시료를 55밀리미터까지 채운 다음 당해 시험관을 수평으로 하였을 때 시료액면의 선단이 30밀리
   미터를 이동하는 데 걸리는 시간이 90초 이내에 있는 것

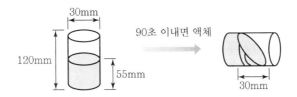

14 대부분 무색결정 또는 백색분말의 산화성 고체로서 비중이 1보다 크며, 대부분 물에 잘
녹는 위험물은?

① 제1류 위험물　　② 제2류 위험물　　③ 제3류 위험물　　④ 제4류 위험물

▶

　제1류 위험물 : 산화성 고체

15 다음 위험물 중 백색의 결정이 아닌 물질은?

① 과산화나트륨　　② 과망간산칼륨　　③ 과산화바륨　　④ 과산화마그네슘

▶ **제1류 위험물의 색상**

품명	색상	품명	색상	품명	색상
과망간산칼륨	흑자색	중크롬산칼륨	등적색	과산화칼륨	백색 or 등적색
과망간산암모늄	흑자색	중크롬산나트륨	등적색	과산화나트륨	백색 or 황백색
과망간산나트륨	적자색	중크롬산암모늄	적색		
과망간산칼슘	자색				

16 제1류 위험물의 무기과산화물에 대한 설명 중 틀린 것은?

① 불연성 물질이다.

② 가열·충격에 의하여 폭발하는 것도 있다.

③ 물과 반응하여 발열하고 수소가스를 발생시킨다.

④ 가열 또는 산화되기 쉬운 물질과 혼합하면 분해되어 산소를 발생한다.

> 무기과산화물과 물과의 반응은 산소(조연성 가스) 발생

---

17 위험물안전관리법상 제1류 위험물의 특징이 아닌 것은?

① 다른 가연물의 연소를 돕는다.　　　② 가열에 의해 산소를 방출한다.

③ 물과 반응하여 수소를 발생한다.　　④ 가연물과 혼재하면 화재 시 위험하다.

> ③ 제1류 위험물 중 무기과산화물은 물과 반응하여 산소를 발생

---

18 제1류 위험물로서 그 성질이 산화성 고체인 것은?

① 과염소산염류　　　　　　　　　② 아염소산

③ 금속분　　　　　　　　　　　　④ 셀룰로이드

> ② 아염소산 : 비위험물
> ③ 금속분 : 제2류 위험물
> ④ 셀룰로이드 : 제5류 위험물

---

19 위험물을 제조소에서 아래와 같이 위험물을 저장하고 있는 경우 지정수량의 몇 배가 보관되어 있는 것인가?

염소산칼륨 50kg, 요오드산칼륨 300kg, 과염소산 300kg

① 2배　　　　　② 2.5배　　　　　③ 3배　　　　　④ 3.5배

> 지정수량 : 염소산칼륨 50kg, 요오드산칼륨 300kg, 과염소산 300kg
> $$\frac{50}{50}+\frac{300}{300}+\frac{300}{300}=3$$

---

20 과산화칼륨이 황산과 반응하여 생성되는 물질은?

① 황화수소　　　② 과산화수소　　　③ 수산화칼륨　　　④ 산소

> 무기과산화물과 산과의 반응으로 과산화수소 발생

21 다음 중 제1류 위험물 취급 시 주의사항이 아닌 것은?

① 가연물과의 접촉을 피한다.
② 가열, 충격, 마찰을 피한다.
③ 환기가 잘 되는 찬 곳에 저장한다.
④ 저장 시 개방용기를 사용한다.

▶ ─────────────────────────────

④ 모든 위험물은 용기를 밀봉, 밀폐, 밀전하며, 과산화수소만 구멍 뚫린 마개를 사용하여 저장한다.

22 제1류 위험물의 취급방법으로서 잘못된 것은?

① 환기가 잘 되는 찬 곳에 저장한다.
② 가열, 충격, 마찰 등의 요인을 피한다.
③ 가연물과 접촉은 피해야 하나 습기와는 무관하다.
④ 화재 위험이 있는 장소에서 떨어진 곳에 저장한다.

▶ ─────────────────────────────

③ 제1류위험물은 대부분 습기와 반응하여 발열반응한다. 또한 무기과산화물은 물과 반응하여 산소를 발생한다.

23 제1류 위험물에 대한 일반적인 화재예방방법이 아닌 것은?

① 반응성이 크므로 가열, 마찰, 충격 등에 주의한다.
② 불연성이나 화기접촉은 피해야 한다.
③ 가연물과의 접촉, 혼합 등을 피한다.
④ 가스를 이용한 질식소화는 효과가 좋다.

▶ ─────────────────────────────

제1류 위험물은 냉각소화가 효과적이다.

24 아염소산나트륨의 위험성으로 옳지 않은 것은?

① 물에 잘 녹는다.
② 유기물, 금속분 등 환원성 물질과 혼합될 경우 위험하다.
③ 단독으로 폭발 가능하고 분해 온도 이상에서는 산소를 발생한다.
④ 수용액 중에서 강력한 환원력이 있다.

▶ ─────────────────────────────

④ 환원력 → 산화력

25 질산칼륨에 대한 설명으로 틀린 것은?

① 황화린, 질소와 혼합하면 흑색화약이 된다.

② 에테르에 잘 녹지 않는다.

③ 물에 녹으므로 저장 시 수분과의 접촉에 주의한다.

④ 400℃로 가열하면 분해하여 산소를 방출한다.

▶ 질산칼륨과 황가루, 숯가루의 혼합은 흑색화약이 된다.

26 다음은 제1류 위험물인 염소산염류에 대한 설명이다. 옳지 않은 것은?

① 햇빛에 장기간 방치하였을 때는 분해하여 아염소산염이 생성된다.

② 녹는점 이상의 높은 온도가 되면 분해되어 가연성 기체인 수소가 발생한다.

③ NH_4ClO_3는 물보다 무거운 무색의 결정이며, 조해성이 있다.

④ 염소산염에 가열, 충격 및 산을 첨가시키면 폭발 위험성이 나타난다.

27 BaO_2에 대한 실명으로 옳지 않은 것은?

① 알칼리토금속의 과산화물 중 가장 불안정하다.

② 가열하면 산소를 분해 방출한다.

③ 환원제, 섬유와 혼합하면 발화의 위험이 있다.

④ 지정수량이 50kg이고 묽은 산에 녹는다.

▶ 과산화바륨의 분해온도는 820℃ 정도로 무기과산화물중에서 가장 높고, 알칼리토금속의 과산화물 중 가장 안정하다.

28 과산화나트륨(Na_2O_2)의 화재 시 적합한 소화약제는?

① 포말소화약제   ② 마른 모래   ③ 분말약제   ④ 물

▶ 무기과산화물 : 물소화약제 사용 금지

29 다음 위험물 중 질산염류에 속하지 않는 것은 어느 것인가?

① 질산칼륨   ② 질산메틸

③ 질산암모늄   ④ 질산나트륨

제6류 위험물(지정수량 300kg)	질산 HNO₃	
제1류 위험물(지정수량 300kg)	질산염류	질산칼륨 KNO₃
		질산나트륨 NaNO₃
		질산암모늄 HH₄NO₃
제5류 위험물(지정수량 10kg)	질산에스테르류	질산메틸 CH₃ONO₂
		질산에틸 C₂H₅ONO₂

30 다음 질산암모늄에 대한 설명 중 옳은 것은?

① 물에 녹을 때에는 발열반응을 하므로 위험하다.

② 가열하면 폭발적으로 분해하여 산소와 이산화탄소를 생성한다.

③ 소화방법으로는 질식소화가 좋다.

④ 단독으로도 급격한 가열, 충격으로 분해, 폭발하는 수도 있다.

   ① 물에 녹을 때에는 흡열반응한다.

   ② 가열하면 폭발적으로 분해하여 아산화질소(N_2O)와 수증기(H_2O)를 발생하며 폭발한다.

   ③ 소화방법으로는 다량의 주수소화가 좋다.

31 다음 중 질산암모늄의 성상이 올바른 것은?

① 상온에서 황색의 액체이다.　　② 상온에서 폭발성의 액체이다.

③ 물을 흡수하면 발열반응을 한다.　　④ 무색, 무취의 결정으로 알코올에 녹는다.

   제1류 위험물의 질산암모늄은 무색의 고체, 물과는 흡열반응한다.

32 다음 중 과망간산칼륨($KMnO_4$)의 성질에 맞지 않는 것은?

① 물과 에탄올에 녹는다.

② 가열분해 시 이산화망간과 물이 생성된다.

③ 강한 알칼리와 접촉시키면 산소를 방출한다.

④ 흑자색의 결정으로 강한 산화력과 살균력을 나타낸다.

   가열분해 시 이산화망간과 산소가 생성된다.

   $2KMnO_4 \rightarrow K_2MnO_4 + MnO_2 + O_2$

33 과염소산칼륨과 제2류 위험물이 혼합되는 것은 대단히 위험하다. 그 이유로 타당한 것은?

① 전류가 발생하고 자연발화하기 때문이다.

② 혼합하면 과염소산칼륨이 불연성 물질로 바뀌기 때문이다.

③ 가열, 충격 및 마찰에 의하여 착화 폭발하기 때문이다.

④ 혼합하면 용해하기 때문이다.

▶ ───────────────────────────────

제1류 위험물과 제2류 위험물의 혼합은 혼촉발화함

34 가연성 고체 위험물의 공통적인 성질이 아닌 것은?

① 낮은 온도에서 발화하기 쉬운 가연성 물질이다.

② 연소속도가 빠른 고체이다.

③ 물과 반응하여 산소를 발생한다.

④ 비중은 1보다 크다.

▶ ───────────────────────────────

제2류 위험물 중 철분, 마그네슘, 금속분은 물과 반응하여 수소를 발생

35 제2류 위험물의 저장 및 취급 시 주의사항으로 맞지 않는 것은?

① 가열이나 산화제와의 접촉을 피한다.

② 금속분은 물속에 저장한다.

③ 연소 시에 발생하는 유독가스에 주의하여야 한다.

④ 마그네슘, 금속분의 화재 시에는 마른모래의 피복소화가 좋다.

▶ ───────────────────────────────

금속분은 물과 반응 시 격렬히 반응하며 수소를 발생한다.

36 다음 중 제2류, 제5류 위험물의 공통점에 해당하는 것은?

① 산화력이 강하다.   ② 산소 함유물질이다.

③ 가연성 물질이다.   ④ 무기물이다.

▶ ───────────────────────────────

• 제2류 위험물 : 가연성
• 제5류 위험물 : 가연성, 산소 함유

37 제2류 위험물과 제4류 위험물의 공통적인 성질로 맞는 것은?

① 모두 물에 의해 소화가 불가능하다.
② 모두 산소원소를 포함하고 있다.
③ 모두 물보다 가볍다.
④ 모두 가연성 물질이다.

- 제2류 위험물 : 가연성
- 제4류 위험물 : 가연성, 인화성

38 제2류 위험물의 금속분의 화재 시 주수소화 하여서는 안 되는 이유는?

① 산소 발생
② 질소 발생
③ 수소 발생
④ 유독가스 발생

금속분은 물과 반응 시 격렬히 반응하며 수소를 발생한다.

39 제2류 위험물의 화재시 소화방법으로 틀린 것은?

① 유황은 다량의 물로 냉각소화가 적당하다.
② 알루미늄분은 건조사로 질식소화가 효과적이다.
③ 마그네슘은 이산화탄소에 의한 소화가 가능하다.
④ 인화성 고체는 이산화탄소에 의한 소화가 가능하다.

마그네슘은 이산화탄소와 반응하여 산화마그네슘과 가연성의 탄소를 발생하므로 이산화탄소 소화약제 사용금지

40 다음 제2류 위험물 성질에 관한 설명 중 틀린 것은?

① 가열이나 산화제를 멀리한다.
② 모두 비금속 원소이다.
③ 연소 시 유독한 가스에 주의하여야 한다.
④ 금속분의 화재 시에는 건조사의 피복 소화가 좋다.

41 다음 위험물에 대한 설명 중 틀린 것은?

① 황린은 공기 중에서 자연발화할 때가 있다.

② 유황은 물과 작용해서 자연발화할 때가 있다.

③ 적린은 염소산칼륨의 산화제와 혼합하면 발화폭발할 수 있다.

④ 마그네슘 분말을 수분과 장시간 접촉하면 자연발화할 수 있다.

▶ ─────────────────────────────

유황은 물과 반응하지 않으며, 소화 시 주수소화한다.

42 유황, 마그네슘, 금속분 등을 저장할 때 가장 주의하여야 할 사항은?

① 가연성 물질과 함께 보관하거나 접촉을 피해야 한다.

② 빛이 닿지 않는 어두운 곳에 보관해야 한다.

③ 통풍이 잘 되는 양지 바른 장소에 보관해야 한다.

④ 화기의 접근이나 과열을 피해야 한다.

▶ ─────────────────────────────

제2류 위험물로 가연성 고체 또는 이연성 고체이므로 화기의 접근을 금지한다.

43 가연성 고체 위험물에 산화제를 혼합하면 위험한 이유는 다음 중 어느 것인가?

① 온도가 올라가며 자연 발화되기 때문에

② 즉시 착화폭발하기 때문에

③ 약간의 가열, 충격, 마찰에 의하여 착화폭발하기 때문에

④ 조연성 가스를 발생하기 때문에

44 다음 위험물 지정수량이 제일 적은 것은?

① 유황   ② 황린   ③ 황화린   ④ 적린

▶ ─────────────────────────────

• 100kg : 유황, 황화린, 적린

• 20kg : 황린

45 오황화린이 물과 작용하여 발생하는 기체는?

① 황화수소   ② 수소

③ 산소   ④ 아세틸렌

▶
오황화린, 칠황화린이 물과 반응 시 황화수소와 인산이 발생된다.
$P_2S_5 + 8H_2O \rightarrow 5H_2S(황화수소) + 2H_3PO_4(인산)$

46 다음 중 적린에 대한 설명 중 틀린 것은?

① 물이나 알코올에는 녹지 않는다.
② 착화온도는 약 260℃이다.
③ 공기 중에서 연소하면 인화수소가스가 발생한다.
④ 산화제인 제1류 위험물과 혼합하여 발화하기 쉽다.

▶
적린은 연소 시 백색의 연기인 오산화인을 생성한다.
$4P + 5O_2 \rightarrow 2P_2O_5$

47 적린에 대한 설명으로 틀린 것은?

① 황린의 동소체이다.
② 무취의 암적색 분말이다.
③ 이황화탄소, 에테르에 녹는다.
④ 이황화탄소, 황, 암모니아와 접촉하면 발화한다.

▶
• 적린은 물 또는 이황화탄소에 녹지 않는다.
• 황린은 물에 녹지 않지만, 이황화탄소에는 녹는다.

48 유황의 성질에 대한 설명으로 옳은 것은?

① 상온에서 가연성 액체물질이다.
② 전기도체로서 연소할 때 황색 불꽃을 보인다.
③ 고온에서 용융되며, 유황은 수소와 반응하여 황화수소가 발생한다.
④ 물이나 산에 잘 녹으며, 환원성 물질과 혼합하면 폭발의 위험이 있다.

▶
① 가연성 액체 → 가연성 고체
② 전기의 도체 → 전기의 부도체
④ 물에는 불용

49 다음은 황의 성질에 관한 설명이다. 옳은 것은?(단, 고무상황 제외)

① 물에 잘 녹는다.
② 이황화탄소에 녹는다.
③ 완전연소 시 무색의 유독한 가스(CO)가 발생한다.
④ 전기의 도체이므로 마찰에 의하여 정전기가 발생된다.

> ① 물에 녹지 않는다.
> ③ 완전연소 시 SO_2 가스가 발생한다.
> ④ 전기의 부도체

50 다음은 황에 관한 설명이다. 옳지 않은 것은?

① 황은 4종류의 동소체가 존재한다.
② 황은 연소하면 모두 이산화황으로 된다.
③ 황색의 고체 또는 분말이다.
④ 황은 물에는 녹지 않는다.

> ① 황은 단사황, 사방황, 고무상황의 3가지 동소체가 있다.

51 황(S)의 저장 및 취급 시의 주의사항으로 옳지 않은 것은?

① 정전기의 축적을 방지한다.
② 산화제로부터 격리시켜 저장한다.
③ 저장 시 목탄가루와 혼합하면 안전하다.
④ 금속과는 반응하지 않으므로 금속제 통에 보관한다.

> 황가루, 목탄의 혼합은 위험하다. 특히 질산칼륨과 황가루, 숯의 혼합은 흑색화약의 원료이다.

52 적린, 유황, 철의 위험물과 혼재할 수 있는 유별은?

① 제1류   ② 제3류
③ 제4류   ④ 제6류

> 적린, 유황, 철 : 제2류 위험물

유별	제1류	제2류	제3류	제4류	제5류	제6류
제1류		×	×	×	×	○
제2류	×		×	○	○	×
제3류	×	×		○	×	×
제4류	×	○	○		○	×
제5류	×	○	×	○		×
제6류	○	×	×	×	×	

$$1 - 6$$
$$2 - 5$$
$$3 - 4$$

53 위험물로서 철분에 대한 정의가 옳은 것은?

① 철의 분말로서 53[μm]의 표준체를 통과하는 것이 50[wt%] 미만
② 철의 분말로서 53[μm]의 표준체를 통과하는 것이 50[wt%] 미만인 것 제외
③ 철의 분말로서 150[μm]의 표준체를 통과하는 것이 50[wt%] 미만
④ 철의 분말로서 150[μm]의 표준체를 통과하는 것이 50[wt%] 미만인 것 제외

◉ 제2류 위험물 ───────────────

유황	순도 60wt% 이상
철분	철분으로 53μm 표준체를 통과하는 것이 50wt% 미만인 것 제외
마그네슘	2mm 체를 통과하지 아니하는 덩어리 및 직경 2mm 이상의 막대모양의 것은 제외
금속분	구리분, 니켈분 및 150μm의 체를 통과하는 것이 50wt% 미만인 것 제외
인화성 고체	고형 알코올, 그밖에 1기압에서 인화점이 40℃ 미만인 고체

54 은백색의 광택이 있는 금속으로 비중이 약 7.86, 융점은 약 1,530[℃]이고 열이나 전기의 양도체이며 염산과 반응하여 수소를 발생하는 것은?

① 알루미늄　　　　　　　② 철
③ 아 연　　　　　　　　④ 마그네슘

경금속(비중 4.5 이하)		중금속(비중 4.5 이상)
• 리튬(Li) : 0.53	• 칼륨(K) : 0.86	• 철(Fe) : 7.8
• 나트륨(Na) : 0.97	• 칼슘(Ca) : 1.55	• 구리(Cu) : 8.9
• 마그네슘(Mg) : 1.74	• 알루미늄(Al) : 2.7	• 수은(Hg) : 13.6

55 마그네슘분에 관한 설명 중 옳은 것은?

① 가벼운 금속분으로 비중은 물보다 약간 작다.
② 금속이므로 연소하지 않는다.
③ 산 및 알칼리와 반응하여 산소를 발생한다.
④ 분진폭발의 위험이 있다.

▶
① 비중이 1.74로 물보다 무겁다.
② 금속으로 분진폭발한다.
③ 수소 발생

56 위험물안전관리법에서 마그네슘은 몇 [mm]의 체를 통과하지 않는 덩어리 상태의 것을 위험물에서 제외하고 있는가?

① 1 ② 2
③ 3 ④ 4

▶ 마그네슘

2mm체를 통과하지 아니하는 덩어리 및 직경 2mm 이상의 막대모양의 것은 제외

57 철분과 황린의 지정수량을 합한 값은?

① 1,020[kg] ② 520[kg]
③ 220[kg] ④ 70[kg]

▶
• 철분 지정수량 : 500kg
• 황린 지정수량 : 20kg

58 알루미늄의 화재에 가열 수증기와 반응하여 발생하는 가스는?

① 질소 ② 산소
③ 수소 ④ 염소

▶
$2Al + 6H_2O \rightarrow 2Al(OH)_3 + 3H_2 \uparrow$

59 고형 알코올에 대한 설명으로 맞는 것은?

① 합성수지에 메탄올을 혼합 침투시켜 한천상(寒天狀)으로 만든 것이다.
② 50℃ 미만에서 가연성의 증기를 발생하기 쉽고 인화되기 매우 쉽다.
③ 제4류 위험물로서 알코올류에 해당한다.
④ 가열 또는 화염에 의해 화재위험성이 매우 낮다.

▶

② 40℃ 미만에서 가연성의 증기를 발생하기 쉽고 인화되기 매우 쉽다.
③ 제2류 위험물로서 인화성 고체에 해당한다.
④ 가열 또는 화염에 의해 화재위험성이 매우 높다.

60 인화성 고체가 인화점이 몇 [℃]일 때 제2류 위험물로 보는가?

① 40[℃] 미만   ② 40[℃] 이상
③ 50[℃] 미만   ④ 50[℃] 이상

▶ **인화성 고체**

고형 알코올, 그밖에 1기압에서 인화점이 40℃ 미만인 고체

61 다음 중 자연발화성 물질 및 금수성 물질은 몇 류 위험물인가?

① 제1류 위험물   ② 제2류 위험물
③ 제3류 위험물   ④ 제4류 위험물

▶

유별	공통성질	가연물	산소공급원	점화원	물과의 반응 시 생성가스
제1류	산화성 고체		○		산소가스 발생
제2류	가연성 고체	○			수소가스 발생(철마금)
제3류	자연발화성 물질 금수성 물질	○		○	수소가스 가연성 가스 발생
제4류	인화성 액체	○		△	
제5류	자기반응성 물질	○	○		
제6류	산화성 액체		○		산소가스 발생

62 제2류, 제3류 위험물에 대한 설명 중 틀린 것은?

① 황린은 다량의 물로 소화하는 것이 좋다.

② 아연분과 황은 어떤 비율로 혼합되어 있어도 가열하면 폭발한다.

③ 적린은 연소 시에 오산화인의 흰 연기를 발생한다.

④ 마그네슘은 알칼리에는 안정하나 산과 반응하여 산소를 발생한다.

▶ ────────────────────────────────

④ 마그네슘은 알칼리에는 안정하나 산과 반응하여 수소를 발생한다.

63 제3류 위험물의 일반적인 성질에 해당되는 것은?

① 나트륨을 제외하고 물보다 무겁다.

② 황린을 제외하고 물과 반응하는 물질이다.

③ 유별이 다른 위험물과는 일정한 거리를 유지하는 경우 동일한 장소에 저장할 수 있다.

④ 위험물제조소에 청색 바탕에 백색 글씨로 "물기주의"를 표시한 주의사항 게시판을 설치한다.

▶ ────────────────────────────────

① 나트륨 비중 0.97, 칼륨비중 : 0.86

③ 유별을 달리하는 위험물은 혼재 불가

④ 제3류 위험물 중 금수성 물질의 표시사항 "물기엄금"

64 다음은 제3류 위험물 저장 및 취급 시 주의사항이다. 적합하지 않은 것은?

① 모든 물질은 물과 반응하여 수소를 발생한다.

② K, Na 및 알칼리금속은 석유류에 저장한다.

③ 유별이 다른 위험물과는 동일한 위험물 저장소에 함께 저장해서는 아니 된다.

④ 소화방법은 건조사, 팽창질석, 건조석회를 상황에 따라 조심스럽게 사용하여 질식 소화한다.

▶ ────────────────────────────────

제3류 위험물은 물과 반응하여 가연성 가스 생성

65 다음은 제3류 위험물의 공통된 특성에 대한 설명이다. 옳은 것은?

① 일반적으로 불연성 물질이고 강산화제이다.

② 가연성이고 자기반응성 물질이다.

③ 저온에서 발화하기 쉬운 가연성 물질이며 산과 접촉하면 발화한다.

④ 물과 반응하여 가연성 가스를 발생하는 것이 많다.

66 제3류 위험물의 화재 시 가장 적당한 소화방법은?

① 주수소화가 적당하다.

② 이산화탄소가 적당하다.

③ 할로겐화물 소화가 적당하다.

④ 건조사가 적당하다.

67 다음 물질의 저장방법 중 틀린 것은 어느 것인가?

① 탄화칼슘 – 밀폐용기

② 나트륨 – 석유에 보관

③ 칼륨 – 석유에 보관

④ 알킬알루미늄 – 물에 보관

▶ ─────────────────────────────

④ 알킬알루미늄은 물과 반응하여 가연성 가스를 발생하므로 주수금지이다.

68 트리에틸알루미늄의 성질 중 틀린 것은?

① 유기금속화합물이다.

② 폴리에틸렌 · 폴리스티렌 등을 공업적으로 합성하기 위해서 사용한다.

③ 공기와 접촉하면 산화한다.

④ 무색 액체로, 분자량 114.17, 녹는점 −52.5℃, 끓는점 194℃이다.

▶ ─────────────────────────────

알킬알루미늄은 공기와 접촉하면 발화한다.

69 물 또는 습기와 접촉하면 급격히 발화하는 물질은?

① 질산

② 나트륨

③ 황린

④ 아세톤

▶ ─────────────────────────────

나트륨은 공기 중의 습기와 발열 반응하여 발화하므로 석유류 등 보호액 속에 보관함

70 다음 중 칼륨 보관 시에 사용하는 것은?

① 수은

② 에탄올

③ 글리세린

④ 경유

▶ ─────────────────────────────

칼륨, 나트륨, 리튬 등의 금속 보호액 : 석유(등유, 경유, 파라핀)

71 제3류 위험물인 칼륨의 특성으로 맞지 않는 것은?

① 물보다 비중이 크다.
② 은백색의 광택이 있는 무른 경금속이다.
③ 연소 시 보라색 불꽃을 내면서 연소한다.
④ 융점이 63.5℃이고 비점은 762℃이다.

◉ 금속의 불꽃반응 시 색상

암기법 불꽃놀이할 때 불꽃 색깔 － 빨리 노나보카 청녹개구리

리튬 → 적색	나트륨 → 노란색	칼륨 → 보라색	구리 → 청녹색	칼슘 → 황적색

※ 금속의 비중

경금속(비중 4.5 이하)		중금속(비중 4.5 이상)
• 리튬(Li) : 0.53	• 칼륨(K) : 0.86	• 철(Fe) : 7.8
• 나트륨(Na) : 0.97	• 칼슘(Ca) : 1.55	• 구리(Cu) : 8.9
• 마그네슘(Mg) : 1.74	• 알루미늄(Al) : 2.7	• 수은(Hg) : 13.6

제4류 위험물의 비중
• 이황화탄소 : 1.26
• 비중이 1보다 큰 것 : 의산, 초산, 클로로벤젠, 니트로벤젠, 글리세린

72 다음은 칼륨과 물이 반응하여 생성된 화학반응식을 나타낸 것이다. 옳은 것은?

① 산화칼륨＋수소＋발열반응
② 산화칼륨＋수소＋흡열반응
③ 수산화칼륨＋수소＋흡열반응
④ 수산화칼륨＋수소＋발열반응

◉

칼륨＋물 → 수산화칼륨＋수소＋발열반응
$2K + 2H_2O \rightarrow 2KOH + H_2 \uparrow$

73 칼륨과 나트륨의 공통적인 성질로서 틀린 것은?

① 경유 속에 저장한다.
② 피부 접촉 시 화상을 입는다.
③ 물과 반응하여 수소를 발생한다.
④ 알코올과 반응하여 산소를 발생한다.

◉

$2K + 2C_2H_5OH \rightarrow 2C_2H_5OK + H_2$
알코올과 반응하여 금속의 아세틸레이드와 수소를 발생시킨다.

74 칼륨이나 나트륨의 취급상 주의사항이 아닌 것은 어느 것인가?

① 보호액 속에 노출되지 않게 저장할 것
② 수분, 습기 등과의 접촉을 피할 것
③ 용기의 파손에 주의할 것
④ 손으로 꺼낼 때는 맨손으로 다룰 것

▶ 칼륨과 나트륨은 수분과 반응하므로 손으로 직접 만지면 손의 수분으로 인해 화상의 위험이 있다.

75 황린에 관한 설명 중 틀린 것은?

① 독성이 없다.
② 공기 중에 방치하면 자연발화될 가능성이 크다.
③ 물속에 저장한다.
④ 연소 시 오산화인의 흰 연기가 발생한다.

▶ 적린은 독성이 없으며, 황린은 독성이 있다.

76 다음 중 황린의 화재 설명에 대하여 옳지 않은 것은?

① 황린이 발화하면 검은색의 연기를 낸다.
② 황린은 공기 중에서 산화하고 산화열이 축적되어 자연발화한다.
③ 황린 자체와 증기 모두 인체에 유독하다.
④ 황린은 수중에 저장하여야 한다.

▶ 황린이 연소하면 백색연기를 내는 오산화인이 생성된다.

77 황린의 위험성에 대한 설명으로 맞지 않는 것은?

① 발화점은 34℃로 낮아 매우 위험하다.
② 증기는 유독하며 피부에 접촉되면 화상을 입는다.
③ 상온에 방치하면 증기를 발생시키고 산화하여 발열한다.
④ 백색 또는 담황색의 고체로 물에 잘 녹는다.

▶ 황린은 고체로 물에 녹지 않으므로 보관 시 pH 9(약 알칼리성) 물에 보관한다.

78 황린이 자연발화하기 쉬운 이유는 어느 것인가?

① 비등점이 낮고 증기의 비중이 작기 때문
② 녹는점이 낮고 상온에서 액체로 되어 있기 때문
③ 착화 온도가 낮고 산소와 결합력이 강하기 때문
④ 인화점이 낮고 인화성 물질이기 때문

▶ 황린의 발화점은 34℃이며, 산소와 반응이 크다.

79 황린의 저장 및 취급에 있어서 주의사항으로 옳지 않은 것은?

① 물과의 접촉을 금할 것
② 독성이 강하므로 취급에 주의할 것
③ 산화제와의 접촉을 피할 것
④ 발화점이 낮으므로 화기의 접근을 피할 것

▶ 황린은 물속에 저장한다.

80 다음 중 착화 온도가 가장 낮은 것은?

① 유황   ② 삼황화린   ③ 적린   ④ 황린

▶ 황린의 발화(착화)점은 34℃로서 위험물 중에서 가장 낮다.

81 다음 위험물의 화재 시 주수소화에 의하여 가장 위험이 있는 것은?

① CaO ② Ca_3P_2
③ P ④ $C_6H_2(NO_2)_3CH_3$

▶ ① CaO : 산화칼슘－위험물 아님
② Ca_3P_2 : 인화칼슘－제3류 위험물 : 물과 반응하여 포스핀가스 생성
③ P : 적린－제2류위험물 : 주수소화
④ $C_6H_2(NO_2)_3CH_3$: 트리니트로톨루엔－제5류위험물 : 주수소화

유별	품명	발생가스	반응식
제1류	무기과산화물	산소	$2Na_2O_2 + 2H_2O \rightarrow 4NaOH + O_2 \uparrow$
제2류	오황화린, 칠황화린	황화수소	$P_2S_5 + 8H_2O \rightarrow 2H_3PO_4(인산) + 5H_2S \uparrow$
	철분, 마그네슘, 금속분	수소	$Mg + 2H_2O \rightarrow Mg(OH)_2 + H_2 \uparrow$
제3류	칼륨, 나트륨, 리튬	수소	$2K + 2H_2O \rightarrow 2KOH + H_2 \uparrow$
	수소화칼륨, 수소화나트륨	수소	$KH + H_2O \rightarrow KOH + H_2 \uparrow$
	트리메틸알루미늄	메탄	$(CH_3)_3Al + 3H_2O \rightarrow Al(OH)_3 + 3CH_4 \uparrow$
	트리에틸알루미늄	에탄	$(C_2H_5)_3Al + 3H_2O \rightarrow Al(OH)_3 + 3C_2H_6 \uparrow$
	인화칼슘, 인화알루미늄	포스핀(PH_3)	$Ca_3P_2 + 6H_2O \rightarrow 3Ca(OH)_2 + 2PH_3 \uparrow$
	탄화칼슘	아세틸렌(C_2H_2)	$CaC_2 + 2H_2O \rightarrow Ca(OH)_2 + C_2H_2 \uparrow$
	탄화알루미늄	메탄(CH_4)	$Al_4C_3 + 12H_2O \rightarrow 4Al(OH)_3 + 3CH_4 \uparrow$

82 인화칼슘(Ca_3P_2)이 물과 반응 시 생성되는 가연성 가스는?

① 수소　　　　② 아세틸렌　　　　③ 인화수소　　　　④ 염화수소

▶

인화칼슘이 물과 반응하면 인화수소(PH_3, 포스핀가스) 발생
$Ca_3P_2 + 6H_2O \rightarrow 3Ca(OH)_2 + 2PH_3 \uparrow$

83 칼슘카바이드의 위험성으로 옳은 것은?

① 습기와 접촉하면 아세틸렌가스를 발생시킨다.
② 밀폐용기에 저장하거나 질소가스 등으로 밀봉하여 저장한다.
③ 고온에서 질소와 반응하여 석회질소가 된다.
④ 구리와 반응하여 아세틸렌화 구리가 생성된다.

▶

탄화칼슘 = 칼슘카이드

84 다음 중 카바이드에서 아세틸렌가스 제조반응식으로 옳은 것은?

① $CaC_2 + 2H_2O \rightarrow Ca(OH)_2 + C_2H_2 \uparrow$

② $CaC_2 + H_2O \rightarrow CaO + C_2H_2 \uparrow$

③ $2CaC_2 + 6H_2O \rightarrow 3Ca(OH)_2 + 2C_2H_2 \uparrow$

④ $CaC_2 + 3H_2O \rightarrow CaCO_3 + 2CH_3 \uparrow$

85 탄화칼슘 90,000[kg]를 소요단위로 산정하면?

① 10단위   ② 20단위   ③ 30단위   ④ 40단위

> 탄화칼슘의 지정수량 : 300kg
>
> $$\frac{90,000}{10 \times 300} = 30$$

86 다음 제3류 위험물 중 물과 작용하여 메탄가스를 발생시키는 것은?

① 수소화나트륨   ② 탄화알루미늄   ③ 수소화칼륨   ④ 수소화리튬

> 제3류 위험물 중 메탄가스 발생 : 탄화알루미늄, 트리메틸알루미늄

87 다음 제4류 위험물의 일반적인 성질에 대한 설명으로 가장 거리가 먼 것은?

① 증기는 공기와 약간 혼합되어도 연소의 우려가 있다.
② 액체비중은 물보다 가벼운 것이 많다.
③ 인화의 위험이 높은 것이 많다.
④ 증기비중은 공기보다 가벼운 것이 많다.

> 제4류위험물 중 증기비중이 공기보다 가벼운 것은 제1석유류 중 시안화수소(HCN)이다.

88 제4류 위험물의 석유류 분류는 다음 어느 성질에 따라 구분하는가?

① 비등점   ② 연소점   ③ 착화점   ④ 인화점

> 인화점의 차이로 석유류를 제1석유류, 제2석유류, 제3석유류, 제4석유류로 구분한다.

89 인화성 액체 위험물의 특징으로 맞는 것은?

① 착화 온도가 높다.
② 증기의 비중은 1보다 작으며 높은 곳에 체류한다.
③ 전기 부도체로 정전기 발생에 주의하여야 한다.
④ 대부분 비중이 물보다 크다.

> 증기비중은 대부분 1보다 크며, 액체비중은 1보다 작은 것이 대부분이다.

90 제4류 위험물 취급 시 주의사항 중 틀린 것은 어느 것인가?

① 인화위험은 액체보다 증기에 있다.
② 증기는 공기보다 무거우므로 높은 곳으로 배출하는 것이 좋다.
③ 화기 및 점화원으로부터 멀리 저장할 것
④ 인화점 이상 가열하여 취급할 것

▶ 보관 시 인화점 이하로 보관한다.

91 제4류 위험물에 가장 많이 사용하는 소화방법은?

① 물을 뿌린다.　　② 연소물을 제거한다.
③ 공기를 차단한다.　　④ 인화점 이하로 냉각한다.

▶ 제4류 위험물은 인화성 액체로 인화점이 낮으며 대부분 유기화합물로 물에 녹지 않으며 비중이 1보다 작으므로 주수소화 시 연소면의 확대 우려가 있으며, 포소화설비 등을 이용한 질식소화를 한다.

92 다음 제4류 위험물 중 석유류의 분류가 옳은 것은?

① 제1석유류 : 아세톤, 가솔린, 이황화탄소
② 제2석유류 : 등유, 경유, 장뇌유
③ 제3석유류 : 중유, 송근유, 클레오소트유
④ 제4석유류 : 윤활유, 가소제, 글리세린

▶
① 제1석유류 : 아세톤, 가솔린　　특수인화물 : 이황화탄소
③ 제3석유류 : 중유, 클레오소트유　　제2석유류 : 송근유
④ 제4석유류 : 윤활유, 가소제　　제3석유류 : 글리세린

93 제4류 위험물 중 물에 잘 녹지 않는 물질은?

① 피리딘　　② 아세톤　　③ 초산　　④ 아닐린

▶
• 아닐린 : 제3석유류 비수용성
• 피리딘, 아세톤, 초산 : 수용성

분류	지정품목	비수용성	수용성	수용성
특수인화물	에테르, 이황화탄소	50		아세트알데히드, 산화프로필렌
제1석유류	아세톤, 가솔린	200	400	아세톤, 피리딘, 시안화수소
알코올류	–	400		메틸·에틸·프로필알코올
제2석유류	등유, 경유	1000	2,000	초산, 의산, 에틸셀르솔브
제3석유류	중유, 클레오소트유	2000	4,000	에틸렌글리콜, 글리세린
제4석유류	기어유, 실린더유	6000		–
동식물류	–	1,000		

94 위험물을 옥내저장소에 다음과 같이 저장할 때 지정수량의 배수는 얼마인가?

> 휘발유 400*l*, 아세톤 400*l*, 니트로벤젠 4,000*l*, 글리세린 8,000*l*

① 3배
② 4배
③ 6배
④ 7배

▶

지정수량의 배수 : 휘발유 200*l*, 아세톤 400*l*, 니트로벤젠 2,000*l*, 글리세린 4,000*l*

$$\frac{400}{200}+\frac{400}{400}+\frac{4,000}{2,000}+\frac{8,000}{4,000}=2+1+2+2=7$$

95 다음 중 BTX에 해당되지 않는 것은?

① 벤젠
② 톨루엔
③ 크세논
④ 크실렌

▶

벤젠(Benzene), 톨루엔(Toluene), 크실렌(Xylene)의 앞글자로 만든 약어

벤젠(B)	톨루엔(T)	크실렌
C_6H_6	$C_6H_5CH_3$	$C_6H_4(CH_3)_2$
또는	CH_3	(O–크실렌) (m–크실렌) (P–크실렌)

96 물에 잘 녹지 않고 물보다 가벼우며 인화점이 가장 낮은 위험물은?

① 아세톤
② 디에틸에테르
③ 이황화탄소
④ 산화프로필렌

① 아세톤 : 제1석유류 – 수용성, 인화점 : –18℃
② 디에틸에테르 : 특수인화물 – 비수용성, 인화점 : –45℃
③ 이황화탄소 : 특수인화물 – 비수용성, 인화점 : –30℃, 비중 : 1.26
④ 산화프로필렌 : 특수인화물 – 수용성, 인화점 : –37℃

97 다음 중 착화온도가 가장 낮은 것은?

① 휘발유
② 삼황화린
③ 적린
④ 황린

인화점(특에이아산, –5087), 착화점

인화점		발화점	
20℃	피리딘	360℃	유황
13℃	에틸알코올	300℃	TNT,TNP
11℃	메틸알코올	300℃	휘발류
4℃	톨루엔	260℃	적린
– – – – –	– – – – – – – – – –	232℃	황
–1℃	메틸에틸케톤	220℃	등유
–4℃	초산에틸	200℃	경유
–10℃	초산메틸	185℃	아세트알데히드
–11℃	벤젠	180℃	디에틸에테르
–18℃	아세톤, 콜로디온	170℃	니트로셀룰로오스
–20~–43℃	가솔린	125℃	과산화벤조일
–30℃	이황화탄소, 펜타보란	100℃	삼황화린
–37℃	산화프로필렌	90℃	이황화탄소
	아세트알데히드	34℃	황린(미분), 펜타보란
–38℃	황화디메틸		
–45℃	디에틸에테르	비점	
–51℃	펜탄	35℃	이황화탄소
–54℃	이소프렌	34℃	산화프로필렌, 디에틸에테르
		21℃	아세트알데히드

98 특수인화물에 대한 설명으로 옳은 것은?

① 디에틸에테르, 이황화탄소, 아세트알데히드는 이에 해당한다.
② 1기압에서 비점이 100[℃] 이하인 것이다.
③ 인화점이 영하 20[℃] 이하로서 발화점이 90[℃] 이하인 것이다.
④ 1기압에서 비점이 100[℃] 이상인 것이다.

> 이황화탄소, 디에틸에테르 그밖에 1기압에서 발화점이 섭씨 100℃ 이하인 것 또는 인화점이 섭씨 영하 20℃ 이하이고 비점이 섭씨 40℃ 이하인 것

99 다음 특수인화물이 아닌 것은?

① 디에틸에테르

② 아세트알데히드

③ 이황화탄소

④ 콜로디온

> 콜로디온 : 제4류 위험물 중 제1석유류

100 다음 물질 중 인화점이 가장 낮은 것은?

① 에테르

② 이황화탄소

③ 아세톤

④ 벤젠

> ① 에테르 : -45℃

> ② 이황화탄소 : -30℃

> ③ 아세톤 : -18℃

> ④ 벤젠 : -11℃

101 인화점이 낮은 것에서 높은 순서로 올바르게 나열된 것은?

① 디에틸에테르 → 아세트알데히드 → 이황화탄소 → 아세톤

② 아세톤 → 디에틸에테르 → 이황화탄소 → 아세트알데히드

③ 이황화탄소 → 아세톤 → 디에틸에테르 → 아세트알데히드

④ 아세트알데히드 → 이황화탄소 → 아세톤 → 디에틸에테르

> 디에틸에테르(-45℃) → 아세트알데히드(-38℃) → 이황화탄소(-30℃) → 아세톤(-18℃)

102 디에틸에테르($C_2H_5OC_2H_5$)의 증기 비중은?

① 1.55

② 2.5

③ 2.55

④ 3.05

> 디에틸에테르의 분자량 : $C_4H_{10}O=12 \times 4+10+16=74$

> 증기비중$= \dfrac{\text{물질의 분자량}}{29(\text{공기의 평균분자량})} = \dfrac{74}{29}=2.551 \fallingdotseq 2.55$

103 다음 중 디에틸에테르의 성질로 맞지 않은 것은?

① 증기는 마취성이 있다.
② 무색, 투명하다.
③ 물에는 녹기 어려우나 알코올에는 잘 녹는다.
④ 정전기가 발생하기 어렵다.

○ ─────────────────────────────────────

유기화합물은 대부분 비극성으로 물에 녹기 어렵고 전기의 부도체로 정전기 발생에 주의한다.
(물은 극성으로 전기의 도체이다.)

104 에테르를 저장, 취급할 때의 주의사항으로 틀린 것은?

① 장시간 공기와 접촉하고 있으면 과산화물이 생성되어 폭발위험이 있다.
② 연소범위는 휘발유보다 좁지만 인화점과 착화 온도가 낮으므로 주의를 요한다.
③ 건조한 에테르는 비전도성이므로 정전기 발생에 주의를 요한다.
④ 소화약제로서 CO_2가 가장 적당하다.

○ ─────────────────────────────────────

에테르 연소범위 1.9~48%, 휘발유 연소범위 1.4~7.6%

105 디에틸에테르에 대한 설명 중 틀린 것은?

① 디에틸에테르는 특수인화물로서 지정수량이 200리터이다.
② 물에 약간 녹고, 알코올에 잘 녹으며 발생된 증기는 마취성이 있다.
③ 공기와 장기간 접촉하면 과산화물이 생성되므로 갈색병에 저장하여야 한다.
④ 디에틸에테르는 인화점이 영하 45℃이고, 착화점은 180℃이다.

○ ─────────────────────────────────────

특수인화물의 지정수량 : 50리터

106 이황화탄소를 물속에 저장하는 이유로 맞는 것은?

① 불순물을 용해시키기 위하여
② 가연성 가스의 발생을 억제하기 위하여
③ 상온에서 수소를 방출하기 때문에
④ 공기와 접촉하면 즉시 폭발하기 때문에

○ ─────────────────────────────────────

이황화탄소(CS_2)를 수조에 보관하는 이유는 가연성 가스의 발생방지이다.

107 이황화탄소에 대한 설명으로 잘못된 것은?

① 순수한 것은 황색을 띠고, 액체는 물보다 가볍다.
② 증기는 유독하며 피부를 해치고 신경계통을 마비시킨다.
③ 물에는 녹지 않으나 유지, 황 고무 등을 잘 녹인다.
④ 인화되기 쉬우며 점화되면 연한 파란 불꽃을 나타낸다.

➲ ────────────────────────────

　이황화탄소 비중은 1.26

108 순수한 것은 무색, 투명한 휘발성 액체이고 물보다 무겁고 물에 녹지 않으며 연소 시 아황산가스를 발생하는 물질은?

① 에테르　　　　　　　　　　② 이황화탄소
③ 아세트알데히드　　　　　　④ 산화프로필렌

109 제4류 위험물 중 착화온도가 가장 낮고 대단히 휘발하기 쉬우므로 용기를 탱크에 저장 시 물로 덮어서 증발을 막는 위험물은 어느 것인가?

① 이황화탄소　　② 콜로디온　　③ 에틸에테르　　④ 가솔린

➲ ────────────────────────────

　이황화탄소(CS_2)를 수조에 보관하는 이유는 가연성 가스의 발생을 방지하기 위해서이다.

110 다음 중 제4류 위험물인 아세트알데히드의 인화점은 몇 ℃인가?

① −45℃　　　② −38℃　　　③ −30℃　　　④ −11℃

➲ **인화점(특에이아산, −5087)** ────────────

　에테르 : −45℃, 이황화탄소 : −30℃, 아세트알데히드 : −38℃, 산화프로필렌 : −37℃

111 다음 위험물 중 물보다 가볍고 인화점이 0℃ 이하인 물질은?

① 이황화탄소　　　　　　　　② 아세트알데히드
③ 테레핀유　　　　　　　　　④ 경유

➲ ────────────────────────────

　① 이황화탄소 : 비중 1.26 인화점 −30℃
　② 아세트알데히드 : 비중 0.78, 인화점 −38℃
　③ 테레핀유 : 제2석유류 인화점 21~70℃(암기하는 것이 아니고 인화점의 석유류 구별 감으로)
　④ 경유 : 제2석유류 인화점 21~70℃(암기하는 것이 아니고 인화점의 석유류 구별 감으로)

112 구리(Cu), 은(Ag), 마그네슘(Mg), 수은(Hg)과 반응하면 아세틸라이드를 생성하고 연소범위가 2.5~38.5%인 물질은?

① 아세트알데히드　　　　　　　　② 알킬알루미늄
③ 산화프로필렌　　　　　　　　　④ 콜로디온

▷
　　• 아세트알데히드 연소범위 : 4.1~57%
　　• 산화프로필렌 연소범위 : 2.5~38.5%

113 산화프로필렌의 성질로서 가장 옳은 것은?

① 산, 알칼리 또는 구리(Cu), 마그네슘(Mg)의 촉매에서 중합반응을 한다.
② 물속에서 분해하여 에탄(C_2H_6)을 발생한다.
③ 폭발범위가 4~58[%]이다.
④ 물에 녹기 힘들며 흡열반응을 한다.

▷
　　② 저장 시 수증기 또는 질소를 봉입한다.
　　③ 폭발범위는 2.5~38.5%
　　④ 물에 녹는다.

114 다음 중 제4류 위험물의 제1석유류에 속하는 것은?

① 이황화탄소　　　　　　　　　② 휘발유
③ 디에틸에테르　　　　　　　　④ 크실렌

▷
　　• 이황화탄소 : 특수인화물　　　• 휘발유 : 제1석유류
　　• 디에틸에테르 : 특수인화물　　• 크실렌 : 제2석유류

115 다음 중 물에 잘 녹지 않는 위험물은?

① 벤젠　　　　　　　　　　　② 에틸알코올
③ 글리세린　　　　　　　　　④ 아세트알데히드

▷
　　수용성 : 에틸알코올, 글리세린, 아세트알데히드

116 위험물 저장소에 특수인화물 200[l], 제1석유류(비수용성)400[l], 제2석유류(비수용성)1,000[l]를 저장할 경우 지정수량은 몇 배인가?

① 9배　　　　　② 8배　　　　　③ 7배　　　　　④ 6배

▶ **지정수량**

특수인화물 50[l], 제1석유류(비수용성) 200[l], 제2석유류(비수용성)1,000[l]

$$\frac{200}{50} + \frac{400}{200} + \frac{1,000}{1,000} = 4 + 2 + 1 = 7$$

117 다음은 위험물의 성질에 관한 설명 중 옳은 것은?

① 이황화탄소, 가솔린, 벤젠 가운데 인화 온도가 가장 낮은 것은 벤젠이다.
② 에테르는 인화점이 낮아 인화하기 쉬우며 그 증기는 마취성이 있다.
③ 에틸알코올은 인화점이 13[℃]이지만 물이 조금이라도 섞이면 불연성 액체가 된다.
④ 석유에테르의 증기는 마취성이 있으며 공기보다 무겁고 비중은 1보다 크다.

▶

① 이황화탄소(-30℃), 가솔린(-20~-43℃), 벤젠(-11℃)
③ 불연성 액체 → 가연성 액체
④ 증기비중은 1보다 크지만, 액체비중은 1보다 작다.

118 다음 위험물 중 위험등급 2등급에 해당하는 것은?

① 등유　　　　　② 디에틸에테르　　　　　③ 클레오소오트유　　　　　④ 아세톤

▶

- 위험등급 I등급 : 특수인화물
- 위험등급 II등급 : 알코올류, 제1석유류

※ 등유 : 제2석유류
　디에틸에테르 : 특수인화물
　클레오소오트유 : 제3석유류
　아세톤 : 제1석유류

119 휘발유에 대한 설명 중 틀린 것은?

① 연소범위는 약 1.4~7.6[%]이다.
② 제1석유류로 지정수량이 200[$ℓ$]이다.
③ 비전도성이므로 정전기에 의한 발화의 위험이 없다.
④ 착화점이 약 300[℃]이다.

　정답　116 ③　117 ②　118 ④　119 ③

○ ────────────────────
비전도성이므로 정전기가 발생됨

120 제4류 위험물 제1석유류인 휘발유의 지정수량은?

① 200[l]　　　② 400[l]　　　③ 1,000[l]　　　④ 2,000[l]

○ ────────────────────
제1석유류 비수용성 지정수량 200l, 수용성 400l

121 제4류 위험물인 톨루엔의 특성으로 맞지 않는 것은?

① 무색의 휘발성 액체이다.
② 인화점은 4℃이고 착화점은 552℃이다.
③ 독성이 있고 방향성을 갖는다.
④ 물에는 녹으나 유기용제에는 녹지 않는다.

○ **톨루엔** ────────────────────
제1석유류 – 비수용성

122 톨루엔의 성질을 벤젠과 비교한 것 중 틀린 것은?

① 독성은 벤젠보다 크다.　　　② 인화점은 벤젠보다 높다.
③ 비점은 벤젠보다 높다.　　　④ 연소범위는 벤젠보다 좁다.

○ **독성의 크기** ────────────────────
벤젠 > 톨루엔 > 크실렌

123 제4류 위험물인 톨루엔($C_6H_5CH_3$)에 대한 일반적 성질 중 틀린 것은?

① 증기는 공기보다 가볍다.
② 인화점이 낮고 물에는 잘 녹지 않는다.
③ 휘발성이 있는 무색 · 투명한 액체이다.
④ 증기는 독성이 있지만 벤젠에 비해 약한 편이다.

○ ────────────────────
제4류 위험물 중 증기가 공기보다 가벼운 것은 시안화수소(HCN)이다.

124 제4류 위험물의 제1석유류인 메틸에틸케톤의 지정수량은?

① 100*l* ② 200*l*

③ 300*l* ④ 400*l*

▶ ─────────────────────────

메틸에틸케톤(MEK)은 수용성이지만 지정수량은 200*l*이다.

125 다음 위험물 중 알코올류에 속하지 않는 것은 무엇인가?

① 에틸알코올 ② 메틸알코올

③ 변성알코올 ④ 1－부탄올

▶ ─────────────────────────

한 분자 내의 탄소원자가 1개에서 3개인 포화1가(OH의 개수)의 알코올로서 변성 알코올을 포함한다.
1－부탄올 : 제2석유류 비수용성

126 제4류 위험물의 발생증기와 비교하여 시안화수소(HCN)가 갖는 대표적인 특징은?

① 물에 녹기 쉽다. ② 물보다 무겁다.

③ 증기는 공기보다 가볍다. ④ 인화성이 낮다.

▶ ─────────────────────────

시안화수소의 증기비중은 HCN=1＋12＋14=27로 공기의 평균비중 29보다 작다.

127 알코올류에서 탄소수가 증가할 때 변화하는 현상이 아닌 것은?

① 인화점이 높아진다.

② 발화점이 높아진다.

③ 연소범위가 좁아진다.

④ 수용성이 감소된다.

▶ 탄화수소계 화합물의 탄소수 증가 시 변화현상 ─────────

탄화수소계 화합물의 탄소수가 증가할수록 위험성은 작아진다.

1. 비중, 착화점, 연소범위, 휘발성, 연소속도는 낮아진다.
2. 비점, 인화점, 발열량, 증기비중, 점도는 높아진다.
3. 이성질체가 많아진다.

128 제4류 위험물 중 알코올에 대한 설명이다. 옳지 않은 것은?

① 수용성이 가장 큰 알코올은 에틸알코올이다.
② 분자량이 증가함에 따라 수용성은 감소한다.
③ 분자량이 커질수록 이성질체도 많아진다.
④ 변성알코올도 알코올류에 포함된다.

수용성이 가장 큰 것은 메틸알코올이다.

129 메틸알코올을 취급할 때의 위험성으로 틀린 것은?

① 겨울철 영하의 온도에서는 인화하지 않는다.
② 연소범위는 에틸알코올보다 넓다.
③ 독성이 있다.
④ 증기는 공기보다 약간 가볍다.

제4류 위험물의 증기는 시안화수소를 제외하고 모두 공기보다 무겁다.
• 메틸알코올 연소범위 : 7.3~36%
• 에틸알코올 연소범위 : 4.3~19%

130 알코올류 $60,000[l]$의 소화설비의 설치 시 소요단위는 얼마인가?

① 5단위   ② 10단위
③ 15단위   ④ 20단위

알코올의 지정수량 : $400[l]$

$$\frac{60,000}{10 \times 400} = 15$$

131 다음 중 위험물 중 알코올류에 속하는 것은?

① 메틸알코올   ② 부탄올
③ 퓨젤유   ④ 클레오소트유

분자를 구성하는 탄소원자의 수가 1개부터 3개까지인 포화1가 알코올(변성알코올 포함)

132 다음 중 2가 알코올에 해당되는 것은?

① 메탄올　　　　　　　　　　② 에탄올
③ 에틸렌글리콜　　　　　　　　④ 글리세린

▶ ────────────────────────────────

2가 알코올 : OH가 2개

1가	메틸알코올 CH_3OH	H | H－C－OH | H	**2가**	에틸렌글리콜 $C_2H_4(OH)_2$	H　H |　| H－C－C－H |　| OH　OH
	에틸알코올 C_2H_5OH	H　H |　| H－C－C－OH |　| H　H	**3가**	글리세린 $C_3H_5(OH)_3$	H　H　H |　|　| H－C－C－C－H |　|　| OH　OH　OH
	프로필알코올 C_3H_7OH	H　H　H |　|　| H－C－C－C－OH |　|　| H　H　H			

133 다음 중 제4류 위험물의 제2석유류에 해당하는 것은?

① 클로로벤젠　　　　　　　　② 피리딘
③ 시안화수소　　　　　　　　④ 휘발유

▶ ────────────────────────────────

• 클로로벤젠 : 제2석유류
• 피리딘 : 제1석유류
• 시안화수소 : 제1석유류
• 휘발유 : 제1석유류

134 1기압에서 액체로서 인화점이 21[℃] 이상 70[℃] 미만인 위험물은?

① 제1석유류－아세톤, 휘발유
② 제2석유류－등유, 경유
③ 제3석유류－중유, 클레오소트유
④ 제4석유류－기어유, 실린더유

▶ ────────────────────────────────

인화점이 21[℃] 이상 70[℃] 미만은 제2석유류

135 **경유의 화재 발생 시 주수소화가 부적당한 이유로서 가장 옳은 것은?**

① 경유가 연소할 때 물과 반응하여 수소가스를 발생하여 연소를 돕기 때문에
② 주수소화하면 경유의 연소열 때문에 분해하여 산소를 발생하여 연소를 돕기 때문에
③ 경유는 물과 반응하여 독성가스를 발생하므로
④ 경유는 물보다 가볍고 또 물에 녹지 않기 때문에 화재가 널리 확대되므로

▶ 비수용성이며 물보다 가벼워 제4류 위험물은 주수소화를 금지한다.

136 **다음 물질 중 부동액으로 사용되는 것은?**

① 니트로벤젠   ② 에틸렌글리콜
③ 크실렌   ④ 중유

▶ • 에틸렌글리콜 : 제4류 위험물 중 제3석유류 수용성(부동액의 원료)

137 **다음 설명 중 옳은 것은?**

① 건성유는 공기 중의 산소와 반응하여 자연발화를 일으킨다.
② 요오드 값이 클수록 불포화결합은 적다.
③ 불포화도가 크면 산소와의 결합이 어렵다.
④ 반건성유는 요오드가값 100 이상 150 이하이다.

▶ ② 요오드 값이 클수록 불포화결합은 많다.
③ 포화도가 크면 산소와의 결합이 어렵다.
④ 반건성유는 요오드가값 100 이상 130 이하이다.

138 **동식물유류에 대한 설명 중 틀린 것은?**

① 아마인유는 건성유이므로 자연발화의 위험이 있다.
② 화재 시 소화방법으로는 분말, 이산화탄소 소화약제가 적합하다.
③ 요오드값이 100 이하인 불건성유는 야자유, 해바라기유 등이 있다.
④ 동식물유류는 동물의 지육 등 또는 식물의 종자나 과육으로부터 추출한 것으로서 1기압에서 인화점이 250℃ 미만인 것을 말한다.

▶ ③ 해바라기유는 요오드값 130 이상으로 건성유이다.

139 다음 위험물 중 자연발화의 위험성이 가장 큰 물질은?

① 아마인유　　　② 파라핀　　　③ 휘발유　　　④ 콩기름

> 건성유는 자연발화의 위험이 있다.
> 건성유의 종류 : 해바라기유, 동유, 아마인유, 들기름, 정어리유

140 동·식물 유류가 흡수된 기름걸레를 모아둔 곳에서 화재가 발생한 이유 중 관계가 가장 적은 것은?

① 습도가 높았다.
② 통풍이 잘 되는 곳에 두었다.
③ 산화되기 쉬운 기름이었다.
④ 온도가 높은 곳에 두었다.

> 통풍이 잘 되는 곳은 열의 축적이 어렵기 때문에 자연발화가 되기 어렵다.

141 요오드값의 정의를 올바르게 설명한 것은?

① 유지 100[kg]에 부가되는 요오드의 [g]수
② 유지 10[kg]에 부가되는 요오드의 [g]수
③ 유지 100[g]에 부가되는 요오드의 [g]수
④ 유지 10[g]에 부가되는 요오드의 [g]수

142 동·식물유류의 일반적 성질에 관한 내용이다. 거리가 먼 것은?

① 아마인유는 건성유이므로 자연발화의 위험이 존재한다.
② 요오드값이 클수록 포화지방산이 많으므로 자연발화의 위험이 적다.
③ 산화제 및 점화원과 격리시켜 저장한다.
④ 동·식물유는 대체로 인화점이 250[℃] 미만 정도이므로 연소위험성 측면에서 제4석유류와 유사하다.

> ② 포화지방산 → 불포학지방산

143 물에 녹지 않고 물과 반응하지 않아서 물에 의한 냉각소화가 효과적인 것은?

① 제3류 위험물　　　　　　　　② 제4류 위험물
③ 제5류 위험물　　　　　　　　④ 제6류 위험물

▶──────────────────────────────────

제5류 위험물은 초기 화재 시 다량의 주수소화를 한다.

144 다음 위험물의 지정수량이 같은 것은?

① 과염소산염류와 과염소산
② 인화칼슘과 적린
③ 마그네슘과 질산
④ 히드록실아민과 황화린

▶──────────────────────────────────

① 과염소산염류 : 50kg 과염소산 : 300kg
② 인화칼슘 : 300kg과 적린 : 100kg
③ 마그네슘 : 500kg과 질산 : 300kg
④ 히드록실아민 : 100kg과　황화린 : 100kg

145 순수한 것으로서 건조상태에서 충격 · 마찰에 의해 폭발의 위험성이 가장 높은 것은?

① 삼산화크롬　　　　　　　　　② 철분
③ 칼슘탄화물　　　　　　　　　④ 아조화합물

▶──────────────────────────────────

건조상태에서 충격 · 마찰에 의해 폭발의 위험성이 높은 것은 제5류 위험물에 대한 특징이다.

146 자기반응성 물질에 대한 설명으로 옳지 않은 것은?

① 가연성 물질로 그 자체가 산소함유 물질로 자기연소가 가능한 물질이다.
② 연소속도가 대단히 빨라서 폭발성이 있다.
③ 비중이 1보다 작고 수용성 액체로 되어 있다.
④ 시간의 경과에 따라 자연발화의 위험성을 갖는다.

▶──────────────────────────────────

③ 제5류 위험물은 대부분 비중이 1보다 크고 액체 또는 고체이다.

147 자체에서 가연물과 산소를 함유하고 있어 공기 중의 산소를 필요로 하지 않고 자기연소 하는 것은?

① 인화석회   ② 유기과산화물   ③ 초산   ④ 무기과산화물

▶ 자체에서 가연물과 산소를 함유하고 있어 공기 중의 산소를 필요로 하지 않고 자기연소하는 것은 제 5류 위험물에 대한 특징이다.

148 제5류 위험물에 속하지 않는 물질은?

① 니트로글리세린   ② 니트로벤젠
③ 니트로셀룰로오스   ④ 과산화벤조일

▶ 니트로벤젠 : 제4류 위험물 중 제3석유류

149 제5류 위험물인 메틸에틸케톤퍼옥사이드(MEKPO)의 희석제로서 옳은 것은?

① 니트로글리세린   ② 나프탈렌   ③ 아세틸퍼옥사이드   ④ 프탈산디부틸

▶

보호액	제3류	칼륨(K), 나트륨(Na)	석유(경유, 등유, 파라핀)
		황린(P_4)	물(pH9 약알칼리성 물)
	제4류	이황화탄소(CS_2)	수조(물)
	제5류	니트로셀룰로오스	함수알코올
희석제	제3류	알킬알루미늄	벤젠, 헥산
안정제	제5류	유기과산화물	프탈산디메틸, 프탈산디부틸
	제6류	과산화수소(H_2O_2)	인산(H_3PO_4), 요산($C_5H_4N_4O_3$)
기타		아세틸렌(C_2H_2)	아세톤(CH_3COCH_3), 디메틸포름아미드(DMF)

150 다음 과산화벤조일에 대한 설명 중 틀린 것은?

① 무색의 백색 결정으로 강산화성 물질이다.
② 물에는 녹지 않고 알코올에는 약간 녹는다.
③ 발화되면 연소속도가 빠르고 습한 상태에서는 위험하다.
④ 용기는 완전히 밀전, 밀봉하고 환기가 잘되는 찬 곳에 저장한다.

▶ 발화되면 연소속도가 빠르고 건조한 상태에서는 위험하다.

151 다음 중 유기과산화물의 화재예방상 주의사항으로 틀린 것은?

① 모든 열원으로부터 멀리한다.
② 직사광선을 피해야 한다.
③ 용기의 파손에 의하여 누출위험이 있으므로 정기적으로 점검한다.
④ 환원제는 상관없으나 산화제와는 멀리할 것

▶─────────────────────────

제5류 위험물의 유기과산화물은 환원제, 산화제와 멀리할 것

152 위험물 자체에서 산소를 함유하고 있어 공기 중의 산소를 필요로 하지 않고 자기연소하는 것은?

① 카바이드   ② 생석회
③ 초산에스테르류   ④ 질산에스테르류

▶─────────────────────────

질산에스테르류는 제5류 위험물로 자기반응성 물질의 특징

153 다음 중 질산에스테르류에 속하지 않는 것은?

① 니트로벤젠   ② 질산메틸
③ 니트로셀룰로오스   ④ 니트로글리세린

▶ **각 유별 니트로 화합물** ─────────────

제4류	제3석유류	니트로벤젠, 니트로톨루엔
제5류	질산에스테르류	니트로글리세린, 니르로셀룰로오스, 니트로글리콜
	니트로(소) 화합물	트리니트로톨루엔, 트리니트로페놀(피크린산)

154 제5류 위험물 중 질산에스테르류에 속하지 않는 것은?

① 질산에틸   ② 니트로셀룰로오스
③ 디니트로벤젠   ④ 니트로글리세린

▶─────────────────────────

디니트로벤젠 : 제5류 위험물 중 니트로화합물

155 과산화벤조일의 성질 중 맞는 것은?

① 무색의 결정으로 물에 잘 녹는다.

② 상온에서 안정한 물질이다.

③ 수분을 포함하고 있으면 폭발하기 쉽다.

④ 다른 가연물과 접촉 시에 상온에서는 위험성이 적다.

156 다음 중 질산에스테르류에 속하지 않는 것은?

① 니트로셀룰로오스   ② 질산메틸

③ 니트로글리세린   ④ 트리니트로톨루엔

▶ **질산에스테르류의 종류**

- 질산메틸(CH_3ONO_2)
- 질산에틸($C_2H_5ONO_2$)
- 니트로 글리세린($C_3H_5(ONO_2)_3$)
- 니르로 셀룰로오스[$C_6H_7O_2(ONO_2)_3$]
- 니트로 글리콜($C_2H_4(ONO_2)_2$)

157 질산에틸의 성상에 대한 설명으로 옳은 것은?

① 물에는 잘 녹는다.   ② 상온에서 액체이다.

③ 알코올에는 녹지 않는다.   ④ 청색이고 불쾌한 냄새가 난다.

158 유기과산화물의 희석제로 널리 사용되는 것은?

① 알코올   ② 벤젠   ③ MEKPO   ④ 프탈산디메틸

▶

보호액	제3류	칼륨(K), 나트륨(Na)	석유(경유, 등유, 파라핀)
		황린(P_4)	물(pH 9 약알칼리성 물)
	제4류	이황화탄소(CS_2)	수조(물)
	제5류	니트로셀룰로오스	함수알코올
희석제	제3류	알킬알루미늄	벤젠, 헥산
안정제	제5류	유기과산화물	프탈산디메틸, 프탈산디부틸
	제6류	과산화수소(H_2O_2)	인산(H_3PO_4), 요산($C_5H_4N_4O_3$)
기타		아세틸렌(C_2H_2)	아세톤(CH_3COCH_3), 디메틸포름아미드(DMF)

159 다음 위험물 중 성상이 고체인 것은?

① 과산화벤조일　　　　　　　② 질산에틸
③ 니트로글리세린　　　　　　④ 질산메틸

▶
제5류 위험물의 고체 : 과산화벤조일, 니트로셀룰로오스

160 위험물안전관리법령에서 규정한 니트로화합물은?

① 피크린산　　　　　　　　　② 니트로벤젠
③ 니트로글리세린　　　　　　④ 질산에틸

▶
피크린산(트리니트로페놀) – 니트로화합물

161 니트로글리세린에 대한 설명으로 옳지 않은 것은?

① 순수한 액은 상온에서 청색을 띤다.
② 혓바닥을 찌르는 듯한 단맛을 갖는다.
③ 일부가 동결한 것은 액상의 것보다 충격에 민감하다.
④ 피부 및 호흡에 의해 인체의 순환계통에 용이하게 흡수된다.

162 니트로셀룰로오스의 성질로서 맞는 것은?

① 질화도가 클수록 폭발성이 세다.
② 수분이 많이 포함될수록 폭발성이 크다.
③ 외관상 솜과 같은 진한 갈색의 물질이다.
④ 질화도가 낮을수록 아세톤에 녹기 힘들다.

▶
질화도 및 요오드값은 클수록 위험

163 니트로셀룰로오스의 질화도를 구분하는 기준은?

① 질화할 때의 온도차　　　　② 분자의 크기
③ 수분 함유량의 차　　　　　④ 질소 함유량의 차

▶
질화도는 질소함유량을 %로 나타낸 것

164 다음 중 T.N.T가 폭발하였을 때 생성되는 가스가 아닌 것은?

① CO   ② N_2 ③ SO_2 ④ H_2

> **분해반응**

$2C_6H_2CH_3(NO_2)_3 \rightarrow 2C + 12CO + 3N_2 + 5H_2$

165 제5류 위험물인 니트로화합물의 특징으로 틀린 것은?

① 충격이나 열을 가하면 위험하다.
② 연소소도가 빠르다.
③ 산소 함유 물질이다.
④ 불연성 물질이지만 산소를 많이 함유한 화합물이다.

> 제5류 위험물은 산소를 함유한 가연성이다.

166 유기과산화물의 일반성질에 대한 설명 중 틀린 것은?

① 물에 잘 용해된다.
② 직사일광에 분해가 촉진된다.
③ 순도가 높아지면 위험성이 증가한다.
④ 열에 의한 위험성이 높다.

> 제5류 위험물의 유기과산화물은 물에 잘 용해되지 않는다.

167 피크린산의 위험성과 소화방법으로 틀린 것은?

① 건조할수록 위험성이 증가한다.
② 이 산의 금속염은 대단히 위험하다.
③ 알코올 등과 혼합된 것은 폭발의 위험이 있다.
④ 화재 시 소화효과는 질식소화가 제일 좋다.

> ④ 제5류 위험물의 소화방법은 초기 다량의 주수소화이다.

168 니트로화합물 중 쓴맛이 있고 유독하며, 물에 전리하여 강한 산이 되며, 뇌관의 첨장약으로 사용되는 것은?

① 니트로글리세린　　　　　　　② 셀룰로이드
③ 트리니트로페놀　　　　　　　④ 트리니트로톨루엔

169 과산화벤조일(벤조일퍼옥사이드)에 대한 설명 중 틀린 것은?

① 점화하면 흑연을 내면서 연소하지만 폭발성은 있다.
② 수분이 포함되면 폭발의 위험이 있다.
③ 가열, 충격, 마찰 등에 의하여 분해되며, 폭발의 우려가 있다.
④ 진한황산, 질산 등의 산과는 폭발반응을 한다.

▶───────────────────────────────────

　수분이 흡수되거나 희석제의 첨가에 희해 분해가 감소되는 성질이 있다.

170 질화면(니트로셀룰로오스)의 강질화면, 약질화면의 차이점은?

① 질화물의 분자 크기　　　　　② 비점
③ 수분 함유량　　　　　　　　　④ 질소 함유량

▶ **질화도** ─────────────────────────────
어떤 물질에 포함되어 있는 질소분자의 비

171 상온에서 액체인 위험물로만 짝지어 진것은?

① 질산메틸, 피크르산
② 질산에틸, 니트로글리세린
③ 니트로셀룰로오스, 니트로글리세린
④ 니트로글리세린, 셀룰로이드류

▶───────────────────────────────────

　질산메틸(액체), 질산에틸(액체), 니트로글리세린(액체), 셀룰로이드류(고체), 니트로셀룰로이드(고체), 피크르산(고체)

172 다음에서 설명하는 제5류 위험물에 해당하는 것은?

> • 담황색의 고체이다.
> • 강한 폭발력을 가지고 있고, 에테르에 잘 녹는다.
> • 융점은 약 81℃이다.

① 질산메틸   ② 트리니트로톨루엔

③ 니트로글리세린   ④ 질산에틸

◉ 트리니트로톨루엔
- 담황색 주상 결정이다.
- 융점 81℃, 비점 280℃, 착화점 300℃
- 물에 녹지 않으며 아세톤, 벤젠, 알콜, 에테르에 잘 녹는다.
- 강력한 폭약이며 가열 및 타격에 의해 폭발한다.

173 다음 물질 중 황색염료와 산업용도폭선의 심약으로 사용되는 것으로 페놀에 진한황산을 녹이고 이것을 질산에 작용시켜 생성되는 것은?

① 트리니트로페놀   ② 질산에틸

③ 니트로셀룰로오스   ④ 트리니트로페놀니트로아민

◉

일명 피크린산으로 뇌관의 첨장약, 군용폭파약의 용도로 쓰인다. 뇌관에 넣어 폭발시키면 폭굉 8,100m/s의 폭속을 나타낸다.

174 위험물안전관리법령상 위험등급이 나머지 셋과 다른 하나는?

① 아염소산나트륨   ② 알킬알루미늄

③ 아세톤   ④ 황린

◉

아염소산나트륨 – Ⅰ 등급, 알킬알루미늄 – Ⅰ 등급, 아세톤 – Ⅱ 등급, 황린 – Ⅰ 등급

175 각 유별 위험물의 화재예방대책이나 소화방법에 관한 설명으로 틀린 것은?

① 제1류 – 염소산나트륨은 철제용기에 넣은 후 나무상자에 보관한다.

② 세2류 – 적린은 다량의 물로 냉각 소화한다.

③ 제3류 – 강산화제와의 접촉을 피하고, 건조사, 팽창질석, 팽창진주암 등을 사용히어 질식소화를 시도한다.

④ 제5류 – 분말, 할론, 포 등에 의한 질식소화는 효과가 없으며, 다량의 주수소화가 효과적이다.

제1류, 제6류 위험물은 산화성 성질로 철제용기 사용을 금지한다.

176 다음 중 크산토프로테인 반응을 하는 물질은?

① H_2O_2

② HNO_3

③ $HClO_4$

④ $NH_4H_2PO_4$

제6류 위험물 중 질산이 단백질과 반응하여 황색으로 변화하는 반응 : 크산토프로테인 반응

H_2O_2 : 과산화수소

HNO_3 : 질산

$HClO_4$: 과염소산

$NH_4H_2PO_4$: 인산암모늄

177 위험물안전관리법령상 제5류 위험물에 속하지 않는 것은?

① $C_3H_5(ONO_2)_3$

② $C_6H_2(NO_2)_3OH$

③ CH_3COOH

④ CH_2N_2

$C_2H_5(ONO_2)_3$: 니트로글리세린 – 제5류 위험물 중 질산에스테르류

$C_6H_2(NO_2)_3OH$: 피크린산 – 제5류 위험물 중 니트로화합물

CH_3COOH : 제4류 위험물 중 제2석유류

CH_2N_2 : 디아조메테인 – 제5류 위험물 중 니트로화합물

178 모두 액체인 위험물로만 나열된 것은?

① 제3석유류, 특수인화물, 과염소산염류, 과염소산

② 과염소산, 과요오드산, 질산, 과산화수소

③ 동식물유류, 과산화수소, 과염소산, 질산

④ 염소화이소시아눌산, 특수인화물, 과염소산, 질산

① 과염소산염류 – 고체(제1류 위험물)

② 과요오드산 – 고체(제1류 위험물)

④ 염소화이소시아눌산 – 고체(제1류 위험물)

179 다음은 위험물안전관리법령에서 정한 유황이 위험물로 취급되는 기준이다. (   )에 알맞은 말을 차례대로 나타낸 것은?

> 유황은 순도가 (   ) 중량퍼센트 이상인 것을 말한다. 이 경우 순도측정에 있어서 불순물은 활석등 불연성물질과 (   )에 한한다.

① 40, 가연성물질　　　　　　　　　② 40, 수분
③ 60, 가연성물질　　　　　　　　　④ 60, 수분

　　유황은 순도가 60wt% 중량퍼센트 이상인 것을 말한다. 이 경우 순도측정에 있어서 불순물은 활석등 불연성물질과 수분에 한한다.

180 황린과 적린의 비교 설명 중 잘못된 것은?

① 상온에서 황린은 황색 또는 백색이며 적린은 암색적이다.
② 황린은 승화성이 있으며 적린은 승화성이 없다.
③ 황린은 물속에 보관하고 적린은 냉암소에 저장한다.
④ 황린은 독성이 있으며 적린은 독성이 없다.

　　황린은 승화성이 없고 적린은 승화성이 있다.

181 제1류 위험물의 소화방법으로 맞는 것은?

① 다량의 물을 방사하여 분해온도 이하로 냉각시켜서 소화한다.
② 할로겐화합물소화약제 또는 CO 등으로 질식소화를 한다.
③ 알칼리금속의 과산화물은 분말소화제로 질식소화를 한다.
④ 유기과산화물은 물에 녹지 않으므로 주수소화는 부적당하다.

182 염소산칼륨의 성질에 관한 설명 중 옳은 것은?

① 가열에 의해서 가연성 가스가 발생한다.
② 냉수 및 알코올에 잘 녹는다.
③ 상온에서 매우 불안정하므로 저온창고에 보관한다.
④ 무색 단사정계 판상결정 또는 분말로서 이산화망간 등이 존재하면 분해 촉진 산소를 방출한다.

　　$2KClO_3 \rightarrow KCl + KClO_4 + O_2 \uparrow$
　　MnO_2(이산화망간)에 의해 분해 촉진 산소를 방출한다.

183 산화성 고체 위험물의 공통적인 위험성에 관한 설명 중 옳은 것은?

① 대부분의 공기 속에서 발화하기 쉽다.
② 물과 작용할 때 발화하기 쉽다.
③ 산소를 많이 함유하므로 자기연소의 위험성이 있다.
④ 유기물의 혼합 등에 의해서 폭발의 위험이 있다.

제1류 위험물의 공통 성질 : 무기화합물, 무색결정, 백색분말, 강산화성, 불연성, 조연성, 물에 녹음

184 염소산나트륨의 성상에 관한 설명으로 올바른 것은?

① 황색의 결정이다.
② 물, 에테르, 글리세린에 잘 녹으며 조해성이 강하다.
③ 환원력이 매우 강한 물질이다.
④ 비중은 1.0이다.

염소산나트륨은 무색무취의 결정 또는 분말로서, 비중은 2.5이다.

185 과산화나트륨의 성질에 대한 설명으로 옳은 것은?

① 산과 반응하여 과산화수소가 생성된다.
② 지연성 물질과 접촉하면 발화되기 쉽다.
③ 습기 있는 종이와는 접촉해도 연소위험이 없다.
④ 상온에서 물과 접촉 시 반응하여 수소가 발생한다.

산과 반응하여 H_2O_2를 생성한다.
$Na_2O_2 + 2HCl \rightarrow 2NaCl + H_2O_2 \uparrow$

186 과산화나트륨의 위험성을 설명한 것 중 옳지 않은 것은?

① 가연성 물질과 접촉하면 발화가 용이하다.
② 가열하면 분해되어 산소가 생성된다.
③ 물과 접촉하면 산소를 발생하여 위험하나 유기물과는 접촉하여도 무방하다.
④ 수분이 있는 피부에 닿으면 화상의 위험이 있다.

습기, 유기물, 종이, 섬유류에 접촉하면 연소한다.

187 질산염류 300kg, 염소산염류 200kg, 과망간산염류 2,000kg을 동일한 장소에 저장하고 있는 경우 지정수량의 몇 배인가?

① 4.3 ② 7 ③ 9.5 ④ 16.5

▶ ─────────────────────────────

지정수량의 배수 $= \dfrac{300}{300} + \dfrac{200}{50} + \dfrac{2,000}{1,000} = 7$배

188 제2류 위험물의 일반적인 취급 및 소화방법에 대한 설명으로 옳은 것은?

① 인화성 액체와의 혼합을 피하고, 산화성 물질과 혼합하여 저장한다.
② 비교적 낮은 온도에서 착화하기 쉬우므로 고온체와 접촉시킨다.
③ 금속분, 철분, 마그네슘은 물에 의한 냉각소화가 적당하다.
④ 저장용기를 밀봉하고 통풍이 잘되는 냉암소에 저장한다.

189 위험물의 화재 시 소화방법을 열거하였다. 다음 중 옳지 않은 것은?

① 유황 – 물분무 ② 마그네슘 분말 – 건조사
③ 적린 – 대량의 물 ④ 아연분 – 대량의 물

▶ ─────────────────────────────

금속분에 주수소화를 하면 수소가 발생하므로 주수소화를 금지하며, 탄산수소염류분말, 건조사, 팽창질석, 팽창진주암으로 소화한다.

190 다음 설명 중 옳지 않은 것은?

① 황은 금속과의 활성이 풍부하다.
② 유황은 상온에서 자연 발화하는 성질이 있다.
③ 황린은 공기 중에서 산화되며, 자연발화를 일으키는 일이 있다.
④ 적린은 $KClO_3$과 혼합, 마찰 시 반응하여 발화한다.

▶ ─────────────────────────────

유황은 상온에서는 비교적 안정하나 분진 폭발의 위험성이 있다.

191 아연분말, 알루미늄 분말의 저장 방법으로 옳은 것은?

① 유리병에 넣어 건조한 곳에 보관한다.
② 물속에 넣어 보관한다.
③ 폴리에틸렌 병어 넣어 수분이 많은 곳에 저장한다.
④ 석유 속에 넣어 보관한다.

192 다음 중 분자량이 약 220.19, 발화점이 약 100℃이며, 이황화탄소, 질산에는 녹지만 물, 염산, 황산에 용해되지 않는 위험물은 어느 것인가?

① 적린 ② 오황화린 ③ 황린 ④ 삼황화린

항목	삼황화린	오황화린	칠황화린
화학식	P_4S_3	P_2S_5	P_4S_7
외관(색상)	황색 결정	담황색 결정	담황색 결정
착화점	100℃	142℃	–
물에 대한 용해성	불용성	용해, 조해성, 흡습성	용해, 끓는(더운)물 급격 분해
녹이는 물질	CS_2, 질산, 알칼리	CS_2, 알칼리, 글리세린, 알코올	CS_2, 질산, 황산

193 다음은 유황의 동소체를 나열한 것이다. 이들 중 이황화탄소에 녹는 것들로 바르게 짝지은 것은?

㉠ 사방황	㉡ 단사황	㉢ 고무상황

① ㉠, ㉡ ② ㉠, ㉢ ③ ㉡, ㉢ ④ ㉠, ㉡, ㉢

구분	단사황	사방황	고무상황
결정	바늘모양	팔면체	무정형
용해도(물)	불용	불용	불용
CS_2 용해	용해	용해	불용

194 다음 중 위험물안전관리법에 따른 인화성 고체의 정의를 옳게 표현한 것은?

① 고형알코올 그 밖에 섭씨 25도 이상 40도 이하에서 고체 상태인 것
② 1기압에서 발화점이 섭씨 50도 이상인 고체
③ 고형알코올 그 밖에 1기압에서 인화점이 섭씨 40도 미만인 고체
④ 고형알코올 그 밖에 1기압 및 섭씨 0도에서 고체 상태인 것

195 제2류 위험물인 금속분에 해당되는 것은?(단, 150마이크로미터의 체를 통과하는 것이 50중량퍼센트 미만인 것은 제외한다.)

① 세슘분(Cs)　　　② 구리분(Cu)　　　③ 은분(Ag)　　　④ 철분(Fe)

> 금속분이란 알칼리금속 · 알칼리토류금속 · 철 및 마그네슘 외의 금속의 분말을 말하고, 구리분, 니켈분 및 150[μm]의 체를 통과하는 것이 50[wt%] 미만인 것은 제외한다.(Al, Zn, Ti, Co, Cr, Pt, Ag 분말 등)

196 위험물의 특징에 관한 설명으로 옳은 것은?

① 삼황화린은 약 100℃에서 발화하며 이황화탄소에 녹는다.
② 적린은 황린에 비하여 화학적으로 활성이 크고 물에 잘 녹는다.
③ 유황은 연소 시 유독성의 오산화인이 생성된다.
④ 마그네슘의 화재 시 물을 주수하면 산소가 발생하여 폭발적으로 연소한다.

> 삼황화린은 황록색 결정성 덩어리 또는 분말로 이황화탄소, 알칼리, 질산에 녹고, 물, 염소, 염산, 황산에 녹지 않는다. 공기 중 약 100℃에서 발화하며 마찰에 의해 연소 및 자연발화한다.

197 공기 속에서 노란색 불꽃을 내면서 연소하는 것은?

① Li　　　　　② Na　　　　　③ K　　　　　④ Cu

> **불꽃 색상(빨리 노나보카 청녹개구리)**
> 나트륨은 노란색 불꽃을 내면서 연소한다.

198 제3류 위험물 중 일부의 위험물을 보호액에 저장하는 이유는 무엇인가?

① 공기와의 접촉을 막기 위해
② 화기를 피하기 위하여
③ 산소 발생을 피하기 위하여
④ 승화를 막기 위하여

> **보호액**
> 물, 석유류(등유, 경유, 유동파라핀 등)

199 다음 중 화재의 위험성이 가장 적은 것은?

① 산소기체와 수소기체가 공존한다.
② 가연성 기체가 연소범위 내의 농도에 있다.
③ 등유에 금속 나트륨이 담겨져 있다.
④ 미분의 숯가루가 공기 중에 분산되어 있다.

200 트리에틸알루미늄(TEA)에 대한 설명으로 옳은 것은?

① 자연발화의 위험성이 있다.
② 상온에서 고체이다.
③ 저장 시 밀봉하고 아세틸렌가스를 충전한다.
④ 물과 접촉하면 폭발적으로 반응하여 산소와 수소를 발생한다.

▶ ──────────────────────────────

알킬알루미늄은 무색투명한 액체이다. 저장 시 불연성 가스를 충전한다. 물과 반응하면 수산화알루미늄과 에탄가스를 발생한다.

201 다음의 설명에 해당하는 위험물은?

- 연소하면 오산화인의 흰 연기를 낸다.
- 공기에 닿지 않도록 물속에 저장한다.
- 맹독성이므로 고무장갑, 보호복을 반드시 착용하고 취급한다.

① 황화인   ② 적린   ③ 황린   ④ 금속분

202 황린과 적린의 성질에 대한 설명으로 옳지 않은 것은?

① 황린이나 적린은 물과 반응하지 않는다.
② 적린은 황린에 비하여 화학적으로 활성이 작다.
③ 황린이나 적린은 이황화탄소에 녹는다.
④ 황린과 적린을 각각 연소시키면 P_2O_5이 생성된다.

▶ **황린과 적린 비교** ──────────

종류	색상	독성	저장	연소생성물	종류	CS₂ 용해도
황린	백색 또는 담황색	유	물속	P_2O_5	황린	○
적린	암적색	무	냉암소	P_2O_5	적린	×

203 다음 설명 중 인화석회(인화칼슘)의 성질로 옳은 것은?

① 백색 괴상의 고체이다.
② 물보다 약간 가볍다.
③ 물과 반응하여 포스핀을 발생한다.
④ 알코올에 잘 녹는다.

인화칼슘(인화석회)과 물의 반응식 $Ca_3P_2 + 6H_2O → 3Ca(OH)_2 + 2PH_3$

204 탄화칼슘(CaC_2)의 일반적인 성질에 대한 설명으로 옳지 않은 것은?

① 물과 반응하여 가연성 메탄가스를 발생시킨다.
② 건조한 공기 중에서는 안정하나 350℃ 이상으로 열을 가하면 산화된다.
③ 순수한 것은 무색투명하나 보통은 흑회색의 덩어리 상태이다.
④ 물과 심하게 반응하여 발열한다.

$CaC_2 + 2H_2O → Ca(OH)_2 + C_2H_2$

205 제3류 위험물의 성질에 관한 설명으로 옳지 않은 것은?

① 인화칼슘은 물과 반응하여 pH_3가 발생한다.
② 나트륨 화재 시 주수소화를 하는 것이 안전하다.
③ 황린은 발화점이 매우 낮고 공기 중에서 자연발화하기 쉽다.
④ 칼륨은 물과 반응하여 발열하고 H_2가 발생한다.

나트륨에 주수소화를 하는 것은 수소가스가 발생하므로 위험하다.

206 디에틸에테르의 성질 중 옳은 것은?

① 공기와 장시간 접촉 시 과산화물이 생성된다.
② 착화점이 약 350℃이다.
③ 상온에서 고체이다.
④ 정전기에 대한 위험성은 없다.

디에틸에테르는 발화점이 180℃이고, 무색투명한 특유의 향이 있는 액체로, 전기 불량도체이므로 정전기 발생에 주의한다.

207 제4류 위험물의 물에 대한 성질, 화재위험성과 직접 관계가 있는 것은?

① 수용성과 인화점
② 비중과 인화점
③ 비중과 착화점
④ 비중과 화재 확대성

제4류 위험물은 비중이 1보다 작아 물 위에 뜨고 대부분 비수용성 성질로 물과 섞이지 않아 연소면이 확대된다.

208 다음 물질 중 연소 시 유독한 아황산가스를 발생하는 것은?

① 아세톤
② 크실렌
③ 아세트알데히드
④ 이황화탄소

이황화탄소는 연소 시 아황산가스를 발생하며 파란 불꽃을 낸다.
$CS_2 + 2O_2 \rightarrow CO_2 + SO_2$

209 인화성 액체 위험물의 저장 및 취급 시 화재예방상 주의사항에 대한 설명으로 틀린 것은?

① 액체가 누출된 경우 확대되지 않도록 주의할 것
② 다량 저장·취급 시에는 배관을 통해 입·출고할 것
③ 증기가 대기 중에 노출된 경우 인화의 위험성이 크므로 증기의 누출을 예방할 것
④ 전기 전도성이 좋을수록 정전기 발생에 유의할 것

인화성 액체는 대부분 비전도성으로 정전기 발생 시 정전기의 축적이 용이하여 접지하여야 한다.

210 아세트알데히드의 저장 취급 시 주의사항이 아닌 것은?

① 옥외저장 탱크에 저장 시 조연성 가스를 주입한다.
② 산 또는 강산화제와의 접촉을 피한다.
③ 수용성이기 때문에 화재 시 물로 희석소화가 가능하다.
④ 취급설비에는 구리합금의 사용을 피한다.

저장용기 내부에는 불연성가스 또는 수증기 보입장치를 해야 한다.

211 다음 위험물을 보관하는 방법을 설명한 것 중 옳지 않은 것은?

① 산화프로필렌 : 저장 시 구리용기에 질소가스 등 불활성기체를 충전한다.
② 이황화탄소 : 용기나 탱크에 저장 시 물로 덮는다.
③ 아세트알데히드 : 냉암소에 저장한다.
④ 알킬알루미늄류 : 용기는 완전밀봉하고 질소 등 불활성기체를 충전한다.

▶
Cu, Mg, Ag, Hg와 반응 시 아세틸레이트를 생성하므로, 저장용기 내 불연성가스나 수증기 봉입장
치를 할 것

212 아세톤, 메탄올, 피리딘 및 아세트알데히드의 공통된 성질은?

① 모두 액체로 무취이다.
② 모두 물에 녹는다.
③ 인화점이 0℃ 이하이다.
④ 모두 분자 내 산소를 함유하고 있다.

213 가솔린의 저장 및 취급 시 주의사항으로 옳지 않은 것은?

① 통풍이 잘되는 냉암소에 저장해야 한다.
② 화기를 피해야 한다.
③ 실내에서 취급할 때는 발생된 증기를 배출할 수 있는 설비를 갖출 것
④ 마개가 없는 개방용기에 저장해야 한다.

▶
가솔린의 인화점은 −43~−20[℃]로 밀봉하여 냉암소에 보관한다.

214 피리딘의 일반적인 성질로 옳지 않은 것은?

① 약알칼리성을 나타내고 독성이 있다.
② 순수한 것은 무색의 액체이다.
③ 악취가 심하며 흡습성이 없고 질산과 함께 가열하면 분해하여 폭발한다.
④ 수용액 상태에서도 인화의 위험성이 있으므로 화기에 주의하여야 한다.

▶ 피리딘
- 순수한 것은 무색의 액체로 강한 악취와 독성이 있다.
- 약알칼리성을 나타내며 수용액 상태에서도 인화 위험이 있다.
- 산, 알칼리에 안정하고 물, 알코올, 에테르에 잘 녹는다.

215 다음 알코올류 중 분자량이 약 32이고 취급 시 소량이라도 마시면 시신경을 마비시키는 물질은?

① 메틸알코올　　　　　　　　　　② 에틸알코올
③ 아밀알코올　　　　　　　　　　④ 부틸알코올

▶ **메틸알코올(CH_3OH)**
심한 눈 손상 유발 또는 자극성 물질

216 메틸알코올의 성상에 관한 설명으로 옳지 않은 것은?

① 무색, 투명한 액체로서 물, 에테르에 잘 녹는다.
② K, Na 금속의 저장액으로 이용된다.
③ 비중이 물보다 작으며, 수용액의 농도가 높아질수록 인화점이 낮아진다.
④ 눈에 들어가면 시신경에 장애를 주어 실명하게 된다.

▶ **메틸알코올 보관방법**
점화원과 가까이 두지 말 것, 서늘하고 건조한 장소에 저장할 것, 확실하게 밀폐된 용기에 저장할 것, 화기엄금 구역에 저장할 것, 내화성. 강산화제, 식품 및 사료와 분리하여 보관할 것

217 등유의 저장 및 취급 시 주의사항에 대하여 옳지 않은 것은?

① 통풍이 잘되는 곳에 밀봉, 밀전할 것
② 화기를 피하여야 한다.
③ 전도성으로 정전기의 발생 위험성이 없다.
④ 누출에 주의하고 용기에는 항상 여유를 남긴다.

▶
정전기 불꽃으로 인화의 위험이 있다.

218 동식물류 중 넝마, 섬유류 등에 스며든 건성유가 자연발화를 일으키는 이유는?

① 인화점이 상온보다 낮기 때문에
② 공기 중의 수소와 반응하기 때문에
③ 공기 중의 수분과 만나서 분해되기 때문에
④ 공기 중의 산소와 산화 중합반응을 일으키기 때문에

219 다이너마이트는 다공질 물질(규조토)에 무엇을 흡수시킨 것인가?

① 니트로글리세린
② 장뇌
③ 니트로셀룰로오스
④ 질산에틸

▶ ──────────────────────

다이너마이트(dynamite)는 니트로글리세린 또는 니트로글리콜 물질이 6% 이상 포함된 폭약을 두루 이르는 말이다. 1866년 알프레드 노벨이 최초로 발명한 것이며, 최초로 고형인 폭약이다.

220 니트로셀룰로오스 화재 시 가장 적합한 소화방법은?

① 분말 소화기를 사용한다.
② 이산화탄소 소화기를 사용한다.
③ 다량의 물을 사용한다.
④ 할로겐화합물 소화기를 사용한다.

▶ ──────────────────────

니트로셀룰로오스는 물, 포말 소화가 효과적이다.

221 피크린산에 대한 설명이다. 옳지 않은 것은?

① 순수한 것은 무색이지만 보통 공업용은 휘황색을 나타낸다.
② 냉수에는 거의 녹지 않는다.
③ 일명 트리니트로페놀이라고도 부른다.
④ 니트로글리세린과 같이 단맛을 낸다.

▶ ──────────────────────

피크린산은 광택 있는 황색의 침상결정이고 찬물에 미량 녹으며 알코올, 에테르, 온수에 잘 녹는다. 쓴맛이 나고, 독성이 있으며, 황색염료와 폭약으로 사용된다.

222 니트로화합물을 저장할 경우 가장 옳은 방법은?

① 담은 용기의 마개를 꼭 막아 통풍이 잘되는 곳에 놓아둔다.
② 담은 용기의 마개를 꼭 막아 밀폐된 장소에 놓아둔다.
③ 담은 용기의 마개를 조금 헐겁게 막아 통풍이 잘되는 곳에 놓아둔다.
④ 담은 용기의 마개를 꼭 막아 햇볕이 잘 드는 곳에 놓아둔다.

▶ ──────────────────────

화기의 접근을 엄금하고 통풍이 잘되는 냉암소에 보관하여, 충격과 마찰을 피한다.

223 다음은 위험물 안전관리법상 제5류 위험물에 속한다. 지정수량이 가장 큰 위험물은?

① 과산화벤조일
② 트리니트로톨루엔
③ 니트로글리세린
④ 니트로셀룰로오스

과산화벤조일(유기과산화물)	트리니트로톨루엔	니트로글리세린	니트로셀룰로오스
10kg	200kg	10kg	10kg

224 제5류 위험물의 화재예방상 주의사항으로 옳은 것은?

① 무기질 화합물로 가열, 충격, 마찰에는 위험성이 없다.
② 자기반응성 유기질 화합물로 연소가 잘 일어나지 않는다.
③ 자기반응성 유기질 화합물로 자연 발화의 위험성을 갖는다.
④ 무기질 화합물로 직사일광에는 자연발화가 일어나지 않는다.

225 자기반응성 물질이 질식소화 효과가 없는 가장 큰 이유는?

① 산소를 함유한 물질이기 때문에
② 연소가 폭발적이기 때문에
③ 산화반응이 일어나기 때문에
④ 인화성 액체이기 때문에

내부에 산소를 함유하고 있으므로 질식소화 효과가 없다.

226 과산화수소가 분해하여 발생하는 기체의 위험성은?

① 산소이며 연소를 도와준다.
② 산소이며 가연성이다.
③ 수소이며 연소를 도와준다.
④ 수소이며 가연성이다.

$H_2O_2 \rightarrow H_2O + [O]$ 발생기산소 : 표백작용

227 과산화수소의 저장방법에 대한 설명으로 옳은 것은?

① 투명유리병에 넣어 햇빛이 잘 드는 곳에 보관한다.
② 금속 보관 용기를 사용하여 밀전한다.
③ 분해 방지를 위해 되도록 고농도로 보관한다.
④ 인산, 요산 등의 분해 안정제를 사용한다.

228 다음 물질 중 위험물의 유별이 다른 것은?

① 질산에틸　　　　　　　　　　② 질산은

③ 질산암모늄　　　　　　　　　　④ 중크롬산나트륨

> 질산에틸 : 제5류 위험물

229 질산의 성질에 대한 설명으로 옳지 않은 것은?

① 진한 질산을 가열하면 분해하여 수소를 발생한다.

② 물과 반응하여 발열한다.

③ 부식성이 강한 강산이지만 금, 백금, 이리듐, 로듐만은 부식시키지 못한다.

④ 햇빛에 의해 일부 분해되어 자극성의 이산화질소를 만든다.

> 진한 질산을 가열하면 적갈색 증기(NO_2)가 발생한다.
> $2HNO_3 \rightarrow 2NO_2 + H_2O + O \uparrow$

230 제6류 위험물의 특징에 관한 설명으로 옳지 않은 것은?

① 위험물안전관리법령상 모두 위험등급 I에 해당한다.

② 과염소산은 밀폐용기에 넣어 냉암소에 저장한다.

③ 과산화수소 분해 시 발생하는 발생기 산소는 표백과 살균효과가 있다.

④ 질산은 단백질과 크산토프로테인(xanthoprotein) 반응을 하여 붉은색으로 변한다.

> **크산토프로테인(xanthoprotein) 반응**
> 단백질 검출반응으로 진한 질산을 가해 가열하면 황색(노란색)으로 변하고, 냉각하여 염기성이 되면 등황색을 띤다.

CHAPTER 02 위험물 시설기준 문제풀이

01 용어의 정의 중 지정수량이란 무엇을 말하는가?

① 대통령령이 정하는 수량으로 제조소등의 설치허가 등에 기준이 되는 수량
② 행정안정부령이 정하는 수량으로 제조소등의 설치허가 등에 기준이 되는 수량
③ 시 · 도지사가 정하는 수량으로 제조소등의 설치허가 등에 기준이 되는 수량
④ 소방기술기준에 관한 규칙이 정하는 수량으로 제조소 등의 설치허가 등에 기준이 되는 수량

02 위험물안전관리법에서 위험물에 관한 내용으로 옳지 않은 것은?

① 지정수량 미만의 위험물 취급기준은 시 · 도의 조례에 의한다.
② 제조소등이 아닌 장소에서 위험물의 임시저장 최대일수는 90일 이내이다.
③ 제조소등이란 대통령령이 정하는 장소로서 저장소, 취급소, 제조소를 말한다.
④ 위험물은 모든 물질로서 이루어진 대통령령이 정하는 인화성, 발화성 등의 물품이다.

▶ **위험물**
인화성, 발화성 등의 성질을 가진 물품으로 대통령령으로 정하는 물품

03 위험물안전관리법상 도로에 해당하지 않는 것은?

① 사도법에 의한 사도
② 일반교통에 이용되는 너비 1m 이상의 도로로서 자동차의 통행이 가능한 것
③ 도로법에 의한 도로
④ 항만법에 의한 항만시설 중 임항교통시설에 해당하는 도로

▶
② 1m 이상 → 2m 이상

04 다음 중 위험물안전관리법의 적용을 받는 것은?

① 항공기에 의한 위험물의 운반   ② 선박에 의한 위험물의 운반
③ 대형 트레일러에 의한 위험물의 운반   ④ 철도나 궤도에 의한 위험물의 운반

▶
항공기, 선박, 철도 및 궤도에 의한 위험물의 저장 · 취급 및 운반은 적용 제외

05 지정수량 미만의 위험물을 저장·취급하는 기준은 어디에서 정하는가?

① 대통령령
② 행정안전부령
③ 시·도의 조례
④ 소방기술기준에 관한 규칙

- 지정수량 미만 : 시·도 조례 적용
- 지정수량 이상 : 위험물안전관리법 적용
- 제조소등의 위치·구조 및 설비의 기술기준 : 행정안정부령 적용
- 제조소등의 허가·신고권자 : 시·도지사

06 위험물안전관리법령에서 정의하는 산화성 고체에 대해 다음 ( ) 안에 알맞은 용어를 차례대로 나타낸 것은?

산화성 고체라 함은 고체로서 ( )의 잠재적인 위험성 또는 ( )에 대한 민감성을 판단하기 위하여 소방청장이 정하여 고시하는 시험에서 고시로 정하는 성질과 상태를 나타내는 것을 말한다.

① 산화력, 온도
② 착화, 온도
③ 착화, 충격
④ 산화력, 충격

07 인화성 또는 발화성 등의 성질을 가지는 것으로서 대통령령이 정하는 물품을 무엇이라 하는가?

① 발화성 물질
② 인화성 물질
③ 위험물
④ 가연성 물질

◆ 위험물안전관리법 용어의 정의

① 위험물 : 인화성 또는 발화성 등의 성질을 가지는 것으로서 대통령령이 정하는 물품
② 지정수량 : 위험물의 종류별로 위험성을 고려하여 대통령령이 정하는 수량으로서 제조소등의 설치허가 등에 있어서 최저의 기준이 되는 수량을 말한다.
③ 제조소등 : 제조소·저장소 및 취급소를 말한다.

08 위험물의 제조소 등이라 함은?

① 제조만을 목적으로 하는 위험물의 제조소
② 제조소, 저장소 및 취급소
③ 위험물의 저장시설을 갖춘 제조소
④ 제조 및 저장시설을 갖춘 판매취급소

◆ 제조소 등

제조소, 저장소 및 취급소를 말한다.

09 지정수량 이상의 위험물을 임시 저장할 수 있는 기간은 며칠 이내인가?

① 30일 이내　　　　　　　　　　　② 60일 이내
③ 90일 이내　　　　　　　　　　　④ 180일 이내

　　◐ ─────────────────────────────────

　　관할소방서장의 승인을 받아 임시로 저장 · 취급할 수 있는 기간 → 90일

10 위험물의 운반 시 용기 · 적재방법 및 운반방법에 관하여는 화재 등의 위해 예방과 응급조치상의 중요성을 감안하여 중요기준 및 세부기준은 어느 기준에 따라야 하는가?

① 행정안정부령　　　　　　　　　　② 대통령령
③ 소방본부장　　　　　　　　　　　④ 시 · 도 조례

　　◐ ─────────────────────────────────

　　위험물 세부기준 : 행정안전부령

11 운반용기 내용적 95% 이하의 수납률로 수납하여야 하는 위험물은?

① 과산화벤조일　　　　　　　　　　② 질산에틸
③ 니트로글리세린　　　　　　　　　④ 메틸에틸케톤퍼옥사이드

　　◐ ─────────────────────────────────

　　과산화벤조일 : 고체 : 95% 이하 수납

12 고체 위험물은 운반용기 내용적의 몇 % 이하의 수납률로 수납하여야 하는가?

① 36　　　　　　　　　　　　　　　② 60
③ 95　　　　　　　　　　　　　　　④ 98

　　◐ ─────────────────────────────────

　　고체 용기는 내용적의 95% 이하, 액체 용기는 내용적의 98% 이하로 수납하되, 55℃에서 충분한 공간용적을 둘 것

13 50℃에서 유지하여야 할 알킬알루미늄 운반용기의 공간용적기준으로 옳은 것은?

① 5% 이상　　　　　　　　　　　　② 10% 이상
③ 15% 이상　　　　　　　　　　　　④ 20% 이상

　　◐ **알킬알루미늄 운반용기기준** ────────────

　　90% 이하(단 50℃에서 5% 이상의 공간용적 유지)

14 위험물의 운반에 관한 기준에서 적재방법 기준으로 옳지 않은 것은?

① 고체 위험물은 운반용기의 내용적 95% 이하의 수납률로 수납할 것
② 액체 위험물은 운반용기의 내용적 98% 이하의 수납률로 수납할 것
③ 알킬알루미늄은 운반용기 내용적의 95% 이하의 수납률로 수납하되, 50℃의 온도에서 5% 이상의 공간용적을 유지할 것
④ 제3류 위험물 중 자연발화성 물질에 있어서는 불활성 기체를 봉입하여 밀봉하는 등 공기와 접하지 아니하도록 할 것

> 알킬알루미늄 등은 운반용기 내용적의 90% 이하의 수납률로 수납하되, 50℃의 온도에서 5% 이상의 공간용적을 유지할 것

15 위험물을 저장 또는 취급하는 탱크의 용적 산정 기준으로 옳은 것은?

① 탱크의 용량＝탱크의 내용적＋탱크의 공간용적
② 탱크의 용량＝탱크의 내용적－탱크의 공간용적
③ 탱크의 용량＝탱크의 내용적×탱크의 공간용적
④ 탱크의 용량＝탱크의 내용적÷탱크의 공간용적

> 탱크의 용량＝탱크 내용적－탱크 공간용적

16 소화설비를 설치하는 탱크의 공간용적은?

① 소화약제 방출구 아래 0.1m 이상 0.5m 미만 사이의 면으로부터 윗부분의 용적
② 소화약제 방출구 아래 0.3m 이상 0.5m 미만 사이의 면으로부터 윗부분의 용적
③ 소화약제 방출구 아래 0.1m 이상 1.0m 미만 사이의 면으로부터 윗부분의 용적
④ 소화약제 방출구 아래 0.3m 이상 1.0m 미만 사이의 면으로부터 윗부분의 용적

17 위험물 암반탱크가 다음과 같은 조건일 때 탱크의 용량은 몇 L인가?

• 암반탱크의 내용적 : 600,000L
• 1일간 탱크 내에 용출하는 지하수의 양 : 1,000L

① 595,000L　　② 594,000L　　③ 593,000L　　④ 592,000L

> 암반탱크의 공간용적은 탱크 내에 용출하는 7일간의 지하수 용량과 당해 탱크 용적의 1/100 중 큰 값으로 한다.
> 7×1,000＝7,000 ＞ 600,000/100＝6,000

18 위험물의 취급 중 제조에 관한 기준으로 틀린 것은?

① 증류공정에 있어서는 위험물을 취급하는 설비의 내부압력의 변동 등에 의하여 액체 또는 증기가 새지 아니하도록 할 것

② 추출공정에 있어서는 추출관의 내부압력이 정상으로 상승하지 아니하도록 할 것

③ 분쇄공정에 있어서는 위험물의 분말이 현저하게 부유하고 있거나 위험물의 분말이 현저하게 기계·기구 등에 부착하고 있는 상태로 그 기계·기구를 취급하지 아니할 것

④ 건조공정에 있어서는 위험물의 온도가 국부적으로 상승하지 아니하는 방법으로 가열 또는 건조할 것

- 증류공정 : 위험물 취급설비의 내부압력의 변동으로 액체 및 증기가 새지 않을 것
- 추출공정 : 추출관의 내부압력이 비정상으로 상승하지 않을 것
- 건조공정 : 위험물의 온도가 국부적으로 상승하지 아니하도록 가열 건조할 것
- 분쇄공정 : 분말이 부착되어 있는 상태로 기계, 기구를 사용하지 않을 것

19 위험물의 취급 중 소비에 관한 기준으로 틀린 것은?

① 추출관의 내부온도가 국부적으로 상승하지 아니하도록 하여야 한다.

② 분사도장작업은 방화상 유효한 격벽 등으로 구획된 안전한 장소에서 하여야 한다.

③ 열처리작업은 위험물이 위험한 온도에 이르지 아니하도록 하여야 한다.

④ 버너를 사용하는 경우에는 버너의 역화를 방지하고 위험물이 넘치지 아니하도록 할 것

- 분사·도장작업 : 방화상 유효한 격벽 등으로 구획한 안전한 장소에서 작업할 것
- 담금질·열처리 : 위험물이 위험한 온도에 달하지 아니하도록 할 것
- 버너의 사용 : 버너의 역화를 방지하고 석유류가 넘치지 않도록 할 것

20 위험물의 취급 중 소비에 관한 기준으로 틀린 것은?

① 열처리 작업은 위험물이 위험한 온도에 이르지 아니하도록 하여 실시하야야 한다.

② 담금질 작업은 위험물이 위험한 온도에 이르지 아니하도록 하여 실시하여야 한다.

③ 분사도장작업은 방화상 유효한 격벽 등으로 구획된 안전한 장소에서 실시하여야 한다.

④ 버너를 사용하는 경우에는 버너의 액화를 유지하고 위험물이 넘치지 아니하도록 한다.

◉ **위험물의 취급 중 소비에 관한 기준**

- 분사도장작업은 방화상 유효한 격벽 등으로 구획된 안전한 장소에서 실시할 것
- 담금질, 열처리작업은 위험물이 위험한 온도에 이르지 아니하도록 하여 실시할 것
- 버너를 사용하는 경우에는 버너의 액화를 방지하고 위험물이 넘치지 아니하도록 할 것

21 위험물 취급 시 정전기에 의한 화재를 방지하기 위한 방법이 아닌 것은?

① 접지를 할 것
② 공기를 이온화 할 것
③ 상대습도를 70% 이상으로 할 것
④ 유속을 빠르게 할 것

▶
- 접지에 의한 방법
- 공기 중의 상대습도를 70% 이상으로 하는 방법
- 공기를 이온화하는 방법

22 위험물의 저장 및 취급에 대한 다음 설명 중 틀린 것은?

① 지정수량 이상의 위험물을 제조소 등이 아닌 장소에서 취급하여서는 아니 된다.
② 군부대가 지정수량 이상의 위험물을 군사목적으로 임시로 저장하는 경우에는 저장소가 아닌 장소에서 저장할 수 있다.
③ 시·도의 조례가 정하는 바에 따라 시·도지사의 승인을 받아 지정수량 이상의 위험물을 90일 이내의 기간 동안 임시로 취급하는 경우에는 저장소 등이 아닌 장소에서 취급할 수 있다.
④ 지정수량 이상의 위험물을 저장 및 취급하는 제조소 등의 위치·구조 및 설비의 기술기준은 행정안전부령으로 정한다.

▶
③ 시·도지사의 승인 → 관할소방서장의 승인

23 제조소 등의 용도폐지를 한 경우 ( ) 이내에 시·도지사에게 ( )하여야 하는가?

① 7일, 통보
② 14일, 신고
③ 15일, 신고
④ 30일, 폐지

▶
14일 이내－용도폐지한 날로부터 신고기간, 안전관리자의 선임·해임 시 신고기간

24 Boil over 현상이 일어날 가능성이 가장 큰 것은?

① 휘발유
② 중유
③ 아세톤
④ MEK

▶
중질유의 화재에서 주로 발생

25 위험물을 저장한 탱크에서 화재가 발생하였을 때 Slop over 현상이 일어날 수 있는 위험물은?

① 제1류 위험물   ② 제2류 위험물
③ 제3류 위험물   ④ 제4류 위험물

> 중질유인 제4류 위험물의 인화성 액체에서 발생한다.

26 위험물 배관과 탱크부분의 완충조치로서 적당하지 않은 이음방법은?

① 리벳 조인트   ② 볼 조인트
③ 루프 조인트   ④ 플렉시블 조인트

27 인화성 액체위험물을 저장하는 옥외저장탱크 주위에는 높이 얼마 이상의 방유제를 설치하여야 하는가?

① 0.8m 이상~1.5m 이하   ② 0.5m 이상~1.5m 이하
③ 1m 이상~3m 이하   ④ 0.5m 이상~3m 이하

> **방유제**
> • 방유제 용량 : 최대탱크 용량×110% 이상일 것
> • 방유제 높이 : 0.5m 이상~3m 이하일 것
> • 방유제 면적 : 80,000m² 이하일 것
> • 방유제 내에 설치탱크의 수 : 10개 이하일 것
> • 방유제 외면의 1/2분 이상은 3m 이상의 노면폭을 확보한 구내도로에 직접 접하도록 할 것
> • 방유제는 옥외저장탱크의 지름에 따라 다음에 정하는 거리를 유지할 것
> – 지름이 15m 미만인 경우에는 탱크 높이의 1/3 이상
> – 지름이 15m 이상인 경우에는 탱크 높이의 1/2 이상

28 옥외탱크저장소의 방유제 설치기준으로 옳지 않은 것은?

① 방유제의 용량은 방유제 안에 설치된 탱크가 하나인 때는 그 탱크용량의 110% 이상으로 한다.
② 방유제의 높이는 0.5m 이상 3m 이하로 한다.
③ 방유제 내의 면적은 8만m² 이하로 한다.
④ 높이가 1m를 넘는 방유제의 안팎에는 계단 또는 경사로를 70m마다 설치한다.

> 높이가 1m를 넘는 방유제의 안팎에는 계단 또는 경사로를 50m마다 설치한다.

29 위험물안전관리법령상 이황화탄소를 제외한 인화성 액체위험물을 저장하는 옥외 탱크 저장소의 방유제 시설기준에 관한 내용으로 옳지 않은 것은?

① 방유제의 높이는 0.5m 이상, 3m 이하로 한다.

② 옥외저장탱크의 총용량이 20만*l* 초과인 경우 방유제 내에 설치하는 탱크 수는 10 이하로 한다.

③ 방유제 안에 탱크가 1개 설치된 경우 방유제의 용량은 그 탱크 용량으로 한다.

④ 높이가 1m를 넘는 방유제의 안팎에는 계단 또는 경사로를 약 50m마다 설치해야 한다.

▶

옥외탱크저장소의 방유제 용량 : 탱크 용량의 1.1배

30 다음 중 옥외탱크저장소의 방유제 설치기준으로 틀린 것은?

① 방유제의 용량은 방유제 안에 설치된 탱크가 하나인 때에는 그 탱크용량의 110% 이상, 2기 이상인 때에는 그 탱크 중 최대인 것의 용량에 나머지 탱크용량 합계의 10%를 가산한 양 이상 이 되게 할 것

② 방유제의 높이는 0.5m 이상 3m 이하로 할 것

③ 방유제는 철근콘크리트 또는 흙으로 만들고 외부로 유출되지 아니하는 구조로 할 것

④ 방유제 내의 면적은 8만m^2 이하로 할 것

▶

옥외탱크저장소의 방유제 용량 : 최대 탱크용량의 110% 이상

31 옥외탱크저장소의 방유제는 탱크의 지름이 15m 이상인 경우 그 탱크의 측면으로부터 탱크 높이의 얼마 이상인 거리를 확보하여야 하는가?

① $\frac{1}{2}$ 이상

② $\frac{1}{3}$ 이상

③ $\frac{1}{4}$ 이상

④ $\frac{1}{5}$ 이상

▶

• 방유제는 옥외저장탱크의 지름에 따라 다음에 정하는 거리를 유지할 것
• 지름이 15m 미만인 경우에는 탱크 높이의 1/3 이상
• 지름이 15m 이상인 경우에는 탱크 높이의 1/2 이상

32 위험물안전관리법령상 이동탱크저장소의 시설기준에 관한 내용으로 옳은 것은?

① 옥외 상치장소로서 인근에 1층 건축물이 있는 경우에는 5m 이상 거리를 두어야 한다.
② 압력탱크 외의 탱크는 70kPa의 압력으로 30분간 수압시험을 실시하여 새거나 변형되지 않아야 한다.
③ 액체위험물의 탱크 내부에는 4,000리터 이하마다 3.2mm 이상의 강철판 등으로 칸막이를 설치해야 한다.
④ 차량의 전면 및 후면에는 사각형의 백색 바탕에 적색의 반사도료로 "위험물"이라고 표시한 표지를 설치해야 한다.

▶
　　① 상치장소는 화기취급장소 또는 인근건축물에서 5m를 확보(단, 1층인 경우 3m)
　　② 압력탱크 외의 탱크는 70kPa의 압력으로 10분간 수압시험
　　④ 흑색 바탕에 황색의 반사도료로 "위험물"이라고 표시

33 다음 중 위험물제조소의 게시판 기재사항이 아닌 것은?

① 위험물의 유별　　　　　　　② 안전관리자의 성명
③ 위험물의 제조일　　　　　　④ 취급최대수량

▶ 제조소등의 표지사항 및 색상

구분	표지사항	색상
제조소등	위험물제조소	백색 바탕에 흑색 문자
방화에 관하여 필요한 사항을 게시한 게시판	유별 · 품명 저장최대수량 또는 취급최대수량 지정수량의 배수 안전관리자의 성명 또는 직명	

34 위험물제조소의 보기 쉬운 곳에는 방화에 관한 필요사항을 게시판으로 설치하여야 한다. 잘못된 것은?

① 게시판은 가로 0.6m 이상, 세로 0.3m 이상의 직사각형으로 하였다.
② 제1류 위험물 중 알칼리금속의 과산화물과 이를 함유한 것에 "물기주의", 제3류 위험물 중 금수성 물품에는 "물기엄금"의 게시판을 설치할 것
③ 게시판의 바탕은 백색으로, 문자는 흑색으로 하였다.
④ 게시판에는 취급하는 위험물의 유별, 품명 및 취급 최대수량과 위험물안전관리자의 성명 등을 기재할 것

● 위험물 제조소 표지판
- 표지는 한 변의 길이가 0.3m 이상, 다른 한 변의 길이가 0.6m 이상인 직사각형으로 할 것
- 표지의 바탕은 백색으로, 문자는 흑색으로 할 것
- "물기주의" 표지는 없으며 "물기엄금"으로 표시한다.

35 위험물의 운반용기 외부에 표시하여야 하는 주의사항을 틀리게 연결한 것은?

① 염소산암모늄 – 화기주의, 충격주의 및 가연물 접촉주의
② 철분 – 화기주의 및 물기엄금
③ 아세틸퍼옥사이드 – 화기엄금 및 충격주의
④ 과염소산 – 물기엄금 및 가연물접촉주의

● _____

④ 제6류위험물 – 가연물접촉주의

36 위험물 제조소등에 설치하는 주의사항을 표시한 게시판의 내용이 잘못된 것은?

① 제5류 위험물 – 적색 바탕에 백색 문자 – 화기엄금
② 제4류 위험물 – 적색 바탕에 백색 문자 – 화기엄금
③ 제3류 위험물(금수성 물질) – 청색 바탕에 백색 문자 – 물기엄금
④ 제2류 위험물 – 청색바탕에 백색문자 – 물기엄금

● _____

유별		운방용기 및 외부표시사항	제조소등 게시판
제1류 위험물	알칼리금속의 과산화물	화기 · 충격주의, 물기엄금, 가연물접촉주의	물기엄금
	그 밖의 것	화기 · 충격주의, 가연물접촉주의	–
제2류 위험물	철분 · 금속분 · 마그네슘	화기주의, 물기엄금	화기주의
	인화성 고체	화기엄금	화기엄금
	그 밖의 것	화기주의	화기주의
제3류 위험물	자연발화성 물질	화기엄금, 공기접촉엄금	화기엄금
	금수성 물질	물기엄금	물기엄금
제4류 위험물		화기엄금	화기엄금
제5류 위험물		화기엄금, 충격주의	화기엄금
제6류 위험물		가연물접촉주의	–

정답 35 ④ 36 ④

37 다음 중 위험물제조소별 주의사항으로 틀린것은?

① 황화린 – 화기주의
② 인화성 고체 – 화기주의
③ 클레오소트유 – 화기엄금
④ 니트로화합물 – 화기엄금

▶
① 황화린 – 제2류위험물 – 화기주의
② 인화성 고체 – 제2류위험물 – 화기엄금
③ 클레오소트유 – 제4류위험물 – 화기엄금
④ 니트로화합물 – 제5류위험물 – 화기엄금

38 옥내저장소에 제1류 위험물인 알칼리금속의 과산화물을 저장할 때 표시하는 "물기엄금" 이라는 게시판의 색깔은?

① 황색 바탕에 흑색 문자
② 황색 바탕에 백색 문자
③ 청색 바탕에 백색 문자
④ 적색 바탕에 흑색 문자

▶
• 물기엄금 : 청색 바탕에 백색 문자
• 화기엄금 : 적색 바탕에 백색 문자
• 화기주의 : 적색 바탕에 백색 문자

39 위험물제조소에 주의사항을 표시한 게시판을 설치하고자 한다. 게시판의 내용과 표기 및 위험물과의 관계가 옳게 된 것은?

① 화기엄금 – 적색 바탕에 백색 문자 – 제4류위험물
② 물기주의 – 청색 바탕에 백색 문자 – 제3류위험물
③ 물기주의 – 적색 바탕에 백색 문자 – 제3류위험물
④ 물기주의 – 청색 바탕에 백색 문자 – 제4류위험물

▶ **위험물안전관리법 시행규칙 [별표 4] Ⅲ. 표지 및 게시판**

주의사항	대상	게시판 색
물기엄금	제1류 위험물 중 알칼리금속의 과산화물 제3류 위험물 중 금수성 물품	청색 바탕에 백색 문자
화기주의	제2류 위험물(인화성 고체를 제외)	적색 바탕에 백색 문자
화기엄금	제2류 위험물 중 인화성 고체 제3류 위험물 중 자연발화성 물품 제4류 위험물 제5류 위험물	

40 다음 위험물을 운반하고자 할 때 주의사항으로 틀린 것은?

① 제6류 위험물－화기엄금
② 제5류 위험물－화기엄금, 충격주의
③ 제4류 위험물－화기엄금
④ 제2류 위험물(인화성 고체)－화기엄금

▶

제6류 위험물 : 가연물 접촉주의

41 운송책임자의 감독 지원을 받아 운송하여야 하는 위험물은?

① 칼륨
② 히드라진유도체
③ 특수인화물
④ 알킬리튬

▶

알킬리튬, 알킬알루미늄은 운반 시 운송책임자의 감독 지원을 받아 운송한다.

42 다음 중 위험물 기능사가 취급할 수 있는 위험물의 종류로 옳은 것은?

① 제1~2류 위험물
② 제1~5류 위험물
③ 제1~6류 위험물
④ 국가 기술자격증에 기재된 유(類)의 위험물

▶

위험물 안전관리자의 구분	취급할 수 있는 위험물
위험물기능장 · 위험물산업기사 · 위험물기능사	모든 위험물
안전관리자 교육이수자	제4류 위험물
소방공무원 근무경력 3년 이상인 경력자	

43 위험물안전관리자에 대한 다음 설명 중 틀린 것은?

① 안전관리자를 선임한 제조소 등의 관계인은 그 안전관리자를 해임한 때에는 해임한 날부터 30일 이내에 다시 안전관리자를 선임하여야 한다.
② 안전관리자는 위험물을 취급하는 작업을 하는 때에는 작업자에게 위험물의 취급에 관한 안전관리와 감독을 하여야 한다.
③ 다수의 제조소 등을 동일인이 설치한 경우에는 관계인은 각 제조소등별로 대리자를 지정하여 안전관리자를 보조하게 하여야 한다.
④ 제조소등에서 안전관리자를 선임한 경우에 14일 이내에 소방본부장 또는 소방서장에게 신고하여야 하며 헤임 및 퇴직신고는 임의사항이다.

▶

④ 선임은 30일 이내, 신고기간은 14일 이내, 해임 및 퇴직신고는 필수사항이다.

44 위험물제조소 등에는 지정수량 이상의 기준이 되면 위험물 안전관리자를 선임하여야 하는데 안전관리자로 선임될 수 없는 사람은?

① 위험물 기능장
② 위험물 산업기사
③ 위험물 안전관리교육 이수자
④ 소방공무원 경력 1년 이상인 자

▶ ─────────────────────────

소방공무원 경력 1년 이상인 자 → 3년 이상인 자

45 위험물은 1소요단위가 지정수량의 몇 배인가?

① 5배
② 10배
③ 20배
④ 30배

▶ **소요단위** ─────────────────

- 지정수량기준 : 1소요단위 = 지정수량의 10배
- 바닥면적기준

구분	건축물의 외벽	
	내화(기타×2)	기타
제조·취급소	100m²	50m²
저장소	150m²	75m²

46 외벽이 내화구조인 옥내저장소의 건축물에서 소요단위 1단위에 해당하는 면적은?

① 50 m³
② 75 m³
③ 100 m³
④ 150 m³

▶ ─────────────────────────

상기 문제 해설 참조

47 위험물 제조소등에 경보설비를 설치하여야 할 대상은?

① 지정수량 10배 이상
② 지정수량 20배 이상
③ 지정수량 30배 이상
④ 지정수량 40배 이상

◎ 제조소등별로 설치하여야 하는 경보설비의 종류

제조소등 구분	제조소등의 규모, 저장 또는 취급하는 위험물의 종류 및 최대수량 등	경보설비
제조소 및 일반취급소	• 연면적 500m² 이상인 것 • 옥내에서 지정수량의 100배 이상을 취급하는 것	자동화재 탐지설비
옥내저장소	• 지정수량의 100배 이상을 저장 또는 취급하는 것 • 저장창고의 연면적이 150m²를 초과하는 것 • 처마높이가 6m 이상인 단층건물의 것	
옥내탱크 저장소	단층 건물 외의 건축물에 설치된 옥내탱크저장소로서 소화난이도 등급 I에 해당하는 것	
주유취급소	옥내주유취급소	

• 자동화재탐지설비 설치 대상에 해당하지 아니하는 제조소등
  − 지정수량의 10배 이상을 저장 또는 취급하는 것

48 다음 중 위험물 제조소 등에 설치하는 경보설비의 종류가 아닌 것은?

① 자동화재탐지설비   ② 비상경보설비
③ 자동화재속보설비   ④ 확성장치

◎ 경보 설비

• 자동화재 탐지설비   • 비상경보설비
• 확성장치   • 비상방송설비

49 다음 중 제조소에서 30m 이상의 안전거리를 두지 않아도 되는 것은?

① 100명 이상을 수용하는 학교   ② 20명 이상을 수용하는 노인복지시설
③ 100명 이상을 수용하는 공연장   ④ 종합병원

◎

건축물	안전거리
사용전압 7,000V 초과 35,000V 이하의 특고압가공전선	3m 이상
사용전압 35,000V 초과의 특고압가공전선	5m 이상
주거용으로 사용되는 것(제조소가 설치된 부지 내에 있는 것을 제외)	10m 이상
고압가스, 액화석유가스, 도시가스를 저장 또는 취급하는 시설	20m 이상
1. 학교 2. 병원 : 종합병원, 병원, 치과병원, 한방병원 및 요양병원 3. 수용인원 300인 이상 : 극장, 공연장, 영화상영관 4. 수용인원 20인 이상 : 복지시설(아동 · 노인 · 장애인 · 모부자복지시설) 보육시설, 정신보건시설, 가정폭력피해자보호시설	30m 이상
유형문화재, 지정문화재	50m 이상

50 위험물제조소의 안전거리로서 옳지 않은 것은?

① 3m 이상 – 7,000V 초과 35,000V 이하의 특고압가공전선

② 5m 이상 – 35,000V를 초과하는 특고압가공전선

③ 20m 이상 – 주거용으로 사용하는 것

④ 50m 이상 – 유형 문화재

▶

주거용으로 사용되는 것(제조소가 설치된 부지 내에 있는 것을 제외) : 10m 이상

51 고압가스안전관리법의 규정에 의하여 허가를 받거나 신고를 하여야 하는 고압가스 저장 시설을 저장 또는 취급하는 시설은 제조소와 몇 [m] 이상의 안전거리를 두어야 하는가?

① 10 ② 15 ③ 20 ④ 25

▶

고압가스, 액화석유가스, 도시가스를 저장 또는 취급하는 시설 – 20m 이상

52 위험물 옥내저장소 설치할 때 안전거리를 두지 않아도 되는 것은?

① 제1석유류를 저장하는 옥내저장소로서 지정수량의 20배 미만

② 제2석유류를 저장하는 옥내저장소로서 지정수량의 20배 미만

③ 제3석유류를 저장하는 옥내저장소로서 지정수량의 20배 미만

④ 제4석유류를 저장하는 옥내저장소로서 지정수량의 20배 미만

▶ **옥내저장소 안전거리 제외**

암기법 옥내 안에서 2미 4동육은 제외

① 지정수량의 20배 미만의 제4석유류 저장 또는 취급

② 지정수량의 20배 미만의 동식물유류 저장 또는 취급

③ 제6류 위험물 저장 또는 취급

53 위험물옥내저장소에는 안전거리를 두어야 한다. 안전거리 제외대상이 아닌 것은?

① 지정수량 20배 미만의 제4석유류를 저장하는 옥내저장소

② 지정수량 20배 미만의 동 · 식물류를 취급하는 옥내저장소

③ 제5류 위험물을 저장하는 옥내저장소

④ 제6류 위험물을 저장 또는 취급하는 옥내 저장소

▶

위 문제 해설 참조

54 배관을 지하에 매설하는 이송취급소에서 배관이 그 외면으로부터 건축물(지하가 내의 건축물은 제외)과의 안전거리로 맞는 것은?

① 1.5m 이상　　② 10m 이상　　③ 100m 이상　　④ 300m 이상

▶ **이송취급소 배관 안전거리** ─────────────────────

- 건축물(지하가 내의 건축물을 제외한다.) : 1.5m 이상
- 지하가 및 터널 : 10m 이상
- 수도법에 의한 수도시설(위험물의 유입 우려가 있는 것) : 300m 이상

55 이송취급소에서 배관을 지하에 매설하는 경우 배관은 그 외면으로부터 지하가 및 터널까지 몇 m 이상의 안전거리를 두어야 하는가?

① 0.3　　　　② 1.5　　　　③ 10　　　　④ 300

▶ ─────────────────────────────────────

위 문제 해설 참조

56 히드록실아민 등을 취급하는 제조소의 벽으로부터 공작물의 외측까지의 안전거리(m)로 맞는 것은?(단, 히드록실아민의 저장량은 200kg이다.)

① 46.21　　　　② 64.38　　　　③ 150.3　　　　④ 153.3

▶ **히드록실아민등의 제조소 안전거리 특례** ─────────────────

$$D = 51.1\sqrt[3]{N} = 51.1 \times \sqrt[3]{\frac{200}{100}} = 64.381 \fallingdotseq 64.38\text{m 이상}$$

57 히드록실아민 1,000kg을 취급하는 제조소의 안전거리는?

① 100m 이상　　② 110m 이상　　③ 170m 이상　　④ 180m 이상

▶ **위험물안전관리법 시행규칙 [별표 4] XII. 위험물의 성질에 따른 제조소의 특례** ────

$$N = \frac{1,000}{100} = 10\text{배}, \quad D = 51.1 \times \sqrt[3]{10} = 51.1 \times 2.15 = 109.8 \fallingdotseq 110$$

$$\therefore 110[\text{m}]\text{ 이상}$$

58 지정수량의 10배인 위험물을 옥내저장소에 저장 할 때 보유 공지는?(단, 벽·기둥 및 바닥이 내화구조로 된 건축물이다.)

① 1.5m 이상　　② 2m 이상　　③ 1m 이상　　④ 5m 이상

◎ 옥내저장소의 보유공지

저장 또는 취급하는 위험물의 최대수량	공지의 너비	
	벽·기둥 및 바닥이 내화구조로 된 건축물	그 밖의 건축물
지정수량의 5배 이하	-	0.5m 이상
지정수량의 5배 초과 10배 이하	1m 이상	1.5m 이상
지정수량의 10배 초과 20배 이하	2m 이상	3m 이상
지정수량의 20배 초과 50배 이하	3m 이상	5m 이상
지정수량의 50배 초과 200배 이하	5m 이상	10m 이상
지정수량의 200배 초과	10m 이상	15m 이상

※ 동일 부지 내에 지정수량의 20배를 초과하는 저장창고를 2 이상 인접할 경우 상호거리에 해당하는 보유공지 너비의 1/3 이상을 보유할 수 있다.(단, 3m 미만인 경우 3m)

59 화재 발생 시 소화활동을 원활히 하기 위한 보유공지의 기능으로 적당하지 않은 것은?

① 위험물시설의 화재 시 연소방지
② 위험물의 원활한 공급
③ 소방활동의 공간 확보
④ 피난상 필요한 공간 확보

◎ 보유공지의 기능(공지이므로 적재 및 설치 불가)

• 위험물시설의 화재 시 연소확대 방지
• 소방활동상의 공간 확보
• 피난상 유효한 공간 확보

60 위험물을 취급하는 건축물의 방화벽을 불연재료로 하였다. 위험물 주위에 보유공지를 두지 않아도 되는 것은?

① 제1류 위험물
② 제3류 위험물
③ 제5류 위험물
④ 제6류 위험물

◎ 불연성 격벽에 의한 보유공지 면제

• 방화벽 : 내화구조(단, 제6류 위험물 – 불연재료)
• 출입구 및 창 : 자동폐쇄식 갑종방화문

61 지정수량의 몇 배 이상의 위험물을 취급하는 제조소, 일반취급소에는 화재예방을 위한 예방규정을 정하여야 하는가?

① 10
② 20
③ 30
④ 40

예방규정

제조소등	지정수량의 배수	암기
제조소 · 일반취급소	10배 이상	십
옥외저장소	100배 이상	백
옥내저장소	150배 이상	오
옥외탱크저장소	200배 이상	이
암반탱크저장소 · 이송취급소	모두	모두

62 화재예방과 재해 발생 시 비상조치를 하기 위하여 제조소등에 예방규정을 작성하여야 하는데 대상 기준이 아닌 것은?

① 지정수량의 10배 이상의 위험물을 취급하는 제조소
② 지정수량의 100배 이상의 위험물을 저장하는 옥외탱크저장소
③ 지정수량의 150배 이상의 위험물을 저장하는 옥내저장소
④ 암반탱크저장소

위 문제 해설 참조

63 예방규정을 정하여야 하는 제조소 등의 관계인은 예방규정을 정하여 시 · 도지사에게 언제까지 제출하여야 하는가?

① 제조소 등의 사용 시작 전
② 제조소 등의 착공 신고 전
③ 제조소 등의 완공 신고 전
④ 제조소 등의 탱크안전성능시험 전

대통령령이 정하는 제조소등의 관계인은 당해 제조소등의 화재예방과 화재 등 재해발생시의 비상조치를 위하여 행정안전부령이 정하는 바에 따라 예방규정을 정하여 당해 제조소등의 사용을 시작하기 전에 시 · 도지사에게 제출하여야 한다.

64 다음 중 정기검사의 대상인 제조소등에 해당하는 것은?

① 액체 위험물을 저장 또는 취급하는 50만리터 이상의 옥외저장소
② 액체 위험물을 저장 또는 취급하는 50만리터 이상의 옥외탱크저장소
③ 액체 위험물을 저장 또는 취급하는 50만리터 이상의 지하탱크저장소
④ 액체 위험물을 저장 또는 취급하는 50만리터 이상의 제조소

특정옥외탱크저장소 : 50만리터 이상의 옥외탱크저장소

제조소등	지정수량의 배수	암기	정기점검대상
제조소 · 일반취급소	10배 이상	십	1. 지하탱크 2. 이동탱크 3. 예방규정 4. 특정옥외탱크 5. 지하매설 제조, 일반주유취급소
옥외저장소	100배 이상	백	
옥내저장소	150배 이상	오	
옥외탱크저장소	200배 이상	이	
암반탱크저장소 · 이송취급소	모두	모두	

65 다음 위험물제조소의 정기점검 대상이 아닌 것은?

① 이동탱크저장소
② 암반탱크저장소
③ 옥내탱크저장소
④ 지하탱크저장소

위 문제 해설 참조

66 제조소등의 관계인은 그 제조소등에 대하여 기술기준에 적합한지의 여부를 정기적으로 점검하고 점검결과를 기록하여 보존하여야 하는데 이때 정기점검 횟수는?

① 년 1회 이상　　② 년 2회 이상　　③ 2년에 1회 이상　　④ 4년에 1회 이상

• 정기점검 : 년 1회 이상
• 소방시설의 자체점검 : 년 1회 이상

67 제조소등의 정기점검 자격이 있는 사람은?

① 위험물안전관리자
② 방화관리자
③ 소방시설관리사
④ 소방기술사

◉ 정기점검 구분과 점검횟수

점검구분	점검대상	점검자의 자격	횟 수	기록보존
일반점검	령 제16조	• 위험물안전관리자 • 위험물운송자	연 1회	3년
구조안전 점검	500만*l* 이상의 옥외탱크저장소	• 위험물안전관리자(인력과 장비를 갖춘 후 실시) • 안전관리대행기관 • 위험물탱크안전성능시험자	• 완공검사필증을 교부받 은 날부터 12년 이내 • 최근정기검사를 받은 날 부터 11년마다	25년 (연장신청시는 30년)

68 특정옥외탱크 저장소에 구조안전점검은 제조소 등의 설치허가에 따른 완공검사필증을 교부받은 날부터 몇 년 이내에 하여야 하는가?

① 10년 ② 11년 ③ 12년 ④ 13년

▶ **특정 옥외탱크저장소의 구조안전점검**

① 제조소등의 설치허가에 따른 완공검사필증을 교부받은 날부터 12년
② 최근의 정기검사를 받은 날부터 11년
③ 특정옥외저장탱크에 안전조치를 한 후 구조안전점검시기 연장신청을 하여 당해 안전조치가 적정한 것으로 인정받은 경우에는 최근의 정기검사를 받은 날부터 13년

69 제4류 위험물을 취급하는 제조소 또는 일반취급소에는 지정수량의 몇 배 이상일 때 자체소방대를 두어야 하는가?

① 1,000배 ② 2,000배 ③ 3,000배 ④ 4,000배

▶

제4류 위험물을 취급하는 제조소 또는 일반취급소로서 지정수량의 3천 배 이상

제조소 및 일반취급소 구분	소방차	인원
최대수량의 합이 지정수량의 12만 배 미만	1대	5인
최대수량의 합이 지정수량의 12 만배 이상 24만 배 미만	2대	10인
최대수량의 합이 지정수량의 24만 배 이상 48만 배 미만	3대	15인
최대수량의 합이 지정수량의 48만 배 이상	4대	20인

70 위험물제조소에서 취급하는 제4류 위험물의 최대수량의 합이 지정수량의 15만 배인 사업소에 두어야 할 자체소방대의 화학소방자동차와 자체소방대원의 수는 각각 얼마로 규정되어 있는가?(단, 상호응원협정을 체결한 경우는 제외한다.)

① 1대, 5인 ② 2대, 10인
③ 3대, 15인 ④ 4대, 20인

▶

위 문제 해설 참조

71 자체소방대를 설치하여야 하는 일반취급소로 옳은 것은?

① 이동저장탱크에 위험물을 주입하는 일반취급소
② 용기에 위험물을 옮겨 담는 일반취급소
③ 위험물을 이용하여 제품을 생산 또는 가공하는 일반취급소
④ 보일러, 버너로 위험물을 소비하는 일반취급소

◐ **자체소방대 설치 제외 일반취급소**
- 보일러, 버너 그 밖에 이와 유사한 장치로 위험물을 소비하는 일반취급소
- 이동저장탱크 그 밖에 이와 유사한 것에 위험물을 주입하는 일반취급소
- 용기에 위험물을 옮겨 담는 일반취급소
- 유압장치, 윤활유순환장치 등 유사한 장치로 위험물을 취급하는 일반취급소
- 광산보안법의 적용을 받는 일반취급소

72 화학소방자동차의 소화능력 및 설비의 기준이 아닌 것은?
① 이산화탄소를 방사하는 차의 탑재능력은 1,000kg 이상
② 할로겐화합물을 방사하는 차의 탑재능력은 1,000kg 이상
③ 포말을 방사하는 차의 탑재능력은 10만L 이상
④ 분말을 방사하는 차의 탑재능력은 1,400kg 이상

◐ **자체소방대에 설치하는 화학소방자동차**

분류	방사능력	방사시간	저장량	비치설비
포수용액 방사차	2,000lpm 이상	50분	10만 리터	소화약액탱크 소화약액 혼합장치
분말 방사차	35kg/sec 이상	40초	1,400kg 이상	분말탱크 가압용 가스설비
할로겐화합물 방사차	40kg/sec 이상	25초	1,000kg 이상	할로겐화합물 탱크 가압용 가스설비
이산화탄소 방사차	40kg/sec 이상	75초	3,000kg 이상	이산화탄소 저장용기
제독차	가성소다 및 규조토를 각각 50kg 이상 비치			

73 위험물제조소 중 위험물을 취급하는 건축물은 특별한 경우를 제외하고 어떤 구조로 하여야 하는가?
① 지하층이 없도록 하여야 한다.
② 지하층이 주로 사용하는 구조이어야 한다.
③ 지하층이 있는 2층 이내의 건축물이어야 한다.
④ 지하층이 있는 3층 이내의 건축물이어야 한다.

74 제조소에 환기설비를 설치하지 않아도 되는 경우는?
① 비상발전설비를 갖춘 조명설비를 유효하게 설치한 경우
② 배출설비를 유효하게 설치한 경우
③ 채광설비를 유효하게 설치한 경우
④ 공기조화설비를 유효하게 설치한 경우

배출설비가 유효하게 설치된 경우 환기설비 설치 제외

75 제조소등의 환기설비에 대한 설명으로 틀린 것은?

① 급기구는 당해 급기구가 설치된 실의 바닥면적이 150m²마다 1개 이상으로 하되 급기구의 크기는 800cm² 이상으로 할 것
② 환기설비는 강제배출방식으로 한다.
③ 급기구는 낮은 곳에 설치하고 가는 눈의 구리망으로 인화방지망을 설치할 것
④ 환기구는 지붕 위 또는 지상 2m 이상의 높이에 회전식 고정벤티레이터 또는 루프팬방식으로 설치할 것

▶ 환기설비와 배출설비

	환기설비(자연배기)	배출설비(강제배기)
용량	급기구 : 바닥면적 150m²마다	국소 : 1시간 배출용적의 20배
급기구 위치	낮은 곳	높은 곳
급기구 재질	구리망의 인화방지망	구리망의 인화방지망
배출구 위치	2m 이상	2m 이상
배출구 구조	고정벤틸레이터, 루프팬	배풍기, 배출닥트, 후드

76 위험물제조소의 환기구는 지붕 위 또는 지상 몇 m 이상의 높이에 설치하여야 하는가?

① 1m 이상　　② 2m 이상　　③ 3m 이상　　④ 5m 이상

위 문제 해설 참조

77 위험물 제조소의 환기설비를 하고자 한다. 이때 바닥면적이 60m²일 때 급기구의 면적은 얼마 이상으로 하여야 하는가?

① 150cm² 이상　② 300cm² 이상　③ 450cm² 이상　④ 800cm² 이상

바닥면적	급기구의 면적
150m² 이상	800cm² 이상
120m² 이상~150m² 미만	600cm² 이상
90m² 이상~120m² 미만	450cm² 이상
60m² 이상~90m² 미만	300cm² 이상
60m² 미만	150cm² 이상

78 위험물 제조소의 환기설비 중 급기구의 바닥면적이 150m² 이상일 때 급기구의 크기는?

① 150cm² 이상
② 30cm² 이상
③ 450cm² 이상
④ 800cm² 이상

▶ 위 문제 해설 참조

79 위험물제조소의 배출설비의 배출능력은 1시간당 배출장소 용적의 몇 배 이상으로 하여야 하는가?

① 10
② 20
③ 30
④ 40

▶ **배출능력**

국소방식	1시간당 배출장소 용적의 20배 이상
전역방식	바닥면적 1m²마다 18m³ 이상

80 제조소에 설치된 옥외에서 액체위험물을 취급하는 바닥의 기준으로 틀린 것은?

① 바닥의 둘레에 높이 0.3m 이상의 턱을 설치할 것
② 바닥은 콘크리트 등 위험물이 스며들지 아니하는 재료로 할 것
③ 바닥은 턱이 있는 쪽이 낮게 경사지게 할 것
④ 바닥의 최저부에 집유설비를 할 것

▶ **액체위험물을 취급하는 설비의 바닥**
- 바닥 둘레의 턱 : 높이 0.15m 이상(펌프실은 0.2m 이상)
- 콘크리트등 위험물이 스며들지 아니하는 재료
- 바닥의 최저부에 집유설비를 할 것 적당한 경사를 할 것
- 집유설비 방향으로 적당한 경사
- 비수용성 위험물 : 집유설비에 유분리장치 설치
- ※ 비수용성 : 20℃ 물 100g에 용해되는 양이 1g 미만인 것

81 위험물 제조소의 건축물의 구조에 대한 설명 중 틀린 것은?

① 건축물의 구조는 지하층이 없도록 한다.
② 연소 우려가 있는 외벽은 개구부가 없는 내화구조의 벽으로 한다.
③ 밀폐형 구조의 건축물인 경우에는 외부화재에 60분 이상 견딜 수 있는 구조로 하여야 한다.
④ 액체 위험물을 취급하는 건축물의 바닥은 위험물이 스며들지 않는 재료로 하고 적당한 경사를 두어 그 최저부에는 집유설비를 하여야 한다.

82 위험물을 취급하는 제조소의 건축물의 구조 중 반드시 내화구조로 하여야 할 것은?

① 바닥
② 기둥
③ 서까래
④ 연소우려가 있는 외벽

83 위험물안전관리법령상 '고인화점 위험물'이란?

① 인화점이 섭씨 100℃ 이상인 제4류 위험물
② 인화점이 섭씨 130℃ 이상인 제4류 위험물
③ 인화점이 섭씨 100℃ 이상인 제4류 위험물 또는 제3류 위험물
④ 인화점이 섭씨 100℃ 이상인 위험물

> 고인화점 위험물 : 인화점이 섭씨 100℃ 이상인 제4류 위험물

84 옥내저장소의 바닥을 반드시 물이 스며들지 않는 구조로 하여야 하는데 그러하지 않는 것은?

① 유기과산화물
② 금속분
③ 제4류 위험물
④ 제3류 위험물(금수성 물질)

차광성 피복	제1류 위험물 제3류 위험물 중 자연발화성물품 제4류 위험물 중 특수인화물 제5류 위험물 제6류 위험물
방수성 피복	제1류 위험물 중 알칼리 금속의 과산화물 또는 이를 함유한 것 제2류 위험물 중 철분, 마그네슘, 금속분 또는 이를 함유한 것
물의 침투를 막는 구조로 하여야 하는 위험물	제1류 위험물 중 알칼리금속의 과산화물 제2류 위험물 중 철분, 금속분, 마그네슘 제3류 위험물 중 금수성 물질 제4류 위험물

85 위험물안전관리법령상 위험물의 운반에 관한 기준에 따라 차광성이 있는 피복으로 가리는 조치를 하여야 하는 위험물에 해당하지 않는 것은?

① 특수인화물
② 제1석유류
③ 제1류 위험물
④ 제6류 위험물

> 위 문제 해설 참조

86 옥외위험물저장탱크 중 압력탱크의 수압시험방법으로 옳은 것은?

① 70kPa의 압력으로 10분간 시험

② 150kPa의 압력으로 10분간 시험

③ 최대상용압력의 0.7배의 압력으로 10분간 시험

④ 최대상용압력의 1.5배의 압력으로 10분간 시험

옥외탱크 옥내탱크	특정옥외저장탱크	방사선 투과시험, 진공시험 등의 비파괴시험
	압력탱크 외	충수시험
	압력탱크	최대상용압력×1.5배로 10분간 시험
이동탱크 지하탱크	압력탱크	최대상용압력×1.5배로 10분간 시험(최대상용압력이 46.7kPa 이상탱크)
	압력탱크 외	70kPa의 압력으로 10분간 수압시험
간이탱크		70kPa의 압력으로 10분간 수압시험
압력안전 장치	상용압력 20kPa 이하	20kPa 이상 24kPa 이하
	상용압력 20kPa 초과	최대상용압력의 1.1배 이하

87 이동탱크저장소의 상용압력이 20kPa 초과할 경우 안전장치의 작동압력은?

① 상용압력의 1.1배 이하

② 상용압력의 1.5배 이하

③ 20kPa 이상 24kPa 이하

④ 40kPa 이상 48kPa 이하

위 문제 해설 참조

88 이송취급소에서 이송기지는 부지경계선에 높이 몇 cm 이상의 방유제를 설치하여야 하는가?

① 10　　　　　　　② 20

③ 30　　　　　　　④ 50

이송기지의 부지경계선에 높이 50cm 이상의 방유제를 설치하여야 한다.

89 간이저장탱크의 수압시험방법으로 옳은 것은?

① 10kPa의 압력으로 10분간의 수압시험을 실시하여 새거나 변형되지 아니하여야 한다.

② 10kPa의 압력으로 30분간의 수압시험을 실시하여 새거나 변형되지 아니하여야 한다.

③ 70kPa의 압력으로 30분간의 수압시험을 실시하여 새거나 변형되지 아니하여야 한다.

④ 70kPa의 압력으로 10분간의 수압시험을 실시하여 새거나 변형되지 아니하여야 한다.

90 다음은 위험물제조소에 설치하는 안전장치 중 위험물의 성질에 따라 안전밸브의 작동이 곤란한 가압설비에 한하여 설치하는 것은?

① 자동적으로 압력의 상승을 정지시키는 장치

② 감압 측에 안전밸브를 부착한 감압밸브

③ 안전밸브를 병용하는 경보장치

④ 파괴판

▶ **압력계 및 안전장치**

• 자동적으로 압력의 상승을 정지시키는 장치
• 감압 측에 안전밸브를 부착한 감압밸브
• 안전밸브를 병용하는 경보장치
• 파괴판 : 안전밸브의 작동이 곤란한 경우 작동

91 알킬알루미늄 등의 이동탱크저장소에 있어서 이동저장탱크로부터 알킬알루미늄 등을 꺼낼 때에는 동시에 몇 kPa 이하의 압력으로 불활성의 기체를 봉입하여야 하는가?

① 100
② 200
③ 300
④ 400

▶
알킬알루미늄 봉입 압력 : 보관 시 20kPa, 꺼낼 때는 200kPa

92 위험물 제조소에는 지정수량의 10배 이상이 되면 피뢰설비를 설치하여야 하는데 하지 않아도 되는 위험물은?

① 제2류 위험물
② 제3류 위험물
③ 제4류 위험물
④ 제6류 위험물

▶
제6류 위험물은 피뢰설비 설치 제외

93 위험물제조소의 옥외에 있는 액체위험물을 취급하는 100m² 및 200m²의 용량인 2개의 탱크 주위에 설치하여야 하는 방유제의 최소 기준용량은?

① 50m³   ② 90 m³
③ 110 m³   ④ 150m³

▷
- 방유제 용량 = 최대탱크용량×0.5 + (나머지합계×0.1) 이상 = 200×0.5 + 100×0.1 = 110
- 방유제의 용량

구분	옥내취급탱크	옥외 취급탱크	옥외탱크저장소
1기	탱크용량 이상	탱크용량×0.5 이상(50%)	탱크용량×1.1 이상(110%) (비인화성 물질×1.0)
2기 이상	최대 탱크용량 이상	최대탱크용량×0.5 + (나머지 탱크용량합계×0.1) 이상	최대탱크용량×1.1 이상(110%) (비인화성 물질×1.0)

94 위험물 제조소의 옥외에 있는 위험물을 취급하는 취급탱크의 용량이 1,000*l* 2기와 2,000*l* 1기의 용량인 탱크 주위에 설치하여야 하는 방유제의 최소 기준 용량은?

① 1,000*l*   ② 1,100*l*
③ 1,200*l*   ④ 1,500*l*

▷
방유제 용량 = 최대탱크용량×0.5 + (나머지 합계×0.1) 이상 = 2,000×0.5 + 2,000×0.1 = 1,200

95 위험물제조소에 용량이 50m³인 탱크 1기와 150m³인 탱크 2기가 설치되어 있다. 탱크 주위에 설치하여야 할 방유제의 용량은?

① 50m³ 이상   ② 75m³ 이상
③ 95m³ 이상   ④ 150m³ 이상

▷
150 × 0.5 + (150 + 50) × 0.1 = 95m³ 이상

96 위험물제조소의 옥외에 있는 하나의 취급 탱크에 설치하는 방유제의 용량은 당해 탱크 용량의 몇 % 이상으로 하는가?

① 50   ② 60   ③ 70   ④ 80

▷
위 문제 해설 참조

97 다음 중 옥외탱크저장소의 방유제에 대한 설명으로 틀린 것은?

① 방유제 내의 면적은 50,000m² 이하로 할 것

② 방유제의 높이는 0.5m 이상 3m 이하로 할 것

③ 방유제 내에 설치하는 옥외저장탱크의 수는 10 이하로 할 것

④ 방유제는 철근콘크리트 또는 흙으로 만들 것

> 방유제 내의 면적은 80,000m² 이하로 할 것

98 용량이 1,000만ℓ 이상인 옥외저장탱크의 주위에 설치하는 방유제에는 당해 탱크마다 간막이 둑을 설치하여야 하는데 설치기준으로 틀린 것은?

① 간막이 둑은 흙 또는 철근콘크리트로 할 것

② 간막이 둑의 용량은 간막이 둑 안에 설치된 탱크의 용량의 5% 이상일 것

③ 간막이 둑의 높이는 0.3m 이상으로 하되, 방유제의 높이보다 0.2m 이상 낮게 할 것

④ 방유제 내에 설치되는 옥외저장탱크의 용량의 합계가 2억ℓ를 넘는 방유제에 있어서는 1m 이상으로 하되, 방유제의 높이보다 0.2m 이상 낮게 할 것

> 간막이 둑의 용량은 간막이 둑 안에 설치된 탱크의 용량의 10% 이상일 것

99 옥외탱크저장소의 방유제 설치기준 중 틀린 것은?

① 면적은 80,000m² 이하로 할 것

② 방유제는 흙담 이외의 구조로 할 것

③ 높이는 0.5m 이상 3m 이하로 할 것

④ 방유제 내에는 배수구를 설치할 것

> ② 방유제는 철근콘크리트 또는 흙으로 구성

100 옥내저장소의 저장창고는 지면에서 처마까지의 높이가 몇 m 미만인 단층 건물로 하고 그 바닥을 지반면보다 높게 하여야 하는가?

① 3m

② 6m

③ 10m

④ 12m

> 저장창고 지면에서 처마까지 6m 이내

101 위험물의 성질에 따른 제조소의 특례를 적용하지 않는 위험물은 어느 것인가?

① 산화프로필렌   ② 알킬알루미늄

③ 아세트알데히드   ④ 디에틸에테르

◐ ─────────────────────

- 아세트알데히드, 산화프로필렌 등 : 불활성 가스 또는 수증기 봉입 등 특례 적용
- 알킬알루미늄 등 : 불활성 가스 봉입 등 특례적용

102 위험물의 성질에 따른 제조소의 특례 중 적절하지 못한 것은?

① 알킬알루미늄등을 취급하는 설비에는 불활성 기체를 봉입하는 장치를 갖출 것

② 아세트알데히드등을 취급하는 설비에는 은 · 수은 · 동 · 마그네슘 또는 이들을 성분으로 하는 합금으로 만들 것

③ 아세트알데히드등을 취급하는 설비에는 불활성 기체 또는 수증기를 봉입하는 장치를 갖출 것

④ 아세트알데히드등을 취급하는 설비에는 냉각장치 등 보냉장치를 갖출 것

◐ ─────────────────────

아세트알데히드등을 취급하는 설비에는 은 · 수은 · 동 · 마그네슘 또는 이들을 성분으로 하는 합금 사용 금지

103 보냉장치가 없는 이동저장탱크에 저장하는 아세트알데히드등 또는 디에틸에테르등의 유지온도는?

① 30℃ 이하   ② 30℃ 이상

③ 40℃ 이하   ④ 40℃ 이상

◐ **저장온도 기준** ─────────────────────

암기법 보유비 무사의 암4동 외3촌 아오

1. 보냉장치 있(유)으면 비점, 없(무)으면 40℃
2. 압력탱크 40℃ 이하, 압력탱크외 30℃ 이하, 아세트알데히드 15℃ 이하
3. 저장온도 기준
    1) 보냉장치가 있는 경우 : 비점 이하
    2) 보냉장치가 없는 경우 : 40℃ 이하
    3) 압력탱크

압력탱크	아세트알데히드, 에테르 산화프로필렌	40℃ 이하
압력탱크 이외	에테르, 산화프로필렌	30℃ 이하
	아세트알데히드	15℃ 이하

104 다음 중 소화난이도 I등급에 해당하지 않는 것은?

① 연면적 1,000m² 이상 제조소

② 지정수량 100배 이상 옥내저장소

③ 지반면으로부터 탱크 상단까지 높이가 6m 이상인 옥외탱크저장소

④ 인화성 고체 지정수량 100배 이상 저장하는 옥외저장소

▶
② 지정수량 100배 이상 옥내저장소 → 150배

105 옥외저장소에 저장할 수 있는 위험물은?

① 제6류 위험물　　　　　　② 제2류 위험물의 마그네슘분

③ 제4류 위험물 제1석유류　④ 제3류 위험물

▶ **옥외저장소 저장가능 위험물**

1. 제2류 위험물 중 유황 또는 인화성 고체(인화점이 섭씨0℃ 이상인 것에 한한다.)
2. 제4류 위험물 중 제1석유류(인화점 0℃ 이상인 것)·알코올류
　　　　　　 제2석유류·제3석유류·제4석유류·동식물유류
　※ 제1석유류 중 톨루엔(4℃), 피리딘(20℃)은 저장가능
3. 제6류 위험물

106 다음 위험물 중 옥외저장소에 저장할 수 없는 위험물은?

① 유황　　　② 휘발유　　　③ 알코올　　　④ 등유

▶ **옥외저장소에 저장할 수 없는 위험물의 품명**

1. 제1류, 제3류, 제5류 위험물 : 전부
2. 제2류 위험물 : 황화린, 적린, 철, 마그네슘분, 금속분
3. 제4류 위험물 : 특수인화물, 인화점이 0℃ 미만인 제1석유류

107 옥외저장소에 선반을 설치하는 경우 선반의 높이는?

① 1m 이하　　　　　　② 1.5m 이하

③ 2m 이하　　　　　　④ 6m 이하

▶ **선반**

1. 선반의 높이 : 6m 이하
2. 견고한 지반면에 고정할 것
3. 선반은 선반 및 부속설비의 자중 및 중량, 풍하중, 지진 등에 의한 응력에 안전할 것
4. 선반은 위험물을 수납한 용기가 쉽게 낙하하지 아니하는 조치를 강구할 것

108 옥내저장소에서 위험물 용기를 겹쳐 쌓는 경우에 있어서 제4류 위험물 중 제3석유류만을 수납하는 용기를 겹쳐 쌓을 수 있는 높이는 최대 몇 m인가?

① 3   ② 4   ③ 5   ④ 6

◎ **옥내저장소, 옥외저장소 적재높이**

- 6m 이하 : 기계에 의하여 하역하는 구조로 된 용기만을 겹쳐 쌓는 경우
- 4m 이하 : 제4류 위험물 중 제3석유류, 제4석유류, 동식물유류를 수납하는 용기만을 겹쳐 쌓는 경우
- 3m 이하 : 그 밖의 경우(특수인화물, 제1석유류, 제2석유류, 알코올류) : 3m 이하

109 옥내저장소에 위험물을 수납한 용기를 겹쳐쌓는 경우 높이의 상한에 관한 설명 중 틀린 것은?

① 기계에 의하여 하역하는 구조로 된 용기만 겹쳐 쌓는 경우는 6미터
② 제3석유류를 수납한 소형 용기만 겹쳐쌓는 경우는 4미터
③ 제2석유류를 수납한 소형 용기만 겹쳐쌓는 경우는 4미터
④ 제1석유류를 수납한 소형 용기만 겹쳐쌓는 경우는 3미터

◎

위 문제 해설 참조

110 가솔린 20,000리터를 저장하는 내화구조가 아닌 옥내저장소의 보유공지는 몇 m 이상을 확보하여야 하는가?

① 2m   ② 5m   ③ 10m   ④ 15m

◎

가솔린의 지정수량 : 200리터, $\dfrac{20,000}{200} = 100$배이므로

※ **옥내저장소의 보유공지**

저장 또는 취급하는 위험물의 최대수량	공지의 너비	
	벽·기둥 및 바닥이 내화구조로 된 건축물	그 밖의 건축물
지정수량의 5배 이하	−	0.5m 이상
지정수량의 5배 초과 10배 이하	1m 이상	1.5m 이상
지정수량의 10배 초과 20배 이하	2m 이상	3m 이상
지정수량의 20배 초과 50배 이하	3m 이상	5m 이상
지정수량의 50배 초과 200배 이하	5m 이상	10m 이상
지정수량의 200배 초과	10m 이상	15m 이상

111 저장 또는 취급하는 위험물의 저장수량이 지정수량의 50배일 때 옥내저장소의 공지의 너비는?

① 1.5m 이상   ② 2m 이상   ③ 3m 이상   ④ 5m 이상

◉ 보유공지 암기방법

구분	지정수량의 배수	거리[m]
옥외저장소	10, 20, 50, 200, 초	3, 5, 9, 12, 15
옥내저장소	10, 20, 50, 200, 초	1, 2, 3, 5, 10
옥외탱크저장소	500, 1,000, 2,000, 3,000, 4,000	3, 5, 9, 12, 15

112 위험물저장소로서 옥내저장소의 저장 창고는 위험물 저장을 전용으로 하여야 하며, 지면에서 처마까지의 높이는 몇 m 미만인 단층건축물로 하여야 하는가?

① 6   ② 6.5   ③ 7   ④ 7.5

113 자연발화의 위험 또는 현저하게 화재가 발생할 우려가 있는 위험물을 옥내저장소에 저장할 때 지정수량의 몇 배 이하마다 구분하여 저장하여야 하는가?

① 2배   ② 5배   ③ 10배   ④ 20배

◉ ───────

자연발화성 위험물의 지정수량 10배 이하마다 소분하여 저장 시 이격거리 0.3m 이상

114 옥내저장소의 하나의 저장창고의 바닥면적을 1,000m² 이하로 하여야 하는 데 해당되지 않는 위험물은?

① 무기과산화물   ② 나트륨   ③ 특수인화물   ④ 초산

◉ 옥내저장소 저장창고의 기준면적

위험물을 저장하는 창고의 종류	기준면적
• 제1류위험물 중 지정수량 50kg − 위험등급 I • 제3류위험물 중 지정수량 10kg, 황린 10kg − 위험등급 I • 제4류위험물 중 특수인화물 − 위험등급 I, 제1석유류 및 알코올류 − 위험등급 II • 제5류위험물 중 지정수량 10kg − 위험등급 I • 제6류위험물 모두 − 위험등급 I	1,000m² 이하
위(1,000m² 이하) 위험물 외의 위험물을 저장하는 창고	2,000m² 이하
위의 전부에 해당하는 위험물을 내화구조의 격벽으로 완전히 구획된 실에 각각 저장하는 창고(제4석유류, 동식물유, 제6류 위험물은 500m²를 초과할 수 없다.)	1,500m² 이하

115 옥내저장소의 하나의 저장창고의 바닥 면적을 1,000m² 이하로 하는 것으로 틀린 것은?

① 제1류 위험물 중 아염소산염류, 염소산염류, 과염소산염류, 무기과산화물, 그 밖에 지정수량이 50kg인 위험물
② 제3류 위험물 중 칼륨, 나트륨, 알킬알루미늄, 알킬리튬, 그 밖에 지정수량이 10kg인 위험물및 황린
③ 제4류 위험물 중 특수인화물, 제2석유류 및 알코올류
④ 제6류 위험물

위 문제 해설 참조

116 위험물저장소로서 옥내저장소의 저장창고의 기준으로 옳은 것은?

① 지면에서 처마까지의 높이가 8m 미만인 단층건축물로 하고 그 바닥은 지반면보다 낮게 하여야 한다.
② 지면에서 처마까지의 높이가 8m 미만인 단층건축물로 하고 그 바닥은 지반면보다 높게 하여야 한다.
③ 지면에서 처마까지의 높이가 6m 미만인 단층건축물로 하고 그 바닥은 지반면보다 낮게 하여야 한다.
④ 지면에서 처마까지의 높이가 6m 미만인 단층건축물로 하고 그 바닥은 지반면보다 높게 하여야 한다.

117 옥내탱크저장소의 탱크와 탱크전용실의 벽 및 탱크 상호 간의 간격은?

① 0.2m 이상   ② 0.3m 이상
③ 0.4m 이상   ④ 0.5m 이상

○ **옥내탱크저장소 이격거리**

탱크 상호 간 0.5m 이상
• 0.3m 이상 : 자연발화성 위험물의 지정수량 10배 이하마다 소분하여 저장 시 이격거리
• 1m 이상 : 혼재할 수 있는 위험물 상호거리

118 지정유기관산화물의 옥내저장소 외벽의 기준으로 옳지 않은 것은?

① 두께 20cm 이상의 철근콘크리트조
② 두께 20cm 이상의 철골철근콘크리트조
③ 두께 40cm 이상의 보강시멘트블록조
④ 두께 30cm 이상의 보강콘크리트블록조

◐ 지정유기과산화물 벽 두께

담	15cm 이상	철근콘크리트조, 철골철근콘크리트조
	20cm 이상	보강시멘트블록조
외벽	20cm 이상	철근콘크리트조, 철골철근콘크리트조
	30cm 이상	보강시멘트블록조
격벽 (150m² 이내마다)	30cm 이상	철근콘크리트조, 철골철근콘크리트조
	40cm 이상	보강시멘트블록조
지정수량 5배 이하	30cm 이상	철근콘크리트조, 철골철근콘크리트조의 벽을 설치 시 담 또는 토제 설치 제외

119 위험물 안전관리법령에서 정한 이황화탄소의 옥외탱크 저장시설에 대한 기준으로 옳은 것은?

① 벽 및 바닥의 두께가 0.2m 이상이고, 누수가 되지 아니하는 철근콘크리트의 수조에 넣어 보관하여야 한다.

② 벽 및 바닥의 두께가 0.2m 이상이고, 누수가 되지 아니하는 철근콘크리트의 석유조에 넣어 보관하여야 한다.

① 벽 및 바닥의 두께가 0.3m 이상이고, 누수가 되지 아니하는 철근콘크리트의 수조에 넣어 보관하여야 한다.

④ 벽 및 바닥의 두께가 0.3m 이상이고, 누수가 되지 아니하는 철근콘크리트의 석유조에 넣어 보관하여야 한다.

120 옥외탱크저장소 주위에는 공지를 보유하여야 한다. 저장 또는 취급하는 위험물의 최대 저장량이 지정수량의 600배라면 몇 m 이상인 너비의 공지를 보유하여야 하는가?

① 3

② 5

③ 9

④ 12

◐ 보유공지 암기방법

구분	지정수량의 배수	거리[m]
옥외저장소	10, 20, 50, 200, 초	3, 5, 9, 12, 15
옥내저장소	10, 20, 50, 200, 초	1, 2, 3, 5, 10
옥외탱크저장소	500, 1,000, 2,000, 3,000, 4,000	3, 5, 9, 12, 15

※ 옥외탱크저장소의 보유공지

저장 또는 취급하는 위험물의 최대수량	공지의 너비
지정수량의 500배 이하	3m 이상
지정수량의 500배 초과 1,000배 이하	5m 이상
지정수량의 1,000배 초과 2,000배 이하	9m 이상
지정수량의 2,000배 초과 3,000배 이하	12m 이상
지정수량의 3,000배 초과 4,000배 이하	15m 이상
지정수량의 4,000배 초과	당해 탱크의 수평단면의 최대지름(횡형인 경우에는 긴 변)과 높이 중 큰 것과 같은 거리 이상. 다만, 30m 초과의 경우에는 30m 이상으로 할 수 있고, 15m 미만의 경우에는 15m 이상으로 하여야 한다.

121 옥외탱크저장소의 저장탱크의 강철판 두께는 몇 mm 이상이어야 하는가?

① 2.5　　　② 2.8　　　③ 3.2　　　④ 4.0

122 인화점이 200℃ 미만인 위험물을 저장하는 옥외탱크저장소의 방유제는 탱크의 지름이 15m 이상인 경우 그 탱크의 측면으로부터 탱크 높이의 얼마 이상의 거리를 확보하여야 하는가?

① $\frac{1}{2}$　　　② $\frac{1}{3}$　　　③ $\frac{1}{4}$　　　④ $\frac{1}{5}$

- 탱크 지름 15m 미만 : 탱크 높이의 $\frac{1}{3}$ 이상 확보
- 탱크 지름 15m 이상 : 탱크 높이의 $\frac{1}{2}$ 이상 확보

123 다음 (　) 안에 알맞은 수치는?(단, 인화점이 200℃ 이상인 위험물은 제외한다.)

옥외저장탱크의 지름이 15m 미만인 경우에 방유제는 탱크의 옆판으로부터 탱크 높이의 (　) 이상 이격하여야 한다.

① 1/3　　　② 1/2　　　③ 1/4　　　④ 2/3

방유제는 탱크의 옆판으로부터 일정거리를 유지할 것(단, 인화점이 200℃ 이상인 위험물은 제외)
- 지름이 15m 미만인 경우 : 탱크 높이의 1/3 이상
- 지름이 15m 이상인 경우 : 탱크 높이의 1/2 이상

124 아세톤 옥외저장탱크 중 압력탱크 외의 탱크에 설치하는 대기밸브 부착 통기관은 몇 kPa 이하의 압력차이로 작동할 수 있어야 하는가?

① 5　　　　　　② 7　　　　　　③ 9　　　　　　④ 10

대기밸브 부착 통기관은 5kPa 이하의 압력에서 작동

125 위험물안전관리법령에 따라 제4류 위험물 옥내저장탱크에 설치하는 밸브 없는 통기관의 설치기준으로 가장 거리가 먼 것은?

① 통기관의 지름은 30mm 이상으로 한다.
② 통기관의 선단은 수평단면에 대하여 아래로 45도 이상 구부려 설치한다.
③ 통기관은 가스가 체류하지 않도록 그 선단을 건축물의 출입구로부터 0.5m 이상 떨어진 곳에 설치하고 끝에 팬을 설치한다.
④ 가는 눈의 구리망으로 인화방지장치를 한다.

기관의 선단은 건축물의 창·출입구 등의 개구부로부터 1[m] 이상 떨어진 옥외의 장소에 지면으로부터 4 [m] 이상의 높이로 설치하되, 인화점이 40[℃] 미만인 위험물의 탱크에 설치하는 통기관에 있어서는 부지경계선으로부터 1.5[m] 이상 이격할 것

126 제4류 위험물을 저장하는 옥외저장탱크에 설치하는 밸브 없는 통기관의 선단은 수평면보다 몇 도 이상 구부려야 하는가?

① 15도　　　　　　　　　② 30도
③ 45도　　　　　　　　　④ 90도

선단은 45° 이상 구부려야 한다.

127 소화난이도 등급 Ⅲ의 지하 탱크 저장소에 설치하여야 할 소화설비는?

① 능력단위의 수치가 2단위 이상인 대형 수동식 소화기 1개 이상
② 능력단위의 수치가 2단위 이상인 대형 수동식 소화기 2개 이상
③ 능력단위의 수치가 3단위 이상인 대형 수동식 소화기 2개 이상
④ 능력단위의 수치가 3단위 이상인 대형 수동식 소화기 3개 이상

지하탱크 저장소 : 소형 수동식 소화기 등 능력단위의 수치가 3 이상 2개 이상

128 지하탱크저장소의 배관은 탱크의 윗부분에 설치하여야 하는데 탱크의 직근에 유효한 제어밸브를 설치하여야 하는 것이 아닌 것은 ?

① 제1석유류
② 제3석유류
③ 제4석유류
④ 동식물유류

▶ **탱크 상부 배관설치 예외** ───────────────

제2석유류(인화점 40℃ 이상), 제3석유류, 제4석유류, 동식물유류
그 직근에 유효한 제어밸브를 설치한 경우

129 지하탱크가 있는 제조소등의 경우 완공검사의 신청시기로 맞는 것은?

① 탱크를 완공하고 상치장소를 확보한 후
② 지하탱크를 매설하기 전
③ 공사 전체 또는 일부를 완료한 후
④ 공사의 일부를 완료한 후

▶ **제조소등의 완공검사 신청시기** ───────────────

지하탱크가 있는 제조소등	해당 지하탱크를 매설하기 전
이동탱크저장소	이동저장탱크를 완공하고 상치장소를 확보한 후
이송취급소	이송배관 공사의 전체 또는 일부를 완료한 후
완공검사 실시가 곤란한 경우	1. 배관설치 완료 후 기밀시험, 내압시험을 실시하는 시기 2. 지하에 설치하는 경우 매몰하기 직전 3. 비파괴시험을 실시하는 시기
위에 해당하지 않는 경우	제조소 등의 공사를 완료한 후

130 지하탱크저장소에 대한 설명으로 맞는 것은?

① 지하저장탱크 윗부분과 지면과의 거리는 0.6m 이상일 것
② 지하저장탱크와 탱크전용실의 간격은 0.8m 이상일 것
③ 지하저장탱크 상호 간 거리는 0.5m 이상일 것
④ 지하의 가장 가까운 벽, 피트 등의 시설물 및 대지경계선은 0.5m 이상일 것

▶ ───────────────

② 지하저장탱크와 탱크전용실의 간격은 0.1m 이상일 것
③ 지하저장탱크 상호 간 거리는 1m 이상일 것
④ 지하의 가장 가까운 벽, 피트 등의 시설물 및 대지경계선은 0.1m 이상일 것

131 지하저장탱크의 주위에 당해 탱크로부터 액체위험물의 누설을 검사하기 위한 관의 설치 기준으로 옳지 않은 것은?

① 소공이 없는 상부는 단관으로 할 수 있다.
② 재료는 금속관 또는 결질합성수지관으로 한다.
③ 관은 탱크실의 바닥에서 0.2m 이격하여 설치한다.
④ 관의 밑부분으로부터 탱크의 중심 높이까지의 부분에는 소공이 뚫려 있어야 한다.

▶
  1. 이중관으로 할 것. 다만, 소공이 없는 상부는 단관으로 할 수 있다.
  2. 재료는 금속관 또는 경질합성수지관으로 할 것
  3. 관은 탱크전용실의 바닥 또는 탱크의 기초까지 닿게 할 것
  4. 관의 밑부분으로부터 탱크의 중심 높이까지의 부분에는 소공이 뚫려 있을 것. 다만, 지하수위가 높은 장소에 있어서는 지하수위 높이까지의 부분에 소공이 뚫려 있어야 한다.
  5. 상부는 물이 침투하지 아니하는 구조로 하고, 뚜껑은 검사 시에 쉽게 열 수 있도록 할 것

132 지하탱크저장소의 액체위험물의 누설을 검사하기 위한 관의 기준으로 틀린 것은?

① 단관으로 할 것
② 관은 탱크실의 바닥에 닿게 할 것
③ 재료는 금속관 또는 경질합성수지관으로 할 것
④ 관의 밑부분으로부터 탱크의 중심높이까지의 부분에는 소공이 뚫려 있을 것

▶
  위 문제 해설 참조

133 소화난이도 등급 III의 알킬알루미늄을 저장하는 이동탱크저장소에 자동차용 소화기 2개 이상을 설치한 후 추가로 설치하여야 할 마른 모래의 양은 몇 l인가?

① 50l 이상
② 100l 이상
③ 150l 이상
④ 200l 이상

◉ **소화난이도등급 III 이동탱크저장소의 소화설비**
• 마른모래 150l 이상
• 팽창질석 또는 팽창진주암 640l 이상

134 이동탱크저장소의 방호틀의 두께 몇 mm 이상의 강철판으로 제작하여야 하는가?

① 1.6mm 이상
② 2.3mm 이상
③ 3.2mm 이상
④ 5.0mm 이상

◑ **철판의 두께**

이동탱크	방파판	1.6mm	운송 중 내부의 위험물의 출렁임, 쏠림 등을 완화하여 차량의 안전 확보
	방호틀	2.3mm	탱크 전복 시 부속장치(주입구, 맨홀, 안전장치) 보호하기 위하여 부속장치보다 50mm 이상 높게 설치
	측면틀	3.2mm	탱크 전복 시 탱크 본체 파손 방지
	칸막이	3.2mm	탱크 전복 시 탱크의 일부가 파손되더라도 전량의 위험물의 누출 방지
기타		3.2mm	특별한 언급이 없으면 철판의 두께는 모두 3.2mm 이상으로 함
		6mm	콘테이너식 저장탱크 이동저장탱크, 맨홀, 주입구의 뚜껑
		10mm	알킬알루미늄 저장탱크 철판두께

135 이동탱크저장소의 구조에 대한 설명 중 맞는 것은?

① 방파판은 두께 1.6mm 이상의 강철판으로 할 것
② 하나의 구획부분에 2개 이상의 방파판을 이동탱크저장소의 반대방향과 평행으로 설치하되, 각 방파판은 그 높이 및 칸막이로부터의 거리를 다르게 할 것
③ 하나의 구획부분에 설치하는 각 방파판의 면적의 합계는 당해 구획부분의 최대 수직단면적의 40% 이상으로 할 것
④ 방호틀의 두께는 3.2mm 이상의 강철판 또는 이와 동등 이상의 기계적 성질이 있는 재료로서 산 모양의 형상으로 하거나 이와 동등 이상의 강도가 있는 형상으로 할 것

◑ ─────────────────────────

② 반대방향과 평행 → 진행방향과 평행
③ 최대 수직단면적의 40% 이상 → 최대 수직단면적의 50% 이상
④ 방호틀의 두께는 2.3mm 이상의 강철판 또는 이와 동등 이상의 기계적 성질이 있는 재료로서 산 모양의 형상으로 하거나 이와 동등 이상의 강도가 있는 형상으로 할 것

136 액체위험물을 저장하는 옥외저장탱크 주입구의 설치기준으로 적합하지 않은 것은?

① 화재예방상 지장이 없는 장소에 설치할 것
② 특수인화물, 제1석유류, 제2석유류, 알코올류를 저장하는 옥외저장탱크의 주입구에는 보기 쉬운 곳에 게시판을 설치할 것
③ 주입호스 또는 주입관과 결합하였을 때 위험물이 새지 아니할 것
④ 휘발유, 벤젠을 저장하는 옥외저장탱크의 주입구 부근에는 정전기를 유효하게 제거하기 위한 접지전극을 설치할 것

◑ ─────────────────────────

인화점이 21℃ 미만인 위험물의 옥외저장탱크의 주입구에는 보기 쉬운 곳에 게시판을 설치할 것

137 이동탱크저장소의 탱크에서 방파판은 하나의 구획부분에 몇 개 이상의 방파판을 이동탱 크저장소의 진행방향과 평행으로 설치하여야 하는가?

① 1개   ② 2개

③ 3개   ④ 4개

▶ ─────────────────────────────

진행방향과 평행하게 2개를 설치한다.(단, 2,000*l* 초과 탱크만 적용한다.)

138 액체위험물을 저장하는 용량 10,000L의 이동저장탱크는 최소 몇 개 이상의 실로 구획하 여야 하는가?

① 1개   ② 2개

③ 3개   ④ 4개

▶ ─────────────────────────────

4,000L마다 칸막이로 구분하여 설치하므로 $\frac{10,000}{4,000} = 2.5$이므로 3개로 구획

139 제3류 위험물 중 알킬알루미늄을 저장하는 이동탱크저장소의 탱크 용량이 5,000L일 때 탱크의 칸막이는 최소 몇 개를 설치하여야 하는가?

① 2   ② 3   ③ 4   ④ 5

▶ ─────────────────────────────

1,900L마다 칸막이로 구분하여 설치하므로 $\frac{5,000}{1,900} = 2.63$이고 3개로 구획하므로 칸막이의 수는 2 개임

140 이동탱크저장소의 탱크의 구조에 대한 설치기준으로 틀리는 것은?

① 탱크 내부에는 4,000*l* 이하마다 3.2mm 이상의 강철판으로 칸막이를 설치

② 칸막이로 구획된 각 부분마다 맨홀과 두께 1.6mm 이상의 방파판을 설치

③ 방호틀 정상부분은 부속장치보다 50mm 이상 높게 할 것

④ 맨홀의 두께는 2.3mm 이상의 강철판으로 할 것

141 이동탱크저장소에 주유설비를 설치하는 경우 선단의 개폐밸브를 포함한 주유관의 길이는?

① 5m 이내   ② 15m 이내

③ 30m 이내   ④ 50m 이내

142 지하암반저장소의 지하공동은 암반투수계수가 몇 (m/sec) 이하인 천연암반 내에 설치하여야 하는가?

① 10^{-5} ② 10^{-6}

③ 10^{-7} ④ 10^{-8}

143 600리터를 간이탱크저장소에 저장하려고 할 때 필요한 최소 탱크 수는?

① 4개   ② 3개

③ 2개   ④ 1개

▶ ──────────────────────────────

1개의 간이탱크용량이 600L 이하이므로 1개임

144 다음 중 허가용량을 제한하고 있는 저장소는?

① 옥외저장소   ② 옥외탱크저장소

③ 간이탱크저장소   ④ 암반탱크저장소

▶ ──────────────────────────────

600L 간이탱크 3기 이하

145 다음 중 간이탱크저장소의 설치기준으로 옳지 않은 것은?

① 1개의 간이탱크저장소에 설치하는 간이저장탱크는 3개 이하로 한다.

② 간이저장탱크의 용량은 800l 이하로 한다.

③ 간이저장탱크는 두께 3.2mm 이상의 강판으로 제작한다.

④ 간이저장탱크에는 통기관을 설치하여야 한다.

146 위험물 간이저장 탱크의 밸브 없는 통기관의 설치기준으로 맞지 않는 것은?

① 통기관은 지름 30mm 이상으로 한다.

② 통기관은 옥외에 설치하되 그 선단의 높이는 지상 1.5m 이상으로 한다.

③ 통기관의 선단은 수평면에 대하여 아래로 45도 이상 구부려야 한다.

④ 가는 눈의 구리망 등으로 인화방지망을 설치하여야 한다.

▶ ──────────────────────────────

① 통기관은 지름 25mm 이상으로 한다.

147 위험물 간이탱크 저장소의 간이저장탱크 수압시험 기준으로 옳은 것은?(단, 압력탱크 이외)

① 50kPa의 압력으로 7분간 수압시험
② 70kPa의 압력으로 10분간 수압시험
③ 50kPa의 압력으로 10분간 수압시험
④ 70kPa의 압력으로 7분간 수압시험

148 다음 중 간이탱크저장소의 통기관의 지름은 몇 mm 이상으로 하는가?

① 20mm　　② 25mm　　③ 30mm　　④ 40mm

　간이탱크통기관의 지름은 25mm 이상

149 주유취급소의 표지 및 게시판에서 "주유 중 엔진정지"의 표시 색상은?

① 황색 바탕에 흑색 문자　② 흑색 바탕에 황색 문자
③ 적색 바탕에 백색 문자　④ 백색 바탕에 적색 문자

　주유취급소와 이동탱크저장소의 게시판

구분	주의사항	게시판의 색상(상호 반대)	
이동탱크저장소	위험물	흑색 바탕에 황색 문자	↰ 반
주유취급소	주유 중 엔진정지	황색 바탕에 흑색 문자	↲ 대

150 주유취급소에 설치하여서는 아니되는 것은?

① 볼링장 또는 대중이 모이는 체육시설
② 주유취급소의 관계자가 거주하는 주거시설
③ 자동차 등의 세정을 위한 작업장
④ 주유취급소에 출입하는 사람을 대상으로 하는 점포

　체육시설 등은 주유취급소 설치할 수 없다.

151 주유취급소에 대한 설명으로 틀린 것은?

① 주유원 간이내기실의 바닥면적은 5m² 이하일 것
② 자동차 등에 주유하기 위한 고정주유설비에 직접 접속하는 전용탱크로서 $50,000l$ 이하
③ 고정주유설비의 중심선을 기점으로 하여 도로경계선까지 4m 이상의 거리를 유지
④ 고정주유설비와 고정급유설비 사이에는 4m 이상의 거리를 유지

◐ 주유원 간이대기실의 기준

1. 불연재료로 할 것
2. 바퀴가 부착되지 아니한 고정식일 것
3. 차량의 출입 및 주유작업에 장애를 주지 아니하는 위치에 설치할 것
4. 바닥면적이 2.5m² 이하일 것
   단, 주유공지 및 급유공지 외의 장소에 설치하는 것 제외

152 주유취급소에서 주유원 간이대기실의 적합기준으로 틀린 것은?

① 불연재료로 할 것
② 바퀴가 부착되어 있는 고정식일 것
③ 차량의 출입 및 주유작업에 장애를 주지 아니하는 위치에 설치할 것
④ 바닥면적이 2.5m² 이하일 것

◐

위 문제 해설 참조

153 위험물을 취급하는 주유취급소의 시설기준 중 옳은 것은?

① 보일러 등에 직접 접속하는 전용탱크의 용량은 2,000l 이하이다.
② 휴게음식점을 설치할 수 있다.
③ 고정주유설비와 도로경계선과는 거리제한이 없다.
④ 주유관의 길이는 20m 이내이어야 한다.

◐

① 보일러 등에 직접 접속하는 전용탱크의 용량은 10,000l 이하
③ 고정주유설비와 도로경계선과는 4m 이상 이격할 것
④ 주유관의 길이는 5m 이내

154 등유를 취급하는 고정주유설비의 펌프기기는 주유관 선단에서의 최대 토출량이 몇 l/min 이하인 것으로 하여야 하는가?

① 40　　　　　　　　　　　　② 50
③ 80　　　　　　　　　　　　④ 180

◐ 주유설비 펌프의 토출량

	제1석유류	등유	경유	이동탱크 급유	고정 급유
토출량(lpm) 이하	50	80	180	200	300

155 주유취급소의 고정주유설비의 주위에는 주유를 받으려는 자동차 등이 출입할 수 있도록 너비 몇 m 이상, 길이 몇 m 이상의 콘크리트로 포장한 공지를 보유하여야 하는가?

① 너비 : 12m, 길이 : 4m

② 너비 : 12m, 길이 : 6m

③ 너비 : 15m, 길이 : 4m

④ 너비 : 15m, 길이 : 6m

▶ **주유취급소 주유공지**

• 너비 15m 이상, 길이 6m 이상

• 공지의 바닥 : 주위 지면보다 높게 하고, 적당한 기울기, 배수구, 집유설비, 유분리장치를 설치

156 주유취급소의 고정주유설비에 대한 설명이다 ( )에 적당한 말을 넣으시오.

> 고정주유설비의 중심선을 기점으로 하여 도로경계선까지 (①)m 이상, 부지 경계선 · 담 및 건축물의 벽까지 (②)m(개구부가 없는 벽까지는 1m) 이상의 거리를 유지하고, 고정급유설비의 중심선을 기점으로 하여 도로경계선까지 4m 이상, 부지경계선 및 담까지 (③)m 이상, 건축물의 벽까지 2m(개구부가 없는 벽까지는 1m) 이상의 거리를 유지할 것

① 4, 2, 1

② 4, 2, 2

③ 4, 4, 2

④ 2, 2, 4

▶ **주유 및 급유설비의 이격거리**

	주유설비	급유설비	점검, 정비	증기세차기 외
부지 경계선에서 담까지	2m 이상	1m 이상		
개구부 없는 벽까지	1m 이상			
건축물 벽까지	2m 이상			
도로 경계선까지, 상호 간	4m 이상		2m 이상	2m 이상
고정주유설비			4m 이상	4m 이상

157 주유취급소에 대한 시설기준으로 틀린 것은?

① 고정주유설비 또는 고정급유설비의 중심선을 기점으로 하여 도로경계선까지의 거리는 5m 이상으로 한다.

② 이동저장탱크에 주입하기 위한 고정급유설비의 펌프기기는 최대토출량이 300l/min 이하의 것으로 한다.

③ 연료탱크에 직접 주유하기 위한 고정주유설비를 설치하여야 한다.

④ 고정주유설비 또는 고성급유실비 주유관의 길이는 5m 이내로 한다.

▶

위 문제 해설 참조

158 주유취급소의 고정주유설비와 고정급유설비의 사이에는 몇 m 이상의 거리를 유지해야 하는가?

① 2m 이상
② 3m 이상
③ 4m 이상
④ 5m 이상

156번 해설 참조

159 셀프용 고정주유설비의 기준으로 맞지 않는 것은?

① 주유호스의 선단부에 수동개폐장치를 부착한 주유노즐을 설치하여야 한다.
② 경유의 1회 연속주유량의 상한은 200l 이하로 하며, 주유시간의 상한은 4분 이하로 한다.
③ 1회의 연속주유량 및 주유시간의 상한을 미리 설정할 수 있는 구조이어야 한다.
④ 휘발유 1회 주유량의 상한은 200l 이하이고, 주유시간의 상한은 6분 이하로 한다.

④ 휘발유 1회 주유량의 상한은 100l 이하이고, 주유시간의 상한은 4분 이하로 한다.

※ **셀프용 주유취급소**
• 주유호스 : 200kg 중 이하의 하중으로 이탈, 누출을 방지할 수 있는 구조일 것
• 주유량의 상한 : 휘발유 100l 이하(주유시간 4분 이하)
　　　　　　　　　경유는 200l 이하(주유시간 4분 이하)

160 다음 중 주유취급소의 특례 기준의 적용대상에서 제외되는 것은?

① 항공기주유취급소의 특례
② 철도주유취급소의 특례
③ 고객이 직접 주유하는 주유취급소의 특례
④ 영업용 주유취급소의 특례

161 주유취급소에서 자동차 등에 주유하기 위한 고정주유설비에 직접 접속하는 전용탱크의 크기는 얼마로 하여야 하는가?

① 600리터 이하
② 2,000리터 이하
③ 20,000리터 이하
④ 50,000리터 이하

주유탱크 50,000l 이하(단, 고속국도의 경우 60,000l 이하)

162 주유취급소에서 고정주유설비의 주유관의 길이는 몇 m 이내로 하고 그 선단에는 축적된 정전기를 유효하게 제거할 수 있는 장치를 설치하여야 하는가?

① 3   ② 5   ③ 7   ④ 10

주유관 길이 : 5m 이내, 급유관 길이 : 50m 이내

163 위험물을 배합하는 제1종 판매취급소의 실의 기준에 적합하지 않은 것은 어느 것인가?

① 바닥면적을 6m² 이상 15m² 이하로 할 것
② 내화구조 또는 불연재료로 된 벽을 구획할 것
③ 바닥에는 적당한 경사를 두고, 집유설비를 할 것
④ 출입구에는 갑종방화문 또는 을종방화문을 설치할 것

◐ 위험물을 배합하는 실의 기준

1. 바닥면적은 6m² 이상 15m² 이하로 할 것
2. 내화구조 또는 불연재료로 된 벽으로 구획할 것
3. 바닥은 위험물이 침투하지 아니하는 구조로 하여 적당한 경사를 두고 집유설비를 할 것
4. 출입구에는 수시로 열 수 있는 자동폐쇄식의 갑종방화문을 설치할 것
5. 출입구 문턱의 높이는 바닥면으로부터 0.1m 이상으로 할 것
6. 내부에 체류한 가연성의 증기 또는 가연성의 미분을 지붕 위로 방출하는 설비를 할 것

164 판매취급소의 위험물배합실(작업실)의 조건으로 틀린 것은?

① 내화구조로 된 벽으로 구획하여야 한다.
② 바닥면적은 6m² 이상 15m² 이하로 하여야 한다.
③ 출입구에는 갑종방화문을 설치하여야 한다.
④ 출입구에는 바닥으로부터 0.5m 이상의 턱을 설치하여야 한다.

④ 출입구 문턱의 높이는 바닥면으로부터 0.1m 이상으로 할 것
※ 위 문제 해설 참조

165 판매취급소의 위치 및 시설로서 옳은 것은?

① 건축물의 지하층에 설치하여야 한다.
② 건축물의 1층에 설치하여야 한다.
③ 지하층만 있는 건축물에 설치하여야 한다.
④ 2층 건물에 설치할 때에는 1층에는 판매취급소, 2층에는 작업실을 두도록 한다.

◐

　건축물은 1층에만 설치

166 위험물제조소등의 제2종 판매취급소에 대한 설명으로 틀린 것은?

① 건축물의 1층, 2층에 설치한다.
② 제2종 판매취급소의 용도로 사용하는 부분의 창 또는 출입구에 유리를 이용하는 경우에는 망입유리로 한다.
③ 제2종 판매취급소의 용도로 사용하는 부분은 벽·기둥·바닥 및 보를 내화구조하고, 천장이 있는 경우에는 이를 불연재료로 한다.
④ 제2종 판매취급소의 용도로 사용하는 부분의 출입구에는 갑종방화문 또는 을종방화문을 설치한다.

◐

　① 건축물의 1층에 설치한다.

167 저장 또는 취급하는 1종 판매취급소의 지정수량은 몇 배 이하인가?

① 지정수량의 10배 이하를 말한다.
② 지정수량의 20배 이하를 말한다.
③ 지정수량의 40배 이하를 말한다.
④ 지정수량의 100배 이하를 말한다.

◐

• 1종 20배 이하, 2종 40배 이하

168 다음 중 이송취급소를 설치할 수 있는 곳은?

① 철도 및 도로의 터널 안
② 고속국도 및 자동차전용도로의 차도·길어깨 및 중앙분리대
③ 지형상황 등 부득이한 사유가 있고 안전에 필요한 조치를 한 곳
④ 급경사지역으로서 붕괴의 위험이 있는 지역

◐ **이송취급소 설치 제외 장소**
1. 철도 및 도로의 터널 안
2. 고속국도 및 자동차전용도로의 차도·길어깨 및 중앙분리대
3. 호수·저수지 등으로서 수리의 수원이 되는 곳
4. 급경사지역으로서 붕괴의 위험이 있는 지역

169 위험물취급소에 대한 다음 설명 중 틀린 것은?

① 점포에서 위험물을 용기에 담아 판매하기 위하여 지정수량 40배 이하의 위험물을 취급하는 취급소를 판매취급소라고 한다.

② 고정된 주유설비에 의하여 자동차 등의 연료탱크에 직접 주유하기 위하여 위험물을 취급하는 취급소를 주유취급소라 한다.

③ 배관 및 이에 부속하는 설비에 의하여 위험물을 이송하는 취급소를 이송취급소라 한다.

④ 배관을 포함한 제조소 등에 관계된 시설의 부지 안에서만 위험물을 이송하는 취급소를 일반취급소라 한다.

◉

④ 일반취급소 → 이송취급소

※ 위험물안전관리법 시행령 [별표 3] 위험물취급소

위험물을 제조 외의 목적으로 취급하기 위한 장소	취급소의 구분
1. 고정된 주유설비에 의하여 자동차·항공기 또는 선박 등의 연료탱크에 직접 주유하기 위하여 위험물을 취급하는 장소	주유취급소
2. 점포에서 위험물을 용기에 담아 판매하기 위하여 지정수량의 40배 이하의 위험물을 취급하는 장소	판매취급소
3. 배관 및 이에 부속된 설비에 의하여 위험물을 이송하는 장소	이송취급소
4. 주유취급소, 판매취급소, 이송취급소 이외의 장소	일반취급소

170 이송취급소 내의 지상에 설치된 배관 등은 전체 용접부의 몇 % 이상을 발췌하여 비파괴시험을 실시하는가?

① 10 ② 20 ③ 30 ④ 40

◉ 비파괴시험

지상에 설치 된 배관 등은 전체 용접부의 20% 이상을 발췌하여 시험

171 이송취급소에서 이송기지 배관의 최대 상용압력이 0.5 MPa일 때 공지의 너비는?

① 3m 이상 ② 5m 이상 ③ 9m 이상 ④ 15m 이상

◉

배관의 최대상용압력	공지의 너비
0.3MPa 미만	5m 이상
0.3MPa 이상 1MPa 미만	9m 이상
1MPa 이상	15m 이상

172 이송취급소에서 배관을 지하에 매설하는 경우 배관은 그 외면으로부터 지하가 및 터널까지 몇 m 이상의 안전거리를 두어야 하는가?

① 0.3   ② 1.5   ③ 10   ④ 300

🔵 **지하매설 배관**
1. 안전거리
    ① 건축물(지하가 내의 건축물을 제외한다.) : 1.5m 이상
    ② 지하가 및 터널 : 10m 이상
    ③ 수도법에 의한 수도시설(위험물의 유입 우려가 있는 것) : 300m 이상
2. 다른 공작물과의 보유공지 : 0.3m 이상
3. 배관의 외면과 지표면과의 이격거리
    ① 산, 들 : 0.9m 이상
    ② 그 밖의 지역 : 1.2m 이상

173 배관을 지하에 매설하는 이송취급소에서 배관은 그 외면으로부터 건축물(지하가 내의 건축물은 제외)과의 안전거리로 맞는 것은?

① 1.5m 이상   ② 10m 이상   ③ 100m 이상   ④ 300m 이상

🔵
위 문제 해설 참조

174 이송취급소의 배관에는 긴급차단밸브를 설치하여야 하는데 시가지에 설치하는 경우에는 몇 km의 간격으로 설치하여야 하는가?

① 2km   ② 4km   ③ 5km   ④ 10km

🔵 **긴급차단밸브**
1. 시가지에 설치하는 경우 약 4km 간격
2. 산림지역에 설치하는 경우에는 약 10km 간격
3. 하천, 호수 등을 횡단하여 설치하는 경우에는 횡단하는 부분의 양끝
4. 해상 또는 해저를 통과하여 설치하는 경우에는 횡단하는 부분의 양끝
5. 도로 또는 철도를 횡단하여 설치하는 경우에는 횡단하는 부분의 양끝

175 열처리작업 또는 방전가공을 위한 위험물을 취급하는 일반취급소로서 지정수량 30배 미만에는 특례기준이 적용되는데 이때 제4류 위험물은 인화점이 몇 ℃ 이상인가?

① 21℃   ② 30℃   ③ 50℃   ④ 70℃

열처리작업 또는 방전가공을 위하여 위험물(인화점이 70℃ 이상인 제4류 위험물에 한한다.)을 취급하는 일반취급소로서 지정수량의 30배 미만의 것(위험물을 취급하는 설비를 건축물에 설치하는 것에 한하며, 이하 "열처리작업 등의 일반취급소"라 한다.)

176 제4류 위험물을 저장하는 옥외탱크저장소에 설치하는 밸브 없는 통기관의 지름은?

① 30mm 이하　　② 30mm 이상　　③ 45mm 이하　　④ 45mm 이상

밸브 없는 통기관 지름 30mm 이상

177 스프링클러설비의 가지배관을 신축배관으로 하는 경우 틀린 것은?

① 최고사용압력은 1.5MPa 이상이어야 하고, 최고사용압력의 1.5배의 수압에 변형·누수되지 아니할 것
② 진폭을 5mm, 진동수를 매초당 25회로 하여 6시간 동안 작동시킨 경우 또는 매초 0.35MPa부터 3.5MPa까지의 압력변동을 4,000회 실시한 경우에도 변형·누수되지 아니할 것
③ 천장·반자·천장과 반자 사이·덕트·선반 등의 각 부분으로부터 하나의 스프링클러헤드까지의 수평거리는 특수가연물을 저장 또는 취급하는 장소에 있어서는 1.7m 이하일 것
④ 천장·반자·천장과 반자 사이·덕트·선반 등의 각 부분으로부터 하나의 스프링클러헤드까지의 수평거리는 공동주택(아파트)세대 내의 거실 3.2m 이하일 것

178 위험물 제조소 등에 옥외소화전을 4개 설치하고자 할 때 필요한 수원의 양은 얼마인가?

① 13m³ 이상　　② 14m³ 이상　　③ 24m³ 이상　　④ 54m³ 이상

옥외소화전 $Q = N \times 450 \times 30 = 4 \times 450 \times 30 = 54m^3$

구분	수평거리	방수량 (ℓ/min)	방사시간	수원량(m³)	방사압력
옥내 소화전	25m 이하	260	30	Q=N×260×30 N : 가장 많은 층의 설치 개수 (최대 5개)	0.35MPa 이상
옥외 소화전	40m 이하	450	30	Q=N×450×30 N : 가장 많은 층의 설치 개수 (최대 4개, 최소 2개)	0.35MPa 이상
스프링 클러	1.7m 이하	80	30	Q=N×80×30 (N : 개방형은 설치 개수 패쇄형은 30개)	0.1MPa 이상

179 제조소에 전기설비가 설치된 경우 면적 500m²라면 소형 수동식 소화기의 설치개수는?

① 1개 이상 ② 3개 이상
③ 5개 이상 ④ 7개 이상

◉ **전기설비의 소화설비** ―――――――――――――――――――

제조소등에 전기설비(전기배선, 조명기구 등은 제외한다.)가 설치된 경우에는 당해 장소의 면적 100m²마다 소형수동식 소화기를 1개 이상 설치할 것

180 위험물제조소등의 소화설비 설치기준으로 틀린 것은?

① 전기설비가 설치된 장소에는 면적 100m²마다 소형 수동식 소화기를 1개 이상 설치할 것
② 건축물 외벽이 내화구조인 제조소나 취급소에는 연면적 100m²를 1소요단위로 할 것
③ 저장소의 건축물은 외벽이 내화구조인 것은 연면적 200m²를 1소요단위로 할 것
④ 위험물은 지정수량의 10배를 1소요단위로 할 것

▶ ―――――――――――――――――――

저장소의 건축물은 외벽이 내화구조인 것은 연면적 150m²를 1소요단위로 할 것

181 다음 ( )에 알맞은 숫자를 순서대로 나열한 것은?

> 주유취급소 중 건축물의 ( )층의 이상의 부분을 점포, 휴게음식점 또는 전시장의 용도로 사용하는 것에 있어서는 당해 건축물의 ( )층 이상으로부터 직접 주유취급소의 부지 밖으로 통하는 출입구와 당해 출입구로 통하는 통로, 계단 및 출입구에 유도등을 설치하여야 한다.

① 2층, 1층 ② 1층, 1층
③ 2층, 2층 ④ 1층, 2층

182 위험물을 저장하는 원통형 탱크를 종으로 설치할 경우 공간용적을 옳게 나타낸 것은? (단, 탱크의 지름은 10m, 높이는 16m이다.)

① 72.8m³ 이상, 135.5m³ 이하
② 62.8m³ 이상, 125.7m³ 이하
③ 72.8m³ 이상, 125.7m³ 이하
④ 62.8m³ 이상, 135.5m³ 이하

▶ ―――――――――――――――――――

탱크의 공간용적은 탱크 용적의 5~10%이며, 탱크의 용적은 $\pi \times r^2 \times l = \pi \times 5^2 \times 16 = 1,256\,[\text{m}^3]$
$(1,256 \times 0.05) \sim (1,256 \times 0.1) = 62.8 \sim 125.7\,[\text{m}^3]$

183 제조소등의 안전거리의 단축기준에서 방화상 유효한 담의 높이는 다음에 의하여 산정한 높이 이상으로 하여야 한다. 다음 중 a의 의미는 무엇인가?

$$H \leq PD^2 + a \text{인 경우 } h = 2 \text{ 이상}$$

① 제조소등의 외벽의 높이
② 제소소등과 방화상 유효한 담과의 거리
③ 인근건축물 또는 공작물의 높이
④ 방화상 유효한 담의 높이

▶

D : 제조소등과 인근건축물 또는 공작물과의 거리(m)
H : 인근건축물 또는 공작물의 높이(m)
a : 제조소등의 외벽의 높이(m)
d : 제조소등과 방화상 유효한 담의 거리(m)
h : 방화상 유효한 담의 높이(m)
P : 상수

184 이송취급소의 철도부지 , 매설배관의 외면과 지표면과의 거리는 몇 m 이상으로 하여야 하는가?

① 0.6
② 1.2
③ 3
④ 6

▶ **철도부지 및 매설배관 기준**

1. 배관은 그 외면으로부터 철도 중심선에 대하여는 4m 이상
2. 당해 철도부지의 용지경계에 대하여는 1m 이상의 거리를 유지할 것
3. 배관의 외면과 지표면과의 거리는 1.2m 이상으로 할 것

185 지정과산화물을 저장하는 옥내저장소의 저장창고를 일정 면적마다 구획하는 격벽의 설치기준에 해당하지 않는 것은?

① 철근콘크리트조의 경우 두께가 0.3m 이상이어야 한다.
② 저장창고 상부의 지붕으로부터 0.5m 이상 돌출하게 하여야 한다.
③ 바닥면적 200m² 이내마다 완전하게 구획하여야 한다.
④ 저장창고 양측의 외벽으로부터 1m 이상 돌출하게 하여야 한다.

▶

저장창고 150m² 이내마다 격벽으로 완전하게 구획할 것

186 다층건물의 옥내저장소의 기준으로 틀린 것은?

① 하나의 저장창고의 바닥면적 합계는 1,500m² 이하로 하여야 한다.

② 2층 이상의 층의 바닥에는 개구부를 두지 아니하여야 한다.

③ 연소의 우려가 있는 외벽은 출입구 외의 개구부를 갖지 아니하는 벽으로 하여야 한다.

④ 저장창고의 각 층의 바닥을 지면보다 높게 하고 층고는 6m 미만으로 하여야 한다.

▶ 하나의 저장창고의 바닥면적 합계는 1,000m² 이하로 할 것

187 옥외탱크저장소 중 액체위험물의 탱크주입구에 대한 설명 중 틀린 것은?

① 화재 예방에 편리한 위치에 설치할 것

② 주입호스 또는 주입관과 결합할 수 있고, 위험물이 새지 아니하도록 할 것

③ 주입구에는 밸브 또는 뚜껑을 설치할 것

④ 인화점이 섭씨 70℃ 미만인 위험물의 탱크의 주입구에는 그 보기 쉬운 곳에 탱크의 주입구라는 뜻을 표시한 표지와 정전기제거설비를 설치하고, 방화에 관하여 필요한 사항을 기재한 게시판을 설치할 것

▶ 주입구 표시는 인화점 21℃ 미만의 옥외저장탱크 주입구일 경우

188 옥외탱크저장소의 펌프설비에 대한 설명 중 틀린 것은 어느 것인가?

① 펌프설비는 견고한 기초 위에 고정할 것

② 펌프 및 이에 부속하는 전동기를 설치하기 위한 건축물 기타 시설의 벽·기둥·바닥·보 및 서까래는 불연재료로 할 것

③ 펌프실의 지붕은 가벼운 불연재료로 할 것

④ 펌프실의 바닥은 콘크리트 기타 불침윤재료로 적당히 경사지게 하고, 그 둘레에 높이 0.1m 이상의 턱을 설치하며, 바닥의 최저부에는 집유설비를 설치할 것

▶ 펌프실의 바닥의 턱 높이는 0.2m 이상의 할 것

189 접지도선을 설치하지 않는 이동탱크저장소에 의하여도 저장, 취급할 수 있는 위험물은?

① 알코올류   ② 제1석유류

③ 제2석유류   ④ 특수인화물

> 제4류 위험물 중 특수인화물, 제1석유류, 제2석유류의 이동탱크저장소에는 접지도선을 설치하여야 한다.

190 이동탱크저장소로 위험물을 운송하는 자가 위험물안전카드를 휴대하지 않아도 되는 것은?

① 벤젠
② 디에틸에테르
③ 휘발유
④ 경유

> 위험물(제4류 위험물 중 특수인화물, 제1석유류)을 운송하는 자는 위험물 안전카드를 위험물 운송 자로 하여금 휴대하게 할 것

191 이동탱크저장소의 맨홀·주입구 및 안전장치 등이 탱크의 상부에 돌출되어 있는 탱크에 부속장치의 손상을 방지하기 위해 설치하는 측면틀에 대한 설명 중 틀린 것은?

① 탱크 뒷부분의 입면도에 있어서 측면틀의 최외측과 탱크의 최외측을 연결하는 직선의 수평면에 대한 내각이 35도 이상이 되도록 할 것
② 외부로부터의 하중에 견딜 수 있는 구조로 할 것
③ 탱크 상부의 네 모퉁이에 당해 탱크의 전단 또는 후단으로부터 각각1m 이내의 위치에 설치할 것
④ 측면틀에 걸리는 하중에 의하여 탱크가 손상되지 아니하도록 측면틀의 부착부분에 받침판을 설치할 것

> 탱크 뒷부분의 입면도에 있어서 측면틀의 최외측과 탱크의 최외측을 연결하는 직선의 수평면에 대한 내각이 75도 이상이 되도록 할 것

192 다음 중 방파판을 설치하여야 하는 이동저장탱크의 용량 기준은?

① 1,000L
② 2,000L
③ 4,000L
④ 5,000L

> 이동저장탱크의 용량 2,000리터 이상일 경우 방파판을 설치할 것

193 주유취급소에 출입하는 사람을 대상으로 하는 휴게음식점 용도의 제한 면적은?

① 300m² 초과 금지
② 500m² 초과 금지
③ 1,000m² 초과 금지
④ 1,500m² 초과 금지

▷

(주유취급소의 업무를 행하기 위한 사무소＋자동차 등의 점검 및 간이정비를 위한 작업장＋주유취급소에 출입하는 사람을 대상으로 한 점포ㆍ휴게음식점 또는 전시장) 면적의 합계가 1,000m²를 초과하면 안 된다.

194 고객이 직접 주유하는 주유취급소의 셀프용 고정급유설비의 기준으로 틀린 것은?

① 급유 호스의 선단부에 자동개폐장치를 부착한 급유노즐을 설치할 것
② 급유 노즐은 용기가 가득 찰 경우에는 자동으로 정지시키는 구조일 것
③ 1회의 연속 급유량의 상한은 100리터 이하일 것
④ 1회의 연속 급유시간의 상한은 6분 이하일 것

▷

급유호스의 선단부에 수동개폐장치를 부착한 주유노즐을 설치할 것

195 이송취급소의 하천 등 횡단설치 배관의 기준 중 하천을 횡단하는 경우 매설깊이로 맞는 것은?

① 1.2m 이상　　　　　　　　　② 2.5m 이상
③ 4m 이상　　　　　　　　　　④ 6m 이상

▷ 하천 등 횡단설치 배관의 기준
1. 하천을 횡단하는 경우 매설깊이 : 4m 이상
2. 수로를 횡단하는 경우 매설깊이 : 2.5m 이상－하수도 또는 운하, 1.2m－좁은 수로

196 다음의 괄호에 알맞은 것은?

옥내저장소에서 동일 품명의 위험물이더라도 자연발화할 우려가 있는 위험물 또는 재해가 현저하게 증대할 우려가 있는 위험물을 다량 저장하는 경우에는 지정수량의 (㉠) 배 이하마다 구분하여 상호간 (㉡)m 이상의 간격을 두어 저장하여야 한다.

① ㉠ 10배 ㉡ 0.3m　　　　　　② ㉠ 10배 ㉡ 0.5m
③ ㉠ 20배 ㉡ 0.3m　　　　　　④ ㉠ 20배 ㉡ 0.5m

▷

지정수량의 10배 이하마다 구분하여 상호간 0.3m 이상 간격으로 저장

197 위험물의 성질에 따라 일광의 직사 또는 빗물의 침투를 방지하기 위하여 유효하게 피복하는 등의 조치를 하여야 한다. 다음 중 차광성 있는 피복으로 가리는 위험물은?

① 휘발유

② 등유

③ 디에틸에테르

④ 기어유

▶ **차광성 피복으로 가리는 위험물**

1. 제1류 위험물
2. 제3류 위험물 중 자연발화성 물질
3. 제4류 위험물 중 특수인화물
4. 제5류 위험물
5. 제6류 위험물

198 위험물제조소등에 옥내소화전을 설치하려고 한다. 옥내소화전을 5개 설치 시 필요한 수원의 양은?

① $14m^3$ 이상

② $30m^3$ 이상

③ $39m^3$ 이상

④ $48m^3$ 이상

▶

수원 = N(최대 5개일 경우 5개) × 7.8 = 39[m^3] 이상

199 위험물제조소의 위험물을 취급하는 건축물의 주위에 보유하여야 할 최소 보유공지는?

① 1m 이상

② 3m 이상

③ 5m 이상

④ 10m 이상

▶ **보유공지**

취급하는 위험물의 최대수량	공지의 너비
지정수량의 10배 이하	3m 이상
지정수량의 10배 초과	5m 이상

200 위험물제조소의 건축물의 구조로 잘못된 것은?

① 벽, 기둥, 서까래 및 계단은 난연재료로 할 것

② 지하층이 없도록 할 것

③ 지붕은 폭발력이 위로 방출될 정도의 가벼운 불연재료로 덮을 것

④ 연소의 우려가 있는 외벽에 설치하는 출입구에는 수시로 열 수 있는 자동폐쇄식의 갑종방화문을 설치할 것

> 벽, 기둥, 서까래 및 계단은 불연재료로 할 것

201 위험물제조소의 채광, 환기시설에 대한 설명으로 옳지 않은 것은?

① 채광설비는 단열재료를 사용하고 연소할 우려가 없는 장소에 설치하고 채광면적을 최대로 할 것
② 환기설비는 자연배기방식으로 할 것
③ 환기구는 지붕 위 또는 지상 2m 이상의 높이에 회전식 고정벤틸레이터 또는 루프팬 방식으로 설치할 것
④ 환기설비의 급기구는 낮은 곳에 설치할 것

> 채광설비는 불연재료로 하고, 연소의 우려가 없는 장소에 설치하되 채광면적을 최소로 할 것

202 다음 중 피뢰설비를 반드시 갖출 필요가 없는 곳은?

① 지정수량이 10배인 제2류 위험물 저장소
② 지정수량이 10배인 제4류 위험물 저장소
③ 지정수량이 30배인 제5류 위험물 저장소
④ 지정수량이 20배인 제6류 위험물 저장소

> 피뢰설비 : 지정수량의 10배 이상의 위험물을 취급하는 제조소(제6류 위험물을 취급하는 위험물제조소 제외)

203 옥내저장소의 보유공지는 지정수량 20배 초과 50배 이하의 위험물을 옥내저장소 동일부지에 2개 이상 인접할 경우 보유공지 너비를 1/3으로 감축한다. 이때 감축할 수 있는 공지의 너비는 얼마인가?

① 1.5m 이상
② 2m 이상
③ 3m 이상
④ 5m 이상

> **옥내저장소의 주위 보유공지**
>
> 옥내저장소의 주위에는 그 저장 또는 취급하는 위험물의 최대수량에 따라 공지를 보유하여야 한다. 다만, 지정수량의 20배를 초과하는 옥내저장소와 동일한 부지 내에 있는 다른 옥내저장소와의 사이에는 동표에 정하는 공지의 너비의 3분의 1(당해 수치가 3m 미만인 경우에는 3m)의 공지를 보유할 수 있다.

204 다음의 위험물을 옥내저장소에 저장하는 경우 옥내저장소의 구조가 벽·기둥 및 바닥이 내화구조 된 건축물이라면 위험물안전관리법에서 규정하는 보유공지를 확보하지 않아도 되는 것은?

① 아세트산 30,000l　　　　② 아세톤 5,000

③ 클로로벤젠 10,000l　　　　④ 글리세린 15,000l

 지정수량의 배수

구분	아세트산	아세톤	클로로벤젠	글리세린
저장량	30,000l	5,000l	10,000l	15,000l
지정수량	2,000l	400l	1,000l	4,000l
지정수량의 배수＝$\dfrac{저장량}{지정수량}$	15배	12.5배	10배	3.75배

지정수량 5배 이하는 보유공지 제외

205 위험물저장소로서 옥내저장소의 하나의 저장창고 바닥면적은 특수인화물, 알코올류를 저장하는 창고에 있어서는 몇 m² 이하로 하여야 하는가?

① 300　　　　　　　　　　② 500

③ 600　　　　　　　　　　④ 1,000

▶

위험물을 저장하는 창고 바닥면적 : 1,000m²
1. 제1류 위험물 중 아염소산염류, 염소산염류, 과염소산염류, 무기과산화물 그 밖에 지정수량이 50kg인 위험물
2. 제3류 위험물 중 칼륨, 나트륨, 알킬알루미늄, 알킬리튬 그 밖에 지정수량이 10kg인 위험물 및 황린
3. 제4류 위험물 중 특수인화물, 제1석유류 및 알코올류
4. 제5류 위험물 중 유기과산화물, 질산에스테르류 그 밖에 지정수량이 10kg인 위험물
5. 제6류 위험물

206 다음은 지정유기과산화물의 저장창고 창의 규정을 나타낸 것이다. 창과 바닥의 거리(ⓐ), 창의 면적(ⓑ)은 각각 얼마인가?(단, 바닥 면적은 150m²임)

① ⓐ 2m 이상, ⓑ 0.8m² 이상　　　② ⓐ 3m 이상, ⓑ 0.6m² 이상

③ ⓐ 2m 이상, ⓑ 0.4m² 이상　　　④ ⓐ 3m 이상, ⓑ 0.3m² 이상

 지정과산화물을 저장 또는 취급하는 옥내저장소 저장창고의 창

바닥면으로부터 2m 이상의 높이에 두되, 하나의 벽면에 두는 창의 면적의 합계를 당해 벽면의 면적의 80분의 1 이내로 하고, 하나의 창의 면적을 0.4m² 이내로 할 것

207 옥내저장소 바닥에 물이 침투하지 못하도록 구조를 해야 할 위험물이 아닌 것은?

① 트리에틸알루미늄　　　　　② 트리니트로톨루엔
③ 톨루엔　　　　　　　　　　④ 중유

▶
제1류 위험물 중 알칼리금속의 과산화물 또는 이를 함유하는 것, 제2류 위험물 중 철분·금속분·마그네슘 또는 이 중 어느 하나 이상을 함유하는 것, 제3류 위험물 중 금수성물질 또는 제4류 위험물의 저장창고의 바닥은 물이 스며 나오거나 스며들지 아니하는 구조로 하여야 한다.

208 지정유기과산화물을 옥내에 저장하는 저장창고 외벽의 기준으로 옳은 것은?

① 두께 20cm 이상의 보강콘크리트블록조
② 두께 20cm 이상의 철근콘크리트조
③ 두께 30cm 이상의 철근콘크리트조
④ 두께 30cm 이상의 철골콘크리트블록조

▶ **옥내저장소의 저장창고의 기준**
1. 저장창고는 150m² 이내마다 격벽으로 완전하게 구획할 것. 이 경우 당해 격벽은 두께 30cm 이상의 철근콘크리트조 또는 철골철근콘크리트조로 하거나 두께 40cm 이상의 보강콘크리트블록조로 하고, 당해 저장창고의 양측의 외벽으로부터 1m 이상, 상부의 지붕으로부터 50cm 이상 돌출하게 하여야 한다.
2. 저장창고의 외벽은 두께 20cm 이상의 철근콘크리트조나 철골철근콘크리트조 또는 두께 30cm 이상의 보강콘크리트블록조로 할 것

209 옥외저장탱크에 저장하는 위험물 중 방유제를 설치하지 않아도 되는 것은?

① 질산　　　　　　　　　　　② 이황화탄소
③ 톨루엔　　　　　　　　　　④ 디에틸에테르

▶
1. 액체위험물의 옥외저장탱크의 주위에는 위험물이 새었을 경우에 그 유출을 방지하기 위한 방유제를 설치하여야 한다.
2. 이황화탄소는 수조 속에 저장하므로 방유제 규정을 적용하지 않는다.

210 옥외탱크저장소의 펌프설비 설치기준으로 옳지 않은 것은?

① 옥외저장탱크의 펌프실은 지정수량 20배 이하의 경우는 주위에 공지를 보유하지 않아도 된다.
② 펌프실의 출입구는 갑종방화문 또는 을종방화문을 사용한다.
③ 펌프설비의 주위에는 3m 이상의 공지를 보유하여야 한다.
④ 펌프실의 지붕은 위험물에 따라 가벼운 불연재료로 덮어야 한다.

◉ ─────────────────────────────

펌프설비의 주위에는 너비 3m 이상의 공지를 보유할 것. 다만, 방화상 유효한 격벽을 설치하는 경우와 제6류 위험물 또는 지정수량의 10배 이하 위험물의 옥외저장탱크의 펌프설비에 있어서는 그러하지 아니하다.

211 옥외탱크저장소의 방유제 설치기준으로 옳지 않은 것은?

① 방유제의 용량은 방유제 안에 설치된 탱크가 하나인 때에는 그 탱크 용량의 110% 이상으로 한다.
② 방유제의 높이는 0.5m 이상 3m 이하로 하여야 한다.
③ 방유제의 면적은 8만m² 이하로 하고 물을 배출시키기 위한 배수구를 설치한다.
④ 높이가 1m를 넘는 방유제의 안팎에 폭 1.5m 이상의 계단 또는 45° 이하의 경사로를 25m 간격으로 설치한다.

◉ ─────────────────────────────

높이가 1m를 넘는 방유제 및 간막이 둑의 안팎에는 방유제 내에 출입하기 위한 계단 또는 경사로를 약 50m마다 설치할 것

212 지름 40m, 높이 40m인 옥외탱크저장소에 방유제를 설치하려고 한다. 이때 방유제는 탱크 측면으로부터 몇 m 이상의 거리를 확보하여야 하는가?(단, 인화점이 180℃인 위험물을 저장·취급한다.)

① 10m   ② 15m
③ 20m   ④ 25m

◉ ─────────────────────────────

방유제는 옥외저장탱크의 지름에 따라 그 탱크의 옆판으로부터 다음에 정하는 거리를 유지할 것. 다만, 인화점이 200℃ 이상인 위험물을 저장 또는 취급하는 것에 있어서는 그러하지 아니하다.
1. 지름이 15m 미만인 경우에는 탱크 높이의 3분의 1 이상
2. 지름이 15m 이상인 경우에는 탱크 높이의 2분의 1 이상

213 인화성 액체 위험물(이황화탄소 제외)의 옥외탱크저장소 탱크 주위에 설치하여야 하는 방유제의 설치기준으로 옳지 않은 것은?

① 면적은 10만m² 이하로 할 것   ② 높이는 0.5m 이상 3m 이하로 할 것
③ 철근콘크리트 또는 흙으로 만들 것   ④ 탱크의 수는 10 이하로 할 것

◉ ─────────────────────────────

방유제 내의 면적은 8만m² 이하로 할 것

214 다음 중 안전거리의 규제를 받지 않는 곳은?

① 옥외탱크저장소
② 옥내저장소
③ 지하탱크저장소
④ 옥외저장소

안전거리 설치대상 : 제조소, 옥외저장소, 옥내저장소, 옥외탱크저장소

215 지하탱크전용실의 철근콘크리트 벽 두께 기준은 얼마 이상인가?

① 0.1m 이상
② 0.3m 이상
③ 0.5m 이상
④ 0.6m 이상

◉ 탱크전용실 구조

1. 벽·바닥 및 뚜껑의 두께는 0.3m 이상일 것
2. 벽·바닥 및 뚜껑의 내부에는 직경 9mm부터 13mm까지의 철근을 가로 및 세로로 5cm부터 20cm까지의 간격으로 배치할 것
3. 벽·바닥 및 뚜껑의 재료에 수밀콘크리트를 혼입하거나 벽·바닥 및 뚜껑의 중간에 아스팔트층을 만드는 방법으로 적정한 방수조치를 할 것

216 지하저장탱크에서 탱크용량의 몇 %가 찰 때 경보음을 울리는 과충전방지장치를 설치하여야 하는가?

① 80%
② 85%
③ 90%
④ 95%

◉ 지하저장탱크 과충전 방지 장치

1. 탱크용량을 초과하는 위험물이 주입될 때 자동으로 그 주입구를 폐쇄하거나 위험물의 공급을 자동으로 차단하는 방법
2. 탱크용량의 90%가 찰 때 경보음을 울리는 방법

217 인화성 위험물질 450L를 하나의 간이탱크저장소에 저장하려고 할 때 필요한 최소탱크 수는?

① 4개
② 3개
③ 2개
④ 1개

1기의 간이탱크 용량은 600L 이하

218 다음 괄호 안에 알맞은 것을 옳게 짝지은 것은?

> 이동저장탱크는 그 내부에 (ⓐ)L 이하마다 (ⓑ)mm 이상의 강철판 또는 이와 동등 이상의
> 강도, 내열성 및 내식성이 있는 금속성의 것으로 칸막이를 설치하여야 한다.

① ⓐ 2,000, ⓑ 2.4
② ⓐ 2,000, ⓑ 3.2
③ ⓐ 4,000, ⓑ 2.4
④ ⓐ 4,000, ⓑ 3.2

▶ 이동저장탱크는 그 내부에 4,000*l* 이하마다 3.2mm 이상의 강철판 또는 이와 동등 이상의 강도 · 내열성 및 내식성이 있는 금속성의 것으로 칸막이를 설치하여야 한다. 다만, 고체인 위험물을 저장하거나 고체인 위험물을 가열하여 액체 상태로 저장하는 경우에는 그러하지 아니하다.

219 다음 (ⓐ), (ⓑ)에 들어갈 내용으로 옳은 것은?

> "이동탱크저장소에는 차량의 전면 및 후면의 보기 쉬운 곳에 사각형의 (ⓐ)바탕에 (ⓑ)의 반사
> 도료, 그 밖의 반사성이 있는 재료로 '위험물'이라 표시한 표지를 설치하여야 한다."

① ⓐ 흑색, ⓑ 황색
② ⓐ 황색, ⓑ 흑색
③ ⓐ 백색, ⓑ 적색
④ ⓐ 적색, ⓑ 백색

220 탱크 뒷부분의 입면도에서 측면틀의 최외측과 탱크의 최외측을 연결하는 직선은 수평면에 대한 내각이 얼마 이상이 되도록 하는가?

① 35° 이상
② 65° 이상
③ 75° 이상
④ 85° 이상

▶ 탱크 뒷부분 측면틀의 최외측과 탱크의 최외측을 연결하는 최외측선의 수평면에 대한 내각이 75도 이상이 되도록 하고, 최대수량의 위험물을 저장한 상태에 있을 때의 당해 탱크중량의 중심점과 측면틀의 최외측을 연결하는 직선과 그 중심점을 지나는 직선 중 최외측선과 직각을 이루는 직선과의 내각이 35도 이상이 되도록 할 것

221 주유취급소의 건축물 중 내화구조를 하지 않아도 되는 곳은?

① 벽
② 바닥
③ 기둥
④ 창

▶ 1. 건축물의 벽 · 기둥 · 바닥 · 보 및 지붕을 내화구조 또는 불연재료로 할 것
2. 창 및 출입구에는 방화문 또는 불연재료로 된 문을 설치할 것

222 주유취급소에 캐노피를 설치하려고 할 때의 기준이 아닌 것은?

① 배관이 캐노피 내부를 통과할 경우에는 1개 이상의 점검구를 설치할 것
② 캐노피 외부의 배관으로서 점검이 곤란한 장소에는 용접이음으로 할 것
③ 캐노피 외부의 배관이 일광열의 영향을 받을 우려가 있는 경우에는 단열재로 피복할 것
④ 캐노피의 면적은 주유취급 바닥면적의 2분의 1 이하로 할 것

◐ **캐노피 기준** —————————————————————

　1. 배관이 캐노피 내부를 통과할 경우에는 1개 이상의 점검구를 설치할 것
　2. 캐노피 외부의 점검이 곤란한 장소에 배관을 설치하는 경우에는 용접이음으로 할 것
　3. 캐노피 외부의 배관이 일광열의 영향을 받을 우려가 있는 경우에는 단열재로 피복할 것

223 점포에서 위험물을 용기에 담아 판매하기 위하여 지정수량의 40배 이하의 위험물을 취급하는 장소는?

① 제1종 판매취급소　　　　　　② 주유취급소
③ 일반취급소　　　　　　　　　④ 제2종 판매취급소

◐ ————————————————————————————

　제1종 판매취급소 : 저장 또는 취급하는 위험물의 수량이 지정수량의 20배 이하
　제2종 판매취급소 : 저장 또는 취급하는 위험물의 수량이 지정수량의 40배 이하

224 판매취급소의 배합실 기준으로 적합하지 않은 것은?

① 작업실 바닥은 적당한 경사와 집유설비를 하여야 한다.
② 바닥면적은 6m² 이상 12m² 이하로 한다.
③ 출입구에는 바닥으로부터 0.1m 이상의 턱을 설치할 것
④ 내화구조 된 벽으로 구획할 것

◐ **위험물을 배합하는 실의 기준** ——————————————————

　1. 바닥면적은 6m² 이상 15m² 이하로 할 것
　2. 내화구조 또는 불연재료로 된 벽으로 구획할 것
　3. 바닥은 위험물이 침투하지 아니하는 구조로 하여 적당한 경사를 두고 집유설비를 할 것
　4. 출입구에는 수시로 열 수 있는 자동폐쇄식의 갑종방화문을 설치할 것
　5. 출입구 문턱의 높이는 바닥면으로부터 0.1m 이상으로 할 것
　6. 내부에 체류한 가연성의 증기 또는 가연성의 미분을 지붕 위로 방출하는 설비를 할 것

225 이송취급소의 배관을 지하에 매설하는 경우의 안전거리로 옳지 않은 것은?

① 배관의 외면과 지표면과의 거리(산이나 들) – 0.3m 이상

② 지하가 및 터널 – 10m 이상

③ 건축물(지하가 내의 건축물 제외) – 1.5m 이상

④ 수도법에 의한 수도시설(위험물의 유입 우려가 있는 것) – 300m 이상

▶ **배관설치의 기준**

1. 지하매설 배관
   가. 배관은 그 외면으로부터 건축물·지하가·터널 또는 수도시설까지 각각 다음의 규정에 의한 안전거리를 둘 것. 다만, 2) 또는 3)의 공작물에 있어서는 적절한 누설확산방지조치를 하는 경우에 그 안전거리를 2분의 1의 범위 안에서 단축할 수 있다.
      1) 건축물(지하가 내의 건축물 제외) : 1.5m 이상
      2) 지하가 및 터널 : 10m 이상
      3) 「수도법」에 의한 수도시설(위험물의 유입우려가 있는 것에 한한다) : 300m 이상
   나. 배관은 그 외면으로부터 다른 공작물에 대하여 0.3m 이상의 거리를 보유할 것. 다만, 0.3m 이상의 거리를 보유하기 곤란한 경우로서 당해 공작물의 보전을 위하여 필요한 조치를 하는 경우에는 그러하지 아니하다.
   다. 배관의 외면과 지표면과의 거리는 산이나 들에 있어서는 0.9m 이상, 그 밖의 지역에 있어서는 1.2m 이상으로 할 것. 다만, 당해 배관을 각각의 깊이로 매설하는 경우와 동등 이상의 안전성이 확보되는 견고하고 내구성이 있는 구조물(이하 "방호구조물"이라 한다) 안에 설치하는 경우에는 그러하지 아니하다.
   라. 배관은 지반의 동결로 인한 손상을 받지 아니하는 적절한 깊이로 매설할 것
   마. 성토 또는 절토를 한 경사면의 부근에 배관을 매설하는 경우에는 경사면의 붕괴에 의한 피해가 발생하지 아니하도록 매설할 것
   바. 배관의 입상부, 지반의 급변부 등 지지조건이 급변하는 장소에 있어서는 굽은관을 사용하거나 지반개량 그 밖에 필요한 조치를 강구할 것
   사. 배관의 하부에는 사질토 또는 모래로 20cm(자동차 등의 하중이 없는 경우에는 10cm) 이상, 배관의 상부에는 사질토 또는 모래로 30cm(자동차 등의 하중에 없는 경우에는 20cm) 이상 채울 것

226 자연발화할 우려가 있는 위험물을 옥내저장소에 저장할 경우 지정수량의 10배 이하마다 구분하여 상호 간 몇 m 이상의 간격을 두어야 하는가?

① 0.2m 이상

② 0.3m 이상

③ 0.5m 이상

④ 0.6m 이상

옥내저장소에서 동일 품명의 위험물이더라도 자연발화할 우려가 있는 위험물 또는 재해가 현저하게 증대할 우려가 있는 위험물을 다량 저장하는 경우에는 지정수량의 10배 이하마다 구분하여 상호 간 0.3m 이상의 간격을 두어 저장하여야 한다. 다만, 제48조의 규정에 의한 위험물 또는 기계에 의하여 하역하는 구조로 된 용기에 수납한 위험물에 있어서는 그러하지 아니하다.

227 위험물안전관리자의 책무 및 선임에 대한 설명 중 맞지 않는 것은?

① 위험물 취급에 관한 일지의 작성 및 기록

② 화재 등의 발생 시 응급조치 및 소방관서에 연락

③ 위험물제조소 등의 계측장치, 제어장치 및 안전장치 등의 적정한 유지관리

④ 위험물을 저장하는 각 저장창고의 바닥면적의 합계가 $1,000m^2$ 이하인 옥내저장소는 1인의 안전관리자를 중복 선임해야 한다.

1인의 안전관리자를 중복하여 선임할 수 있는 경우 등

1. 보일러·버너 또는 이와 비슷한 것으로서 위험물을 소비하는 장치로 이루어진 7개 이하의 일반취급소와 그 일반취급소에 공급하기 위한 위험물을 저장하는 저장소를 동일인이 설치한 경우

2. 위험물을 차량에 고정된 탱크 또는 운반용기에 옮겨 담기 위한 5개 이하의 일반취급소[보행거리 300미터 이내]와 그 일반취급소에 공급하기 위한 위험물을 저장하는 저장소를 동일인이 설치한 경우

3. 동일구내에 있거나 상호 100미터 이내의 거리에 있는 저장소로서 저장소의 규모, 저장하는 위험물의 종류 등을 고려하여 행정안전부령이 정하는 저장소를 동일인이 설치한 경우

4. 다음 각 목의 기준에 모두 적합한 5개 이하의 제조소 등을 동일인이 설치한 경우

   가. 각 제조소 등이 동일구내에 위치하거나 상호 100미터 이내의 거리에 있을 것

   나. 각 제조소 등에서 저장 또는 취급하는 위험물의 최대수량이 지정수량의 3천배 미만일 것. 다만, 저장소의 경우에는 그러하지 아니하다.

5. 그 밖에 제1호 또는 제2호의 규정에 의한 제조소 등과 비슷한 것으로서 행정안전부령이 정하는 제조소 등을 동일인이 설치한 경우

228 다음 중 하나의 옥내저장소에 제5류 위험물과 함께 저장할 수 있는 위험물은?(단, 위험물을 유별로 정리하여 저장하는 한편, 서로 1m 이상의 간격을 두는 경우이다.)

① 알칼리금속의 과산화물 또는 이를 함유한 것 이외의 제1류 위험물

② 제2류 위험물 중 인화성 고체

③ 제3류 위험물 중 알킬알루미늄

④ 유기과산화물 또는 이를 함유한 것 이외의 제4류 위험물

유별을 달리하는 위험물은 동일한 저장소에 저장하지 아니하여야 한다. 다만, 옥내저장소 또는 옥외저장소에 있어서 위험물을 유별로 정리하여 저장하는 한편, 서로 1m 이상의 간격을 두는 경우에는 그러하지 아니하다.

1. 제1류 위험물(알칼리금속의 과산화물 또는 이를 함유한 것을 제외한다)과 제5류 위험물을 저장하는 경우

2. 제1류 위험물과 제6류 위험물을 저장하는 경우

3. 제1류 위험물과 제3류 위험물 중 자연발화성물질(황린 또는 이를 함유한 것에 한한다)을 저장하는 경우

4. 제2류 위험물 중 인화성 고체와 제4류 위험물을 저장하는 경우
5. 제3류 위험물 중 알킬알루미늄 등과 제4류 위험물(알킬알루미늄 또는 알킬리튬을 함유한 것에 한한다)을 저장하는 경우
6. 제4류 위험물 중 유기과산화물 또는 이를 함유하는 것과 제5류 위험물 중 유기과산화물 또는 이를 함유한 것을 저장하는 경우

229 위험물을 운반하기 위한 적재방법 중 방수성이 있는 피복으로 덮개를 하여야 하는 위험물은?

① 염소산칼륨
② 아세트산
③ 과염소산
④ 마그네슘

1. 차광성이 있는 피복으로 덮는 위험물
   1) 제1류 위험물
   2) 제3류 위험물 중 자연발화성물질
   3) 제4류 위험물 중 특수인화물
   4) 제5류 위험물
   5) 제6류 위험물
2. 방수성이 있는 피복으로 덮는 위험물
   1) 제1류 위험물 중 알칼리금속의 과산화물 또는 이를 함유한 것
   2) 제2류 위험물 중 철분·금속분·마그네슘 또는 이들 중 어느 하나 이상을 함유한 것
   3) 제3류 위험물 중 금수성물질

소방관련법령

CHAPTER 01 소방기본법

소방기본법　　　　[시행 2023. 5. 16.] [법률 제19026호, 2022. 11. 15., 일부개정]
소방기본법 시행령　[시행 2023. 12. 13.] [대통령령 제33710호, 2023. 9. 12., 일부개정]
소방기본법 시행규칙 [시행 2023. 5. 16.] [행정안전부령 제398호, 2023. 4. 27., 일부개정]

제1장 총칙

제1조(목적)

이 법은 화재를 예방·경계하거나 진압하고 화재, 재난·재해, 그 밖의 위급한 상황에서의 구조·구급 활동 등을 통하여 국민의 생명·신체 및 재산을 보호함으로써 공공의 안녕 및 질서 유지와 복리증진에 이바지함을 목적으로 한다.

제2조(정의)

이 법에서 사용하는 용어의 뜻은 다음과 같다.

1. "소방대상물"이란 건축물, 차량, 선박(「선박법」에 따른 선박으로서 항구에 매어둔 선박만 해당), 선박 건조 구조물, 산림, 그 밖의 인공 구조물 또는 물건을 말한다.
2. "관계지역"이란 소방대상물이 있는 장소 및 그 이웃 지역으로서 화재의 예방·경계·진압, 구조·구급 등의 활동에 필요한 지역을 말한다.
3. "관계인"이란 소방대상물의 소유자·관리자 또는 점유자를 말한다.
4. "소방본부장"이란 특별시·광역시·특별자치시·도 또는 특별자치도(이하 "시·도")에서 화재의 예방·경계·진압·조사 및 구조·구급 등의 업무를 담당하는 부서의 장을 말한다.
5. "소방대"(消防隊)란 화재를 진압하고 화재, 재난·재해, 그 밖의 위급한 상황에서 구조·구급 활동 등을 하기 위하여 다음의 사람으로 구성된 조직체를 말한다.
    가.「소방공무원법」에 따른 소방공무원
    나.「의무소방대설치법」에 따라 임용된 의무소방원(義務消防員)
    다.「의용소방대 설치 및 운영에 관한 법률」에 따른 의용소방대원(義勇消防隊員)
6. "소방대장"(消防隊長)이란 소방본부장 또는 소방서장 등 화재, 재난·재해, 그 밖의 위급한 상황이 발생한 현장에서 소방대를 지휘하는 사람을 말한다.

제2조의2(국가와 지방자치단체의 책무)

국가와 지방자치단체는 화재, 재난·재해, 그 밖의 위급한 상황으로부터 국민의 생명·신체 및 재산을 보호하기 위하여 필요한 시책을 수립·시행하여야 한다.

제3조(소방기관의 설치 등)

① 시·도의 화재 예방·경계·진압 및 조사, 소방안전교육·홍보와 화재, 재난·재해, 그 밖의 위급한 상황에서의 구조·구급 등의 업무(이하 "소방업무")를 수행하는 소방기관의 설치에 필요한 사항은 대통령령으로 정한다.

② 소방업무를 수행하는 소방본부장 또는 소방서장은 그 소재지를 관할하는 시·도지사의 지휘와 감독을 받는다.

③ 제2항에도 불구하고 소방청장은 화재 예방 및 대형 재난 등 필요한 경우 시·도 소방본부장 및 소방서장을 지휘·감독할 수 있다.

④ 시·도에서 소방업무를 수행하기 위하여 시·도지사 직속으로 소방본부를 둔다.

제3조의2(소방공무원의 배치)

제3조제1항의 소방기관 및 같은 조 제4항의 소방본부에는 「지방자치단체에 두는 국가공무원의 정원에 관한 법률」에도 불구하고 대통령령으로 정하는 바에 따라 소방공무원을 둘 수 있다.

제3조의3(다른 법률과의 관계)

제주특별자치도에는 「제주특별자치도 설치 및 국제자유도시 조성을 위한 특별법」 제44조에도 불구하고 같은 법 제6조제1항 단서에 따라 이 법 제3조의2를 우선하여 적용한다.

제4조(119종합상황실의 설치와 운영)

① 소방청장, 소방본부장 및 소방서장은 화재, 재난·재해, 그 밖에 구조·구급이 필요한 상황이 발생하였을 때에 신속한 소방활동(소방업무를 위한 모든 활동)을 위한 정보의 수집·분석과 판단·전파, 상황관리, 현장 지휘 및 조정·통제 등의 업무를 수행하기 위하여 119종합상황실을 설치·운영하여야 한다.

② 제1항에 따른 119종합상황실의 설치·운영에 필요한 사항은 행정안전부령으로 정한다.

영·규칙 CHAIN

칙 제2조(종합상황실의 설치·운영)

① 「소방기본법」 제4조제2항의 규정에 의한 종합상황실은 소방청과 시·도의 소방본부 및 소방서에 각각 설치·운영하여야 한다.

② 소방청장, 소방본부장 또는 소방서장은 신속한 소방활동을 위한 정보를 수집·전파하기 위하여 종합상황실에 「소방력 기준에 관한 규칙」에 의한 전산·통신요원을 배치하고, 소방청장이 정하는 유·무선통신시설을 갖추어야 한다.

③ 종합상황실은 24시간 운영체제를 유지하여야 한다.

칙 제3조(종합상황실의 실장의 업무 등)

① 종합상황실의 실장[종합상황실에 근무하는 자 중 최고직위에 있는 자(최고직위에 있는 자가 2인 이상인 경우에는 선임자)]은 다음의 업무를 행하고, 그에 관한 내용을 기록·관리하여야 한다.

1. 화재, 재난·재해 그 밖에 구조·구급이 필요한 상황(이하 "재난상황")의 발생의 신고접수

2. 접수된 재난상황을 검토하여 가까운 소방서에 인력 및 장비의 동원을 요청하는 등의 사고수습

3. 하급소방기관에 대한 출동지령 또는 동급 이상의 소방기관 및 유관기관에 대한 지원요청

4. 재난상황의 전파 및 보고

5. 재난상황이 발생한 현장에 대한 지휘 및 피해현황의 파악

6. 재난상황의 수습에 필요한 정보수집 및 제공

② 종합상황실의 실장은 다음의 어느 하나에 해당하는 상황이 발생하는 때에는 그 사실을 지체 없이 [별지 제1호서식]에 따라 서면·팩스 또는 컴퓨터통신 등으로 소방서의 종합상황실의 경우는 소방본부의 종합상황실에, 소방본부의 종합상황실의 경우는 소방청의 종합상황실에 각각 보고해야 한다.

1. 다음의 1에 해당하는 화재

    가. 사망자가 5인 이상 발생하거나 사상자가 10인 이상 발생한 화재

    나. 이재민이 100인 이상 발생한 화재

    다. 재산피해액이 50억 원 이상 발생한 화재

    라. 관공서·학교·정부미도정공장·문화재·지하철 또는 지하구의 화재

    마. 관광호텔, 층수가 11층 이상인 건축물, 지하상가, 시장, 백화점, 「위험물안전관리법」의 규정에 의한 지정수량의 3천 배 이상의 위험물의 제조소·저장소·취급소, 층수가 5층 이상이거나 객실이 30실 이상인 숙박시설, 층수가 5층 이상이거나 병상이 30개 이상인 종합병원·정신병원·한방병원·요양소, 연면적 1만 5천m² 이상인 공장 또는 「화재의 예방 및 안전관리에 관한 법률」에 따른 화재경계지구에서 발생한 화재

    바. 철도차량, 항구에 매어둔 총 톤수가 1천 톤 이상인 선박, 항공기, 발전소 또는 변전소에서 발생한 화재

    사. 가스 및 화약류의 폭발에 의한 화재

    아. 「다중이용업소의 안전관리에 관한 특별법」에 따른 다중이용업소의 화재

2. 「긴급구조대응활동 및 현장지휘에 관한 규칙」에 의한 통제단장의 현장지휘가 필요한 재난상황

3. 언론에 보도된 재난상황

4. 그 밖에 소방청장이 정하는 재난상황

③ 종합상황실 근무자의 근무방법 등 종합상황실의 운영에 관하여 필요한 사항은 종합상황실을 설치하는 소방청장, 소방본부장 또는 소방서장이 각각 정한다.

제4조의2(소방정보통신망 구축·운영) [시행일 2024. 4. 12.]

① 소방청장 및 시·도지사는 119종합상황실 등의 효율적 운영을 위하여 소방정보통신망을 구축·운영할 수 있다.

② 소방청장 및 시·도지사는 소방정보통신망의 안정적 운영을 위하여 소방정보통신망의 회선을 이중화할 수 있다. 이 경우 이중화된 각 회선은 서로 다른 사업자로부터 제공받아야 한다.

③ 제1항 및 제2항에 따른 소방정보통신망의 구축 및 운영에 필요한 사항은 행정안전부령으로 정한다.

제4조의3(소방기술민원센터의 설치 · 운영) [시행일 2024. 4. 12.]

① 소방청장 또는 소방본부장은 소방시설, 소방공사 및 위험물 안전관리 등과 관련된 법령해석 등의 민원을 종합적으로 접수하여 처리할 수 있는 기구(이하 "소방기술민원센터")를 설치 · 운영할 수 있다.

② 소방기술민원센터의 설치 · 운영 등에 필요한 사항은 대통령령으로 정한다.

영 · 규칙 CHAIN

영 제1조의2(소방기술민원센터의 설치 · 운영)

① 소방청장 또는 소방본부장은 「소방기본법」 제4조의2제1항에 따른 소방기술민원센터를 소방청 또는 소방본부에 각각 설치 · 운영한다.

② 소방기술민원센터는 센터장을 포함하여 18명 이내로 구성한다.

③ 소방기술민원센터는 다음의 업무를 수행한다.

1. 소방시설, 소방공사와 위험물 안전관리 등과 관련된 법령해석 등의 민원의 처리
2. 소방기술민원과 관련된 질의회신집 및 해설서 발간
3. 소방기술민원과 관련된 정보시스템의 운영 · 관리
4. 소방기술민원과 관련된 현장 확인 및 처리
5. 그 밖에 소방기술민원과 관련된 업무로서 소방청장 또는 소방본부장이 필요하다고 인정하여 지시하는 업무

④ 소방청장 또는 소방본부장은 소방기술민원센터의 업무수행을 위하여 필요하다고 인정하는 경우에는 관계 기관의 장에게 소속 공무원 또는 직원의 파견을 요청할 수 있다.

⑤ 제1항부터 제4항까지에서 규정한 사항 외에 소방기술민원센터의 설치 · 운영에 필요한 사항은 소방청에 설치하는 경우에는 소방청장이 정하고, 소방본부에 설치하는 경우에는 해당 시 · 도의 규칙으로 정한다.

제5조(소방박물관 등의 설립과 운영)

① 소방의 역사와 안전문화를 발전시키고 국민의 안전의식을 높이기 위하여 소방청장은 소방박물관을, 시 · 도지사는 소방체험관(화재 현장에서의 피난 등을 체험할 수 있는 체험관을 말한다. 이하 이 조에서 같다)을 설립하여 운영할 수 있다.

② 제1항에 따른 소방박물관의 설립과 운영에 필요한 사항은 행정안전부령으로 정하고, 소방체험관의 설립과 운영에 필요한 사항은 행정안전부령으로 정하는 기준에 따라 시 · 도의 조례로 정한다.

영 · 규칙 CHAIN

칙 제4조(소방박물관의 설립과 운영)

① 소방청장은 법 제5조제2항의 규정에 의하여 소방박물관을 설립 · 운영하는 경우에는 소방박물관에 소방박물관장 1인과 부관장 1인을 두되, 소방박물관장은 소방공무원 중에서 소방청장이 임명한다.

② 소방박물관은 국내 · 외의 소방의 역사, 소방공무원의 복장 및 소방장비 등의 변천 및 발전에 관한 자료를 수집 · 보관 및 전시한다.

③ 소방박물관에는 그 운영에 관한 중요한 사항을 심의하기 위하여 7인 이내의 위원으로 구성된 운영위원회를 둔다.

④ 제1항의 규정에 의하여 설립된 소방박물관의 관광업무 · 조직 · 운영위원회의 구성 등에 관하여 필요한 사항은 소방청장이 정한다.

칙 제4조의2(소방체험관의 설립 및 운영)

① 법 제5조제1항에 따라 설립된 소방체험관은 다음의 기능을 수행한다.

1. 재난 및 안전사고 유형에 따른 예방, 대처, 대응 등에 관한 체험교육의 제공
2. 체험교육 프로그램의 개발 및 국민 안전의식 향상을 위한 홍보 · 전시
3. 체험교육 인력의 양성 및 유관기관 · 단체 등과의 협력
4. 그 밖에 체험교육을 위하여 시 · 도지사가 필요하다고 인정하는 사업의 수행

제6조(소방업무에 관한 종합계획의 수립 · 시행 등)

① 소방청장은 화재, 재난 · 재해, 그 밖의 위급한 상황으로부터 국민의 생명 · 신체 및 재산을 보호하기 위하여 소방업무에 관한 종합계획(이하 "종합계획")을 5년마다 수립 · 시행하여야 하고, 이에 필요한 재원을 확보하도록 노력하여야 한다.

영 · 규칙 CHAIN

영 제1조의3(소방업무에 관한 종합계획 및 세부계획의 수립 · 시행)

① 소방청장은 법 제6조제1항에 따른 소방업무에 관한 종합계획을 관계 중앙행정기관의 장과의 협의를 거쳐 계획 시행 전년도 10월 31일까지 수립해야 한다.

※ 참고사항 – 손으로 말일을 확인하는 방법

1월	2월	3월	4월	5월	6월	7월
		12월	11월	10월	9월	8월
31일	x	31일	30일	31일	30일	31일

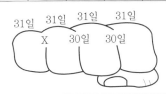

② 종합계획에는 다음의 사항이 포함되어야 한다.

1. 소방서비스의 질 향상을 위한 정책의 기본방향
2. 소방업무에 필요한 체계의 구축, 소방기술의 연구・개발 및 보급
3. 소방업무에 필요한 장비의 구비
4. 소방전문인력 양성
5. 소방업무에 필요한 기반조성
6. 소방업무의 교육 및 홍보(소방자동차의 우선 통행 등에 관한 홍보 포함)
7. 그 밖에 소방업무의 효율적 수행을 위하여 필요한 사항으로서 ≪대통령령으로 정하는 사항≫

> § 대통령령으로 정하는 사항
> 1. 재난・재해 환경 변화에 따른 소방업무에 필요한 대응 체계 마련
> 2. 장애인, 노인, 임산부, 영유아 및 어린이 등 이동이 어려운 사람을 대상으로 한 소방활동에 필요한 조치

③ 소방청장은 제1항에 따라 수립한 종합계획을 관계 중앙행정기관의 장, 시・도지사에게 통보하여야 한다.
④ 시・도지사는 관할 지역의 특성을 고려하여 종합계획의 시행에 필요한 세부계획(이하 "세부계획")을 매년 수립[세부계획을 계획 시행 전년도 12월 31일까지 수립]하여 소방청장에게 제출하여야 하며, 세부계획에 따른 소방업무를 성실히 수행하여야 한다.

영・규칙 CHAIN

영 제1조의3(소방업무에 관한 종합계획 및 세부계획의 수립・시행)

③ 시・도지사는 법 제6조제4항에 따른 종합계획의 시행에 필요한 하여 소방청장에게 제출하여야 한다.

⑤ 소방청장은 소방업무의 체계적 수행을 위하여 필요한 경우 제4항에 따라 시・도지사가 제출한 세부계획의 보완 또는 수정을 요청할 수 있다.
⑥ 그 밖에 종합계획 및 세부계획의 수립・시행에 필요한 사항은 대통령령으로 정한다.

제7조(소방의 날 제정과 운영 등)

① 국민의 안전의식과 화재에 대한 경각심을 높이고 안전문화를 정착시키기 위하여 매년 11월 9일을 소방의 날로 정하여 기념행사를 한다.
② 소방의 날 행사에 관하여 필요한 사항은 소방청장 또는 시・도지사가 따로 정하여 시행할 수 있다.
③ 소방청장은 다음에 해당하는 사람을 명예직 소방대원으로 위촉할 수 있다.

1. 「의사상자 등 예우 및 지원에 관한 법률」에 따른 의사상자(義死傷者)로서 같은 법 제3조제3호 또는 제4호에 해당하는 사람
2. 소방행정 발전에 공로가 있다고 인정되는 사람

제2장 소방장비 및 소방용수시설 등

제8조(소방력의 기준 등)

① 소방기관이 소방업무를 수행하는 데에 필요한 인력과 장비 등[이하 "소방력"(消防力)]에 관한 기준은 행정안전부령으로 정한다.

② 시·도지사는 제1항에 따른 소방력의 기준에 따라 관할구역의 소방력을 확충하기 위하여 필요한 계획을 수립하여 시행하여야 한다.

③ 소방자동차 등 소방장비의 분류·표준화와 그 관리 등에 필요한 사항은 따로 법률에서 정한다.

제9조(소방장비 등에 대한 국고보조)

① 국가는 소방장비의 구입 등 시·도의 소방업무에 필요한 경비의 일부를 보조한다.

② 제1항에 따른 보조 대상사업의 범위와 기준보조율은 대통령령으로 정한다.

영·규칙 CHAIN

영 제2조(국고보조 대상사업의 범위와 기준보조율)

① 법 제9조제2항에 따른 국고보조 대상사업의 범위는 다음과 같다.

  1. 다음의 소방활동장비와 설비의 구입 및 설치

    가. 소방자동차

    나. 소방헬리콥터 및 소방정

    다. 소방전용통신설비 및 전산설비

    라. 그 밖에 방화복 등 소방활동에 필요한 소방장비

  2. 소방관서용 청사의 건축

② 제1항제1호에 따른 소방활동장비 및 설비의 종류와 규격은 행정안전부령으로 정한다.

칙 제5조(소방활동장비 및 설비의 규격 및 종류와 기준가격)

① 영 제2조제2항의 규정에 의한 국고보조의 대상이 되는 소방활동장비 및 설비의 종류 및 규격은 [별표 1의2]와 같다.

② 영 제2조제2항의 규정에 의한 국고보조산정을 위한 기준가격은 다음과 같다.

  1. 국내조달품 : 정부고시가격

  2. 수입물품 : 조달청에서 조사한 해외시장의 시가

  3. 정부고시가격 또는 조달청에서 조사한 해외시장의 시가가 없는 물품 : 2 이상의 공신력 있는 물가조사기관에서 조사한 가격의 평균가격

③ 제1항에 따른 국고보조 대상사업의 기준보조율은 「보조금 관리에 관한 법률 시행령」에서 정하는 바에 따른다.

제10조(소방용수시설의 설치 및 관리 등)

① 시 · 도지사는 소방활동에 필요한 소화전(消火栓) · 급수탑(給水塔) · 저수조(貯水槽)(이하 "소방용수시설")를 설치하고 유지 · 관리하여야 한다. 다만, 「수도법」 제45조에 따라 소화전을 설치하는 일반수도사업자는 관할 소방서장과 사전협의를 거친 후 소화전을 설치하여야 하며, 설치 사실을 관할 소방서장에게 통지하고, 그 소화전을 유지 · 관리하여야 한다.

> **영 · 규칙 CHAIN**

> **칙 제6조(소방용수시설 및 비상소화장치의 설치기준)**

> ① 시 · 도지사는 법 제10조제1항의 규정에 의하여 설치된 소방용수시설에 대하여 [별표 2]의 소방용수표지를 보기 쉬운 곳에 설치하여야 한다.

■ 소방기본법 시행규칙

[별표 2] 소방용수표지

1. 지하에 설치하는 소화전 또는 저수조의 경우 소방용수표지는 다음의 기준에 따라 설치한다.
    가. 맨홀 뚜껑은 지름 648mm 이상의 것으로 할 것. 다만, 승하강식 소화전의 경우에는 이를 적용하지 않는다.
    나. 맨홀 뚜껑에는 "소화전 · 주정차금지" 또는 "저수조 · 주정차금지"의 표시를 할 것
    다. 맨홀뚜껑 부근에는 노란색 반사도료로 폭 15cm의 선을 그 둘레를 따라 칠할 것

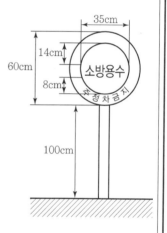

2. 지상에 설치하는 소화전, 저수조 및 급수탑의 경우 소방용수표지는 다음의 기준에 따라 설치한다.
    가. 규격
    나. 안쪽 문자는 흰색, 바깥쪽 문자는 노란색으로, 안쪽 바탕은 붉은색, 바깥쪽 바탕은 파란색으로 하고, 반사재료를 사용해야 한다.
    다. 가목의 규격에 따른 소방용수표지를 세우는 것이 매우 어렵거나 부적당한 경우에는 그 규격 등을 다르게 할 수 있다.

② 법 제10조제1항에 따른 소방용수시설의 설치기준은 [별표 3]과 같다.

■ 소방기본법 시행규칙

[별표 3] 소방용수시설의 설치기준

1. 공통기준
    가. 「국토의 계획 및 이용에 관한 법률」 제36조제1항제1호의 규정에 의한 주거지역 · 상업지역 및 공업지역에 설치하는 경우 : 소방대상물과의 수평거리를 100m 이하가 되도록 할 것
    나. 가 외의 지역에 설치하는 경우 : 소방대상물과의 수평거리를 140m 이하가 되도록 할 것

2. 소방용수시설별 설치기준

　　가. 소화전의 설치기준 : 상수도와 연결하여 지하식 또는 지상식의 구조로 하고, 소방용호스와 연결하는 소화전의 연결금속구의 구경은 65mm로 할 것

　　나. 급수탑의 설치기준 : 급수배관의 구경은 100mm 이상으로 하고, 개폐밸브는 지상에서 1.5m 이상 1.7m 이하의 위치에 설치하도록 할 것

　　다. 저수조의 설치기준

　　　(1) 지면으로부터의 낙차가 4.5m 이하일 것

　　　(2) 흡수부분의 수심이 0.5m 이상일 것

　　　(3) 소방펌프자동차가 쉽게 접근할 수 있도록 할 것

　　　(4) 흡수에 지장이 없도록 토사 및 쓰레기 등을 제거할 수 있는 설비를 갖출 것

　　　(5) 흡수관의 투입구가 사각형의 경우에는 한 변의 길이가 60cm 이상, 원형의 경우에는 지름이 60cm 이상일 것

　　　(6) 저수조에 물을 공급하는 방법은 상수도에 연결하여 자동으로 급수되는 구조일 것

③ 법 제10조제2항에 따른 비상소화장치의 설치기준은 다음과 같다.

　1. 비상소화장치는 비상소화장치함, 소화전, 소방호스(소화전의 방수구에 연결하여 소화용수를 방수하기 위한 도관으로서 호스와 연결금속구로 구성되어 있는 소방용릴호스 또는 소방용고무내장호스), 관창(소방호스용 연결금속구 또는 중간연결금속구 등의 끝에 연결하여 소화용수를 방수하기 위한 나사식 또는 차입식 토출기구)을 포함하여 구성할 것

　2. 소방호스 및 관창은 「소방시설 설치 및 관리에 관한 법률」에 따라 소방청장이 정하여 고시하는 형식승인 및 제품검사의 기술기준에 적합한 것으로 설치할 것

　3. 비상소화장치함은 「소방시설 설치 및 관리에 관한 법률」에 따라 소방청장이 정하여 고시하는 성능인증 및 제품검사의 기술기준에 적합한 것으로 설치할 것

④ 제3항에서 규정한 사항 외에 비상소화장치의 설치기준에 관한 세부 사항은 소방청장이 정한다.

제7조(소방용수시설 및 지리조사)

① 소방본부장 또는 소방서장은 원활한 소방활동을 위하여 다음의 조사를 월 1회 이상 실시하여야 한다.

　1. 법 제10조의 규정에 의하여 설치된 소방용수시설에 대한 조사

　2. 소방대상물에 인접한 도로의 폭 · 교통상황, 도로주변의 토지의 고저 · 건축물의 개황 그 밖의 소방활동에 필요한 지리에 대한 조사

② 제1항의 조사결과는 전자적 처리가 불가능한 특별한 사유가 없으면 전자적 처리가 가능한 방법으로 작성 · 관리하여야 한다.

③ 제1항제1호의 조사는 [별지 제2호서식]에 의하고, 제1항제2호의 조사는 [별지 제3호서식]에 의하되, 그 조사결과를 2년간 보관하여야 한다.

② 시·도지사는 제21조제1항에 따른 소방자동차의 진입이 곤란한 지역 등 화재발생 시에 초기 대응이 필요한 지역으로서 《대통령령으로 정하는 지역》에 소방호스 또는 호스 릴 등 소방용수시설에 연결하여 화재를 진압하는 시설이나 장치(이하 "비상소화장치")를 설치하고 유지·관리할 수 있다.

> § 대통령령으로 정하는 지역 – 비상소화장치의 설치대상 지역
>
> 1. 「화재의 예방 및 안전관리에 관한 법률」에 따라 지정된 화재경계지구
> 2. 시·도지사가 비상소화장치의 설치가 필요하다고 인정하는 지역

③ 제1항에 따른 소방용수시설과 제2항에 따른 비상소화장치의 설치기준은 행정안전부령으로 정한다.

제11조(소방업무의 응원)

① 소방본부장이나 소방서장은 소방활동을 할 때에 긴급한 경우에는 이웃한 소방본부장 또는 소방서장에게 소방업무의 응원(應援)을 요청할 수 있다.

② 제1항에 따라 소방업무의 응원 요청을 받은 소방본부장 또는 소방서장은 정당한 사유 없이 그 요청을 거절하여서는 아니 된다.

③ 제1항에 따라 소방업무의 응원을 위하여 파견된 소방대원은 응원을 요청한 소방본부장 또는 소방서장의 지휘에 따라야 한다.

④ 시·도지사는 제1항에 따라 소방업무의 응원을 요청하는 경우를 대비하여 출동 대상지역 및 규모와 필요한 경비의 부담 등에 관하여 필요한 사항을 행정안전부령으로 정하는 바에 따라 이웃하는 시·도지사와 협의하여 미리 규약(規約)으로 정하여야 한다.

영·규칙 CHAIN

칙 제8조(소방업무의 상호응원협정)

법 제11조제4항에 따라 시·도지사는 이웃하는 다른 시·도지사와 소방업무에 관하여 상호응원협정을 체결하고자 하는 때에는 다음의 사항이 포함되도록 해야 한다.

1. 다음의 소방활동에 관한 사항
   가. 화재의 경계·진압활동
   나. 구조·구급업무의 지원
   다. 화재조사활동
2. 응원출동대상지역 및 규모
3. 다음의 소요경비의 부담에 관한 사항
   가. 출동대원의 수당·식사 및 의복의 수선
   나. 소방장비 및 기구의 정비와 연료의 보급
   다. 그 밖의 경비
4. 응원출동의 요청방법
5. 응원출동훈련 및 평가

제11조의2(소방력의 동원)

① 소방청장은 해당 시·도의 소방력만으로는 소방활동을 효율적으로 수행하기 어려운 화재, 재난·재해, 그 밖의 구조·구급이 필요한 상황이 발생하거나 특별히 국가적 차원에서 소방활동을 수행할 필요가 인정될 때에는 각 시·도지사에게 행정안전부령으로 정하는 바에 따라 소방력을 동원할 것을 요청할 수 있다.

영·규칙 CHAIN

> **최 제8조의2(소방력의 동원 요청)**
>
> ① 소방청장은 법 제11조의2제1항에 따라 각 시·도지사에게 소방력 동원을 요청하는 경우 동원 요청 사실과 다음의 사항을 팩스 또는 전화 등의 방법으로 통지하여야 한다. 다만, 긴급을 요하는 경우에는 시·도 소방본부 또는 소방서의 종합상황실장에게 직접 요청할 수 있다.
> 1. 동원을 요청하는 인력 및 장비의 규모
> 2. 소방력 이송 수단 및 집결장소
> 3. 소방활동을 수행하게 될 재난의 규모, 원인 등 소방활동에 필요한 정보
> ② 제1항에서 규정한 사항 외에 그 밖의 시·도 소방력 동원에 필요한 사항은 소방청장이 정한다.

② 제1항에 따라 동원 요청을 받은 시·도지사는 정당한 사유 없이 요청을 거절하여서는 아니 된다.

③ 소방청장은 시·도지사에게 제1항에 따라 동원된 소방력을 화재, 재난·재해 등이 발생한 지역에 지원·파견하여 줄 것을 요청하거나 필요한 경우 직접 소방대를 편성하여 화재진압 및 인명구조 등 소방에 필요한 활동을 하게 할 수 있다.

④ 제1항에 따라 동원된 소방대원이 다른 시·도에 파견·지원되어 소방활동을 수행할 때에는 특별한 사정이 없으면 화재, 재난·재해 등이 발생한 지역을 관할하는 소방본부장 또는 소방서장의 지휘에 따라야 한다. 다만, 소방청장이 직접 소방대를 편성하여 소방활동을 하게 하는 경우에는 소방청장의 지휘에 따라야 한다.

영·규칙 CHAIN

> **영 제2조의3(소방력의 동원)**
>
> ① 법 제11조의2제3항 및 제4항에 따라 동원된 소방력의 소방활동 수행 과정에서 발생하는 경비는 화재, 재난·재해나 그 밖의 구조·구급이 필요한 상황이 발생한 시·도에서 부담하는 것을 원칙으로 하며, 구체적인 내용은 해당 시·도가 서로 협의하여 정한다.
> ② 법 제11조의2제3항 및 제4항에 따라 동원된 민간 소방 인력이 소방활동을 수행하다가 사망하거나 부상을 입은 경우 화재, 재난·재해 또는 그 밖의 구조·구급이 필요한 상황이 발생한 시·도가 해당 시·도의 조례로 정하는 바에 따라 보상한다.
> ③ 제1항 및 제2항에서 규정한 사항 외에 법 제11조의2에 따라 동원된 소방력의 운용과 관련하여 필요한 사항은 소방청장이 정한다.

⑤ 제3항 및 제4항에 따른 소방활동을 수행하는 과정에서 발생하는 경비 부담에 관한 사항, 제3항 및 제4항에 따라 소방활동을 수행한 민간 소방 인력이 사망하거나 부상을 입었을 경우의 보상주체 · 보상기준 등에 관한 사항, 그 밖에 동원된 소방력의 운용과 관련하여 필요한 사항은 대통령령으로 정한다.

제3장 화재의 예방과 경계(警戒)

제4장 소방활동 등

제16조(소방활동)

① 소방청장, 소방본부장 또는 소방서장은 화재, 재난 · 재해, 그 밖의 위급한 상황이 발생하였을 때에는 소방대를 현장에 신속하게 출동시켜 화재진압과 인명구조 · 구급 등 소방에 필요한 활동(이하 "소방활동")을 하게 하여야 한다.

② 누구든지 정당한 사유 없이 제1항에 따라 출동한 소방대의 소방활동을 방해하여서는 아니 된다.

벌 5년 이하 징역 / 5천만 원 이하 벌금

1. 위력(威力)을 사용하여 출동한 소방대의 화재진압 · 인명구조 또는 구급활동을 방해하는 행위
2. 소방대가 화재진압 · 인명구조 또는 구급활동을 위하여 현장에 출동하거나 현장에 출입하는 것을 고의로 방해하는 행위
3. 출동한 소방대원에게 폭행 또는 협박을 행사하여 화재진압 · 인명구조 또는 구급활동을 방해하는 행위
4. 출동한 소방대의 소방장비를 파손하거나 그 효용을 해하여 화재진압 · 인명구조 또는 구급활동을 방해하는 행위

제16조의2(소방지원활동)

① 소방청장 · 소방본부장 또는 소방서장은 공공의 안녕질서 유지 또는 복리증진을 위하여 필요한 경우 소방활동 외에 다음의 활동(이하 "소방지원활동")을 하게 할 수 있다.

1. 산불에 대한 예방 · 진압 등 지원활동
2. 자연재해에 따른 급수 · 배수 및 제설 등 지원활동
3. 집회 · 공연 등 각종 행사 시 사고에 대비한 근접대기 등 지원활동
4. 화재, 재난 · 재해로 인한 피해복구 지원활동
6. 그 밖에 행정안전부령으로 정하는 활동

§ 그 밖에 행정안전부령으로 정하는 활동
1. 군 · 경찰 등 유관기관에서 실시하는 훈련지원 활동
2. 소방시설 오작동 신고에 따른 조치활동
3. 방송제작 또는 촬영 관련 지원활동

② 소방지원활동은 제16조의 소방활동 수행에 지장을 주지 아니하는 범위에서 할 수 있다.

③ 유관기관 · 단체 등의 요청에 따른 소방지원활동에 드는 비용은 지원요청을 한 유관기관 · 단체 등에게

부담하게 할 수 있다. 다만, 부담금액 및 부담방법에 관하여는 지원요청을 한 유관기관 · 단체 등과 협의하여 결정한다.

제16조의3(생활안전활동)

① 소방청장 · 소방본부장 또는 소방서장은 신고가 접수된 생활안전 및 위험제거 활동(화재, 재난 · 재해, 그 밖의 위급한 상황에 해당하는 것은 제외)에 대응하기 위하여 소방대를 출동시켜 다음의 활동(이하 "생활안전활동")을 하게 하여야 한다.

1. 붕괴, 낙하 등이 우려되는 고드름, 나무, 위험 구조물 등의 제거활동
2. 위해동물, 벌 등의 포획 및 퇴치 활동
3. 끼임, 고립 등에 따른 위험제거 및 구출 활동
4. 단전사고 시 비상전원 또는 조명의 공급
5. 그 밖에 방치하면 급박해질 우려가 있는 위험을 예방하기 위한 활동

② 누구든지 정당한 사유 없이 제1항에 따라 출동하는 소방대의 생활안전활동을 방해하여서는 아니 된다.

🔵 100만 원 이하 벌금 – 제16조의3제2항을 위반하여 정당한 사유 없이 소방대의 생활안전활동을 방해한 자

제16조의4(소방자동차의 보험 가입 등)

① 시 · 도지사는 소방자동차의 공무상 운행 중 교통사고가 발생한 경우 그 운전자의 법률상 분쟁에 소요되는 비용을 지원할 수 있는 보험에 가입하여야 한다.

② 국가는 제1항에 따른 보험 가입비용의 일부를 지원할 수 있다.

제16조의5(소방활동에 대한 면책)

소방공무원이 제16조제1항에 따른 소방활동으로 인하여 타인을 사상(死傷)에 이르게 한 경우 그 소방활동이 불가피하고 소방공무원에게 고의 또는 중대한 과실이 없는 때에는 그 정상을 참작하여 사상에 대한 형사책임을 감경하거나 면제할 수 있다.

제16조의6(소송지원)

소방청장, 소방본부장 또는 소방서장은 소방공무원이 제16조제1항에 따른 소방활동, 제16조의2제1항에 따른 소방지원활동, 제16조의3제1항에 따른 생활안전활동으로 인하여 민 · 형사상 책임과 관련된 소송을 수행할 경우 변호인 선임 등 소송수행에 필요한 지원을 할 수 있다.

제17조(소방교육 · 훈련)

① 소방청장, 소방본부장 또는 소방서장은 소방업무를 전문적이고 효과적으로 수행하기 위하여 소방대원에게 필요한 교육 · 훈련을 실시하여야 한다.

📘 영 · 규칙 CHAIN

칙 **제9조(소방교육 · 훈련의 종류 등)**

① 법 제17조제1항에 따라 소방대원에게 실시할 교육 · 훈련의 종류, 해당 교육 · 훈련을 받아야 할 대상자 및 교육 · 훈련기간 등은 [별표 3의2]와 같다.

■ 소방기본법 시행규칙

[별표 3의2] 소방대원에게 실시할 교육·훈련의 종류 등

1. 교육·훈련의 종류 및 교육·훈련을 받아야 할 대상자

종류	교육·훈련을 받아야 할 대상자
가. 화재진압훈련	1) 화재진압업무를 담당하는 소방공무원 2) 「의무소방대설치법 시행령」에 따른 임무를 수행하는 의무소방원 3) 「의용소방대 설치 및 운영에 관한 법률」에 따라 임명된 의용소방대원
나. 인명구조훈련	1) 구조업무를 담당하는 소방공무원 2) 「의무소방대설치법 시행령」에 따른 임무를 수행하는 의무소방원 3) 「의용소방대 설치 및 운영에 관한 법률」에 따라 임명된 의용소방대원
다. 응급처치훈련	1) 구급업무를 담당하는 소방공무원 2) 「의무소방대설치법」에 따라 임용된 의무소방원 3) 「의용소방대 설치 및 운영에 관한 법률」에 따라 임명된 의용소방대원
라. 인명대피훈련	1) 소방공무원 2) 「의무소방대설치법」에 따라 임용된 의무소방원 3) 「의용소방대 설치 및 운영에 관한 법률」에 따라 임명된 의용소방대원
마. 현장지휘훈련	소방공무원 중 다음의 계급에 있는 사람 1) 소방정 2) 소방령 3) 소방경 4) 소방위

2. 교육·훈련 횟수 및 기간

횟수	기간
2년마다 1회	2주 이상

3. 제1호 및 제2호에서 규정한 사항 외에 소방대원의 교육·훈련에 필요한 사항은 소방청장이 정한다.

② 소방청장, 소방본부장 또는 소방서장은 화재를 예방하고 화재 발생 시 인명과 재산피해를 최소화하기 위하여 다음에 해당하는 사람을 대상으로 행정안전부령으로 정하는 바에 따라 소방안전에 관한 교육과 훈련을 실시할 수 있다. 이 경우 소방청장, 소방본부장 또는 소방서장은 해당 어린이집·유치원·학교의 장 또는 장애인복지시설의 장과 교육일정 등에 관하여 협의하여야 한다.
1. 「영유아보육법」에 따른 어린이집의 영유아
2. 「유아교육법」에 따른 유치원의 유아
3. 「초·중등교육법」에 따른 학교의 학생
4. 「장애인복지법」에 따른 장애인복지시설에 기주하거나 해당 시설을 이용하는 장애인

영 · 규칙 CHAIN

최 제9조(소방교육 · 훈련의 종류 등)

② 법 제17조제2항에 따른 소방안전에 관한 교육과 훈련(이하 "소방안전교육훈련")에 필요한 시설, 장비, 강사자격 및 교육방법 등의 기준은 [별표 3의3]과 같다.

③ 소방청장, 소방본부장 또는 소방서장은 소방안전교육훈련을 실시하려는 경우 매년 12월 31일까지 다음 해의 소방안전교육훈련 운영계획을 수립하여야 한다.

④ 소방청장은 제3항에 따른 소방안전교육훈련 운영계획의 작성에 필요한 지침을 정하여 소방본부장과 소방서장에게 매년 10월 31일까지 통보하여야 한다.

③ 소방청장, 소방본부장 또는 소방서장은 국민의 안전의식을 높이기 위하여 화재 발생 시 피난 및 행동 방법 등을 홍보하여야 한다.

④ 제1항에 따른 교육 · 훈련의 종류 및 대상자, 그 밖에 교육 · 훈련의 실시에 필요한 사항은 행정안전부령으로 정한다.

제17조의2(소방안전교육사)

① 소방청장은 제17조제2항에 따른 소방안전교육을 위하여 소방청장이 실시하는 시험에 합격한 사람에게 소방안전교육사 자격을 부여한다.

② 소방안전교육사는 소방안전교육의 기획 · 진행 · 분석 · 평가 및 교수업무를 수행한다.

③ 제1항에 따른 소방안전교육사 시험의 응시자격, 시험방법, 시험과목, 시험위원, 그 밖에 소방안전교육사 시험의 실시에 필요한 사항은 대통령령으로 정한다.

영 · 규칙 CHAIN

영 제7조의2(소방안전교육사시험의 응시자격)

법 제17조의2제3항에 따른 소방안전교육사시험의 응시자격은 [별표 2의2]와 같다.

■ 소방기본법 시행령

[별표 2의2] 소방안전교육사시험의 응시자격

1. 소방공무원으로서 다음의 어느 하나에 해당하는 사람
   가. 소방공무원으로 3년 이상 근무한 경력이 있는 사람
   나. 중앙소방학교 또는 지방소방학교에서 2주 이상의 소방안전교육사 관련 전문교육과정을 이수한 사람

2. 「초 · 중등교육법」에 따라 교원의 자격을 취득한 사람

3. 「유아교육법」에 따라 교원의 자격을 취득한 사람

4. 「영유아보육법」에 따라 어린이집의 원장 또는 보육교사의 자격을 취득한 사람(보육교사 자격을

취득한 사람은 보육교사 자격을 취득한 후 3년 이상의 보육업무 경력이 있는 사람만 해당)

5. 다음의 어느 하나에 해당하는 기관에서 교육학과, 응급구조학과, 의학과, 간호학과 또는 소방안전 관련 학과 등 소방청장이 고시하는 학과에 개설된 교과목 중 소방안전교육과 관련하여 소방청장이 정하여 고시하는 교과목을 총 6학점 이상 이수한 사람

　가. 「고등교육법」의 규정의 어느 하나에 해당하는 학교

　나. 「학점인정 등에 관한 법률」에 따라 학습과정의 평가인정을 받은 교육훈련기관

6. 「국가기술자격법」에 따른 국가기술자격의 직무분야 중 안전관리 분야(국가기술자격의 직무분야 및 국가기술자격의 종목 중 중직무분야의 안전관리)의 기술사 자격을 취득한 사람

7. 「소방시설 설치 및 관리에 관한 법률」에 따른 소방시설관리사 자격을 취득한 사람

8. 「국가기술자격법」에 따른 국가기술자격의 직무분야 중 안전관리 분야의 기사 자격을 취득한 후 안전관리 분야에 1년 이상 종사한 사람

9. 「국가기술자격법」에 따른 국가기술자격의 직무분야 중 안전관리 분야의 산업기사 자격을 취득한 후 안전관리 분야에 3년 이상 종사한 사람

10. 「의료법」에 따라 간호사 면허를 취득한 후 간호업무 분야에 1년 이상 종사한 사람

11. 「응급의료에 관한 법률」에 따라 1급 응급구조사 자격을 취득한 후 응급의료 업무 분야에 1년 이상 종사한 사람

12. 「응급의료에 관한 법률」에 따라 2급 응급구조사 자격을 취득한 후 응급의료 업무 분야에 3년 이상 종사한 사람

13. 「화재의 예방 및 안전관리에 관한 법률 시행령」 [별표 4] 제1호 나[특급]의 어느 하나에 해당하는 사람

14. 「화재의 예방 및 안전관리에 관한 법률 시행령」 [별표 4] 제2호 나[1급]의 어느 하나에 해당하는 자격을 갖춘 후 소방안전관리대상물의 소방안전관리에 관한 실무경력이 1년 이상 있는 사람

15. 「화재의 예방 및 안전관리에 관한 법률 시행령」 [별표 4] 제3호 나[2급]의 어느 하나에 해당하는 자격을 갖춘 후 소방안전관리대상물의 소방안전관리에 관한 실무경력이 3년 이상 있는 사람

16. 「의용소방대 설치 및 운영에 관한 법률」에 따라 의용소방대원으로 임명된 후 5년 이상 의용소방대 활동을 한 경력이 있는 사람

17. 「국가기술자격법」 제2조제3호에 따른 국가기술자격의 직무분야 중 위험물 중직무분야의 기능장 자격을 취득한 사람

영 제7조의3(시험방법)

① 소방안전교육사시험은 제1차 시험 및 제2차 시험으로 구분하여 시행한다.

② 제1차 시험은 선택형을, 제2차 시험은 논술형을 원칙으로 한다. 다만, 제2차 시험에는 주관식 단답형 또는 기입형을 포함할 수 있다.

③ 제1차 시험에 합격한 사람에 대해서는 다음 회의 시험에 한정하여 제1차 시험을 면제한다.

영 **제7조의4(시험과목)**

① 소방안전교육사시험의 제1차 시험 및 제2차 시험 과목은 다음과 같다.

    1. 제1차 시험 : 소방학개론, 구급·응급처치론, 재난관리론 및 교육학개론 중 응시자가 선택하는 3과목

    2. 제2차 시험 : 국민안전교육 실무

② 제1항에 따른 시험 과목별 출제범위는 행정안전부령으로 정한다.

칙 **제9조의2(시험 과목별 출제범위)**

  영 제7조의4제2항에 따른 소방안전교육사 시험 과목별 출제범위는 [별표 3의4]와 같다.

■ 소방기본법 시행규칙

[별표 3의4] 소방안전교육사 시험 과목별 출제범위

구분	시험 과목	출제범위	비고
제1차 시험 ※ 4과목 중 3과목 선택	소방학개론	소방조직, 연소이론, 화재이론, 소화이론, 소방시설(소방시설의 종류, 작동원리 및 사용법 등을 말하며, 소방시설의 구체적인 설치 기준은 제외)	선택형 (객관식)
	구급·응급처치론	응급환자 관리, 임상응급의학, 인공호흡 및 심폐소생술(기도폐쇄 포함), 화상환자 및 특수환자 응급처치	
	재난관리론	재난의 정의·종류, 재난유형론, 재난단계별 대응이론	
	교육학개론	교육의 이해, 교육심리, 교육사회, 교육과정, 교육방법 및 교육공학, 교육평가	
제2차 시험	국민안전교육 실무	재난 및 안전사고의 이해 안전교육의 개념과 기본원리 안전교육 지도의 실제	논술형 (주관식)

영 **제7조의5(시험위원 등)**

① 소방청장은 소방안전교육사시험 응시자격심사, 출제 및 채점을 위하여 다음의 어느 하나에 해당하는 사람을 응시자격심사위원 및 시험위원으로 임명 또는 위촉하여야 한다.

    1. 소방 관련 학과, 교육학과 또는 응급구조학과 박사학위 취득자

    2. 「고등교육법」의 규정 중 어느 하나에 해당하는 학교에서 소방 관련 학과, 교육학과 또는 응급구조학과에서 조교수 이상으로 2년 이상 재직한 자

    3. 소방위 이상의 소방공무원

    4. 소방안전교육사 자격을 취득한 자

② 제1항에 따른 응시자격심사위원 및 시험위원의 수는 다음과 같다.

    1. 응시자격심사위원 : 3명

    2. 시험위원 중 출제위원 : 시험과목별 3명

3. 시험위원 중 채점위원 : 5명

③ 제1항에 따라 응시자격심사위원 및 시험위원으로 임명 또는 위촉된 자는 소방청장이 정하는 시험문제 등의 작성 시 유의사항 및 서약서 등에 따른 준수사항을 성실히 이행해야 한다.

④ 제1항에 따라 임명 또는 위촉된 응시자격심사위원 및 시험위원과 시험감독업무에 종사하는 자에 대하여는 예산의 범위에서 수당 및 여비를 지급할 수 있다.

영 제7조의6(시험의 시행 및 공고)

① 소방안전교육사시험은 2년마다 1회 시행함을 원칙으로 하되, 소방청장이 필요하다고 인정하는 때에는 그 횟수를 증감할 수 있다.

② 소방청장은 소방안전교육사시험을 시행하려는 때에는 응시자격ㆍ시험과목ㆍ일시ㆍ장소 및 응시절차 등에 관하여 필요한 사항을 모든 응시 희망자가 알 수 있도록 소방안전교육사시험의 시행일 90일 전까지 소방청의 인터넷 홈페이지 등에 공고해야 한다.

영 제7조의7(응시원서 제출 등)

① 소방안전교육사시험에 응시하려는 자는 행정안전부령으로 정하는 소방안전교육사시험응시원서를 소방청장에게 제출(정보통신망에 의한 제출 포함)하여야 한다.

② 소방안전교육사시험에 응시하려는 자는 행정안전부령으로 정하는 제7조의2에 따른 응시자격에 관한 증명서류를 소방청장이 정하는 기간 내에 제출해야 한다.

칙 제9조의3(응시원서 등)

① 영 제7조의7제1항에 따른 소방안전교육사시험 응시원서는 [별지 제4호서식]과 같다.

② 영 제7조의7제2항에 따라 응시자가 제출하여야 하는 증명서류는 다음의 서류 중 응시자에게 해당되는 것으로 한다.

1. 자격증 사본. 다만, 영 [별표 2의2] 제6호, 제8호 및 제9호에 해당하는 사람이 응시하는 경우 해당 자격증 사본은 제외한다.

2. 교육과정 이수증명서 또는 수료증

3. 교과목 이수증명서 또는 성적증명서

4. [별지 제5호서식]에 따른 경력(재직)증명서. 다만, 발행 기관에 별도의 경력(재직)증명서 서식이 있는 경우는 그에 따를 수 있다.

5. 「화재의 예방 및 안전관리에 관한 법률 시행규칙」 제18조에 따른 소방안전관리자 자격증 사본

③ 소방청장은 제2항제1호 단서에 따라 응시자가 제출하지 아니한 영 [별표 2의2] 제6호, 제8호 및 제9호에 해당하는 국가기술자격증에 대해서는 「전자정부법」에 따른 행정정보의 공동이용을 통하여 확인하여야 한다. 다만, 응시자가 확인에 동의하지 아니하는 경우에는 해당 국가기술자격증 사본을 제출하도록 하여야 한다.

③ 소방안전교육사시험에 응시하려는 자는 행정안전부령으로 정하는 응시수수료를 납부해야 한다.

칙 제9조의4(응시수수료)

① 영 제7조의7제3항에 따른 응시수수료(이하 "수수료")는 제1차 시험의 경우 3만 원, 제2차 시험의 경우 2만5천 원으로 한다.

② 수수료는 수입인지 또는 정보통신망을 이용한 전자화폐·전자결제 등의 방법으로 납부해야 한다.

④ 제3항에 따라 납부한 응시수수료는 다음의 어느 하나에 해당하는 경우에는 해당 금액을 반환하여야 한다.

　　1. 응시수수료를 과오납한 경우 : 과오납한 응시수수료 전액

　　2. 시험 시행기관의 귀책사유로 시험에 응시하지 못한 경우 : 납입한 응시수수료 전액

　　3. 시험시행일 20일 전까지 접수를 철회하는 경우 : 납입한 응시수수료 전액

　　4. 시험시행일 10일 전까지 접수를 철회하는 경우 : 납입한 응시수수료의 100분의 50

영 제7조의8(시험의 합격자 결정 등)

① 제1차 시험은 매과목 100점을 만점으로 하여 매과목 40점 이상, 전과목 평균 60점 이상 득점한 자를 합격자로 한다.

② 제2차 시험은 100점을 만점으로 하되, 시험위원의 채점점수 중 최고점수와 최저점수를 제외한 점수의 평균이 60점 이상인 사람을 합격자로 한다.

③ 소방청장은 제1항 및 제2항에 따라 소방안전교육사시험 합격자를 결정한 때에는 이를 소방청의 인터넷 홈페이지 등에 공고해야 한다.

④ 소방청장은 제3항에 따른 시험합격자 공고일부터 1개월 이내에 행정안전부령으로 정하는 소방안전교육사증을 시험합격자에게 발급하며, 이를 소방안전교육사증 교부대장에 기재하고 관리하여야 한다.

칙 제9조의5(소방안전교육사증 등의 서식)

영 제7조의8제4항에 따른 소방안전교육사증 및 소방안전교육사증 교부대장은 [별지 제6호서식] 및 [별지 제7호서식]과 같다.

④ 제1항에 따른 소방안전교육사 시험에 응시하려는 사람은 대통령령으로 정하는 바에 따라 수수료를 내야 한다.

제17조의3(소방안전교육사의 결격사유)

다음의 어느 하나에 해당하는 사람은 소방안전교육사가 될 수 없다.

　　1. 피성년후견인

　　2. 금고 이상의 실형을 선고받고 그 집행이 끝나거나(집행이 끝난 것으로 보는 경우를 포함) 집행이 면제된 날부터 2년이 지나지 아니한 사람

　　3. 금고 이상의 형의 집행유예를 선고받고 그 유예기간 중에 있는 사람

　　4. 법원의 판결 또는 다른 법률에 따라 자격이 정지되거나 상실된 사람

제17조의4(부정행위자에 대한 조치)

① 소방청장은 제17조의2에 따른 소방안전교육사 시험에서 부정행위를 한 사람에 대하여는 해당 시험을 정지시키거나 무효로 처리한다.

② 제1항에 따라 시험이 정지되거나 무효로 처리된 사람은 그 처분이 있은 날부터 2년간 소방안전교육사 시험에 응시하지 못한다.

제17조의5(소방안전교육사의 배치)

① 제17조의2제1항에 따른 소방안전교육사를 소방청, 소방본부 또는 소방서, 그 밖에 대통령령으로 정하는 대상(한국소방안전원, 한국소방산업기술원)에 배치할 수 있다.

② 제1항에 따른 소방안전교육사의 배치대상 및 배치기준, 그 밖에 필요한 사항은 대통령령으로 정한다.

영·규칙 CHAIN

영 제7조의11(소방안전교육사의 배치대상별 배치기준)

법 제17조의5제2항에 따른 소방안전교육사의 배치대상별 배치기준은 [별표 2의3]과 같다.

■ 소방기본법 시행령

[별표 2의3] 소방안전교육사의 배치대상별 배치기준

배치대상	배치기준(단위 : 명)	비고
1. 소방청	2 이상	
2. 소방본부	2 이상	
3. 소방서	1 이상	
4. 한국소방안전원	본회 : 2 이상 시 · 도지부 : 1 이상	
5. 한국소방산업기술원	2 이상	

제17조의6(한국119청소년단)

① 청소년에게 소방안전에 관한 올바른 이해와 안전의식을 함양시키기 위하여 한국119청소년단을 설립한다.

② 한국119청소년단은 법인으로 하고, 그 주된 사무소의 소재지에 설립등기를 함으로써 성립한다.

③ 국가나 지방자치단체는 한국119청소년단에 그 조직 및 활동에 필요한 시설 · 장비를 지원할 수 있으며, 운영경비와 시설비 및 국내외 행사에 필요한 경비를 보조할 수 있다.

④ 개인 · 법인 또는 단체는 한국119청소년단의 시설 및 운영 등을 지원하기 위하여 금전이나 그 밖의 재산을 기부할 수 있다.

⑤ 이 법에 따른 한국119청소년단이 아닌 자는 한국119청소년단 또는 이와 유사한 명칭을 사용할 수 없다.

⑥ 한국119청소년단의 정관 또는 사업의 범위·지도·감독 및 지원에 필요한 사항은 행정안전부령으로 정한다.

⑦ 한국119청소년단에 관하여 이 법에서 규정한 것을 제외하고는「민법」 중 사단법인에 관한 규정을 준용한다.

영·규칙 CHAIN

칙 제9조의6(한국119청소년단의 사업 범위 등)

① 법 제17조의6에 따른 한국119청소년단의 사업 범위는 다음과 같다.
1. 한국119청소년단 단원의 선발·육성과 활동 지원
2. 한국119청소년단의 활동·체험 프로그램 개발 및 운영
3. 한국119청소년단의 활동과 관련된 학문·기술의 연구·교육 및 홍보
4. 한국119청소년단 단원의 교육·지도를 위한 전문인력 양성
5. 관련 기관·단체와의 자문 및 협력사업
6. 그 밖에 한국119청소년단의 설립목적에 부합하는 사업
② 소방청장은 한국119청소년단의 설립목적 달성 및 원활한 사업 추진 등을 위하여 필요한 지원과 지도·감독을 할 수 있다.
③ 제1항 및 제2항에서 규정한 사항 외에 한국119청소년단의 구성 및 운영 등에 필요한 사항은 한국119청소년단 정관으로 정한다.

제18조(소방신호)

화재예방, 소방활동 또는 소방훈련을 위하여 사용되는 소방신호의 종류와 방법은 행정안전부령으로 정한다.

영·규칙 CHAIN

칙 제10조(소방신호의 종류 및 방법)

① 법 제18조의 규정에 의한 소방신호의 종류는 다음과 같다.
1. 경계신호 : 화재예방상 필요하다고 인정되거나「화재의 예방 및 안전관리에 관한 법률」의 규정에 의한 화재위험경보 시 발령
2. 발화신호 : 화재가 발생한 때 발령
3. 해제신호 : 소화활동이 필요없다고 인정되는 때 발령
4. 훈련신호 : 훈련상 필요하다고 인정되는 때 발령
② 제1항의 규정에 의한 소방신호의 종류별 소방신호의 방법은 [별표 4]와 같다.

■ 소방기본법 시행규칙

[별표 4] 소방신호의 방법

종별＼신호방법	타종신호	사이렌신호	그밖의 신호
경계신호	1타와 연2타를 반복	5초 간격을 두고 30초씩 3회	"통풍대" "게시판" 적색 / 백색 / 화재경보발령중
발화신호	난타	5초 간격을 두고 5초씩 3회	
해제신호	상당한 간격을 두고 1타씩 반복	1분간 1회	"기" 적색 / 백색
훈련신호	연3타 반복	10초 간격을 두고 1분씩 3회	

[비고]
1. 소방신호의 방법은 그 전부 또는 일부를 함께 사용할 수 있다.
2. 게시판을 철거하거나 통풍대 또는 기를 내리는 것으로 소방활동이 해제되었음을 알린다.
3. 소방대의 비상소집을 하는 경우에는 훈련신호를 사용할 수 있다.

제19조(화재 등의 통지)

① 화재 현장 또는 구조·구급이 필요한 사고 현장을 발견한 사람은 그 현장의 상황을 소방본부, 소방서 또는 관계 행정기관에 지체 없이 알려야 한다.
② 다음의 어느 하나에 해당하는 지역 또는 장소에서 화재로 오인할 만한 우려가 있는 불을 피우거나 연막(煙幕) 소독을 하려는 자는 시·도의 조례로 정하는 바에 따라 관할 소방본부장 또는 소방서장에게 신고하여야 한다.
  1. 시장지역
  2. 공장·창고가 밀집한 지역
  3. 목조건물이 밀집한 지역
  4. 위험물의 저장 및 처리시설이 밀집한 지역
  5. 석유화학제품을 생산하는 공장이 있는 지역
  6. 그 밖에 시·도의 조례로 정하는 지역 또는 장소

제20조(관계인의 소방활동 등)

① 관계인은 소방대상물에 화재, 재난·재해, 그 밖의 위급한 상황이 발생한 경우에는 소방대가 현장에 도착할 때까지 경보를 울리거나 대피를 유도하는 등의 방법으로 사람을 구출하는 조치 또는 불을 끄거나 불이 번지지 아니하도록 필요한 조치를 하여야 한다.

벌 100만 원 이하 벌금 − 정당한 사유 없이 소방대가 현장에 도착할 때까지 사람을 구출하는 조치 또는 불을 끄거나 불이 번지지 아니하도록 하는 조치를 하지 아니한 사람

② 관계인은 소방대상물에 화재, 재난 · 재해, 그 밖의 위급한 상황이 발생한 경우에는 이를 소방본부, 소방서 또는 관계 행정기관에 지체 없이 알려야 한다.

제20조의2(자체소방대의 설치 · 운영 등)

① 관계인은 화재를 진압하거나 구조 · 구급 활동을 하기 위하여 상설 조직체(「위험물안전관리법」에 따라 설치된 자체소방대)를 설치 · 운영할 수 있다.

② 자체소방대는 소방대가 현장에 도착한 경우 소방대장의 지휘 · 통제에 따라야 한다.

③ 소방청장, 소방본부장 또는 소방서장은 자체소방대의 역량 향상을 위하여 필요한 교육 · 훈련 등을 지원할 수 있다.

영 · 규칙 CHAIN

칙 제11조(자체소방대의 교육 · 훈련 등의 지원)

법 제20조의2제3항에 따라 소방청장, 소방본부장 또는 소방서장은 같은 조 제1항에 따른 자체소방대의 역량 향상을 위하여 다음에 해당하는 교육 · 훈련 등을 지원할 수 있다.

1. 「소방공무원 교육훈련규정」에 따른 교육훈련기관에서의 자체소방대 교육훈련과정
2. 자체소방대에서 수립하는 교육 · 훈련 계획의 지도 · 자문
3. 「소방공무원임용령」에 따른 소방기관과 자체소방대와의 합동 소방훈련
4. 소방기관에서 실시하는 자체소방대의 현장실습
5. 그 밖에 소방청장이 자체소방대의 역량 향상을 위하여 필요하다고 인정하는 교육 · 훈련

④ 제3항에 따른 교육 · 훈련 등의 지원에 필요한 사항은 행정안전부령으로 정한다.

제21조(소방자동차의 우선 통행 등)

① 모든 차와 사람은 소방자동차(지휘를 위한 자동차와 구조 · 구급차를 포함)가 화재진압 및 구조 · 구급 활동을 위하여 출동을 할 때에는 이를 방해하여서는 아니 된다.

벌 5년 이하 징역 / 5천만 원 이하 벌금 − 소방자동차의 출동을 방해한 사람

② 소방자동차가 화재진압 및 구조 · 구급 활동을 위하여 출동하거나 훈련을 위하여 필요할 때에는 사이렌을 사용할 수 있다.

③ 모든 차와 사람은 소방자동차가 화재진압 및 구조 · 구급 활동을 위하여 제2항에 따라 사이렌을 사용하여 출동하는 경우에는 다음의 행위를 하여서는 아니 된다.

1. 소방자동차에 진로를 양보하지 아니하는 행위
2. 소방자동차 앞에 끼어들거나 소방자동차를 가로막는 행위
3. 그 밖에 소방자동차의 출동에 지장을 주는 행위

④ 제3항의 경우를 제외하고 소방자동차의 우선 통행에 관하여는 「도로교통법」에서 정하는 바에 따른다.

제21조의2(소방자동차 전용구역 등)

① 「건축법」에 따른 공동주택 중 《대통령령으로 정하는 공동주택》의 건축주는 제16조제1항에 따른 소방활동의 원활한 수행을 위하여 공동주택에 소방자동차 전용구역(이하 "전용구역")을 설치하여야 한다.

> § **대통령령으로 정하는 공동주택 −소방자동차 전용구역 설치 대상**
>
> 다만, 하나의 대지에 하나의 동(棟)으로 구성되고 「도로교통법」에 따라 정차 또는 주차가 금지된 편도 2차선 이상의 도로에 직접 접하여 소방자동차가 도로에서 직접 소방활동이 가능한 공동주택은 제외한다.
> 1. 「건축법 시행령」의 아파트 중 세대수가 100세대 이상인 아파트
> 2. 「건축법 시행령」의 기숙사 중 3층 이상의 기숙사

영 · 규칙 CHAIN

영 제7조의13(소방자동차 전용구역의 설치 기준 · 방법)

① 제7조의12 각 호 외의 부분 본문에 따른 공동주택의 건축주는 소방자동차가 접근하기 쉽고 소방활동이 원활하게 수행될 수 있도록 각 동별 전면 또는 후면에 소방자동차 전용구역(이하 "전용구역")을 1개소 이상 설치해야 한다. 다만, 하나의 전용구역에서 여러 동에 접근하여 소방활동이 가능한 경우로서 소방청장이 정하는 경우에는 각 동별로 설치하지 않을 수 있다.
② 전용구역의 설치 방법은 [별표 2의5]와 같다.

■ 소방기본법 시행령

[별표 2의5] 전용구역의 설치 방법

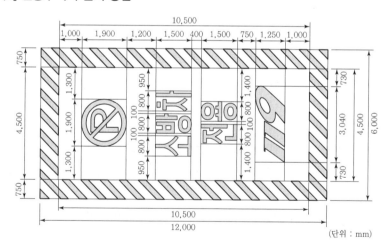

(단위 : mm)

[비고]
1. 전용구역 노면표지의 외곽선은 빗금무늬로 표시하되, 빗금은 두께를 30센티미터로 하여 50cm 간격으로 표시한다.
2. 전용구역 노면표지 도료의 색채는 황색을 기본으로 하되, 문자(P, 소방차 전용)는 백색으로 표시한다.

영 **제7조의14(전용구역 방해행위의 기준)**

법 제21조의2제2항에 따른 방해행위의 기준은 다음과 같다.

1. 전용구역에 물건 등을 쌓거나 주차하는 행위
2. 전용구역의 앞면, 뒷면 또는 양 측면에 물건 등을 쌓거나 주차하는 행위. 다만, 「주차장법」에 따른 부설주차장의 주차구획 내에 주차하는 경우는 제외한다.
3. 전용구역 진입로에 물건 등을 쌓거나 주차하여 전용구역으로의 진입을 가로막는 행위
4. 전용구역 노면표지를 지우거나 훼손하는 행위
5. 그 밖의 방법으로 소방자동차가 전용구역에 주차하는 것을 방해하거나 전용구역으로 진입하는 것을 방해하는 행위

② 누구든지 전용구역에 차를 주차하거나 전용구역에의 진입을 가로막는 등의 방해행위를 하여서는 아니 된다.

③ 전용구역의 설치 기준·방법, 제2항에 따른 방해행위의 기준, 그 밖의 필요한 사항은 대통령령으로 정한다.

제21조의3(소방자동차 교통안전 분석 시스템 구축·운영)

① 소방청장 또는 소방본부장은 ≪대통령령으로 정하는 소방자동차≫에 행정안전부령으로 정하는 기준에 적합한 운행기록장치(「교통안전법 시행규칙」에서 정하는 장치 및 기능을 갖춘 전자식 운행기록장치)를 장착하고 운용하여야 한다.

§ **대통령령으로 정하는 소방자동차 – 운행기록장치 장착 소방자동차의 범위**

「소방장비관리법 시행령」에 따른 다음의 소방자동차를 말한다.

1. 소방펌프차
2. 소방물탱크차
3. 소방화학차
4. 소방고가차(消防高架車)
5. 무인방수차
6. 구조차
7. 그 밖에 소방청장이 소방자동차의 안전한 운행 및 교통사고 예방을 위하여 운행기록장치 장착이 필요하다고 인정하여 정하는 소방자동차

② 소방청장은 소방자동차의 안전한 운행 및 교통사고 예방을 위하여 운행기록장치 데이터의 수집·저장·통합·분석 등의 업무를 전자적으로 처리하기 위한 시스템(이하 "소방자동차 교통안전 분석 시스템")을 구축·운영할 수 있다.

③ 소방청장, 소방본부장 및 소방서장은 소방자동차 교통안전 분석 시스템으로 처리된 자료(이하 "전산자료")를 이용하여 소방자동차의 장비운용자 등에게 어떠한 불리한 제재나 처벌을 하여서는 아니 된다.

④ 소방자동차 교통안전 분석 시스템의 구축·운영, 운행기록장치 데이터 및 전산자료의 보관·활용 등에 필요한 사항은 행정안전부령으로 정한다.

영 · 규칙 CHAIN

[칙] 제13조(운행기록장치 데이터의 보관)

소방청장, 소방본부장 및 소방서장은 소방자동차 운행기록장치에 기록된 데이터(이하 "운행기록장치 데이터")를 6개월 동안 저장 · 관리해야 한다.

[칙] 제13조의2(운행기록장치 데이터 등의 제출)

① 소방청장은 소방자동차의 안전한 운행 및 교통사고 예방을 위하여 소방본부장 또는 소방서장에게 운행기록장치 데이터 및 그 분석 결과 등 관련 자료의 제출을 요청할 수 있다.

② 소방본부장은 관할 구역 안의 소방서장에게 운행기록장치 데이터 등 관련 자료의 제출을 요청할 수 있다.

③ 소방본부장 또는 소방서장은 제1항 또는 제2항에 따라 자료의 제출을 요청받은 경우에는 소방청장 또는 소방본부장에게 해당 자료를 제출해야 한다. 이 경우 소방서장이 제1항에 따라 소방청장에게 자료를 제출하는 경우에는 소방본부장을 거쳐야 한다.

[칙] 제13조의3(운행기록장치 데이터의 분석 · 활용)

① 소방청장 및 소방본부장은 운행기록장치 데이터 중 과속, 급감속, 급출발 등의 운행기록을 점검 · 분석해야 한다.

② 소방청장, 소방본부장 및 소방서장은 제1항에 따른 분석 결과를 소방자동차의 안전한 소방활동 수행에 필요한 교통안전정책의 수립, 교육 · 훈련 등에 활용할 수 있다.

[칙] 제13조의4(운행기록장치 데이터 보관 등에 관한 세부 사항)

제13조, 제13조의2 및 제13조의3에서 규정한 사항 외에 운행기록장치 데이터의 보관, 제출 및 활용 등에 필요한 세부 사항은 소방청장이 정한다.

제22조(소방대의 긴급통행)

소방대는 화재, 재난 · 재해, 그 밖의 위급한 상황이 발생한 현장에 신속하게 출동하기 위하여 긴급할 때에는 일반적인 통행에 쓰이지 아니하는 도로 · 빈터 또는 물 위로 통행할 수 있다.

제23조(소방활동구역의 설정)

① 소방대장은 화재, 재난 · 재해, 그 밖의 위급한 상황이 발생한 현장에 소방활동구역을 정하여 소방활동에 필요한 사람으로서 ≪대통령령으로 정하는 사람≫ 외에는 그 구역에 출입하는 것을 제한할 수 있다.

> § 대통령령으로 정하는 사람 – 소방활동에 필요한 사람
> 1. 소방활동구역 안에 있는 소방대상물의 소유자 · 관리자 또는 점유자
> 2. 전기 · 가스 · 수도 · 통신 · 교통의 업무에 종사하는 사람으로서 원활한 소방활동을 위하여 필요한 사람

    3. 의사 · 간호사 그 밖의 구조 · 구급업무에 종사하는 사람

    4. 취재인력 등 보도업무에 종사하는 사람

    5. 수사업무에 종사하는 사람

    6. 그 밖에 소방대장이 소방활동을 위하여 출입을 허가한 사람

② 경찰공무원은 소방대가 제1항에 따른 소방활동구역에 있지 아니하거나 소방대장의 요청이 있을 때에는 제1항에 따른 조치를 할 수 있다.

제24조(소방활동 종사 명령)

① 소방본부장, 소방서장 또는 소방대장은 화재, 재난 · 재해, 그 밖의 위급한 상황이 발생한 현장에서 소방활동을 위하여 필요할 때에는 그 관할구역에 사는 사람 또는 그 현장에 있는 사람으로 하여금 사람을 구출하는 일 또는 불을 끄거나 불이 번지지 아니하도록 하는 일을 하게 할 수 있다. 이 경우 소방본부장, 소방서장 또는 소방대장은 소방활동에 필요한 보호장구를 지급하는 등 안전을 위한 조치를 하여야 한다.

벌 5년 이하 징역 / 5천만 원 이하 벌금 – 사람을 구출하는 일 또는 불을 끄거나 불이 번지지 아니하도록 하는 일을 방해한 사람

③ 제1항에 따른 명령에 따라 소방활동에 종사한 사람은 시 · 도지사로부터 소방활동의 비용을 지급받을 수 있다. 다만, 다음의 어느 하나에 해당하는 사람의 경우에는 그러하지 아니하다.

    1. 소방대상물에 화재, 재난 · 재해, 그 밖의 위급한 상황이 발생한 경우 그 관계인

    2. 고의 또는 과실로 화재 또는 구조 · 구급 활동이 필요한 상황을 발생시킨 사람

    3. 화재 또는 구조 · 구급 현장에서 물건을 가져간 사람

제25조(강제처분 등)

① 소방본부장, 소방서장 또는 소방대장은 사람을 구출하거나 불이 번지는 것을 막기 위하여 필요할 때에는 화재가 발생하거나 불이 번질 우려가 있는 소방대상물 및 토지를 일시적으로 사용하거나 그 사용의 제한 또는 소방활동에 필요한 처분을 할 수 있다.

벌 3년 이하 징역 / 3천만 원 이하 벌금 – 처분을 방해한 자 또는 정당한 사유 없이 그 처분에 따르지 아니한 자

② 소방본부장, 소방서장 또는 소방대장은 사람을 구출하거나 불이 번지는 것을 막기 위하여 긴급하다고 인정할 때에는 제1항에 따른 소방대상물 또는 토지 외의 소방대상물과 토지에 대하여 제1항에 따른 처분을 할 수 있다.

벌 300만 원 이하 벌금 – 처분을 방해한 자 또는 정당한 사유 없이 그 처분에 따르지 아니한 자

③ 소방본부장, 소방서장 또는 소방대장은 소방활동을 위하여 긴급하게 출동할 때에는 소방자동차의 통행과 소방활동에 방해가 되는 주차 또는 정차된 차량 및 물건 등을 제거하거나 이동시킬 수 있다.

벌 300만 원 이하 벌금 – 처분을 방해한 자 또는 정당한 사유 없이 그 처분에 따르지 아니한 자

④ 소방본부장, 소방서장 또는 소방대장은 제3항에 따른 소방활동에 방해가 되는 주차 또는 정차된 차량의 제거나 이동을 위하여 관할 지방자치단체 등 관련 기관에 견인차량과 인력 등에 대한 지원을 요청할

수 있고, 요청을 받은 관련 기관의 장은 정당한 사유가 없으면 이에 협조하여야 한다.

⑤ 시 · 도지사는 제4항에 따라 견인차량과 인력 등을 지원한 자에게 시 · 도의 조례로 정하는 바에 따라 비용을 지급할 수 있다.

제26조(피난 명령)

① 소방본부장, 소방서장 또는 소방대장은 화재, 재난 · 재해, 그 밖의 위급한 상황이 발생하여 사람의 생명을 위험하게 할 것으로 인정할 때에는 일정한 구역을 지정하여 그 구역에 있는 사람에게 그 구역 밖으로 피난할 것을 명할 수 있다.

벌 100만 원 이하 벌금 – 피난 명령을 위반한 사람

② 소방본부장, 소방서장 또는 소방대장은 제1항에 따른 명령을 할 때 필요하면 관할 경찰서장 또는 자치경찰단장에게 협조를 요청할 수 있다.

제27조(위험시설 등에 대한 긴급조치)

① 소방본부장, 소방서장 또는 소방대장은 화재 진압 등 소방활동을 위하여 필요할 때에는 소방용수 외에 댐 · 저수지 또는 수영장 등의 물을 사용하거나 수도(水道)의 개폐장치 등을 조작할 수 있다.

벌 100만 원 이하 벌금 – 정당한 사유 없이 물의 사용이나 수도의 개폐장치의 사용 또는 조작을 하지 못하게 하거나 방해한 자

② 소방본부장, 소방서장 또는 소방대장은 화재 발생을 막거나 폭발 등으로 화재가 확대되는 것을 막기 위하여 가스 · 전기 또는 유류 등의 시설에 대하여 위험물질의 공급을 차단하는 등 필요한 조치를 할 수 있다.

벌 100만 원 이하 벌금 – 조치를 정당한 사유 없이 방해한 자

제27조의2(방해행위의 제지 등)

소방대원은 제16조제1항에 따른 소방활동 또는 제16조의3제1항에 따른 생활안전활동을 방해하는 행위를 하는 사람에게 필요한 경고를 하고, 그 행위로 인하여 사람의 생명 · 신체에 위해를 끼치거나 재산에 중대한 손해를 끼칠 우려가 있는 긴급한 경우에는 그 행위를 제지할 수 있다.

제28조(소방용수시설 또는 비상소화장치의 사용금지 등)

누구든지 다음의 어느 하나에 해당하는 행위를 하여서는 아니 된다.

1. 정당한 사유 없이 소방용수시설 또는 비상소화장치를 사용하는 행위
2. 정당한 사유 없이 손상 · 파괴, 철거 또는 그 밖의 방법으로 소방용수시설 또는 비상소화장치의 효용(效用)을 해치는 행위
3. 소방용수시설 또는 비상소화장치의 정당한 사용을 방해하는 행위

벌 5년 이하 징역 / 5천만 원 이하 벌금 – 정당한 사유 없이 소방용수시설 또는 비상소화장치를 사용하거나 소방용수시설 또는 비상소화장치의 효용을 해치거나 그 정당한 사용을 방해한 사람

제5장 화재의 조사 〈2021. 6. 8. 삭제〉

제6장 구조 및 구급

제34조(구조대 및 구급대의 편성과 운영)

구조대 및 구급대의 편성과 운영에 관하여는 별도의 법률(119구조 · 구급에 관한 법률)로 정한다.

제7장 의용소방대

제37조(의용소방대의 설치 및 운영)

의용소방대의 설치 및 운영에 관하여는 별도의 법률(의용소방대 설치 및 운영에 관한 법률)로 정한다.

제7장의2 소방산업의 육성 · 진흥 및 지원 등

제39조의3(국가의 책무)

국가는 소방산업(소방용 기계 · 기구의 제조, 연구 · 개발 및 판매 등에 관한 일련의 산업)의 육성 · 진흥을 위하여 필요한 계획의 수립 등 행정상 · 재정상의 지원시책을 마련하여야 한다.

제39조의5(소방산업과 관련된 기술개발 등의 지원)

① 국가는 소방산업과 관련된 기술(이하 "소방기술")의 개발을 촉진하기 위하여 기술개발을 실시하는 자에게 그 기술개발에 드는 자금의 전부나 일부를 출연하거나 보조할 수 있다.

② 국가는 우수소방제품의 전시 · 홍보를 위하여 「대외무역법」 제4조제2항에 따른 무역전시장 등을 설치한 자에게 다음에서 정한 범위에서 재정적인 지원을 할 수 있다.

  1. 소방산업전시회 운영에 따른 경비의 일부

  2. 소방산업전시회 관련 국외 홍보비

  3. 소방산업전시회 기간 중 국외의 구매자 초청 경비

제39조의6(소방기술의 연구 · 개발사업 수행)

① 국가는 국민의 생명과 재산을 보호하기 위하여 다음의 어느 하나에 해당하는 기관이나 단체로 하여금 소방기술의 연구 · 개발사업을 수행하게 할 수 있다.

  1. 국공립 연구기관

  2. 「과학기술분야 정부출연연구기관 등의 설립 · 운영 및 육성에 관한 법률」에 따라 설립된 연구기관

  3. 「특정연구기관 육성법」에 따른 특정연구기관

4. 「고등교육법」에 따른 대학·산업대학·전문대학 및 기술대학

5. 「민법」이나 다른 법률에 따라 설립된 소방기술 분야의 법인인 연구기관 또는 법인 부설 연구소

6. 「기초연구진흥 및 기술개발지원에 관한 법률」에 따라 인정받은 기업부설연구소

7. 「소방산업의 진흥에 관한 법률」 제14조에 따른 한국소방산업기술원

8. 그 밖에 대통령령으로 정하는 소방에 관한 기술개발 및 연구를 수행하는 기관·협회

② 국가가 제1항에 따른 기관이나 단체로 하여금 소방기술의 연구·개발사업을 수행하게 하는 경우에는 필요한 경비를 지원하여야 한다.

제39조의7(소방기술 및 소방산업의 국제화사업)

① 국가는 소방기술 및 소방산업의 국제경쟁력과 국제적 통용성을 높이는 데에 필요한 기반 조성을 촉진하기 위한 시책을 마련하여야 한다.

② 소방청장은 소방기술 및 소방산업의 국제경쟁력과 국제적 통용성을 높이기 위하여 다음의 사업을 추진하여야 한다.

1. 소방기술 및 소방산업의 국제 협력을 위한 조사·연구

2. 소방기술 및 소방산업에 관한 국제 전시회, 국제 학술회의 개최 등 국제 교류

3. 소방기술 및 소방산업의 국외시장 개척

4. 그 밖에 소방기술 및 소방산업의 국제경쟁력과 국제적 통용성을 높이기 위하여 필요하다고 인정하는 사업

제8장 한국소방안전원

제40조(한국소방안전원의 설립 등)

① 소방기술과 안전관리기술의 향상 및 홍보, 그 밖의 교육·훈련 등 행정기관이 위탁하는 업무의 수행과 소방 관계 종사자의 기술 향상을 위하여 한국소방안전원(이하 "안전원")을 소방청장의 인가를 받아 설립한다.

② 제1항에 따라 설립되는 안전원은 법인으로 한다.

③ 안전원에 관하여 이 법에 규정된 것을 제외하고는 「민법」 중 재단법인에 관한 규정을 준용한다.

제40조의2(교육계획의 수립 및 평가 등)

① 안전원의 장(이하 "안전원장")은 소방기술과 안전관리의 기술향상을 위하여 매년 교육 수요조사를 실시하여 교육계획을 수립하고 소방청장의 승인을 받아야 한다.

② 안전원장은 소방청장에게 해당 연도 교육결과를 평가·분석하여 보고하여야 하며, 소방청장은 교육평가 결과를 제1항의 교육계획에 반영하게 할 수 있다.

③ 안전원장은 제2항의 교육결과를 객관적이고 정밀하게 분석하기 위하여 필요한 경우 교육 관련 전문가로 구성된 위원회를 운영할 수 있다.

영 제9조(교육평가심의위원회의 구성·운영)

① 안전원의 장(이하 "안전원장")은 법 제40조의2제3항에 따라 다음의 사항을 심의하기 위하여 교육평가심의위원회(이하 "평가위원회")를 둔다.

　1. 교육평가 및 운영에 관한 사항

　2. 교육결과 분석 및 개선에 관한 사항

　3. 다음 연도의 교육계획에 관한 사항

② 평가위원회는 위원장 1명을 포함하여 9명 이하의 위원으로 성별을 고려하여 구성한다.

③ 평가위원회의 위원장은 위원 중에서 호선(互選)한다.

④ 평가위원회의 위원은 다음의 어느 하나에 해당하는 사람 중에서 안전원장이 임명 또는 위촉한다.

　1. 소방안전교육 업무 담당 소방공무원 중 소방청장이 추천하는 사람

　2. 소방안전교육 전문가

　3. 소방안전교육 수료자

　4. 소방안전에 관한 학식과 경험이 풍부한 사람

⑤ 평가위원회에 참석한 위원에게는 예산의 범위에서 수당을 지급할 수 있다. 다만, 공무원인 위원이 소관 업무와 직접 관련되어 참석하는 경우에는 수당을 지급하지 아니한다.

⑥ 제1항부터 제5항까지에서 규정한 사항 외에 평가위원회의 운영 등에 필요한 사항은 안전원장이 정한다.

④ 제3항에 따른 위원회의 구성·운영에 필요한 사항은 대통령령으로 정한다.

제41조(안전원의 업무)

안전원은 다음의 업무를 수행한다.

　1. 소방기술과 안전관리에 관한 교육 및 조사·연구

　2. 소방기술과 안전관리에 관한 각종 간행물 발간

　3. 화재 예방과 안전관리의식 고취를 위한 대국민 홍보

　4. 소방업무에 관하여 행정기관이 위탁하는 업무

　5. 소방안전에 관한 국제협력

　6. 그 밖에 회원에 대한 기술지원 등 정관으로 정하는 사항

제42조(회원의 관리)

안전원은 소방기술과 안전관리 역량의 향상을 위하여 다음의 사람을 회원으로 관리할 수 있다.

　1. 「소방시설 설치 및 관리에 관한 법률」, 「소방시설공사업법」 또는 「위험물안전관리법」에 따라 등록을 하거나 허가를 받은 사람으로서 회원이 되려는 사람

　2. 「화재의 예방 및 안전관리에 관한 법률」, 「소방시설공사업법」 또는 「위험물안전관리법」에 따라 소방안전관리자, 소방기술자 또는 위험물안전관리자로 선임되거나 채용된 사람으로서 회원이 되려는 사람

3. 그 밖에 소방 분야에 관심이 있거나 학식과 경험이 풍부한 사람으로서 회원이 되려는 사람

제43조(안전원의 정관)

① 안전원의 정관에는 다음의 사항이 포함되어야 한다.

1. 목적
2. 명칭
3. 주된 사무소의 소재지
4. 사업에 관한 사항
5. 이사회에 관한 사항
6. 회원과 임원 및 직원에 관한 사항
7. 재정 및 회계에 관한 사항
8. 정관의 변경에 관한 사항

② 안전원은 정관을 변경하려면 소방청장의 인가를 받아야 한다.

제44조(안전원의 운영 경비)

안전원의 운영 및 사업에 소요되는 경비는 다음의 재원으로 충당한다.

1. 제41조제1호 및 제4호의 업무 수행에 따른 수입금
2. 제42조에 따른 회원의 회비
3. 자산운영수익금
4. 그 밖의 부대수입

제44조의2(안전원의 임원)

① 안전원에 임원으로 원장 1명을 포함한 9명 이내의 이사와 1명의 감사를 둔다.

② 제1항에 따른 원장과 감사는 소방청장이 임명한다.

제44조의3(유사명칭의 사용금지)

이 법에 따른 안전원이 아닌 자는 한국소방안전원 또는 이와 유사한 명칭을 사용하지 못한다.

제9장 보칙

제48조(감독)

① 소방청장은 안전원의 업무를 감독한다.

영 제10조(감독 등)

① 소방청장은 법 제48조제1항에 따라 안전원의 다음의 업무를 감독하여야 한다.

1. 이사회의 중요의결 사항

2. 회원의 가입 · 탈퇴 및 회비에 관한 사항

3. 사업계획 및 예산에 관한 사항

4. 기구 및 조직에 관한 사항

5. 그 밖에 소방청장이 위탁한 업무의 수행 또는 정관에서 정하고 있는 업무의 수행에 관한 사항

② 협회의 사업계획 및 예산에 관하여는 소방청장의 승인을 얻어야 한다.

③ 소방청장은 협회의 업무감독을 위하여 필요한 자료의 제출을 명하거나 「소방시설 설치 및 관리에 관한 법률」, 「소방시설공사업법」 및 「위험물안전관리법」의 규정에 의하여 위탁된 업무와 관련된 규정의 개선을 명할 수 있다. 이 경우 협회는 정당한 사유가 없는 한 이에 따라야 한다.

② 소방청장은 안전원에 대하여 업무 · 회계 및 재산에 관하여 필요한 사항을 보고하게 하거나, 소속 공무원으로 하여금 안전원의 장부 · 서류 및 그 밖의 물건을 검사하게 할 수 있다.

③ 소방청장은 제2항에 따른 보고 또는 검사의 결과 필요하다고 인정되면 시정명령 등 필요한 조치를 할 수 있다.

제49조(권한의 위임)

소방청장은 이 법에 따른 권한의 일부를 대통령령으로 정하는 바에 따라 시 · 도지사, 소방본부장 또는 소방서장에게 위임할 수 있다.

제49조의2(손실보상) [시행일 2024. 4. 17.]

① 소방청장 또는 시 · 도지사는 다음의 어느 하나에 해당하는 자에게 제3항의 손실보상심의위원회의 심사 · 의결에 따라 정당한 보상을 하여야 한다.

1. 제16조의3제1항에 따른 조치로 인하여 손실을 입은 자

2. 제24조제1항 전단에 따른 소방활동 종사로 인하여 사망하거나 부상을 입은 자

3. 제25조제2항 또는 제3항에 따른 처분으로 인하여 손실을 입은 자. 다만, 같은 조 제3항에 해당하는 경우로서 법령을 위반하여 소방자동차의 통행과 소방활동에 방해가 된 경우는 제외한다.

4. 제27조제1항 또는 제2항에 따른 조치로 인하여 손실을 입은 자

5. 그 밖에 소방기관 또는 소방대의 적법한 소방업무 또는 소방활동으로 인하여 손실을 입은 자

영 · 규칙 CHAIN

영 제11조(손실보상의 기준 및 보상금액)

① 법 제49조의2제1항에 따라 같은 항 각 호(제2호는 제외)의 어느 하나에 해당하는 자에게 물건의 멸실 · 훼손으로 인한 손실보상을 하는 때에는 다음의 기준에 따른 금액으로 보상한다. 이 경우 영업자가 손실을 입은 물건의 수리나 교환으로 인하여 영업을 계속할 수 없는 때에는 영업을 계속할 수 없는 기간의 영업이익액에 상당하는 금액을 더하여 보상한다.

1. 손실을 입은 물건을 수리할 수 있는 때 : 수리비에 상당하는 금액

2. 손실을 입은 물건을 수리할 수 없는 때 : 손실을 입은 당시의 해당 물건의 교환가액

② 물건의 멸실·훼손으로 인한 손실 외의 재산상 손실에 대해서는 직무집행과 상당한 인과관계가 있는 범위에서 보상한다.

③ 법 제49조의2제1항제2호에 따른 사상자의 보상금액 등의 기준은 [별표 2의4]와 같다.

영 제12조(손실보상의 지급절차 및 방법)

① 법 제49조의2제1항에 따라 소방기관 또는 소방대의 적법한 소방업무 또는 소방활동으로 인하여 발생한 손실을 보상받으려는 자는 행정안전부령으로 정하는 보상금 지급 청구서에 손실내용과 손실 금액을 증명할 수 있는 서류를 첨부하여 소방청장 또는 시·도지사(이하 "소방청장등")에게 제출하여야 한다. 이 경우 소방청장등은 손실보상금의 산정을 위하여 필요하면 손실보상을 청구한 자에게 증빙·보완 자료의 제출을 요구할 수 있다.

② 소방청장등은 제13조에 따른 손실보상심의위원회의 심사·의결을 거쳐 특별한 사유가 없으면 보상금 지급 청구서를 받은 날부터 60일 이내에 보상금 지급 여부 및 보상금액을 결정하여야 한다.

③ 소방청장등은 다음의 어느 하나에 해당하는 경우에는 그 청구를 각하(却下)하는 결정을 하여야 한다.

1. 청구인이 같은 청구 원인으로 보상금 청구를 하여 보상금 지급 여부 결정을 받은 경우. 다만, 기각 결정을 받은 청구인이 손실을 증명할 수 있는 새로운 증거가 발견되었음을 소명(疎明)하는 경우는 제외한다.

2. 손실보상 청구가 요건과 절차를 갖추지 못한 경우. 다만, 그 잘못된 부분을 시정할 수 있는 경우는 제외한다.

④ 소방청장등은 제2항 또는 제3항에 따른 결정일부터 10일 이내에 행정안전부령으로 정하는 바에 따라 결정 내용을 청구인에게 통지하고, 보상금을 지급하기로 결정한 경우에는 특별한 사유가 없으면 통지한 날부터 30일 이내에 보상금을 지급하여야 한다.

⑤ 소방청장등은 보상금을 지급받을 자가 지정하는 예금계좌(「우체국예금·보험에 관한 법률」에 따른 체신관서 또는 「은행법」에 따른 은행의 계좌)에 입금하는 방법으로 보상금을 지급한다. 다만, 보상금을 지급받을 자가 체신관서 또는 은행이 없는 지역에 거주하는 등 부득이한 사유가 있는 경우에는 그 보상금을 지급받을 자의 신청에 따라 현금으로 지급할 수 있다.

⑥ 보상금은 일시불로 지급하되, 예산 부족 등의 사유로 일시불로 지급할 수 없는 특별한 사정이 있는 경우에는 청구인의 동의를 받아 분할하여 지급할 수 있다.

⑦ 제1항부터 제6항까지에서 규정한 사항 외에 보상금의 청구 및 지급에 필요한 사항은 소방청장이 정한다.

칙 제14조(보상금 지급 청구서 등의 서식)

① 영 제12조제1항에 따른 보상금 지급 청구서는 [별지 제8호서식]에 따른다.

② 영 제12조제4항에 따라 결정 내용을 청구인에게 통지하는 경우에는 다음의 서식에 따른다.

1. 보상금을 지급하기로 결정한 경우 : [별지 제9호서식]의 보상금 지급 결정 통지서

2. 보상금을 지급하지 아니하기로 결정하거나 보상금 지급 청구를 각하한 경우 : [별지 제10호서
   식]의 보상금 지급 청구 (기각 · 각하) 통지서

영 제13조(손실보상심의위원회의 설치 및 구성)

① 소방청장등은 법 제49조의2제3항에 따라 손실보상청구 사건을 심사 · 의결하기 위하여 각각 손실보
   상심의위원회(이하 "보상위원회")를 둔다.
② 보상위원회는 위원장 1명을 포함하여 5명 이상 7명 이하의 위원으로 구성한다.
③ 보상위원회의 위원은 다음의 어느 하나에 해당하는 사람 중에서 소방청장등이 위촉하거나 임명한다.
   이 경우 위원의 과반수는 성별을 고려하여 소방공무원이 아닌 사람으로 하여야 한다.
   1. 소속 소방공무원
   2. 판사 · 검사 또는 변호사로 5년 이상 근무한 사람
   3. 「고등교육법」에 따른 학교에서 법학 또는 행정학을 가르치는 부교수 이상으로 5년 이상 재직한
      사람
   4. 「보험업법」에 따른 손해사정사
   5. 소방안전 또는 의학 분야에 관한 학식과 경험이 풍부한 사람
④ 제3항에 따라 위촉되는 위원의 임기는 2년으로 하며, 한 차례만 연임할 수 있다.
⑤ 보상위원회의 사무를 처리하기 위하여 보상위원회에 간사 1명을 두되, 간사는 소속 소방공무원
   중에서 소방청장등이 지명한다.

영 제14조(보상위원회의 위원장)

① 보상위원회의 위원장(이하 "보상위원장")은 위원 중에서 호선한다.
② 보상위원장은 보상위원회를 대표하며, 보상위원회의 업무를 총괄한다.
③ 보상위원장이 부득이한 사유로 직무를 수행할 수 없는 때에는 보상위원장이 미리 지명한 위원이
   그 직무를 대행한다.

영 제15조(보상위원회의 운영)

① 보상위원장은 보상위원회의 회의를 소집하고, 그 의장이 된다.
② 보상위원회의 회의는 재적위원 과반수의 출석으로 개의(開議)하고, 출석위원 과반수의 찬성으로
   의결한다.
③ 보상위원회는 심의를 위하여 필요한 경우에는 관계 공무원이나 관계 기관에 사실조사나 자료의
   제출 등을 요구할 수 있으며, 관계 전문가에게 필요한 정보의 제공이나 의견의 진술 등을 요청할
   수 있다.

영 제16조(보상위원회 위원의 제척 · 기피 · 회피)

① 보상위원회의 위원이 다음의 어느 하나에 해당하는 경우에는 보상위원회의 심의 · 의결에서 제척(除
   斥)된다.

    1. 위원 또는 그 배우자나 배우자였던 사람이 심의 안건의 청구인인 경우

    2. 위원이 심의 안건의 청구인과 친족이거나 친족이었던 경우

    3. 위원이 심의 안건에 대하여 증언, 진술, 자문, 용역 또는 감정을 한 경우

    4. 위원이나 위원이 속한 법인(법무조합 및 공증인가합동법률사무소 포함)이 심의 안건 청구인의 대리인이거나 대리인이었던 경우

    5. 위원이 해당 심의 안건의 청구인인 법인의 임원인 경우

② 청구인은 보상위원회의 위원에게 공정한 심의·의결을 기대하기 어려운 사정이 있는 때에는 보상위원회에 기피 신청을 할 수 있고, 보상위원회는 의결로 이를 결정한다. 이 경우 기피 신청의 대상인 위원은 그 의결에 참여하지 못한다.

③ 보상위원회의 위원이 제1항에 따른 제척 사유에 해당하는 경우에는 스스로 해당 안건의 심의·의결에서 회피(回避)하여야 한다.

영 제17조(보상위원회 위원의 해촉 및 해임)

소방청장등은 보상위원회의 위원이 다음의 어느 하나에 해당하는 경우에는 해당 위원을 해촉(解囑)하거나 해임할 수 있다.

    1. 심신장애로 인하여 직무를 수행할 수 없게 된 경우

    2. 직무태만, 품위손상이나 그 밖의 사유로 위원으로 적합하지 아니하다고 인정되는 경우

    3. 제16조제1항의 어느 하나에 해당하는 데에도 불구하고 회피하지 아니한 경우

    4. 제17조의2를 위반하여 직무상 알게 된 비밀을 누설한 경우

영 제17조의2(보상위원회의 비밀 누설 금지)

보상위원회의 회의에 참석한 사람은 직무상 알게 된 비밀을 누설해서는 아니 된다.

영 제18조(보상위원회의 운영 등에 필요한 사항)

제13조부터 제17조까지 및 제17조의2에서 규정한 사항 외에 보상위원회의 운영 등에 필요한 사항은 소방청장등이 정한다.

---

② 제1항에 따라 손실보상을 청구할 수 있는 권리는 손실이 있음을 안 날부터 3년, 손실이 발생한 날부터 5년간 행사하지 아니하면 시효의 완성으로 소멸한다.

③ 소방청장 또는 시·도지사는 제1항에 따른 손실보상청구사건을 심사·의결하기 위하여 필요한 경우 손실보상심의위원회를 구성·운영할 수 있다.

④ 소방청장 또는 시·도지사는 손실보상심의위원회의 구성 목적을 달성하였다고 인정하는 경우에는 손실보상심의위원회를 해산할 수 있다.

⑤ 제1항에 따른 손실보상의 기준, 보상금액, 지급절차 및 방법, 제3항에 따른 손실보상심의위원회의 구성 및 운영, 그 밖에 필요한 사항은 대통령령으로 정한다.

제49조의3(벌칙 적용에서 공무원 의제)

제41조제4호에 따라 위탁받은 업무에 종사하는 안전원의 임직원은 「형법」 제129조부터 제132조까지를 적용할 때에는 공무원으로 본다.

제10장 벌칙

제50조(벌칙)

다음의 어느 하나에 해당하는 사람은 5년 이하의 징역 또는 5천만 원 이하의 벌금에 처한다.

1. 제16조제2항을 위반하여 다음의 어느 하나에 해당하는 행위를 한 사람
   가. 위력(威力)을 사용하여 출동한 소방대의 화재진압·인명구조 또는 구급활동을 방해하는 행위
   나. 소방대가 화재진압·인명구조 또는 구급활동을 위하여 현장에 출동하거나 현장에 출입하는 것을 고의로 방해하는 행위
   다. 출동한 소방대원에게 폭행 또는 협박을 행사하여 화재진압·인명구조 또는 구급활동을 방해하는 행위
   라. 출동한 소방대의 소방장비를 파손하거나 그 효용을 해하여 화재진압·인명구조 또는 구급활동을 방해하는 행위
2. 제21조제1항을 위반하여 소방자동차의 출동을 방해한 사람
3. 제24조제1항에 따른 사람을 구출하는 일 또는 불을 끄거나 불이 번지지 아니하도록 하는 일을 방해한 사람
4. 제28조를 위반하여 정당한 사유 없이 소방용수시설 또는 비상소화장치를 사용하거나 소방용수시설 또는 비상소화장치의 효용을 해치거나 그 정당한 사용을 방해한 사람

제51조(벌칙)

제25조제1항에 따른 처분을 방해한 자 또는 정당한 사유 없이 그 처분에 따르지 아니한 자는 3년 이하의 징역 또는 3천만 원 이하의 벌금에 처한다.

제52조(벌칙)

다음의 어느 하나에 해당하는 자는 300만 원 이하의 벌금에 처한다.

1. 제25조제2항 및 제3항에 따른 처분을 방해한 자 또는 정당한 사유 없이 그 처분에 따르지 아니한 자

제54조(벌칙)

다음의 어느 하나에 해당하는 자는 100만 원 이하의 벌금에 처한다.

1의2. 제16조의3제2항을 위반하여 정당한 사유 없이 소방대의 생활안전활동을 방해한 자
2. 제20조제1항을 위반하여 정당한 사유 없이 소방대가 현장에 도착할 때까지 사람을 구출하는 조치 또는 불을 끄거나 불이 번지지 아니하도록 하는 조치를 하지 아니한 사람
3. 제26조제1항에 따른 피난 명령을 위반한 사람

4. 제27조제1항을 위반하여 정당한 사유 없이 물의 사용이나 수도의 개폐장치의 사용 또는 조작을 하지 못하게 하거나 방해한 자

5. 제27조제2항에 따른 조치를 정당한 사유 없이 방해한 자

제54조의2(「형법」상 감경규정에 관한 특례)

음주 또는 약물로 인한 심신장애 상태에서 제50조제1호다목의 죄를 범한 때에는 「형법」 제10조제1항 및 제2항을 적용하지 아니할 수 있다.

제55조(양벌규정)

법인의 대표자나 법인 또는 개인의 대리인, 사용인, 그 밖의 종업원이 그 법인 또는 개인의 업무에 관하여 제50조부터 제54조까지의 어느 하나에 해당하는 위반행위를 하면 그 행위자를 벌하는 외에 그 법인 또는 개인에게도 해당 조문의 벌금형을 과(科)한다. 다만, 법인 또는 개인이 그 위반행위를 방지하기 위하여 해당 업무에 관하여 상당한 주의와 감독을 게을리하지 아니한 경우에는 그러하지 아니하다.

제56조(과태료)

① 다음의 어느 하나에 해당하는 자에게는 500만 원 이하의 과태료를 부과한다.

1. 제19조제1항을 위반하여 화재 또는 구조ㆍ구급이 필요한 상황을 거짓으로 알린 사람

2. 정당한 사유 없이 제20조제2항을 위반하여 화재, 재난ㆍ재해, 그 밖의 위급한 상황을 소방본부, 소방서 또는 관계 행정기관에 알리지 아니한 관계인

② 다음의 어느 하나에 해당하는 자에게는 200만 원 이하의 과태료를 부과한다.

2의2. 제17조의6제5항을 위반하여 한국119청소년단 또는 이와 유사한 명칭을 사용한 자

3의2. 제21조제3항을 위반하여 소방자동차의 출동에 지장을 준 자

4. 제23조제1항을 위반하여 소방활동구역을 출입한 사람

6. 제44조의3을 위반하여 한국소방안전원 또는 이와 유사한 명칭을 사용한 자

③ 제21조의2제2항을 위반하여 전용구역에 차를 주차하거나 전용구역에의 진입을 가로막는 등의 방해행위를 한 자에게는 100만 원 이하의 과태료를 부과한다.

영ㆍ규칙 CHAIN

영 제19조(과태료 부과기준)

법 제56조제1항부터 제3항까지의 규정에 따른 과태료의 부과기준은 [별표 3]과 같다.

■ 소방기본법 시행령

[별표 3] 과태료의 부과기준

1. 일반기준

가. 위반행위의 횟수에 따른 과태료의 가중된 부과기준은 최근 1년간 같은 위반행위로 과태료 부과처분을 받은 경우에 적용한다. 이 경우 기간의 계산은 위반행위에 대하여 과태료 부과처분을 받은 날과 그 처분 후 다시 같은 위반행위를 하여 적발된 날을 기준으로 한다.

나. 가목에 따라 가중된 부과처분을 하는 경우 가중처분의 적용 차수는 그 위반행위 전 부과처분 차수(가목에 따른 기간 내에 과태료 부과처분이 둘 이상 있었던 경우에는 높은 차수)의 다음 차수로 한다.

다. 부과권자는 다음의 어느 하나에 해당하는 경우에는 제2호의 개별기준에 따른 과태료의 2분의 1 범위에서 그 금액을 줄여 부과할 수 있다. 다만, 과태료를 체납하고 있는 위반행위자에 대해서는 그렇지 않다.

1) 위반행위가 사소한 부주의나 오류로 인한 것으로 인정되는 경우

2) 위반행위자가 법 위반상태를 시정하거나 해소하기 위하여 노력한 사실이 인정되는 경우

3) 위반행위자가 화재 등 재난으로 재산에 현저한 손실을 입거나 사업 여건의 악화로 그 사업이 중대한 위기에 처하는 등 사정이 있는 경우

4) 그 밖에 위반행위의 정도, 위반행위의 동기와 그 결과 등을 고려하여 감경할 필요가 있다고 인정되는 경우

2. 개별기준

위반행위	근거 법조문	과태료 금액(만 원)		
		1회	2회	3회 이상
가. 법 제17조의6제5항을 위반하여 한국119청소년단 또는 이와 유사한 명칭을 사용한 경우	법 제56조 제2항제2호의2	100	150	200
나. 법 제19조제1항을 위반하여 화재 또는 구조·구급이 필요한 상황을 거짓으로 알린 경우	법 제56조 제1항제1호	200	400	500
다. 정당한 사유 없이 법 제20조제2항을 위반하여 화재, 재난·재해, 그 밖의 위급한 상황을 소방본부, 소방서 또는 관계 행정기관에 알리지 않은 경우	법 제56조 제1항제2호	500		
라. 법 제21조제3항을 위반하여 소방자동차의 출동에 지장을 준 경우	법 제56조 제2항제3호의2	100		
마. 법 제21조의2제2항을 위반하여 전용구역에 차를 주차하거나 전용구역에의 진입을 가로막는 등의 방해행위를 한 경우	법 제56조 제3항	50	100	100
바. 법 제23조제1항을 위반하여 소방활동구역을 출입한 경우	법 제56조 제2항제4호	100		
사. 법 제44조의3을 위반하여 한국소방안전원 또는 이와 유사한 명칭을 사용한 경우	법 제56조 제2항제6호	200		

④ 제1항부터 제3항까지에 따른 과태료는 대통령령으로 정하는 바에 따라 관할 시·도지사, 소방본부장 또는 소방서장이 부과·징수한다.

제57조(과태료)

① 제19조제2항에 따른 신고를 하지 아니하여 소방자동차를 출동하게 한 자에게는 20만 원 이하의 과태료를 부과한다.

② 제1항에 따른 과태료는 조례로 정하는 바에 따라 관할 소방본부장 또는 소방서장이 부과ㆍ징수한다.

영ㆍ규칙 CHAIN

칙 제15조(과태료의 징수절차)

영 제19조제4항의 규정에 의한 과태료의 징수절차에 관하여는 「국고금관리법 시행규칙」을 준용한다. 이 경우 납입고지서에는 이의방법 및 이의기간 등을 함께 기재하여야 한다.

■ **별표 / 서식**

[별표 2의2] 소방안전교육사시험의 응시자격(제7조의2 관련)

[별표 2의3] 소방안전교육사의 배치대상별 배치기준(제7조의11 관련)

[별표 2의4] 소방활동 종사 사상자의 보상금액 등의 기준(제11조제3항 관련)

[별표 2의5] 전용구역의 설치 방법(제7조의13제2항 관련)

[별표 3] 과태료의 부과기준(제19조 관련)

[별표 1] 소방체험관의 설립 및 운영에 관한 기준(제4조의2제2항 관련)

[별표 1의2] 국고보조의 대상이 되는 소방활동장비 및 설비의 종류와 규격 (제5조제1항 관련)

[별표 2] 소방용수표지(제6조제1항 관련)

[별표 3] 소방용수시설의 설치기준[제6조제2항 관련]

[별표 3의2] 소방대원에게 실시할 교육ㆍ훈련의 종류 등(제9조제1항 관련)

[별표 3의3] 소방안전교육훈련의 시설, 장비, 강사자격 및 교육방법 등의 기준(제9조제2항 관련)

[별표 3의4] 소방안전교육사 시험 과목별 출제범위(제9조의2 관련)

[별표 4] 소방신호의 방법[제10조제2항 관련]

[별지 제1호서식] 화재 등 사고상황보고서

[별지 제2호서식] 소방용수조사부

[별지 제3호서식] 지리조사부

[별지 제4호서식] 소방안전교육사시험 응시원서

[별지 제5호서식] 경력(재직)증명서

[별지 제6호서식] 소방안전교육사증

[별지 제7호서식] 소방안전교육사증 교부대장

[별지 제8호서식] 보상금 지급 청구서

[별지 제9호서식] 보상금 지급 결정 통지서

[별지 제10호서식] 보상금 지급 청구 (기각ㆍ각하) 통지서

CHAPTER 02 소방시설공사업법

소방시설공사업법　　　　[시행 2024. 1. 4.] [법률 제19159호, 2023. 1. 3., 일부개정]
소방시설공사업법 시행령　　[시행 2024. 1. 4.] [대통령령 제33889호, 2023. 11. 28., 일부개정]
소방시설공사업법 시행규칙　[시행 2023. 4. 19.] [행정안전부령 제397호, 2023. 4. 19., 타법개정]

제1장 총칙

제1조(목적)

이 법은 소방시설공사 및 소방기술의 관리에 필요한 사항을 규정함으로써 소방시설업을 건전하게 발전시키고 소방기술을 진흥시켜 화재로부터 공공의 안전을 확보하고 국민경제에 이바지함을 목적으로 한다.

제2조(정의)

① 이 법에서 사용하는 용어의 뜻은 다음과 같다.

　1. "소방시설업"이란 다음의 영업을 말한다.

　　가. 소방시설설계업 : 소방시설공사에 기본이 되는 공사계획, 설계도면, 설계 설명서, 기술계산서 및 이와 관련된 서류(이하 "설계도서")를 작성(이하 "설계")하는 영업

　　나. 소방시설공사업 : 설계도서에 따라 소방시설을 신설, 증설, 개설, 이전 및 정비(이하 "시공")하는 영업

　　다. 소방공사감리업 : 소방시설공사에 관한 발주자의 권한을 대행하여 소방시설공사가 설계도서와 관계 법령에 따라 적법하게 시공되는지를 확인하고, 품질·시공 관리에 대한 기술지도를 하는(이하 "감리") 영업

　　라. 방염처리업 : 「소방시설 설치 및 관리에 관한 법률」 제20조제1항에 따른 방염대상물품에 대하여 방염처리(이하 "방염")하는 영업

　2. "소방시설업자"란 소방시설업을 경영하기 위하여 제4조에 따라 소방시설업을 등록한 자를 말한다.

　3. "감리원"이란 소방공사감리업자에 소속된 소방기술자로서 해당 소방시설공사를 감리하는 사람을 말한다.

　4. "소방기술자"란 제28조에 따라 소방기술 경력 등을 인정받은 사람과 다음의 어느 하나에 해당하는 사람으로서 소방시설업과 「소방시설 설치 및 관리에 관한 법률」에 따른 소방시설관리업의 기술인력으로 등록된 사람을 말한다.

　　가. 「소방시설 설치 및 관리에 관한 법률」에 따른 소방시설관리사

　　나. 국가기술자격 법령에 따른 소방기술사, 소방설비기사, 소방설비산업기사, 위험물기능장, 위험물산업기사, 위험물기능사

5. "발주자"란 소방시설의 설계, 시공, 감리 및 방염(이하 "소방시설공사등")을 소방시설업자에게 도급하는 자를 말한다. 다만, 수급인으로서 도급받은 공사를 하도급하는 자는 제외한다.

② 이 법에서 사용하는 용어의 뜻은 제1항에서 규정하는 것을 제외하고는 「소방기본법」, 「화재의 예방 및 안전관리에 관한 법률」, 「소방시설 설치 및 관리에 관한 법률」, 「위험물안전관리법」 및 「건설산업기본법」에서 정하는 바에 따른다.

제2조의2(소방시설공사등 관련 주체의 책무)

① 소방청장은 소방시설공사등의 품질과 안전이 확보되도록 소방시설공사등에 관한 기준 등을 정하여 보급하여야 한다.

② 발주자는 소방시설이 공공의 안전과 복리에 적합하게 시공되도록 공정한 기준과 절차에 따라 능력 있는 소방시설업자를 선정하여야 하고, 소방시설공사등이 적정하게 수행되도록 노력하여야 한다.

③ 소방시설업자는 소방시설공사등의 품질과 안전이 확보되도록 소방시설공사등에 관한 법령을 준수하고, 설계도서·시방서(示方書) 및 도급계약의 내용 등에 따라 성실하게 소방시설공사등을 수행하여야 한다.

제3조(다른 법률과의 관계)

소방시설공사 및 소방기술의 관리에 관하여 이 법에서 규정하지 아니한 사항에 대하여는 「화재의 예방 및 안전관리에 관한 법률」, 「소방시설 설치 및 관리에 관한 법률」과 「위험물안전관리법」을 적용한다.

제2장 소방시설업

제4조(소방시설업의 등록)

① 특정소방대상물의 소방시설공사등을 하려는 자는 업종별로 자본금(개인인 경우에는 자산 평가액), 기술인력 등 대통령령으로 정하는 요건을 갖추어 시·도지사에게 소방시설업을 등록하여야 한다.

벌 3년 이하 징역 / 3천만 원 이하 벌금 – 소방시설업 등록을 하지 아니하고 영업을 한 자

영·규칙 CHAIN

칙 제2조(소방시설업의 등록신청)

① 「소방시설공사업법」 제4조제1항에 따라 소방시설업을 등록하려는 자는 [별지 제1호서식]의 소방시설업 등록신청서(전자문서로 된 소방시설업 등록신청서를 포함)에 다음의 서류(전자문서 포함)를 첨부하여 「소방시설공사업법 시행령」, [소방시설공사업법]에 따른 소방시설업자협회에 제출해야 한다. 다만, 「전자정부법」에 따른 행정정보의 공동이용을 통하여 첨부서류에 대한 정보를 확인할 수 있는 경우에는 그 확인으로 첨부서류를 갈음할 수 있다.

1. 신청인(외국인을 포함하되, 법인의 경우에는 대표자를 포함한 임원)의 성명, 주민등록번호 및 주소지 등의 인적사항이 적힌 서류

2. 등록기준 중 기술인력에 관한 사항을 확인할 수 있는 다음의 어느 하나에 해당하는 서류(이하 "기술인력 증빙서류")

　　가. 국가기술자격증

　　나. 법 제28조제2항에 따라 발급된 소방기술 인정 자격수첩(이하 "자격수첩") 또는 소방기술자 경력수첩(이하 "경력수첩")

3. 영 제2조제2항에 따라 소방청장이 지정하는 금융회사 또는 소방산업공제조합에 출자ㆍ예치ㆍ담보한 금액 확인서(이하 "출자ㆍ예치ㆍ담보 금액 확인서") 1부(소방시설공사업만 해당). 다만, 소방청장이 지정하는 금융회사 또는 소방산업공제조합에 해당 금액을 확인할 수 있는 경우에는 그 확인으로 갈음할 수 있다.

4. 다음의 어느 하나에 해당하는 자가 신청일 전 최근 90일 이내에 작성한 자산평가액 또는 소방청장이 정하여 고시하는 바에 따라 작성된 기업진단 보고서(소방시설공사업만 해당)

　　가. 「공인회계사법」에 따라 금융위원회에 등록한 공인회계사

　　나. 「세무사법」에 따라 기획재정부에 등록한 세무사

　　다. 「건설산업기본법」에 따른 전문경영진단기관

5. 신청인(법인인 경우에는 대표자)이 외국인인 경우에는 법 제5조의 어느 하나에 해당하는 사유와 같거나 비슷한 사유에 해당하지 않음을 확인할 수 있는 서류로서 다음의 어느 하나에 해당하는 서류

　　가. 해당 국가의 정부나 공증인(법률에 따른 공증인의 자격을 가진 자만 해당), 그 밖의 권한이 있는 기관이 발행한 서류로서 해당 국가에 주재하는 우리나라 영사가 확인한 서류

　　나. 「외국공문서에 대한 인증의 요구를 폐지하는 협약」을 체결한 국가의 경우에는 해당 국가의 정부나 공증인(법률에 따른 공증인의 자격을 가진 자만 해당), 그 밖의 권한이 있는 기관이 발행한 서류로서 해당 국가의 아포스티유(Apostille : 외국 공문서에 대한 인증 요구 폐지 협약) 확인서 발급 권한이 있는 기관이 그 확인서를 발급한 서류

② 제1항에 따른 신청서류는 업종별로 제출하여야 한다.

③ 제1항에 따라 등록신청을 받은 협회는 「전자정부법」에 따른 행정정보의 공동이용을 통하여 다음의 서류를 확인하여야 한다. 다만, 신청인이 제2호부터 제4호까지의 서류의 확인에 동의하지 아니하는 경우에는 해당 서류를 제출하도록 하여야 한다.

1. 법인등기사항 전부증명서(법인인 경우만 해당)

2. 사업자등록증(개인인 경우만 해당)

3. 「출입국관리법」에 따른 외국인등록 사실증명(외국인인 경우만 해당)

4. 「국민연금법」에 따른 국민연금가입자 증명서 또는 「국민건강보험법」에 따라 건강보험의 가입자로서 자격을 취득하고 있다는 사실을 확인할 수 있는 증명서(이하 "건강보험자격취득 확인서")

제2조의2(등록신청 서류의 보완)

협회는 제2조에 따라 받은 소방시설업의 등록신청 서류가 다음의 어느 하나에 해당되는 경우에는 10일 이내의 기간을 정하여 이를 보완하게 할 수 있다.

1. 첨부서류(전자문서 포함)가 첨부되지 아니한 경우
2. 신청서(전자문서로 된 소방시설업 등록신청서 포함) 및 첨부서류(전자문서 포함)에 기재되어야
   할 내용이 기재되어 있지 아니하거나 명확하지 아니한 경우

칙 제2조의3(등록신청 서류의 검토 · 확인 및 송부)

① 협회는 제2조에 따라 소방시설업 등록신청 서류를 받았을 때에는 영 제2조 및 영 [별표 1]에 따른
   등록기준에 맞는지를 검토 · 확인하여야 한다.
② 협회는 제1항에 따른 검토 · 확인을 마쳤을 때에는 제2조에 따라 받은 소방시설업 등록신청 서류에
   그 결과를 기재한 [별지 제1호의2서식]에 따른 소방시설업 등록신청서 서면심사 및 확인 결과를
   첨부하여 접수일(제2조의2에 따라 신청서류의 보완을 요구한 경우에는 그 보완이 완료된 날)부터
   7일 이내에 신청인의 주된 영업소 소재지(법인의 경우에는 등기사항전부증명서상 본점소재지, 개인
   사업자의 경우에는 사업자 등록상의 사업장 소재지)를 관할하는 시 · 도지사에게 보내야 한다.

칙 제3조(소방시설업 등록증 및 등록수첩의 발급)

시 · 도지사는 제2조에 따른 접수일부터 15일 이내에 협회를 경유하여 [별지 제3호서식]에 따른 소방시
설업 등록증 및 [별지 제4호서식]에 따른 소방시설업 등록수첩을 신청인에게 발급해 주어야 한다.

칙 제4조의2(등록관리)

① 시 · 도지사는 제3조에 따라 소방시설업 등록증 및 등록수첩을 발급(제4조에 따른 재발급, 제6조제4
   항 단서 및 제7조제5항에 따른 발급을 포함)하였을 때에는 [별지 제4호의2서식]에 따른 소방시설업
   등록증 및 등록수첩 발급(재발급)대장에 그 사실을 일련번호 순으로 작성하고 이를 관리(전자문서
   포함)하여야 한다.
② 협회는 제1항에 따라 발급한 사항에 대하여 [별지 제5호서식]에 따른 소방시설업 등록대장에 등록사
   항을 작성하여 관리(전자문서 포함)하여야 한다. 이 경우 협회는 다음의 사항을 협회 인터넷 홈페이지
   를 통하여 공시하여야 한다.
   1. 등록업종 및 등록번호
   2. 등록 연월일
   3. 상호(명칭) 및 성명(법인의 경우에는 대표자의 성명)
   4. 영업소 소재지

② 제1항에 따른 소방시설업의 업종별 영업범위는 대통령령으로 정한다.

영·규칙 CHAIN

영 제2조(소방시설업의 등록기준 및 영업범위)

① 「소방시설공사업법」 제4조제1항 및 제2항에 따른 소방시설업의 업종별 등록기준 및 영업범위는 [별표 1]과 같다.

■ 소방시설공사업법 시행령

[별표 1] 소방시설업의 업종별 등록기준 및 영업범위

1. 소방시설설계업

업종별	항목	기술인력	영업범위
전문 소방시설 설계업		가. 주된 기술인력 : 소방기술사 1명 이상 나. 보조기술인력 : 1명 이상	모든 특정소방대상물에 설치되는 소방시설의 설계
일반 소방 시설 설계업	기계 분야	가. 주된 기술인력 : 소방기술사 또는 기계분야 소방설비기사 1명 이상 나. 보조기술인력 : 1명 이상	가. 아파트에 설치되는 기계분야 소방시설(제연설비는 제외)의 설계 나. 연면적 3만m²(공장의 경우 1만m²) 미만의 특정소방대상물(제연설비가 설치되는 특정소방대상물은 제외)에 설치되는 기계분야 소방시설의 설계 다. 위험물제조소등에 설치되는 기계분야 소방시설의 설계
	전기 분야	가. 주된 기술인력 : 소방기술사 또는 전기분야 소방설비기사 1명 이상 나. 보조기술인력 : 1명 이상	가. 아파트에 설치되는 전기분야 소방시설의 설계 나. 연면적 3만m²(공장의 경우 1만m²) 미만의 특정소방대상물에 설치되는 전기분야 소방시설의 설계 다. 위험물제조소등에 설치되는 전기분야 소방시설의 설계

[비고]

1. 위 표의 일반 소방시설설계업에서 기계분야 및 전기분야의 대상이 되는 소방시설의 범위는 다음과 같다.

가. 기계분야

1) 소화기구, 자동소화장치, 옥내소화전설비, 스프링클러설비등, 물분무등소화설비, 옥외소화전설비, 피난기구, 인명구조기구, 상수도소화용수설비, 소화수조·저수조, 그 밖의 소화용수설비, 제연설비, 연결송수관설비, 연결살수설비 및 연소방지설비

2) 기계분야 소방시설에 부설되는 전기시설. 다만, 비상전원, 동력회로, 제어회로, 기계분야 소방시설을 작동하기 위하여 설치하는 화재감지기에 의한 화재감지장치 및 전기신호에 의한 소방시설의 작동장치는 제외한다.

　나. 전기분야

　　1) 단독경보형감지기, 비상경보설비, 비상방송설비, 누전경보기, 자동화재탐지설비, 시각경보기, 자동화재속보설비, 가스누설경보기, 통합감시시설, 유도등, 비상조명등, 휴대용비상조명등, 비상콘센트설비 및 무선통신보조설비

　　2) 기계분야 소방시설에 부설되는 전기시설 중 가목2) 단서의 전기시설

2. 일반 소방시설설계업의 기계분야 및 전기분야를 함께 하는 경우 주된 기술인력은 소방기술사 1명 또는 기계분야 소방설비기사와 전기분야 소방설비기사 자격을 함께 취득한 사람 1명 이상으로 할 수 있다.

3. 소방시설설계업을 하려는 자가 소방시설공사업, 「소방시설 설치 및 관리에 관한 법률」 제29조제1항에 따른 소방시설관리업 또는 「다중이용업소의 안전관리에 관한 특별법」 제16조에 따른 화재위험평가 대행 업무(이하 "화재위험평가 대행업") 중 어느 하나를 함께 하려는 경우 소방시설공사업, 소방시설관리업 또는 화재위험평가 대행업 기술인력으로 등록된 기술인력은 다음의 기준에 따라 소방시설설계업 등록 시 갖추어야 하는 해당 자격을 가진 기술인력으로 볼 수 있다.

　가. 전문 소방시설설계업과 소방시설관리업을 함께 하는 경우 : 소방기술사 자격과 소방시설관리사 자격을 함께 취득한 사람

　나. 전문 소방시설설계업과 전문 소방시설공사업을 함께 하는 경우 : 소방기술사 자격을 취득한 사람

　다. 전문 소방시설설계업과 화재위험평가 대행업을 함께 하는 경우 : 소방기술사 자격을 취득한 사람

　라. 일반 소방시설설계업과 소방시설관리업을 함께 하는 경우 다음의 어느 하나에 해당하는 사람

　　1) 소방기술사 자격과 소방시설관리사 자격을 함께 취득한 사람

　　2) 기계분야 소방설비기사 또는 전기분야 소방설비기사 자격을 취득한 사람 중 소방시설관리사 자격을 취득한 사람

　마. 일반 소방시설설계업과 일반 소방시설공사업을 함께 하는 경우 : 소방기술사 자격을 취득하거나 기계분야 또는 전기분야 소방설비기사 자격을 취득한 사람

　바. 일반 소방시설설계업과 전문 소방시설공사업을 함께 하는 경우 : 소방기술사 자격을 취득하거나 기계분야 및 전기분야 소방설비기사 자격을 함께 취득한 사람

　사. 전문 소방시설설계업과 일반 소방시설공사업을 함께하는 경우 : 소방기술사 자격을 취득한 사람

4. "보조기술인력"이란 다음의 어느 하나에 해당하는 사람을 말한다.

　가. 소방기술사, 소방설비기사 또는 소방설비산업기사 자격을 취득한 사람

　나. 소방공무원으로 재직한 경력이 3년 이상인 사람으로서 자격수첩을 발급받은 사람

　다. 법 제28조제3항에 따라 행정안전부령으로 정하는 소방기술과 관련된 자격·경력 및 학력을 갖춘 사람으로서 자격수첩을 발급받은 사람

5. 위 표 및 제2호에도 불구하고 다음의 어느 하나에 해당하는 자가 소방시설설계업을 등록하는 경우 「엔지니어링산업 진흥법」, 「건축사법」, 「기술사법」 및 「전력기술관리법」에 따른 신고 또는 등록기준을 충족하는 기술인력을 확보한 경우로서 해당 기술인력이 위 표의 기술인력(주된 기술인력만 해당)의 기준을 충족하는 경우에는 위 표의 등록기준을 충족한 것으로 본다.

　가. 「엔지니어링산업 진흥법」에 따라 엔지니어링사업자 신고를 한 자

　나. 「건축사법」에 따른 건축사업무신고를 한 자

　다. 「기술사법」에 따른 기술사사무소 등록을 한 자

　라. 「전력기술관리법」에 따른 설계업 등록을 한 자

6. 가스계소화설비의 경우에는 해당 설비의 설계프로그램 제조사가 참여하여 설계(변경을 포함)할 수 있다.

2. 소방시설공사업

항목 업종별		기술인력	자본금 (자산평가액)	영업범위
전문 소방시설 공사업		가. 주된 기술인력 : 소방기술사 또는 기계분야와 전기분야의 소방설비기사 각 1명(기계분야 및 전기분야의 자격을 함께 취득한 사람 1명) 이상 나. 보조기술인력 : 2명 이상	가. 법인 : 1억 원 이상 나. 개인 : 자산평가액 1억 원 이상	특정소방대상물에 설치되는 기계분야 및 전기분야 소방시설의 공사 · 개설 · 이전 및 정비
일반 소방시설 공사업	기계 분야	가. 주된 기술인력 : 소방기술사 또는 기계분야 소방설비기사 1명 이상 나. 보조기술인력 : 1명 이상	가. 법인 : 1억 원 이상 나. 개인 : 자산평가액 1억 원 이상	가. 연면적 1만m² 미만의 특정소방대상물에 설치되는 기계분야 소방시설의 공사 · 개설 · 이전 및 정비 나. 위험물제조소등에 설치되는 기계분야 소방시설의 공사 · 개설 · 이전 및 정비
	전기 분야	가. 주된 기술인력 : 소방기술사 또는 전기분야 소방설비 기사 1명 이상 나. 보조기술인력 : 1명 이상	가. 법인 : 1억 원 이상 나. 개인 : 자산평가액 1억 원 이상	가. 연면적 1만m² 미만의 특정소방대상물에 설치되는 전기분야 소방시설의 공사 · 개설 · 이전 · 정비 나. 위험물제조소등에 설치되는 전기분야 소방시설의 공사 · 개설 · 이전 · 정비

[비고]
1. 위 표의 일반 소방시설공사업에서 기계분야 및 전기분야의 대상이 되는 소방시설의 범위는 해당 [별표] 제1호 [비고] 제1호와 같다.
2. 기계분야 및 전기분야의 일반 소방시설공사업을 함께 하는 경우 주된 기술인력은 소방기술사 1명 또는 기계분야 및 전기분야의 자격을 함께 취득한 소방설비기사 1명으로 한다.
3. 자본금(자산평가액)은 해당 소방시설공사업의 최근 결산일 현재(새로 등록 한 자는 등록을 위한 기업 진단기준일 현재)의 총자산에서 총부채를 뺀 금액을 말하고, 소방시설공사업 외의 다른 업(業)을 함께 하는 경우에는 자본금에서 겸업 비율에 해당하는 금액을 뺀 금액을 말한다.
4. "보조기술인력"이란 소방시설설계업의 등록기준 및 영업범위의 비고란 제4호의 어느 하나에 해당하는 사람을 말한다.
5. 소방시설공사업을 하려는 자가 소방시설설계업 또는 소방시설관리업 중 어느 하나를 함께 하려는 경우 소방시설설계업 또는 소방시설관리업 기술인력으로 등록된 기술인력은 다음의 기준에 따라 소방시설공사업 등록 시 갖추어야 하는 해당 자격을 가진 기술인력으로 볼 수 있다.
    가. 전문 소방시설공사업과 전문 소방시설설계업을 함께 하는 경우 : 소방기술사 자격을 취득한 사람
    나. 전문 소방시설공사업과 일반 소방시설설계업을 함께 하는 경우 : 소방기술사 자격을 취득하거나 기계분야 및 전기분야 소방설비기사 자격을 함께 취득한 사람

   다. 일반 소방시설공사업과 전문 소방시설설계업을 함께 하는 경우 : 소방기술사 자격을 취득한 사람
   라. 일반 소방시설공사업과 일반 소방시설설계업을 함께 하는 경우 : 소방기술사 자격을 취득하거나 기계분야 또는 전기분야 소방설비기사 자격을 취득한 사람
   마. 전문 소방시설공사업과 소방시설관리업을 함께 하는 경우 : 소방시설관리사와 소방설비기사(기계분야 및 전기분야의 자격을 함께 취득한 사람) 또는 소방기술사 자격을 함께 취득한 사람
   바. 일반 소방시설공사업 기계분야와 소방시설관리업을 함께 하는 경우 : 소방기술사 또는 기계분야 소방설비기사와 소방시설관리사 자격을 함께 취득한 사람
   사. 일반 소방시설공사업 전기분야와 소방시설관리업을 함께 하는 경우 : 소방기술사 또는 전기분야 소방설비기사와 소방시설관리사 자격을 함께 취득한 사람
6. "개설"이란 이미 특정소방대상물에 설치된 소방시설등의 전부 또는 일부를 철거하고 새로 설치하는 것을 말한다.
7. "이전"이란 이미 설치된 소방시설등을 현재 설치된 장소에서 다른 장소로 옮겨 설치하는 것을 말한다.
8. "정비"란 이미 설치된 소방시설등을 구성하고 있는 기계ㆍ기구를 교체하거나 보수하는 것을 말한다.

3. 소방공사감리업

업종별 / 항목		기술인력	영업범위
전문 소방공사 감리업		가. 소방기술사 1명 이상 나. 기계분야 및 전기분야의 특급 감리원 각 1명(기계분야 및 전기분야의 자격을 함께 가지고 있는 사람이 있는 경우에는 그에 해당하는 사람 1명. 이하 다목부터 마목까지에서 같다) 이상 다. 기계분야 및 전기분야의 고급 감리원 이상의 감리원 각 1명 이상 라. 기계분야 및 전기분야의 중급 감리원 이상의 감리원 각 1명 이상 마. 기계분야 및 전기분야의 초급 감리원 이상의 감리원 각 1명 이상	모든 특정소방대상물에 설치되는 소방시설공사 감리
일반 소방공사 감리업	기계 분야	가. 기계분야 특급 감리원 1명 이상 나. 기계분야 고급 감리원 또는 중급 감리원 이상의 감리원 1명 이상 다. 기계분야 초급 감리원 이상의 감리원 1명 이상	가. 연면적 3만m²(공장의 경우 1만m²) 미만의 특정소방대상물(제연설비가 설치되는 특정소방대상물은 제외)에 설치되는 기계분야 소방시설의 감리 나. 아파트에 설치되는 기계분야 소방시설(제연설비는 제외)의 감리 다. 위험물제조소등에 설치되는 기계분야 소방시설의 감리
	전기 분야	가. 전기분야 특급 감리원 1명 이상 나. 전기분야 고급 감리원 또는 중급 감리원 이상의 감리원 1명 이상	가. 연면적 3만m²(공장의 경우 1만m²) 미만의 특정소방대상물에 설치되는 전기분야 소방시설의 감리

	다. 전기분야 초급 감리원 이상의 감리원 1명 이상	나. 아파트에 설치되는 전기분야 소방시설의 감리 다. 위험물제조소등에 설치되는 전기분야 소방시설의 감리

[비고]

1. 위 표의 일반 소방공사감리업에서 기계분야 및 전기분야의 대상이 되는 소방시설의 범위는 다음과 같다.
   가. 기계분야
      1) 이 표 제1호 비고 제1호가목에 따른 기계분야 소방시설
      2) 실내장식물 및 방염대상물품
   나. 전기분야 : 이 표 제1호 비고 제1호나목에 따른 전기분야 소방시설
2. 위 표에서 "특급 감리원", "고급 감리원", "중급 감리원" 및 "초급 감리원"은 행정안전부령으로 정하는 소방기술과 관련된 자격·경력 및 학력을 갖춘 사람으로서 소방공사감리원의 기술등급 자격에 따른 경력수첩을 발급받은 사람을 말한다.
3. 일반 소방공사감리업의 기계분야 및 전기분야를 함께 하는 경우 기계분야 및 전기분야의 자격을 함께 취득한 감리원 각 1명 이상 또는 기계분야 및 전기분야 일반 소방공사감리업의 등록기준 중 각각의 분야에 해당하는 기술인력을 두어야 한다.
4. 소방공사감리업을 하려는 자가 「엔지니어링산업 진흥법」에 따른 엔지니어링사업, 「건축사법」에 따른 건축사사무소 운영, 「건설기술 진흥법」에 따른 건설엔지니어링업, 「전력기술관리법」에 따른 전력시설물공사감리업, 「기술사법」에 따른 기술사사무소 운영 또는 화재위험평가 대행업(이하 "엔지니어링사업등") 중 어느 하나를 함께 하려는 경우 엔지니어링사업등의 보유 기술인력으로 신고나 등록된 소방기술사는 전문 소방공사감리업 등록 시 갖추어야 하는 기술인력으로 볼 수 있고, 특급 감리원은 일반 소방공사감리업의 등록 시 갖추어야 하는 기술인력으로 볼 수 있다.
5. 기술인력 등록기준에서 기준등급보다 초과하여 상위등급의 기술인력을 보유하고 있는 경우 기준등급을 보유한 것으로 간주한다.

4. 방염처리업

항목 업종별	실험실	방염처리시설 및 시험기기	영업범위
섬유류 방염업	1개 이상 갖출 것	부표에 따른 섬유류 방염업의 방염처리시설 및 시험기기를 모두 갖추어야 한다.	커튼·카펫 등 섬유류를 주된 원료로 하는 방염대상물품을 제조 또는 가공 공정에서 방염처리
합성수지류 방염업		부표에 따른 합성수지류 방염업의 방염처리시설 및 시험기기를 모두 갖추어야 한다.	합성수지류를 주된 원료로 하는 방염대상물품을 제조 또는 가공 공정에서 방염처리
합판·목재류 방염업		부표에 따른 합판·목재류 방염업의 방염처리시설 및 시험기기를 모두 갖추어야 한다.	합판 또는 목재류를 제조·가공 공정 또는 설치 현장에서 방염처리

[비고]

1. 방염처리업자가 2개 이상의 방염업을 함께 하는 경우 갖춰야 하는 실험실은 1개 이상으로 한다.

2. 방염처리업자가 2개 이상의 방염업을 함께 하는 경우 공통되는 방염처리시설 및 시험기기는 중복하여 갖추지 않을 수 있다.
3. 방염처리업자가 실험실·방염처리시설 및 시험기기에 대하여 임차계약을 체결하고 공증을 받은 경우에는 해당 실험실·방염처리시설 및 시험기기를 갖춘 것으로 본다.

■ 소방시설공사업법 시행령

[부표] 방염처리업의 방염처리시설 및 시험기기 기준

업종별	방염처리시설	시험기기
섬유류 방염업	1. 커튼 등 섬유류(벽포지를 포함)를 방염처리하는 시설 : 200℃ 이상의 온도로 1분 이상 열처리가 가능한 가공기를 갖출 것 2. 카펫을 방염처리하는 시설 : 다음 중 하나 이상의 설비를 갖출 것 　가. 카펫의 라텍스 코팅설비 　나. 카펫 직조설비 　다. 타일카펫 가공설비	1. 다음의 어느 하나에 해당하는 연소시험기 1개 이상 　가. 카펫 방염처리업 : 연소시험함, 에어믹스버너, 가열시간계, 잔염시간계, 가스압력계, 전기불꽃발생장치가 부착된 연소시험기 　나. 그 밖의 방염처리업 : 연소시험함, 마이크로버너, 맥켈버너, 가열시간계, 잔염시간계, 잔신시간계, 착염후초가열시간계, 전기불꽃발생장치가 부착된 연소시험기 2. 항온기 1개 이상 : 열풍순환식으로서 상온부터 107℃ 이상으로 온도조절이 가능하고, 최소눈금이 1℃ 이하일 것 3. 데시케이터(물질 건조, 흡습성 시료 보존을 위한 유리 건조기) 1개 이상 : 지름이 36cm 이상일 것 4. 세탁기 1대 이상(커튼만 해당) : 커튼의 방염성능시험에 적합할 것 5. 건조기 1대 이상(커튼만 해당) : 커튼의 방염성능시험에 적합할 것 6. 카펫세탁기 1대 이상(카펫만 해당) : 카펫의 방염성능시험에 적합할 것
합성 수지류 방염업	다음 중 하나 이상의 설비를 갖출 것 1. 제조설비 2. 가공설비 3. 성형설비	섬유류 방염업과 같음
합판·목재류 방염업	1. 섬유판 외의 합판·목재류를 방염처리하는 경우 : 다음 중 하나 이상의 설비를 갖출 것 　가. 합판의 제조설비 　나. 감압설비(300mmHg 이하) 및 가압설비(7kg/cm² 이상)	1. 연소시험기 : 방염성능시험에 적합하도록 연소시험함, 마이크로버너, 맥켈버너, 가열시간계, 잔염시간계, 잔신시간계, 착염후초가열시간계, 전기불꽃발생장치가 부착되어 있는 것

다. 합판 · 목재 도장설비 2. 섬유판을 방염처리하는 경우 : 제조설비 또는 가공설비를 갖출 것	2. 항온기 : 열풍순환식이며 상온부터 42℃ 이상으로 온도조절이 가능하고, 최소눈금이 1℃ 이하일 것 3. 데시케이터 : 지름이 36cm 이상일 것

② 소방시설공사업의 등록을 하려는 자는 [별표 1]의 기준을 갖추어 소방청장이 지정하는 금융회사 또는 「소방산업의 진흥에 관한 법률」에 따른 소방산업공제조합이 [별표 1]에 따른 자본금 기준금액의 100분의 20 이상에 해당하는 금액의 담보를 제공받거나 현금의 예치 또는 출자를 받은 사실을 증명하여 발행하는 확인서를 시 · 도지사에게 제출하여야 한다.

③ 시 · 도지사는 법 제4조제1항에 따른 등록신청이 다음의 어느 하나에 해당되는 경우를 제외하고는 등록을 해주어야 한다.

　1. 제1항에 따른 등록기준을 갖추지 못한 경우

　2. 제2항에 따른 확인서를 제출하지 아니한 경우

　3. 등록을 신청한 자가 법 제5조의 어느 하나에 해당하는 경우

　4. 그 밖에 법, 이 영 또는 다른 법령에 따른 제한에 위반되는 경우

③ 제1항에 따른 소방시설업의 등록신청과 등록증 · 등록수첩의 발급 · 재발급 신청, 그 밖에 소방시설업 등록에 필요한 사항은 행정안전부령으로 정한다.

영 · 규칙 CHAIN

칙 제4조(소방시설업 등록증 또는 등록수첩의 재발급 및 반납)

① 법 제4조제3항에 따라 소방시설업자는 소방시설업 등록증 또는 등록수첩을 잃어버리거나 소방시설업 등록증 또는 등록수첩이 헐어 못 쓰게 된 경우에는 시 · 도지사에게 소방시설업 등록증 또는 등록수첩의 재발급을 신청할 수 있다.

② 소방시설업자는 제1항에 따라 재발급을 신청하는 경우에는 [별지 제6호서식]의 소방시설업 등록증 (등록수첩) 재발급신청서 [전자문서로 된 소방시설업 등록증(등록수첩) 재발급신청서 포함]를 협회를 경유하여 시 · 도지사에게 제출하여야 한다.

③ 시 · 도지사는 제2항에 따른 재발급신청서 [전자문서로 된 소방시설업 등록증(등록수첩) 재발급신청서 포함]를 제출받은 경우에는 3일 이내에 협회를 경유하여 소방시설업 등록증 또는 등록수첩을 재발급하여야 한다.

④ 소방시설업자는 다음의 어느 하나에 해당하는 경우에는 지체 없이 협회를 경유하여 시 · 도지사에게 그 소방시설업 등록증 및 등록수첩을 반납하여야 한다.

　1. 법 제9조에 따라 소방시설업 등록이 취소된 경우

　3. 제1항에 따라 재발급을 받은 경우. 다만, 소방시설업 등록증 또는 등록수첩을 잃어버리고 재발급을 받은 경우에는 이를 다시 찾은 경우에만 해당한다.

④ 제1항에도 불구하고 「공공기관의 운영에 관한 법률」에 따른 공기업 · 준정부기관 및 「지방공기업법」 조에 따라 설립된 지방공사나 지방공단이 다음의 요건을 모두 갖춘 경우에는 시 · 도지사에게 등록을 하지 아니하고 자체 기술인력을 활용하여 설계 · 감리를 할 수 있다. 이 경우 대통령령으로 정하는 기술인력을 보유하여야 한다.

   1. 주택의 건설 · 공급을 목적으로 설립되었을 것
   2. 설계 · 감리 업무를 주요 업무로 규정하고 있을 것

제5조(등록의 결격사유)

다음의 어느 하나에 해당하는 자는 소방시설업을 등록할 수 없다.

   1. 피성년후견인
   3. 이 법, 「소방기본법」, 「화재의 예방 및 안전관리에 관한 법률」, 「소방시설 설치 및 관리에 관한 법률」 또는 「위험물안전관리법」에 따른 금고 이상의 실형을 선고받고 그 집행이 끝나거나(집행이 끝난 것으로 보는 경우 포함) 면제된 날부터 2년이 지나지 아니한 사람
   4. 이 법, 「소방기본법」, 「화재의 예방 및 안전관리에 관한 법률」, 「소방시설 설치 및 관리에 관한 법률」 또는 「위험물안전관리법」에 따른 금고 이상의 형의 집행유예를 선고받고 그 유예기간 중에 있는 사람
   5. 등록하려는 소방시설업 등록이 취소(제1호에 해당하여 등록이 취소된 경우는 제외)된 날부터 2년이 지나지 아니한 자
   6. 법인의 대표자가 제1호 또는 제3호부터 제5호까지에 해당하는 경우 그 법인
   7. 법인의 임원이 제3호부터 제5호까지의 규정에 해당하는 경우 그 법인

제6조(등록사항의 변경신고)

소방시설업자는 제4조에 따라 등록한 사항 중 ≪행정안전부령으로 정하는 중요 사항≫을 변경할 때에는 행정안전부령으로 정하는 바에 따라 시 · 도지사에게 신고하여야 한다.

§ 행정안전부령으로 정하는 중요 사항 – 등록사항의 변경신고사항

   1. 상호(명칭) 또는 영업소 소재지
   2. 대표자
   3. 기술인력

영 · 규칙 CHAIN

칙 제6조(등록사항의 변경신고 등)

① 법 제6조에 따라 소방시설업자는 제5조의 어느 하나에 해당하는 등록사항이 변경된 경우에는 변경일부터 30일 이내에 [별지 제7호서식]의 소방시설업 등록사항 변경신고서(전자문서로 된 소방시설업 등록사항 변경신고서 포함)에 변경사항별로 다음의 구분에 따른 서류(전자문서 포함)를 첨부하여 협회에 제출하여야 한다. 다만, 「전자정부법」에 따른 행정정보의 공동이용을 통하여 첨부서류에

대한 정보를 확인할 수 있는 경우에는 그 확인으로 첨부서류를 갈음할 수 있다.

1. 상호(명칭) 또는 영업소 소재지가 변경된 경우 : 소방시설업 등록증 및 등록수첩

2. 대표자가 변경된 경우 : 다음의 서류

　　가. 소방시설업 등록증 및 등록수첩

　　나. 변경된 대표자의 성명, 주민등록번호 및 주소지 등의 인적사항이 적힌 서류

　　다. 외국인인 경우에는 제2조제1항제5호의 어느 하나에 해당하는 서류

3. 기술인력이 변경된 경우 : 다음의 서류

　　가. 소방시설업 등록수첩

　　나. 기술인력 증빙서류

② 제1항에 따른 신고서를 제출받은 협회는 「전자정부법」에 따라 행정정보의 공동이용을 통하여 다음의 서류를 확인하여야 한다. 다만, 신청인이 제2호부터 제4호까지의 서류의 확인에 동의하지 아니하는 경우에는 해당 서류를 제출하도록 하여야 한다.

1. 법인등기사항 전부증명서(법인인 경우 해당)

2. 사업자등록증(개인인 경우 해당)

3. 「출입국관리법」에 따른 외국인등록 사실증명(외국인인 경우만 해당)

4. 국민연금가입자 증명서 또는 건강보험자격취득 확인서(기술인력을 변경하는 경우에만 해당)

③ 제1항에 따라 변경신고 서류를 제출받은 협회는 등록사항의 변경신고 내용을 확인하고 5일 이내에 제1항에 따라 제출된 소방시설업 등록증·등록수첩 및 기술인력 증빙서류에 그 변경된 사항을 기재하여 발급하여야 한다.

④ 제3항에도 불구하고 영업소 소재지가 등록된 시·도에서 다른 시·도로 변경된 경우에는 제1항에 따라 제출받은 변경신고 서류를 접수일로부터 7일 이내에 해당 시·도지사에게 보내야 한다. 이 경우 해당 시·도지사는 소방시설업 등록증 및 등록수첩을 협회를 경유하여 신고인에게 새로 발급하여야 한다.

⑤ 제1항에 따라 변경신고 서류를 제출받은 협회는 [별지 제5호서식]의 소방시설업 등록대장에 변경사항을 작성하여 관리(전자문서 포함)하여야 한다.

⑥ 협회는 등록사항의 변경신고 접수현황을 매월 말일을 기준으로 작성하여 다음 달 10일까지 [별지 제7호의2서식]에 따라 시·도지사에게 알려야 한다.

⑦ 변경신고 서류의 보완에 관하여는 제2조의2를 준용한다. 이 경우 "소방시설업의 등록신청 서류"는 "소방시설업의 등록사항 변경신고 서류"로 본다.

제6조의2(휴업·폐업 신고 등)

① 소방시설업자는 소방시설업을 휴업·폐업 또는 재개업하는 때에는 행정안전부령으로 정하는 바에 따라 시·도지사에게 신고하여야 한다.

② 제1항에 따른 폐업신고를 받은 시·도지사는 소방시설업 등록을 말소하고 그 사실을 행정안전부령으로 정하는 바에 따라 공고하여야 한다.

③ 제1항에 따른 폐업신고를 한 자가 제2항에 따라 소방시설업 등록이 말소된 후 6개월 이내에 같은 업종의 소방시설업을 다시 제4조에 따라 등록한 경우 해당 소방시설업자는 폐업신고 전 소방시설업자의 지위를 승계한다.

④ 제3항에 따라 소방시설업자의 지위를 승계한 자에 대해서는 폐업신고 전의 소방시설업자에 대한 행정처분의 효과가 승계된다.

영·규칙 CHAIN

칙 제6조의2(소방시설업의 휴업·폐업 등의 신고)

① 소방시설업자는 법 제6조의2제1항에 따라 휴업·폐업 또는 재개업 신고를 하려면 휴업·폐업 또는 재개업일부터 30일 이내에 [별지 제7호의3서식]의 소방시설업 휴업·폐업·재개업 신고서(전자문서로 된 신고서를 포함)에 다음의 구분에 따른 서류(전자문서 포함)를 첨부하여 협회를 경유하여 시·도지사에게 제출하여야 한다. 다만, 「전자정부법」에 따른 행정정보의 공동이용을 통하여 첨부서류에 대한 정보를 확인할 수 있는 경우에는 그 확인으로 첨부서류를 갈음할 수 있다.

1. 휴업·폐업의 경우 : 등록증 및 등록수첩
2. 재개업의 경우 : 제2조제1항제2호 및 제3호, 같은 조 제3항제4호에 해당하는 서류

② 제1항에 따른 신고서를 제출받은 협회는 「전자정부법」에 따라 행정정보의 공동이용을 통하여 국민연금가입자 증명서 또는 건강보험자격취득 확인서를 확인하여야 한다. 다만, 신고인이 서류의 확인에 동의하지 아니하는 경우에는 해당 서류를 제출하도록 하여야 한다.

③ 제1항에 따른 신고서를 제출받은 협회는 법 제6조의2제2항에 따라 다음의 사항을 협회 인터넷 홈페이지에 공고하여야 한다.

1. 등록업종 및 등록번호
2. 휴업·폐업 또는 재개업 연월일
3. 상호(명칭) 및 성명(법인의 경우에는 대표자의 성명)
4. 영업소 소재지

제7조(소방시설업자의 지위승계)

① 다음의 어느 하나에 해당하는 자가 종전의 소방시설업자의 지위를 승계하려는 경우에는 그 상속일, 양수일 또는 합병일부터 30일 이내에 행정안전부령으로 정하는 바에 따라 그 사실을 시·도지사에게 신고하여야 한다.

1. 소방시설업자가 사망한 경우 그 상속인
2. 소방시설업자가 그 영업을 양도한 경우 그 양수인
3. 법인인 소방시설업자가 다른 법인과 합병한 경우 합병 후 존속하는 법인이나 합병으로 설립되는 법인

② 다음의 어느 하나에 해당하는 절차에 따라 소방시설업자의 소방시설의 전부를 인수한 자가 종전의 소방시설업자의 지위를 승계하려는 경우에는 그 인수일부터 30일 이내에 행정안전부령으로 정하는

바에 따라 그 사실을 시 · 도지사에게 신고하여야 한다.

1. 「민사집행법」에 따른 경매
2. 「채무자 회생 및 파산에 관한 법률」에 따른 환가(換價)
3. 「국세징수법」, 「관세법」 또는 「지방세징수법」에 따른 압류재산의 매각
4. 그 밖에 제1호부터 제3호까지의 규정에 준하는 절차

영 · 규칙 CHAIN

칙 제7조(지위승계 신고 등)

① 법 제7조제1항 및 제2항에 따라 소방시설업자 지위 승계를 신고하려는 자는 그 상속일, 양수일, 합병일 또는 인수일부터 30일 이내에 다음의 구분에 따른 서류(전자문서 포함)를 협회에 제출해야 한다.

1. 양도 · 양수의 경우(분할 또는 분할합병에 따른 양도 · 양수의 경우를 포함) : 다음의 서류

    가. [별지 제8호서식]에 따른 소방시설업 지위승계신고서

    나. 양도인 또는 합병 전 법인의 소방시설업 등록증 및 등록수첩

    다. 양도 · 양수 계약서 사본, 분할계획서 사본 또는 분할합병계약서 사본(법인의 경우 양도 · 양수에 관한 사항을 의결한 주주총회 등의 결의서 사본을 포함)

    라. 제2조제1항에 해당하는 서류. 이 경우 같은 항 제1호 및 제5호의 "신청인"은 "신고인"으로 본다.

    마. 양도 · 양수 공고문 사본

2. 상속의 경우 : 다음의 서류

    가. [별지 제8호서식]에 따른 소방시설업 지위승계신고서

    나. 피상속인의 소방시설업 등록증 및 등록수첩

    다. 제2조제1항에 해당하는 서류. 이 경우 같은 항 제1호 및 제5호의 "신청인"은 "신고인"으로 본다.

    라. 상속인임을 증명하는 서류

3. 합병의 경우 : 다음의 서류

    가. [별지 제9호서식]에 따른 소방시설업 합병신고서

    나. 합병 전 법인의 소방시설업 등록증 및 등록수첩

    다. 합병계약서 사본(합병에 관한 사항을 의결한 총회 또는 창립총회 결의서 사본 포함)

    라. 제2조제1항에 해당하는 서류. 이 경우 같은 항 제1호 및 제5호의 "신청인"은 "신고인"으로 본다.

    마. 합병공고문 사본

② 제1항에 따라 소방시설업자 지위 승계를 신고하려는 상속인이 법 제6조의2제1항에 따른 폐업 신고를 함께 하려는 경우에는 제1항제2호다목 전단의 서류 중 제2조제1항제1호 및 제5호의 서류만을 첨부하여 제출할 수 있다. 이 경우 같은 항 제1호 및 제5호의 "신청인"은 "신고인"으로 본다.

③ 제1항에 따른 신고서를 제출받은 협회는 「전자정부법」에 따라 행정정보의 공동이용을 통하여 다음 의 서류를 확인하여야 하며, 신고인이 제2호부터 제4호까지의 서류의 확인에 동의하지 아니하는 경우에는 해당 서류를 첨부하게 하여야 한다.

1. 법인등기사항 전부증명서(지위승계인이 법인인 경우에만 해당)
2. 사업자등록증(지위승계인이 개인인 경우에만 해당)
3. 「출입국관리법」에 따른 외국인등록 사실증명(지위승계인이 외국인인 경우에만 해당)
4. 국민연금가입자 증명서 또는 건강보험자격취득 확인서

④ 제1항에 따른 지위승계 신고 서류를 제출받은 협회는 접수일부터 7일 이내에 지위를 승계한 사실을 확인한 후 그 결과를 시 · 도지사에게 보고하여야 한다.

⑤ 시 · 도지사는 제4항에 따라 소방시설업의 지위승계 신고의 확인 사실을 보고받은 날부터 3일 이내에 협회를 경유하여 법 제7조제1항에 따른 지위승계인에게 등록증 및 등록수첩을 발급하여야 한다.

⑥ 제1항에 따라 지위승계 신고 서류를 제출받은 협회는 [별지 제5호서식]에 따른 소방시설업 등록대장 에 지위승계에 관한 사항을 작성하여 관리(전자문서 포함)하여야 한다.

⑦ 지위승계 신고 서류의 보완에 관하여는 제2조의2를 준용한다. 이 경우 "소방시설업의 등록신청 서류"는 "소방시설업의 지위승계 신고 서류"로 본다.

③ 시 · 도지사는 제1항 또는 제2항에 따른 신고를 받은 경우 그 내용을 검토하여 이 법에 적합하면 신고를 수리하여야 한다.

④ 제1항이나 제2항에 따른 지위승계에 관하여는 제5조를 준용한다. 다만, 상속인이 제5조의 어느 하나에 해당하는 경우 상속받은 날부터 3개월 동안은 그러하지 아니하다.

⑤ 제1항 또는 제2항에 따른 신고가 수리된 경우에는 제1항에 해당하는 자 또는 소방시설업자의 소방시설 의 전부를 인수한 자는 그 상속일, 양수일, 합병일 또는 인수일부터 종전의 소방시설업자의 지위를 승계한다.

제8조(소방시설업의 운영)

① 소방시설업자는 다른 자에게 자기의 성명이나 상호를 사용하여 소방시설공사등을 수급 또는 시공하게 하거나 소방시설업의 등록증 또는 등록수첩을 빌려 주어서는 아니 된다.

🔒 300만 원 이하 벌금 – 다른 자에게 자기의 성명이나 상호를 사용하여 소방시설공사등을 수급 또는 시공하게 하거나 소방시설업의 등록증이나 등록수첩을 빌려준 자

② 제9조제1항에 따라 영업정지처분이나 등록취소처분을 받은 소방시설업자는 그 날부터 소방시설공사 등을 하여서는 아니 된다. 다만, 소방시설의 착공신고가 수리(受理)되어 공사를 하고 있는 자로서 도급계 약이 해지되지 아니한 소방시설공사업자 또는 소방공사감리업자가 그 공사를 하는 동안이나 제4조제1 항에 따라 방염처리업을 등록한 자(이하 "방염처리업자")가 도급을 받아 방염 중인 것으로서 도급계약이 해지되지 아니한 상태에서 그 방염을 하는 동안에는 그러하지 아니하다.

③ 소방시설업자는 다음의 어느 하나에 해당하는 경우에는 소방시설공사등을 맡긴 특정소방대상물의 관계인에게 지체 없이 그 사실을 알려야 한다.

1. 제7조에 따라 소방시설업자의 지위를 승계한 경우

2. 제9조제1항에 따라 소방시설업의 등록취소처분 또는 영업정지처분을 받은 경우

3. 휴업하거나 폐업한 경우

④ 소방시설업자는 ≪행정안전부령으로 정하는 관계 서류≫를 제15조제1항에 따른 하자보수 보증기간 동안 보관하여야 한다.

> § 행정안전부령으로 정하는 관계 서류 – 소방시설업자가 보관 관계 서류(전자문서 포함)
>   1. 소방시설설계업 : 별지 제10호서식]의 소방시설 설계기록부 및 소방시설 설계도서
>   2. 소방시설공사업 : 별지 제11호서식]의 소방시설공사 기록부
>   3. 소방공사감리업 : 별지 제12호서식]의 소방공사 감리기록부, [별지 제13호서식]의 소방공사 감리일지 및 소방시설의 완공 당시 설계도서

제9조(등록취소와 영업정지 등)

① 시·도지사는 소방시설업자가 다음의 어느 하나에 해당하면 행정안전부령으로 정하는 바에 따라 그 등록을 취소하거나 6개월 이내의 기간을 정하여 시정이나 그 영업의 정지를 명할 수 있다. 다만, 제1호· 제3호 또는 제7호에 해당하는 경우에는 그 등록을 취소하여야 한다.

벌 1년 이하 징역 / 1천만 원 이하 벌금 – 영업정지처분을 받고 그 영업정지 기간에 영업을 한 자

1. 거짓이나 그 밖의 부정한 방법으로 등록한 경우 【등록취소】

2. 제4조제1항에 따른 등록기준에 미달하게 된 후 30일이 경과한 경우. 다만, 자본금기준에 미달한 경우 중 ≪「채무자 회생 및 파산에 관한 법률」에 따라 법원이 회생절차의 개시의 결정을 하고 그 절차가 진행 중인 경우≫등 대통령령으로 정하는 경우는 30일이 경과한 경우에도 예외로 한다.

> § 「채무자 회생 및 파산에 관한 법률」에 따라 법원이 회생절차의 개시의 결정을 하고 그 절차가 진행 중인 경우 등 대통령령으로 정하는 경우 – 일시적인 등록기준 미달에 관한 예외
>   1. 「상법」의 적용 대상인 상장회사가 최근 사업연도 말 현재의 자산 총액 감소에 따라 등록기준에 미달하는 기간이 50일 이내인 경우
>   2. 제2조제1항에 따른 업종별 등록기준 중 자본금 기준에 미달하는 경우로서 다음의 어느 하나에 해당하는 경우
>   가. 「채무자 회생 및 파산에 관한 법률」에 따라 법원이 회생절차 개시의 결정을 하고, 그 절차가 진행 중인 경우
>   나. 「채무자 회생 및 파산에 관한 법률」에 따라 법원이 회생계획의 수행에 지장이 없다고 인정하여 해당 소방시설업자에 대한 회생절차 종결의 결정을 하고, 그 회생계획을 수행 중인 경우
>   다. 「기업구조조정 촉진법」에 따라 금융채권자협의회가 금융채권자협의회에 의한 공동관리절차 개시의 의결을 하고, 그 절차가 진행 중인 경우

3. 제5조의 등록 결격사유에 해당하게 된 경우. 다만, 제5조제6호 또는 제7호에 해당하게 된 법인이 그 사유가 발생한 날부터 3개월 이내에 그 사유를 해소한 경우는 제외한다. 【등록취소】

4. 등록을 한 후 정당한 사유 없이 1년이 지날 때까지 영업을 시작하지 아니하거나 계속하여 1년 이상 휴업한 때

6. 제8조제1항을 위반하여 다른 자에게 자기의 성명이나 상호를 사용하여 소방시설공사등을 수급 또는 시공하게 하거나 소방시설업의 등록증 또는 등록수첩을 빌려준 경우

7. 제8조제2항을 위반하여 영업정지 기간 중에 소방시설공사등을 한 경우【등록취소】

8. 제8조제3항 또는 제4항을 위반하여 통지를 하지 아니하거나 관계서류를 보관하지 아니한 경우

9. 제11조나 제12조제1항을 위반하여 「소방시설 설치 및 관리에 관한 법률」 제2조제1항제6호에 따른 화재안전기준 등에 적합하게 설계ㆍ시공을 하지 아니하거나, 제16조제1항에 따라 적합하게 감리를 하지 아니한 경우

10. 제11조, 제12조제1항, 제16조제1항 또는 제20조의2에 따른 소방시설공사등의 업무수행의무 등을 고의 또는 과실로 위반하여 다른 자에게 상해를 입히거나 재산피해를 입힌 경우

11. 제12조제2항을 위반하여 소속 소방기술자를 공사현장에 배치하지 아니하거나 거짓으로 한 경우

12. 제13조나 제14조를 위반하여 착공신고(변경신고 포함)를 하지 아니하거나 거짓으로 한 때 또는 완공검사(부분완공검사 포함)를 받지 아니한 경우

13. 제13조제2항 후단을 위반하여 착공신고사항 중 중요한 사항에 해당하지 아니하는 변경사항을 같은 항의 어느 하나에 해당하는 서류에 포함하여 보고하지 아니한 경우

14. 제15조제3항을 위반하여 하자보수 기간 내에 하자보수를 하지 아니하거나 하자보수계획을 통보하지 아니한 경우

14의2. 제16조제3항에 따른 감리의 방법을 위반한 경우

15. 제17조제3항을 위반하여 인수ㆍ인계를 거부ㆍ방해ㆍ기피한 경우

16. 제18조제1항을 위반하여 소속 감리원을 공사현장에 배치하지 아니하거나 거짓으로 한 경우

17. 제18조제3항의 감리원 배치기준을 위반한 경우

18. 제19조제1항에 따른 요구에 따르지 아니한 경우

19. 제19조제3항을 위반하여 보고하지 아니한 경우

20. 제20조를 위반하여 감리 결과를 알리지 아니하거나 거짓으로 알린 경우 또는 공사감리 결과보고서를 제출하지 아니하거나 거짓으로 제출한 경우

20의2. 제20조의2를 위반하여 방염을 한 경우

20의3. 제20조의3제2항에 따른 방염처리능력 평가에 관한 서류를 거짓으로 제출한 경우

20의4. 제21조의3제4항을 위반하여 하도급 등에 관한 사항을 관계인과 발주자에게 알리지 아니하거나 거짓으로 알린 경우

20의5. 제21조의5제1항 또는 제3항을 위반하여 부정한 청탁을 받고 재물 또는 재산상의 이익을 취득하거나 부정한 청탁을 하면서 재물 또는 재산상의 이익을 제공한 경우

21. 제22조제1항 본문을 위반하여 도급받은 소방시설의 설계, 시공, 감리를 하도급한 경우

21의2. 제22조제2항을 위반하여 하도급받은 소방시설공사를 다시 하도급한 경우

23. 제22조의2제2항을 위반하여 정당한 사유 없이 하수급인 또는 하도급 계약내용의 변경요구에 따르지 아니한 경우

23의2. 제22조의3을 위반하여 하수급인에게 대금을 지급하지 아니한 경우

24. 제24조를 위반하여 시공과 감리를 함께 한 경우

24의2. 제26조제2항에 따른 시공능력 평가에 관한 서류를 거짓으로 제출한 경우

24의3. 제26조의2제1항 후단에 따른 사업수행능력 평가에 관한 서류를 위조하거나 변조하는 등 거짓이나 그 밖의 부정한 방법으로 입찰에 참여한 경우

25. 제31조에 따른 명령을 위반하여 보고 또는 자료 제출을 하지 아니하거나 거짓으로 보고 또는 자료 제출을 한 경우

26. 정당한 사유 없이 제31조에 따른 관계 공무원의 출입 또는 검사·조사를 거부·방해 또는 기피한 경우

② 제7조에 따라 소방시설업자의 지위를 승계한 상속인이 제5조의 어느 하나에 해당할 때에는 상속을 개시한 날부터 6개월 동안은 제1항제3호를 적용하지 아니한다.

③ 발주자는 소방시설업자가 제1항의 어느 하나에 해당하는 경우 그 사실을 시·도지사에게 통보하여야 한다.

④ 시·도지사는 제1항 또는 제10조제1항에 따라 등록취소, 영업정지 또는 과징금 부과 등의 처분을 하는 경우 해당 발주자에게 그 내용을 통보하여야 한다.

영·규칙 CHAIN

칙 제9조(소방시설업의 행정처분기준)

법 제9조제1항에 따른 소방시설업의 등록취소 등의 행정처분에 대한 기준은 [별표 1]과 같다.

■ 소방시설공사업법 시행규칙

[별표 1] 소방시설업에 대한 행정처분기준

1. 일반기준

가. 위반행위가 동시에 둘 이상 발생한 경우에는 그중 중한 처분기준(중한 처분기준이 동일한 경우에는 그중 하나의 처분기준)에 따르되, 둘 이상의 처분기준이 동일한 영업정지인 경우에는 중한 처분의 2분의 1까지 가중하여 처분할 수 있다.

나. 영업정지 처분기간 중 영업정지에 해당하는 위반사항이 있는 경우에는 종전의 처분기간 만료일의 다음날부터 새로운 위반사항에 대한 영업정지의 행정처분을 한다.

다. 위반행위의 차수에 따른 행정처분기준은 최근 1년간 같은 위반행위로 행정처분을 받은 경우에 적용한다. 이 경우 기준 적용일은 위반사항에 대한 행정처분일과 그 처분 후 다시 적발한 날을 기준으로 한다.

라. 다목에 따라 가중된 행정처분을 하는 경우 가중처분의 적용차수는 그 위반행위 전 행정처분 차수(다목에 따른 기간 내에 행정처분이 둘 이상 있었던 경우에는 높은 차수)의 다음 차수로 한다. 다만, 적발된 날부터 소급하여 1년이 되는 날 전에 한 행정처분은 가중처분의 차수 산정 대상에서 제외한다.

마. 영업정지 등에 해당하는 위반사항으로서 위반행위의 동기 · 내용 · 횟수 · 사유 또는 그 결과를 고려하여 다음에 해당하는 경우 그 처분을 가중하거나 감경할 수 있다. 이 경우 그 처분이 영업정지일 때에는 그 처분기준의 2분의 1의 범위에서 가중하거나 감경할 수 있고, 그 처분이 등록취소(법 제9조제1항제1호, 제3호, 제6호 및 제7호를 위반하여 등록취소가 된 경우는 제외)인 경우에는 등록취소 전 차수의 행정처분이 영업정지일 경우 처분기준의 2배 이상의 영업정지처분으로 감경할 수 있다.

  1) 가중사유

     가) 위반행위가 사소한 부주의나 오류가 아닌 고의나 중대한 과실에 의한 것으로 인정되는 경우

     나) 위반의 내용 · 정도가 중대하여 관계인에게 미치는 피해가 크다고 인정되는 경우

  2) 감경 사유

     가) 위반행위가 고의나 중대한 과실이 아닌 사소한 부주의나 오류로 인한 것으로 인정되는 경우

     나) 위반의 내용 · 정도가 경미하여 관계인에게 미치는 피해가 적다고 인정되는 경우

     다) 위반행위자의 위반행위가 처음이며 5년 이상 소방시설업을 모범적으로 해 온 사실이 인정되는 경우

     라) 위반행위자가 그 위반행위로 인하여 검사로부터 기소유예 처분을 받거나 법원으로부터 선고유예 판결을 받은 경우

바. 시 · 도지사는 고의 또는 중과실이 없는 위반행위자가 「소상공인기본법」에 따른 소상공인인 경우에는 다음의 사항을 고려하여 제2호의 개별기준에 따른 처분을 감경할 수 있다. 이 경우 그 처분이 영업정지인 경우에는 그 처분기준의 100분의 70 범위에서 감경할 수 있고, 그 처분이 등록취소(법 제9조제1항제1호, 제3호, 제6호 및 제7호를 위반하여 등록취소가 된 경우는 제외)인 경우에는 등록취소 전 차수의 행정처분이 영업정지일 경우 그 처분기준의 영업정지처분으로 감경할 수 있다. 다만, 마목에 따른 감경과 중복하여 적용하지 않는다.

  1) 해당 행정처분으로 위반행위자가 더 이상 영업을 영위하기 어렵다고 객관적으로 인정되는지 여부

  2) 경제위기 등으로 위반행위자가 속한 시장 · 산업 여건이 현저하게 변동되거나 지속적으로 악화된 상태인지 여부

2. 개별기준

위반사항	행정처분 기준		
	1차	2차	3차
가. 거짓이나 그 밖의 부정한 방법으로 등록한 경우	등록취소		
나. 법 제4조제1항에 따른 등록기준에 미달하게 된 후 30일이 경과한 경우(법 제9조제1항제2호 단서에 해당하는 경우는 제외)	경고 (시정명령)	영업정지 3개월	등록취소

다. 법 제5조의 등록 결격사유에 해당하게 된 경우	등록취소		
라. 등록을 한 후 정당한 사유 없이 1년이 지날 때까지 영업을 시작하지 아니하거나 계속하여 1년 이상 휴업한 때	경고 (시정명령)	등록취소	
마. 법 제8조제1항을 위반하여 다른 자에게 자기의 성명이나 상호를 사용하여 소방시설공사등을 수급 또는 시공하게 하거나 소방시설업의 등록증 또는 등록수첩을 빌려준 경우	영업정지 6개월	등록취소	
바. 법 제8조제2항을 위반하여 영업정지 기간 중에 소방시설공사등을 한 경우	등록취소		
사. 법 제8조제3항 또는 제4항을 위반하여 통지를 하지 아니하거나 관계서류를 보관하지 아니한 경우	경고 (시정명령)	영업정지 1개월	등록취소
아. 법 제11조 또는 제12조제1항을 위반하여 화재안전기준 등에 적합하게 설계·시공을 하지 아니하거나, 법 제16조제1항에 따라 적합하게 감리를 하지 아니한 경우	영업정지 1개월	영업정지 3개월	등록취소
자. 법 제11조, 제12조제1항, 제16조제1항 또는 제20조의2에 따른 소방시설공사등의 업무수행의무 등을 고의 또는 과실로 위반하여 다른 자에게 상해를 입히거나 재산피해를 입힌 경우	영업정지 6개월	등록취소	
차. 법 제12조제2항을 위반하여 소속 소방기술자를 공사현장에 배치하지 아니하거나 거짓으로 한 경우	경고 (시정명령)	영업정지 1개월	등록취소
카. 법 제13조 또는 제14조를 위반하여 착공신고(변경신고를 포함)를 하지 아니하거나 거짓으로 한 때 또는 완공검사(부분완공검사를 포함)를 받지 아니한 경우	경고 (시정명령)	영업정지 3개월	등록취소
타. 법 제13조제2항 후단을 위반하여 착공신고사항 중 중요한 사항에 해당하지 아니하는 변경사항을 같은 항의 어느 하나에 해당하는 서류에 포함하여 보고하지 아니한 경우	경고 (시정명령)	영업정지 1개월	등록취소
파. 법 제15조제3항을 위반하여 하자보수 기간 내에 하자보수를 하지 아니하거나 하자보수계획을 통보하지 아니한 경우	경고 (시정명령)	영업정지 1개월	등록취소
하. 법 제16조제3항에 따른 감리의 방법을 위반한 경우	경고 (시정명령)	영업정지 1개월	등록취소
거. 법 제17조제3항을 위반하여 인수·인계를 거부·방해·기피한 경우	영업정지 1개월	영업정지 3개월	등록취소
너. 법 제18조제1항을 위반하여 소속 감리원을 공사현장에 배치하지 아니하거나 거짓으로 한 경우	영업정지 1개월	영업정지 3개월	등록취소
더. 법 제18조제3항의 감리원 배치기준을 위반한 경우	경고 (시정명령)	영업정지 1개월	등록취소
러. 법 제19조제1항에 따른 요구에 따르지 아니한 경우	영업정지 1개월	영업정지 3개월	등록취소
머. 법 제19조제3항을 위반하여 보고하지 아니한 경우	경고 (시정명령)	영업정지 1개월	등록취소

	1차	2차	3차
버. 법 제20조를 위반하여 감리 결과를 알리지 아니하거나 거짓으로 알린 경우 또는 공사감리 결과보고서를 제출하지 아니하거나 거짓으로 제출한 경우	경고 (시정명령)	영업정지 3개월	등록취소
서. 법 제20조의2를 위반하여 방염을 한 경우	영업정지 3개월	영업정지 6개월	등록취소
어. 법 제20조의3제2항에 따른 방염처리능력 평가에 관한 서류를 거짓으로 제출한 경우	영업정지 3개월	영업정지 6개월	등록취소
저. 법 제21조의3제4항을 위반하여 하도급 등에 관한 사항을 관계인과 발주자에게 알리지 아니하거나 거짓으로 알린 경우	경고 (시정명령)	영업정지 1개월	등록취소
처. 법 제22조제1항 본문을 위반하여 도급받은 소방시설의 설계, 시공, 감리를 하도급한 경우	영업정지 3개월	영업정지 6개월	등록취소
커. 법 제22조제2항을 위반하여 하도급받은 소방시설공사를 다시 하도급한 경우	영업정지 3개월	영업정지 6개월	등록취소
터. 법 제22조의2제2항을 위반하여 정당한 사유 없이 하수급인 또는 하도급 계약내용의 변경요구에 따르지 아니한 경우	경고 (시정명령)	영업정지 1개월	등록취소
퍼. 제22조의3을 위반하여 하수급인에게 대금을 지급하지 아니한 경우	영업정지 1개월	영업정지 3개월	등록취소
허. 법 제24조를 위반하여 시공과 감리를 함께 한 경우	영업정지 3개월	등록취소	
고. 법 제26조제2항에 따른 시공능력 평가에 관한 서류를 거짓으로 제출한 경우	영업정지 3개월	영업정지 6개월	등록취소
노. 법 제26조의2제1항 후단에 따른 사업수행능력 평가에 관한 서류를 위조하거나 변조하는 등 거짓이나 그 밖의 부정한 방법으로 입찰에 참여한 경우	영업정지 3개월	영업정지 6개월	등록취소
도. 법 제31조에 따른 명령을 위반하여 보고 또는 자료 제출을 하지 아니하거나 거짓으로 보고 또는 자료 제출을 한 경우	영업정지 3개월	영업정지 6개월	등록취소
로. 정당한 사유 없이 법 제31조에 따른 관계 공무원의 출입 또는 검사·조사를 거부·방해 또는 기피한 경우	영업정지 3개월	영업정지 6개월	등록취소

제10조(과징금처분)

① 시·도지사는 제9조제1항의 어느 하나에 해당하는 경우로서 영업정지가 그 이용자에게 불편을 주거나 그 밖에 공익을 해칠 우려가 있을 때에는 영업정지처분을 갈음하여 2억 원 이하의 과징금을 부과할 수 있다.

② 제1항에 따른 과징금을 부과하는 위반행위의 종류와 위반 정도 등에 따른 과징금과 그 밖에 필요한 사항은 행정안전부령으로 정한다.

③ 시·도지사는 제1항에 따른 과징금을 내야 할 자가 납부기한까지 과징금을 내지 아니하면 「지방행정제재·부과금의 징수 등에 관한 법률」에 따라 징수한다.

 **영·규칙 CHAIN**

칙 제10조(과징금을 부과하는 위반행위의 종류와 과징금의 부과기준)

법 제10조제2항에 따라 과징금을 부과하는 위반행위의 종류와 그에 대한 과징금의 금액은 다음의 기준에 따라 산정한다.

1. 2021년 6월 10일부터 2023년 12월 31일까지의 기간 중에 위반행위를 한 경우 : [별표 2]

■ 소방시설공사업법 시행규칙

[별표 2] 과징금의 부과기준

1. 일반기준

가. 영업정지 1개월은 30일로 계산한다.

나. 과징금 산정은 별표 1 제2호의 영업정기기간(일)에 제2호에 따른 1일 과징금 금액을 곱하여 얻은 금액으로 한다.

다. 위반행위가 둘 이상 발생한 경우 과징금 부과에 따른 영업정지기간(일) 산정은 [별표 1] 제2호의 개별기준에 따른 각각의 영업정지처분기간을 합산한 기간으로 한다.

라. 영업정지에 해당하는 위반사항으로서 위반행위의 동기·내용·횟수 또는 그 결과를 고려하여 그 처분기준의 2분의 1까지 감경한 경우 과징금 부과에 따른 영업정지기간(일) 산정은 감경한 영업정지기간으로 한다.

마. 제2호에 따른 연간 매출액은 해당 업체에 대한 행정처분일이 속한 연도의 전년도 1년간 총 매출액을 기준으로 하며, 신규사업·휴업 등에 따라 전년도 1년간의 총매출액을 산출할 수 없는 경우에는 분기별·월별 또는 일별 매출액을 기준으로 하여 연간 매출액을 산정한다.

바. 별표 1 제2호 행정처분 개별기준 중 나목·바목·거목·노목·도목 및 로목의 위반사항에는 법 제10조제1항에 따른 영업정지를 갈음하여 과징금을 부과할 수 없다.

2. 개별기준

등급	연간 매출액	1일 과징금 금액(단위 : 원)
1	1억 원 이하	10,000
2	1억 원 초과~2억 원 이하	20,500
3	2억 원 초과~3억 원 이하	34,000
4	3억 원 초과~5억 원 이하	55,000
5	5억 원 초과~7억 원 이하	80,000
6	7억 원 초과~10억 원 이하	100,000
7	10억 원 초과~13억 원 이하	120,000
8	13억 원 초과~16억 원 이하	140,000
9	16억 원 초과~20억 원 이하	160,000

10	20억 원 초과~25억 원 이하	180,000
11	25억 원 초과~30억 원 이하	200,000
12	30억 원 초과~40억 원 이하	220,000
13	40억 원 초과~50억 원 이하	240,000
14	50억 원 초과~70억 원 이하	260,000
15	70억 원 초과~100억 원 이하	280,000
16	100억 원 초과~150억 원 이하	370,000
17	150억 원 초과~200억 원 이하	515,000
18	200억 원 초과~300억 원 이하	736,000
19	300억 원 초과~500억 원 이하	1,030,000
20	500억 원 초과~1,000억 원 이하	1,058,000
21	1,000억 원 초과~5,000억 원 이하	1,068,000
22	5,000억 원 초과	1,100,000

2. 2024년 1월 1일 이후에 위반행위를 한 경우 : [별표 2의2]

　가. 소방시설설계업 및 소방공사감리업의 과징금 산정기준

　　과징금 부과금액＝1일 평균 매출액×영업정지 일수×0.0205

　나. 소방시설공사업 및 방염처리업의 과징금 산정기준

　　과징금 부과금액＝1일 평균 매출액×영업정지 일수×0.0423

🔴 제11조(과징금 징수절차)

법 제10조제2항에 따른 과징금의 징수절차는 「국고금관리법 시행규칙」을 준용한다.

🔴 제11조의2(소방시설업자 등의 처분통지)

소방청장 또는 시·도지사는 다음의 경우에는 처분일부터 7일 이내에 협회에 그 사실을 알려주어야 한다.

　1. 법 제9조제1항에 따라 등록취소·시정명령 또는 영업정지를 하는 경우

　2. 법 제10조제1항에 따라 과징금을 부과하는 경우

　3. 법 제28조제4항에 따라 자격을 취소하거나 정지하는 경우

제3장 소방시설공사 등

제1절 설계

제11조(설계)

① 제4조제1항에 따라 소방시설설계업을 등록한 자(이하 "설계업자")는 이 법이나 이 법에 따른 명령과 화재안전기준에 맞게 소방시설을 설계하여야 한다. 다만, 「소방시설 설치 및 관리에 관한 법률」 제18조제1항에 따른 중앙소방기술심의위원회의 심의를 거쳐 소방시설의 구조와 원리 등에서 특수한 설계로 인정된 경우는 화재안전기준을 따르지 아니할 수 있다.

② 제1항 본문에도 불구하고 「소방시설 설치 및 관리에 관한 법률」 제8조제1항에 따른 특정소방대상물(신축하는 것만 해당)에 대해서는 그 용도, 위치, 구조, 수용 인원, 가연물(可燃物)의 종류 및 양 등을 고려하여 설계(이하 "성능위주설계")하여야 한다.

③ 성능위주설계를 할 수 있는 자의 자격, 기술인력 및 자격에 따른 설계의 범위와 그 밖에 필요한 사항은 대통령령으로 정한다.

영 · 규칙 CHAIN

영 제2조의3(성능위주설계를 할 수 있는 자의 자격 등)

법 제11조제3항에 따른 성능위주설계를 할 수 있는 자의 자격 · 기술인력 및 자격에 따른 설계범위는 [별표 1의2]와 같다.

■ 소방시설공사업법 시행령

[별표 1의2] 성능위주설계를 할 수 있는 자의 자격 · 기술인력 및 자격에 따른 설계범위

성능위주설계자의 자격	기술인력	설계범위
1. 법 제4조에 따라 전문 소방시설설계업을 등록한 자 2. 전문 소방시설설계업 등록기준에 따른 기술인력을 갖춘 자로서 소방청장이 정하여 고시하는 연구기관 또는 단체	소방기술사 2명 이상	「소방시설 설치 및 관리에 관한 법률 시행령」 제9조에 따라 성능위주설계를 하여야 하는 특정소방대상물

§ 대통령령으로 정하는 특정소방대상물 −성능위주설계 해야 하는 대상물의 범위

1. 연면적 20만m² 이상인 특정소방대상물. 다만, 아파트등은 제외한다.
2. 50층 이상(지하층 제외)이거나 지상으로부터 높이가 200m 이상인 아파트등
3. 30층 이상(지하층 포함)이거나 지상으로부터 높이가 120m 이상인 특정소방대상물(아파트등 제외)
4. 연면적 3만m² 이상인 특정소방대상물로서 다음의 어느 하나에 해당하는 특정소방대상물
   가. 철도 및 도시철도 시설   나. 공항시설
5. 창고시설 중 연면적 10만m² 이상인 것 또는 지하층의 층수가 2개 층 이상이고 지하층의 바닥면적의 합계가 3만m² 이상인 것

6. 하나의 건축물에 「영화 및 비디오물의 진흥에 관한 법률」에 따른 영화상영관이 10개 이상인 특정소방대상물

7. 「초고층 및 지하연계 복합건축물 재난관리에 관한 특별법」에 따른 지하연계 복합건축물에 해당하는 특정소방대상물

8. 터널 중 수저(水底)터널 또는 길이가 5천m 이상인 것

벌 1년 이하 징역 / 1천만 원 이하 벌금 – 위반하여 설계나 시공을 한 자

제2절 시공

제12조(시공)

① 제4조제1항에 따라 소방시설공사업을 등록한 자(이하 "공사업자")는 이 법이나 이 법에 따른 명령과 화재안전기준에 맞게 시공하여야 한다. 이 경우 소방시설의 구조와 원리 등에서 그 공법이 특수한 시공에 관하여는 제11조제1항 단서를 준용한다.

벌 1년 이하 징역 / 1천만 원 이하 벌금 – 위반하여 설계나 시공을 한 자

② 공사업자는 소방시설공사의 책임시공 및 기술관리를 위하여 대통령령으로 정하는 바에 따라 소속 소방기술자를 공사 현장에 배치하여야 한다.

영 · 규칙 CHAIN

영 제3조(소방기술자의 배치기준 및 배치기간)

법 제4조제1항에 따라 소방시설공사업을 등록한 자(이하 "공사업자")는 법 제12조제2항에 따라 [별표 2]의 배치기준 및 배치기간에 맞게 소속 소방기술자를 소방시설공사 현장에 배치하여야 한다.

■ 소방시설공사업법 시행령

[별표 2] 소방기술자의 배치기준 및 배치기간

1. 소방기술자의 배치기준

소방기술자의 배치기준	소방시설공사 현장의 기준
가. 특급기술자인 소방기술자 (기계분야 및 전기분야)	1) 연면적 20만m² 이상인 특정소방대상물의 공사 현장 2) 지하층을 포함한 층수가 40층 이상인 특정소방대상물의 공사 현장
나. 고급기술자 이상의 소방기술자(기계분야 및 전기분야)	1) 연면적 3만m² 이상 20만m² 미만인 특정소방대상물(아파트 제외)의 공사 현장 2) 지하층을 포함한 층수가 16층 이상 40층 미만인 특정소방대상물의 공사 현장
다. 중급기술자 이상의 소방기술자(기계분야 및 전기분야)	1) 물분무등소화설비(호스릴 방식의 소화설비 제외) 또는 제연설비가 설치되는 특정소방대상물의 공사 현장

	2) 연면적 5천m² 이상 3만m² 미만인 특정소방대상물(아파트 제외)의 공사 현장
	3) 연면적 1만m² 이상 20만m² 미만인 아파트의 공사 현장
라. 초급기술자 이상의 소방기술자(기계분야 및 전기분야)	1) 연면적 1천m² 이상 5천m² 미만인 특정소방대상물(아파트 제외)의 공사 현장
	2) 연면적 1천m² 이상 1만m² 미만인 아파트의 공사 현장
	3) 지하구(地下溝)의 공사 현장
마. 법 제28조제2항에 따라 자격수첩을 발급받은 소방기술자	연면적 1천m² 미만인 특정소방대상물의 공사 현장

[비고]

가. 다음의 어느 하나에 해당하는 기계분야 소방시설공사의 경우에는 소방기술자의 배치기준에 따른 기계분야의 소방기술자를 공사 현장에 배치해야 한다.
　1) 옥내소화전설비, 스프링클러설비등, 물분무등소화설비 또는 옥외소화전설비의 공사
　2) 상수도소화용수설비, 소화수조·저수조 또는 그 밖의 소화용수설비의 공사
　3) 제연설비, 연결송수관설비, 연결살수설비 또는 연소방지설비의 공사
　4) 기계분야 소방시설에 부설되는 전기시설의 공사. 다만, 비상전원, 동력회로, 제어회로, 기계분야의 소방시설을 작동하기 위해 설치하는 화재감지기에 의한 화재감지장치 및 전기신호에 의한 소방시설의 작동장치의 공사는 제외한다.

나. 다음의 어느 하나에 해당하는 전기분야 소방시설공사의 경우에는 소방기술자의 배치기준에 따른 전기분야의 소방기술자를 공사 현장에 배치해야 한다.
　1) 비상경보설비, 시각경보기, 자동화재탐지설비, 비상방송설비, 자동화재속보설비 또는 통합감시시설의 공사
　2) 비상콘센트설비 또는 무선통신보조설비의 공사
　3) 기계분야 소방시설에 부설되는 전기시설 중 가목4) 단서의 전기시설 공사

다. 가목 및 나목에도 불구하고 기계분야 및 전기분야의 자격을 모두 갖춘 소방기술자가 있는 경우에는 소방시설공사를 분야별로 구분하지 않고 그 소방기술자를 배치할 수 있다.

라. 가목 및 나목에도 불구하고 소방공사감리업자가 감리하는 소방시설공사가 다음의 어느 하나에 해당하는 경우에는 소방기술자를 소방시설공사 현장에 배치하지 않을 수 있다.
　1) 소방시설의 비상전원을 「전기공사업법」에 따른 전기공사업자가 공사하는 경우
　2) 상수도소화용수설비, 소화수조·저수조 또는 그 밖의 소화용수설비를 「건설산업기본법 시행령」에 따른 기계설비·가스공사업자 또는 상·하수도설비공사업자가 공사하는 경우
　3) 소방 외의 용도와 겸용되는 제연설비를 「건설산업기본법 시행령」에 따른 기계설비·가스공사업자가 공사하는 경우
　4) 소방 외의 용도와 겸용되는 비상방송설비 또는 무선통신보조설비를 「정보통신공사업법」에 따른 정보통신공사업자가 공사하는 경우

마. 공사업자는 다음의 경우를 제외하고는 1명의 소방기술자를 2개의 공사 현장을 초과하여 배치해서는 안 된다. 다만, 연면적 3만m² 이상의 특정소방대상물(아파트 제외)이거나 지하층을 포함한 층수가 16층 이상으로서 500세대 이상인 아파트에 대한 소방시설 공사의 경우에는 1개의 공사 현장에만 배치해야 한다.
　1) 건축물의 연면적이 5천m² 미만인 공사 현장에만 배치하는 경우. 다만, 그 연면적의 합계는 2만m²를 초과해서는 안 된다.

　　2) 건축물의 연면적이 5천m² 이상인 공사 현장 2개 이하와 5천m² 미만인 공사 현장에 같이 배치하는 경우. 다만, 5천m² 미만의 공사 현장의 연면적의 합계는 1만m²를 초과해서는 안 된다.

바. 특정 공사 현장이 2개 이상의 공사 현장 기준에 해당하는 경우에는 해당 공사 현장 기준에 따라 배치해야 하는 소방기술자를 각각 배치하지 않고 그 중 상위 등급 이상의 소방기술자를 배치할 수 있다.

2. 소방기술자의 배치기간

가. 공사업자는 제1호에 따른 소방기술자를 소방시설공사의 착공일부터 소방시설 완공검사증명서 발급일까지 배치한다.

나. 공사업자는 가목에도 불구하고 시공관리, 품질 및 안전에 지장이 없는 경우로서 다음의 어느 하나에 해당하여 발주자가 서면으로 승낙하는 경우에는 해당 공사가 중단된 기간 동안 소방기술자를 공사 현장에 배치하지 않을 수 있다.

　　1) 민원 또는 계절적 요인 등으로 해당 공정의 공사가 일정 기간 중단된 경우

　　2) 예산의 부족 등 발주자(하도급의 경우에는 수급인 포함)의 책임 있는 사유 또는 천재지변 등 불가항력으로 공사가 일정기간 중단된 경우

　　3) 발주자가 공사의 중단을 요청하는 경우

제13조(착공신고)

① 공사업자는 대통령령으로 정하는 소방시설공사를 하려면 행정안전부령으로 정하는 바에 따라 그 공사의 내용, 시공 장소, 그 밖에 필요한 사항을 소방본부장이나 소방서장에게 신고하여야 한다.

영·규칙 CHAIN

영 제4조(소방시설공사의 착공신고 대상)

법 제13조제1항에서 "대통령령으로 정하는 소방시설공사"란 다음의 어느 하나에 해당하는 소방시설공사를 말한다.

1. 특정소방대상물에 다음의 어느 하나에 해당하는 설비를 신설하는 공사

가. 옥내소화전설비(호스릴옥내소화전설비 포함), 옥외소화전설비, 스프링클러설비·간이스프링클러설비(캐비닛형 간이스프링클러설비 포함) 및 화재조기진압용 스프링클러설비(이하 "스프링클러설비등"), 물분무소화설비·포소화설비·이산화탄소소화설비·할론소화설비·할로겐화합물 및 불활성기체 소화설비·미분무소화설비·강화액소화설비 및 분말소화설비(이하 "물분무등소화설비"), 연결송수관설비, 연결살수설비, 제연설비(소방용 외의 용도와 겸용되는 제연설비를 「건설산업기본법 시행령」에 따른 기계설비·가스공사업자가 공사하는 경우 제외), 소화용수설비(소화용수설비를 「건설산업기본법 시행령」에 따른 기계설비·가스공사업자 또는 상·하수도설비공사업자가 공사하는 경우 제외) 또는 연소방지설비

나. 자동화재탐지설비, 비상경보설비, 비상방송설비(소방용 외의 용도와 겸용되는 비상방송설

비를 「정보통신공사업법」에 따른 정보통신공사업자가 공사하는 경우 제외), 비상콘센트설비(비상콘센트설비를 「전기공사업법」에 따른 전기공사업자가 공사하는 경우 제외) 또는 무선통신보조설비(소방용 외의 용도와 겸용되는 무선통신보조설비를 「정보통신공사업법」에 따른 정보통신공사업자가 공사하는 경우 제외)

2. 특정소방대상물에 다음의 어느 하나에 해당하는 설비 또는 구역 등을 증설하는 공사

   가. 옥내·옥외소화전설비

   나. 스프링클러설비·간이스프링클러설비 또는 물분무등소화설비의 방호구역, 자동화재탐지설비의 경계구역, 제연설비의 제연구역(소방용 외의 용도와 겸용되는 제연설비를 「건설산업기본법 시행령」에 따른 기계설비·가스공사업자가 공사하는 경우 제외), 연결살수설비의 살수구역, 연결송수관설비의 송수구역, 비상콘센트설비의 전용회로, 연소방지설비의 살수구역

3. 특정소방대상물에 설치된 소방시설등을 구성하는 다음의 어느 하나에 해당하는 것의 전부 또는 일부를 개설(改設), 이전(移轉) 또는 정비(整備)하는 공사. 다만, 고장 또는 파손 등으로 인하여 작동시킬 수 없는 소방시설을 긴급히 교체하거나 보수하여야 하는 경우에는 신고하지 않을 수 있다.

   가. 수신반(受信盤)

   나. 소화펌프

   다. 동력(감시)제어반

칙 제12조(착공신고 등)

① 법 제4조제1항에 따라 소방시설공사업을 등록한 자는 소방시설공사를 하려면 법 제13조제1항에 따라 해당 소방시설공사의 착공 전까지 [별지 제14호서식]의 소방시설공사 착공(변경)신고서[전자문서로 된 소방시설공사 착공(변경)신고서 포함]에 다음의 서류(전자문서 포함)를 첨부하여 소방본부장 또는 소방서장에게 신고해야 한다. 다만, 「전자정부법」에 따른 행정정보의 공동이용을 통하여 첨부서류에 대한 정보를 확인할 수 있는 경우에는 그 확인으로 첨부서류를 갈음할 수 있다.

1. 공사업자의 소방시설공사업 등록증 사본 1부 및 등록수첩 사본 1부

2. 해당 소방시설공사의 책임시공 및 기술관리를 하는 기술인력의 기술등급을 증명하는 서류 사본 1부

3. 법 제21조의3제2항에 따라 체결한 소방시설공사 계약서 사본 1부

4. 설계도서(설계설명서 포함) 1부. 다만, 영 제4조제3호에 해당하는 소방시설공사인 경우 또는 「소방시설 설치 및 관리에 관한 법률 시행규칙」에 따라 건축허가등의 동의요구서에 첨부된 서류 중 설계도서가 변경되지 않은 경우에는 설계도서를 첨부하지 않을 수 있다.

5. 소방시설공사를 하도급하는 경우 다음의 서류

   가. 제20조제1항 및 [별지 제31호서식]에 따른 소방시설공사등의 하도급통지서 사본 1부

   나. 하도급대금 지급에 관한 다음의 어느 하나에 해당하는 서류

      1) 「하도급거래 공정화에 관한 법률」에 따라 공사대금 지급을 보증한 경우에는 하도급대금

　　　지급보증서 사본 1부

　　2) 「하도급거래 공정화에 관한 법률」에 따라 보증이 필요하지 않거나 보증이 적합하지 않다고 인정되는 경우에는 이를 증빙하는 서류 사본 1부

③ 법 제13조제2항에 따라 공사업자는 제2항의 어느 하나에 해당하는 사항이 변경된 경우에는 변경일부터 30일 이내에 [별지 제14호서식]의 소방시설공사 착공(변경)신고서[전자문서로 된 소방시설공사 착공(변경)신고서 포함]에 제1항의 서류(전자문서 포함) 중 변경된 해당 서류를 첨부하여 소방본부장 또는 소방서장에게 신고하여야 한다.

④ 소방본부장 또는 소방서장은 소방시설공사 착공신고 또는 변경신고를 받은 경우에는 2일 이내에 처리하고 그 결과를 신고인에게 통보하며, 소방시설공사현장에 배치되는 소방기술자의 성명, 자격증 번호·등급, 시공현장의 명칭·소재지·면적 및 현장 배치기간을 법 제26조의3제1항에 따른 소방시설업 종합정보시스템에 입력해야 한다. 이 경우 소방본부장 또는 소방서장은 [별지 제15호서식]의 소방시설 착공 및 완공대장에 필요한 사항을 기록하여 관리하여야 한다.

⑤ 소방본부장 또는 소방서장은 소방시설공사 착공신고 또는 변경신고를 받은 경우에는 공사업자에게 [별지 제16호서식]의 소방시설공사현황 표지에 따른 소방시설공사현황의 게시를 요청할 수 있다.

② 공사업자가 제1항에 따라 신고한 사항 가운데 ≪행정안전부령으로 정하는 중요한 사항≫을 변경하였을 때에는 행정안전부령으로 정하는 바에 따라 변경신고를 하여야 한다. 이 경우 중요한 사항에 해당하지 아니하는 변경 사항은 다음의 어느 하나에 해당하는 서류에 포함하여 소방본부장이나 소방서장에게 보고하여야 한다.

1. 제14조제1항 또는 제2항에 따른 완공검사 또는 부분완공검사를 신청하는 서류
2. 제20조에 따른 공사감리 결과보고서

> § 행정안전부령으로 정하는 중요한 사항
> 1. 시공자
> 2. 설치되는 소방시설의 종류
> 3. 책임시공 및 기술관리 소방기술자

③ 소방본부장 또는 소방서장은 제1항 또는 제2항 전단에 따른 착공신고 또는 변경신고를 받은 날부터 2일 이내에 신고수리 여부를 신고인에게 통지하여야 한다.

④ 소방본부장 또는 소방서장이 제3항에서 정한 기간 내에 신고수리 여부 또는 민원 처리 관련 법령에 따른 처리기간의 연장을 신고인에게 통지하지 아니하면 그 기간(민원처리 관련 법령에 따라 처리기간이 연장 또는 재연장된 경우에는 해당 처리기간)이 끝난 날의 다음 날에 신고를 수리한 것으로 본다.

제14조(완공검사)

① 공사업자는 소방시설공사를 완공하면 소방본부장 또는 소방서장의 완공검사를 받아야 한다. 다만, 제17조제1항에 따라 공사감리자가 지정되어 있는 경우에는 공사감리 결과보고서로 완공검사를 갈음하되, ≪대통령령으로 정하는 특정소방대상물≫의 경우에는 소방본부장이나 소방서장이 소방시설공사가 공사감리 결과보고서대로 완공되었는지를 현장에서 확인할 수 있다.

§ 대통령령으로 정하는 특정소방대상물 – 현장확인 대상

1. 문화 및 집회시설, 종교시설, 판매시설, 노유자(老幼者)시설, 수련시설, 운동시설, 숙박시설, 창고시설, 지하상가 및 「다중이용업소의 안전관리에 관한 특별법」에 따른 다중이용업소
2. 다음의 어느 하나에 해당하는 설비가 설치되는 특정소방대상물
   가. 스프링클러설비등
   나. 물분무등소화설비(호스릴 방식 소화설비 제외)
3. 연면적 1만m² 이상이거나 11층 이상인 특정소방대상물(아파트 제외)
4. 가연성가스를 제조·저장 또는 취급하는 시설 중 지상에 노출된 가연성가스탱크의 저장용량 합계가 1천톤 이상인 시설

② 공사업자가 소방대상물 일부분의 소방시설공사를 마친 경우로서 전체 시설이 준공되기 전에 부분적으로 사용할 필요가 있는 경우에는 그 일부분에 대하여 소방본부장이나 소방서장에게 완공검사(이하 "부분완공검사")를 신청할 수 있다. 이 경우 소방본부장이나 소방서장은 그 일부분의 공사가 완공되었는지를 확인하여야 한다.

③ 소방본부장이나 소방서장은 제1항에 따른 완공검사나 제2항에 따른 부분완공검사를 하였을 때에는 완공검사증명서나 부분완공검사증명서를 발급하여야 한다.

④ 제1항부터 제3항까지의 규정에 따른 완공검사 및 부분완공검사의 신청과 검사증명서의 발급, 그 밖에 완공검사 및 부분완공검사에 필요한 사항은 행정안전부령으로 정한다.

영·규칙 CHAIN

칙 제13조(소방시설의 완공검사 신청 등)

① 공사업자는 소방시설공사의 완공검사 또는 부분완공검사를 받으려면 법 제14조제4항에 따라 [별지 제17호서식]의 소방시설공사 완공검사신청서(전자문서로 된 소방시설공사 완공검사신청서 포함) 또는 [별지 제18호서식]의 소방시설 부분완공검사신청서(전자문서로 된 소방시설 부분완공검사신청서를 포함)를 소방본부장 또는 소방서장에게 제출하여야 한다. 다만, 「전자정부법」에 따른 행정정보의 공동이용을 통하여 첨부서류에 대한 정보를 확인할 수 있는 경우에는 그 확인으로 첨부서류를 갈음할 수 있다.

② 제1항에 따라 소방시설 완공검사신청 또는 부분완공검사신청을 받은 소방본부장 또는 소방서장은 법 제14조제1항 및 제2항에 따른 현장 확인 결과 또는 감리 결과보고서를 검토한 결과 해당 소방시설 공사가 법령과 화재안전기준에 적합하다고 인정하면 [별지 제19호서식]의 소방시설 완공검사증명서 또는 [별지 제20호서식]의 소방시설 부분완공검사증명서를 공사업자에게 발급하여야 한다.

제15조(공사의 하자보수 등)

① 공사업자는 소방시설공사 결과 자동화재탐지설비 등 대통령령으로 정하는 소방시설에 하자가 있을 때에는 대통령령으로 정하는 기간 동안 그 하자를 보수하여야 한다.

📖 영·규칙 CHAIN

영 제6조(하자보수 대상 소방시설과 하자보수 보증기간)

법 제15조제1항에 따라 하자를 보수하여야 하는 소방시설과 소방시설별 하자보수 보증기간은 다음의 구분과 같다.

1. 피난기구, 유도등, 유도표지, 비상경보설비, 비상조명등, 비상방송설비 및 무선통신보조설비 : 2년
2. 자동소화장치, 옥내소화전설비, 스프링클러설비, 간이스프링클러설비, 물분무등소화설비, 옥외소화전설비, 자동화재탐지설비, 상수도소화용수설비 및 소화활동설비(무선통신보조설비 제외) : 3년

③ 관계인은 제1항에 따른 기간에 소방시설의 하자가 발생하였을 때에는 공사업자에게 그 사실을 알려야 하며, 통보를 받은 공사업자는 3일 이내에 하자를 보수하거나 보수 일정을 기록한 하자보수계획을 관계인에게 서면으로 알려야 한다.

④ 관계인은 공사업자가 다음의 어느 하나에 해당하는 경우에는 소방본부장이나 소방서장에게 그 사실을 알릴 수 있다.

1. 제3항에 따른 기간에 하자보수를 이행하지 아니한 경우
2. 제3항에 따른 기간에 하자보수계획을 서면으로 알리지 아니한 경우
3. 하자보수계획이 불합리하다고 인정되는 경우

⑤ 소방본부장이나 소방서장은 제4항에 따른 통보를 받았을 때에는「소방시설 설치 및 관리에 관한 법률」제18조제2항에 따른 지방소방기술심의위원회에 심의를 요청하여야 하며, 그 심의 결과 제4항의 어느 하나에 해당하는 것으로 인정할 때에는 시공자에게 기간을 정하여 하자보수를 명하여야 한다.

제3절 감리

제16조(감리)

① 제4조제1항에 따라 소방공사감리업을 등록한 자(이하 "감리업자")는 소방공사를 감리할 때 다음의 업무를 수행하여야 한다.

벌 1년 이하 징역 / 1천만 원 이하 벌금 - 위반하여 감리를 하거나 거짓으로 감리한 자

1. 소방시설 등의 설치계획표의 적법성 검토
2. 소방시설 등 설계도서의 적합성(적법성과 기술상의 합리성) 검토
3. 소방시설 등 설계 변경 사항의 적합성 검토

4. 「소방시설 설치 및 관리에 관한 법률」 제2조제1항제7호의 소방용품의 위치·규격 및 사용 자재의 적합성 검토

5. 공사업자가 한 소방시설등의 시공이 설계도서와 화재안전기준에 맞는지에 대한 지도·감독

6. 완공된 소방시설등의 성능시험

7. 공사업자가 작성한 시공 상세 도면의 적합성 검토

8. 피난시설 및 방화시설의 적법성 검토

9. 실내장식물의 불연화(不燃化)와 방염 물품의 적법성 검토

② 용도와 구조에서 특별히 안전성과 보안성이 요구되는 소방대상물로서 대통령령으로 정하는 장소(「원자력안전법」에 따른 관계시설이 설치되는 장소)에서 시공되는 소방시설물에 대한 감리는 감리업자가 아닌 자도 할 수 있다.

③ 감리업자는 제1항의 업무를 수행할 때에는 대통령령으로 정하는 감리의 종류 및 대상에 따라 공사기간 동안 소방시설공사 현장에 소속 감리원을 배치하고 업무수행 내용을 감리일지에 기록하는 등 대통령령으로 정하는 감리의 방법에 따라야 한다.

영·규칙 CHAIN

영 제9조(소방공사감리의 종류와 방법 및 대상)

법 제16조제3항에 따른 소방공사감리의 종류, 방법 및 대상은 [별표 3]과 같다.

■ 소방시설공사업법 시행령

[별표 3] 소방공사 감리의 종류, 방법 및 대상

종류	대상	방법
상주 공사 감리	1. 연면적 3만m² 이상의 특정소방대상물(아파트 제외)에 대한 소방시설의 공사 2. 지하층을 포함한 층수가 16층 이상으로서 500세대 이상인 아파트에 대한 소방시설의 공사	1. 감리원은 행정안전부령으로 정하는 기간(소방시설용 배관을 설치하거나 매립하는 때부터 소방시설 완공검사증명서를 발급받을 때까지) 동안 공사 현장에 상주하여 법 제16조제1항에 따른 업무를 수행하고 감리일지에 기록해야 한다. 다만, 법 제16조제1항제9호에 따른 업무는 행정안전부령으로 정하는 기간 동안 공사가 이루어지는 경우만 해당한다. 2. 감리원이 행정안전부령으로 정하는 기간 중 부득이한 사유로 1일 이상 현장을 이탈하는 경우에는 감리일지 등에 기록하여 발주청 또는 발주자의 확인을 받아야 한다. 이 경우 감리업자는 감리원의 업무를 대행할 사람을 감리현장에 배치하여 감리업무에 지장이 없도록 해야 한다. 3. 감리업자는 감리원이 행정안전부령으로 정하는 기간 중 법에 따른 교육이나 「민방위기본법」 또는 「예비군법」에 따른 교육을 받는 경우나 「근로기준법」에 따른 유급휴가로 현장을 이탈하게 되는 경우에는 감리업무에 지장이 없도록 감리원의 업무를 대행할 사람을 감리현장에 배치해야 한다. 이 경우 감리원은 새로 배치되는 업무대행자에게 업무 인수·인계 등의 필요한 조치를 해야 한다.

일반 공사 감리	상주 공사감리에 해당하지 않는 소방시설의 공사	1. 감리원은 공사 현장에 배치되어 법 제16조제1항에 따른 업무를 수행한다. 다만, 법 제16조제1항제9호에 따른 업무는 행정안전부령으로 정하는 기간 동안 공사가 이루어지는 경우만 해당한다. 2. 감리원은 행정안전부령으로 정하는 기간 중에는 주 1회 이상 공사 현장에 배치되어 제1호의 업무를 수행하고 감리일지에 기록해야 한다. 3. 감리업자는 감리원이 부득이한 사유로 14일 이내의 범위에서 제2호의 업무를 수행할 수 없는 경우에는 업무대행자를 지정하여 그 업무를 수행하게 해야 한다. 4. 제3호에 따라 지정된 업무대행자는 주 2회 이상 공사 현장에 배치되어 제1호의 업무를 수행하며, 그 업무수행 내용을 감리원에게 통보하고 감리일지에 기록해야 한다.

[비고] 감리업자는 제연설비 등 소방시설의 공사 감리를 위해 소방시설 성능시험(확인, 측정 및 조정을 포함)에 관한 전문성을 갖춘 기관·단체 또는 업체에 성능시험을 의뢰할 수 있다. 이 경우 해당 소방시설공사의 감리를 위해 [별표 4]에 따라 배치된 감리원(책임감리원을 배치해야 하는 소방시설공사의 경우에는 책임감리원)은 성능시험 현장에 참석하여 성능시험이 적정하게 실시되는지 확인해야 한다.

제17조(공사감리자의 지정 등)

① 대통령령으로 정하는 특정소방대상물(「소방시설 설치 및 관리에 관한 법률 시행령」[별표 2] 제5조 관련 특정소방대상물)의 관계인이 특정소방대상물에 대하여 자동화재탐지설비, 옥내소화전설비 등 대통령령으로 정하는 소방시설을 시공할 때에는 소방시설공사의 감리를 위하여 감리업자를 공사감리자로 지정하여야 한다. 다만, 제26조의2제2항에 따라 시·도지사가 감리업자를 선정한 경우에는 그 감리업자를 공사감리자로 지정한다.

벌 1년 이하 징역 / 1천만 원 이하 벌금 – 공사감리자를 지정하지 아니한 자

> § 자동화재탐지설비, 옥내소화전설비 등 대통령령으로 정하는 소방시설을 시공할 때 – 감지자 지정대상
> 1. 옥내소화전설비를 신설·개설 또는 증설할 때
> 2. 스프링클러설비등(캐비닛형 간이스프링클러설비 제외)을 신설·개설하거나 방호·방수 구역을 증설할 때
> 3. 물분무등소화설비(호스릴 방식 소화설비 제외)를 신설·개설하거나 방호·방수 구역을 증설할 때
> 4. 옥외소화전설비를 신설·개설 또는 증설할 때
> 5. 자동화재탐지설비를 신설 또는 개설할 때
> 5의2. 비상방송설비를 신설 또는 개설할 때
> 6. 통합감시시설을 신설 또는 개설할 때
> 7. 소화용수설비를 신설 또는 개설할 때
> 8. 다음에 따른 소화활동설비에 대하여 시공을 할 때

가. 제연설비를 신설·개설하거나 제연구역을 증설할 때

나. 연결송수관설비를 신설 또는 개설할 때

다. 연결살수설비를 신설·개설하거나 송수구역을 증설할 때

라. 비상콘센트설비를 신설·개설하거나 전용회로를 증설할 때

마. 무선통신보조설비를 신설 또는 개설할 때

바. 연소방지설비를 신설·개설하거나 살수구역을 증설할 때

② 관계인은 제1항에 따라 공사감리자를 지정하였을 때에는 행정안전부령으로 정하는 바에 따라 소방본부 장이나 소방서장에게 신고하여야 한다. 공사감리자를 변경하였을 때에도 또한 같다.

영·규칙 CHAIN

제15조(소방공사감리자의 지정신고 등)

① 법 제17조제2항에 따라 특정소방대상물의 관계인은 공사감리자를 지정한 경우에는 해당 소방시설 공사의 착공 전까지 [별지 제21호서식]의 소방공사감리자 지정신고서에 다음의 서류(전자문서 포함)를 첨부하여 소방본부장 또는 소방서장에게 제출해야 한다. 다만, 「전자정부법」에 따른 행정정보의 공동이용을 통하여 첨부서류에 대한 정보를 확인할 수 있는 경우에는 그 확인으로 첨부서류를 갈음할 수 있다.

1. 소방공사감리업 등록증 사본 1부 및 등록수첩 사본 1부
2. 해당 소방시설공사를 감리하는 소속 감리원의 감리원 등급을 증명하는 서류(전자문서 포함) 각 1부
3. 별지 제22호서식]의 소방공사감리계획서 1부
4. 법 제21조의3제2항에 따라 체결한 소방시설설계 계약서 사본(「소방시설 설치 및 관리에 관한 법률 시행규칙」에 따라 건축허가등의 동의요구서에 소방시설설계 계약서가 첨부되지 않았거나 첨부된 서류 중 소방시설설계 계약서가 변경된 경우에만 첨부) 1부 및 소방공사감리 계약서 사본 1부

② 특정소방대상물의 관계인은 공사감리자가 변경된 경우에는 법 제17조제2항 후단에 따라 변경일부 터 30일 이내에 [별지 제23호서식]의 소방공사감리자 변경신고서(전자문서로 된 소방공사감리자 변경신고서 포함)에 제1항의 서류(전자문서 포함)를 첨부하여 소방본부장 또는 소방서장에게 제출 하여야 한다. 다만, 「전자정부법」에 따른 행정정보의 공동이용을 통하여 첨부서류에 대한 정보를 확인할 수 있는 경우에는 그 확인으로 첨부서류를 갈음할 수 있다.

③ 소방본부장 또는 소방서장은 제1항 및 제2항에 따라 공사감리자의 지정신고 또는 변경신고를 받은 경우에는 2일 이내에 처리하고 그 결과를 신고인에게 통보해야 한다.

③ 관계인이 제1항에 따른 공사감리자를 변경하였을 때에는 새로 지정된 공사감리자와 종전의 공사감리자 는 감리 업무 수행에 관한 사항과 관계 서류를 인수·인계하여야 한다.

④ 소방본부장 또는 소방서장은 제2항에 따른 공사감리자 지정신고 또는 변경신고를 받은 날부터 2일 이내에 신고수리 여부를 신고인에게 통지하여야 한다.

⑤ 소방본부장 또는 소방서장이 제4항에서 정한 기간 내에 신고수리 여부 또는 민원 처리 관련 법령에 따른 처리기간의 연장을 신고인에게 통지하지 아니하면 그 기간(민원처리 관련 법령에 따라 처리기간이 연장 또는 재연장된 경우에는 해당 처리기간)이 끝난 날의 다음 날에 신고를 수리한 것으로 본다.

제18조(감리원의 배치 등)

① 감리업자는 소방시설공사의 감리를 위하여 소속 감리원을 대통령령으로 정하는 바에 따라 소방시설공사 현장에 배치하여야 한다.

벌 300만 원 이하 벌금 – 소방시설공사 현장에 감리원을 배치하지 아니한 자

영·규칙 CHAIN

영 제11조(소방공사 감리원의 배치기준 및 배치기간)

법 제18조제1항에 따라 감리업자는 [별표 4]의 배치기준 및 배치기간에 맞게 소속 감리원을 소방시설공사 현장에 배치하여야 한다.

■ 소방시설공사업법 시행령

[별표 4] 소방공사 감리원의 배치기준 및 배치기간

1. 소방공사 감리원의 배치기준

감리원의 배치기준		소방시설공사 현장의 기준
책임감리원	보조감리원	
가. 행정안전부령으로 정하는 특급감리원 중 소방기술사	행정안전부령으로 정하는 초급감리원 이상의 소방공사 감리원(기계분야 및 전기분야)	1) 연면적 20만m² 이상인 특정소방대상물의 공사 현장 2) 지하층을 포함한 층수가 40층 이상인 특정소방대상물의 공사 현장
나. 행정안전부령으로 정하는 특급감리원 이상의 소방공사 감리원(기계분야 및 전기분야)	행정안전부령으로 정하는 초급감리원 이상의 소방공사 감리원(기계분야 및 전기분야)	1) 연면적 3만m² 이상 20만m² 미만인 특정소방대상물(아파트 제외)의 공사 현장 2) 지하층을 포함한 층수가 16층 이상 40층 미만인 특정소방대상물의 공사 현장
다. 행정안전부령으로 정하는 고급감리원 이상의 소방공사 감리원(기계분야 및 전기분야)	행정안전부령으로 정하는 초급감리원 이상의 소방공사 감리원(기계분야 및 전기분야)	1) 물분무등소화설비(호스릴 방식의 소화설비 제외) 또는 제연설비가 설치되는 특정소방대상물의 공사 현장 2) 연면적 3만m² 이상 20만m² 미만인 아파트의 공사 현장
라. 행정안전부령으로 정하는 중급감리원 이상의 소방공사 감리원(기계분야 및 전기분야)		연면적 5천m² 이상 3만m² 미만인 특정소방대상물의 공사 현장
마. 행정안전부령으로 정하는 초급감리원 이상의 소방공사 감리원(기계분야 및 전기분야)		1) 연면적 5천m² 미만인 특정소방대상물의 공사 현장 2) 지하구의 공사 현장

[비고]

가. "책임감리원"이란 해당 공사 전반에 관한 감리업무를 총괄하는 사람을 말한다.

나. "보조감리원"이란 책임감리원을 보좌하고 책임감리원의 지시를 받아 감리업무를 수행하는 사람을 말한다.

다. 소방시설공사 현장의 연면적 합계가 20만m^2 이상인 경우에는 20만m^2를 초과하는 연면적에 대하여 10만m^2(20만m^2를 초과하는 연면적이 10만m^2에 미달하는 경우에는 10만m^2로 본다)마다 보조감리원 1명 이상을 추가로 배치해야 한다.

라. 위 표에도 불구하고 상주 공사감리에 해당하지 않는 소방시설의 공사에는 보조감리원을 배치하지 않을 수 있다.

마. 특정 공사 현장이 2개 이상의 공사 현장 기준에 해당하는 경우에는 해당 공사 현장 기준에 따라 배치해야 하는 감리원을 각각 배치하지 않고 그 중 상위 등급 이상의 감리원을 배치할 수 있다.

2. 소방공사 감리원의 배치기간

가. 감리업자는 제1호의 기준에 따른 소방공사 감리원을 상주 공사감리 및 일반 공사감리로 구분하여 소방시설공사의 착공일부터 소방시설 완공검사증명서 발급일까지의 기간 중 행정안전부령으로 정하는 기간 동안 배치한다.

나. 감리업자는 가목에도 불구하고 시공관리, 품질 및 안전에 지장이 없는 경우로서 다음의 어느 하나에 해당하여 발주자가 서면으로 승낙하는 경우에는 해당 공사가 중단된 기간 동안 감리원을 공사현장에 배치하지 않을 수 있다.

1) 민원 또는 계절적 요인 등으로 해당 공정의 공사가 일정 기간 중단된 경우

2) 예산의 부족 등 발주자(하도급의 경우에는 수급인 포함)의 책임 있는 사유 또는 천재지변 등 불가항력으로 공사가 일정기간 중단된 경우

3) 발주자가 공사의 중단을 요청하는 경우

② 감리업자는 제1항에 따라 소속 감리원을 배치하였을 때에는 행정안전부령으로 정하는 바에 따라 소방본부장이나 소방서장에게 통보하여야 한다. 감리원의 배치를 변경하였을 때에도 또한 같다.

영·규칙 CHAIN

제17조(감리원 배치통보 등)

① 소방공사감리업자는 법 제18조제2항에 따라 감리원을 소방공사감리현장에 배치하는 경우에는 [별지 제24호서식]의 소방공사감리원 배치통보서(전자문서로 된 소방공사감리원 배치통보서 포함)에, 배치한 감리원이 변경된 경우에는 [별지 제25호서식]의 소방공사감리원 배치변경통보서(전자문서로 된 소방공사감리원 배치변경통보서 포함)에 다음의 구분에 따른 해당 서류(전자문서 포함)를 첨부하여 감리원 배치일부터 7일 이내에 소방본부장 또는 소방서장에게 알려야 한다. 이 경우 소방본부장 또는 소방서장은 배치되는 감리원의 성명, 자격증 번호·등급, 감리현장의 명칭·소재지·면적 및 현장 배치기간을 법 제26조의3제1항에 따른 소방시설업 종합정보시스템에 입력해야 한다.

1. 소방공사감리원 배치통보서에 첨부하는 서류(전자문서 포함)

　　가. [별표 4의2] 제3호나목에 따른 감리원의 등급을 증명하는 서류

　　나. 법 제21조의3제2항에 따라 체결한 소방공사 감리계약서 사본 1부

　2. 소방공사감리원 배치변경통보서에 첨부하는 서류(전자문서 포함)

　　가. 변경된 감리원의 등급을 증명하는 서류(감리원을 배치하는 경우에만 첨부)

　　나. 변경 전 감리원의 등급을 증명하는 서류

③ 제1항에 따른 감리원의 세부적인 배치 기준은 행정안전부령으로 정한다.

영·규칙 CHAIN

칙 제16조(감리원의 세부 배치 기준 등)

① 법 제18조제3항에 따른 감리원의 세부적인 배치 기준은 다음의 구분에 따른다.

　1. 영 [별표 3]에 따른 상주 공사감리 대상인 경우

　　가. 기계분야의 감리원 자격을 취득한 사람과 전기분야의 감리원 자격을 취득한 사람 각 1명 이상을 감리원으로 배치할 것. 다만, 기계분야 및 전기분야의 감리원 자격을 함께 취득한 사람이 있는 경우에는 그에 해당하는 사람 1명 이상을 배치할 수 있다.

　　나. 소방시설용 배관(전선관 포함)을 설치하거나 매립하는 때부터 소방시설 완공검사증명서를 발급받을 때까지 소방공사감리현장에 감리원을 배치할 것

　2. 영 [별표 3]에 따른 일반 공사감리 대상인 경우

　　가. 기계분야의 감리원 자격을 취득한 사람과 전기분야의 감리원 자격을 취득한 사람 각 1명 이상을 감리원으로 배치할 것. 다만, 기계분야 및 전기분야의 감리원 자격을 함께 취득한 사람이 있는 경우에는 그에 해당하는 사람 1명 이상을 배치할 수 있다.

　　나. [별표 3]에 따른 기간 동안 감리원을 배치할 것

　　다. 감리원은 주 1회 이상 소방공사감리현장에 배치되어 감리할 것

　　라. 1명의 감리원이 담당하는 소방공사감리현장은 5개 이하(자동화재탐지설비 또는 옥내소화전설비 중 어느 하나만 설치하는 2개의 소방공사감리현장이 최단 차량주행거리로 30km 이내에 있는 경우에는 1개의 소방공사감리현장으로 본다)로서 감리현장 연면적의 총 합계가 10만m² 이하일 것. 다만, 일반 공사감리 대상인 아파트의 경우에는 연면적의 합계에 관계없이 1명의 감리원이 5개 이내의 공사현장을 감리할 수 있다.

③ 영 [별표 3] 일반공사감리의 방법란 제1호 및 제2호에서 "행정안전부령으로 정하는 기간"이란 [별표 3]에 따른 기간을 말한다.

■ 소방시설공사업법 시행규칙

[별표 3] 일반 공사감리기간

1. 옥내소화전설비·스프링클러설비·포소화설비·물분무소화설비·연결살수설비 및 연소방지설비의 경우 : 가압송수장치의 설치, 가지배관의 설치, 개폐밸브·유수검지장치·체크밸브·템

퍼스위치의 설치, 앵글밸브 · 소화전함의 매립, 스프링클러헤드 · 포헤드 · 포방출구 · 포노즐 · 포호스릴 · 물분무헤드 · 연결살수헤드 · 방수구의 설치, 포소화약제 탱크 및 포혼합기의 설치, 포소화약제의 충전, 입상배관과 옥상탱크의 접속, 옥외 연결송수구의 설치, 제어반의 설치, 동력전원 및 각종 제어회로의 접속, 음향장치의 설치 및 수동조작함의 설치를 하는 기간

2. 이산화탄소소화설비 · 할로겐화합물소화설비 · 청정소화약제소화설비 및 분말소화설비의 경우 : 소화약제 저장용기와 집합관의 접속, 기동용기 등 작동장치의 설치, 제어반 · 화재표시반의 설치, 동력전원 및 각종 제어회로의 접속, 가지배관의 설치, 선택밸브의 설치, 분사헤드의 설치, 수동기동장치의 설치 및 음향경보장치의 설치를 하는 기간

3. 자동화재탐지설비 · 시각경보기 · 비상경보설비 · 비상방송설비 · 통합감시시설 · 유도등 · 비상콘센트설비 및 무선통신보조설비의 경우 : 전선관의 매립, 감지기 · 유도등 · 조명등 및 비상콘센트의 설치, 증폭기의 접속, 누설동축케이블 등의 부설, 무선기기의 접속단자 · 분배기 · 증폭기의 설치 및 동력전원의 접속공사를 하는 기간

4. 피난기구의 경우 : 고정금속구를 설치하는 기간

5. 제연설비의 경우 : 가동식 제연경계벽 · 배출구 · 공기유입구의 설치, 각종 댐퍼 및 유입구 폐쇄장치의 설치, 배출기 및 공기유입기의 설치 및 풍도와의 접속, 배출풍도 및 유입풍도의 설치 · 단열조치, 동력전원 및 제어회로의 접속, 제어반의 설치를 하는 기간

6. 비상전원이 설치되는 소방시설의 경우 : 비상전원의 설치 및 소방시설과의 접속을 하는 기간

[비고]

위에 따른 소방시설의 일반 공사감리기간은 소방시설의 성능시험, 소방시설 완공검사증명서의 발급 · 인수인계 및 소방공사의 정산을 하는 기간을 포함한다.

제19조(위반사항에 대한 조치)

① 감리업자는 감리를 할 때 소방시설공사가 설계도서나 화재안전기준에 맞지 아니할 때에는 관계인에게 알리고, 공사업자에게 그 공사의 시정 또는 보완 등을 요구하여야 한다.

영 · 규칙 CHAIN

칙 제18조(위반사항의 보고 등)

소방공사감리업자는 법 제19조제1항에 따라 공사업자에게 해당 공사의 시정 또는 보완을 요구하였으나 이행하지 아니하고 그 공사를 계속할 때에는 법 제19조제3항에 따라 시정 또는 보완을 이행하지 아니하고 공사를 계속하는 날부터 3일 이내에 [별지 제28호서식]의 소방시설공사 위반사항보고서(전자문서로 된 소방시설공사 위반사항보고서 포함)를 소방본부장 또는 소방서장에게 제출하여야 한다. 이 경우 공사업자의 위반사항을 확인할 수 있는 사진 등 증명서류(전자문서 포함)가 있으면 이를 소방시설공사 위반사항보고서(전자문서로 된 소방시설공사 위반사항보고서 포함)에 첨부하여 제출하여야 한다. 다만, 「전자정부법」에 따른 행정정보의 공동이용을 통하여 첨부서류에 대한 정보를 확인할 수 있는 경우에는 그 확인으로 첨부서류를 갈음할 수 있다.

② 공사업자가 제1항에 따른 요구를 받았을 때에는 그 요구에 따라야 한다.

> 벌 300만 원 이하 벌금 – 감리업자의 보완 요구에 따르지 아니한 자

③ 감리업자는 공사업자가 제1항에 따른 요구를 이행하지 아니하고 그 공사를 계속할 때에는 행정안전부령으로 정하는 바에 따라 소방본부장이나 소방서장에게 그 사실을 보고하여야 한다.

> 벌 1년 이하 징역 / 1천만 원 이하 벌금 – 보고를 거짓으로 한 자

④ 관계인은 감리업자가 제3항에 따라 소방본부장이나 소방서장에게 보고한 것을 이유로 감리계약을 해지하거나 감리의 대가 지급을 거부하거나 지연시키거나 그 밖의 불이익을 주어서는 아니 된다.

> 벌 300만 원 이하 벌금 – 공사감리 계약을 해지하거나 대가 지급을 거부하거나 지연시키거나 불이익을 준 자

제20조(공사감리 결과의 통보 등)

감리업자는 소방공사의 감리를 마쳤을 때에는 행정안전부령으로 정하는 바에 따라 그 감리 결과를 그 특정소방대상물의 관계인, 소방시설공사의 도급인, 그 특정소방대상물의 공사를 감리한 건축사에게 서면으로 알리고, 소방본부장이나 소방서장에게 공사감리 결과보고서를 제출하여야 한다.

> 벌 1년 이하 징역 / 1천만 원 이하 벌금 – 공사감리 결과의 통보 또는 공사감리 결과보고서의 제출을 거짓으로 한 자

영·규칙 CHAIN

칙 제19조(감리결과의 통보 등)

법 제20조에 따라 감리업자가 소방공사의 감리를 마쳤을 때에는 [별지 제29호서식]의 소방공사감리 결과보고(통보)서[전자문서로 된 소방공사감리 결과보고(통보)서 포함]에 다음의 서류(전자문서 포함)를 첨부하여 공사가 완료된 날부터 7일 이내에 특정소방대상물의 관계인, 소방시설공사의 도급인 및 특정소방대상물의 공사를 감리한 건축사에게 알리고, 소방본부장 또는 소방서장에게 보고해야 한다.

1. 소방청장이 정하여 고시하는 소방시설 성능시험조사표 1부
2. 착공신고 후 변경된 소방시설설계도면(변경사항이 있는 경우에만 첨부하되, 법 제11조에 따른 설계업자가 설계한 도면만 해당) 1부
3. [별지 제13호서식]의 소방공사 감리일지(소방본부장 또는 소방서장에게 보고하는 경우에만 첨부) 1부
4. 특정소방대상물의 사용승인(「건축법」에 따른 사용승인으로서「주택법」에 따른 사용검사 또는 「학교시설사업 촉진법」에 따른 사용승인 포함) 신청서 등 사용승인 신청을 증빙할 수 있는 서류 1부

제3절의2 방염

제20조의2(방염)

방염처리업자는 「소방시설 설치 및 관리에 관한 법률」 제20조제3항에 따른 방염성능기준 이상이 되도록 방염을 하여야 한다.

제20조의3(방염처리능력 평가 및 공시)

① 소방청장은 방염처리업자의 방염처리능력 평가 요청이 있는 경우 해당 방염처리업자의 방염처리 실적 등에 따라 방염처리능력을 평가하여 공시할 수 있다.

② 제1항에 따른 평가를 받으려는 방염처리업자는 전년도 방염처리 실적이나 그 밖에 행정안전부령으로 정하는 서류를 소방청장에게 제출하여야 한다.

③ 제1항 및 제2항에 따른 방염처리능력 평가신청 절차, 평가방법 및 공시방법 등에 필요한 사항은 행정안전부령으로 정한다.

영·규칙 CHAIN

칙 제19조의2(방염처리능력 평가의 신청)

① 법 제4조제1항에 따라 방염처리업을 등록한 자(이하 "방염처리업자")는 법 제20조의3제2항에 따라 방염처리능력을 평가받으려는 경우에는 [별지 제30호의2서식]의 방염처리능력 평가 신청서(전자문서 포함)를 협회에 매년 2월 15일까지 제출해야 한다. 다만, 제2항제4호의 서류의 경우에는 법인은 매년 4월 15일, 개인은 매년 6월 10일(「소득세법」에 따른 성실신고확인대상사업자는 매년 7월 10일)까지 제출해야 한다.

② [별지 제30호의2서식]의 방염처리능력 평가 신청서에는 다음의 서류(전자문서 포함)를 첨부해야 하며, 협회는 방염처리업자가 첨부해야 할 서류를 갖추지 못한 경우에는 15일의 보완기간을 부여하여 보완하게 해야 한다. 이 경우 「전자정부법」에 따른 행정정보의 공동이용을 통하여 첨부서류에 대한 정보를 확인할 수 있는 경우에는 그 확인으로 첨부서류를 갈음할 수 있다.

1. 방염처리 실적을 증명하는 다음의 구분에 따른 서류
   가. 제조·가공 공정에서의 방염처리 실적
   1) 「소방시설 설치 및 관리에 관한 법률」 제21조제1항에 따른 방염성능검사 결과를 증명하는 서류 사본
   2) 부가가치세법령에 따른 세금계산서(공급자 보관용) 사본 또는 소득세법령에 따른 계산서(공급자 보관용) 사본
   나. 현장에서의 방염처리 실적
   1) 「소방용품의 품질관리 등에 관한 규칙」 제5조 및 [별지 제4호서식]에 따라 시·도지사가 발급한 현장처리물품의 방염성능검사 성적서 사본
   2) 부가가치세법령에 따른 세금계산서(공급자 보관용) 사본 또는 소득세법령에 따른 계산서(공급자 보관용) 사본
   다. 가목 및 나목 외의 방염처리 실적
   1) [별지 제30호의3서식]의 방염처리 실적증명서
   2) 부가가치세법령에 따른 세금계산서(공급자 보관용) 사본 또는 소득세법령에 따른 계산서(공급자 보관용) 사본
   라. 해외 수출 물품에 대한 제조·가공 공정에서의 방염처리 실적 및 해외 현장에서의 방염처리

실적 : 방염처리 계약서 사본 및 외국환은행이 발행한 외화입금증명서

　마. 주한국제연합군 또는 그 밖의 외국군의 기관으로부터 도급받은 방염처리 실적 : 방염처리 계약서 사본 및 외국환은행이 발행한 외화입금증명서

2. [별지 제30호의4서식]의 방염처리업 분야 기술개발투자비 확인서(해당하는 경우만 제출) 및 증빙서류

3. [별지 제30호의5서식]의 방염처리업 신인도평가신고서(다음의 어느 하나에 해당하는 경우만 제출) 및 증빙서류

　가. 품질경영인증(ISO 9000) 취득

　나. 우수방염처리업자 지정

　다. 방염처리 표창 수상

4. 경영상태 확인을 위한 다음의 어느 하나에 해당하는 서류

　가. 「법인세법」 또는 「소득세법」에 따라 관할 세무서장에게 제출한 조세에 관한 신고서(「세무사법」에 따라 등록한 세무사가 확인한 것으로서 재무상태표 및 손익계산서가 포함된 것)

　나. 「주식회사 등의 외부감사에 관한 법률」에 따라 외부감사인의 회계감사를 받은 재무제표

　다. 「공인회계사법」에 따라 등록한 공인회계사 또는 같은 법 제24조에 따라 등록한 회계법인이 감사한 회계서류

③ 제1항에 따른 기간 내에 방염처리능력 평가를 신청하지 못한 방염처리업자가 다음의 어느 하나에 해당하는 경우에는 제1항의 신청 기간에도 불구하고 다음의 어느 하나의 경우에 해당하게 된 날부터 6개월 이내에 방염처리능력 평가를 신청할 수 있다.

1. 법 제4조제1항에 따라 방염처리업을 등록한 경우

2. 법 제7조제1항 또는 제2항에 따라 방염처리업을 상속·양수·합병하거나 소방시설 전부를 인수한 경우

3. 법 제9조에 따른 방염처리업 등록취소 처분의 취소 또는 집행정지 결정을 받은 경우

④ 제1항부터 제3항까지에서 규정한 사항 외에 방염처리능력 평가 신청에 필요한 세부규정은 협회가 정하되, 소방청장의 승인을 받아야 한다.

칙 제19조의3(방염처리능력의 평가 및 공시 등)

① 법 제20조의3제1항에 따른 방염처리능력 평가의 방법은 [별표 3의2]와 같다.

■ 소방시설공사업법 시행규칙

[별표 3의2] 방염처리능력 평가의 방법

1. 방염처리업자의 방염처리능력은 다음 계산식으로 산정하되, 10만원 미만의 숫자는 버린다. 이 경우 산정기준일은 평가를 하는 해의 전년도 12월 31일로 한다.

> 방염처리능력평가액 ＝ 실적평가액 ＋ 자본금평가액 ＋ 기술력평가액 ＋ 경력평가액 ± 신인도평가액

　가. 방염처리능력평가액은 영 [별표 1] 제4호에 따른 방염처리업의 업종별로 산정해야 한다.

2. 실적평가액은 다음 계산식으로 산정한다.

> 실적평가액 = 연평균 방염처리실적액

가. 방염처리 실적은 제19조의2제2항제1호의 구분에 따른 실적을 말하며, 영 [별표 1] 제4호에 따른 방염처리업 업종별로 산정해야 한다.

나. 제조 · 가공 공정에서 방염처리한 물품을 수입한 경우에는 방염처리 실적에 포함되지 않는다.

다. 방염처리실적액(발주자가 공급하는 자재비를 제외한다)은 해당 업체의 수급금액 중 하수급금액은 포함하고 하도급금액은 제외한다.

라. 방염물품의 종류 및 처리방법에 따른 실적인정 비율은 소방청장이 정하여 고시한다.

마. 방염처리업을 한 기간이 산정일을 기준으로 3년 이상인 경우에는 최근 3년간의 방염처리실적을 합산하여 3으로 나눈 금액을 연평균 방염처리실적액으로 한다.

바. 방염처리업을 한 기간이 산정일을 기준으로 1년 이상 3년 미만인 경우에는 그 기간의 방염처리실적을 합산한 금액을 그 기간의 개월수로 나눈 금액에 12를 곱한 금액을 연평균 방염처리실적액으로 한다.

사. 방염처리업을 한 기간이 산정일을 기준으로 1년 미만인 경우에는 그 기간의 방염처리실적액을 연평균방염처리실적액으로 한다.

아. 다음의 어느 하나에 해당하는 경우의 실적은 종전 방염처리업자의 실적과 방염처리업을 승계한 자의 실적을 합산한다.

1) 방염처리업자인 법인이 분할에 의하여 설립되거나 분할합병한 회사에 그가 경영하는 방염처리업 전부를 양도하는 경우

2) 개인이 경영하던 방염처리업을 법인사업으로 전환하기 위하여 방염처리업을 양도하는 경우(방염처리업의 등록을 한 개인이 당해 법인의 대표자가 되는 경우에만 해당한다)

3) 합명회사와 합자회사 간, 주식회사와 유한회사 간의 전환을 위하여 방염처리업을 양도하는 경우

4) 방염처리업자인 법인 간에 합병을 하는 경우 또는 방염처리업자인 법인과 방염처리업자가 아닌 법인이 합병을 하는 경우

5) 법 제6조의2에 따른 폐업신고로 방염처리업의 등록이 말소된 후 6개월 이내에 다시 같은 업종의 방염처리업을 등록하는 경우

3. 자본금평가액은 다음 계산식으로 산정한다.

> 자본금평가액 = 실질자본금

가. 실질자본금은 해당 방염처리업체 최근 결산일 현재의 총자산에서 총부채를 뺀 금액을 말하며, 방염처리업 외의 다른 업을 겸업하는 경우에는 실질자본금에서 겸업비율에 해당하는 금액을 공제한다.

4. 기술력평가액은 다음 계산식으로 산정한다.

$$기술력평가액 = 전년도\ 연구 \cdot 인력개발비 + 전년도\ 방염처리시설\ 및\ 시험기기\ 구입비용$$

가. 전년도 연구 · 인력개발비는 연구개발 및 인력개발을 위한 비용으로서「조세특례제한법 시행령」[별표 6]에 따른 비용 중 방염처리업 분야에 실제로 사용된 금액으로 한다.

나. 전년도 방염처리시설 및 시험기기 구입비용은 방염처리능력 평가 전년도에 기술개발 등을 위하여 추가로 구입한 방염처리시설 및 시험기기 구입비용으로 한다. 다만, 법 제4조제1항에 따라 방염처리업을 등록한 자 또는 법 제7조1항 및 제2항에 따라 소방시설업자의 지위를 승계한 자가 영 [별표 1] 제4호에 따른 방염처리업 등록기준 요건을 갖추기 위하여 새로 구입한 방염처리시설 및 시험기기 구입비용은 구입 후 최초로 평가를 신청하는 경우에는 포함한다.

5. 경력평가액은 다음 계산식으로 산정한다.

$$경력평가액 = 실적평가액 \times 방염처리업\ 경영기간\ 평점 \times 20/100$$

가. 방염처리업 경영기간은 등록일 · 양도신고일 또는 합병신고일부터 산정기준일까지로 한다.

나. 종전 방염처리업자의 방염처리업 경영기간과 방염처리업을 승계한 자의 방염처리업 경영기간의 합산에 관해서는 제2호아목을 준용한다.

다. 방염처리업 경영기간 평점은 다음 표에 따른다.

방염처리업 경영기간	2년 미만	2년 이상 4년 미만	4년 이상 6년 미만	6년 이상 8년 미만	8년 이상 10년 미만
평점	1.0	1.1	1.2	1.3	1.4

10년 이상 12년 미만	12년 이상 14년 미만	14년 이상 16년 미만	16년 이상 18년 미만	18년 이상 20년 미만	20년 이상
1.5	1.6	1.7	1.8	1.9	2.0

6. 신인도평가액은 다음 계산식으로 산정하되, 신인도평가액은 실적평가액 · 자본금평가액 · 기술력평가액 · 경력평가액을 합친 금액의 ±10%의 범위를 초과할 수 없으며, 가점요소와 감점요소가 있는 경우에는 이를 상계한다.

$$신인도평가액 = (실적평가액 + 자본금평가액 + 기술력평가액 + 경력평가액) \times 신인도\ 반영비율\ 합계$$

가. 신인도 반영비율 가점요소는 다음과 같다.

　　1) 최근 1년간 국가기관 · 지방자치단체 · 공공기관으로부터 우수방염처리업자로 선정된 경우 : ＋3%

　　2) 최근 1년간 국가기관 · 지방자치단체 및 공공기관으로부터 방염처리업과 관련한 표창을 받은 경우

　　　가) 대통령 표창 : ＋3%

　　　나) 그 밖의 표창 : ＋2%

　　3) 방염처리업자의 방염처리상 환경관리 및 방염처리폐기물의 처리실태가 우수하여 환경부장관으로부터 방염처리능력의 증액 요청이 있는 경우 : ＋2%

4) 방염처리업에 관한 국제품질경영인증(ISO)을 받은 경우 : +2%

나. 신인도 반영비율 감점요소는 다음과 같다.

1) 최근 1년간 국가기관 · 지방자치단체 · 공공기관으로부터 부정당업자로 제재처분을 받은 사실이 있는 경우 : -3%

2) 최근 1년간 부도가 발생한 사실이 있는 경우 : -2%

3) 최근 1년간 법 제9조 또는 제10조에 따라 영업정지 처분 및 과징금 처분을 받은 사실이 있는 경우

가) 1개월 이상 3개월 이하 : -2%

나) 3개월 초과 : -3%

4) 최근 1년간 법 제40조제1항에 따라 과태료 처분을 받은 사실이 있는 경우 : -2%

5) 최근 1년간 「폐기물관리법」등 환경관리법령을 위반하여 과태료 처분, 영업정지 처분 및 과징금 처분을 받은 사실이 있는 경우 : -2%

② 협회는 방염처리능력을 평가한 경우에는 그 사실을 해당 방염처리업자의 등록수첩에 기재하여 발급해야 한다.

③ 협회는 제19조의2에 따라 제출된 서류가 거짓으로 확인된 경우에는 확인된 날부터 10일 이내에 해당 방염처리업자의 방염처리능력을 새로 평가하고 해당 방염처리업자의 등록수첩에 그 사실을 기재하여 발급해야 한다.

④ 협회는 방염처리능력을 평가한 경우에는 법 제20조의3제1항에 따라 다음의 사항을 매년 7월 31일까지 협회의 인터넷 홈페이지에 공시해야 한다. 다만, 제19조의2제3항 또는 제3항에 따라 방염처리능력을 평가한 경우에는 평가완료일부터 10일 이내에 공시해야 한다.

1. 상호 및 성명(법인인 경우에는 대표자의 성명)

2. 주된 영업소의 소재지

3. 업종 및 등록번호

4. 방염처리능력 평가 결과

⑤ 방염처리능력 평가의 유효기간은 공시일부터 1년간으로 한다. 다만, 제19조의2제3항 또는 제3항에 따라 방염처리능력을 평가한 경우에는 해당 방염처리능력 평가 결과의 공시일부터 다음 해의 정기 공시일(제4항 본문에 따라 공시한 날)의 전날까지로 한다.

⑥ 제1항부터 제5항까지에서 규정한 사항 외에 방염처리능력 평가 및 공시에 필요한 세부규정은 협회가 정하되, 소방청장의 승인을 받아야 한다.

제4절 도급

제21조(소방시설공사등의 도급)

① 특정소방대상물의 관계인 또는 발주자는 소방시설공사등을 도급할 때에는 해당 소방시설업자에게 도급하여야 한다.

벌 1년 이하 징역 / 1천만 원 이하 벌금 – 해당 소방시설업자가 아닌 자에게 소방시설공사등을 도급한 자

② 소방시설공사는 다른 업종의 공사와 분리하여 도급하여야 한다. 다만, 공사의 성질상 또는 기술관리상 분리하여 도급하는 것이 곤란한 경우로서 ≪대통령령으로 정하는 경우≫에는 다른 업종의 공사와 분리하지 아니하고 도급할 수 있다.

벌 300만 원 이하 벌금 – 소방시설공사를 다른 업종의 공사와 분리하여 도급하지 아니한 자

> § 대통령령으로 정하는 경우 – 소방시설공사 분리 도급의 예외
> 1. 「재난 및 안전관리 기본법」에 따른 재난의 발생으로 긴급하게 착공해야 하는 공사인 경우
> 2. 국방 및 국가안보 등과 관련하여 기밀을 유지해야 하는 공사인 경우
> 3. 법 제4조에 따른 소방시설공사에 해당하지 않는 공사인 경우
> 4. 연면적이 1천m² 이하인 특정소방대상물에 비상경보설비를 설치하는 공사인 경우
> 5. 다음의 어느 하나에 해당하는 입찰로 시행되는 공사인 경우
>   가. 「국가를 당사자로 하는 계약에 관한 법률 시행령」 및 「지방자치단체를 당사자로 하는 계약에 관한 법률 시행령」에 따른 대안입찰 또는 일괄입찰
>   나. 「국가를 당사자로 하는 계약에 관한 법률 시행령」 및 「지방자치단체를 당사자로 하는 계약에 관한 법률 시행령」에 따른 실시설계 기술제안입찰 또는 기본설계 기술제안입찰
> 6. 그 밖에 문화재수리 및 재개발·재건축 등의 공사로서 공사의 성질상 분리하여 도급하는 것이 곤란하다고 소방청장이 인정하는 경우

제21조의2(임금에 대한 압류의 금지)

① 공사업자가 도급받은 소방시설공사의 도급금액 중 그 공사(하도급한 공사 포함)의 근로자에게 지급하여야 할 임금에 해당하는 금액은 압류할 수 없다.

② 제1항의 임금에 해당하는 금액의 범위와 산정방법은 대통령령으로 정한다.

영·규칙 CHAIN

영 제11조의3(압류대상에서 제외되는 노임)

법 제21조의2에 따라 압류할 수 없는 노임(勞賃)에 해당하는 금액은 해당 소방시설공사의 도급 또는 하도급 금액 중 설계도서에 기재된 노임을 합산하여 산정한다.

제21조의3(도급의 원칙 등)

① 소방시설공사등의 도급 또는 하도급의 계약당사자는 서로 대등한 입장에서 합의에 따라 공정하게 계약을 체결하고, 신의에 따라 성실하게 계약을 이행하여야 한다.

② 소방시설공사등의 도급 또는 하도급의 계약당사자는 그 계약을 체결할 때 도급 또는 하도급 금액, 공사기간, ≪그 밖에 대통령령으로 정하는 사항≫을 계약서에 분명히 밝혀야 하며, 서명날인한 계약서를 서로 내주고 보관하여야 한다.

§ 그 밖에 대통령령으로 정하는 사항 – 도급계약서의 내용

1. 소방시설의 설계, 시공, 감리 및 방염의 내용
2. 도급(하도급 포함)금액 중 노임(勞賃)에 해당하는 금액
3. 소방시설공사등의 착수 및 완성 시기
4. 도급금액의 선급금이나 기성금 지급을 약정한 경우에는 각각 그 지급의 시기 · 방법 및 금액
5. 도급계약당사자 어느 한쪽에서 설계변경, 공사중지 또는 도급계약의 해제를 요청하는 경우 손해부담에 관한 사항
6. 천재지변이나 그 밖의 불가항력으로 인한 면책의 범위에 관한 사항
7. 설계변경, 물가변동 등에 따른 도급금액 또는 소방시설공사등의 내용 변경에 관한 사항
8. 「하도급거래 공정화에 관한 법률」에 따른 하도급대금 지급보증서의 발급에 관한 사항(하도급 계약 경우만 해당)
9. 「하도급거래 공정화에 관한 법률」에 따른 하도급대금의 직접 지급 사유와 그 절차(하도급계약 경우만 해당)
10. 「산업안전보건법」에 따른 산업안전보건관리비 지급에 관한 사항(소방시설공사업의 경우만 해당)
11. 해당 공사와 관련하여 「고용보험 및 산업재해보상보험의 보험료징수 등에 관한 법률」, 「국민 연금법」 및 「국민건강보험법」에 따른 보험료 등 관계 법령에 따라 부담하는 비용에 관한 사항(소방시설공사업 경우만 해당)
12. 도급목적물의 인도를 위한 검사 및 인도 시기
13. 소방시설공사등이 완성된 후 도급금액의 지급시기
14. 계약 이행이 지체되는 경우의 위약금 및 지연이자 지급 등 손해배상에 관한 사항
15. 하자보수 대상 소방시설과 하자보수 보증기간 및 하자담보 방법(소방시설공사업 경우만 해당)
16. 해당 공사에서 발생된 폐기물의 처리방법과 재활용에 관한 사항(소방시설공사업 경우만 해당)
17. 그 밖에 다른 법령 또는 계약 당사자 양쪽의 합의에 따라 명시되는 사항

② 소방청장은 계약 당사자가 대등한 입장에서 공정하게 계약을 체결하도록 하기 위하여 소방시설공사등의 도급 또는 하도급에 관한 표준계약서(하도급의 경우에는 「하도급거래 공정화에 관한 법률」에 따라 공정거래위원회가 권장하는 소방시설공사업종 표준하도급계약서)를 정하여 보급할 수 있다.

③ 수급인은 하수급인에게 하도급과 관련하여 자재구입처의 지정 등 하수급인에게 불리하다고 인정되는 행위를 강요하여서는 아니 된다.

④ 제21조에 따라 도급을 받은 자가 해당 소방시설공사등을 하도급할 때에는 행정안전부령으로 정하는 바에 따라 미리 관계인과 발주자에게 알려야 한다. 하수급인을 변경하거나 하도급 계약을 해지할 때에도 또한 같다.

영·규칙 CHAIN

> **칙** **제20조(하도급의 통지)**
>
> ① 소방시설업자는 소방시설의 설계, 시공, 감리 및 방염을 하도급하려고 하거나 하수급인을 변경하는 경우에는 법 제21조의3제4항에 따라 [별지 제31호서식]의 소방시설공사 등의 하도급통지서(전자 문서로 된 소방시설공사등의 하도급통지서 포함)에 다음의 서류(전자문서 포함)를 첨부하여 미리 관계인 및 발주자에게 알려야 한다.
>   1. 하도급계약서(안) 1부
>   2. 예정공정표 1부
>   3. 하도급내역서 1부
>   4. 하수급인의 소방시설업 등록증 사본 1부
> ② 제1항에 따라 하도급을 하려는 소방시설업자는 관계인 및 발주자에게 통지한 소방시설공사등의 하도급통지서(전자문서로 된 소방시설공사등의 하도급통지서 포함) 사본을 하수급자에게 주어야 한다.
> ③ 소방시설업자는 하도급계약을 해지하는 경우에는 법 제21조의3제4항에 따라 하도급계약 해지사실 을 증명할 수 있는 서류(전자문서 포함)를 관계인 및 발주자에게 알려야 한다.

⑤ 하도급에 관하여 이 법에서 규정하는 것을 제외하고는 그 성질에 반하지 아니하는 범위에서「하도급거래 공정화에 관한 법률」의 해당 규정을 준용한다.

제21조의4(공사대금의 지급보증 등)

① 수급인이 국가, 지방자치단체 또는 대통령령으로 정하는 공공기관(공기업, 준정부기관, 지방공사, 지방공단) 외의 자가 발주하는 공사를 도급받은 경우로서 수급인이 발주자에게 계약의 이행을 보증하는 때에는 발주자도 수급인에게 공사대금의 지급을 보증하거나 담보를 제공하여야 한다. 다만, 발주자는 공사대금의 지급보증 또는 담보 제공을 하기 곤란한 경우에는 수급인이 그에 상응하는 보험 또는 공제에 가입할 수 있도록 계약의 이행보증을 받은 날부터 30일 이내에 보험료 또는 공제료(이하 "보험료등")를 지급하여야 한다.

영·규칙 CHAIN

> **칙** **제20조의2(공사대금의 지급보증 등의 방법 및 절차)**
>
> ① 법 제21조의4제1항 본문에 따라 발주자가 수급인에게 공사대금의 지급을 보증하거나 담보를 제공해 야 하는 금액은 다음의 구분에 따른 금액으로 한다.
>   1. 공사기간이 4개월 이내인 경우 : 도급금액에서 계약상 선급금을 제외한 금액
>   2. 공사기간이 4개월을 초과하는 경우로서 기성부분에 대한 대가를 지급하지 않기로 약정하거나 그 대가의 지급주기가 2개월 이내인 경우 : 다음의 계산식에 따라 산출된 금액

$$\frac{도급금액-계약상\ 선급금}{공사기간(월)}\times 4$$

3. 공사기간이 4개월을 초과하는 경우로서 기성부분에 대한 대가의 지급주기가 2개월을 초과하는
   경우 : 다음의 계산식에 따라 산출된 금액

$$\frac{도급금액-계약상\ 선급금}{공사기간(월)}\times 기성부분에\ 대한\ 대가의\ 지급주기(월수)\times 2$$

② 제1항에 따른 공사대금의 지급 보증 또는 담보의 제공은 수급인이 발주자에게 계약의 이행을 보증한
  날부터 30일 이내에 해야 한다.

③ 공사대금의 지급 보증은 현금(체신관서 또는 「은행법」에 따른 은행이 발행한 자기앞수표 포함)의
  지급 또는 다음의 기관이 발행하는 보증서의 교부에 따른다.

1. 「소방산업의 진흥에 관한 법률」에 따른 소방산업공제조합
2. 「보험업법」에 따른 보험회사
3. 「신용보증기금법」에 따른 신용보증기금
4. 「은행법」에 따른 은행
5. 「주택도시기금법」에 따른 주택도시보증공사

④ 법 제21조의4제1항 단서에 따라 발주자가 공사대금의 지급을 보증하거나 담보를 제공하기 곤란한
  경우에 지급하는 보험료 또는 공제료는 제1항에 따라 산정된 금액을 기초로 발주자의 신용도 등을
  고려하여 제3항의 기관이 정하는 금액으로 한다.

⑤ 법 제21조의4제3항 전단에 따른 이행촉구의 통지는 다음의 어느 하나에 해당하는 방법으로 한다.

1. 「우편법 시행규칙」의 내용증명
2. 「전자문서 및 전자거래 기본법」에 따른 전자문서로서 다음의 어느 하나에 해당하는 요건을 갖춘 것
   가. 「전자서명법」에 따른 전자서명(서명자의 실지명의를 확인할 수 있는 것으로 한정)이 있을 것
   나. 「전자문서 및 전자거래 기본법」에 따른 공인전자주소를 이용할 것
3. 그 밖에 이행촉구의 내용 및 수신 여부를 객관적으로 확인할 수 있는 방법

② 발주자 및 수급인은 소규모공사 등 대통령령으로 정하는 소방시설공사의 경우 제1항에 따른 계약이행의
  보증이나 공사대금의 지급보증, 담보의 제공 또는 보험료 등의 지급을 아니할 수 있다.

영·규칙 CHAIN

제11조의6(공사대금의 지급보증 등의 예외가 되는 소방시설공사의 범위)

법 제21조의4제2항에서 "소규모공사 등 대통령령으로 정하는 소방시설공사"란 다음의 소방시설공사
를 말한다.

1. 공사 1건의 도급금액이 1천만 원 미만인 소규모 소방시설공사
2. 공사기간이 3개월 이내인 단기의 소방시설공사

③ 발주자가 제1항에 따른 공사대금의 지급보증, 담보의 제공 또는 보험료등의 지급을 하지 아니한 때에는 수급인은 10일 이내 기간을 정하여 발주자에게 그 이행을 촉구하고 공사를 중지할 수 있다. 발주자가 촉구한 기간 내에 그 이행을 하지 아니한 때에는 수급인은 도급계약을 해지할 수 있다.

④ 제3항에 따라 수급인이 공사를 중지하거나 도급계약을 해지한 경우에는 발주자는 수급인에게 공사 중지나 도급계약의 해지에 따라 발생하는 손해배상을 청구하지 못한다.

⑤ 제1항에 따른 공사대금의 지급보증, 담보의 제공 또는 보험료등의 지급 방법이나 절차 및 제3항에 따른 촉구의 방법 등에 필요한 사항은 행정안전부령으로 정한다.

제21조의5(부정한 청탁에 의한 재물 등의 취득 및 제공 금지)

① 발주자·수급인·하수급인(발주자, 수급인 또는 하수급인이 법인인 경우 해당 법인의 임원 또는 직원 포함) 또는 이해관계인은 도급계약의 체결 또는 소방시설공사등의 시공 및 수행과 관련하여 부정한 청탁을 받고 재물 또는 재산상의 이익을 취득하거나 부정한 청탁을 하면서 재물 또는 재산상의 이익을 제공하여서는 아니 된다.

② 국가, 지방자치단체 또는 대통령령으로 정하는 공공기관이 발주한 소방시설공사등의 업체 선정에 심사위원으로 참여한 사람은 그 직무와 관련하여 부정한 청탁을 받고 재물 또는 재산상의 이익을 취득하여서는 아니 된다.

③ 국가, 지방자치단체 또는 대통령령으로 정하는 공공기관이 발주한 소방시설공사등의 업체 선정에 참여한 법인, 해당 법인의 대표자, 상업사용인, 그 밖의 임원 또는 직원은 그 직무와 관련하여 부정한 청탁을 받고 재물 또는 재산상의 이익을 취득하거나 부정한 청탁을 하면서 재물 또는 재산상의 이익을 제공하여서는 아니 된다.

> **벌** 3년 이하 징역 / 3천만 원 이하 벌금 – (공) 제21조의5를 위반하여 부정한 청탁을 받고 재물 또는 재산상의 이익을 취득하거나 부정한 청탁을 하면서 재물 또는 재산상의 이익을 제공한 자

제21조의6(위반사실의 통보)

국가, 지방자치단체 또는 대통령령으로 정하는 공공기관은 소방시설업자가 제21조의5를 위반한 사실을 발견하면 시·도지사가 제9조제1항에 따라 그 등록을 취소하거나 6개월 이내의 기간을 정하여 그 영업의 정지를 명할 수 있도록 그 사실을 시·도지사에게 통보하여야 한다.

제22조(하도급의 제한)

① 제21조에 따라 도급을 받은 자는 소방시설의 설계, 시공, 감리를 제3자에게 하도급할 수 없다. 다만, 시공의 경우에는 대통령령으로 정하는 바에 따라 도급받은 소방시설공사의 일부를 다른 공사업자에게 하도급할 수 있다.

> **벌** 1년 이하 징역 / 1천만 원 이하 벌금 – 도급받은 소방시설의 설계, 시공, 감리를 하도급한 자

영 · 규칙 CHAIN

영 제12조(소방시설공사의 시공을 하도급할 수 있는 경우)

① 소방시설공사업과 다음의 어느 하나에 해당하는 사업을 함께 하는 공사업자가 소방시설공사와 해당 사업의 공사를 함께 도급받은 경우에는 법 제22조제1항 단서에 따라 도급받은 소방시설공사의 일부를 다른 공사업자에게 하도급할 수 있다.
  1. 「주택법」에 따른 주택건설사업
  2. 「건설산업기본법」에 따른 건설업
  3. 「전기공사업법」에 따른 전기공사업
  4. 「정보통신공사업법」에 따른 정보통신공사업
② 공사업자가 제1항에 따라 다른 공사업자에게 그 일부를 하도급할 수 있는 소방시설공사는 제4조제1호의 소방설비 중 하나 이상의 소방설비를 설치하는 공사로 한다.

② 하수급인은 제1항 단서에 따라 하도급받은 소방시설공사를 제3자에게 다시 하도급할 수 없다.

벌 1년 이하 징역 / 1천만 원 이하 벌금 – 하도급받은 소방시설공사를 다시 하도급한 자

제22조의2(하도급계약의 적정성 심사 등)

① 발주자는 하수급인이 계약내용을 수행하기에 현저하게 부적당하다고 인정되거나 하도급계약금액이 대통령령으로 정하는 비율에 따른 금액에 미달하는 경우에는 하수급인의 시공 및 수행능력, 하도급계약 내용의 적정성 등을 심사할 수 있다. 이 경우, 국가, 지방자치단체 또는 대통령령으로 정하는 공공기관이 발주자인 때에는 적정성 심사를 실시하여야 한다.

영 · 규칙 CHAIN

영 제12조의2(하도급계약의 적정성 심사 등)

① 법 제22조의2제1항 전단에서 "하도급계약금액이 대통령령으로 정하는 비율에 따른 금액에 미달하는 경우"란 다음의 어느 하나에 해당하는 경우를 말한다.
  1. 하도급계약금액이 도급금액 중 하도급부분에 상당하는 금액[하도급하려는 소방시설공사등에 대하여 수급인의 도급금액 산출내역서의 계약단가(직접 · 간접 노무비, 재료비 및 경비 포함)를 기준으로 산출한 금액에 일반관리비, 이윤 및 부가가치세를 포함한 금액을 말하며, 수급인이 하수급인에게 직접 지급하는 자재의 비용 등 관계 법령에 따라 수급인이 부담하는 금액은 제외]의 100분의 82에 해당하는 금액에 미달하는 경우
  2. 하도급계약금액이 소방시설공사등에 대한 발주자의 예정가격의 100분의 60에 해당하는 금액에 미달하는 경우
③ 소방청장은 법 제22조의2제1항에 따라 하수급인의 시공 및 수행능력, 하도급계약 내용의 적정성 등을 심사하는 경우에 활용할 수 있는 기준을 정하여 고시하여야 한다.

④ 발주자는 법 제22조의2제2항에 따라 하수급인 또는 하도급계약 내용의 변경을 요구하려는 경우에는 법 제21조의3제4항에 따라 하도급에 관한 사항을 통보받은 날 또는 그 사유가 있음을 안 날부터 30일 이내에 서면으로 하여야 한다.

② 발주자는 제1항에 따라 심사한 결과 하수급인의 시공 및 수행능력 또는 하도급계약 내용이 적정하지 아니한 경우에는 그 사유를 분명하게 밝혀 수급인에게 하수급인 또는 하도급계약 내용의 변경을 요구할 수 있다. 이 경우 제1항 후단에 따라 적정성 심사를 하였을 때에는 하수급인 또는 하도급계약 내용의 변경을 요구하여야 한다.

③ 발주자는 수급인이 정당한 사유 없이 제2항에 따른 요구에 따르지 아니하여 공사 등의 결과에 중대한 영향을 끼칠 우려가 있는 경우에는 해당 소방시설공사등의 도급계약을 해지할 수 있다.

④ 제1항 후단에 따른 발주자는 하수급인의 시공 및 수행능력, 하도급계약 내용의 적정성 등을 심사하기 위하여 하도급계약심사위원회를 두어야 한다.

영 · 규칙 CHAIN

영 제12조의3(하도급계약심사위원회의 구성 및 운영)

① 법 제22조의2제4항에 따른 하도급계약심사위원회는 위원장 1명과 부위원장 1명을 포함하여 10명 이내의 위원으로 구성한다.

② 위원회의 위원장은 발주기관의 장(발주기관이 특별시 · 광역시 · 특별자치시 · 도 및 특별자치도인 경우에는 해당 기관 소속 2급 또는 3급 공무원 중에서, 발주기관이 제11조의5의 공공기관인 경우에는 1급 이상 임직원 중에서 발주기관의 장이 지명하는 사람)이 되고, 부위원장과 위원은 다음의 어느 하나에 해당하는 사람 중에서 위원장이 임명하거나 성별을 고려하여 위촉한다.
   1. 해당 발주기관의 과장급 이상 공무원(공공기관의 경우에는 2급 이상의 임직원)
   2. 소방 분야 연구기관의 연구위원급 이상인 사람
   3. 소방 분야의 박사학위를 취득하고 그 분야에서 3년 이상 연구 또는 실무경험이 있는 사람
   4. 대학(소방 분야 한정)의 조교수 이상인 사람
   5. 「국가기술자격법」에 따른 소방기술사 자격을 취득한 사람

③ 제2항제2호부터 제5호까지의 규정에 해당하는 위원의 임기는 3년으로 하며, 한 차례만 연임할 수 있다.

④ 위원회의 회의는 재적위원 과반수의 출석으로 개의(開議)하고, 출석위원 과반수의 찬성으로 의결한다.

⑤ 제1항부터 제4항까지에서 규정한 사항 외에 위원회의 운영에 필요한 사항은 위원회의 의결을 거쳐 위원장이 정한다.

영 제12조의4(위원회 위원의 제척 · 기피 · 회피)

① 위원회의 위원은 다음의 어느 하나에 해당하는 경우에는 해당 하도급계약심사에서 제척(除斥)된다.

1. 위원 또는 그 배우자나 배우자이었던 사람이 해당 안건의 당사자(당사자가 법인·단체 등인 경우에는 그 임원 포함)가 되거나 그 안건의 당사자와 공동권리자 또는 공동의무자인 경우
2. 위원이 해당 안건의 당사자와 친족이거나 친족이었던 경우
3. 위원이 해당 안건에 대하여 진술이나 감정을 한 경우
4. 위원이나 위원이 속한 법인·단체 등이 해당 안건의 당사자의 대리인이거나 대리인이었던 경우
5. 위원이 해당 안건의 원인이 된 처분 또는 부작위에 관여한 경우

② 해당 안건의 당사자는 위원에게 공정한 심사를 기대하기 어려운 사정이 있는 경우에는 위원회에 기피 신청을 할 수 있으며, 위원회는 의결로 이를 결정한다. 이 경우 기피 신청의 대상인 위원은 그 의결에 참여하지 못한다.

③ 위원이 제1항에 따른 제척 사유에 해당하는 경우에는 스스로 해당 안건의 심사에서 회피(回避)하여야 한다.

영 제12조의5(하도급계약 자료의 공개)

① 법 제22조의4제1항 외의 부분에서 "대통령령으로 정하는 공공기관"이란 제11조의5의 공공기관을 말한다.

② 법 제22조의4제1항에 따른 소방시설공사등의 하도급계약 자료의 공개는 법 제21조의3제4항에 따라 하도급에 관한 사항을 통보받은 날부터 30일 이내에 해당 소방시설공사등을 발주한 기관의 인터넷 홈페이지에 게재하는 방법으로 하여야 한다.

③ 법 제22조의4제1항에 따른 소방시설공사등의 하도급계약 자료의 공개대상 계약규모는 하도급계약 금액[하수급인의 하도급금액 산출내역서의 계약단가(직접·간접 노무비, 재료비 및 경비 포함)를 기준으로 산출한 금액에 일반관리비, 이윤 및 부가가치세를 포함한 금액을 말하며, 수급인이 하수급 인에게 직접 지급하는 자재의 비용 등 관계 법령에 따라 수급인이 부담하는 금액은 제외]이 1천만 원 이상인 경우로 한다.

⑤ 제1항 및 제2항에 따른 하도급계약의 적정성 심사기준, 하수급인 또는 하도급계약 내용의 변경 요구 절차, 그 밖에 필요한 사항 및 제4항에 따른 하도급계약심사위원회의 설치·구성 및 심사방법 등에 관하여 필요한 사항은 대통령령으로 정한다.

제22조의3(하도급대금의 지급 등)

① 수급인은 발주자로부터 도급받은 소방시설공사등에 대한 준공금(竣工金)을 받은 경우에는 하도급대금 의 전부를, 기성금(旣成金)을 받은 경우에는 하수급인이 시공하거나 수행한 부분에 상당한 금액을 각각 지급받은 날(수급인이 발주자로부터 대금을 어음으로 받은 경우에는 그 어음만기일)부터 15일 이내에 하수급인에게 현금으로 지급하여야 한다.

② 수급인은 발주자로부터 선급금을 받은 경우에는 하수급인이 자재의 구입, 현장근로자의 고용, 그 밖에 하도급 공사 등을 시작할 수 있도록 그가 받은 선급금의 내용과 비율에 따라 하수급인에게 선금을 받은 날(하도급 계약을 체결하기 전에 선급금을 받은 경우에는 하도급 계약을 체결한 날)부터 15일 이내에 선급금을 지급하여야 한다. 이 경우 수급인은 하수급인이 선급금을 반환하여야 할 경우에 대비하

여 하수급인에게 보증을 요구할 수 있다.

③ 수급인은 하도급을 한 후 설계변경 또는 물가변동 등의 사정으로 도급금액이 조정되는 경우에는 조정된 금액과 비율에 따라 하수급인에게 하도급 금액을 증액하거나 감액하여 지급할 수 있다.

제22조의4(하도급계약 자료의 공개)

① 국가 · 지방자치단체 또는 대통령령으로 정하는 공공기관이 발주하는 소방시설공사등을 하도급한 경우 해당 발주자는 다음의 사항을 누구나 볼 수 있는 방법으로 공개하여야 한다.

  1. 공사명

  2. 예정가격 및 수급인의 도급금액 및 낙찰률

  3. 수급인(상호 및 대표자, 영업소 소재지, 하도급 사유)

  4. 하수급인(상호 및 대표자, 업종 및 등록번호, 영업소 소재지)

  5. 하도급 공사업종

  6. 하도급 내용(도급금액 대비 하도급 금액 비교명세, 하도급률)

  7. 선급금 지급 방법 및 비율

  8. 기성금 지급 방법(지급 주기, 현금지급 비율)

  9. 설계변경 및 물가변동에 따른 대금 조정 여부

  10. 하자담보 책임기간

  11. 하도급대금 지급보증서 발급 여부(발급하지 아니한 경우에는 그 사유)

  12. 표준하도급계약서 사용 유무

  13. 하도급계약 적정성 심사 결과

② 제1항에 따른 하도급계약 자료의 공개와 관련된 절차 및 방법, 공개대상 계약규모 등에 관하여 필요한 사항은 대통령령으로 정한다.

제23조(도급계약의 해지)

특정소방대상물의 관계인 또는 발주자는 해당 도급계약의 수급인이 다음의 어느 하나에 해당하는 경우에는 도급계약을 해지할 수 있다.

  1. 소방시설업이 등록취소되거나 영업정지된 경우

  2. 소방시설업을 휴업하거나 폐업한 경우

  3. 정당한 사유 없이 30일 이상 소방시설공사를 계속하지 아니하는 경우

  4. 제22조의2제2항에 따른 요구에 정당한 사유 없이 따르지 아니하는 경우

제24조(공사업자의 감리 제한)

다음의 어느 하나에 해당되면 동일한 특정소방대상물의 소방시설에 대한 시공과 감리를 함께 할 수 없다.

  1. 공사업자(법인인 경우 법인의 대표자 또는 임원)와 감리업자(법인인 경우 법인의 대표자 또는 임원)가 같은 자인 경우

  2. 「독점규제 및 공정거래에 관한 법률」에 따른 기업집단의 관계인 경우

  3. 법인과 그 법인의 임직원의 관계인 경우

  4. 공사업자와 감리업자가 「민법」에 따른 친족관계인 경우

제25조(소방 기술용역의 대가 기준)

소방시설공사의 설계와 감리에 관한 약정을 할 때 그 대가는 「엔지니어링산업 진흥법」에 따른 엔지니어링 사업의 대가 기준 가운데 ≪행정안전부령으로 정하는 방식≫에 따라 산정한다.

> § 행정안전부령으로 정하는 방식 – 소방기술용역의 대가 기준 산정방식
> 1. 소방시설설계의 대가 : 통신부문에 적용하는 공사비 요율에 따른 방식
> 2. 소방공사감리의 대가 : 실비정액 가산방식

제26조(시공능력 평가 및 공시)

① 소방청장은 관계인 또는 발주자가 적절한 공사업자를 선정할 수 있도록 하기 위하여 공사업자의 신청이 있으면 그 공사업자의 소방시설공사 실적, 자본금 등에 따라 시공능력을 평가하여 공시할 수 있다.

영 · 규칙 CHAIN

제22조(소방시설공사 시공능력 평가의 신청)

① 법 제26조제1항에 따라 소방시설공사의 시공능력을 평가받으려는 공사업자는 법 제26조제2항에 따라 [별지 제32호서식]의 소방시설공사 시공능력평가신청서(전자문서로 된 소방시설공사 시공능력평가신청서 포함)에 다음의 서류(전자문서 포함)를 첨부하여 협회에 매년 2월 15일[제5호의 서류는 법인의 경우에는 매년 4월 15일, 개인의 경우에는 매년 6월 10일(「소득세법」에 따른 성실신고확인대상사업자는 매년 7월 10일)]까지 제출해야 하며, 이 경우 협회는 공사업자가 첨부해야 할 서류를 갖추지 못하였을 때에는 15일의 보완기간을 부여하여 보완하게 해야 한다. 다만, 「전자정부법」에 따른 행정정보의 공동이용을 통하여 첨부서류에 대한 정보를 확인할 수 있는 경우에는 그 확인으로 첨부서류를 갈음할 수 있다.
1. 소방공사실적을 증명하는 다음의 구분에 따른 해당 서류(전자문서 포함)
   가. 국가, 지방자치단체, 「공공기관의 운영에 관한 법률」에 따른 공기업 · 준정부기관 또는 「지방공기업법」에 따라 설립된 지방공사나 지방공단(이하 "국가등")이 발주한 국내 소방시설공사의 경우 : 해당 발주자가 발행한 [별지 제33호서식]의 소방시설공사 실적증명서
   나. 가목, 라목 또는 마목 외의 국내 소방시설공사와 하도급공사의 경우 : 해당 소방시설공사의 발주자 또는 수급인이 발행한 [별지 제33호서식]의 소방시설공사 실적증명서 및 부가가치세법령에 따른 세금계산서(공급자 보관용) 사본이나 소득세법령에 따른 계산서(공급자 보관용) 사본. 다만, 유지 · 보수공사는 공사시공명세서로 갈음할 수 있다.
   다. 해외 소방시설공사의 경우 : 재외공관장이 발행한 해외공사 실적증명서 또는 공사계약서 사본이 첨부된 외국환은행이 발행한 외화입금증명서
   라. 주한국제연합군 또는 그 밖의 외국군의 기관으로부터 도급받은 소방시설공사의 경우 : 거래하는 외국환은행이 발행한 외화입금증명서 및 도급계약서 사본
   마. 공사업자의 자기수요에 따른 소방시설공사의 경우 : 그 공사의 감리자가 확인한 [별지 제33호서식]의 소방시설공사 실적증명서

   2. 평가를 받는 해의 전년도 말일 현재의 소방시설업 등록수첩 사본

   3. [별지 제35호서식]의 소방기술자보유현황

   4. [별지 제36호서식]의 신인도평가신고서(다음의 어느 하나에 해당하는 사실이 있는 경우에만 해당)

     가. 품질경영인증(ISO 9000) 취득

     나. 우수소방시설공사업자 지정

     다. 소방시설공사 표창 수상

   5. 다음의 어느 하나에 해당하는 서류

     가. 「법인세법」 및 「소득세법」에 따라 관할 세무서장에게 제출한 조세에 관한 신고서(「세무사법」에 따라 등록한 세무사가 확인한 것으로서 재무상태표 및 손익계산서가 포함된 것)

     나. 「주식회사의 외부감사에 관한 법률」에 따라 외부감사인의 회계감사를 받은 재무제표

     다. 「공인회계사법」에 따라 등록한 공인회계사 또는 회계법인이 감사한 회계서류

     라. 출자·예치·담보 금액 확인서(다만, 소방청장이 지정하는 금융회사 또는 소방산업공제조합에서 통보하는 경우에는 생략할 수 있다)

② 제1항에서 규정한 사항 외에 시공능력 평가 등 업무수행에 필요한 세부규정은 협회가 정하되, 소방청장의 승인을 받아야 한다.

② 제1항에 따른 평가를 받으려는 공사업자는 전년도 소방시설공사 실적, 자본금, 그 밖에 행정안전부령으로 정하는 사항을 소방청장에게 제출하여야 한다.

③ 제1항 및 제2항에 따른 시공능력 평가신청 절차, 평가방법 및 공시방법 등에 필요한 사항은 행정안전부령으로 정한다.

영·규칙 CHAIN

칙 제23조(시공능력의 평가)

① 법 제26조제3항에 따른 시공능력 평가의 방법은 [별표 4]와 같다.

■ 소방시설공사업법 시행규칙

[별표 4] 시공능력 평가의 방법

소방시설공사업자의 시공능력 평가는 다음 계산식으로 산정하되, 10만 원 미만의 숫자는 버린다. 이 경우 산정기준일은 평가를 하는 해의 전년도 말일로 한다.

> 시공능력평가액 = 실적평가액 + 자본금평가액 + 기술력평가액 + 경력평가액 ± 신인도평가액

1. 실적평가액은 다음 계산식으로 산정한다.

> 실적평가액 = 연평균공사실적액

   가. 공사실적액(발주자가 공급하는 자재비를 제외한다)은 해당 업체의 수급금액 중 하수급금액은

포함하고 하도급금액은 제외한다.

나. 공사업을 한 기간이 산정일을 기준으로 3년 이상인 경우에는 최근 3년간의 공사실적을 합산하여 3으로 나눈 금액을 연평균공사실적액으로 한다.

다. 공사업을 한 기간이 산정일을 기준으로 1년 이상 3년 미만인 경우에는 그 기간의 공사실적을 합산한 금액을 그 기간의 개월수로 나눈 금액에 12를 곱한 금액을 연평균공사실적액으로 한다.

라. 공사업을 한 기간이 산정일을 기준으로 1년 미만인 경우에는 그 기간의 공사실적액을 연평균공사실적액으로 한다.

마. 다음의 어느 하나에 해당하는 경우에 실적은 종전 공사업자의 실적과 공사업을 승계한 자의 실적을 합산한다.

1) 공사업자인 법인이 분할에 의하여 설립되거나 분할합병한 회사에 그가 경영하는 소방시설공사업 전부를 양도하는 경우

2) 개인이 경영하던 소방시설공사업을 법인사업으로 전환하기 위하여 소방시설공사업을 양도하는 경우(소방시설공사업의 등록을 한 개인이 당해 법인의 대표자가 되는 경우에만 해당)

3) 합명회사와 합자회사 간, 주식회사와 유한회사 간의 전환을 위하여 소방시설공사업을 양도하는 경우

4) 공사업자는 법인 간에 합병을 하는 경우 또는 공사업자인 법인과 공사업자가 아닌 법인이 합병을 하는 경우

5) 공사업자가 영 제2조 [별표 1] 제2호에 따른 소방시설공사업의 업종 중 일반 소방시설공사업에서 전문 소방시설공사업으로 전환하거나 전문 소방시설공사업에서 일반 소방시설공사업으로 전환하는 경우

6) 법 제6조의2에 따른 폐업신고로 소방시설공사업의 등록이 말소된 후 6개월 이내에 다시 소방시설공사업을 등록하는 경우

2. 자본금평가액은 다음 계산식으로 산정한다.

> 자본금평가액 = (실질자본금 × 실질자본금의 평점 + 소방청장이 지정한 금융회사 또는 소방산업공제조합에 출자 · 예치 · 담보한 금액) × 70/100

가. 실질자본금은 해당 공사업체 최근 결산일 현재(새로 등록한 자는 등록을 위한 기업진단기준일 현재)의 총자산에서 총부채를 뺀 금액을 말하며, 소방시설공사업 외의 다른 업을 겸업하는 경우에는 실질자본금에서 겸업비율에 해당하는 금액을 공제한다.

나. 실질자본금의 평점은 다음 표에 따른다.

실질 자본금의 규모	등록기준 자본금의 2배 미만	등록기준 자본금의 2배 이상 3배 미만	등록기준 자본금의 3배 이상 4배 미만	등록기준 자본금의 4배 이상 5배 미만	등록기준 자본금의 5배 이상
평점	1.2	1.5	1.8	2.1	2.4

다. 출자금액은 평가연도의 직전연도 말 현재 출자한 좌수에 소방청장이 지정한 금융회사 또는 소방산업공제조합이 평가한 지분액을 곱한 금액으로 한다. 다만, 제23조제2항의 어느 하나의 사유로 시공능력을 평가하는 경우에는 시공능력 평가의 신청일을 기준으로 한다.

3. 기술력평가액은 다음 계산식으로 산정한다.

> 기술력평가액＝전년도 공사업계의 기술자1인당 평균생산액×보유기술인력 가중치합계×30/100＋
> 전년도 기술개발투자액

가. 전년도 공사업계의 기술자 1인당 평균생산액은 공사업계의 국내 총기성액을 공사업계에 종사하는 기술자의 총수로 나눈 금액으로 하되, 이 경우 국내 총기성액 및 기술자 총수는 협회가 관리하고 있는 정보를 기준으로 한다(전년도 공사업계 기술자 1인당 평균생산액이 산출되지 아니하는 경우에는 전전년도 공사업계의 기술자 1인당 평균생산액을 적용).

나. 보유기술인력 가중치의 계산은 다음의 방법에 따른다.

1) 보유기술인력은 해당 공사업체에 소속되어 6개월 이상 근무한 사람(신규등록 · 신규양도 · 합병 후 공사업을 한 기간이 6개월 미만인 경우에는 등록신청서 · 양도신고서 · 합병신고서에 적혀 있는 기술인력자)만 해당한다.

2) 보유기술인력의 등급은 특급기술자, 고급기술자, 중급기술자 및 초급기술자로 구분하되, 등급구분의 기준은 [별표4의2] 제3호가목과 같다.

3) 보유기술인력의 등급별 가중치는 다음 표와 같다.

보유기술인력	특급기술자	고급기술자	중급기술자	초급기술자
가중치	2.5	2	1.5	1

4) 보유기술인력 1명이 기계분야 기술과 전기분야 기술을 함께 보유한 경우에는 3)의 가중치에 0.5를 가산한다.

다. 전년도 기술개발투자액은 「조세특례제한법 시행령」 [별표 6]에 규정된 비용 중 소방시설공사업 분야에 실제로 사용된 금액으로 한다.

4. 경력평가액은 다음 계산식으로 산정한다.

> 경력평가액＝실적평가액×공사업 경영기간 평점×20/100

가. 공사업경영기간은 등록일 · 양도신고일 또는 합병신고일부터 산정기준일까지로 한다.

나. 종전 공사업자의 공사업 경영기간과 공사업을 승계한 자의 공사업 경영기간의 합산에 관해서는 제1호마목을 준용한다.

다. 공사업경영기간 평점은 다음 표에 따른다.

공사업 경영기간	2년 미만	2년 이상 4년 미만	4년 이상 6년 미만	6년 이상 8년 미만	8년 이상 10년 미만
평점	1.0	1.1	1.2	1.3	1.4

10년 이상 12년 미만	12년 이상 14년 미만	14년 이상 16년 미만	16년 이상 18년 미만	18년 이상 20년 미만	20년 이상
1.5	1.6	1.7	1.8	1.9	2.0

5. 신인도평가액은 다음 계산식으로 산정하되, 신인도평가액은 실적평가액 · 자본금평가액 · 기술력평가액 · 경력평가액을 합친 금액의 ±10%의 범위를 초과할 수 없으며, 가점요소와 감점요소가 있는 경우에는 이를 상계한다.

> 신인도평가액 = (실적평가액 + 자본금평가액 + 기술력평가액 + 경력평가액) × 신인도 반영비율 합계

가. 신인도 반영비율 가점요소는 다음과 같다.

    1) 최근 1년간 국가기관 · 지방자치단체 · 공공기관으로부터 우수시공업자로 선정된 경우 (+3%)

    2) 최근 1년간 국가기관 · 지방자치단체 및 공공기관으로부터 공사업과 관련한 표창을 받은 경우

      – 대통령 표창(+3%)

      – 그 밖의 표창(+2%)

    3) 공사업자의 공사 시공상 환경관리 및 공사폐기물의 처리실태가 우수하여 환경부장관으로부터 시공능력의 증액 요청이 있는 경우(+2%)

    4) 소방시설공사업에 관한 국제품질경영인증(ISO)을 받은 경우(+2%)

나. 신인도 반영비율 감점요소는 아래와 같다.

    1) 최근 1년간 국가기관 · 지방자치단체 · 공공기관으로부터 부정당업자로 제재처분을 받은 사실이 있는 경우(-3%)

    2) 최근 1년간 부도가 발생한 사실이 있는 경우(-2%)

    3) 최근 1년간 법 제9조 또는 제10조에 따라 영업정지처분 및 과징금처분을 받은 사실이 있는 경우

      – 1개월 이상 3개월 이하(-2%)

      – 3개월 초과(-3%)

    4) 최근 1년간 법 제40조에 따라 사유로 과태료처분을 받은 사실이 있는 경우(-2%)

    5) 최근 1년간 환경관리법령에 따른 과태료 처분, 영업정지 처분 및 과징금 처분을 받은 사실이 있는 경우(-2%)

② 제1항에 따라 평가된 시공능력은 공사업자가 도급받을 수 있는 1건의 공사도급금액으로 하고, 시공능력 평가의 유효기간은 공시일부터 1년간으로 한다. 다만, 다음의 어느 하나에 해당하는 사유로 평가된 시공능력의 유효기간은 그 시공능력 평가 결과의 공시일부터 다음 해의 정기 공시일(제3항 본문에 따라 공시한 날)의 전날까지로 한다.

1. 법 제4조에 따라 소방시설공사업을 등록한 경우

2. 법 제7조제1항이나 제2항에 따라 소방시설공사업을 상속 · 양수 · 합병하거나 소방시설 전부를 인수한 경우

3. 제22조제1항의 서류가 거짓으로 확인되어 제4항에 따라 새로 평가한 경우

③ 협회는 시공능력을 평가한 경우에는 그 사실을 해당 공사업자의 등록수첩에 기재하여 발급하고, 매년 7월 31일까지 각 공사업자의 시공능력을 일간신문(「신문 등의 진흥에 관한 법률」 제2조제1호가 목 또는 나목에 해당하는 일간신문으로서 같은 법 제9조제1항에 따른 등록 시 전국을 보급지역으로 등록한 일간신문) 또는 인터넷 홈페이지를 통하여 공시하여야 한다. 다만, 제2항의 어느 하나에 해당하는 사유로 시공능력을 평가한 경우에는 인터넷 홈페이지를 통하여 공시하여야 한다.

④ 협회는 시공능력평가 및 공시를 위하여 제22조에 따라 제출된 자료가 거짓으로 확인된 경우에는 그 확인된 날부터 10일 이내에 제3항에 따라 공시된 해당 공사업자의 시공능력을 새로 평가하고 해당 공사업자의 등록수첩에 그 사실을 기재하여 발급하여야 한다.

제26조의2(설계ㆍ감리업자의 선정)

① 국가, 지방자치단체 또는 대통령령으로 정하는 공공기관은 그가 발주하는 소방시설의 설계ㆍ공사 감리 용역 중 소방청장이 정하여 고시하는 금액 이상의 사업에 대하여는 대통령령으로 정하는 바에 따라 집행 계획을 작성하여 공고하여야 한다. 이 경우 공고된 사업을 하려면 기술능력, 경영능력, 그 밖에 대통령령으로 정하는 사업수행능력 평가기준에 적합한 설계ㆍ감리업자를 선정하여야 한다.

영ㆍ규칙 CHAIN

영 제12조의7(설계 및 공사 감리 용역사업의 집행 계획의 내용 등)

① 법 제26조의2제1항 전단에 따른 집행 계획에는 다음의 사항이 포함되어야 한다.
 1. 설계ㆍ공사 감리 용역명
 2. 설계ㆍ공사 감리 용역사업 시행 기관명
 3. 설계ㆍ공사 감리 용역사업의 주요 내용
 4. 총사업비 및 해당 연도 예산 규모
 5. 입찰 예정시기
 6. 그 밖에 입찰 참가에 필요한 사항
② 법 제26조의2제1항 전단에 따른 집행 계획의 공고는 입찰공고와 함께 할 수 있다.

영 제12조의8(설계ㆍ감리업자의 선정 절차 등)

① 법 제26조의2제1항 후단에서 "대통령령으로 정하는 사업수행능력 평가기준"이란 다음의 사항에 대한 평가기준을 말한다.
 1. 참여하는 소방기술자의 실적 및 경력
 2. 입찰참가 제한, 영업정지 등의 처분 유무 또는 재정상태 건실도 등에 따라 평가한 신용도
 3. 기술개발 및 투자 실적
 4. 참여하는 소방기술사의 업무 중첩도
 5. 그 밖에 행정안전부령으로 정하는 사항

② 국가, 지방자치단체 또는 제12조의6에 따른 공공기관은 법 제26조의2제1항 전단에 따라 공고된 소방시설의 설계·공사감리 용역을 발주하는 경우(시·도지사가 제12조의9제2항에 따라 감리업자를 선정하기 위하여 모집공고를 하는 경우 포함)에는 입찰에 참가하려는 자를 제1항에 따른 사업수행능력 평가기준에 따라 평가하여 입찰에 참가할 자를 선정해야 한다.

③ 국가등이 소방시설의 설계·공사감리 용역을 발주할 때 특별히 기술이 뛰어난 자를 낙찰자로 선정하려는 경우에는 제2항에 따라 선정된 입찰에 참가할 자에게 기술과 가격을 분리하여 입찰하게 하여 기술능력을 우선적으로 평가한 후 기술능력 평가점수가 높은 업체의 순서로 협상하여 낙찰자를 선정할 수 있다.

④ 제1항부터 제3항까지의 규정에 따른 사업수행능력 평가의 세부 기준 및 방법, 기술능력 평가 기준 및 방법, 협상 방법 등 설계·감리업자의 선정에 필요한 세부적인 사항은 행정안전부령으로 정한다.

칙 제23조의2(설계업자 또는 감리업자의 선정 등)

① 영 제12조의8제4항에 따른 사업수행능력 평가의 세부기준은 다음의 평가기준을 말한다.

　1. 설계용역의 경우 : [별표 4의3]의 사업수행능력 평가기준

■ 소방시설공사업법 시행규칙

[별표 4의3] 설계업자의 사업수행능력 평가기준

평가항목	배점범위	평가방법
1. 참여소방기술자	50	참여한 소방기술자의 등급·실적 및 경력 등에 따라 평가
2. 유사용역 수행 실적	15	업체의 수행 실적에 따라 평가
3. 신용도	10	관계 법령에 따른 입찰참가 제한, 영업정지 등의 처분내용에 따라 평가 및 재정상태 건실도(健實度)에 따라 평가
4. 기술개발 및 투자 실적 등	15	기술개발 실적, 투자 실적 및 교육 실적에 따라 평가
5. 업무 중첩도	10	참여소방기술자의 업무 중첩 정도에 따라 평가

[비고]
1. 위 표에 따른 평가항목·배점범위·평가방법 등에 관한 세부 사항은 소방청장이 정하여 고시한다.
2. 법 제26조의2제1항에 따라 설계·감리 용역을 발주하는 자(이하 "발주자")는 설계용역의 특성에 맞도록 평가항목·배점범위·평가방법 등을 보완하여 설계용역 사업 수행능력 평가기준(이하 "설계용역평가기준")을 작성하여 적용할 수 있다. 이 경우 평가항목별 배점범위는 위 표의 배점에서 ±10% 범위에서 조정하여 적용할 수 있다.
3. 발주자는 참여업체 및 참여소방기술자가 부실 벌점을 받았을 때에는 소방청장이 정하여 고시하는 바에 따라 5점의 범위에서 감점을 할 수 있다.
4. 발주자는 설계용역평가기준을 입찰공고와 함께 공고할 수 있으며 입찰공고기간 중에 배부하거나 공람하도록 해야 한다.
5. 공동도급으로 설계용역을 수행하는 경우에는 공동수급체 구성원별로 설계용역평가기준 또는 평가항목별 배점에 용역참여 지분율을 곱하여 배점을 산정한 후 이를 합산한다.

2. 공사감리용역의 경우 : [별표 4의4]의 사업수행능력 평가기준

■ 소방시설공사업법 시행규칙

[별표 4의4] 감리업자의 사업수행능력 평가기준

평가항목	배점범위	평가방법
1. 참여감리원	50	참여감리원의 등급 · 실적 및 경력 등에 따라 평가
2. 유사용역 수행 실적	10	참여업체의 공사감리용역 수행 실적에 따라 평가
3. 신용도	10	관계 법령에 따른 입찰참가 제한, 영업정지 등의 처분내용에 따라 평가 및 재정상태 건실도(健實度)에 따라 평가
4. 기술개발 및 투자 실적 등	10	기술개발 실적, 투자 실적 및 교육 실적에 따라 평가
5. 업무 중첩도	10	참여감리원의 업무 중첩 정도에 따라 평가
6. 교체 빈도	5	감리원의 교체 빈도에 따라 평가
7. 작업계획 및 기법	5	공사감리 업무수행계획의 적정성 등에 따라 평가

[비고]
1. 위 표에 따른 평가항목 · 배점범위 · 평가방법 등에 관한 세부 사항은 소방청장이 정하여 고시한다.
2. 법 제26조의2제1항에 따라 설계 · 감리 용역을 발주하는 자(이하 "발주자")는 공사감리용역의 특성에 맞도록 평가항목 · 배점범위 · 평가방법 등을 보완하여 공사감리용역사업 수행능력 평가기준(이하 "공사감리용역평가기준")을 작성하여 적용할 수 있다. 이 경우 평가항목별 배점범위는 ±10% 범위에서 조정하여 적용할 수 있다.
3. 발주자는 다음에 따라 2점의 범위에서 가점을 줄 수 있고, 5점의 범위에서 감점을 줄 수 있다. 이 경우 이 표에 따른 평가 점수와 가점 및 감점을 준 점수의 합이 100점을 초과할 수 없다.
   가. 해당 지역에 주된 사무소가 등록된 경우 가점
   나. 책임감리원이 「국가기술자격법」에 따른 안전관리 분야 중 소방분야 자격자인 경우 가점
   다. 참여업체 및 참여감리원이 부실 벌점을 받은 경우 감점
4. 발주자는 공사감리용역평가기준 등을 입찰공고 또는 모집공고와 함께 공고할 수 있으며 입찰공고 또는 모집공고기간 중에 배부하거나 공람하도록 해야 한다.
5. 공동도급으로 공사감리용역을 수행하는 경우에는 공동수급체 구성원별로 공사감리용역평가기준 또는 평가항목별 배점 및 지역가산 등에 용역참여 지분율을 곱하여 배점을 산정한 후 이를 합산한다.

② 소방청장은 영 제12조의8에 따라 설계업자 또는 감리업자가 사업수행능력을 평가받을 때 제출하는 서류 등의 표준서식을 정하여 국가등이 이를 이용하게 할 수 있다.
③ 설계업자 및 감리업자는 그가 수행하거나 수행한 설계용역 또는 공사감리용역의 실적관리를 위하여 협회에 설계용역 또는 공사감리용역의 실적 현황을 제출할 수 있다.
④ 협회는 제3항에 따라 설계용역 또는 공사감리용역의 현황을 접수받았을 때에는 그 내용을 기록 · 관리하여야 하며, 설계업자 또는 감리업자가 요청하면 [별지 제36호의2서식]의 설계용역 수행현황확인서 또는 [별지 제36호의3서식]의 공사감리용역 수행현황확인서를 발급하여야 한다.
⑤ 협회는 제4항에 따라 설계용역 또는 공사간리용역의 기록 · 관리를 히는 경우나 설계용역 수행현황확인서, 공사감리용역 수행현황확인서를 발급할 때에는 그 신청인으로부터 실비(實費)의 범위에서 소방청장의 승인을 받아 정한 수수료를 받을 수 있다.

영 **제12조의9(감리업자를 선정하는 주택건설공사의 규모 및 대상 등)**

① 법 제26조의2제2항 전단에 따라 시 · 도지사가 감리업자를 선정해야 하는 주택건설공사의 규모 및 대상은「주택법」에 따른 공동주택(기숙사 제외)으로서 300세대 이상인 것으로 한다.

② 시 · 도지사는 법 제26조의2제2항 전단에 따라 감리업자를 선정하려는 경우에는 주택건설사업계획을 승인한 날부터 7일 이내에 다른 공사와는 별도로 소방시설공사의 감리를 할 감리업자의 모집공고를 해야 한다.

③ 시 · 도지사는 제2항에도 불구하고 「주택법 시행령」조에 따른 공사 착수기간의 연장 등 부득이한 사유가 있어 사업주체가 요청하는 경우에는 그 사유가 없어진 날부터 7일 이내에 제2항에 따른 모집공고를 할 수 있다.

④ 제2항에 따른 모집공고에는 다음의 사항이 포함되어야 한다.

1. 접수기간
2. 낙찰자 결정방법
3. 사업내용 및 제출서류
4. 감리원 응모자격 기준시점(신청접수 마감일을 원칙)
5. 감리업자 실적과 감리원 경력의 기준시점(모집공고일을 원칙)
6. 입찰의 전자적 처리에 관한 사항
7. 그 밖에 감리업자 모집에 필요한 사항

⑤ 제2항에 따른 모집공고는 일간신문에 싣거나 해당 특별시 · 광역시 · 특별자치시 · 도 또는 특별자치도의 게시판과 인터넷 홈페이지에 7일 이상 게시하는 등의 방법으로 한다.

② 시 · 도지사는「주택법」에 따라 주택건설사업계획을 승인할 때에는 그 주택건설공사에서 소방시설공사의 감리를 할 감리업자를 제1항 후단에 따른 사업수행능력 평가기준에 따라 선정하여야 한다. 이 경우 감리업자를 선정하는 주택건설공사의 규모 및 대상 등에 관하여 필요한 사항은 대통령령으로 정한다.

③ 제1항 및 제2항에 따른 설계 · 감리업자의 선정 절차 등에 필요한 사항은 대통령령으로 정한다.

영 · 규칙 CHAIN

칙 **제23조의3(기술능력 평가기준 · 방법)**

① 국가등은 법 제26조의2 및 영 제12조의8제3항에 따라 기술과 가격을 분리하여 낙찰자를 선정하려는 경우에는 다음의 기준에 따라야 한다.

1. 설계용역의 경우 : [별표 4의3]의 평가기준에 따른 평가 결과 국가등이 정하는 일정 점수 이상을 얻은 자를 입찰참가자로 선정한 후 기술제안서(입찰금액이 적힌 것)를 제출하게 하고, 기술제안서를 제출한 자를 [별표 4의5]의 평가기준에 따라 평가한 결과 그 점수가 가장 높은 업체부터 순서대로 기술제안서에 기재된 입찰금액이 예정가격 이내인 경우 그 업체와 협상하여 낙찰자를 선정한다.

■ 소방시설공사업법 시행규칙

[별표 4의5] 설계업자의 기술능력 평가기준

평가항목	세부사항	배점범위	평가방법
1. 사업수행 능력평가	사업수행 능력평가	30	[별표 4의3]의 평가 결과를 배점비율에 따라 환산하여 적용
2. 작업계획 및 기법		70	
	수행계획 및 기법	(25)	과업수행 세부 계획, 인원 투입, 공정계획을 포함한 각종 계획 및 작업수행기법, 사전조사 및 작업방법 등
	작성기준	(30)	인명과 재산에 대한 안전성, 자재 및 기기 선정의 적정성, 소방 관련 법령 및 발주자의 요구사항 수용 여부, 운전 및 유지ㆍ보수의 편리성, 환경요인에 대한 검토, 예상 문제 점 및 대책 등
	신기술ㆍ신공법 등 도입	(8)	신기술ㆍ신공법의 도입과 그 활용성의 검토 정도 및 관련 기술자료 등
	기술자료 활용 및 설계 기술 향상	(7)	보유장비, 설계개선 방안, 시설물의 생애주기 비용을 고 려한 설계기법 등

[비고]
1. 법 제26조의2제1항에 따라 설계ㆍ감리 용역을 발주하는 자(이하 "발주자")는 설계용역의 특성에 맞도록
   평가항목ㆍ배점범위ㆍ평가방법 등을 보완하여 세부평가기준(이하 "세부평가기준")을 작성하여 적용할 수
   있다. 이 경우 평가항목별 세부 사항에 대한 배점범위는 ±20% 범위에서 조정하여 적용할 수 있다.
2. 발주자는 입찰에 참가한 자에게 세부평가기준을 배부하거나 공람하도록 해야 한다.
3. 발주자는 입찰에 참가한 자에게 기술제안서 작성에 필요한 충분한 시간을 주어야 한다.
4. 발주자는 기술제안서의 작성분량과 작성방법 등을 제한할 수 있으며, 제한사항을 위반한 경우에는 1점의
   범위에서 감점을 줄 수 있다.

2. 공사감리용역의 경우 : 별표 4의4의 평가기준에 따른 평가 결과 국가등이 정하는 일정 점수 이상
을 얻은 자를 입찰참가자로 선정한 후 기술제안서를 제출하게 하고, 기술제안서를 제출한 자를
[별표 4의6]의 평가기준에 따라 평가한 결과 그 점수가 가장 높은 업체부터 순서대로 기술제안서에
기재된 입찰금액이 예정가격 이내인 경우 그 업체와 협상하여 낙찰자를 선정한다.

■ 소방시설공사업법 시행규칙

[별표 4의6] 감리업자의 기술능력 평가기준

평가항목	세부사항	배점범위	평가방법
1. 과업내용 이해도		15	
	과업수행 환경분석의 적정성	(5)	사업 추진 현황과 같은 사업의 특성 및 배경을 세밀히 파악하 여 위 업무에 대한 이해도 표현

1. 과업내용 이해도	예상 문제점 및 대책수립의 적정성	(5)	예상되는 문제점 및 개선이 필요한 사항이 있을 경우 이에 대한 대책 제시
	기술제안서 발표	(5)	책임감리원의 기술제안서 발표를 통한 업무내용에 대한 이해도 및 책임자 자질의 적정성 평가
2. 과업수행 조직		15	
	조직 구성의 적정성	(5)	조직구성원의 자질 및 업무 분장의 적정성 평가
	인원투입 계획의 적정성	(10)	사업의 특성 및 주요 공사 종류를 고려한 배치인력의 적정성 평가
3. 과업수행 세부 계획		55	
	시공계획 및 설계도서의 검토사항	(20)	해당 사업의 특성을 고려하여 시공계획 및 설계도서의 검토사항 제시
	품질관리 및 품질보증 방안	(10)	세부적인 품질관리 · 품질보증 방안 제시(필요한 경우 주요 공사 종류별 체크리스트 제시)
	안전관리 방안	(10)	재해 예방 및 비상사태 발생 시 조속한 조치를 위한 안전관리 방안 제시
	공사관리 방안	(10)	공사의 품질 확보 및 효율적인 추진을 위한 공사 종류별 검사, 주요 기자재의 검수 및 관리 방안 수립
	공정관리 방안	(5)	주변공사(해당 용역과 관련된 공구 또는 공사 종류)와 연계하여 관리하는 방안 제시
4. 과업수행 지원체계		15	
	관련 기관과의 협력체계	(5)	발주자 및 시공자, 관련 용역회사, 유관기관과의 긴밀한 협조체계(주요 공사 종류별 보고 · 협의체계) 구축 방안
	본사의 지원체계	(5)	상주(常住)하는 감리원에 대한 현장업무 지원 방안(전산장비, 상주하지 않는 감리원의 지원계획, 국내외 전문가 활용 등), 감리원의 능력 배양을 위한 교육계획 등
	기술자료 활용 및 정보관리 체계	(5)	법령정보 및 기술자료, 절차서, 전산프로그램 등을 활용한 효율적 업무수행체계의 수준 평가

[비고]
1. 법 제26조의2제1항에 따라 설계 · 감리 용역을 발주하는 자(이하 "발주자")는 공사감리용역의 특성에 맞도록 평가항목 · 배점범위 · 평가방법 등을 보완하여 세부 평가기준(이하 "세부평가기준")을 작성하여 적용할 수 있다. 이 경우 평가항목별 세부 사항에 대한 배점범위는 배점에 ±20% 범위에서 조정하여 적용할 수 있다.
2. 발주자는 입찰에 참가한 자에게 세부평가기준과 기술제안서 작성에 필요한 설계도서를 배부하거나 공람하도록 해야 한다.
3. 발주자는 입찰에 참가한 자에게 기술제안서 작성에 필요한 충분한 시간을 주어야 한다.

4. 발주자는 기술제안서의 작성분량과 작성방법 등을 제한할 수 있으며, 제한사항을 위반한 경우에는 1점의 범위에서 감점을 줄 수 있다.

② 국가등은 낙찰된 업체의 기술제안서를 설계용역 또는 감리용역 계약문서에 포함시켜야 한다.

제26조의3(소방시설업 종합정보시스템의 구축 등)

① 소방청장은 다음의 정보를 종합적이고 체계적으로 관리ㆍ제공하기 위하여 소방시설업 종합정보시스템을 구축ㆍ운영할 수 있다.

1. 소방시설업자의 자본금ㆍ기술인력 보유 현황, 소방시설공사등 수행상황, 행정처분 사항 등 소방시설업자에 관한 정보
2. 소방시설공사등의 착공 및 완공에 관한 사항, 소방기술자 및 감리원의 배치 현황 등 소방시설공사등과 관련된 정보

② 소방청장은 제1항에 따른 정보의 종합관리를 위하여 소방시설업자, 발주자, 관련 기관 및 단체 등에게 필요한 자료의 제출을 요청할 수 있다. 이 경우 요청을 받은 자는 특별한 사유가 없으면 이에 따라야 한다.

③ 소방청장은 제1항에 따른 정보를 필요로 하는 관련 기관 또는 단체에 해당 정보를 제공할 수 있다.

④ 제1항에 따른 소방시설업 종합정보시스템의 구축 및 운영 등에 필요한 사항은 행정안전부령으로 정한다.

영ㆍ규칙 CHAIN

칙 제23조의4(소방시설업 종합정보시스템의 구축ㆍ운영)

① 소방청장은 법 제26조의3제1항에 따른 소방시설업 종합정보시스템의 구축 및 운영 등을 위하여 다음의 업무를 수행할 수 있다.

1. 소방시설업 종합정보시스템의 구축 및 운영에 관한 연구개발
2. 법 제26조의3제1항의 정보에 대한 수집ㆍ분석 및 공유
3. 소방시설업 종합정보시스템의 표준화 및 공동활용 촉진

② 소방청장은 소방시설업 종합정보시스템의 효율적인 구축과 운영을 위하여 협회, 소방기술과 관련된 법인 또는 단체와 협의체를 구성ㆍ운영할 수 있다.

③ 소방청장은 법 제26조의3제2항 전단에 따라 필요한 자료의 제출을 요청하는 경우에는 그 범위, 사용 목적, 제출기한 및 제출방법 등을 명시한 서면으로 해야 한다.

④ 법 제26조의3제3항에 따른 관련 기관 또는 단체는 소방청장에게 필요한 정보의 제공을 요청하는 경우에는 그 범위, 사용 목적 및 제공방법 등을 명시한 서면으로 해야 한다.

제4장 소방기술자

제27조(소방기술자의 의무)

① 소방기술자는 이 법과 이 법에 따른 명령과 「소방시설 설치 및 관리에 관한 법률」 및 같은 법에 따른 명령에 따라 업무를 수행하여야 한다.

벌 1년 이하 징역 / 1천만 원 이하 벌금 – 위반하여 같은 항에 따른 법 또는 명령을 따르지 아니하고 업무를 수행한 자

② 소방기술자는 다른 사람에게 자격증(제28조에 따라 소방기술 경력 등을 인정받은 사람의 경우에는 소방기술 인정 자격수첩과 소방기술자 경력수첩)을 빌려 주어서는 아니 된다.

벌 300만 원 이하 벌금 – 자격수첩 또는 경력수첩을 빌려 준 사람

③ 소방기술자는 동시에 둘 이상의 업체에 취업하여서는 아니 된다. 다만, 제1항에 따른 소방기술자 업무에 영향을 미치지 아니하는 범위에서 근무시간 외에 소방시설업이 아닌 다른 업종에 종사하는 경우는 제외한다.

벌 300만 원 이하 벌금 – 동시에 둘 이상의 업체에 취업한 사람

제28조(소방기술 경력 등의 인정 등)

① 소방청장은 소방기술의 효율적인 활용과 소방기술의 향상을 위하여 소방기술과 관련된 자격·학력 및 경력을 가진 사람을 소방기술자로 인정할 수 있다.

② 소방청장은 제1항에 따라 자격·학력 및 경력을 인정받은 사람에게 소방기술 인정 자격수첩과 경력수첩을 발급할 수 있다.

③ 제1항에 따른 소방기술과 관련된 자격·학력 및 경력의 인정 범위와 제2항에 따른 자격수첩 및 경력수첩의 발급 절차 등에 관하여 필요한 사항은 행정안전부령으로 정한다.

영·규칙 CHAIN

칙 제24조(소방기술과 관련된 자격·학력 및 경력의 인정 범위 등)

① 법 제28조제3항에 따른 소방기술과 관련된 자격·학력 및 경력의 인정 범위는 [별표 4의2]와 같다.

■ 소방시설공사업법 시행규칙

[별표 4의2] 소방기술과 관련된 자격·학력 및 경력의 인정 범위

1. 공통기준
   가. 「소방시설 설치 및 관리에 관한 법률 시행령」 [별표 9] 비고 제2호, 「소방시설공사업법 시행령」 [별표 1] 제1호 비고 제4호다목 및 같은 표 제3호 비고 제2호에서 "소방기술과 관련된 자격"이란 다음 어느 하나에 해당하는 자격을 말한다.
      1) 소방기술사, 소방시설관리사, 소방설비기사, 소방설비산업기사
      2) 건축사, 건축기사, 건축산업기사
      3) 건축기계설비기술사, 건축설비기사, 건축설비산업기사
      4) 건설기계기술사, 건설기계설비기사, 건설기계설비산업기사, 일반기계기사

　　5) 공조냉동기계기술사, 공조냉동기계기사, 공조냉동기계산업기사

　　6) 화공기술사, 화공기사, 화공산업기사

　　7) 가스기술사, 가스기능장, 가스기사, 가스산업기사

　　8) 건축전기설비기술사, 전기기능장, 전기기사, 전기산업기사, 전기공사기사, 전기공사산업기사

　　9) 산업안전기사, 산업안전산업기사

　　10) 위험물기능장, 위험물산업기사, 위험물기능사

나. 「소방시설 설치 및 관리에 관한 법률 시행령」[별표 9] 비고 제2호, 「소방시설공사업법 시행령」
　　[별표 1] 제1호 비고 제4호다목 및 같은 표 제3호 비고 제2호에서 "소방기술과 관련된 학력"이란
　　다음 어느 하나에 해당하는 학과를 졸업한 경우를 말한다.

　　1) 소방안전관리학과(소방안전관리과, 소방시스템과, 소방학과, 소방환경관리과, 소방공학
　　　과 및 소방행정학과를 포함)

　　2) 전기공학과(전기과, 전기설비과, 전자공학과, 전기전자과, 전기전자공학과, 전기제어공
　　　학과를 포함)

　　3) 산업안전공학과(산업안전과, 산업공학과, 안전공학과, 안전시스템공학과를 포함)

　　4) 기계공학과(기계과, 기계학과, 기계설계학과, 기계설계공학과, 정밀기계공학과를 포함)

　　5) 건축공학과(건축과, 건축학과, 건축설비학과, 건축설계학과를 포함)

　　6) 화학공학과(공업화학과, 화학공업과를 포함)

　　7) 학군 또는 학부제로 운영되는 대학의 경우에는 1)부터 6)까지에 해당하는 학과

다. 「소방시설 설치 및 관리에 관한 법률 시행령」[별표 9] 비고 제2호, 「소방시설공사업법 시행령」
　　[별표 1] 제1호 비고 제4호다목 및 같은 표 제3호 비고 제2호에서 "소방기술과 관련된 경력(이하
　　"소방 관련 업무")"이란 다음 어느 하나에 해당하는 경력을 말한다.

　　1) 소방시설공사업, 소방시설설계업, 소방공사감리업, 소방시설관리업에서 소방시설의 설
　　　계·시공·감리 또는 소방시설의 점검 및 유지관리업무를 수행한 경력

　　2) 소방공무원으로서 다음 어느 하나에 해당하는 업무를 수행한 경력

　　　가) 건축허가등의 동의 관련 업무

　　　나) 소방시설 착공·감리·완공검사 관련 업무

　　　다) 위험물 설치허가 및 완공검사 관련 업무

　　　라) 다중이용업소 완비증명서 발급 및 방염 관련 업무

　　　마) 소방시설점검 및 화재안전조사 관련 업무

　　　바) 가)부터 마)까지의 업무와 관련된 법령의 제도개선 및 지도·감독 관련 업무

　　3) 국가, 지방자치단체, 공기업 및 준정부기관, 지방공사, 지방공단에서 소방시설의 공사감독
　　　업무를 수행한 경력

　　4) 한국소방안전원, 한국소방산업기술원, 「화재로 인한 재해보상과 보험가입에 관한 법률」에
　　　따른 한국화재보험협회 또는 협회에서 소방 관련 법령에 따라 소방시설과 관련된 정부
　　　위탁 업무를 수행한 경력

5) 소방기술사, 소방시설관리사, 소방설비기사, 소방설비산업기사 자격을 취득한 사람이 「화재의 예방 및 안전관리에 관한 법률」 제24조제1항에 따라 소방안전관리자 또는 소방안전관리보조자로 선임되거나 「초고층 및 지하연계 복합건축물 재난관리에 관한 특별법」에 따라 총괄재난관리자로 지정되어 소방안전관리 업무를 수행한 경력

6) 「위험물안전관리법 시행규칙」 제57조에 따른 안전관리대행기관에서 위험물안전관리 업무를 수행하거나 위험물기능장, 위험물산업기사, 위험물기능사 자격을 취득한 사람이 「위험물안전관리법」 제15조제1항에 따른 위험물안전관리자로 선임되어 위험물안전관리 업무를 수행한 경력

라. 나목 및 다목의 소방기술분야는 다음 표에 따르되, 해당 학과를 포함하는 학군 또는 학부제로 운영되는 대학의 경우에는 해당 학과의 학력·경력을 인정하고, 해당 학과가 두 가지 이상의 소방기술분야에 해당하는 경우에는 다음 표의 소방기술분야(기계, 전기)를 모두 인정한다.

구분			소방기술분야	
			기계	전기
학과·학위	소방안전관리학과(소방안전관리과, 소방시스템과, 소방학과, 소방환경관리과, 소방공학과, 소방행정학과)		○	○
	전기공학과(전기과, 전기설비과, 전자공학과, 전기전자과, 전기전자공학과, 전기제어공학과)		×	○
	1) 산업안전공학과(산업안전과, 산업공학과, 안전공학과, 안전시스템공학과) 2) 기계공학과(기계과, 기계학과, 기계설계학과, 기계설계공학과, 정밀기계공학과) 3) 건축공학과(건축과, 건축학과, 건축설비학과, 건축설계학과) 4) 화학공학과(공업화학과, 화학공업과)		○	×
경력	소방업체에서 소방관련 업무를 수행한 경력	소방시설설계업 소방시설공사업 소방공사감리업 — 전문	○	○
		일반전기	×	○
		일반기계	○	×
		소방시설관리업	○	○
	1) 소방공무원으로서 다음 어느 하나에 해당하는 업무를 수행한 경력 　가) 건축허가등의 동의 관련 업무 　나) 소방시설 착공·감리·완공검사 관련 업무 　다) 위험물 설치허가 및 완공검사 관련 업무 　라) 다중이용업소 완비증명서 발급 및 방염 관련 업무 　마) 소방시설점검 및 화재안전조사 관련 업무 　바) 가)부터 마)까지의 업무와 관련된 법령의 제도개선 및 지도·감독 관련 업무		○	○
	2) 국가, 지방자치단체, 「공공기관의 운영에 관한 법률」에 따른 공기업 및 준정부기관, 「지방공기업법」에 따른 지방공사 또는 지방공단에서 소방시설의 공사감독 업무를 수행한 경력		○	○

경력	3) 한국소방안전원, 한국소방산업기술원, 「화재로 인한 재해보상과 보험가입에 관한 법률」에 따른 한국화재보험협회 및 협회에서 소방 관련 법령에 따라 소방시설과 관련된 정부 위탁 업무를 수행한 경력		○	○
	4) 소방기술사, 소방시설관리사, 소방설비기사, 소방설비산업기사 자격을 취득한 사람이 「화재의 예방 및 안전관리에 관한 법률」에 따라 소방안전관리자 또는 소방안전관리보조자로 선임되거나 「초고층 및 지하연계 복합건축물 재난관리에 관한 특별법」에 따라 총괄재난관리자로 지정되어 소방안전관리 업무를 수행한 경력		○	○
	5) 「위험물안전관리법 시행규칙」에 따른 안전관리대행기관에서 위험물안전관리 업무를 수행하거나 위험물기능장, 위험물산업기사, 위험물기능사 자격을 취득한 사람이 「위험물안전관리법」에 따른 위험물안전관리자로 선임되어 위험물안전관리 업무를 수행한 경력		○	×

2. 소방기술 인정 자격수첩의 자격 구분

구분		자격·학력·경력 인정기준	
소방시설 공사업·소방시설 설계업	기계 분야 보조 인력	가. 소방기술과 관련된 자격 제1호가목1)부터 7)까지, 9) 및 10)의 자격을 취득한 사람 나. 소방기술과 관련된 학력 「고등교육법」 제2조제1호부터 제6호까지에 해당하는 학교에서 제1호나목3)부터 6)까지를 졸업한 사람	기계·전기 분야 공통
			가. 「고등교육법」 제2조제1호부터 제6호까지에 해당하는 학교에서 제1호나목1)에 해당하는 학과를 졸업한 사람 나. 4년제 대학 이상 또는 이와 같은 수준 이상의 교육기관을 졸업한 후 1년 이상 제1호다목에 해당하는 경력이 있는 사람 다. 전문대학 또는 이와 같은 수준 이상의 교육기관을 졸업한 후 3년 이상 제1호다목에 해당하는 경력이 있는 사람 라. 5년 이상 제1호다목에 해당하는 경력이 있는 사람 마. 3년 이상 제1호다목2)에 해당하는 경력이 있는 사람 바. 제1호가목에 해당하는 자격으로 1년 이상 같은 호 다목에 해당하는 경력이 있는 사람 사. 「초·중등교육법 시행령」 제90조 및 제91조에 따른 학교에서 제1호나목1)에 해당하는 학과(이하 "고등학교 소방학과")를 졸업한 사람
	전기 분야 보조 인력	가. 소방기술과 관련된 자격 가목1) 및 8)의 자격을 취득한 사람 나. 소방기술과 관련된 학력 「고등교육법」 제2조제1호부터 제6호까지에 해당하는 학교에서 제1호나목2)를 졸업한 사람	
소방시설 관리업	보조 인력	가. 소방기술과 관련된 자격 제1호가목에 해당하는 자격을 취득한 사람 나. 소방기술과 관련된 학력·경력 1) 「고등교육법」 제2조제1호부터 제6호까지에 해당하는 학교에서 제1호나목에 해당하는 학과를 졸업한 사람 2) 4년제 대학 이상 또는 이와 같은 수준 이상의 교육기관을 졸업한 후 1년 이상 제1호다목에 해당하는 경력이 있는 사람	

소방시설 관리업	보조 인력	3) 전문대학 또는 이와 같은 수준 이상의 교육기관을 졸업한 후 3년 이상 제1호 다목에 해당하는 경력이 있는 사람 4) 5년 이상 제1호다목에 해당하는 경력이 있는 사람 5) 3년 이상 제1호다목2)에 해당하는 경력이 있는 사람 6) 제1호가목에 해당하는 자격으로 1년 이상 같은 호 다목에 해당하는 경력이 있 는 사람 7) 고등학교 소방학과를 졸업한 사람

3. 소방기술자 경력수첩의 자격 구분
  가. 소방기술자의 기술등급
    1) 기술자격에 따른 기술등급

구분	기계분야	전기분야
특급 기술자	• 소방기술사 • 소방시설관리사 자격을 취득한 후 5년 이상 소방 관련 업무를 수행한 사람	
	건축사, 건축기계설비기술사, 건설기계기술사, 공조냉동기계기술사, 화공기술사, 가스기술사 자격을 취득한 후 5년 이상 소방 관련 업무를 수행한 사람	건축전기설비기술사 자격을 취득한 후 5년 이상 소방 관련 업무를 수행한 사람
	소방설비기사 기계분야의 자격을 취득한 후 8년 이상 소방 관련 업무를 수행한 사람	소방설비기사 전기분야의 자격을 취득한 후 8년 이상 소방 관련 업무를 수행한 사람
	소방설비산업기사 기계분야의 자격을 취득한 후 11년 이상 소방 관련 업무를 수행한 사람	소방설비산업기사 전기분야의 자격을 취득한 후 11년 이상 소방 관련 업무를 수행한 사람
	건축기사, 건축설비기사, 건설기계설비기사, 일반기계기사, 공조냉동기계기사, 화공기사, 가스기능장, 가스기사, 산업안전기사, 위험물기능장 자격을 취득한 후 13년 이상 소방 관련 업무를 수행한 사람	전기기능장, 전기기사, 전기공사기사 자격을 취득한 후 13년 이상 소방 관련 업무를 수행한 사람
고급 기술자	소방시설관리사	
	건축사, 건축기계설비기술사, 건설기계기술사, 공조냉동기계기술사, 화공기술사, 가스기술사 자격을 취득한 후 3년 이상 소방 관련 업무를 수행한 사람	건축전기설비기술사 자격을 취득한 후 3년 이상 소방 관련 업무를 수행한 사람
	소방설비기사 기계분야의 자격을 취득한 후 5년 이상 소방 관련 업무를 수행한 사람	소방설비기사 전기분야의 자격을 취득한 후 5년 이상 소방 관련 업무를 수행한 사람
	소방설비산업기사 기계분야의 자격을 취득한 후 8년 이상 소방 관련 업무를 수행한 사람	소방설비산업기사 전기분야의 자격을 취득한 후 8년 이상 소방 관련 업무를 수행한 사람

고급 기술자	건축기사, 건축설비기사, 건설기계설비기사, 일반기계기사, 공조냉동기계기사, 화공기사, 가스기능장, 가스기사, 산업안전기사, 위험물기능장 자격을 취득한 후 11년 이상 소방 관련 업무를 수행한 사람	전기기능장, 전기기사, 전기공사기사 자격을 취득한 후 11년 이상 소방 관련 업무를 수행한 사람
	건축산업기사, 건축설비산업기사, 건설기계설비산업기사, 공조냉동기계산업기사, 화공산업기사, 가스산업기사, 산업안전산업기사, 위험물산업기사 자격을 취득한 후 13년 이상 소방 관련 업무를 수행한 사람	전기산업기사, 전기공사산업기사 자격을 취득한 후 13년 이상 소방 관련 업무를 수행한 사람
중급 기술자	건축사, 건축기계설비기술사, 건설기계기술사, 공조냉동기계기술사, 화공기술사, 가스기술사	건축전기설비기술사
	소방설비기사(기계분야)	소방설비기사(전기분야)
	소방설비산업기사 기계분야의 자격을 취득한 후 3년 이상 소방 관련 업무를 수행한 사람	소방설비산업기사 전기분야의 자격을 취득한 후 3년 이상 소방 관련 업무를 수행한 사람
	건축기사, 건축설비기사, 건설기계설비기사, 일반기계기사, 공조냉동기계기사, 화공기사, 가스기능장, 가스기사, 산업안전기사, 위험물기능장 자격을 취득한 후 5년 이상 소방 관련 업무를 수행한 사람	전기기능장, 전기기사, 전기공사기사 자격을 취득한 후 5년 이상 소방 관련 업무를 수행한 사람
	건축산업기사, 건축설비산업기사, 건설기계설비산업기사, 공조냉동기계산업기사, 화공산업기사, 가스산업기사, 산업안전산업기사, 위험물산업기사 자격을 취득한 후 8년 이상 소방 관련 업무를 수행한 사람	전기산업기사, 전기공사산업기사 자격을 취득한 후 8년 이상 소방 관련 업무를 수행한 사람
초급 기술자	소방설비산업기사(기계분야)	소방설비산업기사(전기분야)
	건축기사, 건축설비기사, 건설기계설비기사, 일반기계기사, 공조냉동기계기사, 화공기사, 가스기능장, 가스기사, 산업안전기사, 위험물기능장 자격을 취득한 후 2년 이상 소방 관련 업무를 수행한 사람	전기기능장, 전기기사, 전기공사기사 자격을 취득한 후 2년 이상 소방 관련 업무를 수행한 사람
	건축산업기사, 건축설비산업기사, 건설기계설비산업기사, 공조냉동기계산업기사, 화공산업기사, 가스산업기사, 산업안전산업기사, 위험물산업기사 자격을 취득한 후 4년 이상 소방 관련 업무를 수행한 사람	전기산업기사, 전기공사산업기사 자격을 취득한 후 4년 이상 소방 관련 업무를 수행한 사람
	위험물기능사 자격을 취득한 후 6년 이상 소방 관련 업무를 수행한 사람	

2) 학력 · 경력 등에 따른 기술등급

구분	학력 · 경력자	경력자
특급 기술자	• 박사학위를 취득한 후 3년 이상 소방 관련 업무를 수행한 사람 • 석사학위를 취득한 후 9년 이상 소방 관련 업무를 수행한 사람 • 학사학위를 취득한 후 12년 이상 소방 관련 업무를 수행한 사람 • 전문학사학위를 취득한 후 15년 이상 소방 관련 업무를 수행한 사람	
고급 기술자	박사학위를 취득한 후 1년 이상 소방 관련 업무를 수행한 사람	학사 이상의 학위를 취득한 후 12년 이상 소방 관련 업무를 수행한 사람
	석사학위를 취득한 후 6년 이상 소방 관련 업무를 수행한 사람	전문학사학위를 취득한 후 15년 이상 소방 관련 업무를 수행한 사람
	학사학위를 취득한 후 9년 이상 소방 관련 업무를 수행한 사람	고등학교를 졸업한 후 18년 이상 소방 관련 업무를 수행한 사람
	전문학사학위를 취득한 후 12년 이상 소방 관련 업무를 수행한 사람	22년 이상 소방 관련 업무를 수행한 사람
	고등학교 소방학과를 졸업한 후 13년 이상 소방 관련 업무를 수행한 사람	
	고등학교[제1호나목 2)부터 6)까지에 해당하는 학과]를 졸업한 후 15년 이상 소방 관련 업무를 수행한 사람	
중급 기술자	• 박사학위를 취득한 사람 • 석사학위를 취득한 후 3년 이상 소방 관련 업무를 수행한 사람	학사 이상의 학위를 취득한 후 9년 이상 소방 관련 업무를 수행한 사람
	학사학위를 취득한 후 6년 이상 소방 관련 업무를 수행한 사람	전문학사학위를 취득한 후 12년 이상 소방 관련 업무를 수행한 사람
	전문학사학위를 취득한 후 9년 이상 소방 관련 업무를 수행한 사람	고등학교를 졸업한 후 15년 이상 소방 관련 업무를 수행한 사람
	고등학교 소방학과를 졸업한 후 10년 이상 소방 관련 업무를 수행한 사람	
	고등학교[제1호나목 2)부터 6)까지에 해당하는 학과]를 졸업한 후 12년 이상 소방 관련 업무를 수행한 사람	18년 이상 소방 관련 업무를 수행한 사람
초급 기술자	• 석사 또는 학사학위를 취득한 사람 • 「고등교육법」 제2조제1호부터 제6호까지에 해당하는 학교에서 제1호나목1)에 해당하는 학과를 졸업한 사람	학사 이상의 학위를 취득한 후 3년 이상 소방 관련 업무를 수행한 사람

초급 기술자	전문학사학위를 취득한 후 2년 이상 소방 관련 업무를 수행한 사람	전문학사학위를 취득한 후 5년 이상 소방 관련 업무를 수행한 사람
	• 고등학교 소방학과를 졸업 후 3년 이상 소방 관련 업무를 수행한 사람 • 고등학교[제1호나목 2)부터 6)까지에 해 당하는 학과]를 졸업한 후 5년 이상 소방 관련 업무를 수행한 사람	• 고등학교를 졸업한 후 7년 이상 소방 관 련 업무를 수행한 사람 • 9년 이상 소방 관련 업무를 수행한 사람

[비고]
1. 동일한 기간에 수행한 경력이 두 가지 이상의 자격 기준에 해당하는 경우에는 하나의 자격 기준에 대해서만 그 기간을 인정하고 기간이 중복되지 아니하는 경우에는 각각의 기간을 경력으로 인정한다. 이 경우 동일 기술등급의 자격 기준별 경력기간을 해당 경력기준기간으로 나누어 합한 값이 1 이상이면 해당 기술등급의 자격 기준을 갖춘 것으로 본다.
2. 위 표에서 "학력·경력자"란 제1호나목의 학과를 졸업하고 소방 관련 업무를 수행한 사람을 말한다.
3. 위 표에서 "경력자"란 제1호나목의 학과 외의 학과를 졸업하고 소방 관련 업무를 수행한 사람을 말한다.

나. 소방공사감리원의 기술등급

구분	기계분야	전기분야
특급 감리원	소방기술사 자격을 취득한 사람	
	소방설비기사 기계분야 자격을 취득한 후 8 년 이상 소방 관련 업무를 수행한 사람	소방설비기사 전기분야 자격을 취득한 후 8 년 이상 소방 관련 업무를 수행한 사람
	소방설비산업기사 기계분야 자격을 취득한 후 12년 이상 소방 관련 업무를 수행한 사람	소방설비산업기사 전기분야 자격을 취득한 후 12년 이상 소방 관련 업무를 수행한 사람
고급 감리원	소방설비기사 기계분야 자격을 취득한 후 5 년 이상 소방 관련 업무를 수행한 사람	소방설비기사 전기분야 자격을 취득한 후 5 년 이상 소방 관련 업무를 수행한 사람
	소방설비산업기사 기계분야 자격을 취득한 후 8년 이상 소방 관련 업무를 수행한 사람	소방설비산업기사 전기분야 자격을 취득한 후 8년 이상 소방 관련 업무를 수행한 사람
중급 감리원	소방설비기사 기계분야 자격을 취득한 후 3 년 이상 소방 관련 업무를 수행한 사람	소방설비기사 전기분야 자격을 취득한 후 3 년 이상 소방 관련 업무를 수행한 사람
	소방설비산업기사 기계분야 자격을 취득한 후 6년 이상 소방 관련 업무를 수행한 사람	소방설비산업기사 전기분야 자격을 취득한 후 6년 이상 소방 관련 업무를 수행한 사람
	초급감리원을 취득한 후 5년 이상 기계분야 소방감리업무를 수행한 사람	초급감리원을 취득한 후 5년 이상 전기분야 소방감리업무를 수행한 사람
초급 감리원	• 제1호나목1)에 해당하는 학사 이상의 학위를 취득한 후 1년 이상 소방 관련 업무를 수행한 사람 • 「고등교육법」 제2조제1호부터 제6호까지에 해당하는 학교에서 제1호나목1)에 해당하는 학과의 전문학사학위를 취득한 후 3년 이상 소방 관련 업무를 수행한 사람	

	• 고등학교 소방학과를 졸업한 후 4년 이상 소방 관련 업무를 수행한 사람 • 3년 이상 제1호다목2)에 해당하는 경력이 있는 사람 • 5년 이상 소방 관련 업무를 수행한 사람	
초급 감리원	소방설비기사 기계분야 자격을 취득한 후 1년 이상 소방 관련 업무를 수행한 사람	소방설비기사 전기분야 자격을 취득한 후 1년 이상 소방 관련 업무를 수행한 사람
	소방설비산업기사 기계분야 자격을 취득한 후 2년 이상 소방 관련 업무를 수행한 사람	소방설비산업기사 전기분야 자격을 취득한 후 2년 이상 소방 관련 업무를 수행한 사람
	제1호나목3)부터 6)까지에 해당하는 학과의 학사 이상의 학위를 취득한 후 1년 이상 소방 관련 업무를 수행한 사람	제1호나목2)에 해당하는 학과의 학사 이상의 학위를 취득한 후 1년 이상 소방 관련 업무를 수행한 사람
	「고등교육법」 제2조제1호부터 제6호까지에 해당하는 학교에서 제1호나목3)부터 6)까지에 해당하는 학과의 전문학사학위를 취득한 후 3년 이상 소방 관련 업무를 수행한 사람	「고등교육법」 제2조제1호부터 제6호까지에 해당하는 학교에서 제1호나목2)에 해당하는 학과의 전문학사학위를 취득한 후 3년 이상 소방 관련 업무를 수행한 사람

[비고]
1. 동일한 기간에 수행한 경력이 두 가지 이상의 자격 기준에 해당하는 경우에는 하나의 자격 기준에 대해서만 그 기간을 인정하고 기간이 중복되지 아니하는 경우에는 각각의 기간을 경력으로 인정한다. 이 경우 동일 기술등급의 자격 기준별 경력기간을 해당 경력기준기간으로 나누어 합한 값이 1 이상이면 해당 기술등급의 자격 기준을 갖춘 것으로 본다.
2. 소방 관련 업무를 수행한 경력으로서 위 표에서 정한 국가기술자격 취득 전의 경력은 그 경력의 50%만 인정한다.

다. 소방시설 자체점검 점검자의 기술등급

1) 기술자격에 따른 기술등급

구분		기술자격
보조 기술 인력	특급 점검자	• 소방시설관리사, 소방기술사 • 소방설비기사 자격을 취득한 후 8년 이상 소방 관련 업무를 수행한 사람 • 소방설비산업기사 자격을 취득한 후 소방시설관리업체에서 10년 이상 점검업무를 수행한 사람
	고급 점검자	• 소방설비기사 자격을 취득한 후 5년 이상 소방 관련 업무를 수행한 사람 • 소방설비산업기사 자격을 취득한 후 8년 이상 소방 관련 업무를 수행한 사람 • 건축설비기사, 건축기사, 공조냉동기계기사, 일반기계기사, 위험물기능장 자격을 취득한 후 15년 이상 소방 관련 업무를 수행한 사람
	중급 점검자	• 소방설비기사 자격을 취득한 사람 • 소방설비산업기사 자격을 취득한 후 3년 이상 소방 관련 업무를 수행한 사람 • 건축설비기사, 건축기사, 공조냉동기계기사, 일반기계기사, 위험물기능장, 전기기사, 전기공사기사, 전파통신기사, 정보통신기사자 자격을 취득한 후 10년 이상 소방 관련 업무를 수행한 사람

보조 기술 인력	초급 점검자	• 소방설비산업기사 자격을 취득한 사람 • 가스기능장, 전기기능장, 위험물기능장 자격을 취득한 사람 • 건축기사, 건축설비기사, 건설기계설비기사, 일반기계기사, 공조냉동기계 기사, 화공기사, 가스기사, 전기기사, 전기공사기사, 산업안전기사, 위험 물산업기사 자격을 취득한 사람 • 건축산업기사, 건축설비산업기사, 건설기계설비산업기사, 공조냉동기계 산업기사, 화공산업기사, 가스산업기사, 전기산업기사, 전기공사산업기 사, 산업안전산업기사, 위험물기능사 자격을 취득한 사람

2) 학력 · 경력 등에 따른 기술등급

구분		학력 · 경력자	경력자
보조 기술 인력	고급 점검자	• 학사 이상의 학위를 취득한 후 9년 이상 소방 관련 업무를 수행한 사람 • 전문학사학위를 취득한 후 12년 이 상 소방 관련 업무를 수행한 사람	• 학사 이상의 학위를 취득한 후 12년 이상 소방 관련 업무를 수행한 사람 • 전문학사학위를 취득한 후 15년 이 상 소방 관련 업무를 수행한 사람 • 22년 이상 소방 관련 업무를 수행한 사람
	중급 점검자	• 학사 이상의 학위를 취득한 후 6년 이상 소방 관련 업무를 수행한 사람 • 전문학사학위를 취득한 후 9년 이상 소방 관련 업무를 수행한 사람 • 고등학교를 졸업한 후 12년 이상 소 방 관련 업무를 수행한 사람	• 학사 이상의 학위를 취득한 후 9년 이상 소방 관련 업무를 수행한 사람 • 전문학사학위를 취득한 후 12년 이 상 소방 관련 업무를 수행한 사람 • 고등학교를 졸업한 후 15년 이상 소 방 관련 업무를 수행한 사람 • 18년 이상 소방 관련 업무를 수행한 사람
	초급 점검자	「고등교육법」에 해당하는 학교에서 제1호나목에 해당하는 학과 또는 고 등학교 소방학과를 졸업한 사람	• 4년제 대학 이상 또는 이와 같은 수 준 이상의 교육기관을 졸업한 후 1년 이상 소방 관련 업무를 수행한 사람 • 전문대학 또는 이와 같은 수준 이상 의 교육기관을 졸업한 후 3년 이상 소방 관련 업무를 수행한 사람 • 5년 이상 소방 관련 업무를 수행한 사람 • 3년 이상 제1호다목2)에 해당하는 경력이 있는 사람

[비고]
1. 동일한 기간에 수행한 경력이 두 가지 이상의 자격 기준에 해당하는 경우에는 하나의 자격
   기준에 대해서만 그 기간을 인정하고 기간이 중복되지 않는 경우에는 각각의 기간을 경력으로
   인정한다. 이 경우 동일 기술등급의 자격 기준별 경력기간을 해당 경력기준기간으로 나누어
   합한 값이 1 이상이면 해당 기술등급의 자격 기준을 갖춘 것으로 본다.

      2. 위 표에서 "학력 · 경력자"란 고등학교 · 대학 또는 이와 같은 수준 이상의 교육기관에서 제1호나목에 해당하는 학과의 정해진 교육과정을 이수하고 졸업하거나 그 밖의 관계 법령에 따라 국내 또는 외국에서 이와 같은 수준 이상의 학력이 있다고 인정되는 사람을 말한다.

      3. 위 표에서 "경력자"란 제1호나목의 학과 외의 학과를 졸업하고 소방 관련 업무를 수행한 사람을 말한다.

      4. 소방시설 자체점검 점검자의 경력 산정 시에는 소방시설관리업에서 소방시설의 점검 및 유지 · 관리 업무를 수행한 경력에 1.2를 곱하여 계산된 값을 소방 관련 업무 경력에 산입한다.

② 협회, 영 제20조제4항에 따라 소방기술과 관련된 자격 · 학력 및 경력의 인정업무를 위탁받은 소방기술과 관련된 법인 또는 단체는 법 제28조제1항에 따라 소방기술과 관련된 자격 · 학력 및 경력을 가진 사람을 소방기술자로 인정하려는 경우에는 법 제28조의2제1항에 따른 소방기술자 양성 · 인정 교육훈련의 수료 여부를 확인하고 [별지 제39호서식]의 소방기술 인정 자격수첩과 [별지 제39호의2서식]에 따른 소방기술자 경력수첩을 발급해야 한다.

③ 제1항 및 제2항에서 규정한 사항 외에 자격수첩과 경력수첩의 발급절차 수수료 등에 관하여 필요한 사항은 소방청장이 정하여 고시한다.

④ 소방청장은 제2항에 따라 자격수첩 또는 경력수첩을 발급받은 사람이 다음의 어느 하나에 해당하는 경우에는 행정안전부령으로 정하는 바에 따라 그 자격을 취소하거나 6개월 이상 2년 이하의 기간을 정하여 그 자격을 정지시킬 수 있다. 다만, 제1호와 제2호에 해당하는 경우에는 그 자격을 취소하여야 한다.

  1. 거짓이나 그 밖의 부정한 방법으로 자격수첩 또는 경력수첩을 발급받은 경우

  2. 제27조제2항을 위반하여 자격수첩 또는 경력수첩을 다른 사람에게 빌려준 경우

  3. 제27조제3항을 위반하여 동시에 둘 이상의 업체에 취업한 경우

  4. 이 법 또는 이 법에 따른 명령을 위반한 경우

영 · 규칙 CHAIN

칙 제25조(자격의 정지 및 취소에 관한 기준)

법 제28조제4항에 따른 자격의 정지 및 취소기준은 [별표 5]와 같다.

■ 소방시설공사업 시행규칙

[별표 5] 소방기술자의 자격의 정지 및 취소에 관한 기준

위반사항	행정처분기준		
	1차	2차	3차
가. 거짓이나 그 밖의 부정한 방법으로 자격수첩 또는 경력수첩을 발급받은 경우	자격취소		

나. 법 제27조제2항을 위반하여 자격수첩 또는 경력수첩을 다른 자에게 빌려준 경우	자격취소		
다. 법 제27조제3항을 위반하여 동시에 둘 이상의 업체에 취업한 경우	자격정지 1년	자격취소	
라. 법 또는 법에 따른 명령을 위반한 경우			
1) 법 제27조제1항의 업무수행 중 해당 자격과 관련하여 고의 또는 중대한 과실로 다른 자에게 손해를 입히고 형의 선고를 받은 경우	자격취소		
2) 법 제28조제4항에 따라 자격정지처분을 받고도 같은 기간 내에 자격증을 사용한 경우	자격정지 1년	자격정지 2년	자격취소

⑤ 제4항에 따라 자격이 취소된 사람은 취소된 날부터 2년간 자격수첩 또는 경력수첩을 발급받을 수 없다.

제28조의2(소방기술자 양성 및 교육 등)

① 소방청장은 소방기술자를 육성하고 소방기술자의 전문기술능력 향상을 위하여 소방기술자와 제28조에 따라 소방기술과 관련된 자격·학력 및 경력을 인정받으려는 사람의 양성·인정 교육훈련을 실시할 수 있다.

② 소방청장은 전문적이고 체계적인 소방기술자 양성·인정 교육훈련을 위하여 소방기술자 양성·인정 교육훈련기관을 지정할 수 있다.

영·규칙 CHAIN

칙 제25조의2(소방기술자 양성·인정 교육훈련의 실시 등)

① 법 제28조의2제2항에 따른 소방기술자 양성·인정 교육훈련기관의 지정 요건은 다음과 같다.
  1. 전국 4개 이상의 시·도에 이론교육과 실습교육이 가능한 교육·훈련장을 갖출 것
  2. 소방기술자 양성·인정 교육훈련을 실시할 수 있는 전담인력을 6명 이상 갖출 것
  3. 교육과목별 교재 및 강사 매뉴얼을 갖출 것
  4. 교육훈련의 신청·수료, 성과측정, 경력관리 등에 필요한 교육훈련 관리시스템을 구축·운영할 것

② 소방기술자 양성·인정 교육훈련기관은 다음의 사항이 포함된 다음 연도 교육훈련계획을 수립하여 해당 연도 11월 30일까지 소방청장의 승인을 받아야 한다.
  1. 교육운영계획
  2. 교육 과정 및 과목
  3. 교육방법
  4. 그 밖에 소방기술자 양성·인정 교육훈련의 실시에 필요한 사항

③ 소방기술자 양성·인정 교육훈련기관은 교육 이수 사항을 기록·관리해야 한다.

③ 제2항에 따라 지정된 소방기술자 양성 · 인정 교육훈련기관의 지정취소, 업무정지 및 청문에 관하여는 「소방시설 설치 및 관리에 관한 법률」 제47조 및 제49조를 준용한다.

④ 제1항 및 제2항에 따른 소방기술자 양성 · 인정 교육훈련 및 교육훈련기관 지정 등에 필요한 사항은 행정안전부령으로 정한다.

제29조(소방기술자의 실무교육)

① 화재 예방, 안전관리의 효율화, 새로운 기술 등 소방에 관한 지식의 보급을 위하여 소방시설업 또는 「소방시설 설치 및 관리에 관한 법률」 제29조에 따른 소방시설관리업의 기술인력으로 등록된 소방기술 자는 행정안전부령으로 정하는 바에 따라 실무교육을 받아야 한다.

영 · 규칙 CHAIN

칙 제26조(소방기술자의 실무교육)

① 소방기술자는 법 제29조제1항에 따른 실무교육을 2년마다 1회 이상 받아야 한다. 다만, 실무교육을 받아야 할 기간 내에 소방기술자 양성 · 인정 교육훈련을 받은 경우에는 해당 실무교육을 받은 것으로 본다.

② 영 제20조제1항에 따라 소방기술자 실무교육에 관한 업무를 위탁받은 실무교육기관 또는 「소방기본 법」 제40조에 따른 한국소방안전원의 장(이하 "실무교육기관등의 장")은 소방기술자에 대한 실무교 육을 실시하려면 교육일정 등 교육에 필요한 계획을 수립하여 소방청장에게 보고한 후 교육 10일 전까지 교육대상자에게 알려야 한다.

③ 제1항에 따른 실무교육의 시간, 교육과목, 수수료, 그 밖에 실무교육에 관하여 필요한 사항은 소방청 장이 정하여 고시한다.

칙 제27조(교육수료 사항의 기록 등)

① 실무교육기관등의 장은 실무교육을 수료한 소방기술자의 기술자격증(자격수첩)에 교육수료 사항을 기재 · 날인하여 발급하여야 한다.

② 실무교육기관등의 장은 [별지 제40호서식]의 소방기술자 실무교육수료자 명단을 교육대상자가 소속된 소방시설업의 업종별로 작성하고 필요한 사항을 기록하여 갖춰 두어야 한다.

칙 제28조(감독)

소방청장은 실무교육기관등의 장이 실시하는 소방기술자 실무교육의 계획 · 실시 및 결과에 대하여 지도 · 감독하여야 한다.

---

② 제1항에 따른 소방기술자가 정하여진 교육을 받지 아니하면 그 교육을 이수할 때까지 그 소방기술자는 소방시설업 또는 「소방시설 설치 및 관리에 관한 법률」 제29조에 따른 소방시설관리업의 기술인력으로 등록된 사람으로 보지 아니한다.

③ 소방청장은 제1항에 따른 소방기술자에 대한 실무교육을 효율적으로 하기 위하여 실무교육기관을

지정할 수 있다.

④ 제3항에 따른 실무교육기관의 지정방법 · 절차 · 기준 등에 관하여 필요한 사항은 행정안전부령으로 정한다.

영 · 규칙 CHAIN

칙 제29조(소방기술자 실무교육기관의 지정기준)

① 법 제29조제4항에 따라 소방기술자에 대한 실무교육기관의 지정을 받으려는 자가 갖추어야 하는 실무교육에 필요한 기술인력 및 시설장비는 [별표 6]과 같다.

■ 소방시설공사업법 시행규칙

[별표 6] 소방기술자 실무교육에 필요한 기술인력 및 시설장비

1. 조직구성

　가. 수도권(서울, 인천, 경기), 중부권(대전, 세종, 강원, 충남, 충북), 호남권(광주, 전남, 전북, 제주), 영남권(부산, 대구, 울산, 경남, 경북) 등 권역별로 1개 이상의 지부를 설치할 것

　나. 각 지부에는 법인에 선임된 임원 1명 이상을 책임자로 지정할 것

　다. 각 지부에는 기술인력 및 시설 · 장비 등 교육에 필요한 시설을 갖출 것

2. 기술인력

　가. 인원 : 강사 4명 및 교무요원 2명 이상을 확보할 것

　나. 자격요건

　　1) 강사

　　　가) 소방 관련학의 박사학위를 가진 사람

　　　나) 전문대학 또는 이와 같은 수준 이상의 교육기관에서 소방안전 관련학과 전임 강사 이상으로 재직한 사람

　　　다) 소방기술사, 소방시설관리사, 위험물기능장 자격을 소지한 사람

　　　라) 소방설비기사 및 위험물산업기사 자격을 소지한 사람으로서 소방 관련 기관(단체)에서 2년 이상 강의경력이 있는 사람

　　　마) 소방설비산업기사 및 위험물기능사 자격을 소지한 사람으로서 소방 관련 기관(단체)에서 5년 이상 강의경력이 있는 사람

　　　바) 대학 또는 이와 같은 수준 이상의 교육기관에서 소방안전 관련학과를 졸업하고 소방 관련 기관(단체)에서 5년 이상 강의경력이 있는 사람

　　　사) 소방 관련 기관(단체)에서 10년 이상 실무경력이 있는 사람으로서 5년 이상 강의 경력이 있는 사람

　　　아) 소방경 또는 지방소방경 이상의 소방공무원이나 소방설비기사 자격을 소지한 소방위 또는 지방소방위 이상의 소방공무원

　　2) 외래 초빙강사 : 강사의 자격요건에 해당하는 사람일 것

3. 시설 및 장비

　가. 사무실 : 바닥면적이 60m² 이상일 것

　나. 강의실 : 바닥면적이 100m² 이상이고, 의자 · 탁자 및 교육용 비품을 갖출 것

　다. 실습실 · 실험실 · 제도실 : 각 바닥면적이 100m² 이상(실습실은 소방안전관리자만 해당되고, 실험실은 위험물안전관리자만 해당되며, 제도실은 설계 및 시공자만 해당)

　라. 교육용 기자재

기자재명	규격	수량(단위 : 개)
빔 프로젝터(Beam Projector)		1
소화기(단면절개 : 斷面切開)	3종	각 1
경보설비시스템		1
스프링클러모형		1
자동화재탐지설비 세트		1
소화설비 계통도		1
소화기 시뮬레이터		1
소화기 충전장치		1
방출포량 시험기		1
열감지기 시험기		1
수압기	20kgf/cm²	1
할론 농도 측정기		1
이산화탄소농도 측정기		1
전류전압 측정기		1
검량계	200kgf	1
풍압풍속계(기압측정이 가능한 것)	1~10mmHg	1
차압계(압력차 측정기)		1
음량계		1
초시계		1
방수압력측정기		1
봉인렌치		1
포채집기		1
전기절연저항 시험기 (최소눈금이 0.1MΩ 이하인 것)	DC 500V	1
연기감지기 시험기		1

② 제1항에 따라 실무교육기관의 지정을 받으려는 자는 비영리법인이어야 한다.

칙 제30조(지정신청)

① 법 제29조제4항에 따라 실무교육기관의 지정을 받으려는 자는 [별지 제41호서식]의 실무교육기관 지정신청서(전자문서로 된 실무교육기관 지정신청서 포함)에 다음의 서류(전자문서 포함)를 첨부하여 소방청장에게 제출하여야 한다. 다만, 「전자정부법」에 따른 행정정보의 공동이용을 통하여 첨부서류에 대한 정보를 확인할 수 있는 경우에는 그 확인으로 첨부서류를 갈음할 수 있다.

1. 정관 사본 1부
2. 대표자, 각 지부의 책임임원 및 기술인력의 자격을 증명할 수 있는 서류(전자문서 포함)와 기술인력의 명단 및 이력서 각 1부
3. 건물의 소유자가 아닌 경우 건물임대차계약서 사본 및 그 밖에 사무실 보유를 증명할 수 있는 서류(전자문서 포함) 각 1부
4. 교육장 도면 1부
5. 시설 및 장비명세서 1부

② 제1항에 따른 신청서를 제출받은 담당 공무원은 「전자정부법」에 따라 행정정보의 공동이용을 통하여 다음의 서류를 확인하여야 한다.

1. 법인등기사항 전부증명서 1부
2. 건물등기사항 전부증명서(건물의 소유자인 경우에만 첨부)

칙 제31조(서류심사 등)

① 제30조에 따라 실무교육기관의 지정신청을 받은 소방청장은 제29조의 지정기준을 충족하였는지를 현장 확인하여야 한다. 이 경우 소방청장은 「소방기본법」에 따른 한국소방안전원에 소속된 사람을 현장 확인에 참여시킬 수 있다.

② 소방청장은 신청자가 제출한 신청서(전자문서로 된 신청서 포함) 및 첨부서류(전자문서 포함)가 미비되거나 현장 확인 결과 제29조에 따른 지정기준을 충족하지 못하였을 때에는 15일 이내의 기간을 정하여 이를 보완하게 할 수 있다. 이 경우 보완기간 내에 보완하지 않으면 신청서를 되돌려 보내야 한다.

칙 제32조(지정서 발급 등)

① 소방청장은 제30조에 따라 제출된 서류(전자문서 포함)를 심사하고 현장 확인한 결과 제29조의 지정기준을 충족한 경우에는 신청일부터 30일 이내에 [별지 제42호서식]의 실무교육기관 지정서(전자문서로 된 실무교육기관 지정서 포함)를 발급하여야 한다.

② 제1항에 따라 실무교육기관을 지정한 소방청장은 지정한 실무교육기관의 명칭, 대표자, 소재지, 교육실시 범위 및 교육업무 개시일 등 교육에 필요한 사항을 관보에 공고하여야 한다.

칙 제33조(지정사항의 변경)

제32조제1항에 따라 실무교육기관으로 지정된 기관은 다음의 어느 하나에 해당하는 사항을 변경하려면 변경일부터 10일 이내에 소방청장에게 보고하여야 한다.

1. 대표자 또는 각 지부의 책임임원
2. 기술인력 또는 시설장비 등 지정기준
3. 교육기관의 명칭 또는 소재지

칙 제34조(휴업 · 재개업 및 폐업 신고 등)

① 제32조제1항에 따라 지정을 받은 실무교육기관은 휴업 · 재개업 또는 폐업을 하려면 그 휴업 또는 재개업을 하려는 날의 14일 전까지 [별지 제43호서식]의 휴업 · 재개업 · 폐업 보고서에 실무교육기관 지정서 1부를 첨부(폐업하는 경우에만 첨부)하여 소방청장에게 보고하여야 한다.

② 제1항에 따른 보고는 방문 · 전화 · 팩스 또는 컴퓨터통신으로 할 수 있다.

③ 소방청장은 제1항에 따라 휴업보고를 받은 경우에는 실무교육기관 지정서에 휴업기간을 기재하여 발급하고, 폐업보고를 받은 경우에는 실무교육기관 지정서를 회수하여야 한다. 이 경우 소방청장은 휴업 · 재개업 · 폐업 사실을 인터넷 등을 통하여 널리 알려야 한다.

칙 제35조(교육계획의 수립 · 공고 등)

① 실무교육기관등의 장은 매년 11월 30일까지 다음 해 교육계획을 실무교육의 종류별 · 대상자별 · 지역별로 수립하여 이를 일간신문에 공고하고 소방본부장 또는 소방서장에게 보고하여야 한다.

② 제1항에 따른 교육계획을 변경하는 경우에는 변경한 날부터 10일 이내에 이를 일간신문에 공고하고 소방본부장 또는 소방서장에게 보고하여야 한다.

칙 제36조(교육대상자 관리 및 교육실적 보고)

① 실무교육기관등의 장은 그 해의 교육이 끝난 후 직능별 · 지역별 교육수료자 명부를 작성하여 소방본부장 또는 소방서장에게 다음 해 1월 말까지 알려야 한다.

② 실무교육기관등의 장은 매년 1월 말까지 전년도 교육 횟수 · 인원 및 대상자 등 교육실적을 소방청장에게 보고하여야 한다.

⑤ 제3항에 따라 지정된 실무교육기관의 지정취소, 업무정지 및 청문에 관하여는 「소방시설 설치 및 관리에 관한 법률」 제47조 및 제49조를 준용한다.

제5장 소방시설업자협회

제30조의2(소방시설업자협회의 설립)

① 소방시설업자는 소방시설업자의 권익보호와 소방기술의 개발 등 소방시설업의 건전한 발전을 위하여 소방시설업자협회(이하 "협회")를 설립할 수 있다.

영·규칙 CHAIN

영 제19조의2(소방시설업자협회의 설립인가 절차 등)

① 법 제30조의2제1항에 따라 소방시설업자협회(이하 "협회")를 설립하려면 법 제2조제1항제2호에 따른 소방시설업자 10명 이상이 발기하고 창립총회에서 정관을 의결한 후 소방청장에게 인가를 신청하여야 한다.

② 소방청장은 제1항에 따른 인가를 하였을 때에는 그 사실을 공고하여야 한다.

② 협회는 법인으로 한다.

③ 협회는 소방청장의 인가를 받아 주된 사무소의 소재지에 설립등기를 함으로써 성립한다.

④ 협회의 설립인가 절차, 정관의 기재사항 및 협회에 대한 감독에 관하여 필요한 사항은 대통령령으로 정한다.

영·규칙 CHAIN

영 제19조의3(정관의 기재사항)

협회의 정관에는 다음의 사항이 포함되어야 한다.

1. 목적
2. 명칭
3. 주된 사무소의 소재지
4. 사업에 관한 사항
5. 회원의 가입 및 탈퇴에 관한 사항
6. 회비에 관한 사항
7. 자산과 회계에 관한 사항
8. 임원의 정원·임기 및 선출방법
9. 기구와 조직에 관한 사항
10. 총회와 이사회에 관한 사항
11. 정관의 변경에 관한 사항

영 제19조의4(감독)

① 법 제30조의2제4항에 따라 소방청장은 협회에 대하여 다음의 사항을 보고하게 할 수 있다.

1. 총회 또는 이사회의 중요 의결사항
2. 회원의 가입·탈퇴와 회비에 관한 사항
3. 그 밖에 협회 및 회원에 관계되는 중요한 사항

제30조의3(협회의 업무)

협회의 업무는 다음과 같다.

1. 소방시설업의 기술발전과 소방기술의 진흥을 위한 조사 · 연구 · 분석 및 평가
2. 소방산업의 발전 및 소방기술의 향상을 위한 지원
3. 소방시설업의 기술발전과 관련된 국제교류 · 활동 및 행사의 유치
4. 이 법에 따른 위탁 업무의 수행

제30조의4(「민법」의 준용)

협회에 관하여 이 법에 규정되지 아니한 사항은 「민법」 중 사단법인에 관한 규정을 준용한다.

제6장 보칙

제31조(감독)

① 시 · 도지사, 소방본부장 또는 소방서장은 소방시설업의 감독을 위하여 필요할 때에는 소방시설업자나 관계인에게 필요한 보고나 자료 제출을 명할 수 있고, 관계 공무원으로 하여금 소방시설업체나 특정소방대상물에 출입하여 관계 서류와 시설 등을 검사하거나 소방시설업자 및 관계인에게 질문하게 할 수 있다.

② 소방청장은 제33조제2항부터 제4항까지의 규정에 따라 소방청장의 업무를 위탁받은 제29조제3항에 따른 실무교육기관(이하 "실무교육기관") 또는 「소방기본법」 제40조에 따른 한국소방안전원, 협회, 법인 또는 단체에 필요한 보고나 자료 제출을 명할 수 있고, 관계 공무원으로 하여금 실무교육기관, 한국소방안전원, 협회, 법인 또는 단체의 사무실에 출입하여 관계 서류 등을 검사하거나 관계인에게 질문하게 할 수 있다.

🔨 100만 원 이하 벌금 – 명령을 위반하여 보고 또는 자료 제출을 하지 아니하거나 거짓으로 한 자

🔨 100만 원 이하 벌금 – 위반하여 정당한 사유 없이 관계 공무원의 출입 또는 검사 · 조사를 거부 · 방해 또는 기피한 자

③ 제1항과 제2항에 따라 출입 · 검사를 하는 관계 공무원은 그 권한을 표시하는 증표를 지니고 이를 관계인에게 보여주어야 한다.

④ 제1항과 제2항에 따라 출입 · 검사업무를 수행하는 관계 공무원은 관계인의 정당한 업무를 방해하거나 출입 · 검사업무를 수행하면서 알게 된 비밀을 다른 자에게 누설하여서는 아니 된다.

🔨 300만 원 이하 벌금 – 관계인의 정당한 업무를 방해하거나 업무상 알게 된 비밀을 누설한 사람

제32조(청문)

제9조제1항에 따른 소방시설업 등록취소처분이나 영업정지처분 또는 제28조제4항에 따른 소방기술 인정 자격취소처분을 하려면 청문을 하여야 한다.

제33조(권한의 위임 · 위탁 등)

① 소방청장은 이 법에 따른 권한의 일부를 대통령령으로 정하는 바에 따라 시 · 도지사에게 위임할 수 있다.

② 소방청장은 제29조에 따른 실무교육에 관한 업무를 대통령령으로 정하는 바에 따라 실무교육기관 또는 한국소방안전원에 위탁할 수 있다.

영 · 규칙 CHAIN

영 제20조(업무의 위탁)

① 소방청장은 법 제33조제2항에 따라 법 제29조에 따른 소방기술자 실무교육에 관한 업무를 법 제29조 제3항에 따라 소방청장이 지정하는 실무교육기관 또는 「소방기본법」에 따른 한국소방안전원에 위탁한다.

② 소방청장은 법 제33조제3항에 따라 다음의 업무를 협회에 위탁한다.
　1. 법 제20조의3에 따른 방염처리능력 평가 및 공시에 관한 업무
　2. 법 제26조에 따른 시공능력 평가 및 공시에 관한 업무
　3. 법 제26조의3제1항에 따른 소방시설업 종합정보시스템의 구축 · 운영

③ 시 · 도지사는 법 제33조제3항에 따라 다음의 업무를 협회에 위탁한다.
　1. 법 제4조제1항에 따른 소방시설업 등록신청의 접수 및 신청내용의 확인
　2. 법 제6조에 따른 소방시설업 등록사항 변경신고의 접수 및 신고내용의 확인
　2의2. 법 제6조의2에 따른 소방시설업 휴업 · 폐업 또는 재개업 신고의 접수 및 신고내용의 확인
　3. 법 제7조제3항에 따른 소방시설업자의 지위승계 신고의 접수 및 신고내용의 확인

④ 소방청장은 법 제33조제4항에 따라 다음의 업무를 협회, 소방기술과 관련된 법인 또는 단체에 위탁한다. 이 경우 소방청장은 수탁기관을 지정하여 고시해야 한다.
　1. 법 제28조에 따른 소방기술과 관련된 자격 · 학력 및 경력의 인정 업무
　2. 법 제28조의2에 따른 소방기술자 양성 · 인정 교육훈련 업무

③ 소방청장 또는 시 · 도지사는 다음의 업무를 대통령령으로 정하는 바에 따라 협회에 위탁할 수 있다.
　1. 제4조제1항에 따른 소방시설업 등록신청의 접수 및 신청내용의 확인
　2. 제6조에 따른 소방시설업 등록사항 변경신고의 접수 및 신고내용의 확인
　2의2. 제6조의2에 따른 소방시설업 휴업 · 폐업 등 신고의 접수 및 신고내용의 확인
　3. 제7조제3항에 따른 소방시설업자의 지위승계 신고의 접수 및 신고내용의 확인
　4. 제20조의3에 따른 방염처리능력 평가 및 공시
　5. 제26조에 따른 시공능력 평가 및 공시
　6. 제26조의3제1항에 따른 소방시설업 종합정보시스템의 구축 · 운영

④ 소방청장은 다음의 업무를 대통령령으로 정하는 바에 따라 협회, 소방기술과 관련된 법인 또는 단체에 위탁할 수 있다.

1. 제28조에 따른 소방기술과 관련된 자격 · 학력 및 경력의 인정 업무
2. 제28조의2에 따른 소방기술자 양성 · 인정 교육훈련 업무

제34조(수수료 등)

다음의 어느 하나에 해당하는 자는 행정안전부령으로 정하는 바에 따라 수수료나 교육비를 내야 한다.

1. 제4조제1항에 따라 소방시설업을 등록하려는 자
2. 제4조제3항에 따라 소방시설업 등록증 또는 등록수첩을 재발급받으려는 자
3. 제7조제3항에 따라 소방시설업자의 지위승계 신고를 하려는 자
4. 제20조의3제2항에 따라 방염처리능력 평가를 받으려는 자
5. 제26조제2항에 따라 시공능력 평가를 받으려는 자
6. 제28조제2항에 따라 자격수첩 또는 경력수첩을 발급받으려는 사람
6의2. 제28조의2제1항에 따른 소방기술자 양성 · 인정 교육훈련을 받으려는 사람
7. 제29조제1항에 따라 실무교육을 받으려는 사람

영 · 규칙 CHAIN

칙 제37조(수수료 기준)

① 법 제34조에 따른 수수료 또는 교육비는 [별표 7]과 같다.

■ 소방시설공사업법 시행규칙

[별표 7] 수수료 및 교육비

1. 법 제4조제1항에 따라 소방시설업을 등록하려는 자
   가. 전문 소방시설설계업 : 4만 원
   나. 일반 소방시설설계업 : 분야별 2만 원
   다. 전문 소방시설공사업 : 4만 원
   라. 일반 소방시설공사업 : 분야별 2만 원
   마. 전문 소방공사감리업 : 4만 원
   바. 일반 소방공사감리업 : 분야별 2만 원
   사. 방염처리업 : 업종별 4만 원
2. 법 제4조제3항에 따라 소방시설업 등록증 또는 등록수첩을 재발급 받으려는 자 : 소방시설업 등록증 또는 등록수첩별 각각 1만 원
3. 법 제7조제3항에 따라 소방시설업자의 지위승계 신고를 하려는 자 : 2만 원
4. 법 제20조의3제2항에 따라 방염처리능력 평가를 받으려는 자 : 소방청장이 정하여 고시하는 금액
5. 법 제26조제2항에 따라 시공능력 평가를 받으려는 자 : 소방청장이 정하여 고시하는 금액
6. 법 제28조제2항에 따라 자격수첩 또는 경력수첩을 발급받으려는 자 : 소방청장이 정하는 고시하는 금액
7. 법 제28조의2제1항에 따라 소방기술자 양성 · 인정 교육을 받으려는 사람 : 소방청장이 정하여 고시하는 금액

> 8. 법 제29조제1항에 따라 실무교육을 받으려는 사람 : 소방청장이 정하여 고시하는 금액
>
> ② 제1항에 따른 수수료는 다음의 어느 하나에 해당하는 방법으로 납부하여야 한다. 다만, 소방청장 또는 시·도지사(영 제20조제2항 또는 제3항에 따라 업무가 위탁된 경우에는 위탁받은 기관)는 정보통신망을 이용한 전자화폐·전자결제 등의 방법으로 이를 납부하게 할 수 있다.
> 1. 법 제34조제1호부터 제3호에 따른 수수료 : 해당 지방자치단체의 수입증지
> 2. 법 제34조제4호부터 제7호까지의 규정에 따른 수수료 : 현금

제34조의2(벌칙 적용 시의 공무원 의제)

다음의 어느 하나에 해당하는 사람은 「형법」 제129조부터 제132조까지의 규정을 적용할 때에는 공무원으로 본다.

1. 제16조, 제19조 및 제20조에 따라 그 업무를 수행하는 감리원
2. 제33조제2항부터 제4항까지의 규정에 따라 위탁받은 업무를 수행하는 실무교육기관, 한국소방안전원, 협회 및 소방기술과 관련된 법인 또는 단체의 담당 임원 및 직원

제7장 벌칙

제35조(벌칙)

다음의 어느 하나에 해당하는 자는 3년 이하의 징역 또는 3천만 원 이하의 벌금에 처한다.

1. 제4조제1항을 위반하여 소방시설업 등록을 하지 아니하고 영업을 한 자
2. 제21조의5를 위반하여 부정한 청탁을 받고 재물 또는 재산상의 이익을 취득하거나 부정한 청탁을 하면서 재물 또는 재산상의 이익을 제공한 자

제36조(벌칙)

다음의 어느 하나에 해당하는 자는 1년 이하의 징역 또는 1천만 원 이하의 벌금에 처한다.

1. 제9조제1항을 위반하여 영업정지처분을 받고 그 영업정지 기간에 영업을 한 자
2. 제11조나 제12조제1항을 위반하여 설계나 시공을 한 자
3. 제16조제1항을 위반하여 감리를 하거나 거짓으로 감리한 자
4. 제17조제1항을 위반하여 공사감리자를 지정하지 아니한 자

4의2. 제19조제3항에 따른 보고를 거짓으로 한 자

4의3. 제20조에 따른 공사감리 결과의 통보 또는 공사감리 결과보고서의 제출을 거짓으로 한 자

5. 제21조제1항을 위반하여 해당 소방시설업자가 아닌 자에게 소방시설공사등을 도급한 자
6. 제22조제1항 본문을 위반하여 도급받은 소방시설의 설계, 시공, 감리를 하도급한 자

6의2. 제22조제2항을 위반하여 하도급받은 소방시설공사를 다시 하도급한 자

7. 제27조제1항을 위반하여 같은 항에 따른 법 또는 명령을 따르지 아니하고 업무를 수행한 자

제37조(벌칙)

다음의 어느 하나에 해당하는 자는 300만 원 이하의 벌금에 처한다.

1. 제8조제1항을 위반하여 다른 자에게 자기의 성명이나 상호를 사용하여 소방시설공사등을 수급 또는 시공하게 하거나 소방시설업의 등록증이나 등록수첩을 빌려준 자
2. 제18조제1항을 위반하여 소방시설공사 현장에 감리원을 배치하지 아니한 자
3. 제19조제2항을 위반하여 감리업자의 보완 요구에 따르지 아니한 자
4. 제19조제4항을 위반하여 공사감리 계약을 해지하거나 대가 지급을 거부하거나 지연시키거나 불이익을 준 자
4의2. 제21조제2항 본문을 위반하여 소방시설공사를 다른 업종의 공사와 분리하여 도급하지 아니한 자
5. 제27조제2항을 위반하여 자격수첩 또는 경력수첩을 빌려 준 사람
6. 제27조제3항을 위반하여 동시에 둘 이상의 업체에 취업한 사람
7. 제31조제4항을 위반하여 관계인의 정당한 업무를 방해하거나 업무상 알게 된 비밀을 누설한 사람

제38조(벌칙)

다음의 어느 하나에 해당하는 자는 100만 원 이하의 벌금에 처한다.

1. 제31조제2항에 따른 명령을 위반하여 보고 또는 자료 제출을 하지 아니하거나 거짓으로 한 자
2. 제31조제1항 및 제2항을 위반하여 정당한 사유 없이 관계 공무원의 출입 또는 검사ㆍ조사를 거부ㆍ방해 또는 기피한 자

제39조(양벌규정)

법인의 대표자나 법인 또는 개인의 대리인, 사용인, 그 밖의 종업원이 그 법인 또는 개인의 업무에 관하여 제35조부터 제38조까지의 어느 하나에 해당하는 위반행위를 하면 그 행위자를 벌하는 외에 그 법인 또는 개인에게도 해당 조문의 벌금형을 과(科)한다. 다만, 법인 또는 개인이 그 위반행위를 방지하기 위하여 해당 업무에 관하여 상당한 주의와 감독을 게을리하지 아니한 경우에는 그러하지 아니하다.

제40조(과태료)

① 다음의 어느 하나에 해당하는 자에게는 200만 원 이하의 과태료를 부과한다.

1. 제6조, 제6조의2제1항, 제7조제1항 및 제2항, 제13조제1항 및 제2항 전단, 제17조제2항을 위반하여 신고를 하지 아니하거나 거짓으로 신고한 자
2. 제8조제3항을 위반하여 관계인에게 지위승계, 행정처분 또는 휴업ㆍ폐업의 사실을 거짓으로 알린 자
3. 제8조제4항을 위반하여 관계 서류를 보관하지 아니한 자
4. 제12조제2항을 위반하여 소방기술자를 공사 현장에 배치하지 아니한 자
5. 제14조제1항을 위반하여 완공검사를 받지 아니한 자
6. 제15조제3항을 위반하여 3일 이내에 하자를 보수하지 아니하거나 하자보수계획을 관계인에게 거짓으로 알린 자

8. 제17조제3항을 위반하여 감리 관계 서류를 인수·인계하지 아니한 자

8의2. 제18조제2항에 따른 배치통보 및 변경통보를 하지 아니하거나 거짓으로 통보한 자

9. 제20조의2를 위반하여 방염성능기준 미만으로 방염을 한 자

10. 제20조의3제2항에 따른 방염처리능력 평가에 관한 서류를 거짓으로 제출한 자

10의3. 제21조의3제2항에 따른 도급계약 체결 시 의무를 이행하지 아니한 자(하도급 계약의 경우에는 하도급 받은 소방시설업자는 제외한다)

11. 제21조의3제4항에 따른 하도급 등의 통지를 하지 아니한 자

11의2. 제21조의4제1항에 따른 공사대금의 지급보증, 담보의 제공 또는 보험료등의 지급을 정당한 사유 없이 이행하지 아니한 자

13의2. 제26조제2항에 따른 시공능력 평가에 관한 서류를 거짓으로 제출한 자

13의3. 제26조의2제1항 후단에 따른 사업수행능력 평가에 관한 서류를 위조하거나 변조하는 등 거짓이나 그 밖의 부정한 방법으로 입찰에 참여한 자

14. 제31조제1항에 따른 명령을 위반하여 보고 또는 자료 제출을 하지 아니하거나 거짓으로 보고 또는 자료 제출을 한 자

② 제1항에 따른 과태료는 대통령령으로 정하는 바에 따라 관할 시·도지사, 소방본부장 또는 소방서장이 부과·징수한다.

영·규칙 CHAIN

영 제21조(과태료의 부과기준)

법 제40조제1항에 따른 과태료의 부과기준은 [별표 5]와 같다.

■ 소방시설공사업법 시행령

[별표 5] 과태료의 부과기준

1. 일반기준

   가. 위반행위의 횟수에 따른 과태료의 가중된 부과기준은 최근 1년간 같은 위반행위로 과태료 부과처분을 받은 경우에 적용한다. 이 경우 기간의 계산은 위반행위에 대하여 과태료 부과처분을 받은 날과 그 처분 후 다시 같은 위반행위를 하여 적발된 날을 기준으로 한다.

   나. 가목에 따라 가중된 부과처분을 하는 경우 가중처분의 적용 차수는 그 위반행위 전 부과처분 차수(가목에 따른 기간 내에 과태료 부과처분이 둘 이상 있었던 경우 높은 차수)의 다음 차수로 한다. 다만, 적발된 날부터 소급하여 1년이 되는 날 전에 한 부과처분은 가중처분의 차수 산정 대상에서 제외한다.

   다. 과태료 부과권자는 위반행위자가 다음의 어느 하나에 해당하는 경우에는 제2호에 따른 과태료 금액의 2분의 1의 범위에서 그 금액을 줄여 부과할 수 있다. 다만, 과태료를 체납하고 있는 위반행위자에 대해서는 그렇지 않다.

      1) 위반행위자가 「질서위반행위규제법 시행령」 제2조의2제1항의 어느 하나에 해당하는 경우

2) 위반행위자가 처음 위반행위를 한 경우로서 3년 이상 해당 업종을 모범적으로 영위한 사실이 인정되는 경우

3) 위반행위자가 화재 등 재난으로 재산에 현저한 손실이 발생하거나 사업여건의 악화로 사업이 중대한 위기에 처하는 등의 사정이 있는 경우

4) 위반행위가 사소한 부주의나 오류 등 과실로 인한 것으로 인정되는 경우

5) 위반행위자가 같은 위반행위로 다른 법률에 따라 과태료 · 벌금 또는 영업정지 등의 처분을 받은 경우

6) 위반행위자가 위법행위로 인한 결과를 시정하거나 해소한 경우

7) 그 밖에 위반행위의 정도, 위반행위의 동기와 그 결과 등을 고려하여 과태료 금액을 줄일 필요가 있다고 인정되는 경우

2. 개별기준

위반행위	근거 법조문	과태료 금액(단위 : 만 원)		
		1차 위반	2차 위반	3차 이상 위반
가. 법 제6조, 제6조의2제1항, 제7조제3항, 제13조제1항 및 제2항 전단, 제17조제2항을 위반하여 신고를 하지 않거나 거짓으로 신고한 경우	법 제40조 제1항제1호	60	100	200
나. 법 제8조제3항을 위반하여 관계인에게 지위승계, 행정처분 또는 휴업 · 폐업의 사실을 거짓으로 알린 경우	법 제40조 제1항제2호	60	100	200
다. 법 제8조제4항을 위반하여 관계 서류를 보관하지 않은 경우	법 제40조 제1항제3호	200		
라. 법 제12조제2항을 위반하여 소방기술자를 공사 현장에 배치하지 않은 경우	법 제40조 제1항제4호	200		
마. 법 제14조제1항을 위반하여 완공검사를 받지 않은 경우	법 제40조 제1항제5호	200		
바. 법 제15조제3항을 위반하여 3일 이내에 하자를 보수하지 않거나 하자보수계획을 관계인에게 거짓으로 알린 경우 1) 4일 이상 30일 이내에 보수하지 않은 경우 2) 30일을 초과하도록 보수하지 않은 경우 3) 거짓으로 알린 경우	법 제40조 제1항제6호	60 100 200		
사. 법 제17조제3항을 위반하여 감리 관계 서류를 인수 · 인계하지 않은 경우	법 제40조 제1항제8호	200		
아. 법 제18조제2항에 따른 배치통보 및 변경통보를 하지 않거나 거짓으로 통보한 경우	법 제40조 제1항제8호의2	60	100	200

위반행위	근거법조문			
자. 법 제20조의2를 위반하여 방염성능기준 미만으로 방염을 한 경우	법 제40조 제1항제9호		200	
차. 법 제20조의3제2항에 따른 방염처리능력 평가에 관한 서류를 거짓으로 제출한 경우	법 제40조 제1항제10호		200	
카. 법 제21조의3제2항에 따른 도급계약 체결 시 의무를 이행하지 않은 경우(하도급 계약의 경우에는 하도급 받은 소방시설업자는 제외)	법 제40조 제1항제10호의3		200	
타. 법 제21조의3제4항에 따른 하도급 등의 통지를 하지 않은 경우	법 제40조 제1항제11호	60	100	200
파. 법 제21조의4제1항에 따른 공사대금의 지급보증, 담보의 제공 또는 보험료등의 지급을 정당한 사유 없이 이행하지 않은 경우	법 제40조 제1항제11호의2		200	
하. 법 제26조제2항에 따른 시공능력 평가에 관한 서류를 거짓으로 제출한 경우	법 제40조 제1항제13호의2		200	
거. 법 제26조의2제1항 후단에 따른 사업수행능력 평가에 관한 서류를 위조하거나 변조하는 등 거짓이나 그 밖의 부정한 방법으로 입찰에 참여한 경우	법 제40조 제1항제13호의3		200	
너. 법 제31조제1항에 따른 명령을 위반하여 보고 또는 자료 제출을 하지 않거나 거짓으로 보고 또는 자료 제출을 한 경우	법 제40조 제1항제14호	60	100	200

■ 시행령 별표 / 서식

[별표 1] 소방시설업의 업종별 등록기준 및 영업범위(제2조제1항 관련), 방염처리업의 방염처리시설 및 시험기기 기준

[별표 1의2] 성능위주설계를 할 수 있는 자의 자격ㆍ기술인력 및 자격에 따른 설계범위(제2조의3 관련)

[별표 2] 소방기술자의 배치기준 및 배치기간(제3조 관련)

[별표 3] 소방공사 감리의 종류, 방법 및 대상(제9조 관련)

[별표 4] 소방공사 감리원의 배치기준 및 배치기간(제11조 관련)

[별표 5] 과태료의 부과기준(제21조 관련)

■ 시행 규칙 별표 / 서식

[별표 1] 소방시설업에 대한 행정처분기준(제9조 관련)

[별표 2] 과징금의 부과기준(제10조제1호 관련)

[별표 2의2] 과징금의 부과기준(제10조제2호 관련)

[별표 3] 일반 공사감리기간(제16조 관련)

[별표 3의2] 방염처리능력 평가의 방법(제19조의3제1항 관련)

[별표 4] 시공능력 평가의 방법(제23조 관련)

[별표 4의2] 소방기술과 관련된 자격 · 학력 및 경력의 인정 범위(제24조제1항 관련)

[별표 4의3] 설계업자의 사업수행능력 평가기준(제23조의2제1항제1호 관련)

[별표 4의4] 감리업자의 사업수행능력 평가기준(제23조의2제1항제2호 관련)

[별표 4의5] 설계업자의 기술능력 평가기준(제23조의3제1항제1호 관련)

[별표 4의6] 감리업자의 기술능력 평가기준(제23조의3제1항제2호 관련)

[별표 5] 소방기술자의 자격의 정지 및 취소에 관한 기준(제25조 관련)

[별표 6] 소방기술자 실무교육에 필요한 기술인력 및 시설장비(제29조 관련)

[별표 7] 수수료 및 교육비(제37조 관련)

[별지 제1호서식] 소방시설업 등록신청서

[별지 제1호의2서식] 소방시설업 등록신청서 서면심사 및 확인 결과

[별지 제3호서식] 소방시설업 등록증

[별지 제4호서식] 소방시설업 등록수첩

[별지 제4호의2서식] 소방시설업 등록증 및 등록수첩 발급(재발급)대장

[별지 제5호서식] 소방시설업 등록대장

[별지 제6호서식] (소방시설업 등록증, 소방시설업 등록수첩)재발급신청서

[별지 제7호서식] 소방시설업 등록사항 변경신고서

[별지 제7호의2서식] 등록사항 변경신고 접수현황 보고

[별지 제8호서식] 소방시설업 지위승계신고서

[별지 제15호서식] 소방시설 착공 및 완공대장

[별지 제22호서식] 소방공사 감리계획서

[별지 제30호의2서식] 방염처리능력 평가 신청서

[별지 제36호의3서식] 공사감리용역 수행현황확인서

[별지 제39호서식] 소방기술 인정 자격수첩

[별지 제39호의2서식] 소방기술자 경력수첩

[별지 제40호서식] 소방기술자 실무교육수료자 명단

CHAPTER 03 화재의 예방 및 안전관리에 관한 법률 (약칭 : 화재예방법)

화재예방법　　　[시행 2023. 10. 12.] [법률 제19335호, 2023. 4. 11., 일부개정]
화재예방법 시행령　[시행 2023. 1. 3.] [대통령령 제33199호, 2023. 1. 3., 일부개정]
화재예방법 시행규칙 [시행 2022. 12. 1.] [행정안전부령 제361호, 2022. 12. 1., 제정]

제1장 총칙

제1조(목적)

이 법은 화재의 예방과 안전관리에 필요한 사항을 규정함으로써 화재로부터 국민의 생명·신체 및 재산을 보호하고 공공의 안전과 복리 증진에 이바지함을 목적으로 한다.

제2조(정의)

① 이 법에서 사용하는 용어의 뜻은 다음과 같다.

1. "예방"이란 화재의 위험으로부터 사람의 생명·신체 및 재산을 보호하기 위하여 화재발생을 사전에 제거하거나 방지하기 위한 모든 활동을 말한다.
2. "안전관리"란 화재로 인한 피해를 최소화하기 위한 예방, 대비, 대응 등의 활동을 말한다.
3. "화재안전조사"란 소방청장, 소방본부장 또는 소방서장(이하 "소방관서장")이 소방대상물, 관계지역 또는 관계인에 대하여 소방시설등(「소방시설 설치 및 관리에 관한 법률」에 따른 소방시설등)이 소방 관계 법령에 적합하게 설치·관리되고 있는지, 소방대상물에 화재의 발생 위험이 있는지 등을 확인하기 위하여 실시하는 현장조사·문서열람·보고요구 등을 하는 활동을 말한다.
4. "화재예방강화지구"란 시·도지사가 화재발생 우려가 크거나 화재가 발생할 경우 피해가 클 것으로 예상되는 지역에 대하여 화재의 예방 및 안전관리를 강화하기 위해 지정·관리하는 지역을 말한다.
5. "화재예방안전진단"이란 화재가 발생할 경우 사회·경제적으로 피해 규모가 클 것으로 예상되는 소방대상물에 대하여 화재위험요인을 조사하고 그 위험성을 평가하여 개선대책을 수립하는 것을 말한다.

② 이 법에서 사용하는 용어의 뜻은 제1항에서 규정하는 것을 제외하고는 「소방기본법」, 「소방시설 설치 및 관리에 관한 법률」, 「소방시설공사업법」, 「위험물안전관리법」 및 「건축법」에서 정하는 바에 따른다.

제3조(국가와 지방자치단체 등의 책무)

① 국가는 화재로부터 국민의 생명과 재산을 보호할 수 있도록 화재의 예방 및 안전관리에 관한 정책(이하 "화재예방정책")을 수립·시행하여야 한다.
② 지방자치단체는 국가의 화재예방정책에 맞추어 지역의 실정에 부합하는 화재예방정책을 수립·시행하여야 한다.

③ 관계인은 국가와 지방자치단체의 화재예방정책에 적극적으로 협조하여야 한다.

제2장 화재의 예방 및 안전관리 기본계획의 수립·시행

제4조(화재의 예방 및 안전관리 기본계획 등의 수립·시행)

① 소방청장은 화재예방정책을 체계적·효율적으로 추진하고 이에 필요한 기반 확충을 위하여 화재의 예방 및 안전관리에 관한 기본계획(이하 "기본계획")을 5년마다 수립·시행하여야 한다.

> 화재의 예방 및 안전관리에 관한 기본계획을 계획 시행 전년도 8월 31일까지 관계 중앙행정기관의 장과 협의한 후 계획 시행 전년도 9월 30일까지 수립해야 한다.

② 기본계획은 대통령령으로 정하는 바에 따라 소방청장이 관계 중앙행정기관의 장과 협의하여 수립한다.

③ 기본계획에는 다음의 사항이 포함되어야 한다.

1. 화재예방정책의 기본목표 및 추진방향
2. 화재의 예방과 안전관리를 위한 법령·제도의 마련 등 기반 조성
3. 화재의 예방과 안전관리를 위한 대국민 교육·홍보
4. 화재의 예방과 안전관리 관련 기술의 개발·보급
5. 화재의 예방과 안전관리 관련 전문인력의 육성·지원 및 관리
6. 화재의 예방과 안전관리 관련 산업의 국제경쟁력 향상
7. 그 밖에 ≪대통령령으로 정하는 화재의 예방과 안전관리에 필요한 사항≫

> § 대통령령으로 정하는 화재의 예방과 안전관리에 필요한 사항
> 1. 화재발생 현황
> 2. 소방대상물의 환경 및 화재위험특성 변화 추세 등 화재예방정책의 여건 변화에 관한 사항
> 3. 소방시설의 설치·관리 및 화재안전기준의 개선에 관한 사항
> 4. 계절별·시기별·소방대상물별 화재예방대책의 추진 및 평가 등에 관한 사항
> 5. 그 밖에 화재의 예방 및 안전관리와 관련하여 소방청장이 필요하다고 인정하는 사항

④ 소방청장은 기본계획을 시행하기 위하여 매년 시행계획을 수립·시행하여야 한다.

> 기본계획을 시행하기 위한 계획(이하 "시행계획")을 계획 시행 전년도 10월 31일까지 수립해야 한다.
> § 시행계획 포함 사항
> 1. 기본계획의 시행을 위하여 필요한 사항
> 2. 그 밖에 화재의 예방 및 안전관리와 관련하여 소방청장이 필요하다고 인정하는 사항

⑤ 소방청장은 제1항 및 제4항에 따라 수립된 기본계획과 시행계획을 관계 중앙행정기관의 장과 시·도지사에게 통보하여야 한다.

> • 관계 중앙행정기관의 장과 시 · 도지사에게 기본계획 및 시행계획을 각각 계획 시행 전년도 10월 31일까지 통보해야 한다.
> • 통보를 받은 관계 중앙행정기관의 장 및 시 · 도지사는 세부시행계획을 수립하여 계획 시행 전년도 12월 31일까지 소방청장에게 통보해야 한다.
>
> § 세부시행계획 포함 사항
> 1. 기본계획 및 시행계획에 대한 관계 중앙행정기관 또는 시 · 도의 세부 집행계획
> 2. 직전 세부시행계획의 시행 결과
> 3. 그 밖에 화재안전과 관련하여 관계 중앙행정기관의 장 또는 시 · 도지사가 필요하다고 결정한 사항

⑥ 제5항에 따라 기본계획과 시행계획을 통보받은 관계 중앙행정기관의 장과 시 · 도지사는 소관 사무의 특성을 반영한 세부시행계획을 수립 · 시행하고 그 결과를 소방청장에게 통보하여야 한다.

⑦ 소방청장은 기본계획 및 시행계획을 수립하기 위하여 필요한 경우에는 관계 중앙행정기관의 장 또는 시 · 도지사에게 관련 자료의 제출을 요청할 수 있다. 이 경우 자료 제출을 요청받은 관계 중앙행정기관의 장 또는 시 · 도지사는 특별한 사유가 없으면 이에 따라야 한다.

⑧ 제1항부터 제7항까지에서 규정한 사항 외에 기본계획, 시행계획 및 세부시행계획의 수립 · 시행에 필요한 사항은 대통령령으로 정한다.

제5조(실태조사)

① 소방청장은 기본계획 및 시행계획의 수립 · 시행에 필요한 기초자료를 확보하기 위하여 다음의 사항에 대하여 실태조사를 할 수 있다. 이 경우 관계 중앙행정기관의 장의 요청이 있는 때에는 합동으로 실태조사를 할 수 있다.
1. 소방대상물의 용도별 · 규모별 현황
2. 소방대상물의 화재의 예방 및 안전관리 현황
3. 소방대상물의 소방시설등 설치 · 관리 현황
4. 그 밖에 기본계획 및 시행계획의 수립 · 시행을 위하여 필요한 사항

영 · 규칙 CHAIN

칙 제2조(실태조사의 방법 및 절차 등)

① 실태조사는 통계조사, 문헌조사 또는 현장조사의 방법으로 하며, 정보통신망 또는 전자적인 방식을 사용할 수 있다.

② 소방청장은 제1항에 따른 실태조사를 실시하려는 경우 실태조사 시작 7일 전까지 조사 일시, 조사 사유 및 조사 내용 등을 포함한 조사계획을 조사대상자에게 서면 또는 전자우편 등의 방법으로 미리 알려야 한다.

③ 관계 공무원 및 제4항에 따라 실태조사를 의뢰받은 관계 전문가 등이 실태조사를 위하여 소방대상물

에 출입할 때에는 그 권한 또는 자격을 표시하는 증표를 지니고 이를 관계인에게 내보여야 한다.

④ 소방청장은 실태조사를 전문연구기관·단체나 관계 전문가에게 의뢰하여 실시할 수 있다.

⑤ 소방청장은 실태조사의 결과를 인터넷 홈페이지 등에 공표할 수 있다.

⑥ 제1항부터 제5항까지에서 규정한 사항 외에 실태조사 방법 및 절차 등에 관하여 필요한 사항은 소방청장이 정한다.

② 소방청장은 소방대상물의 현황 등 관련 정보를 보유·운용하고 있는 관계 중앙행정기관의 장, 지방자치단체의 장, 「공공기관의 운영에 관한 법률」에 따른 공공기관의 장 또는 관계인 등에게 제1항에 따른 실태조사에 필요한 자료의 제출을 요청할 수 있다. 이 경우 자료 제출을 요청받은 자는 특별한 사유가 없으면 이에 따라야 한다.

③ 제1항에 따른 실태조사의 방법 및 절차 등에 필요한 사항은 행정안전부령으로 정한다.

제6조(통계의 작성 및 관리)

① 소방청장은 화재의 예방 및 안전관리에 관한 통계를 매년 작성·관리하여야 한다.

영·규칙 CHAIN

영 제6조(통계의 작성·관리)

① 법 제6조제1항에 따른 통계의 작성·관리 항목은 다음과 같다.

1. 소방대상물의 현황 및 안전관리에 관한 사항

2. 소방시설등의 설치 및 관리에 관한 사항

3. 「다중이용업소의 안전관리에 관한 특별법」에 따른 다중이용업 현황 및 안전관리에 관한 사항

4. 「위험물안전관리법」에 따른 제조소등 현황

5. 화재발생 이력 및 화재안전조사 등 화재예방 활동에 관한 사항

6. 법 제5조에 따른 실태조사 결과

7. 화재예방강화지구의 현황 및 안전관리에 관한 사항

8. 법 제23조에 따른 어린이, 노인, 장애인 등 화재의 예방 및 안전관리에 취약한 자에 대한 지역별·성별·연령별 지원 현황

9. 법 제24조제1항에 따른 소방안전관리자 자격증 발급 및 선임 관련 지역별·성별·연령별 현황

10. 화재예방안전진단 대상의 현황 및 그 실시 결과

11. 소방시설업자, 소방기술자 및 「소방시설 설치 및 관리에 관한 법률」에 따른 소방시설관리업 등록을 한 자의 지역별·성별·연령별 현황

12. 그 밖에 화재의 예방 및 안전관리에 관한 자료로서 소방청장이 작성·관리가 필요하다고 인정하는 사항

② 소방청장은 법 제6조제1항에 따라 통계를 체계적으로 작성·관리하고 분석하기 위하여 전산시스템을 구축·운영할 수 있다.

③ 소방청장은 제2항에 따른 전산시스템을 구축 · 운영하는 경우 빅데이터(대용량의 정형 또는 비정형
    의 데이터 세트를 말한다. 이하 같다)를 활용하여 화재발생 동향 분석 및 전망 등을 할 수 있다.
④ 제3항에 따른 빅데이터를 활용하기 위한 방법 · 절차 등에 관하여 필요한 사항은 소방청장이 정한다.

② 소방청장은 제1항의 통계자료를 작성 · 관리하기 위하여 관계 중앙행정기관의 장, 지방자치단체의
    장, 공공기관의 장 또는 관계인 등에게 필요한 자료와 정보의 제공을 요청할 수 있다. 이 경우 자료와
    정보의 제공을 요청받은 자는 특별한 사정이 없으면 이에 따라야 한다.
③ 소방청장은 제1항에 따른 통계자료의 작성 · 관리에 관한 업무의 전부 또는 일부를 ≪행정안전부령으로
    정하는 바에 따라 전문성이 있는 기관≫을 지정하여 수행하게 할 수 있다.

> 다음의 기관으로 하여금 통계자료의 작성 · 관리에 관한 업무를 수행하게 할 수 있다.
> 1. 「소방기본법」에 따라 설립된 한국소방안전원
> 2. 「정부출연연구기관 등의 설립 · 운영 및 육성에 관한 법률」에 따라 설립된 정부출연연구기관
> 3. 「통계법」에 따라 지정된 통계작성지정기관

④ 제1항에 따른 통계의 작성 · 관리 등에 필요한 사항은 대통령령으로 정한다.

제3장 화재안전조사

제7조(화재안전조사)

① 소방관서장은 다음의 어느 하나에 해당하는 경우 화재안전조사를 실시할 수 있다. 다만, 개인의 주거(실
    제 주거용도로 사용되는 경우에 한정)에 대한 화재안전조사는 관계인의 승낙이 있거나 화재발생의
    우려가 뚜렷하여 긴급한 필요가 있는 때에 한정한다.

벌 300만 원 이하 벌금 – 화재안전조사를 정당한 사유 없이 거부 · 방해 또는 기피한 자

1. 「소방시설 설치 및 관리에 관한 법률」에 따른 자체점검이 불성실하거나 불완전하다고 인정되는
    경우
2. 화재예방강화지구 등 법령에서 화재안전조사를 하도록 규정되어 있는 경우
3. 화재예방안전진단이 불성실하거나 불완전하다고 인정되는 경우
4. 국가적 행사 등 주요 행사가 개최되는 장소 및 그 주변의 관계 지역에 대하여 소방안전관리 실태를
    조사할 필요가 있는 경우
5. 화재가 자주 발생하였거나 발생할 우려가 뚜렷한 곳에 대한 조사가 필요한 경우
6. 재난예측정보, 기상예보 등을 분석한 결과 소방대상물에 화재의 발생 위험이 크다고 판단되는 경우
7. 제1호부터 제6호까지에서 규정한 경우 외에 화재, 그 밖의 긴급한 상황이 발생할 경우 인명 또는
    재산 피해의 우려가 현저하다고 판단되는 경우

② 화재안전조사의 항목은 대통령령으로 정한다. 이 경우 화재안전조사의 항목에는 화재의 예방조치 상황,
    소방시설등의 관리 상황 및 소방대상물의 화재 등의 발생 위험과 관련된 사항이 포함되어야 한다.

영 · 규칙 CHAIN

영 제7조(화재안전조사의 항목)

소방청장, 소방본부장 또는 소방서장(이하 "소방관서장")은 법 제7조제1항에 따라 다음의 항목에 대하여 화재안전조사를 실시한다.

1. 법 제17조에 따른 화재의 예방조치 등에 관한 사항
2. 법 제24조, 제25조, 제27조 및 제29조에 따른 소방안전관리 업무 수행에 관한 사항
3. 법 제36조에 따른 피난계획의 수립 및 시행에 관한 사항
4. 법 제37조에 따른 소화 · 통보 · 피난 등의 훈련 및 소방안전관리에 필요한 교육(이하 "소방훈련 · 교육")에 관한 사항
5. 「소방기본법」에 따른 소방자동차 전용구역의 설치에 관한 사항
6. 「소방시설공사업법」에 따른 시공, 같은 법 제16조에 따른 감리 및 같은 법 제18조에 따른 감리원의 배치에 관한 사항
7. 「소방시설 설치 및 관리에 관한 법률」에 따른 소방시설의 설치 및 관리에 관한 사항
8. 「소방시설 설치 및 관리에 관한 법률」에 따른 건설현장 임시소방시설의 설치 및 관리에 관한 사항
9. 「소방시설 설치 및 관리에 관한 법률」에 따른 피난시설, 방화구획(防火區劃) 및 방화시설의 관리에 관한 사항
10. 「소방시설 설치 및 관리에 관한 법률」에 따른 방염(防炎)에 관한 사항
11. 「소방시설 설치 및 관리에 관한 법률」에 따른 소방시설등의 자체점검에 관한 사항
12. 「다중이용업소의 안전관리에 관한 특별법」의 규정에 따른 안전관리에 관한 사항
13. 「위험물안전관리법」에 따른 위험물 안전관리에 관한 사항
14. 「초고층 및 지하연계 복합건축물 재난관리에 관한 특별법」에 따른 초고층 및 지하연계 복합건축물의 안전관리에 관한 사항
15. 그 밖에 소방대상물에 화재의 발생 위험이 있는지 등을 확인하기 위해 소방관서장이 화재안전조사가 필요하다고 인정하는 사항

③ 소방관서장은 화재안전조사를 실시하는 경우 다른 목적을 위하여 조사권을 남용하여서는 아니 된다.

제8조(화재안전조사의 방법 · 절차 등)

① 소방관서장은 화재안전조사를 조사의 목적에 따라 제7조제2항에 따른 화재안전조사의 항목 전체에 대하여 종합적으로 실시하거나 특정 항목에 한정하여 실시할 수 있다.
② 소방관서장은 화재안전조사를 실시하려는 경우 사전에 관계인에게 조사대상, 조사기간 및 조사사유 등을 우편, 전화, 전자메일 또는 문자전송 등을 통하여 통지하고 이를 대통령령으로 정하는 바에 따라 인터넷 홈페이지나 제16조제3항의 전산시스템 등을 통하여 공개하여야 한다. 다만, 다음의 어느 하나에 해당하는 경우에는 그러하지 아니하다.

1. 화재가 발생할 우려가 뚜렷하여 긴급하게 조사할 필요가 있는 경우
2. 제1호 외에 화재안전조사의 실시를 사전에 통지하거나 공개하면 조사목적을 달성할 수 없다고 인정되는 경우

③ 화재안전조사는 관계인의 승낙 없이 소방대상물의 공개시간 또는 근무시간 이외에는 할 수 없다. 다만, 제2항제1호에 해당하는 경우에는 그러하지 아니하다.

④ 제2항에 따른 통지를 받은 관계인은 천재지변이나 그 밖에 ≪대통령령으로 정하는 사유≫로 화재안전조사를 받기 곤란한 경우에는 화재안전조사를 통지한 소방관서장에게 대통령령으로 정하는 바에 따라 화재안전조사를 연기하여 줄 것을 신청할 수 있다. 이 경우 소방관서장은 연기신청 승인 여부를 결정하고 그 결과를 조사 시작 전까지 관계인에게 알려 주어야 한다.

> § 대통령령으로 정하는 사유
> 1. 「재난 및 안전관리 기본법」에 해당하는 재난이 발생한 경우
> 2. 관계인의 질병, 사고, 장기출장의 경우
> 3. 권한 있는 기관에 자체점검기록부, 교육 · 훈련일지 등 화재안전조사에 필요한 장부 · 서류 등이 압수되거나 영치(領置)되어 있는 경우
> 4. 소방대상물의 증축 · 용도변경 또는 대수선 등의 공사로 화재안전조사를 실시하기 어려운 경우

⑤ 제1항부터 제4항까지에서 규정한 사항 외에 화재안전조사의 방법 및 절차 등에 필요한 사항은 대통령령으로 정한다.

영 · 규칙 CHAIN

영 제8조(화재안전조사의 방법 · 절차 등)

① 소방관서장은 화재안전조사의 목적에 따라 다음의 어느 하나에 해당하는 방법으로 화재안전조사를 실시할 수 있다.
  1. 종합조사 : 제7조의 화재안전조사 항목 전부를 확인하는 조사
  2. 부분조사 : 제7조의 화재안전조사 항목 중 일부를 확인하는 조사

② 소방관서장은 화재안전조사를 실시하려는 경우 사전에 법 제8조제2항 각 호 외의 부분 본문에 따라 조사대상, 조사기간 및 조사사유 등 조사계획을 소방청, 소방본부 또는 소방서의 인터넷 홈페이지나 법 제16조제3항에 따른 전산시스템을 통해 7일 이상 공개해야 한다.

③ 소방관서장은 법 제8조제2항 각 호 외의 부분 단서에 따라 사전 통지 없이 화재안전조사를 실시하는 경우에는 화재안전조사를 실시하기 전에 관계인에게 조사사유 및 조사범위 등을 현장에서 설명해야 한다.

④ 소방관서장은 화재안전조사를 위하여 소속 공무원으로 하여금 관계인에게 보고 또는 자료의 제출을 요구하거나 소방대상물의 위치 · 구조 · 설비 또는 관리 상황에 대한 조사 · 질문을 하게 할 수 있다.

⑤ 소방관서장은 화재안전조사를 효율적으로 실시하기 위하여 필요한 경우 다음의 기관의 장과 합동으로 조사반을 편성하여 화재안전조사를 할 수 있다.

1. 관계 중앙행정기관 또는 지방자치단체
2. 「소방기본법」에 따른 한국소방안전원
3. 「소방산업의 진흥에 관한 법률」에 따른 한국소방산업기술원
4. 「화재로 인한 재해보상과 보험가입에 관한 법률」에 따른 한국화재보험협회
5. 「고압가스 안전관리법」에 따른 한국가스안전공사
6. 「전기안전관리법」에 따른 한국전기안전공사
7. 그 밖에 소방청장이 정하여 고시하는 소방 관련 법인 또는 단체

⑥ 제1항부터 제5항까지에서 규정한 사항 외에 화재안전조사 계획의 수립 등 화재안전조사에 필요한 사항은 소방청장이 정한다.

칙 제4조(화재안전조사의 연기신청 등)

① 「화재의 예방 및 안전관리에 관한 법률 시행령」에 따라 화재안전조사의 연기를 신청하려는 관계인은 화재안전조사 시작 3일 전까지 [별지 제1호서식]의 화재안전조사 연기신청서(전자문서 포함)에 화재안전조사를 받기 곤란함을 증명할 수 있는 서류(전자문서 포함)를 첨부하여 소방청장, 소방본부장 또는 소방서장에게 제출해야 한다.

② 제1항에 따른 신청서를 제출받은 소방관서장은 3일 이내에 연기신청의 승인 여부를 결정하여 [별지 제2호서식]의 화재안전조사 연기신청 결과 통지서를 연기신청을 한 자에게 통지해야 하며 연기기간이 종료되면 지체 없이 화재안전조사를 시작해야 한다.

③ 소방관서장은 법 제8조제4항 후단에 따라 화재안전조사의 연기를 승인한 경우라도 연기기간이 끝나기 전에 연기사유가 없어졌거나 긴급히 조사를 해야 할 사유가 발생하였을 때는 관계인에게 미리 알리고 화재안전조사를 할 수 있다.

제9조(화재안전조사단 편성 · 운영)

① 소방관서장은 화재안전조사를 효율적으로 수행하기 위하여 대통령령으로 정하는 바에 따라 소방청에는 중앙화재안전조사단을, 소방본부 및 소방서에는 지방화재안전조사단을 편성하여 운영할 수 있다.

영 · 규칙 CHAIN

영 제10조(화재안전조사단 편성 · 운영)

① 법 제9조제1항에 따른 중앙화재안전조사단 및 지방화재안전조사단은 각각 단장을 포함하여 50명 이내의 단원으로 성별을 고려하여 구성한다.

② 조사단의 단원은 다음의 어느 하나에 해당하는 사람 중에서 소방관서장이 임명하거나 위촉하고, 단장은 단원 중에서 소방관서장이 임명하거나 위촉한다.

1. 소방공무원

    2. 소방업무와 관련된 단체 또는 연구기관 등의 임직원

    3. 소방 관련 분야에서 전문적인 지식이나 경험이 풍부한 사람

② 소방관서장은 제1항에 따른 중앙화재안전조사단 및 지방화재안전조사단의 업무 수행을 위하여 필요한 경우에는 관계 기관의 장에게 그 소속 공무원 또는 직원의 파견을 요청할 수 있다. 이 경우 공무원 또는 직원의 파견 요청을 받은 관계 기관의 장은 특별한 사유가 없으면 이에 협조하여야 한다.

제10조(화재안전조사위원회 구성 · 운영)

① 소방관서장은 화재안전조사의 대상을 객관적이고 공정하게 선정하기 위하여 필요한 경우 화재안전조사위원회를 구성하여 화재안전조사의 대상을 선정할 수 있다.

② 화재안전조사위원회의 구성 · 운영 등에 필요한 사항은 대통령령으로 정한다.

 영 · 규칙 CHAIN

> **영 제11조(화재안전조사위원회의 구성 · 운영 등)**
>
> ① 법 제10조제1항에 따른 화재안전조사위원회는 위원장 1명을 포함하여 7명 이내의 위원으로 성별을 고려하여 구성한다.
>
> ② 위원회의 위원장은 소방관서장이 된다.
>
> ③ 위원회의 위원은 다음의 어느 하나에 해당하는 사람 중에서 소방관서장이 임명하거나 위촉한다.
>
>   1. 과장급 직위 이상의 소방공무원
>
>   2. 소방기술사
>
>   3. 소방시설관리사
>
>   4. 소방 관련 분야의 석사 이상 학위를 취득한 사람
>
>   5. 소방 관련 법인 또는 단체에서 소방 관련 업무에 5년 이상 종사한 사람
>
>   6. 「소방공무원 교육훈련규정」에 따른 소방공무원 교육훈련기관, 「고등교육법」의 학교 또는 연구소에서 소방과 관련한 교육 또는 연구에 5년 이상 종사한 사람
>
> ④ 위촉위원의 임기는 2년으로 하며, 한 차례만 연임할 수 있다.
>
> ⑤ 소방관서장은 위원회의 위원이 다음의 어느 하나에 해당하는 경우에는 해당 위원을 해임하거나 해촉(解囑)할 수 있다.
>
>   1. 심신장애로 직무를 수행할 수 없게 된 경우
>
>   2. 직무와 관련된 비위사실이 있는 경우
>
>   3. 직무태만, 품위손상이나 그 밖의 사유로 위원으로 적합하지 않다고 인정되는 경우
>
>   4. 제12조제1항의 어느 하나에 해당함에도 불구하고 회피하지 않은 경우
>
>   5. 위원 스스로 직무를 수행하기 어렵다는 의사를 밝히는 경우
>
> ⑥ 위원회에 출석한 위원에게는 예산의 범위에서 수당, 여비, 그 밖에 필요한 경비를 지급할 수 있다. 다만, 공무원인 위원이 소관 업무와 직접 관련하여 위원회에 출석하는 경우에는 그렇지 않다.

영 제12조(위원의 제척 · 기피 · 회피)

① 위원회의 위원이 다음의 어느 하나에 해당하는 경우에는 위원회의 심의 · 의결에서 제척(除斥)된다.

　1. 위원, 그 배우자나 배우자였던 사람 또는 위원의 친족이거나 친족이었던 사람이 다음의 어느 하나에 해당하는 경우

　　가. 해당 소방대상물의 관계인이거나 그 관계인과 공동권리자 또는 공동의무자인 경우

　　나. 해당 소방대상물의 설계, 공사, 감리 또는 자체점검 등을 수행한 경우

　　다. 해당 소방대상물에 대하여 제7조의 업무를 수행한 경우 등 소방대상물과 직접적인 이해관계가 있는 경우

　2. 위원이 해당 소방대상물에 관하여 자문, 연구, 용역(하도급 포함), 감정 또는 조사를 한 경우

　3. 위원이 임원 또는 직원으로 재직하고 있거나 최근 3년 내에 재직하였던 기업 등이 해당 소방대상물에 관하여 자문, 연구, 용역(하도급 포함), 감정 또는 조사를 한 경우

② 당사자는 제1항에 따른 제척사유가 있거나 위원에게 공정한 심의 · 의결을 기대하기 어려운 사정이 있는 경우에는 위원회에 기피 신청을 할 수 있고, 위원회는 의결로 기피 여부를 결정한다. 이 경우 기피 신청의 대상인 위원은 그 의결에 참여하지 못한다.

③ 위원이 제1항 또는 제2항의 사유에 해당하는 경우에는 스스로 해당 안건의 심의 · 의결에서 회피(回避)해야 한다.

영 제13조(위원회 운영 세칙)

제11조 및 제12조에서 규정한 사항 외에 위원회의 구성 및 운영에 필요한 사항은 소방청장이 정한다.

제11조(화재안전조사 전문가 참여)

① 소방관서장은 필요한 경우에는 소방기술사, 소방시설관리사, 그 밖에 화재안전 분야에 전문지식을 갖춘 사람을 화재안전조사에 참여하게 할 수 있다.

② 제1항에 따라 조사에 참여하는 외부 전문가에게는 예산의 범위에서 수당, 여비, 그 밖에 필요한 경비를 지급할 수 있다.

제12조(증표의 제시 및 비밀유지 의무 등)

① 화재안전조사 업무를 수행하는 관계 공무원 및 관계 전문가는 그 권한 또는 자격을 표시하는 증표를 지니고 이를 관계인에게 내보여야 한다.

② 화재안전조사 업무를 수행하는 관계 공무원 및 관계 전문가는 관계인의 정당한 업무를 방해하여서는 아니 되며, 조사업무를 수행하면서 취득한 자료나 알게 된 비밀을 다른 사람 또는 기관에 제공 또는 누설하거나 목적 외의 용도로 사용하여서는 아니 된다.

벌 1년 이하 징역 / 1천만 원 이하 벌금 – 관계인의 정당한 업무를 방해하거나, 조사업무를 수행하면서 취득한 자료나 알게 된 비밀을 다른 사람 또는 기관에게 제공 또는 누설하거나 목적 외의 용도로 사용한 자

제13조(화재안전조사 결과 통보)

소방관서장은 화재안전조사를 마친 때에는 그 조사 결과를 관계인에게 서면으로 통지하여야 한다. 다만, 화재안전조사의 현장에서 관계인에게 조사의 결과를 설명하고 화재안전조사 결과서의 부본을 교부한 경우에는 그러하지 아니하다.

제14조(화재안전조사 결과에 따른 조치명령)

① 소방관서장은 화재안전조사 결과에 따른 소방대상물의 위치 · 구조 · 설비 또는 관리의 상황이 화재예방을 위하여 보완될 필요가 있거나 화재가 발생하면 인명 또는 재산의 피해가 클 것으로 예상되는 때에는 행정안전부령으로 정하는 바에 따라 관계인에게 그 소방대상물의 개수(改修) · 이전 · 제거, 사용의 금지 또는 제한, 사용폐쇄, 공사의 정지 또는 중지, 그 밖에 필요한 조치를 명할 수 있다.

벌 3년 이하 징역 / 3천만 원 이하 벌금 – 조치명령을 정당한 사유 없이 위반한 자

② 소방관서장은 화재안전조사 결과 소방대상물이 법령을 위반하여 건축 또는 설비되었거나 소방시설등, 피난시설 · 방화구획, 방화시설 등이 법령에 적합하게 설치 또는 관리되고 있지 아니한 경우에는 관계인에게 제1항에 따른 조치를 명하거나 관계 행정기관의 장에게 필요한 조치를 하여 줄 것을 요청할 수 있다.

벌 3년 이하 징역 / 3천만 원 이하 벌금 – 조치명령을 정당한 사유 없이 위반한 자

📖 **영 · 규칙 CHAIN**

> 칙 **제5조(화재안전조사에 따른 조치명령 등의 절차)**
>
> ① 소방관서장은 법 제14조에 따라 소방대상물의 개수(改修) · 이전 · 제거, 사용의 금지 또는 제한, 사용폐쇄, 공사의 정지 또는 중지, 그 밖에 필요한 조치를 명할 때에는 [별지 제3호서식]의 화재안전조사 조치명령서를 해당 소방대상물의 관계인에게 발급하고, [별지 제4호서식]의 화재안전조사 조치명령 대장에 이를 기록하여 관리해야 한다.
> ② 소방관서장은 법 제14조에 따른 명령으로 인하여 손실을 입은 자가 있는 경우에는 [별지 제5호서식]의 화재안전조사 조치명령 손실확인서를 작성하여 관련 사진 및 그 밖의 증명자료와 함께 보관해야 한다.

제15조(손실보상)

소방청장 또는 시 · 도지사는 제14조제1항에 따른 명령으로 인하여 손실을 입은 자가 있는 경우에는 대통령령으로 정하는 바에 따라 보상하여야 한다.

영·규칙 CHAIN

영 제14조(손실보상)

① 법 제15조에 따라 소방청장 또는 시·도지사가 손실을 보상하는 경우에는 시가(時價)로 보상해야 한다.

② 제1항에 따른 손실보상에 관하여는 소방청장 또는 시·도지사와 손실을 입은 자가 협의해야 한다.

③ 소방청장 또는 시·도지사는 제2항에 따른 보상금액에 관한 협의가 성립되지 않은 경우에는 그 보상금액을 지급하거나 공탁하고 이를 상대방에게 알려야 한다.

④ 제3항에 따른 보상금의 지급 또는 공탁의 통지에 불복하는 자는 지급 또는 공탁의 통지를 받은 날부터 30일 이내에 「공익사업을 위한 토지 등의 취득 및 보상에 관한 법률」에 따른 중앙토지수용위원회 또는 관할 지방토지수용위원회에 재결(裁決)을 신청할 수 있다.

칙 제6조(손실보상 청구자가 제출해야 하는 서류 등)

① 법 제14조에 따른 명령으로 인하여 손실을 입은 자가 손실보상을 청구하려는 경우에는 [별지 제6호서식]의 손실보상 청구서(전자문서 포함)에 다음의 서류(전자문서 포함)를 첨부하여 시·도지사에게 제출해야 한다. 이 경우 담당 공무원은 「전자정부법」에 따른 행정정보의 공동이용을 통하여 건축물대장(소방대상물의 관계인임을 증명할 수 있는 서류가 건축물대장인 경우만 해당)을 확인해야 한다.
  1. 소방대상물의 관계인임을 증명할 수 있는 서류(건축물대장 제외)
  2. 손실을 증명할 수 있는 사진 및 그 밖의 증빙자료

② 소방청장 또는 시·도지사는 영 제14조제2항에 따라 손실보상에 관하여 협의가 이루어진 경우에는 손실보상을 청구한 자와 연명으로 [별지 제7호서식]의 손실보상 합의서를 작성하고 이를 보관해야 한다.

제16조(화재안전조사 결과 공개)

① 소방관서장은 화재안전조사를 실시한 경우 다음의 전부 또는 일부를 인터넷 홈페이지나 제3항의 전산시스템 등을 통하여 공개할 수 있다.
  1. 소방대상물의 위치, 연면적, 용도 등 현황
  2. 소방시설등의 설치 및 관리 현황
  3. 피난시설, 방화구획 및 방화시설의 설치 및 관리 현황
  4. 그 밖에 《대통령령으로 정하는 사항》

> § 대통령령으로 정하는 사항
>   1. 제조소등 설치 현황
>   2. 소방안전관리자 선임 현황
>   3. 화재예방안전진단 실시 결과

② 제1항에 따라 화재안전조사 결과를 공개하는 경우 공개 절차, 공개 기간 및 공개 방법 등에 필요한 사항은 대통령령으로 정한다.

영·규칙 CHAIN

영 제15조(화재안전조사 결과 공개)

② 소방관서장은 법 제16조제1항에 따라 화재안전조사 결과를 공개하는 경우 30일 이상 해당 소방관서 인터넷 홈페이지나 같은 조 제3항에 따른 전산시스템을 통해 공개해야 한다.

③ 소방관서장은 제2항에 따라 화재안전조사 결과를 공개하려는 경우 공개 기간, 공개 내용 및 공개 방법을 해당 소방대상물의 관계인에게 미리 알려야 한다.

④ 소방대상물의 관계인은 제3항에 따른 공개 내용 등을 통보받은 날부터 10일 이내에 소방관서장에게 이의신청을 할 수 있다.

⑤ 소방관서장은 제4항에 따라 이의신청을 받은 날부터 10일 이내에 심사·결정하여 그 결과를 지체 없이 신청인에게 알려야 한다.

⑥ 화재안전조사 결과의 공개가 제3자의 법익을 침해하는 경우에는 제3자와 관련된 사실을 제외하고 공개해야 한다.

③ 소방청장은 제1항에 따른 화재안전조사 결과를 체계적으로 관리하고 활용하기 위하여 전산시스템을 구축·운영하여야 한다.

④ 소방청장은 건축, 전기 및 가스 등 화재안전과 관련된 정보를 소방활동 등에 활용하기 위하여 제3항에 따른 전산시스템과 관계 중앙행정기관, 지방자치단체 및 공공기관 등에서 구축·운용하고 있는 전산시스템을 연계하여 구축할 수 있다.

제4장 화재의 예방조치 등

제17조(화재의 예방조치 등)

① 누구든지 화재예방강화지구 및 이에 준하는 《대통령령으로 정하는 장소》에서는 다음의 어느 하나에 해당하는 행위를 하여서는 아니 된다. 다만, 행정안전부령으로 정하는 바에 따라 안전조치를 한 경우에는 그러하지 아니한다.

§ 대통령령으로 정하는 장소
  1. 제조소등
  2. 「고압가스 안전관리법」에 따른 저장소
  3. 「액화석유가스의 안전관리 및 사업법」에 따른 액화석유가스의 저장소·판매소
  4. 「수소경제 육성 및 수소 안전관리에 관한 법률」에 따른 수소연료공급시설 및 수소연료사용시설
  5. 「총포·도검·화약류 등의 안전관리에 관한 법률」에 따른 화약류를 저장하는 장소

1. 모닥불, 흡연 등 화기의 취급
2. 풍등 등 소형열기구 날리기
3. 용접·용단 등 불꽃을 발생시키는 행위
4. 그 밖에 대통령령으로 정하는 화재 발생 위험이 있는 행위≪「위험물안전관리법」에 따른 위험물을 방치하는 행위≫

영·규칙 CHAIN

칙 제7조(화재예방 안전조치 등)

① 화재예방강화지구 및 ≪대통령령으로 정하는 장소≫에서는 다음의 안전조치를 한 경우에 법 제17조 제1항의 행위를 할 수 있다.
  1. 「국민건강증진법」 제9조제4항 각 호 외의 부분 후단에 따라 설치한 흡연실 등 법령에 따라 지정된 장소에서 화기 등을 취급하는 경우
  2. 소화기 등 소방시설을 비치 또는 설치한 장소에서 화기 등을 취급하는 경우
  3. 「산업안전보건기준에 관한 규칙」에 따른 화재감시자 등 안전요원이 배치된 장소에서 화기 등을 취급하는 경우
  4. 그 밖에 소방관서장과 사전 협의하여 안전조치를 한 경우
② 제1항제4호에 따라 소방관서장과 사전 협의하여 안전조치를 하려는 자는 [별지 제8호서식]의 화재 예방 안전조치 협의 신청서를 작성하여 소방관서장에게 제출해야 한다.
③ 소방관서장은 제2항에 따라 협의 신청서를 받은 경우에는 화재예방 안전조치의 적절성을 검토하고 5일 이내에 [별지 제9호서식]의 화재예방 안전조치 협의 결과 통보서를 협의를 신청한 자에게 통보해야 한다.
④ 소방관서장은 법 제17조제2항의 명령을 할 때에는 [별지 제10호서식]의 화재예방 조치명령서를 해당 관계인에게 발급해야 한다.

② 소방관서장은 화재 발생 위험이 크거나 소화 활동에 지장을 줄 수 있다고 인정되는 행위나 물건에 대하여 행위 당사자나 그 물건의 소유자, 관리자 또는 점유자에게 다음의 명령을 할 수 있다. 다만, 제2호 및 제3호에 해당하는 물건의 소유자, 관리자 또는 점유자를 알 수 없는 경우 소속 공무원으로 하여금 그 물건을 옮기거나 보관하는 등 필요한 조치를 하게 할 수 있다.
1. 제1항의 어느 하나에 해당하는 행위의 금지 또는 제한
2. 목재, 플라스틱 등 가연성이 큰 물건의 제거, 이격, 적재 금지 등
3. 소방차량의 통행이나 소화 활동에 지장을 줄 수 있는 물건의 이동
벌 300만 원 이하 벌금 – 명령을 정당한 사유 없이 따르지 아니하거나 방해한 자
③ 제2항 단서에 따라 옮긴 물건 등에 대한 보관기간 및 보관기간 경과 후 처리 등에 필요한 사항은 대통령령으로 정한다.

📙 **영 · 규칙 CHAIN**

영 **제17조(옮긴 물건 등의 보관기간 및 보관기간 경과 후 처리)**

① 소방관서장은 법 제17조제2항 각 호 외의 부분 단서에 따라 옮긴 물건 등(이하 "옮긴물건등")을 보관하는 경우에는 그날부터 14일 동안 해당 소방관서의 인터넷 홈페이지에 그 사실을 공고해야 한다.

② 옮긴물건등의 보관기간은 제1항에 따른 공고기간의 종료일 다음 날부터 7일까지로 한다.

③ 소방관서장은 제2항에 따른 보관기간이 종료된 때에는 보관하고 있는 옮긴물건등을 매각해야 한다. 다만, 보관하고 있는 옮긴물건등이 부패 · 파손 또는 이와 유사한 사유로 정해진 용도로 계속 사용할 수 없는 경우에는 폐기할 수 있다.

④ 소방관서장은 보관하던 옮긴물건등을 제3항 본문에 따라 매각한 경우에는 지체 없이 「국가재정법」에 따라 세입조치를 해야 한다.

⑤ 소방관서장은 제3항에 따라 매각되거나 폐기된 옮긴물건등의 소유자가 보상을 요구하는 경우에는 보상금액에 대하여 소유자와의 협의를 거쳐 이를 보상해야 한다.

⑥ 제5항의 손실보상의 방법 및 절차 등에 관하여는 제14조를 준용한다.

④ 보일러, 난로, 건조설비, 가스 · 전기시설, 그 밖에 화재 발생 우려가 있는 대통령령으로 정하는 설비 또는 기구 등의 위치 · 구조 및 관리와 화재 예방을 위하여 불을 사용할 때 지켜야 하는 사항은 대통령령으로 정한다.

📙 **영 · 규칙 CHAIN**

영 **제18조(불을 사용하는 설비의 관리기준 등)**

① 법 제17조제4항에서 "대통령령으로 정하는 설비 또는 기구 등"이란 다음의 설비 또는 기구를 말한다.
  1. 보일러
  2. 난로
  3. 건조설비
  4. 가스 · 전기시설
  5. 불꽃을 사용하는 용접 · 용단 기구
  6. 노(爐) · 화덕설비
  7. 음식조리를 위하여 설치하는 설비

② 제1항에 따른 설비 또는 기구의 위치 · 구조 및 관리와 화재 예방을 위하여 불을 사용할 때 지켜야 하는 사항은 [별표 1]과 같다.

■ 화재의 예방 및 안전관리에 관한 법률 시행령

[별표 1] 보일러 등의 설비 또는 기구 등의 위치·구조 및 관리와 화재예방을 위하여 불을 사용할 때 지켜야 하는 사항

1. 보일러

　가. 가연성 벽·바닥 또는 천장과 접촉하는 증기기관 또는 연통의 부분은 규조토 등 난연성 또는 불연성 단열재로 덮어씌워야 한다.

　나. 경유·등유 등 액체연료를 사용할 때에는 다음 사항을 지켜야 한다.

　　1) 연료탱크는 보일러 본체로부터 수평거리 1m 이상의 간격을 두어 설치할 것

　　2) 연료탱크에는 화재 등 긴급상황이 발생하는 경우 연료를 차단할 수 있는 개폐밸브를 연료탱크로부터 0.5m 이내에 설치할 것

　　3) 연료탱크 또는 보일러 등에 연료를 공급하는 배관에는 여과장치를 설치할 것

　　4) 사용이 허용된 연료 외의 것을 사용하지 않을 것

　　5) 연료탱크가 넘어지지 않도록 받침대를 설치하고, 연료탱크 및 연료탱크 받침대는 「건축법 시행령」에 따른 불연재료로 할 것

　다. 기체연료를 사용할 때에는 다음 사항을 지켜야 한다.

　　1) 보일러를 설치하는 장소에는 환기구를 설치하는 등 가연성 가스가 머무르지 않도록 할 것

　　2) 연료를 공급하는 배관은 금속관으로 할 것

　　3) 화재 등 긴급 시 연료를 차단할 수 있는 개폐밸브를 연료용기 등으로부터 0.5m 이내에 설치할 것

　　4) 보일러가 설치된 장소에는 가스누설경보기를 설치할 것

　라. 화목(火木) 등 고체연료를 사용할 때에는 다음 사항을 지켜야 한다.

　　1) 고체연료는 보일러 본체와 수평거리 2미터 이상 간격을 두어 보관하거나 불연재료로 된 별도의 구획된 공간에 보관할 것

　　2) 연통은 천장으로부터 0.6m 떨어지고, 연통의 배출구는 건물 밖으로 0.6m 이상 나오도록 설치할 것

　　3) 연통의 배출구는 보일러 본체보다 2m 이상 높게 설치할 것

　　4) 연통이 관통하는 벽면, 지붕 등은 불연재료로 처리할 것

　　5) 연통재질은 불연재료로 사용하고 연결부에 청소구를 설치할 것

　마. 보일러 본체와 벽·천장 사이의 거리는 0.6m 이상이어야 한다.

　바. 보일러를 실내에 설치하는 경우에는 콘크리트바닥 또는 금속 외의 불연재료로 된 바닥 위에 설치해야 한다.

2. 난로

　가. 연통은 천장으로부터 0.6m 이상 떨어지고, 연통의 배출구는 건물 밖으로 0.6m 이상 나오게 설치해야 한다.

　　나. 가연성 벽·바닥 또는 천장과 접촉하는 연통의 부분은 규조토 등 난연성 또는 불연성의 단열재로 덮어씌워야 한다.

　　다. 이동식난로는 다음의 장소에서 사용해서는 안 된다. 다만, 난로가 쓰러지지 않도록 받침대를 두어 고정시키거나 쓰러지는 경우 즉시 소화되고 연료의 누출을 차단할 수 있는 장치가 부착된 경우에는 그렇지 않다.

　　　　1) 「다중이용업소의 안전관리에 관한 특별법」에 따른 다중이용업소

　　　　2) 「학원의 설립·운영 및 과외교습에 관한 법률」에 따른 학원

　　　　3) 「학원의 설립·운영 및 과외교습에 관한 법률 시행령」에 따른 독서실

　　　　4) 「공중위생관리법」에 따른 숙박업, 목욕장업 및 세탁업의 영업장

　　　　5) 「의료법」에 따른 의원·치과의원·한의원, 조산원 및 병원·치과병원·한방병원·요양병원·정신병원·종합병원

　　　　6) 「식품위생법 시행령」에 따른 식품접객업의 영업장

　　　　7) 「영화 및 비디오물의 진흥에 관한 법률」에 따른 영화상영관

　　　　8) 「공연법」에 따른 공연장

　　　　9) 「박물관 및 미술관 진흥법」에 따른 박물관 및 미술관

　　　　10) 「유통산업발전법」에 따른 상점가

　　　　11) 「건축법」에 따른 가설건축물

　　　　12) 역·터미널

3. 건조설비

　　가. 건조설비와 벽·천장 사이의 거리는 0.5m 이상이어야 한다.

　　나. 건조물품이 열원과 직접 접촉하지 않도록 해야 한다.

　　다. 실내에 설치하는 경우에 벽·천장 및 바닥은 불연재료로 해야 한다.

4. 가스·전기시설

　　가. 가스시설의 경우 「고압가스 안전관리법」, 「도시가스사업법」 및 「액화석유가스의 안전관리 및 사업법」에서 정하는 바에 따른다.

　　나. 전기시설의 경우 「전기사업법」 및 「전기안전관리법」에서 정하는 바에 따른다.

5. 불꽃을 사용하는 용접·용단 기구

　　용접 또는 용단 작업장에서는 다음의 사항을 지켜야 한다. 다만, 「산업안전보건법」의 적용을 받는 사업장에는 적용하지 않는다.

　　가. 용접 또는 용단 작업장 주변 반경 5m 이내에 소화기를 갖추어 둘 것

　　나. 용접 또는 용단 작업장 주변 반경 10m 이내에는 가연물을 쌓아두거나 놓아두지 말 것. 다만, 가연물의 제거가 곤란하여 방화포 등으로 방호조치를 한 경우는 제외한다.

6. 노·화덕설비

　　가. 실내에 설치하는 경우에는 흙바닥 또는 금속 외의 불연재료로 된 바닥에 설치해야 한다.

　　나. 노 또는 화덕을 설치하는 장소의 벽·천장은 불연재료로 된 것이어야 한다.

다. 노 또는 화덕의 주위에는 녹는 물질이 확산되지 않도록 높이 0.1m 이상의 턱을 설치해야 한다.

라. 시간당 열량이 30만kcal 이상인 노를 설치하는 경우에는 다음의 사항을 지켜야 한다.

1) 「건축법」 제2조제1항제7호에 따른 주요구조부(이하 "주요구조부")는 불연재료 이상으로 할 것

2) 창문과 출입구는 「건축법 시행령」 제64조에 따른 60분+ 방화문 또는 60분 방화문으로 설치할 것

3) 노 주위에는 1미터 이상 공간을 확보할 것

7. 음식조리를 위하여 설치하는 설비

「식품위생법 시행령」에 따른 식품접객업 중 일반음식점 주방에서 조리를 위하여 불을 사용하는 설비를 설치하는 경우에는 다음의 사항을 지켜야 한다.

가. 주방설비에 부속된 배출덕트(공기 배출통로)는 0.5mm 이상의 아연도금강판 또는 이와 같거나 그 이상의 내식성 불연재료로 설치할 것

나. 주방시설에는 동물 또는 식물의 기름을 제거할 수 있는 필터 등을 설치할 것

다. 열을 발생하는 조리기구는 반자 또는 선반으로부터 0.6미터 이상 떨어지게 할 것

라. 열을 발생하는 조리기구로부터 0.15미터 이내의 거리에 있는 가연성 주요구조부는 단열성이 있는 불연재료로 덮어 씌울 것

[비고]
1. "보일러"란 사업장 또는 영업장 등에서 사용하는 것을 말하며, 주택에서 사용하는 가정용 보일러는 제외한다.
2. "건조설비"란 산업용 건조설비를 말하며, 주택에서 사용하는 건조설비는 제외한다.
3. "노·화덕설비"란 제조업·가공업에서 사용되는 것을 말하며, 주택에서 조리용도로 사용되는 화덕은 제외한다.
4. 보일러, 난로, 건조설비, 불꽃을 사용하는 용접·용단기구 및 노·화덕설비가 설치된 장소에는 소화기 1개 이상을 갖추어 두어야 한다.

③ 제1항 및 제2항에서 규정한 사항 외에 화재 발생 우려가 있는 설비 또는 기구의 종류, 해당 설비 또는 기구의 위치·구조 및 관리와 화재 예방을 위하여 불을 사용할 때 지켜야 하는 사항은 시·도의 조례로 정한다.

⑤ 화재가 발생하는 경우 불길이 빠르게 번지는 고무류·플라스틱류·석탄 및 목탄 등 대통령령으로 정하는 특수가연물(特殊可燃物)의 저장 및 취급 기준은 대통령령으로 정한다.

영·규칙 CHAIN

영 제19조(화재의 확대가 빠른 특수가연물)

① 법 제17조제5항에서 "고무류·플라스틱류·석탄 및 목탄 등 대통령령으로 정하는 특수가연물(特殊可燃物)"이란 [별표 2]에서 정하는 품명별 수량 이상의 가연물을 말한다.

■ 화재의 예방 및 안전관리에 관한 법률 시행령

[별표 2] 특수가연물

품명		수량
면화류		200kg 이상
나무껍질 및 대팻밥		400kg 이상
넝마 및 종이부스러기		1,000kg 이상
사류(絲類)		1,000kg 이상
볏짚류		1,000kg 이상
가연성 고체류		3,000kg 이상
석탄 · 목탄류		10,000kg 이상
가연성 액체류		2m³ 이상
목재가공품 및 나무부스러기		10m³ 이상
고무류 · 플라스틱류 (합성수지류 포함)	발포시킨 것	20m³ 이상
	그 밖의 것	3,000kg 이상

[비고]

1. "면화류"란 불연성 또는 난연성이 아닌 면상(綿狀) 또는 팽이모양의 섬유와 마사(麻絲) 원료를 말한다.
2. 넝마 및 종이부스러기는 불연성 또는 난연성이 아닌 것(동물 또는 식물의 기름이 깊이 스며들어 있는 옷감 · 종이 및 이들의 제품을 포함)으로 한정한다.
3. "사류"란 불연성 또는 난연성이 아닌 실(실부스러기와 솜털을 포함)과 누에고치를 말한다.
4. "볏짚류"란 마른 볏짚 · 북데기와 이들의 제품 및 건초를 말한다. 다만, 축산용도로 사용하는 것은 제외한다.
5. "가연성 고체류"란 고체로서 다음에 해당하는 것을 말한다.
   가. 인화점이 40℃ 이상 100℃ 미만인 것
   나. 인화점이 100℃ 이상 200℃ 미만이고, 연소열량이 1g당 8kcal 이상인 것
   다. 인화점이 200℃ 이상이고 연소열량이 1g당 8kcal 이상인 것으로서 녹는점(융점)이 100℃ 미만인 것
   라. 1기압과 20℃ 초과 40℃ 이하에서 액상인 것으로서 인화점이 70℃ 이상 200℃ 미만이거나 나목 또는 다목에 해당하는 것
6. 석탄 · 목탄류에는 코크스, 석탄가루를 물에 갠 것, 마세크탄(조개탄), 연탄, 석유코크스, 활성탄 및 이와 유사한 것을 포함한다.
7. "가연성 액체류"란 다음의 것을 말한다.
   가. 1기압과 20℃ 이하에서 액상인 것으로서 가연성 액체량이 40wt% 이하이면서 인화점이 40℃ 이상 70℃ 미만이고 연소점이 60℃ 이상인 것
   나. 1기압과 20℃에서 액상인 것으로서 가연성 액체량이 40wt% 이하이고 인화점이 70℃ 이상 250℃ 미만인 것
   다. 동물의 기름과 살코기 또는 식물의 씨나 과일의 살에서 추출한 것으로서 다음의 어느 하나에 해당하는 것
      1) 1기압과 20℃에서 액상이고 인화점이 250℃ 미만인 것으로서 「위험물안전관리법」에 따른 용기기준과 수납 · 저장기준에 적합하고 용기외부에 물품명 · 수량 및 "화기엄금" 등의 표시를 한 것
      2) 1기압과 20℃에서 액상이고 인화점이 250℃ 이상인 것

8. "고무류 · 플라스틱류"란 불연성 또는 난연성이 아닌 고체의 합성수지제품, 합성수지반제품, 원료합성수지 및 합성수지 부스러기(불연성 또는 난연성이 아닌 고무제품, 고무반제품, 원료고무 및 고무 부스러기를 포함)를 말한다. 다만, 합성수지의 섬유 · 옷감 · 종이 및 실과 이들의 넝마와 부스러기는 제외한다.

② 법 제17조제5항에 따른 특수가연물의 저장 및 취급 기준은 [별표 3]과 같다.

■ 화재의 예방 및 안전관리에 관한 법률 시행령

[별표 3] 특수가연물의 저장 및 취급 기준

1. 특수가연물의 저장 · 취급 기준

   특수가연물은 다음의 기준에 따라 쌓아 저장해야 한다. 다만, 석탄 · 목탄류를 발전용(發電用)으로 저장하는 경우는 제외한다.

   가. 품명별로 구분하여 쌓을 것

   나. 다음의 기준에 맞게 쌓을 것

구분	살수설비를 설치하거나 방사능력 범위에 해당 특수가연물이 포함되도록 대형수동식소화기를 설치하는 경우	그 밖의 경우
	15m 이하	10m 이하
	200m²(석탄 · 목탄류의 경우에는 300m²) 이하	50m²(석탄 · 목탄류의 경우에는 200m²) 이하

   다. 실외에 쌓아 저장하는 경우 쌓는 부분이 대지경계선, 도로 및 인접 건축물과 최소 6m이상 간격을 둘 것. 다만, 쌓는 높이보다 0.9m 이상 높은 「건축법 시행령」에 따른 내화구조 벽체를 설치한 경우는 그렇지 않다.

   라. 실내에 쌓아 저장하는 경우 주요구조부는 내화구조이면서 불연재료여야 하고, 다른 종류의 특수가연물과 같은 공간에 보관하지 않을 것. 다만, 내화구조의 벽으로 분리하는 경우는 그렇지 않다.

   마. 쌓는 부분 바닥면적의 사이는 실내의 경우 1.2m 또는 쌓는 높이의 1/2 중 큰 값 이상으로 간격을 두어야 하며, 실외의 경우 3m 또는 쌓는 높이 중 큰 값 이상으로 간격을 둘 것

2. 특수가연물 표지

   가. 특수가연물을 저장 또는 취급하는 장소에는 품명, 최대저장수량, 단위부피당 질량 또는 단위체적당 질량, 관리책임자 성명 · 직책, 연락처 및 화기취급의 금지표시가 포함된 특수가연물 표지를 설치해야 한다.

   나. 특수가연물 표지의 규격은 다음과 같다.

특수가연물	
화기엄금	
품명	합성수지류
최대저장수량(배수)	000톤(00배)
단위부피당 질량 (단위체적당 질량)	000kg/m^3
관리책임자(직책)	홍길동 팀장
연락처	02-000-0000

1) 특수가연물 표지는 한 변의 길이가 0.3미터 이상, 다른 한 변의 길이가 0.6미터 이상인 직사각형으로 할 것

2) 특수가연물 표지의 바탕은 흰색으로, 문자는 검은색으로 할 것. 다만, "화기엄금" 표시 부분은 제외한다.

3) 특수가연물 표지 중 화기엄금 표시 부분의 바탕은 붉은색으로, 문자는 백색으로 할 것

다. 특수가연물 표지는 특수가연물을 저장하거나 취급하는 장소 중 보기 쉬운 곳에 설치해야 한다.

제18조(화재예방강화지구의 지정 등)

① 시·도지사는 다음의 어느 하나에 해당하는 지역을 화재예방강화지구로 지정하여 관리할 수 있다.

1. 시장지역
2. 공장·창고가 밀집한 지역
3. 목조건물이 밀집한 지역
4. 노후·불량건축물이 밀집한 지역
5. 위험물의 저장 및 처리 시설이 밀집한 지역
6. 석유화학제품을 생산하는 공장이 있는 지역
7. 「산업입지 및 개발에 관한 법률」 제2조제8호에 따른 산업단지
8. 소방시설·소방용수시설 또는 소방출동로가 없는 지역
9. 「물류시설의 개발 및 운영에 관한 법률」 제2조제6호에 따른 물류단지
10. 그 밖에 제1호부터 제9호까지에 준하는 지역으로서 소방관서장이 화재예방강화지구로 지정할 필요가 있다고 인정하는 지역

② 제1항에도 불구하고 시·도지사가 화재예방강화지구로 지정할 필요가 있는 지역을 화재예방강화지구로 지정하지 아니하는 경우 소방청장은 해당 시·도지사에게 해당 지역의 화재예방강화지구 지정을 요청할 수 있다.

③ 소방관서장은 대통령령으로 정하는 바에 따라 제1항에 따른 화재예방강화지구 안의 소방대상물의 위치·구조 및 설비 등에 대하여 화재안전조사를 하여야 한다.

영·규칙 CHAIN

영 제20조(화재예방강화지구의 관리)

① 소방관서장은 법 제18조제3항에 따라 화재예방강화지구 안의 소방대상물의 위치·구조 및 설비 등에 대한 화재안전조사를 연 1회 이상 실시해야 한다.

② 소방관서장은 법 제18조제5항에 따라 화재예방강화지구 안의 관계인에 대하여 소방에 필요한 훈련 및 교육을 연 1회 이상 실시할 수 있다.

③ 소방관서장은 제2항에 따라 훈련 및 교육을 실시하려는 경우에는 화재예방강화지구 안의 관계인에 게 훈련 또는 교육 10일 전까지 그 사실을 통보해야 한다.

④ 시·도지사는 법 제18조제6항에 따라 다음의 사항을 행정안전부령으로 정하는 화재예방강화지구 관리대장에 작성하고 관리해야 한다.

1. 화재예방강화지구의 지정 현황

2. 화재안전조사의 결과

3. 소화기구, 소방용수시설 또는 그 밖에 소방에 필요한 설비("소방설비등")의 설치(보수, 보강 포함) 명령 현황

4. 소방훈련 및 교육의 실시 현황

5. 그 밖에 화재예방 강화를 위하여 필요한 사항

④ 소방관서장은 제3항에 따른 화재안전조사를 한 결과 화재의 예방강화를 위하여 필요하다고 인정할 때에는 관계인에게 소화기구, 소방용수시설 또는 그 밖에 소방에 필요한 설비("소방설비등")의 설치(보수, 보강 포함)를 명할 수 있다.

⑤ 소방관서장은 화재예방강화지구 안의 관계인에 대하여 대통령령으로 정하는 바에 따라 소방에 필요한 훈련 및 교육을 실시할 수 있다.

⑥ 시·도지사는 대통령령으로 정하는 바에 따라 제1항에 따른 화재예방강화지구의 지정 현황, 제3항에 따른 화재안전조사의 결과, 제4항에 따른 소방설비등의 설치 명령 현황, 제5항에 따른 소방훈련 및 교육 현황 등이 포함된 화재예방강화지구에서의 화재예방에 필요한 자료를 매년 작성·관리하여야 한다.

제19조(화재의 예방 등에 대한 지원)

① 소방청장은 제18조제4항에 따라 소방설비등의 설치를 명하는 경우 해당 관계인에게 소방설비등의 설치에 필요한 지원을 할 수 있다.

② 소방청장은 관계 중앙행정기관의 장 및 시·도지사에게 제1항에 따른 지원에 필요한 협조를 요청할 수 있다.

③ 시·도지사는 제2항에 따라 소방청장의 요청이 있거나 화재예방강화지구 안의 소방대상물의 화재안전 성능 향상을 위하여 필요한 경우 시·도의 조례로 정하는 바에 따라 소방설비등의 설치에 필요한 비용을 지원할 수 있다.

제20조(화재 위험경보) [시행일 2024. 2. 15.]

소방관서장은 「기상법」 제3조, 제13조의2 및 제13조의4에 따른 기상현상 및 기상영향에 대한 예보·특보·태풍예보에 따라 화재의 발생 위험이 높다고 분석·판단되는 경우에는 행정안전부령으로 정하는 바에 따라 화재에 관한 위험경보를 발령하고 그에 따른 필요한 조치를 할 수 있다.

📖 영·규칙 CHAIN

칙 제9조(화재 위험경보)

① 소방관서장은 「기상법」에 따른 기상현상 및 기상영향에 대한 예보·특보에 따라 화재의 발생 위험이 높다고 분석·판단되는 경우에는 법 제20조에 따라 화재 위험경보를 발령하고, 보도기관을 이용하거나 정보통신망에 게재하는 등 적절한 방법을 통하여 이를 일반인에게 알려야 한다.
② 제1항에 따른 화재 위험경보 발령 절차 및 조치사항에 관하여 필요한 사항은 소방청장이 정한다.

제21조(화재안전영향평가)

① 소방청장은 화재발생 원인 및 연소과정을 조사·분석하는 등의 과정에서 법령이나 정책의 개선이 필요하다고 인정되는 경우 그 법령이나 정책에 대한 화재 위험성의 유발요인 및 완화 방안에 대한 평가(이하 "화재안전영향평가")를 실시할 수 있다.

📖 영·규칙 CHAIN

영 제21조(화재안전영향평가의 방법·절차·기준 등)

① 소방청장은 법 제21조제1항에 따른 화재안전영향평가를 하는 경우 화재현장 및 자료 조사 등을 기초로 화재·피난 모의실험 등 과학적인 예측·분석 방법으로 실시할 수 있다.
② 소방청장은 화재안전영향평가를 위하여 필요한 경우 해당 법령이나 정책의 소관 기관의 장에게 관련 자료의 제출을 요청할 수 있다. 이 경우 자료 제출을 요청받은 소관 기관의 장은 특별한 사유가 없으면 이에 따라야 한다.
③ 소방청장은 다음의 사항이 포함된 화재안전영향평가의 기준을 법 제22조에 따른 화재안전영향평가 심의회의 심의를 거쳐 정한다.
  1. 법령이나 정책의 화재위험 유발요인
  2. 법령이나 정책이 소방대상물의 재료, 공간, 이용자 특성 및 화재 확산 경로에 미치는 영향
  3. 법령이나 정책이 화재피해에 미치는 영향 등 사회경제적 파급 효과
  4. 화재위험 유발요인을 제어 또는 관리할 수 있는 법령이나 정책의 개선 방안
④ 제1항부터 제3항까지에서 규정한 사항 외에 화재안전영향평가의 방법·절차·기준 등에 관하여 필요한 사항은 소방청상이 정한다.

② 소방청장은 제1항에 따라 화재안전영향평가를 실시한 경우 그 결과를 해당 법령이나 정책의 소관 기관의 장에게 통보하여야 한다.

③ 제2항에 따라 결과를 통보받은 소관 기관의 장은 특별한 사정이 없는 한 이를 해당 법령이나 정책에 반영하도록 노력하여야 한다.

④ 화재안전영향평가의 방법 · 절차 · 기준 등에 필요한 사항은 대통령령으로 정한다.

제22조(화재안전영향평가심의회)

① 소방청장은 화재안전영향평가에 관한 업무를 수행하기 위하여 화재안전영향평가심의회(이하 "심의회")를 구성 · 운영할 수 있다.

② 심의회는 위원장 1명을 포함한 12명 이내의 위원으로 구성한다.

③ 위원장은 위원 중에서 호선하고, 위원은 다음의 사람으로 한다.

1. 화재안전과 관련되는 법령이나 정책을 담당하는 관계 기관의 소속 직원으로서 ≪대통령령으로 정하는 사람≫

> § **대통령령으로 정하는 사람**
>
> 1. 다음의 중앙행정기관에서 화재안전 관련 법령이나 정책을 담당하는 고위공무원단에 속하는 일반직공무원(이에 상당하는 특정직공무원 및 별정직공무원 포함) 중에서 해당 중앙행정기관의 장이 지명하는 사람 각 1명
>   가. 행정안전부 · 산업통상자원부 · 보건복지부 · 고용노동부 · 국토교통부
>   나. 그 밖에 심의회의 심의에 부치는 안건과 관련된 중앙행정기관
> 2. 소방청에서 화재안전 관련 업무를 수행하는 소방준감 이상의 소방공무원 중에서 소방청장이 지명하는 사람

2. ≪소방기술사 등 대통령령으로 정하는 화재안전과 관련된 분야의 학식과 경험이 풍부한 전문가≫로서 소방청장이 위촉한 사람

> § **소방기술사 등 대통령령으로 정하는 화재안전과 관련된 분야의 학식과 경험이 풍부한 전문가**
>
> 1. 소방기술사
> 2. 다음의 기관이나 법인 또는 단체에서 화재안전 관련 업무를 수행하는 사람으로서 해당 기관이나 법인 또는 단체의 장이 추천하는 사람
>   가. 안전원
>   나. 기술원
>   다. 화재보험협회
>   라. 가스안전공사
>   마. 전기안전공사
> 3. 「고등교육법」에 따른 학교 또는 이에 준하는 학교나 공인된 연구기관에서 부교수 이상의 직(職) 또는 이에 상당하는 직에 있거나 있었던 사람으로서 화재안전 또는 관련 법령이나 정책에 전문성이 있는 사람

영·규칙 CHAIN

영 제22조(심의회의 구성)

③ 법 제22조제3항제2호에 따른 위촉위원의 임기는 2년으로 하며 한 차례만 연임할 수 있다.

④ 심의회의 위원장은 심의회를 대표하고 심의회 업무를 총괄한다.

⑤ 위원장이 부득이한 사유로 직무를 수행할 수 없을 때에는 위원장이 지명한 위원이 그 직무를 대행한다.

⑥ 소방청장은 심의회의 위원이 다음의 어느 하나에 해당하는 경우에는 해당 위원을 해촉할 수 있다.

  1. 심신장애로 직무를 수행할 수 없게 된 경우
  2. 직무와 관련된 비위사실이 있는 경우
  3. 직무태만, 품위손상이나 그 밖의 사유로 위원으로 적합하지 않다고 인정되는 경우
  4. 위원 스스로 직무를 수행하기 어렵다는 의사를 밝히는 경우

영 제23조(심의회의 운영)

① 심의회의 업무를 효율적으로 수행하기 위하여 심의회에 분야별로 전문위원회를 둘 수 있다.

② 심의회 및 전문위원회에 출석한 위원 및 전문위원회의 위원에게는 예산의 범위에서 수당, 여비, 그 밖에 필요한 경비를 지급할 수 있다. 다만, 공무원인 위원 또는 전문위원회의 위원이 소관 업무와 직접 관련하여 심의회에 출석하는 경우는 그렇지 않다.

③ 제1항 및 제2항에서 규정한 사항 외에 심의회의 운영 등에 필요한 사항은 소방청장이 정한다.

④ 제2항 및 제3항에서 규정한 사항 외에 심의회의 구성·운영 등에 필요한 사항은 대통령령으로 정한다.

제23조(화재안전취약자에 대한 지원)

① 소방관서장은 어린이, 노인, 장애인 등 화재의 예방 및 안전관리에 취약한 자(이하 "화재안전취약자")의 안전한 생활환경을 조성하기 위하여 소방용품의 제공 및 소방시설의 개선 등 필요한 사항을 지원하기 위하여 노력하여야 한다.

영·규칙 CHAIN

영 제24조(화재안전취약자 지원 대상 및 방법 등)

① 법 제23조제1항에 따른 어린이, 노인, 장애인 등 화재의 예방 및 안전관리에 취약한 자에 대한 지원의 대상은 다음과 같다.

  1. 「국민기초생활 보장법」에 따른 수급자
  2. 「장애인복지법」에 따른 중증장애인
  3. 「한부모가족지원법」에 따른 지원대상자
  4. 「노인복지법」에 따른 홀로 사는 노인
  5. 「다문화가족지원법」에 따른 다문화가족의 구성원
  6. 그 밖에 화재안전에 취약하다고 소방관서장이 인정하는 사람

② 소방관서장은 법 제23조제1항에 따라 제1항의 사람에게 다음의 사항을 지원할 수 있다.

1. 소방시설등의 설치 및 개선
2. 소방시설등의 안전점검
3. 소방용품의 제공
4. 전기 · 가스 등 화재위험 설비의 점검 및 개선
5. 그 밖에 화재안전을 위하여 필요하다고 인정되는 사항

③ 제1항 및 제2항에서 규정한 사항 외에 지원의 방법 및 절차 등에 관하여 필요한 사항은 소방청장이 정한다.

② 제1항에 따른 화재안전취약자에 대한 지원의 대상 · 범위 · 방법 및 절차 등에 필요한 사항은 대통령령으로 정한다.

③ 소방관서장은 관계 행정기관의 장에게 제1항에 따른 지원이 원활히 수행되는 데 필요한 협력을 요청할 수 있다. 이 경우 요청받은 관계 행정기관의 장은 특별한 사정이 없으면 요청에 따라야 한다.

제5장 소방대상물의 소방안전관리

제24조(특정소방대상물의 소방안전관리)

① 특정소방대상물 중 전문적인 안전관리가 요구되는 대통령령으로 정하는 특정소방대상물(이하 "소방안전관리대상물")의 관계인은 소방안전관리업무를 수행하기 위하여 제30조제1항에 따른 소방안전관리자 자격증을 발급받은 사람을 소방안전관리자로 선임하여야 한다. 이 경우 소방안전관리자의 업무에 대하여 보조가 필요한 대통령령으로 정하는 소방안전관리대상물의 경우에는 소방안전관리자 외에 소방안전관리보조자를 추가로 선임하여야 한다.

벌 3년 이하 징역 / 3천만 원 이하 벌금 – 명령을 정당한 사유 없이 위반한 자

벌 300만 원 이하 벌금 – 소방안전관리자, 총괄소방안전관리자 또는 소방안전관리보조자를 선임하지 아니한 자

영 · 규칙 CHAIN

제25조(소방안전관리자 및 소방안전관리보조자를 두어야 하는 특정소방대상물)

① 법 제24조제1항 전단에 따라 특정소방대상물 중 전문적인 안전관리가 요구되는 특정소방대상물의 범위와 같은 조 제4항에 따른 소방안전관리자의 선임 대상별 자격 및 인원기준은 [별표 4]와 같다.

■ 화재의 예방 및 안전관리에 관한 법률 시행령

[별표 4] 소방안전관리자를 선임해야 하는 소방안전관리대상물의 범위와 소방안전관리자의 선임 대상별 자격 및 인원기준

1. 특급 소방안전관리대상물

가. 특급 소방안전관리대상물의 범위

「소방시설 설치 및 관리에 관한 법률 시행령」 [별표 2]의 특정소방대상물 중 다음의 어느 하나에 해당하는 것

1) 50층 이상(지하층 제외)이거나 지상으로부터 높이가 200미터 이상인 아파트

2) 30층 이상(지하층 포함)이거나 지상으로부터 높이가 120미터 이상인 특정소방대상물(아파트 제외)

3) 2)에 해당하지 않는 특정소방대상물로서 연면적이 10만제곱미터 이상인 특정소방대상물(아파트 제외)

나. 특급 소방안전관리대상물에 선임해야 하는 소방안전관리자의 자격

다음의 어느 하나에 해당하는 사람으로서 특급 소방안전관리자 자격증을 발급받은 사람

1) 소방기술사 또는 소방시설관리사의 자격이 있는 사람

2) 소방설비기사의 자격을 취득한 후 5년 이상 1급 소방안전관리대상물의 소방안전관리자로 근무한 실무경력(법 제24조제3항에 따라 소방안전관리자로 선임되어 근무한 경력은 제외)이 있는 사람

3) 소방설비산업기사의 자격을 취득한 후 7년 이상 1급 소방안전관리대상물의 소방안전관리자로 근무한 실무경력이 있는 사람

4) 소방공무원으로 20년 이상 근무한 경력이 있는 사람

5) 소방청장이 실시하는 특급 소방안전관리대상물의 소방안전관리에 관한 시험에 합격한 사람

다. 선임인원 : 1명 이상

2. 1급 소방안전관리대상물

가. 1급 소방안전관리대상물의 범위

「소방시설 설치 및 관리에 관한 법률 시행령」 [별표 2]의 특정소방대상물 중 다음의 어느 하나에 해당하는 것(제1호에 따른 특급 소방안전관리대상물 제외)

1) 30층 이상(지하층 제외)이거나 지상으로부터 높이가 120미터 이상인 아파트

2) 연면적 1만5천제곱미터 이상인 특정소방대상물(아파트 및 연립주택 제외)

3) 2)에 해당하지 않는 특정소방대상물로서 지상층의 층수가 11층 이상인 특정소방대상물(아파트 제외)

4) 가연성 가스를 1천톤 이상 저장ㆍ취급하는 시설

나. 1급 소방안전관리대상물에 선임해야 하는 소방안전관리자의 자격

다음의 어느 하나에 해당하는 사람으로서 1급 소방안전관리자 자격증을 발급받은 사람 또는 제1호에 따른 특급 소방안전관리대상물의 소방안전관리자 자격증을 발급받은 사람

1) 소방설비기사 또는 소방설비산업기사의 자격이 있는 사람

2) 소방공무원으로 7년 이상 근무한 경력이 있는 사람

3) 소방청장이 실시하는 1급 소방안전관리대상물의 소방안전관리에 관한 시험에 합격한 사람

다. 선임인원 : 1명 이상

3. 2급 소방안전관리대상물

가. 2급 소방안전관리대상물의 범위

「소방시설 설치 및 관리에 관한 법률 시행령」 [별표 2]의 특정소방대상물 중 다음의 어느 하나에 해당하는 것(제1호에 따른 특급 소방안전관리대상물 및 제2호에 따른 1급 소방안전관리대상물 제외)

1) 「소방시설 설치 및 관리에 관한 법률 시행령」 [별표 4] 제1호다목에 따라 옥내소화전설비를 설치해야 하는 특정소방대상물, 같은 호 라목에 따라 스프링클러설비를 설치해야 하는 특정소방대상물 또는 같은 호 바목에 따라 물분무등소화설비[화재안전기준에 따라 호스릴(hose reel) 방식의 물분무등소화설비만을 설치할 수 있는 특정소방대상물 제외]를 설치해야 하는 특정소방대상물

2) 가스 제조설비를 갖추고 도시가스사업의 허가를 받아야 하는 시설 또는 가연성 가스를 100톤 이상 1천톤 미만 저장·취급하는 시설

3) 지하구

4) 「공동주택관리법」 제2조제1항제2호의 어느 하나에 해당하는 공동주택(「소방시설 설치 및 관리에 관한 법률 시행령」 [별표 4] 제1호다목 또는 라목에 따른 옥내소화전설비 또는 스프링클러설비가 설치된 공동주택으로 한정)

5) 「문화재보호법」에 따라 보물 또는 국보로 지정된 목조건축물

나. 2급 소방안전관리대상물에 선임해야 하는 소방안전관리자의 자격

다음의 어느 하나에 해당하는 사람으로서 2급 소방안전관리자 자격증을 발급받은 사람, 제1호에 따른 특급 소방안전관리대상물 또는 제2호에 따른 1급 소방안전관리대상물의 소방안전관리자 자격증을 발급받은 사람

1) 위험물기능장·위험물산업기사 또는 위험물기능사 자격이 있는 사람

2) 소방공무원으로 3년 이상 근무한 경력이 있는 사람

3) 소방청장이 실시하는 2급 소방안전관리대상물의 소방안전관리에 관한 시험에 합격한 사람

4) 「기업활동 규제완화에 관한 특별조치법」에 따라 소방안전관리자로 선임된 사람(소방안전관리자로 선임된 기간으로 한정)

다. 선임인원 : 1명 이상

4. 3급 소방안전관리대상물

가. 3급 소방안전관리대상물의 범위

「소방시설 설치 및 관리에 관한 법률 시행령」 [별표 2]의 특정소방대상물 중 다음의 어느 하나에 해당하는 것(제1호에 따른 특급 소방안전관리대상물, 제2호에 따른 1급 소방안전관리대상물 및 제3호에 따른 2급 소방안전관리대상물 제외)

1) 「소방시설 설치 및 관리에 관한 법률 시행령」 [별표 4] 제1호마목에 따라 간이스프링클러설비(주택전용 간이스프링클러설비 제외)를 설치해야 하는 특정소방대상물

2) 「소방시설 설치 및 관리에 관한 법률 시행령」[별표 4] 제2호다목에 따른 자동화재탐지설비를 설치해야 하는 특정소방대상물

나. 3급 소방안전관리대상물에 선임해야 하는 소방안전관리자의 자격

다음의 어느 하나에 해당하는 사람으로서 3급 소방안전관리자 자격증을 발급받은 사람 또는 제1호부터 제3호까지의 규정에 따라 특급 소방안전관리대상물, 1급 소방안전관리대상물 또는 2급 소방안전관리대상물의 소방안전관리자 자격증을 발급받은 사람

1) 소방공무원으로 1년 이상 근무한 경력이 있는 사람

2) 소방청장이 실시하는 3급 소방안전관리대상물의 소방안전관리에 관한 시험에 합격한 사람

3) 「기업활동 규제완화에 관한 특별조치법」에 따라 소방안전관리자로 선임된 사람(소방안전관리자로 선임된 기간으로 한정)

다. 선임인원 : 1명 이상

[비고]

1. 동·식물원, 철강 등 불연성 물품을 저장·취급하는 창고, 위험물 저장 및 처리 시설 중 제조소등과 지하구는 특급 소방안전관리대상물 및 1급 소방안전관리대상물에서 제외한다.

2. 이 표 제1호에 따른 특급 소방안전관리대상물에 선임해야 하는 소방안전관리자의 자격을 산정할 때에는 동일한 기간에 수행한 경력이 두 가지 이상의 자격기준에 해당하는 경우 하나의 자격기준에 대해서만 그 기간을 인정하고 기간이 중복되지 않는 소방안전관리자 실무경력의 경우에는 각각의 기간을 실무경력으로 인정한다. 이 경우 자격기준별 실무경력 기간을 해당 실무경력 기준기간으로 나누어 합한 값이 1 이상이면 선임자격을 갖춘 것으로 본다.

② 법 제24조제1항 후단에 따라 소방안전관리보조자를 추가로 선임해야 하는 소방안전관리대상물의 범위와 같은 조 제4항에 따른 소방안전관리보조자의 선임 대상별 자격 및 인원기준은 [별표 5]와 같다.

■ 화재의 예방 및 안전관리에 관한 법률 시행령

[별표 5] 소방안전관리보조자를 선임해야 하는 소방안전관리대상물의 범위와 선임 대상별 자격 및 인원기준

1. 소방안전관리보조자를 선임해야 하는 소방안전관리대상물의 범위

[별표 4]에 따라 소방안전관리자를 선임해야 하는 소방안전관리대상물 중 다음의 어느 하나에 해당하는 소방안전관리대상물

가. 「건축법 시행령」에 따른 아파트 중 300세대 이상인 아파트

나. 연면적이 1만5천m² 이상인 특정소방대상물(아파트 및 연립주택 제외)

다. 가목 및 나목에 따른 특정소방대상물을 제외한 특정소방대상물 중 다음의 어느 하나에 해당하는 특정소방대상물

1) 공동주택 중 기숙사

2) 의료시설

3) 노유자 시설

4) 수련시설

5) 숙박시설(숙박시설로 사용되는 바닥면적의 합계가 1천500m² 미만이고 관계인이 24시간 상시 근무하고 있는 숙박시설은 제외)

2. 소방안전관리보조자의 자격

가. [별표 4]에 따른 특급 소방안전관리대상물, 1급 소방안전관리대상물, 2급 소방안전관리대상물 또는 3급 소방안전관리대상물의 소방안전관리자 자격이 있는 사람

나. 「국가기술자격법」에 따른 국가기술자격의 직무분야 중 건축, 기계제작, 기계장비설비·설치, 화공, 위험물, 전기, 전자 및 안전관리에 해당하는 국가기술자격이 있는 사람

다. 「공공기관의 소방안전관리에 관한 규정」에 따른 강습교육을 수료한 사람

라. 법 제34조제1항제1호에 따른 강습교육 중 이 영 제33조제1호부터 제4호까지에 해당하는 사람을 대상으로 하는 강습교육을 수료한 사람

마. 소방안전관리대상물에서 소방안전 관련 업무에 2년 이상 근무한 경력이 있는 사람

3. 선임인원

가. 제1호가목에 따른 소방안전관리대상물의 경우에는 1명. 다만, 초과되는 300세대마다 1명 이상을 추가로 선임해야 한다.

나. 제1호나목에 따른 소방안전관리대상물의 경우에는 1명. 다만, 초과되는 연면적 1만5천제곱미터(특정소방대상물의 방재실에 자위소방대가 24시간 상시 근무하고 「소방장비관리법 시행령」 [별표 1] 제1호가목에 따른 소방자동차 중 소방펌프차, 소방물탱크차, 소방화학차 또는 무인방수차를 운용하는 경우에는 3만제곱미터)마다 1명 이상을 추가로 선임해야 한다.

다. 제1호다목에 따른 소방안전관리대상물의 경우에는 1명. 다만, 해당 특정소방대상물이 소재하는 지역을 관할하는 소방서장이 야간이나 휴일에 해당 특정소방대상물이 이용되지 않는다는 것을 확인한 경우에는 소방안전관리보조자를 선임하지 않을 수 있다.

③ 제1항에도 불구하고 건축물대장의 건축물현황도에 표시된 대지경계선 안의 지역 또는 인접한 2개 이상의 대지에 제1항에 따라 소방안전관리자를 두어야 하는 특정소방대상물이 둘 이상 있고, 그 관리에 관한 권원(權原)을 가진 자가 동일인인 경우에는 이를 하나의 특정소방대상물로 본다. 이 경우 해당 특정소방대상물이 [별표 4]에 따른 등급 중 둘 이상에 해당하면 그중에서 등급이 높은 특정소방대상물로 본다.

집 제14조(소방안전관리자의 선임신고 등)

① 소방안전관리대상물의 관계인은 법 제24조 및 제35조에 따라 소방안전관리자를 다음의 구분에 따라 해당 호에서 정하는 날부터 30일 이내에 선임해야 한다.

1. 신축·증축·개축·재축·대수선 또는 용도변경으로 해당 특정소방대상물의 소방안전관리자를 신규로 선임해야 하는 경우 : 해당 특정소방대상물의 사용승인일(건축물의 경우에는 「건축법」에 따라 건축물을 사용할 수 있게 된 날)

2. 증축 또는 용도변경으로 인하여 특정소방대상물이 영 제25조제1항에 따른 소방안전관리대상물

로 된 경우 또는 특정소방대상물의 소방안전관리 등급이 변경된 경우 : 증축공사의 사용승인일 또는 용도변경 사실을 건축물관리대장에 기재한 날

3. 특정소방대상물을 양수하거나 「민사집행법」에 따른 경매, 「채무자 회생 및 파산에 관한 법률」에 따른 환가(換價), 「국세징수법」·「관세법」 또는 「지방세기본법」에 따른 압류재산의 매각이나 그 밖에 이에 준하는 절차에 따라 관계인의 권리를 취득한 경우 : 해당 권리를 취득한 날 또는 관할 소방서장으로부터 소방안전관리자 선임 안내를 받은 날. 다만, 새로 권리를 취득한 관계인이 종전의 특정소방대상물의 관계인이 선임신고한 소방안전관리자를 해임하지 않는 경우는 제외한다.

4. 법 제35조에 따른 특정소방대상물의 경우 : 관리의 권원이 분리되거나 소방본부장 또는 소방서 장이 관리의 권원을 조정한 날

5. 소방안전관리자의 해임, 퇴직 등으로 해당 소방안전관리자의 업무가 종료된 경우 : 소방안전관 리자가 해임된 날, 퇴직한 날 등 근무를 종료한 날

6. 법 제24조제3항에 따라 소방안전관리업무를 대행하는 자를 감독할 수 있는 사람을 소방안전관리 자로 선임한 경우로서 그 업무대행 계약이 해지 또는 종료된 경우 : 소방안전관리업무 대행이 끝난 날

7. 법 제31조제1항에 따라 소방안전관리자 자격이 정지 또는 취소된 경우 : 소방안전관리자 자격이 정지 또는 취소된 날

② 영 [별표 4] 제3호 및 제4호에 따른 2급 또는 3급 소방안전관리대상물의 관계인은 제20조에 따른 소방안전관리자 자격시험이나 제25조에 따른 소방안전관리자에 대한 강습교육이 제1항에 따른 소방안전관리자 선임기간 내에 있지 않아 소방안전관리자를 선임할 수 없는 경우에는 소방안전관리 자 선임의 연기를 신청할 수 있다.

③ 제2항에 따라 소방안전관리자 선임의 연기를 신청하려는 2급 또는 3급 소방안전관리대상물의 관계 인은 [별지 제14호서식]의 소방안전관리자·소방안전관리보조자 선임 연기 신청서를 작성하여 소방본부장 또는 소방서장에게 제출해야 한다. 이 경우 소방본부장 또는 소방서장은 법 제33조에 따른 종합정보망에서 강습교육의 접수 또는 시험응시 여부를 확인해야 하며, 2급 또는 3급 소방안전 관리대상물의 관계인은 소방안전관리자가 선임될 때까지 법 제24조제5항의 소방안전관리업무를 수행해야 한다.

④ 소방본부장 또는 소방서장은 제3항에 따라 선임 연기 신청서를 제출받은 경우에는 3일 이내에 소방안 전관리자 선임기간을 정하여 2급 또는 3급 소방안전관리대상물의 관계인에게 통보해야 한다.

⑤ 소방안전관리대상물의 관계인은 법 제24조 또는 제35조에 따라 소방안전관리자 또는 총괄소방안전 관리자(「기업활동 규제완화에 관한 특별조치법」에 따라 소방안전관리자를 겸임하거나 공동으로 선임되는 사람 포함)를 선임한 경우에는 법 제26조제1항에 따라 [별지 제15호서식]의 소방안전관리 자 선임신고서(전자문서 포함)에 다음의 어느 하나에 해당하는 서류(전자문서 포함)를 첨부하여 소방본부장 또는 소방서장에게 제출해야 한다. 이 경우 소방안전관리대상물의 관계인은 종합정보망 을 이용하여 선임신고를 할 수 있다.

1. 제18조에 따른 소방안전관리자 자격증

2. 소방안전관리대상물의 소방안전관리에 관한 업무를 감독할 수 있는 직위에 있는 사람임을 증명하는 서류 및 소방안전관리업무의 대행 계약서 사본(법 제24조제3항에 따라 소방안전관리대상물의 관계인이 소방안전관리업무를 대행하게 하는 경우만 해당)

3. 「기업활동 규제완화에 관한 특별조치법」에 따라 해당 소방안전관리대상물의 소방안전관리자를 겸임할 수 있는 안전관리자로 선임된 사실을 증명할 수 있는 서류 또는 선임사항이 기록된 자격증(자격수첩 포함)

4. 계약서 또는 권원이 분리됨을 증명하는 관련 서류(법 제35조에 따른 권원별 소방안전관리자를 선임한 경우만 해당)

⑥ 소방본부장 또는 소방서장은 소방안전관리대상물의 관계인이 제5항에 따라 소방안전관리자 등을 선임하여 신고하는 경우에는 신고인에게 [별지 제16호서식]의 선임증을 발급해야 한다. 이 경우 소방본부장 또는 소방서장은 신고인이 종전의 선임이력에 관한 확인을 신청하는 경우에는 [별지 제17호서식]의 소방안전관리자 선임 이력 확인서를 발급해야 한다.

⑦ 소방본부장 또는 소방서장은 소방안전관리자의 선임신고를 접수하거나 해임 사실을 확인한 경우에는 지체 없이 관련 사실을 종합정보망에 입력해야 한다.

⑧ 소방본부장 또는 소방서장은 선임신고의 효율적 처리를 위하여 소방안전관리대상물이 완공된 경우에는 지체 없이 해당 소방안전관리대상물의 위치, 연면적 등의 정보를 종합정보망에 입력해야 한다.

제16조(소방안전관리보조자의 선임신고 등)

① 소방안전관리대상물의 관계인은 법 제24조제1항 후단에 따라 소방안전관리자보조자를 다음의 구분에 따라 해당 호에서 정하는 날부터 30일 이내에 선임해야 한다.

1. 신축·증축·개축·재축·대수선 또는 용도변경으로 해당 소방안전관리대상물의 소방안전관리보조자를 신규로 선임해야 하는 경우 : 해당 소방안전관리대상물의 사용승인일

2. 소방안전관리대상물을 양수하거나 「민사집행법」에 따른 경매, 「채무자 회생 및 파산에 관한 법률」에 따른 환가, 「국세징수법」·「관세법」 또는 「지방세기본법」에 따른 압류재산의 매각이나 그 밖에 이에 준하는 절차에 따라 관계인의 권리를 취득한 경우 : 해당 권리를 취득한 날 또는 관할 소방서장으로부터 소방안전관리보조자 선임 안내를 받은 날. 다만, 새로 권리를 취득한 관계인이 종전의 소방안전관리대상물의 관계인이 선임신고한 소방안전관리보조자를 해임하지 않는 경우는 제외한다.

3. 소방안전관리보조자의 해임, 퇴직 등으로 해당 소방안전관리보조자의 업무가 종료된 경우 : 소방안전관리보조자가 해임된 날, 퇴직한 날 등 근무를 종료한 날

② 법 제24조제1항 후단에 따라 소방안전관리보조자를 선임해야 하는 소방안전관리대상물(이하 "보조자선임대상 소방안전관리대상물")의 관계인은 제25조에 따른 강습교육이 제1항에 따른 소방안전관리보조자 선임기간 내에 있지 않아 소방안전관리보조자를 선임할 수 없는 경우에는 소방안전관리보조자 선임의 연기를 신청할 수 있다.

③ 제2항에 따라 소방안전관리보조자 선임의 연기를 신청하려는 보조자선임대상 소방안전관리대상물

의 관계인은 [별지 제14호서식]의 선임 연기 신청서를 작성하여 소방본부장 또는 소방서장에게 제출해야 한다. 이 경우 소방본부장 또는 소방서장은 종합정보망에서 강습교육의 접수 여부를 확인해야 한다.

④ 소방본부장 또는 소방서장은 제3항에 따라 선임 연기 신청서를 제출받은 경우에는 3일 이내에 소방안전관리보조자 선임기간을 정하여 보조자선임대상 소방안전관리대상물의 관계인에게 통보해야 한다.

⑤ 보조자선임대상 소방안전관리대상물의 관계인은 법 제24조제1항에 따른 소방안전관리보조자를 선임한 경우에는 법 제26조제1항에 따라 [별지 제18호서식]의 소방안전관리보조자 선임신고서(전자문서 포함)에 다음의 어느 하나에 해당하는 서류(영 [별표 5] 제2호의 자격요건 중 해당 자격을 증명할 수 있는 서류를 말하며, 전자문서를 포함)를 첨부하여 소방본부장 또는 소방서장에게 제출해야 한다. 이 경우 보조자선임대상 소방안전관리대상물의 관계인은 종합정보망을 이용하여 선임신고를 할 수 있다.

1. 제18조에 따른 소방안전관리자 자격증

2. 영 [별표 4]에 따른 특급, 1급, 2급 또는 3급 소방안전관리대상물의 소방안전관리자가 되려는 사람에 대한 강습교육 수료증

3. 소방안전관리대상물의 소방안전 관련 업무에 2년 이상 근무한 경력이 있는 사람임을 증명할 수 있는 서류

⑥ 소방본부장 또는 소방서장은 제5항에 따라 보조자선임대상 소방안전관리대상물의 관계인이 선임신고를 하는 경우 「전자정부법」에 따른 행정정보의 공동이용을 통하여 선임된 소방안전관리보조자의 국가기술자격증(영 [별표 5] 제2호나목에 해당하는 사람만 해당)을 확인해야 한다. 이 경우 선임된 소방안전관리보조자가 확인에 동의하지 않으면 국가기술자격증의 사본을 제출하도록 해야 한다.

⑦ 소방본부장 또는 소방서장은 보조자선임대상 소방안전관리대상물의 관계인이 법 제26조제1항에 따른 소방안전관리보조자를 선임하고 제5항에 따라 신고하는 경우에는 신고인에게 [별지 제16호서식]의 소방안전관리보조자 선임증을 발급해야 한다. 이 경우 소방본부장 또는 소방서장은 신고인이 종전의 선임이력에 관한 확인을 신청하는 경우에는 [별지 제17호서식]의 소방안전관리보조자 선임이력 확인서를 발급해야 한다.

⑧ 소방본부장 또는 소방서장은 소방안전관리보조자의 선임신고를 접수하거나 해임 사실을 확인한 경우에는 지체 없이 관련 사실을 종합정보망에 입력해야 한다.

② 다른 안전관리자(다른 법령에 따라 전기·가스·위험물 등의 안전관리 업무에 종사하는 자를 말한다. 이하 같다)는 소방안전관리대상물 중 소방안전관리업무의 전담이 필요한 ≪대통령령으로 정하는 소방안전관리대상물≫의 소방안전관리자를 겸할 수 없다. 다만, 다른 법령에 특별한 규정이 있는 경우에는 그러하지 아니하다.

> § 대통령령으로 정하는 소방안전관리대상물
> 1. [별표 4] 제1호에 따른 특급 소방안전관리대상물
> 2. [별표 4] 제2호에 따른 1급 소방안전관리대상물

벌 3년 이하 징역 / 3천만 원 이하 벌금 – 명령을 정당한 사유 없이 위반한 자

③ 제1항에도 불구하고 제25조제1항에 따른 소방안전관리대상물의 관계인은 소방안전관리업무를 대행하는 관리업자(「소방시설 설치 및 관리에 관한 법률」에 따른 소방시설관리업의 등록을 한 자. 이하 "관리업자")를 감독할 수 있는 사람을 지정하여 소방안전관리자로 선임할 수 있다. 이 경우 소방안전관리자로 선임된 자는 선임된 날부터 3개월 이내에 제34조에 따른 교육을 받아야 한다.

벌 300만 원 이하 벌금 – 소방안전관리자, 총괄소방안전관리자 또는 소방안전관리보조자를 선임하지 아니한 자

④ 소방안전관리자 및 소방안전관리보조자의 선임 대상별 자격 및 인원기준은 대통령령으로 정하고, 선임 절차 등 그 밖에 필요한 사항은 행정안전부령으로 정한다.

⑤ 특정소방대상물(소방안전관리대상물 제외)의 관계인과 소방안전관리대상물의 소방안전관리자는 다음의 업무를 수행한다. 다만, 제1호·제2호·제5호 및 제7호의 업무는 소방안전관리대상물의 경우에만 해당한다.

1. 제36조에 따른 피난계획에 관한 사항과 ≪대통령령으로 정하는 사항≫이 포함된 소방계획서의 작성 및 시행
2. 자위소방대(自衛消防隊) 및 초기대응체계의 구성, 운영 및 교육
3. 「소방시설 설치 및 관리에 관한 법률」 제16조에 따른 피난시설, 방화구획 및 방화시설의 관리
4. 소방시설이나 그 밖의 소방 관련 시설의 관리
5. 제37조에 따른 소방훈련 및 교육
6. 화기(火氣) 취급의 감독
7. 행정안전부령으로 정하는 바에 따른 소방안전관리에 관한 업무수행에 관한 기록·유지(제3호·제4호 및 제6호의 업무)
8. 화재발생 시 초기대응
9. 그 밖에 소방안전관리에 필요한 업무

> **§ 대통령령으로 정하는 사항 –소방계획서 작성내용**
> 1. 소방안전관리대상물의 위치·구조·연면적(「건축법 시행령」 제119조제1항제4호에 따라 산정된 면적)·용도 및 수용인원 등 일반 현황
> 2. 소방안전관리대상물에 설치한 소방시설, 방화시설, 전기시설, 가스시설 및 위험물시설의 현황
> 3. 화재 예방을 위한 자체점검계획 및 대응대책
> 4. 소방시설·피난시설 및 방화시설의 점검·정비계획
> 5. 피난층 및 피난시설의 위치와 피난경로의 설정, 화재안전취약자의 피난계획 등을 포함한 피난계획
> 6. 방화구획, 제연구획(除煙區劃), 건축물의 내부 마감재료 및 방염대상물품의 사용 현황과 그 밖의 방화구조 및 설비의 유지·관리계획
> 7. 법 제35조제1항에 따른 관리의 권원이 분리된 특정소방대상물의 소방안전관리에 관한 사항
> 8. 소방훈련·교육에 관한 계획
> 9. 법 제37조를 적용받는 소방안전관리대상물의 근무자 및 거주자의 자위소방대 조직과 대원의 임무(화재안전취약자의 피난 보조 임무 포함)에 관한 사항

10. 화기 취급 작업에 대한 사전 안전조치 및 감독 등 공사 중 소방안전관리에 관한 사항

11. 소화에 관한 사항과 연소 방지에 관한 사항

12. 위험물의 저장·취급에 관한 사항(「위험물안전관리법」에 따라 예방규정을 정하는 제조소등은 제외)

13. 소방안전관리에 대한 업무수행에 관한 기록 및 유지에 관한 사항

14. 화재발생 시 화재경보, 초기소화 및 피난유도 등 초기대응에 관한 사항

15. 그 밖에 소방본부장 또는 소방서장이 소방안전관리대상물의 위치·구조·설비 또는 관리 상황 등을 고려하여 소방안전관리에 필요하여 요청하는 사항

② 소방본부장 또는 소방서장은 소방안전관리대상물의 소방계획서의 작성 및 그 실시에 관하여 지도·감독한다.

⑥ 제5항제2호에 따른 자위소방대와 초기대응체계의 구성, 운영 및 교육 등에 필요한 사항은 행정안전부령으로 정한다.

영·규칙 CHAIN

칙 제11조(자위소방대 및 초기대응체계의 구성·운영 및 교육 등)

① 소방안전관리대상물의 소방안전관리자는 법 제24조제5항제2호에 따른 자위소방대를 다음의 기능을 효율적으로 수행할 수 있도록 편성·운영하되, 소방안전관리대상물의 규모·용도 등의 특성을 고려하여 응급구조 및 방호안전기능 등을 추가하여 수행할 수 있도록 편성할 수 있다.

1. 화재 발생 시 비상연락, 초기소화 및 피난유도

2. 화재 발생 시 인명·재산피해 최소화를 위한 조치

② 제1항에 따른 자위소방대에는 대장과 부대장 1명을 각각 두며, 편성 조직의 인원은 해당 소방안전관리대상물의 수용인원 등을 고려하여 구성한다. 이 경우 자위소방대의 대장·부대장 및 편성조직의 임무는 다음과 같다.

1. 대장은 자위소방대를 총괄 지휘한다.

2. 부대장은 대장을 보좌하고 대장이 부득이한 사유로 임무를 수행할 수 없는 때에는 그 임무를 대행한다.

3. 비상연락팀은 화재사실의 전파 및 신고 업무를 수행한다.

4. 초기소화팀은 화재 발생 시 초기화재 진압 활동을 수행한다.

5. 피난유도팀은 재실자(在室者) 및 장애인, 노인, 임산부, 영유아 및 어린이 등 이동이 어려운 사람(이하 "피난약자")을 안전한 장소로 대피시키는 업무를 수행한다.

6. 응급구조팀은 인명을 구조하고, 부상자에 대한 응급조치를 수행한다.

7. 방호안전팀은 화재확산방지 및 위험시설의 비상정지 등 방호안전 업무를 수행한다.

③ 소방안전관리대상물의 소방안전관리자는 법 제24조제5항제2호에 따른 초기대응체계를 제1항에 따른 자위소방대에 포함하여 편성하되, 화재 발생 시 초기에 신속하게 대처할 수 있도록 해당 소방안

전관리대상물에 근무하는 사람의 근무위치, 근무인원 등을 고려한다.

④ 소방안전관리대상물의 소방안전관리자는 해당 소방안전관리대상물이 이용되고 있는 동안 제3항에 따른 초기대응체계를 상시적으로 운영해야 한다.

⑤ 소방안전관리대상물의 소방안전관리자는 연 1회 이상 자위소방대를 소집하여 그 편성 상태 및 초기 대응체계를 점검하고, 편성된 근무자에 대한 소방교육을 실시해야 한다. 이 경우 초기대응체계에 편성된 근무자 등에 대해서는 화재 발생 초기대응에 필요한 기본 요령을 숙지할 수 있도록 소방교육을 실시해야 한다.

⑥ 소방안전관리대상물의 소방안전관리자는 제5항에 따른 소방교육을 제36조제1항에 따른 소방훈련 과 병행하여 실시할 수 있다.

⑦ 소방안전관리대상물의 소방안전관리자는 제5항에 따른 소방교육을 실시하였을 때는 그 실시 결과를 [별지 제13호서식]의 자위소방대 및 초기대응체계 교육·훈련 실시 결과 기록부에 기록하고, 교육을 실시한 날부터 2년간 보관해야 한다.

⑧ 소방청장은 자위소방대의 구성·운영 및 교육, 초기대응체계의 편성·운영 등에 필요한 지침을 작성하여 배포할 수 있으며, 소방본부장 또는 소방서장은 소방안전관리대상물의 소방안전관리자가 해당 지침을 준수하도록 지도할 수 있다.

제25조(소방안전관리업무의 대행)

① 소방안전관리대상물 중 연면적 등이 일정규모 미만인 ≪대통령령으로 정하는 소방안전관리대상물≫의 관계인은 제24조제1항에도 불구하고 관리업자로 하여금 같은 조 제5항에 따른 소방안전관리업무 중 ≪대통령령으로 정하는 업무≫를 대행하게 할 수 있다. 이 경우 제24조제3항에 따라 선임된 소방안전관리 자는 관리업자의 대행업무 수행을 감독하고 대행업무 외의 소방안전관리업무는 직접 수행하여야 한다.

> § 대통령령으로 정하는 소방안전관리대상물 – 소방안전관리 업무의 대행 대상
> 1. [별표 4] 제2호가목3)에 따른 지상층의 층수가 11층 이상인 1급 소방안전관리대상물(연면적 1만5천m² 이상인 특정소방대상물과 아파트는 제외)
> 2. [별표 4] 제3호에 따른 2급 소방안전관리대상물
> 3. [별표 4] 제4호에 따른 3급 소방안전관리대상물
>
> § 대통령령으로 정하는 업무 – 소방안전관리 업무의 대행 업무
> 1. 법 제24조제5항제3호에 따른 피난시설, 방화구획 및 방화시설의 관리
> 2. 법 제24조제5항제4호에 따른 소방시설이나 그 밖의 소방 관련 시설의 관리

② 제1항 전단에 따라 소방안전관리업무를 대행하는 자는 대행인력의 배치기준·자격·방법 등 행정안전 부령으로 정하는 준수사항을 지켜야 한다.

③ 제1항에 따라 소방안전관리업무를 관리업자에게 대행하게 하는 경우의 대가(代價)는 「엔지니어링산업 진흥법」 제31조에 따른 엔지니어링사업의 대가 기준 가운데 행정안전부령으로 정하는 방식에 따라 산정한다.

영·규칙 CHAIN

칙 제10조(소방안전관리업무 수행에 관한 기록·유지)

① 영 제25조제1항의 소방안전관리대상물(이하 "소방안전관리대상물")의 소방안전관리자는 법 제24조제5항제7호에 따른 소방안전관리업무 수행에 관한 기록을 [별지 제12호서식]에 따라 월 1회 이상 작성·관리해야 한다.

② 소방안전관리자는 소방안전관리업무 수행 중 보수 또는 정비가 필요한 사항을 발견한 경우에는 이를 지체 없이 관계인에게 알리고, [별지 제12호서식]에 기록해야 한다.

③ 소방안전관리자는 제1항에 따른 업무 수행에 관한 기록을 작성한 날부터 2년간 보관해야 한다.

칙 제12조(소방안전관리업무 대행 기준)

법 제25조제2항에 따른 소방안전관리업무 대행인력의 배치기준·자격·방법 등 준수사항은 [별표 1]과 같다.

■ 화재의 예방 및 안전관리에 관한 법률 시행규칙

[별표 1] 소방안전관리업무 대행인력의 배치기준·자격 및 방법 등 준수사항

1. 업무대행 인력의 배치기준

「소방시설 설치 및 관리에 관한 법률」 제29조에 따라 소방시설관리업을 등록한 소방시설관리업자가 법 제25조제1항에 따라 영 제28조제2항의 소방안전관리업무를 대행하는 경우에는 다음에 따른 소방안전관리업무 대행인력(이하 "대행인력")을 배치해야 한다.

가. 소방안전관리대상물의 등급 및 소방시설의 종류에 따른 대행인력의 배치기준

[표 1] 소방안전관리등급 및 설치된 소방시설에 따른 대행인력의 배치 등급

소방안전관리 대상물의 등급	설치된 소방시설의 종류	대행인력의 기술등급
1급 또는 2급	스프링클러설비, 물분무등소화설비 또는 제연설비	중급점검자 이상 1명 이상
	옥내소화전설비 또는 옥외소화전설비	초급점검자 이상 1명 이상
3급	자동화재탐지설비 또는 간이스프링클러설비	초급점검자 이상 1명 이상

[비고]
1. 소방안전관리대상물의 등급은 영 [별표 4]에 따른 소방안전관리대상물의 등급을 말한다.
2. 대행인력의 기술등급은 「소방시설공사업법 시행규칙」 [별표 4의2]에 따른 소방기술자의 자격 등급에 따른다.
3. 연면적 5천제곱미터 미만으로서 스프링클러설비가 설치된 1급 또는 2급 소방안전관리대상물의 경우에는 초급점검자를 배치할 수 있다. 다만, 스프링클러설비 외에 제연설비 또는 물분무등소화설비가 설치된 경우에는 그렇지 않다
4. 스프링클러설비에는 화재조기진압용 스프링클러설비를 포함하고, 물분무등소화설비에는 호스릴(hose reel)방식은 제외한다.

나. 대행인력 1명의 1일 소방안전관리업무 대행 업무량은 [표 2] 및 [표 3]에 따라 산정한 배점을 합산하여 산정하며, 이 합산점수는 8점(이하 "1일 한도점수")을 초과할 수 없다.

[표 2] 하나의 소방안전관리대상물의 면적별 배점기준표(아파트 제외)

소방안전관리 대상물의 등급	연면적	대행인력 등급별 배점		
		초급점검자	중급점검자	고급점검자 이상
3급	전체	0.7		
1급 또는 2급	1,500m² 미만	0.8	0.7	0.6
	1,500m² 이상 3,000m² 미만	1.0	0.8	0.7
	3,000m² 이상 5,000m² 미만	1.2	1.0	0.8
	5,000m² 이상 10,000m² 이하	1.9	1.3	1.1
	10,000m² 초과 15,000m² 이하	–	1.6	1.4

[비고]
주상복합아파트의 경우 세대부를 제외한 연면적과 세대수에 「소방시설 설치 및 관리에 관한 법률 시행규칙」 [별표 3]의 종합점검 대상의 경우 32, 작동점검 대상의 경우 40을 곱하여 계산된 값을 더하여 연면적을 산정한다. 다만, 환산한 연면적이 1만 5천 제곱미터를 초과한 경우에는 1만 5천 제곱미터로 본다.

[표 3] 하나의 소방안전관리대상물 중 아파트 배점기준표

소방안전관리 대상물의 등급	세대구분	대행인력 등급별 배점		
		초급점검자	중급점검자	고급점검자 이상
3급	전체	0.7		
1급 또는 2급	30세대 미만	0.8	0.7	0.6
	30세대 이상 50세대 미만	1.0	0.8	0.7
	50세대 이상 150세대 미만	1.2	1.0	0.8
	150세대 이상 300세대 미만	1.9	1.3	1.1
	300세대 이상 500세대 미만	–	1.6	1.4
	500세대 이상 1,000세대 미만	–	2.0	1.8
	1,000세대 초과	–	2.3	2.1

다. 하루에 2개 이상의 대행 업무를 수행하는 경우에는 소방안전관리대상물 간의 이동거리(좌표거리) 5킬로미터마다 1일 한도점수에 0.01를 곱하여 계산된 값을 1일 한도점수에서 뺀다. 다만, 육지와 도서지역 간에 차량 출입이 가능한 교량으로 연결되지 않은 지역 또는 소방시설관리업자가 없는 시·군 지역은 제외한다.

라. 2명 이상의 대행인력이 함께 대행업무를 수행하는 경우 [표 2] 및 [표 3]의 배점을 인원수로 나누어 적용하되, 소수점 둘째 자리에서 절사한다.

마. 영 [별표 4] 제2호가목3)에 해당하는 1급 소방안전관리대상물은 [표 2]의 배점에 10%를 할증하여 적용한다.

2. 대행인력의 자격기준 및 점검표

가. 대행인력은 「소방시설 설치 및 관리에 관한 법률」에 따라 소방시설관리업에 등록된 기술인력을 말한다.

나. 대행인력의 기술등급은 「소방시설공사업법 시행규칙」 [별표 4의2] 제3호다목의 소방시설 자체점검 점검자의 기술등급 자격에 따른다.

다. 대행인력은 소방안전관리업무 대행 시 [표 4]에 따른 소방안전관리업무 대행 점검표를 작성하고 관계인에게 제출해야 한다.

[표 4] 소방안전관리업무 대행 점검표

건물명		점검일	년 월 일(요일)
주 소			
점검업체명		건물등급	급
설비명	점검결과 세부 내용		

확인자	관계인	(서명)
기술인력	대행인력의 기술등급 : 대행인력 : (서명)	

[비고]

1. 소방시설 점검 시 공용부 점검을 원칙으로 한다. 다만, 단독경보형 감지기 등이 동작(오동작)한 경우에는 단독경보형 감지기 등이 동작한 장소도 점검을 실시한다.
2. 방문 시 리모델링 또는 내부 구획변경 등이 있는 경우에는 해당 부분을 점검하여 점검표에 그 결과를 기재한다.
3. 계단, 통로 등 피난통로 상에 피난에 장애가 되는 물건 등이 쌓여 있는 경우에는 즉시 이동조치 하도록 관계인에게 설명한다.
4. 방화문은 항시 닫힘 상태를 유지하거나 정상 작동될 수 있도록 관계인에게 설명한다.
5. 점검 완료 시 해당 소방안전관리자(또는 관계인)에게 점검결과를 설명하고 점검표에 기재한다.

칙 제13조(소방안전관리업무 대행의 대가)

법 제25조제3항에서 "행정안전부령으로 정하는 방식"이란 「엔지니어링산업 진흥법」 제31조에 따라 산업통상자원부장관이 고시한 엔지니어링사업 대가의 기준 중 실비정액가산방식을 말한다.

제26조(소방안전관리자 선임신고 등)

① 소방안전관리대상물의 관계인이 제24조에 따라 소방안전관리자 또는 소방안전관리보조자를 선임한 경우에는 행정안전부령으로 정하는 바에 따라 선임한 날부터 14일 이내에 소방본부장 또는 소방서장에게 신고하고, 소방안전관리대상물의 출입자가 쉽게 알 수 있도록 소방안전관리자의 성명과 그 밖에 행정안전부령으로 정하는 사항을 게시하여야 한다.

영·규칙 CHAIN

칙 제15조(소방안전관리자 정보의 게시)

① 법 제26조제1항에서 "행정안전부령으로 정하는 사항"이란 다음의 사항을 말한다.
　1. 소방안전관리대상물의 명칭 및 등급
　2. 소방안전관리자의 성명 및 선임일자
　3. 소방안전관리자의 연락처
　4. 소방안전관리자의 근무 위치(화재 수신기 또는 종합방재실)
② 제1항에 따른 소방안전관리자 성명 등의 게시는 [별표 2]의 소방안전관리자 현황표에 따른다. 이 경우 「소방시설 설치 및 관리에 관한 법률 시행규칙」 [별표 5]에 따른 소방시설등 자체점검기록표를 함께 게시할 수 있다.

■ 화재의 예방 및 안전관리에 관한 법률 시행규칙

[별표 2] 소방안전관리자 현황표

소방안전관리자　현황표 (대상명 :　　　)

이 건축물의 소방안전관리자는 다음과 같습니다.

□ 소방안전관리자 :　　　　　(선임일자 :　년　월　일)

□ 소방안전관리대상물 등급 :　　급

□ 소방안전관리자 근무 위치(화재 수신기 위치) :

「화재의 예방 및 안전관리에 관한 법률」 제26조제1항에 따라 이 표지를 붙입니다.

소방안전관리자 연락처 :

■ 소방시설 설치 및 관리에 관한 법률 시행규칙

[별표 5] 소방시설등 자체점검기록표

<table>
<tr><td colspan="2" align="center">**소방시설등 자체점검기록표**</td></tr>
<tr><td>· 대상물명 :</td><td></td></tr>
<tr><td>· 주　소 :</td><td></td></tr>
<tr><td>· 점검구분 :</td><td>[　]작동점검　　　　[　]종합점검</td></tr>
<tr><td>· 점 검 자 :</td><td></td></tr>
<tr><td>· 점검기간 :</td><td>년　월　일　～　년　월　일</td></tr>
<tr><td>· 불량사항 :</td><td>[　]소화설비　　[　]경보설비　　[　]피난구조설비
[　]소화용수설비　[　]소화활동설비　[　]기타설비　[　]없음</td></tr>
<tr><td>· 정비기간 :</td><td>년　월　일　～　년　월　일</td></tr>
<tr><td></td><td align="right">년　월　일</td></tr>
</table>

「소방시설 설치 및 관리에 관한 법률」 제24조제1항 및 같은 법1 시행규칙 제25조에 따라 소방시설등 자체점검결과를 게시합니다.

② 소방안전관리대상물의 관계인이 소방안전관리자 또는 소방안전관리보조자를 해임한 경우에는 그 관계인 또는 해임된 소방안전관리자 또는 소방안전관리보조자는 소방본부장이나 소방서장에게 그 사실을 알려 해임한 사실의 확인을 받을 수 있다.

제27조(관계인 등의 의무)

① 특정소방대상물의 관계인은 그 특정소방대상물에 대하여 제24조제5항에 따른 소방안전관리업무를 수행하여야 한다.

② 소방안전관리대상물의 관계인은 소방안전관리자가 소방안전관리업무를 성실하게 수행할 수 있도록 지도 · 감독하여야 한다.

③ 소방안전관리자는 인명과 재산을 보호하기 위하여 소방시설 · 피난시설 · 방화시설 및 방화구획 등이 법령에 위반된 것을 발견한 때에는 지체 없이 소방안전관리대상물의 관계인에게 소방대상물의 개수 · 이전 · 제거 · 수리 등 필요한 조치를 할 것을 요구하여야 하며, 관계인이 시정하지 아니하는 경우 소방본부장 또는 소방서장에게 그 사실을 알려야 한다. 이 경우 소방안전관리자는 공정하고 객관적으로 그 업무를 수행하여야 한다.

벌 300만 원 이하 벌금 – 소방시설 · 피난시설 · 방화시설 및 방화구획 등이 법령에 위반된 것을 발견하였음에도 필요한 조치를 할 것을 요구하지 아니한 소방안전관리자

④ 소방안전관리자로부터 제3항에 따른 조치요구 등을 받은 소방안전관리대상물의 관계인은 지체 없이 이에 따라야 하며, 이를 이유로 소방안전관리자를 해임하거나 보수(報酬)의 지급을 거부하는 등 불이익한 처우를 하여서는 아니 된다.

벌 300만 원 이하 벌금 – 소방안전관리자에게 불이익한 처우를 한 관계인

제28조(소방안전관리자 선임명령 등)

① 소방본부장 또는 소방서장은 제24조제1항에 따른 소방안전관리자 또는 소방안전관리보조자를 선임하지 아니한 소방안전관리대상물의 관계인에게 소방안전관리자 또는 소방안전관리보조자를 선임하도록 명할 수 있다.

② 소방본부장 또는 소방서장은 제24조제5항에 따른 업무를 다하지 아니하는 특정소방대상물의 관계인 또는 소방안전관리자에게 그 업무의 이행을 명할 수 있다.

제29조(건설현장 소방안전관리)

① 「소방시설 설치 및 관리에 관한 법률」 제15조제1항에 따른 공사시공자가 화재발생 및 화재피해의 우려가 큰 대통령령으로 정하는 특정소방대상물(이하 "건설현장 소방안전관리대상물")을 신축 · 증축 · 개축 · 재축 · 이전 · 용도변경 또는 대수선 하는 경우에는 제24조제1항에 따른 소방안전관리자로서 제34조에 따른 교육을 받은 사람을 소방시설공사 착공 신고일부터 건축물 사용승인일(「건축법」 제22조에 따라 건축물을 사용할 수 있게 된 날)까지 소방안전관리자로 선임하고 행정안전부령으로 정하는 바에 따라 소방본부장 또는 소방서장에게 신고하여야 한다.

> **벌** 300만 원 이하 벌금 – 소방안전관리자, 총괄소방안전관리자 또는 소방안전관리보조자를 선임하지 아니한 자

> **영 · 규칙 CHAIN**

> **영** **제29조(건설현장 소방안전관리대상물)**
>
> 법 제29조제1항에서 "대통령령으로 정하는 특정소방대상물"이란 다음의 어느 하나에 해당하는 특정소방대상물을 말한다.
>
> 1. 신축 · 증축 · 개축 · 재축 · 이전 · 용도변경 또는 대수선을 하려는 부분의 연면적의 합계가 1만 5천m² 이상인 것
> 2. 신축 · 증축 · 개축 · 재축 · 이전 · 용도변경 또는 대수선을 하려는 부분의 연면적이 5천m² 이상인 것으로서 다음의 어느 하나에 해당하는 것
>   가. 지하층의 층수가 2개 층 이상인 것
>   나. 지상층의 층수가 11층 이상인 것
>   다. 냉동창고, 냉장창고 또는 냉동 · 냉장창고
>
> **칙** **제17조(건설현장 소방안전관리자의 선임신고)**
>
> ① 법 제29조제1항에 따른 건설현장 소방안전관리대상물의 공사시공자는 같은 항에 따라 소방안전관리자를 선임한 경우에는 선임한 날부터 14일 이내에 [별지 제19호서식]의 건설현장 소방안전관리자 선임신고서(전자문서 포함)에 다음의 서류(전자문서 포함)를 첨부하여 소방본부장 또는 소방서장에게 신고해야 한다. 이 경우 건설현장 소방안전관리대상물의 공사시공자는 종합정보망을 이용하여 선임신고를 할 수 있다.
> 1. 제18조에 따른 소방안전관리자 자격증
> 2. 건설현장 소방안전관리자가 되려는 사람에 대한 강습교육 수료증

> 3. 건설현장 소방안전관리대상물의 공사 계약서 사본
> ② 소방본부장 또는 소방서장은 건설현장 소방안전관리대상물의 공사시공자가 소방안전관리자를 선임하고 제1항에 따라 신고하는 경우에는 신고인에게 [별지 제16호서식]의 건설현장 소방안전관리자 선임증을 발급해야 한다. 이 경우 소방본부장 또는 소방서장은 신고인이 종전의 선임이력에 관한 확인을 신청하는 경우 [별지 제17호서식]의 건설현장 소방안전관리자 선임 이력 확인서를 발급해야 한다.
> ③ 소방본부장 또는 소방서장은 건설현장 소방안전관리자의 선임신고를 접수하거나 해임 사실을 확인한 경우에는 지체 없이 관련 사실을 종합정보망에 입력해야 한다.
> ④ 소방본부장 또는 소방서장은 건설현장 소방안전관리대상물 선임신고의 효율적 처리를 위하여「소방시설 설치 및 안전관리에 관한 법률」에 따라 건축허가등의 동의를 하는 경우에는 지체 없이 해당 소방안전관리대상물의 위치, 연면적 등의 정보를 종합정보망에 입력해야 한다.

② 제1항에 따른 건설현장 소방안전관리대상물의 소방안전관리자의 업무는 다음과 같다.
  1. 건설현장의 소방계획서의 작성
  2.「소방시설 설치 및 관리에 관한 법률」제15조제1항에 따른 임시소방시설의 설치 및 관리에 대한 감독
  3. 공사진행 단계별 피난안전구역, 피난로 등의 확보와 관리
  4. 건설현장의 작업자에 대한 소방안전 교육 및 훈련
  5. 초기대응체계의 구성ㆍ운영 및 교육
  6. 화기취급의 감독, 화재위험작업의 허가 및 관리
  7. 그 밖에 건설현장의 소방안전관리와 관련하여 소방청장이 고시하는 업무
③ 그 밖에 건설현장 소방안전관리대상물의 소방안전관리에 관하여는 제26조부터 제28조까지의 규정을 준용한다. 이 경우 "소방안전관리대상물의 관계인" 또는 "특정소방대상물의 관계인"은 "공사시공자"로 본다.

제30조(소방안전관리자 자격 및 자격증의 발급 등)

① 제24조제1항에 따른 소방안전관리자의 자격은 다음의 어느 하나에 해당하는 사람으로서 소방청장으로부터 소방안전관리자 자격증을 발급받은 사람으로 한다.
  1. 소방청장이 실시하는 소방안전관리자 자격시험에 합격한 사람
  2. 다음에 해당하는 사람으로서 대통령령으로 정하는 사람
     가. 소방안전과 관련한 국가기술자격증을 소지한 사람
     나. 가목에 해당하는 국가기술자격증 중 일정 자격증을 소지한 사람으로서 소방안전관리자로 근무한 실무경력이 있는 사람
     다. 소방공무원 경력자
     라.「기업활동 규제완화에 관한 특별조치법」에 따라 소방안전관리자로 선임된 사람(소방안전관리자로 선임된 기간에 한정)

영·규칙 CHAIN

영 제30조(소방안전관리자 자격증의 발급 등)

법 제30조제1항제2호 각 목 외의 부분에서 "대통령령으로 정하는 사람"이란 [별표 4]의 소방안전관리 대상물별로 선임해야 하는 소방안전관리자의 자격을 갖춘 사람[법 제30조제1항제1호(소방안전관리자 자격시험에 합격한 사람)에 해당하는 사람은 제외]을 말한다.

② 소방청장은 제1항에 따른 자격을 갖춘 사람이 소방안전관리자 자격증 발급을 신청하는 경우 행정안전부령으로 정하는 바에 따라 자격증을 발급하여야 한다.

③ 제2항에 따라 소방안전관리자 자격증을 발급받은 사람이 소방안전관리자 자격증을 잃어버렸거나 못쓰게 된 경우에는 행정안전부령으로 정하는 바에 따라 소방안전관리자 자격증을 재발급 받을 수 있다.

④ 제2항 또는 제3항에 따라 발급 또는 재발급 받은 소방안전관리자 자격증을 다른 사람에게 빌려 주거나 빌려서는 아니 되며, 이를 알선하여서도 아니 된다.

벌 1년 이하 징역 / 1천만 원 이하 벌금 – 자격증을 다른 사람에게 빌려 주거나 빌리거나 이를 알선한 자

영·규칙 CHAIN

칙 제18조(소방안전관리자 자격증의 발급 및 재발급 등)

① 소방안전관리자 자격증을 발급받으려는 사람은 법 제30조제2항에 따라 [별지 제20호서식]의 소방안전관리자 자격증 발급 신청서(전자문서 포함)에 다음의 서류(전자문서 포함)를 첨부하여 소방청장에게 제출해야 한다. 이 경우 소방청장은 「전자정부법」에 따른 행정정보의 공동이용을 통하여 소방안전관리자 자격증의 발급 요건인 국가기술자격증(자격증 발급을 위하여 필요한 경우만 해당)을 확인할 수 있으며, 신청인이 확인에 동의하지 않는 경우에는 그 사본을 제출하도록 해야 한다.
   1. 법 제30조제1항의 어느 하나에 해당하는 사람임을 증명하는 서류
   2. 신분증 사본
   3. 사진(가로 3.5cm × 세로 4.5cm)
② 제1항에 따라 소방안전관리자 자격증의 발급을 신청받은 소방청장은 3일 이내에 법 제30조제1항에 따른 자격을 갖춘 사람에게 [별지 제21호서식]의 소방안전관리자 자격증을 발급해야 한다. 이 경우 소방청장은 [별지 제22호서식]의 소방안전관리자 자격증 발급대장에 등급별로 기록하고 관리해야 한다.
③ 제2항에 따라 소방안전관리자 자격증을 발급받은 사람이 그 자격증을 잃어버렸거나 자격증이 못쓰게 된 경우에는 [별지 제20호서식]의 소방안전관리자 자격증 재발급 신청서(전자문서 포함)를 작성하여 소방청장에게 자격증의 재발급을 신청할 수 있다. 이 경우 소방청장은 신청자에게 자격증을 3일 이내에 재발급하고 [별지 제22호서식]의 소방안전관리자 자격증 재발급대장에 재발급 사항을 기록하고 관리해야 한다.

④ 소방청장은 [별지 제22호서식]의 소방안전관리자 자격증 (재)발급대장을 종합정보망에서 전자적 처리가 가능한 방법으로 작성·관리해야 한다.

제31조(소방안전관리자 자격의 정지 및 취소)

① 소방청장은 제30조제2항에 따라 소방안전관리자 자격증을 발급받은 사람이 다음의 어느 하나에 해당하는 경우에는 행정안전부령으로 정하는 바에 따라 그 자격을 취소하거나 1년 이하의 기간을 정하여 그 자격을 정지시킬 수 있다. 다만, 제1호 또는 제3호에 해당하는 경우에는 그 자격을 취소하여야 한다.

1. 거짓이나 그 밖의 부정한 방법으로 소방안전관리자 자격증을 발급받은 경우
2. 제24조제5항에 따른 소방안전관리업무를 게을리한 경우
3. 제30조제4항을 위반하여 소방안전관리자 자격증을 다른 사람에게 빌려준 경우
4. 제34조에 따른 실무교육을 받지 아니한 경우
5. 이 법 또는 이 법에 따른 명령을 위반한 경우

영·규칙 CHAIN

칙 제19조(소방안전관리자 자격의 정지 및 취소 기준)

소방안전관리자 자격의 정지 및 취소 기준은 [별표 3]과 같다.

■ 화재의 예방 및 안전관리에 관한 법률 시행규칙

[별표 3] 소방안전관리자 자격의 정지 및 취소 기준

1. 일반기준
   가. 위반행위가 둘 이상인 경우로서 그에 해당하는 각각의 처분기준이 다른 경우에는 그중 무거운 처분기준에 따른다.
   나. 위반행위의 횟수에 따른 행정처분 기준은 최근 3년간 같은 위반행위로 행정처분을 받은 경우에 적용한다. 이 경우 기준 적용일은 위반행위에 대한 행정처분일과 그 처분 후에 한 위반행위가 다시 적발된 날을 기준으로 한다.
   다. 나목에 따라 가중된 부과처분을 하는 경우 가중처분의 적용 차수는 그 위반행위 전 부과처분 차수(나목에 따른 기간 내에 처분이 둘 이상 있었던 경우에는 높은 차수)의 다음 차수로 한다.
   라. 처분권자는 위반행위의 동기·내용·횟수 및 위반 정도 등 다음의 감경 사유에 해당하는 경우 그 처분기준의 2분의 1의 범위에서 감경할 수 있다.
       1) 위반행위가 사소한 부주의나 오류 등으로 인한 것으로 인정되는 경우
       2) 위반행위를 바로 정정하거나 시정하여 해소한 경우
       3) 그 밖에 위반행위의 정도, 위반행위의 동기와 그 결과 등을 고려하여 처분을 줄일 필요가 있다고 인정되는 경우

2. 개별기준

위반사항	근거법령	행정처분기준		
		1차 위반	2차 위반	3차 이상 위반
가. 거짓이나 그 밖의 부정한 방법으로 소방안전관리자 자격증을 발급받은 경우	법 제31조 제1항제1호	자격취소		
나. 법 제24조제5항에 따른 소방안전관리업무를 게을리한 경우	법 제31조 제1항제2호	경고 (시정명령)	자격정지 (3개월)	자격정지 (6개월)
다. 법 제30조제4항을 위반하여 소방안전관리자 자격증을 다른 사람에게 빌려준 경우	법 제31조 제1항제3호	자격취소		
라. 제34조에 따른 실무교육을 받지 않는 경우	법 제31조 제1항제4호	경고 (시정명령)	자격정지 (3개월)	자격정지 (6개월)

② 제1항에 따라 소방안전관리자 자격이 취소된 사람은 취소된 날부터 2년간 소방안전관리자 자격증을 발급받을 수 없다.

제32조(소방안전관리자 자격시험)

① 제30조제1항제1호에 따른 소방안전관리자 자격시험에 응시할 수 있는 사람의 자격은 대통령령으로 정한다.

영 · 규칙 CHAIN

영 제31조(소방안전관리자 자격시험 응시자격)

소방안전관리자 자격시험에 응시할 수 있는 사람의 자격은 [별표 6]과 같다.

■ 화재의 예방 및 안전관리에 관한 법률 시행령

[별표 6] 소방안전관리자 자격시험에 응시할 수 있는 사람의 자격

1. 특급 소방안전관리자
   가. 1급 소방안전관리대상물의 소방안전관리자로 5년(소방설비기사의 경우에는 자격 취득 후 2년, 소방설비산업기사의 경우에는 자격 취득 후 3년) 이상 근무한 실무경력(법 제24조제3항에 따라 소방안전관리자로 선임되어 근무한 경력은 제외)이 있는 사람
   나. 1급 소방안전관리대상물의 소방안전관리자로 선임될 수 있는 자격을 갖춘 후 특급 또는 1급 소방안전관리대상물의 소방안전관리보조자로 7년 이상 근무한 실무경력이 있는 사람
   다. 소방공무원으로 10년 이상 근무한 경력이 있는 사람
   라. 「고등교육법」 규정 중 어느 하나에 해당하는 학교(이하 "대학") 또는 「초 · 중등교육법 시행령」에 따른 고등학교(이하 "고등학교")에서 소방안전관리학과(소방청장이 정하여 고시하는 학

과)를 전공하고 졸업한 사람(법령에 따라 이와 같은 수준의 학력이 있다고 인정되는 사람 포함)으로서 해당 학과를 졸업한 후 2년 이상 1급 소방안전관리대상물의 소방안전관리자로 근무한 실무경력이 있는 사람

마. 다음의 어느 하나에 해당하는 요건을 갖춘 후 3년 이상 1급 소방안전관리대상물의 소방안전관리자로 근무한 실무경력이 있는 사람

　　1) 대학 또는 고등학교에서 소방안전 관련 교과목(소방청장이 정하여 고시하는 교과목)을 12학점 이상 이수하고 졸업한 사람

　　2) 법령에 따라 1)에 해당하는 사람과 같은 수준의 학력이 있다고 인정되는 사람으로서 해당 학력 취득 과정에서 소방안전 관련 교과목을 12학점 이상 이수한 사람

　　3) 대학 또는 고등학교에서 소방안전 관련 학과(소방청장이 정하여 고시하는 학과)를 전공하고 졸업한 사람(법령에 따라 이와 같은 수준의 학력이 있다고 인정되는 사람 포함)

바. 소방행정학(소방학 및 소방방재학 포함) 또는 소방안전공학(소방방재공학 및 안전공학 포함) 분야에서 석사 이상 학위를 취득한 후 2년 이상 1급 소방안전관리대상물의 소방안전관리자로 근무한 실무경력이 있는 사람

사. 특급 소방안전관리대상물의 소방안전관리보조자로 10년 이상 근무한 실무경력이 있는 사람

아. 법 제34조제1항제1호에 따른 강습교육 중 이 영 제33조제1호에 해당하는 사람을 대상으로 하는 강습교육을 수료한 사람

자. 「초고층 및 지하연계 복합건축물 재난관리에 관한 특별법」 제12조제1항 각 호 외의 부분 본문에 따라 총괄재난관리자로 지정되어 1년 이상 근무한 경력이 있는 사람

2. 1급 소방안전관리자

가. 대학 또는 고등학교에서 소방안전관리학과를 전공하고 졸업한 사람(법령에 따라 이와 같은 수준의 학력이 있다고 인정되는 사람 포함)으로서 해당 학과를 졸업한 후 2년 이상 2급 소방안전관리대상물 또는 3급 소방안전관리대상물의 소방안전관리자로 근무한 실무경력이 있는 사람

나. 다음의 어느 하나에 해당하는 요건을 갖춘 후 3년 이상 2급 소방안전관리대상물 또는 3급 소방안전관리대상물의 소방안전관리자로 근무한 실무경력이 있는 사람

　　1) 대학 또는 고등학교에서 소방안전 관련 교과목을 12학점 이상 이수하고 졸업한 사람

　　2) 법령에 따라 1)에 해당하는 사람과 같은 수준의 학력이 있다고 인정되는 사람으로서 해당 학력 취득 과정에서 소방안전 관련 교과목을 12학점 이상 이수한 사람

　　3) 대학 또는 고등학교에서 소방안전 관련 학과를 전공하고 졸업한 사람(법령에 따라 이와 같은 수준의 학력이 있다고 인정되는 사람 포함)

다. 소방행정학(소방학 및 소방방재학 포함) 또는 소방안전공학(소방방재공학 및 안전공학 포함) 분야에서 석사 이상 학위를 취득한 사람

라. 5년 이상 2급 소방안전관리대상물의 소방안전관리자로 근무한 실무경력이 있는 사람

마. 법 제34조제1항제1호에 따른 강습교육 중 이 영 제33조제1호 및 제2호에 해당하는 사람을 대상으로 하는 강습교육을 수료한 사람

바. 2급 소방안전관리대상물의 소방안전관리자로 선임될 수 있는 자격을 갖춘 후 특급 또는 1급 소방안전관리대상물의 소방안전관리보조자로 5년 이상 근무한 실무경력이 있는 사람

사. 2급 소방안전관리대상물의 소방안전관리자로 선임될 수 있는 자격을 갖춘 후 2급 소방안전관리대상물의 소방안전관리보조자로 7년 이상 근무한 실무경력(특급 또는 1급 소방안전관리대상물의 소방안전관리보조자로 근무한 실무경력이 있는 경우에는 이를 포함하여 합산)이 있는 사람

아. 산업안전기사 또는 산업안전산업기사의 자격을 취득한 후 2년 이상 2급 소방안전관리대상물 또는 3급 소방안전관리대상물의 소방안전관리자로 근무한 실무경력이 있는 사람

자. 제1호에 따라 특급 소방안전관리대상물의 소방안전관리자 시험응시 자격이 인정되는 사람

3. 2급 소방안전관리자

가. 대학 또는 고등학교에서 소방안전관리학과를 전공하고 졸업한 사람(법령에 따라 이와 같은 수준의 학력이 있다고 인정되는 사람 포함)

나. 다음의 어느 하나에 해당하는 사람

1) 대학 또는 고등학교에서 소방안전 관련 교과목을 6학점 이상 이수하고 졸업한 사람

2) 법령에 따라 1)에 해당하는 사람과 같은 수준의 학력이 있다고 인정되는 사람으로서 해당 학력 취득 과정에서 소방안전 관련 교과목을 6학점 이상 이수한 사람

3) 대학 또는 고등학교에서 소방안전 관련 학과를 전공하고 졸업한 사람(법령에 따라 이와 같은 수준의 학력이 있다고 인정되는 사람 포함)

다. 소방본부 또는 소방서에서 1년 이상 화재진압 또는 그 보조 업무에 종사한 경력이 있는 사람

라. 「의용소방대 설치 및 운영에 관한 법률」에 따라 의용소방대원으로 임명되어 3년 이상 근무한 경력이 있는 사람

마. 군부대(주한 외국군부대 포함) 및 의무소방대의 소방대원으로 1년 이상 근무한 경력이 있는 사람

바. 「위험물안전관리법」에 따른 자체소방대의 소방대원으로 3년 이상 근무한 경력이 있는 사람

사. 「대통령 등의 경호에 관한 법률」에 따른 경호공무원 또는 별정직공무원으로서 2년 이상 안전검측 업무에 종사한 경력이 있는 사람

아. 경찰공무원으로 3년 이상 근무한 경력이 있는 사람

자. 법 제34조제1항제1호에 따른 강습교육 중 이 영 제33조제1호부터 제3호까지에 해당하는 사람을 대상으로 하는 강습교육을 수료한 사람

차. 「공공기관의 소방안전관리에 관한 규정」에 따른 강습교육을 수료한 사람

카. 특급 소방안전관리대상물, 1급 소방안전관리대상물, 2급 소방안전관리대상물 또는 3급 소방안전관리대상물의 소방안전관리보조자로 3년 이상 근무한 실무경력이 있는 사람

타. 3급 소방안전관리대상물의 소방안전관리자로 2년 이상 근무한 실무경력이 있는 사람

파. 건축사 · 산업안전기사 · 산업안전산업기사 · 건축기사 · 건축산업기사 · 일반기계기사 · 전기기능장 · 전기기사 · 전기산업기사 · 전기공사기사 · 전기공사산업기사 · 건설안전기

　　　　사 또는 건설안전산업기사 자격을 가진 사람

　　하. 제1호 및 제2호에 따라 특급 또는 1급 소방안전관리대상물의 소방안전관리자 시험응시 자격이 인정되는 사람

4. 3급 소방안전관리자

　　가. 「의용소방대 설치 및 운영에 관한 법률」에 따라 의용소방대원으로 임명되어 의용소방대원으로 2년 이상 근무한 경력이 있는 사람

　　나. 「위험물안전관리법」에 따른 자체소방대의 소방대원으로 1년 이상 근무한 경력이 있는 사람

　　다. 「대통령 등의 경호에 관한 법률」에 따른 경호공무원 또는 별정직공무원으로 1년 이상 안전검측 업무에 종사한 경력이 있는 사람

　　라. 경찰공무원으로 2년 이상 근무한 경력이 있는 사람

　　마. 법 제34조제1항제1호에 따른 강습교육 중 이 영 제33조제1호부터 제4호까지에 해당하는 사람을 대상으로 하는 강습교육을 수료한 사람

　　바. 「공공기관의 소방안전관리에 관한 규정」에 따른 강습교육을 수료한 사람

　　사. 특급 소방안전관리대상물, 1급 소방안전관리대상물, 2급 소방안전관리대상물 또는 3급 소방 안전관리대상물의 소방안전관리보조자로 2년 이상 근무한 실무경력이 있는 사람

　　아. 제1호부터 제3호까지의 규정에 따라 특급 소방안전관리대상물, 1급 소방안전관리대상물 또는 2급 소방안전관리대상물의 소방안전관리자 시험응시 자격이 인정되는 사람

② 제1항에 따른 소방안전관리자 자격의 시험방법, 시험의 공고 및 합격자 결정 등 소방안전관리자의 자격시험에 필요한 사항은 행정안전부령으로 정한다.

영 · 규칙 CHAIN

칙 제20조(소방안전관리자 자격시험의 방법)

① 소방청장은 법 제30조제1항제1호에 따른 소방안전관리자 자격시험을 다음과 같이 실시한다. 이 경우 특급 소방안전관리자 자격시험은 제1차시험과 제2차시험으로 나누어 실시한다.

1. 특급 소방안전관리자 자격시험 : 연 2회 이상

2. 1급 · 2급 · 3급 소방안전관리자 자격시험 : 월 1회 이상

② 소방안전관리자 자격시험에 응시하려는 사람은 [별지 제23호서식]의 소방안전관리자 자격시험 응시원서(전자문서 포함)에 다음의 서류(전자문서 포함)를 첨부하여 소방청장에게 제출해야 한다.

1. 사진(가로 3.5cm×세로 4.5cm)

2. 응시자격 증명서류

③ 소방청장은 제2항에 따라 소방안전관리자 자격시험 응시원서를 접수한 경우에는 시험응시표를 발급해야 한다.

칙 제21조(소방안전관리자 자격시험의 공고)

소방청장은 특급, 1급, 2급 또는 3급 소방안전관리자 자격시험을 실시하려는 경우에는 응시자격 · 시험과목 · 일시 · 장소 및 응시절차를 모든 응시 희망자가 알 수 있도록 시험 시행일 30일 전에 인터넷 홈페이지에 공고해야 한다.

칙 제22조(소방안전관리자 자격시험의 합격자 결정 등)

① 특급, 1급, 2급 및 3급 소방안전관리자 자격시험은 매과목을 100점 만점으로 하여 매과목 40점 이상, 전과목 평균 70점 이상 득점한 사람을 합격자로 한다.

② 소방안전관리자 자격시험은 다음의 방법으로 채점한다. 이 경우 특급 소방안전관리자 자격시험의 제2차시험 채점은 제1차시험 합격자의 답안지에 대해서만 실시한다.

1. 선택형 문제 : 답안지 기재사항을 전산으로 판독하여 채점
2. 주관식 서술형 문제 : 제23조제2항에 따라 임명 · 위촉된 시험위원이 채점. 이 경우 3명 이상의 채점자가 문항별 배점과 채점 기준표에 따라 별도로 채점하고 그 평균 점수를 해당 문제의 점수로 한다.

③ 특급 소방안전관리자 자격시험의 제1차시험에 합격한 사람은 제1차시험에 합격한 날부터 2년간 제1차시험을 면제한다.

④ 소방청장은 소방안전관리자 자격시험을 종료한 날부터 30일(특급 소방안전관리 자격시험의 경우에는 60일) 이내에 인터넷 홈페이지에 합격자를 공고하고, 응시자에게 휴대전화 문자 메시지로 합격 여부를 알려 줄 수 있다.

칙 제23조(소방안전관리자 자격시험 과목 및 시험위원 위촉 등)

① 소방안전관리자 자격시험 과목 및 시험방법은 [별표 4]와 같다.

■ 화재의 예방 및 안전관리에 관한 법률 시행규칙

[별표 4] 소방안전관리자 자격시험 과목 및 시험방법

1. 특급 소방안전관리자

구분	과목	시험 내용	문항수	시험방법	시험시간
제1차 시험	제1과목	소방안전관리자 제도	50문항	선택형	120분
		화재통계 및 피해분석			
		위험물안전관리 법령 및 안전관리			
		직업윤리 및 리더십			
		소방 관계 법령			
		건축 · 전기 · 가스 관계 법령 및 안전관리			
		재난관리 일반 및 관련 법령			
		초고층재난관리 법령			
		화재예방 사례 및 홍보			

제1차 시험	제2과목	소방기초이론	50문항	선택형	120분
		연소 · 방화 · 방폭공학			
		고층건축물 소방시설 적용기준			
		공사장 안전관리 계획 및 감독			
		화기취급감독 및 화재위험작업 허가 · 관리			
		종합방재실 운용			
		고층건축물 화재 등 재난사례 및 대응방법			
		화재원인 조사실무			
		소방시설의 종류 및 기준			
		피난안전구역 운영			
		위험성 평가기법 및 성능위주 설계			
		화재피해 복구			
제2차 시험	제1과목	소방시설(소화 · 경보 · 피난구조 · 소화용수 · 소화활동설비)의 구조 점검 · 실습 · 평가	10문항	주관식 서술형 (단답형, 기입형 또는 계산형 문제를 포함할 수 있다)	90분
	제2과목	피난시설, 방화구획 및 방화시설의 관리	10문항		
		통합안전점검 실시(가스, 전기, 승강기 등)			
		소방계획 수립 이론 · 실습 · 평가(피난약자의 피난계획 등 포함)			
		방재계획 수립 이론 · 실습 · 평가			
		자체점검서식의 작성 실습 · 평가			
		구조 및 응급처치 이론 · 실습 · 평가			
		소방안전 교육 및 훈련 이론 · 실습 · 평가			
		화재 시 초기대응 및 피난 실습 · 평가			
		재난예방 및 피해경감계획 수립 이론 · 실습 · 평가			
		자위소방대 및 초기대응체계 구성 등 이론 · 실습 · 평가			
		업무 수행기록의 작성 · 유지 및 실습 · 평가			

2. 1급 소방안전관리자

구분	시험 내용	문항수	시험방법	시험시간
제1과목	소방안전관리자 제도	25문항	선택형(기입형을 포함할 수 있다)	60분
	소방 관계 법령			
	건축 관계 법령			
	소방학개론			

제1과목	화기취급감독 및 화재위험작업 허가 · 관리	25문항	선택형(기입형을 포함할 수 있다)	60분
	공사장 안전관리 계획 및 감독			
	위험물 · 전기 · 가스 안전관리			
	종합방재실 운영			
	피난시설, 방화구획 및 방화시설의 관리			
	소방시설의 종류 및 기준			
	소방시설(소화 · 경보 · 피난구조 · 소화용수 · 소화활동설비)의 구조			
제2과목	소방시설(소화 · 경보 · 피난구조 · 소화용수 · 소화활동설비)의 점검 · 실습 · 평가	25문항		
	소방계획 수립 이론 · 실습 · 평가(피난약자의 피난계획 등 포함)			
	자위소방대 및 초기대응체계 구성 등 이론 · 실습 · 평가			
	작동기능점검표 작성 실습 · 평가			
	업무 수행기록의 작성 · 유지 및 실습 · 평가			
	구조 및 응급처치 이론 · 실습 · 평가			
	소방안전 교육 및 훈련 이론 · 실습 · 평가			
	화재 시 초기대응 및 피난 실습 · 평가			

3. 2급 소방안전관리자

구분	시험 내용	문항수	시험방법	시험시간
제1과목	소방안전관리자 제도	25문항	선택형(기입형을 포함할 수 있다)	60분
	소방 관계 법령(건축 관계 법령 포함)			
	소방학개론			
	화기취급감독 및 화재위험작업 허가 · 관리			
	위험물 · 전기 · 가스 안전관리			
	피난시설, 방화구획 및 방화시설의 관리			
	소방시설의 종류 및 기준			
	소방시설(소화설비, 경보설비, 피난구조설비)의 구조			
제2과목	소방시설(소화설비, 경보설비, 피난구조설비)의 점검 · 실습 · 평가	25문항		
	소방계획 수립 이론 · 실습 · 평가(피난약자의 피난계획 등 포함)			
	자위소방대 및 초기대응체계 구성 등 이론 · 실습 · 평가			
	작동기능점검표 작성 실습 · 평가			

구분		문항수	시험방법	시험시간
제2과목	응급처치 이론 · 실습 · 평가	25문항	선택형(기입형을 포함할 수 있다)	60분
	소방안전 교육 및 훈련 이론 · 실습 · 평가			
	화재 시 초기대응 및 피난 실습 · 평가			
	업무 수행기록의 작성 · 유지 실습 · 평가			

4. 3급 소방안전관리자

구분	시험 내용	문항수	시험방법	시험시간
제1과목	소방 관계 법령	25문항	선택형(기입형을 포함할 수 있다)	60분
	화재일반			
	화기취급감독 및 화재위험작업 허가 · 관리			
	위험물 · 전기 · 가스 안전관리			
	소방시설(소화설비, 경보설비, 피난구조설비)의 구조			
제2과목	소방시설(소화설비, 경보설비, 피난구조설비)의 점검 · 실습 · 평가	25문항		
	소방계획 수립 이론 · 실습 · 평가(업무 수행기록의 작성 · 유지 실습 · 평가, 피난약자의 피난계획 등 포함)			
	작동기능점검표 작성 실습 · 평가			
	응급처치 이론 · 실습 · 평가			
	소방안전 교육 및 훈련 이론 · 실습 · 평가			
	화재 시 초기대응 및 피난 실습 · 평가			

② 소방청장은 소방안전관리자 자격시험의 시험문제 출제, 검토 및 채점을 위하여 다음의 어느 하나에 해당하는 사람 중에서 시험 위원을 임명 또는 위촉해야 한다.

1. 소방 관련 분야에서 석사 이상의 학위를 취득한 사람
2. 「고등교육법」에 해당하는 학교에서 소방안전 관련 학과의 조교수 이상으로 2년 이상 재직한 사람
3. 소방위 이상의 소방공무원
4. 소방기술사
5. 소방시설관리사
6. 그 밖에 화재안전 또는 소방 관련 법령이나 정책에 전문성이 있는 사람

③ 제2항에 따라 위촉된 시험위원에게는 예산의 범위에서 수당, 여비 및 그 밖에 필요한 경비를 지급할 수 있다.

④ 제1항부터 제3항까지에서 규정한 사항 외에 소방안전관리자 자격시험의 운영 등에 필요한 세부적인 사항은 소방청장이 정한다.

칙 제24조(부정행위 기준 등)

① 소방안전관리자 자격시험에서의 부정행위는 다음과 같다.

1. 대리시험을 의뢰하거나 대리로 시험에 응시한 행위
2. 다른 수험자의 답안지 또는 문제지를 엿보거나, 다른 수험자에게 이를 알려주는 행위
3. 다른 수험자와 답안지 또는 문제지를 교환하는 행위
4. 시험 중 다른 수험자와 시험과 관련된 대화를 하는 행위
5. 시험 중 시험문제 내용과 관련된 물건을 휴대하여 사용하거나 이를 주고받는 행위(해당 물건의 휴대 여부를 확인하기 위한 검색 요구에 따르지 않는 행위 포함)
6. 시험장 안이나 밖의 사람으로부터 도움을 받아 답안지를 작성하는 행위
7. 다른 수험자와 성명 또는 수험번호를 바꾸어 제출하는 행위
8. 수험자가 시험시간에 통신기기 및 전자기기 등을 사용하여 답안지를 작성하거나 다른 수험자를 위하여 답안을 송신하는 행위(해당 물건의 휴대 여부를 확인하기 위한 검색 요구에 따르지 않는 행위 포함)
9. 감독관의 본인 확인 요구에 따르지 않는 행위
10. 시험 종료 후에도 계속해서 답안을 작성하거나 수정하는 행위
11. 그 밖의 부정 또는 불공정한 방법으로 시험을 치르는 행위

② 제1항에 따른 부정행위를 하는 응시자를 적발한 경우에는 해당 시험을 정지하고 무효로 처리 한다.

칙 제25조(강습교육의 실시)

① 소방청장은 법 제34조제1항제1호에 따른 강습교육의 대상·일정·횟수 등을 포함한 강습교육의 실시계획을 매년 수립·시행해야 한다.

② 소방청장은 강습교육을 실시하려는 경우에는 강습교육 실시 20일 전까지 일시·장소, 그 밖에 강습교육 실시에 필요한 사항을 인터넷 홈페이지에 공고해야 한다.

③ 소방청장은 강습교육을 실시한 경우에는 수료자에게 [별지 제24호서식]의 수료증(전자문서 포함)을 발급하고 강습교육의 과정별로 [별지 제25호서식]의 강습교육수료자 명부대장(전자문서 포함)을 작성·보관해야 한다.

칙 제26조(강습교육 수강신청 등)

① 강습교육을 받으려는 사람은 강습교육의 과정별로 [별지 제26호서식]의 강습교육 수강신청서(전자문서 포함한다)에 다음의 서류(전자문서 포함)를 첨부하여 소방청장에게 제출해야 한다.

1. 사진(가로 3.5cm×세로 4.5cm)
2. 재직증명서(법 제39조제1항에 따른 공공기관에 재직하는 사람만 해당)

② 소방청장은 강습교육 수강신청서를 접수한 경우에는 수강증을 발급해야 한다.

칙 제27조(강습교육의 강사)

강습교육을 담당할 강사는 과목별로 다음의 어느 하나에 해당하는 사람 중에서 소방에 관한 학식·경

험·능력 등을 고려하여 소방청장이 임명 또는 위촉한다.

1. 안전원 직원
2. 소방기술사
3. 소방시설관리사
4. 소방안전 관련 학과에서 부교수 이상의 직(職)에 재직 중이거나 재직한 사람
5. 소방안전 관련 분야에서 석사 이상의 학위를 취득한 사람
6. 소방공무원으로 5년 이상 근무한 사람

칙 제28조(강습교육의 과목, 시간 및 운영방법)

강습교육의 과목, 시간 및 운영방법은 [별표 5]와 같다.

■ 화재의 예방 및 안전관리에 관한 법률 시행규칙

[별표 5] 강습교육 과목, 시간 및 운영방법

1. 교육과정별 과목 및 시간

교육대상	교육과목	교육시간
가. 영 [별표 4]의 특급소방안전관리대상물에 소방안전관리자가 되려는 사람	소방안전관리자 제도	160시간
	화재통계 및 피해분석	
	직업윤리 및 리더십	
	소방 관계 법령	
	건축·전기·가스 관계 법령 및 안전관리	
	위험물안전관계 법령 및 안전관리	
	재난관리 일반 및 관련 법령	
	초고층재난관리 법령	
	소방기초이론	
	연소·방화·방폭공학	
	화재예방 사례 및 홍보	
	고층건축물 소방시설 적용기준	
	소방시설의 종류 및 기준	
	소방시설(소화설비, 경보설비, 피난구조설비, 소화용수설비, 소화활동설비)의 구조·점검·실습·평가	
	공사장 안전관리 계획 및 감독	
	화기취급감독 및 화재위험작업 허가·관리	
	종합방재실 운용	
	피난안전구역 운영	
	고층건축물 화재 등 재난사례 및 대응방법	

가. 영 [별표 4]의 특급소방안전관리 대상물에 소방안전관리자가 되려는 사람	화재원인 조사실무	
	위험성 평가기법 및 성능위주 설계	
	소방계획의 수립 이론 · 실습 · 평가(피난약자의 피난계획 등 포함)	
	자위소방대 및 초기대응체계 구성 등 이론 · 실습 · 평가	
	방재계획 수립 이론 · 실습 · 평가	
	재난예방 및 피해경감계획 수립 이론 · 실습 · 평가	
	자체점검 서식의 작성 실습 · 평가	
	통합안전점검 실시(가스, 전기, 승강기 등)	
	피난시설, 방화구획 및 방화시설의 관리	
	구조 및 응급처치 이론 · 실습 · 평가	
	소방안전 교육 및 훈련 이론 · 실습 · 평가	
	화재 시 초기대응 및 피난 실습 · 평가	
	업무 수행기록의 작성 · 유지 실습 · 평가	
	화재피해 복구	
	초고층 건축물 안전관리 우수사례 토의	
	소방신기술 동향	
	시청각 교육	
나. 영 [별표 4]의 1급 소방안전관리 대상물에 소방안전관리자가 되려는 사람	소방안전관리자 제도	80시간
	소방 관계 법령	
	건축 관계 법령	
	소방학개론	
	화기취급감독 및 화재위험작업 허가 · 관리	
	공사장 안전관리 계획 및 감독	
	위험물 · 전기 · 가스 안전관리	
	종합방재실 운영	
	소방시설의 종류 및 기준	
	소방시설(소화설비, 경보설비, 피난구조설비, 소화용수설비, 소화활동설비)의 구조 · 점검 · 실습 · 평가	
	소방계획의 수립 이론 · 실습 · 평가(피난약자의 피난계획 등 포함)	
	자위소방대 및 초기대응체계 구성 등 이론 · 실습 · 평가	
	작동기능점검표 작성 실습 · 평가	
	피난시설, 방화구획 및 방화시설의 관리	
	구조 및 응급처치 이론 · 실습 · 평가	
	소방안전 교육 및 훈련 이론 · 실습 · 평가	

	화재 시 초기대응 및 피난 실습 · 평가	
	업무 수행기록의 작성 · 유지 실습 · 평가	
	형성평가(시험)	
다. 영 [별표 4]의 2급 소방안전관리 대상물에 소방안전관리자가 되려는 사람	소방안전관리자 제도	40시간
	소방 관계 법령(건축 관계 법령 포함)	
	소방학개론	
	화기취급감독 및 화재위험작업 허가 · 관리	
	위험물 · 전기 · 가스 안전관리	
	소방시설의 종류 및 기준	
	소방시설(소화설비, 경보설비, 피난구조설비)의 구조 · 점검 · 실습 · 평가	
	소방계획의 수립 이론 · 실습 · 평가(피난약자의 피난계획 등 포함)	
	자위소방대 및 초기대응체계 구성 등 이론 · 실습 · 평가	
	작동기능점검표 작성 실습 · 평가	
	피난시설, 방화구획 및 방화시설의 관리	
	응급처치 이론 · 실습 · 평가	
	소방안전 교육 및 훈련 이론 · 실습 · 평가	
	화재 시 초기대응 및 피난 실습 · 평가	
	업무 수행기록의 작성 · 유지 실습 · 평가	
	형성평가(시험)	
라. 영 [별표 4]의 3급 소방안전관리 대상물에 소방안전관리자가 되려는 사람	소방 관계 법령	24시간
	화재일반	
	화기취급감독 및 화재위험작업 허가 · 관리	
	위험물 · 전기 · 가스 안전관리	
	소방시설(소화설비, 경보설비, 피난구조설비)의 구조 · 점검 · 실습 · 평가	
	소방계획의 수립 이론 · 실습 · 평가(업무 수행기록의 작성 · 유지 실습 · 평가 및 피난약자의 피난계획 등 포함)	
	작동기능점검표 작성 실습 · 평가	
	응급처치 이론 · 실습 · 평가	
	소방안전 교육 및 훈련 이론 · 실습 · 평가	
	화재 시 초기대응 및 피난 실습 · 평가	
	형성평가(시험)	

마. 영 제40조의 공공기관에 소방안전관리자가 되려는 사람	소방안전관리자 제도	40시간
	직업윤리 및 리더십	
	소방 관계 법령	
	건축 관계 법령	
	공공기관 소방안전규정의 이해	
	소방학개론	
	소방시설의 종류 및 기준	
	소방시설(소화설비, 경보설비, 피난구조설비, 소화용수설비, 소화활동설비)의 구조 · 점검 · 실습 · 평가	
	소방안전관리업무 대행 감독	
	공사장 안전관리 계획 및 감독	
	화기취급감독 및 화재위험작업 허가 · 관리	
	위험물 · 전기 · 가스 안전관리	
	소방계획의 수립 이론 · 실습 · 평가(피난약자의 피난계획 등 포함)	
	자위소방대 및 초기대응체계 구성 등 이론 · 실습 · 평가	
	작동기능점검표 및 외관점검표 작성 실습 · 평가	
	피난시설, 방화구획 및 방화시설의 관리	
	응급처치 이론 · 실습 · 평가	
	소방안전 교육 및 훈련 이론 · 실습 · 평가	
	화재 시 초기대응 및 피난 실습 · 평가	
	업무 수행기록의 작성 · 유지 실습 · 평가	
	공공기관 소방안전관리 우수사례 토의	
	형성평가(수료)	
바. 법 제24조제3항에 따른 업무대행 감독 소방안전관리자가 되려는 사람	소방 관계 법령	16시간
	소방안전관리업무대행 감독	
	소방시설 유지 · 관리	
	화기취급감독 및 위험물 · 전기 · 가스 안전관리	
	소방계획의 수립 이론 · 실습 · 평가(업무 수행기록의 작성 · 유지 및 피난약자의 피난계획 등 포함)	
	자위소방대 구성운영 등 이론 · 실습 · 평가	
	응급처치 이론 · 실습 · 평가	
	소방안전 교육 및 훈련 이론 · 실습 · 평가	
	화재 시 초기대응 및 피난 실습 · 평가	
	형성평가(수료)	

사. 법 제29조제1항 에 따른 건설현장 소방안전관리자 가 되려는 사람	소방 관계 법령	24시간
	건설현장 관련 법령	
	건설현장 화재일반	
	건설현장 위험물 · 전기 · 가스 안전관리	
	임시소방시설의 구조 · 점검 · 실습 · 평가	
	화기취급감독 및 화재위험작업 허가 · 관리	
	건설현장 소방계획 이론 · 실습 · 평가	
	초기대응체계 구성 · 운영 이론 · 실습 · 평가	
	건설현장 피난계획 수립	
	건설현장 작업자 교육훈련 이론 · 실습 · 평가	
	응급처치 이론 · 실습 · 평가	
	형성평가(수료)	

2. 교육운영방법

가. 교육과정별 교육시간 편성기준

교육대상	시간합계	이론 (30%)	실무(70%)	
			일반 (30%)	실습 및 평가 (40%)
특급 소방안전관리자	160시간	48시간	48시간	64시간
1급 소방안전관리자	80시간	24시간	24시간	32시간
2급 및 공공기관 소방안전관리자	40시간	12시간	12시간	16시간
3급 소방안전관리자	24시간	7시간	7시간	10시간
업무 대행감독 소방안전관리자	16시간	5시간	5시간	6시간
건설현장 소방안전관리자	24시간	7시간	7시간	10시간

나. 가목에 따른 평가는 서식작성, 설비운용(소방시설에 대한 점검능력 포함) 및 비상대응 등 실습
내용에 대한 평가를 말한다.

다. 교육과정을 수료하려는 사람은 가목에 따른 교육시간 합계의 90% 이상을 출석하고, 나목에
따른 실습내용 평가에 합격(해당 평가항목을 이수하거나 평가기준을 충족한 경우)해야 한다.
다만, 결강시간은 1일 최대 3시간을 초과할 수 없다.

라. 공공기관 소방안전관리업무에 관한 강습과목 중 일부 과목은 16시간 범위에서 원격교육으로
실시할 수 있다.

마. 구조 및 응급처치과목에는 「응급의료에 관한 법률 시행규칙」에 따른 구조 및 응급처치에 관한
교육의 내용과 시간이 포함되어야 한다.

제33조(소방안전관리자 등 종합정보망의 구축 · 운영)

① 소방청장은 소방안전관리자 및 소방안전관리보조자에 대한 다음의 정보를 효율적으로 관리하기 위하여 종합정보망을 구축 · 운영할 수 있다.

1. 제26조제1항에 따른 소방안전관리자 및 소방안전관리보조자의 선임신고 현황

2. 제26조제2항에 따른 소방안전관리자 및 소방안전관리보조자의 해임 사실의 확인 현황

3. 제29조제1항에 따른 건설현장 소방안전관리자 선임신고 현황

4. 제30조제1항 및 제2항에 따른 소방안전관리자 자격시험 합격자 및 자격증의 발급 현황

5. 제31조제1항에 따른 소방안전관리자 자격증의 정지 · 취소 처분 현황

6. 제34조에 따른 소방안전관리자 및 소방안전관리보조자의 교육 실시현황

② 제1항에 따른 종합정보망의 구축 · 운영 등에 필요한 사항은 대통령령으로 정한다.

영 · 규칙 CHAIN

> **영 제32조(종합정보망의 구축 · 운영)**
>
> 소방청장은 법 제33조제1항에 따른 종합정보망의 효율적인 운영을 위해 필요한 경우 다음의 업무를 수행할 수 있다.
>
> 1. 종합정보망과 유관 정보시스템의 연계 · 운영
>
> 2. 법 제33조제1항의 정보를 저장 · 가공 및 제공하기 위한 시스템의 구축 · 운영

제34조(소방안전관리자 등에 대한 교육)

① 소방안전관리자가 되려고 하는 사람 또는 소방안전관리자(소방안전관리보조자 포함)로 선임된 사람은 소방안전관리업무에 관한 능력의 습득 또는 향상을 위하여 행정안전부령으로 정하는 바에 따라 소방청장이 실시하는 다음의 강습교육 또는 실무교육을 받아야 한다.

1. 강습교육

    가. 소방안전관리자의 자격을 인정받으려는 사람으로서 대통령령으로 정하는 사람

    나. 소방안전관리자로 선임되고자 하는 사람

    다. 소방안전관리자로 선임되고자 하는 사람

2. 실무교육

    가. 선임된 소방안전관리자 및 소방안전관리보조자

    나. 선임된 소방안전관리자

영 · 규칙 CHAIN

> **영 제33조(소방안전관리자의 자격을 인정받으려는 사람)**
>
> 법 제34조제1항제1호가목에서 "대통령령으로 정하는 사람"이란 다음의 사람을 말한다.
>
> 1. 특급 소방안전관리대상물의 소방안전관리자가 되려는 사람

　　2. 1급 소방안전관리대상물의 소방안전관리자가 되려는 사람

　　3. 2급 소방안전관리대상물의 소방안전관리자가 되려는 사람

　　4. 3급 소방안전관리대상물의 소방안전관리자가 되려는 사람

　　5.「공공기관의 소방안전관리에 관한 규정」에 따른 공공기관의 소방안전관리자가 되려는 사람

② 제1항에 따른 교육실시방법은 다음과 같다. 다만,「감염병의 예방 및 관리에 관한 법률」에 따른 감염병 등 불가피한 사유가 있는 경우에는 행정안전부령으로 정하는 바에 따라 제1호 또는 제3호의 교육을 제2호의 교육으로 실시할 수 있다.

　　1. 집합교육

　　2. 정보통신매체를 이용한 원격교육

　　3. 제1호 및 제2호를 혼용한 교육

영 · 규칙 CHAIN

칙 제29조(실무교육의 실시)

① 소방청장은 법 제34조제1항제2호에 따른 실무교육의 대상 · 일정 · 횟수 등을 포함한 실무교육의 실시 계획을 매년 수립 · 시행해야 한다.

② 소방청장은 실무교육을 실시하려는 경우에는 실무교육 실시 30일 전까지 일시 · 장소, 그 밖에 실무교육 실시에 필요한 사항을 인터넷 홈페이지에 공고하고 교육대상자에게 통보해야 한다.

③ 소방안전관리자는 소방안전관리자로 선임된 날부터 6개월 이내에 실무교육을 받아야 하며, 그 이후에는 2년마다(최초 실무교육을 받은 날을 기준일로 하여 매 2년이 되는 해의 기준일과 같은 날 전까지) 1회 이상 실무교육을 받아야 한다. 다만, 소방안전관리 강습교육 또는 실무교육을 받은 후 1년 이내에 소방안전관리자로 선임된 사람은 해당 강습교육을 수료하거나 실무교육을 이수한 날에 실무교육을 이수한 것으로 본다.

④ 소방안전관리보조자는 그 선임된 날부터 6개월(영 [별표 5] 제2호마목에 따라 소방안전관리보조자로 지정된 사람의 경우 3개월) 이내에 실무교육을 받아야 하며, 그 이후에는 2년마다(최초 실무교육을 받은 날을 기준일로 하여 매 2년이 되는 해의 기준일과 같은 날 전까지) 1회 이상 실무교육을 받아야 한다. 다만, 소방안전관리자 강습교육 또는 실무교육이나 소방안전관리보조자 실무교육을 받은 후 1년 이내에 소방안전관리보조자로 선임된 사람은 해당 강습교육을 수료하거나 실무교육을 이수한 날에 실무교육을 이수한 것으로 본다.

칙 제30조(실무교육의 강사)

실무교육을 담당할 강사는 다음의 어느 하나에 해당하는 사람 중에서 소방에 관한 학식 · 경험 · 능력 등을 종합적으로 고려하여 소방청장이 임명 또는 위촉한다.

　　1. 안전원 직원

　　2. 소방기술사

3. 소방시설관리사

4. 소방안전 관련 학과에서 부교수 이상의 직에 재직 중이거나 재직한 사람

5. 소방안전 관련 분야에서 석사 이상의 학위를 취득한 사람

6. 소방공무원으로 5년 이상 근무한 사람

칙 제31조(실무교육의 과목, 시간 및 운영방법)

실무교육의 과목, 시간 및 운영방법은 [별표 6]과 같다.

■ 화재의 예방 및 안전관리에 관한 법률 시행규칙

[별표 6] 소방안전관리자 및 소방안전관리보조자에 대한 실무교육의 과목, 시간 및 운영방법

1. 소방안전관리자에 대한 실무교육의 과목 및 시간

교육과목	교육시간
가. 소방 관계 법규 및 화재 사례 나. 소방시설의 구조원리 및 현장실습 다. 소방시설의 유지 · 관리요령 라. 소방계획서의 작성 및 운영 마. 업무 수행 기록 · 유지에 관한 사항 바. 자위소방대의 조직과 소방 훈련 및 교육 사. 피난시설 및 방화시설의 유지 · 관리 아. 화재 시 초기대응 및 인명 대피 요령 자. 소방 관련 질의회신 등	8시간 이내

[비고]
교육과목 중 이론 과목 및 서식작성 등은 4시간 이내에서 원격교육으로 실시할 수 있다.

2. 소방안전관리보조자에 대한 실무교육의 과목 및 시간

교육과목	교육시간
가. 소방 관계 법규 및 화재 사례 나. 화재의 예방 · 대비 다. 소방시설 유지관리 실습 라. 초기대응체계 교육 및 훈련 실습 마. 화재발생 시 대응 실습 등	4시간

3. 교육운영 방법

　　가. 실무교육은 이론 · 실습 또는 실습 · 평가로 구분하여 실시할 수 있다. 이 경우 실습 · 평가는 교육시간을 달리 정할 수 있다.

　　나. 실무교육의 수료를 위한 출석기준은 제1호 및 제2호에 따른 교육시간의 90% 이상으로 한다. 다만, 실습 · 평가의 경우에는 가목 후단에 따라 달리 정한 시간의 100%로 한다.

칙 제32조(실무교육 수료증 발급 및 실무교육 결과의 통보)

① 소방청장은 실무교육을 수료한 사람에게 실무교육 수료증(전자문서 포함)을 발급하고, [별지 제27호서식]의 실무교육 수료자명부(전자문서 포함)에 작성·관리해야 한다.

② 소방청장은 해당 연도의 실무교육이 끝난 날부터 30일 이내에 그 결과를 소방본부장 또는 소방서장에게 통보해야 한다.

칙 제33조(원격교육 실시방법)

법 제34조제2항제2호에 따른 원격교육은 실시간 양방향 교육, 인터넷을 통한 영상강의 등 정보통신매체를 이용하여 실시한다.

제35조(관리의 권원이 분리된 특정소방대상물의 소방안전관리)

① 다음의 어느 하나에 해당하는 특정소방대상물로서 그 관리의 권원(權原)이 분리되어 있는 특정소방대상물의 경우 그 관리의 권원별 관계인은 대통령령으로 정하는 바에 따라 제24조제1항에 따른 소방안전관리자를 선임하여야 한다. 다만, 소방본부장 또는 소방서장은 관리의 권원이 많아 효율적인 소방안전관리가 이루어지지 아니한다고 판단되는 경우 대통령령으로 정하는 바에 따라 관리의 권원을 조정하여 소방안전관리자를 선임하도록 할 수 있다.

벌 300만 원 이하 벌금 – 소방안전관리자, 총괄소방안전관리자 또는 소방안전관리보조자를 선임하지 아니한 자

1. 복합건축물(지하층을 제외한 층수가 11층 이상 또는 연면적 3만m² 이상인 건축물)
2. 지하가(지하의 인공구조물 안에 설치된 상점 및 사무실, 그 밖에 이와 비슷한 시설이 연속하여 지하도에 접하여 설치된 것과 그 지하도를 합한 것)
3. 그 밖에 ≪대통령령으로 정하는 특정소방대상물≫

> § 대통령령으로 정하는 특정소방대상물
> 판매시설 중 도매시장, 소매시장 및 전통시장

영·규칙 CHAIN

영 제34조(관리의 권원별 소방안전관리자 선임 및 조정 기준)

① 법 제35조제1항 본문에 따라 관리의 권원이 분리되어 있는 특정소방대상물의 관계인은 소유권, 관리권 및 점유권에 따라 각각 소방안전관리자를 선임해야 한다. 다만, 둘 이상의 소유권, 관리권 또는 점유권이 동일인에게 귀속된 경우에는 하나의 관리 권원으로 보아 소방안전관리자를 선임할 수 있다.

② 제1항에도 불구하고 다음의 어느 하나에 해당하는 경우에는 해당 호에서 정하는 바에 따라 소방안전관리자를 선임할 수 있다.

　　1. 법령 또는 계약 등에 따라 공동으로 관리하는 경우 : 하나의 관리 권원으로 보아 소방안전관리자 1명 선임

2. 화재 수신기 또는 소화펌프(가압송수장치 포함)가 별도로 설치되어 있는 경우 : 설치된 화재 수신기 또는 소화펌프가 화재를 감지 · 소화 또는 경보할 수 있는 부분을 각각 하나의 관리 권원으로 보아 각각 소방안전관리자 선임

3. 하나의 화재 수신기 및 소화펌프가 설치된 경우 : 하나의 관리 권원으로 보아 소방안전관리자 1명 선임

③ 제1항 및 제2항에도 불구하고 소방본부장 또는 소방서장은 법 제35조제1항 각 호 외의 부분 단서에 따라 관리의 권원이 많아 효율적인 소방안전관리가 이루어지지 않는다고 판단되는 경우 제1항의 기준 및 해당 특정소방대상물의 화재위험성 등을 고려하여 관리의 권원이 분리되어 있는 특정소방대상물의 관리의 권원을 조정하여 소방안전관리자를 선임하도록 할 수 있다.

② 제1항에 따른 관리의 권원별 관계인은 상호 협의하여 특정소방대상물의 전체에 걸쳐 소방안전관리상 필요한 업무를 총괄하는 소방안전관리자(이하 "총괄소방안전관리자")를 제1항에 따라 선임된 소방안전관리자 중에서 선임하거나 별도로 선임하여야 한다. 이 경우 총괄소방안전관리자의 자격은 대통령령으로 정하고 업무수행 등에 필요한 사항은 행정안전부령으로 정한다.

> 벌 300만 원 이하 벌금 – 소방안전관리자, 총괄소방안전관리자 또는 소방안전관리보조자를 선임하지 아니한 자

영 · 규칙 CHAIN

영 제36조(총괄소방안전관리자 선임자격)

법 제35조제2항에 따른 특정소방대상물의 전체에 걸쳐 소방안전관리상 필요한 업무를 총괄하는 소방안전관리자(이하 "총괄소방안전관리자")는 [별표 4]에 따른 소방안전관리대상물의 등급별 선임자격을 갖춰야 한다. 이 경우 관리의 권원이 분리되어 있는 특정소방대상물에 대하여 소방안전관리대상물의 등급을 결정할 때에는 해당 특정소방대상물 전체를 기준으로 한다.

③ 제2항에 따른 총괄소방안전관리자에 대하여는 제24조, 제26조부터 제28조까지 및 제30조부터 제34조까지에서 규정한 사항 중 소방안전관리자에 관한 사항을 준용한다.

④ 제1항 및 제2항에 따라 선임된 소방안전관리자 및 총괄소방안전관리자는 해당 특정소방대상물의 소방안전관리를 효율적으로 수행하기 위하여 공동소방안전관리협의회를 구성하고, 해당 특정소방대상물에 대한 소방안전관리를 공동으로 수행하여야 한다. 이 경우 공동소방안전관리협의회의 구성 · 운영 및 공동소방안전관리의 수행 등에 필요한 사항은 대통령령으로 정한다.

영 · 규칙 CHAIN

영 제37조(공동소방안전관리협의회의 구성 · 운영 등)

① 법 제35조제4항에 따른 공동소방안전관리협의회(이하 "협의회")는 같은 조제1항 및 제2항에 따라 선임된 소방안전관리자 및 총괄소방안전관리자(이하 "총괄소방안전관리자등")로 구성한다.

② 총괄소방안전관리자등은 법 제35조제4항에 따라 다음의 공동소방안전관리 업무를 협의회의 협의를 거쳐 공동으로 수행한다.

　　1. 특정소방대상물 전체의 소방계획 수립 및 시행에 관한 사항

　　2. 특정소방대상물 전체의 소방훈련ㆍ교육의 실시에 관한 사항

　　3. 공용 부분의 소방시설 및 피난ㆍ방화시설의 유지ㆍ관리에 관한 사항

　　4. 그 밖에 공동으로 소방안전관리를 할 필요가 있는 사항

③ 협의회는 공동소방안전관리 업무의 수행에 필요한 기준을 정하여 운영할 수 있다.

제36조(피난계획의 수립 및 시행)

① 소방안전관리대상물의 관계인은 그 장소에 근무하거나 거주 또는 출입하는 사람들이 화재가 발생한 경우에 안전하게 피난할 수 있도록 피난계획을 수립ㆍ시행하여야 한다.

영ㆍ규칙 CHAIN

> **칙 제34조(피난계획의 수립ㆍ시행)**
>
> ① 법 제36조제1항에 따른 피난계획에는 다음의 사항이 포함되어야 한다.
>
> 　　1. 화재경보의 수단 및 방식
>
> 　　2. 층별, 구역별 피난대상 인원의 연령별ㆍ성별 현황
>
> 　　3. 피난약자의 현황
>
> 　　4. 각 거실에서 옥외(옥상 또는 피난안전구역 포함)로 이르는 피난경로
>
> 　　5. 피난약자 및 피난약자를 동반한 사람의 피난동선과 피난방법
>
> 　　6. 피난시설, 방화구획, 그 밖에 피난에 영향을 줄 수 있는 제반 사항
>
> ② 소방안전관리대상물의 관계인은 해당 소방안전관리대상물의 구조ㆍ위치, 소방시설 등을 고려하여 피난계획을 수립해야 한다.
>
> ③ 소방안전관리대상물의 관계인은 해당 소방안전관리대상물의 피난시설이 변경된 경우에는 그 변경 사항을 반영하여 피난계획을 정비해야 한다.
>
> ④ 제1항부터 제3항까지에서 규정한 사항 외에 피난계획의 수립ㆍ시행에 필요한 세부 사항은 소방청장이 정하여 고시한다.

② 제1항의 피난계획에는 그 소방안전관리대상물의 구조, 피난시설 등을 고려하여 설정한 피난경로가 포함되어야 한다.

③ 소방안전관리대상물의 관계인은 피난시설의 위치, 피난경로 또는 대피요령이 포함된 《피난유도 안내 정보》를 근무자 또는 거주자에게 정기적으로 제공하여야 한다.

§ 피난유도 안내정보

1. 연 2회 피난안내 교육을 실시하는 방법
2. 분기별 1회 이상 피난안내방송을 실시하는 방법
3. 피난안내도를 층마다 보기 쉬운 위치에 게시하는 방법
4. 엘리베이터, 출입구 등 시청이 용이한 장소에 피난안내영상을 제공하는 방법

④ 제1항에 따른 피난계획의 수립·시행, 제3항에 따른 피난유도 안내정보 제공에 필요한 사항은 행정안전부령으로 정한다.

제37조(소방안전관리대상물 근무자 및 거주자 등에 대한 소방훈련 등)

① 소방안전관리대상물의 관계인은 그 장소에 근무하거나 거주하는 사람 등(이하 "근무자등")에게 소화·통보·피난 등의 훈련(이하 "소방훈련")과 소방안전관리에 필요한 교육을 하여야 하고, 피난훈련은 그 소방대상물에 출입하는 사람을 안전한 장소로 대피시키고 유도하는 훈련을 포함하여야 한다. 이 경우 소방훈련과 교육의 횟수 및 방법 등에 관하여 필요한 사항은 행정안전부령으로 정한다.

영·규칙 CHAIN

칙 제36조(근무자 및 거주자에 대한 소방훈련과 교육)

① 소방안전관리대상물의 관계인은 법 제37조제1항에 따른 소방훈련과 교육을 연 1회 이상 실시해야 한다. 다만, 소방본부장 또는 소방서장이 화재예방을 위하여 필요하다고 인정하여 2회의 범위에서 추가로 실시할 것을 요청하는 경우에는 소방훈련과 교육을 추가로 실시해야 한다.
② 소방본부장 또는 소방서장은 특급 및 1급 소방안전관리대상물의 관계인으로 하여금 제1항에 따른 소방훈련과 교육을 소방기관과 합동으로 실시하게 할 수 있다.
③ 소방안전관리대상물의 관계인은 소방훈련과 교육을 실시하는 경우 소방훈련 및 교육에 필요한 장비 및 교재 등을 갖추어야 한다.
④ 소방안전관리대상물의 관계인은 제1항에 따라 소방훈련과 교육을 실시했을 때에는 그 실시 결과를 [별지 제28호서식]의 소방훈련·교육 실시 결과 기록부에 기록하고, 이를 소방훈련 및 교육을 실시한 날부터 2년간 보관해야 한다.

② 소방안전관리대상물 중 소방안전관리업무의 전담이 필요한 《대통령령으로 정하는 소방안전관리대상물》의 관계인은 제1항에 따른 소방훈련 및 교육을 한 날부터 30일 이내에 소방훈련 및 교육 결과를 행정안전부령으로 정하는 바에 따라 소방본부장 또는 소방서장에게 제출하여야 한다.

§ 대통령령으로 정하는 소방안전관리대상물

1. 별표4 제1호에 따른 특급 소방안전관리대상물
2. 별표4 제2호에 따른 1급 소방안전관리대상물

영·규칙 CHAIN

칙 제37조(소방훈련 및 교육 실시 결과의 제출)

영 제38조에 따른 소방안전관리대상물의 관계인은 제36조제1항에 따라 소방훈련 및 교육을 실시한 날부터 30일 이내에 [별지 제29호서식]의 소방훈련·교육 실시 결과서를 작성하여 소방본부장 또는 소방서장에게 제출해야 한다.

③ 소방본부장 또는 소방서장은 제1항에 따라 소방안전관리대상물의 관계인이 실시하는 소방훈련과 교육을 지도·감독할 수 있다.

④ 소방본부장 또는 소방서장은 소방안전관리대상물 중 불특정 다수인이 이용하는 ≪대통령령으로 정하는 특정소방대상물≫의 근무자등에게 불시에 소방훈련과 교육을 실시할 수 있다. 이 경우 소방본부장 또는 소방서장은 그 특정소방대상물 근무자등의 불편을 최소화하고 안전 등을 확보하는 대책을 마련하여야 하며, 소방훈련과 교육의 내용, 방법 및 절차 등은 행정안전부령으로 정하는 바에 따라 관계인에게 사전에 통지하여야 한다.

> § 대통령령으로 정하는 특정소방대상물 – 불시 소방훈련·교육의 대상
> 1. 「소방시설 설치 및 관리에 관한 법률 시행령」에 따른 의료시설
> 2. 「소방시설 설치 및 관리에 관한 법률 시행령」에 따른 교육연구시설
> 3. 「소방시설 설치 및 관리에 관한 법률 시행령」에 따른 노유자 시설
> 4. 그 밖에 화재 발생 시 불특정 다수의 인명피해가 예상되어 소방본부장 또는 소방서장이 소방훈련·교육이 필요하다고 인정하는 특정소방대상물

⑤ 소방본부장 또는 소방서장은 제4항에 따라 소방훈련과 교육을 실시한 경우에는 그 결과를 평가할 수 있다. 이 경우 소방훈련과 교육의 평가방법 및 절차 등에 필요한 사항은 행정안전부령으로 정한다.

영·규칙 CHAIN

칙 제38조(불시 소방훈련 및 교육 사전통지)

소방본부장 또는 소방서장은 법 제37조제4항에 따라 불시 소방훈련과 교육(이하 "불시 소방훈련·교육")을 실시하려는 경우에는 소방안전관리대상물의 관계인에게 불시 소방훈련·교육 실시 10일 전까지 [별지 제30호서식]의 불시 소방훈련·교육 계획서를 통지해야 한다.

칙 제39조(불시 소방훈련·교육의 평가 방법 및 절차)

① 소방본부장 또는 소방서장은 법 제37조제5항 전단에 따라 불시 소방훈련·교육 실시 결과에 대한 평가를 실시하려는 경우에는 평가 계획을 사전에 수립해야 한다.
② 제1항에 따른 평가의 기준은 다음과 같다.
　1. 불시 소방훈련·교육 내용의 적절성

2. 불시 소방훈련 · 교육 유형 및 방법의 적합성

3. 불시 소방훈련 · 교육 참여인력, 시설 및 장비 등의 적정성

4. 불시 소방훈련 · 교육 여건 및 참여도

③ 제1항에 따른 평가는 현장평가를 원칙으로 하되, 필요에 따라 서면평가 등을 병행할 수 있다. 이 경우 불시 소방훈련 · 교육 참가자에 대한 설문조사 또는 면접조사 등을 함께 실시할 수 있다.

④ 소방본부장 또는 소방서장은 제1항에 따른 평가를 실시한 경우 소방안전관리대상물의 관계인에게 불시 소방훈련 · 교육 종료일부터 10일 이내에 [별지 제31호서식]의 불시 소방훈련 · 교육 평가 결과서를 통지해야 한다.

제38조(특정소방대상물의 관계인에 대한 소방안전교육)

① 소방본부장이나 소방서장은 제37조를 적용받지 아니하는 특정소방대상물의 관계인에 대하여 특정소방대상물의 화재예방과 소방안전을 위하여 행정안전부령으로 정하는 바에 따라 소방안전교육을 할 수 있다.

② 제1항에 따른 교육대상자 및 특정소방대상물의 범위 등에 필요한 사항은 행정안전부령으로 정한다.

영 · 규칙 CHAIN

천 제40조(소방안전교육 대상자 등)

① 법 제38조제1항에 따른 소방안전교육의 교육대상자는 법 제37조를 적용받지 않는 특정소방대상물 중 다음의 어느 하나에 해당하는 특정소방대상물의 관계인으로서 관할 소방서장이 소방안전교육이 필요하다고 인정하는 사람으로 한다.

1. 소화기 또는 비상경보설비가 설치된 공장 · 창고 등의 특정소방대상물

2. 그 밖에 관할 소방본부장 또는 소방서장이 화재에 대한 취약성이 높다고 인정하는 특정소방대상물

② 소방본부장 또는 소방서장은 법 제38조제1항에 따른 소방안전교육을 실시하려는 경우에는 교육일 10일 전까지 [별지 제32호서식]의 특정소방대상물 관계인 소방안전교육 계획서를 작성하여 통보해야 한다.

제39조(공공기관의 소방안전관리)

① 국가, 지방자치단체, 국공립학교 등 대통령령으로 정하는 공공기관의 장은 소관 기관의 근무자 등의 생명 · 신체와 건축물 · 인공구조물 및 물품 등을 화재로부터 보호하기 위하여 화재예방, 자위소방대의 조직 및 편성, 소방시설등의 자체점검과 소방훈련 등의 소방안전관리를 하여야 한다.

② 제1항에 따른 공공기관에 대한 다음의 사항에 관하여는 제24조부터 제38조까지의 규정에도 불구하고 대통령령으로 정하는 바에 따른다.

1. 소방안전관리자의 자격 · 책임 및 선임 등

2. 소방안전관리의 업무대행

3. 자위소방대의 구성 · 운영 및 교육

4. 근무자 등에 대한 소방훈련 및 교육

5. 그 밖에 소방안전관리에 필요한 사항

제6장 특별관리시설물의 소방안전관리

제40조(소방안전 특별관리시설물의 안전관리) [시행일 2024. 3. 22.]

① 소방청장은 화재 등 재난이 발생할 경우 사회 · 경제적으로 피해가 큰 다음의 시설(이하 "소방안전 특별관리시설물")에 대하여 소방안전 특별관리를 하여야 한다.

1. 「공항시설법」의 공항시설

2. 「철도산업발전기본법」의 철도시설

3. 「도시철도법」의 도시철도시설

4. 「항만법」의 항만시설

5. 「문화재보호법」의 지정문화재 및 「자연유산의 보존 및 활용에 관한 법률」에 따른 천연기념물 · 명 승, 시 · 도자연유산인 시설(시설이 아닌 지정문화재 및 천연기념물 · 명승, 시 · 도자연유산을 보호 하거나 소장하고 있는 시설 포함)

6. 「산업기술단지 지원에 관한 특례법」의 산업기술단지

7. 「산업입지 및 개발에 관한 법률」의 산업단지

8. 「초고층 및 지하연계 복합건축물 재난관리에 관한 특별법」의 초고층 건축물 및 지하연계 복합건축물

9. 「영화 및 비디오물의 진흥에 관한 법률」의 영화상영관 중 수용인원 1천명 이상인 영화상영관

10. 전력용 및 통신용 지하구

11. 「한국석유공사법」의 석유비축시설

12. 「한국가스공사법」의 천연가스 인수기지 및 공급망

13. 「전통시장 및 상점가 육성을 위한 특별법」의 전통시장으로서 대통령령으로 정하는 전통시장【점포 가 500개 이상인 전통시장】

14. 그 밖에 ≪대통령령으로 정하는 시설물≫

> § 대통령령으로 정하는 시설물
> 1. 「전기사업법」에 따른 발전사업자가 가동 중인 발전소(「발전소주변지역 지원에 관한 법률 시행 령」에 따른 발전소 제외)
> 2. 「물류시설의 개발 및 운영에 관한 법률」에 따른 물류창고로서 연면적 $10만m^2$ 이상인 것
> 3. 「도시가스사업법」에 따른 가스공급시설

② 소방청장은 제1항에 따른 특별관리를 체계적이고 효율적으로 하기 위하여 시 · 도지사와 협의하여 소방안전 특별관리기본계획을 제4조제1항에 따른 기본계획에 포함하여 수립 및 시행하여야 한다.

영·규칙 CHAIN

영 제42조(소방안전 특별관리기본계획·시행계획의 수립·시행)

① 소방청장은 법 제40조제2항에 따른 소방안전 특별관리기본계획(이하 "특별관리기본계획")을 5년마다 수립하여 시·도에 통보해야 한다.

② 특별관리기본계획에는 다음의 사항이 포함되어야 한다.

1. 화재예방을 위한 중기·장기 안전관리정책
2. 화재예방을 위한 교육·홍보 및 점검·진단
3. 화재대응을 위한 훈련
4. 화재대응과 사후 조치에 관한 역할 및 공조체계
5. 그 밖에 화재 등의 안전관리를 위하여 필요한 사항

③ 시·도지사는 특별관리기본계획을 시행하기 위하여 매년 법 제40조제3항에 따른 소방안전 특별관리시행계획(이하 "특별관리시행계획")을 수립·시행하고, 그 결과를 다음 연도 1월 31일까지 소방청장에게 통보해야 한다.

④ 특별관리시행계획에는 다음의 사항이 포함되어야 한다.

1. 특별관리기본계획의 집행을 위하여 필요한 사항
2. 시·도에서 화재 등의 안전관리를 위하여 필요한 사항

⑤ 소방청장 및 시·도지사는 특별관리기본계획 또는 특별관리시행계획을 수립하는 경우 성별, 연령별, 화재안전취약자별 화재 피해현황 및 실태 등을 고려해야 한다.

③ 시·도지사는 제2항에 따른 소방안전 특별관리기본계획에 저촉되지 아니하는 범위에서 관할 구역에 있는 소방안전 특별관리시설물의 안전관리에 적합한 소방안전 특별관리시행계획을 제4조제6항에 따른 세부시행계획에 포함하여 수립 및 시행하여야 한다.

④ 그 밖에 제2항 및 제3항에 따른 소방안전 특별관리기본계획 및 소방안전 특별관리시행계획의 수립·시행에 필요한 사항은 대통령령으로 정한다.

제41조(화재예방안전진단)

① ≪대통령령으로 정하는 소방안전 특별관리시설물≫의 관계인은 화재의 예방 및 안전관리를 체계적·효율적으로 수행하기 위하여 대통령령으로 정하는 바에 따라 한국소방안전원(이하 "안전원") 또는 소방청장이 지정하는 화재예방안전진단기관(이하 "진단기관")으로부터 정기적으로 화재예방안전진단을 받아야 한다.

§ 대통령령으로 정하는 소방안전 특별관리시설물 – 화재예방안전진단의 대상

1. 공항시설 중 여객터미널의 연면적이 1천m^2 이상인 공항시설
2. 철도시설 중 역 시설의 연면적이 5천m^2 이상인 철도시설
3. 도시철도시설 중 역사 및 역 시설의 연면적이 5천m^2 이상인 도시철도시설

4. 항만시설 중 여객이용시설 및 지원시설의 연면적이 5천m² 이상인 항만시설

5. 전력용 및 통신용 지하구 중 「국토의 계획 및 이용에 관한 법률」에 따른 공동구

6. 천연가스 인수기지 및 공급망 중 「소방시설 설치 및 관리에 관한 법률 시행령」에 따른 가스시설

7. 발전소 중 연면적이 5천m² 이상인 발전소

8. 가스공급시설 중 가연성 가스 탱크의 저장용량의 합계가 100톤 이상이거나 저장용량이 30톤 이상인 가연성 가스 탱크가 있는 가스공급시설

벌 1년 이하 징역 / 1천만 원 이하 벌금 – 진단기관으로부터 화재예방안전진단을 받지 아니한 자

② 제1항에 따른 화재예방안전진단의 범위는 다음과 같다.

1. 화재위험요인의 조사에 관한 사항

2. 소방계획 및 피난계획 수립에 관한 사항

3. 소방시설등의 유지 · 관리에 관한 사항

4. 비상대응조직 및 교육훈련에 관한 사항

5. 화재 위험성 평가에 관한 사항

6. 그 밖에 화재예방진단을 위하여 ≪대통령령으로 정하는 사항≫

§ 대통령령으로 정하는 사항 – 화재예방안전진단의 범위

1. 화재 등의 재난 발생 후 재발방지 대책의 수립 및 그 이행에 관한 사항

2. 지진 등 외부 환경 위험요인 등에 대한 예방 · 대비 · 대응에 관한 사항

3. 화재예방안전진단 결과 보수 · 보강 등 개선요구 사항 등에 대한 이행 여부

③ 제1항에 따라 안전원 또는 진단기관의 화재예방안전진단을 받은 연도에는 제37조에 따른 소방훈련과 교육 및 「소방시설 설치 및 관리에 관한 법률」제22조에 따른 자체점검을 받은 것으로 본다.

④ 안전원 또는 진단기관은 제1항에 따른 화재예방안전진단 결과를 행정안전부령으로 정하는 바에 따라 소방본부장 또는 소방서장, 관계인에게 제출하여야 한다.

⑤ 소방본부장 또는 소방서장은 제4항에 따라 제출받은 화재예방안전진단 결과에 따라 보수 · 보강 등의 조치가 필요하다고 인정하는 경우에는 해당 소방안전 특별관리시설물의 관계인에게 보수 · 보강 등의 조치를 취할 것을 명할 수 있다.

벌 3년 이하 징역 / 3천만 원 이하 벌금 –보수 · 보강 등의 조치명령을 정당한 사유 없이 위반한 자

⑥ 화재예방안전진단 업무에 종사하고 있거나 종사하였던 사람은 업무를 수행하면서 알게 된 비밀을 이 법에서 정한 목적 외의 용도로 사용하거나 다른 사람 또는 기관에 제공하거나 누설하여서는 아니 된다.

벌 300만 원 이하 벌금 – 업무를 수행하면서 알게 된 비밀을 이 법에서 정한 목적 외의 용도로 사용하거나 다른 사람 또는 기관에 제공하거나 누설한 자

영 · 규칙 CHAIN

영 제44조(화재예방안전진단의 실시 절차 등)

① 소방안전관리대상물이 건축되어 제43조의 소방안전 특별관리시설물에 해당하게 된 경우 해당 소방안전 특별관리시설물의 관계인은 「건축법」에 따른 사용승인 또는 「소방시설공사업법」에 따른 완공검사를 받은 날부터 5년이 경과한 날이 속하는 해에 법 제41조제1항에 따라 최초의 화재예방안전진단을 받아야 한다.

② 화재예방안전진단을 받은 소방안전 특별관리시설물의 관계인은 제3항에 따른 안전등급에 따라 정기적으로 다음의 기간에 법 제41조제1항에 따라 화재예방안전진단을 받아야 한다.

　1. 안전등급이 우수인 경우 : 안전등급을 통보받은 날부터 6년이 경과한 날이 속하는 해

　2. 안전등급이 양호 · 보통인 경우 : 안전등급을 통보받은 날부터 5년이 경과한 날이 속하는 해

　3. 안전등급이 미흡 · 불량인 경우 : 안전등급을 통보받은 날부터 4년이 경과한 날이 속하는 해

③ 화재예방안전진단 결과는 우수, 양호, 보통, 미흡 및 불량의 안전등급으로 구분하며, 안전등급의 기준은 [별표 7]과 같다.

■ 화재의 예방 및 안전관리에 관한 법률 시행령

[별표 7] 화재예방안전진단 결과에 따른 안전등급 기준

안전등급	화재예방안전진단 대상물의 상태
우수(A)	화재예방안전진단 실시 결과 문제점이 발견되지 않은 상태
양호(B)	화재예방안전진단 실시 결과 문제점이 일부 발견되었으나 대상물의 화재안전에는 이상이 없으며 대상물 일부에 대해 법 제41조제5항에 따른 보수 · 보강 등의 조치명령(이하 "조치명령")이 필요한 상태
보통(C)	화재예방안전진단 실시 결과 문제점이 다수 발견되었으나 대상물의 전반적인 화재안전에는 이상이 없으며 대상물에 대한 다수의 조치명령이 필요한 상태
미흡(D)	화재예방안전진단 실시 결과 광범위한 문제점이 발견되어 대상물의 화재안전을 위해 조치명령의 즉각적인 이행이 필요하고 대상물의 사용 제한을 권고할 필요가 있는 상태
불량(E)	화재예방안전진단 실시 결과 중대한 문제점이 발견되어 대상물의 화재안전을 위해 조치명령의 즉각적인 이행이 필요하고 대상물의 사용 중단을 권고할 필요가 있는 상태

[비고] 안전등급의 세부적인 기준은 소방청장이 정하여 고시한다.

④ 제1항부터 제3항까지에서 규정한 사항 외에 화재예방안전진단 절차 및 방법 등에 관하여 필요한 사항은 행정안전부령으로 정한다.

영 제46조(화재예방안전진단기관의 지정기준)

법 제42조제1항에서 "대통령령으로 정하는 시설과 전문인력 등 지정기준"이란 [별표 8]에서 정하는 기준을 말한다.

■ 화재의 예방 및 안전관리에 관한 법률 시행령

[별표 8] 화재예방안전진단기관의 시설, 전문인력 등 지정기준

1. 시설

화재예방안전진단을 목적으로 설립된 비영리법인·단체로서 제2호에 따른 전문인력이 근무할 수 있는 사무실과 제3호에 따른 장비를 보관할 수 있는 창고를 갖출 것. 이 경우 사무실과 창고를 임차하여 사용하는 경우도 사무실과 창고를 갖춘 것으로 본다.

2. 전문인력

다음의 전문인력을 모두 갖출 것. 이 경우 전문인력은 해당 화재예방안전진단기관의 상근 직원이어야 하며, 한 사람이 다음의 자격 요건 중 둘 이상을 충족하는 경우에도 한 명의 전문인력으로 본다.

가. 다음에 해당하는 사람

    1) 소방기술사 : 1명 이상

    2) 소방시설관리사 : 1명 이상

    3) 전기안전기술사 · 화공안전기술사 · 가스기술사 · 위험물기능장 또는 건축사 : 1명 이상

나. 다음의 분야별로 각 1명 이상

분야	자격 요건
소방	1) 소방기술사 2) 소방시설관리사 3) 소방설비기사(산업기사 포함) 자격 취득 후 소방 관련 업무경력이 3년(소방설비산업기사의 경우 5년) 이상인 사람
전기	1) 전기안전기술사 2) 전기기사(산업기사 포함) 자격 취득 후 소방 관련 업무 경력이 3년(전기산업기사의 경우 5년) 이상인 사람
화공	1) 화공안전기술사 2) 화공기사(산업기사 포함) 자격 취득 후 소방 관련 업무 경력이 3년(화공산업기사의 경우 5년) 이상인 사람
가스	1) 가스기술사 2) 가스기사(산업기사 포함) 자격 취득 후 소방 관련 업무 경력이 3년(가스산업기사의 경우 5년) 이상인 사람
위험물	1) 위험물기능장 2) 위험물산업기사 자격 취득 후 소방 관련 업무 경력이 5년 이상인 사람
건축	1) 건축사 2) 건축기사(산업기사 포함) 자격 취득 후 소방 관련 업무 경력이 3년(건축산업기사의 경우 5년) 이상인 사람
교육훈련	소방안전교육사

3. 장비

소방, 전기, 가스, 위험물, 건축 분야별로 행정안전부령으로 정하는 장비를 갖출 것

칙 제41조(화재예방안전진단의 절차 및 방법)

① 법 제41조제1항에 따라 화재예방안전진단을 받아야 하는 소방안전 특별관리시설물의 관계인은 [별지 제33호서식]을 안전원 또는 소방청장이 지정하는 화재예방안전진단기관(이하 "진단기관")에 신청해야 한다.

② 제1항에 따라 화재예방안전진단 신청을 받은 안전원 또는 진단기관은 다음의 절차에 따라 화재예방안전진단을 실시한다.

1. 위험요인 조사
2. 위험성 평가
3. 위험성 감소대책의 수립

③ 화재예방안전진단은 다음의 방법으로 실시한다.

1. 준공도면, 시설 현황, 소방계획서 등 자료수집 및 분석
2. 화재위험요인 조사, 소방시설등의 성능점검 등 현장조사 및 점검
3. 정성적 · 정량적 방법을 통한 화재위험성 평가
4. 불시 · 무각본 훈련에 의한 비상대응훈련 평가
5. 그 밖에 지진 등 외부 환경 위험요인에 대한 예방 · 대비 · 대응태세 평가

④ 제1항에 따라 화재예방안전진단을 신청한 소방안전 특별관리시설물의 관계인은 화재예방안전진단에 필요한 자료의 열람 및 화재예방안전진단에 적극 협조해야 한다.

⑤ 제1항부터 제4항까지에서 규정한 사항 외에 화재예방안전진단의 세부 절차 및 평가방법 등에 관하여 필요한 사항은 소방청장이 정하여 고시한다.

칙 제42조(화재예방안전진단 결과 제출)

① 화재예방안전진단을 실시한 안전원 또는 진단기관은 법 제41조제4항에 따라 화재예방안전진단이 완료된 날부터 60일 이내에 소방본부장 또는 소방서장, 관계인에게 [별지 제34호서식]의 화재예방안전진단 결과 보고서(전자문서 포함)에 다음의 서류(전자문서 포함)를 첨부하여 제출해야 한다.

1. 화재예방안전진단 결과 세부 보고서
2. 화재예방안전진단기관 지정서

② 제1항에 따른 화재예방안전진단 결과 보고서에는 다음의 사항이 포함되어야 한다.

1. 해당 소방안전 특별관리시설물 현황
2. 화재예방안전진단 실시 기관 및 참여인력
3. 화재예방안전진단 범위 및 내용
4. 화재위험요인의 조사 · 분석 및 평가 결과
5. 영 제44조제2항에 따른 안전등급 및 위험성 감소대책
6. 그 밖에 소방안전 특별관리시설물의 화재예방 강화를 위하여 소방청장이 정하는 사항

제42조(진단기관의 지정 및 취소)

① 제41조제1항에 따라 소방청장으로부터 진단기관으로 지정을 받으려는 자는 대통령령으로 정하는 시설과 전문인력 등 지정기준을 갖추어 소방청장에게 지정을 신청하여야 한다.

> 🟣 **벌** 3년 이하 징역 / 3천만 원 이하 벌금 – 부정한 방법으로 진단기관으로 지정을 받은 자

② 소방청장은 진단기관으로 지정받은 자가 다음의 어느 하나에 해당하는 경우에는 그 지정을 취소하거나 6개월 이내의 기간을 정하여 업무의 전부 또는 일부의 정지를 명할 수 있다. 다만, 제1호 또는 제4호에 해당하는 경우에는 그 지정을 취소하여야 한다.

1. 거짓이나 그 밖의 부정한 방법으로 지정을 받은 경우
2. 제41조제4항에 따른 화재예방안전진단 결과를 소방본부장 또는 소방서장, 관계인에게 제출하지 아니한 경우
3. 제1항에 따른 지정기준에 미달하게 된 경우
4. 업무정지기간에 화재예방안전진단 업무를 한 경우

③ 진단기관의 지정절차, 지정취소 또는 업무정지의 처분 등에 필요한 사항은 행정안전부령으로 정한다.

📙 **영 · 규칙 CHAIN**

📗 **제43조(진단기관의 장비기준)**

영 [별표 8] 제3호에서 "행정안전부령으로 정하는 장비"란 [별표 7]의 장비를 말한다.

■ 화재의 예방 및 안전관리에 관한 법률 시행규칙

[별표 7] 화재예방안전진단기관의 장비기준

다음의 분야별 장비를 모두 갖출 것. 다만, 해당 장비의 기능을 2개 이상 갖춘 복합기능 장비를 갖춘 경우에는 개별 장비를 갖춘 것으로 본다.

분야	장비
소방	1) 방수압력측정계, 절연저항계, 전류전압측정계 2) 저울 3) 소화전밸브압력계 4) 헤드결합렌치 5) 검량계, 기동관누설시험기, 그 밖에 소화약제의 저장량을 측정할 수 있는 점검기구 6) 열감지기시험기, 연(煙)감지기시험기, 공기주입시험기, 감지기시험기연결폴대, 음량계 7) 누전계(누전전류 측정용) 8) 무선기(통화시험용) 9) 풍속풍압계, 폐쇄력측정기, 차압계(압력차 측정기) 10) 조도계(최소눈금이 0.1럭스 이하인 것) 11) 화재 및 피난 모의시험이 가능한 컴퓨터 12) 화재 모의시험을 위한 프로그램 13) 피난 모의시험을 위한 프로그램 14) 교육 · 훈련 평가 기자재

	가) 연기발생기 나) 초시계	
전기	1) 정전기 전하량 측정기 3) 검전기 5) 절연안전모 7) 절연장화	2) 적외선 열화상 카메라 4) 클램프미터 6) 고압절연장갑
가스	1) 가스누출검출기 3) 일산화탄소농도측정기	2) 가스농도측정기 4) 가스누출 검지액
위험물	1) 접지저항측정기(최소눈금 0.1옴 이하) 2) 가스농도측정기(탄화수소계 가스의 농도측정 가능할 것) 3) 정전기 전위측정기 4) 토크렌치(torque wrench : 볼트와 너트를 규정된 회전력에 맞춰 조이는 데 사용하는 　도구) 5) 진동시험기 7) 두께측정기 9) 방수압력측정계 11) 헤드렌치	 6) 표면온도계(영하 10℃～300℃) 8) 소화전밸브압력계 10) 포콜렉터 12) 포콘테이너
건축	1) 거리측정기 2) 건축 관계 도면 검토가 가능한 프로그램(AUTO CAD 등) 3) 도막(도료, 도포막) 두께측정장비(측정범위가 0.1mm 이하일 것)	

칙 제44조(진단기관의 지정신청)

① 진단기관으로 지정받으려는 자는 법 제42조제1항에 따라 [별지 제35호서식]의 화재예방안전진단기관 지정신청서(전자문서 포함)에 다음의 서류(전자문서 포함)를 첨부하여 소방청장에게 제출해야 한다.

　1. 정관 사본

　2. 시설 요건을 증명하는 서류 및 장비 명세서

　3. 경력증명서 또는 재직증명서 등 기술인력의 자격요건을 증명하는 서류

② 제1항에 따른 화재예방안전진단기관 지정신청서를 제출받은 담당 공무원은 「전자정부법」에 따른 행정정보의 공동이용을 통하여 법인등기부 등본(법인인 경우만 해당) 및 국가기술자격증을 확인해야 한다. 다만, 신청인이 확인에 동의하지 않는 경우에는 이를 제출하도록 해야 한다.

칙 제45조(진단기관의 지정 절차)

① 소방청장은 제44조제1항에 따라 지정신청서를 접수한 경우에는 지정기준 등에 적합한지를 검토하여 60일 이내에 진단기관 지정 여부를 결정해야 한다.

② 소방청장은 제1항에 따라 진단기관의 지정을 결정한 경우에는 [별지 제36호서식]의 화재예방안전진단기관 지정서를 발급하고, [별지 제37호서식]의 화재예방안전진단기관 관리대장에 기록하고 관리해야 한다.

③ 소방청장은 제2항에 따라 지정서를 발급한 경우에는 그 내용을 소방청 인터넷 홈페이지에 공고해야 한다.

칙 제46조(진단기관의 지정취소)

법 제42조제2항에 따른 진단기관의 지정취소 및 업무정지의 처분기준은 [별표 8]과 같다.

■ 화재의 예방 및 안전관리에 관한 법률 시행규칙

[별표 8] 화재예방안전진단기관의 지정취소 및 업무정지의 처분기준

1. 일반기준

　가. 위반행위가 둘 이상인 경우에는 각 위반행위에 따라 각각 처분한다.

　나. 위반행위의 횟수에 따른 행정처분 기준은 최근 3년간 같은 위반행위로 행정처분을 받은 경우에 적용한다. 이 경우 기준 적용일은 위반행위에 대한 행정처분일과 그 처분 후에 한 위반행위가 다시 적발된 날을 기준으로 한다.

　다. 나목에 따라 가중된 부과처분을 하는 경우 가중처분의 적용 차수는 그 위반행위 전 부과처분 차수(나목에 따른 기간 내에 처분이 둘 이상 있었던 경우 높은 차수)의 다음 차수로 한다.

　라. 처분권자는 위반행위의 동기 · 내용 · 횟수 및 위반 정도 등 다음의 감경 사유에 해당하는 경우 그 처분기준의 2분의 1의 범위에서 감경할 수 있다.

　　1) 위반행위가 사소한 부주의나 오류로 인한 것으로 인정되는 경우

　　2) 위반의 내용 및 정도가 경미하여 화재예방안전진단등의 업무를 수행하는 데 문제가 발생하지 않는 경우

　　3) 그 밖에 위반행위의 정도, 위반행위의 동기와 그 결과 등을 고려하여 감경할 필요가 있다고 인정되는 경우

2. 개별기준

위반 내용	근거 법조문	처분기준		
		1차 위반	2차 위반	3차 이상 위반
가. 거짓이나 그 밖의 부정한 방법으로 안전진단기관으로 지정을 받은 경우	법 제42조 제2항제1호	지정취소		
나. 법 제41조제4항에 따른 화재예방안전진단 결과를 소방본부장 또는 소방서장, 관계인에게 제출하지 않은 경우	법 제42조 제2항제2호	경고 (시정명령)	업무정지 3개월	업무정지 6개월
다. 법 제42조제1항에 따른 지정기준에 미달하게 된 경우	법 제42조 제2항제3호	업무정지 3개월	업무정지 6개월	지정취소
라. 업무정지기간에 화재예방안전진단 업무를 한 경우	법 제42조 제2항제4호	지정취소		

칙 제50조(안전원이 갖춰야 하는 시설 기준 등)

① 안전원의 장은 화재예방안전진단을 원활하게 수행하기 위하여 영 [별표 8]에 따른 진단기관이 갖춰야 하는 시설, 전문인력 및 장비를 갖춰야 한다.

② 안전원은 법 제48조제2항제7호에 따른 업무를 위탁받은 경우 [별표 10]의 시설기준을 갖춰야 한다.

■ 화재의 예방 및 안전관리에 관한 법률 시행규칙

[별표 10] 한국소방안전원이 갖추어야 하는 시설기준

1. 사무실 : 바닥면적 60m² 이상일 것
2. 강의실 : 바닥면적 100m² 이상이고 책상·의자, 음향시설, 컴퓨터 및 빔프로젝터 등 교육에 필요한 비품을 갖출 것
3. 실습실 : 바닥면적 100m² 이상이고, 교육과정별 실습·평가를 위한 교육기자재 등을 갖출 것
4. 교육용기자재 등

교육 대상	교육용기자재 등	수량
공통(특급·1급·2급·3급 소방안전관리자, 소방안전관리보조자, 업무대행감독 소방안전관리자, 건설현장 소방안전관리자)	1. 소화기(분말, 이산화탄소, 할로겐화합물 및 불활성기체)	각 1개
	2. 소화기 실습·평가설비	1식
	3. 자동화재탐지설비(P형) 실습·평가설비	3식
	4. 응급처치 실습·평가장비(마네킹, 심장충격기)	각 1개
	5. 피난구조설비(유도등, 완강기)	각 1식
	6. 「소방시설 설치 및 관리에 관한 법률 시행규칙」 별표 4에 따른 소방시설별 점검 장비	각 1개
	7. 원격교육을 위한 스튜디오, 영상장비 및 콘텐츠	1식
	8. 가상체험(VR 등) 장비 및 기기	1식
		1식
특급 소방안전관리자	1. 옥내소화전설비 실습·평가설비	1식
	2. 스프링클러설비 실습·평가설비	1식
	3. 가스계소화설비 실습·평가설비	1식
	4. 자동화재탐지설비(R형) 실습·평가설비	1식
	5. 제연설비 실습·평가설비	1식
1급 소방안전관리자	1. 옥내소화전설비 실습·평가설비	1식
	2. 스프링클러설비 실습·평가설비	1식
	3. 자동화재탐지설비(R형) 실습·평가설비	1식
2급 소방안전관리자, 공공기관 소방안전관리자	1. 옥내소화전설비 실습·평가설비	1식
	2. 스프링클러설비 실습·평가설비	1식
건설현장 소방안전관리자	1. 임시소방시설 실습·평가설비	1식
	2. 화기취급작업 안전장비	1식

제7장 보칙

제43조(화재의 예방과 안전문화 진흥을 위한 시책의 추진)

① 소방관서장은 국민의 화재 예방과 안전에 관한 의식을 높이고 화재의 예방과 안전문화를 진흥시키기 위한 다음의 활동을 적극 추진하여야 한다.

1. 화재의 예방 및 안전관리에 관한 의식을 높이기 위한 활동 및 홍보
2. 소방대상물 특성별 화재의 예방과 안전관리에 필요한 행동요령의 개발 · 보급
3. 화재의 예방과 안전문화 우수사례의 발굴 및 확산
4. 화재 관련 통계 현황의 관리 · 활용 및 공개
5. 화재의 예방과 안전관리 취약계층에 대한 화재의 예방 및 안전관리 강화
6. 그 밖에 화재의 예방과 안전문화를 진흥하기 위한 활동

② 소방관서장은 화재의 예방과 안전문화 활동에 국민 또는 주민이 참여할 수 있는 제도를 마련하여 시행할 수 있다.

③ 소방청장은 국민이 화재의 예방과 안전문화를 실천하고 체험할 수 있는 체험시설을 설치 · 운영할 수 있다.

④ 국가와 지방자치단체는 지방자치단체 또는 그 밖의 기관 · 단체에서 추진하는 화재의 예방과 안전문화 활동을 위하여 필요한 예산을 지원할 수 있다.

제44조(우수 소방대상물 관계인에 대한 포상 등)

① 소방청장은 소방대상물의 자율적인 안전관리를 유도하기 위하여 안전관리 상태가 우수한 소방대상물을 선정하여 우수 소방대상물 표지를 발급하고, 소방대상물의 관계인을 포상할 수 있다.

② 제1항에 따른 우수 소방대상물의 선정 방법, 평가 대상물의 범위 및 평가 절차 등에 필요한 사항은 행정안전부령으로 정한다.

영 · 규칙 CHAIN

칙 제47조(우수 소방대상물의 선정 등)

① 소방청장은 법 제44조제1항에 따른 우수 소방대상물의 선정 및 관계인에 대한 포상을 위하여 우수 소방대상물의 선정방법, 평가 대상물의 범위 및 평가 절차 등에 관한 내용이 포함된 시행계획을 매년 수립 · 시행해야 한다.

② 소방청장은 우수 소방대상물 선정을 위하여 필요한 경우에는 소방대상물을 직접 방문하여 필요한 사항을 확인할 수 있다.

③ 소방청장은 우수 소방대상물 선정의 객관성 및 전문성을 확보하기 위하여 필요한 경우에는 다음의 어느 하나에 해당하는 사람이 2명 이상 포함된 평가위원회를 성별을 고려하여 구성 · 운영할 수 있다. 이 경우 평가위원회의 위원에게는 예산의 범위에서 수당, 여비 등 필요한 경비를 지급할 수 있다.

1. 소방기술사(소방안전관리자로 선임된 사람은 제외)

2. 소방시설관리사

3. 소방 관련 석사 이상의 학위를 취득한 사람

4. 소방 관련 법인 또는 단체에서 소방 관련 업무에 5년 이상 종사한 사람

5. 소방공무원 교육기관, 대학 또는 연구소에서 소방과 관련한 교육 또는 연구에 5년 이상 종사한 사람

④ 제1항부터 제3항까지에서 규정한 사항 외에 우수 소방대상물의 평가, 평가위원회 구성 · 운영, 포상의 종류 · 명칭 및 우수 소방대상물 표지 등에 관하여 필요한 사항은 소방청장이 정하여 고시한다.

제45조(조치명령 등의 기간연장)

① 다음에 따른 조치명령 · 선임명령 또는 이행명령(이하 "조치명령등")을 받은 관계인 등은 천재지변이나 그 밖에 ≪대통령령으로 정하는 사유≫로 조치명령등을 그 기간 내에 이행할 수 없는 경우에는 조치명령등을 명령한 소방관서장에게 대통령령으로 정하는 바에 따라 조치명령등의 이행시기를 연장하여 줄 것을 신청할 수 있다.

1. 제14조에 따른 소방대상물의 개수 · 이전 · 제거, 사용의 금지 또는 제한, 사용폐쇄, 공사의 정지 또는 중지, 그 밖의 필요한 조치명령

2. 제28조제1항에 따른 소방안전관리자 또는 소방안전관리보조자 선임명령

3. 제28조제2항에 따른 소방안전관리업무 이행명령

§ 대통령령으로 정하는 사유 – 조치명령등의 기간연장

1. 「재난 및 안전관리 기본법」에 해당하는 재난이 발생한 경우

2. 경매 등의 사유로 소유권이 변동 중이거나 변동된 경우

3. 관계인의 질병, 사고, 장기출장의 경우

4. 시장 · 상가 · 복합건축물 등 소방대상물의 관계인이 여러 명으로 구성되어 법 제45조제1항에 따른 조치명령 · 선임명령 또는 이행명령의 이행에 대한 의견을 조정하기 어려운 경우

5. 그 밖에 관계인이 운영하는 사업에 부도 또는 도산 등 중대한 위기가 발생하여 조치명령등을 그 기간 내에 이행할 수 없는 경우

② 제1항에 따라 연장신청을 받은 소방관서장은 연장신청 승인 여부를 결정하고 그 결과를 조치명령등의 이행 기간 내에 관계인 등에게 알려 주어야 한다.

영 · 규칙 CHAIN

칙 제48조(조치명령등의 기간연장)

① 법 제45조제1항에 따른 조치명령 · 선임명령 또는 이행명령의 기간연장을 신청하려는 관계인 등은 영 제47조제2항에 따라 [별지 제38호서식]에 따른 조치명령등의 기간연장 신청서(전자문서 포함)에

조치명령등을 이행할 수 없음을 증명할 수 있는 서류(전자문서 포함)를 첨부하여 소방관서장에게 제출해야 한다.

② 제1항에 따른 신청서를 제출받은 소방관서장은 신청받은 날부터 3일 이내에 조치명령등의 기간연장 여부를 결정하여 [별지 제39호서식]의 조치명령등의 기간연장 신청 결과 통지서를 관계인 등에게 통지해야 한다.

제46조(청문)

소방청장 또는 시·도지사는 다음의 어느 하나에 해당하는 처분을 하려면 청문을 하여야 한다.

1. 제31조제1항에 따른 소방안전관리자의 자격 취소
2. 제42조제2항에 따른 진단기관의 지정 취소

제47조(수수료 등)

다음의 어느 하나에 해당하는 자는 행정안전부령으로 정하는 수수료 또는 교육비를 내야 한다.

1. 제30조제1항에 따른 소방안전관리자 자격시험에 응시하려는 사람
2. 제30조제2항 및 제3항에 따른 소방안전관리자 자격증을 발급 또는 재발급받으려는 사람
3. 제34조에 따른 강습교육 또는 실무교육을 받으려는 사람
4. 제41조제1항에 따라 화재예방안전진단을 받으려는 관계인

영·규칙 CHAIN

칙 제49조(수수료 및 교육비)

① 법 제47조에 따른 수수료 및 교육비는 [별표 9]와 같다.

② [별표 9]에 따른 수수료 또는 교육비를 반환하는 경우에는 다음의 구분에 따라 반환해야 한다.

1. 수수료 또는 교육비를 과오납한 경우 : 그 과오납한 금액의 전부
2. 시험시행기관 또는 교육실시기관에 책임이 있는 사유로 시험에 응시하지 못하거나 교육을 받지 못한 경우 : 납입한 수수료 또는 교육비의 전부
3. 직계가족의 사망, 본인의 사고 또는 질병, 격리가 필요한 감염병이나 예견할 수 없는 기상상황 등으로 인해 시험에 응시하지 못하거나 교육을 받지 못한 경우(해당 사실을 증명하는 서류 등을 제출한 경우로 한정) : 납입한 수수료 또는 교육비의 전부
4. 원서접수기간 또는 교육신청기간에 접수를 철회한 경우 : 납입한 수수료 또는 교육비의 전부
5. 시험시행일 또는 교육실시일 20일 전까지 접수를 취소한 경우 : 납입한 수수료 또는 교육비의 전부
6. 시험시행일 또는 교육실시일 10일 전까지 접수를 취소한 경우 : 납입한 수수료 또는 교육비의 100분의 50

■ 화재의 예방 및 안전관리에 관한 법률 시행규칙

[별표 9] 수수료 및 교육비

1. 자격증 발급 및 시험응시 수수료

납부대상자	수수료 금액
가. 법 제30조제1항에 따른 소방안전관리자 자격시험에 응시하려는 사람	특급 제1차시험 : 1만 8천 원 특급 제2차시험 : 2만 4천 원 1 · 2 · 3급시험 : 1만 2천 원
나. 법 제30조제2항 및 제3항에 따른 소방안전관리자 자격증(수첩형)을 발급 또는 재발급받으려는 사람	1만 원

2. 교육비

납부 대상자	납부 금액
가. 영 [별표 4]의 특급 소방안전관리대상물에 대한 소방안전관리업무 강습교육을 받으려는 사람	96만 원
나. 영 [별표 4]의 1급 소방안전관리대상물에 대한 소방안전관리업무 강습교육을 받으려는 사람	48만 원
다. 영 [별표 4]의 2급 소방안전관리대상물에 대한 소방안전관리업무 강습교육 및 공공기관 소방안전관리 강습교육을 받으려는 사람	24만 원
라. 영 [별표 4]의 3급 소방안전관리대상물에 대한 소방안전관리업무 강습교육을 받으려는 사람	14만 4천 원
마. 법 제24조제3항에 따라 선임된 소방안전관리자 업무대행 감독자에 대한 강습교육을 받으려는 사람	9만 6천 원
바. 법 제29조제1항에 따른 건설현장에 대한 소방안전관리업무 강습교육을 받으려는 사람	14만 4천 원
사. 법 제34조제1항제2호에 따른 소방안전관리자에 대한 실무교육을 받으려는 사람	5만 5천 원
아. 법 제34조제1항제2호에 따른 소방안전관리보조자에 대한 실무교육을 받으려는 사람	3만 원

3. 화재예방안전진단 수수료

가. 법 제41조제1항에 따라 화재예방안전진단을 받으려는 자는 다음의 계산식에 따라 산출한 수수료(천원 미만은 절사)를 납부해야 한다.

구분	계산식
수수료	직접인건비＋직접경비＋제경비＋기술료

나. 가목의 계산식에서 직접인건비, 직접경비, 제경비 및 기술료는 다음의 값으로 한다.

구분	내용
직접	1) 직접인건비는 진단단계별 각 공사량에 진단단계별 투입인력의 노임단가를 곱하여

인건비	산출한 금액의 합계 금액으로 한다. 2) 1)에서 진단단계별 각 공사량은 현장시설진단의 용도별 공사량에 보정계수1을 곱하고 사전조사의 공사량, 비상대응훈련의 공사량 및 보고서작성의 공사량에 보정계수2를 곱한 값으로 한다. 3) 1)에서 노임단가는 「엔지니어링산업 진흥법」에 따른 엔지니어링사업대가의 기준 중 기타부분의 노임단가로 한다. 4) 노임단가 산정 시 투입인력의 등급은 「엔지니어링산업 진흥법 시행령」에 따른다.
직접경비	직접인건비에 0.1을 곱하여 산출한 금액으로 한다.
제경비	직접인건비에 1.1을 곱하여 산출한 금액으로 한다.
기술료	직접인건비와 제경비의 합에 0.2를 곱하여 산출한 금액으로 한다.

다. 나목에서 진단단계별 분야별 공사량은 다음과 같다.

구분		공사량									
진단단계	용도별	영 [별표 8] 제2호가목에 따른 전문인력				영 [별표 8] 제2호나목에 따른 분야별 전문인력					
		합계	소방기술사	소방시설관리사	그 밖의 기술사 등	소방	전기	건축	가스	화공	위험물
사전조사	전체	1.0									
현장시설진단	공항	4.5	0.5	0.5	0.5	1.0	0.4	0.7	0.2	0.2	0.5
	철도, 도시철도, 항만	3.0	0.5	0.5	0.2	0.7	0.3	0.4	0.1	0.1	0.2
	공동구	3.0	0.5	0.5	0.2	0.5	0.5	0.4	0.2	0.1	0.1
	천연가스 인수기지, 가스공급시설	5.0	0.5	0.5	0.5	1.0	0.3	0.7	1.0	0.2	0.3
	발전소	5.0	0.7	0.5	0.5	1.0	0.5	0.7	0.3	0.5	0.3
비상대응훈련		4.0(소방안전교육사 1명 포함)									
보고서 작성 (시뮬레이션 포함)		4.0									

라. 나목에서 보정계수 값은 다음과 같이 한다.

연면적의 합계(m²)	보정계수1 (현장진단)	보정계수2(사전조사, 비상대응훈련 및 보고서 작성)
10,000 이하	1.0	0.25
10,000 초과~15,000 이하	1.5	0.50
15,000 초과~20,000 이하	2.0	0.50

20,000 초과~25,000 이하	2.5	1.00
25,000 초과~30,000 이하	3.0	1.00
30,000 초과~35,000 이하	3.5	1.50
35,000 초과~40,000 이하	4.0	1.50
40,000 초과~45,000 이하	4.5	1.50
45,000 초과~50,000 이하	5.0	1.50
50,000 초과~60,000 이하	6.0	2.00
60,000 초과~70,000 이하	7.0	2.00
70,000 초과~80,000 이하	8.0	2.00
80,000 초과~90,000 이하	9.0	2.00
90,000 초과~100,000 이하	10.0	2.00
100,000 초과	11.0으로 하되 10,000 초과 시마다 1.0을 더한 수치	2.10으로 하되 100,000 초과 시마다 0.1을 더한 수치

[비고]

1. 수수료 및 교육비는 계좌입금의 방식 또는 현금으로 납부하거나 신용카드로 결제해야 한다. 다만, 정보통신망을 이용하여 전자화폐·전자결제 등의 방법으로 결제할 수 있다.
2. 제1호가목에도 불구하고 영 [별표 4] 제2호부터 제4호까지에 해당하는 소방안전관리대상물의 소방안전관리자가 되려는 사람이 강습교육 마지막일(원격 교육과정의 경우 수료 후 처음 시험에 응시하는 경우)에 실시하는 소방안전관리자 자격시험에 응시하는 경우에는 응시 수수료를 납부한 것으로 본다.
3. 강습교육을 받으려는 사람은 강습교육 수강신청 시 교육비를 납부해야 한다.

제48조(권한의 위임·위탁 등)

① 이 법에 따른 소방청장 또는 시·도지사의 권한은 그 일부를 대통령령으로 정하는 바에 따라 시·도지사, 소방본부장 또는 소방서장에게 위임할 수 있다.

② 소방관서장은 다음에 해당하는 업무를 안전원에 위탁할 수 있다.

1. 제26조제1항에 따른 소방안전관리자 또는 소방안전관리보조자 선임신고의 접수
2. 제26조제2항에 따른 소방안전관리자 또는 소방안전관리보조자 해임 사실의 확인
3. 제29조제1항에 따른 건설현장 소방안전관리자 선임신고의 접수
4. 제30조제1항제1호에 따른 소방안전관리자 자격시험
5. 제30조제2항 및 제3항에 따른 소방안전관리자 자격증의 발급 및 재발급
6. 제33조에 따른 소방안전관리 등에 관한 종합정보망의 구축·운영
7. 제34조에 따른 강습교육 및 실무교육

③ 제2항에 따라 위탁받은 업무에 종사하고 있거나 종사하였던 사람은 업무를 수행하면서 알게 된 비밀을 이 법에서 정한 목적 외의 용도로 사용하거나 다른 사람 또는 기관에 제공하거나 누설하여서는 아니 된다.

벌 300만 원 이하 벌금 – 업무를 수행하면서 알게 된 비밀을 이 법에서 정한 목적 외의 용도로 사용하거나 다른 사람 또는 기관에 제공하거나 누설한 자

영·규칙 CHAIN

영 제48조(권한의 위임·위탁 등)

소방청장은 법 제48조제1항에 따라 법 제31조에 따른 소방안전관리자 자격의 정지 및 취소에 관한 업무를 소방서장에게 위임한다.

제49조(벌칙 적용에서 공무원 의제)

다음의 어느 하나에 해당하는 자 중 공무원이 아닌 사람은 「형법」 제129조부터 제132조까지의 규정을 적용할 때에는 공무원으로 본다.

1. 제9조에 따른 화재안전조사단의 구성원
2. 제10조에 따른 화재안전조사위원회의 위원
3. 제11조에 따라 화재안전조사에 참여하는 자
4. 제22조에 따른 화재안전영향평가심의회 위원
5. 제41조제1항에 따른 화재예방안전진단업무 수행 기관의 임원 및 직원
6. 제48조제2항에 따라 위탁받은 업무에 종사하는 안전원의 담당 임원 및 직원

영·규칙 CHAIN

영 제49조(고유식별정보의 처리)

소방관서장(제48조 및 법 제48조제2항에 따라 소방관서장의 권한 또는 업무를 위임받거나 위탁받은 자 포함) 또는 시·도지사(해당 권한 또는 업무가 위임되거나 위탁된 경우에는 그 권한 또는 업무를 위임받거나 위탁받은 자 포함)는 다음의 사무를 수행하기 위하여 불가피한 경우 「개인정보 보호법 시행령」에 따른 주민등록번호 또는 외국인등록번호가 포함된 자료를 처리할 수 있다.

1. 법 제7조 및 제8조에 따른 화재안전조사에 관한 사무
2. 법 제14조에 따른 화재안전조사 결과에 따른 조치명령에 관한 사무
3. 법 제15조에 따른 손실보상에 관한 사무
4. 법 제17조에 따른 화재의 예방조치 등에 관한 사무
5. 법 제19조에 따른 화재의 예방 등에 대한 지원에 관한 사무
6. 법 제23조에 따른 화재안전취약자 지원에 관한 사무
7. 법 제24조, 제26조, 제28조 및 제29조에 따른 소방안전관리자, 소방안전관리보조자 및 건설현장 소방안전관리자의 선임신고 등에 관한 사무
8. 법 제30조에 따른 소방안전관리자 자격증의 발급·재발급 및 법 제31조에 따른 자격의 정지·취소에 관한 사무

   9. 법 제32조에 따른 소방안전관리자 자격시험에 관한 사무

   10. 법 제33조에 따른 소방안전관리 등에 관한 종합정보망의 구축·운영에 관한 사무

   11. 법 제34조에 따른 소방안전관리자 등에 대한 교육에 관한 사무

   12. 법 제42조에 따른 화재예방안전진단기관의 지정 및 취소

   13. 법 제44조에 따른 우수 소방대상물 관계인에 대한 포상 등에 관한 사무

   14. 법 제45조에 따른 조치명령등의 기간연장에 관한 사무

   15. 법 제46조에 따른 청문에 관한 사무

   16. 법 제47조에 따른 수수료 징수에 관한 사무

영 제50조(규제의 재검토)

소방청장은 다음의 사항에 대하여 해당 호에서 정하는 날을 기준일로 하여 3년마다(매 3년이 되는 해의 기준일과 같은 날 전까지) 그 타당성을 검토하여 개선 등의 조치를 해야 한다.

   1. 제25조에 따른 소방안전관리자를 두어야 하는 특정소방대상물 : 2022년 12월 1일

   2. 제25조에 따른 소방안전관리보조자를 두어야 하는 특정소방대상물 : 2022년 12월 1일

   3. 제25조에 따른 소방안전관리자 및 소방안전관리보조자의 선임 대상별 자격 및 선임인원 : 2022년 12월 1일

   4. 제28조에 따른 소방안전관리 업무의 대행 대상 및 업무 : 2022년 12월 1일

제8장 벌칙

제50조(벌칙)

① 다음의 어느 하나에 해당하는 자는 3년 이하의 징역 또는 3천만 원 이하의 벌금에 처한다.

   1. 제14조제1항 및 제2항에 따른 조치명령을 정당한 사유 없이 위반한 자

   2. 제28조제1항 및 제2항에 따른 명령을 정당한 사유 없이 위반한 자

   3. 제41조제5항에 따른 보수·보강 등의 조치명령을 정당한 사유 없이 위반한 자

   4. 거짓이나 그 밖의 부정한 방법으로 제42조제1항에 따른 진단기관으로 지정을 받은 자

② 다음의 어느 하나에 해당하는 자는 1년 이하의 징역 또는 1천만 원 이하의 벌금에 처한다.

   1. 제12조제2항을 위반하여 관계인의 정당한 업무를 방해하거나, 조사업무를 수행하면서 취득한 자료나 알게 된 비밀을 다른 사람 또는 기관에게 제공 또는 누설하거나 목적 외의 용도로 사용한 자

   2. 제30조제4항을 위반하여 자격증을 다른 사람에게 빌려 주거나 빌리거나 이를 알선한 자

   3. 제41조제1항을 위반하여 진단기관으로부터 화재예방안전진단을 받지 아니한 자

③ 다음의 어느 하나에 해당하는 자는 300만 원 이하의 벌금에 처한다.

   1. 제7조제1항에 따른 화재안전조사를 정당한 사유 없이 거부·방해 또는 기피한 자

   2. 제17조제2항의 어느 하나에 따른 명령을 정당한 사유 없이 따르지 아니하거나 방해한 자

   3. 제24조제1항·제3항, 제29조제1항 및 제35조제1항·제2항을 위반하여 소방안전관리자, 총괄소

방안전관리자 또는 소방안전관리보조자를 선임하지 아니한 자

4. 제27조제3항을 위반하여 소방시설·피난시설·방화시설 및 방화구획 등이 법령에 위반된 것을 발견하였음에도 필요한 조치를 할 것을 요구하지 아니한 소방안전관리자

5. 제27조제4항을 위반하여 소방안전관리자에게 불이익한 처우를 한 관계인

6. 제41조제6항 및 제48조제3항을 위반하여 업무를 수행하면서 알게 된 비밀을 이 법에서 정한 목적 외의 용도로 사용하거나 다른 사람 또는 기관에 제공하거나 누설한 자

제51조(양벌규정)

법인의 대표자나 법인 또는 개인의 대리인, 사용인, 그 밖의 종업원이 그 법인 또는 개인의 업무에 관하여 제50조에 해당하는 위반행위를 하면 그 행위자를 벌하는 외에 그 법인 또는 개인에게도 해당 조문의 벌금형을 과(科)한다. 다만, 법인 또는 개인이 그 위반행위를 방지하기 위하여 해당 업무에 관하여 상당한 주의와 감독을 게을리하지 아니한 경우에는 그러하지 아니하다.

제52조(과태료)

① 다음의 어느 하나에 해당하는 자에게는 300만 원 이하의 과태료를 부과한다.

1. 정당한 사유 없이 제17조제1항의 어느 하나에 해당하는 행위를 한 자

2. 제24조제2항을 위반하여 소방안전관리자를 겸한 자

3. 제24조제5항에 따른 소방안전관리업무를 하지 아니한 특정소방대상물의 관계인 또는 소방안전관리대상물의 소방안전관리자

4. 제27조제2항을 위반하여 소방안전관리업무의 지도·감독을 하지 아니한 자

5. 제29조제2항에 따른 건설현장 소방안전관리대상물의 소방안전관리자의 업무를 하지 아니한 소방안전관리자

6. 제36조제3항을 위반하여 피난유도 안내정보를 제공하지 아니한 자

7. 제37조제1항을 위반하여 소방훈련 및 교육을 하지 아니한 자

8. 제41조제4항을 위반하여 화재예방안전진단 결과를 제출하지 아니한 자

② 다음의 어느 하나에 해당하는 자에게는 200만 원 이하의 과태료를 부과한다.

1. 제17조제4항에 따른 불을 사용할 때 지켜야 하는 사항 및 같은 조 제5항에 따른 특수가연물의 저장 및 취급 기준을 위반한 자

2. 제18조제4항에 따른 소방설비등의 설치 명령을 정당한 사유 없이 따르지 아니한 자

3. 제26조제1항을 위반하여 기간 내에 선임신고를 하지 아니하거나 소방안전관리자의 성명 등을 게시하지 아니한 자

4. 제29조제1항을 위반하여 기간 내에 선임신고를 하지 아니한 자

5. 제37조제2항을 위반하여 기간 내에 소방훈련 및 교육 결과를 제출하지 아니한 자

③ 제34조제1항제2호를 위반하여 실무교육을 받지 아니한 소방안전관리자 및 소방안전관리보조자에게는 100만 원 이하의 과태료를 부과한다.

④ 제1항부터 제3항까지에 따른 과태료는 대통령령으로 정하는 바에 따라 소방청장, 시·도지사, 소방본부장 또는 소방서장이 부과·징수한다.

■ 화재의 예방 및 안전관리에 관한 법률 시행령

[별표 9] 과태료의 부과기준

1. 일반기준

　가. 위반행위의 횟수에 따른 과태료의 가중된 부과기준은 최근 1년간 같은 위반행위로 과태료 부과처분을 받은 경우에 적용한다. 이 경우 기간의 계산은 위반행위에 대하여 과태료 부과처분을 받은 날과 그 처분 후 다시 같은 위반행위를 하여 적발된 날을 기준으로 한다.

　나. 가목에 따라 가중된 부과처분을 하는 경우 가중처분의 적용 차수는 그 위반행위 전 부과처분 차수(가목에 따른 기간 내에 과태료 부과처분이 둘 이상 있었던 경우에는 높은 차수)의 다음 차수로 한다.

　다. 부과권자는 다음의 어느 하나에 해당하는 경우에는 제2호의 개별기준에 따른 과태료의 2분의 1 범위에서 그 금액을 줄여 부과할 수 있다. 다만, 과태료를 체납하고 있는 위반행위자에 대해서는 그렇지 않다.

　　1) 위반행위가 사소한 부주의나 오류로 인한 것으로 인정되는 경우

　　2) 위반행위자가 법 위반상태를 시정하거나 해소하기 위하여 노력한 사실이 인정되는 경우

　　3) 위반행위자가 처음 위반행위를 한 경우로서 3년 이상 해당 업종을 모범적으로 영위한 사실이 인정되는 경우

　　4) 위반행위자가 화재 등 재난으로 재산에 현저한 손실을 입거나 사업 여건의 악화로 그 사업이 중대한 위기에 처하는 등 사정이 있는 경우

　　5) 위반행위자가 같은 위반행위로 다른 법률에 따라 과태료ㆍ벌금ㆍ영업정지 등의 처분을 받은 경우

　　6) 그 밖에 위반행위의 정도, 위반행위의 동기와 그 결과 등을 고려하여 과태료 금액을 줄일 필요가 있다고 인정되는 경우

2. 개별기준

위반행위	근거 법조문	과태료 금액(단위 : 만 원)		
		1차 위반	2차 위반	3차 이상 위반
가. 정당한 사유 없이 법 제17조제1항의 어느 하나에 해당하는 행위를 한 경우	법 제52 제1항제1호	300		
나. 법 제17조제4항에 따른 불을 사용할 때 지켜야 하는 사항 및 같은 조 제5항에 따른 특수 가연물의 저장 및 취급 기준을 위반한 경우	법 제52조 제2항제1호	200		
다. 법 제18조제4항에 따른 소방설비등의 설치 명령을 정당한 사유 없이 따르지 않은 경우	법 제52조 제2항제2호	200		
라. 법 제24조제2항을 위반하여 소방안전관리자를 겸한 경우	법 제52조 제1항제2호	300		
마. 법 제24조제5항에 따른 소방안전관리업무를 하지 않은 경우	법 제52조 제1항제3호	100	200	300

바. 법 제26조제1항을 위반하여 기간 내에 선임 신고를 하지 않거나 소방안전관리자의 성명 등을 게시하지 않은 경우	법 제52조 제2항제3호			
1) 지연 신고기간이 1개월 미만인 경우			50	
2) 지연 신고기간이 1개월 이상 3개월 미만 인 경우			100	
3) 지연 신고기간이 3개월 이상이거나 신고 하지 않은 경우			200	
4) 소방안전관리자의 성명 등을 게시하지 않 은 경우		50	100	200
사. 법 제27조제2항을 위반하여 소방안전관리 업무의 지도·감독을 하지 않은 경우	법 제52조 제1항제4호		300	
아. 법 제29조제1항을 위반하여 기간 내에 선임 신고를 하지 않은 경우	법 제52조 제2항제4호			
1) 지연 신고기간이 1개월 미만인 경우			50	
2) 지연 신고기간이 1개월 이상 3개월 미만 인 경우			100	
3) 지연 신고기간이 3개월 이상이거나 신고 하지 않은 경우			200	
자. 법 제29조제2항에 따른 건설현장 소방안전 관리대상물의 소방안전관리자의 업무를 하 지 않은 경우	법 제52 제1항제5호	100	200	300
차. 법 제34조제1항제2호를 위반하여 실무교육 을 받지 않은 경우	법 제52조 제3항		50	
카. 법 제36조제3항을 위반하여 피난유도 안내 정보를 제공하지 않은 경우	법 제52조 제1항제6호	100	200	300
타. 법 제37조제1항을 위반하여 소방훈련 및 교 육을 하지 않은 경우	법 제52조 제1항제7호	100	200	300
파. 법 제37조제2항을 위반하여 기간 내에 소방 훈련 및 교육 결과를 제출하지 않은 경우	법 제52조 제2항제5호			
1) 지연 제출기간이 1개월 미만인 경우			50	
2) 지연 제출기간이 1개월 이상 3개월 미만 인 경우			100	
3) 지연 제출기간이 3개월 이상이거나 제출 을 하지 않은 경우			200	
하. 법 제41조제4항을 위반하여 화재예방안전 진단 결과를 제출하지 않은 경우	법 제52 제1항제8호			
1) 지연 제출기간이 1개월 미만인 경우			100	
2) 지연 제출기간이 1개월 이상 3개월 미만 인 경우			200	
3) 지연 제출기간이 3개월 이상이거나 제출 하지 않은 경우			300	

■ 시행령 별표 / 서식

[별표 1] 보일러 등의 설비 또는 기구 등의 위치ㆍ구조 및 관리와 화재예방을 위하여 불을 사용할 때 지켜야
　　　　하는 사항(제18조제2항 관련)

[별표 2] 특수가연물(제19조제1항 관련)

[별표 3] 특수가연물의 저장 및 취급 기준(제19조제2항 관련)

[별표 4] 소방안전관리자를 선임해야 하는 소방안전관리대상물의 범위와 소방안전관리자의 선임 대상별
　　　　자격 및 인원기준(제25조제1항 관련)

[별표 5] 소방안전관리보조자를 선임해야 하는 소방안전관리대상물의 범위와 선임 대상별 자격 및 인원기
　　　　준(제25조제2항 관련)

[별표 6] 소방안전관리자 자격시험에 응시할 수 있는 사람의 자격(제31조 관련)

[별표 7] 화재예방안전진단 결과에 따른 안전등급 기준(제44조제3항 관련)

[별표 8] 화재예방안전진단기관의 시설, 전문인력 등 지정기준(제46조 관련)

■ 시행규칙 별표 / 서식

[별표 1] 소방안전관리업무 대행인력의 배치기준ㆍ자격 및 방법 등 준수사항(제12조 관련)

[별표 2] 소방안전관리자 현황표(제15조제2항 관련)

[별표 3] 소방안전관리자 자격의 정지 및 취소 기준(제19조 관련)

[별표 4] 소방안전관리자 자격시험 과목 및 시험방법(제23조제1항 관련)

[별표 5] 강습교육 과목, 시간 및 운영방법(제28조 관련)

[별표 6] 소방안전관리자 및 소방안전관리보조자에 대한 실무교육의 과목, 시간 및 운영방법(제31조 관련)

[별표 7] 화재예방안전진단기관의 장비기준(제43조 관련)

[별표 8] 화재예방안전진단기관의 지정취소 및 업무정지의 처분기준(제46조 관련)

[별표 9] 수수료 및 교육비(제49조제1항 관련)

[별표 10] 한국소방안전원이 갖추어야 하는 시설기준(제50조제2항 관련)

[별지 제1호서식] 화재안전조사 연기신청서

[별지 제2호서식] 화재안전조사 연기신청 결과 통지서

[별지 제3호서식] 화재안전조사 조치명령서

[별지 제4호서식] 화재안전조사 조치명령 대장

[별지 제5호서식] 화재안전조사 조치명령 손실확인서

[별지 제6호서식] 손실보상 청구서

[별지 제7호서식] 손실보상 합의서

[별지 제8호서식] 화재예방 안전조치 협의 신청서

[별지 제9호서식] 화재예방 안전조치 협의 결과 통보서

[별지 제10호서식] 화재예방 조치명령서

[별지 제11호서식] 화재예방강화지구 관리대장

[별지 제12호서식] 소방안전관리자 업무 수행 기록표

[별지 제13호서식] 자위소방대 및 초기대응체계 교육 · 훈련 실시 결과 기록부

[별지 제14호서식] 소방안전관리자 · 소방안전관리보조자 선임 연기 신청서

[별지 제15호서식] 소방안전관리자 선임신고서

[별지 제16호서식] 소방안전관리자 등 선임증

[별지 제17호서식] 소방안전관리자 등 선임 이력 확인서

[별지 제18호서식] 소방안전관리보조자 선임신고서

[별지 제19호서식] 건설현장 소방안전관리자 선임신고서

[별지 제20호서식] 소방안전관리자 자격증 발급(재발급) 신청서

[별지 제21호서식] 소방안전관리자 자격증

[별지 제22호서식] 소방안전관리자 자격증 (재)발급대장

[별지 제23호서식] 소방안전관리자 시험응시원서

[별지 제24호서식] 수료증

[별지 제25호서식] 강습교육수료자 명부대장

[별지 제26호서식] 강습교육 수강신청서

[별지 제27호서식] 실무교육 수료자명부

[별지 제28호서식] 소방훈련 · 교육 실시 결과 기록부

[별지 제29호서식] 소방훈련 · 교육 실시 결과서

[별지 제30호서식] 불시 소방훈련 · 교육 계획서

[별지 제31호서식] 불시 소방훈련 · 교육 평가 결과서

[별지 제32호서식] 특정소방대상물 관계인 소방안전교육 계획서

[별지 제33호서식] 화재예방안전진단 신청서

[별지 제34호서식] 화재예방안전진단 결과 보고서

[별지 제35호서식] 화재예방안전진단기관 지정신청서, 전문 기술인력 현황

[별지 제36호서식] 화재예방안전진단기관 지정서

[별지 제37호서식] 화재예방안전진단기관 관리대장

[별지 제38호서식] 조치명령등의 기간연장 신청서

[별지 제39호서식] 조치명령등의 기간연장 신청 결과 통지서

CHAPTER 04 소방시설 설치 및 관리에 관한 법률 (약칭 : 소방시설법)

소방시설법　　　　[시행 2023. 7. 4.] [법률 제19160호, 2023. 1. 3., 일부개정]

소방시설법 시행령　[시행 2023. 3. 7.] [대통령령 제33321호, 2023. 3. 7., 타법개정]

소방시설법 시행규칙 [시행 2023. 4. 19.] [행정안전부령 제397호, 2023. 4. 19., 타법개정]

제1장 총칙

제1조(목적)

이 법은 특정소방대상물 등에 설치하여야 하는 소방시설등의 설치 · 관리와 소방용품 성능관리에 필요한 사항을 규정함으로써 국민의 생명 · 신체 및 재산을 보호하고 공공의 안전과 복리 증진에 이바지함을 목적으로 한다.

제2조(정의)

① 이 법에서 사용하는 용어의 뜻은 다음과 같다.

1. "소방시설"이란 소화설비, 경보설비, 피난구조설비, 소화용수설비, 그 밖에 소화활동설비로서 ≪대통령령으로 정하는 것≫을 말한다.

---

§ 대통령령으로 정하는 것 - [별표 1]의 설비

■ 소방시설 설치 및 관리에 관한 법률 시행령

[별표 1] 소방시설

1. 소화설비 : 물 또는 그 밖의 소화약제를 사용하여 소화하는 기계 · 기구 또는 설비로서 다음의 것

　가. 소화기구

　　1) 소화기

　　2) 간이소화용구 : 에어로졸식 소화용구, 투척용 소화용구, 소공간용 소화용구 및 소화약제 외의 것을 이용한 간이소화용구

　　3) 자동확산소화기

　나. 자동소화장치

　　1) 주거용 주방자동소화장치　　　2) 상업용 주방자동소화장치

　　3) 캐비닛형 자동소화장치　　　　4) 가스자동소화장치

　　5) 분말자동소화장치　　　　　　6) 고체에어로졸자동소화장치

　다. 옥내소화전설비[호스릴(hose reel) 옥내소화전설비 포함]

　라. 스프링클러설비등

---

　　　　1) 스프링클러설비

　　　　2) 간이스프링클러설비(캐비닛형 간이스프링클러설비 포함)

　　　　3) 화재조기진압용 스프링클러설비

　　마. 물분무등소화설비

　　　　1) 물분무소화설비

　　　　2) 미분무소화설비

　　　　3) 포소화설비

　　　　4) 이산화탄소소화설비

　　　　5) 할론소화설비

　　　　6) 할로겐화합물 및 불활성기체(다른 원소와 화학반응을 일으키기 어려운 기체) 소화
　　　　　설비

　　　　7) 분말소화설비

　　　　8) 강화액소화설비

　　　　9) 고체에어로졸소화설비

　　바. 옥외소화전설비

　2. 경보설비 : 화재발생 사실을 통보하는 기계·기구 또는 설비로서 다음의 것

　　가. 단독경보형 감지기

　　나. 비상경보설비

　　　　1) 비상벨설비　　　　　　　　　　2) 자동식사이렌설비

　　다. 자동화재탐지설비

　　라. 시각경보기

　　마. 화재알림설비

　　바. 비상방송설비

　　사. 자동화재속보설비

　　아. 통합감시시설

　　자. 누전경보기

　　차. 가스누설경보기

　3. 피난구조설비 : 화재가 발생할 경우 피난하기 위하여 사용하는 기구 또는 설비로서 다음의 것

　　가. 피난기구

　　　　1) 피난사다리　　　　　　　　　　2) 구조대

　　　　3) 완강기　　　　　　　　　　　　4) 간이완강기

　　　　5) 그 밖에 화재안전기준으로 정하는 것

　　나. 인명구조기구

　　　　1) 방열복, 방화복(안전모, 보호장갑 및 안전화 포함)

　　　　2) 공기호흡기　　　　　　　　　　3) 인공소생기

다. 유도등

    1) 피난유도선   2) 피난구유도등   3) 통로유도등

    4) 객석유도등   5) 유도표지

라. 비상조명등 및 휴대용비상조명등

4. 소화용수설비 : 화재를 진압하는 데 필요한 물을 공급하거나 저장하는 설비로서 다음의 것

가. 상수도소화용수설비

나. 소화수조 · 저수조, 그 밖의 소화용수설비

5. 소화활동설비 : 화재를 진압하거나 인명구조활동을 위하여 사용하는 설비로서 다음의 것

가. 제연설비   나. 연결송수관설비   다. 연결살수설비

라. 비상콘센트설비   마. 무선통신보조설비   바. 연소방지설비

2. "소방시설등"이란 소방시설과 비상구(非常口), 그 밖에 소방 관련 시설로서 대통령령으로 정하는 것(방화문 및 자동방화셔터)을 말한다.

3. "특정소방대상물"이란 건축물 등의 규모 · 용도 및 수용인원 등을 고려하여 소방시설을 설치하여야 하는 소방대상물로서 ≪대통령령으로 정하는 것≫을 말한다.

§ 대통령령으로 정하는 것 – [별표 2]의 소방대상물

■ 소방시설 설치 및 관리에 관한 법률 시행령

[별표 2] 특정소방대상물 [시행일 2024. 12. 1.]

1. 공동주택

가. 아파트등 : 주택으로 쓰는 층수가 5층 이상인 주택

나. 연립주택 : 주택으로 쓰는 1개 동의 바닥면적(2개 이상의 동을 지하주차장으로 연결하는 경우에는 각각의 동) 합계가 660m²를 초과하고, 층수가 4개 층 이하인 주택

다. 다세대주택 : 주택으로 쓰는 1개 동의 바닥면적(2개 이상의 동을 지하주차장으로 연결하는 경우에는 각각의 동) 합계가 660m² 이하이고, 층수가 4개 층 이하인 주택

라. 기숙사 : 학교 또는 공장 등의 학생 또는 종업원 등을 위하여 쓰는 것으로서 1개 동의 공동취사시설 이용 세대 수가 전체의 50% 이상인 것(「교육기본법」에 따른 학생복지주택 및 「공공주택 특별법」에 따른 공공매입임대주택 중 독립된 주거의 형태를 갖추지 않은 것 포함)

2. 근린생활시설

가. 슈퍼마켓과 일용품(식품, 잡화, 의류, 완구, 서적, 건축자재, 의약품, 의료기기 등) 등의 소매점으로서 같은 건축물(하나의 대지에 두 동 이상의 건축물이 있는 경우에는 이를 같은 건축물로 본다)에 해당 용도로 쓰는 바닥면적의 합계가 1천m² 미만인 것

나. 휴게음식점, 제과점, 일반음식점, 기원(棋院), 노래연습장 및 단란주점(단란주점은 같은 건축물에 해당 용도로 쓰는 바닥면적의 합계가 150m² 미만인 것만 해당)

다. 이용원, 미용원, 목욕장 및 세탁소(공장에 부설된 것과 「대기환경보전법」, 「물환경보전법」

　　　　또는 「소음 · 진동관리법」에 따른 배출시설의 설치허가 또는 신고의 대상인 것은 제외)

　　라. 의원, 치과의원, 한의원, 침술원, 접골원(接骨院), 조산원, 산후조리원 및 안마원(「의료법」에 따른 안마시술소 포함)

　　마. 탁구장, 테니스장, 체육도장, 체력단련장, 에어로빅장, 볼링장, 당구장, 실내낚시터, 골프연습장, 물놀이형 시설(「관광진흥법」에 따른 안전성검사의 대상이 되는 물놀이형 시설), 그 밖에 이와 비슷한 것으로서 같은 건축물에 해당 용도로 쓰는 바닥면적의 합계가 500m² 미만인 것

　　바. 공연장(극장, 영화상영관, 연예장, 음악당, 서커스장, 「영화 및 비디오물의 진흥에 관한 법률」에 따른 비디오물감상실업의 시설, 같은 호 나목에 따른 비디오물소극장업의 시설, 그 밖에 이와 비슷한 것) 또는 종교집회장[교회, 성당, 사찰, 기도원, 수도원, 수녀원, 제실(祭室), 사당, 그 밖에 이와 비슷한 것]으로서 같은 건축물에 해당 용도로 쓰는 바닥면적의 합계가 300m² 미만인 것

　　사. 금융업소, 사무소, 부동산중개사무소, 결혼상담소 등 소개업소, 출판사, 서점, 그 밖에 이와 비슷한 것으로서 같은 건축물에 해당 용도로 쓰는 바닥면적의 합계가 500m² 미만인 것

　　아. 제조업소, 수리점, 그 밖에 이와 비슷한 것으로서 같은 건축물에 해당 용도로 쓰는 바닥면적의 합계가 500m² 미만인 것(「대기환경보전법」, 「물환경보전법」 또는 「소음 · 진동관리법」에 따른 배출시설의 설치허가 또는 신고의 대상인 것은 제외)

　　자. 「게임산업진흥에 관한 법률」에 따른 청소년게임제공업 및 일반게임제공업의 시설, 같은 조 제7호에 따른 인터넷컴퓨터게임시설제공업의 시설 및 같은 조 제8호에 따른 복합유통게임제공업의 시설로서 같은 건축물에 해당 용도로 쓰는 바닥면적의 합계가 500m² 미만인 것

　　차. 사진관, 표구점, 학원(같은 건축물에 해당 용도로 쓰는 바닥면적의 합계가 500m² 미만인 것만 해당, 자동차학원 및 무도학원은 제외), 독서실, 고시원(「다중이용업소의 안전관리에 관한 특별법」에 따른 다중이용업 중 고시원업의 시설로서 독립된 주거의 형태를 갖추지 않은 것으로서 같은 건축물에 해당 용도로 쓰는 바닥면적의 합계가 500m² 미만인 것), 장의사, 동물병원, 총포판매사, 그 밖에 이와 비슷한 것

　　카. 의약품 판매소, 의료기기 판매소 및 자동차영업소로서 같은 건축물에 해당 용도로 쓰는 바닥면적의 합계가 1천m² 미만인 것

3. 문화 및 집회시설

　　가. 공연장으로서 근린생활시설에 해당하지 않는 것

　　나. 집회장 : 예식장, 공회당, 회의장, 마권(馬券) 장외 발매소, 마권 전화투표소, 그 밖에 이와 비슷한 것으로서 근린생활시설에 해당하지 않는 것

　　다. 관람장 : 경마장, 경륜장, 경정장, 자동차 경기장, 그 밖에 이와 비슷한 것과 체육관 및 운동장으로서 관람석의 바닥면적의 합계가 1천m² 이상인 것

라. 전시장 : 박물관, 미술관, 과학관, 문화관, 체험관, 기념관, 산업전시장, 박람회장, 견본주택, 그 밖에 이와 비슷한 것

마. 동·식물원 : 동물원, 식물원, 수족관, 그 밖에 이와 비슷한 것

4. 종교시설

　　가. 종교집회장으로서 근린생활시설에 해당하지 않는 것

　　나. 가목의 종교집회장에 설치하는 봉안당(奉安堂)

5. 판매시설

　　가. 도매시장 : 「농수산물 유통 및 가격안정에 관한 법률」에 따른 농수산물도매시장, 같은 조 제5호에 따른 농수산물공판장, 그 밖에 이와 비슷한 것(그 안에 있는 근린생활시설 포함)

　　나. 소매시장 : 시장, 「유통산업발전법」에 따른 대규모점포, 그 밖에 이와 비슷한 것(그 안에 있는 근린생활시설 포함)

　　다. 전통시장 : 「전통시장 및 상점가 육성을 위한 특별법」에 따른 전통시장(그 안에 있는 근린생활시설 포함, 노점형시장은 제외)

　　라. 상점 : 다음의 어느 하나에 해당하는 것(그 안에 있는 근린생활시설 포함)

　　　　1) 제2호가목에 해당하는 용도로서 같은 건축물에 해당 용도로 쓰는 바닥면적 합계가 1천m² 이상인 것

　　　　2) 제2호자목에 해당하는 용도로서 같은 건축물에 해당 용도로 쓰는 바닥면적 합계가 500m² 이상인 것

6. 운수시설

　　가. 여객자동차터미널

　　나. 철도 및 도시철도 시설[정비창(整備廠) 등 관련 시설 포함]

　　다. 공항시설(항공관제탑 포함)

　　라. 항만시설 및 종합여객시설

7. 의료시설

　　가. 병원 : 종합병원, 병원, 치과병원, 한방병원, 요양병원

　　나. 격리병원 : 전염병원, 마약진료소, 그 밖에 이와 비슷한 것

　　다. 정신의료기관

　　라. 「장애인복지법」에 따른 장애인 의료재활시설

8. 교육연구시설

　　가. 학교

　　　　1) 초등학교, 중학교, 고등학교, 특수학교, 그 밖에 이에 준하는 학교 : 「학교시설사업촉진법」의 교사(校舍)(교실·도서실 등 교수·학습활동에 직접 또는 간접적으로 필요한 시설물을 말하되, 병설유치원으로 사용되는 부분은 제외), 체육관, 「학교급식법」에 따른 급식시설, 합숙소(학교의 운동부, 기능선수 등이 집단으로 숙식하는 장소)

2) 대학, 대학교, 그 밖에 이에 준하는 각종 학교 : 교사 및 합숙소

　나. 교육원(연수원, 그 밖에 이와 비슷한 것 포함)

　다. 직업훈련소

　라. 학원(근린생활시설에 해당하는 것과 자동차운전학원 · 정비학원 및 무도학원은 제외)

　마. 연구소(연구소에 준하는 시험소와 계량계측소 포함)

　바. 도서관

9. 노유자 시설

　가. 노인 관련 시설 : 「노인복지법」에 따른 노인주거복지시설, 노인의료복지시설, 노인여가 복지시설, 주 · 야간보호서비스나 단기보호서비스를 제공하는 재가노인복지시설(「노인 장기요양보험법」에 따른 장기요양기관 포함), 노인보호전문기관, 노인일자리지원기관, 학대피해노인 전용쉼터, 그 밖에 이와 비슷한 것

　나. 아동 관련 시설 : 「아동복지법」에 따른 아동복지시설, 「영유아보육법」에 따른 어린이 집, 「유아교육법」에 따른 유치원[제8호가목1)에 따른 학교의 교사 중 병설유치원으로 사용되는 부분 포함], 그 밖에 이와 비슷한 것

　다. 장애인 관련 시설 : 「장애인복지법」에 따른 장애인 거주시설, 장애인 지역사회재활시설 (장애인 심부름센터, 한국수어통역센터, 점자도서 및 녹음서 출판시설 등 장애인이 직접 그 시설 자체를 이용하는 것을 주된 목적으로 하지 않는 시설은 제외), 장애인 직업재활시 설, 그 밖에 이와 비슷한 것

　라. 정신질환자 관련 시설 : 「정신건강증진 및 정신질환자 복지서비스 지원에 관한 법률」에 따른 정신재활시설(생산품판매시설은 제외), 정신요양시설, 그 밖에 이와 비슷한 것

　마. 노숙인 관련 시설 : 「노숙인 등의 복지 및 자립지원에 관한 법률」에 따른 노숙인복지시설 (노숙인일시보호시설, 노숙인자활시설, 노숙인재활시설, 노숙인요양시설 및 쪽방상담 소만 해당), 노숙인종합지원센터 및 그 밖에 이와 비슷한 것

　바. 가목부터 마목까지에서 규정한 것 외에 「사회복지사업법」에 따른 사회복지시설 중 결핵 환자 또는 한센인 요양시설 등 다른 용도로 분류되지 않는 것

10. 수련시설

　가. 생활권 수련시설 : 「청소년활동 진흥법」에 따른 청소년수련관, 청소년문화의집, 청소년 특화시설, 그 밖에 이와 비슷한 것

　나. 자연권 수련시설 : 「청소년활동 진흥법」에 따른 청소년수련원, 청소년야영장, 그 밖에 이와 비슷한 것

　다. 「청소년활동 진흥법」에 따른 유스호스텔

11. 운동시설

　가. 탁구장, 체육도장, 테니스장, 체력단련장, 에어로빅장, 볼링장, 당구장, 실내낚시터, 골프 연습장, 물놀이형 시설, 그 밖에 이와 비슷한 것으로서 근린생활시설에 해당하지 않는 것

　나. 체육관으로서 관람석이 없거나 관람석의 바닥면적이 1천m^2 미만인 것

　　　다. 운동장 : 육상장, 구기장, 볼링장, 수영장, 스케이트장, 롤러스케이트장, 승마장, 사격
　　　　　장, 궁도장, 골프장 등과 이에 딸린 건축물로서 관람석이 없거나 관람석의 바닥면적이
　　　　　1천m² 미만인 것

12. 업무시설

　　가. 공공업무시설 : 국가 또는 지방자치단체의 청사와 외국공관의 건축물로서 근린생활시설
　　　　에 해당하지 않는 것
　　나. 일반업무시설 : 금융업소, 사무소, 신문사, 오피스텔(업무를 주로 하며, 분양하거나 임
　　　　대하는 구획 중 일부의 구획에서 숙식을 할 수 있도록 한 건축물로서 「건축법 시행령」에
　　　　따라 국토교통부장관이 고시하는 기준에 적합한 것), 그 밖에 이와 비슷한 것으로서 근린
　　　　생활시설에 해당하지 않는 것
　　다. 주민자치센터(동사무소), 경찰서, 지구대, 파출소, 소방서, 119안전센터, 우체국, 보건
　　　　소, 공공도서관, 국민건강보험공단, 그 밖에 이와 비슷한 용도로 사용하는 것
　　라. 마을회관, 마을공동작업소, 마을공동구판장, 그 밖에 이와 유사한 용도로 사용되는 것
　　마. 변전소, 양수장, 정수장, 대피소, 공중화장실, 그 밖에 이와 유사한 용도로 사용되는 것

13. 숙박시설

　　가. 일반형 숙박시설 : 「공중위생관리법 시행령」에 따른 숙박업의 시설
　　나. 생활형 숙박시설 : 「공중위생관리법 시행령」에 따른 숙박업의 시설
　　다. 고시원(근린생활시설에 해당하지 않는 것)
　　라. 그 밖에 가목부터 다목까지의 시설과 비슷한 것

14. 위락시설

　　가. 단란주점으로서 근린생활시설에 해당하지 않는 것
　　나. 유흥주점, 그 밖에 이와 비슷한 것
　　다. 「관광진흥법」에 따른 유원시설업(遊園施設業)의 시설, 그 밖에 이와 비슷한 시설(근린생
　　　　활시설에 해당하는 것은 제외)
　　라. 무도장 및 무도학원
　　마. 카지노영업소

15. 공장

　　물품의 제조·가공[세탁·염색·도장(塗裝)·표백·재봉·건조·인쇄 등 포함] 또는 수리
　　에 계속적으로 이용되는 건축물로서 근린생활시설, 위험물 저장 및 처리 시설, 항공기 및 자동차
　　관련 시설, 자원순환 관련 시설, 묘지 관련 시설 등으로 따로 분류되지 않는 것

16. 창고시설(위험물 저장 및 처리 시설 또는 그 부속용도에 해당하는 것 제외)

　　가. 창고(물품저장시설로서 냉장·냉동 창고 포함)
　　나. 하역장
　　다. 「물류시설의 개발 및 운영에 관한 법률」에 따른 물류터미널
　　라. 「유통산업발전법」에 따른 집배송시설

17. 위험물 저장 및 처리 시설
    가. 제조소등
    나. 가스시설 : 산소 또는 가연성 가스를 제조·저장 또는 취급하는 시설 중 지상에 노출된 산소 또는 가연성 가스 탱크의 저장용량의 합계가 100톤 이상이거나 저장용량이 30톤 이상인 탱크가 있는 가스시설로서 다음의 어느 하나에 해당하는 것
        1) 가스 제조시설
            가)「고압가스 안전관리법」에 따른 고압가스의 제조허가를 받아야 하는 시설
            나)「도시가스사업법」에 따른 도시가스사업허가를 받아야 하는 시설
        2) 가스 저장시설
            가)「고압가스 안전관리법」에 따른 고압가스 저장소의 설치허가를 받아야 하는 시설
            나)「액화석유가스의 안전관리 및 사업법」에 따른 액화석유가스 저장소의 설치 허가를 받아야 하는 시설
        3) 가스 취급시설
            「액화석유가스의 안전관리 및 사업법」에 따른 액화석유가스 충전사업 또는 액화석유가스 집단공급사업의 허가를 받아야 하는 시설
18. 항공기 및 자동차 관련 시설(건설기계 관련 시설 포함)
    가. 항공기 격납고
    나. 차고, 주차용 건축물, 철골 조립식 주차시설(바닥면이 조립식이 아닌 것 포함) 및 기계장치에 의한 주차시설
    다. 세차장
    라. 폐차장
    마. 자동차 검사장
    바. 자동차 매매장
    사. 자동차 정비공장
    아. 운전학원·정비학원
    자. 다음의 건축물을 제외한 건축물의 내부(「건축법 시행령」에 따른 필로티와 건축물의 지하 포함)에 설치된 주차장
        1)「건축법 시행령」에 따른 단독주택
        2)「건축법 시행령」에 따른 공동주택 중 50세대 미만인 연립주택 또는 50세대 미만인 다세대주택
    차.「여객자동차 운수사업법」,「화물자동차 운수사업법」및「건설기계관리법」에 따른 차고 및 주기장(駐機場)
19. 동물 및 식물 관련 시설
    가. 축사[부화상(孵化場) 포함]
    나. 가축시설 : 가축용 운동시설, 인공수정센터, 관리사(管理舍), 가축용 창고, 가축시장, 동

물검역소, 실험동물 사육시설, 그 밖에 이와 비슷한 것

다. 도축장

라. 도계장

마. 작물 재배사(栽培舍)

바. 종묘배양시설

사. 화초 및 분재 등의 온실

아. 식물과 관련된 마목부터 사목까지의 시설과 비슷한 것(동·식물원 제외)

20. 자원순환 관련 시설

가. 하수 등 처리시설

나. 고물상

다. 폐기물재활용시설

라. 폐기물처분시설

마. 폐기물감량화시설

21. 교정 및 군사시설

가. 보호감호소, 교도소, 구치소 및 그 지소

나. 보호관찰소, 갱생보호시설, 그 밖에 범죄자의 갱생·보호·교육·보건 등의 용도로 쓰는 시설

다. 치료감호시설

라. 소년원 및 소년분류심사원

마. 「출입국관리법」에 따른 보호시설

바. 「경찰관 직무집행법」에 따른 유치장

사. 국방·군사시설(「국방·군사시설 사업에 관한 법률」의 시설)

22. 방송통신시설

가. 방송국(방송프로그램 제작시설 및 송신·수신·중계시설 포함)

나. 전신전화국

다. 촬영소

라. 통신용 시설

마. 그 밖에 가목부터 라목까지의 시설과 비슷한 것

23. 발전시설

가. 원자력발전소

나. 화력발전소

다. 수력발전소(조력발전소 포함)

라. 풍력발전소

마. 전기저장시설[20킬로와트시(kWh)를 초과하는 리튬·나트륨·레독스플로우 계열의 2차 전지를 이용한 전기저장장치의 시설]

바. 그 밖에 가목부터 마목까지의 시설과 비슷한 것(집단에너지 공급시설을 포함한다)

24. 묘지 관련 시설

　　가. 화장시설

　　나. 봉안당(제4호나목의 봉안당 제외)

　　다. 묘지와 자연장지에 부수되는 건축물

　　라. 동물화장시설, 동물건조장(乾燥葬)시설 및 동물 전용의 납골시설

25. 관광 휴게시설

　　가. 야외음악당

　　나. 야외극장

　　다. 어린이회관

　　라. 관망탑

　　마. 휴게소

　　바. 공원ㆍ유원지 또는 관광지에 부수되는 건축물

26. 장례시설

　　가. 장례식장[의료시설의 부수시설(「의료법」에 따른 시설)은 제외]

　　나. 동물 전용의 장례식장

27. 지하가

　　지하의 인공구조물 안에 설치되어 있는 상점, 사무실, 그 밖에 이와 비슷한 시설이 연속하여 지하도에 면하여 설치된 것과 그 지하도를 합한 것

　　가. 지하상가

　　나. 터널 : 차량(궤도차량용 제외) 등의 통행을 목적으로 지하, 수저 또는 산을 뚫어서 만든 것

28. 지하구

　　가. 전력ㆍ통신용의 전선이나 가스ㆍ냉난방용의 배관 또는 이와 비슷한 것을 집합수용하기 위하여 설치한 지하 인공구조물로서 사람이 점검 또는 보수를 하기 위하여 출입이 가능한 것 중 다음의 어느 하나에 해당하는 것

　　　　1) 전력 또는 통신사업용 지하 인공구조물로서 전력구(케이블 접속부가 없는 경우 제외) 또는 통신구 방식으로 설치된 것

　　　　2) 1)외의 지하 인공구조물로서 폭이 1.8m 이상이고 높이가 2m 이상이며 길이가 50m 이상인 것

　　나. 「국토의 계획 및 이용에 관한 법률」에 따른 공동구

29. 문화재

　　「문화재보호법」에 따른 지정문화재 중 건축물

30. 복합건축물

　　가. 하나의 건축물이 제1호부터 제27호까지의 것 중 둘 이상의 용도로 사용되는 것. 다만, 다음의 어느 하나에 해당하는 경우에는 복합건축물로 보지 않는다.

       1) 관계 법령에서 주된 용도의 부수시설로서 그 설치를 의무화하고 있는 용도 또는 시설

       2) 「주택법」에 따라 주택 안에 부대시설 또는 복리시설이 설치되는 특정소방대상물

       3) 건축물의 주된 용도의 기능에 필수적인 용도로서 다음의 어느 하나에 해당하는 용도

          가) 건축물의 설비(전기저장시설 포함), 대피 또는 위생을 위한 용도, 그 밖에 이와 비슷한 용도

          나) 사무, 작업, 집회, 물품저장 또는 주차를 위한 용도, 그 밖에 이와 비슷한 용도

          다) 구내식당, 구내세탁소, 구내운동시설 등 종업원후생복리시설(기숙사 제외) 또는 구내소각시설의 용도, 그 밖에 이와 비슷한 용도

    나. 하나의 건축물이 근린생활시설, 판매시설, 업무시설, 숙박시설 또는 위락시설의 용도와 주택의 용도로 함께 사용되는 것

[비고]

1. 내화구조로 된 하나의 특정소방대상물이 개구부 및 연소 확대 우려가 없는 내화구조의 바닥과 벽으로 구획되어 있는 경우에는 그 구획된 부분을 각각 별개의 특정소방대상물로 본다. 다만, 제9조에 따라 성능위주설계를 해야 하는 범위를 정할 때에는 하나의 특정소방대상물로 본다.

2. 둘 이상의 특정소방대상물이 다음의 어느 하나에 해당되는 구조의 복도 또는 통로(이하 "연결통로")로 연결된 경우에는 이를 하나의 특정소방대상물로 본다.

    가. 내화구조로 된 연결통로가 다음의 어느 하나에 해당되는 경우

       1) 벽이 없는 구조로서 그 길이가 6m 이하인 경우

       2) 벽이 있는 구조로서 그 길이가 10m 이하인 경우. 다만, 벽 높이가 바닥에서 천장까지의 높이의 2분의 1 이상인 경우에는 벽이 있는 구조로 보고, 벽 높이가 바닥에서 천장까지의 높이의 2분의 1 미만인 경우에는 벽이 없는 구조로 본다.

    나. 내화구조가 아닌 연결통로로 연결된 경우

    다. 컨베이어로 연결되거나 플랜트설비의 배관 등으로 연결되어 있는 경우

    라. 지하보도, 지하상가, 지하가로 연결된 경우

    마. 자동방화셔터 또는 60분+ 방화문이 설치되지 않은 피트(전기설비 또는 배관설비 등이 설치되는 공간)로 연결된 경우

    바. 지하구로 연결된 경우

3. 제2호에도 불구하고 연결통로 또는 지하구와 특정소방대상물의 양쪽에 다음의 어느 하나에 해당하는 시설이 적합하게 설치된 경우에는 각각 별개의 특정소방대상물로 본다.

    가. 화재 시 경보설비 또는 자동소화설비의 작동과 연동하여 자동으로 닫히는 자동방화셔터 또는 60분+ 방화문이 설치된 경우

    나. 화재 시 자동으로 방수되는 방식의 드렌처설비 또는 개방형 스프링클러헤드가 설치된 경우

4. 위 제1호부터 제30호까지의 특정소방대상물의 지하층이 지하가와 연결되어 있는 경우 해당 지하층의 부분을 지하가로 본다. 다만, 다음 지하가와 연결되는 지하층에 지하층 또는 지하가에 설치된 자동방화셔터 또는 60분+ 방화문이 화재 시 경보설비 또는 자동소화설비의 작동과 연동하여 자동으로 닫히는 구조이거나 그 윗부분에 드렌처설비가 설치된 경우에는 지하가로 보지 않는다.

4. "화재안전성능"이란 화재를 예방하고 화재발생 시 피해를 최소화하기 위하여 소방대상물의 재료, 공간 및 설비 등에 요구되는 안전성능을 말한다.

5. "성능위주설계"란 건축물 등의 재료, 공간, 이용자, 화재 특성 등을 종합적으로 고려하여 공학적

방법으로 화재 위험성을 평가하고 그 결과에 따라 화재안전성능이 확보될 수 있도록 특정소방대상물을 설계하는 것을 말한다.

6. "화재안전기준"이란 소방시설 설치 및 관리를 위한 다음의 기준을 말한다.

가. 성능기준 : 화재안전 확보를 위하여 재료, 공간 및 설비 등에 요구되는 안전성능으로서 소방청장이 고시로 정하는 기준

나. 기술기준 : 가목에 따른 성능기준을 충족하는 상세한 규격, 특정한 수치 및 시험방법 등에 관한 기준으로서 행정안전부령으로 정하는 절차에 따라 소방청장의 승인을 받은 기준

7. "소방용품"이란 소방시설등을 구성하거나 소방용으로 사용되는 제품 또는 기기로서 ≪대통령령으로 정하는 것≫을 말한다.

---

§ **대통령령으로 정하는 것 – [별표 3]의 제품 또는 기기**

■ 소방시설 설치 및 관리에 관한 법률 시행령

[별표 3] 소방용품

1. 소화설비를 구성하는 제품 또는 기기
   가. [별표 1] 제1호가목의 소화기구(소화약제 외의 것을 이용한 간이소화용구 제외)
   나. [별표 1] 제1호나목의 자동소화장치
   다. 소화설비를 구성하는 소화전, 관창(菅槍), 소방호스, 스프링클러헤드, 기동용 수압개폐장치, 유수제어밸브 및 가스관선택밸브

2. 경보설비를 구성하는 제품 또는 기기
   가. 누전경보기 및 가스누설경보기
   나. 경보설비를 구성하는 발신기, 수신기, 중계기, 감지기 및 음향장치(경종만 해당)

3. 피난구조설비를 구성하는 제품 또는 기기
   가. 피난사다리, 구조대, 완강기(지지대 포함) 및 간이완강기(지지대 포함)
   나. 공기호흡기(충전기 포함)
   다. 피난구유도등, 통로유도등, 객석유도등 및 예비 전원이 내장된 비상조명등

4. 소화용으로 사용하는 제품 또는 기기
   가. 소화약제([별표 1] 제1호나목2) 및 3)의 자동소화장치와 같은 호 마목3)부터 9)까지의 소화설비용만 해당)
   나. 방염제(방염액 · 방염도료 및 방염성물질)

5. 그 밖에 행정안전부령으로 정하는 소방 관련 제품 또는 기기

---

② 이 법에서 사용하는 용어의 뜻은 제1항에서 규정하는 것을 제외하고는 「소방기본법」, 「화재의 예방 및 안전관리에 관한 법률」, 「소방시설공사업법」, 「위험물안전관리법」 및 「건축법」에서 정하는 바에 따른다.

영·규칙 CHAIN

영 제2조(정의)

1. "무창층"(無窓層)이란 지상층 중 다음의 요건을 모두 갖춘 개구부(건축물에서 채광·환기·통풍 또는 출입 등을 위하여 만든 창·출입구, 그 밖에 이와 비슷한 것)의 면적의 합계가 해당 층의 바닥면적(「건축법 시행령」 제119조제1항제3호에 따라 산정된 면적)의 30분의 1 이하가 되는 층을 말한다.

   가. 크기는 지름 50cm 이상의 원이 통과할 수 있을 것

   나. 해당 층의 바닥면으로부터 개구부 밑부분까지의 높이가 1.2m 이내일 것

   다. 도로 또는 차량이 진입할 수 있는 빈터를 향할 것

   라. 화재 시 건축물로부터 쉽게 피난할 수 있도록 창살이나 그 밖의 장애물이 설치되지 않을 것

   마. 내부 또는 외부에서 쉽게 부수거나 열 수 있을 것

2. "피난층"이란 곧바로 지상으로 갈 수 있는 출입구가 있는 층을 말한다.

제3조(국가 및 지방자치단체의 책무)

① 국가와 지방자치단체는 소방시설등의 설치·관리와 소방용품의 품질 향상 등을 위하여 필요한 정책을 수립하고 시행하여야 한다.

② 국가와 지방자치단체는 새로운 소방 기술·기준의 개발 및 조사·연구, 전문인력 양성 등 필요한 노력을 하여야 한다.

③ 국가와 지방자치단체는 제1항 및 제2항에 따른 정책을 수립·시행하는 데 있어 필요한 행정적·재정적 지원을 하여야 한다.

제4조(관계인의 의무)

① 관계인은 소방시설등의 기능과 성능을 보전·향상시키고 이용자의 편의와 안전성을 높이기 위하여 노력하여야 한다.

② 관계인은 매년 소방시설등의 관리에 필요한 재원을 확보하도록 노력하여야 한다.

③ 관계인은 국가 및 지방자치단체의 소방시설등의 설치 및 관리 활동에 적극 협조하여야 한다.

④ 관계인 중 점유자는 소유자 및 관리자의 소방시설등 관리 업무에 적극 협조하여야 한다.

제5조(다른 법률과의 관계)

특정소방대상물 가운데 「위험물안전관리법」에 따른 위험물 제조소등의 안전관리와 위험물 제조소등에 설치하는 소방시설등의 설치기준에 관하여는 「위험물안전관리법」에서 정하는 바에 따른다.

영 · 규칙 CHAIN

칙 제2조(기술기준의 제정 · 개정 절차)

① 국립소방연구원장은 화재안전기준 중 기술기준을 제정 · 개정하려는 경우 제정안 · 개정안을 작성하여「소방시설 설치 및 관리에 관한 법률」에 따른 중앙소방기술심의위원회(이하 "중앙위원회")의 심의 · 의결을 거쳐야 한다. 이 경우 제정안 · 개정안의 작성을 위해 소방 관련 기관 · 단체 및 개인 등의 의견을 수렴할 수 있다.

② 국립소방연구원장은 제1항에 따라 중앙위원회의 심의 · 의결을 거쳐 다음의 사항이 포함된 승인신청서를 소방청장에게 제출해야 한다.

1. 기술기준의 제정안 또는 개정안

2. 기술기준의 제정 또는 개정 이유

3. 기술기준의 심의 경과 및 결과

③ 제2항에 따라 승인신청서를 제출받은 소방청장은 제정안 또는 개정안이 화재안전기준 중 성능기준 등을 충족하는지를 검토하여 승인 여부를 결정하고 국립소방연구원장에게 통보해야 한다.

④ 제3항에 따라 승인을 통보받은 국립소방연구원장은 승인받은 기술기준을 관보에 게재하고, 국립소방연구원 인터넷 홈페이지를 통해 공개해야 한다.

⑤ 제1항부터 제4항까지에서 규정한 사항 외에 기술기준의 제정 · 개정을 위하여 필요한 사항은 국립소방연구원장이 정한다.

제2장 소방시설등의 설치 · 관리 및 방염

제1절 건축허가등의 동의 등

제6조(건축허가등의 동의 등)

① 건축물 등의 신축 · 증축 · 개축 · 재축(再築) · 이전 · 용도변경 또는 대수선(大修繕)의 허가 · 협의 및 사용승인(「주택법」에 따른 승인 및 사용검사, 「학교시설사업 촉진법」에 따른 승인 및 사용승인을 포함, 이하 "건축허가등")의 권한이 있는 행정기관은 건축허가등을 할 때 미리 그 건축물 등의 시공지(施工地) 또는 소재지를 관할하는 소방본부장이나 소방서장의 동의를 받아야 한다.

「**건축법 시행령」 제119조제1항**

4. 연면적

하나의 건축물 각 층의 바닥면적의 합계로 하되, 용적률을 산정할 때에는 다음에 해당하는 면적은 제외한다.

가. 지하층의 면적

　나. 지상층의 주차용(해당 건축물의 부속용도인 경우만 해당)으로 쓰는 면적

　마. 초고층 건축물과 준초고층 건축물에 설치하는 피난안전구역의 면적

　바. 건축물의 경사지붕 아래에 설치하는 대피공간의 면적

9. 층수

승강기탑(옥상 출입용 승강장 포함), 계단탑, 망루, 장식탑, 옥탑, 그 밖에 이와 비슷한 건축물의 옥상 부분으로서 그 수평투영면적의 합계가 해당 건축물 건축면적의 8분의 1(「주택법」에 따른 사업계획승인 대상인 공동주택 중 세대별 전용면적이 85m² 이하인 경우에는 6분의 1) 이하인 것과 지하층은 건축물의 층수에 산입하지 아니하고, 층의 구분이 명확하지 아니한 건축물은 그 건축물의 높이 4m마다 하나의 층으로 보고 그 층수를 산정하며, 건축물이 부분에 따라 그 층수가 다른 경우에는 그중 가장 많은 층수를 그 건축물의 층수로 본다.

영·규칙 CHAIN

영 제7조(건축허가등의 동의대상물의 범위 등)

① 법 제6조제1항에 따라 건축물 등의 신축·증축·개축·재축·이전·용도변경 또는 대수선의 허가·협의 및 사용승인을 할 때 미리 소방본부장 또는 소방서장의 동의를 받아야 하는 건축물 등의 범위는 다음과 같다.

1. 연면적이 400m² 이상인 건축물이나 시설. 다만, 다음의 어느 하나에 해당하는 건축물이나 시설은 해당 목에서 정한 기준 이상인 건축물이나 시설로 한다.

　가. 「학교시설사업 촉진법」에 따라 건축등을 하려는 학교시설 : 100m²

　나. [별표 2]의 특정소방대상물 중 노유자(老幼者) 시설 및 수련시설 : 200m²

　다. 「정신건강증진 및 정신질환자 복지서비스 지원에 관한 법률」에 따른 정신의료기관(입원실이 없는 정신건강의학과 의원은 제외, 이하 "정신의료기관") : 300m²

　라. 「장애인복지법」에 따른 장애인 의료재활시설 : 300m²

2. 지하층 또는 무창층이 있는 건축물로서 바닥면적이 150m²(공연장의 경우에는 100m²) 이상인 층이 있는 것

3. 차고·주차장 또는 주차 용도로 사용되는 시설로서 다음의 어느 하나에 해당하는 것

　가. 차고·주차장으로 사용되는 바닥면적이 200m² 이상인 층이 있는 건축물이나 주차시설

　나. 승강기 등 기계장치에 의한 주차시설로서 자동차 20대 이상을 주차할 수 있는 시설

4. 층수(「건축법 시행령」에 따라 산정된 층수)가 6층 이상인 건축물

5. 항공기 격납고, 관망탑, 항공관제탑, 방송용 송수신탑

6. [별표 2]의 특정소방대상물 중 의원(입원실이 있는 것으로 한정)·조산원·산후조리원, 위험물 저장 및 처리 시설, 발전시설 중 풍력발전소·전기저장시설, 지하구(地下溝)

7. 제1호나목에 해당하지 않는 노유자 시설 중 다음의 어느 하나에 해당하는 시설. 다만, 가목2)

및 나목부터 바목까지의 시설 중 「건축법 시행령」 [별표 1]의 단독주택 또는 공동주택에 설치되는 시설은 제외한다.

　　가. [별표 2] 제9호가목에 따른 노인 관련 시설 중 다음의 어느 하나에 해당하는 시설

　　　　1) 「노인복지법」에 따른 노인주거복지시설, 노인의료복지시설 및 재가노인복지시설

　　　　2) 「노인복지법」에 따른 학대피해노인 전용쉼터

　　나. 「아동복지법」에 따른 아동복지시설(아동상담소, 아동전용시설 및 지역아동센터는 제외)

　　다. 「장애인복지법」에 따른 장애인 거주시설

　　라. 정신질환자 관련 시설(「정신건강증진 및 정신질환자 복지서비스 지원에 관한 법률」에 따른 공동생활가정을 제외한 재활훈련시설과 종합시설 중 24시간 주거를 제공하지 않는 시설은 제외)

　　마. [별표 2] 제9호마목에 따른 노숙인 관련 시설 중 노숙인자활시설, 노숙인재활시설 및 노숙인요양시설

　　바. 결핵환자나 한센인이 24시간 생활하는 노유자 시설

8. 「의료법」에 따른 요양병원. 다만, 의료재활시설은 제외한다.

9. [별표 2]의 특정소방대상물 중 공장 또는 창고시설로서 「화재의 예방 및 안전관리에 관한 법률 시행령」 750배 이상의 특수가연물을 저장·취급하는 것

10. [별표 2] 제17호나목에 따른 가스시설로서 지상에 노출된 탱크의 저장용량의 합계가 100톤 이상인 것

② 제1항에도 불구하고 다음의 어느 하나에 해당하는 특정소방대상물은 소방본부장 또는 소방서장의 건축허가등의 동의대상에서 제외한다.

1. [별표 4]에 따라 특정소방대상물에 설치되는 소화기구, 자동소화장치, 누전경보기, 단독경보형 감지기, 가스누설경보기 및 피난구조설비(비상조명등 제외)가 화재안전기준에 적합한 경우 해당 특정소방대상물

2. 건축물의 증축 또는 용도변경으로 인하여 해당 특정소방대상물에 추가로 소방시설이 설치되지 않는 경우 해당 특정소방대상물

3. 「소방시설공사업법 시행령」에 따른 소방시설공사의 착공신고 대상에 해당하지 않는 경우 해당 특정소방대상물

③ 법 제6조제1항에 따라 건축허가등의 권한이 있는 행정기관은 건축허가등의 동의를 받으려는 경우에는 동의요구서에 행정안전부령으로 정하는 서류를 첨부하여 해당 건축물 등의 소재지를 관할하는 소방본부장 또는 소방서장에게 동의를 요구해야 한다. 이 경우 동의 요구를 받은 소방본부장 또는 소방서장은 첨부서류 등이 미비한 경우에는 그 서류의 보완을 요구할 수 있다.

칙 제3조(건축허가등의 동의 요구)

① 법 제6조제1항에 따른 건축물 등의 신축·증축·개축·재축·이전·용도변경 또는 대수선의 허가·협의 및 사용승인(「주택법」에 따른 승인 및 사용검사, 「학교시설사업 촉진법」에 따른 승인 및

사용승인 포함, 이하 "건축허가등")의 동의 요구는 다음의 권한이 있는 행정기관이 「소방시설 설치 및 관리에 관한 법률 시행령」에 따른 동의대상물의 시공지 또는 소재지를 관할하는 소방본부장 또는 소방서장에게 해야 한다.

1. 「건축법」에 따른 허가 및 협의의 권한이 있는 행정기관
2. 「주택법」에 따른 승인 및 사용검사의 권한이 있는 행정기관
3. 「학교시설사업 촉진법」에 따른 승인 및 사용승인의 권한이 있는 행정기관
4. 「고압가스 안전관리법」에 따른 허가의 권한이 있는 행정기관
5. 「도시가스사업법」에 따른 허가의 권한이 있는 행정기관
6. 「액화석유가스의 안전관리 및 사업법」에 따른 허가의 권한이 있는 행정기관
7. 「전기안전관리법」에 따른 자가용전기설비의 공사계획의 인가의 권한이 있는 행정기관
8. 「전기사업법」에 따른 전기사업용전기설비의 공사계획에 대한 인가의 권한이 있는 행정기관
9. 「국토의 계획 및 이용에 관한 법률」에 따른 도시 · 군계획시설사업 실시계획 인가의 권한이 있는 행정기관

② 제1항의 어느 하나에 해당하는 기관은 영 제7조제3항에 따라 건축허가등의 동의를 요구하는 경우에는 동의요구서(전자문서로 된 요구서 포함)에 다음의 서류(전자문서 포함)를 첨부해야 한다.

1. 「건축법 시행규칙」에 따른 건축허가신청서, 건축허가서 또는 건축 · 대수선 · 용도변경신고서 등 건축허가등을 확인할 수 있는 서류의 사본. 이 경우 동의 요구를 받은 담당 공무원은 특별한 사정이 있는 경우를 제외하고는「전자정부법」에 따른 행정정보의 공동이용을 통하여 건축허가서를 확인함으로써 첨부서류의 제출을 갈음할 수 있다.

2. 다음의 설계도서. 다만, 가목 및 나목2) · 4)의 설계도서는「소방시설공사업법 시행령」제4조에 따른 소방시설공사 착공신고 대상에 해당되는 경우에만 제출한다.

   가. 건축물 설계도서
   1) 건축물 개요 및 배치도
   2) 주단면도 및 입면도(立面圖 : 물체를 정면에서 본 대로 그린 그림)
   3) 층별 평면도(용도별 기준층 평면도 포함)
   4) 방화구획도(창호도 포함)
   5) 실내 · 실외 마감재료표
   6) 소방자동차 진입 동선도 및 부서 공간 위치도(조경계획 포함)

   나. 소방시설 설계도서
   1) 소방시설(기계 · 전기 분야의 시설)의 계통도(시설별 계산서 포함)
   2) 소방시설별 층별 평면도
   3) 실내장식물 방염대상물품 설치 계획(「건축법」에 따른 건축물의 마감재료는 제외)
   4) 소방시설의 내진설계 계통도 및 기준층 평면도(내진 시방서 및 계산서 등 세부 내용이 포함된 상세 설계도면은 제외)

   3. 소방시설 설치계획표
   4. 임시소방시설 설치계획서(설치시기 · 위치 · 종류 · 방법 등 임시소방시설의 설치와 관련된 세부 사항 포함)
   5. 「소방시설공사업법」에 따라 등록한 소방시설설계업등록증과 소방시설을 설계한 기술인력의 기술자격증 사본
   6. 「소방시설공사업법」에 따라 체결한 소방시설설계 계약서 사본
③ 제1항에 따른 동의 요구를 받은 소방본부장 또는 소방서장은 법 제6조제4항에 따라 건축허가등의 동의 요구서류를 접수한 날부터 5일(허가를 신청한 건축물 등이 「화재의 예방 및 안전관리에 관한 법률 시행령」 [별표 4] 제1호가목의 어느 하나에 해당하는 경우에는 10일) 이내에 건축허가등의 동의 여부를 회신해야 한다.
④ 소방본부장 또는 소방서장은 제3항에도 불구하고 제2항에 따른 동의요구서 및 첨부서류의 보완이 필요한 경우에는 4일 이내의 기간을 정하여 보완을 요구할 수 있다. 이 경우 보완 기간은 제3항에 따른 회신 기간에 산입하지 않으며 보완 기간 내에 보완하지 않는 경우에는 동의요구서를 반려해야 한다.
⑤ 제1항에 따라 건축허가등의 동의를 요구한 기관이 그 건축허가등을 취소했을 때에는 취소한 날부터 7일 이내에 건축물 등의 시공지 또는 소재지를 관할하는 소방본부장 또는 소방서장에게 그 사실을 통보해야 한다.
⑥ 소방본부장 또는 소방서장은 제3항에 따라 동의 여부를 회신하는 경우에는 [별지 제1호서식]의 건축허가등의 동의대장에 이를 기록하고 관리해야 한다.
⑦ 법 제6조제8항 후단에서 "행정안전부령으로 정하는 기간"이란 7일을 말한다.

② 건축물 등의 증축 · 개축 · 재축 · 용도변경 또는 대수선의 신고를 수리(受理)할 권한이 있는 행정기관은 그 신고를 수리하면 그 건축물 등의 시공지 또는 소재지를 관할하는 소방본부장이나 소방서장에게 지체 없이 그 사실을 알려야 한다.
③ 제1항에 따른 건축허가등의 권한이 있는 행정기관과 제2항에 따른 신고를 수리할 권한이 있는 행정기관은 제1항에 따라 건축허가등의 동의를 받거나 제2항에 따른 신고를 수리한 사실을 알릴 때 관할 소방본부장이나 소방서장에게 건축허가등을 하거나 신고를 수리할 때 건축허가등을 받으려는 자 또는 신고를 한 자가 제출한 설계도서 중 건축물의 내부구조를 알 수 있는 설계도면을 제출하여야 한다. 다만, 국가안보상 중요하거나 국가기밀에 속하는 건축물을 건축하는 경우로서 관계 법령에 따라 행정기관이 설계도면을 확보할 수 없는 경우에는 그러하지 아니하다.
④ 소방본부장 또는 소방서장은 제1항에 따른 동의를 요구받은 경우 해당 건축물 등이 다음의 사항을 따르고 있는지를 검토하여 행정안전부령으로 정하는 기간 내에 해당 행정기관에 동의 여부를 알려야 한다.
   1. 이 법 또는 이 법에 따른 명령
   2. 「소방기본법」 제21조의2에 따른 소방자동차 전용구역의 설치

⑤ 소방본부장 또는 소방서장은 제4항에 따른 건축허가등의 동의 여부를 알릴 경우에는 원활한 소방활동 및 건축물 등의 화재안전성능을 확보하기 위하여 필요한 다음의 사항에 대한 검토 자료 또는 의견서를 첨부할 수 있다.

1. 「건축법」 제49조제1항 및 제2항에 따른 피난시설, 방화구획(防火區劃)
2. 「건축법」 제49조제3항에 따른 소방관 진입창
3. 「건축법」 제50조, 제50조의2, 제51조, 제52조, 제52조의2 및 제53조에 따른 방화벽, 마감재료 등(이하 "방화시설")
4. 그 밖에 ≪소방자동차의 접근이 가능한 통로의 설치 등 대통령령으로 정하는 사항≫

> § **소방자동차의 접근이 가능한 통로의 설치 등 대통령령으로 정하는 사항**
> 1. 소방자동차의 접근이 가능한 통로의 설치
> 2. 「건축법」 및 「주택건설기준 등에 관한 규정」에 따른 승강기의 설치
> 3. 「주택건설기준 등에 관한 규정」에 따른 주택단지 안 도로의 설치
> 4. 「건축법 시행령」에 따른 옥상광장, 비상문자동개폐장치, 헬리포트의 설치
> 5. 그 밖에 소방본부장 또는 소방서장이 소화활동 및 피난을 위해 필요하다고 인정하는 사항

⑥ 제1항에 따라 사용승인에 대한 동의를 할 때에는 「소방시설공사업법」 제14조제3항에 따른 소방시설공사의 완공검사증명서를 발급하는 것으로 동의를 갈음할 수 있다. 이 경우 제1항에 따른 건축허가등의 권한이 있는 행정기관은 소방시설공사의 완공검사증명서를 확인하여야 한다.

⑦ 제1항에 따른 건축허가등을 할 때 소방본부장이나 소방서장의 동의를 받아야 하는 건축물 등의 범위는 대통령령으로 정한다.

⑧ 다른 법령에 따른 인가·허가 또는 신고 등(건축허가등과 제2항에 따른 신고 제외, 이하 "인허가등")의 시설기준에 소방시설등의 설치·관리 등에 관한 사항이 포함되어 있는 경우 해당 인허가등의 권한이 있는 행정기관은 인허가등을 할 때 미리 그 시설의 소재지를 관할하는 소방본부장이나 소방서장에게 그 시설이 이 법 또는 이 법에 따른 명령을 따르고 있는지를 확인하여 줄 것을 요청할 수 있다. 이 경우 요청을 받은 소방본부장 또는 소방서장은 행정안전부령으로 정하는 기간 내에 확인 결과를 알려야 한다.

제7조(소방시설의 내진설계기준)

「지진·화산재해대책법」 제14조제1항의 시설 중 대통령령으로 정하는 특정소방대상물(「지진·화산재해대책법 시행령」 제10조제1항에 해당하는 시설)에 대통령령으로 정하는 소방시설(소방시설 중 옥내소화전설비, 스프링클러설비 및 물분무등소화설비)을 설치하려는 자는 지진이 발생할 경우 소방시설이 정상적으로 작동될 수 있도록 소방청장이 정하는 내진설계기준에 맞게 소방시설을 설치하여야 한다.

제8조(성능위주설계)

① 연면적·높이·층수 등이 일정 규모 이상인 ≪대통령령으로 정하는 특정소방대상물(신축만 해당)≫에 소방시설을 설치하려는 자는 성능위주설계를 하여야 한다.

§ 대통령으로 정하는 특정소방대상물 – 성능위주설계를 해야 하는 대상물의 범위

1. 연면적 20만m² 이상인 특정소방대상물. 다만, 아파트등은 제외한다.

2. 50층 이상(지하층 제외)이거나 지상으로부터 높이가 200m 이상인 아파트등

3. 30층 이상(지하층 포함)이거나 지상으로부터 높이가 120m 이상인 특정소방대상물(아파트등 제외)

4. 연면적 3만m² 이상인 특정소방대상물로서 다음의 어느 하나에 해당하는 특정소방대상물
   가. 철도 및 도시철도 시설
   나. 공항시설

5. 창고시설 중 연면적 10만m² 이상인 것 또는 지하층의 층수가 2개 층 이상이고 지하층의 바닥면적의 합계가 3만m² 이상인 것

6. 하나의 건축물에「영화 및 비디오물의 진흥에 관한 법률」에 따른 영화상영관이 10개 이상인 특정소방대상물

7. 「초고층 및 지하연계 복합건축물 재난관리에 관한 특별법」에 따른 지하연계 복합건축물에 해당하는 특정소방대상물

8. 터널 중 수저(水底)터널 또는 길이가 5천m 이상인 것

② 제1항에 따라 소방시설을 설치하려는 자가 성능위주설계를 한 경우에는「건축법」에 따른 건축허가를 신청하기 전에 해당 특정소방대상물의 시공지 또는 소재지를 관할하는 소방서장에게 신고하여야 한다. 해당 특정소방대상물의 연면적·높이·층수의 변경 등 행정안전부령으로 정하는 사유로 신고한 성능위주설계를 변경하려는 경우에도 또한 같다.

영·규칙 CHAIN

칙 제4조(성능위주설계의 신고)

① 성능위주설계를 한 자는 법 제8조제2항에 따라「건축법」제11조에 따른 건축허가를 신청하기 전에 [별지 제2호서식]의 성능위주설계 신고서(전자문서로 된 신고서 포함)에 다음의 서류(전자문서 포함)를 첨부하여 관할 소방서장에게 신고해야 한다. 이 경우 다음의 서류에는 사전검토 결과에 따라 보완된 내용을 포함해야 하며, 제7조제1항에 따른 사전검토 신청 시 제출한 서류와 동일한 내용의 서류는 제외한다.

1. 다음의 사항이 포함된 설계도서
   가. 건축물의 개요(위치, 구조, 규모, 용도)
   나. 부지 및 도로의 설치 계획(소방차량 진입 동선 포함)
   다. 화재안전성능의 확보 계획
   라. 성능위주설계 요소에 대한 성능평가(화재 및 피난 모의실험 결과 포함)
   마. 성능위주설계 적용으로 인한 화재안전성능 비교표
   바. 다음의 건축물 설계도면

　　　1) 주단면도 및 입면도

　　　2) 층별 평면도 및 창호도

　　　3) 실내 · 실외 마감재료표

　　　4) 방화구획도(화재 확대 방지계획 포함)

　　　5) 건축물의 구조 설계에 따른 피난계획 및 피난 동선도

　사. 소방시설의 설치계획 및 설계 설명서

　아. 다음의 소방시설 설계도면

　　　1) 소방시설 계통도 및 층별 평면도

　　　2) 소화용수설비 및 연결송수구 설치 위치 평면도

　　　3) 종합방재실 설치 및 운영계획

　　　4) 상용전원 및 비상전원의 설치계획

　　　5) 소방시설의 내진설계 계통도 및 기준층 평면도(내진 시방서 및 계산서 등 세부 내용이 포함된 상세 설계도면은 제외)

　자. 소방시설에 대한 전기부하 및 소화펌프 등 용량계산서

2. 「소방시설공사업법 시행령」에 따른 성능위주설계를 할 수 있는 자의 자격 · 기술인력을 확인할 수 있는 서류

3. 「소방시설공사업법」에 따라 체결한 성능위주설계 계약서 사본

② 소방서장은 제1항에 따라 성능위주설계 신고서를 받은 경우 성능위주설계 대상 및 자격 여부 등을 확인하고, 첨부서류의 보완이 필요한 경우에는 7일 이내의 기간을 정하여 성능위주설계를 한 자에게 보완을 요청할 수 있다.

칙 제5조(신고된 성능위주설계에 대한 검토 · 평가)

① 제4조제1항에 따라 성능위주설계의 신고를 받은 소방서장은 필요한 경우 같은 조 제2항에 따른 보완 절차를 거쳐 소방청장 또는 관할 소방본부장에게 법 제9조제1항에 따른 성능위주설계 평가단(이하 "평가단")의 검토 · 평가를 요청해야 한다.

② 제1항에 따라 검토 · 평가를 요청받은 소방청장 또는 소방본부장은 요청을 받은 날부터 20일 이내(변경 시 14일 이내)에 평가단의 심의 · 의결을 거쳐 해당 건축물의 성능위주설계를 검토 · 평가하고, [별지 제3호서식]의 성능위주설계 검토 · 평가 결과서를 작성하여 관할 소방서장에게 지체 없이 통보해야 한다.

③ 제4조제1항에 따라 성능위주설계 신고를 받은 소방서장은 제1항에도 불구하고 신기술 · 신공법 등 검토 · 평가에 고도의 기술이 필요한 경우에는 중앙위원회에 심의를 요청할 수 있다.

④ 중앙위원회는 제3항에 따라 요청된 사항에 대하여 20일 이내(변경 시 14일 이내)에 심의 · 의결을 거쳐 [별지 제3호서식]의 성능위주설계 검토 · 평가 결과서를 작성하고 관할 소방서장에게 지체 없이 통보해야 한다.

⑤ 제2항 또는 제4항에 따라 성능위주설계 검토 · 평가 결과서를 통보받은 소방서장은 성능위주설계 신고를 한 자에게 [별표 1]에 따라 수리 여부를 통보해야 한다.

■ 소방시설 설치 및 관리에 관한 법률 시행규칙

[별표 1] 성능위주설계 평가단 및 중앙소방심의위원회의 검토 · 평가 구분 및 통보 시기

구분		성립요건	통보 시기
수리	원안 채택	신고서(도면 등) 내용에 수정이 없거나 경미한 경우 원안대로 수리	지체 없이
	보완	평가단 또는 중앙위원회에서 검토 · 평가한 결과 보완이 요구되는 경우로서 보완이 완료되면 수리	보완완료 후 지체 없이 통보
불수리	재검토	평가단 또는 중앙위원회에서 검토 · 평가한 결과 보완이 요구되나 단기간에 보완될 수 없는 경우	지체 없이
	부결	평가단 또는 중앙위원회에서 검토 · 평가한 결과 소방 관련 법령 및 건축 법령에 위반되거나 평가 기준을 충족하지 못한 경우	지체 없이

[비고]
보완으로 결정된 경우 보완기간은 21일 이내로 부여하고 보완이 완료되면 지체 없이 수리 여부를 통보해야 한다.

칙 제6조(성능위주설계의 변경신고)

① 법 제8조제2항 후단에서 "해당 특정소방대상물의 연면적 · 높이 · 층수의 변경 등 행정안전부령으로 정하는 사유"란 특정소방대상물의 연면적 · 높이 · 층수의 변경이 있는 경우를 말한다. 다만, 「건축법」 제16조제1항 단서 대통령령으로 정하는 경미한 사항 및 같은 조 제2항(변경은 제22조에 따른 사용승인을 신청할 때 허가권자에게 일괄하여 신고할 수 있다.)에 따른 경우는 제외한다.

② 성능위주설계를 한 자는 법 제8조제2항 후단에 따라 해당 성능위주설계를 한 특정소방대상물이 제1항에 해당하는 경우 [별지 제4호서식]의 성능위주설계 변경 신고서(전자문서로 된 신고서 포함)에 제4조제1항의 서류(전자문서 포함, 변경되는 부분만 해당)를 첨부하여 관할 소방서장에게 신고해야 한다.

③ 제2항에 따른 성능위주설계의 변경신고에 대한 검토 · 평가, 수리 여부 결정 및 통보에 관하여는 제5조제2항부터 제5항까지의 규정을 준용한다. 이 경우 같은 조 제2항 및 제4항 중 "20일 이내"는 각각 "14일 이내"로 본다.

칙 제7조(성능위주설계의 사전검토 신청)

① 성능위주설계를 한 자는 법 제8조제4항에 따라 「건축법」에 따른 건축위원회의 심의를 받아야 하는 건축물인 경우에는 그 심의를 신청하기 전에 [별지 제5호서식]의 성능위주설계 사전검토 신청서(전자문서로 된 신청서 포함)에 다음의 서류(전자문서 포함)를 첨부하여 관할 소방서장에게 사전검토를 신청해야 한다.

1. 건축물의 개요(위치, 구조, 규모, 용도)
2. 부지 및 도로의 설치 계획(소방차량 진입 동선 포함)
3. 화재안전성능의 확보 계획
4. 화재 및 피난 모의실험 결과
5. 다음의 건축물 설계도면
　　가. 주단면도 및 입면도
　　나. 층별 평면도 및 창호도
　　다. 실내 · 실외 마감재료표
　　라. 방화구획도(화재 확대 방지계획 포함)
　　마. 건축물의 구조 설계에 따른 피난계획 및 피난 동선도
6. 소방시설 설치계획 및 설계 설명서(소방시설 기계 · 전기 분야의 기본계통도 포함)
7. 「소방시설공사업법 시행령」 [별표 1의2]에 따른 성능위주설계를 할 수 있는 자의 자격 · 기술인력을 확인할 수 있는 서류
8. 「소방시설공사업법」에 따라 체결한 성능위주설계 계약서 사본
② 소방서장은 제1항에 따른 성능위주설계 사전검토 신청서를 받은 경우 성능위주설계 대상 및 자격 여부 등을 확인하고, 첨부서류의 보완이 필요한 경우에는 7일 이내의 기간을 정하여 성능위주설계를 한 자에게 보완을 요청할 수 있다.

③ 소방서장은 제2항에 따른 신고 또는 변경신고를 받은 경우 그 내용을 검토하여 이 법에 적합하면 신고를 수리하여야 한다.

④ 제2항에 따라 성능위주설계의 신고 또는 변경신고를 하려는 자는 해당 특정소방대상물이 「건축법」에 따른 건축위원회의 심의를 받아야 하는 건축물인 경우에는 그 심의를 신청하기 전에 성능위주설계의 기본설계도서(基本設計圖書) 등에 대해서 해당 특정소방대상물의 시공지 또는 소재지를 관할하는 소방서장의 사전검토를 받아야 한다.

⑤ 소방서장은 제2항 또는 제4항에 따라 성능위주설계의 신고, 변경신고 또는 사전검토 신청을 받은 경우에는 소방청 또는 관할 소방본부에 설치된 제9조제1항에 따른 성능위주설계평가단의 검토 · 평가를 거쳐야 한다. 다만, 소방서장은 신기술 · 신공법 등 검토 · 평가에 고도의 기술이 필요한 경우에는 제18조제1항에 따른 중앙소방기술심의위원회에 심의를 요청할 수 있다.

⑥ 소방서장은 제5항에 따른 검토 · 평가 결과 성능위주설계의 수정 또는 보완이 필요하다고 인정되는 경우에는 성능위주설계를 한 자에게 그 수정 또는 보완을 요청할 수 있으며, 수정 또는 보완 요청을 받은 자는 정당한 사유가 없으면 그 요청에 따라야 한다.

⑦ 제2항부터 제6항까지에서 규정한 사항 외에 성능위주설계의 신고, 변경신고 및 사전검토의 절차 · 방법 등에 필요한 사항과 성능위주설계의 기준은 행정안전부령으로 정한다.

영 · 규칙 CHAIN

칙 제8조(사전검토가 신청된 성능위주설계에 대한 검토 · 평가)

① 제7조제1항에 따라 사전검토의 신청을 받은 소방서장은 필요한 경우 같은 조 제2항에 따른 보완 절차를 거쳐 소방청장 또는 관할 소방본부장에게 평가단의 검토 · 평가를 요청해야 한다.

② 제1항에 따라 검토 · 평가를 요청받은 소방청장 또는 소방본부장은 평가단의 심의 · 의결을 거쳐 해당 건축물의 성능위주설계를 검토 · 평가하고, [별지 제6호서식]의 성능위주설계 사전검토 결과 서를 작성하여 관할 소방서장에게 지체 없이 통보해야 한다.

③ 제1항에도 불구하고 제7조제1항에 따라 성능위주설계 사전검토의 신청을 받은 소방서장은 신기 술 · 신공법 등 검토 · 평가에 고도의 기술이 필요한 경우에는 중앙위원회에 심의를 요청할 수 있다.

④ 중앙위원회는 제3항에 따라 요청된 사항에 대하여 심의를 거쳐 [별지 제6호서식]의 성능위주설계 사전검토 결과서를 작성하고, 관할 소방서장에게 지체 없이 통보해야 한다.

⑤ 제2항 또는 제4항에 따라 성능위주설계 사전검토 결과서를 통보받은 소방서장은 성능위주설계 사전검토를 신청한 자 및 「건축법」에 따른 해당 건축위원회에 그 결과를 지체 없이 통보해야 한다.

칙 제9조(성능위주설계 기준)

① 법 제8조제7항에 따른 성능위주설계의 기준은 다음과 같다.
   1. 소방자동차 진입(통로) 동선 및 소방관 진입 경로 확보
   2. 화재 · 피난 모의실험을 통한 화재위험성 및 피난안전성 검증
   3. 건축물의 규모와 특성을 고려한 최적의 소방시설 설치
   4. 소화수 공급시스템 최적화를 통한 화재피해 최소화 방안 마련
   5. 특별피난계단을 포함한 피난경로의 안전성 확보
   6. 건축물의 용도별 방화구획의 적정성
   7. 침수 등 재난상황을 포함한 지하층 안전확보 방안 마련

② 제1항에 따른 성능위주설계의 세부 기준은 소방청장이 정한다.

제9조(성능위주설계평가단)

① 성능위주설계에 대한 전문적 · 기술적인 검토 및 평가를 위하여 소방청 또는 소방본부에 성능위주설계 평가단(이하 "평가단")을 둔다.

② 평가단에 소속되거나 소속되었던 사람은 평가단의 업무를 수행하면서 알게 된 비밀을 이 법에서 정한 목적 외의 용도로 사용하거나 다른 사람 또는 기관에 제공하거나 누설하여서는 아니 된다.

벌 300만 원 이하 벌금 – 업무를 수행하면서 알게 된 비밀을 이 법에서 정한 목적 외의 용도로 사용하거나 다른 사람 또는 기관에 제공하거나 누설한 자

③ 평가단의 구성 및 운영 등에 필요한 사항은 행정안전부령으로 정한다.

영 · 규칙 CHAIN

최 제10조(평가단의 구성)

① 평가단은 평가단장을 포함하여 50명 이내의 평가단원으로 성별을 고려하여 구성한다.

② 평가단장은 화재예방 업무를 담당하는 부서의 장 또는 제3항에 따라 임명 또는 위촉된 평가단원 중에서 학식 · 경험 · 전문성 등을 종합적으로 고려하여 소방청장 또는 소방본부장이 임명하거나 위촉한다.

③ 평가단원은 다음의 어느 하나에 해당하는 사람 중에서 소방청장 또는 관할 소방본부장이 임명하거나 위촉한다. 다만, 관할 소방서의 해당 업무 담당 과장은 당연직 평가단원으로 한다.

1. 소방공무원 중 다음의 어느 하나에 해당하는 사람

가. 소방기술사

나. 소방시설관리사

다. 다음의 어느 하나에 해당하는 자격을 갖춘 사람으로서 중앙소방학교에서 실시하는 성능위 주설계 관련 교육과정을 이수한 사람

1) 소방설비기사 이상의 자격을 가진 사람으로서 제3조에 따른 건축허가등의 동의 업무를 1년 이상 담당한 사람

2) 건축 또는 소방 관련 석사 이상의 학위를 취득한 사람으로서 제3조에 따른 건축허가등의 동의 업무를 1년 이상 담당한 사람

2. 건축 분야 및 소방방재 분야 전문가 중 다음의 어느 하나에 해당하는 사람

가. 위원회 위원 또는 지방소방기술심의위원회 위원

나. 「고등교육법」에 따른 학교 또는 이에 준하는 학교나 공인된 연구기관에서 부교수 이상의 직(職) 또는 이에 상당하는 직에 있거나 있었던 사람으로서 화재안전 또는 관련 법령이나 정책에 전문성이 있는 사람

다. 소방기술사

라. 소방시설관리사

마. 건축계획, 건축구조 또는 도시계획과 관련된 업종에 종사하는 사람으로서 건축사 또는 건축 구조기술사 자격을 취득한 사람

바. 「소방시설공사업법」에 따른 특급감리원 자격을 취득한 사람으로 소방공사 현장 감리업무 를 10년 이상 수행한 사람

④ 위촉된 평가단원의 임기는 2년으로 하되, 2회에 한정하여 연임할 수 있다.

⑤ 평가단장은 평가단을 대표하고 평가단의 업무를 총괄한다.

⑥ 평가단장이 부득이한 사유로 직무를 수행할 수 없을 때에는 평가단장이 미리 지정한 평가단원이 그 직무를 대리한다.

칙 제11조(평가단의 운영)

① 평가단의 회의는 평가단장과 평가단장이 회의마다 지명하는 6명 이상 8명 이하의 평가단원으로 구성·운영하며, 과반수의 출석으로 개의(開議)하고 출석 평가단원 과반수의 찬성으로 의결한다. 다만, 제6조제2항에 따른 성능위주설계의 변경신고에 대한 심의·의결을 하는 경우에는 제5조제2항에 따라 건축물의 성능위주설계를 검토·평가한 평가단원 중 5명 이상으로 평가단을 구성·운영할 수 있다.

② 평가단의 회의에 참석한 평가단원에게는 예산의 범위에서 수당, 여비, 그 밖에 필요한 경비를 지급할 수 있다. 다만, 소방공무원인 평가단원이 소관 업무와 관련하여 평가단의 회의에 참석하는 경우에는 그렇지 않다.

③ 제1항 및 제2항에서 규정한 사항 외에 평가단의 운영에 필요한 세부적인 사항은 소방청장 또는 관할 소방본부장이 정한다.

칙 제12조(평가단원의 제척·기피·회피)

① 평가단원이 다음의 어느 하나에 해당하는 경우에는 평가단의 심의·의결에서 제척(除斥)된다.
  1. 평가단원 또는 그 배우자나 배우자였던 사람이 해당 안건의 당사자(당사자가 법인·단체 등인 경우에는 그 임원 포함)가 되거나 그 안건의 당사자와 공동권리자 또는 공동의무자인 경우
  2. 평가단원이 해당 안건의 당사자와 친족인 경우
  3. 평가단원이 해당 안건에 관하여 증언, 진술, 자문, 연구, 용역 또는 감정을 한 경우
  4. 평가단원이나 평가단원이 속한 법인·단체 등이 해당 안건의 당사자의 대리인이거나 대리인이었던 경우

② 당사자는 제1항에 따른 제척사유가 있거나 평가단원에게 공정한 심의·의결을 기대하기 어려운 사정이 있는 경우에는 평가단에 기피신청을 할 수 있고, 평가단은 의결로 기피 여부를 결정한다. 이 경우 기피 신청의 대상인 평가단원은 그 의결에 참여하지 못한다.

③ 평가단원이 제1항의 사유에 해당하는 경우에는 스스로 해당 안건의 심의·의결에서 회피(回避)해야 한다.

칙 제13조(평가단원의 해임·해촉)

소방청장 또는 관할 소방본부장은 평가단원이 다음의 어느 하나에 해당하는 경우에는 해당 평가단원을 해임하거나 해촉(解囑)할 수 있다.
  1. 심신장애로 직무를 수행할 수 없게 된 경우
  2. 직무와 관련된 비위사실이 있는 경우
  3. 직무태만, 품위손상이나 그 밖의 사유로 평가단원으로 적합하지 않다고 인정되는 경우
  4. 제12조제1항(평가단원 제척)의 어느 하나에 해당하는데도 불구하고 회피하지 않은 경우
  5. 평가단원 스스로 직무를 수행하기 어렵다는 의사를 밝히는 경우

제10조(주택에 설치하는 소방시설)

① 다음의 주택의 소유자는 소화기 등 대통령령으로 정하는 소방시설(이하 "주택형소방시설", 소화기 및 단독경보형 감지기)을 설치하여야 한다.

1. 단독주택

2. 공동주택(아파트 및 기숙사 제외)

② 국가 및 지방자치단체는 주택용소방시설의 설치 및 국민의 자율적인 안전관리를 촉진하기 위하여 필요한 시책을 마련하여야 한다.

③ 주택용소방시설의 설치기준 및 자율적인 안전관리 등에 관한 사항은 시·도의 조례로 정한다.

제11조(자동차에 설치 또는 비치하는 소화기)

① 「자동차관리법」 제3조제1항에 따른 자동차 중 다음의 어느 하나에 해당하는 자동차를 제작·조립·수입·판매하려는 자 또는 해당 자동차의 소유자는 차량용 소화기를 설치하거나 비치하여야 한다.

1. 5인승 이상의 승용자동차

2. 승합자동차

3. 화물자동차

4. 특수자동차

② 제1항에 따른 차량용 소화기의 설치 또는 비치 기준은 행정안전부령으로 정한다.

③ 국토교통부장관은 「자동차관리법」 제43조제1항에 따른 자동차검사 시 차량용 소화기의 설치 또는 비치 여부 등을 확인하여야 하며, 그 결과를 매년 12월 31일까지 소방청장에게 통보하여야 한다.

영·규칙 CHAIN

제14조(차량용 소화기의 설치 또는 비치 기준)

차량용 소화기의 설치 또는 비치 기준은 [별표 2]와 같다.

■ 소방시설 설치 및 관리에 관한 법률 시행규칙

[별표 2] 차량용 소화기의 설치 또는 비치 기준

자동차에는 형식승인을 받은 차량용 소화기를 다음의 기준에 따라 설치 또는 비치해야 한다.

1. 승용자동차 : 능력단위 1 이상의 소화기 1개 이상을 사용하기 쉬운 곳에 설치 또는 비치한다.

2. 승합자동차

　가. 경형승합자동차 : 능력단위 1 이상의 소화기 1개 이상을 사용하기 쉬운 곳에 설치 또는 비치한다.

　나. 승차정원 15인 이하 : 능력단위 2 이상인 소화기 1개 이상 또는 능력단위 1 이상인 소화기 2개 이상을 설치한다. 이 경우 승차정원 11인 이상 승합자동차는 운전석 또는 운전석과 옆으로 나란한 좌석 주위에 1개 이상을 설치한다.

　다. 승차정원 16인 이상 35인 이하 : 능력단위 2 이상인 소화기 2개 이상을 설치한다. 이 경우 승차정원 23인을 초과하는 승합자동차로서 너비 2.3m를 초과하는 경우에는 운전자 좌석 부근에 가로 600mm, 세로 200mm 이상의 공간을 확보하고 1개 이상의 소화기를 설치한다.

라. 승차정원 36인 이상 : 능력단위 3 이상인 소화기 1개 이상 및 능력단위 2 이상인 소화기 1개 이상을 설치한다. 다만, 2층 대형승합자동차의 경우에는 위층 차실에 능력단위 3 이상인 소화기 1개 이상을 추가 설치한다.

3. 화물자동차(피견인자동차 제외) 및 특수자동차

　　가. 중형 이하 : 능력단위 1 이상인 소화기 1개 이상을 사용하기 쉬운 곳에 설치한다.

　　나. 대형 이상 : 능력단위 2 이상인 소화기 1개 이상 또는 능력단위 1 이상인 소화기 2개 이상을 사용하기 쉬운 곳에 설치한다.

4. 「위험물안전관리법 시행령」에 따른 지정수량 이상의 위험물 또는 「고압가스 안전관리법 시행령」에 따라 고압가스를 운송하는 특수자동차(피견인자동차를 연결한 경우에는 이를 연결한 견인자동차 포함) : 「위험물안전관리법 시행규칙」 중 이동탱크저장소 자동차용소화기의 설치기준란에 해당하는 능력단위와 수량 이상을 설치한다.

제2절 특정소방대상물에 설치하는 소방시설의 관리 등

제12조(특정소방대상물에 설치하는 소방시설의 관리 등)

① 특정소방대상물의 관계인은 대통령령으로 정하는 소방시설을 화재안전기준에 따라 설치 · 관리하여야 한다. 이 경우 장애인등이 사용하는 소방시설(경보설비 및 피난구조설비)은 대통령령으로 정하는 바에 따라 장애인등에 적합하게 설치 · 관리하여야 한다.

영 · 규칙 CHAIN

영 제11조(특정소방대상물에 설치 · 관리해야 하는 소방시설)

① 법 제12조제1항 전단에 따라 특정소방대상물의 관계인이 특정소방대상물에 설치 · 관리해야 하는 소방시설의 종류는 [별표 4]와 같다.

■ 소방시설 설치 및 관리에 관한 법률 시행령

[별표 4] 특정소방대상물의 관계인이 특정소방대상물에 설치 · 관리해야 하는 소방시설의 종류

1. 소화설비

　　가. 화재안전기준에 따라 소화기구를 설치해야 하는 특정소방대상물은 다음의 어느 하나에 해당하는 것으로 한다.

　　　　1) 연면적 33m² 이상인 것. 다만, 노유자 시설의 경우에는 투척용 소화용구 등을 화재안전기준에 따라 산정된 소화기 수량의 2분의 1 이상으로 설치할 수 있다.

　　　　2) 1)에 해당하지 않는 시설로서 가스시설, 발전시설 중 전기저장시설 및 문화재

    3) 터널

    4) 지하구

나. 자동소화장치를 설치해야 하는 특정소방대상물은 다음의 어느 하나에 해당하는 특정소방대상물 중 후드 및 덕트가 설치되어 있는 주방이 있는 특정소방대상물로 한다. 이 경우 해당 주방에 자동소화장치를 설치해야 한다.

    1) 주거용 주방자동소화장치를 설치해야 하는 것 : 아파트등 및 오피스텔의 모든 층

    2) 상업용 주방자동소화장치를 설치해야 하는 것

        가) 판매시설 중 「유통산업발전법」 에 해당하는 대규모점포에 입점해 있는 일반음식점

        나) 「식품위생법」에 따른 집단급식소

    3) 캐비닛형 자동소화장치, 가스자동소화장치, 분말자동소화장치 또는 고체에어로졸자동소화장치를 설치해야 하는 것 : 화재안전기준에서 정하는 장소

다. 옥내소화전설비를 설치해야 하는 특정소방대상물은 다음의 어느 하나에 해당하는 것으로 한다. 다만, 위험물 저장 및 처리 시설 중 가스시설, 지하구 및 업무시설 중 무인변전소(방재실 등에서 스프링클러설비 또는 물분무등소화설비를 원격으로 조정할 수 있는 무인변전소로 한정)는 제외한다.

    1) 다음의 어느 하나에 해당하는 경우에는 모든 층

        가) 연면적 3천m^2 이상인 것(지하가 중 터널 제외)

        나) 지하층 · 무창층(축사 제외)으로서 바닥면적이 600m^2 이상인 층이 있는 것

        다) 층수가 4층 이상인 것 중 바닥면적이 600m^2 이상인 층이 있는 것

    2) 1)에 해당하지 않는 근린생활시설, 판매시설, 운수시설, 의료시설, 노유자 시설, 업무시설, 숙박시설, 위락시설, 공장, 창고시설, 항공기 및 자동차 관련 시설, 교정 및 군사시설 중 국방 · 군사시설, 방송통신시설, 발전시설, 장례시설 또는 복합건축물로서 다음의 어느 하나에 해당하는 경우에는 모든 층

        가) 연면적 1천5백m^2 이상인 것

        나) 지하층 · 무창층으로서 바닥면적이 300m^2 이상인 층이 있는 것

        다) 층수가 4층 이상인 것 중 바닥면적이 300m^2 이상인 층이 있는 것

    3) 건축물의 옥상에 설치된 차고 · 주차장으로서 사용되는 면적이 200m^2 이상인 경우 해당 부분

    4) 지하가 중 터널로서 다음에 해당하는 터널

        가) 길이가 1천m 이상인 터널

        나) 예상교통량, 경사도 등 터널의 특성을 고려하여 행정안전부령으로 정하는 터널

    5) 1) 및 2)에 해당하지 않는 공장 또는 창고시설로서 「화재의 예방 및 안전관리에 관한 법률 시행령」 지정수량의 750배 이상의 특수가연물을 저장 · 취급하는 것

라. 스프링클러설비를 설치해야 하는 특정소방대상물(위험물 저장 및 처리 시설 중 가스시설 및 지하구 제외)은 다음의 어느 하나에 해당하는 것으로 한다.

1) 층수가 6층 이상인 특정소방대상물의 경우에는 모든 층. 다만, 다음의 어느 하나에 해당하는 경우는 제외한다.

    가) 주택 관련 법령에 따라 기존의 아파트등을 리모델링하는 경우로서 건축물의 연면적 및 층의 높이가 변경되지 않는 경우. 이 경우 해당 아파트등의 사용검사 당시의 소방시설의 설치에 관한 대통령령 또는 화재안전기준을 적용한다.

    나) 스프링클러설비가 없는 기존의 특정소방대상물을 용도변경하는 경우. 다만, 2)부터 6)까지 및 9)부터 12)까지의 규정에 해당하는 특정소방대상물로 용도변경하는 경우에는 해당 규정에 따라 스프링클러설비를 설치한다.

2) 기숙사(교육연구시설·수련시설 내에 있는 학생 수용을 위한 것) 또는 복합건축물로서 연면적 5천m^2 이상인 경우에는 모든 층

3) 문화 및 집회시설(동·식물원 제외), 종교시설(주요구조부가 목조인 것 제외), 운동시설(물놀이형 시설 및 바닥이 불연재료이고 관람석이 없는 운동시설 제외)로서 다음의 어느 하나에 해당하는 경우에는 모든 층

    가) 수용인원이 100명 이상인 것

    나) 영화상영관의 용도로 쓰는 층의 바닥면적이 지하층 또는 무창층인 경우에는 500m^2 이상, 그 밖의 층의 경우에는 1천m^2 이상인 것

    다) 무대부가 지하층·무창층 또는 4층 이상의 층에 있는 경우에는 무대부의 면적이 300m^2 이상인 것

    라) 무대부가 다) 외의 층에 있는 경우에는 무대부의 면적이 500m^2 이상인 것

4) 판매시설, 운수시설 및 창고시설(물류터미널로 한정)로서 바닥면적의 합계가 5천m^2 이상이거나 수용인원이 500명 이상인 경우에는 모든 층

5) 다음의 어느 하나에 해당하는 용도로 사용되는 시설의 바닥면적의 합계가 600m^2 이상인 것은 모든 층

    가) 근린생활시설 중 조산원 및 산후조리원

    나) 의료시설 중 정신의료기관

    다) 의료시설 중 종합병원, 병원, 치과병원, 한방병원 및 요양병원

    라) 노유자 시설

    마) 숙박이 가능한 수련시설

    바) 숙박시설

6) 창고시설(물류터미널 제외)로서 바닥면적 합계가 5천m^2 이상인 경우에는 모든 층

7) 특정소방대상물의 지하층·무창층(축사 제외) 또는 층수가 4층 이상인 층으로서 바닥면적이 1천m^2 이상인 층이 있는 경우에는 해당 층

8) 랙식 창고(rack warehouse) : 랙(물건을 수납할 수 있는 선반이나 이와 비슷한 것)을 갖춘 것으로서 천장 또는 반자(반자가 없는 경우에는 지붕의 옥내에 면하는 부분)의 높이가 10m를 초과하고, 랙이 설치된 층의 바닥면적의 합계가 1천5백m^2 이상인 경우에는 모든 층

9) 공장 또는 창고시설로서 다음의 어느 하나에 해당하는 시설

　가)「화재의 예방 및 안전관리에 관한 법률 시행령」[별표 2]에서 정하는 수량의 1천 배 이상의 특수가연물을 저장·취급하는 시설

　나)「원자력안전법 시행령」제2조제1호에 따른 중·저준위방사성폐기물의 저장시설 중 소화수를 수집·처리하는 설비가 있는 저장시설

10) 지붕 또는 외벽이 불연재료가 아니거나 내화구조가 아닌 공장 또는 창고시설로서 다음의 어느 하나에 해당하는 것

　가) 창고시설(물류터미널로 한정) 중 4)에 해당하지 않는 것으로서 바닥면적의 합계가 2천5백m² 이상이거나 수용인원이 250명 이상인 경우에는 모든 층

　나) 창고시설(물류터미널 제외) 중 6)에 해당하지 않는 것으로서 바닥면적의 합계가 2천5백m² 이상인 경우에는 모든 층

　다) 공장 또는 창고시설 중 7)에 해당하지 않는 것으로서 지하층·무창층 또는 층수가 4층 이상인 것 중 바닥면적이 500m² 이상인 경우에는 모든 층

　라) 랙식 창고 중 8)에 해당하지 않는 것으로서 바닥면적의 합계가 750m² 이상인 경우에는 모든 층

　마) 공장 또는 창고시설 중 9)가)에 해당하지 않는 것으로서「화재의 예방 및 안전관리에 관한 법률 시행령」[별표 2]에서 정하는 수량의 500배 이상의 특수가연물을 저장·취급하는 시설

11) 교정 및 군사시설 중 다음의 어느 하나에 해당하는 경우에는 해당 장소

　가) 보호감호소, 교도소, 구치소 및 그 지소, 보호관찰소, 갱생보호시설, 치료감호시설, 소년원 및 소년분류심사원의 수용거실

　나)「출입국관리법」제52조제2항에 따른 보호시설(외국인보호소의 경우에는 보호대상자의 생활공간으로 한정)로 사용하는 부분. 다만, 보호시설이 임차건물에 있는 경우는 제외한다.

　다)「경찰관 직무집행법」제9조에 따른 유치장

12) 지하가(터널 제외)로서 연면적 1천m² 이상인 것

13) 발전시설 중 전기저장시설

14) 1)부터 13)까지의 특정소방대상물에 부속된 보일러실 또는 연결통로 등

마. 간이스프링클러설비를 설치해야 하는 특정소방대상물은 다음의 어느 하나에 해당하는 것으로 한다.

1) 공동주택 중 연립주택 및 다세대주택(연립주택 및 다세대주택에 설치하는 간이스프링클러설비는 화재안전기준에 따른 주택전용 간이스프링클러설비를 설치)

2) 근린생활시설 중 다음의 어느 하나에 해당하는 것

　가) 근린생활시설로 사용하는 부분의 바닥면적 합계가 1천m² 이상인 것은 모든 층

　나) 의원, 치과의원 및 한의원으로서 입원실이 있는 시설

다) 조산원 및 산후조리원으로서 연면적 600m² 미만인 시설

3) 의료시설 중 다음의 어느 하나에 해당하는 시설

　　가) 종합병원, 병원, 치과병원, 한방병원 및 요양병원(의료재활시설 제외)으로 사용되는 바닥면적의 합계가 600m² 미만인 시설

　　나) 정신의료기관 또는 의료재활시설로 사용되는 바닥면적의 합계가 300m² 이상 600m² 미만인 시설

　　다) 정신의료기관 또는 의료재활시설로 사용되는 바닥면적의 합계가 300m² 미만이고, 창살(철재·플라스틱 또는 목재 등으로 사람의 탈출 등을 막기 위하여 설치한 것, 화재 시 자동으로 열리는 구조로 되어 있는 창살 제외)이 설치된 시설

4) 교육연구시설 내에 합숙소로서 연면적 100m² 이상인 경우에는 모든 층

5) 노유자 시설로서 다음의 어느 하나에 해당하는 시설

　　가) 제7조제1항제7호에 따른 시설(같은 호 가목2) 및 같은 호 나목부터 바목까지의 시설 중 단독주택 또는 공동주택에 설치되는 시설은 제외하며, 이하 "노유자 생활시설")

　　나) 가)에 해당하지 않는 노유자 시설로 해당 시설로 사용하는 바닥면적의 합계가 300m² 이상 600m² 미만인 시설

　　다) 가)에 해당하지 않는 노유자 시설로 해당 시설로 사용하는 바닥면적의 합계가 300m² 미만이고, 창살(철재·플라스틱 또는 목재 등으로 사람의 탈출 등을 막기 위하여 설치한 것, 화재 시 자동으로 열리는 구조로 되어 있는 창살 제외)이 설치된 시설

6) 숙박시설로 사용되는 바닥면적의 합계가 300m² 이상 600m² 미만인 시설

7) 건물을 임차하여 「출입국관리법」에 따른 보호시설로 사용하는 부분

8) 복합건축물([별표 2] 제30호나목의 복합건축물만 해당)로서 연면적 1천m² 이상인 것은 모든 층

바. 물분무등소화설비를 설치해야 하는 특정소방대상물(위험물 저장 및 처리 시설 중 가스시설 및 지하구 제외)은 다음의 어느 하나에 해당하는 것으로 한다.

1) 항공기 및 자동차 관련 시설 중 항공기 격납고

2) 차고, 주차용 건축물 또는 철골 조립식 주차시설. 이 경우 연면적 800m² 이상인 것만 해당한다.

3) 건축물의 내부에 설치된 차고·주차장으로서 차고 또는 주차의 용도로 사용되는 면적이 200m² 이상인 경우 해당 부분(50세대 미만 연립주택 및 다세대주택 제외)

4) 기계장치에 의한 주차시설을 이용하여 20대 이상의 차량을 주차할 수 있는 시설

5) 특정소방대상물에 설치된 전기실·발전실·변전실(가연성 절연유를 사용하지 않는 변압기·전류차단기 등의 전기기기와 가연성 피복을 사용하지 않은 전선 및 케이블만을 설치한 전기실·발전실 및 변전실은 제외)·축전지실·통신기기실 또는 전산실, 그 밖에 이와 비슷한 것으로서 바닥면적이 300m² 이상인 것[하나의 방화구획 내에 둘 이상의 실(室)이 설치되어 있는 경우에는 이를 하나의 실로 보아 바닥면적을 산정]. 다만, 내화구조로 된

공정제어실 내에 설치된 주조정실로서 양압시설(외부 오염 공기 침투를 차단하고 내부의 나쁜 공기가 자연스럽게 외부로 흐를 수 있도록 한 시설)이 설치되고 전기기기에 220볼트 이하인 저전압이 사용되며 종업원이 24시간 상주하는 곳은 제외한다.

6) 소화수를 수집·처리하는 설비가 설치되어 있지 않은 중·저준위방사성폐기물의 저장시설. 이 시설에는 이산화탄소소화설비, 할론소화설비 또는 할로겐화합물 및 불활성기체 소화설비를 설치해야 한다.

7) 지하가 중 예상 교통량, 경사도 등 터널의 특성을 고려하여 행정안전부령으로 정하는 터널. 이 시설에는 물분무소화설비를 설치해야 한다.

8) 문화재 중「문화재보호법」에 따른 지정문화재로서 소방청장이 문화재청장과 협의하여 정하는 것

사. 옥외소화전설비를 설치해야 하는 특정소방대상물(아파트등, 위험물 저장 및 처리 시설 중 가스시설, 지하구 및 지하가 중 터널은 제외)은 다음의 어느 하나에 해당하는 것으로 한다.

1) 지상 1층 및 2층의 바닥면적의 합계가 9천m² 이상인 것. 이 경우 같은 구(區) 내의 둘 이상의 특정소방대상물이 행정안전부령으로 정하는 연소(延燒) 우려가 있는 구조인 경우에는 이를 하나의 특정소방대상물로 본다.

2) 문화재 중「문화재보호법」에 따라 보물 또는 국보로 지정된 목조건축물

3) 1)에 해당하지 않는 공장 또는 창고시설로서「화재의 예방 및 안전관리에 관한 법률 시행령」[별표 2]에서 정하는 수량의 750배 이상의 특수가연물을 저장·취급하는 것

2. 경보설비

가. 단독경보형 감지기를 설치해야 하는 특정소방대상물은 다음의 어느 하나에 해당하는 것으로 한다. 이 경우 5)의 연립주택 및 다세대주택에 설치하는 단독경보형 감지기는 연동형으로 설치해야 한다.

1) 교육연구시설 내에 있는 기숙사 또는 합숙소로서 연면적 2천m² 미만인 것

2) 수련시설 내에 있는 기숙사 또는 합숙소로서 연면적 2천m² 미만인 것

3) 다목7)에 해당하지 않는 수련시설(숙박시설이 있는 것만 해당)

4) 연면적 400m² 미만의 유치원

5) 공동주택 중 연립주택 및 다세대주택

나. 비상경보설비를 설치해야 하는 특정소방대상물(모래·석재 등 불연재료 공장 및 창고시설, 위험물 저장 및 처리 시설 중 가스시설, 사람이 거주하지 않거나 벽이 없는 축사 등 동물 및 식물 관련 시설 및 지하구는 제외)은 다음의 어느 하나에 해당하는 것으로 한다.

1) 연면적 400m² 이상인 것은 모든 층

2) 지하층 또는 무창층의 바닥면적이 150m²(공연장의 경우 100m²) 이상인 것은 모든 층

3) 지하가 중 터널로서 길이가 500m 이상인 것

4) 50명 이상의 근로자가 작업하는 옥내 작업장

다. 자동화재탐지설비를 설치해야 하는 특정소방대상물은 다음의 어느 하나에 해당하는 것으로 한다.

1) 공동주택 중 아파트등·기숙사 및 숙박시설의 경우에는 모든 층

2) 층수가 6층 이상인 건축물의 경우에는 모든 층

3) 근린생활시설(목욕장 제외), 의료시설(정신의료기관 및 요양병원 제외), 위락시설, 장례시설 및 복합건축물로서 연면적 $600m^2$ 이상인 경우에는 모든 층

4) 근린생활시설 중 목욕장, 문화 및 집회시설, 종교시설, 판매시설, 운수시설, 운동시설, 업무시설, 공장, 창고시설, 위험물 저장 및 처리 시설, 항공기 및 자동차 관련 시설, 교정 및 군사시설 중 국방·군사시설, 방송통신시설, 발전시설, 관광 휴게시설, 지하가(터널 제외)로서 연면적 1천m^2 이상인 경우에는 모든 층

5) 교육연구시설(교육시설 내에 있는 기숙사 및 합숙소 포함), 수련시설(수련시설 내에 있는 기숙사 및 합숙소 포함, 숙박시설이 있는 수련시설 제외), 동물 및 식물 관련 시설(기둥과 지붕만으로 구성되어 외부와 기류가 통하는 장소 제외), 자원순환 관련 시설, 교정 및 군사시설(국방·군사시설 제외) 또는 묘지 관련 시설로서 연면적 2천m^2 이상인 경우에는 모든 층

6) 노유자 생활시설의 경우에는 모든 층

7) 6)에 해당하지 않는 노유자 시설로서 연면적 $400m^2$ 이상인 노유자 시설 및 숙박시설이 있는 수련시설로서 수용인원 100명 이상인 경우에는 모든 층

8) 의료시설 중 정신의료기관 또는 요양병원으로서 다음의 어느 하나에 해당하는 시설

가) 요양병원(의료재활시설 제외)

나) 정신의료기관 또는 의료재활시설로 사용되는 바닥면적의 합계가 $300m^2$ 이상인 시설

다) 정신의료기관 또는 의료재활시설로 사용되는 바닥면적의 합계가 $300m^2$ 미만이고, 창살(철재·플라스틱 또는 목재 등으로 사람의 탈출 등을 막기 위하여 설치한 것, 화재 시 자동으로 열리는 구조로 되어 있는 창살 제외)이 설치된 시설

9) 판매시설 중 전통시장

10) 지하가 중 터널로서 길이가 1천m 이상인 것

11) 지하구

12) 3)에 해당하지 않는 근린생활시설 중 조산원 및 산후조리원

13) 4)에 해당하지 않는 공장 및 창고시설로서 「화재의 예방 및 안전관리에 관한 법률 시행령」 [별표 2]에서 정하는 수량의 500배 이상의 특수가연물을 저장·취급하는 것

14) 4)에 해당하지 않는 발전시설 중 전기저장시설

라. 시각경보기를 설치해야 하는 특정소방대상물은 다목에 따라 자동화재탐지설비를 설치해야 하는 특정소방대상물 중 다음의 어느 하나에 해당하는 것으로 한다.

1) 근린생활시설, 문화 및 집회시설, 종교시설, 판매시설, 운수시설, 의료시설, 노유자 시설

2) 운동시설, 업무시설, 숙박시설, 위락시설, 창고시설 중 물류터미널, 발전시설 및 장례시설

3) 교육연구시설 중 도서관, 방송통신시설 중 방송국

4) 지하가 중 지하상가

마. 화재알림설비를 설치해야 하는 특정소방대상물은 판매시설 중 전통시장으로 한다.

바. 비상방송설비를 설치해야 하는 특정소방대상물(위험물 저장 및 처리 시설 중 가스시설, 사람이 거주하지 않거나 벽이 없는 축사 등 동물 및 식물 관련 시설, 지하가 중 터널 및 지하구 제외)은 다음의 어느 하나에 해당하는 것으로 한다.

1) 연면적 3천5백m² 이상인 것은 모든 층

2) 층수가 11층 이상인 것은 모든 층

3) 지하층의 층수가 3층 이상인 것은 모든 층

사. 자동화재속보설비를 설치해야 하는 특정소방대상물은 다음의 어느 하나에 해당하는 것으로 한다. 다만, 방재실 등 화재 수신기가 설치된 장소에 24시간 화재를 감시할 수 있는 사람이 근무하고 있는 경우에는 자동화재속보설비를 설치하지 않을 수 있다.

1) 노유자 생활시설

2) 노유자 시설로서 바닥면적이 500m² 이상인 층이 있는 것

3) 수련시설(숙박시설이 있는 것만 해당)로서 바닥면적이 500m² 이상인 층이 있는 것

4) 문화재 중 「문화재보호법」에 따라 보물 또는 국보로 지정된 목조건축물

5) 근린생활시설 중 다음의 어느 하나에 해당하는 시설

   가) 의원, 치과의원 및 한의원으로서 입원실이 있는 시설

   나) 조산원 및 산후조리원

6) 의료시설 중 다음의 어느 하나에 해당하는 것

   가) 종합병원, 병원, 치과병원, 한방병원 및 요양병원(의료재활시설 제외)

   나) 정신병원 및 의료재활시설로 사용되는 바닥면적의 합계가 500m² 이상인 층이 있는 것

7) 판매시설 중 전통시장

아. 통합감시시설을 설치해야 하는 특정소방대상물은 지하구로 한다.

자. 누전경보기는 계약전류용량(같은 건축물에 계약 종류가 다른 전기가 공급되는 경우에는 그중 최대계약전류용량)이 100암페어를 초과하는 특정소방대상물(내화구조가 아닌 건축물로서 벽·바닥 또는 반자의 전부나 일부를 불연재료 또는 준불연재료가 아닌 재료에 철망을 넣어 만든 것만 해당)에 설치해야 한다. 다만, 위험물 저장 및 처리 시설 중 가스시설, 지하가 중 터널 및 지하구의 경우에는 그렇지 않다.

차. 가스누설경보기를 설치해야 하는 특정소방대상물(가스시설이 설치된 경우만 해당)은 다음의 어느 하나에 해당하는 것으로 한다.

1) 문화 및 집회시설, 종교시설, 판매시설, 운수시설, 의료시설, 노유자 시설

2) 수련시설, 운동시설, 숙박시설, 창고시설 중 물류터미널, 장례시설

3. 피난구조설비

가. 피난기구는 특정소방대상물의 모든 층에 화재안전기준에 적합한 것으로 설치해야 한다. 다만, 피난층, 지상 1층, 지상 2층(노유자 시설 중 피난층이 아닌 지상 1층과 피난층이 아닌 지상 2층은 제외), 층수가 11층 이상인 층과 위험물 저장 및 처리시설 중 가스시설, 지하가 중 터널 및 지하구의 경우에는 그렇지 않다.

나. 인명구조기구를 설치해야 하는 특정소방대상물은 다음의 어느 하나에 해당하는 것으로 한다.

1) 방열복 또는 방화복(안전모, 보호장갑 및 안전화 포함), 인공소생기 및 공기호흡기를 설치해야 하는 특정소방대상물 : 지하층을 포함하는 층수가 7층 이상인 것 중 관광호텔 용도로 사용하는 층

2) 방열복 또는 방화복(안전모, 보호장갑 및 안전화 포함) 및 공기호흡기를 설치해야 하는 특정소방대상물 : 지하층을 포함하는 층수가 5층 이상인 것 중 병원 용도로 사용하는 층

3) 공기호흡기를 설치해야 하는 특정소방대상물은 다음의 어느 하나에 해당하는 것으로 한다.

가) 수용인원 100명 이상인 문화 및 집회시설 중 영화상영관

나) 판매시설 중 대규모점포

다) 운수시설 중 지하역사

라) 지하가 중 지하상가

마) 제1호바목 및 화재안전기준에 따라 이산화탄소소화설비(호스릴이산화탄소소화설비는 제외)를 설치해야 하는 특정소방대상물

다. 유도등을 설치해야 하는 특정소방대상물은 다음의 어느 하나에 해당하는 것으로 한다.

1) 피난구유도등, 통로유도등 및 유도표지는 특정소방대상물에 설치한다. 다만, 다음의 어느 하나에 해당하는 경우는 제외한다.

가) 동물 및 식물 관련 시설 중 축사로서 가축을 직접 가두어 사육하는 부분

나) 지하가 중 터널

2) 객석유도등은 다음의 어느 하나에 해당하는 특정소방대상물에 설치한다.

가) 유흥주점영업시설(「식품위생법 시행령」의 유흥주점영업 중 손님이 춤을 출 수 있는 무대가 설치된 카바레, 나이트클럽 또는 그 밖에 이와 비슷한 영업시설만 해당)

나) 문화 및 집회시설

다) 종교시설

라) 운동시설

3) 피난유도선은 화재안전기준에서 정하는 장소에 설치한다.

라. 비상조명등을 설치해야 하는 특정소방대상물(창고시설 중 창고 및 하역장, 위험물 저장 및 처리 시설 중 가스시설 및 사람이 거주하지 않거나 벽이 없는 축사 등 동물 및 식물 관련 시설은 제외)은 다음의 어느 하나에 해당하는 것으로 한다.

1) 지하층을 포함하는 층수가 5층 이상인 건축물로서 연면적 3천㎡ 이상인 경우에는 모든 층

2) 1)에 해당하지 않는 특정소방대상물로서 그 지하층 또는 무창층의 바닥면적이 450㎡ 이상인 경우에는 해당 층

3) 지하가 중 터널로서 그 길이가 500m 이상인 것

마. 휴대용비상조명등을 설치해야 하는 특정소방대상물은 다음의 어느 하나에 해당하는 것으로 한다.

1) 숙박시설

2) 수용인원 100명 이상의 영화상영관, 판매시설 중 대규모점포, 철도 및 도시철도 시설 중 지하역사, 지하가 중 지하상가

4. 소화용수설비

상수도소화용수설비를 설치해야 하는 특정소방대상물은 다음의 어느 하나에 해당하는 것으로 한다. 다만, 상수도소화용수설비를 설치해야 하는 특정소방대상물의 대지 경계선으로부터 180m 이내에 지름 75mm 이상인 상수도용 배수관이 설치되지 않은 지역의 경우에는 화재안전기준에 따른 소화수조 또는 저수조를 설치해야 한다.

가. 연면적 5천m² 이상인 것. 다만, 위험물 저장 및 처리 시설 중 가스시설, 지하가 중 터널 또는 지하구의 경우에는 제외한다.

나. 가스시설로서 지상에 노출된 탱크의 저장용량의 합계가 100톤 이상인 것

다. 자원순환 관련 시설 중 폐기물재활용시설 및 폐기물처분시설

5. 소화활동설비

가. 제연설비를 설치해야 하는 특정소방대상물은 다음의 어느 하나에 해당하는 것으로 한다.

1) 문화 및 집회시설, 종교시설, 운동시설 중 무대부의 바닥면적이 200m² 이상인 경우에는 해당 무대부

2) 문화 및 집회시설 중 영화상영관으로서 수용인원 100명 이상인 경우에는 해당 영화상영관

3) 지하층이나 무창층에 설치된 근린생활시설, 판매시설, 운수시설, 숙박시설, 위락시설, 의료시설, 노유자 시설 또는 창고시설(물류터미널로 한정)로서 해당 용도로 사용되는 바닥면적의 합계가 1천m² 이상인 경우 해당 부분

4) 운수시설 중 시외버스정류장, 철도 및 도시철도 시설, 공항시설 및 항만시설의 대기실 또는 휴게시설로서 지하층 또는 무창층의 바닥면적이 1천m² 이상인 경우에는 모든 층

5) 지하가(터널 제외)로서 연면적 1천m² 이상인 것

6) 지하가 중 예상 교통량, 경사도 등 터널의 특성을 고려하여 행정안전부령으로 정하는 터널

7) 특정소방대상물(갓복도형 아파트등 제외)에 부설된 특별피난계단, 비상용 승강기의 승강장 또는 피난용 승강기의 승강장

나. 연결송수관설비를 설치해야 하는 특정소방대상물(위험물 저장 및 처리 시설 중 가스시설 및 지하구 제외)은 다음의 어느 하나에 해당하는 것으로 한다.

1) 층수가 5층 이상으로서 연면적 6천m² 이상인 경우에는 모든 층

2) 1)에 해당하지 않는 특정소방대상물로서 지하층을 포함하는 층수가 7층 이상인 경우에는 모든 층

3) 1) 및 2)에 해당하지 않는 특정소방대상물로서 지하층의 층수가 3층 이상이고 지하층의 바닥면적의 합계가 1천m² 이상인 경우에는 모든 층

4) 지하가 중 터널로서 길이가 1천m 이상인 것

다. 연결살수설비를 설치해야 하는 특정소방대상물(지하구 제외)은 다음의 어느 하나에 해당하는 것으로 한다.

　　　1) 판매시설, 운수시설, 창고시설 중 물류터미널로서 해당 용도로 사용되는 부분의 바닥면적의 합계가 1천m² 이상인 경우에는 해당 시설

　　　2) 지하층(피난층으로 주된 출입구가 도로와 접한 경우 제외)으로서 바닥면적의 합계가 150m² 이상인 경우에는 지하층의 모든 층. 다만, 「주택법 시행령」에 따른 국민주택규모 이하인 아파트등의 지하층(대피시설로 사용하는 것만 해당)과 교육연구시설 중 학교의 지하층의 경우에는 700m² 이상인 것으로 한다.

　　　3) 가스시설 중 지상에 노출된 탱크의 용량이 30톤 이상인 탱크시설

　　　4) 1) 및 2)의 특정소방대상물에 부속된 연결통로

　라. 비상콘센트설비를 설치해야 하는 특정소방대상물(위험물 저장 및 처리 시설 중 가스시설 및 지하구 제외)은 다음의 어느 하나에 해당하는 것으로 한다.

　　　1) 층수가 11층 이상인 특정소방대상물의 경우에는 11층 이상의 층

　　　2) 지하층의 층수가 3층 이상이고 지하층의 바닥면적의 합계가 1천m² 이상인 것은 지하층의 모든 층

　　　3) 지하가 중 터널로서 길이가 500m 이상인 것

　마. 무선통신보조설비를 설치해야 하는 특정소방대상물(위험물 저장 및 처리 시설 중 가스시설 제외)은 다음의 어느 하나에 해당하는 것으로 한다.

　　　1) 지하가(터널 제외)로서 연면적 1천m² 이상인 것

　　　2) 지하층의 바닥면적의 합계가 3천m² 이상인 것 또는 지하층의 층수가 3층 이상이고 지하층의 바닥면적의 합계가 1천m² 이상인 것은 지하층의 모든 층

　　　3) 지하가 중 터널로서 길이가 500m 이상인 것

　　　4) 지하구 중 공동구

　　　5) 층수가 30층 이상인 것으로서 16층 이상 부분의 모든 층

　바. 연소방지설비는 지하구(전력 또는 통신사업용인 것만 해당)에 설치해야 한다.

[비고]
1. [별표 2] 제1호부터 제27호까지 중 어느 하나에 해당하는 시설(이하 "근린생활시설등")의 소방시설 설치기준이 복합건축물의 소방시설 설치기준보다 강화된 경우 복합건축물 안에 있는 해당 근린생활시설등에 대해서는 그 근린생활시설등의 소방시설 설치기준을 적용한다.
2. 원자력발전소 중 「원자력안전법」에 따른 원자로 및 관계시설에 설치하는 소방시설에 대해서는 「원자력안전법」에 따른 허가기준에 따라 설치한다.
3. 특정소방대상물의 관계인은 제8조제1항에 따른 내진설계 대상 특정소방대상물 및 제9조에 따른 성능위주설계 대상 특정소방대상물에 설치·관리해야 하는 소방시설에 대해서는 법 제7조에 따른 소방시설의 내진설계기준 및 법 제8조에 따른 성능위주설계의 기준에 맞게 설치·관리해야 한다.

② 법 제12조제1항 후단에 따라 「장애인·노인·임산부 등의 편의증진 보장에 관한 법률」에 따른 장애인등이 사용하는 소방시설은 [별표 4] 제2호 및 제3호에 따라 장애인등에 적합하게 설치·관리해야 한다.

② 소방본부장이나 소방서장은 제1항에 따른 소방시설이 화재안전기준에 따라 설치 · 관리되고 있지 아니할 때에는 해당 특정소방대상물의 관계인에게 필요한 조치를 명할 수 있다.

벌 3년 이하 징역 / 3천만 원 이하 벌금 – 명령을 정당한 사유 없이 위반한 자

③ 특정소방대상물의 관계인은 제1항에 따라 소방시설을 설치 · 관리하는 경우 화재 시 소방시설의 기능과 성능에 지장을 줄 수 있는 폐쇄(잠금을 포함) · 차단 등의 행위를 하여서는 아니 된다. 다만, 소방시설의 점검 · 정비를 위하여 필요한 경우 폐쇄 · 차단은 할 수 있다.

벌 5년 이하 징역 / 5천만 원 이하 벌금 – 위반하여 소방시설에 폐쇄 · 차단 등의 행위를 한 자

벌 7년 이하 징역 / 7천만 원 이하 벌금 – 폐쇄 · 차단 등의 행위를 하여 사람을 상해

벌 10년 이하 징역 / 1억 원 이하 벌금 – 폐쇄 · 차단 등의 행위를 하여 사람을 사망

④ 소방청장은 제3항 단서에 따라 특정소방대상물의 관계인이 소방시설의 점검 · 정비를 위하여 폐쇄 · 차단을 하는 경우 안전을 확보하기 위하여 필요한 행동요령에 관한 지침을 마련하여 고시하여야 한다.

영 · 규칙 CHAIN

영 제12조(소방시설정보관리시스템 구축 · 운영 대상 등)

① 소방청장, 소방본부장 또는 소방서장이 법 제12조제4항에 따라 소방시설의 작동정보 등을 실시간으로 수집 · 분석할 수 있는 시스템(이하 "소방시설정보관리시스템")을 구축 · 운영하는 경우 그 구축 · 운영의 대상은 「화재의 예방 및 안전관리에 관한 법률」 제24조제1항 전단에 따른 소방안전관리 대상물 중 다음의 특정소방대상물로 한다.
 1. 문화 및 집회시설
 2. 종교시설
 3. 판매시설
 4. 의료시설
 5. 노유자 시설
 6. 숙박이 가능한 수련시설
 7. 업무시설
 8. 숙박시설
 9. 공장
 10. 창고시설
 11. 위험물 저장 및 처리 시설
 12. 지하가(地下街)
 13. 지하구
 14. 그 밖에 소방청장, 소방본부장 또는 소방서장이 소방안전관리의 취약성과 화재위험성을 고려하여 필요하다고 인정하는 특정소방대상물
② 제1항에 따른 특정소방대상물의 관계인은 소방청장, 소방본부장 또는 소방서장이 법 제12조제4항

에 따라 소방시설정보관리시스템을 구축 · 운영하려는 경우 특별한 사정이 없으면 이에 협조해야
한다.

칙 제15조(소방시설정보관리시스템 운영방법 및 통보 절차 등)

① 소방청장, 소방본부장 또는 소방서장은 법 제12조제4항에 따른 소방시설의 작동정보 등을 실시간으로 수집 · 분석할 수 있는 시스템(이하 "소방시설정보관리시스템")으로 수집되는 소방시설의 작동정보 등을 분석하여 해당 특정소방대상물의 관계인에게 해당 소방시설의 정상적인 작동에 필요한 사항과 관리 방법 등 개선사항에 관한 정보를 제공할 수 있다.

② 소방청장, 소방본부장 또는 소방서장은 소방시설정보관리시스템을 통하여 소방시설의 고장 등 비정상적인 작동정보를 수집한 경우에는 해당 특정소방대상물의 관계인에게 그 사실을 알려주어야 한다.

③ 소방청장, 소방본부장 또는 소방서장은 소방시설정보관리시스템의 체계적 · 효율적 · 전문적인 운영을 위해 전담인력을 둘 수 있다.

④ 제1항부터 제3항까지에서 규정한 사항 외에 소방시설정보관리시스템의 운영방법 및 통보 절차 등에 관하여 필요한 세부 사항은 소방청장이 정한다.

⑤ 소방청장, 소방본부장 또는 소방서장은 제1항에 따른 소방시설의 작동정보 등을 실시간으로 수집 · 분석할 수 있는 시스템(이하 "소방시설정보관리시스템")을 구축 · 운영할 수 있다.

⑥ 소방청장, 소방본부장 또는 소방서장은 제5항에 따른 작동정보를 해당 특정소방대상물의 관계인에게 통보하여야 한다.

⑦ 소방시설정보관리시스템 구축 · 운영의 대상은 「화재의 예방 및 안전관리에 관한 법률」 제24조제1항 전단에 따른 소방안전관리대상물 중 소방안전관리의 취약성 등을 고려하여 대통령령으로 정하고, 그 밖에 운영방법 및 통보 절차 등에 필요한 사항은 행정안전부령으로 정한다.

제13조(소방시설기준 적용의 특례)

① 소방본부장이나 소방서장은 제12조제1항 전단에 따른 대통령령 또는 화재안전기준이 변경되어 그 기준이 강화되는 경우 기존의 특정소방대상물(건축물의 신축 · 개축 · 재축 · 이전 및 대수선 중인 특정소방대상물 포함)의 소방시설에 대하여는 변경 전의 대통령령 또는 화재안전기준을 적용한다. 다만, 다음의 어느 하나에 해당하는 소방시설의 경우에는 대통령령 또는 화재안전기준의 변경으로 강화된 기준을 적용할 수 있다.

　1. 다음의 소방시설 중 대통령령 또는 화재안전기준으로 정하는 것

　　가. 소화기구

　　나. 비상경보설비

　　다. 자동화재탐지설비

　　라. 자동화재속보설비

　　마. 피난구조설비

　2. 다음의 특정소방대상물에 설치하는 소방시설 중 ≪대통령령 또는 화재안전기준으로 정하는 것≫

　　가. 「국토의 계획 및 이용에 관한 법률」에 따른 공동구

나. 전력 및 통신사업용 지하구

다. 노유자(老幼者) 시설

라. 의료시설

---

§ **대통령령으로 정하는 것 – 강화된 소방시설기준의 적용대상**

1. 「국토의 계획 및 이용에 관한 법률」에 따른 공동구에 설치하는 소화기, 자동소화장치, 자동화재탐지설비, 통합감시시설, 유도등 및 연소방지설비
2. 전력 및 통신사업용 지하구에 설치하는 소화기, 자동소화장치, 자동화재탐지설비, 통합감시시설, 유도등 및 연소방지설비
3. 노유자 시설에 설치하는 간이스프링클러설비, 자동화재탐지설비 및 단독경보형 감지기
4. 의료시설에 설치하는 스프링클러설비, 간이스프링클러설비, 자동화재탐지설비 및 자동화재속보설비

---

② 소방본부장이나 소방서장은 특정소방대상물에 설치하여야 하는 소방시설 가운데 기능과 성능이 유사한 스프링클러설비, 물분무등소화설비, 비상경보설비 및 비상방송설비 등의 소방시설의 경우에는 대통령령으로 정하는 바에 따라 유사한 소방시설의 설치를 면제할 수 있다.

영·규칙 CHAIN

영 제14조(유사한 소방시설의 설치 면제의 기준)

법 제13조제2항에 따라 소방본부장 또는 소방서장은 특정소방대상물에 설치해야 하는 소방시설 가운데 기능과 성능이 유사한 소방시설의 설치를 면제하려는 경우에는 [별표 5]의 기준에 따른다.

■ 소방시설 설치 및 관리에 관한 법률 시행령

[별표 5] 특정소방대상물의 소방시설 설치의 면제 기준

설치가 면제되는 소방시설	설치가 면제되는 기준
1. 자동소화장치	자동소화장치(주거용 주방자동소화장치 및 상업용 주방자동소화장치는 제외)를 설치해야 하는 특정소방대상물에 물분무등소화설비를 화재안전기준에 적합하게 설치한 경우에는 그 설비의 유효범위(해당 소방시설이 화재를 감지·소화 또는 경보할 수 있는 부분)에서 설치가 면제된다.
2. 옥내소화전설비	소방본부장 또는 소방서장이 옥내소화전설비의 설치가 곤란하다고 인정하는 경우로서 호스릴 방식의 미분무소화설비 또는 옥외소화전설비를 화재안전기준에 적합하게 설치한 경우에는 그 설비의 유효범위에서 설치가 면제된다.
3. 스프링클러설비	가. 스프링클러설비를 설치해야 하는 특정소방대상물(발전시설 중 전기저장시설 제외)에 적응성 있는 자동소화장치 또는 물분무등소화설비를 화재안전기준에 적합하게 설치한 경우에는 그 설비의 유효범위에서 설치가 면제된다. 나. 스프링클러설비를 설치해야 하는 전기저장시설에 소화설비를 소방청장이 정

4. 간이스프링클러 설비	간이스프링클러설비를 설치해야 하는 특정소방대상물에 스프링클러설비, 물분무소화설비 또는 미분무소화설비를 화재안전기준에 적합하게 설치한 경우에는 그 설비의 유효범위에서 설치가 면제된다.
5. 물분무등소화설비	물분무등소화설비를 설치해야 하는 차고·주차장에 스프링클러설비를 화재안전기준에 적합하게 설치한 경우에는 그 설비의 유효범위에서 설치가 면제된다.
6. 옥외소화전설비	옥외소화전설비를 설치해야 하는 문화재인 목조건축물에 상수도소화용수설비를 화재안전기준에서 정하는 방수압력·방수량·옥외소화전함 및 호스의 기준에 적합하게 설치한 경우에는 설치가 면제된다.
7. 비상경보설비	비상경보설비를 설치해야 할 특정소방대상물에 단독경보형 감지기를 2개 이상의 단독경보형 감지기와 연동하여 설치한 경우에는 그 설비의 유효범위에서 설치가 면제된다.
8. 비상경보설비 또는 단독경보형 감지기	비상경보설비 또는 단독경보형 감지기를 설치해야 하는 특정소방대상물에 자동화재탐지설비 또는 화재알림설비를 화재안전기준에 적합하게 설치한 경우에는 그 설비의 유효범위에서 설치가 면제된다.
9. 자동화재 탐지설비	자동화재탐지설비의 기능(감지·수신·경보기능)과 성능을 가진 화재알림설비, 스프링클러설비 또는 물분무등소화설비를 화재안전기준에 적합하게 설치한 경우에는 그 설비의 유효범위에서 설치가 면제된다.
10. 화재알림설비	화재알림설비를 설치해야 하는 특정소방대상물에 자동화재탐지설비를 화재안전기준에 적합하게 설치한 경우에는 그 설비의 유효범위에서 설치가 면제된다.
11. 비상방송설비	비상방송설비를 설치해야 하는 특정소방대상물에 자동화재탐지설비 또는 비상경보설비와 같은 수준 이상의 음향을 발하는 장치를 부설한 방송설비를 화재안전기준에 적합하게 설치한 경우에는 그 설비의 유효범위에서 설치가 면제된다.
12. 자동화재 속보설비	자동화재속보설비를 설치해야 하는 특정소방대상물에 화재알림설비를 화재안전기준에 적합하게 설치한 경우에는 그 설비의 유효범위에서 설치가 면제된다.
13. 누전경보기	누전경보기를 설치해야 하는 특정소방대상물 또는 그 부분에 아크경보기(옥내 배전선로의 단선이나 선로 손상 등으로 인하여 발생하는 아크를 감지하고 경보하는 장치) 또는 전기 관련 법령에 따른 지락차단장치를 설치한 경우에는 그 설비의 유효범위에서 설치가 면제된다.
14. 피난구조설비	피난구조설비를 설치해야 하는 특정소방대상물에 그 위치·구조 또는 설비의 상황에 따라 피난상 지장이 없다고 인정되는 경우에는 화재안전기준에서 정하는 바에 따라 설치가 면제된다.
15. 비상조명등	비상조명등을 설치해야 하는 특정소방대상물에 피난구유도등 또는 통로유도등을 화재안전기준에 적합하게 설치한 경우에는 그 유도등의 유효범위에서 설치가 면제된다.
16. 상수도소화용수 설비	가. 상수도소화용수설비를 설치해야 하는 특정소방대상물의 각 부분으로부터 수평거리 140m 이내에 공공의 소방을 위한 소화전이 화재안전기준에 적합하게 설치되어 있는 경우에는 설치가 면제된다.

위쪽 상단: 하여 고시하는 방법에 따라 설치한 경우에는 그 설비의 유효범위에서 설치가 면제된다.

	나. 소방본부장 또는 소방서장이 상수도소화용수설비의 설치가 곤란하다고 인정하는 경우로서 화재안전기준에 적합한 소화수조 또는 저수조가 설치되어 있거나 이를 설치하는 경우에는 그 설비의 유효범위에서 설치가 면제된다.
17. 제연설비	가. 제연설비를 설치해야 하는 특정소방대상물[별표 4 제5호가목6)은 제외한다]에 다음의 어느 하나에 해당하는 설비를 설치한 경우에는 설치가 면제된다. 　1) 공기조화설비를 화재안전기준의 제연설비기준에 적합하게 설치하고 공기조화설비가 화재 시 제연설비기능으로 자동전환되는 구조로 설치되어 있는 경우 　2) 직접 외부 공기와 통하는 배출구의 면적의 합계가 해당 제연구역[제연경계(제연설비의 일부인 천장 포함)에 의하여 구획된 건축물 내의 공간] 바닥면적의 100분의 1 이상이고, 배출구부터 각 부분까지의 수평거리가 30m 이내이며, 공기유입구가 화재안전기준에 적합하게(외부 공기를 직접 자연 유입할 경우에 유입구의 크기는 배출구의 크기 이상) 설치되어 있는 경우 나. [별표 4] 제5호가목6)에 따라 제연설비를 설치해야 하는 특정소방대상물 중 노대(露臺)와 연결된 특별피난계단, 노대가 설치된 비상용 승강기의 승강장 또는 「건축법 시행령」의 기준에 따라 배연설비가 설치된 피난용 승강기의 승강장에는 설치가 면제된다.
18. 연결송수관설비	연결송수관설비를 설치해야 하는 소방대상물에 옥외에 연결송수구 및 옥내에 방수구가 부설된 옥내소화전설비, 스프링클러설비, 간이스프링클러설비 또는 연결살수설비를 화재안전기준에 적합하게 설치한 경우에는 그 설비의 유효범위에서 설치가 면제된다. 다만, 지표면에서 최상층 방수구의 높이가 70m 이상인 경우에는 설치해야 한다.
19. 연결살수설비	가. 연결살수설비를 설치해야 하는 특정소방대상물에 송수구를 부설한 스프링클러설비, 간이스프링클러설비, 물분무소화설비 또는 미분무소화설비를 화재안전기준에 적합하게 설치한 경우에는 그 설비의 유효범위에서 설치가 면제된다. 나. 가스 관계 법령에 따라 설치되는 물분무장치 등에 소방대가 사용할 수 있는 연결송수구가 설치되거나 물분무장치 등에 6시간 이상 공급할 수 있는 수원(水源)이 확보된 경우에는 설치가 면제된다.
20. 무선통신보조설비	무선통신보조설비를 설치해야 하는 특정소방대상물에 이동통신 구내 중계기 선로설비 또는 무선이동중계기(「전파법」에 따른 적합성평가를 받은 제품만 해당) 등을 화재안전기준의 무선통신보조설비기준에 적합하게 설치한 경우에는 설치가 면제된다.
21. 연소방지설비	연소방지설비를 설치해야 하는 특정소방대상물에 스프링클러설비, 물분무소화설비 또는 미분무소화설비를 화재안전기준에 적합하게 설치한 경우에는 그 설비의 유효범위에서 설치가 면제된다.

③ 소방본부장이나 소방서장은 기존의 특정소방대상물이 증축되거나 용도변경되는 경우에는 대통령령으로 정하는 바에 따라 증축 또는 용도변경 당시의 소방시설의 설치에 관한 대통령령 또는 화재안전기준을 적용한다.

영·규칙 CHAIN

영 제15조(특정소방대상물의 증축 또는 용도변경 시의 소방시설기준 적용의 특례)

① 법 제13조제3항에 따라 소방본부장 또는 소방서장은 특정소방대상물이 증축되는 경우에는 기존 부분을 포함한 특정소방대상물의 전체에 대하여 증축 당시의 소방시설의 설치에 관한 대통령령 또는 화재안전기준을 적용해야 한다. 다만, 다음의 어느 하나에 해당하는 경우에는 기존 부분에 대해서는 증축 당시의 소방시설의 설치에 관한 대통령령 또는 화재안전기준을 적용하지 않는다.

1. 기존 부분과 증축 부분이 내화구조(耐火構造)로 된 바닥과 벽으로 구획된 경우
2. 기존 부분과 증축 부분이 「건축법 시행령」에 따른 자동방화셔터 또는 같은 영 제64조제1항제1호에 따른 60분＋ 방화문으로 구획되어 있는 경우
3. 자동차 생산공장 등 화재 위험이 낮은 특정소방대상물 내부에 연면적 33m² 이하의 직원 휴게실을 증축하는 경우
4. 자동차 생산공장 등 화재 위험이 낮은 특정소방대상물에 캐노피(기둥으로 받치거나 매달아 놓은 덮개, 3면 이상에 벽이 없는 구조의 것)를 설치하는 경우

② 법 제13조제3항에 따라 소방본부장 또는 소방서장은 특정소방대상물이 용도변경되는 경우에는 용도변경되는 부분에 대해서만 용도변경 당시의 소방시설의 설치에 관한 대통령령 또는 화재안전기준을 적용한다. 다만, 다음의 어느 하나에 해당하는 경우에는 특정소방대상물 전체에 대하여 용도변경 전에 해당 특정소방대상물에 적용되던 소방시설의 설치에 관한 대통령령 또는 화재안전기준을 적용한다.

1. 특정소방대상물의 구조·설비가 화재연소 확대 요인이 적어지거나 피난 또는 화재진압활동이 쉬워지도록 변경되는 경우
2. 용도변경으로 인하여 천장·바닥·벽 등에 고정되어 있는 가연성 물질의 양이 줄어드는 경우

④ 다음의 어느 하나에 해당하는 특정소방대상물 가운데 대통령령으로 정하는 특정소방대상물에는 제12조제1항 전단에도 불구하고 대통령령으로 정하는 소방시설을 설치하지 아니할 수 있다.

1. 화재 위험도가 낮은 특정소방대상물
2. 화재안전기준을 적용하기 어려운 특정소방대상물
3. 화재안전기준을 다르게 적용하여야 하는 특수한 용도 또는 구조를 가진 특정소방대상물
4. 「위험물안전관리법」에 따른 자체소방대가 설치된 특정소방대상물

영·규칙 CHAIN

영 제16조(소방시설을 설치하지 않을 수 있는 특정소방대상물의 범위)

법 제13조제4항에 따라 소방시설을 설치하지 않을 수 있는 특정소방대상물 및 소방시설의 범위는 [별표 6]과 같다.

■ 소방시설 설치 및 관리에 관한 법률 시행령

[별표 6] 소방시설을 설치하지 않을 수 있는 특정소방대상물 및 소방시설의 범위

구분	특정소방대상물	설치하지 않을 수 있는 소방시설
1. 화재 위험도가 낮은 특정소방대상물	석재, 불연성금속, 불연성 건축재료 등의 가공공장·기계조립공장 또는 불연성 물품을 저장하는 창고	옥외소화전, 연결살수설비
2. 화재안전기준을 적용하기 어려운 특정소방대상물	펄프공장의 작업장, 음료수 공장의 세정 또는 충전을 하는 작업장, 그 밖에 이와 비슷한 용도로 사용하는 것	스프링클러설비, 상수도소화용수설비, 연결살수설비
	정수장, 수영장, 목욕장, 농예·축산·어류양식용 시설, 그 밖에 이와 비슷한 용도로 사용되는 것	자동화재탐지설비, 상수도소화용수설비, 연결살수설비
3. 화재안전기준을 달리 적용해야 하는 특수한 용도 또는 구조를 가진 특정소방대상물	원자력발전소, 중·저준위방사성폐기물의 저장시설	연결송수관설비, 연결살수설비
4. 「위험물 안전관리법」 제19조에 따른 자체소방대가 설치된 특정소방대상물	자체소방대가 설치된 제조소등에 부속된 사무실	옥내소화전설비, 소화용수설비, 연결살수설비, 연결송수관설비

⑤ 제4항의 어느 하나에 해당하는 특정소방대상물에 구조 및 원리 등에서 공법이 특수한 설계로 인정된 소방시설을 설치하는 경우에는 제18조제1항에 따른 중앙소방기술심의위원회의 심의를 거쳐 제12조제1항 전단에 따른 화재안전기준을 적용하지 아니할 수 있다.

제14조(특정소방대상물별로 설치하여야 하는 소방시설의 정비 등)

① 제12조제1항에 따라 대통령령으로 소방시설을 정할 때에는 특정소방대상물의 규모·용도·수용인원 및 이용자 특성 등을 고려하여야 한다.

영·규칙 CHAIN

영 제17조(특정소방대상물의 수용인원 산정)

법 제14조제1항에 따른 특정소방대상물의 수용인원은 [별표 7]에 따라 산정한다.

■ 소방시설 설치 및 관리에 관한 법률 시행령

[별표 7] 수용인원의 산정 방법

1. 숙박시설이 있는 특정소방대상물

   가. 침대가 있는 숙박시설 : 해당 특정소방대상물의 종사자 수에 침대 수(2인용 침대는 2개로 산정)를 합한 수

　　나. 침대가 없는 숙박시설 : 해당 특정소방대상물의 종사자 수에 숙박시설 바닥면적의 합계를
　　　　$3m^2$로 나누어 얻은 수를 합한 수

2. 제1호 외의 특정소방대상물

　　가. 강의실·교무실·상담실·실습실·휴게실 용도로 쓰는 특정소방대상물 : 해당 용도로 사용
　　　　하는 바닥면적의 합계를 $1.9m^2$로 나누어 얻은 수

　　나. 강당, 문화 및 집회시설, 운동시설, 종교시설 : 해당 용도로 사용하는 바닥면적의 합계를
　　　　$4.6m^2$로 나누어 얻은 수(관람석이 있는 경우 고정식 의자를 설치한 부분은 그 부분의 의자
　　　　수로 하고, 긴 의자의 경우에는 의자의 정면너비를 $0.45m$로 나누어 얻은 수)

　　다. 그 밖의 특정소방대상물 : 해당 용도로 사용하는 바닥면적의 합계를 $3m^2$로 나누어 얻은 수

[비고]

1. 위 표에서 바닥면적을 산정할 때에는 복도(「건축법 시행령」에 따른 준불연재료 이상의 것을 사용하여 바닥
　에서 천장까지 벽으로 구획한 것), 계단 및 화장실의 바닥면적을 포함하지 않는다.
2. 계산 결과 소수점 이하의 수는 반올림한다.

② 소방청장은 건축 환경 및 화재위험특성 변화사항을 효과적으로 반영할 수 있도록 제1항에 따른 소방시설
　규정을 3년에 1회 이상 정비하여야 한다.
③ 소방청장은 건축 환경 및 화재위험특성 변화 추세를 체계적으로 연구하여 제2항에 따른 정비를 위한
　개선방안을 마련하여야 한다.
④ 제3항에 따른 연구의 수행 등에 필요한 사항은 행정안전부령으로 정한다.

영·규칙 CHAIN

칙 제18조(소방시설 규정의 정비)

소방청장은 법 제14조제3항에 따라 다음의 연구과제에 대하여 건축 환경 및 화재위험 변화 추세를
체계적으로 연구하여 소방시설 규정의 정비를 위한 개선방안을 마련해야 한다.
　1. 공모과제 : 공모에 의하여 심의·선정된 과제
　2. 지정과제 : 소방청장이 필요하다고 인정하여 발굴·기획하고, 주관 연구기관 및 주관 연구책임
　　자를 지정하는 과제

제15조(건설현장의 임시소방시설 설치 및 관리)

① 「건설산업기본법」제2조제4호에 따른 건설공사를 하는 자(이하 "공사시공자")는 특정소방대상물의
　신축·증축·개축·재축·이전·용도변경·대수선 또는 설비 설치 등을 위한 공사 현장에서 ≪인화
　성(引火性) 물품을 취급하는 작업 등 대통령령으로 정하는 작업≫을 하기 전에 설치 및 철거가 쉬운
　화재대비시설(이하 "임시소방시설")을 설치하고 관리하여야 한다.

§ 인화성(引火性) 물품을 취급하는 작업 등 대통령령으로 정하는 작업

1. 인화성 · 가연성 · 폭발성 물질을 취급하거나 가연성 가스를 발생시키는 작업
2. 용접 · 용단(금속 · 유리 · 플라스틱 따위를 녹여서 절단하는 일) 등 불꽃을 발생시키거나 화기(火氣)를 취급하는 작업
3. 전열기구, 가열전선 등 열을 발생시키는 기구를 취급하는 작업
4. 알루미늄, 마그네슘 등을 취급하여 폭발성 부유분진(공기 중에 떠다니는 미세한 입자)을 발생시킬 수 있는 작업
5. 그 밖에 제1호부터 제4호까지와 비슷한 작업으로 소방청장이 정하여 고시하는 작업

■ 소방시설 설치 및 관리에 관한 법률 시행령

[별표 8] 임시소방시설의 종류와 설치기준 등

1. 임시소방시설의 종류

   가. 소화기

   나. 간이소화장치 : 물을 방사(放射)하여 화재를 진화할 수 있는 장치로서 소방청장이 정하는 성능을 갖추고 있을 것

   다. 비상경보장치 : 화재가 발생한 경우 주변에 있는 작업자에게 화재사실을 알릴 수 있는 장치로서 소방청장이 정하는 성능을 갖추고 있을 것

   라. 가스누설경보기 : 가연성 가스가 누설되거나 발생된 경우 이를 탐지하여 경보하는 장치로서 법 제37조에 따른 형식승인 및 제품검사를 받은 것

   마. 간이피난유도선 : 화재가 발생한 경우 피난구 방향을 안내할 수 있는 장치로서 소방청장이 정하는 성능을 갖추고 있을 것

   바. 비상조명등 : 화재가 발생한 경우 안전하고 원활한 피난활동을 할 수 있도록 자동 점등되는 조명장치로서 소방청장이 정하는 성능을 갖추고 있을 것

   사. 방화포 : 용접 · 용단 등의 작업 시 발생하는 불티로부터 가연물이 점화되는 것을 방지해주는 천 또는 불연성 물품으로서 소방청장이 정하는 성능을 갖추고 있을 것

2. 임시소방시설을 설치해야 하는 공사의 종류와 규모

   가. 소화기 : 법 제6조제1항에 따라 소방본부장 또는 소방서장의 동의를 받아야 하는 특정소방대상물의 신축 · 증축 · 개축 · 재축 · 이전 · 용도변경 또는 대수선 등을 위한 공사 중 법 제15조제1항에 따른 화재위험작업의 현장(이하 "화재위험작업현장")에 설치한다.

   나. 간이소화장치 : 다음의 어느 하나에 해당하는 공사의 화재위험작업현장에 설치한다.

   1) 연면적 3천m² 이상

   2) 지하층, 무창층 또는 4층 이상의 층. 이 경우 해당 층의 바닥면적이 600m² 이상인 경우만 해당한다.

   다. 비상경보장치 : 다음의 어느 하나에 해당하는 공사의 화재위험작업현장에 설치한다.

   1) 연면적 400m² 이상

2) 지하층 또는 무창층. 이 경우 해당 층의 바닥면적이 150m² 이상인 경우만 해당한다.

라. 가스누설경보기 : 바닥면적이 150m² 이상인 지하층 또는 무창층의 화재위험작업현장에 설치한다.

마. 간이피난유도선 : 바닥면적이 150m² 이상인 지하층 또는 무창층의 화재위험작업현장에 설치한다.

바. 비상조명등 : 바닥면적이 150m² 이상인 지하층 또는 무창층의 화재위험작업현장에 설치한다.

사. 방화포 : 용접 · 용단 작업이 진행되는 화재위험작업현장에 설치한다.

3. 임시소방시설과 기능 및 성능이 유사한 소방시설로서 임시소방시설을 설치한 것으로 보는 소방시설

가. 간이소화장치를 설치한 것으로 보는 소방시설 : 소방청장이 정하여 고시하는 기준에 맞는 소화기(연결송수관설비의 방수구 인근에 설치한 경우로 한정) 또는 옥내소화전설비

나. 비상경보장치를 설치한 것으로 보는 소방시설 : 비상방송설비 또는 자동화재탐지설비

다. 간이피난유도선을 설치한 것으로 보는 소방시설 : 피난유도선, 피난구유도등, 통로유도등 또는 비상조명등

② 제1항에도 불구하고 소방시설공사업자가 화재위험작업 현장에 소방시설 중 임시소방시설과 기능 및 성능이 유사한 것으로서 대통령령으로 정하는 소방시설을 화재안전기준에 맞게 설치 및 관리하고 있는 경우에는 공사시공자가 임시소방시설을 설치하고 관리한 것으로 본다.

③ 소방본부장 또는 소방서장은 제1항이나 제2항에 따라 임시소방시설 또는 소방시설이 설치 및 관리되지 아니할 때에는 해당 공사시공자에게 필요한 조치를 명할 수 있다.

🔵벌 3년 이하 징역 / 3천만 원 이하 벌금 – 명령을 정당한 사유 없이 위반한 자

④ 제1항에 따라 임시소방시설을 설치하여야 하는 공사의 종류와 규모, 임시소방시설의 종류 등에 필요한 사항은 대통령령으로 정하고, 임시소방시설의 설치 및 관리 기준은 소방청장이 정하여 고시한다.

제16조(피난시설, 방화구획 및 방화시설의 관리)

① 특정소방대상물의 관계인은「건축법」제49조에 따른 피난시설, 방화구획 및 방화시설에 대하여 정당한 사유가 없는 한 다음의 행위를 하여서는 아니 된다.

1. 피난시설, 방화구획 및 방화시설을 폐쇄하거나 훼손하는 등의 행위

2. 피난시설, 방화구획 및 방화시설의 주위에 물건을 쌓아두거나 장애물을 설치하는 행위

3. 피난시설, 방화구획 및 방화시설의 용도에 장애를 주거나「소방기본법」제16조에 따른 소방활동에 지장을 주는 행위

4. 그 밖에 피난시설, 방화구획 및 방화시설을 변경하는 행위

② 소방본부장이나 소방서장은 특정소방대상물의 관계인이 제1항의 어느 하나에 해당하는 행위를 한 경우에는 피난시설, 방화구획 및 방화시설의 관리를 위하여 필요한 조치를 명할 수 있다.

🔵벌 3년 이하 징역 / 3천만 원 이하 벌금 – 명령을 정당한 사유 없이 위반한 자

제17조(소방용품의 내용연수 등)

① 특정소방대상물의 관계인은 내용연수가 경과한 소방용품을 교체하여야 한다. 이 경우 내용연수를 설정하여야 하는 소방용품[분말형태의 소화약제를 사용하는 소화기의 종류 및 그 내용연수 연한(소방용품의 내용연수는 10년)]에 필요한 사항은 대통령령으로 정한다.

② 제1항에도 불구하고 행정안전부령으로 정하는 절차 및 방법 등에 따라 소방용품의 성능을 확인받은 경우에는 그 사용기한을 연장할 수 있다.

제18조(소방기술심의위원회)

① 다음의 사항을 심의하기 위하여 소방청에 중앙소방기술심의위원회(이하 "중앙위원회")를 둔다.

1. 화재안전기준에 관한 사항
2. 소방시설의 구조 및 원리 등에서 공법이 특수한 설계 및 시공에 관한 사항
3. 소방시설의 설계 및 공사감리의 방법에 관한 사항
4. 소방시설공사의 하자를 판단하는 기준에 관한 사항
5. 제8조제5항 단서에 따라 신기술·신공법 등 검토·평가에 고도의 기술이 필요한 경우로서 중앙위원회에 심의를 요청한 사항
6. 그 밖에 소방기술 등에 관하여 《대통령령으로 정하는 사항》

> § 대통령령으로 정하는 사항 – 소방기술심의위원회의 심의사항
>
> 1. 연면적 10만m² 이상의 특정소방대상물에 설치된 소방시설의 설계·시공·감리의 하자 유무에 관한 사항
> 2. 새로운 소방시설과 소방용품 등의 도입 여부에 관한 사항
> 3. 그 밖에 소방기술과 관련하여 소방청장이 소방기술심의위원회의 심의에 부치는 사항

영·규칙 CHAIN

영 제21조(소방기술심의위원회의 구성 등)

① 법 제18조제1항에 따른 중앙소방기술심의위원회(이하 "중앙위원회")는 위원장을 포함하여 60명 이내의 위원으로 성별을 고려하여 구성한다.

② 법 제18조제2항에 따른 지방소방기술심의위원회(이하 "지방위원회")는 위원장을 포함하여 5명 이상 9명 이하의 위원으로 구성한다.

③ 중앙위원회의 회의는 위원장과 위원장이 회의마다 지정하는 6명 이상 12명 이하의 위원으로 구성한다.

④ 중앙위원회는 분야별 소위원회를 구성·운영할 수 있다.

영 제22조(위원의 임명·위촉)

① 중앙위원회의 위원은 과장급 직위 이상의 소방공무원과 다음의 어느 하나에 해당하는 사람 중에서 소방청장이 임명하거나 성별을 고려하여 위촉한다.

1. 소방기술사
2. 석사 이상의 소방 관련 학위를 소지한 사람
3. 소방시설관리사
4. 소방 관련 법인 · 단체에서 소방 관련 업무에 5년 이상 종사한 사람
5. 소방공무원 교육기관, 대학교 또는 연구소에서 소방과 관련된 교육이나 연구에 5년 이상 종사한 사람

② 지방위원회의 위원은 해당 시 · 도 소속 소방공무원과 제1항의 어느 하나에 해당하는 사람 중에서 시 · 도지사가 임명하거나 성별을 고려하여 위촉한다.

③ 중앙위원회의 위원장은 소방청장이 해당 위원 중에서 위촉하고, 지방위원회의 위원장은 시 · 도지사가 해당 위원 중에서 위촉한다.

④ 중앙위원회 및 지방위원회의 위원 중 위촉위원의 임기는 2년으로 하되, 한 차례만 연임할 수 있다.

영 제23조(위원장 및 위원의 직무)

① 중앙위원회 및 지방위원회(이하 "위원회")의 각 위원장(이하 "위원장")은 각각 위원회의 회의를 소집하고 그 의장이 된다.

② 위원장이 부득이한 사유로 직무를 수행할 수 없을 때에는 위원장이 지정한 위원이 그 직무를 대리한다.

영 제24조(위원의 제척 · 기피 · 회피)

① 위원회의 위원(이하 "위원")이 다음의 어느 하나에 해당하는 경우에는 위원회의 심의 · 의결에서 제척(除斥)된다.
1. 위원 또는 그 배우자나 배우자였던 사람이 해당 안건의 당사자(당사자가 법인 · 단체 등인 경우에는 그 임원 포함)가 되거나 그 안건의 당사자와 공동권리자 또는 공동의무자인 경우
2. 위원이 해당 안건의 당사자와 친족인 경우
3. 위원이 해당 안건에 관하여 증언, 진술, 자문, 연구, 용역 또는 감정을 한 경우
4. 위원이나 위원이 속한 법인 · 단체 등이 해당 안건의 당사자의 대리인이거나 대리인이었던 경우

② 당사자는 제1항에 따른 제척사유가 있거나 위원에게 공정한 심의 · 의결을 기대하기 어려운 사정이 있는 경우에는 위원회에 기피신청을 할 수 있고, 위원회는 의결로 기피 여부를 결정한다. 이 경우 기피신청의 대상인 위원은 그 의결에 참여하지 못한다.

③ 위원이 제1항 또는 제2항의 사유에 해당하는 경우에는 스스로 해당 안건의 심의 · 의결에서 회피(回避)해야 한다.

영 제25조(위원의 해임 · 해촉)

소방청장 또는 시 · 도지사는 위원이 다음의 어느 하나에 해당하는 경우에는 해당 위원을 해임하거나 해촉(解囑)할 수 있다.
1. 심신장애로 직무를 수행할 수 없게 된 경우

2. 직무와 관련된 비위사실이 있는 경우

3. 직무태만, 품위손상이나 그 밖의 사유로 위원으로 적합하지 않다고 인정되는 경우

4. 제24조제1항의 어느 하나에 해당하는 데도 불구하고 회피하지 않은 경우

5. 위원 스스로 직무를 수행하기 어렵다는 의사를 밝히는 경우

영 제26조(시설 등의 확인 및 의견청취)

소방청장 또는 시·도지사는 위원회의 원활한 운영을 위하여 필요하다고 인정하는 경우 위원회 위원으로 하여금 관련 시설 등을 확인하게 하거나 해당 분야의 전문가 또는 이해관계자 등으로부터 의견을 청취하게 할 수 있다.

영 제27조(위원의 수당)

위원회의 위원에게는 예산의 범위에서 수당, 여비, 그 밖에 필요한 경비를 지급할 수 있다. 다만, 공무원이 그 소관 업무와 직접 관련하여 출석하는 경우에는 그렇지 않다.

영 제28조(운영세칙)

이 영에서 정한 것 외에 위원회의 운영에 필요한 사항은 소방청장 또는 시·도지사가 정한다.

② 다음의 사항을 심의하기 위하여 시·도에 지방소방기술심의위원회(이하 "지방위원회")를 둔다.

1. 소방시설에 하자가 있는지의 판단에 관한 사항

2. 그 밖에 소방기술 등에 관하여 ≪대통령령으로 정하는 사항≫

> § 대통령령으로 정하는 사항 – 소방기술심의위원회의 심의사항
> 1. 연면적 10만m² 미만의 특정소방대상물에 설치된 소방시설의 설계·시공·감리의 하자 유무에 관한 사항
> 2. 소방본부장 또는 소방서장이 「위험물안전관리법」에 따른 제조소등의 시설기준 또는 화재안전기준의 적용에 관하여 기술검토를 요청하는 사항
> 3. 그 밖에 소방기술과 관련하여 시·도지사가 소방기술심의위원회의 심의에 부치는 사항

③ 중앙위원회 및 지방위원회의 구성·운영 등에 필요한 사항은 대통령령으로 정한다.

제19조(화재안전기준의 관리·운영)

소방청장은 화재안전기준을 효율적으로 관리·운영하기 위하여 다음의 업무를 수행하여야 한다.

1. 화재안전기준의 제정·개정 및 운영

2. 화재안전기준의 연구·개발 및 보급

3. 화재안전기준의 검증 및 평가

4. 화재안전기준의 정보체계 구축

5. 화재안전기준에 대한 교육 및 홍보

6. 국외 화재안전기준의 제도·정책 동향 조사·분석

7. 화재안전기준 발전을 위한 국제협력

8. 그 밖에 화재안전기준 발전을 위하여 ≪대통령령으로 정하는 사항≫

> § 대통령령으로 정하는 사항 – 수행업무
>
> 1. 화재안전기준에 대한 자문
> 2. 화재안전기준에 대한 해설서 제작 및 보급
> 3. 화재안전에 관한 국외 신기술 · 신제품의 조사 · 분석
> 4. 그 밖에 화재안전기준의 발전을 위하여 소방청장이 필요하다고 인정하는 사항

제3절 방염

제20조(특정소방대상물의 방염 등)

① 대통령령으로 정하는 특정소방대상물에 실내장식 등의 목적으로 설치 또는 부착하는 물품으로서 ≪대통령령으로 정하는 물품≫은 방염성능기준 이상의 것으로 설치하여야 한다.

> § 대통령령으로 정하는 물품 – 특정소방대상물 방염성능기준 이상의 실내장식물 등을 설치해야 하는 특정소방대상물
>
> 1. 근린생활시설 중 의원, 조산원, 산후조리원, 체력단련장, 공연장 및 종교집회장
> 2. 건축물의 옥내에 있는 다음의 시설
>   가. 문화 및 집회시설
>   나. 종교시설
>   다. 운동시설(수영장 제외)
> 3. 의료시설
> 4. 교육연구시설 중 합숙소
> 5. 노유자 시설
> 6. 숙박이 가능한 수련시설
> 7. 숙박시설
> 8. 방송통신시설 중 방송국 및 촬영소
> 9. 「다중이용업소의 안전관리에 관한 특별법」에 따른 다중이용업의 영업소
> 10. 제1호부터 제9호까지의 시설에 해당하지 않는 것으로서 층수가 11층 이상인 것(아파트등 제외)
>
> ### 영 제31조(방염대상물품 및 방염성능기준)
>
> ① 법 제20조제1항에서 "대통령령으로 정하는 물품"이란 다음의 것을 말한다.
> 1. 제조 또는 가공 공정에서 방염처리를 한 다음의 물품
>   가. 창문에 설치하는 커튼류(블라인드 포함)
>   나. 카펫

다. 벽지류(두께가 2mm 미만인 종이벽지 제외)

라. 전시용 합판·목재 또는 섬유판, 무대용 합판·목재 또는 섬유판(합판·목재류의 경우 불가피하게 설치 현장에서 방염처리한 것 포함)

마. 암막·무대막(「영화 및 비디오물의 진흥에 관한 법률」에 따른 영화상영관에 설치하는 스크린과 「다중이용업소의 안전관리에 관한 특별법 시행령」에 따른 가상체험 체육시설 업에 설치하는 스크린 포함)

바. 섬유류 또는 합성수지류 등을 원료로 하여 제작된 소파·의자(「다중이용업소의 안전관 리에 관한 특별법 시행령」에 따른 단란주점영업, 유흥주점영업 및 노래연습장업의 영업 장에 설치하는 것으로 한정)

2. 건축물 내부의 천장이나 벽에 부착하거나 설치하는 다음의 것. 다만, 가구류(옷장, 찬장, 식탁, 식탁용 의자, 사무용 책상, 사무용 의자, 계산대, 그 밖에 이와 비슷한 것)와 너비 10cm 이하인 반자돌림대 등과 「건축법」에 따른 내부 마감재료는 제외한다.

가. 종이류(두께 2mm 이상인 것)·합성수지류 또는 섬유류를 주원료로 한 물품

나. 합판이나 목재

다. 공간을 구획하기 위하여 설치하는 간이 칸막이(접이식 등 이동 가능한 벽체나 천장 또는 반자가 실내에 접하는 부분까지 구획하지 않는 벽체)

라. 흡음(吸音)을 위하여 설치하는 흡음재(흡음용 커튼 포함)

마. 방음(防音)을 위하여 설치하는 방음재(방음용 커튼 포함)

② 법 제20조제3항에 따른 방염성능기준은 다음의 기준에 따르되, 제1항에 따른 방염대상물품의 종류에 따른 구체적인 방염성능기준은 다음의 기준의 범위에서 소방청장이 정하여 고시하는 바에 따른다.

1. 버너의 불꽃을 제거한 때부터 불꽃을 올리며 연소하는 상태가 그칠 때까지 시간은 20초 이내 일 것

2. 버너의 불꽃을 제거한 때부터 불꽃을 올리지 않고 연소하는 상태가 그칠 때까지 시간은 30초 이내일 것

3. 탄화(炭化)한 면적은 50제곱cm 이내, 탄화한 길이는 20cm 이내일 것

4. 불꽃에 의하여 완전히 녹을 때까지 불꽃의 접촉 횟수는 3회 이상일 것

5. 소방청장이 정하여 고시한 방법으로 발연량(發煙量)을 측정하는 경우 최대연기밀도는 400 이하일 것

③ 소방본부장 또는 소방서장은 제1항에 따른 방염대상물품 외에 다음의 물품은 방염처리된 물품을 사용하도록 권장할 수 있다.

1. 다중이용업소, 의료시설, 노유자 시설, 숙박시설 또는 장례식장에서 사용하는 침구류·소파 및 의자

2. 건축물 내부의 천장 또는 벽에 부착하거나 설치하는 가구류

② 소방본부장 또는 소방서장은 방염대상물품이 제1항에 따른 방염성능기준에 미치지 못하거나 제21조제1항에 따른 방염성능검사를 받지 아니한 것이면 특정소방대상물의 관계인에게 방염대상물품을 제거하도록 하거나 방염성능검사를 받도록 하는 등 필요한 조치를 명할 수 있다.

벌 3년 이하 징역 / 3천만 원 이하 벌금 – 명령을 정당한 사유 없이 위반한 자

③ 제1항에 따른 방염성능기준은 대통령령으로 정한다.

제21조(방염성능의 검사)

① 제20조제1항에 따른 특정소방대상물에 사용하는 방염대상물품은 소방청장이 실시하는 방염성능검사를 받은 것이어야 한다. 다만, ≪대통령령으로 정하는 방염대상물품≫의 경우에는 시 · 도지사가 실시하는 방염성능검사를 받은 것이어야 한다.

벌 300만 원 이하 벌금 – 방염성능검사에 합격하지 아니한 물품에 합격표시를 하거나 합격표시를 위조하거나 변조하여 사용한 자

> § 대통령령으로 정하는 방염대상물품
> 1. 전시용 합판 · 목재 또는 무대용 합판 · 목재 중 설치 현장에서 방염처리를 하는 합판 · 목재류
> 2. 방염대상물품 중 설치 현장에서 방염처리를 하는 합판 · 목재류

② 방염처리업의 등록을 한 자는 제1항에 따른 방염성능검사를 할 때에 거짓 시료(試料)를 제출하여서는 아니 된다.

벌 300만 원 이하 벌금 – 거짓 시료를 제출한 자

③ 제1항에 따른 방염성능검사의 방법과 검사 결과에 따른 합격 표시 등에 필요한 사항은 행정안전부령으로 정한다.

제3장 소방시설등의 자체점검

제22조(소방시설등의 자체점검)

① 특정소방대상물의 관계인은 그 대상물에 설치되어 있는 소방시설등이 이 법이나 이 법에 따른 명령 등에 적합하게 설치 · 관리되고 있는지에 대하여 다음의 구분에 따른 기간 내에 스스로 점검하거나 제34조에 따른 점검능력 평가를 받은 관리업자 또는 행정안전부령으로 정하는 기술자격자(이하 "관리업자등")로 하여금 정기적으로 점검(이하 "자체점검")하게 하여야 한다. 이 경우 관리업자등이 점검한 경우에는 그 점검 결과를 행정안전부령으로 정하는 바에 따라 관계인에게 제출하여야 한다.
  1. 해당 특정소방대상물의 소방시설등이 신설된 경우 : 「건축법」에 따라 건축물을 사용할 수 있게 된 날부터 60일
  2. 제1호 외의 경우 : 행정안전부령으로 정하는 기간

벌 1년 이하 징역 / 1천만 원 이하 벌금 – 소방시설등에 대하여 스스로 점검을 하지 아니하거나 관리업자등으로 하여금 정기적으로 점검하게 하지 아니한 자

영·규칙 CHAIN

칙 제19조(기술자격자의 범위)

법 제22조제1항 각 호 외의 부분 전단에서 "행정안전부령으로 정하는 기술자격자"란 「화재의 예방 및 안전관리에 관한 법률」에 따라 소방안전관리자로 선임된 소방시설관리사 및 소방기술사를 말한다.

② 자체점검의 구분 및 대상, 점검인력의 배치기준, 점검자의 자격, 점검 장비, 점검 방법 및 횟수 등 자체점검 시 준수하여야 할 사항은 행정안전부령으로 정한다.

③ 제1항에 따라 관리업자등으로 하여금 자체점검하게 하는 경우의 점검 대가는 「엔지니어링산업 진흥법」 에 따른 엔지니어링사업의 대가 기준 가운데 행정안전부령으로 정하는 방식에 따라 산정한다.

④ 제3항에도 불구하고 소방청장은 소방시설등 자체점검에 대한 품질확보를 위하여 필요하다고 인정하는 경우에는 특정소방대상물의 규모, 소방시설등의 종류 및 점검인력 등에 따라 관계인이 부담하여야 할 자체점검 비용의 표준이 될 금액(이하 "표준자체점검비")을 정하여 공표하거나 관리업자등에게 이를 소방시설등 자체점검에 관한 표준가격으로 활용하도록 권고할 수 있다.

⑤ 표준자체점검비의 공표 방법 등에 관하여 필요한 사항은 소방청장이 정하여 고시한다.

⑥ 관계인은 천재지변이나 그 밖에 ≪대통령령으로 정하는 사유≫로 자체점검을 실시하기 곤란한 경우에 는 대통령령으로 정하는 바에 따라 소방본부장 또는 소방서장에게 면제 또는 연기 신청을 할 수 있다. 이 경우 소방본부장 또는 소방서장은 그 면제 또는 연기 신청 승인 여부를 결정하고 그 결과를 관계인에게 알려주어야 한다.

> **§ 대통령령으로 정하는 사유 -소방시설등의 자체점검 면제 또는 연기)**
> 1. 「재난 및 안전관리 기본법」에 해당하는 재난이 발생한 경우
> 2. 경매 등의 사유로 소유권이 변동 중이거나 변동된 경우
> 3. 관계인의 질병, 사고, 장기출장의 경우
> 4. 그 밖에 관계인이 운영하는 사업에 부도 또는 도산 등 중대한 위기가 발생하여 자체점검을 실시하기 곤란한 경우

 영·규칙 CHAIN

칙 제20조(소방시설등 자체점검의 구분 및 대상 등)

① 법 제22조제1항에 따른 자체점검의 구분 및 대상, 점검자의 자격, 점검 장비, 점검 방법 및 횟수 등 자체점검 시 준수해야 할 사항은 [별표 3]과 같고, 점검인력의 배치기준은 [별표 4]와 같다.

② 법 제29조에 따라 소방시설관리업을 등록한 자(이하 "관리업자")는 제1항에 따라 자체점검을 실시하 는 경우 점검 대상과 점검 인력 배치상황을 점검인력을 배치한 날 이후 자체점검이 끝난 날부터 5일 이내에 법 제50조제5항에 따라 관리업자에 대한 점검능력 평가 등에 관한 업무를 위탁받은 법인 또는 단체(이하 "평가기관")에 통보해야 한다.

③ 제1항의 자체점검 구분에 따른 점검사항, 소방시설등점검표, 점검인원 배치상황 통보 및 세부 점검방법 등 자체점검에 필요한 사항은 소방청장이 정하여 고시한다.

칙 제21조(소방시설등의 자체점검 대가)

법 제22조제3항에서 "행정안전부령으로 정하는 방식"이란 「엔지니어링산업 진흥법」에 따라 산업통상자원부장관이 고시한 엔지니어링사업의 대가 기준 중 실비정액가산방식을 말한다.

영 제33조(소방시설등의 자체점검 면제 또는 연기)

① 법 제22조제6항 전단에서 "대통령령으로 정하는 사유"란 다음의 어느 하나에 해당하는 사유를 말한다.
  1. 「재난 및 안전관리 기본법」에 해당하는 재난이 발생한 경우
  2. 경매 등의 사유로 소유권이 변동 중이거나 변동된 경우
  3. 관계인의 질병, 사고, 장기출장의 경우
  4. 그 밖에 관계인이 운영하는 사업에 부도 또는 도산 등 중대한 위기가 발생하여 자체점검을 실시하기 곤란한 경우
② 법 제22조제1항에 따른 자체점검의 면제 또는 연기를 신청하려는 관계인은 행정안전부령으로 정하는 면제 또는 연기신청서에 면제 또는 연기의 사유 및 기간 등을 적어 소방본부장 또는 소방서장에게 제출해야 한다. 이 경우 제1항제1호에 해당하는 경우에만 면제를 신청할 수 있다.
③ 제2항에 따른 면제 또는 연기의 신청 및 신청서의 처리에 필요한 사항은 행정안전부령으로 정한다.

칙 제22조(소방시설등의 자체점검 면제 또는 연기 등)

① 법 제22조제6항 및 영 제33조제2항에 따라 자체점검의 면제 또는 연기를 신청하려는 특정소방대상물의 관계인은 자체점검의 실시 만료일 3일 전까지 [별지 제7호서식]의 소방시설등의 자체점검 면제 또는 연기신청서(전자문서로 된 신청서 포함)에 자체점검을 실시하기 곤란함을 증명할 수 있는 서류(전자문서 포함)를 첨부하여 소방본부장 또는 소방서장에게 제출해야 한다.
② 제1항에 따른 자체점검의 면제 또는 연기 신청서를 제출받은 소방본부장 또는 소방서장은 면제 또는 연기의 신청을 받은 날부터 3일 이내에 자체점검의 면제 또는 연기 여부를 결정하여 [별지 제8호서식]의 자체점검 면제 또는 연기 신청 결과 통지서를 면제 또는 연기 신청을 한 자에게 통보해야 한다.

칙 제23조(소방시설등의 자체점검 결과의 조치 등)

① 관리업자 또는 소방안전관리자로 선임된 소방시설관리사 및 소방기술사(이하 "관리업자등")는 자체점검을 실시한 경우에는 법 제22조제1항 각 호 외의 부분 후단에 따라 그 점검이 끝난 날부터 10일 이내에 [별지 제9호서식]의 소방시설등 자체점검 실시결과 보고서(전자문서로 된 보고서 포함)에 소방청장이 정하여 고시하는 소방시설등점검표를 첨부하여 관계인에게 제출해야 한다.
② 제1항에 따른 자체점검 실시결과 보고서를 제출받거나 스스로 자체점검을 실시한 관계인은 법 제23조제3항에 따라 자체점검이 끝난 날부터 15일 이내에 [별지 제9호서식]의 소방시설등 자체점검 실시결과 보고서(전자문서로 된 보고서 포함)에 다음의 서류를 첨부하여 소방본부장 또는 소방서장에게 서면이나 소방청장이 지정하는 전산망을 통하여 보고해야 한다.

1. 점검인력 배치확인서(관리업자가 점검한 경우만 해당)

2. [별지 제10호서식]의 소방시설등의 자체점검 결과 이행계획서

③ 제1항 및 제2항에 따른 자체점검 실시결과의 보고기간에는 공휴일 및 토요일은 산입하지 않는다.

④ 제2항에 따라 소방본부장 또는 소방서장에게 자체점검 실시결과 보고를 마친 관계인은 소방시설등 자체점검 실시결과 보고서(소방시설등점검표 포함)를 점검이 끝난 날부터 2년간 자체 보관해야 한다.

⑤ 제2항에 따라 소방시설등의 자체점검 결과 이행계획서를 보고받은 소방본부장 또는 소방서장은 다음의 구분에 따라 이행계획의 완료 기간을 정하여 관계인에게 통보해야 한다. 다만, 소방시설등에 대한 수리 · 교체 · 정비의 규모 또는 절차가 복잡하여 다음의 기간 내에 이행을 완료하기가 어려운 경우에는 그 기간을 달리 정할 수 있다.

1. 소방시설등을 구성하고 있는 기계 · 기구를 수리하거나 정비하는 경우 : 보고일부터 10일 이내

2. 소방시설등의 전부 또는 일부를 철거하고 새로 교체하는 경우 : 보고일부터 20일 이내

⑥ 제5항에 따른 완료기간 내에 이행계획을 완료한 관계인은 이행을 완료한 날부터 10일 이내에 [별지 제11호서식]의 소방시설등의 자체점검 결과 이행완료 보고서(전자문서로 된 보고서 포함)에 다음의 서류(전자문서 포함)를 첨부하여 소방본부장 또는 소방서장에게 보고해야 한다.

1. 이행계획 건별 전 · 후 사진 증명자료

2. 소방시설공사 계약서

■ 소방시설 설치 및 관리에 관한 법률 시행규칙

[별표 3] 소방시설등 자체점검의 구분 및 대상, 점검자의 자격, 점검 장비, 점검 방법 및 횟수 등 자체점검 시 준수해야할 사항(제20조제1항 관련)

1. 소방시설등에 대한 자체점검은 다음과 같이 구분한다.

   가. 작동점검 : 소방시설등을 인위적으로 조작하여 소방시설이 정상적으로 작동하는지를 소방청장이 정하여 고시하는 소방시설등 작동점검표에 따라 점검하는 것을 말한다.

   나. 종합점검 : 소방시설등의 작동점검을 포함하여 소방시설등의 설비별 주요 구성 부품의 구조기준이 화재안전기준과 「건축법」 등 관련 법령에서 정하는 기준에 적합한 지 여부를 소방청장이 정하여 고시하는 소방시설등 종합점검표에 따라 점검하는 것을 말하며, 다음과 같이 구분한다.

   1) 최초점검 : 법 제22조제1항제1호에 따라 소방시설이 새로 설치되는 경우 「건축법」에 따라 건축물을 사용할 수 있게 된 날부터 60일 이내 점검하는 것을 말한다.

   2) 그 밖의 종합점검 : 최초점검을 제외한 종합점검을 말한다.

2. 작동점검은 다음의 구분에 따라 실시한다.

   가. 작동점검은 영 제5조에 따른 특정소방대상물을 대상으로 한다. 다만, 다음의 어느 하나에 해당하는 특정소방대상물은 제외한다.

   1) 특정소방대상물 중 「화재의 예방 및 안전관리에 관한 법률」에 해당하지 않는 특정소방대상물(소방안전관리자를 선임하지 않는 대상)

   2) 「위험물안전관리법」에 따른 제조소등

3) 「화재의 예방 및 안전관리에 관한 법률 시행령」의 특급소방안전관리대상물

나. 작동점검은 다음의 분류에 따른 기술인력이 점검할 수 있다. 이 경우 [별표 4]에 따른 점검인력 배치기준을 준수해야 한다.

1) 영 [별표 4] 제1호마목의 간이스프링클러설비(주택전용 간이스프링클러설비 제외) 또는 같은 표 제2호다목의 자동화재탐지설비가 설치된 특정소방대상물

가) 관계인

나) 관리업에 등록된 기술인력 중 소방시설관리사

다) 「소방시설공사업법 시행규칙」에 따른 특급점검자

라) 소방안전관리자로 선임된 소방시설관리사 및 소방기술사

2) 1)에 해당하지 않는 특정소방대상물

가) 관리업에 등록된 소방시설관리사

나) 소방안전관리자로 선임된 소방시설관리사 및 소방기술사

다. 작동점검은 연 1회 이상 실시한다.

라. 작동점검의 점검 시기는 다음과 같다.

1) 종합점검 대상은 종합점검을 받은 달부터 6개월이 되는 달에 실시한다.

2) 1)에 해당하지 않는 특정소방대상물은 특정소방대상물의 사용승인일(건축물의 경우에는 건축물관리대장 또는 건물 등기사항증명서에 기재되어 있는 날, 시설물의 경우에는 「시설물의 안전 및 유지관리에 관한 특별법」에 따른 시설물통합정보관리체계에 저장·관리되고 있는 날, 건축물관리대장, 건물 등기사항증명서 및 시설물통합정보관리체계를 통해 확인되지 않는 경우에는 소방시설완공검사증명서에 기재된 날)이 속하는 달의 말일까지 실시한다. 다만, 건축물관리대장 또는 건물 등기사항증명서 등에 기입된 날이 서로 다른 경우에는 건축물관리대장에 기재되어 있는 날을 기준으로 점검한다.

3. 종합점검은 다음의 구분에 따라 실시한다.

가. 종합점검은 다음의 어느 하나에 해당하는 특정소방대상물을 대상으로 한다.

1) 법 제22조제1항제1호에 해당하는 특정소방대상물

2) 스프링클러설비가 설치된 특정소방대상물

3) 물분무등소화설비[호스릴(hose reel) 방식의 물분무등소화설비만을 설치한 경우는 제외]가 설치된 연면적 5,000m² 이상인 특정소방대상물(제조소등 제외)

4) 「다중이용업소의 안전관리에 관한 특별법 시행령」 제2조제1호나목, 같은 조 제2호(비디오물소극장업 제외)·제6호·제7호·제7호의2 및 제7호의5의 다중이용업의 영업장이 설치된 특정소방대상물로서 연면적이 2,000m² 이상인 것

5) 제연설비가 설치된 터널

6) 「공공기관의 소방안전관리에 관한 규정」에 따른 공공기관 중 연면적(터널·지하구의 경우 그 길이와 평균 폭을 곱하여 계산된 값)이 1,000m² 이상인 것으로서 옥내소화전설비 또는 자동화재탐지설비가 설치된 것. 다만, 「소방기본법」에 따른 소방대가 근무하는 공공기관은

제외한다.

나. 종합점검은 다음 어느 하나에 해당하는 기술인력이 점검할 수 있다. 이 경우 [별표 4]에 따른 점검인력 배치기준을 준수해야 한다.

　　1) 관리업에 등록된 소방시설관리사

　　2) 소방안전관리자로 선임된 소방시설관리사 및 소방기술사

다. 종합점검의 점검 횟수는 다음과 같다.

　　1) 연 1회 이상(「화재의 예방 및 안전에 관한 법률 시행령」 [별표 4] 제1호가목의 특급 소방안전관리대상물은 반기에 1회 이상) 실시한다.

　　2) 1)에도 불구하고 소방본부장 또는 소방서장은 소방청장이 소방안전관리가 우수하다고 인정한 특정소방대상물에 대해서는 3년의 범위에서 소방청장이 고시하거나 정한 기간 동안 종합점검을 면제할 수 있다. 다만, 면제기간 중 화재가 발생한 경우는 제외한다.

라. 종합점검의 점검 시기는 다음과 같다.

　　1) 가목1)에 해당하는 특정소방대상물은 「건축법」에 따라 건축물을 사용할 수 있게 된 날부터 60일 이내 실시한다.

　　2) 1)을 제외한 특정소방대상물은 건축물의 사용승인일이 속하는 달에 실시한다. 다만, 「공공기관의 안전관리에 관한 규정」에 따른 학교의 경우에는 해당 건축물의 사용승인일이 1월에서 6월 사이에 있는 경우에는 6월 30일까지 실시할 수 있다.

　　3) 건축물 사용승인일 이후 가목3)에 따라 종합점검 대상에 해당하게 된 경우에는 그 다음 해부터 실시한다.

　　4) 하나의 대지경계선 안에 2개 이상의 자체점검 대상 건축물 등이 있는 경우에는 그 건축물 중 사용승인일이 가장 빠른 연도의 건축물의 사용승인일을 기준으로 점검할 수 있다.

4. 제1호에도 불구하고 「공공기관의 소방안전관리에 관한 규정」에 따른 공공기관의 장은 공공기관에 설치된 소방시설등의 유지·관리상태를 맨눈 또는 신체감각을 이용하여 점검하는 외관점검을 월 1회 이상 실시(작동점검 또는 종합점검을 실시한 달에는 실시하지 않을 수 있음)하고, 그 점검 결과를 2년간 자체 보관해야 한다. 이 경우 외관점검의 점검자는 해당 특정소방대상물의 관계인, 소방안전관리자 또는 관리업자(소방시설관리사를 포함하여 등록된 기술인력)로 해야 한다.

5. 제1호 및 제4호에도 불구하고 공공기관의 장은 해당 공공기관의 전기시설물 및 가스시설에 대하여 다음의 구분에 따른 점검 또는 검사를 받아야 한다.

가. 전기시설물의 경우 : 「전기사업법」에 따른 사용전검사

나. 가스시설의 경우 : 「도시가스사업법」조에 따른 검사, 「고압가스 안전관리법」에 따른 검사 또는 「액화석유가스의 안전관리 및 사업법」에 따른 검사

6. 공동주택(아파트등으로 한정) 세대별 점검방법은 다음과 같다.

가. 관리자(관리소장, 입주자대표회의 및 소방안전관리자를 포함) 및 입주민(세대 거주자)은 2년 이내 모든 세대에 대하여 점검을 해야 한다.

나. 가목에도 불구하고 아날로그감지기 등 특수감지기가 설치되어 있는 경우에는 수신기에서 원격

점검할 수 있으며, 점검할 때마다 모든 세대를 점검해야 한다. 다만, 자동화재탐지설비의 선로 단선이 확인되는 때에는 단선이 난 세대 또는 그 경계구역에 대하여 현장점검을 해야 한다.

다. 관리자는 수신기에서 원격 점검이 불가능한 경우 매년 작동점검만 실시하는 공동주택은 1회 점검 시 마다 전체 세대수의 50% 이상, 종합점검을 실시하는 공동주택은 1회 점검 시 마다 전체 세대수의 30% 이상 점검하도록 자체점검 계획을 수립 · 시행해야 한다.

라. 관리자 또는 해당 공동주택을 점검하는 관리업자는 입주민이 세대 내에 설치된 소방시설등을 스스로 점검할 수 있도록 소방청 또는 사단법인 한국소방시설관리협회의 홈페이지에 게시되어 있는 공동주택 세대별 점검 동영상을 입주민이 시청할 수 있도록 안내하고, 점검서식([별지 제36 호서식] 소방시설 외관점검표)을 사전에 배부해야 한다.

마. 입주민은 점검서식에 따라 스스로 점검하거나 관리자 또는 관리업자로 하여금 대신 점검하게 할 수 있다. 입주민이 스스로 점검한 경우에는 그 점검 결과를 관리자에게 제출하고 관리자는 그 결과를 관리업자에게 알려주어야 한다.

바. 관리자는 관리업자로 하여금 세대별 점검을 하고자 하는 경우에는 사전에 점검 일정을 입주민에게 사전에 공지하고 세대별 점검 일자를 파악하여 관리업자에게 알려주어야 한다. 관리업자는 사전 파악된 일정에 따라 세대별 점검을 한 후 관리자에게 점검 현황을 제출해야 한다.

사. 관리자는 관리업자가 점검하기로 한 세대에 대하여 입주민의 사정으로 점검을 하지 못한 경우 입주민이 스스로 점검할 수 있도록 다시 안내해야 한다. 이 경우 입주민이 관리업자로 하여금 다시 점검받기를 원하는 경우 관리업자로 하여금 추가로 점검하게 할 수 있다.

아. 관리자는 세대별 점검현황(입주민 부재 등 불가피한 사유로 점검을 하지 못한 세대 현황 포함)을 작성하여 자체점검이 끝난 날부터 2년간 자체 보관해야 한다.

7. 자체점검은 다음의 점검 장비를 이용하여 점검해야 한다.

소방시설	점검 장비	규격
모든 소방시설	방수압력측정계, 절연저항계(절연저항측정기), 전류전압측정계	
소화기구	저울	
옥내소화전설비 옥외소화전설비	소화전밸브압력계	
스프링클러설비 포소화설비	헤드결합렌치(볼트, 너트, 나사 등을 죄거나 푸는 공구)	
이산화탄소소화설비 분말소화설비 할론소화설비 할로겐화합물 및 불활성기체 소화설비	검량계, 기동관누설시험기, 그 밖에 소화약제의 저장량을 측정할 수 있는 점검기구	

자동화재탐지설비 시각경보기	열감지기시험기, 연감지기시험기, 공기주입시험기, 감지기시험기연결막대, 음량계	
누전경보기	누전계	누전전류 측정용
무선통신보조설비	무선기	통화시험용
제연설비	풍속풍압계, 폐쇄력측정기, 차압계(압력차 측정기)	
통로유도등 비상조명등	조도계(밝기 측정기)	최소눈금이 0.1럭스 이하인 것

[비고]
1. 신축·증축·개축·재축·이전·용도변경 또는 대수선 등으로 소방시설이 새로 설치된 경우에는 해당 특정소방대상물의 소방시설 전체에 대하여 실시한다.
2. 작동점검 및 종합점검(최초점검은 제외한다)은 건축물 사용승인 후 그 다음 해부터 실시한다.
3. 특정소방대상물이 증축·용도변경 또는 대수선 등으로 사용승인일이 달라지는 경우 사용승인일이 빠른 날을 기준으로 자체점검을 실시한다.

■ 소방시설 설치 및 관리에 관한 법률 시행규칙

[별표 4] 소방시설등의 자체점검 시 점검인력의 배치기준(제20조제1항 관련)

1. 점검인력 1단위는 다음과 같다.
   가. 관리업자가 점검하는 경우에는 소방시설관리사 또는 특급점검자 1명과 영 별표 9에 따른 보조 기술인력 2명을 점검인력 1단위로 하되, 점검인력 1단위에 2명(같은 건축물을 점검할 때는 4명) 이내의 보조 기술인력을 추가할 수 있다.
   나. 소방안전관리자로 선임된 소방시설관리사 및 소방기술사가 점검하는 경우에는 소방시설관리사 또는 소방기술사 중 1명과 보조 기술인력 2명을 점검인력 1단위로 하되, 점검인력 1단위에 2명 이내의 보조 기술인력을 추가할 수 있다. 다만, 보조 기술인력은 해당 특정소방대상물의 관계인 또는 소방안전관리보조자로 할 수 있다.
   다. 관계인 또는 소방안전관리자가 점검하는 경우에는 관계인 또는 소방안전관리자 1명과 보조 기술 인력 2명을 점검인력 1단위로 하되, 보조 기술인력은 해당 특정소방대상물의 관리자, 점유자 또는 소방안전관리보조자로 할 수 있다.
2. 관리업자가 점검하는 경우 특정소방대상물의 규모 등에 따른 점검인력의 배치기준은 다음과 같다.

구분	주된 기술인력	보조 기술인력
가. 50층 이상 또는 성능위주설계를 한 특정소방대상물	소방시설관리사 경력 5년 이상 1명 이상	고급점검자 이상 1명 이상 및 중급점검자 이상 1명 이상
나. 특급 소방안전관리대상물(가목의 특정소방대상물 제외)	소방시설관리사 경력 3년 이상 1명 이상	고급점검자 이상 1명 이상 및 초급점검자 이상 1명 이상
다. 1급 또는 2급 소방안전관리대상물	소방시설관리사 1명 이상	중급점검자 이상 1명 이상 및 초급점검자 이상 1명 이상

라. 3급 소방안전관리대상물	소방시설관리사 1명 이상	초급점검자 이상의 기술인력 2명 이상

[비고]
1. 라목에는 주된 기술인력으로 특급점검자를 배치할 수 있다.
2. 보조 기술인력의 등급구분(특급점검자, 고급점검자, 중급점검자, 초급점검자)은 「소방시설공사업법 시행규칙」 별표 4의2에서 정하는 기준에 따른다.

3. 점검인력 1단위가 하루 동안 점검할 수 있는 특정소방대상물의 연면적(이하 "점검한도 면적")은 다음과 같다.
　가. 종합점검 : 8,000m²
　나. 작동점검 : 10,000m²

4. 점검인력 1단위에 보조 기술인력을 1명씩 추가할 때마다 종합점검의 경우에는 2,000m², 작동점검의 경우에는 2,500m²씩을 점검한도 면적에 더한다. 다만, 하루에 2개 이상의 특정소방대상물을 배치할 경우 1일 점검 한도면적은 특정소방대상물별로 투입된 점검인력에 따른 점검 한도면적의 평균값으로 적용하여 계산한다.

5. 점검인력은 하루에 5개의 특정소방대상물에 한하여 배치할 수 있다. 다만 2개 이상의 특정소방대상물을 2일 이상 연속하여 점검하는 경우에는 배치기한을 초과해서는 안 된다.

6. 관리업자등이 하루 동안 점검한 면적은 실제 점검면적(지하구는 그 길이에 폭의 길이 1.8m를 곱하여 계산된 값을 말하며, 터널은 3차로 이하인 경우에는 그 길이에 폭의 길이 3.5m를 곱하고, 4차로 이상인 경우에는 그 길이에 폭의 길이 7m를 곱한 값을 말한다. 다만, 한쪽 측벽에 소방시설이 설치된 4차로 이상인 터널의 경우에는 그 길이와 폭의 길이 3.5m를 곱한 값)에 다음의 기준을 적용하여 계산한 면적(이하 "점검면적")으로 하되, 점검면적은 점검한도 면적을 초과해서는 안 된다.
　가. 실제 점검면적에 다음의 가감계수를 곱한다.

구분	대상용도	가감계수
1류	문화 및 집회시설, 종교시설, 판매시설, 의료시설, 노유자시설, 수련시설, 숙박시설, 위락시설, 창고시설, 교정시설, 발전시설, 지하가, 복합건축물	1.1
2류	공동주택, 근린생활시설, 운수시설, 교육연구시설, 운동시설, 업무시설, 방송통신시설, 공장, 항공기 및 자동차 관련 시설, 군사시설, 관광휴게시설, 장례시설, 지하구	1.0
3류	위험물 저장 및 처리시설, 문화재, 동물 및 식물 관련 시설, 자원순환 관련 시설, 묘지 관련 시설	0.9

　나. 점검한 특정소방대상물이 다음의 어느 하나에 해당할 때에는 다음에 따라 계산된 값을 가목에 따라 계산된 값에서 뺀다.
　　1) 영 [별표 4] 제1호라목에 따라 스프링클러설비가 설치되지 않은 경우 : 가목에 따라 계산된 값에 0.1을 곱한 값
　　2) 영 [별표 4] 제1호바목에 따라 물분무등소화설비(호스릴 방식의 물분무등소화설비 제외)가 설치되지 않은 경우 : 가목에 따라 계산된 값에 0.1을 곱한 값

3) 영 [별표 4] 제5호가목에 따라 제연설비가 설치되지 않은 경우 : 가목에 따라 계산된 값에 0.1을 곱한 값

다. 2개 이상의 특정소방대상물을 하루에 점검하는 경우에는 특정소방대상물 상호간의 좌표 최단거리 5km마다 점검 한도면적에 0.02를 곱한 값을 점검 한도면적에서 뺀다.

7. 제3호부터 제6호까지의 규정에도 불구하고 아파트등(공용시설, 부대시설 또는 복리시설 포함, 아파트등이 포함된 복합건축물의 아파트등 외의 부분 제외)를 점검할 때에는 다음의 기준에 따른다.

가. 점검인력 1단위가 하루 동안 점검할 수 있는 아파트등의 세대수(이하 "점검한도 세대수")는 종합점검 및 작동점검에 관계없이 250세대로 한다.

나. 점검인력 1단위에 보조 기술인력을 1명씩 추가할 때마다 60세대씩을 점검한도 세대수에 더한다.

다. 관리업자등이 하루 동안 점검한 세대수는 실제 점검 세대수에 다음의 기준을 적용하여 계산한 세대수(이하 "점검세대수")로 하되, 점검세대수는 점검한도 세대수를 초과해서는 안 된다.

1) 점검한 아파트등이 다음의 어느 하나에 해당할 때에는 다음에 따라 계산된 값을 실제 점검 세대수에서 뺀다.

가) 영 [별표 4] 제1호라목에 따라 스프링클러설비가 설치되지 않은 경우 : 실제 점검 세대수에 0.1을 곱한 값

나) 영 [별표 4] 제1호바목에 따라 물분무등소화설비(호스릴 방식의 물분무등소화설비 제외)가 설치되지 않은 경우 : 실제 점검 세대수에 0.1을 곱한 값

다) 영 [별표 4] 제5호가목에 따라 제연설비가 설치되지 않은 경우 : 실제 점검 세대수에 0.1을 곱한 값

2) 2개 이상의 아파트를 하루에 점검하는 경우에는 아파트 상호간의 좌표 최단거리 5km마다 점검 한도세대수에 0.02를 곱한 값을 점검한도 세대수에서 뺀다.

8. 아파트등과 아파트등 외 용도의 건축물을 하루에 점검할 때에는 종합점검의 경우 제7호에 따라 계산된 값에 32, 작동점검의 경우 제7호에 따라 계산된 값에 40을 곱한 값을 점검대상 연면적으로 보고 제2호 및 제3호를 적용한다.

9. 종합점검과 작동점검을 하루에 점검하는 경우에는 작동점검의 점검대상 연면적 또는 점검대상 세대수에 0.8을 곱한 값을 종합점검 점검대상 연면적 또는 점검대상 세대수로 본다.

10. 제3호부터 제9호까지의 규정에 따라 계산된 값은 소수점 이하 둘째 자리에서 반올림한다.

제23조(소방시설등의 자체점검 결과의 조치 등)

① 특정소방대상물의 관계인은 제22조제1항에 따른 자체점검 결과 《소화펌프 고장 등 대통령령으로 정하는 중대위반사항》이 발견된 경우에는 지체 없이 수리 등 필요한 조치를 하여야 한다.

🔵벌 300만 원 이하 벌금 – 필요한 조치를 하지 아니한 관계인 또는 관계인에게 중대위반사항을 알리지 아니한 관리업자등

> **§ 소화펌프 고장 등 대통령령으로 정하는 중대위반사항**
>
> 1. 소화펌프(가압송수장치 포함), 동력 · 감시 제어반 또는 소방시설용 전원(비상전원 포함)의 고장으로 소방시설이 작동되지 않는 경우
> 2. 화재 수신기의 고장으로 화재경보음이 자동으로 울리지 않거나 화재 수신기와 연동된 소방시설의 작동이 불가능한 경우
> 3. 소화배관 등이 폐쇄 · 차단되어 소화수(消火水) 또는 소화약제가 자동 방출되지 않는 경우
> 4. 방화문 또는 자동방화셔터가 훼손되거나 철거되어 본래의 기능을 못하는 경우

② 관리업자등은 자체점검 결과 중대위반사항을 발견한 경우 즉시 관계인에게 알려야 한다. 이 경우 관계인은 지체 없이 수리 등 필요한 조치를 하여야 한다.

벌 300만 원 이하 벌금 – 필요한 조치를 하지 아니한 관계인 또는 관계인에게 중대위반사항을 알리지 아니한 관리업자등

③ 특정소방대상물의 관계인은 제22조제1항에 따라 자체점검을 한 경우에는 그 점검 결과를 행정안전부령으로 정하는 바에 따라 소방시설등에 대한 수리 · 교체 · 정비에 관한 이행계획(중대위반사항에 대한 조치사항 포함)을 첨부하여 소방본부장 또는 소방서장에게 보고하여야 한다. 이 경우 소방본부장 또는 소방서장은 점검 결과 및 이행계획이 적합하지 아니하다고 인정되는 경우에는 관계인에게 보완을 요구할 수 있다.

④ 특정소방대상물의 관계인은 제3항에 따른 이행계획을 행정안전부령으로 정하는 바에 따라 기간 내에 완료하고, 소방본부장 또는 소방서장에게 이행계획 완료 결과를 보고하여야 한다. 이 경우 소방본부장 또는 소방서장은 이행계획 완료 결과가 거짓 또는 허위로 작성되었다고 판단되는 경우에는 해당 특정소방대상물을 방문하여 그 이행계획 완료 여부를 확인할 수 있다.

⑤ 제4항에도 불구하고 특정소방대상물의 관계인은 천재지변이나 그 밖에 ≪대통령령으로 정하는 사유≫로 제3항에 따른 이행계획을 완료하기 곤란한 경우에는 소방본부장 또는 소방서장에게 대통령령으로 정하는 바에 따라 이행계획 완료를 연기하여 줄 것을 신청할 수 있다. 이 경우 소방본부장 또는 소방서장은 연기 신청 승인 여부를 결정하고 그 결과를 관계인에게 알려주어야 한다.

> **§ 대통령령으로 정하는 사유 – 자체점검 결과에 따른 이행계획 완료의 연기**
>
> 1. 「재난 및 안전관리 기본법」에 해당하는 재난이 발생한 경우
> 2. 경매 등의 사유로 소유권이 변동 중이거나 변동된 경우
> 3. 관계인의 질병, 사고, 장기출장 등의 경우
> 4. 그 밖에 관계인이 운영하는 사업에 부도 또는 도산 등 중대한 위기가 발생하여 이행계획을 완료하기 곤란한 경우
>
> 법 제23조제5항에 따라 이행계획 완료의 연기를 신청하려는 관계인은 행정안전부령으로 정하는 바에 따라 연기신청서에 연기의 사유 및 기간 등을 적어 소방본부장 또는 소방서장에게 제출해야 한다.
> 연기의 신청 및 연기신청서의 처리에 필요한 사항은 행정안전부령으로 정한다.

최 제24조(이행계획 완료의 연기 신청 등)

① 법 제23조제5항 및 영 제35조제2항에 따라 이행계획 완료의 연기를 신청하려는 관계인은 제23조 제5항에 따른 완료기간 만료일 3일 전까지 [별지 제12호서식]의 소방시설등의 자체점검 결과 이행계획 완료 연기신청서(전자문서로 된 신청서 포함)에 기간 내에 이행계획을 완료하기 곤란함을 증명할 수 있는 서류(전자문서 포함)를 첨부하여 소방본부장 또는 소방서장에게 제출해야 한다.

② 제1항에 따른 이행계획 완료의 연기 신청서를 제출받은 소방본부장 또는 소방서장은 연기 신청을 받은 날부터 3일 이내에 제23조제5항에 따른 완료기간의 연기 여부를 결정하여 [별지 제13호서식]의 소방시설등의 자체점검 결과 이행계획 완료 연기신청 결과 통지서를 연기 신청을 한 자에게 통보해야 한다.

⑥ 소방본부장 또는 소방서장은 관계인이 제4항에 따라 이행계획을 완료하지 아니한 경우에는 필요한 조치의 이행을 명할 수 있고, 관계인은 이에 따라야 한다.

벌 3년 이하 징역 / 3천만 원 이하 벌금 – 명령을 정당한 사유 없이 위반한 자

제24조(점검기록표 게시 등)

① 제23조제3항에 따라 자체점검 결과 보고를 마친 관계인은 관리업자등, 점검일시, 점검자 등 자체점검과 관련된 사항을 점검기록표에 기록하여 특정소방대상물의 출입자가 쉽게 볼 수 있는 장소에 게시하여야 한다. 이 경우 점검기록표의 기록 등에 필요한 사항은 행정안전부령으로 정한다.

② 소방본부장 또는 소방서장은 다음의 사항을 제48조에 따른 전산시스템 또는 인터넷 홈페이지 등을 통하여 국민에게 공개할 수 있다. 이 경우 공개 절차, 공개 기간 및 공개 방법 등 필요한 사항은 대통령령으로 정한다.

1. 자체점검 기간 및 점검자
2. 특정소방대상물의 정보 및 자체점검 결과
3. 그 밖에 소방본부장 또는 소방서장이 특정소방대상물을 이용하는 불특정다수인의 안전을 위하여 공개가 필요하다고 인정하는 사항

영·규칙 CHAIN

영 제36조(자체점검 결과 공개)

① 소방본부장 또는 소방서장은 법 제24조제2항에 따라 자체점검 결과를 공개하는 경우 30일 이상 법 제48조에 따른 전산시스템 또는 인터넷 홈페이지 등을 통해 공개해야 한다.

② 소방본부장 또는 소방서장은 제1항에 따라 자체점검 결과를 공개하려는 경우 공개 기간, 공개 내용 및 공개 방법을 해당 특정소방대상물의 관계인에게 미리 알려야 한다.

③ 특정소방대상물의 관계인은 제2항에 따라 공개 내용 등을 통보받은 날부터 10일 이내에 관할 소방본

부장 또는 소방서장에게 이의신청을 할 수 있다.

④ 소방본부장 또는 소방서장은 제3항에 따라 이의신청을 받은 날부터 10일 이내에 심사 · 결정하여 그 결과를 지체 없이 신청인에게 알려야 한다.

⑤ 자체점검 결과의 공개가 제3자의 법익을 침해하는 경우에는 제3자와 관련된 사실을 제외하고 공개해야 한다.

칙 제25조(자체점검 결과의 게시)

소방본부장 또는 소방서장에게 자체점검 결과 보고를 마친 관계인은 법 제24조제1항에 따라 보고한 날부터 10일 이내에 별표 5의 소방시설등 자체점검기록표를 작성하여 특정소방대상물의 출입자가 쉽게 볼 수 있는 장소에 30일 이상 게시해야 한다.

■ 소방시설 설치 및 관리에 관한 법률 시행규칙

[별표 5] 소방시설등 자체점검기록표

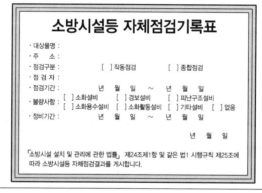

소방시설등 자체점검기록표

· 대상물명 :
· 주　소 :
· 점검구분 :　　　　　[　]작동점검　　　　[　]종합점검
· 점 검 자 :
· 점검기간 :　　　　　년　월　일　~　년　월　일
· 불량사항 : [　]소화설비　　[　]경보설비　　[　]피난구조설비
　　　　　　[　]소화용수설비 [　]소화활동설비 [　]기타설비　[　]없음
· 정비기간 :　　　　　년　월　일　~　년　월　일

　　　　　　　　　　　　　　　　　　　　년　월　일

「소방시설 설치 및 관리에 관한 법률」 제24조제1항 및 같은 법 시행규칙 제25조에 따라 소방시설등 자체점검결과를 게시합니다.

제4장 소방시설관리사 및 소방시설관리업

제1절 소방시설관리사

제25조(소방시설관리사)

① 소방시설관리사(이하 "관리사")가 되려는 사람은 소방청장이 실시하는 관리사시험에 합격하여야 한다.

 영 · 규칙 CHAIN

영 제37조(소방시설관리사시험의 응시자격)

법 제25조제1항에 따른 소방시설관리사시험에 응시할 수 있는 사람은 다음과 같다.

1. 소방기술사 · 건축사 · 건축기계설비기술사 · 건축전기설비기술사 또는 공조냉동기계기술사

2. 위험물기능장

3. 소방설비기사

4. 「국가과학기술 경쟁력 강화를 위한 이공계지원 특별법」에 따른 이공계 분야의 박사학위를 취득한 사람

5. 소방청장이 정하여 고시하는 소방안전 관련 분야의 석사 이상의 학위를 취득한 사람

6. 소방설비산업기사 또는 소방공무원 등 소방청장이 정하여 고시하는 사람 중 소방에 관한 실무경력(자격 취득 후의 실무경력으로 한정)이 3년 이상인 사람

② 제1항에 따른 관리사시험의 응시자격, 시험방법, 시험과목, 시험위원, 그 밖에 관리사시험에 필요한 사항은 대통령령으로 정한다.

영 · 규칙 CHAIN

영 제38조(시험의 시행방법)

① 관리사시험은 제1차시험과 제2차시험으로 구분하여 시행한다. 이 경우 소방청장은 제1차시험과 제2차시험을 같은 날에 시행할 수 있다.

② 제1차시험은 선택형을 원칙으로 하고, 제2차시험은 논문형을 원칙으로 하되, 제2차시험에는 기입형을 포함할 수 있다.

③ 제1차시험에 합격한 사람에 대해서는 다음 회의 관리사시험만 제1차시험을 면제한다. 다만, 면제받으려는 시험의 응시자격을 갖춘 경우로 한정한다.

④ 제2차시험은 제1차시험에 합격한 사람만 응시할 수 있다. 다만, 제1항 후단에 따라 제1차시험과 제2차시험을 병행하여 시행하는 경우에 제1차시험에 불합격한 사람의 제2차시험 응시는 무효로 한다.

영 제39조(시험 과목) [2026년 12월 시행]

① 관리사시험의 제1차시험 및 제2차시험 과목은 다음과 같다.

1. 제1차시험

가. 소방안전관리론(소방 및 화재의 기초이론으로 연소이론, 화재현상, 위험물 및 소방안전관리 등의 내용 포함)

나. 소방기계 점검실무(소방시설 기계 분야 점검의 기초이론 및 실무능력을 측정하기 위한 과목으로 소방유체역학, 소방 관련 열역학, 소방기계 분야의 화재안전기준 포함)

다. 소방전기 점검실무(소방시설 전기 · 통신 분야 점검의 기초이론 및 실무능력을 측정하기 위한 과목으로 전기회로, 전기기기, 제어회로, 전자회로 및 소방전기 분야의 화재안전기준 포함)

라. 다음의 소방 관계 법령

1) 「소방시설 설치 및 관리에 관한 법률」및 그 하위법령

2)「화재의 예방 및 안전관리에 관한 법률」및 그 하위법령

3)「소방기본법」및 그 하위법령

4)「다중이용업소의 안전관리에 관한 특별법」및 그 하위법령

5)「건축법」및 그 하위법령(소방 분야로 한정)

6)「초고층 및 지하연계 복합건축물 재난관리에 관한 특별법」및 그 하위법령

2. 제2차시험

가. 소방시설등 점검실무(소방시설등의 점검에 필요한 종합적 능력을 측정하기 위한 과목으로 소방시설등의 현장점검 시 점검절차, 성능확인, 이상판단 및 조치 등의 내용 포함)

나. 소방시설등 관리실무(소방시설등 점검 및 관리 관련 행정업무 및 서류작성 등의 업무능력을 측정하기 위한 과목으로 점검보고서의 작성, 인력 및 장비 운용 등 실제 현장에서 요구되는 사무 능력 포함)

② 제1항에 따른 관리사시험 과목의 세부 항목은 행정안전부령으로 정한다.

영 제40조(시험위원의 임명 · 위촉)

① 소방청장은 법 제25조제2항에 따라 관리사시험의 출제 및 채점을 위하여 다음의 어느 하나에 해당하는 사람 중에서 시험위원을 임명하거나 위촉해야 한다.

1. 소방 관련 분야의 박사학위를 취득한 사람

2. 대학에서 소방안전 관련 학과 조교수 이상으로 2년 이상 재직한 사람

3. 소방위 이상의 소방공무원

4. 소방시설관리사

5. 소방기술사

② 제1항에 따른 시험위원의 수는 다음의 구분에 따른다.

1. 출제위원 : 시험 과목별 3명

2. 채점위원 : 시험 과목별 5명 이내(제2차시험의 경우로 한정)

③ 제1항에 따라 시험위원으로 임명되거나 위촉된 사람은 소방청장이 정하는 시험문제 등의 출제 시 유의사항 및 서약서 등에 따른 준수사항을 성실히 이행해야 한다.

④ 제1항에 따라 임명되거나 위촉된 시험위원과 시험감독 업무에 종사하는 사람에게는 예산의 범위에서 수당과 여비를 지급할 수 있다.

영 제41조(시험 과목의 일부 면제)

법 제25조제4항에 따라 관리사시험의 제1차시험 과목 가운데 일부를 면제받을 수 있는 사람과 그 면제 과목은 다음의 구분에 따른다. 다만, 다음 중 둘 이상에 해당하는 경우에는 본인이 선택한 과목만 면제받을 수 있다.

1. 소방기술사 자격을 취득한 사람 : 제39조제1항제1호가목부터 다목까지의 과목

2. 소방공무원으로 15년 이상 근무한 경력이 있는 사람으로서 5년 이상 소방청장이 정하여 고시하는 소방 관련 업무 경력이 있는 사람 : 제39조제1항제1호나목부터 라목까지의 과목

3. 다음의 어느 하나에 해당하는 사람 : 제39조제1항제1호나목·다목의 과목

　가. 소방설비기사(기계 또는 전기) 자격을 취득한 후 8년 이상 소방기술과 관련된 경력(「소방시설공사업법」에 따른 소방기술과 관련된 경력)이 있는 사람

　나. 소방설비산업기사(기계 또는 전기) 자격을 취득한 후 법 제29조에 따른 소방시설관리업에서 10년 이상 자체점검 업무를 수행한 사람

영 제42조(시험의 시행 및 공고)

① 관리사시험은 매년 1회 시행하는 것을 원칙으로 하되, 소방청장이 필요하다고 인정하는 경우에는 그 횟수를 늘리거나 줄일 수 있다.

② 소방청장은 관리사시험을 시행하려면 응시자격, 시험 과목, 일시·장소 및 응시절차 등을 모든 응시 희망자가 알 수 있도록 관리사시험 시행일 90일 전까지 인터넷 홈페이지에 공고해야 한다.

영 제43조(응시원서 제출 등)

① 관리사시험에 응시하려는 사람은 행정안전부령으로 정하는 바에 따라 관리사시험 응시원서를 소방청장에게 제출해야 한다.

② 제41조에 따라 시험 과목의 일부를 면제받으려는 사람은 제1항에 따른 응시원서에 면제 과목과 그 사유를 적어야 한다.

③ 관리사시험에 응시하는 사람은 제37조에 따른 응시자격에 관한 증명서류를 소방청장이 정하는 원서 접수기간 내에 제출해야 하며, 증명서류는 해당 자격증(「국가기술자격법」에 따른 국가기술자격 취득자의 자격증은 제외) 사본과 행정안전부령으로 정하는 경력·재직증명서 또는 「소방시설공사업법 시행령」에 따른 수탁기관이 발행하는 경력증명서로 한다. 다만, 국가·지방자치단체, 공공기관, 지방공사 또는 지방공단이 증명하는 경력증명원은 해당 기관에서 정하는 서식에 따를 수 있다.

④ 제1항에 따라 응시원서를 받은 소방청장은 「전자정부법」에 따른 행정정보의 공동이용을 통하여 다음의 서류를 확인해야 한다. 다만, 응시자가 확인에 동의하지 않는 경우에는 그 사본을 첨부하게 해야 한다.

1. 응시자의 해당 국가기술자격증

2. 국민연금가입자가입증명 또는 건강보험자격득실확인서

영 제44조(시험의 합격자 결정 등)

① 제1차시험에서는 과목당 100점을 만점으로 하여 모든 과목의 점수가 40점 이상이고, 전 과목 평균 점수가 60점 이상인 사람을 합격자로 한다.

② 제2차시험에서는 과목당 100점을 만점으로 하되, 시험위원의 채점점수 중 최고점수와 최저점수를 제외한 점수가 모든 과목에서 40점 이상, 전 과목에서 평균 60점 이상인 사람을 합격자로 한다.

③ 소방청장은 제1항과 제2항에 따라 관리사시험 합격자를 결정했을 때에는 이를 인터넷 홈페이지에 공고해야 한다.

③ 관리사시험의 최종 합격자 발표일을 기준으로 제27조의 결격사유에 해당하는 사람은 관리사 시험에 응시할 수 없다.

④ 소방기술사 등 대통령령으로 정하는 사람에 대하여는 대통령령으로 정하는 바에 따라 제2항에 따른 관리사시험 과목 가운데 일부를 면제할 수 있다.

⑤ 소방청장은 제1항에 따른 관리사시험에 합격한 사람에게는 행정안전부령으로 정하는 바에 따라 소방시설관리사증을 발급하여야 한다.

⑥ 제5항에 따라 소방시설관리사증을 발급받은 사람이 소방시설관리사증을 잃어버렸거나 못 쓰게 된 경우에는 행정안전부령으로 정하는 바에 따라 소방시설관리사증을 재발급받을 수 있다.

⑦ 관리사는 제5항 또는 제6항에 따라 발급 또는 재발급받은 소방시설관리사증을 다른 사람에게 빌려주거나 빌려서는 아니 되며, 이를 알선하여서도 아니 된다.

> **벌** 1년 이하 징역 / 1천만 원 이하 벌금 – 소방시설관리사증을 다른 사람에게 빌려주거나 빌리거나 이를 알선한 자

⑧ 관리사는 동시에 둘 이상의 업체에 취업하여서는 아니 된다.

> **벌** 1년 이하 징역 / 1천만 원 이하 벌금 – 동시에 둘 이상의 업체에 취업한 자

⑨ 제22조제1항에 따른 기술자격자 및 제29조제2항에 따라 관리업의 기술인력으로 등록된 관리사는 이 법과 이 법에 따른 명령에 따라 성실하게 자체점검 업무를 수행하여야 한다.

영·규칙 CHAIN

영 제26조(소방시설관리사증의 발급)

영 제48조제3항제2호에 따라 소방시설관리사증의 발급·재발급에 관한 업무를 위탁받은 법인 또는 단체는 법 제25조제5항에 따라 소방시설관리사 시험에 합격한 사람에게 합격자 공고일부터 1개월 이내에 [별지 제14호서식]의 소방시설관리사증을 발급해야 하며, 이를 [별지 제15호서식]의 소방시설관리사증 발급대장에 기록하고 관리해야 한다.

칙 제27조(소방시설관리사증의 재발급)

① 법 제25조제6항에 따라 소방시설관리사가 소방시설관리사증을 잃어버렸거나 못 쓰게 되어 소방시설관리사증의 재발급을 신청하는 경우에는 [별지 제16호서식]의 소방시설관리사증 재발급 신청서(전자문서로 된 신청서 포함)에 다음의 서류를 첨부하여 소방시설관리사증발급자에게 제출해야 한다.

  1. 소방시설관리사증(못 쓰게 된 경우만 해당)
  2. 신분증 사본
  3. 사진(3cm×4cm) 1장

② 소방시설관리사증발급자는 제1항에 따라 재발급신청서를 제출받은 경우에는 3일 이내에 소방시설관리사증을 재발급해야 한다.

최 **제29조(소방시설관리사시험 응시원서 등)**

① 영 제43조제1항에 따른 소방시설관리사시험 응시원서는 [별지 제17호서식] 또는 [별지 제18호서식]과 같다.

② 영 제43조제3항 본문에 따른 경력 · 재직증명서는 [별지 제19호서식]과 같다.

📘 **영 · 규칙 CHAIN**

최 **제28조(소방시설관리사시험 과목의 세부 항목 등)**

영 제39조제2항에 따른 소방시설관리사시험 과목의 세부 항목은 [별표 6]과 같다.

■ 소방시설 설치 및 관리에 관한 법률 시행규칙

[별표 6] 소방시설관리사시험 과목의 세부 항목

1. 제1차시험 과목의 세부 항목

과목명	주요 항목	세부 항목
소방안전관리론	연소이론	연소 및 연소현상
	화재현상	화재 및 화재현상
		건축물의 화재현상
	위험물	위험물 안전관리
	소방안전	소방안전관리
		소화론
		소화약제
소방기계 점검실무	소방유체역학	유체의 기본적 성질
		유체정역학
		유체유동의 해석
		관내의 유동
		펌프 및 송풍기의 성능 특성
	소방 관련 열역학	열역학 기초 및 열역학 법칙
		상태변화
		이상기체 및 카르노사이클
		열전달 기초
	소방기계설비 및 화재안전기준	소화기구
		옥내소화전설비, 옥외소화전설비
		스프링클러설비(간이스프링클러설비 및 조기진압형스프링클러설비를 포함)

과목명	주요 항목	세부 항목
소방기계 점검실무	소방기계설비 및 화재안전기준	물분무등소화설비
		피난기구 및 인명구조기구
		소화용수설비
		제연설비
		연결송수관설비
		연결살수설비
		연소방지설비
		기타 소방기계 관련 설비
	[비고] 각 소방시설별 점검절차 및 점검방법을 포함한다.	
소방전기 점검실무	전기회로	직류회로
		정전용량과 자기회로
		교류회로
	전기기기	전기기기
		전기계측
	제어회로	자동제어의 기초
		시퀀스 제어회로
		제어기기 및 응용
	전자회로	전자회로
	소방전기설비 및 화재안전기준	경보설비
		유도등
		비상조명등(휴대용비상조명등을 포함)
		비상콘센트설비
		무선통신보조설비
		기타 소방전기 관련 설비
	[비고] 각 소방시설별 점검절차 및 점검방법을 포함한다.	
소방 관계 법령	「소방시설 설치 및 관리에 관한 법률」, 같은 법 시행령 및 시행규칙	
	「화재의 예방 및 안전관리에 관한 법률」, 같은 법 시행령 및 시행규칙	
	「소방기본법」, 같은 법 시행령 및 시행규칙	
	「다중이용업소의 안전관리에 관한 특별법」, 같은 법 시행령 및 시행규칙	
	「건축법」, 같은 법 시행령 및 시행규칙(건축물의 피난·방화구조 등의 기준에 관한 규칙, 건축물의 설비기준 등에 관한 규칙, 건축물의 구조기준 등에 관한 규칙 포함)	
	「초고층 및 지하연계 복합건축물재난관리에 관한 특별법」, 같은 법 시행령 및 시행규칙	

과목명	주요 항목	세부 항목
소방 관계 법령	[비고] 1. 소방 관계 법령의 개정 이력을 포함한다. 2. 건축법령은 방화구획, 내화구조, 건축물의 마감재료, 직통계단, 피난계단, 특별피난계단, 비상용승강기, 피난용승강기, 피난안전구역, 배연창 등 피난시설, 방화구획 및 방화시설 등 소방시설등 자체점검과 관련된 사항으로 한정한다.	

2. 제2차시험 과목

과목명	주요 항목	세부 항목
소방시설등 점검실무	소방대상물 확인 및 분석	대상물 분석하기
		소방시설 구성요소 분석
		소방시설 설계계산서 분석
	소방시설 점검	현황자료 검토
		소방시설 시공상태 점검
		소방시설 작동 및 종합 점검
	소방시설 유지관리	소방시설의 운용 및 유지관리
		소방시설의 유지보수 및 일상점검
소방시설등 관리실무	관련 서류의 작성	소방계획서의 작성
		재난예방 및 피해경감계획서 작성
		각종 소방시설등 점검표의 작성
	유지관리계획의 수립	소방시설 유지관리계획서 작성
		인력 및 장비 운영

제26조(부정행위자에 대한 제재)

소방청장은 시험에서 부정한 행위를 한 응시자에 대하여는 그 시험을 정지 또는 무효로 하고, 그 처분이 있은 날부터 2년간 시험 응시자격을 정지한다.

제27조(관리사의 결격사유)

다음의 어느 하나에 해당하는 사람은 관리사가 될 수 없다.

1. 피성년후견인
2. 이 법, 「소방기본법」, 「화재의 예방 및 안전관리에 관한 법률」, 「소방시설공사업법」 또는 「위험물안전관리법」을 위반하여 금고 이상의 실형을 선고받고 그 집행이 끝나거나(집행이 끝난 것으로 보는 경우 포함) 집행이 면제된 날부터 2년이 지나지 아니한 사람
3. 이 법, 「소방기본법」, 「화재의 예방 및 안전관리에 관한 법률」, 「소방시설공사업법」 또는 「위험물안전관리법」을 위반하여 금고 이상의 형의 집행유예를 선고받고 그 유예기간 중에 있는 사람
4. 제28조에 따라 자격이 취소(이 조 제1호에 해당하여 자격이 취소된 경우는 제외)된 날부터 2년이 지나지 아니한 사람

제28조(자격의 취소 · 정지)

소방청장은 관리사가 다음의 어느 하나에 해당할 때에는 행정안전부령으로 정하는 바에 따라 그 자격을 취소하거나 1년 이내의 기간을 정하여 그 자격의 정지를 명할 수 있다. 다만, 제1호, 제4호, 제5호 또는 제7호에 해당하면 그 자격을 취소하여야 한다.

1. 거짓이나 그 밖의 부정한 방법으로 시험에 합격한 경우 【자격취소】
2. 「화재의 예방 및 안전관리에 관한 법률」 제25조제2항에 따른 대행인력의 배치기준 · 자격 · 방법 등 준수사항을 지키지 아니한 경우
3. 제22조에 따른 점검을 하지 아니하거나 거짓으로 한 경우
4. 제25조제7항을 위반하여 소방시설관리사증을 다른 사람에게 빌려준 경우 【자격취소】
5. 제25조제8항을 위반하여 동시에 둘 이상의 업체에 취업한 경우 【자격취소】
6. 제25조제9항을 위반하여 성실하게 자체점검 업무를 수행하지 아니한 경우
7. 제27조의 어느 하나에 따른 결격사유에 해당하게 된 경우 【자격취소】

벌 1년 이하 징역 / 1천만 원 이하 벌금 – 자격정지처분을 받고 그 자격정지기간 중에 관리사의 업무를 한 자

제2절 소방시설관리업

제29조(소방시설관리업의 등록 등)

① 소방시설등의 점검 및 관리를 업으로 하려는 자 또는 「화재의 예방 및 안전관리에 관한 법률」에 따른 소방안전관리업무의 대행을 하려는 자는 대통령령으로 정하는 업종별로 시 · 도지사에게 소방시설관리업(이하 "관리업") 등록을 하여야 한다.

벌 3년 이하 징역 / 3천만 원 이하 벌금 – 관리업의 등록을 하지 아니하고 영업을 한 자

② 제1항에 따른 업종별 기술인력 등 관리업의 등록기준 및 영업범위 등에 필요한 사항은 대통령령으로 정한다.
③ 관리업의 등록신청과 등록증 · 등록수첩의 발급 · 재발급 신청, 그 밖에 관리업의 등록에 필요한 사항은 행정안전부령으로 정한다.

영ㆍ규칙 CHAIN

영 제45조(소방시설관리업의 등록기준 등)

① 법 제29조제1항에 따른 소방시설관리업의 업종별 등록기준 및 영업범위는 [별표 9]와 같다.

■ 소방시설 설치 및 관리에 관한 법률 시행령

[별표 9] 소방시설관리업의 업종별 등록기준 및 영업범위

기술인력 등 업종별	기술인력	영업범위
전문 소방시설관리업	가. 주된 기술인력 　1) 소방시설관리사 자격을 취득한 후 소방 관련 　　실무경력이 5년 이상인 사람 1명 이상 　2) 소방시설관리사 자격을 취득한 후 소방 관련 　　실무경력이 3년 이상인 사람 1명 이상 나. 보조 기술인력 　1) 고급점검자 이상의 기술인력 : 2명 이상 　2) 중급점검자 이상의 기술인력 : 2명 이상 　3) 초급점검자 이상의 기술인력 : 2명 이상	모든 특정소방대상물
일반 소방시설관리업	가. 주된 기술인력 : 소방시설관리사 자격을 취득한 후 　소방 관련 실무경력이 1년 이상인 사람 1명 이상 나. 보조 기술인력 　1) 중급점검자 이상의 기술인력 : 1명 이상 　2) 초급점검자 이상의 기술인력 : 1명 이상	특정소방대상물 중 「화재의 예방 및 안전관리에 관한 법 률 시행령」 별표 4에 따른 1 급, 2급, 3급 소방안전관리 대상물

[비고]
1. "소방 관련 실무경력"이란 「소방시설공사업법」에 따른 소방기술과 관련된 경력을 말한다.
2. 보조 기술인력의 종류별 자격은 「소방시설공사업법」에 따라 소방기술과 관련된 자격ㆍ학력 및 경력을 가진
　사람 중에서 행정안전부령으로 정한다.

② 시ㆍ도지사는 법 제29조제1항에 따른 등록신청이 다음의 어느 하나에 해당하는 경우를 제외하고는
　등록을 해 주어야 한다.
　1. 제1항에 따른 등록기준에 적합하지 않은 경우
　2. 등록을 신청한 자가 법 제30조의 어느 하나에 해당하는 경우
　3. 그 밖에 이 법 또는 제39조제1항제1호라목의 소방 관계 법령에 따른 제한에 위배되는 경우

칙 제30조(소방시설관리업의 등록신청 등)

① 소방시설관리업을 하려는 자는 법 제29조제1항에 따라 [별지 제20호서식]의 소방시설관리업 등록
　신청서(전자문서로 된 신청서 포함다)에 [별지 제21호서식]의 소방기술인력대장 및 기술자격증(경
　력수첩 포함)을 첨부하여 시ㆍ도지사에게 제출(전자문서로 제출하는 경우 포함)해야 한다.
② 제1항에 따른 신청서를 제출받은 담당 공무원은 「전자정부법」에 따라 행정정보의 공동이용을 통하

여 법인등기부 등본(법인인 경우만 해당)과 제1항에 따라 제출하는 소방기술인력대장에 기록된 소방기술인력의 국가기술자격증을 확인해야 한다. 다만, 신청인이 국가기술자격증의 확인에 동의하지 않는 경우에는 그 사본을 제출하도록 해야 한다.

칙 제31조(소방시설관리업의 등록증 및 등록수첩 발급 등)

① 시·도지사는 제30조에 따른 소방시설관리업의 등록신청 내용이 영 제45조제1항 및 [별표 9]에 따른 소방시설관리업의 업종별 등록기준에 적합하다고 인정되면 신청인에게 [별지 제22호서식]의 소방시설관리업 등록증과 [별지 제23호서식]의 소방시설관리업 등록수첩을 발급하고, [별지 제24호서식]의 소방시설관리업 등록대장을 작성하여 관리해야 한다. 이 경우 시·도지사는 제30조제1항에 따라 제출된 소방기술인력의 기술자격증(경력수첩 포함)에 해당 소방기술인력이 그 관리업자 소속임을 기록하여 내주어야 한다.

② 시·도지사는 제30조제1항에 따라 제출된 서류를 심사한 결과 다음의 어느 하나에 해당하는 경우에는 10일 이내의 기간을 정하여 이를 보완하게 할 수 있다.

1. 첨부서류가 미비되어 있는 경우

2. 신청서 및 첨부서류의 기재내용이 명확하지 않은 경우

③ 시·도지사는 제1항에 따라 소방시설관리업 등록증을 발급하거나 법 제35조에 따라 등록을 취소한 경우에는 이를 시·도의 공보에 공고해야 한다.

④ 영 [별표 9]에 따른 소방시설관리업의 업종별 등록기준 중 보조 기술인력의 종류별 자격은 「소방시설공사업법 시행규칙」 [별표 4의2]에서 정하는 기준에 따른다.

칙 제32조(소방시설관리업의 등록증·등록수첩의 재발급 및 반납)

① 관리업자는 소방시설관리업 등록증 또는 등록수첩을 잃어버렸거나 소방시설관리업등록증 또는 등록수첩이 헐어 못 쓰게 된 경우에는 법 제29조제3항에 따라 시·도지사에게 소방시설관리업 등록증 또는 등록수첩의 재발급을 신청할 수 있다.

② 관리업자는 제1항에 따라 재발급을 신청하는 경우에는 [별지 제25호서식]의 소방시설관리업 등록증(등록수첩) 재발급 신청서(전자문서로 된 신청서 포함)에 못 쓰게 된 소방시설관리업 등록증 또는 등록수첩(잃어버린 경우는 제외)을 첨부하여 시·도지사에게 제출해야 한다.

③ 시·도지사는 제2항에 따른 재발급 신청서를 제출받은 경우에는 3일 이내에 소방시설관리업 등록증 또는 등록수첩을 재발급해야 한다.

④ 관리업자는 다음의 어느 하나에 해당하는 경우에는 지체 없이 시·도지사에게 그 소방시설관리업 등록증 및 등록수첩을 반납해야 한다.

1. 법 제35조에 따라 등록이 취소된 경우

2. 소방시설관리업을 폐업한 경우

3. 제1항에 따라 재발급을 받은 경우. 다만, 등록증 또는 등록수첩을 잃어버리고 재발급을 받은 경우에는 이를 다시 찾은 경우로 한정한다.

제30조(등록의 결격사유)

다음의 어느 하나에 해당하는 자는 관리업의 등록을 할 수 없다.

1. 피성년후견인

2. 이 법, 「소방기본법」, 「화재의 예방 및 안전관리에 관한 법률」, 「소방시설공사업법」 또는 「위험물안전관리법」을 위반하여 금고 이상의 실형을 선고받고 그 집행이 끝나거나(집행이 끝난 것으로 보는 경우 포함) 집행이 면제된 날부터 2년이 지나지 아니한 사람

3. 이 법, 「소방기본법」, 「화재의 예방 및 안전관리에 관한 법률」, 「소방시설공사업법」 또는 「위험물안전관리법」을 위반하여 금고 이상의 형의 집행유예를 선고받고 그 유예기간 중에 있는 사람

4. 제35조제1항에 따라 관리업의 등록이 취소(제1호에 해당하여 등록이 취소된 경우는 제외)된 날부터 2년이 지나지 아니한 자

5. 임원 중에 제1호부터 제4호까지의 어느 하나에 해당하는 사람이 있는 법인

제31조(등록사항의 변경신고)

관리업자(관리업의 등록을 한 자를 말한다. 이하 같다)는 제29조에 따라 등록한 사항 중 ≪행정안전부령으로 정하는 중요 사항≫이 변경되었을 때에는 행정안전부령으로 정하는 바에 따라 시ㆍ도지사에게 변경사항을 신고하여야 한다.

> § 행정안전부령으로 정하는 중요 사항 − 등록사항의 변경신고 사항
>
> 1. 명칭ㆍ상호 또는 영업소 소재지
> 2. 대표자
> 3. 기술인력

제32조(관리업자의 지위승계)

① 다음의 어느 하나에 해당하는 자는 종전의 관리업자의 지위를 승계한다.

1. 관리업자가 사망한 경우 그 상속인

2. 관리업자가 그 영업을 양도한 경우 그 양수인

3. 법인인 관리업자가 합병한 경우 합병 후 존속하는 법인이나 합병으로 설립되는 법인

② 「민사집행법」에 따른 경매, 「채무자 회생 및 파산에 관한 법률」에 따른 환가, 「국세징수법」, 「관세법」 또는 「지방세징수법」에 따른 압류재산의 매각과 그 밖에 이에 준하는 절차에 따라 관리업의 시설 및 장비의 전부를 인수한 자는 종전의 관리업자의 지위를 승계한다.

③ 제1항이나 제2항에 따라 종전의 관리업자의 지위를 승계한 자는 행정안전부령으로 정하는 바에 따라 시ㆍ도지사에게 신고하여야 한다.

④ 제1항이나 제2항에 따라 지위를 승계한 자의 결격사유에 관하여는 제30조를 준용한다. 다만, 상속인이 제30조의 어느 하나에 해당하는 경우에는 상속받은 날부터 3개월 동안은 그러하지 아니하다.

영·규칙 CHAIN

칙 제35조(지위승계 신고 등)

① 법 제32조제1항제1호·제2호 또는 같은 조 제2항에 따라 관리업자의 지위를 승계한 자는 같은 조 제3항에 따라 그 지위를 승계한 날부터 30일 이내에 [별지 제27호서식]의 소방시설관리업 지위승계 신고서(전자문서로 된 신고서 포함)에 다음의 서류(전자문서 포함)를 첨부하여 시·도지사에게 제출해야 한다.

   1. 소방시설관리업 등록증 및 등록수첩
   2. 계약서 사본 등 지위승계를 증명하는 서류
   3. 별지 제21호서식]의 소방기술인력대장 및 기술자격증(경력수첩 포함)

② 법 제32조제1항제3호에 따라 관리업자의 지위를 승계한 자는 같은 조 제3항에 따라 그 지위를 승계한 날부터 30일 이내에 [별지 제28호서식]의 소방시설관리업 합병 신고서(전자문서로 된 신고서 포함)에 제1항의 서류(전자문서 포함)를 첨부하여 시·도지사에게 제출해야 한다.

③ 제1항 또는 제2항에 따라 신고서를 제출받은 담당 공무원은 「전자정부법」에 따라 행정정보의 공동이용을 통하여 다음의 서류를 확인해야 한다. 다만, 신고인이 사업자등록증 및 국가기술자격증의 확인에 동의하지 않는 경우에는 그 사본을 첨부하도록 해야 한다.

   1. 법인등기부 등본(지위승계인이 법인인 경우만 해당)
   2. 사업자등록증(지위승계인이 개인인 경우만 해당)
   3. 제30조제1항에 따라 제출하는 소방기술인력대장에 기록된 소방기술인력의 국가기술자격증

④ 시·도지사는 제1항 또는 제2항에 따라 신고를 받은 경우에는 소방시설관리업 등록증 및 등록수첩을 새로 발급하고, 기술인력의 자격증 및 경력수첩에 그 변경사항을 적은 후 내주어야 하며, [별지 제24호서식]의 소방시설관리업 등록대장에 지위승계에 관한 사항을 기록하고 관리해야 한다.

제33조(관리업의 운영)

① 관리업자는 이 법이나 이 법에 따른 명령 등에 맞게 소방시설등을 점검하거나 관리하여야 한다.

② 관리업자는 관리업의 등록증이나 등록수첩을 다른 자에게 빌려주거나 빌려서는 아니 되며, 이를 알선하여서도 아니 된다.

> **벌** 1년 이하 징역 / 1천만 원 이하 벌금 – 관리업의 등록증이나 등록수첩을 다른 자에게 빌려주거나 빌리거나 이를 알선한 자

③ 관리업자는 다음의 어느 하나에 해당하는 경우에는 「화재의 예방 및 안전관리에 관한 법률」에 따라 소방안전관리업무를 대행하게 하거나 제22조제1항에 따라 소방시설등의 점검업무를 수행하게 한 특정소방대상물의 관계인에게 지체 없이 그 사실을 알려야 한다.

   1. 제32조에 따라 관리업자의 지위를 승계한 경우
   2. 제35조제1항에 따라 관리업의 등록취소 또는 영업정지 처분을 받은 경우
   3. 휴업 또는 폐업을 한 경우

④ 관리업자는 제22조제1항 및 제2항에 따라 자체점검을 하거나 「화재의 예방 및 안전관리에 관한 법률」에 따른 소방안전관리업무의 대행을 하는 때에는 행정안전부령으로 정하는 바에 따라 소속 기술인력을 참여시켜야 한다.

영·규칙 CHAIN

칙 제36조(기술인력 참여기준)

법 제33조제4항에 따라 관리업자가 자체점검 또는 소방안전관리업무의 대행을 할 때 참여시켜야 하는 기술인력의 자격 및 배치기준은 다음과 같다.
1. 자체점검 : [별표 3] 및 [별표 4]에 따른 점검인력의 자격 및 배치기준
2. 소방안전관리업무의 대행 : 「화재의 예방 및 안전관리에 관한 법률 시행규칙」[별표 1]에 따른 대행인력의 자격 및 배치기준

⑤ 제35조제1항에 따라 등록취소 또는 영업정지 처분을 받은 관리업자는 그 날부터 소방안전관리업무를 대행하거나 소방시설등에 대한 점검을 하여서는 아니 된다. 다만, 영업정지처분의 경우 도급계약이 해지되지 아니한 때에는 대행 또는 점검 중에 있는 특정소방대상물의 소방안전관리업무 대행과 자체점검은 할 수 있다.

영·규칙 CHAIN

칙 제34조(등록사항의 변경신고 등)

① 관리업자는 등록사항 중 제33조의 사항이 변경됐을 때에는 법 제31조에 따라 변경일부터 30일 이내에 [별지 제26호서식]의 소방시설관리업 등록사항 변경신고서(전자문서로 된 신고서 포함)에 그 변경사항별로 다음의 구분에 따른 서류(전자문서 포함)를 첨부하여 시·도지사에게 제출해야 한다.
1. 명칭·상호 또는 영업소 소재지가 변경된 경우 : 소방시설관리업 등록증 및 등록수첩
2. 대표자가 변경된 경우 : 소방시설관리업 등록증 및 등록수첩
3. 기술인력이 변경된 경우
    가. 소방시설관리업 등록수첩
    나. 변경된 기술인력의 기술자격증(경력수첩 포함)
    다. [별지 제21호서식]의 소방기술인력대장
② 제1항에 따라 신고서를 제출받은 담당 공무원은 「전자정부법」에 따라 법인등기부 등본(법인인 경우만 해당), 사업자등록증(개인인 경우만 해당) 및 국가기술자격증을 확인해야 한다. 다만, 신고인이 확인에 동의하지 않는 경우에는 이를 첨부하도록 해야 한다.
③ 시·도지사는 제1항에 따라 변경신고를 받은 경우 5일 이내에 소방시설관리업 등록증 및 등록수첩을 새로 발급하거나 제1항에 따라 제출된 소방시설관리업 등록증 및 등록수첩과 기술인력의 기술자격

증(경력수첩을 포함한다)에 그 변경된 사항을 적은 후 내주어야 한다. 이 경우 [별지 제24호서식]의 소방시설관리업 등록대장에 변경사항을 기록하고 관리해야 한다.

제34조(점검능력 평가 및 공시 등)

① 소방청장은 특정소방대상물의 관계인이 적정한 관리업자를 선정할 수 있도록 하기 위하여 관리업자의 신청이 있는 경우 해당 관리업자의 점검능력을 종합적으로 평가하여 공시하여야 한다.

② 제1항에 따라 점검능력 평가를 신청하려는 관리업자는 소방시설등의 점검실적을 증명하는 서류 등을 행정안전부령으로 정하는 바에 따라 소방청장에게 제출하여야 한다.

영·규칙 CHAIN

칙 제37조(점검능력 평가의 신청 등)

① 법 제34조제2항에 따라 점검능력을 평가받으려는 관리업자는 [별지 제29호서식]의 소방시설등 점검능력 평가신청서(전자문서로 된 신청서 포함)에 다음의 서류(전자문서 포함)를 첨부하여 평가기관에 매년 2월 15일까지 제출해야 한다.

1. 소방시설등의 점검실적을 증명하는 서류로서 다음의 구분에 따른 서류
   가. 국내 소방시설등에 대한 점검실적 : 발주자가 [별지 제30호서식]에 따라 발급한 소방시설등의 점검실적 증명서 및 세금계산서(공급자 보관용) 사본
   나. 해외 소방시설등에 대한 점검실적 : 외국환은행이 발행한 외화입금증명서 및 재외공관장이 발행한 해외점검실적 증명서 또는 점검계약서 사본
   다. 주한 외국군의 기관으로부터 도급받은 소방시설등에 대한 점검실적 : 외국환은행이 발행한 외화입금증명서 및 도급계약서 사본
2. 소방시설관리업 등록수첩 사본
3. [별지 제31호서식]의 소방기술인력 보유 현황 및 국가기술자격증 사본 등 이를 증명할 수 있는 서류
4. [별지 제32호서식]의 신인도평가 가점사항 확인서 및 가점사항을 확인할 수 있는 다음의 해당 서류
   가. 품질경영인증서(ISO 9000 시리즈) 사본
   나. 소방시설등의 점검 관련 표창 사본
   다. 특허증 사본
   라. 소방시설관리업 관련 기술 투자를 증명할 수 있는 서류

② 제1항에 따른 신청을 받은 평가기관의 장은 제1항의 서류가 첨부되어 있지 않은 경우에는 신청인에게 15일 이내의 기간을 정하여 보완하게 할 수 있다.

③ 제1항에도 불구하고 다음의 어느 하나에 해당하는 자는 상시 점검능력 평가를 신청할 수 있다. 이 경우 신청서·첨부서류의 제출 및 보완에 관하여는 제1항 및 제2항에 따른다.

1. 법 제29조에 따라 신규로 소방시설관리업의 등록을 한 자
2. 법 제32조제1항 또는 제2항에 따라 관리업자의 지위를 승계한 자
3. 제38조제3항에 따라 점검능력 평가 공시 후 다시 점검능력 평가를 신청하는 자

④ 제1항부터 제3항까지에서 규정한 사항 외에 점검능력 평가 등 업무수행에 필요한 세부 규정은 평가기관이 정하되, 소방청장의 승인을 받아야 한다.

최 제38조(점검능력의 평가)

① 법 제34조제1항에 따른 점검능력 평가의 항목은 다음과 같고, 점검능력 평가의 세부 기준은 [별표 7]과 같다

1. 실적
   가. 점검실적(법 제22조제1항에 따른 소방시설등에 대한 자체점검 실적). 이 경우 점검실적(제37조제1항제1호나목 및 다목에 따른 점검실적은 제외)은 제20조제1항 및 별표 4에 따른 점검인력 배치기준에 적합한 것으로 확인된 것만 인정한다.
   나. 대행실적(「화재의 예방 및 안전관리에 관한 법률」에 따라 소방안전관리 업무를 대행하여 수행한 실적)
2. 기술력
3. 경력
4. 신인도

② 평가기관은 제1항에 따른 점검능력 평가 결과를 지체 없이 소방청장 및 시 · 도지사에게 통보해야 한다.

③ 평가기관은 제37조제1항에 따른 점검능력 평가 결과는 매년 7월 31일까지 평가기관의 인터넷 홈페이지를 통하여 공시하고, 같은 조 제3항에 따른 점검능력 평가 결과는 소방청장 및 시 · 도지사에게 통보한 날부터 3일 이내에 평가기관의 인터넷 홈페이지를 통하여 공시해야 한다.

④ 점검능력 평가의 유효기간은 제3항에 따라 점검능력 평가 결과를 공시한 날부터 1년간으로 한다.

■ 소방시설 설치 및 관리에 관한 법률 시행규칙

[별표 7] 소방시설관리업자의 점검능력 평가의 세부 기준

관리업자의 점검능력 평가는 다음 계산식으로 산정하되, 1천 원 미만의 숫자는 버린다. 이 경우 산정기준일은 평가를 하는 해의 전년도 말일을 기준으로 한다.

$$점검능력평가액 = 실적평가액 + 기술력평가액 + 경력평가액 \pm 신인도평가액$$

1. 실적평가액은 다음 계산식으로 산정한다.

$$실적평가액 = (연평균점검실적액 + 연평균대행실적액) \times 50/100$$

   가. 점검실적액(발주자가 공급하는 자제비를 제외한다) 및 대행실적액은 해당 업체의 수급금액 중 하수급금액은 포함하고 하도급금액은 제외한다.

1) 종합점검과 작동점검 또는 소방안전관리업무 대행을 일괄하여 수급한 경우에는 그 일괄수급금액에 0.55를 곱하여 계산된 금액을 종합점검 실적액으로, 0.45를 곱하여 계산된 금액을 작동점검 또는 소방안전관리업무 대행 실적액으로 본다. 다만, 다른 입증자료가 있는 경우에는 그 자료에 따라 배분한다.

2) 작동점검과 소방안전관리업무 대행을 일괄하여 수급한 경우에는 그 일괄수급금액에 0.5를 곱하여 계산된 금액을 각각 작동점검 및 소방안전관리업무 대행 실적액으로 본다. 다만, 다른 입증자료가 있는 경우에는 그 자료에 따라 배분한다.

3) 종합점검, 작동점검 및 소방안전관리업무 대행을 일괄하여 수급한 경우에는 그 일괄수급금액에 0.38을 곱하여 계산된 금액을 종합점검 실적액으로, 각각 0.31을 곱하여 계산된 금액을 각각 작동점검 및 소방안전관리업무 대행 실적액으로 본다. 다만, 다른 입증자료가 있는 경우에는 그 자료에 따라 배분한다.

나. 소방시설관리업을 경영한 기간이 산정일을 기준으로 3년 이상인 경우에는 최근 3년간의 점검실적액 및 대행실적액을 합산하여 3으로 나눈 금액을 각각 연평균점검실적액 및 연평균대행실적액으로 한다.

다. 소방시설관리업을 경영한 기간이 산정일을 기준으로 1년 이상 3년 미만인 경우에는 그 기간의 점검실적액 및 대행실적액을 합산한 금액을 그 기간의 개월수로 나눈 금액에 12를 곱한 금액을 각각 연평균점검실적액 및 연평균대행실적액으로 한다.

라. 소방시설관리업을 경영한 기간이 산정일을 기준으로 1년 미만인 경우에는 그 기간의 점검실적액 및 대행실적액을 각각 연평균점검실적액 및 연평균대행실적액으로 한다.

마. 법 제32조제1항 각 호 및 제2항에 따라 지위를 승계한 관리업자는 종전 관리업자의 실적액과 관리업을 승계한 자의 실적액을 합산한다.

2. 기술력평가액은 다음 계산식으로 산정한다.

기술력평가액＝전년도 기술인력 가중치 1단위당 평균 점검면적실적액×보유기술인력 가중치합계 ×40/100

가. 전년도 기술인력 가중치 1단위당 평균 점검실적액은 점검능력 평가를 신청한 관리업자의 국내 총 기성액을 해당 관리업자가 보유한 기술인력의 가중치 총합으로 나눈 금액으로 한다. 이 경우 국내 총 기성액 및 기술인력 가중치 총합은 평가기관이 법 제34조제4항에 따라 구축·관리하고 있는 데이터베이스(보유 기술인력의 경력관리 포함)에 등록된 정보를 기준으로 한다 (전년도 기술인력 1단위당 평균 점검실적액이 산출되지 않는 경우에는 전전년도 기술인력 1단위당 평균 점검실적액 적용).

나. 보유 기술인력 가중치의 계산은 다음의 방법에 따른다.

1) 보유 기술인력은 해당 관리업체에 소속되어 6개월 이상 근무한 사람(등록·양도·합병 후 관리업을 한 기간이 6개월 미만인 경우에는 등록신청서·양도신고서·합병신고서에 기재된 기술인력)만 해당한다.

2) 보유 기술인력은 주된 기술인력과 보조 기술인력으로 구분하되, 기술등급 구분의 기준은 「소방시설공사업법 시행규칙」[별표 4의2]에 따른다. 이 경우 1인이 둘 이상의 자격, 학력 또는 경력을 가지고 있는 경우 대표되는 하나의 것만 적용한다.

3) 보유 기술인력의 등급별 가중치는 다음 표와 같다.

보유기술인력	관리사 (경력 5년 이상)	관리사	특급	고급	중급	초급
가중치	3.5	3.0	2.5	2	1.5	1

3. 경력평가액은 다음 계산식으로 산정한다.

> 경력평가액＝실적평가액×관리업 경영기간 평점×10/100

가. 관리업경영기간은 등록일 · 양도신고일 또는 합병신고일부터 산정기준일까지로 한다.

나. 종전 관리업자의 관리업 경영기간과 관리업을 승계한 자의 관리업 경영기간의 합산에 관해서는 제1호마목을 준용한다.

다. 관리업 경영기간 평점은 다음 표에 따른다.

관리업 경영기간	2년 미만	2년 이상 4년 미만	4년 이상 6년 미만	6년 이상 8년 미만	8년 이상 10년 미만
평점	0.5	0.55	0.6	0.65	0.7
10년 이상 12년 미만	12년 이상 14년 미만	14년 이상 16년 미만	16년 이상 18년 미만	18년 이상 20년 미만	20년 이상
0.75	0.8	0.85	0.9	0.95	1.0

4. 신인도평가액은 다음 계산식으로 산정하되, 신인도평가액은 실적평가액 · 기술력평가액 · 경력평가액을 합친 금액의 ±10%의 범위를 초과할 수 없으며, 가점요소와 감점요소가 있는 경우에는 이를 상계한다.

> 신인도평가액＝(실적평가액＋기술력평가액＋경력평가액)×신인도 반영비율 합계

가. 신인도 반영비율 가점요소는 다음과 같다.

   1) 최근 3년간 국가기관 · 지방자치단체 또는 공공기관으로부터 소방 및 화재안전과 관련된 표창을 받은 경우

   − 대통령 표창 : ＋3%

   − 장관 이상 표창, 소방청장 또는 광역자치단체장 표창 : ＋2%

   − 그 밖의 표창 : ＋1%

   2) 소방시설관리에 관한 국제품질경영인증(ISO)을 받은 경우 : ＋2%

   3) 소방에 관한 특허를 보유한 경우 : ＋1%

   4) 전년도 기술개발투자액 : 「조세특례제한법 시행령」[별표 6]에 규정된 비용 중 소방시설관리업 분야에 실제로 사용된 금액으로 다음 기준에 따른다.

- 실적평가액의 1%이상 3%미만 : +0.5%
- 실적평가액의 3%이상 5%미만 : +1.0%
- 실적평가액의 5%이상 10%미만 : +1.5%
- 실적평가액의 10%이상 : +2%

나. 신인도 반영비율 감점요소는 아래와 같다.

1) 최근 1년간 법 제35조에 따른 영업정지 처분 및 법 제36조에 따른 과징금 처분을 받은 사실이 있는 경우
- 1개월 이상 3개월 이하 : -2%
- 3개월 초과 : -3%

2) 최근 1년간 국가기관 · 지방자치단체 또는 공공기관으로부터 부정당업자로 제재처분을 받은 사실이 있는 경우 : -2%

3) 최근 1년간 이 법에 따른 과태료처분을 받은 사실이 있는 경우 : -2%

4) 최근 1년간 이 법에 따라 소방시설관리사가 행정처분을 받은 사실이 있는 경우 : -2%

5) 최근 1년간 부도가 발생한 사실이 있는 경우 : -2%

5. 제1호부터 제5호까지의 규정에도 불구하고 신규업체의 점검능력 평가는 다음 계산식으로 산정한다.

> 점검능력평가액 = (전년도 전체 평가업체의 평균 실적금액 × 10/100)
> + (기술인력 가중치 1단위당 평균 점검면적실적액
> × 보유기술인력가중치합계 × 50/100)

[비고]

"신규업체"란 법 제29조에 따라 신규로 소방시설관리업을 등록한 업체로서 등록한 날부터 1년 이내에 점검능력 평가를 신청한 업체를 말한다.

③ 제1항에 따른 점검능력 평가 및 공시방법, 수수료 등 필요한 사항은 행정안전부령으로 정한다.

④ 소방청장은 제1항에 따른 점검능력을 평가하기 위하여 관리업자의 기술인력, 장비 보유현황, 점검실적 및 행정처분 이력 등 필요한 사항에 대하여 데이터베이스를 구축 · 운영할 수 있다.

제35조(등록의 취소와 영업정지 등)

① 시 · 도지사는 관리업자가 다음의 어느 하나에 해당하는 경우에는 행정안전부령으로 정하는 바에 따라 그 등록을 취소하거나 6개월 이내의 기간을 정하여 이의 시정이나 그 영업의 정지를 명할 수 있다. 다만, 제1호 · 제4호 또는 제5호에 해당할 때에는 등록을 취소하여야 한다.

1. 거짓이나 그 밖의 부정한 방법으로 등록을 한 경우 【등록취소】

2. 제22조에 따른 점검을 하지 아니하거나 거짓으로 한 경우

3. 제29조제2항에 따른 등록기준에 미달하게 된 경우

4. 제30조의 어느 하나에 해당하게 된 경우. 다만, 제30조제5호에 해당하는 법인으로서 결격사유에 해당하게 된 날부터 2개월 이내에 그 임원을 결격사유가 없는 임원으로 바꾸어 선임한 경우는 제외한다. 【등록취소】

5. 제33조제2항을 위반하여 등록증 또는 등록수첩을 빌려준 경우 【등록취소】

6. 제34조제1항에 따른 점검능력 평가를 받지 아니하고 자체점검을 한 경우

벌 1년 이하 징역 / 1천만 원 이하 벌금 – 영업정지처분을 받고 그 영업정지기간 중에 관리업의 업무를 한 자

② 제32조에 따라 관리업자의 지위를 승계한 상속인이 제30조의 어느 하나에 해당하는 경우에는 상속을 개시한 날부터 6개월 동안은 제1항제4호를 적용하지 아니한다.

영·규칙 CHAIN

칙 제39조(행정처분의 기준)

법 제28조에 따른 소방시설관리사 자격의 취소 및 정지 처분과 법 제35조에 따른 소방시설관리업의 등록취소 및 영업정지 처분 기준은 [별표 8]과 같다.

■ 소방시설 설치 및 관리에 관한 법률 시행규칙

[별표 8] 행정처분 기준

1. 일반기준

가. 위반행위가 둘 이상이면 그 중 무거운 처분기준(무거운 처분기준이 동일한 경우 그중 하나의 처분기준)에 따른다. 다만, 둘 이상의 처분기준이 모두 영업정지이거나 사용정지인 경우에는 각 처분기준을 합산한 기간을 넘지 않는 범위에서 무거운 처분기준에 각각 나머지 처분기준의 2분의 1 범위에서 가중한다.

나. 영업정지 또는 사용정지 처분기간 중 영업정지 또는 사용정지에 해당하는 위반사항이 있는 경우에는 종전의 처분기간 만료일의 다음 날부터 새로운 위반사항에 따른 영업정지 또는 사용정지의 행정처분을 한다.

다. 위반행위의 횟수에 따른 행정처분의 기준은 최근 1년간 같은 위반행위로 행정처분을 받은 경우에 적용한다. 이 경우 적용일은 위반행위에 대한 행정처분일과 그 처분 후에 한 위반행위가 다시 적발된 날을 기준으로 한다.

라. 다목에 따라 가중된 부과처분을 하는 경우 가중처분의 적용 차수는 그 위반행위 전 부과처분 차수(다목에 따른 기간 내에 행정처분이 둘 이상 있었던 경우 높은 차수)의 다음 차수로 한다.

마. 처분권자는 위반행위의 동기·내용·횟수 및 위반 정도 등 다음에 해당하는 사유를 고려하여 그 처분을 가중하거나 감경할 수 있다. 이 경우 그 처분이 영업정지 또는 자격정지인 경우에는 그 처분기준의 2분의 1의 범위에서 가중하거나 감경할 수 있고, 등록취소 또는 자격취소인 경우에는 등록취소 또는 자격취소 전 차수의 행정처분이 영업정지 또는 자격정지이면 그 처분기준의 2배 이하의 영업정지 또는 자격정지로 감경(법 제28조제1호·제4호·제5호·제7호 및 법 제35조제1항제1호·제4호·제5호를 위반하여 등록취소 또는 자격취소된 경우는 제외)할 수 있다.

    1) 가중 사유

      가) 위반행위가 사소한 부주의나 오류가 아닌 고의나 중대한 과실에 의한 것으로 인정되는 경우

      나) 위반의 내용ㆍ정도가 중대하여 관계인에게 미치는 피해가 크다고 인정되는 경우

    2) 감경 사유

      가) 위반행위가 사소한 부주의나 오류 등 과실로 인한 것으로 인정되는 경우

      나) 위반의 내용ㆍ정도가 경미하여 관계인에게 미치는 피해가 적다고 인정되는 경우

      다) 위반 행위자가 처음 해당 위반행위를 한 경우로서 5년 이상 소방시설관리사의 업무, 소방시설관리업 등을 모범적으로 해 온 사실이 인정되는 경우

      라) 그 밖에 다음의 경미한 위반사항에 해당되는 경우

        (1) 스프링클러설비 헤드가 살수반경에 미치지 못하는 경우

        (2) 자동화재탐지설비 감지기 2개 이하가 설치되지 않은 경우

        (3) 유도등이 일시적으로 점등되지 않는 경우

        (4) 유도표지가 정해진 위치에 붙어 있지 않은 경우

바. 처분권자는 고의 또는 중과실이 없는 위반행위자가 「소상공인기본법」 제2조에 따른 소상공인인 경우에는 다음의 사항을 고려하여 제2호나목의 개별기준에 따른 처분을 감경할 수 있다. 이 경우 그 처분이 영업정지인 경우에는 그 처분기준의 100분의 70 범위에서 감경할 수 있고, 그 처분이 등록취소(법 제35조제1항제1호ㆍ제4호ㆍ제5호를 위반하여 등록취소된 경우 제외)인 경우에는 3개월의 영업정지 처분으로 감경할 수 있다. 다만, 마목에 따른 감경과 중복하여 적용하지 않는다.

    1) 해당 행정처분으로 위반행위자가 더 이상 영업을 영위하기 어렵다고 객관적으로 인정되는지 여부

    2) 경제위기 등으로 위반행위자가 속한 시장ㆍ산업 여건이 현저하게 변동되거나 지속적으로 악화된 상태인지 여부

2. 개별기준

  가. 소방시설관리사에 대한 행정처분기준

위반사항	근거 법조문	행정처분기준		
		1차 위반	2차 위반	3차 이상 위반
1) 거짓이나 그 밖의 부정한 방법으로 시험에 합격한 경우	법 제28조 제1호	자격취소		
2) 「화재의 예방 및 안전관리에 관한 법률」 제25조 제2항에 따른 대행인력의 배치기준ㆍ자격ㆍ방법 등 준수사항을 지키지 않은 경우	법 제28조 제2호	경고 (시정명령)	자격정지 6개월	자격취소

위반사항	근거 법조문	행정처분기준		
		1차 위반	2차 위반	3차 이상 위반
3) 법 제22조에 따른 점검을 하지 않거나 거짓으로 한 경우	법 제28조 제3호			
가) 점검을 하지 않은 경우		자격정지 1개월	자격정지 6개월	자격 취소
나) 거짓으로 점검한 경우		경고 (시정명령)	자격정지 6개월	자격 취소
4) 법 제25조제7항을 위반하여 소방시설관리사증 을 다른 사람에게 빌려준 경우	법 제28조 제4호	자격취소		
5) 법 제25조제8항을 위반하여 동시에 둘 이상의 업체에 취업한 경우	법 제28조 제5호	자격취소		
6) 법 제25조제9항을 위반하여 성실하게 자체점검 업무를 수행하지 않은 경우	법 제28조 제6호	경고 (시정명령)	자격정지 6개월	자격 취소
7) 법 제27조의 어느 하나의 결격사유에 해당하게 된 경우	법 제28조 제7호	자격취소		

나. 소방시설관리업자에 대한 행정처분기준

위반사항	근거 법조문	행정처분기준		
		1차 위반	2차 위반	3차 이상 위반
1) 거짓이나 그 밖의 부정한 방법으로 등록을 한 경우	법 제35조 제1항제1호	등록취소		
2) 법 제22조에 따른 점검을 하지 않거나 거짓으로 한 경우	법 제35조 제1항제2호			
가) 점검을 하지 않은 경우		영업정지 1개월	영업정지 3개월	등록취소
나) 거짓으로 점검한 경우		경고 (시정명령)	영업정지 3개월	등록취소
3) 법 제29조제2항에 따른 등록기준에 미달하게 된 경우. 다만, 기술인력이 퇴직하거나 해임되어 30 일 이내에 재선임하여 신고한 경우는 제외한다.	법 제35조 제1항제3호	경고 (시정명령)	영업정지 3개월	등록취소
4) 법 제30조의 어느 하나의 등록의 결격사유에 해 당하게 된 경우. 다만, 제30조제5호에 해당하는 법인으로서 결격사유에 해당하게 된 날부터 2개 월 이내에 그 임원을 결격사유가 없는 임원으로 바꾸어 선임한 경우는 제외한다.	법 제35조 제1항제4호	등록취소		
5) 법 제33조제2항을 위반하여 등록증 또는 등록수 첩을 빌려준 경우	법 제35조 제1항제5호	등록취소		

6) 법 제34조제1항에 따른 점검능력 평가를 받지 않고 자체점검을 한 경우	법 제35조 제1항제6호	영업정지 1개월	영업정지 3개월	등록취소

제36조(과징금처분)

① 시·도지사는 제35조제1항에 따라 영업정지를 명하는 경우로서 그 영업정지가 이용자에게 불편을 주거나 그 밖에 공익을 해칠 우려가 있을 때에는 영업정지처분을 갈음하여 3천만 원 이하의 과징금을 부과할 수 있다.

② 제1항에 따른 과징금을 부과하는 위반행위의 종류와 위반 정도 등에 따른 과징금의 금액, 그 밖에 필요한 사항은 행정안전부령으로 정한다.

③ 시·도지사는 제1항에 따른 과징금을 내야 하는 자가 납부기한까지 내지 아니하면 「지방행정제재·부과금의 징수 등에 관한 법률」에 따라 징수한다.

④ 시·도지사는 제1항에 따른 과징금의 부과를 위하여 필요한 경우에는 다음의 사항을 적은 문서로 관할 세무관서의 장에게 「국세기본법」에 따른 과세정보의 제공을 요청할 수 있다.

1. 납세자의 인적사항
2. 과세정보의 사용 목적
3. 과징금의 부과 기준이 되는 매출액

 영·규칙 CHAIN

칙 제40조(과징금의 부과기준 등)

① 법 제36조제1항에 따라 과징금을 부과하는 위반행위의 종류와 위반 정도 등에 따른 과징금의 부과기준은 [별표 9]와 같다.

② 법 제36조제1항에 따른 과징금의 징수절차에 관하여는 「국고금관리법 시행규칙」을 준용한다.

■ 소방시설 설치 및 관리에 관한 법률 시행규칙

[별표 9] 과징금의 부과기준

1. 일반기준

　가. 영업정지 1개월은 30일로 계산한다.

　나. 과징금 산정은 영업정지기간(일)에 제2호나목의 영업정지 1일에 해당하는 금액을 곱한 금액으로 한다.

　다. 위반행위가 둘 이상 발생한 경우 과징금 부과를 위한 영업정지기간(일) 산정은 제2호가목의 개별기준에 따른 각각의 영업정지 처분기간을 합산한 기간으로 한다.

　라. 영업정지에 해당하는 위반사항으로서 위반행위의 동기·내용·횟수 또는 그 결과를 고려하여 그 처분기준의 2분의 1까지 감경한 경우 과징금 부과에 의한 영업정지기간(일) 산정은 감경한 영업정지기간으로 한다.

마. 연간 매출액은 해당 업체에 대한 처분일이 속한 연도의 전년도의 1년간 위반사항이 적발된 업종의 각 매출금액을 기준으로 한다. 다만, 신규사업ㆍ휴업 등으로 인하여 1년간의 위반사항이 적발된 업종의 각 매출금액을 산출할 수 없거나 1년간의 위반사항이 적발된 업종의 각 매출금액을 기준으로 하는 것이 불합리하다고 인정되는 경우에는 분기별ㆍ월별 또는 일별 매출금액을 기준으로 산출 또는 조정한다.

바. 가목부터 마목까지의 규정에도 불구하고 과징금 산정금액이 3천만 원을 초과하는 경우 3천만 원으로 한다.

2. 개별기준

가. 과징금을 부과할 수 있는 위반행위의 종류

위반사항	근거 법조문	행정처분기준		
		1차 위반	2차 위반	3차 이상 위반
1) 법 제22조에 따른 점검을 하지 않거나 거짓으로 한 경우	법 제35조 제1항제2호	영업정지 1개월	영업정지 3개월	
2) 법 제29조제2항에 따른 등록기준에 미달하게 된 경우. 다만, 기술인력이 퇴직하거나 해임되어 30일 이내에 재선임하여 신고한 경우는 제외한다.	법 제35조 제1항제3호		영업정지 3개월	
3) 법 제34조제1항에 따른 점검능력 평가를 받지 않고 자체점검을 한 경우	법 제35조 제1항제6호	영업정지 1개월	영업정지 3개월	

나. 과징금 금액 산정기준

등급	연간매출액(단위 : 백만 원)	영업정지 1일에 해당되는 금액(단위 : 원)
1	10 이하	25,000
2	10 초과~30 이하	30,000
3	30 초과~50 이하	35,000
4	50 초과~100 이하	45,000
5	100 초과~150 이하	50,000
6	150 초과~200 이하	55,000
7	200 초과~250 이하	65,000
8	250 초과~300 이하	80,000
9	300 초과~350 이하	95,000
10	350 초과~400 이하	110,000
11	400 초과~450 이하	125,000
12	450 초과~500 이하	140,000
13	500 초과~750 이하	160,000
14	750 초과~1,000 이하	180,000
15	1,000 초과~2,500 이하	210,000
16	2,500 초과~5,000 이하	240,000
17	5,000 초과~7,500 이하	270,000

| 18 | 7,500 초과~10,000 이하 | 300,000 |
| 19 | 10,000 초과 | 330,000 |

제5장 소방용품의 품질관리

제37조(소방용품의 형식승인 등)

① 대통령령으로 정하는 소방용품을 제조하거나 수입하려는 자는 소방청장의 형식승인을 받아야 한다. 다만, 연구개발 목적으로 제조하거나 수입하는 소방용품은 그러하지 아니하다.

벌 3년 이하 징역 / 3천만 원 이하 벌금 – 소방용품의 형식승인을 받지 아니하고 소방용품을 제조하거나 수입한 자 또는 거짓이나 그 밖의 부정한 방법으로 형식승인을 받은 자

 **영 · 규칙 CHAIN**

영 제46조(형식승인 대상 소방용품)

법 제37조제1항 본문에서 "대통령령으로 정하는 소방용품"이란 [별표 3]의 소방용품(같은 표 제1호나목의 자동소화장치 중 상업용 주방자동소화장치 제외)을 말한다.

② 제1항에 따른 형식승인을 받으려는 자는 행정안전부령으로 정하는 기준에 따라 형식승인을 위한 시험시설을 갖추고 소방청장의 심사를 받아야 한다. 다만, 소방용품을 수입하는 자가 판매를 목적으로 하지 아니하고 자신의 건축물에 직접 설치하거나 사용하려는 경우 등 행정안전부령으로 정하는 경우에는 시험시설을 갖추지 아니할 수 있다.

벌 3년 이하 징역 / 3천만 원 이하 벌금 – 소방용품의 형식승인을 받지 아니하고 소방용품을 제조하거나 수입한 자 또는 거짓이나 그 밖의 부정한 방법으로 형식승인을 받은 자

③ 제1항과 제2항에 따라 형식승인을 받은 자는 그 소방용품에 대하여 소방청장이 실시하는 제품검사를 받아야 한다.

벌 3년 이하 징역 / 3천만 원 이하 벌금 – 제품검사를 받지 아니한 자 또는 거짓이나 그 밖의 부정한 방법으로 제품검사를 받은 자

벌 1년 이하 징역 / 1천만 원 이하 벌금 – 제품검사에 합격하지 아니한 제품에 합격표시를 하거나 합격표시를 위조 또는 변조하여 사용한 자

④ 제1항에 따른 형식승인의 방법 · 절차 등과 제3항에 따른 제품검사의 구분 · 방법 · 순서 · 합격표시 등에 필요한 사항은 행정안전부령으로 정한다.

⑤ 소방용품의 형상 · 구조 · 재질 · 성분 · 성능 등(이하 "형상등")의 형식승인 및 제품검사의 기술기준 등에 필요한 사항은 소방청장이 정하여 고시한다.

⑥ 누구든지 다음의 어느 하나에 해당하는 소방용품을 판매하거나 판매 목적으로 진열하거나 소방시설공사에 사용할 수 없다.

1. 형식승인을 받지 아니한 것
2. 형상등을 임의로 변경한 것
3. 제품검사를 받지 아니하거나 합격표시를 하지 아니한 것

벌 3년 이하 징역 / 3천만 원 이하 벌금 – 소방용품을 판매 · 진열하거나 소방시설공사에 사용한 자

⑦ 소방청장, 소방본부장 또는 소방서장은 제6항을 위반한 소방용품에 대하여는 그 제조자 · 수입자 · 판매자 또는 시공자에게 수거 · 폐기 또는 교체 등 행정안전부령으로 정하는 필요한 조치를 명할 수 있다.

벌 3년 이하 징역 / 3천만 원 이하 벌금 – 명령을 정당한 사유 없이 위반한 자

⑧ 소방청장은 소방용품의 작동기능, 제조방법, 부품 등이 제5항에 따라 소방청장이 고시하는 형식승인 및 제품검사의 기술기준에서 정하고 있는 방법이 아닌 새로운 기술이 적용된 제품의 경우에는 관련 전문가의 평가를 거쳐 행정안전부령으로 정하는 바에 따라 제4항에 따른 방법 및 절차와 다른 방법 및 절차로 형식승인을 할 수 있으며, 외국의 공인기관으로부터 인정받은 신기술 제품은 형식승인을 위한 시험 중 일부를 생략하여 형식승인을 할 수 있다.

⑨ 다음의 어느 하나에 해당하는 소방용품의 형식승인 내용에 대하여 공인기관의 평가 결과가 있는 경우 형식승인 및 제품검사 시험 중 일부만을 적용하여 형식승인 및 제품검사를 할 수 있다.

1. 「군수품관리법」에 따른 군수품
2. 주한외국공관 또는 주한외국군 부대에서 사용되는 소방용품
3. 외국의 차관이나 국가 간의 협약 등에 따라 건설되는 공사에 사용되는 소방용품으로서 사전에 합의된 것
4. 그 밖에 특수한 목적으로 사용되는 소방용품으로서 소방청장이 인정하는 것

⑩ 하나의 소방용품에 두 가지 이상의 형식승인 사항 또는 형식승인과 성능인증 사항이 결합된 경우에는 두 가지 이상의 형식승인 또는 형식승인과 성능인증 시험을 함께 실시하고 하나의 형식승인을 할 수 있다.

벌 3년 이하 징역 / 3천만 원 이하 벌금 – 소방용품의 형식승인을 받지 아니하고 소방용품을 제조하거나 수입한 자 또는 거짓이나 그 밖의 부정한 방법으로 형식승인을 받은 자

⑪ 제9항 및 제10항에 따른 형식승인의 방법 및 절차 등에 필요한 사항은 행정안전부령으로 정한다.

제38조(형식승인의 변경)

① 제37조제1항 및 제10항에 따른 형식승인을 받은 자가 해당 소방용품에 대하여 형상등의 일부를 변경하려면 소방청장의 변경승인을 받아야 한다.

벌 1년 이하 징역 / 1천만 원 이하 벌금 – 형식승인의 변경승인을 받지 아니한 자

② 제1항에 따른 변경승인의 대상 · 구분 · 방법 및 절차 등에 필요한 사항은 행정안전부령으로 정한다.

제39조(형식승인의 취소 등)

① 소방청장은 소방용품의 형식승인을 받았거나 제품검사를 받은 자가 다음의 어느 하나에 해당할 때에는 행정안전부령으로 정하는 바에 따라 그 형식승인을 취소하거나 6개월 이내의 기간을 정하여 제품검사의 중지를 명할 수 있다. 다만, 제1호 · 제3호 또는 제5호의 경우에는 해당 소방용품의 형식승인을 취소하여야 한다.

1. 거짓이나 그 밖의 부정한 방법으로 제37조제1항 및 제10항에 따른 형식승인을 받은 경우
2. 제37조제2항에 따른 시험시설의 시설기준에 미달되는 경우
3. 거짓이나 그 밖의 부정한 방법으로 제37조제3항에 따른 제품검사를 받은 경우
4. 제품검사 시 제37조제5항에 따른 기술기준에 미달되는 경우
5. 제38조에 따른 변경승인을 받지 아니하거나 거짓이나 그 밖의 부정한 방법으로 변경승인을 받은 경우

② 제1항에 따라 소방용품의 형식승인이 취소된 자는 그 취소된 날부터 2년 이내에는 형식승인이 취소된 소방용품과 동일한 품목에 대하여 형식승인을 받을 수 없다.

제40조(소방용품의 성능인증 등)

① 소방청장은 제조자 또는 수입자 등의 요청이 있는 경우 소방용품에 대하여 성능인증을 할 수 있다.

벌 3년 이하 징역 / 3천만 원 이하 벌금 – 거짓이나 그 밖의 부정한 방법으로 성능인증 또는 제품검사를 받은 자

② 제1항에 따라 성능인증을 받은 자는 그 소방용품에 대하여 소방청장의 제품검사를 받아야 한다.

벌 3년 이하 징역 / 3천만 원 이하 벌금 – 거짓이나 그 밖의 부정한 방법으로 성능인증 또는 제품검사를 받은 자

③ 제1항에 따른 성능인증의 대상 · 신청 · 방법 및 성능인증서 발급에 관한 사항과 제2항에 따른 제품검사의 구분 · 대상 · 절차 · 방법 · 합격표시 및 수수료 등에 필요한 사항은 행정안전부령으로 정한다.

④ 제1항에 따른 성능인증 및 제2항에 따른 제품검사의 기술기준 등에 필요한 사항은 소방청장이 정하여 고시한다.

⑤ 제2항에 따른 제품검사에 합격하지 아니한 소방용품에는 성능인증을 받았다는 표시를 하거나 제품검사에 합격하였다는 표시를 하여서는 아니 되며, 제품검사를 받지 아니하거나 합격표시를 하지 아니한 소방용품을 판매 또는 판매 목적으로 진열하거나 소방시설공사에 사용하여서는 아니 된다.

벌 3년 이하 징역 / 3천만 원 이하 벌금 – 제품검사를 받지 아니하거나 합격표시를 하지 아니한 소방용품을 판매 · 진열하거나 소방시설공사에 사용한 자

벌 1년 이하 징역 / 1천만 원 이하 벌금 – 제품검사에 합격하지 아니한 소방용품에 성능인증을 받았다는 표시 또는 제품검사에 합격하였다는 표시를 하거나 성능인증을 받았다는 표시 또는 제품검사에 합격하였다는 표시를 위조 또는 변조하여 사용한 자

⑥ 하나의 소방용품에 성능인증 사항이 두 가지 이상 결합된 경우에는 해당 성능인증 시험을 모두 실시하고 하나의 성능인증을 할 수 있다.

⑦ 제6항에 따른 성능인증의 방법 및 절차 등에 필요한 사항은 행정안전부령으로 정한다.

제41조(성능인증의 변경)

① 제40조제1항 및 제6항에 따른 성능인증을 받은 자가 해당 소방용품에 대하여 형상등의 일부를 변경하려면 소방청장의 변경인증을 받아야 한다.

벌 1년 이하 징역 / 1천만 원 이하 벌금 – 성능인증의 변경인증을 받지 아니한 자

② 제1항에 따른 변경인증의 대상·구분·방법 및 절차 등에 필요한 사항은 행정안전부령으로 정한다.

제42조(성능인증의 취소 등)

① 소방청장은 소방용품의 성능인증을 받았거나 제품검사를 받은 자가 다음의 어느 하나에 해당하는 때에는 행정안전부령으로 정하는 바에 따라 해당 소방용품의 성능인증을 취소하거나 6개월 이내의 기간을 정하여 해당 소방용품의 제품검사 중지를 명할 수 있다. 다만, 제1호·제2호 또는 제5호에 해당하는 경우에는 해당 소방용품의 성능인증을 취소하여야 한다.

1. 거짓이나 그 밖의 부정한 방법으로 제40조제1항 및 제6항에 따른 성능인증을 받은 경우
2. 거짓이나 그 밖의 부정한 방법으로 제40조제2항에 따른 제품검사를 받은 경우
3. 제품검사 시 제40조제4항에 따른 기술기준에 미달되는 경우
4. 제40조제5항을 위반한 경우
5. 제41조에 따라 변경인증을 받지 아니하고 해당 소방용품에 대하여 형상등의 일부를 변경하거나 거짓이나 그 밖의 부정한 방법으로 변경인증을 받은 경우

② 제1항에 따라 소방용품의 성능인증이 취소된 자는 그 취소된 날부터 2년 이내에는 성능인증이 취소된 소방용품과 동일한 품목에 대하여는 성능인증을 받을 수 없다.

제43조(우수품질 제품에 대한 인증)

① 소방청장은 제37조에 따른 형식승인의 대상이 되는 소방용품 중 품질이 우수하다고 인정하는 소방용품에 대하여 인증(이하 "우수품질인증")을 할 수 있다.

벌 1년 이하 징역 / 1천만 원 이하 벌금 – 우수품질인증을 받지 아니한 제품에 우수품질인증 표시를 하거나 우수품질인증 표시를 위조하거나 변조하여 사용한 자

② 우수품질인증을 받으려는 자는 행정안전부령으로 정하는 바에 따라 소방청장에게 신청하여야 한다.
③ 우수품질인증을 받은 소방용품에는 우수품질인증 표시를 할 수 있다.
④ 우수품질인증의 유효기간은 5년의 범위에서 행정안전부령으로 정한다.
⑤ 소방청장은 다음의 어느 하나에 해당하는 경우에는 우수품질인증을 취소할 수 있다. 다만, 제1호에 해당하는 경우에는 우수품질인증을 취소하여야 한다.

1. 거짓이나 그 밖의 부정한 방법으로 우수품질인증을 받은 경우
2. 우수품질인증을 받은 제품이「발명진흥법」에 따른 산업재산권 등 타인의 권리를 침해하였다고 판단되는 경우

⑥ 제1항부터 제5항까지에서 규정한 사항 외에 우수품질인증을 위한 기술기준, 제품의 품질관리 평가, 우수품질인증의 갱신, 수수료, 인증표시 등 우수품질인증에 필요한 사항은 행정안전부령으로 정한다.

제44조(우수품질인증 소방용품에 대한 지원 등)

다음의 어느 하나에 해당하는 기관 및 단체는 건축물의 신축·증축 및 개축 등으로 소방용품을 변경 또는 신규 비치하여야 하는 경우 우수품질인증 소방용품을 우선 구매·사용하도록 노력하여야 한다.

1. 중앙행정기관
2. 지방자치단체
3. 「공공기관의 운영에 관한 법률」제4조에 따른 공공기관(이하 "공공기관")
4. 그 밖에 ≪대통령령으로 정하는 기관≫

> § 대령령으로 정하는 기관
> 1. 「지방공기업법」에 따라 설립된 지방공사 및 지방공단
> 2. 「지방자치단체 출자·출연 기관의 운영에 관한 법률」제2조에 따른 출자·출연 기관

제45조(소방용품의 제품검사 후 수집검사 등)

① 소방청장은 소방용품의 품질관리를 위하여 필요하다고 인정할 때에는 유통 중인 소방용품을 수집하여 검사할 수 있다.

② 소방청장은 제1항에 따른 수집검사 결과 행정안전부령으로 정하는 중대한 결함이 있다고 인정되는 소방용품에 대하여는 그 제조자 및 수입자에게 행정안전부령으로 정하는 바에 따라 회수·교환·폐기 또는 판매중지를 명하고, 형식승인 또는 성능인증을 취소할 수 있다.

벌 3년 이하 징역 / 3천만 원 이하 벌금 – 명령을 정당한 사유 없이 위반한 자

③ 제2항에 따라 소방용품의 회수·교환·폐기 또는 판매중지 명령을 받은 제조자 및 수입자는 해당 소방용품이 이미 판매되어 사용 중인 경우 행정안전부령으로 정하는 바에 따라 구매자에게 그 사실을 알리고 회수 또는 교환 등 필요한 조치를 하여야 한다.

벌 3년 이하 징역 / 3천만 원 이하 벌금 – 구매자에게 명령을 받은 사실을 알리지 아니하거나 필요한 조치를 하지 아니한 자

④ 소방청장은 제2항에 따라 회수·교환·폐기 또는 판매중지를 명하거나 형식승인 또는 성능인증을 취소한 때에는 행정안전부령으로 정하는 바에 따라 그 사실을 소방청 홈페이지 등에 공표하여야 한다.

제6장 보칙

제46조(제품검사 전문기관의 지정 등)

① 소방청장은 제37조제3항 및 제40조제2항에 따른 제품검사를 전문적·효율적으로 실시하기 위하여 다음의 요건을 모두 갖춘 기관을 제품검사 전문기관(이하 "전문기관")으로 지정할 수 있다.

1. 다음의 어느 하나에 해당하는 기관일 것
   가. 「과학기술분야 정부출연연구기관 등의 설립·운영 및 육성에 관한 법률」제8조에 따라 설립된 연구기관
   나. 공공기관

다. 소방용품의 시험 · 검사 및 연구를 주된 업무로 하는 비영리 법인

2. 「국가표준기본법」에 따라 인정을 받은 시험 · 검사기관일 것

3. 행정안전부령으로 정하는 검사인력 및 검사설비를 갖추고 있을 것

4. 기관의 대표자가 제27조제1호부터 제3호까지의 어느 하나에 해당하지 아니할 것

5. 제47조에 따라 전문기관의 지정이 취소된 경우 그 지정이 취소된 날부터 2년이 경과하였을 것

벌 3년 이하 징역 / 3천만 원 이하 벌금 − 거짓이나 그 밖의 부정한 방법으로 전문기관으로 지정을 받은 자

② 전문기관 지정의 방법 및 절차 등에 필요한 사항은 행정안전부령으로 정한다.

③ 소방청장은 제1항에 따라 전문기관을 지정하는 경우에는 소방용품의 품질 향상, 제품검사의 기술개발 등에 드는 비용을 부담하게 하는 등 필요한 조건을 붙일 수 있다. 이 경우 그 조건은 공공의 이익을 증진하기 위하여 필요한 최소한도에 그쳐야 하며, 부당한 의무를 부과하여서는 아니 된다.

④ 전문기관은 행정안전부령으로 정하는 바에 따라 제품검사 실시 현황을 소방청장에게 보고하여야 한다.

⑤ 소방청장은 전문기관을 지정한 경우에는 행정안전부령으로 정하는 바에 따라 전문기관의 제품검사 업무에 대한 평가를 실시할 수 있으며, 제품검사를 받은 소방용품에 대하여 확인검사를 할 수 있다.

⑥ 소방청장은 제5항에 따라 전문기관에 대한 평가를 실시하거나 확인검사를 실시한 때에는 그 평가 결과 또는 확인검사 결과를 행정안전부령으로 정하는 바에 따라 공표할 수 있다.

⑦ 소방청장은 제5항에 따른 확인검사를 실시하는 때에는 행정안전부령으로 정하는 바에 따라 전문기관에 대하여 확인검사에 드는 비용을 부담하게 할 수 있다.

제47조(전문기관의 지정취소 등)

소방청장은 전문기관이 다음의 어느 하나에 해당할 때에는 그 지정을 취소하거나 6개월 이내의 기간을 정하여 그 업무의 정지를 명할 수 있다. 다만, 제1호에 해당할 때에는 그 지정을 취소하여야 한다.

1. 거짓이나 그 밖의 부정한 방법으로 지정을 받은 경우

2. 정당한 사유 없이 1년 이상 계속하여 제품검사 또는 실무교육 등 지정받은 업무를 수행하지 아니한 경우

3. 제46조제1항의 요건을 갖추지 못하거나 제46조제3항에 따른 조건을 위반한 경우

4. 제52조제1항제7호에 따른 감독 결과 이 법이나 다른 법령을 위반하여 전문기관으로서의 업무를 수행하는 것이 부적당하다고 인정되는 경우

제48조(전산시스템 구축 및 운영)

① 소방청장, 소방본부장 또는 소방서장은 특정소방대상물의 체계적인 안전관리를 위하여 다음의 정보가 포함된 전산시스템을 구축 · 운영하여야 한다.

1. 제6조제3항에 따라 제출받은 설계도면의 관리 및 활용

2. 제23조제3항에 따라 보고받은 자체점검 결과의 관리 및 활용

3. 그 밖에 소방청장, 소방본부장 또는 소방서장이 필요하다고 인정하는 자료의 관리 및 활용

② 소방청장, 소방본부장 또는 소방서장은 제1항에 따른 전산시스템의 구축 · 운영에 필요한 자료의 제출 또는 정보의 제공을 관계 행정기관의 장에게 요청할 수 있다. 이 경우 자료의 제출이나 정보의 제공을 요청받은 관계 행정기관의 장은 정당한 사유가 없으면 이에 따라야 한다.

제49조(청문)

소방청장 또는 시 · 도지사는 다음의 어느 하나에 해당하는 처분을 하려면 청문을 하여야 한다.

    1. 제28조에 따른 관리사 자격의 취소 및 정지

    2. 제35조제1항에 따른 관리업의 등록취소 및 영업정지

    3. 제39조에 따른 소방용품의 형식승인 취소 및 제품검사 중지

    4. 제42조에 따른 성능인증의 취소

    5. 제43조제5항에 따른 우수품질인증의 취소

    6. 제47조에 따른 전문기관의 지정취소 및 업무정지

제50조(권한 또는 업무의 위임 · 위탁 등)

① 이 법에 따른 소방청장 또는 시 · 도지사의 권한은 대통령령으로 정하는 바에 따라 그 일부를 소속 기관의 장, 시 · 도지사, 소방본부장 또는 소방서장에게 위임할 수 있다.

② 소방청장은 다음의 업무를 「소방산업의 진흥에 관한 법률」에 따른 한국소방산업기술원(이하 "기술원") 에 위탁할 수 있다. 이 경우 소방청장은 기술원에 소방시설 및 소방용품에 관한 기술개발 · 연구 등에 필요한 경비의 일부를 보조할 수 있다.

    1. 제21조에 따른 방염성능검사 중 대통령령으로 정하는 검사

    2. 제37조제1항 · 제2항 및 제8항부터 제10항까지의 규정에 따른 소방용품의 형식승인

    3. 제38조에 따른 형식승인의 변경승인

    4. 제39조제1항에 따른 형식승인의 취소

    5. 제40조제1항 · 제6항에 따른 성능인증 및 제42조에 따른 성능인증의 취소

    6. 제41조에 따른 성능인증의 변경인증

    7. 제43조에 따른 우수품질인증 및 그 취소

③ 소방청장은 제37조제3항 및 제40조제2항에 따른 제품검사 업무를 기술원 또는 전문기관에 위탁할 수 있다.

④ 제2항 및 제3항에 따라 위탁받은 업무를 수행하는 기술원 및 전문기관이 갖추어야 하는 시설기준 등에 관하여 필요한 사항은 행정안전부령으로 정한다.

⑤ 소방청장은 다음의 업무를 대통령령으로 정하는 바에 따라 소방기술과 관련된 법인 또는 단체에 위탁할 수 있다.

    1. 표준자체점검비의 산정 및 공표

    2. 제25조제5항 및 제6항에 따른 소방시설관리사증의 발급 · 재발급

    3. 제34조제1항에 따른 점검능력 평가 및 공시

    4. 제34조제4항에 따른 데이터베이스 구축 · 운영

⑥ 소방청장은 제14조제3항에 따른 건축 환경 및 화재위험특성 변화 추세 연구에 관한 업무를 대통령령으 로 정하는 바에 따라 화재안전 관련 전문연구기관에 위탁할 수 있다. 이 경우 소방청장은 연구에 필요한 경비를 지원할 수 있다.

⑦ 제2항부터 제6항까지의 규정에 따라 위탁받은 업무에 종사하고 있거나 종사하였던 사람은 업무를

수행하면서 알게 된 비밀을 이 법에서 정한 목적 외의 용도로 사용하거나 다른 사람 또는 기관에 제공하거나 누설하여서는 아니 된다.

벌 300만 원 이하 벌금 – 업무를 수행하면서 알게 된 비밀을 이 법에서 정한 목적 외의 용도로 사용하거나 다른 사람 또는 기관에 제공하거나 누설한 자

영 · 규칙 CHAIN

영 제48조(권한 또는 업무의 위임 · 위탁 등)

① 소방청장은 법 제50조제1항에 따라 화재안전기준 중 기술기준에 대한 법 제19조에 따른 관리 · 운영 권한을 국립소방연구원장에게 위임한다.

② 법 제50조제2항제1호에서 "대통령령으로 정하는 검사"란 제31조제1항에 따른 방염대상물품에 대한 방염성능검사(제32조에 따라 설치 현장에서 방염처리를 하는 합판 · 목재류에 대한 방염성능검사는 제외)를 말한다.

③ 소방청장은 법 제50조제5항에 따라 다음의 업무를 소방청장의 허가를 받아 설립한 소방기술과 관련된 법인 또는 단체 중 해당 업무를 처리하는 데 필요한 관련 인력과 장비를 갖춘 법인 또는 단체에 위탁한다. 이 경우 소방청장은 위탁받는 기관의 명칭 · 주소 · 대표자 및 위탁 업무의 내용을 고시해야 한다.

　1. 표준자체점검비의 산정 및 공표
　2. 법 제25조제5항 및 제6항에 따른 소방시설관리사증의 발급 · 재발급
　3. 법 제34조제1항에 따른 점검능력 평가 및 공시
　4. 법 제34조제4항에 따른 데이터베이스 구축 · 운영

제51조(벌칙 적용에서 공무원 의제)

다음의 어느 하나에 해당하는 자는 「형법」 제129조부터 제132조까지의 규정을 적용할 때에는 공무원으로 본다.

　1. 평가단의 구성원 중 공무원이 아닌 사람
　2. 중앙위원회 및 지방위원회의 위원 중 공무원이 아닌 사람
　3. 제50조제2항부터 제6항까지의 규정에 따라 위탁받은 업무를 수행하는 기술원, 전문기관, 법인 또는 단체, 화재안전 관련 전문연구기관의 담당 임직원

제52조(감독)

① 소방청장, 시 · 도지사, 소방본부장 또는 소방서장은 다음의 어느 하나에 해당하는 자, 사업체 또는 소방대상물 등의 감독을 위하여 필요하면 관계인에게 필요한 보고 또는 자료제출을 명할 수 있으며, 관계 공무원으로 하여금 소방대상물 · 사업소 · 사무소 또는 사업장에 출입하여 관계 서류 · 시설 및 제품 등을 검사하게 하거나 관계인에게 질문하게 할 수 있다.

　1. 제22조에 따라 관리업자등이 점검한 특정소방대상물

2. 제25조에 따른 관리사

3. 제29조제1항에 따른 등록한 관리업자

4. 제37조제1항부터 제3항까지 및 제10항에 따른 소방용품의 형식승인, 제품검사 또는 시험시설의 심사를 받은 자

5. 제38조제1항에 따라 변경승인을 받은 자

6. 제40조제1항, 제2항 및 제6항에 따라 성능인증 및 제품검사를 받은 자

7. 제46조제1항에 따라 지정을 받은 전문기관

8. 소방용품을 판매하는 자

② 제1항에 따라 출입·검사 업무를 수행하는 관계 공무원은 그 권한을 표시하는 증표를 지니고 이를 관계인에게 내보여야 한다.

③ 제1항에 따라 출입·검사 업무를 수행하는 관계 공무원은 관계인의 정당한 업무를 방해하거나 출입·검사 업무를 수행하면서 알게 된 비밀을 다른 사람에게 누설하여서는 아니 된다.

> **벌** 1년 이하 징역 / 1천만 원 이하 벌금 – 관계인의 정당한 업무를 방해하거나 출입·검사 업무를 수행하면서 알게 된 비밀을 다른 사람에게 누설한 자

제53조(수수료 등)

다음의 어느 하나에 해당하는 자는 행정안전부령으로 정하는 수수료를 내야 한다.

1. 제21조에 따른 방염성능검사를 받으려는 자

2. 제25조제1항에 따른 관리사시험에 응시하려는 사람

3. 제25조제5항 및 제6항에 따라 소방시설관리사증을 발급받거나 재발급받으려는 자

4. 제29조제1항에 따른 관리업의 등록을 하려는 자

5. 제29조제3항에 따라 관리업의 등록증이나 등록수첩을 재발급 받으려는 자

6. 제32조제3항에 따라 관리업자의 지위승계를 신고하려는 자

7. 제34조제1항에 따라 점검능력 평가를 받으려는 자

8. 제37조제1항 및 제10항에 따라 소방용품의 형식승인을 받으려는 자

9. 제37조제2항에 따라 시험시설의 심사를 받으려는 자

10. 제37조제3항에 따라 형식승인을 받은 소방용품의 제품검사를 받으려는 자

11. 제38조제1항에 따라 형식승인의 변경승인을 받으려는 자

12. 제40조제1항 및 제6항에 따라 소방용품의 성능인증을 받으려는 자

13. 제40조제2항에 따라 성능인증을 받은 소방용품의 제품검사를 받으려는 자

14. 제41조제1항에 따른 성능인증의 변경인증을 받으려는 자

15. 제43조제1항에 따른 우수품질인증을 받으려는 자

16. 제46조에 따라 전문기관으로 지정을 받으려는 자

영·규칙 CHAIN

칙 제41조(수수료)

① 법 제53조에 따른 수수료 및 납부방법은 [별표 10]과 같다.

■ 소방시설 설치 및 관리에 관한 법률 시행규칙

[별표 10] 수수료

1. 수수료 금액

납부 대상자	납부금액
가. 법 제25조제1항에 따라 소방시설관리사시험에 응시하려는 사람 　1) 제1차시험 　2) 제2차시험	 1만 8천 원 3만 3천 원
나. 법 제29조제3항에 따라 소방시설관리업의 등록을 하려는 자	4만 원
다. 법 제29조제3항에 따라 소방시설관리업의 등록증 또는 등록수첩을 재발급받으려는 자	1만 원
라. 법 제32조제3항에 따라 소방시설관리업의 지위승계를 신고하는 자	2만 원
마. 제26조에 따라 소방시설관리사증을 발급받으려는 사람	2만 원
바. 제27조제1항에 따라 소방시설관리사증을 재발급받으려는 사람	1만 원

사. 법 제34조제1항 및 이 규칙 제37조에 따라 점검능력 평가를 받으려는 자의 수수료는 다음과 같다.
　1) 점검능력 평가 신청 수수료 : 10만 원
　2) 점검능력 평가 관련 제 증명서 발급 수수료 : 2천 원
　3) 점검실적 중 점검인력의 배치기준 적합 여부 확인 수수료

종류	적용대상	수수료(원)
1종	연면적 5,000m² 미만 작동점검을 실시한 경우	2,200
2종	연면적 5,000m² 이상 작동점검을 실시한 경우	2,700
3종	연면적 20,000m² 미만 종합점검을 실시한 경우	4,400
4종	연면적 20,000m² 이상 종합점검을 실시한 경우	4,900

2. 납부방법

　가. 제1호가목 및 마목부터 사목까지의 수수료는 계좌입금의 방식 또는 현금으로 납부하거나 신용카드로 결제해야 한다. 다만, 정보통신망을 이용하여 전자화폐·전자결제 등의 방법으로 결제할 수 있다.

　나. 제1호나목부터 라목까지의 수수료는 해당 지방자치단체의 수입증지로 납부해야 한다.

② [별표 10]의 수수료를 반환하는 경우에는 다음의 구분에 따라 반환해야 한다.

1. 수수료를 과오납한 경우 : 그 과오납한 금액의 전부

2. 시험시행기관에 책임이 있는 사유로 시험에 응시하지 못한 경우 : 납입한 수수료의 전부

3. 직계 가족의 사망, 본인의 사고 또는 질병, 격리가 필요한 감염병이나 예견할 수 없는 기상상황 등으로 시험에 응시하지 못한 경우(해당 사실을 증명하는 서류 등을 제출한 경우로 한정) : 납입한 수수료의 전부

4. 원서접수기간에 접수를 철회한 경우 : 납입한 수수료의 전부

5. 시험시행일 20일 전까지 접수를 취소하는 경우 : 납입한 수수료의 전부

6. 시험시행일 10일 전까지 접수를 취소하는 경우 : 납입한 수수료의 100분의 50

제54조(조치명령등의 기간연장)

① 다음에 따른 조치명령 또는 이행명령(이하 "조치명령등")을 받은 관계인 등은 천재지변이나 그 밖에 대통령령으로 정하는 사유로 조치명령등을 그 기간 내에 이행할 수 없는 경우에는 조치명령등을 명령한 소방청장, 소방본부장 또는 소방서장에게 대통령령으로 정하는 바에 따라 조치명령등을 연기하여 줄 것을 신청할 수 있다.

1. 제12조제2항에 따른 소방시설에 대한 조치명령

2. 제16조제2항에 따른 피난시설, 방화구획 또는 방화시설에 대한 조치명령

3. 제20조제2항에 따른 방염대상물품의 제거 또는 방염성능검사 조치명령

4. 제23조제6항에 따른 소방시설에 대한 이행계획 조치명령

5. 제37조제7항에 따른 형식승인을 받지 아니한 소방용품의 수거 · 폐기 또는 교체 등의 조치명령

6. 제45조제2항에 따른 중대한 결함이 있는 소방용품의 회수 · 교환 · 폐기 조치명령

② 제1항에 따라 연기신청을 받은 소방청장, 소방본부장 또는 소방서장은 연기 신청 승인 여부를 결정하고 그 결과를 조치명령등의 이행 기간 내에 관계인 등에게 알려주어야 한다.

영 · 규칙 CHAIN

영 제49조(조치명령등의 기간연장)

① 법 제54조제1항 각 호 외의 부분에서 "대통령령으로 정하는 사유"란 다음의 어느 하나에 해당하는 사유를 말한다.

1. 「재난 및 안전관리 기본법」 제3조제1호에 해당하는 재난이 발생한 경우

2. 경매 등의 사유로 소유권이 변동 중이거나 변동된 경우

3. 관계인의 질병, 사고, 장기출장의 경우

4. 시장 · 상가 · 복합건축물 등 소방대상물의 관계인이 여러 명으로 구성되어 법 제54조제1항에 따른 조치명령 또는 이행명령(이하 "조치명령등")의 이행에 대한 의견을 조정하기 어려운 경우

5. 그 밖에 관계인이 운영하는 사업에 부도 또는 도산 등 중대한 위기가 발생하여 조치명령등을

그 기간 내에 이행할 수 없는 경우

② 법 제54조제1항에 따라 조치명령등의 연기를 신청하려는 관계인 등은 행정안전부령으로 정하는 연기신청서에 연기의 사유 및 기간 등을 적어 소방청장, 소방본부장 또는 소방서장에게 제출해야 한다.

③ 제2항에 따른 연기의 신청 및 연기신청서의 처리에 필요한 사항은 행정안전부령으로 정한다.

> 친 **제42조(조치명령등의 연기 신청)**
>
> ① 법 제54조제1항에 따라 조치명령 또는 이행명령의 연기를 신청하려는 관계인 등은 영 제49조제2항에 따라 조치명령등의 이행기간 만료일 5일 전까지 [별지 제33호서식]에 따른 조치명령등의 연기신청서(전자문서로 된 신청서 포함)에 조치명령등을 그 기간 내에 이행할 수 없음을 증명할 수 있는 서류(전자문서 포함)를 첨부하여 소방청장, 소방본부장 또는 소방서장에게 제출해야 한다.
>
> ② 제1항에 따른 신청서를 제출받은 소방청장, 소방본부장 또는 소방서장은 신청받은 날부터 3일 이내에 조치명령등의 연기 신청 승인 여부를 결정하여 [별지 제34호서식]의 조치명령등의 연기 통지서를 관계인 등에게 통지해야 한다.

제55조(위반행위의 신고 및 신고포상금의 지급)

① 누구든지 소방본부장 또는 소방서장에게 다음의 어느 하나에 해당하는 행위를 한 자를 신고할 수 있다.

　1. 제12조제1항을 위반하여 소방시설을 설치 또는 관리한 자

　2. 제12조제3항을 위반하여 폐쇄 · 차단 등의 행위를 한 자

　3. 제16조제1항의 어느 하나에 해당하는 행위를 한 자

② 소방본부장 또는 소방서장은 제1항에 따른 신고를 받은 경우 신고 내용을 확인하여 이를 신속하게 처리하고, 그 처리결과를 행정안전부령으로 정하는 방법 및 절차에 따라 신고자에게 통지하여야 한다.

③ 소방본부장 또는 소방서장은 제1항에 따른 신고를 한 사람에게 예산의 범위에서 포상금을 지급할 수 있다.

④ 제3항에 따른 신고포상금의 지급대상, 지급기준, 지급절차 등에 필요한 사항은 시 · 도의 조례로 정한다.

> 영 · 규칙 CHAIN

> 친 **제43조(위반행위 신고 내용 처리결과의 통지 등)**
>
> ① 소방본부장 또는 소방서장은 법 제55조제2항에 따라 위반행위의 신고 내용을 확인하여 이를 처리한 경우에는 처리한 날부터 10일 이내에 [별지 제35호서식]의 위반행위 신고 내용 처리결과 통지서를 신고자에게 통지해야 한다.
>
> ② 제1항에 따른 통지는 우편, 팩스, 정보통신망, 전자우편 또는 휴대전화 문자메시지 등의 방법으로 할 수 있다.

영·규칙 CHAIN

제50조(고유식별정보의 처리)

소방청장(제48조에 따라 소방청장의 업무를 위탁받은 자 포함), 시·도지사(해당 권한 또는 업무가 위임되거나 위탁된 경우에는 그 권한 또는 업무를 위임받거나 위탁받은 자 포함), 소방본부장 또는 소방서장은 다음의 사무를 수행하기 위하여 불가피한 경우 「개인정보 보호법 시행령」에 따른 주민등록번호 또는 외국인등록번호가 포함된 자료를 처리할 수 있다.

1. 법 제6조에 따른 건축허가등의 동의에 관한 사무
2. 법 제12조에 따른 특정소방대상물에 설치하는 소방시설의 설치·관리 등에 관한 사무
3. 법 제20조에 따른 특정소방대상물의 방염 등에 관한 사무
4. 법 제25조에 따른 소방시설관리사시험 및 소방시설관리사증 발급 등에 관한 사무
5. 법 제26조에 따른 부정행위자에 대한 제재에 관한 사무
6. 법 제28조에 따른 자격의 취소·정지에 관한 사무
7. 법 제29조에 따른 소방시설관리업의 등록 등에 관한 사무
8. 법 제31조에 따른 등록사항의 변경신고에 관한 사무
9. 법 제32조에 따른 관리업자의 지위승계에 관한 사무
10. 법 제34조에 따른 점검능력 평가 및 공시 등에 관한 사무
11. 법 제35조에 따른 등록의 취소와 영업정지 등에 관한 사무
12. 법 제36조에 따른 과징금처분에 관한 사무
13. 법 제39조에 따른 형식승인의 취소 등에 관한 사무
14. 법 제46조에 따른 전문기관의 지정 등에 관한 사무
15. 법 제47조에 따른 전문기관의 지정취소 등에 관한 사무
16. 법 제49조에 따른 청문에 관한 사무
17. 법 제52조에 따른 감독에 관한 사무
18. 법 제53조에 따른 수수료 등 징수에 관한 사무

제7장 벌칙

제56조(벌칙)

① 제12조제3항 본문을 위반하여 소방시설에 폐쇄·차단 등의 행위를 한 자는 5년 이하의 징역 또는 5천만 원 이하의 벌금에 처한다.

② 제1항의 죄를 범하여 사람을 상해에 이르게 한 때에는 7년 이하의 징역 또는 7천만 원 이하의 벌금에 처하며, 사망에 이르게 한 때에는 10년 이하의 징역 또는 1억 원 이하의 벌금에 처한다.

제57조(벌칙)

다음의 어느 하나에 해당하는 자는 3년 이하의 징역 또는 3천만 원 이하의 벌금에 처한다.

1. 제12조제2항, 제15조제3항, 제16조제2항, 제20조제2항, 제23조제6항, 제37조제7항 또는 제45조제2항에 따른 명령을 정당한 사유 없이 위반한 자
2. 제29조제1항을 위반하여 관리업의 등록을 하지 아니하고 영업을 한 자
3. 제37조제1항, 제2항 및 제10항을 위반하여 소방용품의 형식승인을 받지 아니하고 소방용품을 제조하거나 수입한 자 또는 거짓이나 그 밖의 부정한 방법으로 형식승인을 받은 자
4. 제37조제3항을 위반하여 제품검사를 받지 아니한 자 또는 거짓이나 그 밖의 부정한 방법으로 제품검사를 받은 자
5. 제37조제6항을 위반하여 소방용품을 판매·진열하거나 소방시설공사에 사용한 자
6. 제40조제1항 및 제2항을 위반하여 거짓이나 그 밖의 부정한 방법으로 성능인증 또는 제품검사를 받은 자
7. 제40조제5항을 위반하여 제품검사를 받지 아니하거나 합격표시를 하지 아니한 소방용품을 판매·진열하거나 소방시설공사에 사용한 자
8. 제45조제3항을 위반하여 구매자에게 명령을 받은 사실을 알리지 아니하거나 필요한 조치를 하지 아니한 자
9. 거짓이나 그 밖의 부정한 방법으로 제46조제1항에 따른 전문기관으로 지정을 받은 자

제58조(벌칙)

다음의 어느 하나에 해당하는 자는 1년 이하의 징역 또는 1천만 원 이하의 벌금에 처한다.

1. 제22조제1항을 위반하여 소방시설등에 대하여 스스로 점검을 하지 아니하거나 관리업자등으로 하여금 정기적으로 점검하게 하지 아니한 자
2. 제25조제7항을 위반하여 소방시설관리사증을 다른 사람에게 빌려주거나 빌리거나 이를 알선한 자
3. 제25조제8항을 위반하여 동시에 둘 이상의 업체에 취업한 자
4. 제28조에 따라 자격정지처분을 받고 그 자격정지기간 중에 관리사의 업무를 한 자
5. 제33조제2항을 위반하여 관리업의 등록증이나 등록수첩을 다른 자에게 빌려주거나 빌리거나 이를 알선한 자
6. 제35조제1항에 따라 영업정지처분을 받고 그 영업정지기간 중에 관리업의 업무를 한 자
7. 제37조제3항에 따른 제품검사에 합격하지 아니한 제품에 합격표시를 하거나 합격표시를 위조 또는 변조하여 사용한 자
8. 제38조제1항을 위반하여 형식승인의 변경승인을 받지 아니한 자
9. 제40조제5항을 위반하여 제품검사에 합격하지 아니한 소방용품에 성능인증을 받았다는 표시 또는 제품검사에 합격하였다는 표시를 하거나 성능인증을 받았다는 표시 또는 제품검사에 합격하였다는 표시를 위조 또는 변조하여 사용한 자
10. 제41조제1항을 위반하여 성능인증의 변경인증을 받지 아니한 자

11. 제43조제1항에 따른 우수품질인증을 받지 아니한 제품에 우수품질인증 표시를 하거나 우수품질인증 표시를 위조하거나 변조하여 사용한 자

12. 제52조제3항을 위반하여 관계인의 정당한 업무를 방해하거나 출입·검사 업무를 수행하면서 알게 된 비밀을 다른 사람에게 누설한 자

제59조(벌칙)

다음의 어느 하나에 해당하는 자는 300만 원 이하의 벌금에 처한다.

1. 제9조제2항 및 제50조제7항을 위반하여 업무를 수행하면서 알게 된 비밀을 이 법에서 정한 목적 외의 용도로 사용하거나 다른 사람 또는 기관에 제공하거나 누설한 자

2. 제21조를 위반하여 방염성능검사에 합격하지 아니한 물품에 합격표시를 하거나 합격표시를 위조하거나 변조하여 사용한 자

3. 제21조제2항을 위반하여 거짓 시료를 제출한 자

4. 제23조제1항 및 제2항을 위반하여 필요한 조치를 하지 아니한 관계인 또는 관계인에게 중대위반사항을 알리지 아니한 관리업자등

제60조(양벌규정)

법인의 대표자나 법인 또는 개인의 대리인, 사용인, 그 밖의 종업원이 그 법인 또는 개인의 업무에 관하여 제56조부터 제59조까지의 어느 하나에 해당하는 위반행위를 하면 그 행위자를 벌하는 외에 그 법인 또는 개인에게도 해당 조문의 벌금형을 과(科)한다. 다만, 법인 또는 개인이 그 위반행위를 방지하기 위하여 해당 업무에 관하여 상당한 주의와 감독을 게을리하지 아니한 경우에는 그러하지 아니하다.

제61조(과태료)

① 다음의 어느 하나에 해당하는 자에게는 300만 원 이하의 과태료를 부과한다.

1. 제12조제1항을 위반하여 소방시설을 화재안전기준에 따라 설치·관리하지 아니한 자

2. 제15조제1항을 위반하여 공사 현장에 임시소방시설을 설치·관리하지 아니한 자

3. 제16조제1항을 위반하여 피난시설, 방화구획 또는 방화시설의 폐쇄·훼손·변경 등의 행위를 한 자

4. 제20조제1항을 위반하여 방염대상물품을 방염성능기준 이상으로 설치하지 아니한 자

5. 제22조제1항 전단을 위반하여 점검능력 평가를 받지 아니하고 점검을 한 관리업자

6. 제22조제1항 후단을 위반하여 관계인에게 점검 결과를 제출하지 아니한 관리업자등

7. 제22조제2항에 따른 점검인력의 배치기준 등 자체점검 시 준수사항을 위반한 자

8. 제23조제3항을 위반하여 점검 결과를 보고하지 아니하거나 거짓으로 보고한 자

9. 제23조제4항을 위반하여 이행계획을 기간 내에 완료하지 아니한 자 또는 이행계획 완료 결과를 보고하지 아니하거나 거짓으로 보고한 자

10. 제24조제1항을 위반하여 점검기록표를 기록하지 아니하거나 특정소방대상물의 출입자가 쉽게 볼 수 있는 장소에 게시하지 아니한 관계인

11. 제31조 또는 제32조제3항을 위반하여 신고를 하지 아니하거나 거짓으로 신고한 자

12. 제33조제3항을 위반하여 지위승계, 행정처분 또는 휴업·폐업의 사실을 특정소방대상물의 관계인에게 알리지 아니하거나 거짓으로 알린 관리업자

13. 제33조제4항을 위반하여 소속 기술인력의 참여 없이 자체점검을 한 관리업자

14. 제34조제2항에 따른 점검실적을 증명하는 서류 등을 거짓으로 제출한 자

15. 제52조제1항에 따른 명령을 위반하여 보고 또는 자료제출을 하지 아니하거나 거짓으로 보고 또는 자료제출을 한 자 또는 정당한 사유 없이 관계 공무원의 출입 또는 검사를 거부 · 방해 또는 기피한 자

② 제1항에 따른 과태료는 대통령령으로 정하는 바에 따라 소방청장, 시 · 도지사, 소방본부장 또는 소방서장이 부과 · 징수한다.

영 · 규칙 CHAIN

영 제52조(과태료의 부과기준)

법 제61조제1항에 따른 과태료의 부과기준은 [별표 10]과 같다.

■ 소방시설 설치 및 관리에 관한 법률 시행령

[별표 10] 과태료의 부과기준

1. 일반기준

가. 위반행위의 횟수에 따른 과태료의 가중된 부과기준은 최근 1년간 같은 위반행위로 과태료 부과처분을 받은 경우에 적용한다. 이 경우 기간의 계산은 위반행위에 대하여 과태료 부과처분을 받은 날과 그 처분 후 다시 같은 위반행위를 하여 적발된 날을 기준으로 한다.

나. 가목에 따라 가중된 부과처분을 하는 경우 가중처분의 적용 차수는 그 위반행위 전 부과처분 차수(가목에 따른 기간 내에 과태료 부과처분이 둘 이상 있었던 경우 높은 차수)의 다음 차수로 한다.

다. 부과권자는 다음의 어느 하나에 해당하는 경우에는 제2호의 개별기준에 따른 과태료의 2분의 1 범위에서 그 금액을 줄여 부과할 수 있다. 다만, 과태료를 체납하고 있는 위반행위자에 대해서는 그렇지 않다.

1) 위반행위가 사소한 부주의나 오류로 인한 것으로 인정되는 경우

2) 위반행위자가 법 위반상태를 시정하거나 해소하기 위하여 노력한 사실이 인정되는 경우

3) 위반행위자가 처음 위반행위를 한 경우로서 3년 이상 해당 업종을 모범적으로 영위한 사실이 인정되는 경우

4) 위반행위자가 화재 등 재난으로 재산에 현저한 손실을 입거나 사업 여건의 악화로 그 사업이 중대한 위기에 처하는 등 사정이 있는 경우

5) 위반행위자가 같은 위반행위로 다른 법률에 따라 과태료 · 벌금 · 영업정지 등의 처분을 받은 경우

6) 그 밖에 위반행위의 정도, 위반행위의 동기와 그 결과 등을 고려하여 과태료 금액을 줄일 필요가 있다고 인정되는 경우

2. 개별기준

위반행위	근거 법조문	과태료 금액 (단위 : 만 원)		
		1차 위반	2차 위반	3차 이상 위반
가. 법 제12조제1항을 위반한 경우	법 제61조 제1항제1호			
1) 2) 및 3)의 규정을 제외하고 소방시설을 최근 1년 이내에 2회 이상 화재안전기준에 따라 관리하지 않은 경우		100		
2) 소방시설을 다음에 해당하는 고장 상태 등으로 방치한 경우		200		
가) 소화펌프를 고장 상태로 방치한 경우 나) 화재 수신기, 동력 · 감시 제어반 또는 소방시설용 전원(비상전원 포함)을 차단하거나, 고장 난 상태로 방치하거나, 임의로 조작하여 자동으로 작동이 되지 않도록 한 경우 다) 소방시설이 작동할 때 소화배관을 통하여 소화수가 방수되지 않는 상태 또는 소화약제가 방출되지 않는 상태로 방치한 경우				
3) 소방시설을 설치하지 않은 경우		300		
나. 법 제15조제1항을 위반하여 공사 현장에 임시소방시설을 설치 · 관리하지 않은 경우	법 제61조 제1항제2호	300		
다. 법 제16조제1항을 위반하여 피난시설, 방화구획 또는 방화시설을 폐쇄 · 훼손 · 변경하는 등의 행위를 한 경우	법 제61조 제1항제3호	100	200	300
라. 법 제20조제1항을 위반하여 방염대상물품을 방염성능기준 이상으로 설치하지 않은 경우	법 제61조 제1항제4호	200		
마. 법 제22조제1항 전단을 위반하여 점검능력평가를 받지 않고 점검을 한 경우	법 제61조 제1항제5호	300		
바. 법 제22조제1항 후단을 위반하여 관계인에게 점검 결과를 제출하지 않은 경우	법 제61조 제1항제6호	300		
사. 법 제22조제2항에 따른 점검인력의 배치기준 등 자체점검 시 준수사항을 위반한 경우	법 제61조 제1항제7호	300		
아. 법 제23조제3항을 위반하여 점검 결과를 보고하지 않거나 거짓으로 보고한 경우	법 제61조 제1항제8호			
1) 지연 보고 기간이 10일 미만인 경우		50		
2) 지연 보고 기간이 10일 이상 1개월 미만인 경우		100		
3) 지연 보고 기간이 1개월 이상이거나 보고하지 않은 경우		200		

4) 점검 결과를 축소 · 삭제하는 등 거짓으로 보고한 경우			300	
자. 법 제23조제4항을 위반하여 이행계획을 기간 내에 완료하지 않은 경우 또는 이행계획 완료 결과를 보고하지 않거나 거짓으로 보고한 경우	법 제61조 제1항제9호			
1) 지연 완료 기간 또는 지연 보고 기간이 10일 미만인 경우			50	
2) 지연 완료 기간 또는 지연 보고 기간이 10일 이상 1개월 미만인 경우			100	
3) 지연 완료 기간 또는 지연 보고 기간이 1개월 이상이거나, 완료 또는 보고를 하지 않은 경우			200	
4) 이행계획 완료 결과를 거짓으로 보고한 경우			300	
차. 법 제24조제1항을 위반하여 점검기록표를 기록하지 않거나 특정소방대상물의 출입자가 쉽게 볼 수 있는 장소에 게시하지 않은 경우	법 제61조 제1항제10호	100	200	300
카. 법 제31조 또는 제32조제3항을 위반하여 신고를 하지 않거나 거짓으로 신고한 경우	법 제61조 제1항제11호			
1) 지연 신고 기간이 1개월 미만인 경우			50	
2) 지연 신고 기간이 1개월 이상 3개월 미만인 경우			100	
3) 지연 신고 기간이 3개월 이상이거나 신고를 하지 않은 경우			200	
4) 거짓으로 신고한 경우			300	
타. 법 제33조제3항을 위반하여 지위승계, 행정처분 또는 휴업 · 폐업의 사실을 특정소방대상물의 관계인에게 알리지 않거나 거짓으로 알린 경우	법 제61조 제1항제12호		300	
파. 법 제33조제4항을 위반하여 소속 기술인력의 참여 없이 자체점검을 한 경우	법 제61조 제1항제13호		300	
하. 법 제34조제2항에 따른 점검실적을 증명하는 서류 등을 거짓으로 제출한 경우	법 제61조 제1항제14호		300	
거. 법 제52조제1항에 따른 명령을 위반하여 보고 또는 자료제출을 하지 않거나 거짓으로 보고 또는 자료제출을 한 경우 또는 정당한 사유 없이 관계 공무원의 출입 또는 검사를 거부 · 방해 또는 기피한 경우	법 제61조 제1항제15호	50	100	300

영 · 규칙 CHAIN

제16조(소방시설을 설치해야 하는 터널)

① 영 [별표 4] 제1호다목4)나)에서 "행정안전부령으로 정하는 터널"이란 「도로의 구조 · 시설 기준에

관한 규칙」에 따라 국토교통부장관이 정하는 도로의 구조 및 시설에 관한 세부 기준에 따라 옥내소화
전설비를 설치해야 하는 터널을 말한다.

② 영 [별표 4] 제1호바목7) 전단에서 "행정안전부령으로 정하는 터널"이란 「도로의 구조 · 시설 기준에
관한 규칙」에 따라 국토교통부장관이 정하는 도로의 구조 및 시설에 관한 세부 기준에 따라 물분무소
화설비를 설치해야 하는 터널을 말한다.

③ 영 [별표 4] 제5호가목6)에서 "행정안전부령으로 정하는 터널"이란 「도로의 구조 · 시설 기준에
관한 규칙」에 따라 국토교통부장관이 정하는 도로의 구조 및 시설에 관한 세부 기준에 따라 제연설비
를 설치해야 하는 터널을 말한다.

칙 제17조(연소 우려가 있는 건축물의 구조)

영 [별표 4] 제1호사목1) 후단에서 "행정안전부령으로 정하는 연소(延燒) 우려가 있는 구조"란 다음의
기준에 모두 해당하는 구조를 말한다.

1. 건축물대장의 건축물 현황도에 표시된 대지경계선 안에 둘 이상의 건축물이 있는 경우
2. 각각의 건축물이 다른 건축물의 외벽으로부터 수평거리가 1층의 경우에는 6m 이하, 2층 이상의
   층의 경우에는 10m 이하인 경우
3. 개구부(영 제2조제1호 각 목 외의 부분에 따른 개구부)가 다른 건축물을 향하여 설치되어 있는
   경우

■ 시행령 별표 / 서식

[별표 1] 소방시설(제3조 관련)
[별표 2] 특정소방대상물(제5조 관련)
[별표 3] 소방용품(제6조 관련)
[별표 4] 특정소방대상물의 관계인이 특정소방대상물에 설치 · 관리해야 하는 소방시설의 종류(제11조
관련)
[별표 5] 특정소방대상물의 소방시설 설치의 면제 기준(제14조 관련)
[별표 6] 소방시설을 설치하지 않을 수 있는 특정소방대상물 및 소방시설의 범위(제16조 관련)
[별표 7] 수용인원의 산정 방법(제17조 관련)
[별표 8] 임시소방시설의 종류와 설치기준 등(제18조제2항 및 제3항 관련)
[별표 9] 소방시설관리업의 업종별 등록기준 및 영업범위(제45조제1항 관련)
[별표 10] 과태료의 부과기준(제52조 관련)

■ 시행규칙 별표 / 서식

[별표 1] 성능위주설계 평가단 및 중앙소방심의위원회의 검토ㆍ평가 구분 및 통보 시기(제5조제5항 관련)

[별표 2] 차량용 소화기의 설치 또는 비치 기준(제14조 관련)

[별표 3] 소방시설등 자체점검의 구분 및 대상, 점검자의 자격, 점검 장비, 점검 방법 및 횟수 등 자체점검
　　　　시 준수해야할 사항(제20조제1항 관련)

[별표 4] 소방시설등의 자체점검 시 점검인력의 배치기준(제20조제1항 관련)

[별표 5] 소방시설등 자체점검기록표(제25조 관련)

[별표 6] 소방시설관리사시험 과목의 세부 항목(제28조 관련)

[별표 7] 소방시설관리업자의 점검능력 평가의 세부 기준(제38조제1항 관련)

[별표 8] 행정처분 기준(제39조 관련)

[별표 9] 과징금의 부과기준(제40조제1항 관련)

[별표 10] 수수료(제41조제1항 관련)

[별지 제1호서식] 건축허가등의 동의대장

[별지 제2호서식] 성능위주설계 신고서

[별지 제3호서식] 성능위주설계 검토ㆍ평가 결과서

[별지 제4호서식] 성능위주설계 변경 신고서

[별지 제5호서식] 성능위주설계 사전검토 신청서

[별지 제6호서식] 성능위주설계 사전검토 결과서

[별지 제7호서식] 소방시설등의 자체점검(면제, 연기) 신청서

[별지 제8호서식] 소방시설등의 자체점검 (면제, 연기) 신청 결과 통지서

[별지 제9호서식] [작동점검, 종합점검(최초점검, 그 밖의 종합점검)] 소방시설등 자체점검 실시결과 보고서

[별지 제10호서식] 소방시설등의 자체점검 결과 이행계획서

[별지 제11호서식] 소방시설등의 자체점검 결과 이행완료 보고서

[별지 제12호서식] 소방시설등의 자체점검 결과 이행계획 완료 연기신청서

[별지 제13호서식] 소방시설등의 자체점검 결과 이행계획 완료 연기신청 결과 통지서

[별지 제14호서식] 소방시설관리사증

[별지 제15호서식] 소방시설관리사증 발급대장

[별지 제16호서식] 소방시설관리사증 재발급 신청서

[별지 제17호서식] 소방시설관리사시험 응시원서

[별지 제18호서식] 소방시설관리사시험 응시원서

[별지 제19호서식] 경력ㆍ재직증명서

[별지 제20호서식] 소방시설관리업 등록신청서

[별지 제21호서식] 소방기술인력대장

[별지 제22호서식] 소방시설관리업 등록증

[별지 제23호서식] 소방시설관리업 등록수첩

[별지 제24호서식] 소방시설관리업 등록대장

[별지 제25호서식] 소방시설관리업 등록증(등록수첩) 재발급 신청서
[별지 제26호서식] 소방시설관리업 등록사항 변경신고서
[별지 제27호서식] 소방시설관리업 지위승계 신고서
[별지 제28호서식] 소방시설관리업 합병 신고서
[별지 제29호서식] 소방시설등 점검능력 평가신청서
[별지 제30호서식] 소방시설등의 점검실적 증명서
[별지 제31호서식] 소방기술인력 보유 현황
[별지 제32호서식] 신인도평가 가점사항 확인서
[별지 제33호서식] (조치명령, 이행명령) 연기신청서
[별지 제34호서식] 조치명령등의 연기 통지서
[별지 제35호서식] 위반행위 신고 내용 처리결과 통지서
[별지 제36호서식] 소방시설 외관점검표(세대 점검용)

CHAPTER
05 위험물안전관리법(약칭 : 위험물관리법)

위험물관리법　　　　　[시행 2023. 7. 4.] [법률 제19161호, 2023. 1. 3., 일부개정]
위험물관리법 시행령　　[시행 2023. 7. 4.] [대통령령 제33579호, 2023. 6. 27., 일부개정]
위험물관리법 시행규칙　[시행 2023. 6. 29.] [행정안전부령 제409호, 2023. 6. 29., 일부개정]

제1장 총칙

제1조(목적)

이 법은 위험물의 저장·취급 및 운반과 이에 따른 안전관리에 관한 사항을 규정함으로써 위험물로 인한 위해를 방지하여 공공의 안전을 확보함을 목적으로 한다.

제2조(정의)

① 이 법에서 사용하는 용어의 정의는 다음과 같다.
　1. "위험물"이라 함은 인화성 또는 발화성 등의 성질을 가지는 것으로서 《대통령령이 정하는 물품》을 말한다.

§ 대통령령이 정하는 물품
[별표 1]에 규정된 위험물을 말한다.

■ 위험물안전관리법 시행령
[별표 1] 위험물 및 지정수량

위험물			지정수량
유별	성질	품명	
제1류	산화성 고체	1. 아염소산염류	50kg
		2. 염소산염류	50kg
		3. 과염소산염류	50kg
		4. 무기과산화물	50kg
		5. 브롬산염류	300kg
		6. 질산염류	300kg
		7. 요오드산염류	300kg
		8. 과망간산염류	1,000kg
		9. 중크롬산염류	1,000kg

		10. 그 밖에 행정안전부령으로 정하는 것(과요오드산염류, 과요오드산, 크롬, 납 또는 요오드의 산화물, 아질산염류, 차아염소산염류, 염소화이소시아눌산, 퍼옥소이황산염류, 퍼옥소붕산염류) 11. 제1호 내지 제10호의 1에 해당하는 어느 하나 이상을 함유한 것		50kg, 300kg 또는 1,000kg
제2류	가연성 고체	1. 황화린		100kg
		2. 적린		100kg
		3. 유황		100kg
		4. 철분		500kg
		5. 금속분		500kg
		6. 마그네슘		500kg
		7. 그 밖에 행정안전부령으로 정하는 것 8. 제1호 내지 제7호의 1에 해당하는 어느 하나 이상을 함유한 것		100kg 또는 500kg
		9. 인화성고체		1,000kg
제3류	자연 발화성 물질 및 금수성 물질	1. 칼륨		10kg
		2. 나트륨		10kg
		3. 알킬알루미늄		10kg
		4. 알킬리튬		10kg
		5. 황린		20kg
		6. 알칼리금속(칼륨 및 나트륨 제외) 및 알칼리토금속		50kg
		7. 유기금속화합물(알킬알루미늄 및 알킬리튬 제외)		50kg
		8. 금속의 수소화물		300kg
		9. 금속의 인화물		300kg
		10. 칼슘 또는 알루미늄의 탄화물		300kg
		11. 그 밖에 행정안전부령으로 정하는 것(염소화규소화합물) 12. 제1호 내지 제11호의 1에 해당하는 어느 하나 이상을 함유한 것		10kg, 20kg, 50kg 또는 300kg
제4류	인화성 액체	1. 특수인화물		50L
		2. 제1석유류	비수용성액체	200L
			수용성액체	400L
		3. 알코올류		400L
		4. 제2석유류	비수용성액체	1,000L
			수용성액체	2,000L
		5. 제3석유류	비수용성액체	2,000L
			수용성액체	4,000L

		6. 제4석유류	6,000L
		7. 동식물유류	10,000L
제5류	자기 반응성 물질	1. 유기과산화물	10kg
		2. 질산에스테르류	10kg
		3. 니트로화합물	200kg
		4. 니트로소화합물	200kg
		5. 아조화합물	200kg
		6. 디아조화합물	200kg
		7. 히드라진 유도체	200kg
		8. 히드록실아민	100kg
		9. 히드록실아민염류	100kg
		10. 그 밖에 행정안전부령으로 정하는 것(금속의 아지화합물, 질산구아니딘) 11. 제1호 내지 제10호의 1에 해당하는 어느 하나 이상을 함유한 것	10kg, 100kg 또는 200kg
제6류	산화성 액체	1. 과염소산	300kg
		2. 과산화수소	300kg
		3. 질산	300kg
		4. 그 밖에 행정안전부령으로 정하는 것(할로겐간화합물)	300kg
		5. 제1호 내지 제4호의 1에 해당하는 어느 하나 이상을 함유한 것	300kg

[비고]
1. "산화성고체"라 함은 고체[액체(1기압 및 20℃도에서 액상인 것 또는 20℃ 초과 40℃ 이하에서 액상인 것) 또는 기체(1기압 및 20℃에서 기상인 것)외의 것]로서 산화력의 잠재적인 위험성 또는 충격에 대한 민감성을 판단하기 위하여 소방청장이 정하여 고시하는 시험에서 고시로 정하는 성질과 상태를 나타내는 것을 말한다. 이 경우 "액상"이라 함은 수직으로 된 시험관(안지름 30mm, 높이 120mm의 원통형유리관)에 시료를 55mm까지 채운 다음 당해 시험관을 수평으로 하였을 때 시료액면의 선단이 30mm를 이동하는 데 걸리는 시간이 90초 이내에 있는 것을 말한다.
2. "가연성고체"라 함은 고체로서 화염에 의한 발화의 위험성 또는 인화의 위험성을 판단하기 위하여 고시로 정하는 시험에서 고시로 정하는 성질과 상태를 나타내는 것을 말한다.
3. 유황은 순도가 60wt%(중량퍼센트) 이상인 것을 말한다. 이 경우 순도측정에 있어서 불순물은 활석 등 불연성물질과 수분에 한한다.
4. "철분"이라 함은 철의 분말로서 53μm의 표준체를 통과하는 것이 50wt% 미만인 것은 제외한다.
5. "금속분"이라 함은 알칼리금속·알칼리토류금속·철 및 마그네슘외의 금속의 분말을 말하고, 구리분·니켈분 및 150μm의 체를 통과하는 것이 50wt% 미만인 것은 제외한다.
6. 마그네슘 및 제2류제8호의 물품 중 마그네슘을 함유한 것에 있어서는 다음의 1에 해당하는 것은 제외한다.
   가. 2mm의 체를 통과하지 아니하는 덩어리 상태의 것
   나. 지름 2mm 이상의 막대 모양의 것
7. 황화린·적린·유황 및 철분은 제2호에 따른 성질과 상태가 있는 것으로 본다.

8. "인화성고체"라 함은 고형알코올 그 밖에 1기압에서 인화점이 40℃ 미만인 고체를 말한다.

9. "자연발화성물질 및 금수성물질"이라 함은 고체 또는 액체로서 공기 중에서 발화의 위험성이 있거나 물과 접촉하여 발화하거나 가연성가스를 발생하는 위험성이 있는 것을 말한다.

10. 칼륨·나트륨·알킬알루미늄·알킬리튬 및 황린은 제9호의 규정에 의한 성상이 있는 것으로 본다.

11. "인화성액체"라 함은 액체(제3석유류, 제4석유류 및 동식물유류의 경우 1기압과 20℃에서 액체인 것만 해당)로서 인화의 위험성이 있는 것을 말한다. 다만, 다음의 어느 하나에 해당하는 것을 법 제20조제1항의 중요기준과 세부기준에 따른 운반용기를 사용하여 운반하거나 저장(진열 및 판매 포함)하는 경우는 제외한다.
    가. 「화장품법」에 따른 화장품 중 인화성액체를 포함하고 있는 것
    나. 「약사법」에 따른 의약품 중 인화성액체를 포함하고 있는 것
    다. 「약사법」에 따른 의약외품(알코올류에 해당하는 것은 제외) 중 수용성인 인화성액체를 50부피% 이하로 포함하고 있는 것
    라. 「의료기기법」에 따른 체외진단용 의료기기 중 인화성액체를 포함하고 있는 것
    마. 「생활화학제품 및 살생물제의 안전관리에 관한 법률」 제3조제4호에 따른 안전확인대상생활화학제품(알코올류에 해당하는 것은 제외) 중 수용성인 인화성액체를 50부피% 이하로 포함하고 있는 것

12. "특수인화물"이라 함은 이황화탄소, 디에틸에테르 그 밖에 1기압에서 발화점이 100℃ 이하인 것 또는 인화점이 영하℃도 이하이고 비점이 40℃ 이하인 것을 말한다.

13. "제1석유류"라 함은 아세톤, 휘발유 그 밖에 1기압에서 인화점이 21℃ 미만인 것을 말한다.

14. "알코올류"라 함은 1분자를 구성하는 탄소원자의 수가 1개부터 3개까지인 포화1가 알코올(변성알코올 포함)을 말한다. 다만, 다음의 1에 해당하는 것은 제외한다.
    가. 1분자를 구성하는 탄소원자의 수가 1개 내지 3개의 포화1가 알코올의 함유량이 60wt% 미만인 수용액
    나. 가연성액체량이 60wt% 미만이고 인화점 및 연소점(태그개방식인화점측정기에 의한 연소점)이 에틸알코올 60wt% 수용액의 인화점 및 연소점을 초과하는 것

15. "제2석유류"라 함은 등유, 경유 그 밖에 1기압에서 인화점이 21℃ 이상 70℃ 미만인 것을 말한다. 다만, 도료류 그 밖의 물품에 있어서 가연성 액체량이 40wt% 이하이면서 인화점이 40℃ 이상인 동시에 연소점이 60℃ 이상인 것은 제외한다.

16. "제3석유류"라 함은 중유, 클레오소트유 그 밖에 1기압에서 인화점이 70℃ 이상 200℃ 미만인 것을 말한다. 다만, 도료류 그 밖의 물품은 가연성 액체량이 40wt% 이하인 것은 제외한다.

17. "제4석유류"라 함은 기어유, 실린더유 그 밖에 1기압에서 인화점이 200℃ 이상 250℃ 미만의 것을 말한다. 다만 도료류 그 밖의 물품은 가연성 액체량이 40wt% 이하인 것은 제외한다.

18. "동식물유류"라 함은 동물의 지육(枝肉 : 머리, 내장, 다리를 잘라 내고 아직 부위별로 나누지 않은 고기) 등 또는 식물의 종자나 과육으로부터 추출한 것으로서 1기압에서 인화점이 250℃ 미만인 것을 말한다. 다만, 법 제20조제1항의 규정에 의하여 행정안전부령으로 정하는 용기기준과 수납·저장기준에 따라 수납되어 저장·보관되고 용기의 외부에 물품의 통칭명, 수량 및 화기엄금(화기엄금과 동일한 의미를 갖는 표시 포함)의 표시가 있는 경우를 제외한다.

19. "자기반응성물질"이라 함은 고체 또는 액체로서 폭발의 위험성 또는 가열분해의 격렬함을 판단하기 위하여 고시로 정하는 시험에서 고시로 정하는 성질과 상태를 나타내는 것을 말한다.

20. 제5류제11호의 물품에 있어서는 유기과산화물을 함유하는 것 중에서 불활성고체를 함유하는 것으로서 다음의 1에 해당하는 것은 제외한다.
    가. 과산화벤조일의 함유량이 35.5wt% 미만인 것으로서 전분가루, 황산칼슘2수화물 또는 인산1수소칼슘2수화물과의 혼합물

나. 비스(4클로로벤조일)퍼옥사이드의 함유량이 30wt% 미만인 것으로서 불활성고체와의 혼합물

다. 과산화지크밀의 함유량이 40wt% 미만인 것으로서 불활성고체와의 혼합물

라. 1·4비스(2-터셔리부틸퍼옥시이소프로필)벤젠의 함유량이 40wt% 미만인 것으로서 불활성고체와의 혼합물

마. 시크로헥사놀퍼옥사이드의 함유량이 30wt% 미만인 것으로서 불활성고체와의 혼합물

21. "산화성액체"라 함은 액체로서 산화력의 잠재적인 위험성을 판단하기 위하여 고시로 정하는 시험에서 고시로 정하는 성질과 상태를 나타내는 것을 말한다.

22. 과산화수소는 그 농도가 36wt% 이상인 것에 한하며, 제21호의 성상이 있는 것으로 본다.

23. 질산은 그 비중이 1.49 이상인 것에 한하며, 제21호의 성상이 있는 것으로 본다.

24. 위 표의 성질란에 규정된 성상을 2가지 이상 포함하는 물품(이하 "복수성상물품")이 속하는 품명은 다음의 1에 의한다.

가. 복수성상물품이 산화성고체의 성상 및 가연성고체의 성상을 가지는 경우 : 제2류제8호의 규정에 의한 품명

나. 복수성상물품이 산화성고체의 성상 및 자기반응성물질의 성상을 가지는 경우 : 제5류제11호의 규정에 의한 품명

다. 복수성상물품이 가연성고체의 성상과 자연발화성물질의 성상 및 금수성물질의 성상을 가지는 경우 : 제3류제12호의 규정에 의한 품명

라. 복수성상물품이 자연발화성물질의 성상, 금수성물질의 성상 및 인화성액체의 성상을 가지는 경우 : 제3류제12호의 규정에 의한 품명

마. 복수성상물품이 인화성액체의 성상 및 자기반응성물질의 성상을 가지는 경우 : 제5류제11호의 규정에 의한 품명

25. 위 표의 지정수량란에 정하는 수량이 복수로 있는 품명에 있어서는 당해 품명이 속하는 유(類)의 품명 가운데 위험성의 정도가 가장 유사한 품명의 지정수량란에 정하는 수량과 같은 수량을 당해 품명의 지정수량으로 한다. 이 경우 위험물의 위험성을 실험·비교하기 위한 기준은 고시로 정할 수 있다.

26. 위 표의 기준에 따라 위험물을 판정하고 지정수량을 결정하기 위하여 필요한 실험은 「국가표준기본법」에 따라 인정을 받은 시험·검사기관, 기술원, 국립소방연구원 또는 소방청장이 지정하는 기관에서 실시할 수 있다. 이 경우 실험 결과에는 실험한 위험물에 해당하는 품명과 지정수량이 포함되어야 한다.

영·규칙 CHAIN

칙 제4조(위험물의 품명)

① 제3조제1항 및 제3항의 1에 해당하는 위험물은 각각 다른 품명의 위험물로 본다.

② 영 [별표 1] 제1류의 품명란 제11호, 동표 제2류의 품명란 제8호, 동표 제3류의 품명란 제12호, 동표 제5류의 품명란 제11호 또는 동표 제6류의 품명란 제5호의 위험물로서 당해 위험물에 함유된 위험물의 품명이 다른 것은 각각 다른 품명의 위험물로 본다.

2. "지정수량"이라 함은 위험물의 종류별로 위험성을 고려하여 대통령령이 정하는 수량으로서 제6호의 규정에 의한 제조소등의 설치허가 등에 있어서 최저의 기준이 되는 수량을 말한다.

3. "제조소"라 함은 위험물을 제조할 목적으로 지정수량 이상의 위험물을 취급하기 위하여 제6조제1항

의 규정에 따른 허가(동조제3항의 규정에 따라 허가가 면제된 경우 및 제7조제2항의 규정에 따라 협의로써 허가를 받은 것으로 보는 경우 포함)를 받은 장소를 말한다.

4. "저장소"라 함은 지정수량 이상의 위험물을 저장하기 위한 대통령령이 정하는 장소로서 제6조제1항의 규정에 따른 허가를 받은 장소를 말한다.

영·규칙 CHAIN

영 제4조(위험물을 저장하기 위한 장소 등)

법 제2조제1항제4호의 규정에 의한 지정수량 이상의 위험물을 저장하기 위한 장소와 그에 따른 저장소의 구분은 [별표 2]와 같다.

■ 위험물안전관리법 시행령

[별표 2] 지정수량 이상의 위험물을 저장하기 위한 장소와 그에 따른 저장소의 구분

지정수량 이상의 위험물을 저장하기 위한 장소	저장소의 구분
1. 옥내(지붕과 기둥 또는 벽 등에 의하여 둘러싸인 곳)에 저장(위험물을 저장하는 데 따르는 취급을 포함)하는 장소. 다만, 제3호의 장소를 제외한다.	옥내저장소
2. 옥외에 있는 탱크(제4호 내지 제6호 및 제8호에 규정된 탱크 제외)에 위험물을 저장하는 장소	옥외탱크저장소
3. 옥내에 있는 탱크에 위험물을 저장하는 장소	옥내탱크저장소
4. 지하에 매설한 탱크에 위험물을 저장하는 장소	지하탱크저장소
5. 간이탱크에 위험물을 저장하는 장소	간이탱크저장소
6. 차량(피견인자동차에 있어서는 앞차축을 갖지 아니하는 것으로서 당해 피견인자동차의 일부가 견인자동차에 적재되고 당해 피견인자동차와 그 적재물의 중량의 상당부분이 견인자동차에 의하여 지탱되는 구조의 것)에 고정된 탱크에 위험물을 저장하는 장소	이동탱크저장소
7. 옥외에 다음의 1에 해당하는 위험물을 저장하는 장소. 다만, 제2호의 장소를 제외한다. 가. 제2류 위험물중 유황 또는 인화성고체(인화점이 섭씨 0도 이상인 것) 나. 제4류 위험물중 제1석유류(인화점이 섭씨 0도 이상인 것)·알코올류·제2석유류·제3석유류·제4석유류 및 동식물유류 다. 제6류 위험물 라. 제2류 위험물 및 제4류 위험물중 특별시·광역시 또는 도의 조례에서 정하는 위험물(「관세법」의 규정에 의한 보세구역안에 저장하는 경우) 마. 「국제해사기구에 관한 협약」에 의하여 설치된 국제해사기구가 채택한 「국제해상위험물규칙」에 적합한 용기에 수납된 위험물	옥외저장소
8. 암반 내의 공간을 이용한 탱크에 액체의 위험물을 저장하는 장소	암반탱크저장소

5. "취급소"라 함은 지정수량 이상의 위험물을 제조외의 목적으로 취급하기 위한 대통령령이 정하는 장소로서 제6조제1항의 규정에 따른 허가를 받은 장소를 말한다.

영·규칙 CHAIN

영 제5조(위험물을 취급하기 위한 장소 등)

법 제2조제1항제5호의 규정에 의한 지정수량 이상의 위험물을 제조 외의 목적으로 취급하기 위한 장소와 그에 따른 취급소의 구분은 [별표 3]과 같다.

---

6. "제조소등"이라 함은 제3호 내지 제5호의 제조소·저장소 및 취급소를 말한다.

② 이 법에서 사용하는 용어의 정의는 제1항에서 규정하는 것을 제외하고는 「소방기본법」, 「화재의 예방 및 안전관리에 관한 법률」, 「소방시설 설치 및 관리에 관한 법률」 및 「소방시설공사업법」에서 정하는 바에 따른다.

영·규칙 CHAIN

칙 제2조(정의)

이 규칙에서 사용하는 용어의 뜻은 다음과 같다.
1. "고속국도"란 「도로법」에 따른 고속국도를 말한다.
2. "도로"란 다음의 어느 하나에 해당하는 것을 말한다.
    가. 「도로법」에 따른 도로
    나. 「항만법」에 따른 항만시설 중 임항교통시설에 해당하는 도로
    다. 「사도법」의 규정에 의한 사도
    라. 그 밖에 일반교통에 이용되는 너비 2m 이상의 도로로서 자동차의 통행이 가능한 것
3. "하천"이란 「하천법」에 따른 하천을 말한다.
4. "내화구조"란 「건축법 시행령」에 따른 내화구조를 말한다.
5. "불연재료"란 「건축법 시행령」에 따른 불연재료 중 유리 외의 것을 말한다.

제3조(적용제외)

이 법은 항공기·선박(선박법에 따른 선박)·철도 및 궤도에 의한 위험물의 저장·취급 및 운반에 있어서는 이를 적용하지 아니한다.

제3조의2(국가의 책무)

① 국가는 위험물에 의한 사고를 예방하기 위하여 다음의 사항을 포함하는 시책을 수립·시행하여야 한다.
1. 위험물의 유통실태 분석
2. 위험물에 의한 사고 유형의 분석

3. 사고 예방을 위한 안전기술 개발

4. 전문인력 양성

5. 그 밖에 사고 예방을 위하여 필요한 사항

② 국가는 지방자치단체가 위험물에 의한 사고의 예방·대비 및 대응을 위한 시책을 추진하는 데에 필요한 행정적·재정적 지원을 하여야 한다.

제4조(지정수량 미만인 위험물의 저장·취급)

지정수량 미만인 위험물의 저장 또는 취급에 관한 기술상의 기준은 시·도의 조례로 정한다.

제5조(위험물의 저장 및 취급의 제한)

① 지정수량 이상의 위험물을 저장소가 아닌 장소에서 저장하거나 제조소등이 아닌 장소에서 취급하여서는 아니된다.

② 제1항의 규정에 불구하고 다음의 어느 하나에 해당하는 경우에는 제조소등이 아닌 장소에서 지정수량 이상의 위험물을 취급할 수 있다. 이 경우 임시로 저장 또는 취급하는 장소에서의 저장 또는 취급의 기준과 임시로 저장 또는 취급하는 장소의 위치·구조 및 설비의 기준은 시·도의 조례로 정한다.

  1. 시·도의 조례가 정하는 바에 따라 관할소방서장의 승인을 받아 지정수량 이상의 위험물을 90일 이내의 기간동안 임시로 저장 또는 취급하는 경우

  2. 군부대가 지정수량 이상의 위험물을 군사목적으로 임시로 저장 또는 취급하는 경우

③ 제조소등에서의 위험물의 저장 또는 취급에 관하여는 다음의 중요기준 및 세부기준에 따라야 한다.

  1. 중요기준 : 화재 등 위해의 예방과 응급조치에 있어서 큰 영향을 미치거나 그 기준을 위반하는 경우 직접적으로 화재를 일으킬 가능성이 큰 기준으로서 행정안전부령이 정하는 기준

  2. 세부기준 : 화재 등 위해의 예방과 응급조치에 있어서 중요기준보다 상대적으로 적은 영향을 미치거나 그 기준을 위반하는 경우 간접적으로 화재를 일으킬 수 있는 기준 및 위험물의 안전관리에 필요한 표시와 서류·기구 등의 비치에 관한 기준으로서 행정안전부령이 정하는 기준

 영·규칙 CHAIN

칙 제50조(위험물의 운반기준)

법 제20조제1항의 규정에 의한 위험물의 운반에 관한 기준은 별표 19와 같다.

④ 제1항의 규정에 따른 제조소등의 위치·구조 및 설비의 기술기준은 행정안전부령으로 정한다.

영·규칙 CHAIN

칙 제41조(소화설비의 기준)

① 법 제5조제4항의 규정에 의하여 제조소등에는 화재발생 시 소화가 곤란한 정도에 따라 그 소화에 적응성이 있는 소화설비를 설치하여야 한다.

② 제1항의 규정에 의한 소화가 곤란한 정도에 따른 소화난이도는 소화난이도등급Ⅰ, 소화난이도등급

Ⅱ 및 소화난이도등급Ⅲ으로 구분하되, 각 소화난이도등급에 해당하는 제조소등의 규모, 저장 또는 취급하는 위험물의 품명 및 최대수량 등과 그에 따라 제조소등별로 설치하여야 하는 소화설비의 종류, 각 소화설비의 적응성 및 소화설비의 설치기준은 [별표 17]과 같다.

칙 제42조(경보설비의 기준)

① 법 제5조제4항의 규정에 의하여 영 [별표 1]의 규정에 의한 지정수량의 10배 이상의 위험물을 저장 또는 취급하는 제조소등(이동탱크저장소 제외)에는 화재발생 시 이를 알릴 수 있는 경보설비를 설치하여야 한다.

② 제1항에 따른 경보설비는 자동화재탐지설비 · 자동화재속보설비 · 비상경보설비(비상벨장치 또는 경종 포함) · 확성장치(휴대용확성기 포함) 및 비상방송설비로 구분하되, 제조소등별로 설치하여야 하는 경보설비의 종류 및 설치기준은 [별표 17]과 같다.

③ 자동신호장치를 갖춘 스프링클러설비 또는 물분무등소화설비를 설치한 제조소등에 있어서는 제2항의 규정에 의한 자동화재탐지설비를 설치한 것으로 본다.

칙 제43조(피난설비의 기준)

① 법 제5조제4항의 규정에 의하여 주유취급소 중 건축물의 2층 이상의 부분을 점포 · 휴게음식점 또는 전시장의 용도로 사용하는 것과 옥내주유취급소에는 피난설비를 설치하여야 한다.

② 제1항의 규정에 의한 피난설비의 설치기준은 [별표 17]과 같다.

칙 제44조(소화설비 등의 설치에 관한 세부기준)

제41조 내지 제43조의 규정에 의한 기준 외에 소화설비 · 경보설비 및 피난설비의 설치에 관하여 필요한 세부기준은 소방청장이 정하여 고시한다.

칙 제45조(소화설비 등의 형식)

소화설비 · 경보설비 및 피난설비는 「소방시설 설치 및 관리에 관한 법률」에 따라 소방청장의 형식승인을 받은 것이어야 한다.

칙 제46조(화재안전기준의 적용)

제조소등에 설치하는 소화설비 · 경보설비 및 피난설비의 설치 기준 등에 관하여 제41조부터 제44조까지에 규정된 기준 외에는 「소방시설 설치 및 관리에 관한 법률」에 따른 화재안전기준에 따른다.

칙 제47조(제조소등의 기준의 특례)

① 시 · 도지사 또는 소방서장은 다음의 1에 해당하는 경우에는 이 장의 규정을 적용하지 아니한다.

　1. 위험물의 품명 및 최대수량, 지정수량의 배수, 위험물의 저장 또는 취급의 방법 및 제조소등의 주위의 지형 그 밖의 상황 등에 비추어 볼 때 화재의 발생 및 연소의 정도나 화재 등의 재난에 의한 피해가 이 장의 규정에 의한 제조소등의 위치 · 구조 및 설비의 기준에 의한 경우와 동등 이하가 된다고 인정되는 경우

2. 예상하지 아니한 특수한 구조나 설비를 이용하는 것으로서 이 장의 규정에 의한 제조소등의 위치 · 구조 및 설비의 기준에 의한 경우와 동등 이상의 효력이 있다고 인정되는 경우

② 시 · 도지사 또는 소방서장은 제조소등의 기준의 특례 적용 여부를 심사함에 있어서 전문기술적인 판단이 필요하다고 인정하는 사항에 대해서는 기술원이 실시한 해당 제조소등의 안전성에 관한 평가(이하 "안전성 평가")를 참작할 수 있다.

③ 안전성 평가를 받으려는 자는 제6조제1호부터 제4호까지 및 같은 조 제7호부터 제9호까지의 규정에 따른 서류 중 해당 서류를 기술원에 제출하여 안전성 평가를 신청할 수 있다.

④ 안전성 평가의 신청을 받은 기술원은 소방기술사, 위험물기능장 등 해당분야의 전문가가 참여하는 위원회(이하 "안전성평가위원회")의 심의를 거쳐 안전성 평가 결과를 30일 이내에 신청인에게 통보하여야 한다.

⑤ 그 밖에 안전성평가위원회의 구성 및 운영과 신청절차 등 안전성 평가에 관하여 필요한 사항은 기술원의 원장이 정한다.

칙 제48조(화약류에 해당하는 위험물의 특례)

염소산염류 · 과염소산염류 · 질산염류 · 유황 · 철분 · 금속분 · 마그네슘 · 질산에스테르류 · 니트로화합물 중「총포 · 도검 · 화약류 등의 안전관리에 관한 법률」에 따른 화약류에 해당하는 위험물을 저장 또는 취급하는 제조소 등에 대해서는 [별표 4] Ⅱ · Ⅳ · Ⅸ · Ⅹ 및 [별표 5] Ⅰ 제1호 · 제2호 · 제4호부터 제8호까지 · 제14호 · 제16호 · Ⅱ · Ⅲ을 적용하지 않는다.

⑤ 둘 이상의 위험물을 같은 장소에서 저장 또는 취급하는 경우에 있어서 당해 장소에서 저장 또는 취급하는 각 위험물의 수량을 그 위험물의 지정수량으로 각각 나누어 얻은 수의 합계가 1 이상인 경우 당해 위험물은 지정수량 이상의 위험물로 본다.

영 · 규칙 CHAIN

칙 제5조(탱크 용적의 산정기준)

① 위험물을 저장 또는 취급하는 탱크의 용량은 해당 탱크의 내용적에서 공간용적을 뺀 용적으로 한다. 이 경우 위험물을 저장 또는 취급하는 영 [별표 2] 제6호에 따른 차량에 고정된 탱크(이하 "이동저장탱크")의 용량은 「자동차 및 자동차부품의 성능과 기준에 관한 규칙」에 따른 최대적재량 이하로 하여야 한다.

② 제1항의 규정에 의한 탱크의 내용적 및 공간용적의 계산방법은 소방청장이 정하여 고시한다.

③ 제1항의 규정에 불구하고 제조소 또는 일반취급소의 위험물을 취급하는 탱크 중 특수한 구조 또는 설비를 이용함에 따라 당해 탱크내의 위험물의 최대량이 제1항의 규정에 의한 용량 이하인 경우에는 당해 최대량을 용량으로 한다.

칙 제49조(제조소등에서의 위험물의 저장 및 취급의 기준)

법 제5조제3항의 규정에 의한 제조소등에서의 위험물의 저장 및 취급에 관한 기준은 [별표 18]과 같다.

제2장 위험물시설의 설치 및 변경

제6조(위험물시설의 설치 및 변경 등)

① 제조소등을 설치하고자 하는 자는 대통령령이 정하는 바에 따라 그 설치장소를 관할하는 시·도지사의 허가를 받아야 한다. 제조소등의 위치·구조 또는 설비 가운데 행정안전부령이 정하는 사항을 변경하고 자 하는 때에도 또한 같다.

벌 1년 이상 10년 이하 징역 – 제조소등 또는 제6조제1항에 따른 허가를 받지 않고 지정수량 이상의 위험물을 저장 또는 취급하는 장소에서 위험물을 유출·방출 또는 확산시켜 사람의 생명·신체 또는 재산에 대하여 위험을 발생시킨 자

벌 무기 / 3년 이상 징역 – 허가 미이행 등 죄를 범하여 사람을 상해(傷害)에 이르게 한 때

벌 무기 / 5년 이상 징역 – 허가 미이행 등 죄를 범하여 사람을 사망에 이르게 한 때

② 제조소등의 위치·구조 또는 설비의 변경없이 당해 제조소등에서 저장하거나 취급하는 위험물의 품 명·수량 또는 지정수량의 배수를 변경하고자 하는 자는 변경하고자 하는 날의 1일 전까지 행정안전부령 이 정하는 바에 따라 시·도지사에게 신고하여야 한다.

③ 제1항 및 제2항의 규정에 불구하고 다음의 어느 하나에 해당하는 제조소등의 경우에는 허가를 받지 아니하고 당해 제조소등을 설치하거나 그 위치·구조 또는 설비를 변경할 수 있으며, 신고를 하지 아니하고 위험물의 품명·수량 또는 지정수량의 배수를 변경할 수 있다.

1. 주택의 난방시설(공동주택의 중앙난방시설을 제외)을 위한 저장소 또는 취급소
2. 농예용·축산용 또는 수산용으로 필요한 난방시설 또는 건조시설을 위한 지정수량 20배 이하의 저장소

영·규칙 CHAIN

영 제6조(제조소등의 설치 및 변경의 허가)

① 법 제6조제1항에 따라 제조소등의 설치허가 또는 변경허가를 받으려는 자는 설치허가 또는 변경허가 신청서에 행정안전부령으로 정하는 서류를 첨부하여 시·도지사에게 제출하여야 한다.

② 시·도지사는 제1항에 따른 제조소등의 설치허가 또는 변경허가 신청 내용이 다음의 기준에 적합하 다고 인정하는 경우에는 허가를 하여야 한다.

1. 제조소등의 위치·구조 및 설비가 법 제5조제4항의 규정에 의한 기술기준에 적합할 것
2. 제조소등에서의 위험물의 저장 또는 취급이 공공의 안전유지 또는 재해의 발생방지에 지장을 줄 우려가 없다고 인정될 것
3. 다음의 제조소등은 해당 목에서 정한 사항에 대하여 「소방산업의 진흥에 관한 법률」 제14조에 따른 한국소방산업기술원(이하 "기술원")의 기술검토를 받고 그 결과가 행정안전부령으로 정하 는 기준에 적합한 것으로 인정될 것. 다만, 보수 등을 위한 부분적인 변경으로서 소방청장이 정하여 고시하는 사항에 대해서는 기술원의 기술검토를 받지 않을 수 있으나 행정안전부령으로

정하는 기준에는 적합해야 한다.

　가. 지정수량의 1천배 이상의 위험물을 취급하는 제조소 또는 일반취급소 : 구조ㆍ설비에 관한 사항

　나. 옥외탱크저장소(저장용량이 50만 리터 이상인 것만 해당) 또는 암반탱크저장소 : 위험물 탱크의 기초ㆍ지반, 탱크본체 및 소화설비에 관한 사항

③ 제2항제3호의 어느 하나에 해당하는 제조소등에 관한 설치허가 또는 변경허가를 신청하는 자는 그 시설의 설치계획에 관하여 미리 기술원의 기술검토를 받아 그 결과를 설치허가 또는 변경허가신청 서류와 함께 제출할 수 있다.

칙 제6조(제조소등의 설치허가의 신청)

「위험물안전관리법」제6조제1항 전단 및 영 제6조제1항에 따라 제조소등의 설치허가를 받으려는 자는 [별지 제1호서식] 또는 [별지 제2호서식]의 신청서(전자문서로 된 신청서 포함)에 다음의 서류(전 자문서 포함)를 첨부하여 시ㆍ도지사나 소방서장에게 제출하여야 한다. 다만, 「전자정부법」에 따른 행정정보의 공동이용을 통하여 첨부서류에 대한 정보를 확인할 수 있는 경우에는 그 확인으로 첨부서류 에 갈음할 수 있다.

1. 다음의 사항을 기재한 제조소등의 위치ㆍ구조 및 설비에 관한 도면

　가. 당해 제조소등을 포함하는 사업소 안 및 주위의 주요 건축물과 공작물의 배치

　나. 당해 제조소등이 설치된 건축물 안에 제조소등의 용도로 사용되지 아니하는 부분이 있는 경우 그 부분의 배치 및 구조

　다. 당해 제조소등을 구성하는 건축물, 공작물 및 기계ㆍ기구 그 밖의 설비의 배치(제조소 또는 일반취급소의 경우 공정의 개요 포함)

　라. 당해 제조소등에서 위험물을 저장 또는 취급하는 건축물, 공작물 및 기계ㆍ기구 그 밖의 설비의 구조(주유취급소의 경우에는 [별표 13] Ⅴ 제1호의 규정에 의한 건축물 및 공작물의 구조 포함)

　마. 당해 제조소등에 설치하는 전기설비, 피뢰설비, 소화설비, 경보설비 및 피난설비의 개요

　바. 압력안전장치ㆍ누설점검장치 및 긴급차단밸브 등 긴급대책에 관계된 설비를 설치하는 제 조소등의 경우에는 당해 설비의 개요

2. 당해 제조소등에 해당하는 [별지 제3호서식] 내지 [별지 제15호서식]에 의한 구조설비명세표

3. 소화설비(소화기구 제외)를 설치하는 제조소등의 경우에는 당해 설비의 설계도서

4. 화재탐지설비를 설치하는 제조소등의 경우에는 당해 설비의 설계도서

5. 50만리터 이상의 옥외탱크저장소의 경우에는 당해 옥외탱크저장소의 탱크(이하 "옥외저장탱 크")의 기초ㆍ지반 및 탱크본체의 설계도서, 공사계획서, 공사공정표, 지질조사자료 등 기초ㆍ지 반에 관하여 필요한 자료와 용접부에 관한 설명서 등 탱크에 관한 자료

6. 암반탱크저장소의 경우에는 당해 암반탱크의 탱크본체ㆍ갱도(坑道) 및 배관 그 밖의 설비의 설계도서, 공사계획서, 공사공정표 및 지질ㆍ수리(水理)조사서

7. 옥외저장탱크가 지중탱크(저부가 지반면 아래에 있고 상부가 지반면 이상에 있으며 탱크 내 위험물의 최고액면이 지반면 아래에 있는 원통종형식의 위험물탱크)인 경우에는 당해 지중탱크의 지반 및 탱크본체의 설계도서, 공사계획서, 공사공정표 및 지질조사자료 등 지반에 관한 자료

8. 옥외저장탱크가 해상탱크[해상의 동일장소에 정치(定置)되어 육상에 설치된 설비와 배관 등에 의하여 접속된 위험물탱크]인 경우에는 당해 해상탱크의 탱크본체 · 정치설비(해상탱크를 동일장소에 정치하기 위한 설비) 그 밖의 설비의 설계도서, 공사계획서 및 공사공정표

9. 이송취급소의 경우에는 공사계획서, 공사공정표 및 별표 1의 규정에 의한 서류

10. 「소방산업의 진흥에 관한 법률」 제14조에 따른 한국소방산업기술원(이하 "기술원")이 발급한 기술검토서(영 제6조제3항의 규정에 의하여 기술원의 기술검토를 미리 받은 경우에 한함)

칙 제7조(제조소등의 변경허가의 신청)

법 제6조제1항 후단 및 영 제6조제1항에 따라 제조소등의 위치 · 구조 또는 설비의 변경허가를 받으려는 자는 [별지 제16호서식] 또는 [별지 제17호서식]의 신청서(전자문서로 된 신청서 포함)에 다음의 서류(전자문서 포함)를 첨부하여 설치허가를 한 시 · 도지사 또는 소방서장에게 제출해야 한다. 다만, 「전자정부법」에 따른 행정정보의 공동이용을 통하여 첨부서류에 대한 정보를 확인할 수 있는 경우에는 그 확인으로 첨부서류를 갈음할 수 있다.

1. 제조소등의 완공검사합격확인증

2. 제6조제1호의 규정에 의한 서류(라목 내지 바목의 서류는 변경에 관계된 것에 한함)

3. 제6조제2호 내지 제10호의 규정에 의한 서류 중 변경에 관계된 서류

4. 법 제9조제1항 단서의 규정에 의한 화재예방에 관한 조치사항을 기재한 서류(변경공사와 관계가 없는 부분을 완공검사 전에 사용하고자 하는 경우)

칙 제8조(제조소등의 변경허가를 받아야 하는 경우)

법 제6조제1항 후단에서 "행정안전부령이 정하는 사항"이라 함은 [별표 1의2]에 따른 사항을 말한다.

칙 제9조(기술검토의 신청 등)

① 영 제6조제3항에 따라 기술검토를 미리 받으려는 자는 다음의 구분에 따른 신청서(전자문서로 된 신청서 포함)와 서류(전자문서 포함)를 기술원에 제출하여야 한다. 다만, 「전자정부법」에 따른 행정정보의 공동이용을 통하여 제출하여야 하는 서류에 대한 정보를 확인할 수 있는 경우에는 그 확인으로 서류의 제출을 갈음할 수 있다.

1. 영 제6조제2항제3호가목의 사항에 대한 기술검토 신청 : [별지 제17호의2서식]의 신청서와 제6조제1호(가목은 제외)부터 제4호까지의 서류 중 해당 서류(변경허가와 관련된 경우에는 변경에 관계된 서류로 한정)

2. 영 제6조제2항제3호나목의 사항에 대한 기술검토 신청 : [별지 제18호서식]의 신청서와 제6조제3호 및 같은 조 제5호부터 제8호까지의 서류 중 해당 서류(변경허가와 관련된 경우에는 변경에 관계된 서류로 한정)

② 기술원은 제1항에 따른 신청의 내용이 다음의 구분에 따른 기준에 적합하다고 인정되는 경우에는 기술검토서를 교부하고, 적합하지 아니하다고 인정되는 경우에는 신청인에게 서면으로 그 사유를 통보하고 보완을 요구하여야 한다.

1. 영 제6조제2항제3호가목의 사항에 대한 기술검토 신청 : [별표 4] Ⅳ부터 Ⅻ까지의 기준, 별표 16 Ⅰ · Ⅵ · Ⅺ · Ⅻ의 기준 및 별표 17의 관련 규정

2. 영 제6조제2항제3호나목의 사항에 대한 기술검토 신청 : [별표 6] Ⅳ부터 Ⅷ까지, Ⅻ 및 ⅩⅢ의 기준과 [별표 12] 및 [별표 17] Ⅰ. 소화설비의 관련 규정

칙 제10조(품명 등의 변경신고서)

법 제6조제2항에 따라 저장 또는 취급하는 위험물의 품명 · 수량 또는 지정수량의 배수에 관한 변경신고를 하려는 자는 [별지 제19호서식]의 신고서(전자문서로 된 신고서 포함)에 제조소등의 완공검사합격확인증을 첨부하여 시 · 도지사 또는 소방서장에게 제출해야 한다.

제7조(군용위험물시설의 설치 및 변경에 대한 특례)

① 군사목적 또는 군부대시설을 위한 제조소등을 설치하거나 그 위치 · 구조 또는 설비를 변경하고자 하는 군부대의 장은 대통령령이 정하는 바에 따라 미리 제조소등의 소재지를 관할하는 시 · 도지사와 협의하여야 한다.

영 · 규칙 CHAIN

영 제7조(군용위험물시설의 설치 및 변경에 대한 특례)

① 군부대의 장은 법 제7조제1항의 규정에 의하여 군사목적 또는 군부대시설을 위한 제조소등을 설치하거나 그 위치 · 구조 또는 설비를 변경하고자 하는 경우에는 당해 제조소등의 설치공사 또는 변경공사를 착수하기 전에 그 공사의 설계도서와 행정안전부령이 정하는 서류를 시 · 도지사에게 제출하여야 한다. 다만, 국가안보상 중요하거나 국가기밀에 속하는 제조소등을 설치 또는 변경하는 경우에는 당해 공사의 설계도서의 제출을 생략할 수 있다.

② 시 · 도지사는 제1항의 규정에 의하여 제출받은 설계도서와 관계서류를 검토한 후 그 결과를 당해 군부대의 장에게 통지하여야 한다. 이 경우 시 · 도지사는 검토결과를 통지하기 전에 설계도서와 관계서류의 보완요청을 할 수 있고, 보완요청을 받은 군부대의 장은 특별한 사유가 없는 한 이에 응하여야 한다.

칙 제11조(군용위험물시설의 설치 등에 관한 서류 등)

① 영 제7조제1항 본문에서 "행정안전부령이 정하는 서류"라 함은 군사목적 또는 군부대시설을 위한 제조소등의 설치공사 또는 변경공사에 관한 제6조 또는 제7조의 규정에 의한 서류를 말한다.

② 군부대의 장이 제1항의 규정에 따라 제조소등의 소재지를 관할하는 시 · 도지사와 협의한 경우에는 제6조제1항의 규정에 따른 허가를 받은 것으로 본다.

③ 군부대의 장은 제1항의 규정에 따라 협의한 제조소등에 대하여는 제8조 및 제9조의 규정에 불구하고 탱크안전성능검사와 완공검사를 자체적으로 실시할 수 있다. 이 경우 완공검사를 자체적으로 실시한 군부대의 장은 지체없이 ≪행정안전부령이 정하는 사항≫을 시·도지사에게 통보하여야 한다.

> § 행정안전부령이 정하는 사항
> 1. 제조소등의 완공일 및 사용개시일
> 2. 탱크안전성능검사의 결과(탱크안전성능검사 대상 위험물탱크가 있는 경우)
> 3. 완공검사의 결과
> 4. 안전관리자 선임계획
> 5. 예방규정

제8조(탱크안전성능검사)

① 위험물을 저장 또는 취급하는 탱크로서 대통령령이 정하는 탱크(이하 "위험물탱크")가 있는 제조소등의 설치 또는 그 위치·구조 또는 설비의 변경에 관하여 제6조제1항의 규정에 따른 허가를 받은 자가 위험물탱크의 설치 또는 그 위치·구조 또는 설비의 변경공사를 하는 때에는 제9조제1항의 규정에 따른 완공검사를 받기 전에 제5조제4항의 규정에 따른 기술기준에 적합한지의 여부를 확인하기 위하여 시·도지사가 실시하는 탱크안전성능검사를 받아야 한다. 이 경우 시·도지사는 제6조제1항의 규정에 따른 허가를 받은 자가 제16조제1항의 규정에 따른 탱크안전성능시험자 또는 「소방산업의 진흥에 관한 법률」 제14조에 따른 한국소방산업기술원(이하 "기술원")로부터 탱크안전성능시험을 받은 경우에는 대통령령이 정하는 바에 따라 당해 탱크안전성능검사의 전부 또는 일부를 면제할 수 있다.

② 제1항의 규정에 따른 탱크안전성능검사의 내용은 대통령령으로 정하고, 탱크안전성능검사의 실시 등에 관하여 필요한 사항은 행정안전부령으로 정한다.

영·규칙 CHAIN

영 제8조(탱크안전성능검사의 대상이 되는 탱크 등)

① 법 제8조제1항 전단에 따라 탱크안전성능검사를 받아야 하는 위험물탱크는 제2항에 따른 탱크안전성능검사별로 다음의 어느 하나에 해당하는 탱크로 한다.
  1. 기초·지반검사 : 옥외탱크저장소의 액체위험물탱크 중 그 용량이 100만 리터 이상인 탱크
  2. 충수(充水)·수압검사 : 액체위험물을 저장 또는 취급하는 탱크. 다만, 다음의 어느 하나에 해당하는 탱크는 제외한다.
    가. 제조소 또는 일반취급소에 설치된 탱크로서 용량이 지정수량 미만인 것
    나. 「고압가스 안전관리법」 제17조제1항에 따른 특정설비에 관한 검사에 합격한 탱크
    다. 「산업안전보건법」 제84조제1항에 따른 안전인증을 받은 탱크
  3. 용접부검사 : 제1호에 따른 탱크. 다만, 탱크의 저부에 관계된 변경공사(탱크의 옆판과 관련되는 공사를 포함하는 것 제외)시에 행하여진 법 제18조제3항에 따른 정기검사에 의하여 용접부에 관한 사항이 행정안전부령으로 정하는 기준에 적합하다고 인정된 탱크를 제외한다.

4. 암반탱크검사 : 액체위험물을 저장 또는 취급하는 암반내의 공간을 이용한 탱크

② 법 제8조제1항에 따른 탱크안전성능검사는 기초 · 지반검사, 충수 · 수압검사, 용접부검사 및 암반 탱크검사로 구분하되, 그 내용은 [별표 4]와 같다.

영 제9조(탱크안전성능검사의 면제)

① 법 제8조제1항 후단의 규정에 의하여 시 · 도지사가 면제할 수 있는 탱크안전성능검사는 제8조제2항 및 [별표 4]의 규정에 의한 충수 · 수압검사로 한다.

② 위험물탱크에 대한 충수 · 수압검사를 면제받고자 하는 자는 위험물탱크안전성능시험자 또는 기술 원으로부터 충수 · 수압검사에 관한 탱크안전성능시험을 받아 법 제9조제1항에 따른 완공검사를 받기 전(지하에 매설하는 위험물탱크에 있어서는 지하에 매설하기 전)에 해당 시험에 합격하였음을 증명하는 서류를 시 · 도지사에게 제출해야 한다.

③ 시 · 도지사는 제2항에 따라 제출받은 탱크시험합격확인증과 해당 위험물탱크를 확인한 결과 법 제5조제4항에 따른 기술기준에 적합하다고 인정되는 때에는 해당 충수 · 수압검사를 면제한다.

영 제18조(탱크안전성능검사의 신청 등)

① 법 제8조제1항에 따라 탱크안전성능검사를 받아야 하는 자는 [별지 제20호서식]의 신청서(전자문서 로 된 신청서 포함)를 해당 위험물탱크의 설치장소를 관할하는 소방서장 또는 기술원에 제출하여야 한다. 다만, 설치장소에서 제작하지 아니하는 위험물탱크에 대한 탱크안전성능검사(충수 · 수압검 사에 한함)의 경우에는 [별지 제20호서식]의 신청서(전자문서로 된 신청서 포함)에 해당 위험물탱크 의 구조명세서 1부를 첨부하여 해당 위험물탱크의 제작지를 관할하는 소방서장에게 신청할 수 있다.

② 법 제8조제1항 후단에 따른 탱크안전성능시험을 받고자 하는 자는 [별지 제20호서식]의 신청서에 해당 위험물탱크의 구조명세서 1부를 첨부하여 기술원 또는 탱크시험자에게 신청할 수 있다.

③ 영 제9조제2항에 따라 충수 · 수압검사를 면제받으려는 자는 [별지 제21호서식]의 탱크시험합격확 인증에 탱크시험성적서를 첨부하여 소방서장에게 제출해야 한다.

④ 제1항의 규정에 의한 탱크안전성능검사의 신청시기는 다음의 구분에 의한다.

1. 기초 · 지반검사 : 위험물탱크의 기초 및 지반에 관한 공사의 개시 전
2. 충수 · 수압검사 : 위험물을 저장 또는 취급하는 탱크에 배관 그 밖의 부속설비를 부착하기 전
3. 용접부검사 : 탱크본체에 관한 공사의 개시 전
4. 암반탱크검사 : 암반탱크의 본체에 관한 공사의 개시 전

⑤ 소방서장 또는 기술원은 탱크안전성능검사를 실시한 결과 제12조제1항 · 제4항, 제13조제1항, 제14조제1항 및 제15조제1항에 따른 기준에 적합하다고 인정되는 때에는 해당 탱크안전성능검사를 신청한 자에게 [별지 제21호서식]의 탱크검사합격확인증을 교부하고, 적합하지 않다고 인정되는 때에는 신청인에게 서면으로 그 사유를 통보해야 한다.

⑥ 영 제22조제1항제1호 다목에서 "행정안전부령이 정하는 액체위험물탱크"라 함은 [별표 8] Ⅱ의 규정에 의한 이중벽탱크를 말한다.

제9조(완공검사)

① 제6조제1항의 규정에 따른 허가를 받은 자가 제조소등의 설치를 마쳤거나 그 위치 · 구조 또는 설비의 변경을 마친 때에는 당해 제조소등마다 시 · 도지사가 행하는 완공검사를 받아 제5조제4항의 규정에 따른 기술기준에 적합하다고 인정받은 후가 아니면 이를 사용하여서는 아니 된다. 다만, 제조소등의 위치 · 구조 또는 설비를 변경함에 있어서 제6조제1항 후단의 규정에 따른 변경허가를 신청하는 때에 화재예방에 관한 조치사항을 기재한 서류를 제출하는 경우에는 당해 변경공사와 관계가 없는 부분은 완공검사를 받기 전에 미리 사용할 수 있다.

② 제1항 본문의 규정에 따른 완공검사를 받고자 하는 자가 제조소등의 일부에 대한 설치 또는 변경을 마친 후 그 일부를 미리 사용하고자 하는 경우에는 당해 제조소등의 일부에 대하여 완공검사를 받을 수 있다.

🔗 영 · 규칙 CHAIN

영 제10조(완공검사의 신청 등)

① 법 제9조의 규정에 의한 제조소등에 대한 완공검사를 받고자 하는 자는 이를 시 · 도지사에게 신청하여야 한다.

② 제1항에 따른 신청을 받은 시 · 도지사는 제조소등에 대하여 완공검사를 실시하고, 완공검사를 실시한 결과 해당 제조소등이 법 제5조제4항에 따른 기술기준(탱크안전성능검사에 관련된 것 제외)에 적합하다고 인정하는 때에는 완공검사합격확인증을 교부해야 한다.

③ 제2항의 완공검사합격확인증을 교부받은 자는 완공검사합격확인증을 잃어버리거나 멸실 · 훼손 또는 파손한 경우에는 이를 교부한 시 · 도지사에게 재교부를 신청할 수 있다.

④ 완공검사합격확인증을 훼손 또는 파손하여 제3항에 따른 신청을 하는 경우에는 신청서에 해당 완공검사합격확인증을 첨부하여 제출해야 한다.

⑤ 제2항의 완공검사합격확인증을 잃어버려 재교부를 받은 자는 잃어버린 완공검사합격확인증을 발견하는 경우에는 이를 10일 이내에 완공검사합격확인증을 재교부한 시 · 도지사에게 제출해야 한다.

칙 제19조(완공검사의 신청 등)

① 법 제9조에 따라 제조소등에 대한 완공검사를 받으려는 자는 [별지 제22호서식] 또는 [별지 제23호서식]의 신청서(전자문서로 된 신청서 포함)에 다음의 서류(전자문서 포함)를 첨부하여 시 · 도지사 또는 소방서장(영 제22조제1항제2호에 따라 완공검사를 기술원에 위탁하는 제조소등의 경우에는 기술원)에게 제출해야 한다. 다만, 첨부서류는 완공검사를 실시할 때까지 제출할 수 있되, 「전자정부법」에 따른 행정정보의 공동이용을 통하여 첨부서류에 대한 정보를 확인할 수 있는 경우에는 그 확인으로 첨부서류를 갈음할 수 있다.

1. 배관에 관한 내압시험, 비파괴시험 등에 합격하였음을 증명하는 서류(내압시험 등을 하여야 하는 배관이 있는 경우에 한함)

2. 소방서장, 기술원 또는 탱크시험자가 교부한 탱크검사합격확인증 또는 탱크시험합격확인증(해

당 위험물탱크의 완공검사를 실시하는 소방서장 또는 기술원이 그 위험물탱크의 탱크안전성능검
사를 실시한 경우 제외)

3. 재료의 성능을 증명하는 서류(이중벽탱크에 한함)

② 영 제22조제1항제2호의 규정에 의하여 기술원은 완공검사를 실시한 경우에는 완공검사결과서를
소방서장에게 송부하고, 검사대상명·접수일시·검사일·검사번호·검사자·검사결과 및 검사
결과서 발송일 등을 기재한 완공검사업무대장을 작성하여 10년간 보관하여야 한다.

③ 영 제10조제2항의 완공검사합격확인증은 [별지 제24호서식] 또는 [별지 제25호서식]에 따른다.

④ 영 제10조제3항에 따른 완공검사합격확인증의 재교부신청은 [별지 제26호서식]의 신청서에 따른다.

칙 제20조(완공검사의 신청시기)

법 제9조제1항에 따른 제조소등의 완공검사 신청시기는 다음의 구분에 따른다.

1. 지하탱크가 있는 제조소등의 경우 : 당해 지하탱크를 매설하기 전
2. 이동탱크저장소의 경우 : 이동저장탱크를 완공하고 상시 설치 장소(이하 "상치장소")를 확보한 후
3. 이송취급소의 경우 : 이송배관 공사의 전체 또는 일부를 완료한 후. 다만, 지하·하천 등에 매설하
는 이송배관의 공사의 경우에는 이송배관을 매설하기 전
4. 전체 공사가 완료된 후에는 완공검사를 실시하기 곤란한 경우 : 다음에서 정하는 시기
   가. 위험물설비 또는 배관의 설치가 완료되어 기밀시험 또는 내압시험을 실시하는 시기
   나. 배관을 지하에 설치하는 경우에는 시·도지사, 소방서장 또는 기술원이 지정하는 부분을
   매몰하기 직전
   다. 기술원이 지정하는 부분의 비파괴시험을 실시하는 시기
5. 제1호 내지 제4호에 해당하지 아니하는 제조소등의 경우 : 제조소등의 공사를 완료한 후

칙 제21조(변경공사 중 가사용의 신청)

법 제9조제1항 단서의 규정에 의하여 제조소등의 변경공사 중에 변경공사와 관계없는 부분을 사용하고자
하는 자는 [별지 제16호서식] 또는 [별지 제17호서식]의 신청서(전자문서로 된 신청서 포함) 또는 [별지
제27호서식]의 신청서(전자문서로 된 신청서 포함)에 변경공사에 따른 화재예방에 관한 조치사항을
기재한 서류(전자문서 포함)를 첨부하여 시·도지사 또는 소방서장에게 신청하여야 한다.

제10조(제조소등 설치자의 지위승계)

① 제조소등의 설치자(제6조제1항의 규정에 따라 허가를 받아 제조소등을 설치한 자)가 사망하거나 그
제조소등을 양도·인도한 때 또는 법인인 제조소등의 설치자의 합병이 있는 때에는 그 상속인, 제조소등
을 양수·인수한 자 또는 합병후 존속하는 법인이나 합병에 의하여 설립되는 법인은 그 설치자의 지위를
승계한다.

② 민사집행법에 의한 경매, 「채무자 회생 및 파산에 관한 법률」에 의한 환가, 국세징수법·관세법 또는
「지방세징수법」에 따른 압류재산의 매각과 그 밖에 이에 준하는 절차에 따라 제조소등의 시설의 전부를
인수한 자는 그 설치자의 지위를 승계한다.

③ 제1항 또는 제2항의 규정에 따라 제조소등의 설치자의 지위를 승계한 자는 행정안전부령이 정하는 바에 따라 승계한 날부터 30일 이내에 시·도지사에게 그 사실을 신고하여야 한다.

영·규칙 CHAIN

칙 제22조(지위승계의 신고)

법 제10조제3항에 따라 제조소등의 설치자의 지위승계를 신고하려는 자는 [별지 제28호서식]의 신고서(전자문서로 된 신고서 포함)에 제조소등의 완공검사합격확인증과 지위승계를 증명하는 서류(전자문서 포함)를 첨부하여 시·도지사 또는 소방서장에게 제출해야 한다.

제11조(제조소등의 폐지)

제조소등의 관계인(소유자·점유자 또는 관리자)은 당해 제조소등의 용도를 폐지(장래에 대하여 위험물시설로서의 기능을 완전히 상실시키는 것)한 때에는 행정안전부령이 정하는 바에 따라 제조소등의 용도를 폐지한 날부터 14일 이내에 시·도지사에게 신고하여야 한다.

영·규칙 CHAIN

칙 제23조(용도폐지의 신고)

① 법 제11조에 따라 제조소등의 용도폐지신고를 하려는 자는 [별지 제29호서식]의 신고서(전자문서로 된 신고서 포함)에 제조소등의 완공검사합격확인증을 첨부하여 시·도지사 또는 소방서장에게 제출해야 한다.

② 제1항의 규정에 의한 신고서를 접수한 시·도지사 또는 소방서장은 당해 제조소 등을 확인하여 위험물시설의 철거 등 용도폐지에 필요한 안전조치를 한 것으로 인정하는 경우에는 당해 신고서의 사본에 수리사실을 표시하여 용도폐지신고를 한 자에게 통보하여야 한다.

제11조의2(제조소등의 사용 중지 등)

① 제조소등의 관계인은 제조소등의 사용을 중지(경영상 형편, 대규모 공사 등의 사유로 3개월 이상 위험물을 저장하지 아니하거나 취급하지 아니하는 것)하려는 경우에는 위험물의 제거 및 제조소등에의 출입통제 등 행정안전부령으로 정하는 안전조치를 하여야 한다. 다만, 제조소등의 사용을 중지하는 기간에도 제15조제1항 본문에 따른 위험물안전관리자가 계속하여 직무를 수행하는 경우에는 안전조치를 아니할 수 있다.

② 제조소등의 관계인은 제조소등의 사용을 중지하거나 중지한 제조소등의 사용을 재개하려는 경우에는 해당 제조소등의 사용을 중지하려는 날 또는 재개하려는 날의 14일 전까지 행정안전부령으로 정하는 바에 따라 제조소등의 사용 중지 또는 재개를 시·도지사에게 신고하여야 한다.

③ 시·도지사는 제2항에 따라 신고를 받으면 제조소등의 관계인이 제1항 본문에 따른 안전조치를 적합하게 하였는지 또는 제15조제1항 본문에 따른 위험물안전관리자가 직무를 적합하게 수행하는지를 확인하

고 위해 방지를 위하여 필요한 안전조치의 이행을 명할 수 있다.

④ 제조소등의 관계인은 제2항의 사용 중지신고에 따라 제조소등의 사용을 중지하는 기간 동안에는 제15조제1항 본문에도 불구하고 위험물안전관리자를 선임하지 아니할 수 있다.

영·규칙 CHAIN

칙 제23조의2(사용 중지신고 또는 재개신고 등)

① 법 제11조의2제1항에서 "위험물의 제거 및 제조소등에의 출입통제 등 행정안전부령으로 정하는 안전조치"란 다음의 조치를 말한다.

1. 탱크·배관 등 위험물을 저장 또는 취급하는 설비에서 위험물 및 가연성 증기 등의 제거
2. 관계인이 아닌 사람에 대한 해당 제조소등에의 출입금지 조치
3. 해당 제조소등의 사용중지 사실의 게시
4. 그 밖에 위험물의 사고 예방에 필요한 조치

② 법 제11조의2제2항에 따라 제조소등의 사용 중지신고 또는 재개신고를 하려는 자는 [별지 제29호의2서식]의 신고서(전자문서로 된 신고서 포함)에 해당 제조소등의 완공검사합격확인증을 첨부하여 시·도지사 또는 소방서장에게 제출해야 한다.

③ 제2항에 따라 사용중지 신고서를 접수한 시·도지사 또는 소방서장은 해당 제조소등에 대한 법 제11조의2제1항 본문에 따른 안전조치 또는 같은 항 단서에 따른 위험물안전관리자의 직무수행이 적합하다고 인정되면 해당 신고서의 사본에 수리사실을 표시하여 신고를 한 자에게 통보해야 한다.

제12조(제조소등 설치허가의 취소와 사용정지 등)

시·도지사는 제조소등의 관계인이 다음의 어느 하나에 해당하는 때에는 행정안전부령이 정하는 바에 따라 제6조제1항에 따른 허가를 취소하거나 6월 이내의 기간을 정하여 제조소등의 전부 또는 일부의 사용정지를 명할 수 있다.

1. 제6조제1항 후단의 규정에 따른 변경허가를 받지 아니하고 제조소등의 위치·구조 또는 설비를 변경한 때
2. 제9조의 규정에 따른 완공검사를 받지 아니하고 제조소등을 사용한 때

2의2. 제11조의2제3항에 따른 안전조치 이행명령을 따르지 아니한 때

3. 제14조제2항의 규정에 따른 수리·개조 또는 이전의 명령을 위반한 때
4. 제15조제1항 및 제2항의 규정에 따른 위험물안전관리자를 선임하지 아니한 때
5. 제15조제5항을 위반하여 대리자를 지정하지 아니한 때
6. 제18조제1항의 규정에 따른 정기점검을 하지 아니한 때
7. 제18조제3항에 따른 정기검사를 받지 아니한 때
8. 제26조의 규정에 따른 저장·취급기준 준수명령을 위반한 때

영 · 규칙 CHAIN

칙 제25조(허가취소 등의 처분기준)

법 제12조의 규정에 의한 제조소등에 대한 허가취소 및 사용정지의 처분기준은 [별표 2]와 같다.

제13조(과징금처분)

① 시 · 도지사는 제12조의 어느 하나에 해당하는 경우로서 제조소등에 대한 사용의 정지가 그 이용자에게 심한 불편을 주거나 그 밖에 공익을 해칠 우려가 있는 때에는 사용정지처분에 갈음하여 2억 원 이하의 과징금을 부과할 수 있다.

② 제1항의 규정에 따른 과징금을 부과하는 위반행위의 종별 · 정도 등에 따른 과징금의 금액 그 밖의 필요한 사항은 행정안전부령으로 정한다.

③ 시 · 도지사는 제1항의 규정에 따른 과징금을 납부하여야 하는 자가 납부기한까지 이를 납부하지 아니한 때에는「지방행정제재 · 부과금의 징수 등에 관한 법률」에 따라 징수한다.

영 · 규칙 CHAIN

칙 제26조(과징금의 금액)

법 제13조제1항에 따라 과징금을 부과하는 위반행위의 종류와 위반 정도 등에 따른 과징금의 금액은 다음의 구분에 따른 기준에 따라 산정한다.
   1. 2016년 2월 1일부터 2018년 12월 31일까지의 기간 중에 위반행위를 한 경우 : [별표 3]
   2. 2019년 1월 1일 이후에 위반행위를 한 경우 : [별표 3의2]

칙 제27조(과징금 징수절차)

법 제13조제2항에 따른 과징금의 징수절차에 관하여는 「국고금 관리법 시행규칙」을 준용한다.

제3장 위험물시설의 안전관리

제14조(위험물시설의 유지 · 관리)

① 제조소등의 관계인은 당해 제조소등의 위치 · 구조 및 설비가 제5조제4항의 규정에 따른 기술기준에 적합하도록 유지 · 관리하여야 한다.

② 시 · 도지사, 소방본부장 또는 소방서장은 제1항의 규정에 따른 유지 · 관리의 상황이 제5조제4항의 규정에 따른 기술기준에 부적합하다고 인정하는 때에는 그 기술기준에 적합하도록 제조소등의 위치 · 구조 및 설비의 수리 · 개조 또는 이전을 명할 수 있다.

제15조(위험물안전관리자)

① 제조소등[제6조제3항의 규정에 따라 허가를 받지 아니하는 제조소등과 이동탱크저장소(차량에 고정된

탱크에 위험물을 저장 또는 취급하는 저장소) 제외]의 관계인은 위험물의 안전관리에 관한 직무를 수행하게 하기 위하여 제조소등마다 대통령령이 정하는 위험물의 취급에 관한 자격이 있는 자(이하 "위험물취급자격자")를 위험물안전관리자(이하 "안전관리자")로 선임하여야 한다. 다만, 제조소등에서 저장·취급하는 위험물이 「화학물질관리법」에 따른 유독물질에 해당하는 경우 등 대통령령이 정하는 경우에는 당해 제조소등을 설치한 자는 다른 법률에 의하여 안전관리업무를 하는 자로 선임된 자 가운데 대통령령이 정하는 자를 안전관리자로 선임할 수 있다.

② 제1항의 규정에 따라 안전관리자를 선임한 제조소등의 관계인은 그 안전관리자를 해임하거나 안전관리자가 퇴직한 때에는 해임하거나 퇴직한 날부터 30일 이내에 다시 안전관리자를 선임하여야 한다.

③ 제조소등의 관계인은 제1항 및 제2항에 따라 안전관리자를 선임한 경우에는 선임한 날부터 14일 이내에 행정안전부령으로 정하는 바에 따라 소방본부장 또는 소방서장에게 신고하여야 한다.

④ 제조소등의 관계인이 안전관리자를 해임하거나 안전관리자가 퇴직한 경우 그 관계인 또는 안전관리자는 소방본부장이나 소방서장에게 그 사실을 알려 해임되거나 퇴직한 사실을 확인받을 수 있다.

⑤ 제1항의 규정에 따라 안전관리자를 선임한 제조소등의 관계인은 안전관리자가 여행·질병 그 밖의 사유로 인하여 일시적으로 직무를 수행할 수 없거나 안전관리자의 해임 또는 퇴직과 동시에 다른 안전관리자를 선임하지 못하는 경우에는 국가기술자격법에 따른 위험물의 취급에 관한 자격취득자 또는 위험물안전에 관한 기본지식과 경험이 있는 자로서 행정안전부령이 정하는 자를 대리자(代理者)로 지정하여 그 직무를 대행하게 하여야 한다. 이 경우 대리자가 안전관리자의 직무를 대행하는 기간은 30일을 초과할 수 없다.

⑥ 안전관리자는 위험물을 취급하는 작업을 하는 때에는 작업자에게 안전관리에 관한 필요한 지시를 하는 등 행정안전부령이 정하는 바에 따라 위험물의 취급에 관한 안전관리와 감독을 하여야 하고, 제조소등의 관계인과 그 종사자는 안전관리자의 위험물 안전관리에 관한 의견을 존중하고 그 권고에 따라야 한다.

⑦ 제조소등에 있어서 위험물취급자격자가 아닌 자는 안전관리자 또는 제5항에 따른 대리자가 참여한 상태에서 위험물을 취급하여야 한다.

⑧ 다수의 제조소등을 동일인이 설치한 경우에는 제1항의 규정에 불구하고 관계인은 대통령령이 정하는 바에 따라 1인의 안전관리자를 중복하여 선임할 수 있다. 이 경우 대통령령이 정하는 제조소등의 관계인은 제5항에 따른 대리자의 자격이 있는 자를 각 제조소등별로 지정하여 안전관리자를 보조하게 하여야 한다.

⑨ 제조소등의 종류 및 규모에 따라 선임하여야 하는 안전관리자의 자격은 대통령령으로 정한다.

📖 영·규칙 CHAIN

영 제11조(위험물안전관리자로 선임할 수 있는 위험물취급자격자 등)

① 법 제15조제1항 본문에서 "대통령령이 정하는 위험물의 취급에 관한 자격이 있는 자"라 함은 [별표 5]에 규정된 자를 말한다.

② 법 제15조제1항 단서에서 "대통령령이 정하는 경우"란 다음의 어느 하나에 해당하는 경우를 말한다.

  1. 제조소등에서 저장·취급하는 위험물이 「화학물질관리법」 제2조제2호에 따른 유독물질에 해당

하는 경우

2. 「소방시설 설치 및 관리에 관한 법률」 제2조제1항제3호에 따른 특정소방대상물의 난방·비상발전 또는 자가발전에 필요한 위험물을 저장·취급하기 위하여 설치된 저장소 또는 일반취급소가 해당 특정소방대상물 안에 있거나 인접하여 있는 경우

③ 법 제15조제1항 단서에서 "대통령령이 정하는 자"란 다음의 어느 하나에 해당하는 자를 말한다.

1. 제2항제1호의 경우 : 「화학물질관리법」 제32조제1항에 따라 해당 제조소등의 유해화학물질관리자로 선임된 자로서 법 제28조 또는 「화학물질관리법」 제33조에 따라 유해화학물질 안전교육을 받은 자

2. 제2항제2호의 경우 : 「화재의 예방 및 안전관리에 관한 법률」 제24조제1항 또는 「공공기관의 소방안전관리에 관한 규정」 제5조에 따라 소방안전관리자로 선임된 자로서 법 제15조제9항에 따른 위험물안전관리자(이하 "안전관리자")의 자격이 있는 자

영 제12조(1인의 안전관리자를 중복하여 선임할 수 있는 경우 등)

① 법 제15조제8항 전단에 따라 다수의 제조소등을 설치한 자가 1인의 안전관리자를 중복하여 선임할 수 있는 경우는 다음의 어느 하나와 같다.

1. 보일러·버너 또는 이와 비슷한 것으로서 위험물을 소비하는 장치로 이루어진 7개 이하의 일반취급소와 그 일반취급소에 공급하기 위한 위험물을 저장하는 저장소[일반취급소 및 저장소가 모두 동일구내(같은 건물 안 또는 같은 울 안)에 있는 경우에 한함]를 동일인이 설치한 경우

2. 위험물을 차량에 고정된 탱크 또는 운반용기에 옮겨 담기 위한 5개 이하의 일반취급소[일반취급소 간의 거리(보행거리)가 300m 이내인 경우에 한함]와 그 일반취급소에 공급하기 위한 위험물을 저장하는 저장소를 동일인이 설치한 경우

3. 동일구내에 있거나 상호 100m 이내의 거리에 있는 저장소로서 저장소의 규모, 저장하는 위험물의 종류 등을 고려하여 행정안전부령이 정하는 저장소를 동일인이 설치한 경우

4. 다음의 기준에 모두 적합한 5개 이하의 제조소등을 동일인이 설치한 경우

   가. 각 제조소등이 동일구내에 위치하거나 상호 100m 이내의 거리에 있을 것

   나. 각 제조소등에서 저장 또는 취급하는 위험물의 최대수량이 지정수량의 3천배 미만일 것. 다만, 저장소의 경우에는 그러하지 아니하다.

5. 그 밖에 제1호 또는 제2호의 규정에 의한 제조소등과 비슷한 것으로서 행정안전부령이 정하는 제조소등을 동일인이 설치한 경우

② 법 제15조제8항 후단에서 "대통령령이 정하는 제조소등"이란 다음의 어느 하나에 해당하는 제조소등을 말한다.

1. 제조소

2. 이송취급소

3. 일반취급소. 다만, 인화점이 38도 이상인 제4류 위험물만을 지정수량의 30배 이하로 취급하는 일반취급소로서 다음의 1에 해당하는 일반취급소를 제외한다.

가. 보일러 · 버너 또는 이와 비슷한 것으로서 위험물을 소비하는 장치로 이루어진 일반취급소

나. 위험물을 용기에 옮겨 담거나 차량에 고정된 탱크에 주입하는 일반취급소

영 제13조(위험물안전관리자의 자격)

법 제15조제9항에 따라 제조소등의 종류 및 규모에 따라 선임하여야 하는 안전관리자의 자격은 [별표 6]과 같다.

칙 제53조(안전관리자의 선임신고 등)

① 제조소 등의 관계인은 법 제15조제3항에 따라 안전관리자(「기업활동 규제완화에 관한 특별조치법」 제29조제1항 · 제3항 및 제32조제1항에 따른 안전관리자와 제57조제1항에 따른 안전관리대행기 관 포함)의 선임을 신고하려는 경우에는 [별지 제32호서식]의 신고서(전자문서로 된 신고서 포함)에 다음의 해당 서류(전자문서 포함)를 첨부하여 소방본부장 또는 소방서장에게 제출하여야 한다.
  1. 위험물안전관리업무대행계약서(제57조제1항에 따른 안전관리대행기관에 한함)
  2. 위험물안전관리교육 수료증(제78조제1항 및 [별표 24]에 따른 안전관리자 강습교육을 받은 자에 한함)
  3. 위험물안전관리자를 겸직할 수 있는 관련 안전관리자로 선임된 사실을 증명할 수 있는 서류(「기업 활동 규제완화에 관한 특별조치법」 제29조제1항제1호부터 제3호까지 및 제3항에 해당하는 안전관리자 또는 영 제11조제3항의 어느 하나에 해당하는 사람으로서 위험물의 취급에 관한 국가기술자격자가 아닌 사람으로 한정)
  4. 소방공무원 경력증명서(소방공무원 경력자에 한함)
② 제1항에 따라 신고를 받은 담당 공무원은 「전자정부법」에 따른 행정정보의 공동이용을 통하여 다음 의 행정정보를 확인하여야 한다. 다만, 신고인이 확인에 동의하지 아니하는 경우에는 그 서류(국가기 술자격증의 경우에는 그 사본)를 제출하도록 하여야 한다.
  1. 국가기술자격증(위험물의 취급에 관한 국가기술자격자에 한함)
  2. 국가기술자격증(「기업활동 규제완화에 관한 특별조치법」 제29조제1항 및 제3항에 해당하는 자로서 국가기술자격자에 한함)

칙 제54조(안전관리자의 대리자)

법 제15조제5항 전단에서 "행정안전부령이 정하는 자"란 다음의 어느 하나에 해당하는 사람을 말한다.
  1. 법 제28조제1항에 따른 안전교육을 받은 자
  3. 제조소등의 위험물 안전관리업무에 있어서 안전관리자를 지휘 · 감독하는 직위에 있는 자

칙 제55조(안전관리자의 책무)

법 제15조제6항에 따라 안전관리자는 위험물의 취급에 관한 안전관리와 감독에 관한 다음의 업무를 성실하게 수행하여야 한다.
  1. 위험물의 취급작업에 참여하여 당해 작업이 법 제5조제3항의 규정에 의한 저장 또는 취급에 관한 기술기준과 법 제17조의 규정에 의한 예방규정에 적합하도록 해당 작업자(당해 작업에

참여하는 위험물취급자격자 포함)에 대하여 지시 및 감독하는 업무

2. 화재 등의 재난이 발생한 경우 응급조치 및 소방관서 등에 대한 연락업무

3. 위험물시설의 안전을 담당하는 자를 따로 두는 제조소등의 경우에는 그 담당자에게 다음의 규정에 의한 업무의 지시, 그 밖의 제조소등의 경우에는 다음의 규정에 의한 업무

　가. 제조소등의 위치ㆍ구조 및 설비를 법 제5조제4항의 기술기준에 적합하도록 유지하기 위한 점검과 점검상황의 기록ㆍ보존

　나. 제조소등의 구조 또는 설비의 이상을 발견한 경우 관계자에 대한 연락 및 응급조치

　다. 화재가 발생하거나 화재발생의 위험성이 현저한 경우 소방관서 등에 대한 연락 및 응급조치

　라. 제조소등의 계측장치ㆍ제어장치 및 안전장치 등의 적정한 유지ㆍ관리

　마. 제조소등의 위치ㆍ구조 및 설비에 관한 설계도서 등의 정비ㆍ보존 및 제조소등의 구조 및 설비의 안전에 관한 사무의 관리

4. 화재 등의 재해의 방지와 응급조치에 관하여 인접하는 제조소등과 그 밖의 관련되는 시설의 관계자와 협조체제의 유지

5. 위험물의 취급에 관한 일지의 작성ㆍ기록

6. 그 밖에 위험물을 수납한 용기를 차량에 적재하는 작업, 위험물설비를 보수하는 작업 등 위험물의 취급과 관련된 작업의 안전에 관하여 필요한 감독의 수행

제56조(1인의 안전관리자를 중복하여 선임할 수 있는 저장소 등)

① 영 제12조제1항제3호에서 "행정안전부령이 정하는 저장소"라 함은 다음의 1에 해당하는 저장소를 말한다.

1. 10개 이하의 옥내저장소
2. 30개 이하의 옥외탱크저장소
3. 옥내탱크저장소
4. 지하탱크저장소
5. 간이탱크저장소
6. 10개 이하의 옥외저장소
7. 10개 이하의 암반탱크저장소

② 영 제12조제1항제5호에서 "행정안전부령이 정하는 제조소등"이라 함은 선박주유취급소의 고정주유설비에 공급하기 위한 위험물을 저장하는 저장소와 당해 선박주유취급소를 말한다.

제57조(안전관리대행기관의 지정 등)

① 「기업활동 규제완화에 관한 특별조치법」 제40조제1항제3호의 규정에 의하여 위험물안전관리자의 업무를 위탁받아 수행할 수 있는 관리대행기관(이하 "안전관리대행기관")은 다음의 1에 해당하는 기관으로서 [별표 22]의 안전관리대행기관의 지정기준을 갖추어 소방청장의 지정을 받아야 한다.

1. 법 제16조제2항의 규정에 의한 탱크시험자로 등록한 법인
2. 다른 법령에 의하여 안전관리업무를 대행하는 기관으로 지정ㆍ승인 등을 받은 법인

② 안전관리대행기관으로 지정받고자 하는 자는 [별지 제33호서식]의 신청서(전자문서로 된 신청서 포함)에 다음의 서류(전자문서 포함)를 첨부하여 소방청장에게 제출하여야 한다.

  2. 기술인력 연명부 및 기술자격증

  3. 사무실의 확보를 증명할 수 있는 서류

  4. 장비보유명세서

③ 제2항의 규정에 의한 지정신청을 받은 소방청장은 자격요건·기술인력 및 시설·장비보유현황 등을 검토하여 적합하다고 인정하는 때에는 [별지 제34호서식]의 위험물안전관리대행기관지정서를 발급하고, 제2항제2호의 규정에 의하여 제출된 기술인력의 기술자격증에는 그 자격자가 안전관리대행기관의 기술인력자임을 기재하여 교부하여야 한다.

④ 소방청장은 안전관리대행기관에 대하여 필요한 지도·감독을 하여야 한다.

⑤ 안전관리대행기관은 지정받은 사항의 변경이 있는 때에는 그 사유가 있는 날부터 14일 이내에, 휴업·재개업 또는 폐업을 하고자 하는 때에는 휴업·재개업 또는 폐업하고자 하는 날의 14일 전에 [별지 제35호서식]의 신고서(전자문서로 된 신고서 포함)에 다음의 구분에 의한 해당 서류(전자문서 포함)를 첨부하여 소방청장에게 제출하여야 한다.

  1. 영업소의 소재지, 법인명칭 또는 대표자를 변경하는 경우

    나. 위험물안전관리대행기관지정서

  2. 기술인력을 변경하는 경우

    가. 기술인력자의 연명부

    나. 변경된 기술인력자의 기술자격증

  3. 휴업·재개업 또는 폐업을 하는 경우 : 위험물안전관리대행기관지정서

⑥ 제2항에 따른 신청서 또는 제5항제1호에 따른 신고서를 제출받은 경우에 담당공무원은 법인 등기사항증명서를 제출받는 것에 갈음하여 그 내용을 「전자정부법」에 따른 행정정보의 공동이용을 통하여 확인하여야 한다.

🔲 제58조(안전관리대행기관의 지정취소 등)

① 「기업활동 규제완화에 관한 특별조치법」 제40조제3항의 규정에 의하여 소방청장은 안전관리대행기관이 다음의 1에 해당하는 때에는 [별표 2]의 기준에 따라 그 지정을 취소하거나 6월 이내의 기간을 정하여 그 업무의 정지를 명하거나 시정하게 할 수 있다. 다만, 제1호 내지 제3호의 1에 해당하는 때에는 그 지정을 취소하여야 한다.

  1. 허위 그 밖의 부정한 방법으로 지정을 받은 때

  2. 탱크시험자의 등록 또는 다른 법령에 의하여 안전관리업무를 대행하는 기관의 지정·승인 등이 취소된 때

  3. 다른 사람에게 지정서를 대여한 때

  4. [별표 22]의 안전관리대행기관의 지정기준에 미달되는 때

  5. 세57조세4항의 규성에 의한 소방청장의 지도·감독에 정당한 이유 없이 따르지 아니하는 때

6. 제57조제5항의 규정에 의한 변경 · 휴업 또는 재개업의 신고를 연간 2회 이상 하지 아니한 때

7. 안전관리대행기관의 기술인력이 제59조의 규정에 의한 안전관리업무를 성실하게 수행하지 아니한 때

② 소방청장은 안전관리대행기관의 지정 · 업무정지 또는 지정취소를 한 때에는 이를 관보에 공고하여야 한다.

③ 안전관리대행기관의 지정을 취소한 때에는 지정서를 회수하여야 한다.

📋 제59조(안전관리대행기관의 업무수행)

① 안전관리대행기관은 안전관리자의 업무를 위탁받는 경우에는 영 제13조 및 영 [별표 6]의 규정에 적합한 기술인력을 당해 제조소등의 안전관리자로 지정하여 안전관리자의 업무를 하게 하여야 한다.

② 안전관리대행기관은 제1항의 규정에 의하여 기술인력을 안전관리자로 지정함에 있어서 1인의 기술인력을 다수의 제조소등의 안전관리자로 중복하여 지정하는 경우에는 영 제12조제1항 및 이 규칙 제56조의 규정에 적합하게 지정하거나 안전관리자의 업무를 성실히 대행할 수 있는 범위내에서 관리하는 제조소등의 수가 25를 초과하지 아니하도록 지정하여야 한다. 이 경우 각 제조소등(지정수량의 20배 이하를 저장하는 저장소는 제외)의 관계인은 당해 제조소등마다 위험물의 취급에 관한 국가기술자격자 또는 법 제28조제1항에 따른 안전교육을 받은 자를 안전관리원으로 지정하여 대행기관이 지정한 안전관리자의 업무를 보조하게 하여야 한다.

③ 제1항에 따라 안전관리자로 지정된 안전관리대행기관의 기술인력(이하 "기술인력") 또는 제2항에 따라 안전관리원으로 지정된 자는 위험물의 취급작업에 참여하여 법 제15조 및 이 규칙 제55조에 따른 안전관리자의 책무를 성실히 수행하여야 하며, 기술인력이 위험물의 취급작업에 참여하지 아니하는 경우에 기술인력은 제55조제3호 가목에 따른 점검 및 동조제6호에 따른 감독을 매월 4회(저장소의 경우에는 매월 2회) 이상 실시하여야 한다.

④ 안전관리대행기관은 제1항의 규정에 의하여 안전관리자로 지정된 안전관리대행기관의 기술인력이 여행 · 질병 그 밖의 사유로 인하여 일시적으로 직무를 수행할 수 없는 경우에는 안전관리대행기관에 소속된 다른 기술인력을 안전관리자로 지정하여 안전관리자의 책무를 계속 수행하게 하여야 한다.

제16조(탱크시험자의 등록 등)

① 시 · 도지사 또는 제조소등의 관계인은 안전관리업무를 전문적이고 효율적으로 수행하기 위하여 탱크안전성능시험자(이하 "탱크시험자")로 하여금 이 법에 의한 검사 또는 점검의 일부를 실시하게 할 수 있다.

② 탱크시험자가 되고자 하는 자는 대통령령이 정하는 기술능력 · 시설 및 장비를 갖추어 시 · 도지사에게 등록하여야 한다.

③ 제2항의 규정에 따라 등록한 사항 가운데 행정안전부령이 정하는 중요사항을 변경한 경우에는 그 날부터 30일 이내에 시 · 도지사에게 변경신고를 하여야 한다.

④ 다음의 어느 하나에 해당하는 자는 탱크시험자로 등록하거나 탱크시험자의 업무에 종사할 수 없다.

1. 피성년후견인

3. 이 법, 「소방기본법」, 「화재의 예방 및 안전관리에 관한 법률」, 「소방시설 설치 및 관리에 관한 법률」 또는 「소방시설공사업법」에 따른 금고 이상의 실형의 선고를 받고 그 집행이 종료(집행이 종료된 것으로 보는 경우 포함)되거나 집행이 면제된 날부터 2년이 지나지 아니한 자

4. 이 법, 「소방기본법」, 「화재의 예방 및 안전관리에 관한 법률」, 「소방시설 설치 및 관리에 관한 법률」 또는 「소방시설공사업법」에 따른 금고 이상의 형의 집행유예 선고를 받고 그 유예기간 중에 있는 자

5. 제5항의 규정에 따라 탱크시험자의 등록이 취소(제1호에 해당하여 자격이 취소된 경우는 제외)된 날부터 2년이 지나지 아니한 자

6. 법인으로서 그 대표자가 제1호 내지 제5호의 1에 해당하는 경우

⑤ 시·도지사는 탱크시험자가 다음의 어느 하나에 해당하는 경우에는 행정안전부령으로 정하는 바에 따라 그 등록을 취소하거나 6월 이내의 기간을 정하여 업무의 정지를 명할 수 있다. 다만, 제1호 내지 제3호에 해당하는 경우에는 그 등록을 취소하여야 한다.

1. 허위 그 밖의 부정한 방법으로 등록을 한 경우

2. 제4항의 어느 하나의 등록의 결격사유에 해당하게 된 경우

3. 등록증을 다른 자에게 빌려준 경우

4. 제2항의 규정에 따른 등록기준에 미달하게 된 경우

5. 탱크안전성능시험 또는 점검을 허위로 하거나 이 법에 의한 기준에 맞지 아니하게 탱크안전성능시험 또는 점검을 실시하는 경우 등 탱크시험자로서 적합하지 아니하다고 인정하는 경우

⑥ 탱크시험자는 이 법 또는 이 법에 의한 명령에 따라 탱크안전성능시험 또는 점검에 관한 업무를 성실히 수행하여야 한다.

📖 영·규칙 CHAIN

영 제14조(탱크시험자의 등록기준 등)

① 법 제16조제2항의 규정에 의하여 탱크시험자가 갖추어야 하는 기술능력·시설 및 장비는 [별표 7]과 같다.

② 탱크시험자로 등록하고자 하는 자는 등록신청서에 행정안전부령이 정하는 서류를 첨부하여 시·도지사에게 제출하여야 한다.

③ 시·도지사는 제2항에 따른 등록신청을 접수한 경우에 다음의 어느 하나에 해당하는 경우를 제외하고는 등록을 해 주어야 한다.

1. 제1항에 따른 기술능력·시설 및 장비 기준을 갖추지 못한 경우

2. 등록을 신청한 자가 법 제16조제4항의 어느 하나에 해당하는 경우

3. 그 밖에 법, 이 영 또는 다른 법령에 따른 제한에 위반되는 경우

칙 제60조(탱크시험자의 등록신청 등)

① 법 제16조제2항에 따라 탱크시험자로 등록하려는 자는 [별지 제36호서식]의 신청서(전자문서로 된 신청서 포함)에 다음의 서류(전자문서 포함)를 첨부하여 시·도지사에게 제출하여야 한다.

2. 기술능력자 연명부 및 기술자격증

3. 안전성능시험장비의 명세서

4. 보유장비 및 시험방법에 대한 기술검토를 기술원으로부터 받은 경우에는 그에 대한 자료

5. 「원자력안전법」에 따른 방사성동위원소이동사용허가증 또는 방사선발생장치이동사용허가증의 사본 1부

6. 사무실의 확보를 증명할 수 있는 서류

② 제1항에 따른 신청서를 제출받은 경우에 담당공무원은 법인 등기사항증명서를 제출받는 것에 갈음하여 그 내용을 「전자정부법」에 따른 행정정보의 공동이용을 통하여 확인하여야 한다.

③ 시·도지사는 제1항의 신청서를 접수한 때에는 15일 이내에 그 신청이 영 제14조제1항의 규정에 의한 등록기준에 적합하다고 인정하는 때에는 [별지 제37호서식]의 위험물탱크안전성능시험자등록증을 교부하고, 제1항의 규정에 의하여 제출된 기술인력자의 기술자격증에 그 기술인력자가 당해 탱크시험기관의 기술인력자임을 기재하여 교부하여야 한다.

칙 제61조(변경사항의 신고 등)

① 탱크시험자는 법 제16조제3항의 규정에 의하여 다음의 1에 해당하는 중요사항을 변경한 경우에는 [별지 제38호서식]의 신고서(전자문서로 된 신고서 포함)에 다음의 구분에 따른 서류(전자문서 포함)를 첨부하여 시·도지사에게 제출하여야 한다.

1. 영업소 소재지의 변경 : 사무소의 사용을 증명하는 서류와 위험물탱크안전성능시험자등록증

2. 기술능력의 변경 : 변경하는 기술인력의 자격증과 위험물탱크안전성능시험자등록증

3. 대표자의 변경 : 위험물탱크안전성능시험자등록증

4. 상호 또는 명칭의 변경 : 위험물탱크안전성능시험자등록증

② 제1항에 따른 신고서를 제출받은 경우에 담당공무원은 법인 등기사항증명서를 제출받는 것에 갈음하여 그 내용을 「전자정부법」에 따른 행정정보의 공동이용을 통하여 확인하여야 한다.

③ 시·도지사는 제1항의 신고서를 수리한 때에는 등록증을 새로 교부하거나 제출된 등록증에 변경사항을 기재하여 교부하고, 기술자격증에는 그 변경된 사항을 기재하여 교부하여야 한다.

칙 제62조(등록의 취소 등)

① 법 제16조제5항의 규정에 의한 탱크시험자의 등록취소 및 업무정지의 기준은 [별표 2]와 같다.

② 시·도지사는 법 제16조제2항에 따라 탱크시험자의 등록을 받거나 법 제16조제5항에 따라 등록의 취소 또는 업무의 정지를 한 때에는 이를 시·도의 공보에 공고하여야 한다.

③ 시·도지사는 탱크시험자의 등록을 취소한 때에는 등록증을 회수하여야 한다.

제17조(예방규정) [시행일 2024. 7. 4.]

① 대통령령으로 정하는 제조소등의 관계인은 해당 제조소등의 화재예방과 화재 등 재해발생시의 비상조치를 위하여 행정안전부령으로 정하는 바에 따라 예방규정을 정하여 해당 제조소등의 사용을 시작하기 전에 시·도지사에게 제출하여야 한다. 예방규정을 변경한 때에도 또한 같다.

② 시·도지사는 제1항에 따라 제출한 예방규정이 제5조제3항에 따른 기준에 적합하지 아니하거나 화재예방이나 재해발생시의 비상조치를 위하여 필요하다고 인정하는 때에는 이를 반려하거나 그 변경을 명할 수 있다.

③ 제1항에 따른 제조소등의 관계인과 그 종업원은 예방규정을 충분히 잘 익히고 준수하여야 한다.

④ 소방청장은 대통령령으로 정하는 제조소등에 대하여 행정안전부령으로 정하는 바에 따라 예방규정의 이행 실태를 정기적으로 평가할 수 있다.

🔖 영·규칙 CHAIN

영 제15조(관계인이 예방규정을 정하여야 하는 제조소등)

법 제17조제1항에서 "대통령령이 정하는 제조소등"이라 함은 다음의 1에 해당하는 제조소등을 말한다.

1. 지정수량의 10배 이상의 위험물을 취급하는 제조소
2. 지정수량의 100배 이상의 위험물을 저장하는 옥외저장소
3. 지정수량의 150배 이상의 위험물을 저장하는 옥내저장소
4. 지정수량의 200배 이상의 위험물을 저장하는 옥외탱크저장소
5. 암반탱크저장소
6. 이송취급소
7. 지정수량의 10배 이상의 위험물을 취급하는 일반취급소. 다만, 제4류 위험물(특수인화물 제외)만을 지정수량의 50배 이하로 취급하는 일반취급소(제1석유류·알코올류의 취급량이 지정수량의 10배 이하인 경우에 한함)로서 다음의 어느 하나에 해당하는 것을 제외한다.
   가. 보일러·버너 또는 이와 비슷한 것으로서 위험물을 소비하는 장치로 이루어진 일반취급소
   나. 위험물을 용기에 옮겨 담거나 차량에 고정된 탱크에 주입하는 일반취급소

칙 제63조(예방규정의 작성 등)

① 법 제17조제1항에 따라 영 제15조의 어느 하나에 해당하는 제조소등의 관계인은 다음의 사항이 포함된 예방규정을 작성하여야 한다.

1. 위험물의 안전관리업무를 담당하는 자의 직무 및 조직에 관한 사항
2. 안전관리자가 여행·질병 등으로 인하여 그 직무를 수행할 수 없을 경우 그 직무의 대리자에 관한 사항
3. 영 제18조의 규정에 의하여 자체소방대를 설치하여야 하는 경우에는 자체소방대의 편성과 화학소방자동차의 배치에 관한 사항
4. 위험물의 안전에 관계된 작업에 종사하는 자에 대한 안전교육 및 훈련에 관한 사항

   5. 위험물시설 및 작업장에 대한 안전순찰에 관한 사항

   6. 위험물시설 · 소방시설 그 밖의 관련시설에 대한 점검 및 정비에 관한 사항

   7. 위험물시설의 운전 또는 조작에 관한 사항

   8. 위험물 취급작업의 기준에 관한 사항

   9. 이송취급소에 있어서는 배관공사 현장책임자의 조건 등 배관공사 현장에 대한 감독체제에 관한 사항과 배관주위에 있는 이송취급소 시설 외의 공사를 하는 경우 배관의 안전확보에 관한 사항

 10. 재난 그 밖의 비상시의 경우에 취하여야 하는 조치에 관한 사항

 11. 위험물의 안전에 관한 기록에 관한 사항

 12. 제조소등의 위치 · 구조 및 설비를 명시한 서류와 도면의 정비에 관한 사항

 13. 그 밖에 위험물의 안전관리에 관하여 필요한 사항

② 예방규정은 「산업안전보건법」 제25조에 따른 안전보건관리규정과 통합하여 작성할 수 있다.

③ 영 제15조의 어느 하나에 해당하는 제조소등의 관계인은 예방규정을 제정하거나 변경한 경우에는 [별지 제39호서식]의 예방규정제출서에 제정 또는 변경한 예방규정 1부를 첨부하여 시 · 도지사 또는 소방서장에게 제출하여야 한다.

제18조(정기점검 및 정기검사)

① 대통령령이 정하는 제조소등의 관계인은 그 제조소등에 대하여 행정안전부령이 정하는 바에 따라 제5조 제4항의 규정에 따른 기술기준에 적합한지의 여부를 정기적으로 점검하고 점검결과를 기록하여 보존하여야 한다.

② 제1항에 따라 정기점검을 한 제조소등의 관계인은 점검을 한 날부터 30일 이내에 점검결과를 시 · 도지사에게 제출하여야 한다.

③ 제1항에 따른 정기점검의 대상이 되는 제조소등의 관계인 가운데 대통령령으로 정하는 제조소등의 관계인은 행정안전부령으로 정하는 바에 따라 소방본부장 또는 소방서장으로부터 해당 제조소등이 제5조제4항에 따른 기술기준에 적합하게 유지되고 있는지의 여부에 대하여 정기적으로 검사를 받아야 한다.

영 · 규칙 CHAIN

영 제16조(정기점검의 대상인 제조소등)

법 제18조제1항에서 "대통령령이 정하는 제조소등"이라 함은 다음의 1에 해당하는 제조소등을 말한다.

  1. 제15조의 1에 해당하는 제조소등

  2. 지하탱크저장소

  3. 이동탱크저장소

  4. 위험물을 취급하는 탱크로서 지하에 매설된 탱크가 있는 제조소 · 주유취급소 또는 일반취급소

영 제17조(정기검사의 대상인 제조소등)

법 제18조제3항에서 "대통령령으로 정하는 제조소등"이란 액체위험물을 저장 또는 취급하는 50만 리터 이상의 옥외탱크저장소를 말한다.

칙 제64조(정기점검의 횟수)

법 제18조제1항의 규정에 의하여 제조소등의 관계인은 당해 제조소등에 대하여 연 1회 이상 정기점검을 실시하여야 한다.

칙 제65조(특정 · 준특정옥외탱크저장소의 정기점검)

① 법 제18조제1항에 따라 옥외탱크저장소 중 저장 또는 취급하는 액체위험물의 최대수량이 50만 리터 이상인 것(이하 "특정 · 준특정옥외탱크저장소")에 대해서는 제64조에 따른 정기점검 외에 다음의 어느 하나에 해당하는 기간 이내에 1회 이상 특정 · 준특정옥외저장탱크(특정 · 준특정옥외 탱크저장소의 탱크)의 구조 등에 관한 안전점검(이하 "구조안전점검")을 해야 한다. 다만, 해당 기간 이내에 특정 · 준특정옥외저장탱크의 사용중단 등으로 구조안전점검을 실시하기가 곤란한 경우에는 [별지 제39호의2서식]에 따라 관할소방서장에게 구조안전점검의 실시기간 연장신청(전 자문서에 의한 신청 포함)을 할 수 있으며, 그 신청을 받은 소방서장은 1년(특정 · 준특정옥외저장탱 크의 사용을 중지한 경우에는 사용중지기간)의 범위에서 실시기간을 연장할 수 있다.

1. 특정 · 준특정옥외탱크저장소의 설치허가에 따른 완공검사합격확인증을 발급받은 날부터 12년
2. 제70조제1항제1호에 따른 최근의 정밀정기검사를 받은 날부터 11년
3. 제2항에 따라 특정 · 준특정옥외저장탱크에 안전조치를 한 후 제71조제2항에 따라 구조안전점 검시기 연장신청을 하여 해당 안전조치가 적정한 것으로 인정받은 경우에는 제70조제1항제1호 에 따른 최근의 정밀정기검사를 받은 날부터 13년

② 제1항제3호에 따른 특정 · 준특정옥외저장탱크의 안전조치는 특정 · 준특정옥외저장탱크의 부식 등에 대한 안전성을 확보하는 데 필요한 다음의 어느 하나의 조치로 한다.

1. 특정 · 준특정옥외저장탱크의 부식방지 등을 위한 다음의 조치
   가. 특정 · 준특정옥외저장탱크의 내부의 부식을 방지하기 위한 코팅[유리입자(글래스플레이 크)코팅 또는 유리섬유강화플라스틱 라이닝(lining : 침식 및 부식 방지를 위해 재료의 접 촉면에 약품재 등을 대는 일)에 한한다] 또는 이와 동등 이상의 조치
   나. 특정 · 준특정옥외저장탱크의 애뉼러 판(annular plate) 및 밑판 외면의 부식을 방지하는 조치
   다. 특정 · 준특정옥외저장탱크의 애뉼러 판 및 밑판의 두께가 적정하게 유지되도록 하는 조치
   라. 특정 · 준특정옥외저장탱크에 구조상의 영향을 줄 우려가 있는 보수를 하지 아니하거나 변 형이 없도록 하는 조치
   마. 구조물이 현저히 불균형하게 가라앉는 현상(이하 "부등침하")이 없도록 하는 조치
   바. 지반이 충분한 지지력을 확보하는 동시에 침하에 대하여 충분한 안전성을 확보하는 조치

　　　사. 특정 · 준특정옥외저장탱크의 유지관리체제의 적정 유지
　　2. 위험물의 저장관리 등에 관한 다음의 조치
　　　가. 부식의 발생에 영향을 주는 물 등의 성분의 적절한 관리
　　　나. 특정 · 준특정옥외저장탱크에 대하여 현저한 부식성이 있는 위험물을 저장하지 아니하도
　　　　록 하는 조치
　　　다. 부식의 발생에 현저한 영향을 미치는 저장조건의 변경을 하지 아니하도록 하는 조치
　　　라. 특정 · 준특정옥외저장탱크의 애뉼러 판 및 밑판의 부식율(애뉼러 판 및 밑판이 부식에 의하
　　　　여 감소한 값을 판의 경과연수로 나누어 얻은 값)이 연간 0.05mm 이하일 것
　　　마. 특정 · 준특정옥외저장탱크의 애뉼러 판 및 밑판 외면의 부식을 방지하는 조치
　　　바. 특정 · 준특정옥외저장탱크의 애뉼러 판 및 밑판의 두께가 적정하게 유지되도록 하는 조치
　　　사. 특정 · 준특정옥외저장탱크에 구조상의 영향을 줄 우려가 있는 보수를 하지 아니하거나 변
　　　　형이 없도록 하는 조치
　　　아. 현저한 부등침하가 없도록 하는 조치
　　　자. 지반이 충분한 지지력을 확보하는 동시에 침하에 대하여 충분한 안전성을 확보하는 조치
　　　차. 특정 · 준특정옥외저장탱크의 유지관리체제의 적정 유지
③ 제1항제3호의 규정에 의한 신청은 [별지 제40호서식] 또는 [별지 제41호서식]의 신청서에 의한다.

칙 제66조(정기점검의 내용 등)

제조소등의 위치 · 구조 및 설비가 법 제5조제4항의 기술기준에 적합한지를 점검하는 데 필요한 정기점검의 내용 · 방법 등에 관한 기술상의 기준과 그 밖의 점검에 관하여 필요한 사항은 소방청장이 정하여 고시한다.

칙 제67조(정기점검의 실시자)

① 제조소등의 관계인은 법 제18조제1항의 규정에 의하여 당해 제조소등의 정기점검을 안전관리자(제65조의 규정에 의한 정기점검에 있어서는 제66조의 규정에 의하여 소방청장이 정하여 고시하는 점검방법에 관한 지식 및 기능이 있는 자에 한함) 또는 위험물운송자(이동탱크저장소의 경우에 한함)로 하여금 실시하도록 하여야 한다. 이 경우 옥외탱크저장소에 대한 구조안전점검을 위험물안전관리자가 직접 실시하는 경우에는 점검에 필요한 영 [별표 7]의 인력 및 장비를 갖춘 후 이를 실시하여야 한다.
② 제1항에도 불구하고 제조소등의 관계인은 안전관리대행기관(제65조에 따른 특정 · 준특정옥외탱크저장소의 정기점검은 제외) 또는 탱크시험자에게 정기점검을 의뢰하여 실시할 수 있다. 이 경우 해당 제조소등의 안전관리자는 안전관리대행기관 또는 탱크시험자의 점검현장에 참관해야 한다.

칙 제68조(정기점검의 기록 · 유지)

① 법 제18조제1항에 따라 제조소등의 관계인은 정기점검 후 다음의 사항을 기록해야 한다.
　1. 점검을 실시한 제조소등의 명칭

2. 점검의 방법 및 결과

3. 점검연월일

4. 점검을 한 안전관리자 또는 점검을 한 탱크시험자와 점검에 참관한 안전관리자의 성명

② 제1항의 규정에 의한 정기점검기록은 다음의 구분에 의한 기간 동안 이를 보존하여야 한다.

1. 제65조제1항의 규정에 의한 옥외저장탱크의 구조안전점검에 관한 기록 : 25년(동항제3호에 규정한 기간의 적용을 받는 경우에는 30년)

2. 제1호에 해당하지 아니하는 정기점검의 기록 : 3년

칙 제69조(정기점검의 의뢰 등)

① 제조소등의 관계인은 법 제18조제1항의 정기점검을 제67조제2항의 규정에 의하여 탱크시험자에게 실시하게 하는 경우에는 [별지 제42호서식]의 정기점검의뢰서를 탱크시험자에게 제출하여야 한다.

② 탱크시험자는 정기점검을 실시한 결과 그 탱크 등의 유지관리상황이 적합하다고 인정되는 때에는 점검을 완료한 날부터 10일 이내에 [별지 제43호서식]의 정기점검결과서에 위험물탱크안전성능시험자등록증 사본 및 시험성적서를 첨부하여 제조소등의 관계인에게 교부하고, 적합하지 아니한 경우에는 개선하여야 하는 사항을 통보하여야 한다.

③ 제2항의 규정에 의하여 개선하여야 하는 사항을 통보 받은 제조소등의 관계인은 이를 개선한 후 다시 점검을 의뢰하여야 한다. 이 경우 탱크시험자는 정기점검결과서에 개선하게 한 사항(탱크시험자가 직접 보수한 경우에는 그 보수한 사항 포함)을 기재하여야 한다.

④ 탱크시험자는 제2항의 규정에 의한 정기점검결과서를 교부한 때에는 그 내용을 정기점검대장에 기록하고 이를 제68조제2항의 규정에 의한 기간 동안 보관하여야 한다.

칙 제70조(정기검사의 시기)

① 법 제18조제3항에 따른 정기검사를 받아야 하는 특정ㆍ준특정옥외탱크저장소의 관계인은 다음의 구분에 따라 정밀정기검사 및 중간정기검사를 받아야 한다. 다만, 재난 그 밖의 비상사태의 발생, 안전유지상의 필요 또는 사용상황 등의 변경으로 해당 시기에 정기검사를 실시하는 것이 적당하지 않다고 인정되는 때에는 소방서장의 직권 또는 관계인의 신청에 따라 소방서장이 따로 지정하는 시기에 정기검사를 받을 수 있다.

1. 정밀정기검사 : 다음의 어느 하나에 해당하는 기간 내에 1회

가. 특정ㆍ준특정옥외탱크저장소의 설치허가에 따른 완공검사합격확인증을 발급받은 날부터 12년

나. 최근의 정밀정기검사를 받은 날부터 11년

2. 중간정기검사 : 다음의 어느 하나에 해당하는 기간 내에 1회

가. 특정ㆍ준특정옥외탱크저장소의 설치허가에 따른 완공검사합격확인증을 발급받은 날부터 4년

나. 최근의 정밀정기검사 또는 중간정기검사를 받은 날부터 4년

③ 제1항제1호에 따른 정밀정기검사를 받아야 하는 특정ㆍ준특정옥외탱크저장소의 관계인은 제1항에 도 불구하고 정밀정기검사를 제65조제1항에 따른 구조안전점검을 실시하는 때에 함께 받을 수 있다.

제71조(정기검사의 신청 등)

① 정기검사를 받아야 하는 특정 · 준특정옥외탱크저장소의 관계인은 [별지 제44호서식]의 신청서(전자문서로 된 신청서 포함)에 다음의 서류(전자문서 포함)를 첨부하여 기술원에 제출하고 [별표 25] 제8호에 따른 수수료를 기술원에 납부해야 한다. 다만, 제2호 및 제4호의 서류는 정기검사를 실시하는 때에 제출할 수 있다.

1. [별지 제5호서식]의 구조설비명세표
2. 제조소등의 위치 · 구조 및 설비에 관한 도면
3. 완공검사합격확인증
4. 밑판, 옆판, 지붕판 및 개구부의 보수이력에 관한 서류

② 제65조제1항제3호에 따른 기간 이내에 구조안전점검을 받으려는 자는 [별지 제40호서식] 또는 [별지 제41호서식]의 신청서(전자문서로 된 신청서 포함)를 제1항 각 호 외의 부분 본문에 따라 정기검사를 신청하는 때에 함께 기술원에 제출해야 한다.

③ 제70조제1항 각 호 외의 부분 단서에 따라 정기검사 시기를 변경하려는 자는 [별지 제45호서식]의 신청서(전자문서로 된 신청서 포함)에 정기검사 시기의 변경을 필요로 하는 사유를 기재한 서류(전자문서 포함)를 첨부하여 소방서장에게 제출해야 한다.

④ 기술원은 제72조제4항의 소방청장이 정하여 고시하는 기준에 따라 정기검사를 실시한 결과 다음의 구분에 따른 사항이 적합하다고 인정되면 검사종료일부터 10일 이내에 [별지 제46호서식]의 정기검사합격확인증을 관계인에게 발급하고, 그 결과보고서를 작성하여 소방서장에게 제출해야 한다.

1. 정밀정기검사 대상인 경우 : 특정 · 준특정옥외저장탱크에 대한 다음의 사항
   가. 수직도 · 수평도에 관한 사항(지중탱크에 대한 것은 제외)
   나. 밑판(지중탱크의 경우 누액방지판)의 두께에 관한 사항
   다. 용접부에 관한 사항
   라. 구조 · 설비의 외관에 관한 사항
2. 제70조제1항제2호에 따른 중간정기검사 대상인 경우 : 특정 · 준특정옥외저장탱크의 구조 · 설비의 외관에 관한 사항

⑤ 기술원은 정기검사를 실시한 결과 부적합한 경우에는 개선해야 하는 사항을 신청자에게 통보하고 개선할 사항을 통보받은 관계인은 개선을 완료한 후 [별지 제44호서식]의 신청서를 기술원에 다시 제출해야 한다.

⑥ 정기검사를 받은 제조소등의 관계인과 정기검사를 실시한 기술원은 정기검사합격확인증 등 정기검사에 관한 서류를 해당 제조소등에 대한 차기 정기검사시까지 보관해야 한다.

제72조(정기검사의 방법 등)

① 정기검사는 특정 · 준특정옥외탱크저장소의 위치 · 구조 및 설비의 특성을 고려하여 안전성 확인에 적합한 검사방법으로 실시해야 한다.

② 특정 · 준특정옥외탱크저장소의 관계인이 제65조제1항에 따른 구조안전점검 시에 제71조제4항제

1호에 따른 사항을 미리 점검한 후에 정밀정기검사를 신청하는 때에는 그 사항에 대한 정밀정기검사는 전체의 검사범위 중 임의의 부위를 발췌하여 검사하는 방법으로 실시한다.
③ 특정옥외탱크저장소의 변경허가에 따른 탱크안전성능검사를 하는 때에 정밀정기검사를 같이 실시하는 경우 검사범위가 중복되면 해당 검사범위에 대한 어느 하나의 검사를 생략한다.
④ 제1항부터 제3항까지의 규정에 따른 검사방법과 판정기준 그 밖의 정기검사의 실시에 관하여 필요한 사항은 소방청장이 정하여 고시한다.

제19조(자체소방대)

다량의 위험물을 저장ㆍ취급하는 제조소등으로서 대통령령이 정하는 제조소등이 있는 동일한 사업소에서 대통령령이 정하는 수량 이상의 위험물을 저장 또는 취급하는 경우 당해 사업소의 관계인은 대통령령이 정하는 바에 따라 당해 사업소에 자체소방대를 설치하여야 한다.

영ㆍ규칙 CHAIN

영 제18조(자체소방대를 설치하여야 하는 사업소)

① 법 제19조에서 "대통령령이 정하는 제조소등"이란 다음의 어느 하나에 해당하는 제조소등을 말한다.
  1. 제4류 위험물을 취급하는 제조소 또는 일반취급소. 다만, 보일러로 위험물을 소비하는 일반취급소 등 행정안전부령으로 정하는 일반취급소는 제외한다.
  2. 제4류 위험물을 저장하는 옥외탱크저장소
② 법 제19조에서 "대통령령이 정하는 수량 이상"이란 다음의 구분에 따른 수량을 말한다.
  1. 제1항제1호에 해당하는 경우 : 제조소 또는 일반취급소에서 취급하는 제4류 위험물의 최대수량의 합이 지정수량의 3천 배 이상
  2. 제1항제2호에 해당하는 경우 : 옥외탱크저장소에 저장하는 제4류 위험물의 최대수량이 지정수량의 50만 배 이상
③ 법 제19조의 규정에 의하여 자체소방대를 설치하는 사업소의 관계인은 [별표 8]의 규정에 의하여 자체소방대에 화학소방자동차 및 자체소방대원을 두어야 한다. 다만, 화재 그 밖의 재난발생시 다른 사업소 등과 상호응원에 관한 협정을 체결하고 있는 사업소에 있어서는 행정안전부령이 정하는 바에 따라 [별표 8]의 범위 안에서 화학소방자동차 및 인원의 수를 달리할 수 있다.

칙 제73조(자체소방대의 설치 제외대상인 일반취급소)

영 제18조제1항제1호 단서에서 "행정안전부령으로 정하는 일반취급소"란 다음의 어느 하나에 해당하는 일반취급소를 말한다.
  1. 보일러, 버너 그 밖에 이와 유사한 장치로 위험물을 소비하는 일반취급소
  2. 이동저장탱크 그 밖에 이와 유사한 것에 위험물을 주입하는 일반취급소
  3. 용기에 위험물을 옮겨 담는 일반취급소

4. 유압장치, 윤활유순환장치 그 밖에 이와 유사한 장치로 위험물을 취급하는 일반취급소

5. 「광산안전법」의 적용을 받는 일반취급소

칙 제74조(자체소방대 편성의 특례)

영 제18조제3항 단서의 규정에 의하여 2 이상의 사업소가 상호응원에 관한 협정을 체결하고 있는 경우에는 당해 모든 사업소를 하나의 사업소로 보고 제조소 또는 취급소에서 취급하는 제4류 위험물을 합산한 양을 하나의 사업소에서 취급하는 제4류 위험물의 최대수량으로 간주하여 동항 본문의 규정에 의한 화학소방자동차의 대수 및 자체소방대원을 정할 수 있다. 이 경우 상호응원에 관한 협정을 체결하고 있는 각 사업소의 자체소방대에는 영 제18조제3항 본문의 규정에 의한 화학소방차 대수의 2분의 1 이상의 대수와 화학소방자동차마다 5인 이상의 자체소방대원을 두어야 한다.

칙 제75조(화학소방차의 기준 등)

① 영 [별표 8] 비고의 규정에 의하여 화학소방자동차(내폭화학차 및 제독차 포함)에 갖추어야 하는 소화능력 및 설비의 기준은 [별표 23]과 같다.

② 포수용액을 방사하는 화학소방자동차의 대수는 영 제18조제3항의 규정에 의한 화학소방자동차의 대수의 3분의 2 이상으로 하여야 한다.

제4장 위험물의 운반 등

제20조(위험물의 운반)

① 위험물의 운반은 그 용기 · 적재방법 및 운반방법에 관한 다음의 중요기준과 세부기준에 따라 행하여야 한다.

1. 중요기준 : 화재 등 위해의 예방과 응급조치에 있어서 큰 영향을 미치거나 그 기준을 위반하는 경우 직접적으로 화재를 일으킬 가능성이 큰 기준으로서 행정안전부령이 정하는 기준

2. 세부기준 : 화재 등 위해의 예방과 응급조치에 있어서 중요기준보다 상대적으로 적은 영향을 미치거나 그 기준을 위반하는 경우 간접적으로 화재를 일으킬 수 있는 기준 및 위험물의 안전관리에 필요한 표시와 서류 · 기구 등의 비치에 관한 기준으로서 행정안전부령이 정하는 기준

② 제1항에 따라 운반용기에 수납된 위험물을 지정수량 이상으로 차량에 적재하여 운반하는 차량의 운전자(이하 "위험물운반자")는 다음의 어느 하나에 해당하는 요건을 갖추어야 한다.

1. 「국가기술자격법」에 따른 위험물 분야의 자격을 취득할 것

2. 제28조제1항에 따른 교육을 수료할 것

③ 시 · 도지사는 운반용기를 제작하거나 수입한 자 등의 신청에 따라 제1항의 규정에 따른 운반용기를 검사할 수 있다. 다만, 기계에 의하여 하역하는 구조로 된 대형의 운반용기로서 행정안전부령이 정하는 것을 제작하거나 수입한 자 등은 행정안전부령이 정하는 바에 따라 당해 용기를 사용하거나 유통시키기 전에 시 · 도지사가 실시하는 운반용기에 대한 검사를 받아야 한다.

영·규칙 CHAIN

칙 제51조(운반용기의 검사)

① 법 제20조제3항 단서에서 "행정안전부령이 정하는 것"이란 [별표 20]에 따른 운반용기를 말한다.

② 법 제20조제3항에 따라 운반용기의 검사를 받고자 하는 자는 [별지 제30호서식]의 신청서(전자문서로 된 신청서 포함)에 용기의 설계도면과 재료에 관한 설명서를 첨부하여 기술원에 제출해야 한다. 다만, UN의 위험물 운송에 관한 권고(RTDG, Recommendations on the Transport of Dangerous Goods)에서 정한 기준에 따라 관련 검사기관으로부터 검사를 받은 때에는 그렇지 않다.

③ 기술원은 제2항에 따른 검사신청을 한 운반용기가 [별표 19] Ⅰ에 따른 기준에 적합하고 위험물의 운반상 지장이 없다고 인정되는 때에는 [별지 제31호서식]의 용기검사합격확인증을 교부해야 한다.

④ 기술원의 원장은 운반용기 검사업무의 처리절차와 방법을 정하여 운용해야 한다.

⑤ 기술원의 원장은 전년도의 운반용기 검사업무 처리결과를 매년 1월 31일까지 시·도지사에게 보고해야 하고, 시·도지사는 기술원으로부터 보고받은 운반용기 검사업무 처리결과를 매년 2월 말까지 소방청장에게 제출해야 한다.

제21조(위험물의 운송)

① 이동탱크저장소에 의하여 위험물을 운송하는 자(운송책임자 및 이동탱크저장소운전자, 이하 "위험물운송자")는 제20조제2항의 어느 하나에 해당하는 요건을 갖추어야 한다.

② 대통령령이 정하는 위험물의 운송에 있어서는 운송책임자(위험물 운송의 감독 또는 지원을 하는 자)의 감독 또는 지원을 받아 이를 운송하여야 한다. 운송책임자의 범위, 감독 또는 지원의 방법 등에 관한 구체적인 기준은 행정안전부령으로 정한다.

③ 위험물운송자는 이동탱크저장소에 의하여 위험물을 운송하는 때에는 행정안전부령으로 정하는 기준을 준수하는 등 당해 위험물의 안전확보를 위하여 세심한 주의를 기울여야 한다.

영·규칙 CHAIN

영 제19조(운송책임자의 감독·지원을 받아 운송하여야 하는 위험물)

법 제21조제2항에서 "대통령령이 정하는 위험물"이라 함은 다음의 1에 해당하는 위험물을 말한다.

  1. 알킬알루미늄
  2. 알킬리튬
  3. 제1호 또는 제2호의 물질을 함유하는 위험물

칙 제52조(위험물의 운송기준)

① 법 제21조제2항의 규정에 의한 위험물 운송책임자는 다음의 1에 해당하는 자로 한다.

1. 당해 위험물의 취급에 관한 국가기술자격을 취득하고 관련 업무에 1년 이상 종사한 경력이 있는 자
2. 법 제28조제1항의 규정에 의한 위험물의 운송에 관한 안전교육을 수료하고 관련 업무에 2년 이상 종사한 경력이 있는 자

② 법 제21조제2항의 규정에 의한 위험물 운송책임자의 감독 또는 지원의 방법과 법제21조제3항의 규정에 의한 위험물의 운송시에 준수하여야 하는 사항은 별표 21과 같다.

제5장 감독 및 조치명령

제22조(출입·검사 등)

① 소방청장(중앙119구조본부장 및 그 소속 기관의 장 포함), 시·도지사, 소방본부장 또는 소방서장은 위험물의 저장 또는 취급에 따른 화재의 예방 또는 진압대책을 위하여 필요한 때에는 위험물을 저장 또는 취급하고 있다고 인정되는 장소의 관계인에 대하여 필요한 보고 또는 자료제출을 명할 수 있으며, 관계공무원으로 하여금 당해 장소에 출입하여 그 장소의 위치·구조·설비 및 위험물의 저장·취급상황에 대하여 검사하게 하거나 관계인에게 질문하게 하고 시험에 필요한 최소한의 위험물 또는 위험물로 의심되는 물품을 수거하게 할 수 있다. 다만, 개인의 주거는 관계인의 승낙을 얻은 경우 또는 화재발생의 우려가 커서 긴급한 필요가 있는 경우가 아니면 출입할 수 없다.

② 소방공무원 또는 경찰공무원은 위험물운반자 또는 위험물운송자의 요건을 확인하기 위하여 필요하다고 인정하는 경우에는 주행 중인 위험물 운반 차량 또는 이동탱크저장소를 정지시켜 해당 위험물운반자 또는 위험물운송자에게 그 자격을 증명할 수 있는 국가기술자격증 또는 교육수료증의 제시를 요구할 수 있으며, 이를 제시하지 아니한 경우에는 주민등록증, 여권, 운전면허증 등 신원확인을 위한 증명서를 제시할 것을 요구하거나 신원확인을 위한 질문을 할 수 있다. 이 직무를 수행하는 경우에 있어서 소방공무원과 경찰공무원은 긴밀히 협력하여야 한다.

③ 제1항의 규정에 따른 출입·검사 등은 그 장소의 공개시간이나 근무시간 내 또는 해가 뜬 후부터 해가 지기 전까지의 시간 내에 행하여야 한다. 다만, 건축물 그 밖의 공작물의 관계인의 승낙을 얻은 경우 또는 화재발생의 우려가 커서 긴급한 필요가 있는 경우에는 그러하지 아니하다.

④ 제1항 및 제2항의 규정에 의하여 출입·검사 등을 행하는 관계공무원은 관계인의 정당한 업무를 방해하거나 출입·검사 등을 수행하면서 알게 된 비밀을 다른 자에게 누설하여서는 아니 된다.

⑤ 시·도지사, 소방본부장 또는 소방서장은 탱크시험자에게 탱크시험자의 등록 또는 그 업무에 관하여 필요한 보고 또는 자료제출을 명하거나 관계공무원으로 하여금 당해 사무소에 출입하여 업무의 상황·시험기구·장부·서류와 그 밖의 물건을 검사하게 하거나 관계인에게 질문하게 할 수 있다.

⑥ 제1항·제2항 및 제5항의 규정에 따라 출입·검사 등을 하는 관계공무원은 그 권한을 표시하는 증표를 지니고 관계인에게 이를 내보여야 한다.

영·규칙 CHAIN

칙 제76조(소방검사서)

법 제22조제1항의 규정에 의한 출입·검사 등을 행하는 관계공무원은 법 또는 법에 근거한 명령 또는 조례의 규정에 적합하지 아니한 사항을 발견한 때에는 그 내용을 기재한 [별지 제47호서식]의 위험물제조소등 소방검사서의 사본을 검사현장에서 제조소등의 관계인에게 교부하여야 한다. 다만, 도로상에서 주행중인 이동탱크저장소를 정지시켜 검사를 한 경우에는 그러하지 아니하다.

제22조의2(위험물 누출 등의 사고 조사)

① 소방청장, 소방본부장 또는 소방서장은 위험물의 누출·화재·폭발 등의 사고가 발생한 경우 사고의 원인 및 피해 등을 조사하여야 한다.
② 제1항에 따른 조사에 관하여는 제22조제1항·제3항·제4항 및 제6항을 준용한다.
③ 소방청장, 소방본부장 또는 소방서장은 제1항에 따른 사고 조사에 필요한 경우 자문을 하기 위하여 관련 분야에 전문지식이 있는 사람으로 구성된 사고조사위원회를 둘 수 있다.
④ 제3항에 따른 사고조사위원회의 구성과 운영 등에 필요한 사항은 대통령령으로 정한다.

영·규칙 CHAIN

영 제19조의2(사고조사위원회의 구성 등)

① 법 제22조의2제3항에 따른 사고조사위원회(이하 "위원회")는 위원장 1명을 포함하여 7명 이내의 위원으로 구성한다.
② 위원회의 위원은 다음의 어느 하나에 해당하는 사람 중에서 소방청장, 소방본부장 또는 소방서장이 임명하거나 위촉하고, 위원장은 위원 중에서 소방청장, 소방본부장 또는 소방서장이 임명하거나 위촉한다.
　1. 소속 소방공무원
　2. 기술원의 임직원 중 위험물 안전관리 관련 업무에 5년 이상 종사한 사람
　3. 「소방기본법」 제40조에 따른 한국소방안전원(이하 "안전원")의 임직원 중 위험물 안전관리 관련 업무에 5년 이상 종사한 사람
　4. 위험물로 인한 사고의 원인·피해 조사 및 위험물 안전관리 관련 업무 등에 관한 학식과 경험이 풍부한 사람
③ 제2항제2호부터 제4호까지의 규정에 따라 위촉되는 민간위원의 임기는 2년으로 하며, 한 차례만 연임할 수 있다.
④ 위원회에 출석한 위원에게는 예산의 범위에서 수당, 여비, 그 밖에 필요한 경비를 지급할 수 있다. 다만, 공무원인 위원이 그 소관 업무와 직접적으로 관련되어 위원회에 출석하는 경우에는 지급하지 않는다.

⑤ 제1항부터 제4항까지에서 규정한 사항 외에 위원회의 구성 및 운영에 필요한 사항은 소방청장이 정하여 고시할 수 있다.

제23조(탱크시험자에 대한 명령)

시·도지사, 소방본부장 또는 소방서장은 탱크시험자에 대하여 당해 업무를 적정하게 실시하게 하기 위하여 필요하다고 인정하는 때에는 감독상 필요한 명령을 할 수 있다.

제24조(무허가장소의 위험물에 대한 조치명령)

시·도지사, 소방본부장 또는 소방서장은 위험물에 의한 재해를 방지하기 위하여 제6조제1항의 규정에 따른 허가를 받지 아니하고 지정수량 이상의 위험물을 저장 또는 취급하는 자(제6조제3항의 규정에 따라 허가를 받지 아니하는 자를 제외)에 대하여 그 위험물 및 시설의 제거 등 필요한 조치를 명할 수 있다.

제25조(제조소등에 대한 긴급 사용정지명령 등)

시·도지사, 소방본부장 또는 소방서장은 공공의 안전을 유지하거나 재해의 발생을 방지하기 위하여 긴급한 필요가 있다고 인정하는 때에는 제조소등의 관계인에 대하여 당해 제조소등의 사용을 일시정지하거나 그 사용을 제한할 것을 명할 수 있다.

제26조(저장·취급기준 준수명령 등)

① 시·도지사, 소방본부장 또는 소방서장은 제조소등에서의 위험물의 저장 또는 취급이 제5조제3항의 규정에 위반된다고 인정하는 때에는 당해 제조소등의 관계인에 대하여 동항의 기준에 따라 위험물을 저장 또는 취급하도록 명할 수 있다.

② 시·도지사, 소방본부장 또는 소방서장은 관할하는 구역에 있는 이동탱크저장소에서의 위험물의 저장 또는 취급이 제5조제3항의 규정에 위반된다고 인정하는 때에는 당해 이동탱크저장소의 관계인에 대하여 동항의 기준에 따라 위험물을 저장 또는 취급하도록 명할 수 있다.

③ 시·도지사, 소방본부장 또는 소방서장은 제2항의 규정에 따라 이동탱크저장소의 관계인에 대하여 명령을 한 경우에는 행정안전부령이 정하는 바에 따라 제6조제1항의 규정에 따라 당해 이동탱크저장소의 허가를 한 시·도지사, 소방본부장 또는 소방서장에게 신속히 그 취지를 통지하여야 한다.

영·규칙 CHAIN

칙 제77조(이동탱크저장소에 관한 통보사항)

시·도지사, 소방본부장 또는 소방서장은 법 제26조제3항의 규정에 의하여 이동탱크저장소의 관계인에 대하여 위험물의 저장 또는 취급기준 준수명령을 한 때에는 다음의 사항을 당해 이동탱크저장소의 허가를 한 소방서장에게 통보하여야 한다.

1. 명령을 한 시·도지사, 소방본부장 또는 소방서장
2. 명령을 받은 자의 성명·명칭 및 주소
3. 명령에 관계된 이동탱크저장소의 설치자, 상치장소 및 설치 또는 변경의 허가번호

4. 위반내용

5. 명령의 내용 및 그 이행사항

6. 그 밖에 명령을 한 시 · 도지사, 소방본부장 또는 소방서장이 통보할 필요가 있다고 인정하는
   사항

제27조(응급조치 · 통보 및 조치명령)

① 제조소등의 관계인은 당해 제조소등에서 위험물의 유출 그 밖의 사고가 발생한 때에는 즉시 그리고
   지속적으로 위험물의 유출 및 확산의 방지, 유출된 위험물의 제거 그 밖에 재해의 발생방지를 위한
   응급조치를 강구하여야 한다.

② 제1항의 사태를 발견한 자는 즉시 그 사실을 소방서, 경찰서 또는 그 밖의 관계기관에 통보하여야
   한다.

③ 소방본부장 또는 소방서장은 제조소등의 관계인이 제1항의 응급조치를 강구하지 아니하였다고 인정하
   는 때에는 제1항의 응급조치를 강구하도록 명할 수 있다.

④ 소방본부장 또는 소방서장은 그 관할하는 구역에 있는 이동탱크저장소의 관계인에 대하여 제3항의
   규정의 예에 따라 제1항의 응급조치를 강구하도록 명할 수 있다.

제6장 보칙

제28조(안전교육)

① 안전관리자 · 탱크시험자 · 위험물운반자 · 위험물운송자 등 위험물의 안전관리와 관련된 업무를 수
   행하는 자로서 대통령령이 정하는 자는 해당 업무에 관한 능력의 습득 또는 향상을 위하여 소방청장이
   실시하는 교육을 받아야 한다.

② 제조소등의 관계인은 제1항의 규정에 따른 교육대상자에 대하여 필요한 안전교육을 받게 하여야 한다.

③ 제1항의 규정에 따른 교육의 과정 및 기간과 그 밖에 교육의 실시에 관하여 필요한 사항은 행정안전부령
   으로 정한다.

④ 시 · 도지사, 소방본부장 또는 소방서장은 제1항의 규정에 따른 교육대상자가 교육을 받지 아니한
   때에는 그 교육대상자가 교육을 받을 때까지 이 법의 규정에 따라 그 자격으로 행하는 행위를 제한할
   수 있다.

> **영** **제20조(안전교육대상자)**
>
> 법 제28조제1항에서 "대통령령이 정하는 자"란 다음의 자를 말한다.
>
> 1. 안전관리자로 선임된 자

2. 탱크시험자의 기술인력으로 종사하는 자

3. 법 제20조제2항에 따른 위험물운반자로 종사하는 자

4. 법 제21조제1항에 따른 위험물운송자로 종사하는 자

칙 제78조(안전교육)

① 법 제28조제3항의 규정에 의하여 소방청장은 안전교육을 강습교육과 실무교육으로 구분하여 실시한다.

② 법 제28조제3항의 규정에 의한 안전교육의 과정 · 기간과 그 밖의 교육의 실시에 관한 사항은 [별표 24]와 같다.

③ 기술원 또는 「소방기본법」 제40조에 따른 한국소방안전원(이하 "안전원")은 매년 교육실시계획을 수립하여 교육을 실시하는 해의 전년도 말까지 소방청장의 승인을 받아야 하고, 해당 연도 교육실시결과를 교육을 실시한 해의 다음 연도 1월 31일까지 소방청장에게 보고하여야 한다.

④ 소방본부장은 매년 10월 말까지 관할구역 안의 실무교육대상자 현황을 안전원에 통보하고 관할구역 안에서 안전원이 실시하는 안전교육에 관하여 지도 · 감독하여야 한다.

제29조(청문)

시 · 도지사, 소방본부장 또는 소방서장은 다음의 어느 하나에 해당하는 처분을 하고자 하는 경우에는 청문을 실시하여야 한다.

1. 제12조의 규정에 따른 제조소등 설치허가의 취소

2. 제16조제5항의 규정에 따른 탱크시험자의 등록취소

제30조(권한의 위임 · 위탁)

① 소방청장 또는 시 · 도지사는 이 법에 따른 권한의 일부를 대통령령이 정하는 바에 따라 시 · 도지사, 소방본부장 또는 소방서장에게 위임할 수 있다.

② 소방청장, 시 · 도지사, 소방본부장 또는 소방서장은 이 법에 따른 업무의 일부를 대통령령이 정하는 바에 따라 소방기본법 제40조의 규정에 의한 한국소방안전원(이하 "안전원") 또는 기술원에 위탁할 수 있다.

영 · 규칙 CHAIN

영 제21조(권한의 위임)

시 · 도지사는 법 제30조제1항에 따라 다음의 권한을 소방서장에게 위임한다. 다만, 동일한 시 · 도에 있는 둘 이상의 소방서장의 관할구역에 걸쳐 설치되는 이송취급소에 관련된 권한을 제외한다.

1. 법 제6조제1항의 규정에 의한 제조소등의 설치허가 또는 변경허가

2. 법 제6조제2항의 규정에 의한 위험물의 품명 · 수량 또는 지정수량의 배수의 변경신고의 수리

3. 법 제7조제1항의 규정에 의하여 군사목적 또는 군부대시설을 위한 제조소등을 설치하거나 그

위치·구조 또는 설비의 변경에 관한 군부대의 장과의 협의

4. 법 제8조제1항에 따른 탱크안전성능검사(제22조제2항제1호에 따라 기술원에 위탁하는 것 제외)

5. 법 제9조에 따른 완공검사(제22조제2항제2호에 따라 기술원에 위탁하는 것 제외)

6. 법 제10조제3항의 규정에 의한 제조소등의 설치자의 지위승계신고의 수리

7. 법 제11조의 규정에 의한 제조소등의 용도폐지신고의 수리

7의2. 법 제11조의2제2항에 따른 제조소등의 사용 중지신고 또는 재개신고의 수리

7의3. 법 제11조의2제3항에 따른 안전조치의 이행명령

8. 법 제12조의 규정에 의한 제조소등의 설치허가의 취소와 사용정지

9. 법 제13조의 규정에 의한 과징금처분

10. 법 제17조의 규정에 의한 예방규정의 수리·반려 및 변경명령

11. 법 제18조제2항에 따른 정기점검 결과의 수리

영 제22조(업무의 위탁)

① 소방청장은 법 제30조제2항에 따라 법 제28조제1항에 따른 안전교육을 다음의 구분에 따라 안전원 또는 기술원에 위탁한다.

1. 제20조제1호, 제3호 및 제4호에 해당하는 자에 대한 안전교육 : 안전원

2. 제20조제2호에 해당하는 자에 대한 안전교육 : 기술원

② 시·도지사는 법 제30조제2항에 따라 다음의 업무를 기술원에 위탁한다.

1. 법 제8조제1항에 따른 탱크안전성능검사 중 다음의 탱크에 대한 탱크안전성능검사

　가. 용량이 100만 리터 이상인 액체위험물을 저장하는 탱크

　나. 암반탱크

　다. 지하탱크저장소의 위험물탱크 중 행정안전부령으로 정하는 액체위험물탱크

2. 법 제9조제1항에 따른 완공검사 중 다음의 완공검사

　가. 지정수량의 3천 배 이상의 위험물을 취급하는 제조소 또는 일반취급소의 설치 또는 변경(사용 중인 제조소 또는 일반취급소의 보수 또는 부분적인 증설 제외)에 따른 완공검사

　나. 옥외탱크저장소(저장용량이 50만 리터 이상인 것만 해당) 또는 암반탱크저장소의 설치 또는 변경에 따른 완공검사

3. 법 제20조제3항에 따른 운반용기 검사

③ 소방본부장 또는 소방서장은 법 제30조제2항에 따라 법 제18조제3항에 따른 정기검사를 기술원에 위탁한다.

영 제22조의2(고유식별정보의 처리)

소방청장(법 제30조에 따라 소방청장의 권한 또는 업무를 위임 또는 위탁받은 자 포함), 시·도지사(해당 권한이 위임·위탁된 경우 그 권한을 위임·위탁받은 자 포함), 소방본부장 또는 소방서장은 다음의 사무를 수행하기 위하여 불가피한 경우 「개인정보 보호법 시행령」에 따른 주민등록번호 또는 외국인등록번호가 포함된 자료를 처리할 수 있다.

1. 법 제12조에 따른 제조소등 설치허가의 취소와 사용정지등에 관한 사무
2. 법 제13조에 따른 과징금 처분에 관한 사무
3. 법 제15조에 따른 위험물안전관리자의 선임신고 등에 관한 사무
4. 법 제16조에 따른 탱크시험자 등록등에 관한 사무
5. 법 제22조에 따른 출입·검사 등의 사무
6. 법 제23조에 따른 탱크시험자 명령에 관한 사무
7. 법 제24조에 따른 무허가장소의 위험물에 대한 조치명령에 관한 사무
8. 법 제25조에 따른 제조소등에 대한 긴급 사용정지명령에 관한 사무
9. 법 제26조에 따른 저장·취급기준 준수명령에 관한 사무
10. 법 제27조에 따른 응급조치·통보 및 조치명령에 관한 사무
11. 법 제28조에 따른 안전관리자 등에 대한 교육에 관한 사무

제31조(수수료 등)

다음의 어느 하나에 해당하는 승인·허가·검사 또는 교육 등을 받으려는 자나 등록 또는 신고를 하려는 자는 행정안전부령으로 정하는 바에 따라 수수료 또는 교육비를 납부하여야 한다.

1. 제5조제2항제1호의 규정에 따른 임시저장·취급의 승인
2. 제6조제1항의 규정에 따른 제조소등의 설치 또는 변경의 허가
3. 제8조의 규정에 따른 제조소등의 탱크안전성능검사
4. 제9조의 규정에 따른 제조소등의 완공검사
5. 제10조제3항의 규정에 따른 설치자의 지위승계신고
6. 제16조제2항의 규정에 따른 탱크시험자의 등록
7. 제16조제3항의 규정에 따른 탱크시험자의 등록사항 변경신고
8. 제18조제3항에 따른 정기검사
9. 제20조제3항에 따른 운반용기의 검사
10. 제28조의 규정에 따른 안전교육

영·규칙 CHAIN

칙 제79조(수수료 등)

① 법 제31조의 규정에 의한 수수료 및 교육비는 [별표 25]와 같다.
② 제1항의 규정에 의한 수수료 또는 교육비는 당해 허가 등의 신청 또는 신고시에 당해 허가 등의 업무를 직접 행하는 기관에 납부하되, 시·도지사 또는 소방서장에게 납부하는 수수료는 당해 시·도의 수입증지로 납부하여야 한다. 다만, 시·도지사 또는 소방서장은 정보통신망을 이용하여 전자화폐·전자결제 등의 방법으로 이를 납부하게 할 수 있다.

제32조(벌칙적용에 있어서의 공무원 의제)

다음의 자는 형법 제129조 내지 제132조의 적용에 있어서는 이를 공무원으로 본다.

1. 제8조제1항 후단의 규정에 따른 검사업무에 종사하는 기술원의 담당 임원 및 직원
2. 제16조제1항의 규정에 따른 탱크시험자의 업무에 종사하는 자
3. 제30조제2항의 규정에 따라 위탁받은 업무에 종사하는 안전원 및 기술원의 담당 임원 및 직원

제7장 벌칙

제33조(벌칙)

① 제조소등 또는 제6조제1항에 따른 허가를 받지 않고 지정수량 이상의 위험물을 저장 또는 취급하는 장소에서 위험물을 유출·방출 또는 확산시켜 사람의 생명·신체 또는 재산에 대하여 위험을 발생시킨 자는 1년 이상 10년 이하의 징역에 처한다.

② 제1항의 규정에 따른 죄를 범하여 사람을 상해(傷害)에 이르게 한 때에는 무기 또는 3년 이상의 징역에 처하며, 사망에 이르게 한 때에는 무기 또는 5년 이상의 징역에 처한다.

제34조(벌칙)

① 업무상 과실로 제33조제1항의 죄를 범한 자는 7년 이하의 금고 또는 7천만 원 이하의 벌금에 처한다.

② 제1항의 죄를 범하여 사람을 사상(死傷)에 이르게 한 자는 10년 이하의 징역 또는 금고나 1억 원 이하의 벌금에 처한다.

제34조의2(벌칙)

제6조제1항 전단을 위반하여 제조소등의 설치허가를 받지 아니하고 제조소등을 설치한 자는 5년 이하의 징역 또는 1억 원 이하의 벌금에 처한다.

제34조의3(벌칙)

제5조제1항을 위반하여 저장소 또는 제조소등이 아닌 장소에서 지정수량 이상의 위험물을 저장 또는 취급한 자는 3년 이하의 징역 또는 3천만 원 이하의 벌금에 처한다.

제35조(벌칙)

다음의 어느 하나에 해당하는 자는 1년 이하의 징역 또는 1천만 원 이하의 벌금에 처한다.

3. 제16조제2항의 규정에 따른 탱크시험자로 등록하지 아니하고 탱크시험자의 업무를 한 자
4. 제18조제1항의 규정을 위반하여 정기점검을 하지 아니하거나 점검기록을 허위로 작성한 관계인으로서 제6조제1항의 규정에 따른 허가(제6조제3항의 규정에 따라 허가가 면제된 경우 및 제7조제2항의 규정에 따라 협의로써 허가를 받은 것으로 보는 경우 포함)를 받은 자
5. 제18조제3항을 위반하여 정기검사를 받지 아니한 관계인으로서 제6조제1항에 따른 허가를 받은 자
6. 제19조의 규정을 위반하여 자체소방대를 두지 아니한 관계인으로서 제6조제1항의 규정에 따른 허가를 받은 자

7. 제20조제3항 단서를 위반하여 운반용기에 대한 검사를 받지 아니하고 운반용기를 사용하거나 유통시킨 자

8. 제22조제1항(제22조의2제2항에서 준용하는 경우 포함)의 규정에 따른 명령을 위반하여 보고 또는 자료제출을 하지 아니하거나 허위의 보고 또는 자료제출을 한 자 또는 관계공무원의 출입·검사 또는 수거를 거부·방해 또는 기피한 자

9. 제25조의 규정에 따른 제조소등에 대한 긴급 사용정지·제한명령을 위반한 자

제36조(벌칙)

다음의 어느 하나에 해당하는 자는 1천500만 원 이하의 벌금에 처한다.

1. 제5조제3항제1호의 규정에 따른 위험물의 저장 또는 취급에 관한 중요기준에 따르지 아니한 자
2. 제6조제1항 후단의 규정을 위반하여 변경허가를 받지 아니하고 제조소등을 변경한 자
3. 제9조제1항의 규정을 위반하여 제조소등의 완공검사를 받지 아니하고 위험물을 저장·취급한 자
3의2. 제11조의2제3항에 따른 안전조치 이행명령을 따르지 아니한 자
4. 제12조의 규정에 따른 제조소등의 사용정지명령을 위반한 자
5. 제14조제2항의 규정에 따른 수리·개조 또는 이전의 명령에 따르지 아니한 자
6. 제15조제1항 또는 제2항의 규정을 위반하여 안전관리자를 선임하지 아니한 관계인으로서 제6조제1항의 규정에 따른 허가를 받은 자
7. 제15조제5항을 위반하여 대리자를 지정하지 아니한 관계인으로서 제6조제1항의 규정에 따른 허가를 받은 자
8. 제16조제5항의 규정에 따른 업무정지명령을 위반한 자
9. 제16조제6항의 규정을 위반하여 탱크안전성능시험 또는 점검에 관한 업무를 허위로 하거나 그 결과를 증명하는 서류를 허위로 교부한 자
10. 제17조제1항 전단의 규정을 위반하여 예방규정을 제출하지 아니하거나 동조제2항의 규정에 따른 변경명령을 위반한 관계인으로서 제6조제1항의 규정에 따른 허가를 받은 자
11. 제22조제2항에 따른 정지지시를 거부하거나 국가기술자격증, 교육수료증·신원확인을 위한 증명서의 제시 요구 또는 신원확인을 위한 질문에 응하지 아니한 사람
12. 제22조제5항의 규정에 따른 명령을 위반하여 보고 또는 자료제출을 하지 아니하거나 허위의 보고 또는 자료제출을 한 자 및 관계공무원의 출입 또는 조사·검사를 거부·방해 또는 기피한 자
13. 제23조의 규정에 따른 탱크시험자에 대한 감독상 명령에 따르지 아니한 자
14. 제24조의 규정에 따른 무허가장소의 위험물에 대한 조치명령에 따르지 아니한 자
15. 제26조제1항·제2항 또는 제27조의 규정에 따른 저장·취급기준 준수명령 또는 응급조치명령을 위반한 자

제37조(벌칙)

다음의 어느 하나에 해당하는 자는 1천만 원 이하의 벌금에 처한다.

1. 제15조제6항을 위반하여 위험물의 취급에 관한 안전관리와 감독을 하지 아니한 자

2. 제15조제7항을 위반하여 안전관리자 또는 그 대리자가 참여하지 아니한 상태에서 위험물을 취급한 자

3. 제17조제1항 후단의 규정을 위반하여 변경한 예방규정을 제출하지 아니한 관계인으로서 제6조제1항의 규정에 따른 허가를 받은 자

4. 제20조제1항제1호의 규정을 위반하여 위험물의 운반에 관한 중요기준에 따르지 아니한 자

4의2. 제20조제2항을 위반하여 요건을 갖추지 아니한 위험물운반자

5. 제21조제1항 또는 제2항의 규정을 위반한 위험물운송자

6. 제22조제4항(제22조의2제2항에서 준용하는 경우 포함)의 규정을 위반하여 관계인의 정당한 업무를 방해하거나 출입·검사 등을 수행하면서 알게 된 비밀을 누설한 자

제38조(양벌규정)

① 법인의 대표자나 법인 또는 개인의 대리인, 사용인, 그 밖의 종업원이 그 법인 또는 개인의 업무에 관하여 제33조제1항의 위반행위를 하면 그 행위자를 벌하는 외에 그 법인 또는 개인을 5천만 원 이하의 벌금에 처하고, 같은 조 제2항의 위반행위를 하면 그 행위자를 벌하는 외에 그 법인 또는 개인을 1억 원 이하의 벌금에 처한다. 다만, 법인 또는 개인이 그 위반행위를 방지하기 위하여 해당 업무에 관하여 상당한 주의와 감독을 게을리하지 아니한 경우에는 그러하지 아니하다.

② 법인의 대표자나 법인 또는 개인의 대리인, 사용인, 그 밖의 종업원이 그 법인 또는 개인의 업무에 관하여 제34조부터 제37조까지의 어느 하나에 해당하는 위반행위를 하면 그 행위자를 벌하는 외에 그 법인 또는 개인에게도 해당 조문의 벌금형을 과(科)한다. 다만, 법인 또는 개인이 그 위반행위를 방지하기 위하여 해당 업무에 관하여 상당한 주의와 감독을 게을리하지 아니한 경우에는 그러하지 아니하다.

제39조(과태료)

① 다음의 어느 하나에 해당하는 자에게는 500만 원 이하의 과태료를 부과한다.

1. 제5조제2항제1호의 규정에 따른 승인을 받지 아니한 자

2. 제5조제3항제2호의 규정에 따른 위험물의 저장 또는 취급에 관한 세부기준을 위반한 자

3. 제6조제2항의 규정에 따른 품명 등의 변경신고를 기간 이내에 하지 아니하거나 허위로 한 자

4. 제10조제3항의 규정에 따른 지위승계신고를 기간 이내에 하지 아니하거나 허위로 한 자

5. 제11조의 규정에 따른 제조소등의 폐지신고 또는 제15조제3항의 규정에 따른 안전관리자의 선임신고를 기간 이내에 하지 아니하거나 허위로 한 자

5의2. 제11조의2제2항을 위반하여 사용 중지신고 또는 재개신고를 기간 이내에 하지 아니하거나 거짓으로 한 자

6. 제16조제3항의 규정을 위반하여 등록사항의 변경신고를 기간 이내에 하지 아니하거나 허위로 한 자

6의2. 제17조제3항을 위반하여 예방규정을 준수하지 아니한 자

7. 제18조제1항의 규정을 위반하여 점검결과를 기록·보존하지 아니한 자

7의2. 제18조제2항을 위반하여 기간 이내에 점검결과를 제출하지 아니한 자

8. 제20조제1항제2호의 규정에 따른 위험물의 운반에 관한 세부기준을 위반한 자

9. 제21조제3항의 규정을 위반하여 위험물의 운송에 관한 기준을 따르지 아니한 자

② 제1항의 규정에 따른 과태료는 대통령령이 정하는 바에 따라 시 · 도지사, 소방본부장 또는 소방서장(이하 "부과권자")이 부과 · 징수한다.

⑥제4조 및 제5조제2항 각 호 외의 부분 후단의 규정에 따른 조례에는 200만 원 이하의 과태료를 정할 수 있다. 이 경우 과태료는 부과권자가 부과 · 징수한다.

영 · 규칙 CHAIN

영 제23조(과태료 부과기준)

법 제39조제1항에 따른 과태료의 부과기준은 [별표 9]와 같다.

칙 제12조(기초 · 지반검사에 관한 기준 등)

① 영 [별표 4] 제1호 가목에서 "행정안전부령으로 정하는 기준"이라 함은 당해 위험물탱크의 구조 및 설비에 관한 사항 중 [별표 6] Ⅳ 및 Ⅴ의 규정에 의한 기초 및 지반에 관한 기준을 말한다.

② 영 [별표 4] 제1호 나목에서 "행정안전부령으로 정하는 탱크"라 함은 지중탱크 및 해상탱크(이하 "특수액 체위험물탱크")를 말한다.

③ 영 [별표 4] 제1호 나목에서 "행정안전부령으로 정하는 공사"라 함은 지중탱크의 경우에는 지반에 관한 공사를 말하고, 해상탱크의 경우에는 정치설비의 지반에 관한 공사를 말한다.

④ 영 [별표 4] 제1호 나목에서 "행정안전부령으로 정하는 기준"이라 함은 지중탱크의 경우에는 [별표 6] XII 제2호 라목의 규정에 의한 기준을 말하고, 해상탱크의 경우에는 [별표 6] XIII 제3호 라목의 규정에 의한 기준을 말한다.

⑤ 법 제8조제2항에 따라 기술원은 100만 리터 이상 옥외탱크저장소의 기초 · 지반검사를 「엔지니어링 산업 진흥법」에 따른 엔지니어링사업자가 실시하는 기초 · 지반에 관한 시험의 과정 및 결과를 확인 하는 방법으로 할 수 있다.

칙 제13조(충수 · 수압검사에 관한 기준 등)

① 영 [별표 4] 제2호에서 "행정안전부령으로 정하는 기준"이라 함은 다음의 1에 해당하는 기준을 말한다.

1. 100만 리터 이상의 액체위험물탱크의 경우

   [별표 6] Ⅵ 제1호의 규정에 의한 기준[충수시험(물 외의 적당한 액체를 채워서 실시하는 시험 포함) 또는 수압시험에 관한 부분에 한함]

2. 100만 리터 미만의 액체위험물탱크의 경우

   [별표 4] Ⅸ 제1호 가목, [별표 6] Ⅵ 제1호, [별표 7] Ⅰ 제1호 마목, [별표 8] Ⅰ 제6호 · Ⅱ 제1호 · 제4호 · 제6호 · Ⅲ, [별표 9] 제6호, [별표 10] Ⅱ 제1호 · Ⅹ 제1호 가목, [별표 13] Ⅲ 제3호, [별표 16] Ⅰ 제1호의 규정에 의한 기준(충수시험 · 수압시험 및 그 밖의 탱크의 누설 · 변형에 대한 안전성에 관련된 탱크안전성능시험의 부분에 한함)

② 법 제8조제2항의 규정에 의하여 기술원은 제18조제6항의 규정에 의한 이중벽탱크에 대하여 제1항
제2호의 규정에 의한 수압검사를 법 제16조제1항의 규정에 의한 탱크안전성능시험자(이하 "탱크시
험자")가 실시하는 수압시험의 과정 및 결과를 확인하는 방법으로 할 수 있다.

칙 제14조(용접부검사에 관한 기준 등)

① 영 [별표 4] 제3호에서 "행정안전부령으로 정하는 기준"이라 함은 다음의 1에 해당하는 기준을
말한다.
1. 특수액체위험물탱크 외의 위험물탱크의 경우 : [별표 6] Ⅵ 제2호의 규정에 의한 기준
2. 지중탱크의 경우 : [별표 6] XⅡ 제2호 마목4)라)의 규정에 의한 기준(용접부에 관련된 부분에
한한다)
② 법 제8조제2항의 규정에 의하여 기술원은 용접부검사를 탱크시험자가 실시하는 용접부에 관한
시험의 과정 및 결과를 확인하는 방법으로 할 수 있다.

칙 제15조(암반탱크검사에 관한 기준 등)

① 영 [별표 4] 제4호에서 "행정안전부령으로 정하는 기준"이라 함은 [별표 12] Ⅰ의 규정에 의한 기준을
말한다.
② 법 제8조제2항에 따라 기술원은 암반탱크검사를 「엔지니어링산업 진흥법」에 따른 엔지니어링사업
자가 실시하는 암반탱크에 관한 시험의 과정 및 결과를 확인하는 방법으로 할 수 있다.

칙 제16조(탱크안전성능검사에 관한 세부기준 등)

제13조부터 제15조까지에서 정한 사항 외에 탱크안전성능검사의 세부기준·방법·절차 및 탱크시험
자 또는 엔지니어링사업자가 실시하는 탱크안전성능시험에 대한 기술원의 확인 등에 관하여 필요한
사항은 소방청장이 정하여 고시한다.

칙 제17조(용접부검사의 제외기준)

② 영 제8조제1항제3호 단서의 규정에 의하여 용접부검사 대상에서 제외되는 탱크로 인정되기 위한
기준은 [별표 6] Ⅵ 제2호의 규정에 의한 기준으로 한다.

■ 시행령 별표 / 서식

[별표 1] 위험물 및 지정수량(제2조 및 제3조 관련)
[별표 2] 지정수량이상의위험물을저장하기위한장소와그에따른저장소의구분(제4조 관련)
[별표 3] 위험물을 제조외의 목적으로 취급하기 위한 장소와 그에 따른 취급소의 구분(제5조 관련)
[별표 4] 탱크안전성능검사의 내용(제8조제2항 관련)
[별표 5] 위험물취급자격자의 자격(제11조제1항 관련)
[별표 6] 제조소등의 종류 및 규모에 따라 선임하여야 하는 안전관리자의 자격(제13조 관련)
[별표 7] 탱크시험자의 기술능력·시설 및 장비(제14조제1항 관련)
[별표 8] 자체소방대에 두는 화학소방자동차 및 인원(제18조제3항 관련)

[별표 9] 과태료의 부과기준(제23조 관련)

■ 시행규칙 별표 / 서식

[별표 1] 이송취급소 허가신청의 첨부서류(제6조제9호 관련)

[별표 1의2] 제조소등의 변경허가를 받아야 하는 경우(제8조 관련)

[별표 2] 행정처분기준(제25조, 제58조제1항 및 제62조제1항 관련)

[별표 3] 과징금의 금액(제26조제1호 관련)

[별표 3의2] 과징금의 금액(제26조제2호 관련)

[별표 4] 제조소의 위치 · 구조 및 설비의 기준(제28조 관련), 제조소등의 안전거리의 단축기준([별표 4]
　　　　관련)

[별표 5] 옥내저장소의 위치 · 구조 및 설비의 기준(제29조 관련)

[별표 6] 옥외탱크저장소의 위치 · 구조 및 설비의 기준(제30조 관련)

[별표 7] 옥내탱크저장소의 위치 · 구조 및 설비의 기준(제31조 관련)

[별표 8] 지하탱크저장소의 위치 · 구조 및 설비의 기준(제32조 관련)

[별표 9] 간이탱크저장소의 위치 · 구조 및 설비의 기준(제33조 관련)

[별표 10] 이동탱크저장소의 위치 · 구조 및 설비의 기준(제34조 관련)

[별표 11] 옥외저장소의 위치 · 구조 및 설비의 기준(제35조 관련)

[별표 12] 암반탱크저장소의 위치 · 구조 및 설비의 기준(제36조 관련)

[별표 13] 주유취급소의 위치 · 구조 및 설비의 기준(제37조 관련)

[별표 14] 판매취급소의 위치 · 구조 및 설비의 기준(제38조 관련)

[별표 15] 이송취급소의 위치 · 구조 및 설비의 기준(제39조 관련)

[별표 16] 일반취급소의 위치 · 구조 및 설비의 기준(제40조 관련)

[별표 17] 소화설비, 경보설비 및 피난설비의 기준(제41조제2항 · 제42조제2항 및 제43조제2항 관련)

[별표 18] 제조소등에서의 위험물의 저장 및 취급에 관한 기준(제49조 관련), 운반용기의 최대용적 또는
　　　　중량([별표 18] 관련)

[별표 19] 위험물의 운반에 관한 기준(제50조 관련), 운반용기의 최대용적 또는 중량([별표 19] 관련),
　　　　유별을 달리하는 위험물의 혼재기준([별표 19] 관련)

[별표 20] 기계에 의하여 하역하는 구조로 된 운반용기의 최대용적(제51조제1항 관련)

[별표 21] 위험물 운송책임자의 감독 또는 지원의 방법과 위험물의 운송시에 준수하여야 하는 사항(제52조
　　　　제2항 관련)

[별표 22] 안전관리대행기관의 지정기준(제57조제1항 관련)

[별표 23] 화학소방자동차에 갖추어야 하는 소화능력 및 설비의 기준(제75조제1항 관련)

[별표 24] 안전교육의 과정 · 기간과 그 밖의 교육의 실시에 관한 사항 등(제78조제2항 관련)

[별표 25] 수수료 및 교육비(제79조제1항 관련)

CHAPTER 06 다중이용업소의 안전관리에 관한 특별법 (약칭 : 다중이용업소법)

다중이용업소법 　　　　[시행 2024. 1. 4.] [법률 제19157호, 2023. 1. 3., 일부개정]
다중이용업소법 시행령 　　[시행 2024. 1. 4.] [대통령령 제33940호, 2023. 12. 12., 일부개정]
다중이용업소법 시행규칙 [시행 2024. 1. 1.] [행정안전부령 제422호, 2023. 8. 1., 일부개정]

제1장 총칙

제1조(목적)

이 법은 화재 등 재난이나 그 밖의 위급한 상황으로부터 국민의 생명·신체 및 재산을 보호하기 위하여 다중이용업소의 안전시설등의 설치·유지 및 안전관리와 화재위험평가, 다중이용업주의 화재배상책임보험에 필요한 사항을 정함으로써 공공의 안전과 복리 증진에 이바지함을 목적으로 한다.

제2조(정의)

① 이 법에서 사용하는 용어의 뜻은 다음과 같다.

　　1. "다중이용업"이란 불특정 다수인이 이용하는 영업 중 화재 등 재난 발생 시 생명·신체·재산상의 피해가 발생할 우려가 높은 것으로서 대통령령으로 정하는 영업을 말한다.

> **영·규칙 CHAIN**
>
> **영 제2조(다중이용업)**
>
> 「다중이용업소의 안전관리에 관한 특별법」 제2조제1항제1호에서 "대통령령으로 정하는 영업"이란 다음의 영업을 말한다. 다만, 영업을 옥외 시설 또는 옥외 장소에서 하는 경우 그 영업은 제외한다.
>
> 　1. 「식품위생법 시행령」 제21조제8호에 따른 식품접객업 중 다음의 어느 하나에 해당하는 것
>
> 　　가. 휴게음식점영업·제과점영업 또는 일반음식점영업으로서 영업장으로 사용하는 바닥면적 (「건축법 시행령」에 따라 산정한 면적)의 합계가 100m²(영업장이 지하층에 설치된 경우에는 그 영업장의 바닥면적 합계가 66m²) 이상인 것. 다만, 영업장(내부계단으로 연결된 복층구조의 영업장 제외)이 다음의 어느 하나에 해당하는 층에 설치되고 그 영업장의 주된 출입구가 건축물 외부의 지면과 직접 연결되는 곳에서 하는 영업을 제외한다.
>
> 　　　1) 지상 1층
>
> 　　　2) 지상과 직접 접하는 층
>
> 　　나. 단란주점영업과 유흥주점영업

1의2. 「식품위생법 시행령」에 따른 공유주방 운영업 중 휴게음식점영업·제과점영업 또는 일반음식점영업에 사용되는 공유주방을 운영하는 영업으로서 영업장 바닥면적의 합계가 100m²(영업장이 지하층에 설치된 경우에는 그 바닥면적 합계가 66m²) 이상인 것. 다만, 영업장(내부계단으로 연결된 복층구조의 영업장 제외)이 다음의 어느 하나에 해당하는 층에 설치되고 그 영업장의 주된 출입구가 건축물 외부의 지면과 직접 연결되는 곳에서 하는 영업은 제외한다.

　　가. 지상 1층

　　나. 지상과 직접 접하는 층

2. 「영화 및 비디오물의 진흥에 관한 법률」 제2조제10호, 같은 조 제16호가목·나목 및 라목에 따른 영화상영관·비디오물감상실업·비디오물소극장업 및 복합영상물제공업

3. 「학원의 설립·운영 및 과외교습에 관한 법률」 제2조제1호에 따른 학원으로서 다음의 어느 하나에 해당하는 것

　　가. 「소방시설 설치 및 관리에 관한 법률 시행령」 [별표 7]에 따라 산정된 수용인원이 300명 이상인 것

　　나. 수용인원 100명 이상 300명 미만으로서 다음의 어느 하나에 해당하는 것. 다만, 학원으로 사용하는 부분과 다른 용도로 사용하는 부분(학원의 운영권자를 달리하는 학원과 학원 포함)이 「건축법 시행령」에 따른 방화구획으로 나누어진 경우는 제외한다.

　　　　(1) 하나의 건축물에 학원과 기숙사가 함께 있는 학원

　　　　(2) 하나의 건축물에 학원이 둘 이상 있는 경우로서 학원의 수용인원이 300명 이상인 학원

　　　　(3) 하나의 건축물에 제1호, 제2호, 제4호부터 제7호까지, 제7호의2부터 제7호의5까지 및 제8호의 다중이용업 중 어느 하나 이상의 다중이용업과 학원이 함께 있는 경우

4. 목욕장업으로서 다음에 해당하는 것

　　가. 하나의 영업장에서 「공중위생관리법」에 따른 목욕장업 중 맥반석·황토·옥 등을 직접 또는 간접 가열하여 발생하는 열기나 원적외선 등을 이용하여 땀을 배출하게 할 수 있는 시설 및 설비를 갖춘 것으로서 수용인원(물로 목욕을 할 수 있는 시설부분의 수용인원은 제외)이 100명 이상인 것

　　나. 「공중위생관리법」 제2조제1항제3호나목의 시설 및 설비를 갖춘 목욕장업

5. 「게임산업진흥에 관한 법률」 제2조제6호·제6호의2·제7호 및 제8호의 게임제공업·인터넷컴퓨터게임시설제공업 및 복합유통게임제공업. 다만, 게임제공업 및 인터넷컴퓨터게임시설제공업의 경우에는 영업장(내부계단으로 연결된 복층구조의 영업장 제외)이 다음의 어느 하나에 해당하는 층에 설치되고 그 영업장의 주된 출입구가 건축물 외부의 지면과 직접 연결된 구조에 해당하는 경우는 제외한다.

　　가. 지상 1층

　　나. 지상과 직접 접하는 층

6. 「음악산업진흥에 관한 법률」에 따른 노래연습장업

7. 「모자보건법」에 따른 산후조리업

7의2. 고시원업[구획된 실(室) 안에 학습자가 공부할 수 있는 시설을 갖추고 숙박 또는 숙식을 제공하는 형태의 영업]

7의3. 「사격 및 사격장 안전관리에 관한 법률 시행령」에 따른 권총사격장(실내사격장에 한정, 같은 조 제1항에 따른 종합사격장에 설치된 경우 포함)

7의4. 「체육시설의 설치ㆍ이용에 관한 법률」에 따른 가상체험 체육시설업(실내에 1개 이상의 별도의 구획된 실을 만들어 골프 종목의 운동이 가능한 시설을 경영하는 영업으로 한정)

7의5. 「의료법」에 따른 안마시술소

8. 법 제15조제2항에 따른 화재안전등급이 제11조제1항에 해당하거나 화재발생시 인명피해가 발생할 우려가 높은 불특정다수인이 출입하는 영업으로서 행정안전부령으로 정하는 영업. 이 경우 소방청장은 관계 중앙행정기관의 장과 미리 협의하여야 한다.

칙 제2조(다중이용업)

「다중이용업소의 안전관리에 관한 특별법 시행령」 제2조제8호에서 "행정안전부령으로 정하는 영업"이란 다음의 어느 하나에 해당하는 영업을 말한다.

1. 전화방업ㆍ화상대화방업 : 구획된 실(室) 안에 전화기ㆍ텔레비전ㆍ모니터 또는 카메라 등 상대방과 대화할 수 있는 시설을 갖춘 형태의 영업

2. 수면방업 : 구획된 실(室) 안에 침대ㆍ간이침대 그 밖에 휴식을 취할 수 있는 시설을 갖춘 형태의 영업

3. 콜라텍업 : 손님이 춤을 추는 시설 등을 갖춘 형태의 영업으로서 주류판매가 허용되지 아니하는 영업

4. 방탈출카페업 : 제한된 시간 내에 방을 탈출하는 놀이 형태의 영업

5. 키즈카페업 : 다음의 영업

   가. 「관광진흥법 시행령」에 따른 기타유원시설업으로서 실내공간에서 어린이(「어린이안전관리에 관한 법률」에 따른 어린이)에게 놀이를 제공하는 영업

   나. 실내에 「어린이놀이시설 안전관리법」에 해당하는 어린이놀이시설을 갖춘 영업

   다. 「식품위생법 시행령」에 따른 휴게음식점영업으로서 실내공간에서 어린이에게 놀이를 제공하고 부수적으로 음식류를 판매ㆍ제공하는 영업

6. 만화카페업 : 만화책 등 다수의 도서를 갖춘 다음의 영업. 다만, 도서를 대여ㆍ판매만 하는 영업인 경우와 영업장으로 사용하는 바닥면적의 합계가 50m² 미만인 경우는 제외한다.

   가. 「식품위생법 시행령」에 따른 휴게음식점영업

   나. 도서의 열람, 휴식공간 등을 제공할 목적으로 실내에 다수의 구획된 실(室)을 만들거나 입체 형태의 구조물을 설치한 영업

2. "안전시설등"이란 소방시설, 비상구, 영업장 내부 피난통로, 그 밖의 안전시설로서 ≪대통령령으로 정하는 것≫을 말한다.

§ **대통령령으로 정하는 것 – [별표 1]의 시설**

■ 다중이용업소의 안전관리에 관한 특별법 시행령

[별표 1] 안전시설등

1. 소방시설

　가. 소화설비

　　1) 소화기 또는 자동확산소화기

　　2) 간이스프링클러설비(캐비닛형 간이스프링클러설비 포함)

　나. 경보설비

　　1) 비상벨설비 또는 자동화재탐지설비

　　2) 가스누설경보기

　다. 피난설비

　　1) 피난기구

　　　가) 미끄럼대　　　나) 피난사다리　　　다) 구조대

　　　라) 완강기　　　마) 다수인 피난장비　　　바) 승강식 피난기

　　2) 피난유도선

　　3) 유도등, 유도표지 또는 비상조명등

　　4) 휴대용비상조명등

2. 비상구

3. 영업장 내부 피난통로

4. 그 밖의 안전시설

　가. 영상음향차단장치　　　나. 누전차단기　　　다. 창문

3. "실내장식물"이란 건축물 내부의 천장 또는 벽에 설치하는 것으로서 《대통령령으로 정하는 것》을 말한다.

§ **대통령령으로 정하는 것**

건축물 내부의 천장이나 벽에 붙이는(설치하는) 것으로서 다음의 어느 하나에 해당하는 것을 말한다. 다만, 가구류(옷장, 찬장, 식탁, 식탁용 의자, 사무용 책상, 사무용 의자 및 계산대, 그 밖에 이와 비슷한 것)와 너비 10cm 이하인 반자돌림대 등과 「건축법」 제52조에 따른 내부마감재료는 제외한다.

1. 종이류(두께 2mm 이상인 것)·합성수지류 또는 섬유류를 주원료로 한 물품

2. 합판이나 목재

3. 공간을 구획하기 위하여 설치하는 간이 칸막이(접이식 등 이동 가능한 벽체나 천장 또는 반자가 실내에 접하는 부분까지 구획하지 아니하는 벽체)

4. 흡음(吸音)이나 방음(防音)을 위하여 설치하는 흡음재(흡음용 커튼 포함) 또는 방음재(방음용 커튼 포함)

4. "화재위험평가"란 다중이용업의 영업소가 밀집한 지역 또는 건축물에 대하여 화재 발생 가능성과 화재로 인한 불특정 다수인의 생명·신체·재산상의 피해 및 주변에 미치는 영향을 예측·분석하고 이에 대한 대책을 마련하는 것을 말한다.

5. "밀폐구조의 영업장"이란 지상층에 있는 다중이용업소의 영업장 중 채광·환기·통풍 및 피난 등이 용이하지 못한 구조로 되어 있으면서 ≪대통령령으로 정하는 기준≫에 해당하는 영업장을 말한다.

> ### § 대통령령으로 정하는 기준
> 다음의 요건을 모두 갖춘 개구부의 면적의 합계가 영업장으로 사용하는 바닥면적의 30분의 1 이하가 되는 것을 말한다.
> 1. 크기는 지름 50cm 이상의 원이 통과할 수 있을 것
> 2. 해당 층의 바닥면으로부터 개구부 밑부분까지의 높이가 1.2m 이내일 것
> 3. 도로 또는 차량이 진입할 수 있는 빈터를 향할 것
> 4. 화재 시 건축물로부터 쉽게 피난할 수 있도록 창살이나 그 밖의 장애물이 설치되지 않을 것
> 5. 내부 또는 외부에서 쉽게 부수거나 열 수 있을 것

6. "영업장의 내부구획"이란 다중이용업소의 영업장 내부를 이용객들이 사용할 수 있도록 벽 또는 칸막이 등을 사용하여 구획된 실(室)을 만드는 것을 말한다.

② 이 법에서 사용하는 용어의 뜻은 제1항에서 규정하는 것을 제외하고는 「소방기본법」, 「소방시설공사업법」, 「화재의 예방 및 안전관리에 관한 법률」, 「소방시설 설치 및 관리에 관한 법률」 및 「건축법」에서 정하는 바에 따른다.

제3조(국가 등의 책무)

① 국가와 지방자치단체는 국민의 생명·신체 및 재산을 보호하기 위하여 불특정 다수인이 이용하는 다중이용업소의 안전시설등의 설치·유지 및 안전관리에 필요한 시책을 마련하여야 한다.

② 다중이용업을 운영하는 자(다중이용업주)는 국가와 지방자치단체가 실시하는 다중이용업소의 안전관리 등에 관한 시책에 협조하여야 하며, 다중이용업소를 이용하는 사람들을 화재 등 재난이나 그 밖의 위급한 상황으로부터 보호하기 위하여 노력하여야 한다.

제4조(다른 법률과의 관계)

① 다중이용업소의 화재 등 재난에 대한 안전관리에 관하여는 다른 법률에 우선하여 이 법을 적용한다.

② 「화재로 인한 재해보상과 보험가입에 관한 법률」에 따른 특수건물의 다중이용업주에 대하여는 제13조의2부터 제13조의6까지를 적용하지 아니한다.

③ 다중이용업주의 화재배상책임에 관하여 이 법에서 규정한 것 외에는 「민법」에 따른다.

제2장 다중이용업소의 안전관리기본계획 등

제5조(안전관리기본계획의 수립·시행 등)

① 소방청장은 다중이용업소의 화재 등 재난이나 그 밖의 위급한 상황으로 인한 인적·물적 피해의 감소, 안전기준의 개발, 자율적인 안전관리능력의 향상, 화재배상책임보험제도의 정착 등을 위하여 5년마다 다중이용업소의 안전관리기본계획(이하 "기본계획")을 수립·시행하여야 한다.

② 기본계획에는 다음의 사항이 포함되어야 한다.

1. 다중이용업소의 안전관리에 관한 기본 방향

2. 다중이용업소의 자율적인 안전관리 촉진에 관한 사항

3. 다중이용업소의 화재안전에 관한 정보체계의 구축 및 관리

4. 다중이용업소의 안전 관련 법령 정비 등 제도 개선에 관한 사항

5. 다중이용업소의 적정한 유지·관리에 필요한 교육과 기술 연구·개발

5의2. 다중이용업소의 화재배상책임보험에 관한 기본 방향

5의3. 다중이용업소의 화재배상책임보험 가입관리전산망(이하 "책임보험전산망")의 구축·운영

5의4. 다중이용업소의 화재배상책임보험제도의 정비 및 개선에 관한 사항

6. 다중이용업소의 화재위험평가의 연구·개발에 관한 사항

7. 그 밖에 다중이용업소의 안전관리에 관하여 ≪대통령령으로 정하는 사항≫

> § 대통령령이 정하는 사항
>   1. 안전관리 중·장기 기본계획에 관한 사항
>   가. 다중이용업소의 안전관리체제
>   나. 안전관리실태평가 및 개선계획
>   2. 시·도 안전관리기본계획에 관한 사항

③ 소방청장은 기본계획에 따라 매년 연도별 안전관리계획(이하 "연도별계획")을 수립·시행하여야 한다.

④ 소방청장은 제1항 및 제3항에 따라 수립된 기본계획 및 연도별계획을 관계 중앙행정기관의 장과 시·도지사에게 통보하여야 한다.

⑤ 소방청장은 기본계획 및 연도별계획을 수립하기 위하여 필요하면 관계 중앙행정기관의 장 및 시·도지사에게 관련된 자료의 제출을 요구할 수 있다. 이 경우 자료 제출을 요구받은 관계 중앙행정기관의 장 또는 시·도지사는 특별한 사유가 없으면 요구에 따라야 한다.

영·규칙 CHAIN

영 제4조(안전관리기본계획의 수립절차 등)

① 소방청장은 법 제5조제1항에 따라 다중이용업소의 안전관리기본계획(이하 "기본계획")을 관계 중앙행정기관의 장과 협의를 거쳐 5년마다 수립해야 한다.

② 소방청장은 관계 중앙행정기관의 장과 협의를 거쳐 ≪기본계획 수립지침≫을 작성하고 이를 관계 중앙행정기관의 장에게 통보해야 한다.

> ☞ **기본계획 수립지침에 포함 내용**
> 1. 화재 등 재난 발생 경감대책
>   가. 화재피해 원인조사 및 분석
>   나. 안전관리정보의 전달 · 관리체계 구축
>   다. 화재 등 재난 발생에 대비한 교육 · 훈련과 예방에 관한 홍보
> 2. 화재 등 재난 발생을 줄이기 위한 중 · 장기 대책
>   가. 다중이용업소 안전시설 등의 관리 및 유지계획
>   나. 소관법령 및 관련기준의 정비

③ 소방청장은 기본계획을 수립하면 국무총리에게 보고하고 관계 중앙행정기관의 장과 특별시장 · 광역시장 · 특별자치시장 · 도지사 또는 특별자치도지사(이하 "시 · 도지사")에게 통보한 후 이를 공고해야 한다.

영 제7조(연도별 안전관리계획의 통보 등)

① 소방청장은 법 제5조제3항에 따라 매년 연도별 안전관리계획(이하 "연도별 계획")을 전년도 12월 31일까지 수립해야 한다.

② 소방청장은 제1항에 따라 연도별 계획을 수립하면 지체 없이 관계 중앙행정기관의 장과 시 · 도지사 및 소방본부장에게 통보해야 한다.

영 제8조(집행계획의 내용 등)

① 소방본부장은 제4조제3항에 따라 공고된 기본계획과 제7조제2항에 따라 통보된 연도별 계획에 따라 안전관리집행계획(이하 "집행계획")을 수립해야 하며, 수립된 집행계획과 전년도 추진실적을 매년 1월 31일까지 소방청장에게 제출해야 한다.

② 소방본부장은 법 제6조제1항에 따라 관할지역의 다중이용업소에 대한 집행계획을 수립할 때에는 다음의 사항을 포함시켜야 한다.
  1. 다중이용업소 밀집 지역의 소방시설 설치, 유지 · 관리와 개선계획
  2. 다중이용업주와 종업원에 대한 소방안전교육 · 훈련계획
  3. 다중이용업주와 종업원에 대한 자체지도 계획
  4. 법 제15조제1항의 어느 하나에 해당하는 다중이용업소의 화재위험평가의 실시 및 평가
  5. 제4호에 따른 평가결과에 따른 조치계획(화재위험지역이나 건축물에 대한 안전관리와 시설정비 등에 관한 사항 포함)

③ 법 제6조제3항에 따른 집행계획의 수립시기는 해당 연도 전년 12월 31일까지로 하며, 그 수립대상은 제2조의 다중이용업으로 한다.

제6조(집행계획의 수립 · 시행 등)

① 소방본부장은 기본계획 및 연도별계획에 따라 관할 지역 다중이용업소의 안전관리를 위하여 매년 안전관리집행계획(이하 "집행계획")을 수립하여 소방청장에게 제출하여야 한다.

② 소방본부장은 집행계획을 수립하기 위하여 필요하면 해당 시장 · 군수 · 구청장(자치구의 구청장)에게 관련된 자료의 제출을 요구할 수 있다. 이 경우 자료 제출을 요구받은 해당 시장 · 군수 · 구청장은 특별한 사유가 없으면 요구에 따라야 한다.

③ 집행계획의 수립 시기, 대상, 내용 등에 관하여 필요한 사항은 대통령령으로 정한다.

제3장 허가관청의 통보 등

제7조(관련 행정기관의 통보사항)

① 다른 법률에 따라 다중이용업의 허가 · 인가 · 등록 · 신고수리(이하 "허가등")를 하는 행정기관(이하 "허가관청")은 허가등을 한 날부터 14일 이내에 행정안전부령으로 정하는 바에 따라 다중이용업소의 소재지를 관할하는 소방본부장 또는 소방서장에게 다음의 사항을 통보하여야 한다.

1. 다중이용업주의 성명 및 주소
2. 다중이용업소의 상호 및 주소
3. 다중이용업의 업종 및 영업장 면적

> **영 · 규칙 CHAIN**
>
> **제4조(관련 행정기관의 허가등의 통보)**
>
> ① 법 제7조제1항에 따른 다중이용업의 허가 · 인가 · 등록 · 신고수리(이하 "허가등")를 하는 행정기관(이하 "허가관청")은 허가등을 한 날부터 14일 이내에 다음의 사항을 [별지 제1호서식]의 다중이용업 허가등 사항(변경사항)통보서에 따라 관할 소방본부장 또는 소방서장에게 통보하여야 한다.
> 1. 영업주의 성명 · 주소
> 2. 다중이용업소의 상호 · 소재지
> 3. 다중이용업의 종류 · 영업장 면적
> 4. 허가등 일자
>
> ② 허가관청은 법 제7조제2항제1호에 따른 휴 · 폐업과 휴업 후 영업재개신고를 수리한 때에는 [별지 제1호서식]의 다중이용업 허가등 사항(변경사항)통보서에 따라 30일 이내에 소방본부장 또는 소방서장에게 통보하여야 한다.
>
> ③ 허가관청은 법 제7조제2항제2호부터 제4호까지의 규정에 따른 변경사항의 신고를 수리한 때에는 수리한 날부터 30일 이내에 [별지 제1호서식]의 다중이용업 허가등 사항(변경사항)통보서에 따라 그 변경내용을 관할 소방본부장 또는 소방서장에게 통보하여야 한다.

④ 소방본부장 또는 소방서장은 허가관청으로부터 제1항부터 제3항까지에 따른 통보를 받은 경우에는 [별지 제2호서식]의 다중이용업 허가등 사항 처리 접수대장에 그 사실을 기록하여 관리하여야 한다.

⑤ 허가관청은 제1항부터 제3항까지에 따른 통보를 할 때에는 법 제19조제1항에 따른 전산시스템을 이용하여 통보할 수 있다.

② 허가관청은 다중이용업주가 다음의 어느 하나에 해당하는 행위를 하였을 때에는 그 신고를 수리(受理)한 날부터 30일 이내에 소방본부장 또는 소방서장에게 통보하여야 한다.

1. 휴업 · 폐업 또는 휴업 후 영업의 재개(再開)
2. 영업 내용의 변경
3. 다중이용업주의 변경 또는 다중이용업주 주소의 변경
4. 다중이용업소 상호 또는 주소의 변경

③ 소방청장, 소방본부장 또는 소방서장은 다중이용업주의 휴업 · 폐업 또는 사업자등록말소 사실을 확인하기 위하여 필요한 경우에는 사업자등록번호를 기재하여 관할 세무관서의 장에게 다음의 사항에 대한 과세정보 제공을 요청할 수 있다. 이 경우 요청을 받은 세무관서의 장은 정당한 사유가 없으면 그 요청에 따라야 한다.

1. 대표자 성명 및 주민등록번호, 사업장 소재지
2. 휴업 · 폐업한 사업자의 성명 및 주민등록번호, 휴업일 · 폐업일

제7조의2(허가관청의 확인사항)

허가관청은 다른 법률에 따라 다중이용업주의 변경신고 또는 다중이용업주의 지위승계 신고를 수리하기 전에 다중이용업을 하려는 자가 다음의 사항을 이행하였는지를 확인하여야 한다.

1. 제8조에 따른 소방안전교육 이수
2. 제13조의2에 따른 화재배상책임보험 가입

제8조(소방안전교육)

① 다중이용업주와 그 종업원 및 다중이용업을 하려는 자는 소방청장, 소방본부장 또는 소방서장이 실시하는 소방안전교육을 받아야 한다. 다만, 다중이용업주나 종업원이 그 해당연도에 다음의 어느 하나에 해당하는 교육을 받은 경우에는 그러하지 아니하다.

1. 「화재의 예방 및 안전관리에 관한 법률」 제34조에 따른 소방안전관리자 강습 또는 실무교육
2. 「위험물안전관리법」 제28조에 따른 위험물안전관리자 교육

② 다중이용업주는 소방안전교육 대상자인 종업원이 소방안전교육을 받도록 하여야 한다.

③ 소방청장, 소방본부장 또는 소방서장은 제1항에 따라 소방안전교육을 받은 사람에게는 교육 이수를 증명하는 서류를 발급하여야 한다.

④ 제1항에 따른 소방안전교육의 대상자, 횟수, 시기, 교육시간, 그 밖에 교육에 필요한 사항은 행정안전부령으로 정한다.

영 · 규칙 CHAIN

최 **제5조(소방안전교육의 대상자 등)**

① 법 제8조제1항에 따라 소방청장 · 소방본부장 또는 소방서장이 실시하는 소방안전교육을 받아야 하는 대상자(이하 "교육대상자")는 다음과 같다.

1. 다중이용업을 운영하는 자(이하 "다중이용업주")

2. 다중이용업주 외에 해당 영업장(다중이용업주가 둘 이상의 영업장을 운영하는 경우에는 각각의 영업장)을 관리하는 종업원 1명 이상 또는 「국민연금법」에 따라 국민연금 가입의무대상자인 종업원 1명 이상

3. 다중이용업을 하려는 자

② 제1항제1호에도 불구하고 다중이용업주가 직접 소방안전교육을 받기 곤란한 경우로서 소방청장이 정하는 경우에는 영업장의 종업원 중 소방청장이 정하는 자로 하여금 다중이용업주를 대신하여 소방안전교육을 받게 할 수 있다.

③ 교육대상자는 다음의 구분에 따른 시기에 소방안전교육을 받아야 한다. 다만, 교육대상자가 국외에 체류하고 있거나, 질병 · 부상 등으로 입원해 있는 등 정해진 기간 안에 소방안전교육을 받을 수 없는 사유가 있는 때에는 소방청장이 정하는 바에 따라 3개월의 범위에서 소방안전교육을 연기할 수 있다.

1. 신규 교육

   가. 다중이용업을 하려는 자 : 다중이용업을 시작하기 전. 다만, 다음의 경우에는 1) 또는 2)에서 정한 시기에 소방안전교육을 받아야 한다.

      1) 다른 법률에 따라 다중이용업주의 변경신고 또는 다중이용업주의 지위승계 신고를 하는 경우 : 허가관청이 해당 신고를 수리하기 전까지

      2) 법 제9조제3항에 따라 안전시설등의 설치신고 또는 영업장 내부구조 변경신고를 한 경우 : 법 제9조제3항제3호에 따른 완공신고를 하기 전까지

   나. 교육대상 종업원 : 다중이용업에 종사하기 전

2. 수시 교육 : 법 제8조제1항 및 제2항, 법 제9조제1항 · 제10조 · 제11조 · 제12조제1항 · 제13조제1항 또는 법 제14조를 위반한 다중이용업주와 교육대상 종업원은 위반행위가 적발된 날부터 3개월 이내. 다만, 법 제9조제1항의 위반행위의 경우에는 과태료 부과대상이 되는 위반행위인 경우에만 해당한다.

3. 보수 교육 : 제1호의 신규 교육 또는 직전의 보수 교육을 받은 날이 속하는 달의 마지막 날부터 2년 이내에 1회 이상

④ 소방청장 · 소방본부장 또는 소방서장은 소방안전교육을 실시하려는 때에는 교육 일시 및 장소 등 소방안전교육에 필요한 사항을 교육일 30일 전까지 소방청 · 소방본부 또는 소방서의 홈페이지에 게재해야 한다. 이 경우 다음에서 정하는 시기에 교육대상자에게 알려야 한다.

1. 신규 교육 대상자 중 법 제9조제3항에 따라 안전시설등의 설치신고 또는 영업장 내부구조 변경신고를 하는 자 : 신고 접수 시

2. 수시 교육 및 보수 교육 대상자 : 교육일 10일 전

⑤ 소방청장ㆍ소방본부장 또는 소방서장이 소방안전교육을 하려는 때에는 다중이용업과 관련된 「직능인 경제활동지원에 관한 법률」 제2조에 따른 직능단체 및 민법상의 비영리법인과 협의하여 다른 법령에서 정하는 다중이용업 관련 교육과 병행하여 실시할 수 있다.

⑥ 소방안전교육 시간은 4시간 이내로 한다.

⑦ 제3항에 따라 소방안전교육을 받은 사람이 교육받은 날부터 2년 이내에 다중이용업을 하려는 경우 또는 다중이용업에 종사하려는 경우에는 제3항제1호에 따른 신규 교육을 받은 것으로 본다.

⑧ 소방청장ㆍ소방본부장 또는 소방서장은 소방안전교육을 이수한 사람에게 [별지 제3호서식]의 소방안전교육 이수증명서를 발급하고, 그 내용을 [별지 제4호서식]의 소방안전교육 이수증명서 발급(재발급)대장에 적어 관리하여야 한다.

⑨ 제8항에 따라 소방안전교육 이수증명서를 발급받은 사람은 소방안전교육 이수증명서를 잃어버렸거나 헐어서 쓸 수 없게 되어 소방안전교육 이수증명서를 재발급받으려면 [별지 제5호서식]의 소방안전교육 이수증명서 재발급 신청서에 이전에 발급받은 소방안전교육 이수증명서를 첨부(잃어버린 경우 제외)하여 소방본부장 또는 소방서장에게 제출하여야 한다. 이 경우 재발급 신청을 받은 소방본부장 또는 소방서장은 소방안전교육 이수증명서를 즉시 재발급하고, [별지 제4호서식]의 소방안전교육 이수증명서 발급(재발급) 대장에 그 사실을 적어 관리하여야 한다.

⑩ 제1항부터 제9항까지에서 정한 사항 외에 소방안전교육을 위하여 필요한 사항은 소방청장이 정한다.

칙 제6조(인터넷 홈페이지를 이용한 사이버 소방안전교육)

① 소방청장, 소방본부장 또는 소방서장은 다중이용업주와 그 종업원 및 다중이용업을 하려는 자에 대한 자율안전관리 책임의식을 높이고 화재발생 시 초기대응능력을 향상하기 위하여 인터넷 홈페이지를 이용한 사이버 소방안전교육(이하 "사이버교육")을 위한 환경을 조성하여야 한다.

② 소방청장, 소방본부장 또는 소방서장은 제1항에 따른 사이버교육을 위하여 소방청, 소방본부 또는 소방서의 인터넷 홈페이지에 누구나 쉽게 접속하여 사이버교육을 받을 수 있도록 시스템을 구축ㆍ운영하여야 한다.

③ 제2항의 사이버교육을 위한 시스템 구축과 그 밖에 필요한 사항은 소방청장이 정한다.

칙 제7조(소방안전교육의 교과과정 등)

① 법 제8조제1항에 따른 소방안전교육의 교과과정은 다음과 같다.

1. 화재안전과 관련된 법령 및 제도

2. 다중이용업소에서 화재가 발생한 경우 초기대응 및 대피요령

3. 소방시설 및 방화시설(防火施設)의 유지ㆍ관리 및 사용방법

4. 심폐소생술 등 응급처치 요령

② 그 밖에 다중이용업소의 안전관리에 관한 교육내용과 관련된 세부사항은 소방청장이 정한다.

칙 제8조(소방안전교육에 필요한 교육인력 및 시설 · 장비기준 등)

소방청장 · 소방본부장 또는 소방서장은 소방안전교육의 내실화를 위하여 [별표 1]의 교육인력 및 시설 · 장비를 갖추어야 한다.

■ 다중이용업소의 안전관리에 관한 특별법 시행규칙

[별표 1] 소방안전교육에 필요한 교육인력 및 시설 · 장비기준

1. 교육인력
   가. 인원 : 강사 4인 및 교무요원 2인 이상
   나. 강사의 자격요건
   1) 강사
      가) 소방 관련학의 석사학위 이상을 가진 자
      나) 전문대학 또는 이와 동등 이상의 교육기관에서 소방안전 관련 학과 전임강사 이상으로 재직한 자
      다) 「국가기술자격법 시행규칙」 [별표 2]의 소방기술사, 위험물기능장, 「소방시설 설치 및 관리에 관한 법률」에 따른 소방시설관리사, 「소방기본법」에 따른 소방안전교육사자격을 소지한 자
      라) 「국가기술자격법 시행규칙」 [별표 2]의 소방설비기사 및 위험물산업기사 자격을 소지한 자로서 소방 관련 기관(단체)에서 2년 이상 강의경력이 있는 자
      마) 「국가기술자격법 시행규칙」 [별표 2]의 소방설비산업기사 및 위험물기능사 자격을 소지한 자로서 소방 관련 기관(단체)에서 5년 이상 강의경력이 있는 자
      바) 대학 또는 이와 동등 이상의 교육기관에서 소방안전 관련 학과를 졸업하고 소방 관련 기관(단체)에서 5년 이상 강의경력이 있는 자
      사) 소방 관련 기관(단체)에서 10년 이상 실무경력이 있는 자로서 5년 이상 강의경력이 있는 자
      아) 소방위 또는 지방소방위 이상의 소방공무원 또는 소방설비기사 자격을 소지한 소방장 또는 지방소방장 이상의 소방공무원
      자) 간호사 또는 「응급의료에 관한 법률」 제36조에 따른 응급구조사 자격을 소지한 소방공무원(응급처치 교육에 한함)
   2) 외래 초빙강사 : 강사의 자격요건에 해당하는 자일 것
2. 교육시설 및 교육용기자재
   가. 사무실 : 바닥면적이 60m² 이상일 것
   나. 강의실 : 바닥면적이 100m² 이상이고, 의자 · 탁자 및 교육용 비품을 갖출 것
   다. 실습실 · 체험실 : 바닥면적이 100m² 이상
   라. 교육용기자재

기자재명	규격	수량(단위 : 개)
빔 프로젝터(beam projector)(스크린 포함)		1
소화기(단면절개 : 斷面切開)	3종	각 1
경보설비시스템		1
간이스프링클러 계통도		1
자동화재탐지설비 세트		1
소화설비 계통도 세트		1
소화기 시뮬레이터 세트		1
응급교육기자재 세트		1
심폐소생술(CPR) 실습용 마네킹		1

제9조(다중이용업소의 안전관리기준 등)

① 다중이용업주 및 다중이용업을 하려는 자는 영업장에 대통령령으로 정하는 안전시설등을 행정안전부령으로 정하는 기준에 따라 설치 · 유지하여야 한다. 이 경우 다음의 어느 하나에 해당하는 영업장 중 대통령령으로 정하는 영업장에는 소방시설 중 간이스프링클러설비를 행정안전부령으로 정하는 기준에 따라 설치하여야 한다.

1. 숙박을 제공하는 형태의 다중이용업소의 영업장
2. 밀폐구조의 영업장

영 · 규칙 CHAIN

영 제9조(안전시설등)

법 제9조제1항에 따라 다중이용업소의 영업장에 설치 · 유지해야 하는 안전시설등 및 간이스프링클러설비를 설치해야 하는 영업장은 [별표 1의2]와 같다.

■ 다중이용업소의 안전관리에 관한 특별법 시행령

[별표 1의2] 다중이용업소에 설치 · 유지하여야 하는 안전시설등

1. 소방시설

   가. 소화설비

      1) 소화기 또는 자동확산소화기

      2) 간이스프링클러설비(캐비닛형 간이스프링클러설비 포함). 다만, 다음의 영업장에만 설치한다.

         가) 지하층에 설치된 영업장

         나) 법 제9조제1항제1호에 따른 숙박을 제공하는 형태의 다중이용업소의 영업장 중 다음에

해당하는 영업장. 다만, 지상 1층에 있거나 지상과 직접 맞닿아 있는 층(영업장의 주된 출입구가 건축물 외부의 지면과 직접 연결된 경우 포함)에 설치된 영업장은 제외한다.

　　　　(1) 산후조리업의 영업장

　　　　(2) 고시원업의 영업장

　　다) 밀폐구조의 영업장

　　라) 권총사격장의 영업장

　나. 경보설비

　　1) 비상벨설비 또는 자동화재탐지설비. 다만, 노래반주기 등 영상음향장치를 사용하는 영업장에는 자동화재탐지설비를 설치하여야 한다.

　　2) 가스누설경보기. 다만, 가스시설을 사용하는 주방이나 난방시설이 있는 영업장에만 설치한다.

　다. 피난설비

　　1) 피난기구

　　　가) 미끄럼대

　　　나) 피난사다리

　　　다) 구조대

　　　라) 완강기

　　　마) 다수인 피난장비

　　　바) 승강식 피난기

　　2) 피난유도선. 다만, 영업장 내부 피난통로 또는 복도가 있는 영업장에만 설치한다.

　　3) 유도등, 유도표지 또는 비상조명등

　　4) 휴대용 비상조명등

2. 비상구. 다만, 다음의 어느 하나에 해당하는 영업장에는 비상구를 설치하지 않을 수 있다.

　가. 주된 출입구 외에 해당 영업장 내부에서 피난층 또는 지상으로 통하는 직통계단이 주된 출입구 중심선으로부터 수평거리로 영업장의 긴 변 길이의 2분의 1 이상 떨어진 위치에 별도로 설치된 경우

　나. 피난층에 설치된 영업장[영업장으로 사용하는 바닥면적이 33m² 이하인 경우로서 영업장 내부에 구획된 실(室)이 없고, 영업장 전체가 개방된 구조의 영업장]으로서 그 영업장의 각 부분으로부터 출입구까지의 수평거리가 10m 이하인 경우

3. 영업장 내부 피난통로. 다만, 구획된 실(室)이 있는 영업장에만 설치한다.

4. 삭제

5. 그 밖의 안전시설

　가. 영상음향차단장치. 다만, 노래반주기 등 영상음향장치를 사용하는 영업장에만 설치한다.

　나. 누전차단기

　다. 창문. 다만, 고시원업의 영업장에만 설치한다.

[비고]

1. "피난유도선(避難誘導線)"이란 햇빛이나 전등불로 축광(蓄光)하여 빛을 내거나 전류에 의하여 빛을 내는 유도체로서 화재 발생 시 등 어두운 상태에서 피난을 유도할 수 있는 시설을 말한다.
2. "비상구"란 주된 출입구와 주된 출입구 외에 화재 발생 시 등 비상시 영업장의 내부로부터 지상·옥상 또는 그 밖의 안전한 곳으로 피난할 수 있도록 「건축법 시행령」에 따른 직통계단·피난계단·옥외피난계단 또는 발코니에 연결된 출입구를 말한다.
3. "구획된 실(室)"이란 영업장 내부에 이용객 등이 사용할 수 있는 공간을 벽이나 칸막이 등으로 구획한 공간을 말한다. 다만, 영업장 내부를 벽이나 칸막이 등으로 구획한 공간이 없는 경우에는 영업장 내부 전체 공간을 하나의 구획된 실(室)로 본다.
4. "영상음향차단장치"란 영상 모니터에 화상(畫像) 및 음반 재생장치가 설치되어 있어 영화, 음악 등을 감상할 수 있는 시설이나 화상 재생장치 또는 음반 재생장치 중 한 가지 기능만 있는 시설을 차단하는 장치를 말한다.

■ 다중이용업소의 안전관리에 관한 특별법 시행규칙

[별표 2] 안전시설등의 설치·유지 기준

1. 소방시설

가. 소화설비

1) 소화기 또는 자동확산소화기 : 영업장 안의 구획된 실마다 설치할 것
2) 간이스프링클러설비 : 「소방시설 설치 및 관리에 관한 법률」에 따른 화재안전기준에 따라 설치할 것. 다만, 영업장의 구획된 실마다 간이스프링클러헤드 또는 스프링클러헤드가 설치된 경우에는 그 설비의 유효범위 부분에는 간이스프링클러설비를 설치하지 않을 수 있다.

나. 비상벨설비 또는 자동화재탐지설비

가) 영업장의 구획된 실마다 비상벨설비 또는 자동화재탐지설비 중 하나 이상을 화재안전기준에 따라 설치할 것
나) 자동화재탐지설비를 설치하는 경우에는 감지기와 지구음향장치는 영업장의 구획된 실마다 설치할 것. 다만, 영업장의 구획된 실에 비상방송설비의 음향장치가 설치된 경우 해당 실에는 지구음향장치를 설치하지 않을 수 있다.
다) 영상음향차단장치가 설치된 영업장에 자동화재탐지설비의 수신기를 별도로 설치할 것

다. 피난설비

1) 영 [별표 1의2] 제1호다목1)에 따른 피난기구 : 4층 이하 영업장의 비상구(발코니 또는 부속실)에는 피난기구를 화재안전기준에 따라 설치할 것
2) 피난유도선

가) 영업장 내부 피난통로 또는 복도에 「소방시설 설치 및 관리에 관한 법률」에 따라 소방청장이 정하여 고시하는 유도등 및 유도표지의 화재안전기준에 따라 설치할 것
나) 전류에 의하여 빛을 내는 방식으로 할 것
3) 유도등, 유도표지 또는 비상조명등 : 영업장의 구획된 실마다 유도등, 유도표지 또는 비상조명등 중 하나 이상을 화재안전기준에 따라 설치할 것

4) 휴대용 비상조명등 : 영업장안의 구획된 실마다 휴대용 비상조명등을 화재안전기준에 따라 설치할 것

2. 주된 출입구 및 비상구(이하 "비상구등")

가. 공통기준

1) 설치 위치 : 비상구는 영업장(2개 이상의 층이 있는 경우에는 각각의 층별 영업장) 주된 출입구의 반대방향에 설치하되, 주된 출입구 중심선으로부터의 수평거리가 영업장의 가장 긴 대각선 길이, 가로 또는 세로 길이 중 가장 긴 길이의 2분의 1 이상 떨어진 위치에 설치할 것. 다만, 건물구조로 인하여 주된 출입구의 반대방향에 설치할 수 없는 경우에는 주된 출입구 중심선으로부터의 수평거리가 영업장의 가장 긴 대각선 길이, 가로 또는 세로 길이 중 가장 긴 길이의 2분의 1 이상 떨어진 위치에 설치할 수 있다.

2) 비상구등 규격 : 가로 75cm 이상, 세로 150cm 이상(문틀을 제외한 가로길이 및 세로길이)으로 할 것

3) 구조

가) 비상구등은 구획된 실 또는 천장으로 통하는 구조가 아닌 것으로 할 것. 다만, 영업장 바닥에서 천장까지 불연재료(不燃材料)로 구획된 부속실(전실), 「모자보건법」에 따른 산후조리원에 설치하는 방풍실 또는 「녹색건축물 조성 지원법」에 따라 설계된 방풍구조는 그렇지 않다.

나) 비상구등은 다른 영업장 또는 다른 용도의 시설(주차장 제외)을 경유하는 구조가 아닌 것이어야 할 것.

4) 문

가) 문이 열리는 방향 : 피난방향으로 열리는 구조로 할 것

나) 문의 재질 : 주요 구조부(영업장의 벽, 천장 및 바닥)가 내화구조(耐火構造)인 경우 비상구등의 문은 방화문(防火門)으로 설치할 것. 다만, 다음의 어느 하나에 해당하는 경우에는 불연재료로 설치할 수 있다.

(1) 주요 구조부가 내화구조가 아닌 경우

(2) 건물의 구조상 비상구등의 문이 지표면과 접하는 경우로서 화재의 연소 확대 우려가 없는 경우

(3) 비상구등의 문이 「건축법 시행령」 제35조에 따른 피난계단 또는 특별피난계단의 설치 기준에 따라 설치해야 하는 문이 아니거나 같은 영 제46조에 따라 설치되는 방화구획이 아닌 곳에 위치한 경우

다) 주된 출입구의 문이 나)(3)에 해당하고, 다음의 기준을 모두 충족하는 경우에는 주된 출입구의 문을 자동문[미서기(슬라이딩)문]으로 설치할 수 있다.

(1) 화재감지기와 연동하여 개방되는 구조

(2) 정전 시 자동으로 개방되는 구조

(3) 정전 시 수동으로 개방되는 구조

　나. 복층구조(複層構造) 영업장(2개 이상의 층에 내부계단 또는 통로가 각각 설치되어 하나의 층의 내부에서 다른 층의 내부로 출입할 수 있도록 되어 있는 구조의 영업장)의 기준

　　1) 각 층마다 영업장 외부의 계단 등으로 피난할 수 있는 비상구를 설치할 것

　　2) 비상구등의 문이 열리는 방향은 실내에서 외부로 열리는 구조로 할 것

　　3) 비상구등의 문의 재질은 가목4)나)의 기준을 따를 것

　　4) 영업장의 위치 및 구조가 다음의 어느 하나에 해당하는 경우에는 1)에도 불구하고 그 영업장으로 사용하는 어느 하나의 층에 비상구를 설치할 것

　　　가) 건축물 주요 구조부를 훼손하는 경우

　　　나) 옹벽 또는 외벽이 유리로 설치된 경우 등

　다. 영업장의 위치가 4층 이하(지하층인 경우 제외)인 경우의 기준

　　1) 피난 시에 유효한 발코니[활하중 5킬로뉴턴/제곱미터($5kN/m^2$) 이상, 가로 75cm 이상, 세로 150cm 이상, 면적 $1.12m^2$ 이상, 난간의 높이 100cm 이상인 것을 말한다. 이하 이 목에서 같다] 또는 부속실(불연재료로 바닥에서 천장까지 구획된 실로서 가로 75cm 이상, 세로 150cm 이상, 면적 $1.12m^2$ 이상인 것)을 설치하고, 그 장소에 적합한 피난기구를 설치할 것

　　2) 부속실을 설치하는 경우 부속실 입구의 문과 건물 외부로 나가는 문의 규격은 가목2)에 따른 비상구등의 규격으로 할 것. 다만, 120cm 이상의 난간이 있는 경우에는 발판 등을 설치하고 건축물 외부로 나가는 문의 규격과 재질을 가로 75cm 이상, 세로 100cm 이상의 창호로 설치할 수 있다.

　　3) 추락 등의 방지를 위하여 다음 사항을 갖추도록 할 것

　　　가) 발코니 및 부속실 입구의 문을 개방하면 경보음이 울리도록 경보음 발생 장치를 설치하고, 추락위험을 알리는 표지를 문(부속실의 경우 외부로 나가는 문도 포함)에 부착할 것

　　　나) 부속실에서 건물 외부로 나가는 문 안쪽에는 기둥·바닥·벽 등의 견고한 부분에 탈착이 가능한 쇠사슬 또는 안전로프 등을 바닥에서부터 120cm 이상의 높이에 가로로 설치할 것. 다만, 120cm 이상의 난간이 설치된 경우에는 쇠사슬 또는 안전로프 등을 설치하지 않을 수 있다.

2의2. 영업장 구획 등 : 층별 영업장은 다른 영업장 또는 다른 용도의 시설과 불연재료·준불연재료로 된 차단벽이나 칸막이로 분리되도록 할 것. 다만, 가목부터 다목까지의 경우에는 분리 또는 구획하는 별도의 차단벽이나 칸막이 등을 설치하지 않을 수 있다.

　가. 둘 이상의 영업소가 주방 외에 객실부분을 공동으로 사용하는 등의 구조인 경우

　나. 「식품위생법 시행규칙」에 해당되는 경우

　다. 영 제9조에 따른 안전시설등을 갖춘 경우로서 실내에 설치한 유원시설업의 허가 면적 내에 「관광진흥법 시행규칙」[별표 1의2] 제1호가목에 따라 청소년게임제공업 또는 인터넷컴퓨터게임시설제공업이 설치된 경우

3. 영업장 내부 피난통로
  가. 내부 피난통로의 폭은 120cm 이상으로 할 것. 다만, 양 옆에 구획된 실이 있는 영업장으로서 구획된 실의 출입문 열리는 방향이 피난통로 방향인 경우에는 150cm 이상으로 설치하여야 한다.
  나. 구획된 실부터 주된 출입구 또는 비상구까지의 내부 피난통로의 구조는 세 번 이상 구부러지는 형태로 설치하지 말 것
4. 창문
  가. 영업장 층별로 가로 50cm 이상, 세로 50cm 이상 열리는 창문을 1개 이상 설치할 것
  나. 영업장 내부 피난통로 또는 복도에 바깥 공기와 접하는 부분에 설치할 것(구획된 실에 설치하는 것 제외)
5. 영상음향차단장치
  가. 화재 시 자동화재탐지설비의 감지기에 의하여 자동으로 음향 및 영상이 정지될 수 있는 구조로 설치하되, 수동(하나의 스위치로 전체의 음향 및 영상장치를 제어할 수 있는 구조)으로도 조작할 수 있도록 설치할 것
  나. 영상음향차단장치의 수동차단스위치를 설치하는 경우에는 관계인이 일정하게 거주하거나 일정하게 근무하는 장소에 설치할 것. 이 경우 수동차단스위치와 가장 가까운 곳에 "영상음향차단스위치"라는 표지를 부착하여야 한다.
  다. 전기로 인한 화재발생 위험을 예방하기 위하여 부하용량에 알맞은 누전차단기(과전류차단기 포함)를 설치할 것
  라. 영상음향차단장치의 작동으로 실내 등의 전원이 차단되지 않는 구조로 설치할 것
6. 보일러실과 영업장 사이의 방화구획 : 보일러실과 영업장 사이의 출입문은 방화문으로 설치하고, 개구부(開口部)에는 방화댐퍼(화재 시 연기 등을 차단하는 장치)를 설치할 것

[비고]
1. "방화문(防火門)"이란 「건축법 시행령」에 따른 60분+ 방화문, 60분 방화문, 30분 방화문으로서 언제나 닫힌 상태를 유지하거나 화재로 인한 연기의 발생 또는 온도의 상승에 따라 자동적으로 닫히는 구조를 말한다. 다만, 자동으로 닫히는 구조 중 열에 의하여 녹는 퓨즈[도화선(導火線)]타입 구조의 방화문은 제외한다.
2. 법 제15조제4항에 따라 소방청장·소방본부장 또는 소방서장은 해당 영업장에 대해 화재위험평가를 실시한 결과 화재위험유발지수가 영 제13조에 따른 기준 미만인 업종에 대해서는 소방시설·비상구 또는 그 밖의 안전시설등의 설치를 면제한다.
3. 소방본부장 또는 소방서장은 비상구의 크기, 비상구의 설치 거리, 간이스프링클러설비의 배관 구경(口徑) 등 소방청장이 정하여 고시하는 안전시설등에 대해서는 소방청장이 고시하는 바에 따라 안전시설등의 설치·유지 기준의 일부를 적용하지 않을 수 있다.

② 소방본부장이나 소방서장은 안전시설등이 행정안전부령으로 정하는 기준에 맞게 설치 또는 유지되어 있지 아니한 경우에는 그 다중이용업주에게 안전시설등의 보완 등 필요한 조치를 명하거나 허가관청에 관계 법령에 따른 영업정지 처분 또는 허가등의 취소를 요청할 수 있다.
③ 다중이용업을 하려는 자(다중이용업을 하고 있는 자 포함)는 다음의 어느 하나에 해당하는 경우에는

안전시설등을 설치하기 전에 미리 소방본부장이나 소방서장에게 행정안전부령으로 정하는 안전시설등의 설계도서를 첨부하여 행정안전부령으로 정하는 바에 따라 신고하여야 한다.

1. 안전시설등을 설치하려는 경우
2. 영업장 내부구조를 변경하려는 경우로서 다음의 어느 하나에 해당하는 경우
   가. 영업장 면적의 증가
   나. 영업장의 구획된 실의 증가
   다. 내부통로 구조의 변경
3. 안전시설등의 공사를 마친 경우

④ 소방본부장이나 소방서장은 제3항제1호 및 제2호에 따라 신고를 받았을 때에는 설계도서가 행정안전부령으로 정하는 기준에 맞는지를 확인하고, 그에 맞도록 지도하여야 한다.

⑤ 소방본부장이나 소방서장은 제3항제3호에 따라 공사완료의 신고를 받았을 때에는 안전시설등이 행정안전부령으로 정하는 기준에 맞게 설치되었다고 인정하는 경우에는 행정안전부령으로 정하는 바에 따라 안전시설등 완비증명서를 발급하여야 하며, 그 기준에 맞지 아니한 경우에는 시정될 때까지 안전시설등 완비증명서를 발급하여서는 아니 된다.

⑥ 법률 제9330호 다중이용업소의 안전관리에 관한 특별법 일부개정법률 부칙 제3항에 따라 대통령령으로 정하는 숙박을 제공하는 형태의 다중이용업소의 영업장으로서 2009년 7월 8일 전에 영업을 개시한 후 영업장의 내부구조·실내장식물·안전시설등 또는 영업주를 변경한 사실이 없는 영업장을 운영하는 다중이용업주가 제1항 후단에 따라 해당 영업장에 간이스프링클러설비를 설치하는 경우 국가와 지방자치단체는 필요한 비용의 일부를 대통령령으로 정하는 바에 따라 지원할 수 있다.

영·규칙 CHAIN

칙 제11조(안전시설등의 설치신고)

① 다중이용업을 하려는 자는 다중이용업소에 안전시설등을 설치하거나 안전시설등의 공사를 마친 경우에는 법 제9조제3항에 따라 [별지 제6호서식]의 안전시설등 설치(완공)신고서(전자문서로 된 신고서 포함)에 다음의 서류(전자문서 포함, 설치신고 시에는 제1호부터 제3호까지의 서류)를 첨부하여 소방본부장 또는 소방서장에게 제출해야 한다. 이 경우 소방본부장 또는 소방서장은 「전자정부법」에 따른 행정정보의 공동이용을 통하여 제5호에 따른 전기안전점검 확인서를 확인해야 하며, 신고인이 확인에 동의하지 않는 경우에는 그 서류를 제출하도록 해야 한다.

1. 「소방시설공사업법」에 따른 소방시설설계업자가 작성한 안전시설등의 설계도서(소방시설의 계통도, 실내장식물의 재료 및 설치면적, 내부구획의 재료, 비상구 및 창호도 등이 표시된 것) 1부. 다만, 완공신고의 경우에는 설치신고 시 제출한 설계도서와 달라진 내용이 있는 경우에만 제출한다.
2. [별지 제6호의2서식]의 안전시설등 설치명세서 1부. 다만, 완공신고의 경우에는 설치내용이 설치신고 시와 날라진 경우에만 제출한다.
3. 구획된 실의 세부용도 등이 표시된 영업장의 평면도(복도, 계단 등 해당 영업장의 부수시설이

포함된 평면도) 1부. 다만, 완공신고의 경우에는 설치내용이 설치신고 시와 달라진 경우에만 제출한다.

4. 법 제13조의3제1항에 따른 화재배상책임보험 증권 사본 등 화재배상책임보험 가입을 증명할 수 있는 서류 1부

5. 「전기안전관리법」에 따른 전기안전점검 확인서 등 전기설비의 안전진단을 증빙할 수 있는 서류 (고시원업, 전화방업·화상대화방업, 수면방업, 콜라텍업, 방탈출카페업, 키즈카페업, 만화카 페업만 해당) 1부

6. [별지 제6호의3서식]의 구조안전 확인서(건축물 외벽에 발코니 형태의 비상구를 설치한 경우만 해당) 1부

② 소방본부장 또는 소방서장은 법 제9조제5항에 따라 현장을 확인한 결과 안전시설등이 [별표 2]에 적합하다고 인정하는 경우에는 [별지 제7호서식]의 안전시설등 완비증명서를 발급하고, 적합하지 아니한 때에는 신청인에게 서면으로 그 사유를 통보하고 보완을 요구하여야 한다.

③ 소방본부장 또는 소방서장은 제1항에 따른 안전시설등 설치(완공)신고서를 접수하거나 제2항에 따른 안전시설등 완비증명서를 발급한 때에는 [별지 제8호서식]의 안전시설등 완비증명서 발급 대장에 발급일자 등을 적어 관리하여야 한다.

④ 다중이용업주는 다음의 어느 하나에 해당하여 제2항에 따라 발급받은 안전시설등 완비증명서를 재발급받으려는 경우에는 [별지 제9호서식]의 안전시설등 완비증명서 재발급 신청서에 이전에 발급 받은 안전시설등 완비증명서를 첨부(제1호의 경우는 제외)하여 소방본부장 또는 소방서장에게 제출 해야 한다.

1. 안전시설등 완비증명서를 잃어버린 경우

2. 안전시설등 완비증명서가 헐어서 쓸 수 없게 된 경우

3. 안전시설등 및 영업장 내부구조 변경 등이 없이 다음의 어느 하나에 해당하는 경우

　가. 실내장식물을 변경하는 경우

　나. 법 제7조제2항제3호 및 제4호에 해당하는 경우

4. 안전시설등을 추가하지 아니하는 업종으로 업종 변경을 한 경우. 다만, 내부구조 변경 등이 있거나 업종 변경에 따라 강화된 기준을 적용받는 경우는 제외한다.

⑤ 소방본부장 또는 소방서장은 제4항에 따른 신청을 받은 날부터 3일 이내에 안전시설등 완비증명서를 재발급하고, [별지 제8호서식]의 안전시설등 완비증명서 발급 대장에 그 사실을 기록하여 관리하여 야 한다.

영 제9조의2(간이스프링클러설비 설치의 지원)

① 법 제9조제6항에 따른 간이스프링클러설비 설치 비용을 지원받으려는 다중이용업주는 해당 다중이 용업소의 소재지를 관할하는 소방서장에게 비용 지원을 신청해야 한다.

② 제1항에 따라 신청을 받은 소방서장은 소방본부장에게 신청 내용의 검토를 요청하고, 검토 요청을 받은 소방본부장은 해당 다중이용업소의 영업장이 지원 대상에 해당하는지 등을 검토하여 그 결과를

소방서장에게 통보해야 한다.

③ 제1항 및 제2항에서 규정한 사항 외에 간이스프링클러설비 설치 비용의 지원 기준 · 방법 및 절차 등에 관하여 필요한 사항은 소방청장이 정하여 고시한다.

제9조의2(다중이용업소의 비상구 추락방지)

다중이용업주 및 다중이용업을 하려는 자는 제9조제1항에 따라 설치 · 유지하는 안전시설등 중 행정안전 부령으로 정하는 비상구[영업장의 위치가 4층 이하(지하층인 경우 제외)인 경우 그 영업장에 설치하는 비상구]에 추락위험을 알리는 표지 등 추락 등의 방지를 위한 장치를 행정안전부령으로 정하는 기준에 따라 갖추어야 한다.

☞ **비상구의 설치 기준과 추락 등의 방지를 위한 장치의 설치 기준**

영업장의 위치가 4층 이하(지하층인 경우 제외)인 경우의 기준

1) 피난 시에 유효한 발코니(활하중 $5kN/m^2$ 이상, 가로 75cm 이상, 세로 150cm 이상, 면적 $1.12m^2$ 이상, 난간의 높이 100cm 이상인 것) 또는 부속실(불연재료로 바닥에서 천장까지 구획된 실로서 가로 75cm 이상, 세로 150cm 이상, 면적 $1.12m^2$ 이상인 것)을 설치하고, 그 장소에 적합한 피난기구를 설치할 것

2) 부속실을 설치하는 경우 부속실 입구의 문과 건물 외부로 나가는 문의 규격은 가목2)에 따른 비상구등의 규격으로 할 것. 다만, 120cm 이상의 난간이 있는 경우에는 발판 등을 설치하고 건축물 외부로 나가는 문의 규격과 재질을 가로 75cm 이상, 세로 100cm 이상의 창호로 설치할 수 있다.

3) 추락 등의 방지를 위하여 다음 사항을 갖추도록 할 것

   가) 발코니 및 부속실 입구의 문을 개방하면 경보음이 울리도록 경보음 발생 장치를 설치하고, 추락위험을 알리는 표지를 문(부속실의 경우 외부로 나가는 문도 포함)에 부착할 것

   나) 부속실에서 건물 외부로 나가는 문 안쪽에는 기둥 · 바닥 · 벽 등의 견고한 부분에 탈착이 가능한 쇠사슬 또는 안전로프 등을 바닥에서부터 120cm 이상의 높이에 가로로 설치할 것. 다만, 120cm 이상의 난간이 설치된 경우에는 쇠사슬 또는 안전로프 등을 설치하지 않을 수 있다.

제10조(다중이용업의 실내장식물)

① 다중이용업소에 설치하거나 교체하는 실내장식물(반자돌림대 등의 너비가 10cm 이하인 것 제외)은 불연재료(不燃材料) 또는 준불연재료로 설치하여야 한다.

② 제1항에도 불구하고 합판 또는 목재로 실내장식물을 설치하는 경우로서 그 면적이 영업장 천장과 벽을 합한 면적의 10분의 3(스프링클러설비 또는 간이스프링클러설비가 설치된 경우에는 10분의 5) 이하인 부분은 「소방시설 설치 및 관리에 관한 법률」 제20조제3항에 따른 방염성능기준 이상의 것으로 설치할 수 있다.

③ 소방본부장이나 소방서장은 다중이용업소의 실내장식물이 제1항 및 제2항에 따른 실내장식물의 기준에 맞지 아니하는 경우에는 그 다중이용업주에게 해당 부분의 실내장식물을 교체하거나 제거하게 하는 등 필요한 조치를 명하거나 허가관청에 관계 법령에 따른 영업정지 처분 또는 허가등의 취소를 요청할 수 있다.

제10조의2(영업장의 내부구획)

① 다중이용업소의 영업장 내부를 구획하고자 할 때에는 불연재료로 구획하여야 한다. 이 경우 다음의 어느 하나에 해당하는 다중이용업소의 영업장은 천장(반자속)까지 구획하여야 한다.

1. 단란주점 및 유흥주점 영업
2. 노래연습장업

② 제1항에 따른 영업장의 내부구획 기준은 행정안전부령으로 정한다.

영·규칙 CHAIN

제11조의3(영업장의 내부구획 기준)

다중이용업소의 영업장 내부를 구획함에 있어 배관 및 전선관 등이 영업장 또는 천장(반자속)의 내부구획된 부분을 관통하여 틈이 생긴 때에는 다음의 어느 하나에 해당하는 재료를 사용하여 그 틈을 메워야 한다.

1. 「산업표준화법」에 따른 한국산업표준에서 내화충전성능을 인정한 구조로 된 것
2. 「과학기술분야 정부출연연구기관 등의 설립·운영에 관한 법률」에 따라 설립된 한국건설기술연구원의 장이 국토교통부장관이 정하여 고시하는 기준에 따라 내화충전성능을 인정한 구조로 된 것

---

③ 소방본부장이나 소방서장은 영업장의 내부구획이 제1항 및 제2항에 따른 기준에 맞지 아니하는 경우에는 그 다중이용업주에게 보완 등 필요한 조치를 명하거나 허가관청에 관계 법령에 따른 영업정지 처분 또는 허가등의 취소를 요청할 수 있다.

제11조(피난시설, 방화구획 및 방화시설의 유지·관리)

다중이용업주는 해당 영업장에 설치된 「건축법」에 따른 피난시설, 방화구획과 방화벽, 내부 마감재료 등(이하 "방화시설")을 「소방시설 설치 및 관리에 관한 법률」에 따라 유지하고 관리하여야 한다.

제12조(피난안내도의 비치 또는 피난안내 영상물의 상영)

① 다중이용업주는 화재 등 재난이나 그 밖의 위급한 상황의 발생 시 이용객들이 안전하게 피난할 수 있도록 피난계단·피난통로, 피난설비 등이 표시되어 있는 피난안내도를 갖추어 두거나 피난안내에 관한 영상물을 상영하여야 한다.

② 제1항에 따라 피난안내도를 갖추어 두거나 피난안내에 관한 영상물을 상영하여야 하는 대상, 피난안내도를 갖추어 두어야 하는 위치, 피난안내에 관한 영상물의 상영시간, 피난안내도 및 피난안내에 관한 영상물에 포함되어야 할 내용과 그 밖에 필요한 사항은 행정안전부령으로 정한다.

Law 영·규칙 CHAIN

칙 제12조(피난안내도 비치 대상 등)

① 피난안내도 비치 대상, 피난안내 영상물 상영 대상, 피난안내도 비치 위치 및 피난안내 영상물 상영 시간 등은 [별표 2의2]와 같다.

■ 다중이용업소의 안전관리에 관한 특별법 시행규칙

[별표 2의2] 피난안내도 비치 대상 등

1. 피난안내도 비치 대상 : 영 제2조에 따른 다중이용업의 영업장. 다만, 다음의 어느 하나에 해당하는 경우에는 비치하지 않을 수 있다.
   가. 영업장으로 사용하는 바닥면적의 합계가 33m² 이하인 경우
   나. 영업장 내 구획된 실이 없고, 영업장 어느 부분에서도 출입구 및 비상구를 확인할 수 있는 경우

2. 피난안내 영상물 상영 대상
   가. 「영화 및 비디오물 진흥에 관한 법률」의 영화상영관 및 비디오물소극장업의 영업장
   나. 「음악산업 진흥에 관한 법률」의 노래연습장업의 영업장
   다. 「식품위생법 시행령」의 단란주점영업 및 유흥주점영업의 영업장. 다만, 피난안내 영상물을 상영할 수 있는 시설이 설치된 경우만 해당한다.
   라. 삭제
   마. 영 제2조제8호(화재위험평가결과 위험유발지수가 D등급 또는 E등급에 해당하거나 화재발생 시 인명피해가 발생할 우려가 높은 불특정다수인이 출입하는 영업으로서 행정안전부령으로 정하는 영업. 이 경우 소방청장은 관계 중앙행정기관의 장과 미리 협의하여야 한다.)에 해당하는 영업으로서 피난안내 영상물을 상영할 수 있는 시설을 갖춘 영업장

3. 피난안내도 비치 위치 : 다음의 어느 하나에 해당하는 위치에 모두 설치할 것
   가. 영업장 주 출입구 부분의 손님이 쉽게 볼 수 있는 위치
   나. 구획된 실의 벽, 탁자 등 손님이 쉽게 볼 수 있는 위치
   다. 「게임산업진흥에 관한 법률」의 인터넷컴퓨터게임시설제공업 영업장의 인터넷컴퓨터게임시설이 설치된 책상. 다만, 책상 위에 비치된 컴퓨터에 피난안내도를 내장하여 새로운 이용객이 컴퓨터를 작동할 때마다 피난안내도가 모니터에 나오는 경우에는 책상에 피난안내도가 비치된 것으로 본다.

4. 피난안내 영상물 상영 시간 : 영업장의 내부구조 등을 고려하여 정하되, 상영 시기(時期)는 다음과 같다.
   가. 영화상영관 및 비디오물소극장업 : 매 회 영화상영 또는 비디오물 상영 시작 전
   나. 노래연습장업 등 그 밖의 영업 : 매 회 새로운 이용객이 입장하여 노래방 기기(機器) 등을 작동할 때

5. 피난안내도 및 피난안내 영상물에 포함되어야 할 내용 : 다음의 내용을 모두 포함할 것. 이 경우 광고 등 피난안내에 혼선을 초래하는 내용을 포함해서는 안 된다.

　　가. 화재 시 대피할 수 있는 비상구 위치

　　나. 구획된 실 등에서 비상구 및 출입구까지의 피난 동선

　　다. 소화기, 옥내소화전 등 소방시설의 위치 및 사용방법

　　라. 피난 및 대처방법

6. 피난안내도의 크기 및 재질

　　가. 크기 : B4(257mm×364mm) 이상의 크기로 할 것. 다만, 각 층별 영업장의 면적 또는 영업장이 위치한 층의 바닥면적이 각각 400m² 이상인 경우에는 A3(297mm×420mm) 이상의 크기로 하여야 한다.

　　나. 재질 : 종이(코팅처리한 것), 아크릴, 강판 등 쉽게 훼손 또는 변형되지 않는 것으로 할 것

7. 피난안내도 및 피난안내 영상물에 사용하는 언어 : 피난안내도 및 피난안내영상물은 한글 및 1개 이상의 외국어를 사용하여 작성하여야 한다.

8. 장애인을 위한 피난안내 영상물 상영 : 「영화 및 비디오물의 진흥에 관한 법률」에 따른 영화상영관 중 전체 객석 수의 합계가 300석 이상인 영화상영관의 경우 피난안내 영상물은 장애인을 위한 한국수어 · 폐쇄자막 · 화면해설 등을 이용하여 상영해야 한다.

② 제1항에 따라 피난안내도를 비치하거나 피난안내에 관한 영상물을 상영하여야 하는 다중이용업주는 안전시설등을 점검할 때에 피난안내도 및 피난안내에 관한 영상물을 포함하여 점검하여야 한다.

제13조(다중이용업주의 안전시설등에 대한 정기점검 등)

① 다중이용업주는 다중이용업소의 안전관리를 위하여 정기적으로 안전시설등을 점검하고 그 점검결과서를 작성하여 1년간 보관하여야 한다. 이 경우 다중이용업소에 설치된 안전시설등이 건축물의 다른 시설 · 장비와 연계되어 작동되는 경우에는 해당 건축물의 관계인(「소방기본법」에 따른 관계인) 및 소방안전관리자는 다중이용업주의 안전점검에 협조하여야 한다.

② 다중이용업주는 제1항에 따른 정기점검을 행정안전부령으로 정하는 바에 따라 「소방시설 설치 및 관리에 관한 법률」에 따른 소방시설관리업자에게 위탁할 수 있다.

③ 제1항에 따른 안전점검의 대상, 점검자의 자격, 점검주기, 점검방법, 그 밖에 필요한 사항은 행정안전부령으로 정한다.

영 · 규칙 CHAIN

제13조(다중이용업소 안전시설등 세부점검표)

법 제13조제1항 및 제2항에 따라 안전시설등을 점검하는 경우에는 [별지 제10호서식]의 안전시설등 세부점검표를 사용하여 점검한다.

칙 **제14조(안전점검의 대상, 점검자의 자격 등)**

법 제13조제3항에 따른 안전점검의 대상, 점검자의 자격, 점검주기, 점검방법은 다음과 같다.

1. 안전점검 대상 : 다중이용업소의 영업장에 설치된 영 제9조의 안전시설등
2. 안전점검자의 자격은 다음과 같다.
   가. 해당 영업장의 다중이용업주 또는 다중이용업소가 위치한 특정소방대상물의 소방안전관리자(소방안전관리자가 선임된 경우에 한함)
   나. 해당 업소의 종업원 중 「화재의 예방 및 안전관리에 관한 법률 시행령」에 따라 소방안전관리자 자격을 취득한 자, 「국가기술자격법」에 따라 소방기술사ㆍ소방설비기사 또는 소방설비산업기사 자격을 취득한 자
   다. 「소방시설 설치 및 관리에 관한 법률」에 따른 소방시설관리업자
3. 점검주기 : 매 분기별 1회 이상 점검. 다만, 「소방시설 설치 및 관리에 관한 법률」에 따라 자체점검을 실시한 경우에는 자체점검을 실시한 그 분기에는 점검을 실시하지 아니할 수 있다.
4. 점검방법 : 안전시설등의 작동 및 유지ㆍ관리 상태를 점검한다.

제3장의2 다중이용업주의 화재배상책임보험의 의무가입 등

제13조의2(화재배상책임보험 가입 의무)

① 다중이용업주 및 다중이용업을 하려는 자는 다중이용업소의 화재(폭발을 포함)로 인하여 다른 사람이 사망ㆍ부상하거나 재산상의 손해를 입은 때에는 과실이 없는 경우에도 피해자(피해자가 사망한 경우에는 손해배상을 받을 권리를 가진 자)에게 대통령령으로 정하는 금액을 지급할 책임을 지는 책임보험(이하 "화재배상책임보험")에 가입하여야 한다.

영ㆍ규칙 CHAIN

영 **제9조의3(화재배상책임보험의 보험금액)**

① 법 제13조의2제1항에 따라 다중이용업주 및 다중이용업을 하려는 자가 가입하여야 하는 화재배상책임보험은 다음의 기준을 충족하는 것이어야 한다.
1. 사망의 경우 : 피해자 1명당 1억 5천만 원의 범위에서 피해자에게 발생한 손해액을 지급할 것. 다만, 그 손해액이 2천만 원 미만인 경우에는 2천만 원으로 한다.
2. 부상의 경우 : 피해자 1명당 [별표 2]에서 정하는 금액의 범위에서 피해자에게 발생한 손해액을 지급할 것
3. 부상에 대한 치료를 마친 후 더 이상의 치료효과를 기대할 수 없고 그 증상이 고정된 상태에서 그 부상이 원인이 되어 신체의 장애(이하 "후유장애")가 생긴 경우 : 피해자 1명당 [별표 3]에서 정하는 금액의 범위에서 피해자에게 발생한 손해액을 지급할 것

4. 재산상 손해의 경우 : 사고 1건당 10억 원의 범위에서 피해자에게 발생한 손해액을 지급할 것
② 제1항에 따른 화재배상책임보험은 하나의 사고로 제1항제1호부터 제3호까지 중 둘 이상에 해당하게 된 경우 다음의 기준을 충족하는 것이어야 한다.
  1. 부상당한 사람이 치료 중 그 부상이 원인이 되어 사망한 경우 : 피해자 1명당 제1항제1호에 따른 금액과 제1항제2호에 따른 금액을 더한 금액을 지급할 것
  2. 부상당한 사람에게 후유장애가 생긴 경우 : 피해자 1명당 제1항제2호에 따른 금액과 제1항제3호에 따른 금액을 더한 금액을 지급할 것
  3. 제1항제3호에 따른 금액을 지급한 후 그 부상이 원인이 되어 사망한 경우 : 피해자 1명당 제1항제1호에 따른 금액에서 제1항제3호에 따른 금액 중 사망한 날 이후에 해당하는 손해액을 뺀 금액을 지급할 것

② 「보험업법」에 따른 다른 종류의 보험상품에 제1항에서 정한 화재배상책임보험의 내용이 포함되는 경우에는 이 법에 따른 화재배상책임보험으로 본다.
③ 보험회사는 제1항에 따른 화재배상책임보험 계약을 체결하는 경우 해당 다중이용업소의 안전시설등의 설치·유지 및 안전관리에 관한 사항을 고려하여 보험료율을 차등 적용할 수 있다.
④ 제3항에 따라 보험회사가 보험료율을 차등 적용하는 경우에는 ≪다중이용업소의 업종 및 면적 등 대통령령으로 정하는 사항≫을 고려하여야 한다.

> § 다중이용업소의 업종 및 면적 등 대통령령으로 정하는 사항
>   1. 해당 다중이용업소가 속한 업종의 화재발생빈도
>   2. 해당 다중이용업소의 영업장 면적
>   3. 법 제15조제1항에 따른 화재위험평가 결과
>   4. 법 제20조제1항에 따라 공개된 법령위반업소에 해당하는지 여부
>   5. 법 제21조제1항에 따라 공표된 안전관리우수업소에 해당하는지 여부

영·규칙 CHAIN

영 제9조의4(화재배상책임보험의 보험요율 차등 적용 등)

보험회사가 보험요율을 차등 적용하는 데 활용할 수 있도록 다음의 자료를 매년 1월 31일까지 「보험업법」에 따른 보험요율 산출기관에 제공해야 한다.
  1. 법 제15조제1항에 따른 화재위험평가 결과
  2. 법 제20조제1항에 따른 법령위반업소 현황
  3. 법 제21조제1항에 따른 안전관리우수업소 현황

제13조의3(화재배상책임보험 가입 촉진 및 관리)

① 다중이용업주는 다음의 어느 하나에 해당하는 경우에는 화재배상책임보험에 가입한 후 그 증명서(보험 증권 포함)를 소방본부장 또는 소방서장에게 제출하여야 한다.

    1. 다중이용업주를 변경한 경우

    2. ≪제9조제3항≫에 따른 신고를 할 경우

> § 제9조제3항
>   1. 안전시설등을 설치하려는 경우
>   2. 영업장 내부구조를 변경하려는 경우
>   가. 영업장 면적의 증가
>   나. 영업장의 구획된 실의 증가
>   다. 내부통로 구조의 변경
>   3. 안전시설등의 공사를 마친 경우

② 화재배상책임보험에 가입한 다중이용업주는 행정안전부령으로 정하는 바에 따라 화재배상책임보험에 가입한 영업소임을 표시하는 표지를 부착할 수 있다.

③ 보험회사는 화재배상책임보험의 계약을 체결하고 있는 다중이용업주에게 그 계약 종료일의 75일 전부터 30일 전까지의 기간 및 30일 전부터 10일 전까지의 기간에 각각 그 계약이 끝난다는 사실을 알려야 한다. 다만, 다음의 어느 하나에 해당하는 경우에는 그러하지 아니하다.

    1. 보험기간이 1개월 이내인 계약의 경우

    2. 다중이용업주가 자기와 다시 계약을 체결한 경우

    3. 다중이용업주가 다른 보험회사와 새로운 계약을 체결한 사실을 안 경우

④ 보험회사는 화재배상책임보험에 가입하여야 할 자가 다음의 어느 하나에 해당하면 그 사실을 행정안전부령으로 정하는 기간 내에 소방청장, 소방본부장 또는 소방서장에게 알려야 한다.

    1. 화재배상책임보험 계약을 체결한 경우

    2. 화재배상책임보험 계약을 체결한 후 계약 기간이 끝나기 전에 그 계약을 해지한 경우

    3. 화재배상책임보험 계약을 체결한 자가 그 계약 기간이 끝난 후 자기와 다시 계약을 체결하지 아니한 경우

⑤ 소방본부장 또는 소방서장은 다중이용업주가 화재배상책임보험에 가입하지 아니하였을 때에는 허가관청에 다중이용업주에 대한 인가·허가의 취소, 영업의 정지 등 필요한 조치를 취할 것을 요청할 수 있다.

⑥ 소방청장, 소방본부장 또는 소방서장은 다중이용업주의 화재배상책임보험 가입을 관리하기 위하여 필요한 경우에는 사업자등록번호를 기재하여 관할 세무관서의 장에게 과세정보 제공을 요청할 수 있고, 해당 과세정보에 관하여는 제7조제3항을 준용한다.

영·규칙 CHAIN

칙 **제14조의2(화재배상책임보험 가입 영업소의 표지)**

법 제13조의3제2항에 따른 화재배상책임보험에 가입한 영업소임을 표시하는 표지의 규격, 재질 및 부착 위치 등은 [별표 2의3]과 같다.

■ 다중이용업소의 안전관리에 관한 특별법 시행규칙

[별표 2의3] 화재배상책임보험 가입 영업소 표지

1. 규격 : 지름 120mm

2. 재질 : 투명한 코팅으로 마감된 종이 스티커

3. 글씨체 및 크기 등

    가. 화재배상책임보험 가입업소 : 2002 Regular, 48포인트, 장평 100%, 행간 49.5포인트, 검정 (K80), 가운데 정렬

    나. 가입기간 : 2002 Regular, 24포인트, 장평 90%, 검정(K100), 가운데 정렬. 다만, 가입기간 에 따라 좌우 여백은 변경할 수 있다.

    다. 보험회사명(ㅇㅇㅇㅇ보험) : 2002 Regular, 30포인트, 장평 90%, 검정(K100)

4. 바탕색 : 흰색

5. 이미지

    가. 상단이미지 : 하늘색(C25, M15) 그라데이션

    나. 하단이미지 : 노랑(Y100), 주황(M75, Y75) 그라데이션

6. QR코드

    가. 수록 내용 : 화재배상책임보험으로 보상하는 손해, 다중이용업소의 정의 및 종류

    나. 표기 위치 : 보험회사 명칭 옆 6mm

다. 표기 크기 : 가로 20mm×세로 20mm

라. 색상 : 검정(K100)

마. 금지 사항 : 코드 주변에 문자·그림 배치 및 코드와 문자·그림 중첩 금지

바. QR코드 정보 저장소 : 법 제19조제2항에 따라 책임보험전산망과 연계한 보험 관련 단체의 모바일 홈페이지

7. 부착 기간 : 화재배상책임보험의 계약 기간

8. 부착 위치 : 영업장의 주된 출입문 또는 주된 출입문 주변에 쉽게 볼 수 있는 위치

[비고]

위의 표지는 다중이용업주와 화재배상책임보험 계약을 체결한 보험회사에서 제작하여 배포할 수 있다.

최 제14조의3(화재배상책임보험 계약 체결 사실 등의 통지 시기 등)

① 보험회사는 법 제13조의3제4항에 따라 화재배상책임보험 계약 체결 사실 등을 다음의 구분에 따른 시기에 소방청장, 소방본부장 또는 소방서장에게 알려야 한다.

1. 법 제13조의3제4항제1호에 해당하는 경우 : 계약 체결 사실을 보험회사의 전산시스템에 입력한 날부터 5일 이내. 다만, 계약의 효력발생일부터 30일을 초과하여서는 아니 된다.

2. 법 제13조의3제4항제2호에 해당하는 경우 : 계약 해지 사실을 보험회사의 전산시스템에 입력한 날부터 5일 이내. 다만, 계약의 효력소멸일부터 30일을 초과하여서는 아니 된다.

3. 법 제13조의3제4항제3호에 해당하는 경우에는 다음의 시기

가. 매월 1일부터 10일까지의 기간 내에 계약이 끝난 경우 : 같은 달 20일까지

나. 매월 11일부터 20일까지의 기간 내에 계약이 끝난 경우 : 같은 달 말일까지

다. 매월 21일부터 말일까지의 기간 내에 계약이 끝난 경우 : 그 다음 달 10일까지

② 보험회사가 제1항에 따라 화재배상책임보험 계약 체결 사실 등을 알릴 때에는 다음의 사항을 포함하여야 한다.

1. 다중이용업주의 성명, 주민등록번호 및 주소(법인의 경우에는 법인의 명칭, 법인등록번호 및 주소)

2. 다중이용업소의 상호, 영 제2조에 따른 다중이용업의 종류, 영업장 면적 및 영업장 주소

3. 화재배상책임보험 계약 기간[법 제13조의3제4항제1호(화재배상책임보험 계약을 체결한 경우)의 경우만 해당]

③ 보험회사가 제1항에 따라 화재배상책임보험 계약 체결 사실 등을 알릴 때에는 법 제19조제2항에 따른 책임보험전산망을 이용하여야 한다. 다만, 전산망의 장애 등으로 책임보험전산망을 이용하기 곤란한 경우에는 문서 또는 전자우편 등의 방법으로 알릴 수 있다.

제13조의4(보험금의 지급)

보험회사는 화재배상책임보험의 보험금 청구를 받은 때에는 지체 없이 지급할 보험금을 결정하고 보험금 결정 후 14일 이내에 피해자에게 보험금을 지급하여야 한다.

제13조의5(화재배상책임보험 계약의 체결의무 및 가입강요 금지)

① 보험회사는 다중이용업주가 화재배상책임보험에 가입할 때에는 계약의 체결을 거부할 수 없다. 다만, ≪대통령령으로 정하는 경우≫에는 그러하지 아니하다.

> § 대통령령으로 정하는 경우
>
> 다중이용업주가 화재배상책임보험 청약 당시 보험회사가 요청한 안전시설등의 유지ㆍ관리에 관한 사항 등 화재 발생 위험에 관한 중요한 사항을 알리지 아니하거나 거짓으로 알린 경우

② 다중이용업소에서 화재가 발생할 개연성이 높은 경우 등 ≪행정안전부령으로 정하는 사유≫가 있으면 다수의 보험회사가 공동으로 화재배상책임보험 계약을 체결할 수 있다. 이 경우 보험회사는 다중이용업주에게 공동계약체결의 절차 및 보험료에 대한 안내를 하여야 한다.

> § 행정안전부령으로 정하는 사유
>
> 1. 해당 영업장에서 화재 관련 사고가 발생한 사실이 있는 경우
> 2. 보험회사가 「보험업법」에 따라 허가를 받거나 신고한 화재배상책임보험의 보험요율과 보험금액의 산출 기준이 법 제13조의2제1항(화재배상책임보험)에 따른 책임을 담보하기에 현저히 곤란하다고 「보험업법」에 따른 보험요율 산출기관이 인정한 경우

③ 보험회사는 화재배상책임보험 외에 다른 보험의 가입을 다중이용업주에게 강요할 수 없다.

제13조의6(화재배상책임보험 계약의 해제ㆍ해지)

보험회사는 다음의 어느 하나에 해당하는 경우 외에는 다중이용업주와의 화재배상책임보험 계약을 해제하거나 해지하여서는 아니 된다.

1. 다중이용업주가 변경된 경우. 다만, 변경된 다중이용업주가 화재배상책임보험 계약을 승계한 경우는 제외한다.
2. 다중이용업주가 화재배상책임보험에 이중으로 가입되어 그 중 하나의 계약을 해제 또는 해지하려는 경우
3. 그 밖에 ≪행정안전부령으로 정하는 경우≫

> § 행정안전부령으로 정하는 경우
>
> 1. 폐업한 경우
> 2. 다중이용업에 해당하지 않게 된 경우
> 3. 천재지변, 사고 등의 사유로 다중이용업주가 다중이용업을 더 이상 운영할 수 없게 된 사실을 증명한 경우
> 4. 「상법」에 따른 계약 해지 사유가 발생한 경우

제4장 다중이용업소 안전관리를 위한 기반조성

제14조(다중이용업소의 소방안전관리)

다중이용업주는 「화재의 예방 및 안전관리에 관한 법률」에 따른 소방안전관리업무를 수행하여야 한다.

제14조의2(다중이용업주의 안전사고 보고의무)

① 다중이용업주는 다중이용업소의 화재, 영업장 시설의 하자 또는 결함 등으로 인하여 다음의 어느 하나에 해당하는 사고가 발생했거나 발생한 사실을 알게 된 경우 소방본부장 또는 소방서장에게 그 사실을 즉시 보고하여야 한다.

  1. 사람이 사망한 사고
  2. 사람이 부상당하거나 중독된 사고
  3. 화재 또는 폭발 사고
  4. 그 밖에 ≪대통령령으로 정하는 사고≫

  > § 대통령령으로 정하는 사고
  >
  >   안전시설등 중 행정안전부령으로 정하는 비상구에서 사람이 추락한 사고

② 제1항에 따른 보고(사고 개요 및 피해 상황을 전화·팩스 또는 정보통신망 등으로 보고)의 방법 및 절차 등 필요한 사항은 대통령령으로 정한다.

제15조(다중이용업소에 대한 화재위험평가 등)

① 소방청장, 소방본부장 또는 소방서장은 다음의 어느 하나에 해당하는 지역 또는 건축물에 대하여 화재를 예방하고 화재로 인한 생명·신체·재산상의 피해를 방지하기 위하여 필요하다고 인정하는 경우에는 화재위험평가를 할 수 있다.

  1. 2천m² 지역 안에 다중이용업소가 50개 이상 밀집하여 있는 경우(도로로 둘러싸인 일단(一團)의 지역의 중심지점을 기준)
  2. 5층 이상인 건축물로서 다중이용업소가 10개 이상 있는 경우
  3. 하나의 건축물에 다중이용업소로 사용하는 영업장 바닥면적의 합계가 1천m² 이상인 경우

② 소방청장, 소방본부장 또는 소방서장은 화재위험평가 결과 다중이용업소에 부여된 등급(이하 "화재안전등급")이 대통령령으로 정하는 기준(D등급 또는 E등급) 미만인 경우에는 해당 다중이용업주 또는 관계인에게 「화재의 예방 및 안전관리에 관한 법률」에 따른 조치를 명할 수 있다.

영·규칙 CHAIN

> 영 제11조(화재안전등급)
>
> ① 법 제15조제2항에서 "대통령령으로 정하는 기준 미만인 경우"란 [별표 4]의 디(D) 등급 또는 이(E) 등급인 경우를 말한다.
> ② 제1항에 따른 화재안전등급의 산정기준·방법 등은 소방청장이 정하여 고시한다.

■ 다중이용업소의 안전관리에 관한 특별법 시행령

[별표 4] 화재안전등급

등급	평가점수
A	80 이상
B	60 이상 79 이하
C	40 이상 59 이하
D	20 이상 39 이하
E	20 미만

[비고]
"평가점수"란 다중이용업소에 대하여 화재예방, 화재감지ㆍ경보, 피난, 소화설비, 건축방재 등의 항목별로 소방청장이 고시하는 기준을 갖추었는지에 대하여 평가한 점수를 말한다.

③ 소방청장, 소방본부장 또는 소방서장은 제2항에 따른 명령으로 인하여 손실을 입은 자가 있으면 대통령령으로 정하는 바에 따라 이를 보상하여야 한다. 다만, 법령을 위반하여 건축되거나 설비된 다중이용업소에 대하여는 그러하지 아니하다.

④ 소방청장, 소방본부장 또는 소방서장은 화재안전등급이 대통령령으로 정하는 기준 이상(A등급)인 다중이용업소에 대해서는 안전시설등의 일부를 설치하지 아니하게 할 수 있다.

⑤ 소방청장, 소방본부장 또는 소방서장은 화재안전등급이 대통령령으로 정하는 기준 이상인 다중이용업소에 대해서는 행정안전부령으로 정하는 기간 동안 제8조에 따른 소방안전교육 및 「화재의 예방 및 안전관리에 관한 법률」에 따른 화재안전조사를 면제할 수 있다.

⑥ 소방청장, 소방본부장 또는 소방서장은 화재위험평가를 제16조제1항에 따른 화재위험평가 대행자로 하여금 대행하게 할 수 있다.

영ㆍ규칙 CHAIN

영 제12조(손실보상)

① 법 제15조제3항에 따라 소방청장ㆍ소방본부장 또는 소방서장이 손실을 보상하는 경우에는 법 제15조제2항에 따른 명령으로 인하여 생긴 손실을 시가로 보상해야 한다.

② 제1항에 따른 손실보상에 관하여는 소방청장ㆍ소방본부장 또는 소방서장과 손실을 입은 자가 협의해야 한다.

③ 제2항에 따른 보상금액에 관한 협의가 성립되지 아니한 경우에는 소방청장ㆍ소방본부장 또는 소방서장은 그 보상금액을 지급하여야 한다. 다만, 보상금액의 수령을 거부하거나 수령할 자가 불분명한 경우에는 그 보상금액을 공탁하고 이 사실을 통지하여야 한다.

④ 제3항에 따른 보상금의 지급 또는 공탁의 통지에 불복하는 자는 지급 또는 공탁의 통지를 받은 날부터 30일 이내에 행정안전부령으로 정하는 바에 따라 「공익사업을 위한 토지 등의 취득 및 보상에 관한

「법률」에 따른 중앙토지수용위원회에 재결(裁決)을 신청할 수 있다.

> **칙** 제15조(손실보상 재결신청)
>
> 영 제12조제4항에 따른 보상금의 지급 또는 공탁의 통지에 불복하는 자는 [별지 제11호서식]의
> 손실보상재결신청서에 따라 중앙토지수용위원회에 재결을 신청하여야 한다.

⑤ 제1항에 따른 손실보상의 범위, 협의절차, 방법 등에 관하여 필요한 사항은 「공익사업을 위한 토지
등의 취득 및 보상에 관한 법률」이 정하는 바에 따른다.

제16조(화재위험평가 대행자의 등록 등)

① 제15조제6항에 따라 화재위험평가를 대행하려는 자는 대통령령으로 정하는 기술인력, 시설 및 장비를
갖추고 행정안전부령으로 정하는 바에 따라 소방청장에게 화재위험평가 대행자(이하 "평가대행자")로
등록하여야 한다. 등록 사항 중 ≪대통령령으로 정하는 중요 사항≫을 변경할 때에도 또한 같다.

> **벌** 1년 이하 징역 / 1천만 원 이하 벌금 – 평가대행자로 등록하지 아니하고 화재위험평가 업무를 대행한 자

> § 대통령령으로 정하는 중요 사항
> 1. 대표자
> 2. 사무소의 소재지
> 3. 평가대행자의 명칭이나 상호
> 4. 기술인력의 보유현황

영·규칙 CHAIN

> **영** 제14조(화재위험평가 대행자의 등록요건)
>
> 법 제15조제6항에 따라 화재위험평가를 대행하려는 자는 법 제16조제1항에 따라 [별표 5]에서 정하는
> 기술인력·시설 및 장비를 갖추고 화재위험평가 대행자(이하 "평가대행자")로 등록해야 한다.
>
> ---
>
> ■ 다중이용업소의 안전관리에 관한 특별법 시행령
>
> **[별표 5] 평가대행자 갖추어야 할 기술인력·시설·장비 기준**
>
> 1. 기술인력 기준 : 다음의 기술인력을 보유할 것
>   가. 소방기술사 자격을 취득한 사람 1명 이상
>   나. 다음 1) 또는 2)의 어느 하나에 해당하는 사람 2명 이상
>   1) 소방기술사, 소방설비기사 또는 소방설비산업기사 자격을 가진 사람
>   2) 「소방시설공사업법」에 따라 소방기술과 관련된 자격·학력 및 경력을 인정받은 사람으로
>   서 자격수첩을 발급받은 사람
> 2. 시설 및 장비 기준 : 다음의 시설 및 장비를 갖출 것

　　가. 화재 모의시험이 가능한 컴퓨터 1대 이상

　　나. 화재 모의시험을 위한 프로그램

[비고]

1. 두 종류 이상의 자격을 가진 기술인력은 그 중 한 종류의 자격을 가진 기술인력으로 본다.

2. 평가대행자가 화재위험평가 대행업무와 「소방시설공사업법」 및 같은 법 시행령에 따른 전문 소방시설설계업 또는 전문 소방공사감리업을 함께 하는 경우에는 전문 소방시설설계업 또는 전문 소방공사감리업 보유 기술인력으로 등록된 소방기술사는 제1호가목에 따라 갖추어야 하는 소방기술사로 볼 수 있다.

평가대행자는 변경사유가 발생하면 변경사유가 발생한 날부터 30일 이내에 행정안전부령으로 정하는 서류를 첨부하여 행정안전부령으로 정하는 바에 따라 소방청장에게 변경등록을 해야 한다.

② 다음의 어느 하나에 해당하는 자는 평가대행자로 등록할 수 없다.

1. 피성년후견인

3. 심신상실자, 알코올 중독자 등 ≪대통령령으로 정하는 정신적 제약이 있는 자≫

§ 대통령령으로 정하는 정신적 제약이 있는 자

1. 심신상실자

2. 알코올 · 마약 · 대마 또는 향정신성의약품 관련 장애로 평가대행자의 업무를 정상적으로 수행할 수 없다고 해당 분야의 전문의가 인정하는 사람

3. 「치매관리법」 제2조제1호에 따른 치매, 조현병 · 조현정동장애 · 양극성 정동장애(조울병) · 재발성 우울장애 등의 정신질환이나 정신 발육지연, 뇌전증으로 평가대행자의 업무를 정상적으로 수행할 수 없다고 해당 분야의 전문의가 인정하는 사람

4. 제17조제1항에 따라 등록이 취소(이 항 제1호에 해당하여 등록이 취소된 경우는 제외)된 후 2년이 지나지 아니한 자

5. 이 법, 「소방기본법」, 「소방시설공사업법」, 「화재의 예방 및 안전관리에 관한 법률」, 「소방시설 설치 및 관리에 관한 법률」, 「위험물 안전관리법」을 위반하여 징역 이상의 실형을 선고받고 그 형의 집행이 끝나거나 집행을 받지 아니하기로 확정된 후 2년이 지나지 아니한 사람

6. 임원 중 제1호부터 제5호까지의 어느 하나에 해당하는 사람이 있는 법인

③ 평가대행자는 다음의 사항을 준수하여야 한다.

1. 평가서를 거짓으로 작성하지 아니할 것

2. 다른 평가서의 내용을 복제(複製)하지 아니할 것

3. 평가서를 ≪행정안전부령으로 정하는 기간≫ 동안 보존할 것

§ 행정안전부령으로 정하는 기간

　　화재위험평가결과보고서를 소방청장 · 소방본부장 또는 소방서장 등에게 제출한 날부터 2년간

4. 등록증이나 명의를 다른 사람에게 대여하거나 도급받은 화재위험평가 업무를 하도급하지 아니할 것

④ 평가대행자는 업무를 휴업하거나 폐업하려면 소방청장에게 신고하여야 한다.

⑤ 제4항에 따른 휴업 또는 폐업 신고에 필요한 사항은 행정안전부령으로 정한다.

> **영 · 규칙 CHAIN**

영 제16조(평가대행자의 등록 등의 공고)

소방청장은 다음의 어느 하나에 해당하는 경우에는 이를 소방청 인터넷 홈페이지 등에 공고해야 한다.

1. 평가대행자로 등록한 경우
2. 법 제16조제4항에 따른 업무의 폐지신고를 받은 경우
3. 법 제17조제1항에 따라 등록을 취소한 경우

칙 제16조(화재위험평가대행자의 등록신청 등)

① 법 제16조제1항에 따라 화재위험평가를 대행하려는 자는 [별지 제12호서식]의 화재위험평가대행자 등록신청서에 다음의 서류(전자문서 포함)를 첨부하여 소방청장에게 제출해야 한다.
   1. [별지 제13호서식]의 기술인력명부 및 기술자격을 증명하는 서류(「국가기술자격법」에 따라 발급받은 국가기술자격증이 없는 경우만 해당)
   2. 실무경력증명서(해당자에 한함) 1부
   3. 영 [별표 5]에 따른 시설 및 장비명세서 1부
   4. [별지 제13호의2서식]의 병력(病歷) 신고 및 개인정보 이용 동의서(이하 "동의서", 법인인 경우에는 소속 임원의 것 포함)
② 제1항에 따른 등록신청을 받은 소방청장은 「전자정부법」에 따른 행정정보의 공동이용을 통하여 법인 등기사항증명서(법인인 경우만 해당), 사업자등록증(개인인 경우만 해당) 및 해당 기술인력의 국가기술자격증을 확인하여야 한다. 다만, 신청인이 사업자등록증 또는 국가기술자격증의 확인에 동의하지 않는 경우에는 그 사본을 첨부하도록 하여야 한다.
③ 제1항에 따라 동의서를 제출받은 소방청장은 국민건강보험공단 등 관계기관에 치료경력의 조회를 요청할 수 있다.
④ 소방청장은 동의서의 기재내용 또는 관계기관의 조회결과를 확인하여 필요한 경우 화재위험평가를 대행하려는 자에게 영 제15조의2에 해당하지 않음을 증명하는 해당 분야 전문의의 진단서 또는 소견서(제출일 기준 6개월 이내에 발급된 서류에 한정)를 제출하도록 요청할 수 있다. 이 경우 화재위험평가를 대행하려는 자는 해당 서류를 소방청장에게 제출해야 한다.
⑤ 소방청장은 제1항에 따른 등록신청이 영 제14조 및 영 [별표 5]에 따른 기준에 적합하다고 인정되는 경우에는 등록신청을 받은 날부터 30일 이내에 [별지 제14호서식]의 화재위험평가대행자등록증을 발급하고, [별지 제15호서식]의 화재위험평가대행자등록증 발급(재발급) 대장에 기록하여 관리해야 한다.
⑥ 제5항에 따라 화재위험평가대행자등록증을 발급받은 자(이하 "평가대행자")는 화재위험평가대행자등록증을 잃어버리거나 화재위험평가대행자등록증이 헐어 못쓰게 된 경우에는 소방청장에게 화재위험평가대행자등록증의 재발급을 신청할 수 있다.
⑦ 평가대행자가 제6항에 따라 화재위험평가대행자등록증의 재발급을 신청하려는 때에는 [별지 제16호서식]의 화재위험평가대행자등록증 재발급 신청서를 소방청장에게 제출해야 한다.

⑧ 소방청장은 제7항에 따라 화재위험평가대행자등록증 재발급 신청서를 접수한 경우에는 3일 이내에 화재위험평가대행자등록증을 재발급해야 한다.

⑨ 법 제17조제1항에 따라 평가대행자의 등록이 취소된 자는 지체 없이 화재위험평가대행자등록증을 소방청장에게 반납해야 한다.

제17조(평가대행자의 등록사항 변경신청 등)

① 평가대행자는 법 제16조제1항 후단에 따라 등록 사항 중 중요 사항을 변경하려는 때에는 [별지 제12호서식]의 화재위험평가대행자 변경등록 신청서에 다음의 서류(전자문서 포함)를 첨부하여 소방청장에게 제출해야 한다.

1. 화재위험평가대행자 등록증
2. [별지 제13호서식]의 기술인력명부(기술인력이 변경된 경우만 해당) 및 기술자격을 증명하는 서류(「국가기술자격법」에 따라 발급받은 국가기술자격증이 없는 경우만 해당)
3. 별지 제13호의2서식의 병력 신고 및 개인정보 이용 동의서(대표자가 변경된 경우만 해당)

② 제1항에 따른 변경등록 신청을 받은 소방청장은 「전자정부법」에 따른 행정정보의 공동이용을 통하여 법인 등기사항증명서(법인인 경우만 해당), 사업자등록증(개인인 경우만 해당) 및 해당 기술인력의 국가기술자격증을 확인하여야 한다. 다만, 신청인이 사업자등록증 또는 국가기술자격증의 확인에 동의하지 않는 경우에는 그 사본을 첨부하도록 하여야 한다.

제19조(휴업 또는 폐업신고 등)

① 평가대행자는 법 제16조제4항에 따라 휴업 또는 폐업을 하려는 때에는 [별지 제17호서식]의 화재위험평가대행자 휴업(폐업)신고서에 화재위험평가대행자 등록증을 첨부하여 소방청장에게 제출하여야 한다.

② 소방청장은 제1항에 따라 휴업 또는 폐업신고를 받은 때에는 이를 특별시장·광역시장·도지사 또는 특별자치도지사에게 통보하여야 한다.

제17조(평가대행자의 등록취소 등)

① 소방청장은 평가대행자가 다음의 어느 하나에 해당하는 경우에는 그 등록을 취소하거나 6개월 이내의 기간을 정하여 업무의 정지를 명할 수 있다. 다만, 제1호부터 제4호까지의 어느 하나에 해당하는 경우에는 그 등록을 취소하여야 한다.

1. 제16조제2항의 어느 하나에 해당하는 경우. 다만, 제16조제2항제6호에 해당하는 경우 6개월 이내에 그 임원을 바꾸어 임명한 경우는 제외한다.
2. 거짓이나 그 밖의 부정한 방법으로 등록한 경우
3. 최근 1년 이내에 2회의 업무정지처분을 받고 다시 업무정지처분 사유에 해당하는 행위를 한 경우
4. 다른 사람에게 등록증이나 명의를 대여한 경우
5. 제16조제1항 전단에 따른 등록기준에 미치지 못하게 된 경우
6. 제16조제3항제2호를 위반하여 다른 평가서의 내용을 복제한 경우

7. 제16조제3항제3호를 위반하여 평가서를 행정안전부령으로 정하는 기간 동안 보존하지 아니한 경우

8. 제16조제3항제4호를 위반하여 도급받은 화재위험평가 업무를 하도급한 경우

9. 평가서를 거짓으로 작성하거나 고의 또는 중대한 과실로 평가서를 부실하게 작성한 경우

10. 등록 후 2년 이내에 화재위험평가 대행 업무를 시작하지 아니하거나 계속하여 2년 이상 화재위험평가 대행 실적이 없는 경우

② 제1항에 따라 등록취소 또는 업무정지 처분을 받은 자는 그 처분을 받은 날부터 화재위험평가 대행 업무를 수행할 수 없다.

③ 제1항에 따른 행정처분의 기준과 그 밖에 필요한 사항은 행정안전부령으로 정한다.

영 · 규칙 CHAIN

칙 제20조(행정처분기준)

법 제17조제3항에 따른 평가대행자의 등록취소 또는 업무정지의 행정처분기준은 [별표 3]과 같다.

■ 다중이용업소의 안전관리에 관한 특별법 시행규칙

[별표 3] 평가대행자에 대한 행정처분의 기준

1. 일반기준

가. 위반행위가 둘 이상인 경우로서 그에 해당하는 각각의 행정처분기준이 다른 경우에는 그 중 무거운 처분기준에 따른다. 다만, 둘 이상의 처분기준이 동일한 업무정지인 경우에는 각 처분기준을 합산한 기간을 넘지 아니하는 범위에서 다음에 해당하는 사유를 고려하여 무거운 처분기준의 2분의 1 범위에서 가중할 수 있다.

1) 위반행위가 고의나 중대한 과실에 의한 것으로 인정되는 경우

2) 위반의 내용 · 정도가 중하다고 인정되는 경우

나. 위반행위의 횟수에 따른 행정처분기준은 최근 1년간[제2호(10)의 경우에는 3년간] 같은 위반행위로 행정처분을 받은 경우에 적용한다. 이 경우 행정처분 기준의 적용은 같은 위반행위에 대하여 최초로 행정처분을 한 날을 기준으로 한다.

다. 처분권자는 위반행위의 동기 · 내용 · 횟수 및 위반의 정도 등 다음에 해당하는 사유를 고려하여 그 처분기준의 2분의 1 범위에서 감경할 수 있다.

1) 위반행위가 고의나 중대한 과실이 아닌 사소한 부주의나 오류로 인한 것으로 인정되는 경우

2) 위반의 내용 · 정도가 경미하다고 인정되는 경우

3) 위반 행위자가 처음 해당 위반행위를 한 경우로서, 5년 이상 평가대행업을 모범적으로 해온 사실이 인정되는 경우

4) 위반 행위자가 해당 위반행위로 인하여 검사로부터 기소유예처분을 받거나 법원으로부터 선고유예의 판결을 받은 경우

2. 개별기준

위반사항	관련 조항	행정처분기준			
		1차	2차	3차	4차 이상
(1) 법 제16조에 따른 평가대행자가 갖추어야 하는 기술인력·시설·장비가 등록요건에 미달하게 된 경우	법 제17조 제1항제5호				
(가) 등록요건의 기술능력에 속하는 기술인력이 부족한 경우		경고	업무정지 1월	업무정지 3월	업무정지 6월
(나) 등록요건의 기술인력에 속하는 기술인력이 전혀 없는 경우		등록취소			
(다) 1개월 이상 시험장비가 없는 경우		업무정지 6개월	등록취소		
(라) 구비하여야 하는 장비가 부족한 경우		경고	업무정지 1월	업무정지 3월	업무정지 6월
(마) 구비하여야 하는 장비가 전혀 없는 경우		등록취소			
(2) 법 제16조제2항의 어느 하나에 해당하는 경우	법 제17조 제1항제1호	등록취소			
(3) 거짓, 그 밖의 부정한 방법으로 등록한 경우	법 제17조 제1항제2호	등록취소			
(4) 최근 1년 이내에 2회의 업무정지처분을 받고 다시 업무정지처분 사유에 해당하는 행위를 한 경우	법 제17조 제1항제3호	등록취소			
(5) 다른 사람에게 등록증이나 명의를 대여한 경우	법 제17조 제1항제4호	등록취소			
(6) 법 제16조제3항제2호에 위반하여 다른 평가서의 내용을 복제한 경우	법 제17조 제1항제6호	업무정지 3월	업무정지 6월	등록취소	
(7) 법 제16조제3항제3호에 위반하여 평가서를 행정안전부령으로 정하는 기간 동안 보존하지 아니한 경우	법 제17조 제1항제7호	경고	업무정지 1월	업무정지 3월	업무정지 6월
(8) 법 제16조제3항제4호에 위반하여 도급받은 화재위험평가 업무를 하도급한 경우	법 제17조 제1항제8호	업무정지 6월	등록취소		
(9) 화재위험평가서를 허위로 작성하거나 고의 또는 중대한 과실로 평가서를 부실하게 작성한 경우	법 제17조 제1항제9호	업무정지 6월	등록취소		

| (10) 등록 후 2년 이내에 화재위험평가 대행
업무를 개시하지 아니하거나 계속하여
2년 이상 화재위험평가 대행실적이 없
는 경우 | 법 제17조
제1항제10호 | 경고 | 등록취소 | |
| (11) 업무정지처분기간 중 신규계약에 의하
여 화재위험평가대행업무를 한 경우 | 법 제17조
제2항 | 등록취소 | | |

제17조의2(청문)

소방청장은 제17조제1항에 따라 평가대행자의 등록을 취소하거나 업무를 정지하려면 청문을 하여야
한다.

제18조(평가서의 작성방법 및 평가대행 비용의 산정기준)

소방청장은 평가서의 작성방법 및 화재위험평가의 대행에 필요한 비용의 산정기준을 정하여 고시하여야
한다.

제19조(안전관리에 관한 전산시스템의 구축·운영)

① 소방청장은 허가등 또는 그 변경 사항과 관련 통계 등 업무 수행에 필요한 행정정보를 다중이용업소의
안전관리에 관한 정책 수립, 연구·조사 등에 활용하기 위하여 전산시스템을 구축·운영하여야 한다.
② 소방청장은 화재배상책임보험에 가입하지 아니한 다중이용업주를 효율적으로 관리하기 위하여 제1항
에 따라 구축·운영하는 전산시스템과 보험회사 및 보험 관련 단체가 관리·운영하는 전산시스템을
연계하여 책임보험전산망을 구축·운영할 수 있다.
③ 소방청장은 제1항에 따른 전산시스템 및 제2항에 따른 책임보험전산망의 구축·운영을 위하여 허가관
청, 보험회사 및 보험 관련 단체에 필요한 자료 또는 정보의 제공을 요청할 수 있다. 이 경우 관련 자료나
정보의 제공을 요청받은 자는 특별한 사유가 없으면 요청에 따라야 한다.
④ 소방청장은 허가관청이 제1항에 따른 전산시스템을 다중이용업소의 안전관리에 관한 업무에 활용할
수 있도록 하여야 한다. 다만, 제2항에 따른 책임보험전산망에 대하여는 그러하지 아니하다.

제20조(법령위반업소의 공개)

① 소방청장, 소방본부장 또는 소방서장은 다중이용업주가 제9조제2항(안전시설등 설치, 유지, 관리)
및 제15조제2항(D등급 또는 E등급)에 따른 조치 명령을 2회 이상 받고도 이행하지 아니하였을 때에는
그 조치 내용(그 위반사항에 대하여 수사기관에 고발된 경우 그 고발된 사실 포함)을 인터넷 등에 공개할
수 있다.
② 제1항에 따라 위반업소를 공개하는 경우 그 내용·기간 및 방법 등에 필요한 사항은 대통령령으로
정한다.

영·규칙 CHAIN

영 제17조(조치명령 미이행업소 공개사항의 제한)

법 제20조제1항에 따른 조치명령 미이행업소의 공개가 제3자의 법익을 침해하는 경우에는 제3자와 관련된 사실을 공개하여서는 아니 된다.

영 제18조(조치명령 미이행업소의 공개사항 등)

① 법 제20조제1항에 따라 소방청장·소방본부장 또는 소방서장이 조치명령 미이행업소를 공개하려면 공개내용과 공개방법 등을 그 업소의 관계인(영업주와 소속 종업원)에게 미리 알려야 한다.

② 법 제20조제1항에 따라 조치명령 미이행업소를 공개할 때에는 다음의 사항을 포함해야 하며, 공개기간은 그 업소가 조치명령을 이행하지 아니한 때부터 조치명령을 이행할 때까지로 한다.

 1. 미이행업소명
 2. 미이행업소의 주소
 3. 소방청장·소방본부장 또는 소방서장이 조치한 내용
 4. 미이행의 횟수

③ 소방청장·소방본부장 또는 소방서장은 제2항에 따른 사항을 다음의 2개 이상의 매체에 공개한다.

 1. 관보 또는 시·도의 공보
 2. 소방청, 시·도 소방본부 또는 소방서의 인터넷 홈페이지
 3. 중앙일간지 신문 또는 해당 지역 일간지 신문
 4. 유선방송
 5. 반상회보(班常會報)
 6. 시·군·구청 소식지(시·군·구청에서 지역 주민들에게 무료로 배포하는 소식지)

④ 소방청장, 소방본부장 또는 소방서장은 제3항제2호에 따라 소방청, 소방본부 또는 소방서의 인터넷 홈페이지에 공개한 경우로서 다중이용업주가 사후에 법 제9조제2항 또는 법 제15조제2항에 따른 조치명령을 이행한 경우에는 이를 확인한 날부터 2일 이내에 공개내용을 해당 인터넷 홈페이지에서 삭제해야 한다.

제20조의2(화재안전조사 결과 공개)

① 소방청장, 소방본부장 또는 소방서장은 다중이용업소를「화재의 예방 및 안전관리에 관한 법률」제7조에 따라 화재안전조사를 실시한 경우 다음의 사항을 인터넷 등에 공개할 수 있다.

 1. 다중이용업소의 상호 및 주소
 2. 안전시설등 설치 및 유지·관리 현황
 3. 피난시설, 방화구획 및 방화시설 설치 및 유지·관리 현황
 4. 그 밖에 대통령령으로 정하는 사항

② 제1항에 따라 화재안전조사 결과를 공개하는 경우 그 내용·기간 및 방법 등에 필요한 사항은 대통령령으로 정한다.

영·규칙 CHAIN

영 제18조의2(화재안전조사 결과 공개사항 등)

① 법 제20조의2제1항제4호에서 "대통령령으로 정하는 사항"이란 다음의 사항을 말한다.
  1. 법 제8조에 따른 소방안전교육 이수 현황
  2. 법 제13조제1항에 따른 안전시설등에 대한 정기점검 결과
  3. 법 제13조의2에 따른 화재배상책임보험 가입 현황
② 법 제20조의2제1항에 따른 화재안전조사 결과의 공개는 해당 조사를 실시한 날부터 30일 이내에 소방청, 시·도 소방본부 또는 소방서의 인터넷 홈페이지에 60일 이내의 기간 동안 게시하는 방법으로 한다.
③ 제2항에 따른 화재안전조사 결과의 공개가 제3자의 법익을 침해할 우려가 있는 경우에는 제3자와 관련된 사실을 공개해서는 안 된다.

제21조(안전관리우수업소표지 등)

① 소방본부장이나 소방서장은 다중이용업소의 안전관리업무 이행 실태가 우수하여 대통령령으로 정하는 요건을 갖추었다고 인정할 때에는 그 사실을 해당 다중이용업주에게 통보하고 이를 공표할 수 있다.
② 제1항에 따라 통보받은 다중이용업주는 그 사실을 나타내는 표지(이하 "안전관리우수업소표지")를 영업소의 명칭과 함께 영업소의 출입구에 부착할 수 있다.
③ 소방본부장이나 소방서장은 제1항에 해당하는 다중이용업소에 대하여는 ≪행정안전부령으로 정하는 기간≫ 동안 소방안전교육 및 화재안전조사를 면제할 수 있다.

  § 행정안전부령으로 정하는 기간
  소방본부장 또는 소방서장으로부터 안전관리업무 이행실태가 우수하다고 통보 받은 날부터 2년이 되는 날까지

④ 안전관리우수업소표지에 필요한 사항은 행정안전부령으로 정한다.

영·규칙 CHAIN

영 제19조(안전관리우수업소)

법 제21조제1항에 따른 안전관리우수업소의 요건은 다음과 같다.
  1. 공표일 기준으로 최근 3년 동안 「소방시설 설치 및 관리에 관한 법률」 제16조제1항(피난시설, 방화구획 및 방화시설을 폐쇄, 훼손, 장애 등)의 위반행위가 없을 것
  2. 공표일 기준으로 최근 3년 동안 소방·건축·전기 및 가스 관련 법령 위반 사실이 없을 것
  3. 공표일 기준으로 최근 3년 동안 화재 발생 사실이 없을 것
  4. 자체계획을 수립하여 종업원의 소방교육 또는 소방훈련을 정기적으로 실시하고 공표일 기준으로 최근 3년 동안 그 기록을 보관하고 있을 것

영 **제20조(안전관리우수업소의 공표절차 등)**

① 소방본부장이나 소방서장은 법 제21조제1항에 따라 안전관리우수업소를 인정하여 공표하려면 제19조(안전관리우수업소)의 내용을 제18조제3항제1호부터 제3호까지의 규정에서 정한 매체에 안전관리우수업소 인정 예정공고를 해야 한다.

② 제1항의 공고에 따른 안전관리우수업소 인정 예정공고의 내용에 이의가 있는 사람은 안전관리우수업소 인정 예정공고일부터 20일 이내에 소방본부장이나 소방서장에게 전자우편이나 서면으로 이의신청을 할 수 있다.

③ 소방본부장이나 소방서장은 제2항에 따른 이의신청이 있으면 이에 대하여 조사 · 검토한 후, 그 결과를 이의신청을 한 당사자와 해당 다중이용업주에게 알려야 한다.

④ 소방본부장이나 소방서장은 법 제21조제1항에 따라 안전관리우수업소를 인정하여 공표하려는 경우에는 공표일부터 2년의 범위에서 안전관리우수업소표지 사용기간을 정하여 공표해야 한다.

영 **제21조(안전관리우수업소의 표지 등)**

① 소방본부장이나 소방서장은 안전관리우수업소에 대하여 안전관리우수업소 표지를 내준 날부터 2년마다 정기적으로 심사를 하여 위반사항이 없는 경우에는 안전관리우수업소표지를 갱신하여 내줘야 한다.

② 제1항에 따른 정기심사와 안전관리우수업소표지 갱신절차에 관하여 필요한 사항은 행정안전부령으로 정한다.

영 **제22조(다중이용업주의 신청에 의한 안전관리우수업소 공표 등)**

① 다중이용업주는 그 영업장이 제19조의 안전관리우수업소 요건에 해당되면 소방본부장이나 소방서장에게 안전관리우수업소로 인정해 줄 것을 신청할 수 있다.

② 소방본부장이나 소방서장은 제1항에 따라 신청을 받은 다중이용업소를 안전관리우수업소로 인정하려면 제20조 및 제21조에 따라 해당 업소에 그 사실을 통보하고 공표해야 한다.

③ 제1항에 따른 안전관리우수업소의 공표 신청절차 등에 관하여 필요한 사항은 행정안전부령으로 정한다.

칙 **제21조(안전관리우수업소 표지 크기 등)**

② 법 제21조제1항에 따른 안전관리우수업소 표지의 규격 · 재질 · 부착기간 등은 [별표 4]와 같다.

> ■ 다중이용업소의 안전관리에 관한 특별법 시행규칙
>
> **[별표 4] 안전관리우수업소 표지의 규격, 재질 등**
>
> 1. 제작 : 2종(금색, 은색) 중 1종을 선택
>   가. 바탕 : 금색(테두리 : 검정색/적색)
>   나. 바탕 : 은색(테두리 : 검정색/청색)
> 2. 규격 : 가로 450mm × 세로 300mm

3. 재질 : 스테인리스(금색 또는 은색)

4. 글씨체

　가. 소방안전관리 우수업소 : 고도B 21/85mm(검정색)

　나. 조항 : KoPubWorld돋움체 6.7(검정색)

　다. 조항영문 : KoPubWorld바탕체 6.3(검정색)

　라. 발급일자 : DIN medium 14mm(검정색)

　마. 시행령(영문포함) : KoPubWorld바탕체 4.5(검정색)

　바. 기관명 : KoPubWorld돋움체 10mm(검정색)

　사. 기관영문 : KoPubWorld돋움체 4.5mm(검정색)

5. 이미지(엠블럼)

　가. 표장 : 119 형상화 18mm(검정색)

　나. 안전시설등ㆍ교육ㆍ정기점검 : KoPubWorld돋움체 3.5mm(검정색)

　다. 안전관리 우수업소(영문포함) : KoPubWorld돋움체 4.5mm(검정색)

　라. 소방호스 : 85mm(적색/회색 또는 청색/회색)

[금색]

[은색]

칙 제22조(안전관리우수업소 표지 발급대장의 관리 등)

① 소방본부장 또는 소방서장은 영 제21조제1항에 따라 안전관리우수업소 표지를 발급한 날부터 2년이 되는 날 이후 30일 이내에 정기심사를 실시하여 영 제19조에 따른 요건에 적합한 경우에는 안전관리 우수업소표지를 갱신해 주어야 한다.

② 소방본부장 또는 소방서장은 안전관리우수업소표지를 발급 또는 갱신발급하였을 때에는 [별지 제18 호서식]의 안전관리우수업소 표지 발급(갱신발급)대장에 그 사실을 기록하고 관리하여야 한다.

칙 제23조(안전관리우수업소의 공표)

① 소방본부장 또는 소방서장은 영 제21조제1항에 따라 안전관리우수업소의 표지를 발급한 때에는 이를 지체 없이 공표하여야 한다.

② 제1항에 따른 공표는 영 제18조제3항에 따른 매체에 다음의 구분에 따라 그 내용을 기재하여 이를 공표한다.

　1. 안전관리우수업소의 공표 또는 갱신공표의 경우

가. 안전관리우수업소의 명칭과 다중이용업주 이름

나. 안전관리우수업무의 내용

다. 안전관리우수업소 표지를 부착할 수 있는 기간

2. 안전관리우수업소의 표지 사용정지의 경우

가. 안전관리우수업소의 표지 사용정지대상인 다중이용업소의 명칭과 다중이용업주 이름

나. 안전관리우수업소 표지의 사용을 정지하는 사유

다. 안전관리우수업소 표지의 사용정지일

칙 제24조(안전관리우수업소의 공표신청 등)

① 영 제22조제1항에 따라 안전관리우수업소로 인정을 받으려는 다중이용업주는 [별지 제19호서식] 의 안전관리우수업소 공표신청서에 안전시설등 완비증명서 사본을 첨부하여 소방본부장 또는 소방 서장에게 신청하여야 한다.

② 제1항에 따른 신청을 받은 소방본부장 또는 소방서장은 「전자정부법」에 따른 행정정보의 공동이용 을 통하여 법인 등기사항증명서(법인인 경우만 해당) 또는 사업자등록증(개인인 경우만 해당)을 확인하여야 한다. 다만, 신청인이 확인에 동의하지 않는 경우에는 그 사본을 첨부하도록 하여야 한다.

③ 소방본부장 또는 소방서장은 제1항에 따른 신청을 받은 경우에는 영 제20조(안전관리우수업소의 공표절차 등)에 따라 예정공고를 거쳐 영 제19조의 안전관리우수업소 요건에 적합한지를 확인하여 야 한다.

④ 소방본부장 또는 소방서장은 제3항에 따른 확인결과 그 다중이용업소가 그 요건에 적합하다고 인정 하는 때에는 그 사실을 안전관리우수업소 공표신청을 한 다중이용업주에게 통보하고 안전관리우수 업소 표지를 교부하여야 하며, 부적합하다고 인정하는 때에는 신청인에게 서면으로 그 사유를 통보하 여야 한다.

제5장 보칙

제21조의2(압류의 금지)

이 법에 따른 화재배상책임보험의 보험금 청구권 중 다른 사람의 사망 또는 부상으로 인하여 발생한 청구권은 이를 압류할 수 없다.

제22조(권한의 위탁 등)

① 소방청장, 소방본부장 또는 소방서장은 제8조제1항에 따른 다중이용업주 및 그 종업원에 대한 소방안전 교육 업무, 제19조제2항의 책임보험전산망의 구축 · 운영에 관한 업무를 대통령령으로 정하는 바에 따라 관련 법인 또는 단체에 위탁할 수 있다.

② 제1항에 따라 위탁받은 업무에 종사하는 법인 또는 단체의 임원 및 직원은 「형법」 제129조부터 제132조 까지의 규정을 적용할 때에는 공무원으로 본다.

③ 제1항에 따라 위탁받은 법인 또는 단체의 장은 행정안전부령으로 정하는 바에 따라 위탁받은 업무의 수행에 드는 경비를 교육 대상자로부터 징수할 수 있다.

④ 제1항에 따라 소방안전교육을 위탁받은 자가 갖추어야 할 시설기준, 교수요원의 자격 등에 필요한 사항은 행정안전부령으로 정한다.

📖 영·규칙 CHAIN

칙 제25조(소방안전교육 위탁기간이 갖추어야 하는 시설기준 등)

소방안전교육을 위탁받은 기관이 갖추어야 하는 시설기준은 [별표 5]와 같다.

■ 다중이용업소의 안전관리에 관한 특별법 시행규칙

[별표 5] 소방안전교육 위탁기관이 갖추어야 하는 시설기준

1. 사무실 : 바닥면적 $60m^2$ 이상일 것
2. 강의실 : 바닥면적 $100m^2$ 이상이고 의자·탁자 및 교육용 비품을 갖출 것
3. 실습·체험실 : 바닥면적 $100m^2$ 이상일 것
4. 교육용기자재

갖추어야 할 교육용기자재의 종류
1. 빔프로젝터 1개(스크린 포함)
2. 소화기(단면절개:斷面切開) : 3종 각 1개
3. 경보설비시스템 1개
4. 스프링클러모형 1개
5. 자동화재탐지설비 세트 1개
6. 소화설비 계통도 세트 1개
7. 소화기 시뮬레이터 세트 1개
8. 「소방시설 설치 및 관리에 관한 법률 시행규칙」에 따른 소방시설 점검기구 각 1개

---

⑤ 제1항에 따라 업무를 위탁받은 자는 그 직무상 알게 된 정보를 누설하거나 다른 사람에게 제공하는 등 부당한 목적을 위하여 사용하여서는 아니 된다.

벌 1년 이하 징역 / 1천만 원 이하 벌금 – 다른 사람에게 정보를 제공하거나 부당한 목적으로 이용한 자

제22조의2(벌칙 적용 시의 공무원 의제)

제15조제6항에 따라 화재위험평가업무를 대행하는 사람은 「형법」 제129조부터 제132조까지의 규정을 적용할 때에는 공무원으로 본다.

제6장 벌칙

제23조(벌칙)

다음의 어느 하나에 해당하는 자는 1년 이하의 징역 또는 1천만 원 이하의 벌금에 처한다.

1. 제16조제1항을 위반하여 평가대행자로 등록하지 아니하고 화재위험평가 업무를 대행한 자
2. 제22조제5항을 위반하여 다른 사람에게 정보를 제공하거나 부당한 목적으로 이용한 자

제24조(양벌규정)

법인의 대표자나 법인 또는 개인의 대리인, 사용인, 그 밖의 종업원이 그 법인 또는 개인의 업무에 관하여 제23조의 위반행위를 하면 그 행위자를 벌하는 외에 그 법인 또는 개인에게도 해당 조문의 벌금형을 과(科)한다. 다만, 법인 또는 개인이 그 위반행위를 방지하기 위하여 해당 업무에 관하여 상당한 주의와 감독을 게을리하지 아니한 경우에는 그러하지 아니하다.

제25조(과태료)

① 다음의 어느 하나에 해당하는 자에게는 300만 원 이하의 과태료를 부과한다.

1. 제8조제1항 및 제2항을 위반하여 소방안전교육을 받지 아니하거나 종업원이 소방안전교육을 받도록 하지 아니한 다중이용업주
2. 제9조제1항을 위반하여 안전시설등을 기준에 따라 설치·유지하지 아니한 자

2의2. 제9조제3항을 위반하여 설치신고를 하지 아니하고 안전시설등을 설치하거나 영업장 내부구조를 변경한 자 또는 안전시설등의 공사를 마친 후 신고를 하지 아니한 자

2의3. 제9조의2를 위반하여 비상구에 추락 등의 방지를 위한 장치를 기준에 따라 갖추지 아니한 자

3. 제10조제1항 및 제2항을 위반하여 실내장식물을 기준에 따라 설치·유지하지 아니한 자

3의2. 제10조의2제1항 및 제2항을 위반하여 영업장의 내부구획을 기준에 따라 설치·유지하지 아니한 자

4. 제11조를 위반하여 피난시설, 방화구획 또는 방화시설에 대하여 폐쇄·훼손·변경 등의 행위를 한 자

5. 제12조제1항을 위반하여 피난안내도를 갖추어 두지 아니하거나 피난안내에 관한 영상물을 상영하지 아니한 자

6. 제13조제1항 전단을 위반하여 다음의 어느 하나에 해당하는 자

   가. 안전시설등을 점검(제13조제2항에 따라 위탁하여 실시하는 경우 포함)하지 아니한 자

   나. 정기점검결과서를 작성하지 아니하거나 거짓으로 작성한 자

   다. 정기점검결과서를 보관하지 아니한 자

6의2. 제13조의2제1항을 위반하여 화재배상책임보험에 가입하지 아니한 다중이용업주

6의3. 제13조의3제3항 또는 제4항을 위반하여 통지를 하지 아니한 보험회사

6의4. 제13조의5제1항을 위반하여 다중이용업주와의 화재배상책임보험 계약 체결을 거부하거나 제13조의6을 위반하여 임의로 계약을 해제 또는 해지한 보험회사

7. 제14조를 위반하여 소방안전관리업무를 하지 아니한 자

8. 제14조의2제1항을 위반하여 보고 또는 즉시보고를 하지 아니하거나 거짓으로 한 자

영 · 규칙 CHAIN

영 제23조(과태료 부과기준)

과태료의 부과기준은 [별표 6]과 같다.

■ 다중이용업소의 안전관리에 관한 특별법 시행령

[별표 6] 과태료의 부과기준

1. 일반기준

　가. 위반행위의 횟수에 따른 과태료의 가중된 부과기준은 최근 1년간 같은 위반행위로 과태료 부과처분을 받은 경우에 적용한다. 이 경우 기간의 계산은 위반행위에 대하여 과태료 부과처분을 받은 날과 그 처분 후 다시 같은 위반행위를 하여 적발된 날을 기준으로 한다.

　나. 가목에 따라 가중된 부과처분을 하는 경우 가중처분의 적용 차수는 그 위반행위 전 부과처분 차수(가목에 따른 기간 내에 과태료 부과처분이 둘 이상 있었던 경우에는 높은 차수)의 다음 차수로 한다. 다만, 적발된 날부터 소급하여 3년이 되는 날 전에 한 부과처분은 가중처분의 차수 산정 대상에서 제외한다.

　다. 과태료 부과권자는 위반행위자가 다음의 어느 하나에 해당하는 경우에는 제2호에 따른 과태료 금액의 2분의 1의 범위에서 그 금액을 감경하여 부과할 수 있다. 다만, 과태료를 체납하고 있는 위반행위자의 경우에는 그러하지 아니하다.

　　1) 위반행위자가 「질서위반행위규제법 시행령」 제2조의2제1항의 어느 하나에 해당하는 경우

　　2) 위반행위자가 처음 위반행위를 한 경우로서, 3년 이상 해당 업종을 모범적으로 영위한 사실이 인정되는 경우

　　3) 위반행위자가 화재 등 재난으로 재산에 현저한 손실이 발생하거나 사업여건의 악화로 사업이 중대한 위기에 처하는 등의 사정이 있는 경우

　　4) 위반행위가 고의나 중대한 과실이 아닌 사소한 부주의나 오류로 인한 것으로 인정되는 경우

　　5) 위반행위자가 같은 위반행위로 다른 법률에 따라 과태료 · 벌금 · 영업정지 등의 제재를 받은 경우

　　6) 위반행위자자 위법행위로 인한 결과를 시정하거나 해소한 경우

　　7) 그 밖에 위반행위의 정도, 위반행위의 동기와 그 결과 등을 고려하여 감경할 필요가 있다고 인정되는 경우

2. 개별기준

위반행위	근거 법조문	과태료 금액(단위 : 만 원)		
		1회	2회	3회 이상
가. 다중이용업주가 법 제8조제1항 및 제2항을 위반하여 소방안전교육을 받지 않거나 종업원이 소방안전교육을 받도록 하지 않은 경우	법 제25조 제1항 제1호	100	200	300
나. 법 제9조제1항을 위반하여 안전시설등을 기준에 따라 설치·유지하지 않은 경우	법 제25조 제1항 제2호			
1) 안전시설등의 작동·기능에 지장을 주지 않는 경미한 사항을 2회 이상 위반한 경우			100	
2) 안전시설등을 다음에 해당하는 고장상태 등으로 방치한 경우 가) 소화펌프를 고장상태로 방치한 경우 나) 수신반(受信盤)의 전원을 차단한 상태로 방치한 경우 다) 동력(감시)제어반을 고장상태로 방치하거나 전원을 차단한 경우 라) 소방시설용 비상전원을 차단한 경우 마) 소화배관의 밸브를 잠금상태로 두어 소방시설이 작동할 때 소화수가 나오지 않거나 소화약제(消火藥劑)가 방출되지 않는 상태로 방치한 경우			200	
3) 안전시설등을 설치하지 않은 경우			300	
4) 비상구를 폐쇄·훼손·변경하는 등의 행위를 한 경우		100	200	300
5) 영업장 내부 피난통로에 피난에 지장을 주는 물건 등을 쌓아 놓은 경우		100	200	300
다. 법 제9조제3항을 위반한 경우	법 제25조 제1항제2호의2			
1) 안전시설등 설치신고를 하지 않고 안전시설등을 설치한 경우			100	
2) 안전시설등 설치신고를 하지 않고 영업장 내부구조를 변경한 경우			100	
3) 안전시설등의 공사를 마친 후 신고를 하지 않은 경우		100	200	300
라. 법 제9조의2를 위반하여 비상구에 추락 등의 방지를 위한 장치를 기준에 따라 갖추지 않은 경우	법 제25조 제1항제2호의3		300	
마. 법 제10조제1항 및 제2항을 위반하여 실내장식물을 기준에 따라 설치·유지하지 않은 경우	법 제25조 제1항제3호		300	

위반행위	근거 법조문			
바. 법 제10조의2제1항 및 제2항을 위반하여 영업장의 내부구획 기준에 따라 내부구획을 설치·유지하지 않은 경우	법 제25조 제1항제3호의2	100	200	300
사. 법 제11조를 위반하여 피난시설, 방화구획 또는 방화시설을 폐쇄·훼손·변경하는 등의 행위를 한 경우	법 제25조 제1항 제4호	100	200	300
아. 법 제12조제1항을 위반하여 피난안내도를 갖추어 두지 않거나 피난안내에 관한 영상물을 상영하지 않은 경우	법 제25조 제1항 제5호	100	200	300
자. 법 제13조제1항 전단을 위반하여 정기점검결과서를 보관하지 않은 경우	법 제25조 제1항 제6호	100		
차. 다중이용업주가 법 제13조의2제1항을 위반하여 화재배상책임보험에 가입하지 않은 경우	법 제25조 제1항제6호의2			
1) 가입하지 않은 기간이 10일 이하인 경우		100		
2) 가입하지 않은 기간이 10일 초과 30일 이하인 경우		100만 원에 11일째부터 계산하여 1일마다 1만 원을 더한 금액		
3) 가입하지 않은 기간이 30일 초과 60일 이하인 경우		120만 원에 31일째부터 계산하여 1일마다 2만 원을 더한 금액		
4) 가입하지 않은 기간이 60일 초과인 경우		180만 원에 61일째부터 계산하여 1일마다 3만 원을 더한 금액. 다만, 과태료의 총액은 300만 원을 넘지 못한다.		
카. 보험회사가 법 제13조의3제3항 또는 제4항을 위반하여 통지를 하지 않은 경우	법 제25조 제1항제6호의3	300		
타. 보험회사가 법 제13조의5제1항을 위반하여 다중이용업주와의 화재배상책임보험 계약 체결을 거부한 경우	법 제25조 제1항제6호의4	300		
파. 보험회사가 법 제13조의6을 위반하여 임의로 계약을 해제 또는 해지한 경우	법 제25조 제1항제6호의4	300		
하. 법 제14조에 따른 소방안전관리 업무를 하지 않은 경우	법 제25조 제1항 제7호	100	200	300
거. 법 제14조의2제1항을 위반하여 보고 또는 즉시보고를 하지 않거나 거짓으로 한 경우	법 제25조 제1항 제8호	200		

② 제1항에 따른 과태료는 대통령령으로 정하는 바에 따라 소방청장, 소방본부장 또는 소방서장이 부과·징수한다.

제26조(이행강제금)

① 소방청장, 소방본부장 또는 소방서장은 제9조제2항, 제10조제3항, 제10조의2제3항 또는 제15조제2항에 따라 조치 명령을 받은 후 그 정한 기간 이내에 그 명령을 이행하지 아니하는 자에게는 1천만원 이하의 이행강제금을 부과한다.

② 소방청장, 소방본부장 또는 소방서장은 제1항에 따른 이행강제금을 부과하기 전에 제1항에 따른 이행강제금을 부과 · 징수한다는 것을 미리 문서로 알려 주어야 한다.

③ 소방청장, 소방본부장 또는 소방서장은 제1항에 따라 이행강제금을 부과할 때에는 이행강제금의 금액, 이행강제금의 부과 사유, 납부기한, 수납기관, 이의 제기 방법 및 이의 제기 기관 등을 적은 문서로 하여야 한다

④ 소방청장, 소방본부장 또는 소방서장은 최초의 조치 명령을 한 날을 기준으로 매년 2회의 범위에서 그 조치 명령이 이행될 때까지 반복하여 제1항에 따른 이행강제금을 부과 · 징수할 수 있다.

⑤ 소방청장, 소방본부장 또는 소방서장은 조치 명령을 받은 자가 명령을 이행하면 새로운 이행강제금의 부과를 즉시 중지하되, 이미 부과된 이행강제금은 징수하여야 한다.

⑥ 소방청장, 소방본부장 또는 소방서장은 제1항에 따라 이행강제금 부과처분을 받은 자가 이행강제금을 기한까지 납부하지 아니하면 국세 체납처분의 예 또는 「지방행정제재 · 부과금의 징수 등에 관한 법률」에 따라 징수한다.

⑦ 제1항에 따라 이행강제금을 부과하는 위반행위의 종류와 위반 정도에 따른 금액과 이의 제기 절차, 그 밖에 필요한 사항은 대통령령으로 정한다.

영 · 규칙 CHAIN

영 제24조(이행강제금의 부과 · 징수)

이행강제금의 부과기준은 [별표 7]과 같다.

■ 다중이용업소의 안전관리에 관한 특별법 시행령

[별표 7] 이행강제금 부과기준

1. 일반기준

   이행강제금 부과권자는 위반행위의 동기와 그 결과를 고려하여 제2호의 이행강제금 부과기준액의 2분의 1까지 경감하여 부과할 수 있다.

2. 개별기준

(단위 : 만 원)

위반행위	근거 법조문	이행강제금
가. 법 제9조제2항에 따른 안전시설등에 대하여 보완 등 필요한 조치명령을 위반한 경우	법 제26조 제1항	
1) 안전시설등의 작동 · 기능에 지장을 주지 않는 경미한 사항인 경우		200
2) 안전시설등을 고장상태로 방치한 경우		600
3) 안전시설등을 설치하지 않은 경우		1,000

나. 법 제10조제3항에 따른 실내장식물에 대한 교체 또는 제거 등 필요한 조치명령을 위반한 경우	법 제26조 제1항	1,000
다. 법 제10조의2제3항에 따른 영업장의 내부구획에 대한 보완 등 필요한 조치명령을 위반한 경우	법 제26조 제1항	1,000
라. 법 제15조제2항에 따른 화재안전조사 조치명령을 위반한 경우	법 제26조 제1항	
1) 다중이용업소의 공사의 정지 또는 중지 명령을 위반한 경우		200
2) 다중이용업소의 사용금지 또는 제한 명령을 위반한 경우		600
3) 다중이용업소의 개수·이전 또는 제거명령을 위반한 경우		1,000

칙 제26조(이행강제금 징수절차)

영 제24조에 따른 이행강제금의 징수절차에 관해서는 「국고금 관리법 시행규칙」을 준용한다. 이 경우 납입고지서에는 이의방법 및 이의기간 등을 함께 적어야 한다.

■ 시행령 별표 / 서식

[별표 1] 안전시설등(제2조의2 관련)

[별표 1의2] 다중이용업소에 설치·유지하여야 하는 안전시설등(제9조 관련)

[별표 2] 부상 등급별 화재배상책임보험 보험금액의 한도(제9조의3제1항제2호 관련)

[별표 3] 후유장애 등급별 화재배상책임보험 보험금액의 한도(제9조의3제1항제3호 관련)

[별표 4] 화재안전등급(제11조제1항 및 제13조 관련)

[별표 5] 평가대행자 갖추어야 할 기술인력·시설·장비 기준(제14조 관련)

[별표 6] 과태료의 부과기준(제23조 관련)

[별표 7] 이행강제금 부과기준(제24조제1항 관련)

■ 시행규칙 별표 / 서식

[별표 1] 소방안전교육에 필요한 교육인력 및 시설·장비기준(제8조 관련)

[별표 2] 안전시설등의 설치·유지 기준(제9조 관련)

[별표 2의2] 피난안내도 비치 대상 등(제12조제1항 관련)

[별표 2의3] 화재배상책임보험 가입 영업소 표지(제14조의2 관련)

[별표 3] 평가대행자에 대한 행정처분의 기준(제20조 관련)

[별표 4] 안전관리우수업소 표지의 규격, 재질 등(제21조제2항 관련)

[별표 5] 소방안전교육 위탁기관이 갖추어야 하는 시설기준(제25조 관련)

[별지 제1호서식] 다중이용업 허가등 사항(변경사항) 통보서

[별지 제2호서식] 다중이용업 허가등 사항 처리 접수대장

[별지 제3호서식] 소방안전교육 이수증명서

[별지 제4호서식] 소방안전교육 이수증명서 발급(재발급) 대장

[별지 제5호서식] 소방안전교육 이수증명서 재발급 신청서

[별지 제6호서식] 안전시설등 설치(완공) 신고서

[별지 제6호의2서식] 안전시설등 설치명세서

[별지 제6호의3서식] 구조안전 확인서

[별지 제7호서식] 안전시설등 완비증명서

[별지 제8호서식] 안전시설등 완비증명서 발급 대장

[별지 제9호서식] 안전시설등 완비증명서 재발급 신청서

[별지 제10호서식] 안전시설등 세부점검표

[별지 제11호서식] 손실보상재결신청서

[별지 제12호서식] 화재위험평가대행자 등록(변경)신청서

[별지 제13호서식] 기술인력명부

[별지 제13호의2서식] 병력(病歷) 신고 및 개인정보 이용 동의서

[별지 제14호서식] 화재위험평가대행자등록증

[별지 제15호서식] 화재위험평가대행자등록증 발급(재발급) 대장

[별지 제16호서식] 화재위험평가대행자등록증 재발급 신청서

[별지 제17호서식] 화재위험평가대행자 휴업 · 폐업신고서

[별지 제18호서식] 안전관리우수업소 표지 발급(갱신발급)대장

[별지 제19호서식] 안전관리우수업소 공표 신청서

소방관련법령
문제풀이

CHAPTER 01 소방기본법 문제풀이

01 다음 중 소방기본법의 목적과 거리가 가장 먼 것은?

① 화재를 예방 · 경계하고 진압하는 것
② 건축물의 안전한 사용을 통해 행복한 국민생활을 보장해 주는 것
③ 공공의 안녕 및 질서 유지와 복리증진에 기여하는 것
④ 화재, 재난 · 재해로부터 구조 · 구급하는 것

▶ **법 제1조 관련**

소방기본법은 화재를 예방 · 경계하거나 진압하고 화재, 재난 · 재해, 그 밖의 위급한 상황에서의 구조 · 구급 활동 등을 통하여 국민의 생명 · 신체 및 재산을 보호함으로써 공공의 안녕 및 질서 유지와 복리증진에 이바지함을 목적으로 한다.

02 다음 용어의 정의 중 틀린 것은?

① "소방대상물"이라 함은 건축물, 차량, 선박(항구에 매어둔 선박), 선박 건조물, 산림, 그 밖의 인공 구조물 또는 물건을 말한다.
② "관계지역"이라 함은 소방대상물이 있는 장소 및 그 이웃지역으로서 화재의 예방 · 경계 · 진압 · 구조 · 구급 등의 활동에 필요한 지역을 말한다.
③ "관계인"이라 함은 소방대상물의 소유자 · 관리자 또는 점유자를 말한다.
④ "소방대장"이라 함은 소방본부장 또는 소방서장 등 화재 재난 · 재해 그 밖의 위급한 상황이 발생한 경우 종합상황실에서 소방대를 지휘하는 자를 말한다.

▶ **법 제2조 관련**

1. 소방대상물 : 건축물 차량 선박(항구 안에 매어둔 선박에 한함), 선박 건조 구조물, 산림, 그 밖의 인공 구조물 또는 물건
2. 관계지역 : 소방대상물이 있는 장소 및 그 이웃지역으로서 화재의 예방 · 경계 · 진압, 구조 · 구급 등의 활동에 필요한 지역
3. 소방본부장 : 특별시 · 광역시 또는 도(시 · 도)에서 화재의 예방 · 경계 · 진압 · 조사 및 구조 · 구급 등의 업무를 담당하는 부서의 장
4. 소방대 : 화재를 진압하고 화재 재난 · 재해 그 밖의 위급한 상황에서의 구조 · 구급활동 등을 하기 위하여 소방공무원, 의무소방원, 의용소방대원으로 구성된 조직제
5. 소방대장 : 소방본부장 또는 소방서장 등 화재, 재난 · 재해 그 밖의 위급한 상황이 발생한 현장에서 소방대를 지휘하는 자

03 소방대장과 관계없는 자는?

① 소방처장

② 소방본부장

③ 소방서장

④ 화재현장에서 소방대를 지휘하는 자

▶ **법 제2조 관련**

소방본부장 또는 소방서장 등 화재, 재난·재해, 그 밖의 위급한 상황이 발생한 현장에서 소방대를 지휘하는 사람을 말한다.

04 소방기본법에서 정하는 관계인이 아닌 사람은?

① 건축물을 임대하여 사용하는 자

② 물건의 보관만을 전문으로 하는 옥외창고의 주인

③ 위험물을 저장하는 관리인

④ 운행 중인 관광버스 안에 승객

▶ **법 제2조 관련**

관계인은 소방대상물의 소유자·관리자·점유자를 말한다.

05 시·도에서 화재의 예방·경계·진압·조사 및 구조·구급 등의 업무를 담당하는 부서의 장을 무엇이라 하는가?

① 시·도지사

② 소방본부장

③ 소방청장

④ 소방서장

▶ **소방본부장**

특별시·광역시·도 또는 특별 자치도에서 화재의 예방·경계·진압·조사 및 구조·구급 등의 업무를 담당하는 부서의 장

06 소방대라 함은 어떠한 사람으로 편성된 조직체를 말하는가?

① 소방공무원, 구급대원, 의용소방대원

② 소방공무원, 의무소방대원, 응급구조대원

③ 소방공무원, 구급대원, 응급구조대원

④ 소방공무원, 의무소방원, 의용소방대원

▶ **소방대**

화재를 진압하고 화재, 재난·재해, 그 밖의 위급한 상황에서 구조·구급활동 등을 하기 위하여 소방공무원, 의무소방원, 의용소방대원으로 구성된 조직체

07 소방기본법의 소방업무에 관한 종합계획에 포함되는 내용이 아닌 것은?

① 소방서비스의 질 향상을 위한 정책의 기본방향
② 소방전문인력 양성
③ 소방업무에 필요한 체계의 구축, 소방기술의 연구 · 개발 및 보급
④ 소방업무의 교육 및 홍보(구급차의 우선 통행 등에 관한 홍보 포함)

▶
1. 소방서비스의 질 향상을 위한 정책의 기본방향
2. 소방업무에 필요한 체계의 구축, 소방기술의 연구 · 개발 및 보급
3. 소방업무에 필요한 장비의 구비
4. 소방전문인력 양성
5. 소방업무에 필요한 기반조성
6. 소방업무의 교육 및 홍보(소방자동차의 우선 통행 등에 관한 홍보 포함)
7. 재난 · 재해 환경 변화에 따른 소방업무에 필요한 대응 체계 마련
8. 장애인, 노인, 임산부, 영유아 및 어린이 등 이동이 어려운 사람을 대상으로 한 소방활동에 필요한 조치

08 소방청장 또는 소방본부장이 화재 등 재해가 발생한 때에 신속한 소방활동을 위한 정보를 수집 · 전파하기 위해 설치 · 운영하는 것은?

① 통합감시실　　　　　　② 종합상황실
③ 직할구조대　　　　　　④ 항공구조대

▶ **소방기본법 제4조(119종합상황실의 설치와 운영)**
• 설치 · 운영권자 : 소방청장 · 소방본부장 및 소방서장
• 설치목적 : 화재, 재난 · 재해 그 밖에 구조 · 구급이 필요한 상황이 발생한 때에 신속한 소방활동을 위한 정보를 수집 · 전파하기 위함

09 소방기본법에서 종합상황실 운영자가 하는 업무로 적합하지 않은 것은?

① 재난상황의 전파 및 보고
② 화재, 재난 · 재해 그 밖에 구조 · 구급이 필요한 상황 발생의 신고접수
③ 하급소방기관에 대한 출동지령 또는 동급 이하의 소방기관 및 유관기관에 대한 지원 요청
④ 재난상황의 수습에 필요한 정보수집 및 제공

▶ **소방기본법 시행규칙 제3조(종합상황실의 실장의 업무)**
1. 화재, 재난 · 재해 그 밖에 구조 · 구급이 필요한 상황의 발생의 신고 접수
2. 접수된 재난상황을 검토하여 가까운 소방서에 인력 및 장비의 동원을 요청하는 등의 사고접수
3. 하급소방기관에 대한 출동지령 또는 동급 이상의 소방기관 및 유관기관에 대한 지원요청
4. 재난상황의 전파 및 보고

5. 재난상황이 발생한 현장에 대한 지휘 및 피해현황의 파악

6. 재난상황의 수습에 필요한 정보수집 및 제공

10 소방기본법상 직상급자가 119종합상황실에 보고 대상사유로 옳지 않은 것은?

① 사망자가 5인 이상, 부상자가 10인이 발생한 화재

② 연면적 1만5천m²인 공장에서 발생한 화재

③ 층수가 7층이고 병상이 100개인 종합병원에서 발생한 화재

④ 이재민이 50인 이상 발생한 화재

○ 119종합상황실 실장의 보고대상

1. 사망자가 5인, 사상자가 10인 이상 화재

2. 이재민이 100인 이상 화재

3. 재산피해 50억 원 이상 화재

4. 관공서 · 학교 · 정부미도정공장 · 문화재 · 지하철, 지하구 화재

5. 관광호텔, 11층 이상 건축물, 지하상가, 시장, 백화점, 제조소 · 저장소 · 취급소(3,000배 이상)

6. 숙박시설(5층 또는 30실 이상), 종합 · 정신 · 한방병원, 요양소(병상 30개 이상)

7. 공장(연 15,000m² 이상), 화재경계지구

8. 철도차량, 선박(항구에 매어둔 총톤수 1,000ton 이상), 항공기, 발전소, 변전소

9. 가스, 화약류 폭발에 의한 화재

10. 다중이용업소의 화재

11. 통제단장의 현장지휘가 필요한 재난상황

12. 언론에 보도된 재난상황

[보고 순서]

소방서 종합상황실 → 소방본부 종합상황실 → 소방청 종합상황실

11 소방기본법상의 소방기술민원센터에 대한 설명으로 틀린 것은?

① 소방청장 또는 소방본부장은 소방기술민원센터를 소방청 또는 소방본부에 각각 설치 · 운영한다.

② 소방기술민원센터는 센터장을 포함하여 18명 이내로 구성한다.

③ 소방본부장 또는 소방서장은 소방기술민원센터의 업무수행을 위하여 필요하다고 인정하는 경우에는 관계 기관의 장에게 소속 공무원 또는 직원의 파견을 요청할 수 있다.

④ 소방기술민원센터의 설치 · 운영에 필요한 사항은 소방청에 설치하는 경우에는 소방청장이 정하고, 소방본부에 설치하는 경우에는 해당 시 · 도의 규칙으로 정한다.

○

소방청장 또는 소방본부장은 소방기술민원센터의 업무수행을 위하여 필요하다고 인정하는 경우에는 관계 기관의 장에게 소속 공무원 또는 직원의 파견을 요청할 수 있다.

12 소방기술민원센터의 업무로서 옳지 않은 것은?

① 소방시설, 소방공사와 위험물 안전관리 등과 관련된 법령해석 등의 민원의 처리
② 소방기술민원과 관련된 질의회신집 및 해설서 발간
③ 화재안전기준과 관련된 정보시스템의 운영 · 관리
④ 소방기술민원과 관련된 현장 확인 및 처리

▶ **소방기본법 시행령 제1조의 2**

소방기술민원과 관련된 정보시스템의 운영 · 관리

13 다음 중 적용기준이 다른 하나는?

① 소방박물관의 설립과 운영에 관하여 필요한 상황
② 소방력의 기준
③ 종합상황실의 설치 운영에 관하여 필요한 사항
④ 소방장비 등의 국고보조의 대상 및 기준

▶

- 행정안전부령 : 소방박물관의 설립과 운영에 관하여 필요한 상황, 소방력의 기준, 종합상황실의 설치 운영에 관하여 필요한 사항
- 대통령령 : 소방장비 등의 국고보조의 대상 및 기준

14 소방기본법 시행규칙에서의 소방박물관의 설립과 운영에 대한 설명으로 틀린 것은?

① 소방청장은 소방박물관을 설립 · 운영하는 경우에는 소방박물관에 소방박물관장 1인과 부관장 1인을 두되, 소방박물관장은 소방공무원 중에서 소방청장이 임명한다.
② 소방박물관은 국내 · 외의 소방의 역사, 소방공무원의 복장 및 소방장비 등의 변천 및 발전에 관한 자료를 수집 · 보관 및 전시한다.
③ 소방박물관에는 그 운영에 관한 중요한 사항을 심의하기 위하여 5인 이내의 위원으로 구성된 운영위원회를 둔다.
④ 소방박물관의 관광업무 · 조직 · 운영위원회의 구성 등에 관하여 필요한 사항은 소방청장이 정한다.

▶

소방박물관에는 그 운영에 관한 중요한 사항을 심의하기 위하여 7인 이내의 위원으로 구성된 운영위원회를 둔다.

15 소방기본법에서 소방업무에 관한 종합계획에 내용으로 옳은 것은?

① 소방청장은 화재, 재난 · 재해, 그 밖의 위급한 상황으로부터 국민의 생명 · 신체 및 재산을 보호하기 위하여 소방업무에 관한 종합계획을 5년마다 수립 · 시행하여야 하고, 이에 필요한 재원을 확보하도록 노력하여야 한다.

② 소방청장은 소방업무에 관한 종합계획을 관계 중앙행정기관의 장과의 협의를 거쳐 계획 시행 전년도 11월 31일까지 수립해야 한다.

③ 관계중앙행정기관의 장은 관할 지역의 특성을 고려하여 종합계획의 시행에 필요한 세부계획을 매년 수립하여 소방청장에게 제출하여야 하며, 세부계획에 따른 소방업무를 성실히 수행하여야 한다.

④ 그 밖에 종합계획 및 세부계획의 수립 · 시행에 필요한 사항은 소방청장이 정한다.

⊙ ―――――――――――――――――――――――――――――――――――――

② 소방청장은 법 제6조제1항에 따른 소방업무에 관한 종합계획을 관계 중앙행정기관의 장과의 협의를 거쳐 계획 시행 전년도 10월 31일까지 수립해야 한다.

③ 시 · 도지사는 관할 지역의 특성을 고려하여 종합계획의 시행에 필요한 세부계획을 매년 수립하여 소방청장에게 제출하여야 하며, 세부계획에 따른 소방업무를 성실히 수행하여야 한다.

④ 그 밖에 종합계획 및 세부계획의 수립 · 시행에 필요한 사항은 대통령령으로 정한다.

16 화재가 발생한 현장에는 출입을 제한할 수 있다. 다음 중 소방활동구역에 출입할 수 없는 사람은?

① 의사 · 간호사 그 밖의 구조 · 구급업무에 종사하는 자

② 소방서장이 소방활동을 위하여 출입을 허가한 자

③ 취재인력 등 보도업무에 종사하는 자

④ 소방활동구역 안에 있는 소방대상물의 소유자 · 관리자 또는 점유자

▶ **소방기본법 시행령 제8조(소방활동구역의 출입자)** ―――――――――――――

- 소방활동구역 안에 있는 소방대상물의 소유자 · 관리자 · 점유자
- 전기 · 가스 · 수도 · 통신 · 교통의 업무에 종사하는 사람으로서 원활한 소방활동을 위하여 필요한 사람
- 의사 · 간호사 그 밖의 구조 · 구급업무에 종사하는 사람
- 취재인력 등 보도업무에 종사하는 사람
- 수사업무에 종사하는 사람
- 그 밖에 소방대장이 소방활동을 위하여 출입을 허가한 사람

17 소방관서의 배치기준과 소방관서가 화재의 예방 · 경계 · 진압과 구급 · 구조 업무를 수행하는 데 필요한 장비 · 인력 등에 관한 소방력의 기준으로 옳지 않은 것은?

① 소방기관이 소방업무를 수행하는 데 필요한 인력과 장비 등에 관한 기준이다.
② 소방본부장 또는 소방서장은 관할구역 안의 소방력 확충을 위하여 필요한 계획, 수립, 시행한다.
③ 소방자동차 등 소방장비의 분류 · 표준화와 그 관리에 관한 사항이 포함된다.
④ 행정안전부령으로 정한다.

▶ **소방기본법 제8조 관련**
소방력의 확충을 위하여 필요한 계획, 수립, 시행은 시 · 도지사가 실시한다.

18 소방활동장비 및 설비의 종류와 규격별 국고보조산정을 위한 기준가격 중 국내조달품의 가격기준으로 옳은 것은?

① 해외시장의 시가
② 조달청 가격
③ 정부고시가격
④ 물가조사기관에서 조사한 가격의 평균가격

▶

소방활동장비 및 설비	① 국내조달품	정부고시가격
	② 수입물품	조달청에서 조사한 해외시장의 시가
	③ 금액이 없는 경우	2 이상의 공신력 있는 물가조사기관에서 조사한 가격의 평균가격
소방기술용역 산정기준	① 소방시설 설계	통신부문에 적용하는 공사비 요율에 따른 방식
	② 소방공사 감리	실비정액 가산방식
소방안전관리	③ 관리업자 대행	엔지니어링산업 진흥법

19 국가는 소방업무에 필요한 경비의 일부를 국고에서 보조한다. 국고보조 대상 소화활동장비에 대한 설명으로 옳지 않은 것은?

① 소방헬리콥터 및 소방정 구입   ② 소방전용 통신설비 설치
③ 소방관서 직원숙소 건립   ④ 소방자동차 구입

▶ **소방장비 등에 대한 국고보조**
1. 대상범위, 기준보조율 : 대통령령
2. 소방활동장비의 설비 종류와 규격 : 행정안전부령
3. 국고보조 대상사업의 범위
   ① 소방활동장비와 설비의 구입 및 설치
     • 소방자동차

- 소방헬리콥터 및 소방정
- 소방전용통신설비 및 전산설비
- 방화복 등 소방활동에 필요한 소방장비   ※ 주의 : 방열복 아님
② 소방관서용 청사의 건축

20 소방용수시설 및 지리조사의 실시횟수로 옳은 것은?

① 월 1회 이상

② 3개월에 1회 이상

③ 6개월에 1회 이상

④ 연 1회 이상

● 소방용수시설 및 지리조사

설치기준	행정안전부령	
설치 · 유지	시 · 도지사	
조사	소방본부장, 소방서장(월 1회 이상 조사, 결과 2년간 보관)	
조사내용	① 도로의 폭 ② 교통상황 ③ 도로 주변 토지의 고저 ④ 건축물의 개황 ⑤ 그 밖의 소방활동에 필요한 지리에 대한 조사	
소방대상물 수평거리	주거 · 상업 · 공업 지역	100m 이하
	그 외 지역	140m 이하

21 소방기본법령에서 정하는 소방용수시설의 설치기준 사항으로 틀린 것은?

① 급수탑의 급수배관의 구경은 100mm 이상으로 한다.

② 급수탑의 개폐밸브는 지상에서 0.8m 이상 1.5m 이하의 위치에 설치하도록 한다.

③ 소화전은 상수도와 연결하여 지하식 또는 지상식의 구조로 한다.

④ 상업지역 및 공업지역에 설치하는 경우는 소방대상물과의 수평거리를 100m 이하가 되도록 한다.

● 소방용수시설의 설치기준

1. 공통기준
   ① 주거지역 · 상업지역 및 공업지역에 설치하는 경우 : 소방대상물과의 수평거리를 100m 이하가 되도록 할 것
   ② ① 외의 지역에 설치하는 경우 : 소방대상물과의 수평거리를 140m 이하가 되도록 할 것
2. 소방용수시설별 설치기준
   ① 소화전의 설치기준 : 상수도와 연결하여 지하식 또는 지상식의 구조로 하고, 소방용 호스와 연결하는 소화전의 연결금속구의 구경은 65mm로 할 것
   ② 급수탑의 설치기준 : 급수배관의 구경은 100mm 이상으로 하고, 개폐밸브는 지상에서 1.5m 이상 1.7m 이하의 위치에 설치하도록 할 것

22 소방용수시설의 설치 및 관리 등으로 맞는 것은?

① 시 · 도지사는 소방 활동에 필요한 소방용수시설을 설치하고 유지 · 관리하여야 한다.

② 수도법에 따라 소화전을 설치하는 소방시설공사업자는 소방본부장과 사전협의를 거친 후 소화전을 설치하여야 한다.

③ 일반수도사업자는 소화전 설치 사실을 관할 소방서장에게 통지하고 그 소화전을 유지 · 관리하여야 한다.

④ 주거지역, 상업지역 및 공업지역에 설치하는 경우에는 소방대상물과는 수평거리 140m 이하가 되도록 하여야 한다.

▶ 소방용수시설의 설치기준

③ 일반수도사업자는 관할 소방서장과 사전협의를 거친 후 소화전을 설치하여야 하며, 설치 사실을 관할 소방서장에게 통지하고, 그 소화전을 유지 · 관리하여야 한다.

④ 주거지역, 상업지역 및 공업지역에 설치하는 경우에는 소방대상물과는 수평거리 100m 이하가 되도록 하여야 한다.

23 시 · 도의 소방업무 상호응원협정을 체결하고자 하는 경우 체결내용으로 부적절한 것은?

① 응원출동대상지역 및 규모

② 지휘권의 범위

③ 소요경비의 부담에 관한 사항

④ 응원출동의 요청방법

▶ 소방업무의 상호응원협정

1. 소방활동에 관한 사항
   ① 화재의 경계 · 진압활동
   ② 구조 · 구급업무의 지원
   ③ 화재조사활동
2. 소요경비의 부담에 관한 사항
   ① 출동대원의 수당 · 식사 및 피복의 수선
   ② 소방장비 및 기구의 정비와 연료의 보급
   ③ 그 밖의 경비
3. 응원출동대상지역 및 규모
4. 응원출동의 요청방법
5. 응원출동훈련 및 평가

24 소방기본법상의 소방력의 동원요청에 대하여 잘못 설명한 것은?

① 소방청장은 소방활동을 효율적으로 수행하기 어려운 화재, 재난·재해, 그 밖의 구조·구급이 필요한 상황이 발생할 경우 각 시·도지사에게 대통령령으로 정하는 바에 따라 소방력을 동원할 것을 요청할 수 있다

② 시·도지사에게 소방력 동원을 요청하는 경우 동원 요청 사실 등을 팩스 또는 전화 등의 방법으로 통지하여야 한다.

③ 동원 요청을 받은 시·도지사는 정당한 사유 없이 요청을 거절하여서는 아니 된다.

④ 동원된 민간 소방 인력이 소방활동을 수행하다가 사망하거나 부상을 입은 경우 화재, 재난·재해 또는 그 밖의 구조·구급이 필요한 상황이 발생한 시·도가 해당 시·도의 조례로 정하는 바에 따라 보상한다.

▶ 소방대원의 소방교육 및 훈련 ─────────────

소방청장은 해당 시·도의 소방력만으로는 소방활동을 효율적으로 수행하기 어려운 화재, 재난·재해, 그 밖의 구조·구급이 필요한 상황이 발생하거나 특별히 국가적 차원에서 소방활동을 수행할 필요가 인정될 때에는 각 시·도지사에게 행정안전부령으로 정하는 바에 따라 소방력을 동원할 것을 요청할 수 있다.

25 소방기본법령상 소방용수시설 중 저수조의 설치기준으로 옳지 않은 것은?

① 지면으로부터의 낙차가 4.5m 이하일 것

② 흡수부분의 수심이 0.5m 이상일 것

③ 흡수관의 투입구가 원형의 경우에는 지름이 50cm 이상일 것

④ 저수조에 물을 공급하는 방법은 상수도에 연결하여 자동으로 급수되는 구조일 것

▶ 저수조 설치기준 ─────────────

1. 지면으로부터의 낙차가 4.5m 이하일 것
2. 흡수부분의 수심이 0.5m 이상일 것
3. 소방펌프자동차가 쉽게 접근할 수 있도록 할 것
4. 흡수에 지장이 없도록 토사 및 쓰레기 등을 제거할 수 있는 설비를 갖출 것
5. 흡수관의 투입구가 사각형의 경우에는 한 변의 길이가 60cm 이상, 원형의 경우에는 지름이 60cm 이상일 것
6. 저수조에 물을 공급하는 방법은 상수도에 연결하여 자동으로 급수되는 구조일 것

26 소방기본법상 누구든지 정당한 사유 없이 출동한 소방대의 소방활동을 방해하면 안 된다. 이 경우 5년 이하 또는 5천만 원 이하의 벌금에 처해지는데 이에 해당하지 않는 경우는?

① 위력을 사용하여 출동한 소방대의 화재진압ㆍ인명구조 또는 구급활동을 방해하는 행위

② 소방대가 화재진압ㆍ인명구조 또는 구급활동을 위하여 현장에 출동하거나 현장에 출입하는 것을 고의로 방해하는 행위

③ 출동한 소방대원에게 폭행 또는 협박을 행사하여 화재진압ㆍ인명구조 또는 구급활동을 방해하는 행위

④ 옥내소화전을 파손하거나 그 효용을 해하여 화재진압ㆍ인명구조 또는 구급활동을 방해하는 행위

🔘

출동한 소방대의 소방장비를 파손하거나 그 효용을 해하여 화재진압ㆍ인명구조 또는 구급활동을 방해하는 행위가 이에 해당된다.

27 소방신호의 타종 및 사이렌 신호의 설명이 틀린 것은?

① 경계신호는 타종으로 1타와 연 2타를 반복, 사이렌은 5초 간격을 두고 30초씩 3회

② 발화신호는 타종으로 난타, 사이렌은 1초 간격을 두고 1초씩 3회

③ 해제신호는 타종으로 상당한 간격을 두고 1타씩 반복, 사이렌은 1분간 1회

④ 훈련신호는 타종으로 연 3타 반복, 사이렌은 10초 간격을 두고 1분씩 3회

🔘 **소방신호의 방법**

구분	발령 시	타종	사이렌		
			간격	시간	횟수
경계신호	화재예방상 필요하다고 인정될 때 화재위험경보 시	1타와 연 2타를 반복	5초	30초	3회
발화신호	화재가 발생한 때	난타	5초	5초	3회
해제신호	소화활동이 필요 없다고 인정되는 때	상당한 간격을 두고 1타씩 반복	–	1분	1회
훈련신호	훈련상 필요하다고 인정되는 때	연 3타 반복	10초	1분	3회

28 소방신호를 발하는 요건으로 틀린 것은?

① 경계신호는 화재발생지역에 출동할 때

② 발화신호는 화재가 발생한 때

③ 해제신호는 진화 또는 소화활동의 필요가 없다고 인정될 때

④ 훈련신호는 훈련상 필요하다고 인정할 때

29 소방기본법에 따른 소방력의 기준에 따라 관할구역의 소방력을 확충하기 위하여 필요한 계획을 수립하여 시행하여야 하는 자는?

① 소방서장
② 소방본부장
③ 시 · 도지사
④ 행정안전부장관

▶ **소방력의 기준**

- 소방력 : 소방업무에 필요한 인력과 장비
- 행정안전부령 : 소방력에 관한 기준
- 시 · 도지사 : 소방력 확충하기 위해 필요한 계획을 수립 · 시행
- 소방장비관리법 : 소방자동차 등 소방장비의 분류 · 표준화 · 관리 등에 필요한 사항

30 소방활동에 종사하여 시 · 도지사로부터 소방활동의 비용을 지급받을 수 있는 자는?

① 화재 또는 구조 · 구급현장에서 물건을 가져간 자
② 고의 또는 과실로 인하여 화재 또는 구조 · 구급활동이 필요한 상황을 발생시킨 자
③ 소방대상물에 화재, 재난 · 재해 그 밖의 상황이 발생한 경우 그 관계인
④ 소방대상물에 화재, 재난 · 재해 그 밖의 상황이 발생한 경우 구급활동을 한 자

▶ **소방활동의 비용을 지급받을 수 없는 자**

1. 소방대상물에 화재, 재난 · 재해 그 밖의 위급한 상황이 발생한 경우 그 관계인
2. 고의 또는 과실로 인하여 화재 또는 구조 · 구급활동이 필요한 상황을 발생시킨 자
3. 화재 또는 구조 · 구급현장에서 물건을 가져간 자

31 다음은 소방기본법상 소방업무를 수행하여야 할 주체이다. 설명이 옳은 것은?

① 소방청장, 시 · 도지사는 화재, 재난 · 재해 그 밖에 구조 · 구급이 필요한 상황이 발생하였을 때에 신속한 소방활동을 위한 정보를 수집 · 전파하기 위하여 종합상황실을 설치 · 운영하여야 한다.
② 소방의 역사와 안전문화를 발전시키고 국민의 안전의식을 높이기 위하여 소방청장은 소방박물관을, 소방본부장이나 소방서장은 소방체험관을 설립하여 운영할 수 있다.
③ 시 · 도지사는 관할 지역의 특성을 고려하여 종합계획의 시행에 필요한 세부 계획을 매년 수립하고 이에 따른 소방업무를 성실히 수행하여야 한다.
④ 소방본부장이나 소방서장은 소방활동에 필요한 소화전 · 급수탑 · 저수조를 설치하고 유지 관리하여야 한다.

▶ **소방업무**

1. 소방청장 · 소방본부장이나 소방서장은 화재, 재난 · 재해 그 밖에 구조 · 구급이 필요한 상황이 발생한 때에 신속한 소방활동(소방업무를 위한 모든 활동)을 위한 정보를 수집 · 전파하기 위하여 종합상황실을 설치 · 운영하여야 한다.

2. 소방의 역사와 안전문화를 발전시키고 국민의 안전의식을 높이기 위하여 소방청장은 소방박물관을, 시·도지사는 소방체험관(화재 현장에서의 피난 등을 체험할 수 있는 체험관)을 설립하여 운영할 수 있다.

3. 시·도지사는 소방활동에 필요한 소화전·급수탑·저수조를 설치하고 유지·관리하여야 한다.

32 소방활동구역의 출입자로서 대통령령이 정하는 자에 속하지 않는 사람은?

① 취재인력 등 보도업무에 종사하는 자
② 수사업무에 종사하는 자
③ 의사·간호사 그 밖의 구조 구급업무에 종사하는 자
④ 소방활동구역 밖에 있는 소방대상물의 소유자·관리자 또는 점유자

▶

④ 소방활동구역 안에 있는 소방대상물의 소유자·관리자 또는 점유자

33 화재·재난·재해 그 밖의 위급한 사항이 발생한 경우 소방대가 현장에 도착할 때까지 관계인의 소방활동에 포함되지 않는 것은?

① 불을 끄거나 불이 번지지 아니하도록 필요한 조치
② 소방활동에 필요한 보호장구 지급 등 안전을 위한 조치
③ 경보를 울리는 방법으로 사람을 구출하는 조치
④ 대피를 유도하는 방법으로 사람을 구출하는 조치

▶

관계인은 소방대상물에 화재, 재난·재해, 그 밖의 위급한 상황이 발생한 경우에는 소방대가 현장에 도착할 때까지 경보를 울리거나 대피를 유도하는 등의 방법으로 사람을 구출하는 조치 또는 불을 끄거나 불이 번지지 아니하도록 필요한 조치를 하여야 한다.

34 화재가 발생할 때 화재조사의 시기는?

① 관계 공무원이 화재사실을 인지하는 즉시 실시한다.
② 소화활동 전에 실시한다.
③ 소화활동 후 즉시 실시한다.
④ 소화활동과 무관하게 적절한 때에 실시한다.

▶ **화재 원인 및 피해조사**

1. 화재조사자 : 소방청장, 소방본부장, 소방서장
2. 화재조사 방법·운영·자격 등 필요한 사항 : 행정안전부령
3. 화재사실을 인지하는 즉시 실시 : 관계 공무원

35 소방기본법상의 소방지원활동에 해당하지 않는 것은?

① 산불에 대한 예방 · 진압 등 지원활동

② 집회 · 공연 등 각종 행사 시 사고에 대비한 근접대기 등 지원활동

③ 자연재해에 따른 급수 · 배수 및 제설 등 지원활동

④ 단전사고 시 비상전원 또는 조명의 공급

▶ **생활안전활동**

1. 붕괴, 낙하 등이 우려되는 고드름, 나무, 위험 구조물 등의 제거활동
2. 위해동물, 벌 등의 포획 및 퇴치 활동
3. 끼임, 고립 등에 따른 위험제거 및 구출 활동
4. 단전사고 시 비상전원 또는 조명의 공급
5. 그 밖에 방치하면 급박해질 우려가 있는 위험을 예방하기 위한 활동

36 소방용수시설 중 소화전과 급수탑의 설치기준으로 틀린 것은?

① 소화전은 상수도와 연결하여 지하식 또는 지상식의 구조로 할 것

② 소방용호스와 연결하는 소화전의 연결금속구의 구경은 65mm로 할 것

③ 급수탑 급수배관의 구경은 100mm 이상으로 할 것

④ 급수탑의 개폐밸브는 지상에서 1.5m 이상 1.8m 이하의 위치에 설치할 것

▶ **소방용수시설 설치기준**

1. 공통기준
   • 주거지역, 상업지역, 공업지역에 설치 시 : 소방대상물과의 수평거리 100m 이하
   • 그 외 지역 : 소방대상물과의 수평거리 140m 이하
2. 소방용수시설별 설치기준
   • 소화전 : 상수도와 연결된 지하식 · 지상식 구조, 소방호스 연결금속구 구경 65mm로 할 것
   • 급수탑 : 급수배관 구경 100mm 이상, 개폐밸브 지상 1.5m 이상~1.7m 이하 위치에 설치

37 화재의 예방조치 등을 위한 옮긴 위험물 또는 물건의 보관기간은 규정에 따라 소방본부나 소방서의 게시판에 공고한 후 어느 기간까지 보관하여야 하는가?

① 공고기간 종료일 다음 날부터 5일

② 공고기간 종료일부터 5일

③ 공고기간 종료일 다음 날부터 7일

④ 공고기간 종료일부터 7일

▶

위험물 또는 물건의 보관기간은 소방본부 또는 소방서의 게시판에 공고하는 기간의 종료일 다음 날부터 7일로 한다.

38 소방기본법의 소방활동 등에 대한 내용으로 잘못된 것은?

① 시 · 도지사는 소방자동차의 공무상 운행 중 교통사고가 발생한 경우 그 운전자의 법률상 분쟁에 소요되는 비용을 지원할 수 있는 보험에 가입하여야 한다.

② 국가는 보험 가입비용의 일부를 지원할 수 있다.

③ 시 · 도지사는 소방공무원이 소방활동, 소방지원활동, 생활안전활동으로 인하여 민 · 형사상 책임과 관련된 소송을 수행할 경우 변호인 선임 등 소송수행에 필요한 지원을 할 수 있다.

④ 누구든지 정당한 사유 없이 출동하는 소방대의 생활안전활동을 방해하여서는 아니 된다.

> ◉ **화재에 관한 위험경보**
>
> 소방청장, 소방본부장 또는 소방서장은 소방공무원이 소방활동, 소방지원활동, 생활안전활동으로 인하여 민 · 형사상 책임과 관련된 소송을 수행할 경우 변호인 선임 등 소송수행에 필요한 지원을 할 수 있다.

39 함부로 버려두거나 그냥 둔 위험물의 소유자, 관리자, 점유자의 주소, 성명을 알 수 없어 필요한 명령을 할 수 없는 때에 소방본부장 또는 소방서장이 취하여야 하는 조치로 옳은 것은?

① 시 · 도지사에게 보고하여야 한다.

② 경찰서장에게 통보하여 위험물을 처리하도록 하여야 한다.

③ 소속 공무원으로 하여금 그 위험물을 옮기거나 치우게 할 수 있다.

④ 소유자가 나타날 때까지 기다린다.

> ◉
>
> 소방본부장이나 소방서장은 위험물 또는 물건의 소유자 · 관리자 또는 점유자의 주소와 성명을 알 수 없어서 필요한 명령을 할 수 없을 때에는 소속 공무원으로 하여금 그 위험물 또는 물건을 옮기거나 치우게 할 수 있다.

40 화재로 오인할 만한 우려가 있는 불을 피우거나 연막 소독을 하려는 자는 시 · 도의 조례로 정하는 바에 따라 관할 소방본부장 또는 소방서장에게 신고하여야 하는 지역이 아닌 것은?

① 시장지역   ② 공장 지역
③ 목조건물이 밀집한 지역   ④ 위험물의 저장 및 처리시설이 밀집한 지역

> ◉
>
> 1. 시장지역   2. 공장 · 창고가 밀집한 지역
> 3. 목조건물이 밀집한 지역   4. 위험물의 저장 및 처리시설이 밀집한 지역
> 5. 석유화학제품을 생산하는 공장이 있는 지역
> 6. 그 밖에 시 · 도의 조례로 정하는 지역 또는 장소

41 소방자동차의 우선 통행에 대하여 바르게 설명한 것은?

① 모든 차와 사람은 소방자동차(지휘를 위한 자동차와 구조 · 구급차는 제외)가 화재진압 및 구조 · 구급 활동을 위하여 출동을 할 때에는 이를 방해하여서는 아니 된다.

② 소방자동차가 화재진압 및 구조 · 구급 활동을 위하여 출동하거나 훈련을 위하여 필요할 때에는 사이렌을 사용할 수 있다.

③ 소방자동차의 우선 통행에 관하여는 「소방자동차 통행에 관한 법」에서 정하는 바에 따른다.

④ 모든 차와 사람은 소방자동차가 화재진압 및 구조 · 구급 활동을 위하여 경종을 사용하여 출동하는 경우에는 소방자동차에 진로를 양보하지 아니하면 안 된다.

---

① 모든 차와 사람은 소방자동차(지휘를 위한 자동차와 구조 · 구급차를 포함)가 화재진압 및 구조 · 구급 활동을 위하여 출동을 할 때에는 이를 방해하여서는 아니 된다.

② 소방자동차가 화재진압 및 구조 · 구급 활동을 위하여 출동하거나 훈련을 위하여 필요할 때에는 사이렌을 사용할 수 있다.

③ 소방자동차의 우선 통행에 관하여는 「도로교통법」에서 정하는 바에 따른다.

④ 모든 차와 사람은 소방자동차가 화재진압 및 구조 · 구급 활동을 위하여 사이렌을 사용하여 출동하는 경우에는 다음의 행위를 하여서는 아니 된다.

　1. 소방자동차에 진로를 양보하지 아니하는 행위

　2. 소방자동차 앞에 끼어들거나 소방자동차를 가로막는 행위

　3. 그 밖에 소방자동차의 출동에 지장을 주는 행위

42 다음 중 소방본부장 또는 소방서장의 역할로 옳지 않은 것은?

① 기상법에 따른 이상기상의 예보 또는 특보가 있는 때에는 화재에 관한 경보를 발하고 그에 따른 조치를 할 수 있다.

② 소방력의 기준에 따라 관할구역 안의 소방력을 확충하기 위하여 필요한 계획을 수립하여 시행한다.

③ 화재, 재난 · 재해 그 밖의 위급한 상황이 발생한 때에는 소방대를 현장에 신속하게 출동시켜 화재진압과 인명구조 등 소방에 필요한 활동을 하게 하여야 한다.

④ 소방업무를 전문적이고 효과적으로 수행하기 위하여 소방대원에게 필요한 교육 및 훈련을 실시한다.

시 · 도지사는 소방력의 기준에 따라 관할구역 안의 소방력을 확충하기 위하여 필요한 계획을 수립하여 시행한다.

43 다음 중에서 성격이 다른 것은?

① 화재예방 · 소방활동 또는 소방훈련을 위하여 사용되는 소방신호의 종류와 방법
② 소방자동차 등 소방장비의 분류 · 표준화와 그 관리 등에 관하여 필요한 사항
③ 소방장비 등에 대한 국고보조 대상사업의 범위와 기준 보조율
④ 소방박물관의 설립과 운영에 관하여 필요한 사항

◐ 소방기본법령 중 대통령령과 행정안전부령 및 시 · 도의 조례

1. 대통령령
   • 소방장비 등에 대한 국고보조 대상사업의 범위와 기준 보조율
   • 소방업무를 수행하는 소방기관의 설치에 관하여 필요한 사항
   • 화재경계지구의 지정
2. 행정안전부령
   • 종합상황실의 설치 · 운영에 관하여 필요한 사항
   • 소방자동차 등 소방장비의 분류, 표준화와 그 관리 등에 관하여 필요한 사항
   • 소방용수시설 설치의 기준
   • 소방업무의 응원을 요청하는 경우를 대비하여 출동의 대상지역 및 규모와 소요경비의 부담 등에 관하여 필요한 사항
   • 소방신호의 종류와 방법
   • 화재조사에 관하여 필요한 사항
3. 시 · 도의 조례
   • 소방체험관의 설립과 운영에 관하여 필요한 사항
   • 의용소방대의 운영 등에 관하여 필요한 사항

44 소방기본법의 소방신호의 종류에 대한 설명으로 잘못된 것은?

① 경계신호 : 화재예방상 필요하다고 인정되거나 「화재의 예방 및 안전관리에 관한 법률」의 규정에 의한 화재위험경보 시 발령
② 발화신호 : 화재진압에 실패하여 재발화할 경우 발령
③ 해제신호 : 소화활동이 필요없다고 인정되는 때 발령
④ 훈련신호 : 훈련상 필요하다고 인정되는 때 발령

◐

② 발화신호 : 화재가 발생한 때 발령

45 소방용수시설용 소방용수표지의 설치기준으로 틀린 것은?

① 시·도지사가 설치함
② 문자는 파란색, 내측 바탕은 흰색, 외측 바탕은 붉은색으로 하고 반사도료를 사용할 것
③ 소방용수표지를 세우는 것이 어렵거나 부적당한 경우에는 그 규격 등을 다르게 할 것
④ 지하식 소화전 또는 저수조의 맨홀뚜껑은 지름 648mm 이상의 것으로 하되, 그 뚜껑에는 "소화전·주차금지" 또는 "저수조·주차금지"의 표시를 할 것

> 문자는 흰색, 내측 바탕은 붉은색, 외측 바탕은 파란색으로 하고 반사도료를 사용할 것

46 소방기본법의 한국119청소년단에 대한 설명으로 틀린것은?

① 청소년에게 소방안전에 관한 올바른 이해와 안전의식을 함양시키기 위하여 한국119청소년단을 설립한다.
② 국가나 지방자치단체는 한국119청소년단에 그 조직 및 활동에 필요한 시설·장비를 지원할 수 있으며, 운영경비와 시설비 및 국내외 행사에 필요한 경비를 보조할 수 있다.
③ 이 법에 따른 한국119청소년단이 아닌 자는 한국119청소년단 또는 이와 유사한 명칭을 사용할 수 없다.
④ 한국119청소년단에 관하여 이 법에서 규정한 것을 제외하고는 「민법」 중 재단법인에 관한 규정을 준용한다.

> ▶ **한국119청소년단**
> ④ 한국119청소년단에 관하여 이 법에서 규정한 것을 제외하고는 「민법」 중 사단법인에 관한 규정을 준용한다.

47 정당한 사유 없이 소방용수시설을 사용하거나 손상·파괴·철거한 사람의 벌칙은?

① 1년 이하의 징역 또는 500만 원 이하의 벌금
② 2년 이하의 징역
③ 3년 이하의 징역 또는 1,500만 원 이하의 벌금
④ 5년 이하의 징역 또는 5,000만 원 이하의 벌금

> ▶ **소방기본법 제50조(벌칙)**
> 다음에 해당하는 자는 5년 이하의 징역 또는 5천만 원 이하의 벌금에 처한다.
> 1. 소방자동차의 출동을 방해한 자
> 2. 화재, 재난·재해 현장에서 사람을 구출하는 일 또는 불을 끄거나 불이 번지지 아니하도록 하는 일을 방해한 자
> 3. 정당한 사유 없이 소방용수시설을 사용하거나 소방용수시설의 효용을 해하거나 그 정당한 사용을 방해한 자

48 다음 중 소방안전교육사 배치대상 기준이 아닌 것은?

① 소방청 2명 이상
② 한국소방산업기술원 2명 이상
③ 소방서 1명 이상
④ 한국소방안전원(지회) 2명 이상

▶ **소방안전교육사의 배치대상 · 기준**

배치대상	배치기준
소방청	2명 이상
소방본부	2명 이상
한국소방산업기술원	2명 이상
한국소방안전원	본회 : 2명 이상
	시 · 도지부 : 1명 이상
소방서	1명 이상

49 한국소방안전원의 업무가 아닌 것은?

① 소방기술과 안전관리에 관한 조사 · 연구 및 교육
② 소방기술과 안전관리에 관한 각종 간행물의 발간
③ 화재예방과 안전관리의식의 고취를 위한 대국민홍보
④ 전 지역의 화재진압활동 및 예방업무

▶ **소방기본법 제41조(안전원의 업무)**

1. 소방기술과 안전관리에 관한 교육 및 조사 · 연구
2. 소방기술과 안전관리에 관한 각종 간행물 발간
3. 화재예방과 안전관리의식 고취를 위한 대국민 홍보
4. 소방업무에 관하여 행정기관이 위탁하는 업무
5. 소방안전에 관한 국제협력
6. 그 밖에 회원에 대한 기술지원 등 정관으로 정하는 사항

50 소방기본법상 벌칙으로 5년 이하의 징역 또는 5,000만 원 이하의 벌금에 해당하지 않는 것은?

① 소방자동차의 출동을 방해한 자
② 강제처분을 방해하거나 강제처분에 따르지 아니한 자
③ 화재 등 현장에서 사람을 구출하거나 불을 끄거나 불이 번지지 아니하도록 하는 일을 방해한 자
④ 정당한 사유 없이 소방용수시설의 효용을 해하거나 방해한 자

> ● **5년 이하의 징역 또는 5천만 원 이하의 벌금**

① 소방자동차의 출동을 방해한 자
② 강제처분 명령위반 → 3년 이하의 징역 또는 3천만 원 이하의 벌금
③ 사람을 구출하는 일 또는 불을 끄거나 불이 번지지 않도록 하는 일을 방해한 자
④ 정당한 사유 없이 소방용수시설을 사용하거나 소방용수시설의 효용을 해하거나 그 정당한 사용을 방해한 자

51 다음 중 100만 원 이하의 벌금에 해당되지 않는 것은?

① 화재경계지구 안의 소방대상물에 대한 소방검사를 거부한 자
② 피난명령을 위반한 자
③ 위험시설 등에 대한 긴급조치를 방해한 자
④ 소방용수시설의 효용을 방해한 자

> ● **소방용수시설의 효용을 해치거나 그 정당한 사용을 방해한 자**

5년 이하의 징역 또는 5천만 원 이하의 벌금

52 위급한 때에 소방서장의 토지의 강제처분을 방해한 자는 어떤 벌칙을 받게 되는가?

① 2년 이하의 징역 또는 1,500만 원 이하의 벌금
② 2년 이하의 징역 또는 3,000만 원 이하의 벌금
③ 3년 이하의 징역 또는 1,500만 원 이하의 벌금
④ 3년 이하의 징역 또는 3,000만 원 이하의 벌금

> ● **위급한 때에 소방서장의 토지의 강제처분을 방해한 자**

3년 이하의 징역 또는 3천만 원 이하의 벌금에 처한다.

53 소방기본법상 소방자동차 전용구역에 대한 설명 중 틀린 것은?

① 공동주택 중 대통령령으로 정하는 공동주택의 건축주는 소방활동의 원활한 수행을 위하여 공동주택에 소방자동차 전용구역을 설치하여야 한다.
② 누구든지 전용구역에 차를 주차하거나 전용구역에의 진입을 가로막는 등의 방해행위를 하여서는 아니 된다.
③ 전용구역의 설치 기준·방법, 방해행위의 기준, 그 밖의 필요한 사항은 대통령령으로 정한다.
④ 소방자동차 전용구역에 차를 주차하는 경우 도로교통법상의 주차위반행위로 과태료 대상이다.

> ●

소방자동차 전용구역에 차를 주차하는 것은 소방기본법상의 위반행위이다.

54 소방자동차 전용구역에 주차하거나 진입을 막는 방해행위를 한 자에게 부과되는 행위는?

① 100만 원 이하의 과태료　　　　　② 100만 원 이하의 벌금
③ 200만 원 이하의 과태료　　　　　④ 200만 원 이하의 벌금

1. 전용구역에 차를 주차하거나 전용구역에의 진입을 가로막는 등의 방해행위를 한 자에게는 100만 원 이하의 과태료를 부과한다.
2. 과태료는 대통령령으로 정하는 바에 따라 관할 시·도지사, 소방본부장 또는 소방서장이 부과·징수한다.

55 소방기본법에서 다음이 설명하는 것은 무엇인가?

시·도지사는 소방자동차의 진입이 곤란한 지역 등 화재발생 시에 초기 대응이 필요한 지역으로서 대통령령으로 정하는 지역에 소방호스 또는 호스릴 등을 소방용수시설에 연결하여 화재를 진압하는 시설이나 장치를 설치하고 유지·관리할 수 있다.

① 비상소방장치　　　　　② 비상소화장치
③ 임시소방장치　　　　　④ 임시소화장치

56 소방법상 모든 차와 사람은 소방자동차가 화재진압 및 구조·구급 활동을 위하여 제2항에 따라 사이렌을 사용하여 출동하는 경우에 금지 사항이 아닌 것은?

① 전용구역 진입로에 물건 등을 쌓거나 주차하여 전용구역으로의 진입을 가로막는 행위
② 소방자동차에 진로를 양보하지 아니하는 행위
③ 전용구역의 앞면, 뒷면 또는 양 측면에 물건 등을 쌓거나 주차하는 행위
④ 소방자동차 뒤에 끼어들거나 소방자동차를 가로막는 행위

모든 차와 사람은 소방자동차가 화재진압 및 구조·구급 활동을 위하여 사이렌을 사용하여 출동하는 경우에는 다음의 행위를 하여서는 아니 된다.
1. 소방자동차에 진로를 양보하지 아니하는 행위
2. 소방자동차 앞에 끼어들거나 소방자동차를 가로막는 행위
3. 전용구역에 물건 등을 쌓거나 주차하는 행위
4. 전용구역의 앞면, 뒷면 또는 양 측면에 물건 등을 쌓거나 주차하는 행위
5. 전용구역 진입로에 물건 등을 쌓거나 주차하여 전용구역으로의 진입을 가로막는 행위
6. 전용구역 노면표지를 지우거나 훼손하는 행위
7. 그 밖의 방법으로 소방자동차가 전용구역에 주차하는 것을 방해하거나 전용구역으로 진입하는 것을 방해하는 행위

57 소방기본법상의 소방자동차 전용구역 설치대상으로서 대통령령으로 정하는 공동주택에 해당하는 아파트 등은?

① 세대수가 50세대 이상인 아파트
② 세대수가 100세대 이상인 아파트
③ 세대수가 150세대 이상인 아파트
④ 세대수가 500세대 이상인 아파트

법 제21조의2제1항에서 "대통령령으로 정하는 공동주택"이란 다음의 주택을 말한다.
1. 「건축법 시행령」[별표 1] 제2호가목의 아파트 중 세대수가 100세대 이상인 아파트
2. 「건축법 시행령」[별표 1] 제2호라목의 기숙사 중 3층 이상의 기숙사

58 소방기본법상의 소방지원활동 중 행정안전부령으로 정하는 활동에 해당하지 않는 것은?

① 방송제작 또는 촬영 관련 지원활동
② 소방시설 오작동 신고에 따른 조치활동
③ 군·경찰 등 유관기관에서 실시하는 훈련지원 활동
④ 산불에 대한 예방·진압 등 지원활동

소방청장·소방본부장 또는 소방서장은 공공의 안녕질서 유지 또는 복리증진을 위하여 필요한 경우 소방활동 외에 다음의 활동을 하게 할 수 있다.
1. 산불에 대한 예방·진압 등 지원활동
2. 자연재해에 따른 급수·배수 및 제설 등 지원활동
3. 집회·공연 등 각종 행사 시 사고에 대비한 근접대기 등 지원활동
4. 화재, 재난·재해로 인한 피해복구 지원활동
5. 그 밖에 행정안전부령으로 정하는 활동
　① 군·경찰 등 유관기관에서 실시하는 훈련지원 활동
　② 소방시설 오작동 신고에 따른 조치활동
　③ 방송제작 또는 촬영 관련 지원활동

59 소방기본법령에 따라서 비상소화장치를 설치하려고 한다. 다음 내용 중 틀린 것은?

① 비상소화장치는 비상소화장치함, 소화전, 소방호스, 관창을 포함하여 구성한다.
② 비상소화장치의 설치기준에 관한 세부사항은 시·도지사가 정한다.
③ 소방자동차 진입이 곤란한 지역, 초기대응이 필요한 지역에 설치한다.
④ 비상소화장치는 소방청장이 정하여 고시하는 성능인증 및 제품검사의 기술기준에 적합한 것으로 설치한다.

▶ 비상소화장치

1. 비상소화장치 : 소방자동차 진입이 곤란한 지역에 초기대응을 위해 소방호스·호스릴 등 설치
2. 설치대상지역 : 소방자동차의 진입이 곤란한 지역 등 화재발생 시에 초기 대응이 필요한 지역으로서 대통령령으로 정하는 지역
   - 지정된 화재경계지구
   - 시·도지사가 비상소화장치가 필요하다고 인정하는 지역
3. 그 외 설치기준에 대한 세부사항 : 소방청장이 정함
4. 비상소화장치 설치기준
   - 비상소화장치 구성 : 비상소화장치함, 소화전, 소방호스, 관창을 포함하여 구성
   - 소방호스, 관창 : 형식승인 및 제품검사에 적합한 것
   - 비상소화장치함 : 성능인증 및 제품검사의 기술기준에 적합한 것

60 소방기본법상 소방활동에 필요한 처분(강제처분 등)을 할 수 있는 처분권자로 옳은 것은?

ㄱ. 소방서장	ㄴ. 소방본부장	ㄷ. 소방대장
ㄹ. 소방청장	ㅁ. 시·도지사	

① ㄱ, ㄴ, ㄷ   ② ㄱ, ㄴ, ㄹ
③ ㄱ, ㄷ, ㅁ   ④ ㄱ, ㄹ, ㅁ

▶ 제25조(강제처분 등)

소방본부장, 소방서장 또는 소방대장은 사람을 구출하거나 불이 번지는 것을 막기 위하여 필요할 때에는 화재가 발생하거나 불이 번질 우려가 있는 소방대상물 및 토지를 일시적으로 사용하거나 그 사용의 제한 또는 소방활동에 필요한 처분을 할 수 있다.

61 소방기본법상 소방대의 생활안전활동으로 옳지 않은 것은?

① 단전사고 시 비상전원 또는 조명 공급
② 소방시설 오작동 신고에 따른 조치 활동
③ 위해동물, 벌 등의 포획 및 퇴치 활동
④ 끼임, 고립 등에 따른 위험제거 및 구출 활동

▶ 생활안전활동

1. 붕괴, 낙하 등이 우려되는 고드름, 나무, 위험 구조물 등의 제거활동
2. 위해동물, 벌 등의 포획 및 퇴치 활동
3. 끼임, 고립 등에 따른 위험제거 및 구출 활동
4. 단전사고 시 비상전원 또는 조명의 공급
5. 그 밖에 방치하면 급박해질 우려가 있는 위험을 예방하기 위한 활동

CHAPTER 02 소방시설공사업법 문제풀이

01 다음 중 소방시설업에 해당되지 않는 것은?

① 소방시설설계업   ② 소방시설공사업

③ 소방공사감리업   ④ 소방시설관리업

- 소방시설설계업 : 설계도서를 작성(설계)하는 영업
- 소방시설공사업 : 설계도서에 따라 소방시설을 신설, 증설, 개설, 이전 및 정비하는 영업
- 소방공사감리업 : 소방시설공사에 대한 발주자의 권한을 대행하여 소방시설공사가 설계도서와 관계법령에 따라 적법하게 시공되는지를 확인하고, 품질·시공 관리에 대한 기술지도를 하는 영업

02 소방시설공사업체에 기술인력이 변경된 경우 변경신고서에 첨부하는 서류가 아닌 것은?

① 법인등기부등본(개인인 경우 사업자 등록증)

② 소방기술인력 연명부 1부

③ 소방시설공사업 등록수첩

④ 변경된 기술인력의 기술자격증(수첩)

◉ 소방시설업 등록사항변경신고서에 첨부하여야 하는 서류

1. 상호(명칭) 또는 영업소 소재지가 변경된 경우 : 소방시설업 등록증 및 등록수첩
2. 대표자를 변경하는 경우
   - 소방시설업 등록증 및 등록수첩
   - 변경된 대표자의 성명, 주민등록번호 및 주소지 등의 인적사항이 적힌 서류
3. 기술인력이 변경된 경우
   - 소방시설업 등록수첩
   - 기술인력 증빙서류

03 다음 중 소방시설공사업의 등록기준으로 맞는 것은?

① 기술인력 – 공사실적   ② 기술인력 – 자본금

③ 자본금 – 공사실적   ④ 기술인력 – 장비

   정답 01 ④ 02 ① 03 ②

업종별 \ 항목	기술인력		자본금(자산평가액)
전문 공사업	가. 주 인력 : 소방기술사 또는 기계분야와 전기분야의 소방설비기사 각 1인(기계분야 및 전기분야의 자격을 함께 취득한 자 1인) 이상 나. 보조 인력 : 2인 이상		가. 법인 : 자본금 1억 원 이상 나. 개인 : 자산평가액 1억 원 이상
일반 공사업	기계 분야	가. 주 인력 : 소방기술사 또는 기계분야 소방설비기사 1인 이상 나. 보조 인력 : 1인 이상	가. 법인 : 자본금 1억 원 이상 나. 개인 : 자산평가액 1억 원 이상
	전기 분야	가. 주 인력 : 소방기술사 또는 전기분야 소방설비기사 1인 이상 나. 보조 인력 : 1인 이상	기계분야와 동일

04 전문소방시설공사업의 자본금은 법인의 경우 얼마 이상인가?

① 5천만 원 이상
② 1억 원 이상
③ 2억 원 이상
④ 3억 원 이상

▶ **전문소방시설공사업**

법인, 개인 및 일반, 전문 모두 1억 원 이상

05 다음 중 소방시설공사업의 소방기술자 중 보조기술인력이 될 수 없는 사람은?

① 소방공무원으로 재직한 경력이 1년 이상인 사람으로서 자격수첩을 발급받은 사람
② 소방기술사
③ 소방설비기사
④ 행정안전부령으로 정하는 소방기술과 관련된 자격 · 경력 및 학력을 갖춘 사람으로서 자격수첩을 발급받은 사람

▶ **보조기술인력**

다음의 어느 하나에 해당하는 사람을 말한다.
• 소방기술사, 소방설비기사 또는 소방설비산업기사 자격을 취득한 사람
• 소방공무원으로 재직한 경력이 3년 이상인 사람으로서 자격수첩을 발급받은 사람
• 법 제28조제3항에 따라 행정안전부령으로 정하는 소방기술과 관련된 자격 · 경력 및 학력을 갖춘 사람으로서 자격수첩을 발급받은 사람

06 다음 중 소방시설공사업 등록을 반드시 취소하여야 하는 경우는?

① 등록기준에 미달하게 된 때

② 다른 자에게 등록증 또는 등록수첩을 빌려준 때

③ 거짓, 그 밖의 부정한 방법으로 등록을 한 때

④ 등록을 한 후 정당한 사유 없이 1년이 지날 때까지 영업을 개시하지 아니한 때

◎ 소방시설공사업 등록취소

다음에 해당하는 경우에는 그 등록을 취소하여야 한다.

• 거짓이나 그 밖의 부정한 방법으로 등록한 경우

• 등록 결격사유에 해당하게 된 경우

• 영업정지 기간 중에 소방시설공사 등을 한 경우

07 소방시설공사업법령상 소방시설업의 휴업 · 폐업에 관한 것으로 틀린 것은?

① 소방시설업자는 소방시설업을 휴업 · 폐업 또는 재개업하는 때에는 행정안전부령으로 정하는 바에 따라 시 · 도지사에게 신고하여야 한다.

② 폐업신고를 받은 시 · 도지사는 소방시설업 등록을 말소하고 그 사실을 행정안전부령으로 정하는 바에 따라 공고하여야 한다.

③ 휴업 · 폐업 또는 재개업 신고를 하려면 휴업 · 폐업 또는 재개업일부터 30일 이내에 소방시설업 휴업 · 폐업 · 재개업 신고서에 필요한 서류를 첨부하여 협회를 경유하여 시 · 도지사에게 제출하여야 한다.

④ 소방시설업자의 지위를 승계한 자에 대해서는 폐업신고 전의 소방시설업자에 대한 행정처분의 효과가 승계되지 않는다.

◎

소방시설업자의 지위를 승계한 자에 대해서는 폐업신고 전의 소방시설업자에 대한 행정처분의 효과가 승계된다.

08 소방시설공사를 하고자 하는 자는 소방시설의 착공신고를 누구에게 하여야 하는가?

① 소방본부장이나 소방서장

② 소방청장

③ 시 · 도지사

④ 행정안전부장관

09 다음 중 전기분야의 소방설비기사가 책임시공 관리하여야 할 소방시설공사의 종류에 해당하는 것은?

① 포소화설비의 공사

② 할로겐화합물 소화설비의 공사

③ 자동화재탐지설비의 공사

④ 연소방지설비의 공사

▶ **소방시설공사업법 시행령 별표 2(소방기술자의 배치기준)**

1. 기계분야
   - 옥내소화전설비, 스프링클러설비등, 물분무등소화설비 또는 옥외소화전설비의 공사
   - 상수도소화용수설비, 소화수조 · 저수조 또는 그 밖의 소화용수설비의 공사
   - 제연설비, 연결송수관설비, 연결살수설비 또는 연소방지설비의 공사
2. 전기분야
   - 비상경보설비, 시각경보기, 자동화재탐지설비, 비상방송설비, 자동화재속보설비 또는 통합감시시설의 공사
   - 비상콘센트설비 또는 무선통신보조설비의 공사

10 하자보수기간 내에 하자가 발생한 경우 특정소방대상물의 관계인이 소방시설공사업자에게 통보하면 통보를 받은 소방시설공사업자는 며칠 이내에 보수하거나 보수 일정을 명시한 하자보수계획을 특정소방대상물의 관계인에게 통보하여야 하는가?

① 3일

② 5일

③ 7일

④ 10일

▶

하자기간	2년	피난기구, 유도등, 유도표지, 비상경보설비, 비상조명등, 비상방송설비 및 무선통신보조설비
	3년	옥내소화전 · 스프링클러 · 간이스프링클러 · 물분무등소화설비, 옥외소화전, 자동소화장치, 자동화재탐지설비, 상수도소화용수설비 및 소화활동설비(무선통신보조설비 제외)
하자 발생 시		3일 이내 보수 또는 보수일정을 기록한 하자보수계획을 관계인에게 서면통보
하자 미조치		관계인이 소방본부장 · 소방서장에게 통지 가능한 경우 • 공사업자가 기간에 하자보수를 이행하지 아니한 경우 • 공사업자가 기간에 하자보수계획을 서면으로 알리지 아니한 경우 • 공사업자가 하자보수계획이 불합리하다고 인정되는 경우
심의요청		지방소방기술심의위원회
하자보수 보증금		소방시설공사금액의 100분의 3 이상(단, 500만 원 이하의 공사는 제외)

※ 3일 이내에 보수하지 아니하거나 하자보수계획을 알리지 아니한 자 : 200만 원 이하의 과태료

11 소방시설공사업자가 소방시설공사의 착공신고를 하는 경우 소방본부장 또는 소방서장에게 제출하여야 하는 서류가 아닌 것은?

① 해당 소방시설공사의 책임시공 및 기술관리를 하는 기술인력의 기술 자격증(자격수첩) 사본
② 설계도서 및 성능시험조사표
③ 소방시설공사 하도급통지서 사본(하도급하는 경우)
④ 공사업자의 소방시설공사업 등록증 사본 및 등록수첩

▶ **착공신고 시 첨부서류**

- 공사업자의 소방시설공사업 등록증 사본 및 등록수첩
- 해당 소방시설공사의 책임시공 및 기술관리를 하는 기술인력의 기술자격증(자격수첩) 사본
- 설계도서(설계설명서를 포함). 다만, 건축허가 동의 시 제출된 설계도서가 변경된 경우에만 첨부한다.
- 소방시설공사 하도급통지서 사본(하도급하는 경우에만 첨부)

12 소방서장이 착공신고서를 접수했을 때 업무 처리절차로 틀린 것은?

① 착공신고를 받은 때에는 2일 이내에 처리한다.
② 소방시설착공 및 완공대장에 필요한 사항을 기재하고, 관리한다.
③ 소방시설업등록수첩에 책임기술인력의 자격증번호 · 성명 · 시공현장명칭 · 현장배치기간 등을 기재하여 교부한다.
④ 시공자는 소방시설에 대한 공사를 하는 날에는 현황표지를 게시하되 감독관 입회하에 실시하여야 한다.

▶ 소방시설의 시공자는 소방시설공사 현황표지를 공사기간 동안 현장에 항상 게시하여야 한다.

13 소방공사업자가 소방시설공사를 마친 때에는 완공검사를 받아야 하는데 완공검사를 위한 현장확인을 할 수 있는 특정소방대상물의 범위가 아닌 것은?

① 문화 및 집회시설　　　　　　② 노유자시설
③ 지하상가　　　　　　　　　　④ 의료시설

▶
1. 문화 및 집회시설, 종교시설, 판매시설, 노유자(老幼者)시설, 수련시설, 운동시설, 숙박시설, 창고시설, 지하상가 및 「다중이용업소의 안전관리에 관한 특별법」에 따른 다중이용업소
2. 다음의 어느 하나에 해당하는 설비가 설치되는 특정소방대상물
　　가. 스프링클러설비등
　　나. 물분무등소화설비(호스릴 방식의 소화설비는 제외)
3. 연면적 1만m² 이상이거나 11층 이상인 특정소방대상물(아파트는 제외)
4. 가연성가스를 제조 · 저장 또는 취급하는 시설 중 지상에 노출된 가연성가스탱크의 저장용량 합계가 1천 톤 이상인 시설

14 소방시설공사의 지위승계 신고에 대한 사항이 아닌 것은?

① 소방시설업자의 지위승계를 신고하려는 자는 그 지위를 승계한 날부터 30일 이내에 서류를 신고하여야 한다.

② 지위승계 신고 서류를 제출받은 협회는 접수일 다음날로부터 7일 이내에 지위를 승계한 사실을 확인한 후 그 결과를 시도지사에게 보고하여야 한다.

③ 상속하는 경우에는 소방시설업 지위승계신고서와 피상속인의 소방시설업 등록증 등록수첩, 상속인을 증명하는 서류를 제출해야 한다.

④ 시·도지사는 소방시설업의 지위승계 신고의 확인 사실을 보고받은 날부터 3일 이내에 협회를 경유하여 지위승계인에게 등록증 및 등록수첩을 발급하여야 한다.

◎ 소방시설업의 지위승계 신고 등

- 지위승계 신고 서류를 제출받은 협회는 접수일부터 7일 이내에 지위를 승계한 사실을 확인한 후 그 결과를 시도지사에게 보고하여야 한다.
- 지위승계를 신고하는 자는 승계한 날부터 30일 이내에 신고하며, 시도지사는 신고의 확인 사실을 보고받은 날부터 3일 이내 협회를 경유하여 등록증 및 등록수첩을 발급하여야 한다.

15 정당한 사유 없이 관계 공무원의 출입 또는 검사·조사를 거부·방해 또는 기피한 소방시설업자에 대한 벌칙은?

① 100만 원 이하의 과태료

② 100만 원 이하의 벌금

③ 1년 이하의 징역 또는 1,000만 원 이하의 벌금

④ 3년 이하의 징역 또는 1,500만 원 이하의 벌금

◎ 100만 원 이하 벌금

- (기) 화재경계지구 안의 소방대상물에 대한 소방특별조사를 거부·방해 또는 기피한 자
- (기) 정당한 사유 없이 소방대가 현장에 도착할 때까지 사람을 구출하는 조치 또는 불을 끄거나 불이 번지지 아니하도록 하는 조치를 하지 아니한 사람
- (기) 피난 명령을 위반한 사람
- (기) 정당한 사유 없이 물의 사용이나 수도의 개폐장치의 사용 또는 조작을 하지 못하게 하거나 방해한 자
- (기) 위험물질의 공급을 차단하는 등 조치를 정당한 사유 없이 방해한 자
- (공) 교육기관 또는 협회에서 명령을 위반하여 보고 또는 자료 제출을 하지 아니하거나 거짓으로 한 자
- (공) 소방시설업감독 등을 위반하여 관계 공무원의 출입·검사·조사를 거부·방해·기피한 자

16 다음 중 중앙소방기술심의위원회의 심의를 받아야 하는 사항으로 옳지 못한 것은?

① 연면적 5만m² 이상의 특정소방대상물에 설치된 소방시설의 설계 · 시공 · 감리의 하자 여부에 관한 사항
② 화재안전기준에 관한 사항
③ 소방시설의 설계 및 공사감리의 방법에 관한 사항
④ 소방시설의 구조 및 원리 등에 있어서 공법이 특수한 설계 및 시공에 관한 사항

> ①은 지방소방기술심의위원회의 심의사항이다.

17 다음 중 소방기술심의위원회의 심의사항이 아닌 것은?

① 화재안전기준에 관한 사항
② 소방시설의 구조와 원리 등에 있어서 공법이 특수한 설계 및 시공에 관한 사항
③ 소방시설의 설계 및 공사감리의 방법에 관한 사항
④ 소방용 기계 · 기구 등의 위치 · 규격 및 사용자재에 대한 적합성 검토에 관한 사항

구분	중앙소방기술심의위원회	지방소방기술심의위원회
심의 내용	• 화재안전기준에 관한 사항 • 소방시설 구조 · 원리 등에서 공법이 특수한 설계 및 시공 • 소방시설 설계 및 공사감리의 방법 • 소방시설공사 하자 판단 기준 • 기타 대통령령으로 정한사항	• 소방시설에 하자가 있는지의 판단에 관한 사항 • 기타 대통령령으로 정한 사항
대통령령	• 연면적 10만m² 이상의 특정소방대상물에 설치된 소방시설의 설계 · 시공 · 감리의 하자 유무 • 새로운 소방시설과 소방용품 등의 도입 여부에 관한 사항 • 기타 소방기술과 관련하여 소방청장이 심의에 부치는 사항	• 연면적 10만m² 미만의 특정소방대상물에 설치된 소방시설의 설계 · 시공 · 감리의 하자 유무 • 소방본부장 또는 소방서장이 화재안전기준 또는 위험물 제조소등의 시설기준의 적용에 관하여 기술검토를 요청하는 사항 • 기타 소방기술과 관련하여 시 · 도지사가 심의에 부치는 사항

18 지방소방기술심의위원회는 위원장을 포함하여 몇 명으로 구성하고 위촉위원의 임기는 몇 년으로 하는가?

① 위원장을 포함하여 60명 이내, 임기는 1년
② 위원장을 포함하여 60명 이내, 임기는 2년
③ 위원장을 포함하여 5명 이상 9명 이하, 임기는 1년
④ 위원장을 포함하여 5명 이상 9명 이하, 임기는 2년

○ 소방기술심의위원회의 구성 등

1. 중앙소방기술심의위원회(이하 "중앙위원회")는 위원장을 포함하여 60명 이내로 구성하고, 지방 소방기술심의위원회(이하 "지방위원회")는 위원장을 포함하여 5명 이상 9명 이하의 위원으로 구 성한다.
2. 중앙위원회 및 지방위원회의 위원 중 위촉위원의 임기는 2년으로 한다. 다만, 보궐위원의 임기는 전임자 임기의 남은 기간으로 한다.

구분	중앙소방기술 심의위원회	지방소방기술 심의위원회	하도급계약 심사위원회	소방특별 조사위원회	중앙소방 특별조사단
위원장	소방청장이 위촉	시·도지사가 위촉	발주기관의 장	소방본부장	소방청장이 위촉
구성 (위원장 포함)	60명 이내	5명 이상 9명 이하 (위원장 포함)	10명 (위원장, 부위원장 각 1명 포함)	7명 이내 (위원장 포함)	21명 이내 (단장 포함)
임기	2년 (1회 연임 가능)		3년 (1회 연임 가능)	2년 (1회 연임 가능)	

19 다음 중 청문을 실시하여야 하는 것은?

① 소방시설업자의 지위승계
② 도급계약의 해지
③ 소방기술인정 자격취소
④ 소방시설업의 공사제한

○

1. 소방시설업 등록취소처분, 영업정지처분
2. 소방기술 인정 자격취소처분
3. 소방시설관리사 자격의 취소 및 정지
4. 소방시설관리업의 등록취소 및 영업정지
5. 소방용품의 형식승인 취소 및 제품검사 중지
6. 소방용품의 성능인증의 취소
7. 소방용품의 우수품질인증의 취소
5. 전문기관의 지정취소 및 업무정지
6. 다중이용업소의 평가대행자의 등록취소, 업무정지

20 거짓 그 밖의 부정한 방법으로 소방시설공사업의 등록을 받은 사람의 행정처분은?

① 3년 이하의 징역 또는 1,500만 원 이하의 벌금
② 1년 이하의 징역 또는 500만 원 이하의 벌금
③ 등록취소
④ 3,000만 원 이하의 과징금

○

거짓이나 그 밖의 부정한 방법으로 등록한 경우에는 1차에서 등록취소의 행정처분을 받는다.

21 건축물의 사용승인에 대한 동의는 소방시설공사의 무엇을 교부함으로써 갈음하는가?

① 허가증
② 완공검사증명서
③ 사용검사증명서
④ 준공검사증명서

▶ **화재예방, 소방시설 설치·유지 및 안전관리에 관한 법률 제7조(건축허가 등의 동의)**

사용승인에 대한 동의를 할 때에는 「소방시설공사업법」 제14조제3항에 따른 소방시설공사의 완공검사증명서를 교부하는 것으로 동의를 갈음할 수 있다. 이 경우 제1항에 따른 건축허가 등의 권한이 있는 행정기관은 소방시설공사의 완공검사증명서를 확인하여야 한다.

22 소방시설 완공검사의 업무처리 과정으로 바르지 않은 것은?

① 착공신고를 한 경우에는 공사를 완공하면 소방시설등 완공검사신청서를 제출한다.
② 부분완공검사를 받고자 하는 경우 소방시설등 부분완공검사신청서를 제출한다.
③ 부분완공검사에 대해서도 감리 결과보고서로 갈음할 수 있다.
④ 소규모 소방시설공사에 대한 완공검사는 소방시설공사업자가 설계도면을 첨부하여 소방서장에게 제출한다.

▶ **소방시설공사업법 제14조 관련**

④ 소규모 소방시설공사에 대한 완공검사는 관계인이 설계도면을 첨부하여 소방서장에게 제출하면, 소방서장은 현장 확인을 한다.

23 하자보수의 이행보증과 관련하여 소방시설공사업을 등록한 공사업자가 금융기관에 예치하여야 하는 하자보수 보증금은 소방시설공사금액의 얼마 이상으로 하여야 하는가?

① 100분의 1 이상 　② 10분의 1 이상 　③ 100분의 3 이상 　④ 10분의 3 이상

▶

은행에 예치하여야 하는 하자보수 보증금은 소방시설공사금액의 100분의 3 이상으로 한다.

24 다음 중 하자보수 보증기간이 2년인 것은?

① 옥내소화전설비
② 간이스프링클러설비
③ 무선통신보조설비
④ 자동소화장치

▶ **하자보수대상 소방시설과 하자보수 보증기간**

하자 기간	2년	피난기구, 유도등, 유도표지, 비상경보설비, 비상조명등, 비상방송설비 및 무선통신보조설비
	3년	옥내소화전·스프링클러·간이스프링클러·물분무등소화설비, 옥외소화전, 자동소화장치, 자동화재탐지설비, 상수도소화용수설비 및 소화활동설비(무선통신보조설비 제외)

25 소방시설공사의 하자보수에 관한 설명 중 옳지 않은 것은?

① 공사업자는 소방시설공사 결과 자동화재탐지설비 등 대통령령으로 정하는 소방시설에 하자가 있을 때에는 공사하는 기간 동안 그 하자를 보수하여야 한다.

② 관계인은 소방시설의 하자가 발생하였을 때에는 공사업자에게 그 사실을 알려야 하며, 통보를 받은 공사업자는 3일 이내에 하자를 보수하거나 보수 일정을 기록한 하자보수계획을 관계인에게 서면으로 알려야 한다.

③ 자동화재탐지설비의 하자보수기간은 3년으로 한다.

④ 소방본부장이나 소방서장은 하자 불이행 통보를 받았을 때에는 「소방시설 설치 및 관리에 관한 법률」에 따른 지방소방기술심의위원회에 심의를 요청하여야 한다.

하자기간	2년	피난기구, 유도등, 유도표지, 비상경보설비, 비상조명등, 비상방송설비 및 무선통신보조설비
	3년	옥내소화전 · 스프링클러 · 간이스프링클러 · 물분무등소화설비, 옥외소화전, 자동소화장치, 자동화재탐지설비, 상수도소화용수설비 및 소화활동설비(무선통신보조설비 제외)
하자 발생 시		3일 이내 보수 또는 보수일정을 기록한 하자보수계획을 관계인에게 서면통보
하자 미조치		관계인이 소방본부장 · 소방서장에게 통지 가능한 경우 • 공사업자가 기간에 하자보수를 이행하지 아니한 경우 • 공사업자가 기간에 하자보수계획을 서면으로 알리지 아니한 경우 • 공사업자가 하자보수계획이 불합리다고 인정되는 경우
심의요청		지방소방기술심의위원회

26 다음 중 감리업자의 업무로 볼 수 없는 것은?

① 소방시설등의 설치계획표의 적법성 검토

② 공사업자의 소방시설등의 시공이 설계도서 및 화재안전기준에 적합한지 감독

③ 소방용품의 위치 · 규격 및 사용 자재의 형식승인

④ 공사업자가 작성한 시공 상세도면의 적합성 검토

• 소방시설등의 설치계획표의 적법성 검토
• 소방시설등 설계도서의 적합성(= 적법성 + 기술상의 합리성) 검토
• 소방시설등 설계 변경사항의 적합성 검토
• 소방용품의 위치 · 규격 및 사용 자재의 적합성 검토
• 시공이 설계도서와 화재안전기준에 맞는지에 대한 지도 · 감독
• 완공된 소방시설등의 성능시험
• 공사업자가 작성한 시공 상세도면의 적합성 검토
• 피난시설 및 방화시설의 적법성 검토
• 실내장식물의 불연화(不燃化)와 방염 물품의 적법성 검토

27 소방시설공사의 감리에 대한 다음 설명 중 틀린 것은?

① 특정소방대상물의 관계인이 특정소방대상물에 대한 소방시설공사를 하고자 하는 때에는 소방시설공사의 감리를 위하여 감리업자를 공사감리자로 지정하여야 한다.

② 관계인은 공사감리자를 지정한 때에는 소방청장이 정하는 바에 따라 소방본부장 또는 소방서장에게 신고하여야 한다.

③ 용도와 구조에 있어서 특별히 안전성과 보안성이 요구되는 소방대상물로서 연면적 20만m² 이상의 소방시설공사에 대한 감리는 반드시 특급감리업자가 하여야 한다.

④ 감리업자는 소방시설공사의 감리를 위하여 소속감리원을 소방시설공사현장에 배치하여야 한다.

책임	보조	연면적	지하 포함 층수	기타
특급 중 소방기술사	초급	20만m² 이상	40층 이상	–
특급	초급	3만m² 이상~20만m² 미만 (아파트 제외)	16층 이상 40층 미만	–
고급	초급	3만m² 이상~20만m² 미만 (아파트)	–	물분무등소화설비 또는 제연설비
중급		5천m² 이상~3만m² 미만	16층 미만	–
초급		5천m² 미만	–	지하구

28 다음 도급계약의 해지사유에 해당되지 않는 것은?

① 소방시설업이 등록취소되거나 영업정지된 경우

② 소방시설업을 휴업 또는 폐업한 경우

③ 정당한 사유 없이 3주 이상 소방시설공사를 계속하지 아니하는 경우

④ 하도급의 통지를 받은 경우 그 하수급인이 적당하지 아니하다고 인정되어 하수급인의 변경을 요구하였으나 정당한 사유 없이 이에 따르지 아니하는 경우

▶ 제23조(도급계약의 해지)

특정소방대상물의 관계인 또는 발주자는 해당 도급계약의 수급인이 다음의 어느 하나에 해당하는 경우에는 도급계약을 해지할 수 있다.

1. 소방시설업이 등록취소되거나 영업정지된 경우
2. 소방시설업을 휴업하거나 폐업한 경우
3. 정당한 사유 없이 30일 이상 소방시설공사를 계속하지 아니하는 경우
4. 계약내용의 변경 요구에 정당한 사유 없이 따르지 아니하는 경우

29 세대수가 200세대이며 층수가 21층 이상인 주상복합아파트인 경우 소방공사감리원의
배치기준은?

① 특급소방감리원 1인 이상
② 고급소방감리원 1인 이상
③ 중급소방감리원 1인 이상
④ 초급소방감리원 1인 이상

▶ **소방시설공사업법 시행령 제11조(소방공사감리원의 배치기준)**

책임	보조	연면적	지하 포함 층수	기타
특급 중 소방기술사	초급	20만m² 이상	40층 이상	–
특급	초급	3만m² 이상~20만m² 미만 (아파트 제외)	16층 이상 40층 미만	–
고급	초급	3만m² 이상~20만m² 미만 (아파트)	–	물분무등소화설비 또는 제연설비
중급		5천m² 이상~3만m² 미만	16층 미만	
초급		5천m² 미만	–	지하구

※ 연면적 3만m² 이상인 아파트의 고급 이상 감리기준은 연면적 20만m² 미만 또는 지하층 포함 16층
미만인 아파트에 적용한다.

30 소방시설공사가 설계도서나 화재안전기준에 맞지 아니할 경우 감리업자가 가장 우선하
여 조치하여야 할 사항은?

① 공사업자에게 공사의 시정 또는 보완을 요구하여야 한다.
② 공사업자의 규정위반 사실을 관계인에게 알리고 관계인으로 하여금 시정 요구토록 조치한다.
③ 공사업자의 규정위반 사실을 발견 즉시 소방본부장 또는 소방서장에게 보고한다.
④ 공사업자의 규정위반 사실을 시·도지사에게 신고한다.

▶ **위반사항에 대한 조치**

1. 감리업자는 감리를 할 때 소방시설공사가 설계도서나 화재안전기준에 맞지 아니할 때에는 관계
인에게 알리고, 공사업자에게 그 공사의 시정 또는 보완 등을 요구하여야 한다.
2. 공사업자가 제1항에 따른 요구를 받았을 때에는 그 요구에 따라야 한다.
3. 감리업자는 공사업자가 제1항에 따른 요구를 이행하지 아니하고 그 공사를 계속할 때에는 행정
안전부령으로 정하는 바에 따라 소방본부장이나 소방서장에게 그 사실을 보고하여야 한다.
4. 관계인은 감리업자가 3항에 따라 소방본부장이나 소방서장에게 보고한 것을 이유로 감리계약을
해지하거나 감리의 대가 지급을 거부하거나 지연시키거나 그 밖의 불이익을 주어서는 아니 된다.

31 소방공사감리의 종류 및 방법 등에서 틀린 것은?

① 연면적 3만m² 이상의 특정소방대상물은 상주공사감리 대상이다.

② 일반공사감리대상인 경우 1인의 책임감리원이 담당하는 소방공사감리현장은 5개 이하로서 감리현장의 연면적의 총 합계가 10만m² 이하일 것

③ 전문공사감리대상인 경우 책임감리원이 부득이한 사유로 1일 이상 현장을 이탈하는 경우에는 감리일지 등에 기록하여 발주청 또는 발주자의 확인을 받아야 한다.

④ 일반공사감리대상인 경우 책임감리원은 주 2회 이상 공사현장을 방문하여 업무를 수행하고 감리일지에 기록하여야 한다.

종류	대상	방법
상주감리	1. 연면적 3만m² 이상 (아파트 제외) 2. 아파트(지하층 포함 16층 이상, 500세대 이상)	• 공사 현장 상주 → 업무 수행 → 감리일지기록 • 감리업자는 책임감리원 업무대행 • 1일 이상 현장이탈 시 → 감리일지기록 → 발주청, 발주자 확인 • 민방위기본법, 향토예비군 설치법에 따른 교육, 유급휴가로 현장 이탈 시
일반감리	상주공사감리 제외 대상	• 공사 현장 방문하여 감리업무 수행 • 주 1회 이상 방문 → 감리업무수행 → 감리일지 기록 • 업무대행자 지정 : 14일 이내 • 지정된 업무대행자 : 주 2회 이상 방문 → 감리업무수행 → 책임감리원 통보 → 감리일지 기록

32 소방시설설계업자 또는 소방공사감리업자가 설계 · 감리를 할 때에는 설계 · 감리 기록부 등을 언제까지 보관하여야 하는가?

① 3년
② 5년
③ 7년
④ 하자보수기간 만료일까지

▶ 소방시설공사업법 제8조(소방시설업의 운영)

소방시설업자는 행정안전부령으로 정하는 관계 서류를 제15조제1항에 따른 하자보수 보증기간 동안 보관하여야 한다.

33 일반소방시설공사업을 하는 사람은 연면적 몇 m² 미만의 특정소방대상물에 설치되는 소방시설의 공사를 할 수 있는가?

① 1만m² 미만
② 1만 5천m² 미만
③ 3만m² 미만
④ 5만m² 미만

▶ 공사업

전문	주	각 1명 이상[소방기술사 또는 소방설비기사(기계 또는 전기)]	모든 특정소방대상물에 설치되는 공사·개설·이전 및 정비	• 법인 : 1억 원 이상 • 개인 : 자산평가액 　　　　1억 원 이상
	보조	2명 이상		
일반	기계 주	1명 이상[소방기술사 또는 소방설비기사(기계)]	• 연면적 1만m² 미만 기계분야 • 위험물제조소등에 설치되는 기계분야	• 법인 : 1억 원 이상 • 개인 : 자산평가액 　　　　1억 원 이상
	기계 보조	1명 이상		
	전기 주	1명 이상[소방기술사 또는 소방설비기사(전기)]	• 연면적 1만m² 미만 전기분야 • 위험물제조소등에 설치되는 전기분야	• 법인 : 1억 원 이상 • 개인 : 자산평가액 　　　　1억 원 이상
	전기 보조	1명 이상		

34 소방공사감리업자가 감리하는 소방시설공사의 경우 소방기술자가 공사현장에 배치되어야 하는 경우는?

① 소방시설의 비상전원을 전기공사업법에 의한 전기공사업자가 공사하는 경우
② 소화용수설비를 건설업법에 의한 기계설비공사업자 또는 상·하수도설비 공사업자가 공사하는 경우
③ 소방 외의 용도와 겸용되는 제연설비를 건설업법에 의한 기계설비공사업자가 공사하는 경우
④ 상수도 설비업자가 옥내소화전설비를 공사하는 경우

▶ **소방시설공사업법 시행령 제3조(소방기술자의 배치)**

[소방기술자를 소방시설공사현장에 배치하지 아니할 수 있는 공사]
1. 소방시설의 비상전원(비상콘센트 포함)을 전기공사업자가 공사하는 경우
2. 소화용수시설을 기계설비공사업자 또는 상·하수도 설비공사업자가 공사하는 경우
3. 소방 외의 용도와 겸용되는 제연설비를 기계설비공사업자가 공사하는 경우
4. 소방 외의 용도와 겸용되는 비상방송설비 또는 무선통신보조설비를 정보통신공사업자가 시공하는 경우

35 소방시설공사업자의 시공능력평가 방법에서 시공능력평가액 산정방식으로 옳지 않은 것은?

시공능력평가액 = 실적평가액 + 자본금평가액 + 기술력평가액 + 경력평가액 ± 신인도평가액

① 실적평가액은 연평균 공사실적액으로 최근 3년간의 평균실적을 기준으로 한다.
② 자본금평가액은 최근 결산일 현재의 총자산으로 한다.
③ 기술력평가액 산정에서 보유기술인력의 특급기술자 가중치는 2.5로 한다.
④ 경력평가액 공사업영위기간은 등록을 한 날·양도신고를 한 날 또는 합병신고를 한 날부터 평가를 산정기준일까지로 한다.

> ○ 소방시설공사업법 시행규칙 제23조(시공능력의 평가) ─────────
>
> [자본금평가액의 산정]
> 1. 실질자본금＝총 자산(최근 결산일 현재) － 총 부채
> 2. 기술력 평가
>   ① 보유인력 : 6개월 이상 근무한 사람
>   ② 등급 가중치
>
> | 보유기술인력 | 특급기술자 | 고급기술자 | 중급기술자 | 초급기술자 |
> |---|---|---|---|---|
> | 가중치 | 2.5 | 2 | 1.5 | 1 |

36 관계인 및 발주자가 소방시설공사를 함에 있어서 적정한 공사업자를 선정할 수 있도록 소방청장이 하는 방법은?

① 소방시설공사업자가 자신의 시공능력을 발주자에게 공개하도록 한다.
② 소방시설공사업자의 시공능력을 평가하여 공시한다.
③ 소방시설공사업자가 자신의 시공능력을 발주자에게 제출하도록 한다.
④ 소방시설공사업자의 도급순위를 정하여 공시한다.

37 소방시설공사업을 등록하지 아니하고 소방시설에 대한 공사를 한 자의 벌칙은?

① 1년 이하의 징역 또는 500만 원 이하의 벌금
② 3년 이하의 징역 또는 1,500만 원 이하의 벌금
③ 3년 이하의 징역 또는 3,000만 원 이하의 벌금
④ 5년 이하의 징역 또는 3,000만 원 이하의 벌금

> ○ 3년 이하의 징역 또는 3천만 원 이하 벌금 ─────────
>
> (기) 강제처분(소방대상물·토지)을 방해한 자 또는 정당한 사유 없이 그 처분에 따르지 아니한 자
> (공) 소방시설업 등록을 하지 아니하고 영업을 한 자
> (설) 명령을 정당한 사유 없이 위반한 자
> (설) 관리업의 등록을 하지 아니하고 영업을 한 자
> (설) 소방용품의 형식승인을 받지 아니하고 소방용품을 제조하거나 수입한 자
> (설) 형식승인제품의 제품검사를 받지 아니한 자
> (설) 형식승인되지 않은 소방용품을 판매·진열하거나 소방시설공사에 사용한 자

38 소방시설공사의 시공능력을 평가받고자 하는 공사업자는 소방기술자 보유현황을 협회에 매년 언제까지 제출하여야 하는가?

① 2월 15일   ② 6월 15일

③ 10월 31일   ④ 12월 31일

소방시설공사 시공능력평가	매년 2월 15일까지(실적증빙서류 : 법인 4월 15일, 개인 6월 10일)
소방시설공사 시공능력평가 공시	매년 7월 31일

39 소방기술자에 대한 실무교육을 실시하고자 하는 때에는 교육일정 등을 교육실시 며칠 전까지 교육대상자에게 알려야 하는가?

① 24시간 전   ② 10일 전   ③ 15일 전   ④ 30일 전

한국소방안전원의 장은 법 제41조제1항에 따른 소방기술자에 대한 실무교육을 실시하려면, 교육일정 등 교육에 필요한 계획을 수립하여 소방청장에게 보고한 후 교육 10일 전까지 교육대상자에게 알려야 한다.

40 시 · 도지사는 등록 신청을 받은 소방시설업의 업종별 자본금, 기술인력 및 장비가 소방시설업의 업종별 등록기준에 적합하다고 인정되는 경우에는 등록신청을 받은 날부터 며칠 이내에 소방시설업 등록증 및 소방시설업 등록수첩을 교부하여야 하는가?

① 3일   ② 5일   ③ 10일   ④ 15일

소방시설공사업 등록

- 3일 이내 : 분실 등에 의한 등록증의 재교부
- 5일 이내 : 변경신고 등에 의한 등록증의 재교부
- 10일 이내 : 등록신청서류의 보완
- 14일 이내 : 등록증 지위승계시의 재교부
- 15일 이내 : 등록증의 교부
- 30일 이내 : 등록사항의 변경신고, 지위승계

41 상주공사감리를 하여야 하는 대상으로 옳은 것은?

① 16층 이상으로서 300세대 이상인 아파트에 대한 소방시설 공사

② 16층 이상으로서 500세대 이상인 아파트에 대한 소방시설 공사

③ 지하층 포함 16층 이상으로 300세대 이상인 아파트에 대한 소방시설 공사

④ 지하층 포함 16층 이상으로 500세대 이상인 아파트에 대한 소방시설 공사

종류	대상	방법
상주 감리	1. 연면적 3만m² 이상 　(아파트 제외) 2. 아파트(지하층 포함 16층 　이상, 500세대 이상)	• 공사 현장 상주 → 업무 수행 → 감리일지 기록 • 감리업자는 책임감리원 업무대행 • 1일 이상 현장이탈 시 → 감리일지 기록 → 발주청, 발주자 확인 • 민방위기본법, 향토예비군 설치법에 따른 교육, 유급휴가로 현장 이탈 시
일반 감리	상주공사감리 제외 대상	• 공사 현장 방문하여 감리업무 수행 • 주 1회 이상 방문 → 감리업무 수행 → 감리일지 기록 • 업무대행자 지정 : 14일 이내 • 지정된 업무대행자 : 주 2회 이상 방문 → 감리업무 수행 → 책임감리 　원 통보 → 감리일지 기록

42 상주공사 감리 시 감리현장에 책임감리원 배치에 관하여 맞는 것은?

① 소방시설용 배관을 설치하거나 매립하는 때부터

② 소방시설용 배관을 설치하거나 매립하는 때부터 착공신고 때까지

③ 소방시설용 배관을 설치하거나 매립하는 때부터 준공검사 때까지

④ 소방시설용 배관을 설치하거나 매립하는 때부터 완공검사필증을 교부받는 때까지

43 성능위주설계를 할 수 있는 자가 보유하여야 하는 기술력의 기준은?

① 소방기술사 2인 이상

② 소방기술사 1인 및 소방설비기사 2인(기계 및 전기분야 각 1인) 이상

③ 소방분야 공학박사 2인 이상

④ 소방기술사 1인 및 소방분야 공학박사 1인 이상

◉ 성능위주설계

대통령령	자격, 기술인력 및 자격에 따른 설계의 범위와 그 밖에 필요한 사항
행정안전부령	성능위주설계의 방법과 그 밖에 필요한 사항
자격	전문소방시설설계업 등록자로서 소방기술사 2명 이상
고려사항	용도, 위치, 구조, 수용 인원, 가연물의 종류 및 양 등
대상물	• 연면적 20만m² 이상인 특정소방대상물.(단, 아파트등 제외) • 특정소방대상물 – 30층 이상(지하층 포함), 높이가 120m 이상 (아파트등 제외) • 아파트등 – 50층 이상(지하층 제외), 높이 200m 이상 • 연면적 3만m² 이상인 철도 및 도시철도 시설, 공항시설 • 창고시설 중 연면적 10만m² 이상인 것 또는 지하층의 층수가 2개 층 이상이고 지하층의 　바닥면적의 합계가 3만m² 이상인 것 • 하나의 건축물에 「영화 및 비디오물의 진흥에 관한 법률」에 따른 영화상영관이 10개 이상 　인 특정소방대상물 • 지하연계 복합건축물에 해당하는 특정소방대상물 • 터널 중 수저터널 또는 길이가 5천m 이상인 것

44 소방시설공사업자의 시공능력 평가방법에 있어서 자본금평가액 산출 공식으로 옳은 것은?

① 자본금평가액 = (실질자본금 × 실질자본금의 평점 + 소방청장이 지정한 금융 회사 또는 소방산업 공제조합에 출자 · 예치 · 담보한 금액) × 70/100

② 자본금평가액 = (실질자본금 × 실질자본금의 평점 + 소방청장이 지정한 금융 회사 또는 소방산업 공제조합에 출자 · 예치 · 담보한 금액) × 50/100

③ 자본금평가액 = (실질자본금 × 실질자본금의 평점 + 소방청장이 지정한 금융 회사 또는 소방산업 공제조합에 출자 · 예치 · 담보한 금액) × 40/100

④ 자본금평가액 = (실질자본금 × 실질자본금의 평점 + 소방청장이 지정한 금융 회사 또는 소방산업 공제조합에 출자 · 예치 · 담보한 금액) × 20/100

▶ 시공능력 평가방법

	㉠ 실적평가액	연평균 공사 실적액
시공능력 평가액 = 합계	㉡ 자본금평가액(70%)	(실질자본금 × 실질자본금의 평점 + 소방청장이 지정한 금융 회사 또는 소방산업공제조합에 출자 · 예치 · 담보한 금액) × 70/100
	㉢ 기술력평가액(30%)	전년도 공사업계의 기술자 1인당 평균생산액 × 보유기술인력 가중치합계 × 30/100 + 전년도 기술개발투자액
	㉣ 경력평가액(20%)	실적평가액 × 공사업 경영기간 평점 × 20/100
	㉤ 신인도평가액	(실적평가액 + 자본금평가액 + 기술력평가액 + 경력평가액) × 신인도 반영비율 합계

45 소방시설업자가 설계, 시공 또는 감리를 맡긴 특정소방대상물의 관계인에게 지체 없이 그 사실을 알려야 하는 것에 해당하지 않는 것은?

① 소방시설업자의 지위를 승계한 경우

② 소방시설업자가 시공능력이 증가한 경우

③ 소방시설업의 등록취소처분 또는 영업정지처분을 받은 경우

④ 휴업하거나 폐업한 경우

▶ 소방시설공사업법 제8조(소방시설업의 운영)

소방시설업자는 다음의 어느 하나에 해당하는 경우에는 소방시설공사 등을 맡긴 특정소방대상물의 관계인에게 지체 없이 그 사실을 알려야 한다.

1. 소방시설업자의 지위를 승계한 경우
2. 소방시설업의 등록취소처분 또는 영업정지처분을 받은 경우
3. 휴업하거나 폐업한 경우

46 일반공사 감리대상의 경우 감리현장 연면적의 총 합계가 10만m² 이하일 때 1인의 책임 감리원이 담당하는 소방공사 감리현장은 몇 개 이하인가?

① 2개 　　　　② 3개 　　　　③ 4개 　　　　④ 5개

▶ 1인의 책임감리원이 담당하는 소방공사 감리현장의 수 : 5개 이하

47 특정소방대상물의 관계인 또는 발주자는 정당한 사유 없이 며칠 동안 소방시설공사를 계속하지 아니하는 경우 도급계약을 해지할 수 있는가?

① 10일 이상 　　　② 15일 이상 　　　③ 30일 이상 　　　④ 60일 이상

▶ 관계인 또는 발주자는 정당한 사유 없이 30일 이상 소방시설공사를 계속하지 아니하는 경우 도급계약을 해지할 수 있다.

48 연면적 5,000m² 미만인 특정소방대상물에 대한 소방공사감리원 배치기준은?

① 특급 소방감리원 1인 이상 　　　　② 초급 이상 소방감리원 1인 이상
③ 중급 이상 소방감리원 1인 이상 　　　④ 고급 이상 소방감리원 1인 이상

▶

책임	보조	연면적	지하 포함 층수	기타
특급 중 소방기술사	초급	20만m² 이상	40층 이상	-
특급	초급	3만m² 이상~20만m² 미만 (아파트 제외)	16층 이상 40층 미만	-
고급	초급	3만m² 이상~20만m² 미만 (아파트)	-	물분무등소화설비 또는 제연설비
중급		5천m² 이상~3만m² 미만	16층 미만	-
초급		5천m² 미만	-	지하구

49 감리업자는 책임감리원이 부득이한 사유로 며칠 이내의 범위에서 감리업무를 수행할 수 없는 경우에는 업무대행자를 지정하여 그 업무를 수행하게 해야 하는가?

① 1일 　　　　② 7일 　　　　③ 14일 　　　　④ 21일

◆ 일반 공사감리

1. 책임감리원은 행정안전부령으로 정하는 기간 중에는 주 1회 이상 공사 현장을 방문하여 감리업무를 수행하고 감리일지에 기록해야 한다.
2. 감리업자는 책임감리원이 부득이한 사유로 14일 이내의 범위에서 감리업무를 수행할 수 없는 경우에는 업무대행자를 지정하여 그 업무를 수행하게 해야 한다.
3. 지정된 업무대행자는 주 2회 이상 공사 현장을 방문하여 감리업무를 수행하며, 그 업무수행 내용을 책임감리원에게 통보하고 감리일지에 기록해야 한다.

50 특정소방대상물에 설치된 소방시설등을 구성하는 것의 전부 또는 일부를 개설(改設), 이전(移轉) 또는 정비(整備)하는 공사는 착공신고를 하여야 하지만 고장 또는 파손 등으로 인하여 작동시킬 수 없는 소방시설을 긴급히 교체하거나 보수하여야 하는 경우에는 신고하지 않을 수 있는 경우가 아닌 것은?

① 수신반(受信盤)　　　　　　　　② 비상전원
③ 동력(감시)제어반　　　　　　　④ 소화펌프

◆ 소방시설공사업법 시행령 제4조

[소방시설공사의 착공신고 대상]
3. 특정소방대상물에 설치된 소방시설등을 구성하는 다음의 어느 하나에 해당하는 것의 전부 또는 일부를 개설(改設), 이전(移轉) 또는 정비(整備)하는 공사. 다만, 고장 또는 파손 등으로 인하여 작동시킬 수 없는 소방시설을 긴급히 교체하거나 보수하여야 하는 경우에는 신고하지 않을 수 있다.
① 수신반(受信盤)
② 소화펌프
③ 동력(감시)제어반

51 소방시설공사의 시공을 하도급할 경우 소방시설공사업에 해당하는 사업을 함께 하는 소방시설공사업자가 소방시설공사와 해당 사업의 공사를 함께 도급받을 수 있는 경우가 아닌 것은?

① 주택법에 따른 주택건설사업
② 기계산업기본법에 따른 기계업
③ 전기공사업법에 따른 전기공사업
④ 정보통신공사업법에 따른 정보통신공사업

◆ 소방시설공사업법 시행령 제12조

[소방시설공사의 시공을 하도급할 수 있는 경우]
① 법 제22조제1항 단서에서 "대통령령으로 정하는 경우"란 소방시설공사업과 다음의 어느 하나에 해당하는 사업을 함께 하는 소방시설공사업자가 소방시설공사와 해당 사업의 공사를 함께 도급받은 경우를 말한다.

1. 「주택법」 제4조에 따른 주택건설사업
2. 「건설산업기본법」 제9조에 따른 건설업
3. 「전기공사업법」 제4조에 따른 전기공사업
4. 「정보통신공사업법」 제14조에 따른 정보통신공사업

52 다음 소방시설공사의 시공을 하도급에 관한 설명으로 옳지 않은 것은?

① 발주자는 하수급인의 시공 및 수행능력, 하도급계약 내용의 적정성 등을 심사하기 위하여 하도급계약심사위원회를 두어야 한다.

② 발주자는 수급인이 정당한 사유 없이 요구에 따르지 아니하여 공사 등의 결과에 중대한 영향을 끼칠 우려가 있는 경우에는 해당 소방시설공사등의 도급계약을 해지할 수 있다.

③ 소방청장은 하수급인의 시공 및 수행능력, 하도급계약 내용의 적정성 등을 심사하는 경우에 활용할 수 있는 기준을 정하여 고시하여야 한다.

④ 발주자는 하수급인 또는 하도급계약 내용의 변경을 요구하려는 경우에는 하도급에 관한 사항을 통보받은 날 또는 그 사유가 있음을 안 날부터 10일 이내에 서면으로 하여야 한다.

● 하도급계약의 적정성 심사 등

발주자는 하수급인 또는 하도급계약 내용의 변경을 요구하려는 경우에는 소방시설공사업법 제21조의3제4항에 따라 하도급에 관한 사항을 통보받은 날 또는 그 사유가 있음을 안 날부터 30일 이내에 서면으로 하여야 한다.

53 소방시설공사업법령상 소방시설업에 대한 행정처분기준 중 2차 위반 시 등록취소사항에 해당하는 것은?(단, 가중 또는 감경 사유는 고려하지 않음)

① 거짓이나 그 밖의 부정한 방법으로 등록한 경우
② 다른 자에게 등록증 또는 등록수첩을 빌려준 경우
③ 영업정지기간 중에 설계 · 시공 또는 감리를 한 경우
④ 정당한 사유 없이 하수급인의 변경요구를 따르지 아니한 경우

● 소방시설공사업 관련 행정처분

위반사항	행정처분 기준		
	1차	2차	3차
• 거짓이나 부정한 방법으로 등록한 경우 • 등록 결격사유(피성년후견인, 집행 2년 등) • 영업정지기간에 소방시설공사 등을 한 경우	등록 취소	–	–
• 등록증 또는 등록수첩을 빌려준 경우 • 업무 중 고의 · 과실로 상해를 입힌 경우	영업정지 6개월	등록 취소	–

54 소방시설공사업법과 관련하여 과태료 부과권자는 위반행위자가 다음의 어느 하나에 해당하는 경우 과태료 금액의 2분의 1의 범위에서 그 금액을 줄여 부과할 수 있다. 그에 해당하는 내용이 아닌 것은?

① 위반행위자가 처음 위반행위를 한 경우로서 2년 이상 해당 업종을 모범적으로 영위한 사실이 인정되는 경우

② 위반행위자가 화재 등 재난으로 재산에 현저한 손실이 발생하거나 사업여건의 악화로 사업이 중대한 위기에 처하는 등의 사정이 있는 경우

③ 위반행위가 사소한 부주의나 오류 등 과실로 인한 것으로 인정되는 경우

④ 위반행위자가 위법행위로 인한 결과를 시정하거나 해소한 경우

▶ **과태료 감경사유**
1. 위반행위가 고의·중대 과실이 아닌 사소한 부주의·오류로 인정되는 경우
2. 위반 내용·정도가 경미하여 관계인에게 미치는 피해가 적다고 인정되는 경우
3. 위반이 처음이며, 3년 이상 모범적 운영이 사실로 인정되는 경우
4. 위반행위가 검사로부터 기소유예처분 또는 법원으로부터 선고유예 판결을 받은 경우
5. 위법행위로 인한 결과를 시정하거나 해소한 경우

55 소방시설공사업법상 감리업자가 감리를 할 때 위반사항에 대하여 조치하여야 할 사항이다. ( ) 안에 들어갈 용어로 옳은 것은?

> 감리업자는 감리를 할 때 소방시설공사가 설계도서나 화재안전기준에 맞지 아니할 때에는 (가)에게 알리고, (나)에게 그 공사의 시정 또는 보완 등을 요구하여야 한다.

① (가) 관계인, (나) 공사업자
② (가) 관계인, (나) 소방서장
③ (가) 소방본부장, (나) 공사업자
④ (가) 소방본부장, (나) 소방서장

▶ **제19조(위반사항에 대한 조치)**
감리업자는 감리를 할 때 소방시설공사가 설계도서나 화재안전기준에 맞지 아니할 때에는 관계인에게 알리고, 공사업자에게 그 공사의 시정 또는 보완 등을 요구하여야 한다.

CHAPTER 03 화재의 예방 및 안전관리에 관한 법률 문제풀이

01 화재예방, 소방시설 설치 · 유지 및 안전관리에 관한 법률의 목적으로 옳지 않은 것은?

① 공공의 안전 확보
② 국민의 생명, 신체 및 재산보호
③ 복리증진
④ 국민 경제에 이바지

▶ **화재의 예방 및 안전관리에 관한 법률 제1조(목적)** —————————

이 법은 화재의 예방과 안전관리에 필요한 사항을 규정함으로써 화재로부터 국민의 생명 · 신체 및 재산을 보호하고 공공의 안전과 복리 증진에 이바지함을 목적으로 한다.

02 화재의 예방 및 안전관리에 관한 법률에 대한 다음 용어 설명 중 틀린 것은?

① "예방"이란 화재의 위험으로부터 사람의 생명 · 신체 및 재산을 보호하기 위하여 화재발생을 사후에 제거하거나 방지하기 위한 모든 활동을 말한다.
② "안전관리"란 화재로 인한 피해를 최소화하기 위한 예방, 대비, 대응 등의 활동을 말한다.
③ "화재예방강화지구"란 특별시장 · 광역시장 · 특별자치시장 · 도지사 또는 특별자치도지사 (이하 "시 · 도지사"라 한다)가 화재발생 우려가 크거나 화재가 발생할 경우 피해가 클 것으로 예상되는 지역에 대하여 화재의 예방 및 안전관리를 강화하기 위해 지정 · 관리하는 지역을 말한다.
④ "화재예방안전진단"이란 화재가 발생할 경우 사회 · 경제적으로 피해 규모가 클 것으로 예상되는 소방대상물에 대하여 화재위험요인을 조사하고 그 위험성을 평가하여 개선대책을 수립하는 것을 말한다.

▶ —————————————————————————————

"예방"이란 화재의 위험으로부터 사람의 생명 · 신체 및 재산을 보호하기 위하여 화재발생을 사전에 제거하거나 방지하기 위한 모든 활동을 말한다.

　정답　 01 ④　 02 ①

03 화재의 예방 및 안전관리에 관한 법률에서 기본계획을 수립 · 시행하기 위한 실태조사항
목이 아닌 것은?

① 소방대상물의 용도별 · 규모별 현황
② 소방대상물의 화재의 예방 및 안전관리 현황
③ 소방대상물의 소방시설등 설치 · 관리 현황
④ 소방대상물의 방화구획등의 유지 관리 현황

▶ **화재의 예방 및 안전관리에 관한 법률 제5조(실태조사)** ──────

① 소방청장은 기본계획 및 시행계획의 수립 · 시행에 필요한 기초자료를 확보하기 위하여 다음의
사항에 대하여 실태조사를 할 수 있다. 이 경우 관계 중앙행정기관의 장의 요청이 있는 때에는
합동으로 실태조사를 할 수 있다.
1. 소방대상물의 용도별 · 규모별 현황
2. 소방대상물의 화재의 예방 및 안전관리 현황
3. 소방대상물의 소방시설등 설치 · 관리 현황
4. 그 밖에 기본계획 및 시행계획의 수립 · 시행을 위하여 필요한 사항

04 화재의 예방 및 안전관리에 관한 법률에서 화재안전조사를 실시할 수 있는 경우에 해당하
지 않는 것은?

① 화재예방안전진단이 불성실하거나 불완전하다고 인정되는 경우
② 화재예방강화지구 등 법령에서 화재안전조사를 하도록 규정되어 있는 경우
③ 화재가 자주 발생하였거나 발생할 우려가 뚜렷한 곳에 대한 조사가 필요한 경우
④ 특별점검이 불성실하거나 불완전하다고 인정되는 경우

▶ ──────────────────────────────

1. 「소방시설 설치 및 관리에 관한 법률」 제22조에 따른 자체점검이 불성실하거나 불완전하다고 인
정되는 경우
2. 화재예방강화지구 등 법령에서 화재안전조사를 하도록 규정되어 있는 경우
3. 화재예방안전진단이 불성실하거나 불완전하다고 인정되는 경우
4. 국가적 행사 등 주요 행사가 개최되는 장소 및 그 주변의 관계 지역에 대하여 소방안전관리 실태
를 조사할 필요가 있는 경우
5. 화재가 자주 발생하였거나 발생할 우려가 뚜렷한 곳에 대한 조사가 필요한 경우
6. 재난예측정보, 기상예보 등을 분석한 결과 소방대상물에 화재의 발생 위험이 크다고 판단되는 경우
7. 제1호부터 제6호까지에서 규정한 경우 외에 화재, 그 밖의 긴급한 상황이 발생할 경우 인명 또는
재산 피해의 우려가 현저하다고 판단되는 경우

05 화재의 예방 및 안전관리에 관한 법률에서 화재안전조사에 관한 방법 및 절차를 잘못 설명한 것은?

① 소방관서장은 화재안전조사를 실시하려는 경우 사전에 조사대상, 조사기간 및 조사사유 등 조사계획을 소방청, 소방본부 또는 소방서의 인터넷 홈페이지나 전산시스템을 통해 7일 이상 공개해야 한다.

② 소방관서장은 사전 통지 없이 화재안전조사를 실시하는 경우에는 화재안전조사를 실시하기 전에 관계인에게 조사사유 및 조사범위 등을 현장에서 설명해야 한다

③ 화재안전조사 계획의 수립 등 화재안전조사에 필요한 사항은 시·도지사가 정한다.

④ 소방관서장은 화재안전조사를 위하여 소속 공무원으로 하여금 관계인에게 보고 또는 자료의 제출을 요구하거나 소방대상물의 위치·구조·설비 또는 관리 상황에 대한 조사·질문을 하게 할 수 있다.

▶ ─────────────────────────────

③ 화재안전조사 계획의 수립 등 화재안전조사에 필요한 사항은 소방청장이 정한다.

06 화재의 예방 및 안전관리에 관한 법률에서 화재안전조사의 연기신청에 관한 것으로 틀린 것은?

① 화재안전조사의 연기를 신청하려는 관계인은 화재안전조사 시작 3일 전까지 화재안전조사 연기신청서를 제출해야 한다.

② 연기기간이 종료되면 3일 이내 화재안전조사를 시작해야 한다.

③ 화재안전조사 연기신청 결과 통지서를 연기신청을 한 자에게 통지하여야 한다.

④ 신청서를 제출받은 소방관서장은 3일 이내에 연기신청의 승인 여부를 결정하여야 한다.

▶ ─────────────────────────────

③ 연기기간이 종료되면 지체 없이 화재안전조사를 시작해야 한다.

07 화재의 예방 및 안전관리에 관한 법률의 화재안전조사단의 편성 및 운영에 관한 사항으로 맞는 것은?

① 지방화재안전조사단은 각각 단장을 포함하여 18명 이내의 단원으로 성별을 고려하여 구성한다.

② 중앙화재안전조사단은 각각 단장을 포함하여 50명 이내의 단원으로 성별을 고려하여 구성한다.

③ 소방관서장은 화재안전조사를 효율적으로 수행하기 위하여 행정안전부령으로 정하는 바에 따라 소방청에는 중앙화재안전조사단을, 소방본부 및 소방서에는 지방화재안전조사단을 편성하여 운영할 수 있다.

④ 화재안전조사위원회의 구성 · 운영 등에 필요한 사항은 행정안전부령으로 정한다.

◐ 화재안전조사단 편성 · 운영

- 소방관서장은 화재안전조사를 효율적으로 수행하기 위하여 대통령령으로 정하는 바에 따라 소방청에는 중앙화재안전조사단을, 소방본부 및 소방서에는 지방화재안전조사단을 편성하여 운영할 수 있다.
- 중앙화재안전조사단 및 지방화재안전조사단(이하 "조사단")은 각각 단장을 포함하여 50명 이내의 단원으로 성별을 고려하여 구성한다.
- 화재안전조사위원회의 구성 · 운영 등에 필요한 사항은 대통령령으로 정한다.

08 화재의 예방 및 안전관리에 관한 법률의 화재안전조사 결과에 따른 조치명령으로 인하여 손실을 입은 자에게 손실보상을 하여야 한다. 틀린 것은?

① 소방청장 또는 시 · 도지사는 명령으로 인하여 손실을 입은 자가 있는 경우에는 대통령령으로 정하는 바에 따라 보상하여야 한다.

② 소방청장 또는 시 · 도지사가 손실을 보상하는 경우에는 시가로 보상해야 한다.

③ 손실보상에 관하여는 소방청장 또는 시 · 도지사와 손실을 입은 자가 협의해야 한다.

④ 소방청장 또는 시 · 도지사는 보상금액에 관한 협의가 성립되지 않은 경우에는 그 보상금액을 지급하거나 공탁하고 중앙토지수용위원회 또는 관할 지방토지수용위원회에 재결을 신청할 수 있다.

◐ 손실보상

- 소방청장 또는 시 · 도지사는 보상금액에 관한 협의가 성립되지 않은 경우에는 그 보상금액을 지급하거나 공탁하고 이를 상대방에게 알려야 한다.
- 보상금의 지급 또는 공탁의 통지에 불복하는 자는 지급 또는 공탁의 통지를 받은 날부터 30일 이내에 「공익사업을 위한 토지 등의 취득 및 보상에 관한 법률」 제49조에 따른 중앙토지수용위원회 또는 관할 지방토지수용위원회에 재결(裁決)을 신청할 수 있다.

09 화재의 예방 및 안전관리에 관한 법률의 화재안전조사 결과 공개에 관한 내용으로 틀린 것은?

① 소방관서장은 화재안전조사 결과를 공개하는 경우 30일 이상 해당 소방관서 인터넷 홈페이지나 전산시스템을 통해 공개해야 한다.

② 소방대상물의 관계인은 공개 내용 등을 통보받은 날부터 7일 이내에 소방관서장에게 이의신청을 할 수 있다.

③ 소방관서장은 화재안전조사를 실시한 경우 소방시설등의 설치 및 관리 현황의 전부 또는 일부를 인터넷 홈페이지나 전산시스템 등을 통하여 공개할 수 있다.

④ 소방관서장은 이의신청을 받은 날부터 10일 이내에 심사 · 결정하여 그 결과를 지체 없이 신청인에게 알려야 한다.

▶ 화재안전조사 결과 공개

소방대상물의 관계인은 공개 내용 등을 통보받은 날부터 10일 이내에 소방관서장에게 이의신청을 할 수 있다.

10 화재의 예방 및 안전관리에 관한 법률에서 화재예방강화지구 및 이에 준하는 대통령령으로 정하는 장소에서 안전조치를 한 경우 할 수 있는 행위가 아닌 것은?

① 「국민건강증진법」에 따라 설치한 흡연실 등 법령에 따라 지정된 장소에서 화기 등을 취급하는 경우
② 자동화재탐지설비 등 소방시설을 비치 또는 설치한 장소에서 화기 등을 취급하는 경우
③ 「산업안전보건기준에 관한 규칙」에 따른 화재감시자 등 안전요원이 배치된 장소에서 화기 등을 취급하는 경우
④ 소방관서장과 사전 협의하여 안전조치를 한 경우

▶

② 소화기 등 소방시설을 비치 또는 설치한 장소에서 화기 등을 취급하는 경우

11 화재의 예방 및 안전관리에 관한 법률에서 화재 발생 위험이 크거나 소화 활동에 지장을 줄 수 있다고 인정되는 행위나 물건에 대하여 행위 당사자나 그 물건의 소유자, 관리자 또는 점유자에게 할 수 있는 명령이 아닌 것은?

① 모닥불, 흡연 등 화기의 취급
② 풍등 등 소형열기구 날리기
③ 가스기구를 이용한 건조설비를 이용하는 행위
④ 목재, 플라스틱 등 가연성이 큰 물건의 제거, 이격, 적재 금지 등

12 화재의 예방 및 안전관리에 관한 법률에서 보일러 등의 설비 또는 기구 등의 위치·구조 및 관리와 화재예방을 위하여 불을 사용할 때 지켜야 하는 사항으로 액체 보일러에 대한 설명으로 틀린 것은?

① 연료탱크는 보일러 본체로부터 수평거리 1미터 이상의 간격을 두어 설치할 것
② 연료탱크에는 화재 등 긴급상황이 발생하는 경우 연료를 차단할 수 있는 개폐밸브를 연료탱크로부터 0.6미터 이내에 설치할 것
③ 연료탱크 또는 보일러 등에 연료를 공급하는 배관에는 여과장치를 설치할 것
④ 사용이 허용된 연료 외의 것을 사용하지 않을 것

> ③ 연료탱크에는 화재 등 긴급상황이 발생하는 경우 연료를 차단할 수 있는 개폐밸브를 연료탱크로부터 0.5미터 이내에 설치할 것

13 화재의 예방 및 안전관리에 관한 법률에서 보일러 등의 설비 또는 기구 등의 위치·구조 및 관리와 화재예방을 위하여 불을 사용할 때 지켜야 하는 사항으로 기체 보일러에 대한 설명으로 틀린 것은?

① 보일러를 설치하는 장소에는 환기구를 설치하는 등 가연성 가스가 머무르지 않도록 할 것
② 연료를 공급하는 배관은 금속관으로 할 것
③ 화재 등 긴급 시 연료를 차단할 수 있는 개폐밸브를 연료용기 등으로부터 0.5미터 이내에 설치할 것
④ 보일러가 설치된 장소에는 가스차단창치를 설치할 것

> ④ 보일러가 설치된 장소에는 가스누설경보기를 설치할 것

14 화재의 예방 및 안전관리에 관한 법률에서 특수가연물에 대한 기준수량이 가장 큰 것은?

① 넝마 및 종이부스러기　　　② 볏짚류
③ 가연성 고체류　　　　　　④ 석탄, 목탄류

> ① 넝마 및 종이부스러기 : 1,000kg 이상　　② 볏짚류 : 1,000kg 이상
> ③ 가연성 고체류 : 3,000kg 이상　　　　　④ 석탄·목탄류 : 10,000kg 이상

15 화재의 예방 및 안전관리에 관한 법률에서 특수가연물의 저장에 관한 설명으로 틀린 것은?

① 품명별로 구분하여 쌓을 것
② 실외에 쌓아 저장하는 경우 쌓는 부분이 대지경계선, 도로 및 인접 건축물과 최소 6미터 이상 간격을 둘 것. 다만, 쌓는 높이보다 0.9미터 이상 높은 「건축법 시행령」 제2조제7호에 따른 내화구조(이하 "내화구조") 벽체를 설치한 경우는 그렇지 않다.
③ 실내에 쌓아 저장하는 경우 주요구조부는 내화구조이면서 불연재료여야 하고, 다른 종류의 특수가연물과 같은 공간에 보관하지 않을 것. 다만, 내화구조의 벽으로 분리하는 경우는 그렇지 않다.
④ 쌓는 부분 바닥면적의 사이는 실내의 경우 1.2미터 또는 쌓는 높이의 1/3 중 큰 값 이상으로 간격을 두어야 하며, 실외의 경우 3미터 또는 쌓는 높이 중 큰 값 이상으로 간격을 둘 것

④ 쌓는 부분 바닥면적의 사이는 실내의 경우 1.2미터 또는 쌓는 높이의 1/2 중 큰 값 이상으로 간격을 두어야 하며, 실외의 경우 3미터 또는 쌓는 높이 중 큰 값 이상으로 간격을 둘 것

16 화재의 예방 및 안전관리에 관한 법률에서 화재예방강화지구로 지정할 수 있는 구역이 아닌 것은?

① 시장지역
② 공장 · 창고가 밀집한 지역
③ 석유화학제품을 생산하는 공장이 있는 지역
④ 소방시설 · 소방용수시설 또는 소방출동로가 있는 지역

▶ 화재예방강화지구의 지정

시 · 도지사는 다음의 어느 하나에 해당하는 지역을 화재예방강화지구로 지정하여 관리할 수 있다.
1. 시장지역
2. 공장 · 창고가 밀집한 지역
3. 목조건물이 밀집한 지역
4. 노후 · 불량건축물이 밀집한 지역
5. 위험물의 저장 및 처리 시설이 밀집한 지역
6. 석유화학제품을 생산하는 공장이 있는 지역
7. 「산업입지 및 개발에 관한 법률」에 따른 산업단지
8. 소방시설 · 소방용수시설 또는 소방출동로가 없는 지역
9. 「물류시설의 개발 및 운영에 관한 법률」에 따른 물류단지
10. 그 밖에 제1호부터 제9호까지에 준하는 지역으로서 소방관서장이 화재예방강화지구로 지정할 필요가 있다고 인정하는 지역

17 화재의 예방 및 안전관리에 관한 법률에서 화재안전평가심의회에 관한 내용으로 잘못된 것은?

① 심의회는 위원장 1명을 포함한 12명 이내의 위원으로 구성한다.
② 소방본부장은 화재안전영향평가에 관한 업무를 수행하기 위하여 화재안전영향평가심의회를 구성 · 운영할 수 있다.
③ 위원장은 화재안전과 관련되는 법령이나 정책을 담당하는 관계 기관의 소속 직원으로서 대통령령으로 정하는 사람으로 한다.
④ 위촉위원의 임기는 2년으로 하며 한 차례만 연임할 수 있다

▶

② 소방청장은 화재안전영향평가에 관한 업무를 수행하기 위하여 화재안전영향평가심의회를 구성 · 운영할 수 있다.

18 특급 소방안전관리대상물의 범위로 잘못된 것은?

① 50층 이상(지하층 제외)이거나 지상으로부터 높이가 200미터 이상인 아파트

② 30층 이상(지하층 포함)이거나 지상으로부터 높이가 120미터 이상인 특정소방대상물(아파트 제외)

③ 연면적이 10만제곱미터 이상인 특정소방대상물(아파트 제외)

④ 가연성 가스를 1천톤 이상 저장·취급하는 시설

▶ ─────────────────────────────────

　④ 가연성 가스를 1천톤 이상 저장·취급하는 시설 : 1급 소방안전관리대상물

19 특급 소방안전관리대상물에 선임해야 하는 소방안전관리자의 자격으로 틀린 것은?

① 소방기술사 또는 소방시설관리사의 자격이 있는 사람

② 소방설비기사의 자격을 취득한 후 7년 이상 1급 소방안전관리대상물의 소방안전관리자로 근무한 실무경력이 있는 사람

③ 소방공무원으로 20년 이상 근무한 경력이 있는 사람

④ 소방설비산업기사의 자격을 취득한 후 7년 이상 1급 소방안전관리대상물의 소방안전관리자로 근무한 실무경력이 있는 사람

▶ ─────────────────────────────────

• 소방기술사 또는 소방시설관리사의 자격이 있는 사람
• 소방설비기사의 자격을 취득한 후 5년 이상 1급 소방안전관리대상물의 소방안전관리자로 근무한 실무경력(소방안전관리자로 선임되어 근무한 경력 제외)이 있는 사람
• 소방설비산업기사의 자격을 취득한 후 7년 이상 1급 소방안전관리대상물의 소방안전관리자로 근무한 실무경력이 있는 사람
• 소방공무원으로 20년 이상 근무한 경력이 있는 사람
• 소방청장이 실시하는 특급 소방안전관리대상물의 소방안전관리에 관한 시험에 합격한 사람

20 1급 소방안전관리대상물의 범위로 잘못된 것은?

① 30층 이상(지하층 제외)이거나 지상으로부터 높이가 120미터 이상인 아파트

② 연면적 1만5천 제곱미터 이상인 특정소방대상물(아파트 및 연립주택 제외)

③ 지상층의 층수가 11층 이상인 특정소방대상물(아파트 포함)

④ 가연성 가스를 1천 톤 이상 저장·취급하는 시설

▶ ─────────────────────────────────

1) 30층 이상(지하층 제외)이거나 지상으로부터 높이가 120미터 이상인 아파트
2) 연면적 1만5천 제곱미터 이상인 특정소방대상물(아파트 및 연립주택 제외)
3) 2)에 해당하지 않는 특정소방대상물로서 지상층의 층수가 11층 이상인 특정소방대상물(아파트 제외)
4) 가연성 가스를 1천 톤 이상 저장·취급하는 시설

21 3급 소방안전관리대상물의 범위를 옳게 나타낸 것은?

① 간이스프링클러설비, 자동화재탐지설비
② 스프링클러설비, 자동화재탐지설비
③ 간이스프링클러설비, 자동화재속보설비
④ 스프링클러설비, 자동화재속보설비

▶ 3급 소방안전관리대상물의 범위

1) 「소방시설 설치 및 관리에 관한 법률 시행령」[별표 4] 제1호마목에 따라 간이스프링클러설비(주택전용 간이스프링클러설비 제외)를 설치해야 하는 특정소방대상물
2) 「소방시설 설치 및 관리에 관한 법률 시행령」[별표 4] 제2호다목에 따른 자동화재탐지설비를 설치해야 하는 특정소방대상물

22 다음 중 특급소방안전관리 대상물의 소방안전관리자 선임대상자에 대한 기준으로 옳지 않은 것은?

① 소방기술사 또는 소방시설관리사의 자격이 있는 사람
② 소방설비기사의 자격을 취득한 후 5년 이상 1급 소방안전관리대상물의 소방안전관리자로 근무한 실무경력이 있는 사람
③ 소방설비기사의 경우 3년 이상 1급 소방안전관리대상물의 소방안전관리자로 근무한 실무경력이 있고, 소방청장이 정하여 실시하는 특급 소방안전관리 대상물의 소방안전관리에 관한 시험에 합격한 사람
④ 소방공무원으로 20년 이상 근무한 경력이 있는 사람

▶ 특급 소방안전관리자 선임대상자

1) 소방기술사 또는 소방시설관리사의 자격이 있는 사람
2) 소방설비기사의 자격을 취득한 후 5년 이상 1급 소방안전관리대상물의 소방안전관리자로 근무한 실무경력이 있는 사람
3) 소방설비산업기사의 자격을 취득한 후 7년 이상 1급 소방안전관리대상물의 소방안전관리자로 근무한 실무경력이 있는 사람
4) 소방공무원으로 20년 이상 근무한 경력이 있는 사람
5) 소방청장이 정하여 실시하는 특급 소방안전관리대상물의 소방안전관리에 관한 시험에 합격한 사람

23 1급 소방안전관리대상물의 관계인이 소방안전관리자를 선임하고자 한다. 다음 중 1급 소방안전관리대상물의 소방안전관리자로 선임될 수 없는 사람은?

① 소방설비기사 또는 소방설비산업기사의 자격이 있는 사람
② 산업안전기사 또는 산업안전산업기사의 자격을 가지고 2년 이상 2급 소방안전관리대상물의 소방안전관리자로 근무한 실무경력이 있는 사람
③ 소방공무원으로 7년 이상 근무한 경력이 있는 사람
④ 대학에서 소방안전관리학과를 전공하고 졸업한 사람으로서 2년 이상 2급 소방안전관리대상물의 소방안전관리에 관한 실무경력이 있는 사람

◉ **1급 소방안전관리대상물 소방안전관리자로 선임 가능한 사람** ────────

1. 소방설비기사 또는 소방설비산업기사의 자격이 있는 사람
2. 산업안전기사 또는 산업안전산업기사의 자격을 가지고 2년 이상 2급 소방안전관리대상물의 소방안전관리자로 근무한 실무경력이 있는 사람
3. 소방공무원으로 7년 이상 근무한 경력이 있는 사람
4. 위험물기능장·위험물산업기사 또는 위험물기능사 자격을 가진 사람으로서 위험물안전관리자로 선임된 사람
5. 고압가스 안전관리법, 액화석유가스의 안전관리 및 사업법, 도시가스 사업법에 따라 안전관리자로 선임된 사람
6. 전기사업법에 따라 전기안전관리자로 선임된 사람
7. 대학에서 소방안전관리학과를 전공하고 졸업한 사람으로서 2년 이상 2급 소방안전관리대상물의 소방안전관리에 관한 실무경력이 있는 사람으로서 소방청장이 실시하는 1급 소방안전관리대상물의 소방안전관리에 관한 시험에 합격한 사람

24 1급 소방안전관리대상물에 해당하는 건축물은?

① 연면적 15,000m² 이상인 동물원
② 층수가 15층인 업무시설
③ 층수가 20층인 아파트
④ 지하구

◉ **1급 소방안전관리대상물의 종류** ────────

1. 층수 11층 이상
2. 연면적 1만 5천m² 이상
3. 가연성가스 1천 톤 이상 저장·취급 시설
4. 아파트 : 30층 이상(지하층 제외) 또는 지상으로부터의 높이가 120m 이상
   동·식물원, 철강 등 불연성 물품을 저장·취급하는 창고, 위험물 저장 및 처리 시설 중 위험물 제조소등과 지하구 제외

25 소방안전관리자를 두어야 할 특정소방대상물로서 1급 소방안전관리대상물의 기준으로 옳은 것은?

① 가스제조설비를 갖추고 도시가스사업허가를 받아야 하는 시설

② 지하구

③ 문화재보호법에 따라 국보 또는 보물로 지정된 목조건축물

④ 가연성 가스를 1천 톤 이상 저장 · 취급하는 시설

▶ 소방안전관리대상물

특급	1. 30층 이상(지하층 포함), 높이 120m 이상 2. 연면적 10만m² 이상 3. 아파트 : 50층 이상(지하층 제외) 또는 높이 200m 이상
1급	1. 층수 11층 이상 2. 연면적 1만 5천m² 이상 3. 가연성 가스 1천 톤 이상 저장 · 취급 시설 4. 아파트 : 30층 이상(지하층 제외) 또는 120m 이상 　동 · 식물원, 철강 등 불연성 물품을 저장 · 취급하는 창고, 위험물 저장 및 처리 시설 중 위험물 　제조소등과 지하구 제외
2급	1. 옥내소화전설비, 스프링클러, 물분무등소화설비[호스릴(Hose Reel) 방식의 물분무등소화설비만 　을 설치한 경우는 제외] 설치 2. 도시가스사업을 허가받은 시설, 가연성 가스 100톤 이상 1천 톤 미만 3. 지하구, 공동주택, 보물 또는 국보로 지정된 목조건축물
3급	자동화재탐지설비, 간이스프링클러설비

26 다음 중 소방안전관리자를 두어야 할 특정소방대상물로서 2급 소방안전관리대상물이 아닌 것은?(단, 아파트는 제외)

① 지하구　　　　　　　　　　　② 공동주택

③ 건물의 층수가 11층 이상인 것　④ 목조건축물

▶ 2급 소방안전관리대상물

1. 옥내소화전설비, 스프링클러, 간이스프링클러설비, 물분무등소화설비[호스릴(Hose Reel) 방식의 물분무등소화설비만을 설치한 경우는 제외] 설치
2. 도시가스사업을 허가받은 시설, 가연성 가스 100톤 이상 1천 톤 미만
3. 지하구, 공동주택, 보물 · 국보로 지정된 목조건축물
4. 특급과 1급을 제외한 공동주택

27 소방안전관리보조자를 선임하여야 하는 특정소방대상물로서 규모에 관계없이 소방안전관리보조자를 두어야 하는 특정소방대상물이 아닌 것은?

① 의료시설   ② 문화 및 집회시설

③ 노유자시설   ④ 수련시설

◐ **소방안전관리보조자를 두어야 하는 특정소방대상물** ──────────────

1. 아파트(300세대 이상인 아파트만 해당.)
2. 1.에 따른 아파트를 제외한 연면적이 1만5천m² 이상인 특정소방대상물
3. 특정소방대상물을 제외한 특정소방대상물 중 다음의 어느 하나에 해당하는 특정소방대상물
   ① 공동주택 중 기숙사
   ② 의료시설
   ③ 노유자시설
   ④ 수련시설
   ⑤ 숙박시설(숙박시설로 사용되는 바닥면적의 합계가 1천500m² 미만이고 관계인이 24시간 상시 근무하고 있는 숙박시설은 제외)

28 특정소방대상물로서 소방안전관리업무를 대행할 수 있는 경우는?

① 층수가 11층 이상이고 특정소방대상물로서 연면적 1만5천m² 이상
② 층수가 11층 이상이고 특정소방대상물로서 연면적 1만5천m² 미만
③ 층수가 16층 이상이거나 특정소방대상물로서 연면적 1만5천m² 이상
④ 층수가 16층 이상이거나 특정소방대상물로서 연면적 1만5천m² 이상

29 다른 안전관리자(다른 법령에 따라 전기·가스·위험물 등의 안전관리 업무에 종사하는 자)는 소방안전관리대상물 중 소방안전관리업무의 전담이 필요한 대통령령으로 정하는 소방안전관리대상물의 소방안전관리자를 겸할 수 없다. 여기서 대통령령으로 정하는 소방안전관리대상물이란?

① 특급 소방안전관리대상물, 1급 소방안전관리대상물
② 1급 소방안전관리대상물, 2급 소방안전관리대상물
③ 2급 소방안전관리대상물, 3급 소방안전관리대상물
④ 특급 소방안전관리대상물

◐ ──────────────

1. 화재의 예방 및 안전관리에 관한 법률 시행령 [별표 4] 제1호에 따른 특급 소방안전관리대상물
2. 화재의 예방 및 안전관리에 관한 법률 시행령 [별표 4] 제2호에 따른 1급 소방안전관리대상물

30 소방안전관리자의 업무에 대한 설명으로 틀린 것은?

① 피난계획에 관한 사항과 대통령령으로 정하는 사항이 포함된 소방계획서의 작성 및 시행
② 자체소방대 및 초기대응체계의 구성, 운영 및 교육
③ 피난시설, 방화구획 및 방화시설의 관리
④ 소방시설이나 그 밖의 소방 관련 시설의 관리

▶ **소방안전관리자의 업무**

1. 법 제36조에 따른 피난계획에 관한 사항과 대통령령으로 정하는 사항이 포함된 소방계획서의 작성 및 시행
2. 자위소방대(自衛消防隊) 및 초기대응체계의 구성, 운영 및 교육
3. 「소방시설 설치 및 관리에 관한 법률」 제16조에 따른 피난시설, 방화구획 및 방화시설의 관리
4. 소방시설이나 그 밖의 소방 관련 시설의 관리
5. 법 제37조에 따른 소방훈련 및 교육
6. 화기(火氣) 취급의 감독
7. 행정안전부령으로 정하는 바에 따른 소방안전관리에 관한 업무수행에 관한 기록 · 유지(제3호 · 제4호 및 제6호의 업무)
8. 화재발생 시 초기대응
9. 그 밖에 소방안전관리에 필요한 업무

31 화재의 예방 및 안전관리에 관한 법률에서 자위소방대에 대한 설명으로 틀린 것은?

① 소방안전관리대상물의 소방안전관리자는 소방교육을 실시하였을 때는 그 실시 결과를 기록하고, 교육을 실시한 날부터 1년간 보관해야 한다.
② 소방안전관리대상물의 소방안전관리자는 소방교육을 소방훈련과 병행하여 실시할 수 있다.
③ 소방안전관리대상물의 소방안전관리자는 연 1회 이상 자위소방대를 소집하여 그 편성 상태 및 초기대응체계를 점검하고, 편성된 근무자에 대한 소방교육을 실시해야 한다. 이 경우 초기대응체계에 편성된 근무자 등에 대해서는 화재 발생 초기대응에 필요한 기본 요령을 숙지할 수 있도록 소방교육을 실시해야 한다.
④ 자위소방대에는 대장과 부대장 1명을 각각 두며, 편성 조직의 인원은 해당 소방안전관리대상물의 수용인원 등을 고려하여 구성한다.

▶

① 소방안전관리대상물의 소방안전관리자는 소방교육을 실시하였을 때는 그 실시 결과를 자위소방대 및 초기대응체계 교육 · 훈련 실시 결과 기록부에 기록하고, 교육을 실시한 날부터 2년간 보관해야 한다.

32 피난시설, 방화구획 또는 방화시설을 폐쇄, 훼손, 변경하는 등의 행위를 한 경우에 1차 위반 시 과태료는 얼마인가?

① 50만 원
② 100만 원
③ 150만 원
④ 200만 원

설치유지관리법 위반	1차 위반	2차 위반	3차 이상
피난시설, 방화구획 또는 방화시설을 폐쇄 · 훼손 · 변경하는 등의 행위를 한 경우	100	200	300

33 특정소방대상물별로 설치하여야 하는 소방시설의 정비에 대한 다음의 설명 중 틀린 것은?

① 대통령령으로 소방시설을 정할 때에는 특정소방대상물의 규모 · 용도 및 수용인원 등을 고려하여야 한다.
② 소방청장은 건축 환경 및 화재위험특성 변화사항을 효과적으로 반영할 수 있도록 소방시설 규정을 2년에 1회 이상 정비하여야 한다.
③ 소방청장은 건축 환경 및 화재위험특성 변화 추세를 체계적으로 연구하여 정비를 위한 개선방안을 마련하여야 한다.
④ 연구의 수행 등에 필요한 사항은 행정안전부령으로 정한다.

② 소방청장은 건축 환경 및 화재위험특성 변화사항을 효과적으로 반영할 수 있도록 소방시설 규정을 3년에 1회 이상 정비하여야 한다.

34 옥외에 연결송수구 및 옥내에 방수구가 부설된 옥내소화전설비, 스프링클러설비, 간이스프링클러설비 또는 연결살수설비를 화재안전기준에 적합하게 설치한 경우 그 설비의 유효범위 안의 부분에서 설치가 면제되는 것은?

① 연소방지설비
② 상수도소화용수설비
③ 물분무등소화설비
④ 연결송수관설비

연결송수관설비를 설치하여야 하는 특정소방대상물 옥외에 연결송수구 및 옥내에 방수구가 부설된 옥내소화전설비 · 스프링클러설비 · 간이스프링클러설비 또는 연결살수설비를 화재안전기준에 적합하게 설치한 경우에는 그 설비의 유효범위에서 설치가 면제된다.

35 비상경보설비 또는 단독경보형 감지기를 설치하여야 하는 특정소방대상물에 어떤 설비를 화재안전기준에 적합하게 설치한 경우에는 그 설비의 유효범위에서 설치가 면제되는가?

① 비상경보설비
② 자동화재탐지설비
③ 비상방송설비
④ 자동화재속보설비

▶ ——————————————————————

비상경보설비 또는 단독경보형 감지기를 설치하여야 하는 특정소방대상물에 자동화재탐지설비를 화재안전기준에 적합하게 설치한 경우에는 그 설비의 유효범위에서 설치가 면제된다.

36 옥내소화전을 설치하여야 하는 장소에 호스릴 방식의 무슨 소화설비를 화재안전기준에 적합하게 설치한 경우에는 그 설비의 유효범위에서 설치가 면제되는가?

① 물분무소화설비
② 미분무소화설비
③ 옥내소화전설비
④ 포소화전설비

▶ ——————————————————————

옥내소화전을 설치하여야 하는 장소에 호스릴 방식의 미분무소화설비를 화재안전기준에 적합하게 설치한 경우에는 그 설비의 유효범위에서 설치가 면제된다.

37 관리권원이 분리되어 있는 특정소방대상물로서 소방안전관리자를 선임하여야 하는 소방대상물은?

① 11층 이상인 고층건축물
② 복합건축물로서 연면적 3,000m²인 건축물
③ 판매시설 중 도매시장
④ 지하구

▶ **공동 소방안전관리자 선임대상(대통령령으로 정하는 특정소방대상물)** ——————————

1. 복합건축물(지하층을 제외한 층수가 11층 이상 또는 연면적 3만 제곱미터 이상인 건축물)
2. 지하가(지하의 인공구조물 안에 설치된 상점 및 사무실, 그 밖에 이와 비슷한 시설이 연속하여 지하도에 접하여 설치된 것과 그 지하도를 합한 것을 말한다)
3. 판매시설 중 도매시장, 소매시장 및 전통시장

38 특정소방대상물에 설치되어 있는 소방시설등에 대하여 정기적으로 자체 점검을 실시하는 자로 맞지 않는 것은?

① 소방시설관리업을 등록한 자
② 특정소방대상물의 관계인
③ 소방청이 정하는 기술자격자
④ 소방본부장 또는 소방서장

▶ **법률 제25조(소방시설등의 자체 점검 등)**

점검 구분	점검자의 자격
작동점검	당해 특정 소방대상물의 관계인 · 소방안전관리자 또는 소방시설관리업자
종합점검	소방시설관리업자 또는 소방안전관리자로 선임된 소방시설관리사 · 소방기술사

39 소방안전관리자의 피난계획수립 및 시행 등에 포함되는 내용이 아닌 것은?

① 각 거실에서 옥외(옥상 또는 피난안전구역을 포함)로 이르는 피난경로
② 층별, 구역별 피난대상 인원의 현황
③ 소화설비의 화재진압 수단 및 방식
④ 재해약자 및 재해약자를 동반한 사람의 피난동선과 피난방법

▶ **피난계획에 포함할 내용**

1. 화재경보의 수단 및 방식
2. 층별, 구역별 피난대상 인원의 현황
3. 장애인, 노인, 임산부, 영유아 및 어린이 등 이동이 어려운 사람(이하 "재해약자")의 현황
4. 각 거실에서 옥외(옥상 또는 피난안전구역을 포함)로 이르는 피난경로
5. 재해약자 및 재해약자를 동반한 사람의 피난동선과 피난방법
6. 피난시설, 방화구획, 그 밖에 피난에 영향을 줄 수 있는 제반 사항

CHAPTER 04 소방시설 설치 및 관리에 관한 법률

01 소방시설법상의 소방시설등이란 소방시설과 비상구 그 밖에 소방 관련 시설로서 대통령령으로 정하는 것이라고 한다. 여기서 대통령령으로 정하는 소방시설은?

① 방화문, 자동방화셔터
② 자동방화문, 자동방화셔터
③ 자동방화문, 수동방화셔터
④ 방화문, 수동방화셔터

02 다음 보기에서 말하는 것을 맞게 짝지은 것은?

> (㉠) : 화재안전 확보를 위하여 재료, 공간 및 설비 등에 요구되는 안전성능으로서 소방청장이 고시로 정하는 기준
> (㉡) : ㉠을 충족하는 상세한 규격, 특정한 수치 및 시험방법 등에 관한 기준으로서 행정안전부령으로 정하는 절차에 따라 소방청장의 승인을 받은 기준

① ㉠ 기술기준, ㉡ 성능기준
② ㉠ 성능기준, ㉡ 기술기준
③ ㉠ 안전기준, ㉡ 성능기준
④ ㉠ 기술기준, ㉡ 안전기준

> ○ ──
>
> ㉠ 성능기준 : 화재안전 확보를 위하여 재료, 공간 및 설비 등에 요구되는 안전성능으로서 소방청장이 고시로 정하는 기준
> ㉡ 기술기준 : 가목에 따른 성능기준을 충족하는 상세한 규격, 특정한 수치 및 시험방법 등에 관한 기준으로서 행정안전부령으로 정하는 절차에 따라 소방청장의 승인을 받은 기준

03 화재를 예방하고 화재발생 시 피해를 최소화하기 위하여 소방대상물의 재료, 공간 및 설비 등에 요구되는 안전성능을 무엇이라 하는가?

① 소방안전성능
② 화재안전성능
③ 화재안전기준
④ 소방안전기준

▶ **화재안전성능** ──

화재를 예방하고 화재발생 시 피해를 최소화하기 위하여 소방대상물의 재료, 공간 및 설비 등에 요구되는 안전성능을 말한다.

04 화재안전기준 중 기술기준을 제정·개정하려는 경우 제정안·개정안을 작성하여 소방시설 설치 및 관리에 관한 법률에 따른 중앙소방기술심의위원회의 심의·의결을 거쳐야 한다. 이 경우 제정안·개정안의 작성을 위해 소방 관련 기관·단체 및 개인 등의 의견을 수렴할 수 있는 기관의 장은?

① 국가소방안전원장
② 한국소방안전원장
③ 국립소방연구원장
④ 국가소방연구원장

국립소방연구원장은 화재안전기준 중 기술기준을 제정·개정하려는 경우 제정안·개정안을 작성하여 「소방시설 설치 및 관리에 관한 법률」 제18조제1항에 따른 중앙소방기술심의위원회의 심의·의결을 거쳐야 한다. 이 경우 제정안·개정안의 작성을 위해 소방 관련 기관·단체 및 개인 등의 의견을 수렴할 수 있다.

05 형식승인을 얻어야 할 소방용품이 아닌 것은?

① 감지기
② 휴대용 비상조명등
③ 소화기
④ 방염액

1. 소화설비를 구성하는 제품 또는 기기
   • 소화기구(소화약제 외의 것을 이용한 간이소화용구 제외)
   • 자동소화장치(상업용 주방소화장치 제외)
   • 소화설비를 구성하는 소화전, 송수구, 관창(菅槍), 소방호스, 스프링클러헤드, 기동용 수압개폐장치, 유수제어밸브 및 가스관선택밸브
2. 경보설비를 구성하는 제품 또는 기기
   • 누전경보기 및 가스누설경보기
   • 경보설비를 구성하는 발신기, 수신기, 중계기, 감지기 및 음향장치(경종만 해당)
3. 피난구조설비를 구성하는 제품 또는 기기
   • 피난사다리, 구조대, 완강기(간이완강기 및 지지대 포함)
   • 공기호흡기(충전기 포함)
   • 피난구유도등, 통로유도등, 객석유도등 및 예비 전원이 내장된 비상조명등
4. 소화용으로 사용하는 제품 또는 기기
   • 소화약제[상업용 주방자동소화장치, 캐비닛형 자동소화장치 소화설비용(포, 이산화탄소, 할로겐화합물, 청정소화약제, 분말, 강화액 소화설비)만 해당]
   • 방염제(방염액, 방염도료 및 방염성물질)

06 소방용품으로 형식승인을 얻어야 할 경보설비가 아닌 것은?

① 감지기

② 누전경보기

③ 중계기

④ 가스차단경보기

▶ **경보설비를 구성하는 제품 또는 기기**

- 누전경보기 및 가스누설경보기
- 경보설비를 구성하는 발신기, 수신기, 중계기, 감지기 및 음향장치(경종만 해당)

07 소방시설법 시행령에서 "무창층"(無窓層)이란 지상층 중 다음의 요건을 모두 갖춘 개구부의 면적의 합계가 해당 층의 바닥면적의 30분의 1 이하가 되는 층을 말한다. 이에 해당하지 않는 것은?

① 크기는 지름 50센티미터 이상의 원이 내접(內接)할 수 있는 크기일 것

② 해당 층의 바닥면으로부터 개구부 밑부분까지의 높이가 1.2미터 이내일 것

③ 도로 또는 차량이 진입할 수 있는 빈터를 향할 것

④ 내부 또는 외부에서 쉽게 부수거나 열 수 있는 창살이 있을 것

▶ **무창층(無窓層)**

지상층 중 다음의 요건을 모두 갖춘 개구부(건축물에서 채광·환기·통풍 또는 출입 등을 위하여 만든 창·출입구)의 면적의 합계가 해당 층의 바닥면적(「건축법 시행령」 제119조제1항제3호에 따라 산정된 면적)의 30분의 1 이하가 되는 층을 말한다.

- 크기는 지름 50센티미터 이상의 원이 내접(內接)할 수 있는 크기일 것
- 해당 층의 바닥면으로부터 개구부 밑부분까지의 높이가 1.2미터 이내일 것
- 도로 또는 차량이 진입할 수 있는 빈터를 향할 것
- 화재 시 건축물로부터 쉽게 피난할 수 있도록 창살이나 그 밖의 장애물이 설치되지 아니할 것
- 내부 또는 외부에서 쉽게 부수거나 열 수 있을 것

08 소방시설법에서 관계인이란 소유자, 점유자, 관리자이다. 관계인의 의무가 아닌 것은?

① 소방시설등의 기능과 성능을 보전·향상시키고 이용자의 편의와 안전성을 높이기 위하여 노력하여야 한다.

② 매년 소방시설등의 관리에 필요한 재원을 확보하도록 노력하여야 한다.

③ 국가 및 지방자치단체의 소방용수시설의 설치 및 관리 활동에 적극 협조하여야 한다.

④ 관계인 중 점유자는 소유자 및 관리자의 소방시설등 관리 업무에 적극 협조하여야 한다.

▶ **관계인의 의무**

관계인은 국가 및 지방자치단체의 소방시설등의 설치 및 관리 활동에 적극 협조하여야 한다.

09 소방본부장 또는 소방서장은 건축허가등의 동의요구서류를 접수한 날부터 며칠 이내에 건축허가 등의 동의 여부를 회신하여야 하는가?(단, 허가를 신청한 특정소방대상물은 지하층을 포함하여 30층 이상으로 주상복합건축물이다.)

① 3일 　　　　② 5일 　　　　③ 7일 　　　　④ 10일

◐ 건축허가등의 동의 여부 회신기한

1. 5일 이내 : 일반건축물
2. 10일 이내(특급 소방안전관리대상물)
　① 30층 이상(지하층 포함)이거나 지상으로부터 높이가 120m 이상
　② 연면적이 10만m² 이상인 특정소방대상물
　③ 아파트의 경우에는 지하층 제외한 층수 50층 이상 또는 높이 200m 이상
※ 참고 : 성능위주 설계대상은 높이가 100m 이상

10 건축허가등의 동의대상물에 해당하지 않는 것은?

① 연면적 400m² 이상인 건축물
② 위험물 저장 및 처리시설
③ 노유자 생활시설
④ 차고, 주차장으로 사용되는 층 중 바닥면적이 100m² 이상인 층이 있는 시설

◐ 건축허가등의 동의대상물

1. 연면적이 400제곱미터 이상인 건축물이나 시설. 다만, 다음 각 목의 어느 하나에 해당하는 건축물이나 시설은 해당 목에서 정한 기준 이상인 건축물이나 시설로 한다.
　① 「학교시설사업 촉진법」에 따라 건축등을 하려는 학교시설 : 100제곱미터
　② 노유자 시설 및 수련시설 : 200제곱미터
　③ 「정신건강증진 및 정신질환자 복지서비스 지원에 관한 법률」에 따른 정신의료기관(입원실이 없는 정신건강의학과 의원은 제외) : 300제곱미터
　④ 「장애인복지법」에 따른 장애인 의료재활시설 : 300제곱미터
2. 지하층 또는 무창층이 있는 건축물로서 바닥면적이 150제곱미터(공연장의 경우에는 100제곱미터) 이상인 층이 있는 것
3. 차고·주차장 또는 주차 용도로 사용되는 시설로서 다음의 어느 하나에 해당하는 것
　① 차고·주차장으로 사용되는 바닥면적이 200제곱미터 이상인 층이 있는 건축물이나 주차시설
　② 승강기 등 기계장치에 의한 주차시설로서 자동차 20대 이상을 주차할 수 있는 시설
4. 층수가 6층 이상인 건축물
5. 항공기 격납고, 관망탑, 항공관제탑, 방송용 송수신탑
6. 의원(입원실이 있는 것)·조산원·산후조리원, 위험물 저장 및 처리 시설, 발전시설 중 풍력발전소·전기저장시설, 지하구
7. 1-②에 해당하지 않는 노유자 시설 중 다음의 어느 하나에 해당하는 시설. 다만, ①-ⓛ 및 ②부터 ⑥까지의 시설 중 「건축법 시행령」의 단독주택 또는 공동주택에 설치되는 시설은 제외한다.

① 노인 관련 시설 중 다음의 어느 하나에 해당하는 시설
　　㉠ 「노인복지법」에 따른 노인주거복지시설, 노인의료복지시설 및 재가노인복지시설
　　㉡ 「노인복지법」에 따른 학대피해노인 전용쉼터
② 「아동복지법」에 따른 아동복지시설(아동상담소, 아동전용시설 및 지역아동센터 제외)
③ 「장애인복지법」에 따른 장애인 거주시설
④ 정신질환자 관련 시설(「정신건강증진 및 정신질환자 복지서비스 지원에 관한 법률」에 따른 공동생활가정을 제외한 재활훈련시설과 종합시설 중 24시간 주거를 제공하지 않는 시설 제외)
⑤ 노숙인 관련 시설 중 노숙인자활시설, 노숙인재활시설 및 노숙인요양시설
⑥ 결핵환자나 한센인이 24시간 생활하는 노유자 시설
8. 「의료법」에 따른 요양병원. 다만, 의료재활시설은 제외한다.
9. 공장 또는 창고시설로서 「화재의 예방 및 안전관리에 관한 법률 시행령」[별표 2]에서 정하는 수량의 750배 이상의 특수가연물을 저장·취급하는 것
10. 가스시설로서 지상에 노출된 탱크의 저장용량의 합계가 100톤 이상인 것

11 건축허가등의 동의를 요구한 건축허가청이 그 건축허가를 취소한 때에는 취소한 날로부터 며칠 이내에 그 사실을 소방본부장 또는 소방서장에게 통보하여야 하는가?

① 4일　　　　　② 7일　　　　　③ 10일　　　　　④ 30일

▶ 시행규칙 제4조제5항

건축허가 등의 동의를 요구한 기관이 그 건축허가 등을 취소하였을 때에는 취소한 날부터 7일 이내에 건축물 등의 시공지 또는 소재지를 관할하는 소방본부장 또는 소방서장에게 그 사실을 통보하여야 한다.

12 건축허가등의 동의대상물에서 제외되는 경우가 아닌 경우는?

① 스프링클러설비가 화재안전기준에 적합하게 설치된 경우
② 피난기구가 화재안전기준에 적합하게 설치된 경우
③ 유도등 및 유도표지가 화재안전기준에 적합하게 설치된 경우
④ 증축 또는 용도변경으로 인하여 소방시설을 추가로 설치하지 않는 경우

▶ 건축허가등의 동의대상물 제외 경우

1. 소화기구, 자동소화장치, 누전경보기, 단독경보형감지기, 가스누설경보기 및 피난구조설비(비상조명등은 제외)가 화재안전기준에 적합한 경우
2. 증축 또는 용도변경으로 인하여 소방시설이 추가로 설치되지 않는 경우
3. 「소방시설공사업법 시행령」에 따른 소방시설공사의 착공신고 대상에 해당하지 않는 경우 해당 특정소방대상물

13 건축허가 동의 시 첨부하는 소방시설 설계도서가 아닌 것은?

① 소방시설(기계 · 전기 분야의 시설을 말한다)의 계통도(시설별 계산서를 포함한다)
② 소방시설별 층별 평면도
③ 실내장식물 방염대상물품 설치 계획(「건축법」에 따른 건축물의 마감재료를 포함)
④ 소방시설의 내진설계 계통도 및 기준층평면도(내진 시방서 및 계산서 등 세부 내용이 포함된 상세 설계도면은 제외한다)

▶ ─────────────────────────────────

실내장식물 방염대상물품 설치 계획(「건축법」 제52조에 따른 건축물의 마감재료는 제외한다)

14 건축허가 동의 시 소방본부장 또는 소방서장은 동의요구서 및 첨부서류의 보완이 필요한 경우에는 기간을 정하여 보완을 요구할 수 있다. 이 경우 보완 기간은 회신 기간에 산입하지 않으며 보완 기간 내에 보완하지 않는 경우에는 동의요구서를 반려해야 한다. 보완 기간은 며칠인가?

① 3일   ② 4일   ③ 7일   ④ 14일

15 건축허가 동의 시 소방본부장 또는 소방서장은 제4항에 따른 건축허가등의 동의 여부를 알릴 경우에는 원활한 소방활동 및 건축물 등의 화재안전성능을 확보하기 위하여 필요한 사항을 검토 자료 또는 의견서를 첨부할 수 있다. 해당 첨부자료가 아닌 것은?

① 방화구획   ② 소방관 진입창   ③ 방화벽   ④ 창호도

▶ ─────────────────────────────────

소방본부장 또는 소방서장은 제4항에 따른 건축허가등의 동의 여부를 알릴 경우에는 원활한 소방활동 및 건축물 등의 화재안전성능을 확보하기 위하여 필요한 다음의 사항에 대한 검토 자료 또는 의견서를 첨부할 수 있다.
1. 「건축법」 제49조제1항 및 제2항에 따른 피난시설, 방화구획(防火區劃)
2. 「건축법」 제49조제3항에 따른 소방관 진입창
3. 「건축법」 제50조, 제50조의2, 제51조, 제52조, 제52조의2 및 제53조에 따른 방화벽, 마감재료 등
4. 그 밖에 소방자동차의 접근이 가능한 통로의 설치 등 대통령령으로 정하는 사항

16 강의실의 수용인원 산정방법으로서 적합한 것은?

① 강의실 용도로 사용하는 바닥면적의 합계를 1.9m²로 나누어 얻은 수
② 강의실 용도로 사용하는 바닥면적의 합계를 3m²로 나누어 얻은 수
③ 강의실 용도로 사용하는 바닥면적의 합계를 4.6m²로 나누어 얻은 수
④ 강의실의 의자 수

숙박시설	침대 있음	종사자 수＋침대의 수(2인용 침대는 2인으로 산정)	
	침대 없음	종사자 수＋$\dfrac{\text{바닥면적의 합계}}{3\text{m}^2}$	
숙박 외	강의실, 상담실, 실습실, 휴게실, 교무실		$\dfrac{\text{바닥면적의 합계}}{1.9\text{m}^2}$
	강당, 문화 및 집회시설, 운동시설, 종교시설 (긴의자 정면너비를 0.45m로 나누어 얻은 수)		$\dfrac{\text{바닥면적의 합계}}{4.6\text{m}^2}$
	그 밖의 소방대상물		$\dfrac{\text{바닥면적의 합계}}{3\text{m}^2}$

※ 바닥면적 산정 시 제외 장소 : 복도, 계단, 화장실의 바닥면적 제외(계산결과 소수점 이하는 반올림)

17 다음 수용인원의 산정방법에 대한 설명으로 옳지 않은 것은?

① 바닥면적을 산정할 때는 복도, 계단 및 화장실의 바닥면적을 포함하지 않는다.
② 침대가 없는 숙박시설은 해당 특정소방대상물의 종사자 수에 숙박시설 바닥면적의 합계를 3m²로 나누어 얻은 수를 합한 수
③ 강당, 문화 및 집회시설, 운동시설, 종교시설은 해당 용도로 사용하는 바닥면적의 합계를 3m²로 나누어 얻은 수
④ 강의실, 교무실, 상담실, 실습실, 휴게실 용도로 쓰이는 특정소방대상물은 해당 용도로 사용하는 바닥면적의 합계를 1.9m²로 나누어 얻은 수

강당, 문화 및 집회시설, 운동시설, 종교시설은 해당 용도로 사용하는 바닥면적의 합계를 4.6m²로 나누어 얻은 수

18 소방시설 및 관리에 관한 법률 시행령에서 규정하는 특정소방대상물의 분류로 옳지 않은 것은?

① 박물관 – 문화 및 집회시설
② 카지노영업소 – 위락시설
③ 주민자치센터 – 업무시설
④ 여객자동차터미널 및 화물자동차 차고 – 항공기 및 자동차 관련 시설

⚬ **특정소방대상물의 분류**
1. 여객자동차터미널 : 운수시설
2. 화물자동차 차고 : 항공기 및 자동차 관련 시설

19 특정소방대상물의 근린생활시설에 해당되는 것은?

① 기원　　　② 전시장　　　③ 기숙사　　　④ 유치원

▶ **특정소방대상물**
　① 기원 : 근린생활시설　　　② 전시장 : 문화 및 집회시설
　③ 기숙사 : 공동주택　　　④ 유치원 : 노유자 시설

20 특정소방대상물로서 의료시설에 해당되지 않는 것은?

① 요양병원　　　　　　② 마약진료소
③ 장애인 의료재활시설　　　④ 노인의료복지시설

▶
1. 노인의료복지시설 : 노유자 시설
2. 의료시설
　① 병원 : 종합병원, 병원, 치과병원, 한방병원, 요양병원
　② 격리병원 : 전염병원, 마약진료소, 그 밖에 이와 비슷한 것
　③ 정신의료기관, 장애인 의료재활시설

21 다음의 특정소방대상물 중 근린생활시설에 해당하는 것은?

① 체력단련장으로 쓰는 바닥면적의 합계가 1,000m²인 것
② 슈퍼마켓으로 쓰는 바닥면적의 합계가 1,000m²인 것
③ 공연장으로 쓰는 바닥면적의 합계가 200m²인 것
④ 금융업소로 쓰는 바닥면적의 합계가 500m²인 것

▶

미만	면적기준	이상
단란주점	150m²	위락시설
공연장·집회장·비디오물업 등	300m²	문화 및 집회시설
탁구장, 테니스장, 체육도장, 체력단련장, 볼링장, 당구장, 골프연습장, 물놀이형시설	500m²	운동시설
금융업소·사무소 등		업무시설
제조업소·수리점 등		공장
게임제공업 등		판매시설(상점)
학원		교육연구시설
고시원		숙박시설
슈퍼마켓, 일용품 등 소매점	1,000m²	판매시설(상점)
의약품 및 의료기기 판매소, 자동차영업소		판매시설
운동시설(체육관)		문화 및 집회시설(체육관)

22 다음 중 교육연구시설에 해당하지 않는 것은?

① 직업훈련소
② 도서관
③ 자동차운전학원
④ 연수원

> ● **교육연구시설**
>
> 1. 학교
> 2. 교육원(연수원, 그 밖에 이와 비슷한 것을 포함)
> 3. 직업훈련소
> 4. 학원(근린생활시설에 해당하는 것과 자동차운전학원·정비학원 및 무도학원은 제외)
> 5. 연구소(연구소에 준하는 시험소와 계량계측소를 포함)
> 6. 도서관
>
> ③ 자동차운전학원, 정비학원 : 항공기 및 자동차 관련시설

23 특정소방대상물의 용도별 구분 중 틀린 것은?

① 오피스텔 : 업무시설
② 유스호스텔 : 수련시설
③ 보건소 : 의료시설
④ 항만시설 : 운수시설

> ●
>
> ③ 보건소는 업무시설이다.

24 특정소방대상물로서 근린생활시설인 종교집회장의 바닥면적은 몇 m^2 미만이어야 하는가?

① $150m^2$
② $300m^2$
③ $500m^2$
④ $1,000m^2$

25 다음 ( ) 안에 들어갈 내용으로 옳은 것은?

> 둘 이상의 특정소방대상물이 내화구조로 된 연결통로가 벽이 없는 구조로서 그 길이가 (㉠) 이하인 경우, 벽이 있는 구조로서 그 길이가 (㉡) 이하인 경우에는 하나의 소방대상물로 본다.

① ㉠ : 3m 이하, ㉡ : 5m 이하
② ㉠ : 5m 이하, ㉡ : 3m 이하
③ ㉠ : 6m 이하, ㉡ : 10m 이하
④ ㉠ : 10m 이하, ㉡ : 6m 이하

> ● **내화구조로 된 연결통로가 다음의 어느 하나에 해당되는 경우**
>
> 1. 벽이 없는 구조로서 그 길이가 6m 이하인 경우
> 2. 벽이 있는 구조로서 그 길이가 10m 이하인 경우

26 대통령령으로 정한 특정소방대상물 중 복합건축물에 대한 설명으로 맞는 것은?

① 위험물저장소도 복합건축물에 해당된다.

② 대통령령이 정하는 특정소방대상물이 하나의 건축물 안에 2개 이상의 용도로 사용되고 있는 것을 말한다.

③ 복합건축물에 시설하는 소방시설 및 피난시설은 각각의 건축물로 보고 별개로 시설하여야 한다.

④ 둘 이상의 소방대상물이 붙어 있는 것을 복합건축물이라 한다.

> **복합건축물** ───────────────────────────

1. 하나의 건축물이 둘 이상의 용도로 사용되는 것. 다만, 다음의 어느 하나에 해당하는 경우에는 복합건축물로 보지 않는다.
   ① 관계 법령에서 주된 용도의 부수시설로서 그 설치를 의무화하고 있는 용도 또는 시설
   ② 「주택법」에 따라 주택 안에 부대시설 또는 복리시설이 설치되는 특정소방대상물
   ③ 건축물의 주된 용도의 기능에 필수적인 용도로서 다음의 어느 하나에 해당하는 용도
      • 건축물의 설비(전기저장시설 포함), 대피 또는 위생을 위한 용도, 그 밖에 이와 비슷한 용도
      • 사무, 작업, 집회, 물품저장 또는 주차를 위한 용도, 그 밖에 이와 비슷한 용도
      • 구내식당, 구내세탁소, 구내운동시설 등 종업원후생복리시설(기숙사 제외) 또는 구내소각시설의 용도, 그 밖에 이와 비슷한 용도
2. 하나의 건축물이 근린생활시설, 판매시설, 업무시설, 숙박시설 또는 위락시설의 용도와 주택의 용도로 함께 사용되는 것

27 대통령령으로 정한 특정소방대상물 중 복합건축물로서 하나의 건축물이 둘 이상의 용도로 사용되는 것이다. 다음 중 복합건축물로 보지 않는 경우가 아닌 것은?

① 주택 밖에 부대시설 또는 복리시설이 설치되는 특정소방대상물

② 관계 법령에서 주된 용도의 부수시설로서 그 설치를 의무화하고 있는 용도 또는 시설

③ 건축물의 설비, 대피 또는 위생을 위한 용도, 그 밖에 이와 비슷한 용도

④ 사무, 작업, 집회, 물품저장 또는 주차를 위한 용도, 그 밖에 이와 비슷한 용도

> ───────────────────────────

문제 26번 해설 참조

28 둘 이상의 특정소방대상물이 연결통로로 연결된 경우에는 이를 하나의 소방대상물로 본다. 이에 해당하지 않는 것은?

① 내화구조가 아닌 연결통로로 연결된 경우

② 지하보도, 지하상가, 지하가로 연결된 경우

③ 방화셔터 또는 갑종방화문이 설치되지 않은 피트로 연결된 경우

④ 내화구조로 된 연결통로가 벽이 없는 구조로서 그 길이가 10m 이상인 경우

> 1. 내화구조로 된 연결통로가 다음의 어느 하나에 해당되는 경우
>   ① 벽이 없는 구조로서 그 길이가 6m 이하인 경우
>   ② 벽이 있는 구조로서 그 길이가 10m 이하인 경우. 다만, 벽 높이가 바닥에서 천장까지의 높이의 2분의 1 이상인 경우에는 벽이 있는 구조로 보고, 벽 높이가 바닥에서 천장까지의 높이의 2분의 1 미만인 경우에는 벽이 없는 구조로 본다.
> 2. 내화구조가 아닌 연결통로로 연결된 경우
> 3. 컨베이어로 연결되거나 플랜트설비의 배관 등으로 연결되어 있는 경우
> 4. 지하보도, 지하상가, 지하가로 연결된 경우
> 5. 자동방화셔터 또는 60분＋방화문이 설치되지 않은 피트로 연결된 경우
> 6. 지하구로 연결된 경우

29 노유자 시설로서 옥내소화전설비를 모든 층에 설치하여야 할 소방대상물은 연면적 몇 제곱미터 이상이어야 하는가?

① 1,000　　　　② 1,500　　　　③ 2,000　　　　④ 3,000

> 근린생활시설, 판매시설, 운수시설, 의료시설, 노유자 시설, 업무시설, 숙박시설, 장례식장 등 : 연면적 1,500m² 이상

30 가스 관계 법령에 따라 설치되는 물분무장치 등에 소방대가 사용할 수 있는 연결송수구가 설치되거나 물분무장치 등에 몇 시간 이상 공급할 수 있는 수원(水源)이 확보된 경우에는 연결살수설비의 설치가 면제되는가?

① 2시간　　　　② 4시간　　　　③ 6시간　　　　④ 8시간

> 가스 관계 법령에 따라 설치되는 물분무장치 등에 소방대가 사용할 수 있는 연결송수구가 설치되거나 물분무장치 등에 6시간 이상 공급할 수 있는 수원(水源)이 확보된 경우에는 설치가 면제된다.

31 다음 (　)에 알맞은 용어는?

> 직접 외부 공기와 통하는 배출구의 면적의 합계가 해당 제연구역 바닥면적의 (　) 이상이고, 배출구부터 각 부분까지의 수평거리가 (　) 이내이며, 공기유입구가 화재안전기준에 적합하게 설치되어 있는 경우에는 제연설비의 설치가 면제된다.

① 100분의 1, 10m　　　　　　② 100분의 1, 30m
③ 10분의 1, 10m　　　　　　④ 10분의 1, 30m

◎ **제연설비의 설치의 면제 기준**

직접 외부 공기와 통하는 배출구의 면적의 합계가 해당 제연구역[제연경계(제연설비의 일부인 천장을 포함)에 의하여 구획된 건축물 내의 공간] 바닥면적의 100분의 1 이상이고, 배출구부터 각 부분까지의 수평거리가 30m 이내이며, 공기유입구가 화재안전기준에 적합하게(외부 공기를 직접 자연 유입할 경우에 유입구의 크기는 배출구의 크기 이상) 설치되어 있는 경우

32 연결송수관설비를 설치하여야 할 특정소방대상물이 아닌 것은?

① 지하가 중 터널로서 길이가 1천m 이상인 것
② 층수가 5층 이상으로서 연면적 6천m² 이상인 것
③ 지하층을 제외하는 층수가 7층 이상인 것
④ 지하층의 층수가 3층 이상이고 지하층의 바닥면적의 합계가 1천m² 이상인 것

◎

연결송수관설비를 설치하여야 하는 특정소방대상물(위험물 저장 및 처리 시설 중 가스시설 또는 지하구 제외)은 다음의 어느 하나와 같다.
1) 층수가 5층 이상으로서 연면적 6천m² 이상인 것
2) 1)에 해당하지 않는 특정소방대상물로서 지하층을 포함하는 층수가 7층 이상인 것
3) 1) 및 2)에 해당하지 않는 특정소방대상물로서 지하층의 층수가 3층 이상이고 지하층의 바닥면적의 합계가 1천m² 이상인 것
4) 지하가 중 터널로서 길이가 1천m 이상인 것

33 비상방송설비를 설치하여야 할 특정 소방대상물은?

① 지하층을 포함한 층수가 10층 이상인 것
② 연면적 3,500m² 이상인 것
③ 지하층의 층수가 2개 층 이상인 것
④ 사람이 거주하지 않는 동식물 관련시설인 것

◎ **비상방송설비의 설치기준**

1. 연면적 3,500m² 이상인 경우 모든 층
2. 지하층을 제외한 층수가 11층 이상인 경우 모든 층
3. 지하층의 층수가 3층 이상인 경우 모든 층

34 다음 ( ) 안에 들어갈 숫자로 알맞은 것은?

인명구조기구는 지하층을 포함하는 층수가 (㉠)층 이상인 관광호텔 및 (㉡)층 이상인 병원에 설치하여야 한다.

① ㉠ 11, ㉡ 7　　　　　　　② ㉠ 7, ㉡ 11

③ ㉠ 7, ㉡ 5　　　　　　　④ ㉠ 5, ㉡ 7

● 인명구조기구의 설치기준

지하층을 포함하는 층수가 7층 이상인 관광호텔 및 5층 이상인 병원에 설치하여야 한다. 다만, 병원의 경우에는 인공소생기를 설치하지 아니할 수 있다.

35 비상조명등을 설치하여야 할 특정소방대상물로 옳은 것은?

① 지하층을 포함하는 층수가 5층 이상, 연면적 3,000m² 이상

② 지하층을 포함하는 층수가 5층 이상, 연면적 3,500m² 이상

③ 지하층을 제외하는 층수가 5층 초과, 연면적 3,000m² 이상

④ 지하층을 제외하는 층수가 5층 초과, 연면적 3,500m² 이상

● 비상조명등의 설치기준

1. 지하층을 포함하는 층수가 5층 이상인 건축물로서 연면적 3천m² 이상인 경우 모든 층
2. 지하층 또는 무창층의 바닥면적이 450m² 이상인 경우 해당 층
3. 지하가 중 터널로서 그 길이가 500m 이상인 것

36 근린생활시설 중 일반목욕장인 경우 연면적 몇 m² 이상이면 자동화재탐지설비를 설치해야 하는가?

① 500　　　② 1,000　　　③ 1,500　　　④ 2,000

● 자동화재탐지설비 설치대상

1. 근린생활시설(목욕장은 제외), 의료시설, 숙박시설, 위락시설, 장례식장 및 복합건축물로서 연면적 600m² 이상인 것
2. 공동주택, 근린생활시설 중 목욕장, 문화 및 집회시설, 종교시설, 판매시설, 운수시설, 운동시설, 업무시설, 공장, 창고시설, 위험물 저장 및 처리시설, 항공기 및 자동차 관련 시설, 교정 및 군사시설 중 국방·군사시설, 방송통신시설, 발전시설, 관광 휴게시설, 지하가(터널은 제외)로서 연면적 1천m² 이상인 것

37 소방시설 및 관리에 관한 법령상 특정소방대상물의 관계인이 특정소방대상물의 규모·용도 및 수용인원 등을 고려하여 갖추어야 하는 소방시설에 관한 설명으로 옳지 않은 것은?

① 지하가 중 터널로서 길이가 1,000m 이상인 터널에는 옥내소화전설비를 설치하여야 한다.

② 판매시설로서 바닥면적의 합계가 5,000m² 이상인 경우에는 모든 층에 스프링클러설비를 설치하여야 한다.

③ 위락시설로서 연면적 600m² 이상인 경우 자동화재탐지설비를 설치하여야 한다.

④ 지하층을 포함하는 층수가 5층 이상인 관광호텔에는 방열복 또는 방화복, 인공소생기 및 공기호흡기를 설치하여야 한다.

◑ 인명구조기구

7층 이상 관광호텔 (지하층 포함)	방열복 또는 방화복(안전모, 보호장갑 및 안전화 포함), 인공소생기 및 공기호흡기
5층 이상 병원 (지하층 포함)	방열복 또는 방화복(안전모, 보호장갑 및 안전화 포함) 및 공기호흡기
공기호흡기 설치대상	• 수용인원 100명 이상 문화 및 집회시설 중 영화상영관 • 판매시설 중 대규모점포, 운수시설 중 지하역사, 지하가 중 지하상가 • 화재안전기준에 따라 이산화탄소소화설비 설치대상

38 다음 중 무선통신 보조설비를 반드시 설치하여야 하는 특정소방대상물로 볼 수 없는 것은?

① 지하층의 층수가 3개 층으로 지하층의 바닥면적의 합계가 1,000m²인 경우
② 지하층의 바닥면적의 합계가 1,000m²인 경우
③ 지하가 중 터널로서 길이가 500m인 경우
④ 지하가(터널 제외)의 연면적이 1,500m²인 경우

◑ 무선통신보조설비 설치대상물

1. 지하가(터널은 제외)로서 연면적 1천m² 이상인 것
2. 지하층의 바닥면적의 합계가 3천m² 이상인 것 또는 지하층의 층수가 3층 이상이고 지하층의 바닥면적의 합계가 1천m² 이상인 것은 지하층의 모든 층
3. 지하가 중 터널로서 길이가 500m 이상인 것
4. 지하구 중 공동구
5. 층수가 30층 이상인 것으로서 16층 이상 부분의 모든 층

39 다음의 빈칸에 들어가는 것은?

상수도소화용수설비를 설치하여야 하는 특정소방대상물은 다음 각 목의 어느 하나와 같다. 다만, 상수도소화용수설비를 설치하여야 하는 특정소방대상물의 대지 경계선으로부터 (Ⓐ)에 지름 (Ⓑ) 이상인 상수도용 배수관이 설치되지 않은 지역의 경우에는 화재안전기준에 따른 소화수조 또는 저수조를 설치하여야 한다.

① Ⓐ 140m 이내, Ⓑ 65mm 이상
② Ⓐ 140m 이내, Ⓑ 75mm 이상
③ Ⓐ 180m 이내, Ⓑ 75mm 이상
④ Ⓐ 180m 이내, Ⓑ 65mm 이상

▶ **상수도소화용수설비 설치기준**

상수도소화용수설비를 설치하여야 하는 특정소방대상물은 다음의 어느 하나와 같다. 다만, 상수도 소화용수설비를 설치하여야 하는 특정소방대상물의 대지 경계선으로부터 180m 이내에 지름 75mm 이상인 상수도용 배수관이 설치되지 않은 지역의 경우에는 화재안전기준에 따른 소화수조 또는 저수조를 설치하여야 한다.

1. 연면적 5천m² 이상인 것. 다만, 위험물 저장 및 처리 시설 중 가스시설, 지하가 중 터널 또는 지하구의 경우에는 제외한다.
2. 가스시설로서 지상에 노출된 탱크의 저장용량의 합계가 100톤 이상인 것
3. 자원순환 관련 시설 중 폐기물재활용시설 및 폐기물처분시설

40 다음 중 시각경보기를 반드시 설치하여야 하는 특정소방대상물로 볼 수 없는 것은?

① 근린생활시설, 문화 및 집회시설, 종교시설, 판매시설, 운수시설, 운동시설, 위락시설, 창고시설 중 물류터미널
② 의료시설, 노유자시설, 업무시설, 숙박시설, 발전시설 및 장례시설
③ 교육연구시설 중 도서관, 방송통신시설 중 방송국
④ 지하가 중 지하역사

▶ **시각경보설비 설치대상물**

1. 근린생활시설, 문화 및 집회시설, 종교시설, 판매시설, 운수시설, 의료시설, 노유자시설
2. 운동시설, 업무시설, 숙박시설, 위락시설, 창고시설 중 물류터미널, 발전시설 및 장례시설
3. 교육연구시설 중 도서관, 방송통신시설 중 방송국
4. 지하가 중 지하상가

41 비상콘센트 설치 대상이 아닌 것은?

① 층수가 11층 이상인 특정소방대상물의 경우에는 11층 이상의 층
② 지하층의 층수가 3층 이상이고 지하층의 바닥면적의 합계가 1천m² 이상인 것은 지하층의 모든 층
③ 지하가 중 터널로서 길이가 500m 이상인 것
④ 층수가 30층 이상인 것으로서 16층 이상 부분의 모든 층

▶ **비상콘센트 설치 대상**

비상콘센트설비를 설치하여야 하는 특정소방대상물(위험물 저장 및 처리 시설 중 가스시설 또는 지하구는 제외한다.)은 다음의 어느 하나와 같다.

1. 층수가 11층 이상인 특정소방대상물의 경우에는 11층 이상의 층
2. 지하층의 층수가 3층 이상이고 지하층의 바닥면적 합계가 1천m² 이상인 것은 지하층의 모든 층
3. 지하가 중 터널로서 길이가 500m 이상인 것

42 물분무등소화설비를 설치하여야 하는 특정소방대상물이 아닌 것은?

① 항공기 및 자동차 관련 시설 중 항공기격납고

② 주차용 건축물(기계식주차장을 포함한다.)로서 연면적 600m² 이상인 것

③ 건축물 내부에 설치된 차고 또는 주차장으로서 차고 또는 주차의 용도로 사용되는 부분(필로티를 주차용도로 사용하는 경우를 포함)의 바닥면적의 합계가 200m² 이상인 것

④ 특정소방대상물에 설치된 전기실·발전실·변전실·축전지실·통신기기실 또는 전산실, 그 밖에 이와 비슷한 것으로서 바닥면적이 300m² 이상인 것

▶ **물분무등소화설비를 설치하여야 하는 특정소방대상물**

1. 항공기 및 자동차 관련 시설 중 항공기 격납고

2. 차고, 주차용 건축물 또는 철골 조립식 주차시설로 연면적 800m² 이상인 것만 해당

3. 건축물의 내부에 설치된 차고·주차장으로서 차고 또는 주차의 용도로 사용되는 면적이 200m² 이상인 경우 해당 부분(50세대 미만 연립주택 및 다세대주택은 제외)

4. 기계장치에 의한 주차시설을 이용하여 20대 이상의 차량을 주차할 수 있는 시설

5. 특정소방대상물에 설치된 전기실·발전실·변전실(가연성 절연유를 사용하지 않는 변압기·전류차단기 등의 전기기기와 가연성 피복을 사용하지 않은 전선 및 케이블만을 설치한 전기실·발전실 및 변전실은 제외)·축전지실·통신기기실 또는 전산실, 그 밖에 이와 비슷한 것으로서 바닥면적이 300m² 이상인 것

43 다음 ( )에 알맞은 것은?

> 물분무등소화설비를 설치하여야 하는 특정소방대상물 중 ( )를 설치한 경우 해당 특정소방대상물의 출입구 외부 인근에 보조마스크가 장착된 인명구조용 공기호흡기를 한 대 이상 갖추어 두어야 한다.

① 할로겐화합물소화설비   ② 청정소화약제소화설비

③ 분말소화설비   ④ 이산화탄소소화설비

▶ **물분무등소화설비를 설치하여야 하는 특정소방대상물**

물분무등소화설비를 설치하여야 하는 특정소방대상물 중 이산화탄소소화설비를 설치한 경우 해당 특정소방대상물의 출입구 외부 인근에 보조마스크가 장착된 인명구조용 공기호흡기를 한 대 이상 갖추어 두어야 한다.

44 피난구조설비 중 공기호흡기를 설치하여야 하는 특정소방대상물이 아닌 것은?

① 수용인원 100명 이상인 문화 및 집회시설 중 영화상영관

② 도매시장, 소매시장

③ 운수시설 중 지하역사

④ 지하가 중 지하상가

◐ **공기호흡기를 설치하여야 하는 특정소방대상물** ─────────

1. 수용인원 100명 이상인 문화 및 집회시설 중 영화상영관
2. 판매시설 중 대규모점포
3. 운수시설 중 지하역사
4. 지하가 중 지하상가
5. 화재안전기준에 따라이산화탄소소화설비를 설치하여야 하는 특정소방대상물(단, 호스릴이산화탄소소화설비 제외)

45 제연설비를 설치하여야 하는 특정소방대상물에 대한 설명으로 잘못된 것은?

① 문화 및 집회시설, 종교시설, 운동시설로서 무대부의 바닥면적이 200m² 이상 또는 문화 및 집회시설 중 영화상영관으로서 수용인원 100명 이상인 것
② 지하층이나 무창층에 설치된 근린생활시설, 판매시설, 운수시설, 숙박시설, 위락시설 또는 창고시설(물류터미널만 해당)로서 해당 용도로 사용되는 바닥면적의 합계가 1천m² 이상인 것
③ 지하가(터널은 제외)로서 연면적 1천m² 이상인 것
④ 특정소방대상물(갓복도형 아파트 포함)에 부설된 특별피난계단 또는 비상용 승강기의 승강장

◐ **제연설비를 설치하여야 하는 특정소방대상물** ─────────

1. 문화 및 집회시설, 종교시설, 운동시설로서 무대부의 바닥면적이 200m² 이상 또는 문화 및 집회시설 중 영화상영관으로서 수용인원 100명 이상인 것
2. 지하층이나 무창층에 설치된 근린생활시설, 판매시설, 운수시설, 숙박시설, 위락시설 또는 창고시설(물류터미널만 해당)로서 해당 용도로 사용되는 바닥면적의 합계가 1천m² 이상인 것
3. 운수시설 중 시외버스정류장, 철도 및 도시철도 시설, 공항시설 및 항만시설의 대합실 또는 휴게시설로서 지하층 또는 무창층의 바닥면적이 1천m² 이상인 것
4. 지하가(터널 제외)로서 연면적 1천m² 이상인 것
5. 특정소방대상물(갓복도형 아파트 제외)에 부설된 특별피난계단 또는 비상용 승강기의 승강장

46 다음 중 소방시설 설치·유지 및 안전관리에 관한 법률에서 정하고 있는 소방시설이 아닌 것은?

① 자동확산소화용구　　　② 비상조명등
③ 비상벨설비　　　　　　④ 비상구

◐ **비상구** ─────────

"비상구"란 주된 출입구와 주된 출입구 외에 화재 발생 시 등 비상시 영업장의 내부로부터 지상·옥상 또는 그 밖의 안전한 곳으로 피난할 수 있도록 「건축법 시행령」에 따른 직통계단·피난계단·옥외피난계단 또는 발코니에 연결된 출입구를 말한다.

47 소방시설 중 소방시설의 내진설계를 적용하여야 하는 설비가 아닌 것은?

① 옥내소화전설비　　　　　　　　② 스프링클러설비

③ 물분무등소화설비　　　　　　　④ 자동화재탐지설비

◉ **소방시설의 내진설계**

옥내소화전설비, 스프링클러설비, 물분무등소화설비

48 소방시설법상 성능위주설계대상이 되는 특정소방대상물이 아닌 것은?

① 지하연계 복합건축물에 해당하는 특정소방대상물

② 30층 이상(지하층 포함)이거나 지상으로부터 높이가 120미터 이상인 특정소방대상물(아파트등 제외)

③ 50층 이상(지하층 제외)이거나 지상으로부터 높이가 200미터 이상인 아파트등

④ 연면적 10만제곱미터 이상인 특정소방대상물

◉ **성능위주설계를 해야 하는 특정소방대상물의 범위**

1. 연면적 20만제곱미터 이상인 특정소방대상물. 다만, 시행령 [별표 2] 제1호가목에 따른 아파트 등은 제외한다.

2. 50층 이상(지하층 제외)이거나 지상으로부터 높이가 200미터 이상인 아파트등

3. 30층 이상(지하층 포함)이거나 지상으로부터 높이가 120미터 이상인 특정소방대상물(아파트등 제외)

4. 연면적 3만제곱미터 이상인 특정소방대상물로서 다음의 어느 하나에 해당하는 특정소방대상물
   • [별표 2] 제6호나목의 철도 및 도시철도 시설
   • [별표 2] 제6호다목의 공항시설

5. [별표 2] 제16호의 창고시설 중 연면적 10만 제곱미터 이상인 것 또는 지하층의 층수가 2개 층 이상이고 지하층의 바닥면적의 합계가 3만 제곱미터 이상인 것

6. 하나의 건축물에 「영화 및 비디오물의 진흥에 관한 법률」에 따른 영화상영관이 10개 이상인 특정소방대상물

7. 「초고층 및 지하연계 복합건축물 재난관리에 관한 특별법」에 따른 지하연계 복합건축물에 해당하는 특정소방대상물

8. [별표 2] 제27호의 터널 중 수저(水底)터널 또는 길이가 5천 미터 이상인 것

49 소방시설법상 성능위주설계의 기준에 해당하지 않는 것은?

① 소방자동차 진입(통로) 동선 및 소방관 진입 경로 확보

② 화재 · 피난 모의실험을 통한 화재위험성 및 피난안전성 검증

③ 소화수 공급시스템 최적화를 통한 화재피해 최소화 방안 마련

④ 직통계단을 포함한 피난경로의 안전성 확보

> 1. 소방자동차 진입(통로) 동선 및 소방관 진입 경로 확보
> 2. 화재·피난 모의실험을 통한 화재위험성 및 피난안전성 검증
> 3. 건축물의 규모와 특성을 고려한 최적의 소방시설 설치
> 4. 소화수 공급시스템 최적화를 통한 화재피해 최소화 방안 마련
> 5. 특별피난계단을 포함한 피난경로의 안전성 확보
> 6. 건축물의 용도별 방화구획의 적정성
> 7. 침수 등 재난상황을 포함한 지하층 안전확보 방안 마련

50 소방시설법상 성능위주설계평가단에 대한 내용으로 틀린 것은?

① 소방청 또는 시·도에 성능위주설계 평가단을 둔다.

② 평가단에 소속되거나 소속되었던 사람은 평가단의 업무를 수행하면서 알게 된 비밀을 이 법에서 정한 목적 외의 용도로 사용하거나 다른 사람 또는 기관에 제공하거나 누설하여서는 아니 된다.

③ 평가단의 구성 및 운영 등에 필요한 사항은 행정안전부령으로 정한다.

④ 평가단은 평가단장을 포함하여 50명 이내의 평가단원으로 성별을 고려하여 구성한다.

> 성능위주설계에 대한 전문적·기술적인 검토 및 평가를 위하여 소방청 또는 소방본부에 성능위주설계 평가단을 둔다.

51 주택에는 소화기 및 단독경보형 감지기를 설치하여야 한다. 다음 중 주택에 해당하는 것은?

ㄱ. 단독주택	ㄴ. 공동주택	ㄷ. 아파트	ㄹ. 기숙사

① ㄱ, ㄴ ② ㄱ, ㄷ
③ ㄴ, ㄷ ④ ㄴ, ㄹ

> 다음의 주택의 소유자는 대통령령으로 정하는 소방시설을 설치하여야 한다.
> 1. 「건축법」 제2조제2항제1호의 단독주택
> 2. 「건축법」 제2조제2항제2호의 공동주택(아파트 및 기숙사 제외)

52 특정소방대상물의 관계인은 대통령령으로 정하는 소방시설을 소방청장이 정하여 고시하는 화재안전기준에 따라 설치 또는 유지·관리하여야 한다. 이 경우 장애인·노인·임산부 등의 편의증진 보장에 관한 법률에 따른 장애인등이 사용하는 소방시설(Ⓐ 및 Ⓑ를 말한다.)은 대통령령으로 정하는 바에 따라 장애인등에 적합하게 설치 또는 유지·관리하여야 한다. Ⓐ, Ⓑ로 맞는 것은?

① Ⓐ 소화설비, Ⓑ 소화활동설비　　② Ⓐ 소화설비, Ⓑ 피난구조설비
③ Ⓐ 경보설비, Ⓑ 소화활동설비　　④ Ⓐ 경보설비, Ⓑ 피난구조설비

▶ **장애인등이 사용하는 소방시설**

「장애인·노인·임산부 등의 편의증진 보장에 관한 법률」에 따른 장애인등이 사용하는 소방시설(경보설비 및 피난구조설비를 말한다.)은 대통령령으로 정하는 바에 따라 장애인등에 적합하게 설치 또는 유지·관리하여야 한다.

53 강화된 소방시설의 적용대상 중 대통령령으로 정하는 것이 아닌 것은?

① 노유자(老幼者)시설에 설치하는 자동화재탐지설비
② 노유자(老幼者)시설에 설치하는 간이스프링클러설비
③ 의료시설에 설치하는 스프링클러설비
④ 의료시설에 설치하는 비상경보설비

▶ **강화된 소방시설기준의 적용대상**

1. 「국토의 계획 및 이용에 관한 법률」에 따른 공동구에 설치하는 소화기, 자동소화장치, 자동화재탐지설비, 통합감시시설, 유도등 및 연소방지설비
2. 전력 및 통신사업용 지하구에 설치하는 소화기, 자동소화장치, 자동화재탐지설비, 통합감시시설, 유도등 및 연소방지설비
3. 노유자 시설에 설치하는 간이스프링클러설비, 자동화재탐지설비 및 단독경보형 감지기
4. 의료시설에 설치하는 스프링클러설비, 간이스프링클러설비, 자동화재탐지설비 및 자동화재속보설비

54 특정소방대상물의 지하층이 지하가와 연결되어 있는 경우 해당 지하층의 부분은 지하가로 볼 수 있다. 다만, 다음의 경우에는 지하가로 보지 않는데 (　　) 안에 들어갈 내용으로 알맞은 것은?

> 지하가와 연결되는 지하층에 지하층 또는 지하가에 설치된 방화문이 (　　)·(　　) 또는 (　　)와 연동하여 닫히는 구조이거나 상부에 (　　)를 설치한 경우에는 지하가로 보지 않는다.

① 자동폐쇄장치, 자동화재탐지설비, 자동소화설비, 드렌처설비
② 자동폐쇄장치, 자동화재속보설비, 자동소화설비, 물분무소화설비
③ 자동개방장치, 자동화재속보설비, 자동소화설비, 드렌처설비
④ 자동개방장치, 화재감지기, 제연설비, 드렌처설비

▶ 지하층과 지하가 연결 시 지하층으로 보는 경우

1. 특정소방대상물의 지하층이 지하가와 연결되어 있는 경우 해당 지하층의 부분을 지하가로 본다.
2. 다만, 지하가와 연결되는 지하층에 지하층 또는 지하가에 설치된 방화문이 자동폐쇄장치 · 자동화재탐지설비 또는 자동소화설비와 연동하여 닫히는 구조이거나 상부에 드렌처설비를 설치한 경우에는 지하가로 보지 않는다.

55 증축되는 경우에는 기존 부분을 포함한 특정소방대상물의 전체에 대하여 증축 당시의 소방시설의 설치에 관한 대통령령 또는 화재안전기준을 적용하여야 한다. 다만, 기존 부분에 대해서는 증축 당시의 소방시설의 설치에 관한 대통령령 또는 화재안전기준을 적용하지 아니할 수 있는 경우가 아닌 것은?

① 기존 부분과 증축 부분이 내화구조(耐火構造)로 된 바닥과 벽으로 구획된 경우
② 자동차 생산공장 등 화재 위험이 낮은 특정소방대상물 내부에 연면적 33m² 이하의 직원 휴게실을 증축하는 경우
③ 기존 부분과 증축 부분이 60방화문(국토교통부장관이 정하는 기준에 적합한 자동방화셔터를 포함한다.)으로 구획되어 있는 경우
④ 자동차 생산공장 등 화재 위험이 낮은 특정소방대상물에 캐노피(3면 이상에 벽이 없는 구조의 캐노피를 말한다.)를 설치하는 경우

▶ 기존 부분에 증축 당시의 화재안전기준을 적용하지 않는 경우

1. 기존 부분과 증축 부분이 내화구조로 된 바닥과 벽으로 구획된 경우
2. 기존 부분과 증축 부분이 「건축법 시행령」에 따른 자동방화셔터 또는 60분＋ 방화문으로 구획되어 있는 경우
3. 자동차 생산공장 등 화재 위험이 낮은 특정소방대상물 내부에 연면적 33제곱미터 이하의 직원 휴게실을 증축하는 경우
4. 자동차 생산공장 등 화재 위험이 낮은 특정소방대상물에 캐노피를 설치하는 경우

56 다음 중 소방시설을 설치하여야 하는 것은?

① 소규모의 특정소방대상물
② 화재안전기준을 적용하기가 어려운 특정소방대상물
③ 화재안전기준을 달리 적용하여야 하는 특수한 용도를 가진 특정소방대상물
④ 자체 소방대가 설치된 특정소방대상물

57 소방시설을 설치하지 않을 수 있는 특정소방대상물의 범위에서 자체소방대가 설치된 제조소등에 부속된 사무실에 설치하지 않을 수 있는 소방시설물로 맞게 짝지어진 것은?

① 연결방지설비, 소화용수설비, 연결살수설비, 옥외소화전설비
② 연결방지설비, 소화용수설비, 연결살수설비, 옥내소화전설비
③ 연결송수관설비, 소화용수설비, 연결살수설비, 옥외소화전설비
④ 연결송수관설비, 소화용수설비, 연결살수설비, 옥내소화전설비

▶ ─────────────────────────────────

옥내소화전설비, 소화용수설비, 연결살수설비 및 연결송수관설비

58 특정소방대상물별로 설치하여야 하는 소방시설의 정비 등에 사항으로 틀린 것은?

① 대통령령으로 소방시설을 정할 때에는 특정소방대상물의 규모 · 용도 · 수용인원 및 이용자 특성 등을 고려하여야 한다.
② 소방청장은 건축 환경 및 화재위험특성 변화사항을 효과적으로 반영할 수 있도록 소방시설 규정을 2년에 1회 이상 정비하여야 한다.
③ 소방청장은 건축 환경 및 화재위험특성 변화 추세를 체계적으로 연구하여 제2항에 따른 정비를 위한 개선방안을 마련하여야 한다.
④ 연구의 수행 등에 필요한 사항은 행정안전부령으로 정한다.

▶ **소방시설법 제14조(특정소방대상물별로 설치하여야 하는 소방시설의 정비 등)** ─────
① 대통령령으로 소방시설을 정할 때에는 특정소방대상물의 규모 · 용도 · 수용인원 및 이용자 특성 등을 고려하여야 한다.
② 소방청장은 건축 환경 및 화재위험특성 변화사항을 효과적으로 반영할 수 있도록 제1항에 따른 소방시설 규정을 3년에 1회 이상 정비하여야 한다.
③ 소방청장은 건축 환경 및 화재위험특성 변화 추세를 체계적으로 연구하여 제2항에 따른 정비를 위한 개선방안을 마련하여야 한다.
④ 제3항에 따른 연구의 수행 등에 필요한 사항은 행정안전부령으로 정한다.

59 특정소방대상물의 건축 · 대수선 · 용도변경 또는 설치 등을 위한 공사를 시공하는 자는 공사 현장에서 인화성(引火性) 물품을 취급하는 작업 등 대통령령으로 정하는 작업을 하기 전에 설치 및 철거가 쉬운 화재대비시설을 설치하고 유지 · 관리하여야 한다. 다음 중 임시소방시설이 아닌 것은?

① 소화기   ② 비상방송설비
③ 간이소화장치   ④ 간이피난유도선

▶ ─────────────────────────────────

② 비상방송설비는 임시소방시설이 아니다. 비상경보장치가 임시소방시설에 해당된다.

60 임시소방시설과 성능이 유사한 소방설비를 설치한 경우 임시소방시설을 설치한 것으로 본다. 간이피난유도선을 설치한 것으로 보는 설비가 아닌 것은?

① 피난유도선   ② 통로유도등

③ 피난구유도표지   ④ 비상조명등

▶ 임시소방시설을 설치한 것으로 보는 소방시설 ─────────

1. 간이소화장치를 설치한 것으로 보는 소방시설 : 옥내소화전 및 소방청장이 정하여 고시하는 기준에 맞는 소화기 또는 옥내소화전설비
2. 비상경보장치를 설치한 것으로 보는 소방시설 : 비상방송설비 또는 자동화재탐지설비
3. 간이피난유도선을 설치한 것으로 보는 소방시설 : 피난유도선, 피난구유도등, 통로유도등 또는 비상조명등

61 건설공사를 하는 자는 특정소방대상물의 신축·증축·개축·재축·이전·용도변경·대수선 또는 설비 설치 등을 위한 공사 현장에서 인화성(引火性) 물품을 취급하는 작업 등 대통령령으로 정하는 작업을 하기 전에 설치 및 철거가 쉬운 화재대비시설(이하 "임시소방시설")을 설치하고 관리하여야 한다. 여기서 인화성(引火性) 물품을 취급하는 작업 등 대통령령으로 정하는 작업에 해당하지 않는 것은?

① 발화성·산화성·폭발성 물질을 취급하거나 가연성 가스를 발생시키는 작업
② 용접·용단(금속·유리·플라스틱 따위를 녹여서 절단하는 일을 말한다) 등 불꽃을 발생시키거나 화기(火氣)를 취급하는 작업
③ 전열기구, 가열전선 등 열을 발생시키는 기구를 취급하는 작업
④ 알루미늄, 마그네슘 등을 취급하여 폭발성 부유분진을 발생시킬 수 있는 작업

▶ 화재위험작업 및 임시소방시설 등 ─────────

1. 인화성·가연성·폭발성 물질을 취급하거나 가연성 가스를 발생시키는 작업
2. 용접·용단(금속·유리·플라스틱 따위를 녹여서 절단하는 일) 등 불꽃을 발생시키거나 화기(火氣)를 취급하는 작업
3. 전열기구, 가열전선 등 열을 발생시키는 기구를 취급하는 작업
4. 알루미늄, 마그네슘 등을 취급하여 폭발성 부유분진(공기 중에 떠다니는 미세한 입자)을 발생시킬 수 있는 작업
5. 그 밖에 제1호부터 제4호까지와 비슷한 작업으로 소방청장이 정하여 고시하는 작업

62 임시소방시설의 종류에 해당하지 않는 것은?

① 간이소화장치   ② 가스누설경보기   ③ 방화복   ④ 비상조명등

▶ ─────────

③ 방화복은 임시소방시설에 해당되지 않는다. 방화포가 임시소방시설에 해당된다.

63 특정소방대상물의 관계인은 건축법에 따른 피난시설, 방화구획(防火區劃) 및 방화벽, 내부 마감재료 등(이하 "방화시설"이라 한다.)에 대하여 하여서는 안 되는 행위가 아닌 것은?

① 피난시설, 방화구획 및 방화시설을 설치하지 아니하는 행위
② 피난시설, 방화구획 및 방화시설의 주위에 물건을 쌓아두거나 장애물을 설치하는 행위
③ 피난시설, 방화구획 및 방화시설의 용도에 장애를 주거나 소방활동에 지장을 주는 행위
④ 피난시설, 방화구획 및 방화시설을 변경하는 행위

◎ **피난시설, 방화구획 및 방화시설의 관리** —————————

1. 피난시설, 방화구획 및 방화시설을 폐쇄하거나 훼손하는 등의 행위
2. 피난시설, 방화구획 및 방화시설의 주위에 물건을 쌓아두거나 장애물을 설치하는 행위
3. 피난시설, 방화구획 및 방화시설의 용도에 장애를 주거나 「소방기본법」 제16조에 따른 소방활동에 지장을 주는 행위
4. 그 밖에 피난시설, 방화구획 및 방화시설을 변경하는 행위

64 자동화재탐지설비의 화재안전기준을 적용하기 어려운 특정소방대상물로 볼 수 없는 경우는?

① 정수장   ② 수영장
③ 어류양식용 시설   ④ 펄프공장의 작업장

◎ **화재안전기준을 적용하기 어려운 특정소방대상물** —————————

펄프공장의 작업장, 음료수 공장의 세정 또는 충전을 하는 작업장, 그 밖에 이와 비슷한 용도로 사용하는 것	스프링클러, 상수도소화용수, 연결살수
정수장, 수영장, 목욕장, 농예·축산·어류양식용 시설, 그 밖에 이와 비슷한 용도로 사용되는 것	자동화재탐지, 상수도소화용수, 연결살수

65 특정소방대상물의 관계인은 내용연수가 경과한 소방용품을 교체하여야 한다. 이에 해당하는 소방용품은?

① 자동확산소화기   ② 분말소화기
③ 이산화탄소소화기   ④ 강화액소화기

◎ —————————

• 내용연수를 설정해야 하는 소방용품은 분말형태의 소화약제를 사용하는 소화기로 한다.
• 소방용품의 내용연수는 10년으로 한다.

66 소방청에는 중앙소방기술심의위원회를 둔다. 중앙소방기술심의위원회의 심의사항이 아닌 것은?

① 화재안전기준에 관한 사항

② 소방시설의 구조 및 원리 등에서 공법이 특수한 설계 및 시공에 관한 사항

③ 연면적 10만m² 미만의 특정소방대상물에 설치된 소방시설의 설계·시공·감리의 하자 유무에 관한 사항

④ 소방시설공사의 하자를 판단하는 기준에 관한 사항

▶ **중앙소방기술심의위원회의 심의사항**
1. 화재안전기준에 관한 사항
2. 소방시설의 구조 및 원리 등에서 공법이 특수한 설계 및 시공에 관한 사항
3. 소방시설의 설계 및 공사감리의 방법에 관한 사항
4. 소방시설공사의 하자를 판단하는 기준에 관한 사항

67 중앙소방기술심의위원회는 위원장을 포함하여 (Ⓐ) 이내로 구성한다. 중앙위원회의 회의는 위원장이 회의마다 지정하는 (Ⓑ) 으로 구성하고, 중앙위원회는 분야별 소위원회를 구성·운영할 수 있다. Ⓐ, Ⓑ로 맞는 것은?

① Ⓐ 10명 이내, Ⓑ 7명
② Ⓐ 10명 이내, Ⓑ 13명
③ Ⓐ 60명 이내, Ⓑ 7명
④ Ⓐ 60명 이내, Ⓑ 6~12명

▶

구분	중앙소방기술심의위원회	지방소방기술심의위원회	하도급계약심사위원회	소방특별조사위원회	중앙소방특별조사단
위원장	소방청장이 임명	시·도지사가 임명	발주기관의 장	소방본부장	소방청장이 위촉
구성 (위원장 포함)	60명 이내 (회의 : 6~12명 지정)	5명 이상 9명 이하 (위원장 포함)	10명 (위원장, 부위원장 각 1명 포함)	7명 이내 (위원장 포함)	21명 이내 (단장 포함)
임기	2년 (1회 연임 가능)		3년 (1회 연임 가능)	2년 (1회 연임 가능)	

68 방염성능기준 이상의 실내장식물 등을 설치하여야 하는 특정소방대상물이 아닌 것은?

① 근린생활시설 중 체력단련장

② 노유자시설

③ 11층 이상인 아파트

④ 다중이용업의 영업장

◉ **방염성능기준 이상의 실내장식물 설치대상**

1. 근린생활시설 중 의원, 조산원, 산후조리원, 체력단련장, 공연장 및 종교집회장
2. 건축물의 옥내에 있는 다음 각 목의 시설
   • 문화 및 집회시설
   • 종교시설
   • 운동시설(수영장 제외)
3. 의료시설
4. 교육연구시설 중 합숙소
5. 노유자 시설
6. 숙박이 가능한 수련시설
7. 숙박시설
8. 방송통신시설 중 방송국 및 촬영소
9. 다중이용업의 영업소
10. 층수가 11층 이상인 것(아파트등 제외)

69 창문에 커튼을 설치하고자 한다. 이때 방염성능이 있는 것으로만 설치해야 하는 건축물은?

① 아파트　　　　② 학교　　　　③ 공장　　　　④ 유치원

◉ **방염대상**

의료시설 중 종합병원과 정신의료기관, 노유자시설 및 숙박이 가능한 수련시설

※ 유치원 : 노유자 시설

70 다음 중 방염성능기준에 대한 설명으로 옳지 않은 것은?

① 버너의 불꽃을 제거한 때부터 불꽃을 올리며 연소하는 상태가 그칠 때까지 시간은 20초 이내
② 버너의 불꽃을 제거한 때부터 불꽃을 올리지 아니하고 연소하는 상태가 그칠 때까지 시간은 30초 이내
③ 불꽃에 의하여 완전히 녹을 때까지 불꽃의 접촉횟수는 3회 이상
④ 탄화한 면적은 30cm² 이내, 탄화한 길이는 20cm 이내

◉ **방염성능기준**

1. 버너의 불꽃을 제거한 때부터 불꽃을 올리며 연소하는 상태가 그칠 때까지 시간은 20초 이내
2. 버너의 불꽃을 제거한 때부터 불꽃을 올리지 아니하고 연소하는 상태가 그칠 때까지 시간은 30초 이내
3. 탄화한 면적은 50cm² 이내, 탄화한 길이는 20cm 이내
4. 불꽃에 의하여 완전히 녹을 때까지 불꽃의 접촉횟수는 3회 이상
5. 발연량을 측정하는 경우 최대연기밀도는 400 이하

71 최초점검이란 소방시설이 새로 설치되는 경우 건축법 제22조에 따라 건축물을 사용할 수 있게 된 날부터 며칠 이내 점검하여야 하는가?

① 30일 　　　　② 60일 　　　　③ 90일 　　　　④ 6개월

▶ **최초점검**

법 제22조제1항제1호에 따라 소방시설이 새로 설치되는 경우 「건축법」 제22조에 따라 건축물을 사용할 수 있게 된 날부터 60일 이내 점검하는 것을 말한다.

72 다음 중 소방시설등의 자체점검 중 종합점검을 시행해야 하는 시기를 맞게 설명한 것은? (단, 소방시설완공검사필증을 발급받은 신축 건축물이 아닌 경우)

① 건축물 사용승인일(건축물관리대장 또는 건축물의 등기부등본에 기재된 날)이 속하는 달로부터 1개월 이내에 실시

② 건축물 사용승인일(건축물관리대장 또는 건축물의 등기부등본에 기재된 날)이 속하는 달에 실시

③ 건축물 사용승인일(건축물관리대장 또는 건축물의 등기부등본에 기재된 날)이 속하는 달로부터 3개월 이내에 실시

④ 건축물 사용승인일(건축물관리대장 또는 건축물의 등기부등본에 기재된 날)이 속하는 달로부터 2개월 이내에 실시

▶ **종합점검 시행시기**

1. 건축물 사용승인일(건축물관리대장 또는 건축물의 등기부등본에 기재된 날)이 속하는 달에 실시한다.
2. 신축은 건축물을 사용할 수 있게 된 날부터 60일 이내 최초점검을 실시한다.

73 특정소방대상물의 관계인은 당해 대상물에 설치된 소방시설등에 대하여 정기적으로 작동점검을 실시하여야 하는데 그 점검결과를 몇 년간 자체 보관하여야 하는가?

① 2년 　　　　② 3년 　　　　③ 5년 　　　　④ 25년

74 특정소방대상물의 소방시설 자체점검에 관한 설명 중 종합점검 대상이 아닌 것은?

① 스프링클러설비가 설치된 연면적 5,000m² 이상인 특정소방대상물
② 옥내소화전설비가 설치된 연면적 5,000m² 이상인 특정소방대상물
③ 물분무소화설비가 설치된 연면적 5,000m² 이상인 특정소방대상물
④ 스프링클러설비가 설치된 연면적 5,000m² 이상이고 층수가 11층 이상인 아파트

> 스프링클러설비 또는 물분무등소화설비가 설치된 연면적 5천m² 이상인 특정소방대상물(위험물제조
소등 제외)을 대상으로 하되, 아파트의 경우에는 연면적이 5천m² 이상이고 층수가 11층 이상

75 30층 이상, 높이 120미터 이상 또는 연면적 20만m² 이상인 특정소방대상물은 종합점검을 연 몇 회 이상 실시하여야 하는가?

① 연 1회 이상
② 연 2회 이상
③ 연 3회 이상
④ 연 4회 이상

> 30층 이상, 높이 120m 이상 또는 연면적 20만m² 이상인 특정소방대상물 특급소방안전관리대상으로 반기별로 1회 이상 실시하므로 연 2회 이상 실시

76 소방시설등에 대하여 스스로 점검을 하지 아니하거나 관리업자등으로 하여금 정기적으로 점검하게 하지 아니한 자의 벌칙은?

① 3년 이하의 징역 또는 1천 500만 원 이하의 벌금
② 300만 원 이하의 벌금
③ 1년 이하의 징역 또는 1천만 원 이하의 벌금
④ 6개월 이상의 징역 또는 1천만 원 이하의 벌금

> **1년 이하의 징역 또는 1천만 원 이하 벌금**
>
> (설) 정당한 사유 없이 소방특별조사 결과에 따른 조치명령을 위반한 자
> (설) 관리업의 등록증이나 등록수첩을 다른 자에게 빌려준 자
> (설) 영업정지처분을 받고 그 영업정지기간 중에 관리업의 업무를 한 자
> (설) 소방시설등에 대한 자체 점검을 하지 않거나 관리업자 등에게 정기적으로 점검하게 하지 아니한 자
> (설) 소방시설관리사증을 다른 자에게 빌려주거나 동시에 둘 이상의 업체에 취업한 사람
> (설) 형식승인의 변경승인을 받지 아니한 자
> (다) 평가대행자로 등록하지 아니하고 화재위험평가 업무를 대행한 자
> (다) 다른 사람에게 정보를 제공하거나 부당한 목적으로 이용한 자

CHAPTER 05 위험물안전관리법 문제풀이

01 다음 중 위험물의 정의에 해당되는 내용으로 가장 옳은 것은?

① 인화성 · 발화성 등의 성질을 가진 물품으로 대통령령이 정하는 물품이다.
② 인화성 · 폭발성 등의 성질을 가진 물품으로 대통령령이 정하는 물품이다.
③ 산화성 · 발화성 등의 성질을 가진 물품으로 대통령령이 정하는 물품이다.
④ 인화성 · 산화성 등의 성질을 가진 물품으로 대통령령이 정하는 물품이다.

▶ **위험물안전관리법 제2조(정의)**

- 위험물 : 인화성 또는 발화성 등의 성질을 가지는 것으로서 대통령령이 정하는 물품
- 지정수량 : 위험물의 종류별로 위험성을 고려하여 대통령령이 정하는 수량으로서 제조소등의 설치 허가 등에 있어서 최저의 기준이 되는 수량
- 저장소 : 지정수량 이상의 위험물을 저장하기 위한 대통령령이 정하는 장소
- 취급소 : 지정수량 이상의 위험물을 제조 외의 목적으로 취급하기 위한 대통령령이 정하는 장소
- 제조소 등 : 제조소 · 저장소 및 취급소
- 제조소 : 위험물을 제조할 목적으로 지정수량 이상의 위험물을 취급하기 위하여 규정에 따라 허가를 받은 장소

02 다음 중 위험물안전관리법에서 정하는 위험물에 관한 설명으로 옳지 않은 것은?

① 대통령령이 정하는 인화성 · 발화성 등의 성질을 가진 물품이다.
② 점화원 없이 화재를 일으킬 수 있는 물질로 위험성이 크다.
③ 위험물의 유별은 제1류 위험물에서 제6류 위험물까지 분류한다.
④ 위험물은 인체에 손상을 주기 쉬운 물질이다.

03 위험물안전관리법에서 위험물을 취급할 수 있는 장소의 종류가 아닌 것은?

① 일반취급소   ② 주유취급소   ③ 이송취급소   ④ 지하탱크저장소

▶ **위험물 취급장소의 종류**

취급소	주유취급소	고정된 주유설비를 통해 자동차, 항공기, 선박에 직접 주유하는 장소
	판매취급소	용기에 위험물을 담아 판매하기 위해 지정수량 40배 이하를 취급하는 장소
	이송취급소	배관 및 이에 부속된 설비에 의하여 위험물을 이송하는 장소
	일반취급소	주유취급소, 판매취급소 및 이송취급소에 해당하지 않는 장소

04 위험물안전관리법의 제조소 등에 대한 직접적인 목적이 아닌 것은?

① 판매　　　　　　　　　　　　② 제조
③ 저장　　　　　　　　　　　　④ 취급

05 둘 이상의 위험물을 같은 장소에서 저장 또는 취급하는 경우에 있어서 당해 장소에서 저장 또는 취급하는 각 위험물의 수량을 그 위험물의 지정수량으로 각각 나누어 얻은 수의 합계가 얼마 이상인 경우 당해 위험물은 지정수량 이상의 위험물로 보는가?

① 0.5　　　　　　　　　　　　② 1
③ 2　　　　　　　　　　　　　④ 3

◉ **위험물의 저장 및 취급의 제한**

　둘 이상의 위험물을 같은 장소에서 저장 또는 취급하는 경우에 있어서 당해 장소에서 저장 또는 취급하는 각 위험물의 수량을 그 위험물의 지정수량으로 각각 나누어 얻은 수의 합계가 1 이상인 경우 당해 위험물은 지정수량 이상의 위험물로 본다.

06 점포에서 위험물을 용기에 담아 판매하기 위하여 위험물을 취급하는 판매취급소는 위험물안전관리법상 지정수량의 몇 배 이하의 위험물까지 취급할 수 있는가?

① 지정수량의 5배 이하　　　　　② 지정수량의 10배 이하
③ 지정수량의 20배 이하　　　　　④ 지정수량의 40배 이하

◉ **판매취급소**

　점포에서 위험물을 용기에 담아 판매하기 위하여 지정수량의 40배 이하의 위험물을 취급하는 장소

07 다음 중 허가를 받지 않고 당해 제조소 등을 설치하거나 그 위치·구조·설비의 변경을 할수 있는 장소가 아닌 것은?

① 주택의 난방을 위한 시설로서 공동주택의 중앙난방시설을 포함한 저장소 또는 취급소
② 농예용으로 필요하여 사용하는 건조설비를 위한 지정수량 20배 이하의 저장소
③ 수산용으로 필요하여 사용하는 건조설비를 위한 지정수량 20배 이하의 저장소
④ 축산용으로 필요하여 사용하는 건조설비를 위한 지정수량 20배 이하의 저장소

◉ **제조소의 허가 없이 사용 가능**

　1. 주택의 난방시설(공동주택의 중앙난방시설을 제외)을 위한 저장소 또는 취급소
　2. 농예용·축산용·수산용으로 난방시설, 건조시설을 위한 지정수량 20배 이하 저장소

08 다음 중 탱크의 성능이 안전한지 확인하는 검사가 아닌 것은?

① 기초 · 지반 검사
② 탱크형상 검사
③ 용접부 검사
④ 암반탱크 검사

검사 구분	검사 대상	신청 시기
기초 · 지반 검사	특정 옥외탱크저장소	위험물탱크 기초 · 지반에 관한 공사의 개시 전
충수 · 수압 검사	액체위험물을 저장 · 취급하는 탱크 (시 · 도지사가 면제 가능)	위험물을 저장 · 취급하는 탱크에 배관 그 밖의 부속설비를 부착하기 전
용접부 검사	특정 옥외탱크저장소	탱크 본체에 관한 공사의 개시 전
암반탱크 검사	액체위험물을 저장 · 취급하는 암반 내의 공간을 이용한 탱크	암반탱크 본체에 관한 공사의 개시 전

09 지하탱크가 있는 제조소 등의 경우 위험물 완공검사의 신청시기는?

① 지하탱크 매설 전에
② 지하탱크 매설 후에
③ 공사가 완공된 전에
④ 공사가 완공된 후에

지하탱크가 있는 제조소 등	해당 지하탱크를 매설하기 전
이동탱크저장소	이동저장탱크를 완공하고 상치장소를 확보한 후
이송취급소	이송배관 공사의 전체 또는 일부를 완료한 후
완공검사 실시가 곤란한 경우	• 배관설치 후 기밀시험, 내압시험을 실시하는 시기 • 지하에 설치하는 경우 매몰하기 직전 • 비파괴시험을 실시하는 시기
위에 해당하지 않는 경우	제조소 등의 공사를 완료한 후

10 위험물안전관리법에 대한 설명 중 각 항목에 따른 기간이 옳은 것은?

① 제조소 등 지위승계 신고 : 30일 이내
② 위험물 임시저장기간 : 30일 이내
③ 탱크시험자 등록 변경신고 기간 : 7일 이내
④ 제조소 등 용도폐지 신고기간 : 7일 이내

기간		내용
1일	제조소등	1일 이내 변경 신고기간
7일	암반탱크	7일간 용출되는 지하수의 양의 용적과 해당 탱크 용적의 1/100 용적 중 큰 용적을 공간용적으로 정함
14일 이내		용도 폐지한 날로부터 신고기간
		안전관리자의 선임 · 해임 시 신고기간
30일 이내		안전관리자의 선임 · 재선임 기간
		제조소 등의 승계 신고기간
		안전관리자 직무대행기간(대리자 지정)
90일 이내		관할소방서장의 승인을 받아 임시로 저장 · 취급할 수 있는 기간

11 다음 중 위험물의 지정수량이 48만 배 이상일 때 자체 소방대에 두는 화학소방차 보유대 수는?

① 1대　　　　② 2대　　　　③ 3대　　　　④ 4대

▶ **화학소방차 보유(12 미만(4류×3천 배)이 두 배씩 1대에 5명)**

제조소 및 일반취급소 구분	소방차	인원
지정수량의 3천 배 이상 12만 배 미만	1대	5인
지정수량의 12만 배 이상 24만 배 미만	2대	10인
지정수량의 24만 배 이상 48만 배 미만	3대	15인
지정수량의 48만 배 이상	4대	20인

12 위험물 중 운송책임자의 감독 · 지원을 받아 운송하여야 하는 것이 아닌 것은?

① 알킬리튬
② 알킬알루미늄
③ 알킬리튬과 알킬알루미늄을 함유하는 위험물
④ 아세트알데히드

▶ **운송책임자의 감독 · 지원을 받아야 할 위험물**

- 알킬알루미늄(제3류 위험물, 지정수량 : 10kg)
- 알킬리튬(제3류 위험물, 지정수량 : 10kg)
- 알킬알루미늄과 알킬리튬의 물질을 함유하는 위험물

13 위험물자격자가 위험물을 취급할 수 있는 범위에 대한 사항으로 옳지 않은 것은?

① 위험물기능장·위험물산업기사는 모든 위험물을 취급할 수 있다.

② 위험물기능사는 모든 위험물을 취급할 수 있다.

③ 안전관리교육을 이수한 자는 제5류와 제6류 위험물 외에는 취급할 수 없다.

④ 소방공무원 3년 이상 경력자는 제4류 위험물만을 취급할 수 있다.

▶

위험물 안전관리자의 구분	취급할 수 있는 위험물
위험물기능장·위험물산업기사·위험물기능사	모든 위험물
안전관리자 교육이수자	제4류 위험물
소방공무원 근무경력 3년 이상인 경력자	

14 다음 중 위험물기능사가 취급할 수 있는 위험물의 종류로 옳은 것은?

① 제1~2류 위험물

② 제1~5류 위험물

③ 제1~6류 위험물

④ 국가 기술자격증에 기재된 유(類)의 위험물

15 위험물의 1소요단위는 지정수량의 몇 배인가?

① 5배　　　　　② 10배　　　　　③ 20배　　　　　④ 30배

▶

1. 위험물 수량별 : 1소요단위 = 지정수량의 10배
2. 제조소 면적별 : 1소요단위 = 기준면적

건축물의 외벽	일반	내화(일반×2)
제조·취급소	50m²	100m²
저장소	75m²	150m²

16 다음 위험물제조소의 정기점검 대상이 아닌 것은?

① 이동탱크저장소　　　　　② 암반탱크저장소

③ 옥내탱크저장소　　　　　④ 지하탱크저장소

▶

예방규정 | 지하탱크＋이동탱크＋특정옥외탱크＋지하매설된 제조소, 일반·주유취급소

17 제4류 위험물을 취급하는 제조소 또는 일반취급소에는 지정수량의 몇 배 이상일 때 자체소방대를 두어야 하는가?

① 1,000배　　　② 2,000배　　　③ 3,000배　　　④ 4,000배

제4류 위험물의 최대수량의 합이 지정수량의 3,000배 이상일 때 자체소방대를 설치해야 한다.

18 위험물안전관리법에서 정하는 용어의 정의로 옳지 않은 것은?

① "위험물"이라 함은 인화성 또는 발화성 등의 성질을 가지는 것으로서 대통령령이 정하는 물품을 말한다.
② "제조소"라 함은 위험물을 제조할 목적으로 지정수량 이상의 위험물을 취급하기 위하여 규정에 따른 허가를 받은 장소를 말한다.
③ "저장소"라 함은 지정수량 이상의 위험물을 저장하기 위한 대통령령이 정하는 장소로서 규정에 따른 허가를 받은 장소를 말한다.
④ "취급소"라 함은 지정수량 이상의 위험물을 제조 외의 목적으로 취급하기 위한 관할 지자체장이 정하는 장소로서 허가를 받은 장소를 말한다.

19 위험물의 취급소를 구분할 때 제조 이외의 목적에 따른 구분으로 볼 수 없는 것은?

① 판매취급소　　　　　　　② 이송취급소
③ 옥외취급소　　　　　　　④ 일반취급소

○ 취급소 ─────────

이송취급소, 주유취급소, 일반취급소, 판매취급소

20 위험물안전관리자의 선임 등에 대한 설명으로 옳은 것은?

① 안전관리자는 국가기술자격 취득자 중에서만 선임하여야 한다.
② 안전관리자를 해임한 때에는 14일 이내에 다시 선임하여야 한다.
③ 제조소 등의 관계인은 안전관리자가 일시적으로 직무를 수행할 수 없는 경우에는 14일 이내의 범위에서 안전관리자의 대리자를 지정하여 직무를 대행하게 하여야 한다.
④ 안전관리자를 선임 또는 해임한 때는 14일 이내에 신고하여야 한다.

21 위험물 운송에 관한 규정으로 틀린 것은?

① 이동탱크저장소에 의하여 위험물을 운송하는 자는 당해 위험물을 취급할 수 있는 국가기술자격자 또는 안전교육을 받은 자이어야 한다.

② 안전관리자·탱크시험자·위험물운송자 등 위험물의 안전관리와 관련된 업무를 수행하는 자는 시·도지사가 실시하는 안전교육을 받아야 한다.

③ 운송책임자의 범위, 감독 또는 지원의 방법 등에 관한 구체적인 기준은 행정안전부령으로 정한다.

④ 위험물운송자는 행정안전부령이 정하는 기준을 준수하는 등 당해 위험물의 안전확보를 위해 세심한 주의를 기울여야 한다.

▸ 안전교육은 소방안전원에 위탁한 사항이다.

22 지정수량 이상의 위험물을 소방서장의 승인을 받아 제조소 등이 아닌 장소에서 임시로 저장 또는 취급할 수 있는 기간은 얼마 이내인가?(단, 군부대가 군사목적으로 임시로 저장 또는 취급하는 경우는 제외한다.)

① 30일　　② 60일　　③ 90일　　④ 180일

기간		내용
1일	제조소등	1일 이내 변경 신고기간
7일	암반탱크	7일간 용출되는 지하수의 양의 용적과 해당 탱크 용적의 1/100 용적 중 큰 용적을 공간용적으로 정함
14일 이내		용도 폐지한 날로부터 신고기간
		안전관리자의 선임·해임 시 신고기간
30일 이내		안전관리자의 선임·재선임 기간
		제조소 등의 승계 신고기간
		안전관리자 직무대행기간(대리자 지정)
90일 이내		관할소방서장의 승인을 받아 임시로 저장·취급할 수 있는 기간

23 제조소 등의 위치·구조 또는 설비의 변경 없이 당해 제조소 등에서 취급하는 위험물의 품명을 변경하고자 하는 자는 변경하고자 하는 날의 며칠(몇 개월) 전까지 신고하여야 하는가?

① 1일　　② 14일　　③ 1개월　　④ 6개월

24 위험물안전관리법령에 따라 제조소 등의 관계인이 화재예방과 재해 발생 시 비상조치를 위하여 작성하는 예방규정에 관한 설명으로 틀린 것은?

① 제조소의 관계인은 해당 제조소에서 지정수량 5배의 위험물을 취급하는 경우 예방규정을 작성하여 제출하여야 한다.

② 지정수량의 200배의 위험물을 저장하는 옥외저장소의 관계인은 예방규정을 작성하여 제출하여야 한다.

③ 위험물시설의 운전 또는 조작에 관한 사항, 위험물 취급작업의 기준에 관한 사항은 예방규정에 포함되어야 한다.

④ 제조소 등의 예방규정은 산업안전보건법의 규정에 의한 안전보건관리규정과 통합하여 작성할 수 있다.

25 위험물 안전관리법상 화재 예방규정을 정하여야 할 제조소 등으로 옳지 않은 것은?

① 지정수량 10배 이상의 위험물을 취급하는 제조소

② 지정수량 5배 이상의 위험물을 취급하는 일반취급소

③ 지정수량 100배 이상을 저장·취급하는 옥외저장소

④ 지정수량 150배 이상을 저장·취급하는 옥내저장소

제조소 등	지정수량의 배수	암기
제조소·일반취급소	10배 이상	십
옥외저장소	100배 이상	백
옥내저장소	150배 이상	오
옥외탱크저장소	200배 이상	이
암반탱크저장소·이송취급소	모두	모두

26 정기점검 대상에 해당하지 않는 것은?

① 지정수량 15배 제조소

② 지정수량 40배의 옥내탱크저장소

③ 지정수량 50배의 이동탱크저장소

④ 지정수량 20배의 지하탱크저장소

27 위험물안전관리법령에서 규정하고 있는 사항으로 틀린 것은?

① 법정의 안전교육을 받아야 하는 사람은 안전관리자로 선임된 자, 탱크시험자의 기술인력으로 종사하는 자, 위험물 운송자로 종사하는 자이다.

② 지정수량의 150배 이상의 위험물을 저장하는 옥내저장소는 관계인이 예방규정을 정하여야 하는 제조소 등에 해당한다.

③ 정기검사의 대상이 되는 것은 액체위험물을 저장 또는 취급하는 10만L 이상의 옥외 탱크저장소, 암반탱크저장소, 이송취급소이다.

④ 법정의 안전관리자교육이수자와 소방공무원으로 근무한 경력이 3년 이상인자는 제4류 위험물에 대한 위험물취급 자격자가 될 수 있다.

◯ ─────────────────────

100만L 이상인 특정옥외탱크저장소

28 다음 중 자체소방대를 반드시 설치하여야 하는 곳은?

① 지정수량 2천 배 이상의 제6류 위험물을 취급하는 제조소가 있는 사업소

② 지정수량 3천 배 이상의 제6류 위험물을 취급하는 제조소가 있는 사업소

③ 지정수량 2천 배 이상의 제4류 위험물을 취급하는 제조소가 있는 사업소

④ 지정수량 3천 배 이상의 제4류 위험물을 취급하는 제조소가 있는 사업소

29 위험물안전관리법에서 정한 위험물의 운반에 관한 다음 내용 중 (　) 안에 들어갈 용어가 아닌 것은?

> 위험물의 운반은 (　)·(　) 및 (　)에 관해 법에서 정한 중요기준과 세부기준을 따라 행하여야 한다.

① 용기　　　　② 적재방법　　　　③ 운반방법　　　　④ 검사방법

30 제조소 등의 소화설비 설치 시 소요단위 산정에 관한 내용으로 다음 (　) 안에 알맞은 수치를 차례대로 나열한 것은?

> 제조소 또는 취급소의 건축물은 외벽이 내화구조인 것은 연면적 (　)m²를 1소요단위로 하며, 외벽이 내화구조가 아닌 것은 연면적 (　)m² 1소요단위로 한다.

① 200, 100　　　　　　　　　② 150, 100

③ 150, 50　　　　　　　　　④ 100, 50

건축물의 외벽	일반	내화(일반×2)
제조 · 취급소	50m²	100m²
저장소	75m²	150m²

31 위험물시설에 설치하는 소화설비와 관련한 소요단위의 산출방법에 관한 설명 중 옳은 것은?

① 제조소 등의 옥외에 설치된 공작물은 외벽이 내화구조인 것으로 간주한다.
② 위험물은 지정수량의 20배를 1소요단위로 한다.
③ 취급소의 건축물은 외벽이 내화구조인 것은 연면적 75m²를 1소요단위로 한다.
④ 제조소의 건축물은 외벽이 내화구조인 것은 연면적 150m²를 1소요단위로 한다.

32 소화설비의 소요단위 산정방법에 대한 설명 중 옳은 것은?

① 위험물은 지정수량의 100배를 1소요단위로 함
② 저장소용 건출물로 외벽이 내화구조인 것은 연면적 100m²를 1소요단위로 함
③ 제조소용 건출물로 외벽이 내화구조가 아닌 것은 연면적 50m²를 1소요단위로 함
④ 저장소용 건출물로 외벽이 내화구조가 아닌 것은 연면적 20m²를 1소요단위로 함

33 위험물안전관리법에서 정하는 위험물에 대한 설명으로 옳은 것은?

① 철분이란 철의 분말로서 $53\mu m$의 표준체를 통과하는 것이 60wt% 미만인 것은 제외한다.
② 인화성 고체란 고형알코올 그 밖에 1기압에서 인화점이 21℃ 미만인 고체를 말한다.
③ 유황은 순도가 60wt% 이상인 것을 말한다.
④ 과산화수소는 그 농도가 36wt% 이하인 것에 한한다.

◉ 위험물의 정의

- "철분"이라 함은 철의 분말로서 $53\mu m$의 표준체를 통과하는 것이 50wt% 미만인 것은 제외한다.
- "인화성 고체"라 함은 고형알코올 그 밖에 1기압에서 인화점이 40℃ 미만인 고체를 말한다.
- 유황은 순도가 60wt% 이상인 것을 말한다. 이 경우 순도측정에 있어서 불순물은 활석 등 불연성 물질과 수분에 한한다.
- 과산화수소는 그 농도가 36wt% 이상인 것에 한한다.

34 위험물탱크의 용량은 탱크의 내용적에서 공간용적을 뺀 용적으로 한다. 이 경우 소화약제 방출구를 탱크 안의 윗부분에 설치하는 탱크의 공간용적은 당해 소화설비의 소화약제 방출구 아래의 어느 범위의 면으로부터 윗부분의 용적으로 하는가?

① 0.1m 이상 0.5m 미만 사이의 면
② 0.3m 이상 1m 미만 사이의 면
③ 0.5m 이상 1m 미만 사이의 면
④ 0.5m 이상 1.5m 미만 사이의 면

35 위험물 저장탱크의 내용적이 300L일 때, 탱크에 저장하는 위험물의 용량의 범위로 적합한 것은?(단, 원칙적인 경우에 한한다.)

① 240~270L
② 270~285L
③ 290~295L
④ 295~298L

▶ **저장탱크의 공간용적**

5~10%이므로 $(300 \times 0.9) \sim (300 \times 0.95) = 270 \sim 285L$

36 다음 중 위험물 저장탱크의 용량을 구하는 계산식을 옳게 나타낸 것은?

① 탱크의 공간용적 － 탱크의 내용적
② 탱크의 내용적 × 0.05
③ 탱크의 내용적 － 탱크의 공간용적
④ 탱크의 공간용적 × 0.95

37 다음 중 방수성이 있는 피복으로 덮어야 하는 위험물로만 구성된 것은?

① 과염소산염류, 삼산화크롬, 황린
② 무기과산화물, 과산화수소, 마그네슘
③ 철분, 금속분, 마그네슘
④ 염소산염류, 과산화수소, 금속분

▶

차광성 피복	• 제1류 위험물 • 제3류 위험물 중 자연발화성 물품 • 제4류 위험물 중 특수인화물 • 제5류 위험물 • 제6류 위험물
방수성 피복	• 제1류 위험물 중 알칼리 금속의 과산화물 또는 이를 함유한 것 • 제2류 위험물 중 철분, 마그네슘, 금속분 또는 이를 함유한 것
물의 침투를 막는 구조로 하여야 하는 위험물	• 제1류 위험물 중 알칼리 금속의 과산화물 • 제2류 위험물 중 철분, 금속분, 마그네슘 • 제3류 위험물 중 금수성 물질 • 제4류 위험물

38 옥내저장소 저장창고의 바닥은 물이 스며 나오거나 스며들지 아니하는 구조로 하여야 한다. 다음 중 반드시 이 구조로 하지 않아도 되는 위험물은?

① 제1류 위험물 중 알칼리금속의 과산화물
② 제4류 위험물
③ 제5류 위험물
④ 제2류 위험물 중 철분

39 위험물의 운반에 관한 기준에 따라 다음의 (㉠)과 (㉡)에 적합한 것은?

> 액체위험물은 운반용기의 내용적의 (㉠) 이하의 수납률로 수납하되 (㉡)의 온도에서 누설되지 않도록 충분한 공간용적을 두어야 한다.

① ㉠ 98%, ㉡ 40℃   ② ㉠ 98%, ㉡ 55℃
③ ㉠ 95%, ㉡ 40℃   ④ ㉠ 95%, ㉡ 55℃

▶ **위험물 운반용기**

고체	95% 이하	
액체	98% 이하 55℃	
알킬알루미늄	90% 이하 50℃에서 5%	
운반용기	금속	30리터
	유리, 플라스틱	10리터
	철재 드럼	250리터

40 위험물안전관리법령상 인화성액체위험물(이황화탄소 제외)의 옥외탱크저장소의 탱크주위에 설치하여야 하는 방유제의 기준 중 틀린 것은?

① 방유제의 용량은 방유제 안에 설치된 탱크가 하나인 때에는 그 탱크 용량의 110% 이상으로 할 것
② 방유제의 용량은 방유제 안에 설치된 탱크가 2기 이상인 때에는 그 탱크 중 용량이 최대인 것의 용량의 110% 이상으로 할 것
③ 방유제는 높이 1m 이상 2m 이하, 두께 0.2m 이상, 지하매설 깊이 0.5m 이상으로 할 것
④ 방유제 내의 면적은 80,000m² 이하로 할 것

▶

방유제는 높이 0.5m 이상 3m 이하, 두께 0.2m 이상, 지하매설깊이 1m 이상으로 할 것

41 위험물안전관리법상 업무상 과실로 제조소등에서 위험물을 유출·방출 또는 확산시켜 사람의 생명·신체 또는 재산에 대하여 위험을 발생시킨 자에 대한 벌칙기준은?

① 5년 이하의 금고 또는 2,000만 원 이하의 벌금
② 5년 이하의 금고 또는 7,000만 원 이하의 벌금
③ 7년 이하의 금고 또는 2,000만 원 이하의 벌금
④ 7년 이하의 금고 또는 7,000만 원 이하의 벌금

▶ **제34조(벌칙)**

업무상 과실로 제조소등에서 위험물을 유출·방출 또는 확산시켜 사람의 생명·신체 또는 재산에 대하여 위험을 발생시킨 자는 7년 이하의 금고 또는 7천만 원 이하의 벌금에 처한다.

42 위험물안전관리법령상 위험물의 안전관리와 관련된 업무를 수행하는 자로서 소방청장이 실시하는 안전교육대상자가 아닌 사람은?

① 제조소등의 관계인
② 안전관리자로 선임된 자
③ 위험물운송자로 종사하는 자
④ 탱크시험자의 기술인력으로 종사하는 자

▶ **제28조(안전교육)**

1. 안전관리자로 선임된 자
2. 탱크시험자의 기술인력으로 종사하는 자
3. 위험물운반자로 종사하는 자
4. 위험물운송자로 종사하는 자

43 위험물안전관리법 시행령상 정기점검 대상인 저장소로 옳지 않은 것은?

① 옥내탱크저장소
② 지하탱크저장소
③ 이동탱크저장소
④ 암반탱크저장소

▶

옥내탱크저장소는 정기점검 대상에 해당되지 않는다.

44 위험물안전관리법 시행규칙상 고인화점위험물을 상온에서 취급하는 경우 제조소의 시설기준 중 일부 완화된 시설기준을 적용할 수 있는데, 고인화점위험물의 정의로 옳은 것은?

① 인화점이 250℃ 이상인 인화성 액체
② 인화점이 100℃ 이상인 제4류 위험물
③ 인화점이 70℃ 이상 200℃ 미만인 제4류 위험물
④ 인화점이 70℃ 이상이고 가연성 액체량이 40중량퍼센트 이상인 제4류 위험물

▶ **고인화점**

인화점이 100℃ 이상인 제4류 위험물

**다중이용업소의 안전관리에 관한 특별법
문제풀이**

01 다음 중 다중이용업소의 안전관리에 관한 특별법의 목적이 아닌 것은?

① 다중이용업소의 소방시설 및 안전시설 등의 설치 · 유지 및 안전관리
② 화재위험평가를 하여 공공의 안전과 복리증진에 이바지
③ 다중이용업주의 화재배상책임보험에 필요한 사항을 정함
④ 화재로부터 공공의 안전을 확보하고 국민경제에 이바지 함

▶ **다중이용업소법 제5조(목적)**

　이 법은 화재 등 재난 그 밖의 위급한 상황으로부터 국민의 생명 · 신체 및 재산을 보호하기 위하여
다중이용업소의 안전시설 등의 설치 · 유지 및 안전관리와 화재위험평가, 다중이용업주의 화재배상
책임보험에 필요한 사항을 정함으로써 공공의 안전과 복리증진에 이바지함을 목적으로 한다.

02 다음 용어 설명 중 옳은 것은?

① 소방시설이란 소화설비 · 경보설비 · 피난구조설비 · 소화용수설비 그 밖에 소화활동설비로
　서 대통령령으로 정하는 것을 말한다.
② 다중이용업이란 불특정다수가 이용하여 화재 · 재난 시 생명 · 신체 · 재산상 피해 발생 우려
　가 높아 행정안전부령으로 정한 영업을 말한다.
③ 안전시설등이란 소방시설 중 소화기와 자동소화장치 및 간이스프링클러와 비상구, 영업장
　내부피난통로, 그 외 대통령령으로 정하는 것을 말한다.
④ 영업장의 내부구획이란 이용객들이 사용하는 벽 · 칸막이 등으로 구획된 개방된 공간을 말한다.

▶ **다중이용업소법 관련 용어의 정의**

　1. 다중이용업 : 불특정 다수인이 이용하는 영업 중 화재 등 재난 발생 시 생명 · 신체 · 재산상의 피
　　해가 발생할 우려가 높은 것으로서 대통령령으로 정하는 영업
　2. 안전시설등 : 소방시설, 비상구, 영업장 내부 피난통로, 그 밖의 안전시설로서 대통령령으로 정
　　하는 것
　3. 실내장식물 : 건축물 내부의 천장 또는 벽에 설치하는 것으로서 대통령령으로 정하는 것
　4. 화재위험평가 : 다중이용업의 영업소(이하 "다중이용업소")가 밀집한 지역 또는 건축물에 대하여
　　화재 발생 가능성과 화재로 인한 불특정 다수인의 생명 · 신체 · 재산상의 피해 및 주변에 미치는
　　영향을 예측 · 분석하고 이에 대한 대책을 마련하는 것
　5. 밀폐구조의 영업장 : 지상층에 있는 다중이용업소의 영업장 중 채광 · 환기 · 통풍 및 피난 등이
　　용이하지 못한 구조로 되어 있으면서 대통령령으로 정하는 기준에 해당하는 영업장
　6. 영업장의 내부구획 : 다중이용업소의 영업장 내부를 이용객들이 사용할 수 있도록 벽 또는 칸막
　　이 등을 사용하여 구획된 실(室)을 만드는 것

03 다중이용업소의 안전관리기본계획에 대한 다음 설명 중 틀린 것은?

① 소방청장은 다중이용업소의 안전관리기본계획을 관계 중앙행정기관의장과 협의를 거쳐 5년
마다 수립해야 한다.
② 소방청장은 매년 연도별 안전관리계획을 전년도 12월 31일까지 수립해야 한다.
③ 소방서장은 연도별 계획에 따라 안전관리집행계획을 수립해야 하며, 수립된 집행계획과 전
년도 추진실적을 매년 1월 31일까지 소방본부장에게 제출해야 한다.
④ 안전관리집행계획의 수립 시기는 해당 연도 전년 12월 31일까지로 한다.

소방본부장은 연도별 계획에 따라 안전관리집행계획을 수립해야 하며, 수립된 집행계획과 전년도
추진실적을 매년 1월 31일까지 소방청장에게 제출해야 한다.

04 다중이용업소의 안전관리집행계획의 수립시기, 대상, 내용 등에 필요한 사항은 무엇으로 정하는가?

① 대통령령
② 시 · 도의 조례
③ 행정안전부령
④ 국토교통부령

◉ 안전관리집행계획

1. 집행계획의 수립 시기, 대상, 내용 등에 관하여 필요한 사항은 대통령령으로 정한다.
2. 소방본부장은 기본계획 및 연도별계획에 따라 관할 지역 다중이용업소의 안전관리를 위하여 매
년 안전관리집행계획을 수립하여 소방청장에게 제출하여야 한다.

05 다중이용업에 대한 다음 설명 중 옳은 것은?

① 다중이용업주는 영업내용을 변경한 때에는 30일 이내에 소방본부장 또는 소방서장에게 통보
하여야 한다.
② 다중이용업주는 다중이용업소의 안전관리를 위하여 정기적으로 안전시설 등을 점검하고 그
점검결과서를 2년간 보관하여야 한다.
③ 2천m² 지역 안에 다중이용업소가 50개 이상 밀집하여 있는 경우에는 화재위험평가를 실시할
수 있다.
④ 화재위험평가대행자로 등록하지 아니하고 화재위험평가 업무를 대행한 자는 1년 이하의 징
역 또는 1천 5백만 원 이하의 벌금에 처한다.

1. 허가관청은 다중이용업주의 신고를 수리한 날부터 30일 이내에 소방본부장 또는 소방서장에게
통보하여야 한다.
① 휴 · 폐업 또는 휴업 후 영업의 재개
② 영업내용의 변경

③ 다중이용업주의 변경 또는 주소의 변경

④ 다중이용업소의 상호 또는 주소의 변경

2. 다중이용업주는 다중이용업소의 안전관리를 위하여 정기적으로 안전시설 등을 점검하고 그 점검
   결과서를 1년간 보관하여야 한다.

3. 화재위험평가대행자로 등록하지 아니하고 화재위험평가 업무를 대행한 자는 1년 이하의 징역 또
   는 1천만 원 이하의 벌금에 처한다.

06 학원으로 다중이용업이 아닌 것은?

① 수용인원이 300인 이상인 것

② 하나의 건물에 있는 2개 학원의 수용인원이 300명 이상인 경우

③ 하나의 건물에 제과점과 학원이 함께 있으며 수용인원이 200명 인 경우

④ 방화구획으로 구획되어 있는 2개 학원의 수용인원이 200명인 경우

07 다음 중 다중이용업소의 안전관리에 관한 특별법에서 규정한 다중이용업소에 설치하는 실내장식물로 옳지 않은 것은?

① 합판이나 목재

② 흡음재 또는 방음재

③ 가구류

④ 합성수지류를 주원료로 한 물품

▶ **실내장식물**

가구류와 너비 10cm 이하인 반자돌림대 등과 「건축법」에 따른 내부 마감재료는 제외한다.

1. 종이류(두께 2mm 이상인 것)·합성수지류 또는 섬유류를 주원료로 한 물품
2. 합판이나 목재
3. 공간을 구획하기 위하여 설치하는 간이 칸막이
4. 흡음이나 방음을 위하여 설치하는 흡음재(흡음용 커튼을 포함) 또는 방음재(방음용 커튼을 포함)

08 다중이용업소에 설치하거나 교체하는 실내장식물은 불연재료 또는 준불연재료로 설치하여야 한다. 그럼에도 불구하고 합판 또는 목재로 실내장식물을 설치하는 경우로서 그 면적이 영업장 천장과 벽을 합한 면적의 얼마 이하인 부분은 방염성능기준 이상의 것으로 설치할 수 있는가?(단, 간이스프링클러설비가 설치된 경우이다.)

① 10분의 2   ② 10분의 3   ③ 10분의 4   ④ 10분의 5

▶ **다중이용업소의 실내장식물**

1. 다중이용업소에 설치하거나 교체하는 실내장식물(반자 돌림대 등의 너비가 10cm 이하인 것은 제외)은 불연재료 또는 준불연재료로 설치하여야 한다.
2. 제1항에도 불구하고 합판 또는 목재로 실내장식물을 설치하는 경우로서 그 면적이 영업장 천장과 벽을 합한 면적의 10분의 3(스프링클러설비 또는 간이스프링클러설비가 설치된 경우에는 10분의 5) 이하인 부분은 방염성능기준 이상의 것으로 설치할 수 있다.

09 실내장식물에 해당되지 않는 것은?

① 두께 2.5mm인 종이벽지　　　　② 합판으로 만든 게시판
③ 목재로 된 붙박이장　　　　　　④ 폭 15cm의 반자돌림대

▶ **시행령 제3조(실내장식물)**

법 제2조제3호에서 "대통령령이 정하는 것"이라 함은 건축물 내부의 천장이나 벽에 붙이는(설치하는) 것으로서 다음의 어느 하나에 해당하는 것을 말한다. 다만, 가구류(옷장, 창장, 식탁, 식탁용 의자, 사무용 책상, 사무용의자 및 계산대 그 밖에 이와 비슷한 것)와 너비 10cm 이하인 반자돌림대 등과「건축법」제43조에 따른 내부마감재료는 제외한다.
1. 종이류(두께 2mm 이상인 것)·합성수지류 또는 섬유류를 주원료로 한 물품
2. 합판이나 목재
3. 공간을 구획하기 위하여 설치하는 간이 칸막이
4. 흡음(吸音)이나 방음(防音)을 위하여 설치하는 흡음재(흡음용 커튼 포함) 또는 방음재(방음용 커튼 포함)

10 다중이용업주는 다중이용업소의 안전관리를 위하여 정기적으로 안전시설 등을 점검하고 그 점검결과서는 몇 년간 보관하여야 하는가?

① 1년　　　　　② 2년　　　　　③ 3년　　　　　④ 5년

▶ **다중이용업주의 안전시설 등에 대한 정기점검**

1. 점검결과서 : 1년간 보관
2. 안전점검의 대상, 점검자의 자격, 점검주기, 점검방법 그 밖에 필요한 사항은 행정안전부령으로 정한다.

11 다중이용업의 허가관청이 다중이용업 소재지의 소방본부장 또는 소방서장에게 통보하여야 하는 사항이 아닌 것은?

① 허가 일자　　　　　　　　　② 다중이용업의 종류
③ 다중이용업의 영업장 면적　　④ 다중이용업의 소방시설등

▶ **시행규칙 제4조(관련 행정기관의 허가 등의 통보)**

「다중이용업소의 안전관리에 관한 특별법」제7조제1항에 따른 다중이용업의 허가·인가·등록·신고수리(이하 "허가등")를 하는 행정기관은 허가 등을 한 날부터 14일 이내에 다음의 사항을 [별지 제1호서식]의 다중이용업 허가등 사항(변경사항) 통보서에 따라 관할 소방본부장 또는 소방서장에게 통보하여야 한다.
1. 영업주의 성명·주소
2. 다중이용업소의 상호·소재지
3. 다중이용업의 종류·영업장 면적
4. 허가능 일자

12 다중이용업소에 설치하여야 하는 소화설비가 아닌 것은?

① 자동식 소화기   ② 자동확산소화용구

③ 간이스프링클러설비   ④ 드렌처설비

> ④ 드렌처설비는 건축설비에 해당된다.

13 대통령령으로 정하는 숙박을 제공하는 형태의 다중이용업소 영업장에는 소방시설 중 무엇을 행정안전부령으로 정하는 기준에 따라 설치하여야 하는가?

① 자동화재속보설비   ② 자동화재탐지설비

③ 간이스프링클러설비   ④ 피난유도선

> 대통령령으로 정하는 숙박을 제공하는 형태의 다중이용업소 영업장에는 소방시설 중 간이스프링클러설비를 행정안전부령으로 정하는 기준에 따라 설치하여야 한다.

14 다중이용업소에 설치하여야 하는 피난구조설비가 아닌 것은?

① 유도등, 유도표지   ② 비상조명등, 휴대용 비상조명등

③ 피난기구   ④ 공기 호흡기, 인공소생기

15 다중이용업소의 방화문을 화재로 인한 연기의 발생 또는 온도의 상승에 따라 자동적으로 닫히는 구조로 하고자 한다. 폐쇄방법으로 옳지 않은 것은?

① 열감지기에 의한 폐쇄   ② 연기감지기에 의한 폐쇄

③ 공기흡입형 감지기에 의한 폐쇄   ④ 열에 녹는 퓨즈에 의한 폐쇄

> **방화문(放火門)**
>
> "방화문(放火門)"이라 함은 「건축법 시행령」 제64조에 따른 갑종방화문 또는 을종방화문으로서 언제나 닫힌 상태를 유지하거나 화재로 인한 연기의 발생 또는 온도의 상승에 따라 자동적으로 닫히는 구조를 말한다. 다만, 자동으로 닫히는 구조 중 열에 녹는 퓨즈(도화선, 導火線) 타입 구조의 방화문을 제외한다.

16 다중이용업 영업장의 구획된 실마다 설치하는 것이 아닌 것은?

① 소화기 또는 자동확산소화용구
② 피난기구
③ 유도등 · 유도표지 또는 비상조명등
④ 비상벨설비 또는 비상방송설비

❶ 다중이용업소에 설치하여야 하는 피난설비

피난 설비	피난기구	4층 이하 영업장의 비상구(발코니 또는 부속실)에 설치	－
	피난유도선	• 영업장 내부 피난통로 · 복도에 NFSC(유도등 · 유도표지) 기준 설치 • 전류에 의해 빛을 내는 방식	영업장 내부 피난통로 또는 복도가 있는 영업장에만 설치
	유도등, 유도표지, 비상조명등	구획된 실마다 유도등, 유도표지 또는 비상조명등 중 하나 이상 설치	－
	휴대용 비상조명등	구획된 실마다 설치	－

17 다중이용업소에 안전시설 등을 설치 시 첨부서류로 옳지 않은 것은?

① 소방시설의 계통도
② 실내장식물의 재료 및 설치면적이 표시된 설계도서
③ 방염처리 계획서
④ 안전시설 등의 설치내역서

❶ 시행규칙 제11조(안전시설 등의 설치신고)

1. 「소방시설공사업법」 제4조제1항에 따른 소방시설설계업자가 작성한 안전시설등의 설계도서(소방시설의 계통도, 실내장식물의 재료 및 설치면적, 내부구획의 재료, 비상구 및 창호도 등이 표시된 것). 다만, 완공신고의 경우에는 설치신고 시 제출한 설계도서와 달라진 내용이 있는 경우에만 제출한다.
2. 안전시설등 설치명세서. 완공신고의 경우에는 설치내용이 설치신고 시와 달라진 경우에만 제출한다.
3. 구획된 실의 세부용도 등이 표시된 영업장의 평면도(복도, 계단 등 해당 영업장의 부수시설이 포함된 평면도) 1부. 다만, 완공신고의 경우에는 설치내용이 설치신고 시와 달라진 경우에만 제출한다.
4. 법 제13조의3제1항에 따른 화재배상책임보험 증권 사본 등 화재배상책임보험 가입을 증명할 수 있는 서류
5. 「전기안전관리법」 제13조제1항에 따른 전기안전점검 확인서 등 전기설비의 안전진단을 증빙할 수 있는 서류(고시원업, 전화방업 · 화상대화방업, 수면방업, 콜라텍업, 방탈출카페업, 키즈카페업, 만화카페업만 해당)

18 다중이용업소의 피난층에 설치된 영업장(영업장으로 사용하는 바닥면적이 33m² 이하인 경우로서 영업장 내부에 구획된 실이 없고 영업장 전체가 개방된 구조의 영업장에 한함) 으로서 그 영업장의 각 부분으로부터 출입구까지의 수평거리가 몇 미터 이하의 경우에는 비상구 설치를 제외할 수 있는가?

① 3m 이하　　　　② 5m 이하　　　　③ 10m 이하　　　　④ 20m 이하

▶ 비상구 설치 제외
　1. 주된 출입구 외에 해당 영업장 내부에서 피난층 또는 지상으로 통하는 직통계단이 별도로 설치된 경우
　2. 피난층에 설치된 영업장으로서 그 영업장의 각 부분으로부터 출입구까지의 수평거리가 10m 이하인 경우

19 다음은 다중이용업소의 안전관리에 관한 특별법령상 다중이용업소에 설치·유지하여야 하는 안전시설 등에 관한 내용이다. 옳지 않은 것은?

① 지하층에 설치된 영업장 및 밀폐구조의 영업장에는 간이스프링클러설비를 설치하여야 한다.
② 노래반주기 등 영상음향장치를 사용하는 영업장에는 비상벨설비를 설치하여야 한다.
③ 가스시설을 사용하는 주방이나 난방시설이 있는 영업장에는 가스누설경보기를 설치하여야 한다.
④ 주된 출입구 외에 해당 영업장 내부에서 피난층 또는 지상으로 통하는 직통계단이 주된 출입구로부터 영업장의 긴 변 길이의 2분의 1 이상 떨어진 위치에 별도로 설치된 경우에는 비상구를 설치하지 않을 수 있다.

▶
　노래반주기 등 영상음향장치를 사용하는 영업장에는 자동화재탐지설비를 설치하여야 한다.

20 비상구의 문이 열리는 방향은 피난방향으로 열리는 구조로 하여야 하나 주된 출입구의 문이 피난계단 또는 특별피난계단의 설치 기준에 따라 설치하여야 하는 문이 아니거나 방화구획이 아닌 곳에 위치한 주된 출입구가 일정 기준을 충족하는 경우에는 자동문[미서기(슬라이딩)문을 말한다.]으로 설치할 수 있다. 이에 해당하지 않는 것은?

① 화재감지기와 연동하여 개방되는 구조
② 스프링클러설비와 연동하여 개방되는 구조
③ 정전 시 자동으로 개방되는 구조
④ 수동으로 개방되는 구조

▶ 자동문[미서기(슬라이딩)문]으로 설치할 수 있는 경우
　1. 화재감지기와 연동하여 개방되는 구조
　2. 정전 시 자동으로 개방되는 구조
　3. 수동으로 개방되는 구조

21 영업장 내부 피난통로의 폭은 양 옆에 구획된 실이 있는 영업장으로서 구획된 실의 출입문 열리는 방향이 피난통로 방향인 경우에는 몇 센티미터 이상으로 설치하여야 하는가?

① 90cm 이상
② 120cm 이상
③ 150cm 이상
④ 180cm 이상

▶ **영업장 내부 피난통로**

1. 내부 피난통로의 폭은 120cm 이상으로 할 것. 다만, 양 옆에 구획된 실이 있는 영업장으로서 구획된 실의 출입문 열리는 방향이 피난통로 방향인 경우에는 150cm 이상으로 설치하여야 한다.
2. 구획된 실부터 주된 출입구 또는 비상구까지의 내부 피난통로의 구조는 세 번 이상 구부러지는 형태로 설치하지 말 것

22 보일러실과 영업장 사이의 출입문은 방화문으로 설치하고, 개구부(開口部)에는 무엇을 설치하여야 하는가?

① 피스톤릴리저 댐퍼
② 자동방연댐퍼
③ 스모크전동댐퍼
④ 자동방화댐퍼

▶

보일러실과 영업장 사이의 출입문은 방화문으로 설치하고, 개구부에는 자동방화댐퍼를 설치할 것

23 나머지 셋과 크기가 다른 하나는?

① 무창층을 구별하는 개구부의 크기
② 지하수조 저수조의 흡수관 투입구의 크기
③ 피난기구인 구조대의 입구 크기
④ 고시원에 설치하는 창문의 크기

▶

• 50cm 이상 : 무창층의 개구부 크기, 고시원 창문 크기
• 60cm 이상 : 흡수관 투입구의 크기

24 다중이용업소에 설치하는 피난안내도의 설치위치로 적절하지 않은 것은?

① 영업장 바닥
② 영업장 주 출입구 부분
③ 구획된 실의 벽
④ 구획된 실의 탁자

25 영업장으로 사용하는 바닥면적의 합계가 몇 제곱미터 이하인 경우에는 피난안내도를 비치하지 않을 수 있는가?

① 33m²
② 66m²
③ 100m²
④ 150m²

◎ 피난안내도 비치 대상

다중이용업의 영업장. 다만, 다음의 어느 하나에 해당하는 경우에는 비치하지 않을 수 있다.

1. 영업장으로 사용하는 바닥면적의 합계가 33m² 이하인 경우
2. 영업장 내 구획된 실이 없고, 영업장 어느 부분에서도 출입구 및 비상구를 확인할 수 있는 경우

26 피난안내도 및 피난안내 영상물에 포함되어야 할 내용으로 옳지 않은 것은?

① 화재 시 대피할 수 있는 출입구의 위치
② 구획된 실(室) 등에서 비상구 및 출입구까지의 피난 동선
③ 소화기, 옥내소화전 등 소방시설의 위치 및 사용방법
④ 피난 및 대처방법

◎ 피난안내도 및 피난안내 영상물에 포함되어야 할 내용

1. 화재 시 대피할 수 있는 비상구 위치
2. 구획된 실(室) 등에서 비상구 및 출입구까지의 피난 동선
3. 소화기, 옥내소화전 등 소방시설의 위치 및 사용방법
4. 피난 및 대처방법

27 소방본부장이나 소방서장은 공사완료의 신고를 받았을 때에는 안전시설 등이 행정안전부령으로 정하는 기준에 맞게 설치되었다고 인정하는 경우에는 무엇을 발급하여야 하는가?

① 소방공사감리결과보고서
② 안전시설 성능시험성적서
③ 안전시설 등 완비증명서
④ 소방공사 완비증명서

28 다음 다중이용업소에 설치하는 경보설비 중 반드시 자동화재탐지설비를 설치하여야 하는 것은?

① 단란주점영업과 유흥주점영업
② 노래반주기 등 영상음향장치를 사용하는 영업장
③ 권총사격장의 영업장
④ 가스시설을 사용하는 주방이나 난방시설이 있는 영업장

◎ 경보설비

1. 비상벨설비 또는 자동화재탐지설비. 다만, 노래반주기 등 영상음향장치를 사용하는 영업장에는 자동화재탐지설비를 설치하여야 한다.
2. 가스누설경보기. 다만, 가스시설을 사용하는 주방이나 난방시설이 있는 영업장에만 설치한다.

29 다중이용업의 허가·인가·등록·신고수리(이하 "허가 등")를 하는 행정기관은 허가 등을 한 날부터 며칠 이내에 다중이용업의 허가 등 사항(변경사항) 통보서에 따라 관할 소방본부장 또는 소방서장에게 통보하여야 하는가?

① 7일   ② 10일   ③ 14일   ④ 30일

▶ 다중이용업의 허가 등
1. 관련 행정기관의 허가 등의 통보 : 허가 등을 한 날부터 14일 이내
2. 변경사항
   ① 영업주의 성명·주소
   ② 다중이용업소의 상호·소재지
   ③ 다중이용업의 종류·영업장 면적
   ④ 허가 등 일자
3. 허가관청은 변경사항의 신고를 수리한 때 : 수리한 날부터 30일 이내에 소방본부장 또는 소방서장에게 통보
4. 휴·폐업과 휴업 후 영업재개신고를 수리한 때 : 30일 이내에 소방본부장 또는 소방서장에게 통보

30 화재위험유발지수에 대한 설명 중 잘못된 것은?

① 평가점수란, 영업소 등에 사용되거나 설치된 가연물의 양, 소방시설의 화재진화를 위한 성능 등을 고려한 영업소의 화재안정성을 100점 만점 기준으로 환산한 점수를 말한다.
② 위험수준이란, 영업소 등에 사용되거나 설치된 가연물의 열방출률, 화기 취급의 특징 등을 고려한 영업소의 화재 진압 특성을 100점 만점 기준으로 환산한 점수를 말한다.
③ 등급 중 C등급의 평가점수는 40 이상 59 이하이며, 위험수준은 40 이상 59 이하이다.
④ 등급 중 D등급의 평가점수는 20 이상 39 이하이며, 위험수준은 60 이상 79 이하이다.

▶ 화재위험유발지수
1. 평가점수 : 영업소 등에 사용되거나 설치된 가연물의 양, 소방시설의 화재진화를 위한 성능 등을 고려한 영업소의 화재안정성을 100점 만점 기준으로 환산한 점수
2. 위험점수 : 영업소 등에 사용되거나 설치된 가연물의 양, 화기취급의 종류 등을 고려한 영업소의 화재 발생 가능성을 100점 만점 기준으로 환산한 점수

등급	평가점수	위험수준
A	80 이상	20 미만
B	60 이상 79 이하	20 이상 39 이하
C	40 이상 59 이하	40 이상 59 이하
D	20 이상 39 이하	60 이상 79 이하
E	20 미만	80 이상

31 다중이용업을 하려는 사람은 안전시설 등을 설치하기 전에 미리 소방본부장이나 소방서장에게 행정안전부령으로 정하는 안전시설 등의 설계도서를 첨부하여 신고하여야 한다. 이에 해당하지 않는 것은?

① 안전시설 등을 설치하려는 경우
② 다중이용업의 영업장 실내장식물을 변경하고자 하는 경우
③ 영업장 내부구조를 변경하려는 경우
④ 안전시설 등의 공사를 마친 경우

> 다중이용업을 하려는 사람은 안전시설 등을 설치하기 전에 미리 소방본부장이나 소방서장에게 행정안전부령으로 정하는 안전시설 등의 설계도서를 첨부하여 신고하여야 한다.
> 1. 안전시설 등을 설치하려는 경우
> 2. 영업장 내부구조를 변경[영업장 면적의 증가, 영업장의 구획된 실(室)의 증가 및 내부통로 구조의 변경]하려는 경우
> 3. 안전시설 등의 공사를 마친 경우

32 소방청장·소방본부장 또는 소방서장은 소방안전교육을 실시하려는 때에는 교육 일시 및 장소 등 소방안전교육에 필요한 사항을 교육일 며칠 전까지 소방청장·소방본부 또는 소방서의 홈페이지에 게재하여야 하는가?

① 10일　　　② 20일　　　③ 30일　　　④ 40일

> 교육일 30일 전까지 소방청장·소방본부 또는 소방서의 홈페이지에 게재하고, 다음 각 호의 구분에 따라 교육대상자에게 알려야 한다.
> 1. 안전시설 등의 설치신고 또는 영업장 내부구조 변경신고를 하는 자 : 신고 접수 시
> 2. 제1호 외의 교육대상자 : 교육일 10일 전

33 다중이용업소의 소방안전교육에 필요한 교육인력 및 시설·장비기준으로 옳지 않은 것은?

① 교육인력 : 강사 4인 및 교무요원 2인 이상
② 사무실 : 바닥면적이 100m² 이상일 것
③ 실습실·체험실 : 바닥면적이 100m² 이상일 것
④ 강의실 : 바닥면적이 100m² 이상이고, 의자·탁자 및 교육용 비품을 갖출 것

> **사무실**
> 바닥면적이 60m² 이상일 것

34 다중이용업소의 안전관리에 관한 특별법령상 보험회사가 화재배상책임보험에 가입하여야 할 자의 사실을 행정안전부령으로 정하는 기간 내에 소방청장, 소방본부장, 소방서장에게 알려야 할 경우가 아닌 것은?

① 화재배상책임보험 계약을 체결한 경우

② 화재배상책임보험 계약을 체결한 후 계약기간이 끝나기 전에 그 계약을 해지한 경우

③ 화재배상책임보험 계약을 체결한 자가 그 계약기간이 끝나기 전에 자기와 다시 계약을 체결하지 아니한 경우

④ 화재배상책임보험 계약을 해지한 경우

▶ **보험회사가 다중이용업주에게 알려야 하는 경우**

계약 종료일 75~30일 전까지, 30~10일 전까지의 기간에 알려야 한다.
1. 보험기간이 1개월 이내인 계약 경우
2. 다중이용업주가 자기와 다시 계약을 체결한 경우
3. 다중이용업주가 다른 회사와 계약을 체결한 경우

35 소방안전교육에 대한 설명 중 잘못된 것은?

① 다중이용업을 새로이 하려는 영업주는 영업을 시작하기 전 반드시 교육을 받아야 한다.

② 소방안전교육시간은 4시간 이내로 한다.

③ 소방안전교육을 받은 후 유효기간은 2년으로 한다.

④ 소방안전교육이수증명서는 재발급할 수 있다.

▶ **시행규칙 제5조(소방안전교육의 대상자 등)**

소방안전교육의 횟수 및 시기는 다음과 같다.
• 신규교육 : 영 제2조에 따른 다중이용업을 새로이 하려는 영업주는 영업을 시작하기 전에, 제3항 제2호에 따라 교육을 받아야 하는 종업원은 그 영업에 종사하기 전에 소방안전교육을 받아야 한다. 다만 국외여행 등 부득이한 사유로 미리 교육을 받을 수 없는 경우에는 영업개시 또는 영업에 종사 후 3개월 이내에 소방청장이 정하는 바에 따라 교육을 받을 수 있다.

36 프로판가스를 사용하는 난로의 설치 시 가스누설경보기의 설치위치로 적절한 것은?

① 천장에서 30cm 이내

② 바닥에서 30cm 이내

③ 난로 주변

④ 천장 환기구 주변

37 개수명령을 몇 회 이상 받고 이행하지 않으면 인터넷에 공개하는가?

① 1회 　　　　② 2회 　　　　③ 3회 　　　　④ 4회

▶ **법 제20조(법령위반업소의 공개)**

소방청장·소방본부장 또는 소방서장은 다중이용업주가 제9조제2항 및 제15조제2항의 규정에 의한 조치 명령을 2회 이상 받고도 이를 이행하지 아니하는 때에는 그 조치 내용(동 위반사항에 대하여 수사기관에 고발된 경우에는 그 고발된 사실을 포함)을 인터넷 등에 공개할 수 있다.

38 화재위험평가를 실시해야 하는 다중이용업소가 아닌 것은?

① 2천m² 지역 안에 다중이용업소가 50개 이상 밀집하여 있는 경우
② 고층(11층 이상)에 다중이용업소가 있는 경우
③ 5층 이상인 건축물로서 다중이용업소가 10개 이상 있는 경우
④ 하나의 건축물에 다중이용업소들의 영업장 바닥면적의 합계가 1천m² 이상인 경우

▶ **제15조(다중이용업소에 대한 화재위험평가 등)**

소방청장·소방본부장 또는 소방서장은 다음의 어느 하나에 해당하는 지역 또는 건축물에 대하여 화재예방과 화재로 인한 생명·신체·재산상의 피해를 방지하기 위하여 필요하다고 인정되는 경우에는 화재위험평가를 실시할 수 있다.
1. 2천m² 지역 안에 다중이용업소가 50개 이상 밀집하여 있는 경우
2. 5층 이상인 건축물로서 다중이용업소가 10개 이상 있는 경우
3. 하나의 건축물에 다중이용업소로 사용하는 영업장 바닥면적의 합계가 1천m² 이상인 경우

39 다중이용업소의 화재위험평가에 대한 다음의 설명 중 옳지 않은 것은?

① 소방청장, 소방본부장 또는 소방서장은 화재위험평가의 결과 그 위험유발지수가 에이(A) 등급인 다중이용업소에 대하여는 안전시설 등의 일부를 설치하지 아니하게 할 수 있다.
② 화재위험유발지수가 B등급이라 함은 평가점수가 60 이상 79 이하, 위험수준은 20 이상 39 이하를 말한다.
③ 화재위험평가 대행자는 화재 모의시험이 가능한 컴퓨터 1대 이상, 화재 모의시험을 위한 프로그램을 갖추어야 한다.
④ 화재위험평가 대행자는 대표자가 변경되는 경우 변경되는 날부터 30일 이내에 행정안전부령으로 정하는 바에 따라 시·도지사에게 변경등록을 하여야 한다.

▶

화재위험평가 대행자는 대표자가 변경되는 경우 변경되는 날부터 30일 이내에 행정안전부령으로 정하는 바에 따라 소방청장에게 변경등록을 하여야 한다.

40 다중이용업의 화재위험평가 대행자 등록에 대한 사항으로 옳지 않은 것은?

① 화재위험평가대행을 하려는 자는 화재위험평가대행자 등록신청서에 필요서류를 첨부하여 소방청장에게 제출하여야 한다.

② 소방청장은 등록신청서를 제출받은 경우 평가대행자가 갖추어야 할 기술인력·시설·장비 기준에 적합하다고 인정되는 경우 등록신청을 받은 날부터 30일 이내에 화재위험 평가대행 자등록증을 교부하여야 한다.

③ 평가대행자는 변경사유가 발생하면 변경사유가 발생한 날부터 30일 이내에 소방청장에게 변경등록을 해야 한다.

④ 화재위험평가대행자의 등록이 취소된 자는 7일 이내에 화재위험평가대행자등록증을 소방청장에게 반납하여야 한다.

41 화재위험평가 결과 그 위험유발지수가 대통령령으로 정하는 기준 이상인 경우에는 해당 다중이용업주에게 화재의 예방 및 안전관리에 관한 법률 제14조에 따른 조치를 명할 수 있다. 이 과정에서 손실이 발생할 경우 보상하여야 하는 사람으로 옳지 않은 것은?

① 소방청장
② 소방본부장
③ 소방서장
④ 시·도지사

▶ **손실 보상권자** ──────────────

소방청장, 소방본부장 또는 소방서장

42 화재위험유발지수에서 A등급의 평가점수와 위험수준을 옳게 설명한 것은 어느 것인가?

① 평가점수 : 60 이상 79 이하, 위험수준 : 20 미만

② 평가점수 : 80 이상, 위험수준 : 20 미만

③ 평가점수 : 20 미만, 위험수준 : 80 이상

④ 평가점수 : 20 미만, 위험수준 : 60 이상 79 이하

▶ **화재위험유발지수** ──────────────

1. 평가점수 : 영업소 등에 사용되거나 설치된 가연물의 양, 소방시설의 화재진화를 위한 성능 등을 고려한 영업소의 화재안정성을 100점 만점 기준으로 환산한 점수를 말한다.

2. 위험수준 : 영업소 등에 사용되거나 설치된 가연물의 양, 화기 취급의 종류 등을 고려한 영업소의 화재 발생 가능성을 100점 만점 기준으로 환산한 점수를 말한다.

※ 위험유발지수의 산정기준 · 방법 등은 소방청장이 정하여 고시

등급	평가점수	위험수준
A	80 이상	20 미만
B	60 이상 79 이하	20 이상 39 이하
C	40 이상 59 이하	40 이상 59 이하
D	20 이상 39 이하	60 이상 79 이하
E	20 미만	80 이상

43 다중이용업소에서 화재위험평가를 실시한 결과 평가점수가 얼마 이상이면 안전시설 등의 설치기준의 일부를 적용하지 아니할 수 있는가?

① 75 ② 80
③ 85 ④ 90

44 보험회사는 화재배상책임보험의 보험금 청구를 받은 때에는 지체 없이 지급할 보험금을 결정하고 보험금 결정 후 며칠 이내에 피해자에게 보험금을 지급하여야 하는가?

① 3일 ② 7일
③ 14일 ④ 15일

▶ **보험금의 지급**

보험회사는 화재배상책임보험의 보험금 청구를 받은 때에는 지체 없이 지급할 보험금을 결정하고 보험금 결정 후 14일 이내에 피해자에게 보험금을 지급하여야 한다.

45 다중이용업주가 가입하여야 하는 화재배상책임보험은 사망의 경우 피해자 1명당 얼마의 범위에서 피해자에게 발생한 손해액을 지급하여야 하는가?

① 2천만 원 ② 5천만 원
③ 1억 5천만 원 ④ 2억 원

▶ **화재배상책임보험의 보험금액**

1. 사망의 경우 : 피해자 1명당 1억 5천만 원의 범위에서 피해자에게 발생한 손해액을 지급할 것. 다만, 그 손해액이 2천만 원 미만인 경우에는 2천만 원으로 한다.
2. 재산상 손해의 경우 : 사고 1건당 10억 원의 범위에서 피해자에게 발생한 손해액을 지급할 것

PART 04 위험물의 성상 및 시설기준

위험물의 성상 및 시설기준

1. 각 유별 공통성질 및 저장취급방법

유 별	공통성질
제1류 산화성 고체	• 대부분 무색결정 또는 백색 분말 　예외) 과망간산칼륨(흑자색), 중크롬산암모늄(등적색) • 불연성, 강산화성, 조연성 가스(산소) 발생 • 비중 1보다 크고 대부분 수용성인 경우 많음 • 대부분 조해성 • 가열 · 충격 · 마찰 및 다른 약품과 접촉 시 분해되어 산소 발생 • 알칼리금속과 산화물은 물과 반응 시 산소 발생
제2류 가연성 고체	• 낮은 온도에서 착화되기 쉬운 가연성 고체 • 연소반응속도가 빠름(속연성) • 대부분 유독성, 연소 시 유독가스 발생 • 비중 1보다 크고(물보다 무겁고) 물에 불용 • 환원성 물질로 산화물(1 · 6류)과 접촉 시 발화 • 금속분은 물 · 산과 접촉 시 발열 · 발화
제3류 자연 발화성 금수성 물질	• 대부분 무기성 고체(단, 알킬알루미늄은 유기성 액체) • 공기 중에 노출될 경우 열을 흡수하여 자연발화 • 물과 접촉 시 급격히 반응하여 발열 • 물과 반응하여 가연성 가스 생성(황린 제외)
제4류 인화성 액체	• 상온에서 매우 인화되기 쉬운 액체 • 일반적으로 물보다 가볍고 물에 녹기 어려움 • 증기는 공기보다 무거움(단, 시안화수소는 제외) • 착화 온도가 낮은 것은 재연소 위험 • 증기와 공기가 약간 혼합되어 있어도 연소함 • 일반적으로 전기의 부도체로 정전기에 주의(정전기 제거를 위해 접지설비를 설치)
제5류 자기 연소성 물질	• 자기반응(폭발)성 물질임 • 가연물이면서 자체에 산소를 함유 • 연소 시 속도가 빨라 폭발성을 지님 • 가열 · 충격 · 마찰 등에 인화폭발위험 • 장기간 공기 중 방치 시 자연발화 가능 • 대부분 물에 녹지 않으며 모두 유기질화물임
제6류 산화성 액체	• 강산화성 액체로서 불연성이며 강산성임 • 분해하여 산소를 발생 • 비중은 1보다 크고 물과 접촉 시 발열함 • 유기물과 접촉 시 발열 발화된 경우 많음 • 증기는 유독하며 취급 시 보호구를 착용

2. 유별을 달리하는 위험물의 혼재기준

서로 다른 두 가지 이상의 위험물이 혼합·혼촉하였을 때 발열·발화하는 현상
(단, 지정수량의 10분의 1 적용 제외)

유별	제1류	제2류	제3류	제4류	제5류	제6류
제1류		×	×	×	×	○
제2류	×		×	○	○	×
제3류	×	×		○	×	×
제4류	×	○	○		○	×
제5류	×	○	×	○		×
제6류	○	×	×	×	×	

$$\begin{matrix} 1-6 \\ 2-5 \\ 3-4 \end{matrix}$$

○ － 혼재 불가, × － 혼재 가능

3. 복수성상물품 : 성상을 2가지 이상 포함하는 물품

복수성상물	복수성상물품
산화성 고체(제1류)＋가연성 고체(제2류)	제2류
산화성 고체(제1류)＋자기반응성 물질(제5류)	제5류
가연성 고체(제2류)＋자연발화성 물질(제3류)	제3류
자연발화성 물질, 금수성 물질(제3류)＋인화성 액체(제4류)	제3류
인화성 액체(제4류)＋자기반응성 물질(제5류)	제5류

위험물의 위험성 : 3·5류 ＞ 4류 ＞ 2류 ＞ 1·6류

4. 제6류 위험물(산화성 액체)

액체로서 산화력의 잠재적인 위험성을 판단하기 위하여 고시로 정하는 시험에서 고시로 정하는 성질과
상태를 나타내는 것

위험등급	품명	지정수량
I	1. 과염소산 2. 과산화수소 3. 질산 4. 할로겐 화합물(F, Cl, Br, I) 등 포함 　오플로르화브롬(BrF_5) 　삼플로르화브롬(BrF_3) 　오플로르화요오드(IF_5)	300kg

5. 과산화수소(H_2O_2, 300kg)

- 위험물의 기준 : 농도에 의한 구분

농도	용도
3wt%	소독약인 옥시풀
30~40wt%	일반 시판품
36wt%	위험물의 기준
60wt% 이상	단독으로 폭발 가능

- 순수한 것은 점성이 있는 무색의 액체, 많을 경우에는 청색
- 산화제 및 환원제로 사용
- 안정제 : 인산(H_3PO_4), 요산($C_5H_4N_4O_3$), 요소 등
- 용기는 갈색 유리병에 구멍이 뚫린 마개를 사용, 직사광선을 피하고 냉암소 등에 저장

6. 질산(HNO_3, 300kg)

- 위험물 기준 : 비중 1.49 이상
- 부식성이 강하나 금(Au), 백금(Pt)은 부식시키지 못함(단, 왕수(질산 1＋염산 3)는 녹인다.)
- 부동태 : 알루미늄(Al), 코발트(Co), 니켈(Ni), 철(Fe), 크롬(Cr) 등은 묽은 질산에는 녹으나 진한 질산에서는 부식되지 않는 얇은 피막이 금속 표면에 생겨 녹지 않는 현상
- 크산토프로테인반응 : 질산이 단백질과 반응하여 노란색으로 변하는 반응

7. 제1류 위험물(산화성 고체)

위험등급	품명		지정수량
I	1. 아염소산염류 3. 과염소산염류	2. 염소산염류 4. 무기과산화물류	50kg
II	5. 브롬산염류 7. 요오드산염류	6. 질산염류	300kg
III	8. 과망간산염류	9. 중크롬산염류	1,000kg
	10. 그 밖에 행정안전부령이 정하는 것 　① 차아염소산염류		50kg
	② 과요오드산염류 　③ 과요오드산 　④ 크롬, 납 또는 요오드의 산화물 　⑤ 아질산염류 　⑥ 염소화이소시아눌산 　⑦ 퍼옥소이황산염류 　⑧ 퍼옥소붕산염류		300kg

- 고체 : 액체 또는 기체 외의 것
- 액체 : 1기압 및 섭씨 20도에서 액상인 것 또는 섭씨 20도 초과 섭씨 40도 이하에서 액상인 것
- 기체 : 1기압 및 섭씨 20도에서 기상인 것
- 액상 : 수직으로 된 시험관(안지름 30밀리미터, 높이 120밀리미터의 원통형 유리관을 말한다.)에 시료를 55밀리미터까지 채운 다음 당해 시험관을 수평으로 하였을 때 시료액면의 선단이 30밀리미터를 이동하는 데 걸리는 시간이 90초 이내에 있는 것

8. 제1류 위험물의 색상

품명	색상	품명	색상	품명	색상
과망간산칼륨	흑자색	중크롬산칼륨	등적색	과산화칼륨	백색 or 등적색
과망간산암모늄	흑자색	중크롬산나트륨	등적색	과산화나트륨	백색 or 황백색
과망간산나트륨	적자색	중크롬산암모늄	적색		
과망간산칼슘	자색				

9. 제1류 위험물 분해온도 정리

～나트륨, ～칼륨	약 300~400℃
～암모늄	약 100~200℃
기타	• 과망간산칼륨, 과망간산나트륨 : 220~400℃ • 과산화바륨 : 840℃

10. 제1류 위험물의 용해성

구분	조해성	온수	냉수	글리세린	알코올	에테르	특징
아염소산나트륨	○	○	○	○	○	○	나트륨 • 물에 잘 녹는다.
염소산나트륨	○	○	○	○	○	○	
과염소산나트륨	○	○	○	○	○	×	
질산나트륨	○	○	○	○	△	○	
염소산암모늄	○						암모늄 • 물에 잘 녹는다.
과염소산암모늄	○	○	○				
질산암모늄	○	○	○		○		
염소산칼륨		○	×	○	×		칼륨 • 물에 녹는다. • 알코올에 녹지 않는다.
과염소산칼륨		△	△		×	×	
브롬산칼륨		○	○		×		
질산칼륨		○	○	○	△		

※ ○-잘 녹음, △-약간 녹음, ×-안 녹음

11. 무기과산화물(지정수량 : 50kg)

1) 종류

　　① 알칼리금속 과산화물 : 과산화칼륨(K_2O_2), 과산화나트륨(Na_2O_2)

　　② 알칼리토금속 과산화물 : 과산화마그네슘(MgO_2), 과산화칼슘(CaO_2), 과산화바륨

2) 무기과산화물은 물과 반응하여 산소가 발생

3) 불연성, 물과 접촉하면 발열, 용기는 밀전·밀봉하며 대량의 경우에는 폭발한다.

12. 질산염류(지정수량 : 300kg)

품명	화학식	특징
질산칼륨(초석)	KNO_3	흑색 화약의 원료
질산나트륨(칠레초석)	$NaNO_3$	
질산암모늄	NH_4NO_3	• AN−FO(안포폭약) 폭약의 원료(질산암모늄 94%＋경유 6% 혼합물) • 물과는 흡열반응

13. 제2류 위험물(가연성 고체)

고체로서 화염에 의한 발화의 위험성 또는 인화의 위험성을 판단하기 위하여 고시로 정하는 시험에서 고시로 정하는 성질과 상태를 나타내는 것

위험등급	품명	지정수량
II	황화린 적린 유황	100kg
III	철분 금속분 마그네슘	500kg
III	인화성 고체	1,000kg

14. 황화린(지정수량 : 100kg)

명칭	화학식	색상	발화점	성질
삼황화린	P_4S_3	황색	100℃	물에 녹지 않음
오황화린	P_2S_5	담황색	150℃	조해성(물에 용해 시 황화수소와 인산 생성)
칠황화린	P_4S_7	담황색	250℃	조해성(물에 용해 시 황화수소와 인산 생성)

공통특징 : 연소하면 오산화인(P_2O_5)과 이산화황(SO_2)이 생성된다.

15. 황(지정수량 : 100kg)

- 위험물의 기준 : 순도 60wt% 이상인 것(단, 순도 측정에 있어서 불순물은 활석 등 불연성 물질과 수분에 한한다.)
- 동소체 : 단사황, 사방황, 고무상황
- 전기 부도체, 연소 시 푸른 불꽃을 내며 아황산가스(SO_2) 발생
- 고온의 유황은 수소와 격렬히 반응하여 황화수소(H_2S)를 발생

명칭	비중	발화점	융점	물에 용해	CS_2에 용해
단사황	1.96	-	119	녹지 않음	잘 녹음
사방황	2.07	-	113	녹지 않음	잘 녹음
고무상황	-	360	-	녹지 않음	녹지 않음

16. 적린(지정수량 : 100kg)

- 발화점 : 260℃(황린에 비하여 대단히 안정)
- 동소체 : 적린(제2류 위험물), 황린(제3류 위험물)
- 황린을 공기 차단한 후 약 250℃로 가열하여 적린으로 만든다.
- 공기 중에서 연소하면 오산화인(P_2O_5)이 생성된다.

17. 적린과 황린의 비교

구분	적린(P_4)	황린(P)
유별	제2류	제3류
지정수량	100kg	20kg
위험등급	II	I
색상	암적색	백색, 담황색
발화점	260℃	34℃(위험물 중 최저)
저장	상온 보관	물속에 저장(pH 9)
물에 용해	녹지 않음	녹지 않음
CS_2에 용해	녹지 않음	잘 녹음

18. 철분(지정수량 : 500kg)

- 철의 분말로서 53 마이크로미터(μm)의 표준체를 통과하는 것이 50wt% 미만인 것을 제외
- 비중 : 7.86, 묽은 산에서는 수소가스 발생, 진한 질산에서는 부동태

19. 마그네슘(지정수량 : 500kg)

- 마그네슘 또는 마그네슘을 함유한 것 중 2mm의 체를 통과하지 아니하는 덩어리 또는 직경 2mm 이상의 막대모양의 것을 제외
- 비중 : 1.74(공기 중의 습기 또는 할로겐 원소와는 자연발화할 수 있다.)
- 발열량이 크고, 연소 시 백광과 푸른 불꽃을 내면서 연소
- CO_2 등 질식성 가스와 연소 시는 유독성인 CO가스 발생
- 사염화탄소 등과 고온에서 반응할 경우 맹독성의 포스겐 발생

20. 금속분류(지정수량 : 500kg)

- 위험물의 기준 : 알칼리 금속, 알칼리 토금속, 철 및 마그네슘 이외의 금속분을 말하며, 구리, 니켈분과 150마이크로미터(μm)의 표준체를 통과하는 것이 50wt% 미만인 것을 제외
- 종류 : 알루미늄분(Al), 아연분(Zn), 안티몬분(Sb), 티탄분, 은분 등
- 알루미늄분(Al) : 비중은 2.7, 연성, 전성(퍼짐성)이 좋으며 열전도율, 전기전도도가 큰 은백색의 무른 금속이다.

21. 비중

경금속(비중 4.5 이하)		중금속(비중 4.5 이상)
• 리튬(Li) : 0.53	• 칼륨(K) : 0.86	• 철(Fe) : 7.8
• 나트륨(Na) : 0.97	• 칼슘(Ca) : 1.55	• 구리(Cu) : 8.9
• 마그네슘(Mg) : 1.74	• 알루미늄(Al) : 2.7	• 수은(Hg) : 13.6

※ 제4류 위험물의 비중
  - 이황화탄소 - 1.26
  - 비중이 1보다 큰 것 - 의산, 초산, 클로로벤젠, 니트로벤젠, 글리세린

[금속의 불꽃반응 색상 불꽃놀이 할 때 불꽃 색깔]

리튬 → 적색	나트륨 → 노란색	칼륨 → 보라색	구리 → 청녹색	칼슘 → 황적색

22. 인화성 고체(지정수량 : 1,000kg)

고형 알코올, 그 밖에 1기압에서 인화점이 40℃ 미만인 고체

23. 제3류 위험물(자연발화성 및 금수성 물질)

고체 또는 액체로서 공기 중에서 발화의 위험성이 있거나 물과 접촉하여 발화하거나 가연성 가스를 발생하는 위험성이 있는 것

위험등급	품명	지정수량
I	칼륨 나트륨 알킬알루미늄 알킬리튬	10kg
	황린	20kg
II	알칼리금속(칼륨 및 나트륨 제외) 및 알칼리 토금속 유기 금속 화합물(알킬알루미늄 및 알칼리튬 제외)	50kg
III	금속의 수소화물 금속의 인화물 칼슘 또는 알루미늄의 탄화물	300kg
	염소화규소 화합물	

24. 알킬알루미늄(R_3Al), 알킬리튬(RLi)(지정수량 : 10kg)

- 상온에서 무색투명한 액체, 고체로서 독성이 있으며 자극성인 냄새가 난다.
- 공기와 접촉 시 자연발화($C_1 \sim C_4$까지)
- 물과 접촉 시 폭발적 반응, 가연성 가스 발생
- 용기 : 밀봉, 공기와 물의 접촉을 피하며, 질소 등 불연성 가스 봉입
- 희석제 : 벤젠(C_6H_6), 헥산(C_6H_{14})

화학명	약호	화학식	상태	물과 반응 시 생성가스
트리메틸알루미늄	TMA	$(CH_3)_3Al$	무색 액체	메탄(CH_4)
트리에틸알루미늄	TEA	$(C_2H_5)_3Al$	무색 액체	에탄(C_2H_6)
트리프로필알루미늄	TNP	$(C_3H_7)_3Al$	무색 액체	프로판(C_3H_8)
트리부틸알루미늄	TBC	$(C_4H_9)_3Al$	무색 액체	부탄(C_4H_{10})

25. 칼륨, 나트륨의 특징

구분	칼륨	나트륨
비중	0.86	0.97
공통사항	\- 보호액(등유, 경유, 파라핀)에 저장한다. - 알코올과 반응하여 금속알코올레이드와 수소가스를 발생시킨다. - 화학적 활성이 대단히 큰 은백색의 광택이 있는 무른 금속이다. - 공기 중의 수분 또는 물과 빈응하여 수소가스를 발생시키며 발화한다. - 주수소화와 사염화탄소나 이산화탄소와는 폭발반응하므로 금지한다.	

26. 황린(지정수량 : 20kg)

- 동소체 : 적린, 황린
- 발화점 : 34℃(위험물 중에서 황린의 발화점이 가장 낮음)
- 황린을 공기 차단한 후 약 250℃로 가열하면 적린(P)이 된다.
- 흡습성, 물과 반응하여 인산(H_3PO_4)을 생성하므로 부식성이 있다.
- 인화수소(PH_3)의 생성을 방지하기 위해 보호액은 pH 9인 약알칼리성 물속에 저장한다.

27. 알칼리 금속류(K, Na 제외) 및 알칼리 토금속류(지정수량 : 50kg)

- 종류 : 금속 리튬(Li), 금속 칼슘(Ca)
- 물과 만나면 심하게 발열하고 가연성의 수소가스를 발생시키므로 위험하다.
- 보호액으로 석유류 속에 저장한다.

28. 물과의 반응 시 생성가스

유 별	품명	발생가스	반응식
제1류	무기과산화물	산소	$2Na_2O_2 + 2H_2O \rightarrow 4NaOH + O_2 \uparrow$
제2류	오황화린, 칠황화린	황화수소	$P_2S_5 + 8H_2O \rightarrow 2H_3PO_4(인산) + 5H_2S \uparrow$
	철분, 마그네슘, 금속분	수소	$Mg + 2H_2O \rightarrow Mg(OH)_2 + H_2 \uparrow$
제3류	칼륨, 나트륨, 리튬	수소	$2K + 2H_2O \rightarrow 2KOH + H_2 \uparrow$
	수소화칼륨, 수소화나트륨	수소	$KH + H_2O \rightarrow KOH + H_2 \uparrow$
	트리메틸알루미늄	메탄	$(CH_3)_3Al + 3H_2O \rightarrow Al(OH)_3 + 3CH_4 \uparrow$
	트리에틸알루미늄	에탄	$(C_2H_5)_3Al + 3H_2O \rightarrow Al(OH)_3 + 3C_2H_6 \uparrow$
	인화칼슘, 인화알루미늄	포스핀	$Ca_3P_2 + 6H_2O \rightarrow 3Ca(OH)_2 + 2PH_3 \uparrow$
	탄화칼슘	아세틸렌	$CaC_2 + 2H_2O \rightarrow Ca(OH)_2 + C_2H_2 \uparrow$
	탄화알루미늄	메탄	$Al_4C_3 + 12H_2O \rightarrow 4Al(OH)_3 + 3CH_4 \uparrow$

29. 제4류 위험물(인화성 액체)

액체(제3석유류, 제4석유류 및 동식물유류에 있어서는 1기압과 섭씨 20도에서 액상인 것에 한한다.)로서 인화의 위험성이 있는 것

1) 제4류 지정품목, 지정수량

분류	지정품목	비수용성	수용성 (비×2)	수용성
특수인화물	에테르, 이황화탄소	50		아세트알데히드, 산화프로필렌
제1석유류	아세톤, 가솔린	200	400	아세톤, 피리딘, 시안화수소
알코올류	–	400		메탄올, 에탄올, 프로필알코올
제2석유류	등유, 경유	1,000	2,000	초산, 의산, 에틸셀르솔브
제3석유류	중유, 클레오소트유	2,000	4,000	에틸렌글리콜, 글리세린
제4석유류	기어유, 실린더유	6,000		–
동식물류	–	10,000		–

2) 지정품명 및 인화점에 의한 구분

특수인화물	이황화탄소, 디에틸에테르 그 밖에 1기압에서 발화점이 섭씨 100도 이하인 것 또는 인화점이 섭씨 영하 20℃ 이하이고 비점이 섭씨 40℃ 이하인 것
제1석유류	아세톤, 휘발유 그 밖에 1기압에서 인화점이 섭씨 21℃ 미만인 것
알코올류	분자를 구성하는 탄소원자의 수가 1개부터 3개까지인 포화1가 알코올(변성알코올 포함)
제2석유류	등유, 경유 그 밖에 1기압에서 인화점이 섭씨 21도 이상 섭씨 70도 미만인 것
제3석유류	중유, 클레오소트유 그 밖에 1기압에서 인화점이 섭씨 70도 이상 섭씨 200℃ 미만인 것
제4석유류	기어유, 실린더유 그 밖에 1기압에서 인화점이 섭씨 200도 이상 섭씨 250℃ 미만인 것
동식물유류	동물의 지육 또는 식물의 종자나 과육으로부터 추출한 것으로서 1기압에서 인화점이 섭씨 250℃ 미만인 것

> ➤ **석유류 분류**

1기압에서 액체로서 인화점으로 구분
1. 특수인화물 : 인화점이 −20℃ 이하, 비점 40℃ 이하 발화점이 100℃ 이하
2. 제1석유류 : 인화점 21℃ 미만
3. 제2석유류 : 인화점 21℃ 이상 70℃ 미만
4. 제3석유류 : 인화점 70℃ 이상 200℃ 미만
5. 제4석유류 : 인화점 200℃ 이상 250℃ 미만
6. 동식물류 : 인화점 250℃ 미만

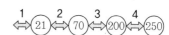

30. 특수인화물(지정수량 : 50L)

구분	디에틸에테르	이황화탄소	아세트알데히드	산화프로필렌
화학식	$C_2H_5OC_2H_5$	CS_2	CH_3CHO	CH_3CHCH_2O
비중	0.71	1.26	0.78	0.83
비점	34.6℃		21℃	34℃
발화점	180℃	90℃	185℃	
인화점	−45℃	−30℃	−38℃	−37℃
연소범위	1.9~48%	1~44%	4.1~57%	2.5~38.5%
저장	공간용적 10% 이상	물 속 (수조)	불연성가스(질소) or 수증기 봉입	

특징	• 정전기 방지제 : 염화칼슘
	• 과산화물 생성
	  − 검출시약 : 10% KI용액
	  − 검출 시 : 황색 변화
	  − 제거시약 : 환원철, 황산제일철
		• 독성
		• 유기용제
			• 구리, 마그네슘, 은, 수은 용기사용 금지
			• 불연성 가스(질소), 수증기(H_2O)를 봉입
			• 산화, 환원작용(은거울반응)과 페얼링 반응	

➲ 이소프렌 : 인화점 −54℃(위험물 중 가장 낮음)

31. 제1석유류(비수용성 : 200L, 수용성 : 400L)

• 정의 : 아세톤 및 휘발유, 그 밖의 액체로서 인화점이 21℃ 미만인 액체

• 수용성(400L) : 아세톤, 피리딘, 시안화수소

1) 아세톤(디메틸케톤, CH_3COCH_3, 지정수량 : 400L)

① 인화점 : −18℃, 무색, 독특한 냄새, 휘발성 액체

② 독성은 없으나 피부에 닿으면 탈지작용을 하고 오래 흡입 시 구토가 일어난다.

2) 휘발유(가솔린, C_5H_{12}~C_9H_{20}, 지정수량 : 200L)

① 발화점 : 300℃, 연소범위 : 1.4~7.6%

② 전기 부도체, 정전기 발생에 주의

3) 벤젠(C_6H_6, 지정수량 : 200L)

① 인화점 : −11℃, 연소범위 : 1.4~7.1%

② 융점 : 5.5℃, 추운 겨울에는 고체상태에서도 가연성 증기 발생

③ 탄소 수에 비해 수소 수가 적기 때문에 연소시키면 그을음을 많이 내며 탄다.

4) 톨루엔(C₆H₅CH₃, 지정수량 : 200L)

① 인화점 : 4℃

② 벤젠보다는 독성이 적고, 방향성, 무색투명한 액체

③ 톨루엔에 진한 질산과 진한 황산을 가하여 TNT 생성

5) O-크실렌(C₆H₄(CH₃)₂, 지정수량 : 200L)

6) 피리딘(C₅H₅N, 지정수량 : 400L)

인화점 : 20℃, 물에 잘 녹는 수용성

7) 메틸에틸케톤(MEK, CH₃COC₂H₅, 지정수량 : 200L)

① 인화점 : -1℃, 수용성이지만, 비수용성인 지정수량 200L

② 아세톤과 같은 탈지작용

8) 시안화수소(HCN, 지정수량 : 400L)

제4류 위험물 중 증기비중이 0.94로 유일하게 공기보다 가볍다.

32. 알코올류

한 분자 내의 탄소원자가 1개 이상 3개 이하인 포화1가(OH의 개수)의 알코올, 변성 알코올 포함

> ➤ 알코올류 제외
> ① 1분자를 구성하는 탄소원자의 수가 1개 내지 3개의 포화1가 알코올의 함유량이 60중량% 미만인 수용액
> ② 가연성 액체량이 60중량% 미만이고, 인화점 및 연소점이 에틸알코올 60중량% 수용액의 인화점 및 연소점을 초과하는 것

1) 메틸알코올(메탄올, CH₃OH)

① 인화점 11℃, 연소범위 7.3~36%

② 독성이 강하여 30~100ml를 섭취하면 실명하며 심하면 사망할 수 있다.

2) 에틸알코올(에탄올, C₂H₅OH)

① 인화점 13℃, 연소범위 4.3~19%

② 술의 원료로 물에 잘 녹으며, 인체에 무해하다.

3) 프로필 알코올(C₃H₇OH)

33. 제2석유류(지정수량 : 비수용성 1,000L, 수용성 2,000L)

1) 등유, 경유, 그 밖의 액체로서 인화점이 21℃ 이상 70℃ 미만인 액체를 말한다.

2) 수용성(2,000L) : 의산, 초산, 에틸셀르솔브

3) 비중 1 이상 : 의산, 초산, 클로로벤젠

4) 종류

- 등유(지정수량 : 1,000L) 발화점 : 220℃
- 경유(지정수량 : 1,000L) 발화점 : 약 200℃
- 의산(포름산, $HCOOH$, 지정수량 : 2,000L)
  자극성 냄새, 피부에 닿으면 수종(수포상의 화상) 발생, 증기 흡입 시 점막에 염증
- 초산(아세트산＝빙초산, CH_3COOH, 지정수량 : 2,000L)
  식초(3~5%수용액) 물보다 무거운 액체, 수용성, 16.7℃(융점, 녹는점) 이하 빙(氷)초산
- 테레핀유(송정유, 지정수량 : 1,000L)
- 스틸렌(지정수량 : 1,000L)
- 에틸셀르솔브(지정수량 : 2,000L) : 수용성, 유리 세정제의 원료
- 크실렌(디메틸벤젠, $C_6H_4(CH_3)_2$, 지정수량 : 1,000L)
- 클로로벤젠(C_6H_5Cl, 지정수량 : 1,000L)
- 히드라진(N_2H_4)

34. 제3석유류(지정수량 : 비수용성 2,000L, 수용성 4,000L)

1) 중유, 클레오소트유 그 밖의 액체로서 인화점이 70~200℃ 미만인 액체를 말한다.

2) 지정품목 : 중유, 클레오소트유

3) 수용성(4,000L) : 에틸렌글리콜, 글리세린

4) 대부분 비중이 1 이상으로 물보다 무겁다.

5) 종류

- 중유(지정수량 : 2,000L) : 동점도 A급 중유, B급 중유, C급 중유
- 클레오소트유(지정수량 : 2,000L)
  황색 또는 암갈색의 끈기가 있는 액체로, 자극성의 타르냄새가 난다.
- 니트로벤젠($C_6H_5NO_2$, 지정수량 : 2,000L)
  특유한 냄새를 지닌 담황색 또는 갈색의 액체로 암모니아와 같은 냄새가 난다.
- 에틸렌글리콜($C_2H_4(OH)_2$, 지정수량 : 4,000L)
  무색무취, 단맛, 흡습성이 있는 끈끈한 액체로서 2가(OH가 2개) 알코올이며 주로 자동차 부동액의
  원료로 사용된다.
- 글리세린($C_3H_5(OH)_3$, 지정수량 : 4,000L)
  물보다 무겁고 단맛이 있는 시럽 상태의 무색 액체로서 흡습성이 좋은 3가 알코올

35. 알코올의 가수에 의한 분류(모두 수용성)

1가	메틸알코올 CH_3OH	H – C – OH (H 위아래)	2가	에틸렌글리콜 $C_2H_4(OH)_2$	H – C – C – H (H H 위, OH OH 아래)
	에틸알코올 C_2H_5OH	H – C – C – OH (H H 위, H H 아래)	3가	글리세린 $C_3H_5(OH)_3$	H – C – C – C – H (H H H 위, OH OH OH 아래)
	프로필알코올 C_3H_7OH	H – C – C – C – OH (H H H 위, H H H 아래)			

36. 제4석유류(지정수량 : 6,000L)의 종류

방청유, 가소제, 전기절연유, 절삭유, 윤활유

37. 동식물유류(지정수량 : 10,000L)

- 요오드값의 정의 : 유지 100g에 부가되는 요오드의 g 수(클수록 위험)
- 건성유 정의 : 요오드값이 130 이상
- 건성유 종류 : 해바라기유, 동유, 아마인유, 들기름, 정어리유

38. 제5류 위험물(자기반응성 물질)

고체 또는 액체로서 폭발의 위험성 또는 가열분해의 격렬함을 판단하기 위하여 고시로 정하는 시험에서 고시로 정하는 성질과 상태를 나타내는 것

위험등급	품명	지정수량
I	1. 유기 과산화물 2. 질산에스테르류	10kg
II	3. 니트로 화합물 4. 니트로소 화합물 5. 아조 화합물 6. 디아조 화합물 7. 히드라진 유도체	200kg
	8. 히드록실아민 9. 히드록실아민염류	100kg
II	10. 그 밖의 행정안전부령으로 정하는 것 　① 금속의 아지화합물 　② 질산구아니딘	200kg

39. 각 유별 과산화물 정리

제6류 위험물	과산화수소	H_2O_2
제1류 위험물 (무기과산화물)	과산화칼륨	K_2O_2
	과산화나트륨	Na_2O_2
	과산화마그네슘	MgO_2
	과산화칼슘	CaO_2
	과산화바륨	BaO_2
제5류 위험물 (유기과산화물)	과산화벤조일	$(C_6H_5CO)_2O_2$
	과산화메틸에틸케톤	$(CH_3COC_2H_5)_2O_2$

40. 유기과산화물

1) 벤조일퍼옥사이드(과산화벤조일[$(C_6H_5CO)_2O_2$], 지정수량 : 10kg)
   - 무색무취의 결정 고체, 가열하면 약 100℃ 부근에서 흰 연기를 내면서 분해
   - 희석제 – 프탈산디메틸, 프탈산디부틸

2) 메틸에틸케톤퍼옥사이드(과산화메틸에틸케톤 = MEKPO, 지정수량 : 10kg)
   - 독특한 냄새, 기름모양의 무색 액체, 110℃ 이상에서는 백색 연기를 내면서 맹렬히 발화
   - 희석제 – 프탈산디메틸, 프탈산디부틸

41. 질산에스테르류(지정수량 : 10kg)

1) 질산메틸(CH_3ONO_2)
   인화점 : 15℃, 무색투명한 액체

2) 질산에틸($C_2H_5ONO_2$)
   인화점 : -10℃, 무색투명한 액체, 방향성, 단맛

3) 니트로글리세린[NG, $C_3H_5(ONO_2)_3$]
   - 무색투명한 기름모양 액체(공업용은 담황색), 단맛, 약간의 충격에도 폭발
   - 규조토에 흡수시켜 다이너마이트 제조

4) 니트로셀룰로오스(NC)
   - 분해온도 : 130℃, 인화점 : 13℃, 백색의 고체, 180℃에서 격렬하게 연소
   - 운반 시 함수알코올에 습면

5) 니트로글리콜[$C_2H_4(ONO_2)_2$]
   무색투명한 기름상태 액체, 독성이 강함, 니트로글리세린과 혼합 다이너마이트 제조

42. 각 유별 질산 화합물 정리

제6류 위험물 (지정수량 300kg)	질산(HNO_3)	
제1류 위험물 (지정수량 300kg)	질산염류	질산칼륨(KNO_3)
		질산나트륨($NaNO_3$)
		질산암모늄(HH_4NO_3)
제5류 위험물 (지정수량 10kg))	질산에스테르류	질산메틸(CH_3ONO_2)
		질산에틸($C_2H_5ONO_2$)

43. 위험물의 위험도 측정기준

1) **질화도** : 클수록 위험

  니트로셀룰로오스 중 질소의 함유율을 퍼센트로 나타낸 값으로, 클수록 위험하다.

2) **요오드값** : 클수록 위험

  • 유지 100g에 포함되어 있는 요오드의 g 수

  • 건성유 : 130 이상(해바라기유, 동유, 아마인유, 들기름, 정어리유)

44. 각 유별 니트로 화합물 정리

제4류	제3석유류	니트로벤젠
		니트로톨루엔
제5류	질산에스테르류	니트로글리세린
		니트로셀룰로오스
		니트로글리콜
	니트로(소) 화합물	트리니트로톨루엔
		트리니트로페놀(피크린산)

45. 니트로 화합물(지정수량 : 200kg)

1) **트리니트로톨루엔[TNT, $C_6H_2CH_3(NO_2)_3$]**

  • 발화점 : 300℃, 담황색의 주상결정, 햇빛에 다갈색 변화

  • 비교적 안정된 니트로 폭약이나, 산화되기 쉬운 물질과 공존하면 타격 등에 의해 폭발한다.

  • 알칼리와 혼합하면 발화점이 낮아져서 160℃ 이하에서도 폭발 가능

  > 분해반응 : $2C_6H_2CH_3(NO_2)_3 \rightarrow 5H_2 + 2C + 12CO + 3N_2$

2) 트리니트로페놀[피크린산＝피크르산＝TNP, $C_6H_2(NO_2)_3OH$]

- 발화점 : 약 $300°C$
- 강한 쓴맛, 독성이 있는 휘황색, 편편한 침상결정 고체
- 단독으로는 타격, 마찰 등에 둔감하고 연소 시 많은 그을음을 내면서 탄다.

$$분해반응 : 2C_6H_2OH(NO_2)_3 \rightarrow 6CO + 4CO_2 + 3H_2 + 3N_2 + 2C$$

46. 위험물의 보호액, 희석제, 안정제 정리

보호액	제3류	칼륨(K), 나트륨(Na)	석유(경유, 등유, 파라핀)
		황린(P_4)	물(pH 9 약알칼리성 물)
	제4류	이황화탄소(CS_2)	수조(물)
	제5류	니트로셀룰로오스	함수알코올
희석제	제3류	알킬알루미늄	벤젠, 헥산
안정제	제5류	유기과산화물	프탈산디메틸, 프탈산디부틸
	제6류	과산화수소(H_2O_2)	인산(H_3PO_4), 요산($C_5H_4N_4O_3$)
기타		아세틸렌(C_2H_2)	아세톤(CH_3COCH_3), 디메틸프로마미드(DMF)

47. 각 유별 위험물의 색상(특별한 언급이 없으면 무색 또는 투명)

제2류	삼황화린	황색
	오황화인, 칠황화인	담황색
	적린(＝붉은 인, P)	암적색
제3류	황린(＝백린, P4)	백색 or 담황색
	수소화칼륨	회백색
	수소화나트륨	회색
	인화칼슘	적갈색
	인화알루미늄, 인화아연	암회색 or 황색
	탄화알루미늄	황색(순수한 것은 백색)
제4류	경유	담황색 or 담갈색
	중유	갈색 or 암갈색
	클레오소트유	황색
	아닐린	황색 or 담황색
	니트로벤젠	담황색 or 갈색
제5류	니트로글리세린	담황색(공업용)
	트리니트로톨루엔	담황색
	트리니트로페놀	휘황색

48. 각 유별 위험물의 분류기준

유별	품명	기준
제2류	유황	순도 60wt% 이상
	철분	철분으로 53μm 표준체를 통과하는 것이 50wt% 미만인 것 제외
	마그네슘	2mm 체를 통과하지 아니하는 덩어리 및 직경 2mm 이상의 막대모양의 것은 제외
	금속분	구리분, 니켈분 및 150μm의 체를 통과하는 것이 50wt% 미만인 것 제외
	인화성 고체	고형 알코올, 그 밖에 1기압에서 인화점이 40℃ 미만인 고체
제4류	알코올류	탄소원자의 수가 1~3개까지인 포화1가 알코올
제6류	과산화수소	농도 36wt%(중량퍼센트) 이상
	질산	비중 1.49 이상

49. 용어 정의

- 위험물 : 인화성 또는 발화성 등의 성질을 가지는 것으로서 대통령령으로 정하는 물품
  - ➲ 항공기, 선박, 철도 및 궤도에 의한 위험물의 저장·취급 및 운반은 적용 제외

- 지정수량 : 위험물의 종류별로 위험성을 고려하여 대통령령이 정하는 수량으로 제조소 등의 설치 허가 시에 최저의 기준이 되는 수량
- 제조소 등 : 제조소·저장소·취급소(제조소 등의 허가권자 : 시·도지사)
- 제조소 : 위험물을 제조할 목적으로 지정수량 이상의 위험물을 취급하기 위하여 허가받은 장소
- 저장소 : 지정수량 이상의 위험물을 저장하기 위해 허가받은 장소
- 취급소 : 지정수량 이상의 위험물을 제조 외의 목적으로 취급하기 위해 허가받은 장소
- 관계인 : 관리자, 소유자, 점유자

50. 위험물의 취급기준

- 지정수량 미만 : 시·도 조례 적용
- 지정수량 이상 : 위험물안전관리법 적용
- 제조소 등의 위치·구조 및 설비의 기술기준 : 행정안전부령 적용
- 제조소 등의 허가·신고권자 : 시·도지사

1) 지정수량 이상의 위험물을 제조소 등에서 취급하지 않을 수 있는 경우
  ① 관할소방서장의 승인을 받아 90일 이내의 기간 동안 임시로 저장 또는 취급하는 경우
  ② 군부대가 지정수량 이상의 위험물을 군사목적으로 임시로 저장 또는 취급하는 경우

2) 제조소의 허가 또는 신고사항이 아닌 경우
  ① 주택의 난방시설(공동주택의 중앙난방시설을 제외)을 위한 저장소 또는 취급소
  ② 농예용·축산용 또는 수산용으로 필요한 난방시설, 건조시설을 위한 지정수량 20배 이하의 저장소

3) 변경허가를 받지 아니하는 경우

① 주택의 난방시설(공동주택의 중앙난방시설을 제외한다.)을 위한 저장소 또는 취급소

② 농예용 · 축산용 또는 수산용으로 필요한 난방시설 또는 건조시설을 위한 지정수량 20배 이하의 저장소

51. 위험물의 취급

1) 소비작업

① 분사 · 도장작업 : 방화상 유효한 격벽 등으로 구획한 안전한 장소에서 작업할 것

② 담금질 · 열처리 : 위험물의 위험한 온도에 달하지 아니하도록 할 것

③ 버너의 사용 : 버너의 역화를 방지하고 석유류가 넘치지 않도록 할 것

2) 제조과정

① 증류공정 : 위험물 취급설비의 내부압력의 변동으로 액체 및 증기가 새지 않을 것

② 추출공정 : 추출관의 내부압력이 비정상으로 상승하지 않을 것

③ 건조공정 : 위험물의 온도가 국부적으로 상승하지 아니하도록 가열 건조할 것

④ 분쇄공정 : 분말이 부착되어 있는 상태로 기계, 기구를 사용하지 않을 것

52. 위험물안전관리법 날짜별 정리

기 간		내 용
1일	제조소	1일 이내 변경(품명 · 수량 · 지정수량의 배수등) 신고기간
7일	암반탱크	7일간 용출되는 지하수 양의 용적과 해당 탱크용적의 1/100 용적 중 큰 용적을 공간용적으로 정함
14일 이내	용도폐지한 날로부터 신고기간	
	안전관리자의 선임 · 해임 시 신고기간	
30일 이내	안전관리자의 선임 · 재선임 기간	
	제조소 등의 승계 신고기간	
	안전관리자 직무대행기간(대리자 지정)	
90일 이내	관할소방서장의 승인을 받아 임시로 저장 · 취급할 수 있는 기간	

53. 옥외저장소 저장 가능 위험물

1) 제2류 위험물 중 유황 또는 인화성 고체(인화점이 섭씨 0℃ 이상인 것에 한함)

2) 제4류 위험물 중 제1석유류(인화점 0℃ 이상인 것에 한함) · 알코올류 · 제2석유류 · 제3석유류 · 제4석유류 · 동식물유류

3) 제6류 위험물

4) 제2류 위험물 · 제4류 위험물 및 제6류 위험물 중 특별시 · 광역시 또는 도의 조례에서 정하는 위험물

54. 취급소 종류

1) 이송취급소, 주유취급소, 일반취급소
2) 판매취급소 : 제1종(20배 이하), 제2종(40배 이하)

55. 위험물 안전관리자의 구분

위험물 안전관리자의 구분	취급할 수 있는 위험물
위험물기능장 · 위험물산업기사 · 위험물기능사	모든 위험물
안전관리자 교육이수자	제4류 위험물
소방공무원 근무경력 3년 이상인 경력자	

➡ 위험물 안전관리자 선임면제 : 이동탱크저장소

56. 안전관리자의 업무

1) 예방규정에 적합하도록 해당 작업에 대한 지시 및 감독 업무
2) 화재 등의 재난이 발생한 경우 응급조치 및 소방관서 등에 대한 연락 업무
3) 위험물의 취급에 관한 일지의 작성 · 기록
4) 화재 등의 재해 방지에 관하여 인접하는 제조소 등 관계자와 협조체제 유지

57. 제조소 등의 완공검사 신청시기

지하탱크가 있는 제조소 등	해당 지하탱크를 매설하기 전
이동탱크저장소	이동저장탱크를 완공하고 상치장소를 확보한 후
이송취급소	이송배관 공사의 전체 또는 일부를 완료한 후
완공검사 실시가 곤란한 경우	• 배관설치 완료 후 기밀시험, 내압시험을 실시하는 시기 • 지하에 설치하는 경우 매몰하기 직전 • 비파괴시험을 실시하는 시기
위에 해당하지 않는 경우	제조소 등의 공사를 완료한 후

58. 탱크안전성능검사

검사 구분	검사대상	신청시기
기초 · 지반검사	특정 옥외탱크저장소	위험물탱크의 기초 및 지반에 관한 공사의 개시 전
충수 · 수압검사	액체위험물을 저장 또는 취급하는 탱크	위험물을 저장 또는 취급하는 탱크에 배관 그 밖의 부속설비를 부착하기 전
용접부 검사	특정 옥외탱크저장소	탱크 본체에 관한 공사의 개시 전
암반탱크검사	액체위험물을 저장 또는 취급하는 암반 내의 공간을 이용한 탱크	암반탱크의 본체에 관한 공사의 개시 전

59. 예방규정 작성대상

제조소 등	지정수량의 배수	암기		정기점검대상
제조소 · 일반취급소	10배 이상	십		1. 지하탱크
옥외저장소	100배 이상	백		2. 이동탱크
옥내저장소	150배 이상	오		3. 예방규정
옥외탱크저장소	200배 이상	이		4. 지하매설 제일주
암반탱크저장소 · 이송취급소	모두	모두		5. 특정옥외탱크

60. 일반취급소 예방규정 제외 대상

제4류 위험물(특수인화물 제외)만을 지정수량의 50배 이하 일반취급소의 사용용도
(제1석유류, 알코올류의 취급량이 지정수량의 10배 이하)

1) 보일러, 버너 등의 위험물을 소비하는 장치로 이루어진 일반취급소
2) 위험물을 용기에 옮겨 담거나 차량에 고정된 탱크에 주입하는 일반취급소

61. 정기점검 및 정기검사

제조소 등의 관계인은 연 1회 이상 점검, 결과 3년간 기록 · 보존

1) 예방규정을 정하는 제조소 등
2) 지하탱크저장소
3) 이동탱크저장소
4) 액체위험물의 최대수량이 100만L 이상인 특정옥외탱크저장소
5) 위험물을 취급하는 탱크로서 지하에 매설된 탱크가 있는 제조소 · 주유취급소 · 일반취급소

62. 자체 소방대(화학소방자동차, 자체 소방대원)

1) 설치대상

제조소 또는 일반취급소로서 제4류 위험물 지정수량의 3천 배 이상

제조소 및 일반취급소 구분	소방차	인원
최대수량의 합이 지정수량의 12만 배 미만	1대	5인
최대수량의 합이 지정수량의 12만 배 이상 24만 배 미만	2대	10인
최대수량의 합이 지정수량의 24만 배 이상 48만 배 미만	3대	15인
최대수량의 합이 지정수량의 48만 배 이상	4대	20인

2) 자체 소방대 설치 제외 대상인 일반취급소

① 보일러, 버너 그 밖에 이와 유사한 장치로 위험물을 소비하는 일반취급소
② 이동저장탱크 그 밖에 이와 유사한 장치로 위험물을 주입하는 일반취급소

③ 용기에 위험물을 옮겨 담는 일반취급소

④ 유압장치, 윤활유순환장치 그 밖에 이와 유사한 장치로 위험물을 취급하는 일반취급소

⑤ 광산보안법의 적용을 받는 일반취급소

63. 위험물 운반용기

1) 용기 재질 : 금속관, 유리, 플라스틱, 파이버, 폴리에틸렌, 합성수지, 종이, 나무

2) 고체용기는 내용적의 95% 이하로 수납 액체용기는 내용적의 98% 이하로 수납하되, 55℃ 충분한 공간 용적을 둘 것

3) 알킬알루미늄 등의 운반용기 내용적은 90% 이하로 수납, 50℃에서 5% 공간용적

4) 운반용기의 용량
   ① 금속 : 30리터 이하
   ② 유리, 플라스틱 : 10리터 이하
   ③ 철재 드럼 : 250리터 이하

64. 저장량

1) 탱크의 용량 : 탱크 내용적 – 탱크 공간용적

2) 탱크의 공간용적 : 탱크의 내용적의 5/100 이상 10/100 이하(용량 90~95%)

3) 운반용기 공간용적 : 고체 95% 이하, 액체 98% 이하, 55℃ 충분한 공간

4) 암반탱크 공간용적 : 탱크 내에 용출하는 7일간의 지하수 양에 상당하는 용적과 해당 탱크의 내용적의 1/100의 용적 중에서 보다 큰 용적으로 함

5) 소화설비 : 약제 방사구의 하부로부터 0.3m 이상 1m 미만의 면으로부터 상부의 용적

65. 보유공지 기능(공지이므로 적재 및 설치 불가)

• 위험물시설의 화재 시 연소확대방지

• 소방활동상의 공간 확보

• 피난상 유효한 공간 확보

취급하는 위험물의 최대수량	공지의 너비
지정수량의 10배 이하	3m 이상
지정수량의 10배 초과	5m 이상

66. 안전거리

- 위험물시설, 그 구성부분과 다른 공작물 또는 방호대상물과 사이에 소방안전상 확보해야 할 수평거리
- 목적 : 연소 확대 방지 및 안전을 위해

건축물	안전거리
사용전압 7,000V 초과 35,000V 이하의 특고압가공전선	3m 이상
사용전압 35,000V 초과의 특고압가공전선	5m 이상
주거용으로 사용되는 것(제조소가 설치된 부지 내에 있는 것을 제외)	10m 이상
고압가스, 액화석유가스, 도시가스를 저장 또는 취급하는 시설	20m 이상
1. 학교 2. 병원 : 종합병원, 병원, 치과병원, 한방병원 및 요양병원 3. 수용인원 300인 이상 : 극장, 공연장, 영화상영관 4. 수용인원 20인 이상 : 복지시설(아동 · 노인 · 장애인 · 모부자복지시설), 보육시설, 정신보건시설, 가정폭력피해자보호시설	30m 이상
유형문화재, 지정문화재	50m 이상

1) 옥내저장소 안전거리 제외대상

① 지정수량의 20배 미만의 제4석유류 저장 또는 취급

② 지정수량의 20배 미만의 동식물유류 저장 또는 취급

③ 제6류 위험물

2) 히드록실아민 등을 취급하는 제조소의 안전거리 특례

안전거리 $D = 51.1 \sqrt[3]{N}$ (N = 히드록실아민 등의 지정수량(100kg)의 배수)

67. 불연성 격벽에 의한 보유공지 면제

각 조건을 만족하는 방화상 유효한 격벽을 설치하는 경우

1) 방화벽 : 내화구조(단, 제6류 위험물 – 불연재료)

2) 출입구 및 창 : 자동폐쇄식 갑종방화문

3) 방화벽의 돌출된 격벽의 길이

구분	일반	지정과산화물
외벽 양단	0.5m 이상	1.0m 이상
지붕	0.5m 이상	0.5m 이상

➜ 지정과산화물 : 제5류 위험 중 유기과산화물 또는 이를 포함하는 지정수량 10kg인 것

68. 제조소의 표지 및 게시판

1) 규격

한 변의 길이 0.6m 이상, 다른 한 변의 길이 0.3m 이상의 직사각형

2) 방화 관련 게시판의 기재사항

① 위험물의 유별 · 품명

② 저장최대수량 또는 취급최대수량, 지정수량의 배수

③ 안전관리자의 성명 또는 직명

➲ 탱크제조사 및 지정수량은 필수 기재사항이 아님

3) 유별 표지사항 및 색상(제6류 위험물은 주의사항 표지 없음)

유별		운반용기 주의사항	제조소
제1류 위험물	알칼리금속의 과산화물	화기 · 충격주의, 물기엄금, 가연물접촉주의	물기엄금
	그 밖의 것	화기 · 충격주의, 가연물접촉주의	–
제2류 위험물	철분 · 금속분 · 마그네슘	화기주의, 물기엄금	화기주의
	인화성 고체	화기엄금	화기엄금
	그 밖의 것	화기주의	화기주의
제3류 위험물	자연발화성 물질	화기엄금, 공기접촉엄금	화기엄금
	금수성 물질	물기엄금	물기엄금
제4류 위험물		화기엄금	화기엄금
제5류 위험물		화기엄금, 충격주의	화기엄금
제6류 위험물		가연물접촉주의	–

4) 제조소 등의 표지사항 및 색상

구분	표지사항		색상
제조소 등	위험물제조소		백색 바탕에 흑색 문자
방화에 관하여 필요한 사항을 게시한 게시판	• 유별 · 품명 • 저장최대수량 또는 취급최대수량 • 지정수량의 배수 • 안전관리자의 성명 또는 직명		

5) 주유취급소와 이동탱크저장소의 게시판

구분	주의사항	게시판의 색상(상호반대)	
이동탱크저장소	위험물	흑색 바탕에 황색 문자	↰ 반
주유취급소	주유 중 엔진정지	황색 바탕에 흑색 문자	↲ 대

69. 건축물의 구조

- 지하층이 없을 것
- 벽 · 기둥 · 바닥 · 보 · 서까래 및 계단 : 불연재료(단, 연소 우려가 있는 외벽 – 개구부가 없는 내화구조의 벽)
- 지붕 : 폭발력이 위로 방출될 정도의 가벼운 불연재료
- 출입구, 비상구 : 갑종방화문 또는 을종방화문(단, 연소 우려가 있는 외벽의 출입구 – 자동폐쇄식의 갑종방화문 설치)
- 건축물의 창 및 출입구의 유리 : 망입유리
- 액체의 위험물을 취급하는 바닥 : 적당한 경사, 최저부에 집유설비 설치

70. 액체위험물을 취급하는 설비의 바닥

- 바닥 둘레의 턱 : 높이 0.15m 이상(펌프실은 0.2m 이상)
- 콘크리트 등 위험물이 스며들지 아니하는 재료
- 바닥의 최저부에 집유설비, 적당한 경사를 할 것
- 비수용성 위험물 : 집유설비에 유분리장치 설치
  - ➲ 비수용성 : 20℃ 물 100g에 용해되는 양이 1g 미만인 것

71. 정전기 제거설비

1) 접지에 의한 방법
2) 공기 중의 상대습도를 70% 이상으로 하는 방법
3) 공기를 이온화하는 방법

72. 환기설비, 배출설비

구분	환기설비(자연배기)	배출설비(강제배기)
용 량	급기구 : 바닥면적 150m²마다	국소 : 1시간 배출용적의 20배
급기구 위치	낮은 곳	높은 곳
급기구 재질	구리망의 인화방지망	구리망의 인화방지망
배출구 위치	2m 이상	2m 이상, 지붕 위
배출구 구조	회전식 고정벤틸레이터, 루프팬	풍기, 배출덕트, 후드 (자동으로 폐쇄되는 방화댐퍼 설치)

➲ 단, 배출설비가 유효하게 설치된 경우 환기설비 설치 제외
   조명설비가 유효하게 설치된 경우 채광설비 설치 제외

1) 환기설비 급기구 크기

급기구 바닥면적	급기구의 면적
150m²마다	800cm² 이상
120m² 이상~150m² 미만	600cm² 이상
90m² 이상~120m² 미만	450cm² 이상
60m² 이상~90m² 미만	300cm² 이상
60m² 미만	150cm² 이상

2) 배출설비 전연방출방식으로 할 수 있는 경우

① 위험물취급설비가 배관이음 등으로만 된 경우
② 건축물의 구조·작업장소의 분포 등의 조건에 의하여 전역방식이 유효한 경우

3) 배출설비의 배출능력

국소방식	1시간당 배출장소 용적의 20배 이상
전역방식	바닥면적 1m²마다 18m³ 이상

73. 조명설비 및 기타 설비

1) 조명설비

- 방폭등 : 가연성 가스 등이 체류할 우려가 있는 장소의 전등
- 전선 : 내화·내열전선
- 점멸스위치 : 출입구 바깥부분에 설치(스위치 점멸 시 스파크 발생 방지)

2) 채광·조명설비

채광설비 : 불연재료, 면적을 최소로 할 것

3) 피뢰설비

지정수량 : 10배 이상(단, 제6류 위험물은 설치 제외)

74. 위험물제조소의 배관

- 배관 재질 : 강관, 유리섬유강화플라스틱, 고밀도폴리에틸렌, 폴리우레탄 등
- 배관 구조 : 내관 및 외관의 이중으로 할 것(틈새는 누설 여부 확인을 위한 공간을 둘 것)
- 배관 수압시험압력 : 최대상용압력의 1.5배 이상의 압력에 이상이 없을 것
- 배관은 지하에 매설할 것
- 지상 배관 : 면에 닿지 아니하도록 하고 외면에 부식방지를 위해 도장

75. 압력계 및 안전장치

1) 자동적으로 압력의 상승을 정지시키는 장치

2) 감압 측에 안전밸브를 부착한 감압밸브

3) 안전밸브를 병용하는 경보장치

4) 파괴판 : 안전밸브의 작동이 곤란한 경우 작동

76. 알킬알루미늄 등 취급하는 제조소의 특례

구분	알킬알루미늄 등	아세트알데히드, 산화프로필렌 등
봉입가스	불활성 기체(질소, 이산화탄소) 봉입	불활성 기체 또는 수증기 봉입
운송 시 주의사항	운송책임자의 감독·지원을 받아 운송	구리·은·수은·마그네슘 합금 금지 ※ 제한 이유 - 폭발성 화합물 생성 방지
탱크설비	탱크 용량 1,900리터로 제한 탱크철판 두께 10mm 이상	냉각장치, 보랭장치, 불활성 기체를 봉입하는 장치를 갖출 것

77. 지정수량별 구별

지정수량 $\frac{1}{10}$ 배 이상	유별 분리하여 저장
지정수량 10배 이상	• 피뢰설비(단, 제6류 위험물 제외) • 비상방송설비, 경보설비, 휴대용 메가폰 등(단, 이동탱크저장소는 제외)
지정수량 100배 이상	자동화재탐지설비

78. 옥내저장소 저장창고의 기준면적

위험물을 저장하는 창고의 종류	기준면적
• 제1류 위험물 중 지정수량 50kg - 위험등급 I • 제3류 위험물 중 지정수량 10kg, 황린 10kg - 위험등급 I • 제4류 위험물 중 특수인화물 - 위험등급 I 제1석유류 및 알코올류 - 위험등급 II • 제5류 위험물 중 지정수량 10kg - 위험등급 I • 제6류 위험물 지정수량 300kg - 위험등급 I	1,000m² 이하
위(1,000m² 이하) 위험물 외의 위험물을 저장하는 창고	2,000m² 이하
위의 전부에 해당하는 위험물을 내화구조의 격벽으로 완전히 구획된 실에 각각 저장하는 창고(제4석유류, 동식물유, 제6류 위험물은 500m²를 초과할 수 없다.)	1,500m² 이하

79. 옥내저장소의 구조

1) 벽 · 기둥 및 바닥 : 내화구조
2) 옥내저장소의 벽 · 기둥 및 바닥을 불연재료로 할 수 있는 경우
   ① 지정수량의 10배 이하의 위험물의 저장창고
   ② 제2류 위험물(단, 인화성 고체는 제외)
   ③ 제4류 위험물(단, 인화점이 70℃ 미만은 제외)만의 저장창고
3) 보와 서까래 : 불연재료
4) 지붕 : 가벼운 불연재료(단, 천장은 설치금지)
5) 배출설비 : 인화점 70℃ 미만의 위험물을 저장하는 옥내저장소에 설치
6) 출입구 : 갑종방화문, 을종방화문
   연소의 우려가 있는 외벽 출입구 : 자동폐쇄식의 갑종방화문
7) 창, 출입구 유리 : 망입 유리
8) 옥내저장소의 지붕을 내화구조로 할 수 있는 것
   ① 제2류 위험물(단, 분상과 인화성 고체는 제외)
   ② 제6류 위험물

80. 용기를 겹쳐 쌓을 때의 높이

1) 6m 이하 : 기계에 의해 하역하는 구조로 된 용기만을 겹쳐 쌓는 경우
2) 4m 이하 : 제4류 위험물 중 제3석유류, 제4석유류, 동식물유류만을 수납하는 용기
3) 3m 이하 : 그 밖의 것

81. 지정유기과산화물 벽 두께

담	15cm 이상	철근콘크리트조, 철골철근콘크리트조
	20cm 이상	보강시멘트블록조
외벽	20cm 이상	철근콘크리트조, 철골철근콘크리트조
	30cm 이상	보강시멘트블록조
격벽 (150m² 이내마다)	30cm 이상	철근콘크리트조, 철골철근콘크리트조
	40cm 이상	보강시멘트블록조
지정수량 5배 이하	30cm 이상	철근콘크리트조, 철골철근콘크리트조의 벽을 설치 시 담 또는 토제 설치 제외

[지정유기과산화물 저장소 창]
① 창의 설치 높이 : 2m 이상
② 창 하나의 면적 : 0.4m² 이내
③ 벽면 한쪽에 두는 창 면적의 합계 : 당해 벽면의 면적의 1/80 이내

82. 옥내탱크저장소

단층이 아닌 1층 또는 지하층에서 저장취급할 수 있는 위험물

1) 제2류 위험물 중 황화린 · 적린 및 덩어리 유황
2) 제3류 위험물 중 황린
3) 제4류 위험물 중 인화점 38℃ 이상인 것
4) 제6류 위험물 중 질산

83. 선반에 적재

1) 선반의 높이 : 6m 이하
2) 견고한 지반면에 고정할 것
3) 선반은 선반 및 부속설비의 자중 및 중량, 풍하중, 지진 등에 의한 응력에 안전할 것
4) 선반은 위험물을 수납한 용기가 쉽게 낙하하지 아니하는 조치를 강구할 것

84. 옥외저장소 저장 가능 위험물

1) 제2류 위험물 중 유황 또는 인화성 고체(인화점이 섭씨 0℃ 이상인 것에 한한다.)
2) 제4류 위험물 중 제1석유류(인화점 0℃ 이상인 것) · 알코올류
　　　　　　　제2석유류 · 제3석유류 · 제4석유류 · 동식물유류

　　➲ 제1석유류 중 톨루엔(4℃), 피리딘(20℃)은 저장 가능

3) 제6류 위험물

> ➢ 옥외저장소에 저장할 수 없는 위험물의 품명
> 　1. 제1류, 제3류, 제5류 위험물 : 전부
> 　2. 제2류 위험물 : 황화린, 적린, 철, 마그네슘분, 금속분
> 　3. 제4류 위험물 : 특수인화물, 인화점이 0℃ 미만인 제1석유류

85. 덩어리 상태의 유황(용기에 수납하지 않는 유황)

1) 하나의 경계표시의 내부 면적 : 100m² 이하
2) 경계표시의 높이 : 1.5m 이상
3) 경계표시에는 유황이 넘치거나 비산하는 것을 방지하기 위한 천막 등을 고정하는 장치를 설치하되, 천막 등을 고정하는 장치는 경계표시의 길이 2m마다 한 개 이상 설치할 것
4) 배수구와 분리장치를 설치할 것

86. 옥외저장소 특례

1) 과염소산, 과산화수소 저장 옥외저장소 특례

불연성 또는 난연성의 천막 등을 설치하여 햇빛을 가릴 것

2) 인화성 고체, 제1석유류, 알코올류의 옥외저장소의 특례

① 살수설비 : 인화성 고체, 제1석유류, 알코올류

② 배수구와 집유설비 : 제1석유류, 알코올류

③ 집유설비에 유분리장치를 설치 : 제1석유류(벤젠, 톨루엔, 휘발유 등)

(온도 20℃의 물 100g에 용해되는 양이 1g 미만의 것에 한한다.)

87. 옥외탱크저장소

[옥외저장탱크 용량에 따른 분류]

1) 특정 옥외저장탱크 : 액체위험물의 최대수량이 100만 l 이상

2) 준특정 옥외저장탱크 : 액체위험물의 최대수량이 50만 l 이상~100만 l 미만

3) 일반 옥외저장탱크 : 액체위험물의 최대수량이 50만 l 미만

88. 통기관

1) 밸브 없는 통기관

① 직경 : 30mm 이상일 것

② 통기관 선단 : 수평면보다 45도 이상 구부려 빗물 등의 침투를 막는 구조로 할 것

③ 인화방지장치 : 가는 눈의 구리망 설치

(단, 인화점 70℃ 이상 위험물 : 인화점 미만의 온도로 저장 또는 취급 시 제외)

④ 통기관 설치 높이 : 지면으로부터 4m 이상

⑤ 가연성의 증기밸브

㉠ 평상시 : 항상 개방되어 있는 구조

㉡ 폐쇄 시 : 10kPa 이하의 압력에서 개방(개방부분 유효단면적 : 777.15mm² 이상)

2) 대기밸브 부착 통기관

① 5kPa 이하의 압력 차이로 작동할 수 있을 것

② 가는 눈의 구리망 등으로 인화방지장치를 할 것

89. 옥외저장탱크의 펌프설비

1) 펌프설비 주위 보유공지 : 너비 3m 이상(고인화점 위험물은 너비 1m 이상)

> ➢ **펌프설비 보유공지 제외**
> • 제6류 위험물 또는 지정수량의 10배 이하를 취급
> • 방화상 유효한 격벽을 설치한 경우

2) 펌프설비와 옥외저장탱크의 이격거리 : 옥외탱크저장소 보유공지 너비의 1/3 이상

3) 펌프실의 턱 : 바닥에 높이 0.2m 이상의 턱 설치

4) 펌프실 외의 턱 : 바닥에 높이 0.15m 이상의 턱 설치

> ➤ 제4류 위험물 중 비수용성
> - 집유설비에 유분리장치 설치
> - 비수용성 : 온도 20℃의 물 100g에 용해되는 양이 1g 미만인 것

5) 인화점 21℃ 미만 : "옥외저장 탱크 펌프설비" 표시를 한 게시판 설치

90. 옥외탱크저장소의 방유제

1) 방유제 내의 면적 : 80,000m² 이하

2) 방유제 높이 : 0.5m 이상 3m 이하

3) 계단 또는 경사로 : 방유제 높이가 1m 이상일 경우 길이 50m마다 계단 설치

4) 방유제 내 옥외저장탱크의 수

   ① 제1석유류, 제2석유류 : 10기 이하

   ② 제3석유류(인화점 70℃ 이상 200℃ 미만) : 20기 이하(모든 탱크의 용량 20만 l 이하일 때)

   ③ 제4석유류(인화점이 200℃ 이상) : 제한 없음

5) 도로 폭 : 방유제 외면의 1/2 이상의 면에 3m 이상의 노면 확보

6) 방유제와 탱크의 옆판과의 상호거리(단, 인화점이 200℃ 이상인 위험물 제외)

   ① 지름 15m 미만인 경우 : 탱크 높이의 1/3 이상

   ② 지름 15m 이상인 경우 : 탱크 높이의 1/2 이상

7) 간막이 둑 : 용량이 1,000만 l 이상에 설치

   ① 간막이 둑의 높이 : 0.3m 이상(방유제의 높이보다 0.2m 이상 낮게 할 것)

   ② 간막이 둑의 재질 : 철근콘크리트, 흙

   ③ 간막이 둑의 용량 : 간막이 둑 안의 탱크 용량의 10% 이상

➲ 이황화탄소는 물속에 저장하므로 방유제를 설치하지 않고, 벽 및 바닥의 두께 0.2m 이상의 철근콘크리트 수조에 보관한다.

구분	제조소의 옥내취급탱크	제조소의 옥외 취급탱크	옥외탱크저장소
1기	탱크용량 이상	탱크용량×0.5 이상(50%)	탱크용량×1.1 이상(110%) (비인화성 물질×1.0)
2기 이상	최대 탱크용량 이상	최대탱크용량×0.5 + (나머지 탱크용량합계×0.1) 이상	최대탱크용량×1.1 이상(110%) (비인화성 물질×1.0)

91. 각 설비별 턱의 높이(기준은 0.15m 이상)

0.1m 이상	주유취급소 펌프실 출입구의 턱
	판매취급소 배합실 출입구의 턱
0.15m 이상	제조소 및 옥외설비의 바닥 둘레의 턱
	옥외저장탱크 펌프실 외의 장소에 설치하는 펌프설비 지반면의 주위의 턱
0.2m 이상	옥외저장탱크 펌프실 바닥 주위의 턱
	옥내탱크저장소의 탱크전용실에 펌프설비 설치 시의 턱

92. 저장온도 기준

1) 보랭장치 있(유)으면 비점, 없(무)으면 40℃
2) 압력탱크 40℃ 이하, 압력탱크 외 30℃ 이하, 아세트알데히드 15℃ 이하
3) 저장온도 기준
   ① 보냉장치가 있는 경우 : 비점 이하
   ② 보냉장치가 없는 경우 : 40℃ 이하
   ③ 압력탱크

압력탱크	아세트알데히드, 에테르, 산화프로필렌	40℃ 이하
압력탱크 이외	에테르, 산화프로필렌	30℃ 이하
	아세트알데히드	15℃ 이하

93. 간이탱크저장소

1) 간이탱크
   ① 하나의 간이탱크저장소에 설치하는 간이저장탱크 : 3기 이하
      동일한 품질의 위험물 간이저장탱크 : 2기 이하
   ② 용량 : 600ℓ 이하
   ③ 탱크 두께 : 3.2mm 이상 강판
   ④ 수압시험 : 70kPa의 압력으로 10분간 시험하여 새거나 변형되지 아니할 것

2) 탱크 이격거리
   ① 0.5m 이상 : 탱크전용실과 탱크의 거리
   ② 1m 이상 : 옥외에 설치한 경우 탱크의 보유공지 및 탱크 상호 간의 거리

3) 간이탱크 밸브 없는 통기관
   ① 지름 : 25mm 이상
   ② 통기관은 옥외에 설치하되, 그 선단의 높이는 지상 1.5m 이상으로 할 것
   ③ 인화방지장치 : 가는 눈의 구리망 설치(단, 인화점 70℃ 이상 위험물－인화점 미만의 온도로 저장 또는 취급 시 제외)

구분	일반탱크	간이탱크
지름	30mm 이상	25mm 이상
선단의 높이	4m 이상	1.5m 이상
설치위치	옥외	
선단의 모양	45도 이상 구부림	
선단의 재료	가는 눈의 구리망의 인화방지망	

94. 암반탱크저장소

1) 지하공동설치위치

① 암반투수계수 10~5m/s 이하인 천연암반 내에 설치

② 저장 위험물의 증기압을 억제할 수 있는 지하수면하에 설치

2) 암반탱크 기타 설비

① 지하수위 관측공 : 지하수위, 지하수의 흐름 등을 확인

② 계량장치 : 계량구 · 자동측정이 가능한 계량장치

③ 배수시설 : 암반으로부터 유입되는 침출수 자동배출

④ 펌프설비

95. 이동탱크저장소의 상치장소

옥외	5m 이상 확보	화기취급장소 또는 인근건축물
	3m 이상 확보	화기취급장소 또는 인근건축물이 1층인 경우
	제외	하천의 공지나 수면, 내화구조 또는 불연재료의 담 또는 벽이 접하는 경우
옥내	1층	벽 · 바닥 · 보 · 서까래 · 지붕이 내화구조 또는 불연재료로 된 건축물

➲ 수동식 폐쇄장치 : 길이 15cm 이상의 레버를 설치할 것

96. 철판 두께

이동탱크	방파판	1.6mm	운송 중 내부의 위험물의 출렁임, 쏠림 등을 완화하여 차량의 안전 확보
	방호틀	2.3mm	탱크 전복 시 부속장치(주입구, 맨홀, 안전장치) 보호하기 위하여 부속장치보다 50mm 이상 높게 설치
	측면틀	3.2mm	탱크 전복 시 탱크 본체 파손 방지
	칸막이	3.2mm	탱크 전복 시 탱크의 일부가 파손되더라도 전량의 위험물의 누출 방지, 4,000l 이하마다 설치
기타		3.2mm	특별한 언급이 없으면 철판의 두께는 모두 3.2mm 이상으로 함
		6mm	콘테이너식 저장탱크 이동저장탱크, 맨홀, 주입구의 뚜껑
		10mm	알킬알루미늄 저장탱크 철판두께

97. 주유취급소 주유공지

- 너비 15m 이상, 길이 6m 이상
- 공지의 바닥 : 주위 지면보다 높게 하고, 적당한 기울기, 배수구, 집유설비, 유분리장치를 설치

98. 주유취급소에 설치할 수 있는 건축물

1) 주유 또는 등유 · 경유를 채우기 위한 작업장
2) 주유취급소의 업무를 행하기 위한 사무소
3) 자동차 등의 점검 및 간이정비를 위한 작업장
4) 자동차 등의 세정을 위한 작업장
5) 주유취급소에 출입하는 사람을 대상으로 한 점포 · 휴게음식점 또는 전시장
6) 주유취급소의 관계자가 거주하는 주거시설
7) 전기자동차용 충전설비

99. 주유원 간이대기실의 기준

1) 불연재료로 할 것
2) 바퀴가 부착되지 아니한 고정식일 것
3) 차량의 출입 및 주유작업에 장애를 주지 아니하는 위치에 설치할 것
4) 바닥면적이 2.5m² 이하일 것

   (단, 주유공지 및 급유공지 외의 장소에 설치하는 것 제외)

100. 주유취급소의 저장 또는 취급 가능한 탱크

고정급유설비, 고정주유설비	50,000l 이하
고속도로 주유취급소	60,000l 이하
보일러 등 전용탱크	10,000l 이하
폐유탱크 등	2,000l 이하
간이탱크	600l 이하(3기 이하)

101. 주유설비 펌프의 토출량

구 분	제1석유류	등유	경유	이동탱크급유	고정급유
토출량(lpm) 이하	50	80	180	200	300

- 주유취급소 호스의 길이 : 5m 이내
- 현수식 호스의 길이 : 반경 3m 이내에서 높이 0.5m 이상까지
- 이동탱크 호스길이 50m 이내로 하고 그 선단에 축적되는 정전기 제거장치를 설치할 것

102. 주유 및 급유설비의 이격거리

구분	주유설비	급유설비	점검, 정비	증기세차기 외
부지 경계선에서 담까지	2m 이상	1m 이상		
개구부 없는 벽까지	1m 이상			
건축물 벽까지	2m 이상			
도로 경계선까지, 상호 간	4m 이상		2m 이상	2m 이상
고정주유설비			4m 이상	4m 이상

103. 주유소 담 또는 벽

1) 담 또는 벽

높이 2m 이상의 내화구조 또는 불연재료

2) 방화상 유효한 구조의 유리를 부착 가능

① 유리 부착 위치 : 주입구, 고정주유설비 및 고정급유설비로부터 4m 이상 이격

② 유리 부착 방법

㉠ 지반면으로부터 70cm를 초과하는 부분

㉡ 가로 길이는 2m 이내일 것

㉢ 유리 부착 범위 : 전체 길이의 1/10을 초과하지 아니할 것

104. 셀프용 주유취급소

- 주유호스 : 200kg중 이하의 하중으로 이탈, 누출을 방지할 수 있는 구조일 것
- 주유량의 상한 : 휘발유 100l 이하(주유시간 4분 이하)

  경유는 200l 이하(주유시간 4분 이하)
- 급유량의 상한 : 100l 이하(급유시간 6분 이하)

105. 판매취급소

1) 판매취급소의 구분

① 제1종 판매취급소 : 지정수량의 20배 이하

② 제2종 판매취급소 : 지정수량의 40배 이하

2) 판매취급소 배합실

① 바닥면적 : 6m^2 이상 15m^2 이하

② 내화구조 또는 불연재료로 된 벽으로 구획할 것

③ 출입구 문턱 높이 : 바닥면으로부터 0.1m 이상

106. 이송취급소

1) 이송취급소 설치 제외 장소
① 철도 및 도로의 터널 안
② 고속국도 및 자동차전용도로의 차도 · 길어깨 및 중앙분리대
③ 호수 · 저수지 등으로서 수리의 수원이 되는 곳
④ 급경사지역으로서 붕괴의 위험이 있는 지역

2) 지하매설 배관
① 안전거리
ㄱ 건축물(지하가 내의 건축물을 제외한다.) : 1.5m 이상
ㄴ 지하가 및 터널 : 10m 이상
ㄷ 수도법에 의한 수도시설(위험물의 유입 우려가 있는 것) : 300m 이상
② 다른 공작물과의 보유공지 : 0.3m 이상
③ 배관의 외면과 지표면의 이격거리
ㄱ 산, 들 : 0.9m 이상
ㄴ 그 밖의 지역 : 1.2m 이상

3) 긴급차단밸브의 설치기준
① 시가지에 설치하는 경우 약 4km 간격
② 산림지역에 설치하는 경우에는 약 10km 간격
③ 하천, 호수 등을 횡단하여 설치하는 경우에는 횡단하는 부분의 양끝
④ 해상 또는 해저를 통과하여 설치하는 경우에는 횡단하는 부분의 양끝
⑤ 도로 또는 철도를 횡단하여 설치하는 경우에는 횡단하는 부분의 양끝

4) 기타 설비 등
① 가연성 증기의 체류방지조치 : 터널로 높이 1.5m 이상인 것
② 비파괴시험 : 지상에 설치된 배관 등은 전체 용접부의 20% 이상을 발췌하여 시험
③ 내압시험 : 최대상용압력의 1.25배 이상의 압력으로 4시간 이상 수압에 견딜 것
④ 압력안전장치 : 상용압력 20kPa 이하~20kPa 이상 24kPa 이하
상용압력 20kPa 초과~최대상용압력의 1.1배 이하

107. 탱크 압력 검사

옥외탱크 옥내탱크	특정옥외저장탱크	방사선투과시험, 진공시험 등의 비파괴시험
	압력탱크 외	충수시험
	압력탱크	최대상용압력×1.5배로 10분간 시험
이동탱크 지하탱크	압력탱크	최대상용압력×1.5배로 10분간 시험(최대상용압력이 46.7kPa 이상탱크)
	압력탱크 외	70kPa의 압력으로 10분간 수압시험
간이탱크		70kPa의 압력으로 10분간 수압시험
압력안전 장치	상용압력 20kPa 이하	20kPa 이상 24kPa 이하
	상용압력 20kPa 초과	최대상용압력의 1.1배 이하

➲ 단, 지하탱크는 기밀시험과 비파괴시험을 한 경우 수압시험 면제

108. 위험물의 보관방법 정리

차광성 피복	• 제1류 위험물 • 제3류 위험물 중 자연발화성 물품 • 제4류 위험물 중 특수인화물 • 제5류 위험물 • 제6류 위험물
방수성 피복	• 제1류 위험물 중 알칼리금속의 과산화물 또는 이를 함유한 것 • 제2류 위험물 중 철분, 마그네슘, 금속분 또는 이를 함유한 것
물의 침투를 막는 구조로 하여야 하는 위험물	• 제1류 위험물 중 알칼리금속의 과산화물 • 제2류 위험물 중 철분, 금속분, 마그네슘 • 제3류 위험물 중 금수성 물질 • 제4류 위험물

109. 소화설비의 소요단위

소요단위 : 소화설비의 설치대상이 되는 건축물 그 밖의 공작물의 규모 또는 위험물의 양의 기준단위

▼ 면적기준

구분	건축물의 외벽	
	내화(기타×2)	기타
제조 · 취급소	100m^2	50m^2
저장소	150m^2	75m^2

➲ 지정수량기준 : 1소요단위 = 지정수량의 10배

110. 정기검사와 정기점검의 구분

정기검사	대상	100만 L 이상의 옥외탱크저장소
	횟수	• 1차 : 완공검사필증을 교부받은 날부터 12년 • 2차 이후 : 최근 정기검사를 받은 날로부터 11년
	점검자	소방본부장, 소방서장
	기록보관	차기검사 시까지
정기점검	대상	옥내탱크·간이탱크저장소, 판매취급소 제외
	횟수	1년에 1회 이상
	점검자	안전관리자, 위험물운송자, 대행기관, 탱크시험자
	기록보관	3년간 보관
구조안전점검	대상	100만 L 이상의 옥외탱크저장소
	횟수	• 1차 : 완공검사필증을 교부받은 날부터 12년 • 2차 이후 : 최근 정기검사를 받은 날부터 11년
	점검자	위험물안전관리자, 탱크시험자 등
	기록보관	25년 보관(단, 연장 신청한 경우 30년)

111. 간이소화용구의 능력단위

소화설비	용량	능력단위
소화 전용(轉用) 물통	8l	0.3
수조(소화 전용 물통 3개 포함)	80l	1.5
수조(소화 전용 물통 6개 포함)	190l	2.5
마른 모래(삽 1개 포함)	50l	0.5
팽창질석 또는 팽창진주암(삽 1개 포함)	160l	1.0

112. 소화설비 설치기준(비상전원 45분)

구분	수평거리	방수량(l/min)	방사시간	수원량(m³)	방사압력
옥내소화전	25m 이하	260	30	Q＝N×260×30 N : 가장 많은 층의 설치 개수(최대 5개)	0.35MPa 이상
옥외소화전	40m 이하	450	30	Q＝N×450×30 N : 가장 많은 층의 설치 개수(최대 4개, 최소 2개)	0.35MPa 이상
스프링클러	1.7m 이하	80	30	Q＝N×80×30 N : 개방형의 설치 개수(패쇄형은 30개)	0.1MPa 이상

113. 자동화재탐지설비 설치대상

제조소 등의 구분	제조소 등의 규모, 저장 또는 취급하는 위험물의 종류 및 최대수량 등	경보설비
제조소 및 일반취급소	• 연면적 500m² 이상인 것 • 옥내에서 지정수량의 100배 이상을 취급하는 것	자동화재 탐지설비
옥내저장소	• 지정수량의 100배 이상을 저장 또는 취급하는 것 • 저장창고의 연면적이 150m²를 초과하는 것 • 처마높이가 6m 이상인 단층 건물의 것	
옥내탱크 저장소	단층 건물 외의 건축물에 설치된 옥내탱크저장소로서 소화난이도등급 I에 해당하는 것	
주유취급소	옥내주유취급소	

114. 제조소 등의 소방난이도별로 설치할 소방설비

구분	소화난이도 I	소화난이도 II	소화난이도 III
제조소 일반취급소	연면적 1,000m² 이상 지정수량의 100배 이상 지반면으로부터 6m 이상	연면적 600m² 이상 지정수량의 10배 이상	소화난이도 I, II 제외
옥외저장소	지정수량의 100배 (인화성 고체, 1석유류, 알코올류) 내부면적 100m² 이상(유황)	지정수량의 100배 (소화난이도 I 이외) 지정수량의 10~100배 내부면적 5~100m² 이상(유황)	내부면적 5m² 이상(유황)
옥내저장소	지정수량의 150배 이상 연면적 150m²를 초과 지반면으로부터 6m 이상 단품	지정수량의 10배 이상 단품건물 이외	소화난이도 I, II 제외
옥외탱크저장소	액표면적이 40m² 이상 높이가 6m 이상 지정수량의 100배 이상 (지중탱크, 해상탱크)		−
암반탱크저장소	액표면적이 40m² 이상 지정수량의 100배 이상	−	−
이송취급소	모든 대상	−	−
옥내탱크저장소	액표면적이 40m² 이상 높이가 6m 이상		−
주유취급소	500m²를 초과	옥내주유취급소	옥내주유취급소 이외
이동탱크저장소	−		모든 대상
지하탱크저장소	−	−	모든 대상
판매취급소	−	제2종 판매	제1종 판매

115. 자동화재탐지설비 설치 대상에 해당하지 아니하는 제조소 등

1) 지정수량의 10배 이상을 저장 또는 취급하는 것
2) 설치 설비(다음 중 1개 이상 설치)
　　① 자동화재 탐지설비
　　② 비상경보설비
　　③ 확성장치
　　④ 비상방송설비